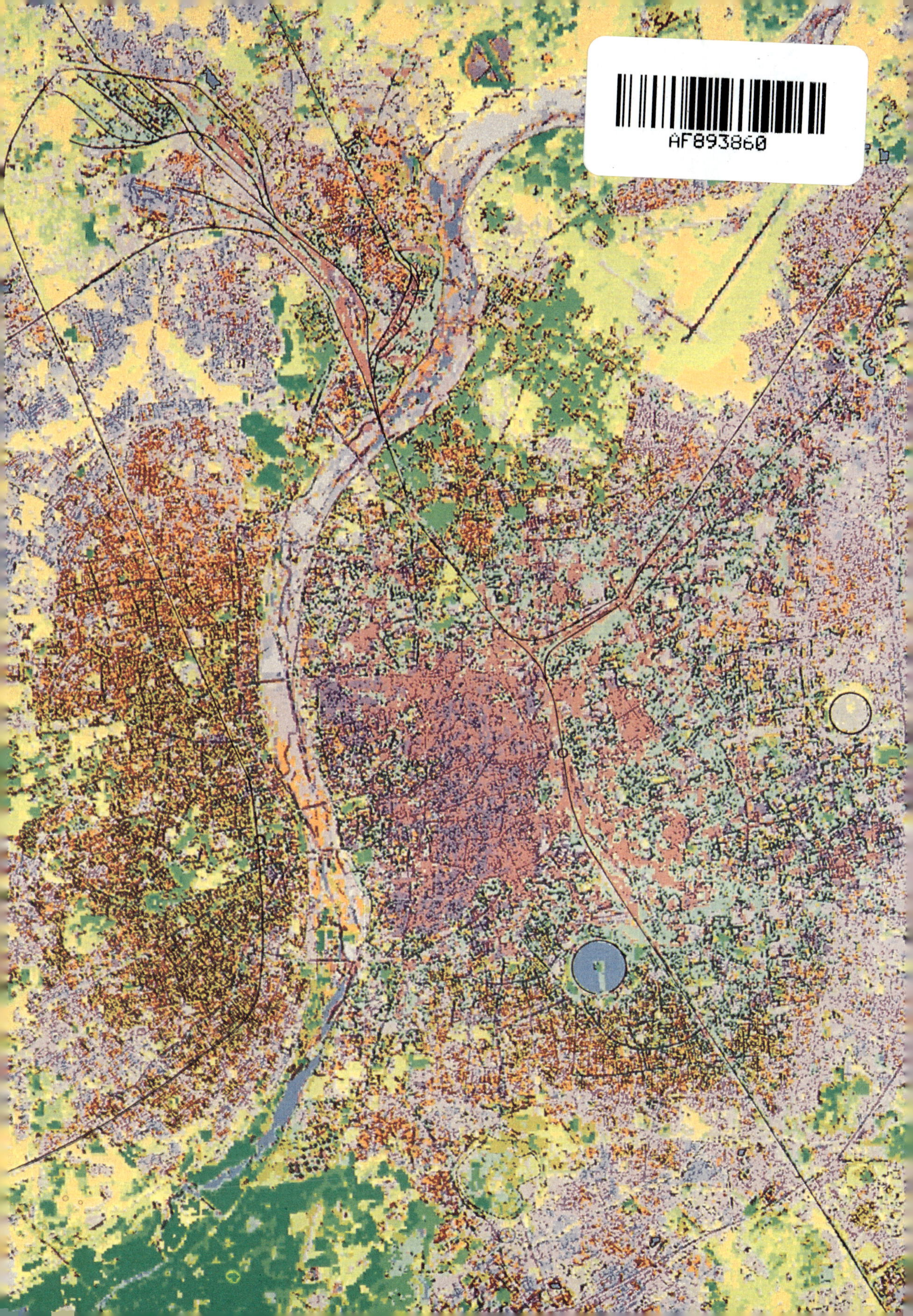

Décembre 1996

35€

ENCYCLOPÉDIE
de
GÉOGRAPHIE

Couverture :
La succession des traces descendantes au cours d'une journée pour Landsat-1, 2 et 3 d'après F. Verger et R. Ghirardi, « Cycles orbitaux et rythmes d'observation de la terre », Mappemonde 2, 1991. Avec l'aimable autorisation du GIP RECLUS.

Garde avant :
L'agglomération d'Ahmedabad, types de quartiers
d'après une image intersatellitaire (TM 1990 + SPOT – P 1988) et multivariée, LECT, Strabourg, 1992.

Garde arrière :
Isochronic passage chart for travellers, Royal Geographical Society, 1881.
La première carte d'isochrones à l'échelle mondiale, due à F. Galton.

Sous la direction de
Antoine BAILLY • Robert FERRAS • Denise PUMAIN

ENCYCLOPÉDIE de GÉOGRAPHIE

Préface de Hubert CURIEN

Publié avec le concours de Saint-Dié-Des-Vosges
et honoré d'une subvention du CNRS

ECONOMICA
49, rue Héricart, 75015 Paris

Préface

Hubert Curien
Ministre de la Recherche et de l'Espace

La connaissance de la terre, de sa forme et de sa dimension, de ses éléments, de leurs contours et de leurs discontinuités, la compréhension des différences qu'ils introduisent, des mouvements qu'ils entretiennent, les représentations qu'ont peut en donner, telles sont les préoccupations premières de la géographie. Mais quand les images satellitaires ont rendu familière la surface de cette planète, quand explorateurs et arpenteurs de terres nouvelles font figure de héros d'un autre âge, quand images et informations sont instantanément transmises d'un bout à l'autre du monde, quand la mobilité des populations croît sans cesse, vient tout naturellement à l'esprit la question de l'utilité de la géographie et des géographes.

Ce serait là oublier que l'espace géographique est une création nécessaire et continue des sociétés humaines. Il est constitutif de leur existence, partie intrinsèque de leur projet, de leur action, de leur durée, et de leurs représentations. Il leur impose des règles, il leur transmet des héritages, il leur propose des ressources, il leur donne des signaux. Cet espace, les sociétés le remodèlent en permanence, fabriquant ainsi à leur mesure, diversité, différence, et organisation de la surface de la terre. Ce faisant, elles recreéent chaque jour les territoires des hommes. La géographie décrypte les lois qui, à différents échelons et selon les milieux, interviennent dans cette création continue. Elle définit le jeu complexe des lieux en interaction. Elle caractérise des situations géographiques, les compare et les modélise, aidant ainsi à en comprendre les dynamiques.

Suivant en cela une règle universelle, la complexité croissante de la géographie va de pair avec le développement de spécialités nombreuses et souvent cloisonnées, véritable labyrinthe pour le non-spécialiste qui cherche à s'orienter dans une discipline qui n'a peut-être plus de familier que le titre d'un manuel de l'école primaire. Or, dépassant les isolats de spécialisation, l'*Encyclopédie de Géographie* offre un panorama des questions qui se posent aujourd'hui à la discipline et des réponses qu'elle y apporte. Elle s'attache à la situer dans le champ des sciences, non seulement les sciences humaines et sociales et celles de la nature, mais également des sciences, en apparence plus éloignées, engagées elles aussi dans l'élaboration de méthodologies d'analyse et dans la modélisation des systèmes spatiaux.

Des clefs, permettant de saisir les évolutions contemporaines des territoires à différents échelons géographiques, nous sont proposées à partir de quelques concepts de base. Le lecteur non-spécialiste qui croit connaître le monde et la surface de la terre, décrouvre qu'il existe des ordres et des lois de l'espace qu'il ne soupçonnait pas, que les différents milieux géographiques imposent des contraintes supplémentaires ou offrent des degrés de liberté, que chaque civilisation s'emploie à enrichir, à réinterpréter et, parfois, à nier.

L'analyse enfin de quelques grandes questions posées par l'évolution du monde contemporain vient nous convaincre de l'intérêt d'une lecture géographique pour alimenter la réflexion et soutenir l'action imposée par le devenir de l'humanité, qu'il s'agisse, par exemple, de la démographie, de la faim ou du développement, des problèmes posés par les minorités, les nationalismes ou les religions, des bouleversements qu'opère la multinationalisation croissante des firmes.

Le rôle de la géographie est de souligner l'importance de la dimension spatiale des problèmes que chacun de nous, artisan de la construction de territoires, doit résoudre. Je sais gré à l'*Encyclopédie de Géographie* de donner sens à cette dimension à tous ceux, trop nombreux encore, qui en auraient jusqu'ici oublié, voire ignoré l'importance et de rappeler enfin de quelles solidarités l'espace géographique est porteur.

Avant-propos

Christian Pierret
Député-maire
de Saint-Dié-des-Vosges

Saint-Dié-des-Vosges, pour que vive la géographie

Paradoxe apparent que de vouloir faire de Saint-Dié-des-Vosges, la marraine de la géographie : ville de 25 000 habitants, au centre du massif vosgien, apparemment sans passé. Détruite à la fin de la seconde guerre mondiale, presque intégralement reconstruite dans les années 1950, bastion d'une industrie textile qui tente aujourd'hui de se reconvertir, elle est le contraire d'une Tour de Babel.

Mais l'histoire a aussi ses paradoxes : c'est à Saint-Dié-des-Vosges, à la demande du Duc René II de Lorraine, en 1507, que fut éditée la première carte du monde intégrant le « nouveau continent », baptisé « América », en hommage à l'explorateur Amérigo Vespucci, dont les relations de voyage guidèrent les travaux du Gymnase Vosgien *(figure 1)*.

C'est donc pour témoigner de cet événement que Saint-Dié-des-Vosges a décidé de devenir, près d'un demi millénaire après, la cité de la géographie, renouant ainsi avec d'autres épisodes de son passé. Car Saint-Dié-des-Vosges fut aussi la patrie de Jules Ferry : le père de l'école laïque et de l'aventure coloniale française, dans lesquelles s'ancre profondément l'histoire de la géographie. Elle fut aussi, au lendemain de la guerre, une des villes que Le Corbusier voulut, sans succès, transformer en « Cité radieuse ». Elle s'est aujourd'hui lancée, dans un esprit moins prométhéen, mais plus soucieux de revitaliser la citoyenneté, dans une réflexion sur son espace urbain, qui donne lieu à des initiatives multiples sur le plan urbanistique, architectural, culturel ou économique.

Mais bien sûr, Saint-Dié-des-Vosges s'est avant tout lancé dans l'aventure pour les géographes et la géographie. Avec la volonté de modifier l'image de la géographie, trop méconnue par le grand public en dépit du recours croissant à l'analyse et aux instruments de la géographie dans toutes les réflexions qui nécessitent la compréhension du monde, des Etats, des régions, des territoires, jusqu'au plus petit d'entre ces « pays ».

Les deux premières éditions du Festival International de Géographie ont d'ores et déjà rencontré un succès, tant auprès d'un large public que de tous les spécialistes invités à participer à cette manifestation, en particulier les géographes.

Tous sont aujourd'hui persuadés que la prétendue crise de la géographie est derrière nous : elle a acquis sa maturité épistémologique, elle s'est imposée comme science de l'organisation et du fonctionnement de l'espace, elle a modernisé ses instruments, elle a su exploiter la richesse de ses écoles.

Cette Encyclopédie de Géographie est l'expression de ce renouveau. Saint-Dié-des-Vosges est fière de lui donner son nom. Je remercie Antoine Bailly, à qui le Festival International de Géographie doit beaucoup, les directeurs de l'Encyclopédie Robert Ferras et Denise Pumain, et tous les auteurs qui ont contribué à cet ouvrage, d'avoir éclairé les pistes de cette belle aventure scientifique.

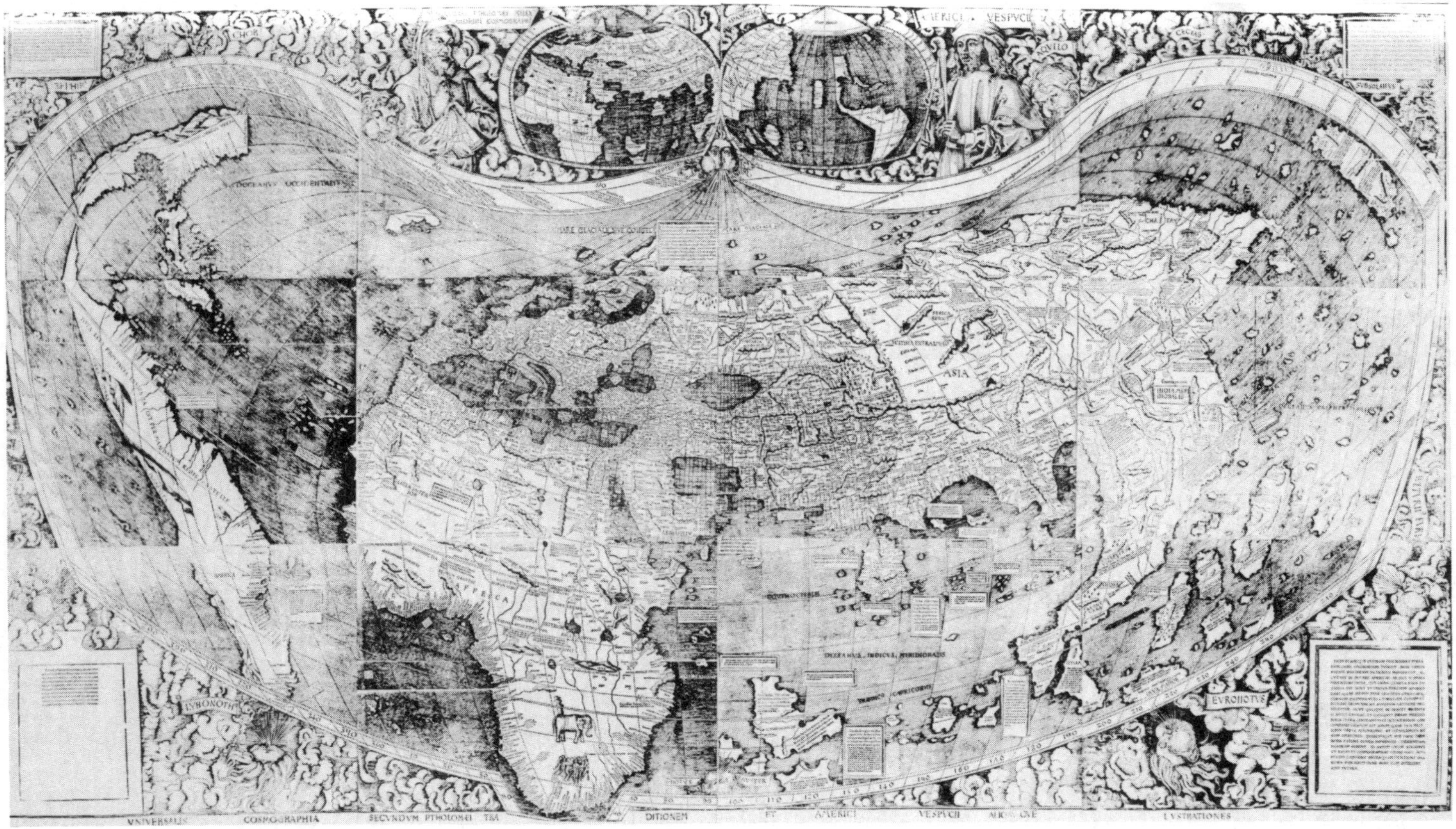

Figure 1 Cosmographia Universalis, 1507, Carte du monde où Vautrin Lud, cartographe à Saint-Dié, osa nommer le nouveau monde « America ».
Source : Bibliothèque municipale de Saint-Dié des Vosges.

Cosmographiae introductio

Antoine Bailly, Robert Ferras,
Denise Pumain

Toutes les sciences connaissent, depuis un siècle, des transformations profondes et rapides. La géographie ne fait pas exception ; aujourd'hui, l'empirisme et le caractère descriptif de la géographie classique ne satisfont plus les géographes. La discipline s'interroge sur son histoire, ses fondements épistémologiques, ses idéologies évolutives et sur les concepts qu'elle a progressivement adoptés et qui guident ses choix méthodologiques. Aussi nous est-il apparu comme une nécessité indispensable, à l'aube du troisième millénaire, de présenter un tableau clair et actuel de l'état d'une grande part de la géographie.

Le défi n'est pas simple, du fait des débats qui animent la géographie ; la spécialisation scientifique croissante des géographes pousse chacun à se réfugier dans son camp idéologique, méthodologique et thématique. Une encyclopédie ne saurait aujourd'hui prétendre couvrir tout le champ d'une discipline. S'il est clair que nous penchons ici plutôt du côté de la géographie humaine, c'est que tel était, par souci de modestie, l'intitulé du projet initial. Ce qui nous a conduits à élargir le titre de l'ouvrage en cours de route c'est précisément la prise de conscience de l'artifice d'une restriction impossible à tenir, et le besoin ressenti par plusieurs auteurs d'exprimer le recentrage actuel de la géographie, de son objet et de ses méthodes, autour d'un projet qui ne dissocie plus les approches des sociétés d'une part et de leur « environnement » de l'autre. En donnant la parole aux tenants des courants majeurs de la discipline, nous souhaitons dépasser ce cloisonnement pour offrir au lecteur un panorama des acquis, des concepts et des grands thèmes de la géographie en 1992 ; l'objectif de cette Encyclopédie, en regroupant des contributions d'auteurs de plusieurs pays francophones (Belgique, Canada, France, Suisse), géographes et spécialistes de disciplines voisines intéressés par la dimension spatiale des problèmes humains, est de présenter en un volume, la variété et la richesse de pensée de la géographie contemporaine dans le courant des sciences.

Notre Encyclopédie de Géographie, la première de ce type, ne se veut pas énumération de lieux et de statistiques ; elle n'est pas non plus dictionnaire ou regroupement artificiel d'articles. Organisée méthodiquement en trois parties, elle fait le point sur la science géographique pour que les lecteurs – étudiants, enseignants, administrateurs, aménageurs... en fait toute personne intéressée par les interactions des sociétés avec l'espace terrestre – puissent accéder aisément à une vision « vulgarisée » (au sens noble du terme) de l'ensemble de la discipline. La géographie mérite d'être mieux connue dans sa forme contemporaine car elle a su développer une solide base épistémologique et méthodologique.

Dans la première partie, la géographie est présentée dans le contexte historique des sciences humaines et physiques avec lesquelles elle œuvre de façon complémentaire, parfois concurrente. La deuxième partie est articulée autour de grands concepts pour définir et expliciter les acquis scientifiques de la discipline. Quant à la troisième partie, elle illustre, par des cas d'actualité, des thèmes de recherche d'intérêt géographique et pédagogique sans prétendre à une impossible exhaustivité. Nous avons essayé d'organiser les chapitres dans un ordre aussi logique que possible, mais le lecteur a toute liberté de suivre ou de ne pas suivre cet ordre, chaque chapitre ayant sa propre cohérence.

Chaque auteur, en s'exprimant en son nom personnel et dans le style qui lui est propre, apporte une contribution fondamentale à l'une de ces parties ; tous les auteurs sont des spécialistes reconnus de leur domaine, qu'ils contribuent à faire progresser. Bien d'autres auraient pu être sollicités, du fait de leur compétence et de leur notoriété, mais l'Encyclopédie, malgré sa dimension, a des limites qu'un éditeur ne saurait dépasser. Des choix thématiques se sont également imposés pour conserver à l'Encyclopédie une taille raisonnable qui la rende accessible à un large public.

Chaque chapitre est constitué d'un texte principal, illustré de fiches, figures ou tableaux ; les concepts importants, indiqués en caractères gras dans le chapitre, renvoient à une liste des mots-clés en fin de chapitre et à un index détaillé en fin d'ouvrage. Une liste de lectures recommandées, faciles d'accès, complète et prolonge chacun des chapitres. L'ensemble des références, mentionnées dans les textes, est repris dans une bibliographie synthétique en fin d'ouvrage, qui dresse ainsi un tableau complet des références utilisées. La biographie des auteurs est également donnée en fin de l'Encyclopédie pour qui souhaiterait mieux les connaître. L'ouvrage se veut aussi maniable qu'un manuel, aussi synthétique qu'un dictionnaire, tout en étant plus riche parce qu'il situe les textes et les concepts dans un contexte historique et scientifique.

Nous tenons à remercier tous ceux qui nous ont fait confiance en participant à des titres divers à la réalisation de cette entreprise. Les auteurs, tout d'abord, qui ont accepté de se plier aux règles délicates requises par la présentation homogène d'une encyclopédie. M. Jean Pavlevski, Mme Noëlle Rondeau, Mme Caroline Hugo et les Editions Economica, qui ont mis en œuvre le projet. M. Hubert Curien, ministre de la Recherche et de l'Espace, qui a bien voulu préfacer cet ouvrage et aider à sa réalisation. M. Christian Pierret, député-maire de Saint-Dié-des-Vosges, M. Gilles Mathieu, directeur des Festivals, qui ont donné un cadre et le nom de leur ville à cette Encyclopédie. A Saint-Dié a été réalisée la première carte mentionnant l'Amérique, à l'initiative du cosmographe Waldseemüller (ou Hylacomilus) dans sa « Cosmographiae introductio » et du cartographe Vautrin Lud... *(figure 1)*

A Saint-Dié-des-Vosges paraît la première encyclopédie géographique du XXe siècle, un demi-millénaire plus tard.

Il y a là une permanence et un symbole.

I

La géographie dans le champ des sciences

L'aventure géographique de la terre 1

Philippe Pinchemel

« On n'apprend pas la géographie
sans connaître son histoire »
F. RATZEL, 1901

Il y a de multiples façons d'écrire l'histoire de la géographie et de l'évoquer dans sa pluralité, dans la diversité de ses échelles et de ses époques, dans la perpétuelle dialectique de la subjectivité de l'imaginaire et de l'objectivité de l'observation scientifique.

1. Une histoire qui accompagne l'humanité

Un jour exista où un homme, des être humains debout sur leurs jambes, détournèrent leurs regards de ce qui était proche, de ce qui leur était existentiel, et regardèrent au loin, fixant l'horizon, se demandant ce qu'il y avait au-delà de leurs terrains de chasse ; où se terminait cette terre qui les portait, leur procurant l'eau, le bois, la nourriture ? Interrogation qui les conduisait à une question : où sommes-nous ? Et à toutes les tentatives qui en découlèrent pour se situer dans un monde dont ils ne connaissaient rien, ni les limites, ni les contours, ni le contenu, hormis ce qui les environnait.

Ainsi naquit la curiosité géographique et débuta l'**histoire de la géographie**.

Elle est l'histoire de l'entrée en possession de la terre, plus précisément de l'interface terrestre, le récit de l'histoire de la maîtrise de la terre par les sociétés humaines, maîtrise polymorphe, intellectuelle, scientifique, opératoire, existentielle, mythique.

Une histoire qui est difficile à concevoir pour les communautés humaines de cette fin du deuxième millénaire. Nous avons eu en effet le privilège extraordinaire et mal perçu d'appartenir aux premières générations d'hommes à voir la terre.

Avant les images prises par les premiers satellites et les premiers cosmonautes, avant ce jour du 20 juillet 1969 où toute l'humanité a vu la terre depuis la lune, toutes les générations qui nous ont précédés ont pu seulement l'imaginer et tenter de la représenter dans sa globalité et sa diversité.

Toute l'histoire de la géographie s'inscrit entre ces deux moments et repose sur ces deux entreprises : concevoir et exprimer une, des visions du monde.

Il y a deux mille ans et plus les questions géographiques concernaient la forme de la terre, ses dimensions, les parts respectives des océans et des continents et leurs rapports réciproques, le nombre des continents, la nature des antipodes, l'habitabilité de la zone « torride »...

Au milieu du XVIIIe siècle, il y a deux cent cinquante ans, on croyait en l'existence d'un vaste continent austral, on recherchait encore le passage du Nord-Ouest (de l'Amérique du Nord). Les régions polaires et les intérieurs des continents étaient totalement inconnus. Bien plus, on ne disposait pas encore de méthodes précises pour déterminer la longitude – on ne pouvait situer avec précision une île, un lieu, les retrouver, en indiquer les localisations. L'histoire de la géographie est donc tout à la fois aussi vieille que l'humanité et aussi récente que les progrès qui ont permis une réelle maîtrise scientifique de la terre.

2. Des histoires de la géographie

Toutes les sociétés humaines ont construit une géographie, leur géographie, ont élaboré une vision et une représentation du monde, ont pris possession de leur environnement. Mais elles n'avaient pas les mêmes curiosités lointaines, les mêmes possibilités d'y répondre, qu'il s'agisse de capacités techniques, de connaissances scientifiques, d'ambitions politiques, de finalités économiques.

L'histoire de la géographie est par trop européo-centrée. Bien des civilisations, océanienne, chinoise, arabe, indienne, scandinave, ont sillonné les mers, exploré les terres, commercé, colonisé sans que nous soient parvenus des témoignages à la mesure de leurs découvertes, dont nous n'avons que de rares et parfois mystérieuses traces.

L'enrichissement des données qui édifiaient peu à peu une meilleure connaissance de la terre s'est heurté longtemps au désir des voyageurs de conserver les avantages procurés par leurs découvertes.

Beaucoup de voyageurs étaient des marchands. Leurs préoccupations n'étaient pas de rapporter des récits, de se faire connaître mais bien plus fréquemment de dissimuler leurs itinéraires, leurs escales, de retarder le moment où, leurs découvertes connues, ils n'auraient plus le monopole d'exploitation de leurs richesses. Les Etats cherchaient à garder les bénéfices politiques et économiques des voyages et expéditions organisés et financés par leurs soins, empêchant la diffusion des cartes ou faussant leurs contenus. L'histoire de la géographie telle que nous en lisons les récits n'est qu'une faible partie visible d'une immense aventure assumée par une foule d'inconnus, d'anonymes, à jamais ignorés dans leurs personnes et dans leurs œuvres : capitaines de navires et pilotes, commercants et trafiquants, géomètres et topographes, missionnaires et administrateurs qui ont fourni d'un siècle à l'autre les informations partielles, ponctuelles qui ont servi aux géographes de cabinet, aux cartographes, à recomposer la réalité.

2.1. Sources et documents

L'histoire de la géographie se lit à travers les documents qui sont parvenus jusqu'à nous, directement ou indirectement : récits de voyages, livres de bord, observations scientifiques, cartes, dessins, gravures... tout ce qui contribuait à une **information géographique**. Or l'inégalité de la conservation et de la transmission des documents géographiques est considérable.

L'histoire de la géographie enregistre de fréquents divorces entre l'importance de la géographie à une époque donnée et la rareté, voire l'inexistence des documents correspondant à cette époque. Ainsi la géographie de l'Antiquité romaine est un véritable trou noir, à côté de celle de l'Antiquité grecque ; pourtant, comment imaginer l'histoire de Rome, de son expansion, sans cartes, sans inventaires et descriptions géographiques ?

L'histoire de la géographie dans l'Antiquité s'écrit à partir de textes, fragments de textes, de transcriptions sur plusieurs siècles. La cartographie de cette époque est davantage connue par des références et allusions dans la littérature que par des documents fragiles, difficiles à conserver, qu'ils aient eu comme support le papyrus, la pierre, la céramique.

Des voyages et périples sont reconstitués à partir de quelques phrases, occasions de multiples interprétations (le voyage de Pytheas, IVe siècle avant notre ère).

Encore ces documents rares ne nous sont-ils pas parvenus directement. Ils ont été transmis à travers les siècles par des copies inévitablement déformatrices, des traductions *(figure 1)*. Nous connaissons l'œuvre si importante de Ptolémée, astronome et cartographe grec d'Alexandrie, par des manuscrits byzantins à partir du XIIe siècle. La seule œuvre majeure connue de la cartographie romaine, *la Table de Peutinger* est une copie du XIIIe siècle.

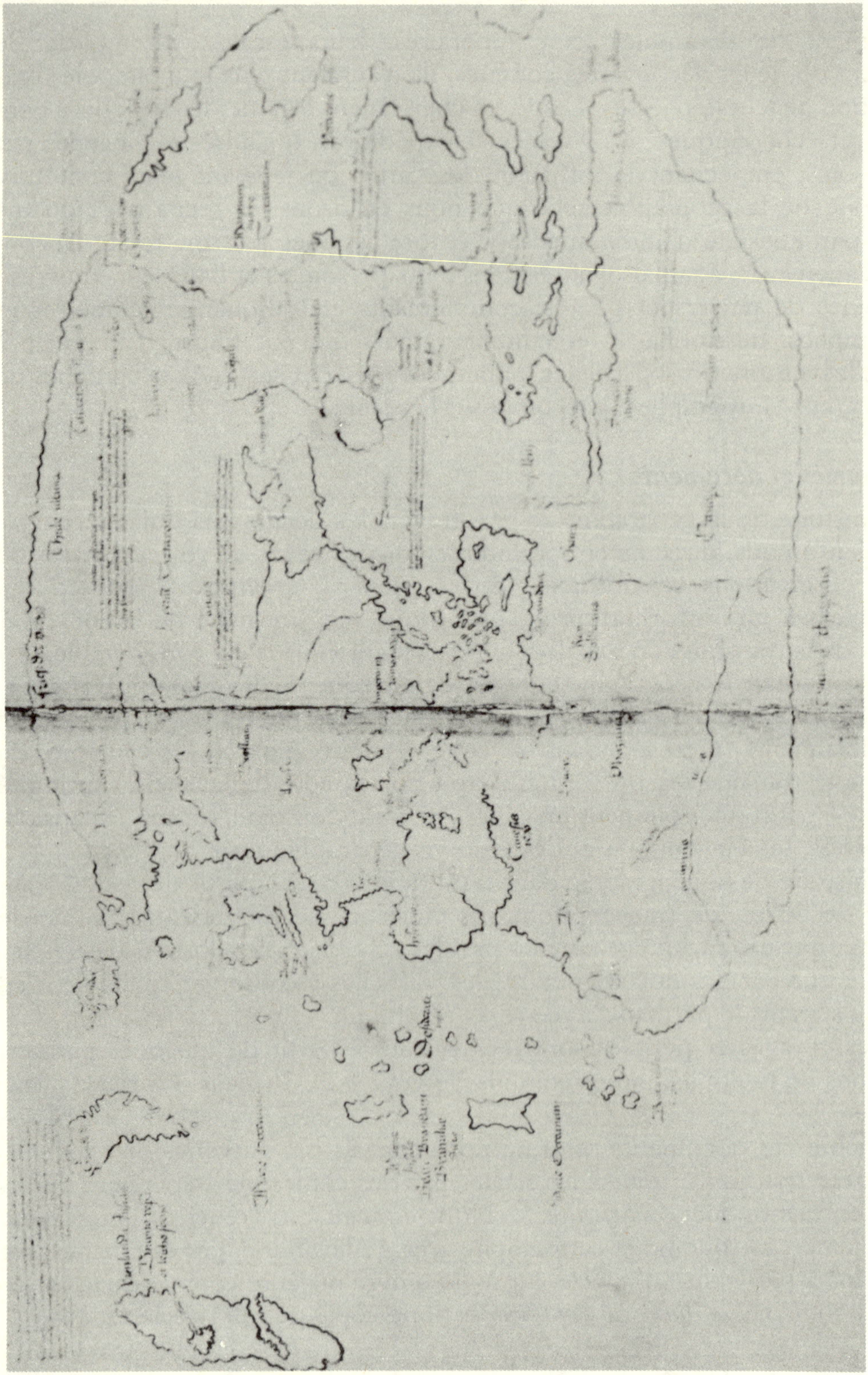

La carte du Vinland, vers 1440, New Hasen, Bibliothèque de l'Université de Yale, in W.P. Cumming, R.A. Skelton, D.B. Quinn, *La découverte de l'Amérique du Nord*, Albin Michel, 1972.

Figure 1 L'« affaire » de la carte du Vinland

Cette carte modeste dans son apparence occupe depuis 1957 le devant de la scène de l'histoire de la cartographie avec tous les ingrédients d'un roman policier ; les meilleurs spécialistes discutent toujours de son authenticité.

Elle est apparue sur le marché des cartes anciennes, provenant d'une mystérieuse collection européenne ; elle est finalement donnée par un bienfaiteur à la bibliothèque de l'Université de Yale. Elle est alors l'objet d'une opération médiatique. En 1965 elle est révélée au grand public (la veille de la célébration du Columbus day aux Etats-Unis) or la carte datée des années 1440 est la seule à représenter pour la première fois, à l'Ouest d'un Groenland à la forme quasi parfaite, une terre dénommée Vinland, première image de l'Amérique, 12 ans avant Christophe Colomb !

L'authenticité de la carte était confirmée par les documents qu'elle accompagnait et, détail non négligeable, par une étonnante correspondance de trous de vers entre la carte et un des manuscrits.

Depuis lors, en raison de son originalité et de son unicité, la carte a été soumise à des expertises techniques recourant à des méthodes de plus en plus sophistiquées, a suscité symposium et publications.

Dès 1968 l'authenticité de la carte a été mise en doute ; l'analyse de l'encre utilisée révélait la présence d'un composé de dioxyde de titane (anatase) qui n'a été employé que dans les années 1920. La carte était donc un faux.

La controverse a été relancée en 1985 et n'a cessé depuis. Les discussions portent sur la présence et les proportions d'anatase, son existence ou non dans les encres médiévales, sur l'authenticité des textes de la carte et leur contenu cryptographique. Une affaire à suivre.

Il faut avoir constamment présent à l'esprit la disparité et donc la relativité des sources documentaires. Ces carences ne sont pas l'apanage des siècles les plus lointains. L'histoire de la géographie contemporaine ne peut que constater les pertes d'archives des grands établissements publics (universités) et privés (éditeurs) pour ne rien dire des archives personnelles.

2.2. Les curiosités géographiques

La géographie répond à des curiosités, à des intentions diverses.

Curiosité scientifique, certes mais aussi volonté de s'emparer de nouvelles terres, d'installer comptoirs et colonies, volonté du pouvoir de disposer d'un inventaire, d'une représentation de son royaume ou de ses terres, volonté d'évangélisation, préparation de campagnes militaires nécessitant la connaissance du terrain, volonté de dresser et de transmettre un tableau, une image du monde ou d'un fragment du monde.

Toutes ces curiosités s'entremêlent, se recoupent, et on aurait tort d'en chercher de plus ou moins pures. L'espoir de trouver des fourrures, de l'or, des épices, des esclaves a été à l'origine de la plupart des explorations, succédant à la recherche de la fontaine de Jouvence, de l'Eldorado, des Amazones, du royaume du prêtre Jean ou des sept Cités de Cibola.

Pour répondre à ces curiosités il fallait plus que l'initiative et les ressources individuelles. Les exploits et les voyages d'Hérodote, de Marco Polo, de René Caillé, de Livingstone sont des exceptions.

La connaissance de la terre a exigé et exige toujours de l'argent, beaucoup d'argent, pour le financement d'une expédition, depuis sa préparation jusqu'à la publication des résultats ou l'édition d'une carte, d'un atlas. Derrière le ou les navires allant explorer le monde il y avait les grandes puissances de l'époque, les souverains, les bourgeoisies marchandes des ports.

C'est pourquoi l'histoire de la géographie est le plus souvent liée à l'histoire politique, à la succession chronologique des grandes puissances qui avaient la possibilité mais aussi le besoin d'investir dans ces entreprises.

2.3. Histoire endogène et histoire exogène

L'histoire de la géographie s'écrit à travers celle des hommes, de leurs œuvres, des institutions. Au cours des siècles, les géographes, les cartographes, les explorateurs et voyageurs, leurs productions, cartographiques, livresques, iconographiques représentent des effectifs et un volume documentaire considérable qui offrent des possibilités considérables de recherche. Mais cette histoire endogène de la géographie rencontre inévitablement ses limites, à la fois dans son intelligibilité, ses sujets et ses objets.

Comme toutes les sciences mais sans doute encore davantage que d'autres, la géographie d'une contrée et d'une époque ne se comprend que resituée dans ses contextes. Contextes qui sont multiples et interdépendants : techniques (techniques de navigation – techniques cartographiques), économiques, sociaux, politiques, culturels, religieux, idéologiques. Ecrire l'histoire de la géographie c'est « suivre l'éveil d'une conscience géographique à travers les différents éclairages sous lesquels est apparu à l'homme le visage de la terre ». (E. Dardel).

Ces éclairages ont été bien différents suivant l'état des connaissances scientifiques, suivant les sens, les valeurs que les hommes donnaient à la terre, à la nature et à ses phénomènes, suivant les interprétations qu'ils donnaient des éléments qui composaient leur environnement : géographie mythique et mythologique, géographie sacrée, géographie rationaliste préscientifique, géographie scientifique, géographie post-scientifique.

La géographie de chaque temps est indissociable de sa philosophie, de ses croyances, de ses valeurs humaines.

Avant d'entrer dans toute histoire de la géographie il importe d'opérer un renversement des objets à étudier. Il s'agit certes d'analyser les étapes d'un savoir. Mais tout savoir géographique repose sur une pensée géographique. Parce que la terre est l'habitat unique des hommes, la question du sens de leur présence « ici bas », de leurs relations avec leur environnement terrestre c'est-à-dire avec la « nature », la question de leur « action géographique » c'est-à-dire de la transformation de l'interface terrestre se sont constamment posées.

3. La géographie, histoire d'un savoir

L'histoire de la géographie est l'histoire d'un **savoir** et des représentations de ce savoir.

Cette histoire se déroule dans le temps long de l'acquis de la sphéricité de la terre, des mesures des dimensions de la terre calculées pour la première fois avec une remarquable précision par Eratosthène d'Alexandrie (284-192 avant J.C.). Mesurons l'effet du report des petites étendues des terres entourant la Méditerranée sur une sphère de 40 000 km de circonférence ! Ce qu'il y avait au-delà prenait une toute autre signification, posant le problème de l'existence d'autres terres jugées indispensables pour des raisons de contrepoids et de symétrie mais faisait surgir en même temps les blancs des cartes sur lesquels les hommes ne cesseront de projeter leur imaginaire, les récits, les légendes, localisant le paradis, des lacs, des montagnes. Pendant des siècles l'histoire de la géographie a correspondu à la recherche des continents, de leurs contours, des indentations de leurs rivages, des embouchures des fleuves qui donnaient les clés d'accès à l'intérieur.

La connaissance de la terre passait également par le repérage des lieux, leur définition par des coordonnées. La longue quête de la mesure de la latitude et surtout de la longitude n'aboutit que dans la seconde moitié du XVIIIe siècle avec l'invention des chronomètres.

A l'intérieur des terres, sur les océans qu'ils parcouraient mais aussi autour de leurs demeures et de leurs villes les hommes n'ont cessé de rencontrer des phénomènes, d'observer des faits, d'assister à des manifestations hydrologiques, climatiques, volcaniques, séismiques, régulières ou irrégulières, familières ou surprenantes. Ils étaient engagés dans une double entreprise d'identification et de dénomination d'une part et d'explication d'autre part.

La liste des faits géographiques faisant partie de la curiosité des hommes a varié d'une époque à l'autre, s'est enrichie avec le temps, avec l'élargissement du champ géographique, augmentant les possibilités de collecte, de comparaison et en même temps multipliant les interrogations. Longtemps l'intérêt s'est porté sur les phénomènes exceptionnels (la crue du Nil en est l'exemple type).

3.1. Les langages de la géographie

Un des chapitres passionnants de la constitution du savoir géographique est l'histoire de la formation du **vocabulaire**, de l'invention des termes, du **langage** de la géographie. Comment les hommes ont-ils identifié, dénommé une forme, un phénomène, un processus ? Des faits qui de nos jours paraissent aussi élémentaires que la vallée et son creusement par les eaux des ruissellements concentrés, ou les versants, ont dû être perçus, interprétés, conceptualisés, dotés d'une définition spécifique.

Le langage verbo-conceptuel de la géographie a été pendant des siècles d'une grande pauvreté, mais il n'empêchait pas l'extrême curiosité humaine comme en témoignent les enquêtes, les questionnaires, de la Renaissance au XVIIIe siècle.

C'est la difficulté à décrire avec les mots ce portrait de la face de la terre qui explique le recours à l'image, à l'illustration. L'iconographie fait partie intégrante de l'histoire du savoir géographique : peinture des paysages par les peintres embarqués sur les navires, croquis des explorateurs, longue tradition des géographes dessinateurs, élaboration des panoramas pour élargir la vision, avant l'amplification des représentations données depuis l'utilisation de la photographie, puis celle des vecteurs et des capteurs actuels.

3.2. La cartographie

Pour représenter la terre les hommes ont disposé d'un autre langage mieux approprié et d'une grande efficacité : la **carte**.

Avec la carte, les hommes ont pu avoir aux échelles qu'ils voulaient et avec les projections sur un plan que leur ingéniosité inventait, une vision verticale, aérienne, de la face de la terre.

Cette vision révolutionnaire substituait au regard paysagique fait de plans successifs et masqués, aux composants non mesurables, le regard cartographique révélant les relations entre les phénomènes, les interactions spatiales, permettant la mesure.

La carte, le plan, n'ont cessé d'accompagner les actions des hommes, belliqueuses ou pacifiques ; ils ont aussi guidé les explorateurs vers les « terres inconnues », les mystères qui y étaient mentionnés.

Par la représentation cartographique, les hommes ont dressé progressivement l'image du monde, le « théatre du monde » et en même temps se sont donnés les moyens d'agir sur lui, de le transformer, d'en prendre possession au sens le plus fort.

L'histoire de la géographie est donc inséparable de l'histoire de la cartographie, les deux termes géographie/cartographie étant d'ailleurs synonymes jusqu'aux débuts du XIXe siècle.

Jusqu'à la première moitié du XVIIIe siècle la géographie/cartographie, handicapée par des insuffisances scientifiques, se dégageait progressivement de contextes mythologiques, religieux, téléologiques *(figure 2)*.

La géographie connut une véritable mutation sous l'effet du progrès des techniques, des sciences dans le contexte des Lumières qui se prolongea jusqu'aux années 1870.

Le progrès de la cartographie est à mettre au premier rang. Ce progrès est jalonné par le développement de la cartographie à grande échelle. A la carte de Cassini succède en France la carte d'Etat Major. Cette dernière progresse rapidement jusqu'à son achèvement en 1914. Son échelle au 1/80 000e et celle des cartes similaires dans le monde permit d'aborder la description détaillée des faits géographiques et notamment de la topographie par la cartographie des altitudes (points cotés) et la figuration du relief par le système des hachures qui seront remplacées par les courbes de niveau (carte au 1/50 000e).

L'autre grand progrès du XIXe siècle fut celui des sciences de la terre, de la nature et plus largement des statistiques et des mesures renouvelant le regard porté sur la terre.

La connaissance des formations géologiques et végétales des sols, des climats, s'accompagne de la création des services géologiques, hydrographiques, météorologiques… De la conjonction du développement de ces champs scientifiques et de la cartographie nait une nouvelle cartographie, thématique.

Les cartes géologiques, botaniques, climatiques, pédologiques, puis les cartes statistiques des phénomènes démographiques et économiques font apparaître les divers aspects de la face de la terre.

C'est seulement à partir de ces temps que la terre est devenue lisible, intelligible, que les comparaisons ont été permises entre les représentations cartographiques et les explications géographiques avancées et que les hommes ont pu systématiquement cartographier tous les phénomènes et observer leur distribution, leurs répartitions précises et à grande échelle, prodigieuse révolution. A. de Humboldt et C. Ritter sont les personnalités emblématiques de cette période. Un autre acquis est à signaler en liaison avec ces progrès : la croissance d'une régionalisation à base naturelle.

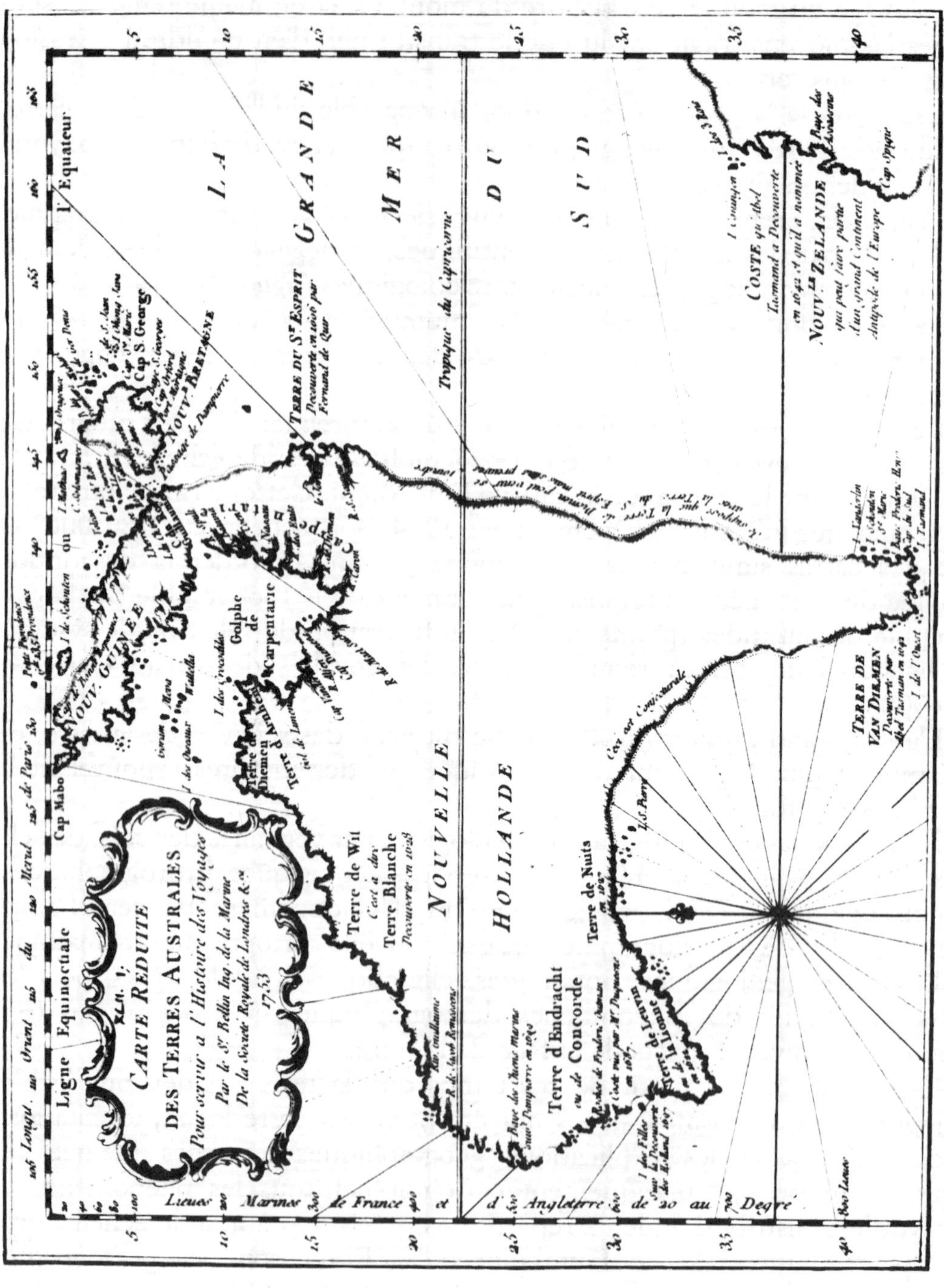

Carte de Jacques Nicolas Bellin, 1753, in T.M. Perry, *the discovery of Australia*, Nelson, 1982.

Figure 2 La longue et difficile « invention » du continent australien
La carte de Jacques Nicolas Bellin (1753) montre un état très contrasté de la connaissance des contours de la « Nouvelle Hollande ». La côte nord fut explorée la première par les navigateurs hollandais en relation avec leur installation à Java. Le golfe de Carpentarie fut touché en 1605.
La côte ouest fut découverte par fragments entre 1605 et 1629 au hasard des trajets des navires qui, venant de contourner le Cap de Bonne Espérance, utilisaient les vents d'Ouest au maximum avant de se diriger plein nord vers Java. C'est pourquoi la carte juxtapose des « terres » discontinues portant les noms de leurs découvreurs. Certains navires faisant route plus au Sud dépassèrent la côte occidentale, « inventant » la côte sud de l'Australie. Abel Tasman en 1642-1643 découvrit la Tasmanie puis la Nouvelle Zélande.
Pendant plus d'un siècle la côte orientale de l'Australie, l'insularité tasmanienne restèrent inconnues, remplacées par des tracés conjecturels commentés sur la carte. C'est seulement en avril 1770 que James Cook aborde la côte orientale et la cartographie du Sud au Nord.
Il faudra attendre le voyage de Georges Bass et Matthew Flinders en 1798 pour découvrir l'insularité de la Tasmanie. Avec le voyage de Cook, outre la fixation des contours de l'Australie, le mythe d'un immense continent antarctique était définitivement effacé de l'imaginaire des hommes.

Les hommes ont réellement eu la conviction d'accéder à un nouveau niveau de connaissance de la surface de la terre.

Sont alors nés les atlas, du Stieler Handatlas (1817-1831) à l'Atlas général de Vidal de la Blache (1895), les premières géographies universelles : Malte Brun (1810-1829), Reclus (1875-1894).

3.3. La géographie institutionnalisée

L'institutionnalisation de la géographie est l'autre caractéristique de cette époque : sociétés de géographie (Paris 1821, Berlin 1828, Londres 1830), premières chaires de géographie dans les Universités. Le premier Congrès International de Géographie (Anvers, 1871) peut être retenu symboliquement comme une date charnière.

Cette géographie est profondément en phase avec les besoins du XIXe siècle, qui connait les bouleversements de la révolution industrielle, de la colonisation, de l'urbanisation, d'une organisation économique du monde sous l'influence des capitalismes européen et nord américain.

Les géographies sont économique, coloniale, militaire, politique. La cartographie sert les ambitions et les stratégies autant que la science.

Dans les dernières décennies du XIXe siècle cette géographie continue de se développer mais progressivement elle est relayée par une autre géographie, une géographie universitaire et scolaire, une géographie académique. Celle-ci, profondément naturaliste, se donne essentiellement pour objet l'étude des rapports entre la nature et l'homme.

Surtout, son objet essentiel est la formation des professeurs des enseignements primaire et secondaire parce que l'enseignement de la géographie, associé à celui de l'histoire, est considéré comme fondamental pour la formation du citoyen, pour lui inculquer un patriotisme par la connaissance et l'amour de son pays.

Devenue académique, matière d'enseignement, bénéficiant d'une rente de situation (avec l'histoire) par rapport à d'autres disciplines, la géographie n'a pas à s'affirmer comme une discipline à objectif professionnel, l'écart s'étant creusé avec les institutions cartographiques (y compris avec l'histoire de la cartographie). Elle perd une vision exacte de ses finalités, de ses responsabilités. Entre le début du siècle et ces récentes décennies la géographie a couru après une identité de plus en plus floue parce que multiple, éclatée.

4. Des géographies successives

4.1. La géographie classique

La géographie classique universitaire s'est constituée au départ comme science des relations entre le monde de la nature et celui des sociétés humaines, dans les contextes du darwinisme et de la cartographie thématique des données naturelles et humaines.

Cette géographie fut fondée en France par Vidal de la Blache (1845-1918), « La carte politique du pays est accompagnée d'une carte physique ; elles s'éclairent l'une par l'autre, et trouvent un complément dans des cartes ou figures schématiques dont la géologie, la climatologie, la statistique ont fourni le sujet. Cette espèce de dossier… a pour but de placer sous les yeux, l'ensemble des traits qui caractérisent une contrée, afin de permettre à l'esprit d'établir entre eux une liaison » (Préface de l'Atlas général, 1895).

Sur cette base s'est édifiée dans le monde entier une **géographie « classique »** qui présente des caractères communs, entre les premières décennies de ce siècle (certains choisissent les lendemains de la première guerre mondiale) et les années 1960. Cette période de grand développement de la géographie académique est marquée par la fondation de l'Union Géographique Internationale (1922), et la tenue tous les 4 ans de congrès internationaux avec les travaux de commissions réunissant des géographes de nombreux pays. C'est aussi le temps de grandes enquêtes et entreprises nationales et internationales : Carte du monde au 1/1 000 000e, Atlas nationaux (Atlas de France), nouvelle Géographie Universelle, cartographie de l'utilisation du sol dans les écoles anglo-saxonnes.

La géographie classique a pour centre l'Europe et les Etats-Unis avec la prééminence en Europe de la France, de l'Angleterre, de l'Italie, de la Russie (jusqu'à la révolution soviétique). Mais elle se diffuse dans le monde entier à travers les colonies et par la suprématie économique et le prestige culturel de ces Etats. Elle se caractérise :

— par l'importance accordée à la géographie physique et la part dominante de l'étude du relief (W. M. Davis) :
— par l'étroite liaison entre l'histoire et la géographie ;
— par l'attention portée aux faits économiques et commerciaux, à la géographie politique ;
— par la mise au premier plan de la géographie régionale.

Une des caractéristiques de la géographie classique est l'élaboration de typologies : types d'habitat, types d'habitation (les plans de fermes), types d'utilisation du sol.

Les relations entre les sociétés humaines et leurs environnements naturels représentent la composante majeure, originelle, pourrait-on dire, de la géographie classique mais elle n'est pas la seule.

D'abord parce qu'une discipline ne peut se définir de façon satisfaisante par des relations, ensuite parce que les recherches des causalités de ces relations ont inéluctablement conduit la géographie sur la voie difficile, dangereuse, du déterminisme. Le « déterminisme en géographie » est une des questions centrale et piégée de l'histoire de la géographie.

Aussi peut-on identifier deux autres composantes complémentaires :

— une composante objectale, visant à donner à la géographie un champ, un objet. C'est la géographie science du paysage. Son objet de prédilection a été le paysage rural ;
— une composante qualificative. La géographie est une science chorologique qui étudie la répartition des phénomènes à la surface du globe.

L'analyse des distributions a conduit à celle des « différenciations spatiales » *(areal differenciation),* à l'identification de types de distribution (semis de peuplement, trames, *patterns*), à la distinction des régions homogènes.

Cette géographie attache autant d'importance sinon plus aux propriétés (spatiales ? géographiques ?) des faits qu'à la nature propre des faits.

Que ce soit l'une ou l'autre de ces trois composantes qui prévalent ou qui s'associent dans des proportions variables suivant les Etats, les aires culturelles, les demandes sociales, la géographie apparaît encore très engagée dans un inventaire de la surface de la terre, occupée à dresser le catalogue raisonné de tous les objets qui l'occupent.

Elle recherche des explications à travers la mise en relation des faits et leur distribution. Elle est soucieuse de montrer les interrelations des phénomènes à travers des notions de combinaison (A. Cholley), de complexe (M. Sorre).

Mais on a dit de cette géographie qu'elle était plus idiographique que nomothétique. Héritière d'une géographie du début du siècle, très soucieuse de contingences, de relativisme, la géographie classique ne recherche pas de lois géographiques. Bien au contraire elle se complait à souligner l'originalité, la personnalité des objets géographiques, paysages ruraux, villes, contrées. Chaque région est un être à part, exceptionnel. On a ainsi parlé de l'exceptionnalisme en géographie *(chapitre 4)*.

4.2. Les temps des nouvelles géographies

A partir des années 1960 la géographie mondiale présente un nouveau visage. Elle a évolué en une quinzaine d'années inégalement suivant les Etats, les écoles, les institutions, les contextes. L'expression « géographie nouvelle » est parfaitement justifiée. Elle se définit à partir d'une critique de la géographie classique dont elle prend en quelque sorte le contre-pied.

Elle se veut discipline scientifique à la recherche d'explications, de régularités, de théories, de lois. Elle utilise pour cela toutes les ressources des méthodes basées sur la mesure, la quantification, la systémique, la modélisation. Ainsi renouvelée, la géographie estime être mieux en mesure de jouer son rôle dans le concert des sciences humaines appliquées et de répondre aux demandes nombreuses dans le champ des planifications urbaines, régionales.

La **nouvelle géographie** participe à un courant qui concerne toutes les sciences humaines (archéologie, sociologie, psychologie, démographie) mais aussi naturelles (agronomie, botanique, hydrographie entre autres).

Elle n'aurait pu se développer sans la révolution de l'informatique et de toutes ses conséquences sur le plan de la cartographie (cartographie assistée par ordinateur...). En dépit de fortes résistances dues à la formation littéraire de beaucoup de géographes dans le monde, la nouvelle géographie a connu un essor considérable et s'est imposée. Elle apportait aux géographes une respectabilité scientifique. La nouvelle géographie a nécessairement entraîné un changement dans les concepts. Les concepts de la géographie classique, région, mais surtout milieu, paysage, n'ont pas résisté aux changements de perspectives et de méthodes et ils ont été remplacés par un unique concept, celui d'**espace**. En quelques années espace et spatial se sont substitués pratiquement à géographie et géographique. Le terme apparaissait plus neutre.

La nouvelle géographie théorique et quantitative s'est développée en Suède (T. Hägerstrand), aux Etats-Unis (B. Berry, P. Gould, R. Burton, W. Garrison), en Grande-Bretagne (R. Chorley, P. Haggett, A. Wilson). Washington, Chicago, Cambridge, Lund en furent les lieux de naissance.

Ce changement paradigmatique de la géographie a coïncidé avec une relève de générations intervenue dans les années 1950, relève amplifiée par le développement des effectifs de la communauté géographique internationale. Les 1 300 géographes des Etats-Unis en 1949 étaient 2 700 en 1963, 6 994 en 1975 ; la soixantaine de géographes français de 1957 augmentait ses effectifs de 330 en 1968 à plus de 600 en 1987. A ces changements dimensionnels ont correspondu des transformations institutionnelles et bibliographiques : apparition d'équipes de recherche, de laboratoires, multiplication des publications.

La nouvelle géographie s'est développée dans des contextes historiques, politiques et idéologiques bien différents de ceux de la géographie classique : la guerre froide et l'affrontement de deux blocs communiste-soviétique et capitaliste-Nord-Américain, l'effacement de l'Europe accentué par la décolonisation et les dernières guerres coloniales, l'entrée en scène des oppositions Nord-Sud, avec le sous-développement et le Tiers Mondisme, la croissance démographique et l'explosion urbaine.

Les mouvements étudiants des années 1968, les problèmes raciaux, ceux de la pauvreté urbaine, des ségrégations ont marqué la génération du « baby boom ». Ces bouillonnements, ces dynamiques, ces affrontements ont interpellé directement la nouvelle géographie.

Elle est apparue comme portant un regard détaché, aseptisé, indifférent aux problèmes du monde ; bien plus, on a vu dans ses démarches théoriques, normatives, une collaboration avec les détenteurs des pouvoirs, politiques, économiques.

Certains ont mis en doute la possibilité pour cette géographie de fournir une intelligibilité du monde indépendamment des contextes culturels et historiques, de la subjectivité des regards et des perceptions, de la diversité des pratiques sociales et des valeurs dont elles sont porteuses.

Aussi la « première » nouvelle géographie a-t-elle vu se développer autour d'elle, en opposition ou en complémentarité, d'autres nouvelles géographies.

— Une **géographie radicale** de contestation des pouvoirs établis et des « establishments » géographiques, marxiste ou non marxiste, représentée par W. Bunge (1971), D. Harvey (1973) avec des revues comme *Antipode* (Etats-Unis) et *Hérodote* (France). Cette géographie considère que la recherche scientifique doit servir à transformer le monde dans le sens d'une plus grande justice, d'un service des plus pauvres, des minorités ; la géographie féministe, la géographie du bien-être sont issues de ce courant.

— Une **géographie phénoménologique** aux contenus divers, portant une attention prioritaire aux comportements et aux attitudes des groupes humains vis-à-vis de leur environnement en fonction de leurs perceptions, de leurs représentations, des modalités d'actions et de décisions.
C'est une géographie des « espaces vécus » qui pose le problème de l'impossible approche objective du monde réel et donc de la validité de l'observation scientifique.
Elle attire l'attention sur la relativité des savoirs géographiques, la diversité des visions du monde. Les savoirs géographiques vernaculaires des sociétés indigènes sont bien différents des savoirs scientifiques et souvent plus riches parce que fruits d'une longue insertion et d'une pratique vécue.

— Une **géographie humaniste**, la plus récente des nouvelles géographies mais aussi celle qui se réclame d'une ancienne tradition. Elle est apparue dans les années 1975 en réaction à la fois à une géographie marxiste privilégiant un *homo economicus* déterminé par les rapports de classes et à une géographie théorique et modélisante présupposant un *homo rationalis*. Cette géographie met l'accent sur les valeurs humaines, les croyances qui déterminent les actions et les comportements humains.

5. Bilan provisoire d'une histoire

La géographie contemporaine apparaît aujourd'hui foisonnante, multiple, riche d'une communauté mondiale de géographes qui se comptent par milliers, d'activités de recherche et de publication innombrables. Les jugements portés sur cette géographie sont contradictoires : les uns, positifs, soulignent sa vitalité, son dynamisme, sa diversité, ses réponses aux demandes sociales et aux problèmes contemporains. D'autres, plus réservés, parlent d'un éclatement de la géographie, ils insistent sur l'image floue que la géographie donne d'elle-même, sur sa faible professionnalisation contrastant avec sa forte présence dans le monde scolaire et universitaire. La géographie selon eux traverserait une crise identitaire.

C'est pourquoi il est intéressant de replacer la géographie actuelle dans une perspective historique. Trois constatations peuvent être faites.

1. La géographie a profondément changé de nature et de fonction depuis quelque cent/cent cinquante ans, au moment même où elle accédait à un statut réellement scientifique.
   De science de la représentation (cartographique) et de l'intelligibilité (scientifique) de l'interface terrestre en vue de l'action humaine, de l'installation des sociétés humaines sur la terre, la géographie s'est enfermée dans des fonctions d'enseignement, chargée de former des instituteurs, des professeurs de collèges et lycées et de former leurs formateurs.
   Cette déprofessionnalisation de la géographie, renforcée par le divorce d'avec la cartographie, a été accentuée par son rattachement majoritaire aux disciplines littéraires.
2. La géographie, au cours des cent dernières années, a volontairement opéré un grand écart, passant du domaine des sciences de la nature, d'une écologie humaine, à celui des sciences de l'homme. Exemple unique de migration d'un champ scientifique. Une des conséquences en a été la séparation quasi-totale des géographies physiques et humaine, les premières étant écartelées entre leur fidélité à l'égard de la géographie et leurs affinités avec les sciences de la terre et de l'environnement.
3. Ces évolutions ont eu pour conséquence de déplacer les centres d'intérêt de la géographie. Ceux-ci ont de moins en moins été l'interface terrestre des régions, les lieux et de plus en plus les hommes, les sociétés humaines. Toutes les nouvelles géographies ont contribué à cette géographie humano-centrée, à cette anthropisation de la géographie.

Il en est résulté une difficulté croissante d'identification de la géographie. Il devient de plus en plus malaisé de la distinguer de la démographie, de la sociologie, de l'ethnologie…

L'autre conséquence a été l'absence de la géographie sur les créneaux où on l'attendait. L'histoire récente de la géographie n'est-elle pas celle de rendez-vous manqués avec l'écologie, avec les paysages, avec une géographie régionale dont on attendait le renouvellement.

Il ne nous appartient pas d'aller plus avant et d'écrire l'histoire de la géographie du temps présent encore moins celle du futur.

Tout au plus pourrons-nous signaler certaines tendances qui annoncent les contextes dans lesquels s'inscrira la géographie du siècle qui vient.

— Le contexte du renouvellement documentaire et instrumental. L'informatisation documentaire, la cartographie assistée par ordinateur, les imageries satellitaires, les images de synthèse débouchent sur une révolution en matière d'information géographique. Le développement extraordinairement rapide des systèmes d'information géographique, les besoins auxquels ils répondent instituent une géographie opératoire, professionnelle, de sociétés et d'entreprises géographiques à côté de la géographie académique et scolaire.

— Le contexte des crises de l'environnement. Les sociétés humaines sont aujourd'hui aux prises avec des problèmes fondamentalement géographiques. Il ne s'agit pas seulement en effet de problèmes environnementaux devenus classiques (pollutions, risques climatiques et biogéographiques) mais aussi et peut être surtout des problèmes de répartition des hommes (mégalopoles, peri-urbanisation, ghettos), de gestion territoriale, d'appropriation foncière, de régionalisation, de spatialisation. Ces deux catégories de problèmes géo-écologiques et géographiques devront mobiliser les nouvelles générations de géographes et leur faire écrire une nouvelle page de l'histoire de la géographie.

Lectures recommandées

Berdoulay V., 1981, *La formation de l'école française de géographie* (1870-1914), Paris, Comité des travaux historiques et scientifiques.

Broc N., 1975, *La géographie des philosophes : géographes et voyageurs français au* XVIIIe *siècle*, Paris, Ophrys.

Broc N., 1980, *La géographie de la Renaissance*, Paris, CTHS.

Cartes et figures de la terre, 1980, Centre Georges Pompidou.

Claval P., 1976, *Essai sur l'évolution de la géographie humaine*, Ann. Litt. Univ. Besançon.

Claval P., 1977, *La nouvelle géographie*, Paris, PUF.

Dainville F. (de), 1940-1986, *La géographie des humanistes*, Paris, Beauches.

Dainville F. (de), 1964, *Le langage des géographes*, Paris, Picart.

Dardel E., 1952-1990, *L'homme et la terre*, Paris, CTHS.

Favier J., 1991, *Les grandes découvertes, d'Alexandre à Magellan*, Paris, Fayard.

Freeman T.W., éd. 1977, *Geographers*, Biobibliographical Studies, 1 vol. annuel, Londres, Mansell.

George P. (éd.), 1975, *Les géographes français*, Paris, CTHS.

Glacken Cl., 1967, Traces on the rhodian shore, nature and culture in Western thought from ancien times to the end of the eighteenth century, Berkeley, Univ. of Los Angeles Press.

Grand Atlas Universalis des Explorations, 1991, Paris, *Encyclopædia Universalis*.

Holt-Jensen A., 1988, *Geography, history and concepts*, Londres, Paul Chapman.

Jacob C., 1991, *Géographie et ethnographie en Grèce ancienne*, Paris, Colin.

Johnston R.J. et Claval P. (éd.), 1984, *Geography since the second world war, an international survey*, Londres, Croom Helm.
Kish G., 1980, *La Carte, Image des civilisations*, Paris, Seuil.
Lassalle T., 1990, *Cartographie, 4 000 ans d'aventures et de passion*, Paris, Nathan.
Meynier A., 1969, *Histoire de la pensée géographique en France* (1872-1969), Paris, PUF.
Mollat M. et de la Roncière M., 1984, *Les portulans*, Paris, Nathan.
Pelletier M., 1990, *La carte de Cassini*, Paris, Presses Ecole Nat. Pont et Chaussées.
Pinchemel P., 1968, « Histoire de la Géographie » article in *Geographie Encyclopaedia Universalis*.
Pinchemel P., Robic M.C., Tissier J.L., 1984, *Deux siècles de géographie française, choix de textes*, Paris, CTHS.
Pinchemel P. et G., 1992, *La Face de la terre, éléments de géographie*, Paris, Colin.
Vanney J.R., 1988, *Histoire des mers australes*, Paris, Fayard.

Mots-clefs

Cartographie,
Espace,
Exceptionnalisme,
Géographie classique,
Géographie humaniste,
Géographie phénoménologique,
Géographie radicale,
Histoire de la géographie,
Information géographique,
Langage,
Nouvelle géographie.

Géographie et écologie humaine 2

Claude Raffestin

1. Une problématique commune

Je ne sais pas si P. Veyne a eu raison d'écrire que M. Foucault a révolutionné l'histoire, seuls les historiens peuvent ou non en témoigner mais, en tout cas, la méthode foucaldienne a fourni, avec l'archéologie du savoir, une précieuse méthode aux recherches « généalogiques » auxquelles les sciences humaines sont souvent confrontées (Veyne, 1978 ; Foucault, 1969).

Peu importe finalement que le mot géographie apparaisse plusieurs siècles avant celui d'**écologie** qui est une création savante de Haeckel, en 1866. Bien avant que les dénominations de ces deux disciplines existent les questions essentielles qui les ont fondées ont été formulées dans la pensée occidentale depuis l'Antiquité. Glacken, dans un beau livre trop peu connu, les a explicitées avec précision :

— « La terre, environnement à l'évidence bien adapté à l'homme et à la vie organique, est-elle une création intentionnelle ?

— Ses climats, ses reliefs, la configuration de ses continents ont-ils influencé la nature morale et sociale de ses habitants, et ont-ils déterminé le caractère et la nature humaine elle-même ?

— Dans sa longue occupation de la terre, l'homme l'a-t-il modifiée par rapport à ses hypothétiques conditions originelles ? » (Glacken, 1967).

Ces questions condensent les énoncés fondateurs des problématiques qui ne cesseront pas d'inspirer la géographie humaine et l'**écologie humaine**, dont l'objet est moins la terre que les relations que les hommes entretiennent avec elle, depuis l'Antiquité. D'ailleurs, les questions explicitées par Glacken sont toutes de nature relationnelle.

La première, pour s'en tenir à la pensée occidentale, s'enracine chez Homère qui ne fut rien moins que le père de la géographie pour Strabon et chez Hésiode avec **Gaïa**, la Terre, qualifiée de « demeure toujours sûre de tous les êtres ». Elle se prolonge avec la **cosmologie** de Ptolémée dont la thèse géocentrique a persisté du IIe au XVe siècle et avec Albert le Grand dans son *De Natura locorum* pour arriver à l'hypothèse Gaïa de J. Lovelock (Lovelock, 1986).

La deuxième question a traversé tous les siècles, depuis Hippocrate jusqu'à aujourd'hui, en passant par Bodin et Montesquieu, pour ne citer qu'eux, avec leurs théories climatiques.

La troisième question, bien que déjà formulée par Platon dans le *Critias* : « Tout ce qu'il y avait de terre grasse et molle s'est écoulé et il ne reste plus que la carcasse nue du pays », attendra jusqu'au XVIIIe siècle pour devenir obsédante et le XIXe pour être magistralement développée par Marsh que le Club de Rome redécouvrira sous forme systémique dans *Limits of the Growth* au début des années 1970 (Marsh, 1864).

Ces questions procèdent d'ontologies qui reposent toutes sur des mythes dont le déploiement progressif a permis l'élaboration de la géographie et de l'écologie : « Was die Wissenschaft wiederholt, hatte der Mythos schon suggeriert »... (ce que la science répète, le mythe l'avait déjà suggéré) (Blumenberg, 1979).

Il ne s'agit pas, on l'aura compris, de jouer au jeu des précurseurs depuis longtemps disqualifié par Canguilhem et par Foucault, entre autres, mais de retrouver des préoccupations dont la permanence a défié le temps. La géographie et l'écologie humaine se sont nourries de ces questions fondamentales.

La science hippocratique n'est pas la nôtre mais elle illustre par son souci d'établir des correspondances entre le corps de la terre et le corps de l'homme d'une part et entre « l'âme » des institutions et celle de l'homme d'autre part une problématique relationnelle qui est toujours d'actualité dans la géographie et l'écologie humaine. Albert le Grand, à sa manière, lui fera écho au XIIIe siècle : « En outre, ces élément montrent que les hommes qui émigrent vers des zones au climat différent, sans tenir compte des conditions naturelles défavorables, se développent mal et se détruisent ; ils retrouvent la santé lorsqu'ils reviennent dans leur pays d'origine » (Albert le Grand, p. 33). Dans une perspective biogéochimique J. Lovelock a formulé une hypothèse qui prolonge actuellement la première question d'une manière saisissante : « Nous avons depuis lors défini **Gaïa** comme une entité complexe comprenant la biosphère terrestre, l'atmosphère, les océans et la terre ; l'ensemble constitue un système de feedback ou cybernétique qui recherche un environnement physique et chimique optimal pour la vie sur cette planète » (Lovelock, 1986, p. 31-32).

2. Des évolutions confondues

Jusqu'au XVIIIe siècle toutes ces questions s'entrecroiseront et se mêleront sans doute en raison de l'absence d'une spécialisation disciplinaire qui n'émergera que dans le dernier quart du XIXe siècle mais aussi en raison de leur caractère holistique qui, d'ailleurs, a très probablement retardé l'évolution tant de la géographie que de l'**écologie humaine**. Toujours est-il que ces deux disciplines doivent beaucoup dans leur formulation moderne à une **période axiale** qui, avec la part d'arbitraire inévitable en cette matière, va de 1760 à 1860. Il est loisible de parler de période axiale pour la géographie et l'écologie humaine dans l'exacte mesure où les deux composantes naturelle et culturelle de ces disciplines vont se dégager pendant cet intervalle séculaire (Jaspers, 1957). Cette « Achsenzeit », précédée par la théologie naturelle et l'économie de la nature chère à Linné, et quasiment inaugurée par le « Tableau économique » de Quesnay, sorte de charte de la Physiocratie, qui date de 1758 est bornée par « l'origine des espèces » de Darwin publiée en 1859. Par la suite géographie et écologie humaine, tout en continuant à entretenir des relations plus ou moins étroites selon les auteurs et les moments, connaîtront des développements et des orientations différenciés à la faveur d'une spécialisation toujours plus forte. Mais préalablement considérons le « siècle axial » fondateur.

L'économie de la nature de Linné est une préfiguration du cercle écologique qui doit être fermé : « si une seule fonction importante manquait dans le monde animal, on pourrait craindre le plus grand désastre dans l'univers... » (Drouin, 1991, p. 40). Quesnay, imbu de l'idée d'ordre naturel, a développé dans son « Tableau » implicitement une sorte de cycle qui serait propre à orienter l'écologie humaine en ce sens que la seule source réellement productive est l'agriculture avec la biomasse végétale qui conditionne tout le processus (Bresso, 1982). Buffon, dans son œuvre immense, a également posé des jalons qui ont été utiles tout autant à la géographie qu'à l'écologie humaine.

Par ailleurs, il ne faut pas oublier, à la fin du XVIIIe siècle, le rôle des chimistes avec la compréhension de la nutrition des plantes et de la respiration des animaux. Parmi eux, Lavoisier est certainement celui qui a esquissé avec le plus de précision le **cycle écologique** qu'il appelle cette « merveilleuse circulation entre les trois règnes » :

> « Les végétaux puisent dans l'air qui les environne, dans l'eau, et en général, dans le règne minéral les matériaux nécessaires à leur organisation. Les animaux se nourrissent ou des végétaux ou d'autres animaux qui ont été eux-mêmes nourris de végétaux, en sorte que les matières qui les forment sont toujours, en dernier résultat, tirés de l'air et du règne animal. Enfin, la fermentation, la putréfaction et la combustion rendent continuellement à l'air de l'atmosphère et au règne minéral les principes que les végétaux et les animaux leur ont empruntés » (Drouin, p. 51).

C'est probablement Kant qui a tracé le programme philosophique le plus achevé au XVIIIe siècle en matière de classification des sciences dans laquelle il attribue une place importante à la géographie. Il n'est pas question de se livrer à une réévaluation de l'œuvre du philosophe de Koenisberg en matière de géographie mais il faut admettre que sa pensée a diffusé chez beaucoup d'auteurs au cours des décennies suivantes. Gottfried von Herder sera son élève et dans ses « idées pour l'histoire de la philosophie de l'humanité » il réalisera une vaste synthèse qui peut être considérée comme une harmonisation de la nature et de l'histoire constituant par là même un repère dans l'élaboration d'une géographie et d'une écologie humaine. Hegel dans *La raison dans l'histoire,* en explicitant le conditionnement naturel, proposera une vision **éco-géographique** dont les géographes allemands, certains d'entre eux du moins, feront leur profit : « Elles (les conditions naturelles) constituent avant tout les possibilités particulières à partir desquelles opère l'Esprit » (Hegel, 1965, p. 218). La conception hégélienne du fleuve est indéniablement écologique : « C'est un faux principe qu'ont soutenu les Français pendant les guerres de la Révolution, lorsqu'ils prétendirent que les fleuves seraient les frontières naturelles » (Hegel, p. 227).

Pourtant, c'est avec von Humboldt que la géographie et l'écologie vont véritablement se fonder selon une conception moderne qui fera place à une appréhension scientifique fondée sur l'observation. De 1799 à 1804, von Humboldt accompagné de Bonpland entreprendra ses fameux *Voyages dans l'Amérique équinoxiale* qui constitueront la matière de 30 volumes publiés entre 1807 et 1834. Par sa méthode de description du monde, von Humboldt sera à l'origine de la géographie du paysage dont ses *Tableaux de la nature* témoigneront. L'œuvre humboldtienne est un extraordinaire monument scientifique dont les différentes parties illustrent tout à la fois les sciences de la nature et les sciences de l'homme, la géographie tout autant que l'écologie humaine. Fondateur de la méthode comparative il montrera que beaucoup d'oppositions ne sont pas légitimes : « On a cru caractériser les différentes parties du monde en disant que l'Europe a des bruyères, l'Asie des steppes, l'Afrique des déserts, l'Amérique des savanes ; mais par cette distinction, on établit des contrastes qui ne sont fondés ni dans la nature des choses ni dans le génie des langues » (Humboldt, p. 38). Von Humboldt s'est dégagé de la tendance « idiographique » souvent caractéristique de ses prédécesseurs pour s'élever à une conception « nomothétique » dont il a montré toute la richesse non seulement dans le domaine physique mais encore dans le domaine humain. Von Humboldt, dans la critique qu'il fait de l'esclavage aux Antilles, a probablement donné avant la lettre une des premières analyses d'écologie humaine.

Mais von Humboldt, en liaison d'ailleurs avec de Candolle, créera la géographie des plantes qui conduira à l'**écologie végétale** et à la géographie botanique. L'aboutissement contemporain de cette orientation est constitué par la géographie et l'écologie du paysage.

Ritter, dans ses travaux, a accentué la méthode comparative et a fourni des schémas géographiques pouvant inspirer une démarche en écologie humaine et cela d'autant plus qu'il a mis l'accent sur les relations diachroniques de l'homme à l'espace.

L' « Achsenzeit » est close en quelque sorte par deux auteurs dont l'un aura une postérité scientifique absolument fabuleuse, Darwin, alors que l'autre demeurera quasiment inconnu, Marsh, quand bien même son œuvre illustre la direction prise par l'écologie humaine contemporaine. L'**évolutionnisme** darwinien influencera la pensée géographique de beaucoup d'auteurs parmi lesquels on peut citer Ratzel avant que celui-ci ne développe le diffusionnisme qui marquera son *Anthropogeographie*.

Reclus, par certains côtés de son œuvre gigantesque et multiforme, appartient à la période axiale en ce sens qu'il a mêlé géographie et écologie humaine, particulièrement dans *L'homme et la terre*. Son ami Kropotkine avec lequel il a collaboré à la géographie universelle écrira un ouvrage dans lequel il dénoncera la lutte comme loi naturelle, s'opposant en cela à Darwin.

Alors qu'au début du XXe siècle les écoles de géographie nationales sont en place soit par dérivation soit par opposition à l'école allemande, se développent d'autres courants de pensée de nature sociologique qui vont donner naissance à l'**écologie urbaine**. C'est le cas aux Etats-Unis avec l'Ecole de Chicago dont Park sera le représentant le plus connu. Dans ses travaux sur la ville, en insistant sur les modèles, il influencera à terme, sinon sur le moment, toute la géographie urbaine contemporaine.

3. Des conceptualisations différenciées

A ce point de l'analyse, il est essentiel de se demander pourquoi la géographie et l'écologie humaine se sont progressivement séparées et ont élaboré des cadres conceptuels distincts. La réponse n'est pas aisée car elle ne ressortit pas seulement du mouvement de spécialisation accentuée que l'on peut noter dans les disciplines entre 1890 et 1910. Elle réside davantage, à mon sens, dans la manière différente d'éclairer le même objet qui n'est pas autre chose que la connaissance que ces deux disciplines tentent d'élaborer sur la pratique et la connaissance que les hommes ont de la réalité matérielle. Pourtant, dans cette tentative les géographes ont d'abord mis l'accent sur les morphologies et les fonctions caractéristiques des paysages humanisés, autrement dit, ils ont sacrifié prioritairement au sens de la vue comme la notion même de paysage les y invitait. Ce « totalitarisme » de l'oeil a régné, presque sans partage, jusque dans les années 1950, c'est-à-dire jusqu'au moment où ce qu'on a appelé la géographie quantitative et/ou nouvelle géographie a découvert l'existence des structures puis des systèmes et enfin le rôle de la culture, mot pris au sens anthropologique du terme, c'est-à-dire du non directement observable ou du non-visible immédiatement.

De son côté, l'écologie humaine a suivi un chemin sensiblement différent dans la mesure où elle a été obsédée par les relations entretenues par les hommes avec leur environnement physique d'une part et leur environnement social d'autre part. Les processus et les flux ont été privilégiés par l'écologie humaine qui, par là même, a actualisé le non-visible et a virtualisé le visible. La géographie a fait l'inverse pendant longtemps.

Je ne vois que le recours à une métaphore pour faire comprendre ces processus inverses. Dans la mesure où l'objet est le même, cela veut dire que la géographie a davantage porté son attention sur le « signifiant » tandis que l'**écologie humaine** a porté la sienne sur le « signifié ». L'éclatement de l'objet a probablement pris naissance entre 1920 et 1940 et a été préjudiciable, sans nul doute, aux deux disciplines. Je montrerai plus loin comment l'enjeu actuel pour ces deux sciences est la recomposition de la connaissance de la pratique et de la connaissance que les hommes ont de la réalité matérielle. Il ne s'agit d'ailleurs pas seulement d'un enjeu scientifique mais encore d'un enjeu socio-politique d'une extrême importance. La naissance des mouvements écologistes, entre les années 1960 et 1970, ici et là, dans le monde développé, en témoigne éloquemment ; la géographie, bien que remplissant toutes les conditions pour le faire, aurait été incapable de déclencher un mouvement politique axé sur l'environnement. L'écologie en a été capable mais elle est relativement impuissante aujourd'hui à en assurer la diffusion tous azimuts sans le recours « au visible » dont la géographie demeure encore la principale dépositaire. Une véritable protection de l'environnement passe par la réconciliation du « signifiant » et du « signifié » de l'environnement.

N'y aurait-il alors aucune distinction à faire entre géographie et écologie humaine ? Tant s'en faut. Il suffit de relire Sorre pour se convaincre du contraire. Sorre est un « classique » et on peut dire, à la suite de Calvino, que plus on lit un classique plus on y trouve du nouveau, de l'inattendu, de l'inédit. Pour Sorre « à le prendre largement, toute géographie humaine est écologie » (Sorre, 1951, p. 6). Qu'est-ce à dire ? Que la géographie est une auto-écologie humaine dont le point de vue anthropocentrique s'explique aisément par la volonté d'actualisation des morphologies et des fonctions. L'écologie humaine, en revanche, lorsqu'elle y parvient, cherche à s'inscrire dans une synécologie qui prend en compte non seulement les relations intraspécifiques mais encore celles interspécifiques justement à travers les processus et les flux.

Même si la géographie s'intéresse aux flux de matière, d'énergie et d'information, elle le fait presque toujours dans la perspective de la dérivation par l'homme tandis que l'écologie prend en compte les effets de la dérivation des mêmes flux sur l'ensemble du système. Elle prend en compte les raisons des autres... La différence est de taille.

Même objet, donc, mais problématiques différentes qui ont fait évoluer l'une et l'autre disciplines vers des conceptualisations complémentaires. Prenons l'exemple du concept de densité commun aux deux disciplines. L'usage qu'en fait la géographie depuis Vidal de la Blache s'est probablement enrichi et n'en est pas resté à une conception classificatoire commode. Pourtant, il serait assez difficile de trouver en géographie une véritable théorie de la densité qui affronte le problème des effets. D'ailleurs, ce n'est que depuis peu que la géographie a fait la distinction entre densité et concentration, la seconde étant l'inverse de la première. L'écologie humaine, en revanche, à travers la dynamique des populations, s'est efforcée de développer une démo-écologie dans laquelle la problématique des effets est posée sinon résolue.

Le concept d'**écosystème** introduit par Tansley en 1935, qui ne sera d'ailleurs utilisé que beaucoup plus tard par les géographes, a permis de comprendre le caractère circulaire des flux et des processus dans un système fermé, l'énergie mise à part, comme celui de la terre. A cet égard, les géographes, et il serait facile de le démontrer, influencés en cela par un économisme diffus depuis le début du siècle, ont le plus souvent raisonné en termes linéaires comme si la terre était une ressource infinie. Quand bien même ils étaient convaincus, et pour cause, du contraire, ils ont mis beaucoup de temps à se débarrasser de cette contradiction interne qu'on retrouve au détour de chaque manuel, ici ou là, à propos de l'énergie, de l'eau ou de la terre pour ne citer que des exemples qui abondent dans les ouvrages relatifs au Tiers Monde.

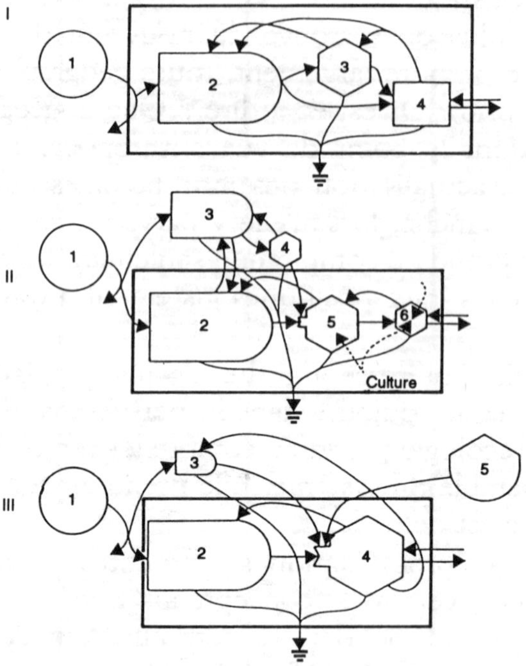

I Ecosystème chasseur-cueilleur
1. Ressources renouvelables
2. Biomasse végétale primaire
3. Biomasse animale secondaire
4. Hommes

II Ecosystème agraire
1. Ressources renouvelables
2. Système agricole
3. Biomasse végétale primaire
4. Biomasse animale secondaire
5. Fermes
6. Villes

III Ecosystème urbain
1. Ressource renouvelable
2. Agro-système
3. Biomasses primaire et secondaire
4. Villes
5. Ressources non-renouvelables

Figure 1 Evolution des écosystèmes humains adapté de H. Odum

La mise en perspective du concept d'**écosystème** par H. Odum à partir d'une grammaire graphique originale procure un cadre d'analyse dont la simplicité apparente ne diminue pas l'efficacité pour appréhender les flux et les processus *(figure 1)*. H. Odum parvient ainsi à rendre compte tout à la fois des écosystèmes naturels et des écosystèmes humains tant à grande qu'à petite échelle.

H. Odum est parvenu à exprimer clairement, sous forme graphique, ce que Vernadsky avait commencé à mettre en évidence en 1929 (Vernadsky, 1929) et ce que Lindeman avait exposé dans le cycle trophique en 1941. Ainsi s'est élaboré le déploiement des interactions. Celles-ci s'expriment dans des interfaces qui combinent les trois grandes logiques à l'œuvre : l'éco-, la bio- et la socio-logiques. Pendant longtemps, la distinction entre écologie générale et écologie humaine n'a pas permis de prendre la mesure globale des interfaces dans un seul mouvement. Une remarque analogue se justifie pour la géographie dont la classique division physique et humaine qui, tout en se comprenant pour des raisons méthodologiques et didactiques, n'a pourtant pas eu des effets heureux à long terme. On peut regretter, par exemple, que les travaux de Birot qui, à la fin des années 1950, se sont approchés d'une remarquable conception dynamique dans laquelle on peut repérer une esquisse des cycles biogéochimiques et du cercle écologique en général, n'en ont pas moins négligé les effets de ponction et de dérivation d'une part et de leur corollaire les effets d'accumulation et de destruction des sociétés humaines à n'importe quelle échelle (Birot, 1959). Il faudra, en France, attendre les travaux de G. Bertrand pour que soient pris en compte dans le concept de « paysage » les éléments physiques, biologiques et anthropiques (Bertrand, 1970) que prolongeront d'autres auteurs (Tricart et Kilian, 1979). Cela a permis d'évoluer vers une notion d'aménagement renouvelée en ce sens que la pression accrue sur le milieu naturel de la part de l'homme est immédiatement prise en considération. Les analyses, qualifiées de systémiques, de certains géographes rejoignent celles des écologues humains à maints égards mais il n'en demeure pas moins que les angles d'attaque sont sensiblement différents. C'est ce que nous allons tenter de montrer.

4. Convergences et divergences

A partir d'un schéma très simplifié nous allons tenter de résumer par superposition les « positions » et les problématiques respectives, de la géographie et de l'écologie *(figure 2)*. Considérons en perspective le système géographique et le système écologique, l'un et l'autre très, voire outrageusement, simplifiés, dans des « modèles » descriptifs caricaturaux dont l'intérêt réside dans la mise en évidence des interactions et des interfaces.

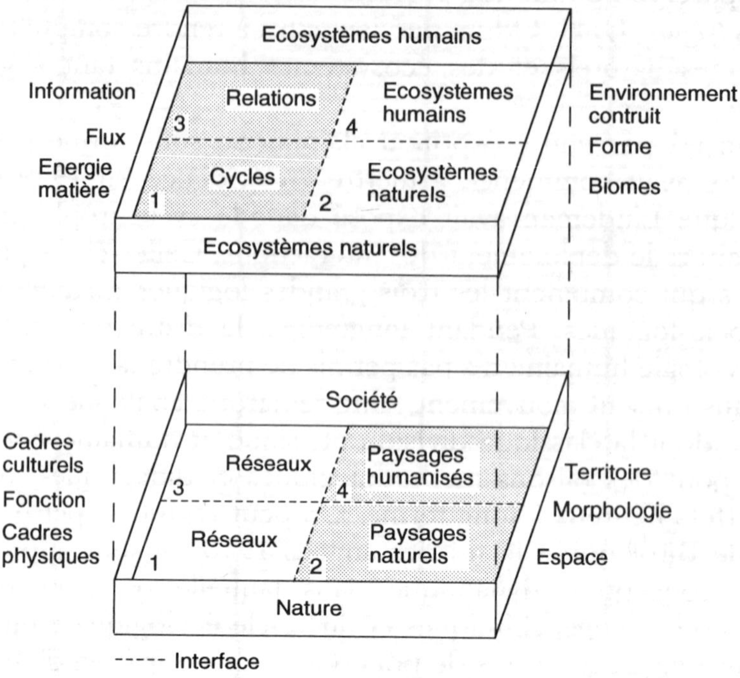

Figure 2 Géographie et écologie humaine

Traditionnellement l'axe société-nature croisé avec l'axe fonction-morphologie a longtemps conditionné et conditionne encore dans une très large mesure toute la géographie qu'elle soit physique ou humaine. Ce système délimite quatre quadrants dont le premier est caractérisé par des systèmes naturels faits de réseaux multiples tandis que le deuxième est constitué par des paysages et des morphologies. L'accent a longtemps été mis sur les paysages et les morphologies car il s'agissait « d'objets visibles ». Quand bien même cette problématique n'est plus la seule à régner sans partage, force est de reconnaître qu'elle continue à polariser l'attention car c'est elle qui est susceptible d'une restitution cartographique élaborée. Le troisième quadrant, lui, prend en compte les fonctions dérivées des techniques d'encadrement comme les a appelées Gourou. De nature culturelle ces techniques, en évolution constante, donnent naissance à des relations sociales et à des réseaux géographiques qui modèlent le quatrième quadrant constitué par les paysages humains qui donnent à voir des objets dont le caractère concret, là encore, est redevable de représentations diverses en particulier cartographiques. D'une manière générale, il est loisible de prétendre que, quand bien même les quatre quadrants sont illustrés, la géographie tend à mettre l'accent sur les « objets » qui occupent les quadrants 2 et 4, d'où un développement plus accentué des interactions et des interfaces dans la partie droite du schéma.

L'écologie humaine, plus tardive, n'en a pas moins suivi une organisation grossièrement comparable mais a recouru à des concepts sensiblement différents. L'axe écosystème humain-écosystème naturel est coupé par l'axe flux-forme. Le premier quadrant conditionné par l'énergie, la matière et l'information génétique donne une place considérable aux cycles biogéochimiques et aux chaînes trophiques. Le deuxième quadrant a mis en perspectives les **biomes** qui sont des formations ou encore des complexes, selon les auteurs, qui « s'étendent sur une aire géographique assez grande » et dont « l'existence est sous le contrôle du macroclimat » (Dajoz, 1971, p. 250). Le troisième quadrant rend compte de toutes les relations qui constituent abstraitement l'armature de la territorialité humaine. Le rôle de l'information est considérable car elle conditionne les relations qui sont médiatisées par des systèmes anthropologiques multiples pour assurer la satisfaction des besoins : systèmes symboliques, idéologiques, technologiques, etc. (Boulding, 1966). Le quatrième quadrant met en perspective les formations territoriales moins dans une perspective d'objets que de lieux d'existence caractérisés par des opportunités et des contraintes. Contrairement à la géographie ce n'est pas tant la visualisation qui importe que la structuration des bases de l'existence. Dans ce cas, les deux quadrants situés sur la gauche du schéma sont relativement plus importants : il s'agit des quadrants 1 et 3.

Comme on le voit il n'y a donc pas une superposition mais un décalage relatif qu'expriment les parties ombrées du modèle graphique. Si l'on considère les choses à travers l'opposition matérialisation-dématérialisation qui est présente tout à la fois pour la géographie et l'écologie humaine celle-ci accentue davantage que celle-là le second élément de l'opposition. Il y a donc indéniablement une complémentarité des démarches mais cette complémentarité est en partie demeurée en puissance car des concepts utilisés par l'une et l'autre disciplines ne sont pas à la même échelle. Ainsi, les fonctions de la géographie sont polysémiques et polymorphes tandis que les flux de l'écologie sont beaucoup plus homogènes, énergie et matière par exemple, pour ne citer que ceux- là.

Cela revient à dire que si les grandes questions sont, dans une large mesure, communes à la géographie et à l'écologie humaine, leur ontologie respective s'alimente à des sources différentes. Si l'on se contente de comparer problématiques, méthodologies et thématiques à grands traits, on découvrira beaucoup d'analogies entre géographie et écologie humaine. Pourtant, ce qui les sous-tend, c'est-à-dire les mythes qui font vivre l'une et l'autre, ne ressortissent pas du tout à la même origine.

La géographie est sous-tendue par le mythe de « l'homme constructeur » : la terre est donnée à l'homme pour être transformée, humanisée, dominée en quelque sorte. Ce n'est rien d'autre que la lutte de l'homme, en tant qu'il est un organisme bio-culturel, contre le milieu. Cette lutte contre le milieu serait créatrice à travers la production de formations et d'associations utiles à l'homme. Dans la géographie classique, l'*homo geographicus* est vu comme un « héros civilisateur » qui par ses œuvres construit le monde. L'ontologie géographique pourrait se résumer par le mythe prométhéen.

A l'opposé, l'écologie humaine est sous-tendue par le mythe de « l'homme destructeur » celui-là même qu'on retrouve à la racine de l'œuvre de Marsh dans laquelle est mise en évidence l'idée que vivre c'est détruire. Evidemment, toute ontologie est indémontrable puisqu'elle a un caractère en quelque sorte axiomatique et c'est pourquoi elle rejoint le mythe. En somme, l'**écologie humaine** part de l'idée que l'instrumentalisation du monde par la création d'organes exosomatiques est une des causes premières de la transformation et donc de la destruction de la terre, de Gaïa. Dans ces conditions, l'ontologie de l'écologie humaine pourrait se résumer par le mythe du labyrinthe dans lequel toutes les relations nouées entre les acteurs sont médiatisées par des instruments qui conduisent au drame final.

S'il est vrai que la géographie et l'écologie humaine procèdent toutes deux d'un anthropocentrisme inévitable, la première y adhère très étroitement alors que la seconde en est beaucoup plus éloignée par une sorte de décentrement, de manière à tenir compte de la biosphère non humaine. On voit que « l'entreprise ontologique est absolument indépendante des rapports spécifiques que la forme de vie humaine noue au monde macroscopique » (Hottois, 1984, p. 69). Dans l'écologie humaine, c'est la relation technique au monde qui est en cause et qui est mise en accusation car « à l'ordre naturel, elle substitue physiquement un autre ordre et un autre dynamisme qui, au mieux, encercle l'ordre naturel, le canalise ou l'englobe » (Hottois, 1984, p. 73). En géographie cette relation technique n'est pratiquement jamais en cause car, le plus souvent, elle est « naturalisée » dans l'exacte mesure où elle est prise comme allant de soi. C'est assez dire que la géographie et l'écologie humaine n'ont pas la même conception du temps : la première est plongée dans une quotidienneté qui lui voile l'évolution des choses tandis que la seconde est obsédée par une critique de la quotidienneté qui lui dévoile un futur chargé de crises et de catastrophes.

5. Plaidoyer pour un anthropocentrisme revisité

Ce qui précède montre assez clairement que malgré de remarquables convergences entre la géographie et l'écologie humaine, il existe aussi d'étonnantes divergences qui échappent le plus souvent à l'analyse superficielle. Il ne s'agit pas de rapprocher deux « anthropocentrismes différentiels » pour fusionner deux disciplines qui ont, non seulement leur raison d'être mais encore des mérites incomparables, quant à notre appréhension et à notre représentation du monde. Les démarches, toutes parallèles qu'elles peuvent être, ne le sont jamais assez pour justifier une fusion qui n'aurait qu'une chance minime de déboucher sur un corpus unifié. En revanche, elles peuvent l'une et l'autre contribuer à l'élaboration d'une éco-géographie pour reprendre le terme de J. Tricart et J. Kilian. Ce « point de vue » puisque tel est l'énoncé de J. Tricart et J. Kilian consiste à « étudier comment l'homme s'intègre dans les éco-systèmes, comment cette intégration est diversifiée en fonction de l'espace terrestre » (Tricart et Kilian, 1979, p. 8). L'horizon délimité par ces auteurs ne va pas au-delà des prélèvements effectués par l'homme et des modifications que celui-ci imprime, volontairement ou non, à ces éco-systèmes. Ils ne s'en cachent d'ailleurs pas, déclarant qu'il revient à d'autres d'aborder le prélèvement des ressources sous l'angle social et politique. Dans cette perspective, l'**écogéographie** débouche sur une science appliquée, utile à l'aménagement, mais qui laisse de côté des pans entiers de problèmes intéressant les écosystèmes humains depuis les analyses éco-énergétiques agricoles et industrielles jusqu'aux pathologies sociales en passant par les problèmes des nuisances, des pollutions et des déchets.

Il est d'une importance extrême qu'une **écogéographie** ne soit pas considérée du seul point de vue de l'Umwelt (« monde autour ») mais encore du point de vue du Mitwelt (terme intraduisible qui signifie littéralement « le monde avec »). Cela change complètement la conception de l'anthropocentrisme classique qui au lieu de placer l'homme « au milieu du monde » en fait un élément, certes privilégié, mais qui vit avec tout, à travers tout et par tout ce qui fait justement le monde. Le fait que l'homme traverse et soit traversé par tout oblige à reconsidérer notre position, à faire en quelque sorte une « révolution de type copernicien » qui ne néglige pas l'environnement humain (Searles, 1986) par lequel, justement, nous craignons d'être submergé. Il est tout à fait loisible de faire l'hypothèse que les relations inadaptées que nous entretenons avec l'environnement non humain sont peut être responsables de nos psychoses et de nos névroses. En d'autres termes les relations que nous entretenons avec l'Umwelt conditionnent probablement nos pathologies. Il ne s'agit pas de prendre la position des mouvements politiques écologistes qui, souvent, pour sauvegarder la nature sont enclins à créer des problèmes sociaux de diverses natures, mais il s'agit de faire comprendre que l'Umwelt est un Mitwelt avec lequel il convient d'apprendre à vivre comme l'a montré Thoreau (Thoreau, 1967).

Une véritable **écogéographie** est probablement en train de s'élaborer sur la base d'une pensée à laquelle des hommes comme G. Bateson et N. Georgescu-Roegen auront fourni les fondamentaux qui n'ont guère été utilisés jusqu'à maintenant. Le « double bind » du premier et l'application de la loi de l'entropie à l'économie du second sont effectivement capables d'orienter une éco-géographie humaine d'un nouveau style. Cela suppose évidemment des concepts transdisciplinaires dont l'élaboration est encore à faire, pour la plus grande part, en tenant compte des trois logiques déjà évoquées. Pour ce faire, il convient de penser à construire la réalité en termes relationnels.

Cette éco-géographie à inventer n'est pas destinée à se substituer à la géographie ni non plus à l'écologie humaine mais à fournir des modèles adaptables à différentes échelles. Les derniers travaux de R. Thom (Thom, 1988), sur la théorie des saillances et des prégnances, dans la perspective du continu, pourraient inspirer ces modèles qui déboucheraient sur une intelligibilité nouvelle tout autant pour la géographie que pour l'écologie humaine.

Lectures recommandées

Bateson G., 1977, *Vers une écologie de l'esprit*, t. I et II., Paris, Gallimard.

Dardel E., 1952, *L'homme et la terre*, Paris, PUF.

Glacken J., 1967, *Traces on the Rhodian Shore*, Berkeley, University of California Press.

Lovelock J., 1986, *La terre est un être vivant, l'hypothèse Gaïa*, Le Rocher.

Odum H., 1983, *Systems Ecology*, New York, Wiley.

Mots-clefs

Biomes,
Cosmologie,
Cycle écologique,
Ecogéographie,
Ecologie,
Ecologie humaine,
Ecologie urbaine,
Ecologie végétale,
Ecosystème,
Evolutionnisme,
Gaïa,
Période axiale.

Géographie et esprit des lois

3

*Morceaux choisis par Marie-Claire Robic**

« Law (Scottish). The Oxford English Dictionary :
A hill, especially one more or less rounded or conical ».
D. Stamp, A.N. Clark ed., A glossary of geographical terms,
London, Longman, 1981, (3rd ed.), p. 304.

Ni anthologie, ni même sélection raisonnée, ce recueil est tout au plus une réalisation aléatoire dans un immense univers de possibles, l'un de ces multiples cadavres exquis que pourrait composer la géographie dans sa bibliothèque. C'est une invitation à fréquenter les textes, pour des enquêtes à passages répétés sur les lois de la géographie, et pour y dialoguer avec les acteurs d'une « aventure scientifique » dont le cours est rien moins que linéaire.

1. Une position scientifique pour la géographie

1.1. Discipline à part entière ou carrefour des sciences

« Il est grave en effet qu'une science, quelle qu'elle soit, ait besoin d'être stimulée artificiellement par les autres sciences et de vivre d'emprunts. [...] Pour en revenir à la tâche qu'elle devrait accomplir pour les étendues de terre que comporte le globe terrestre, elle consiste en fait à étudier leurs relations globales, c'est-à-dire à observer les espaces, en déterminer le contenu et le rapport de l'un à l'autre. La géographie scientifique doit donc s'intéresser : d'abord aux proportions arithmétiques des espaces, c'est-à-dire à la détermination de leurs sommes, distances et grandeurs, ensuite à leurs proportions géométriques, c'est-à-dire à la définition de leurs figures, de leurs formes et leurs positions.

* Avec la collaboration de Denise Pumain.

Cependant, elle s'intéressera au contenu des espaces non pas du point de vue de la structure, de la forme et des forces inhérentes au matériau en soi ou sous l'angle des lois naturelles auxquelles il obéit ; ce sont les différentes branches des **sciences naturelles**, la physique et la chimie qui s'y emploient. Elle s'y intéressera plutôt sous le rapport du développement différencié, de la sphère d'extension et des **lois** d'expansion de ces espaces tout autour de la terre, autant de phénomènes auxquels les **sciences** susmentionnées ne se réfèrent qu'accidentellement et qui résultent de leurs combinaisons terrestres aussi bien que de leurs positions, leurs figures, leurs formes, leurs sommes, leurs dimensions et leurs distances. »

C. Ritter, 1833, *Du facteur historique dans la géographie en tant que science*,
Berlin, communication à l'Académie royale des sciences,
10 janvier, *in* C. Ritter, 1974, p. 134-135.

« On voit par cette rapide énumération que la géographie met plus ou moins à contribution toutes les **sciences**. Elle touche à l'astronomie, à la géométrie, à la géologie, à la physique, à la chimie, à la météorologie, à la botanique, à la zoologie, à l'ethnographie, à la linguistique, à la statistique, au droit, à l'économie politique, à l'histoire, à l'archéologie. Elle en est distincte néanmoins parce qu'elle applique toutes les notions dont elle s'empare à un objet déterminé, la description de la superficie du globe. Ayant à représenter le monde terrestre en raccourci, elle résume et condense tout le savoir humain. Mais elle n'invente rien ; elle se contente de comprendre, de classer et de peindre. Ses qualités essentielles sont la clarté, la méthode, l'exactitude. »

P. Foncin, 1880, *in* F. Buisson,
Dictionnaire de pédagogie et d'instruction publique,
Paris, Hachette, 2e partie, t. 1, p. 856.

« Qui donc osera se proclamer détenteur de toutes les **sciences** qui servent à décrire la terre, sans souci de l'influence des conditions physiques sur l'homme ? Qui donc aura la prétention d'être à la fois parfait géologue, expert physicien des climats, excellent botaniste, zoologiste éminent, anthropologiste et ethnographe infaillible ? Qu'elle soit le fait d'un historien ou d'un naturaliste, cette prétention est également insoutenable. Il faut donc recourir au principe de sélection des emprunts que nous indique clairement la célèbre définition de C. Ritter…

Nous avons le devoir impérieux de transformer ce que nous empruntons ; car les sciences physiques et naturelles, étudiant les phénomènes et les êtres en eux-mêmes et pour eux-mêmes, emploient des classifications et des procédés qui ne conviennent pas nécessairement à notre étude philosophique de rapports qui vise l'homme. »

M. Dubois, 1898, La géographie et l'éducation moderne, *Revue internationale de l'enseignement*, XXXV, p. 236, p. 238.

« Il reste donc au géographe une œuvre personnelle à accomplir, après que les savants ont fait la leur ; mais, c'est à la condition, est-il besoin de le dire, qu'il ait d'abord tiré parti de toutes leurs enquêtes, qu'il ait examiné les faits dans la pleine lumière que chaque **science** projette sur eux. »

L. Gallois, 1899, La géographie et les sciences naturelles, *Revue Universitaire*, 1, p. 41.

« Nous devons notre existence en tant que profession, non au fait que nous ayons découvert une ligne de recherche ni même parce que nous possédons une technique particulière mais parce que les hommes ont toujours eu besoin de connaissances géographiques, les ont collectées et classées... En cette époque de développement excessif de l'information et des techniques il est impossible de nous limiter et de nous réduire à une **discipline** spécifique. Cela, je pense, est notre nature et notre destin, notre faiblesse actuelle et notre force potentielle... »

C. Sauer, 1956, The education of a geographer, *Annals of the Association of American Geographers*, Presidential Address.

« De l'idée d'unité, on passe tout naturellement à l'idée de la vocation synthétique de la géographie : "Les deux atouts les plus spécifiques de la géographie : le sens de la dimension spatiale et celui de la **synthèse**" (Gilbert Maistre). "Discipline de synthèse, la géographie est ambitieuse..." (Jean Dresch). Ambitieuse, ô combien, puisque "l'objet n'est pas seulement de bâtir une discipline analytique autonome, mais de tâcher d'utiliser plusieurs nouvelles formes analytiques pour en bâtir une synthèse intégrale" (Anne Buttimer). Intégrale est le mot puisqu'il s'agit de la terre tout entière et de tout ce qui s'y trouve dessus : "Le caractère original de la géographie française, ou plutôt l'accent qu'elle met dans son œuvre, est de vouloir présenter de la face de la terre une description synthétique où concourent les aspects physiques et les activités humaines" (Marc Boyé). Dans cette optique, l'introduction des mathématiques ne peut que renforcer ce caractère fondamental de la géographie : "Cet élargissement des méthodes devrait rapprocher le géographe, homme de synthèse, des chercheurs travaillant dans d'autres branches des sciences humaines" (Bernard Marchand). Ou encore : "Le propre de la recherche géographique est de prendre en considération simultanément un grand nombre de caractères dont la combinaison définit justement un système spatial" (Jean-Bernard Racine et Guy Lemay). L'idée de synthèse est tellement accrochée à la géographie que les deux termes en deviennent synonymes puisque "une étude vraiment géographique ne peut qu'être synthétique. Ce n'est pas parce que l'on a affublé certains chapitres de la géographie d'un adjectif restrictif que l'esprit géographique doit pour autant abdiquer" (Roger Brunet). »

A. Reynaud, 1974, La géographie entre le mythe et la science, essai d'épistémologie, *Travaux de l'Institut de Géographie de Reims*, 18-19, p. 69.

« On peut dire que l'assimilation des SIG (**systèmes d'information géographique**) par la géographie offre une base de réconciliation longtemps attendue entre la pseudo-science "molle" des **sciences sociales** et la science spatiale "dure" dont les SIG font partie. La géographie a besoin des deux... Les dernières décennies ont vu apparaître et disparaître plusieurs "nouvelles géographies". Chaque épisode suscite tôt ou tard un phénomène de rejet et est remplacé par une autre mode. Bien que cette aptitude à la mutation continuelle donne à la géographie une vitalité extraordinaire et l'aide à s'adapter aux changements du contexte, cela crée aussi une confusion croissante et massive quant à ce qu'est la géographie... Les SIG peuvent offrir la perspective de renverser le processus de fission disciplinaire pour le remplacer par une fusion... Les SIG mettent avant tout l'accent sur la nature simplement holistique du **modèle** de données spatio-temporelles qu'est la **géographie.** »

S. Openshaw, 1991, A view on the GIS crisis in geography, using GIS to put Humpty-Dumpty back together again, *Environment and Planning A*, 23, 5, p. 621-622.

1.2. Science naturelle ou discipline anthropocentrée

« Cette science devra décrire la terre comme un organisme planétaire, siège de phénomènes et de mouvements divers, et parmi ces phénomènes elle s'occupera de ceux qui se rapportent directement à la conformation actuelle du globe, et ceux qui mettent ce globe en rapport avec le monde animé, avec l'homme, sommet de l'échelle des êtres. Nous partirons donc non point de l'astronomie, mais du point où l'astronomie touche à la surface terrestre, c'est-à-dire de la cosmographie, du soleil, du système planétaire. Et nous aboutirons, non point à l'histoire, mais au point où l'histoire touche à la surface terrestre, c'est-à-dire, à la répartition des peuples, à l'effet des climats, au groupement des nations, au va-et-vient des empires. [La **géographie**] c'est l'étude de la surface terrestre, et des rapports de cette surface avec l'univers ou avec les êtres qu'elle porte. »

F. Schrader, 1880, *in* F. Buisson, *Dictionnaire de pédagogie et d'instruction publique.* Paris, Hachette, 1re partie, t. 1, p. 1152.

« J'entends signaler seulement que, si l'on accepte la définition désormais classique de la **géographie**, il convient d'établir une gradation méthodique de l'importance des emprunts à faire aux sciences physiques et naturelles ; et la première condition d'une étude des rapports entre la terre et l'homme, est apparemment l'existence d'êtres humains. L'intérêt diminue ou s'accroît suivant qu'on envisage des pays plus ou moins peuplés, d'une civilisation plus ou moins complexe. Au désert, c'est une étude poignante de misère, d'oppression, d'épreuve de l'être humain, mais une étude relativement simple, puisque c'est, à peu de chose près, celle de l'action d'un état climatérique rigoureux sur des groupes d'hommes très clairsemés. Combien complexe et délicat au contraire l'art d'analyser, dans un pays comme le nôtre, la part de chacune des conditions, physiques ou humaines, naturelles ou historiques, dont le jeu nous ébouit ! »

M. Dubois, 1898, La géographie et l'éducation moderne, *Revue internationale de l'enseignement*, XXXV, p. 241-242.

« Il n'y a donc pas entre la géographie physique et la géographie humaine ce fossé que quelques-uns hésitent à franchir. L'une achève l'autre, et au-dessus des méthodes de recherches qui varient avec l'objet à atteindre, il y a une unité d'inspiration qui guide les géographes : l'esprit scientifique s'appliquant à déterminer ce qu'il y a de général au milieu de la diversité des faits. Le géographe idéal serait celui qui serait maître de tous les procédés de recherche scientifique, qui étudiant une région du globe, pourrait retracer l'histoire de sa formation, de façon à en expliquer le relief actuel, qui déterminerait les causes souvent lointaines de son climat, qui distinguerait les particularités de sa flore et de sa faune et en saurait l'origine, qui verrait comment l'homme a tiré parti de cette région, comment s'y font les échanges et quels échanges, quelles cultures, quelles industries y sont le mieux à leur place ; qui, enfin, instruit par la comparaison, indiquerait les améliorations à y apporter, sans prétendre résoudre ce problèmes *a priori*, mais simplement à titre de tentative. Cet idéal de **science**, un même homme ne peut plus tenter de le réaliser aujourd'hui : le travail scientifique est trop complexe ; mais ce qu'un seul ne peut faire, plusieurs peuvent l'exécuter en commun. La géographie est une vaste entreprise [...] les savants y ont leur place au premier rang, parce que sans eux, sans leurs méthodes, on ne fût jamais sorti du vague et de l'incertitude. La seule condition c'est que tous ces travailleurs ne s'ignorent pas, ne s'isolent pas, c'est qu'ils sachent tous profiter des travaux les uns des autres, c'est qu'ils soient pénétrés de cette idée qui domine toute la géographie, que tout se tient dans la nature, que les phénomènes s'y enchaînent et qu'il faut les étudier dans leurs relations réciproques. »

L. Gallois, 1901, L'évolution de la géographie,
Congrès National des Sociétés Françaises de Géographie, Paris, 1900,
Compte-rendus publiés par la Société de Géographie, Paris, Masson, p. 118.

« La géographie tout entière est une science de l'homme, ou, plus exactement, des collectivités humaines dans leur cadre spatial. A mon sens, la géographie physique elle-même doit se définir comme une étude des complexes naturels dans la mesure où ils sont liés à l'exercice des différentes activités humaines par des processus récurrents : influence des facteurs physiques sur le développement des civilisations et action des collectivités humaines organisées et techniquement outillées sur le milieu. L'étude d'un fait physique en soi, considéré comme une fin sort du domaine de la géographie, quel que soit son intérêt propre. »

P. George, 1948, *in* Géographie humaine et géographie économique,
résultat de l'enquête parmi nos lecteurs, *L'Information géographique*, p. 122.

« On répète depuis longtemps que la **géographie**, en particulier la géographie humaine, est avant tout anthropocentrique. On voit maintenant quel sens il convient d'attribuer à cette expression. Ce n'est évidemment pas tant de l'homme en lui-même qu'il s'agit que des transformations qu'il est capable d'imposer aux conditions naturelles pour réaliser un milieu plus approprié à l'exercice de son activité. Ce principe, nous le verrons plus loin, est essentiel, car il est le seul qui permette de donner à la géographie le caractère d'une connaissance scientifique et de fonder son unité. »

A. Cholley, 1951, *La géographie (Guide de l'étudiant)*, Paris, PUF, p. 25.

« D'une façon générale, nous pensons que l'analyse géométrique offre une alternative logique, cohérente et géographiquement plus pertinente à l'approche thématique qui mène inévitablement à la subdivision de la géographie et qui la force à l'éclatement vers les disciplines externes spécialisées. Cela ne donne pas seulement une chance de souder la géographie humaine et physique pour une nouvelle collaboration, mais revivifie le rôle central de la cartographie dans sa relation avec ces deux branches. »

R. Chorley, P. Haggett, 1967, *Models in Geography*,
Londres, Methuen, p. 34.

« Aux côtés des diverses sciences de la nature, aux côtés des diverses sciences économiques et sociales, la **géographie** a pour objet l'étude de la différenciation et de l'organisation de la surface de la terre.

Les uns et les autres (faits géographiques) s'articulent également en une combinaison, un complexe géographique, réalisant une certaine organisation de l'espace. Le semis fondamental de l'habitat, les réseaux hiérarchisés de circulation, la trame des plans parcellaires, l'utilisation et l'affectation des sols à des fins agricoles, industrielles, de services ou de résidence, composent un tout interdépendant, expression géographique de cet aménagement territorial.

Et pourtant, la géographie science des paysages, science de l'**organisation** et de la différenciation de l'**espace** représente la conception la plus sûre de la géographie, celle qui lui donne tout à la fois un but, une méthode et des possibilités d'application. »

P. Pinchemel, 1968, Redécouvrir la géographie,
Annales de l'Université de Paris, 3, p. 350-360.

a) L'enlèvement de Geographia par Quantifactus

b) Géographia est de nouveau enlevée. Cette fois-ci, elle est arrachée à Quantifactus et emmenée de l'autre côté du Rio del Compromiso vers l'heureux paysage marxien.

c) Lassée des chamailleries, Geographia prend enfin le commandement, ramenant le marxiste révolutionnaire El Barbo et le consultant capitaliste Quantifactus sur le rivage de la réalité géographique. Les pommes de l'arbre de la connaissance sont un peu plus abstraites aujourd'hui, mais plus tentantes que jamais.

Figure 1 La saga de la géographie vue des Etats-Unis
Repris de : P. Gould, 1985, The Geographer at work, Londres, Routledge et Kegan Paul, p. 34, 301 et 344.

« Pour la commodité de l'exposé de cette longue marche de la géographie à la recherche de sa vocation on a procédé par ordre successif. En fait, la périodisation des orientations et de la finalité de la géographie ne peut être qu'approximative et indicative. Les périodes se chevauchent. Les tendances d'une phase se dégagent progressivement des credos de la phase précédente. Dans la même génération se côtoient ceux que l'on qualifie de passéistes, les détenteurs des méthodes et des orientations du moment et les sceptiques ou les audacieux qui cherchent d'autres voies. Mais, dans l'ensemble, au niveau des plus grands nombres, des institutions, des organismes de recherche et de dialogue, sur le plan national et international, chaque période se caractérise par une démarche principale, qui occulte jusqu'à un certain point la genèse de nouveaux systèmes de pensée, de nouvelles affirmations d'une vocation, qui contribue en son temps et à sa manière à l'intelligence de l'espace, du « sien », de l'espace local, régional ou national, et de celui des autres, avec la nécessaire compréhension des différences autant que des solidarités. En tout temps, la géographie est une **science politique** dans la mesure où elle fournit les informations sur lesquelles se construit l'action ; c'est aussi une **science morale** parce qu'elle donne les orientations du comportement quotidien. Mais être une science politique n'est pas être une politique, être une science morale n'est pas être une morale : c'est beaucoup plus une philosophie de l'existence dans ses contingences spatiales. »

P. George, 1990, *Finalité de la géographie*, Encyclopædia Universalis, Symposium, Les enjeux, p. 1016-1023.

2. Science, lois, causalité

« Une **science** qui analyse et compare, qui dispose d'un assez grand nombre de données précises pour déterminer des types et essayer des classifications, qui démêle dans les réalités qu'elle étudie l'effet combiné de **lois** générales, porte les caractères de l'âge de la maturité. Le chemin a été long ; mais au fond il n'y a rien eu que de régulier et de naturel dans la marche de la science géographique. »

P. Vidal de la Blache, 1899, « Leçon d'ouverture du cours de géographie », *Annales de Géographie*, p. 109.

« Qu'est-ce donc, en définitive, que la géographie ? On peut répondre que c'est d'abord une **méthode**, ou, si l'on préfère, une manière de considérer les choses, les êtres, les phénomènes dans leurs rapports avec la Terre : localisation, extension, variations locales et régionales de fréquence ou d'intensité. Dès lors, la carte est un instrument indispensable, non seulement d'expression, mais encore de recherche. Si entre deux ordres de faits bien définis, bien caractérisés, il y a coextension précise ou variations parallèles dans l'espace, on peut conclure avec assurance à une relation causale. Cette méthode est employée couramment par toutes sortes de sciences, physiques et humaines, depuis la séismologie jusqu'à l'économie et à la linguistique. Mais le rapport n'est pas toujours direct : le plus souvent, il consiste en un enchaînement dont les termes peuvent être ou physiques, ou humains, ou l'un et l'autre à la fois, et relever par conséquent de toutes sortes de sciences. Il est donc indispensable que le géographe engagé dans un certain ordre de recherches soit assez familier avec les sciences connexes, non seulement pour bien saisir leurs conclusions, mais encore pour être capable d'en apprécier la valeur. Cela conduit à pousser les recherches dans des directions multiples sur le plan local, régional ou planétaire, dans l'espoir de restituer de proche en proche les maillons de la chaîne » … « La **géographie** est-elle une **science** ? non certes, au sens ordinaire du mot ; tout au plus un faisceau de sciences bien différentes, pourvues chacune de ses méthodes propres et par conséquent de son autonomie. Mais alors, à mesure que ces sciences dites géographiques se détachent du tronc commun, que restera-t-il de la géographie ? Il faut répondre : une certaine manière d'envisager les choses, un mode de pensée, peut-être une catégorie nouvelle de l'intelligence, à laquelle l'esprit occidental, et lui seul, vient d'accéder. De même que l'histoire, une tard-venue elle aussi, s'efforce de penser les choses du passé dans le temps, et chacune dans son temps, ce qui est bien le meilleur moyen de situer le présent à sa vraie place et de se préparer à le comprendre, de même la géographie s'applique à penser les choses et les événements terrestres en fonction de la Terre, conçue non comme un support inerte, mais comme un être doué d'une activité propre qui commande quelquefois, qui conditionne toujours celle des êtres qui la peuplent. Ces complexes se présentent à lui sous la forme d'aspects, de paysages, au sens le plus large du terme : non seulement ce que l'œil aperçoit d'un point de vue bien choisi, voire du haut des airs, mais encore ce que l'esprit embrasse dans sa vision du monde, paysages locaux, régionaux – les « pays », ensembles continentaux, éventuellement planétaires. On l'a dit : la géographie aboutit à la **description** raisonnée, explicative, des paysages. »

H. Baulig, 1948, « La géographie est-elle une science ? »,
Annales de Géographie, p. 1.

« La **description**, même suivie de classification, n'explique pas comment les phénomènes se distribuent dans le monde. Expliquer les phénomènes que l'on a décrits revient toujours à les reconnaître comme la manifestation de **lois**. Une autre façon de dire la même chose est de souligner que la science ne s'intéresse pas tant aux faits pris isolément qu'aux structures qu'ils forment… la géographie doit être conçue comme la science qui s'occupe de formuler les **lois** gouvernant la distribution spatiale de certains aspects de la surface de la Terre. »

F.K. Schaefer, 1953, Exceptionalism in Geography : a methodological examination, *Annals of the Association of American Geographers*, p. 227.

« Cette discussion méthodologique tente de relier la **géographie** à la **science**. La portée de la discussion dépasse la seule théorie scientifique car il est nécessaire d'établir les relations entre la théorie et les autres aspects de la science, en particulier entre la théorie et les faits (description) et la théorie et la logique (mathématique). La première partie présente une philosophie générale de la science qui met l'accent sur la place de la **théorie**. La partie suivante discute deux problèmes soulevés par l'assimilation de la géographie à une science. Ces deux problèmes concernent le rôle de la description en géographie, et la prévisibilité des phénomènes géographiques. La troisième et dernière partie, largement inspirée de Schaefer, suggère une méthodologie scientifique pour la géographie et esquisse les relations entre les géographies régionale et descriptive, thématique et théorique, cartographique et mathématique ».

… « Le point essentiel est que les mathématiques apportent le cadre logique dans lequel nous pourrons bâtir la théorie. Cela n'est pas bien évalué en général, en partie parce que beaucoup de non-initiés considèrent les mathématiques seulement comme traitant de nombres, alors qu'en vérité certains aperçus les plus profonds des mathématiques ne sont pas métriques. Plusieurs branches des mathématiques se sont déjà révélées utiles à la géographie, mais l'auteur se sent attiré par la géométrie, et en particulier par sa partie la plus fondamentale, la topologie. Il paraît raisonnable de penser que la science de l'espace reconnaisse la fécondité des mathématiques de l'espace. »

W. Bunge, 1962, *Theoretical Geography*,
Lund Studies in Geography, Serie C, 1, p. 1 et 36.

« La synthèse régionale, Vidal de la Blache l'avait déjà dit, est l'accomplissement dernier du travail du géographe, le seul terrain sur lequel il soit pleinement lui-même. En expliquant et en comprenant la logique interne d'un fragment de l'écorce terrestre, le géographe révèle une individualité dont la réplique exacte, c'est bien évident, ne se trouvera nulle part ailleurs. Est-ce à dire qu'il soit impossible de poursuivre à son sujet le constant et fructueux dialogue qui s'est institué entre géographie régionale et géographie générale ? Il faut bien avouer que, si la France a été le pays d'élection des études régionales, la notion de **région** n'y a pas fait, jusqu'à ces dernières années, l'objet d'un effort systématique de généralisation. Une doctrine se dégagerait malaisément de la comparaison des monographies. Sans parler de celles qui ne sont que des énumérations à tiroirs, les synthèses sont présentées dans les cadres les plus disparates, tant par leur nature que par leur dimension. Tantôt territoire marqué par une certaine uniformité naturelle, ethnique ou économique, tantôt district hérité de l'histoire et que n'épouse aucune réalité actuelle, la région est le plus souvent conçue comme une sorte de « donné », dont on s'efforce au seuil de l'étude de justifier les limites. Faut-il s'étonner que cette conception de la géographie n'ait pas fait école dans des pays comme les Etats-Unis, où les cadres hérités de la nature et de l'histoire sont à la fois plus larges et moins nuancés ? Grâce à la géographie générale, on met maintenant des réalités précises derrière des mots tels que pédiment, forêt-galerie, openfield, banlieue… On ne saurait en dire autant du mot région.

… Il existe donc deux principes d'unité régionale. L'un repose sur un critère d'*uniformité*, c'est le paysage ; l'autre sur un critère de *cohésion*, sur l'action coordinatrice d'un centre. Les territoires individualisés de cette seconde manière se caractérisent moins par leur physionomie que par leur fonction. Nous parlerons d'espace *fonctionnel.* »

E. Juillard, 1962, « La région, essai de définition », *Annales de Géographie*, p. 487.

« Cette étude sur les discontinuités en géographie, partie de tout autres considérations, rejoint donc ici une conviction que nous avons progressivement acquise, la croyance aux vertus d'une géographie régionale systématique, reposant sur le classement des types de **régions** et leur comparaison. Le géographe, certes, fait à tout moment cette démarche, mais plutôt par bribes, de façon encore analytique : l'explication des divergences dans le comportement de tel élément, d'une région à l'autre, est le fondement de toute géographie générale. Mais, en privilégiant l'étude d'un élément, on risque de commettre des erreurs d'appréciation. Les inconvénients de la méthode séparative sont graves, parce qu'elle demande une rare prudence. La *géographie régionale comparée systématique* – qui n'est certes pas une nouveauté mais qu'on peut estimer beaucoup trop peu pratiquée – nous paraît devoir être plus fructueuse, précisément en raison de cette discontinuité de nature entre les éléments pris isolément et le complexe qu'ils forment : passera-t-on de la *géographie* à la *chorologie* ? »

R. Brunet, 1967, *Les phénomènes de discontinuité en géographie*, Paris, CNRS, Mémoires et Documents de Géographie, vol. 7, p. 99.

« La géographie, consciente du caractère exceptionnel, particulier de toute association de phénomènes, s'est rarement élevée au-dessus de la simple classification, de l'analyse descriptive.

Les progrès méthodologiques lui permettent d'aborder des thèmes fondamentaux, de généraliser les résultats des recherches comparatives, de préciser scientifiquement la nature des rapports entre les divers phénomènes présents dans un même lieu. Elle peut ainsi définir les modalités optimales, souhaitables, de l'**organisation de l'espace**, préciser les seuils critiques des tailles, les niveaux d'équipement des centres urbains, les tailles optimales des villes et des exploitations agricoles, les types de réseaux urbains, les modèles d'aménagement de l'espace rural.

C'est seulement dans la mesure où les résultats de cette recherche fondamentale seront convaincants que les applications apparaîtront possibles. Car trop souvent, mettant la charrue avant les bœufs, on a proposé aux géographes de résoudre des problèmes qui ne comportaient pas de réponses, faute d'un acquis fondamental.

Certes, dès maintenant le géographe peut apprécier la **valeur** de l'actuelle organisation territoriale d'une région. Il peut mesurer la valeur d'un paysage sous le triple aspect économique, social et écologique. Mais il lui est plus difficile de faire des propositions de réaménagement faute de disposer de modèle ou à tout le moins d'asseoir ses propositions sur une argumentation objectivement justifiée.

La tâche du géographe passant de la théorie à l'application consiste à proposer les cadres de l'environnement humain du futur, à contribuer à définir ce que seront ou ce que devraient être les paysages humanisés de demain, plus « volontaristes » que les paysages spontanés et anarchiques d'aujourd'hui.

Le rôle du géographe est peut-être d'éviter que, jouant les apprentis sorciers, les hommes n'organisent leurs espaces qu'à la seule lumière de leurs possibilités techniques illimitées, qu'ils oublient la permanence des besoins élémentaires de l'homme, qu'ils le conditionnent dans un environnement totalement artificiel, indifférent au monde de la nature. »

P. Pinchemel, 1968, Redécouvrir la géographie,
Annales de l'Université de Paris, 3, p. 359.

« Usons-nous de lois et pouvons-nous les employer pour expliquer des événements géographiques ? Vu l'imprécision des critères utilisables pour distinguer les lois scientifiques d'autres types d'énoncés, une telle question peut paraître dénuée de sens. Mais puisque la place des lois en géographie est si centrale dans « l'image méthodologique » que les géographes ont d'eux-mêmes, et puisque les lois assument une fonction vitale dans l'explication scientifique, nous sommes contraints à entreprendre une tâche apparemment impossible. Forcément, la tentative ne pourra être concluante, mais les retombées méthodologiques se révèleront très utiles. »

« Les spécialistes de géographie humaine ont fréquemment résisté à l'idée de traiter les faits individuels *comme* s'ils relevaient de lois scientifiques, comme en géographie physique [...]. Récemment l'opinion a changé, et un nombre croissant de géographes veut examiner les phénomènes de géographie humaine *comme* s'ils pouvaient être interprétés en termes de **lois** générales. Les contributions récentes de Bunge (1966) et Haggett (1965) participent clairement de cette tendance, et l'on pourrait citer beaucoup d'autres exemples. Le principe de "l'**ordre** caché dans le chaos" apparaît comme une hypothèse de base de ces travaux. »

... « Ce qu'il faut alors c'est une formule analytique claire de la loi elle-même (cf. Wilson, 1967) et une définition claire de son domaine. A ces conditions, il n'y aucune raison méthodologique à ce que les lois d'interaction spatiale, qui semblent à première vue si différentes des lois des sciences physiques, ne réussissent pas à atteindre le même statut. »

... « L'universalité méthodologique peut aussi constituer une hypothèse importante pour ce qui concerne le "relativisme culturel" en géographie humaine. Ce problème peut être regardé comme une forme spécifique de la question des systèmes de **valeurs** distincts qui a conduit beaucoup de chercheurs à rejeter l'idée d'une **science sociale** "objective". Les diverses cultures montrent des systèmes de valeurs radicalement différents. Ce fait irréfutable interdit-il l'étude scientifique de sociétés de type différent ? Quelques anthropologues semblent le suggérer. Vu les fortes influences exercées par l'anthropologie sur la géographie culturelle, il n'est guère surprenant que Sauer (1963) et l'école de Berkeley (cf. la revue due à Brookfield, 1964) aient adopté une certaine dose de ce "relativisme culturel" dans leurs écrits. Dans sa forme la plus stricte, cette vue suppose simplement que le monde est divisé en une mosaïque de types de paysages, dont chacun est considéré comme l'expression unique d'un type de culture et dont chacun ne peut être décrit qu'en termes de cohérence culturelle interne. La géographie culturelle consiste alors dans l'examen des interactions spécifiques entre la culture et l'environnement dans une région particulière. Il est clair que les **lois** universelles n'ont aucune place dans de telles études, et il n'y a pas lieu de considérer les phénomènes géographiques *comme* s'ils étaient gouvernés par des processus universels. »

D. Harvey, 1969, *Explanation in geography*,
London, Arnold, p. 107, 109, 111-112.

« Les géographes américains, britanniques ou scandinaves qui se réclament de la « nouvelle géographie » ont pour la plupart réalisé que les concepts d'organisme et d'unité organique sont largement sinon entièrement « idiographiques », c'est-à-dire qu'ils ne débouchent que sur la description du particulier et du spécifique et que de ce fait, ils ne peuvent pas, ou presque pas, contribuer au progrès d'une science par ailleurs toujours plus « nomothétique », c'est-à-dire toujours plus à la recherche des **lois** générales et de leur interprétation. L'explication générale est déjà acquise. Dans chaque nouvelle analogie, on ne fait que retrouver une forme particulière de l'explication générale. En revanche, à travers les propriétés des **systèmes**, la recherche géographique redécouvre une méthode et un langage qui s'apparentent de très près à ceux des autres disciplines qui tour à tour ont reconnu l'importance de la notion de système, fait d'éléments et d'attributs interreliés qui constituent peut-être un tout organique plus ou moins structuré. Le point de départ n'est plus l'organisme mais *l'information* qui permet de juger si cet organisme existe.

J.B. Racine, H. Reymond, 1973,
L'analyse quantitative en géographie, Paris, PUF, p. 22.

A. Constatations…

B. Interactions…

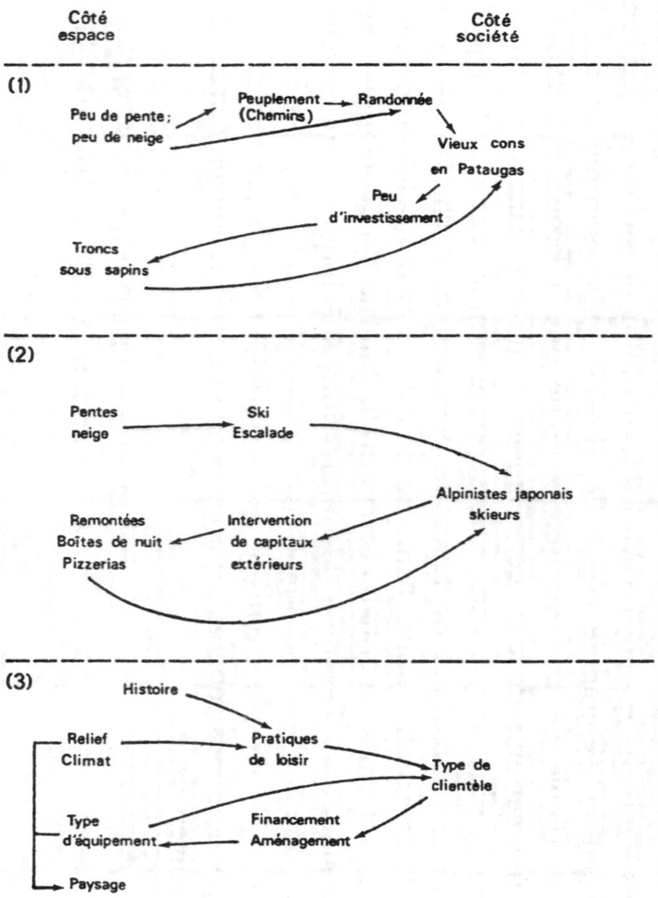

Figure 2 Le déterminisme revu par le systémisme
Source : Brouillons Dupont, 1982, n° 9.

« Bien des géographes ont l'intuition des **systèmes**, et même de l'approche systémique, quand ils font des recherches complètes – complexes – en mettant l'accent sur l'intrication des relations, sans chercher une cause dernière. Mais on a toujours intérêt à suivre un certain nombre de règles, à formaliser – et à rechercher de nouvelles règles quand on a affaire à un nouvel objet, ce qui est le cas des ensembles géographiques. Dire que cet effort n'apporte rien de plus que ce qu'apportait une très bonne étude traditionnelle est gratuit, et cache souvent quelque paresse d'esprit.

L'approche de système, qui demande un long apprentissage, un réel investissement, et qui en est en géographie à ses balbutiements, a des avantages décisifs.

Elle s'oppose au réductionnisme, car elle oblige à poser la complexité ; elle garde l'ensemble des relations et des éléments. C'est la pensée réductionniste qui est totalitaire ; en sciences au moins, le sens de la totalité évite la tentation totalitaire.

Elle s'oppose au déterminisme : ce n'est pas la Nature (ou autre chose) qui commande ; il y a un ensemble de relations. On peut y trouver des moteurs, des freins, des leviers, etc. : mais non une cause première, ou une dernière instance, ce qui revient au même, et relève de la métaphysique.

Elle évite de mettre un accent excessif sur la genèse, qui n'est souvent qu'une autre façon de revenir au singulier, à l'enchaînement unique et aléatoire, finalement à un autre inexplicable – le hasard ; mais, en obligeant à définir le système présent, et les rémanences, elle amène à préciser à la fois la relativité historique, le changement, et aussi les processus, lois et modèles en action.

Elle aide les sciences à communiquer – et à mieux reconnaître le mauvais côté des analogies : permettant des rapprochements lumineux, elle lutte contre le morcellement du savoir, contre l'obscurantisme.

Elle est une attitude d'esprit autant qu'un instrument de recherche ; mais elle ne convient peut-être pas à toutes les formes d'esprit. Son concept central, la causalité circulaire, concept éminemment dialectique, est aussi puissant que difficile à manier – et nombre de dialecticiens, à commencer par Marx, l'ont de temps à autre mis de côté.

Enfin, elle n'est pas une nouvelle idéologie ; elle le deviendrait, si l'on faisait du systémisme… »

R. Brunet, 1979, « Systèmes et approche systémique en géographie », *Bulletin de l'Association de Géographes Français*, n° 465, p. 406-407.

« Il semble bien que les évolutions réelles montrent des passages d'un état à un autre : du désordre à l'**ordre** (auto-organisation) ; d'un ordre à un autre (passage dont l'étude est une grande préoccupation des auteurs de modèles dynamiques) ; de l'ordre au chaos, ou du chaos à l'ordre. Les constructions d'ordre par fluctuation se situent donc dans des cadres assez différents.

Il semble que la grille de lecture dont la description vient d'être esquissée soit applicable à la géographie. Parce que celle-ci s'occupe de configurations complexes et des processus diachroniques qui leur donnent naissance ; parce qu'elle doit tenir compte des rapports entre microniveaux (par exemple, celui des décisions individuelles) et niveaux d'ordres de grandeur plus élevés ; parce que l'on rencontre souvent des situations qui ne sont pas désordonnées, sans présenter pour autant des structures simples, des autocorrélations nettes. Ce dernier point est très important, et il conduit à une réflexion sur les modèles et leurs rapports avec le chaos. »

F. Durand-Dastès, 1991, La notion de chaos et la géographie, quelques réflexions, *L'Espace Géographique*, n° 4, p. 311.

Mots-clefs

Description,
Discipline,
Explication,
Géographie,
Loi,
Méthode,
Modèle,
Ordre,
Organisation de l'espace,
Région,
Science, science de l'homme, science morale, science naturelle, science politique, science sociale,
Synthèse,
Système,
Système d'information géographique (SIG),
Théorie,
Valeur.

Epistémologie de la géographie

4

Marie-Claire Robic

Les dernières décennies ont engagé l'ensemble des sciences dans une même turbulence. Les dualismes sont menacés, les hiérarchies interscientifiques ébranlées, les modèles de la complexité s'imposent. Situer la géographie parmi les sciences est un vieux débat en même temps qu'un débat éludé, tant elle a peu fait l'objet de l'attention philosophique. Transdisciplinaire ou pluridisciplinaire à elle-seule ? Dualiste ? Science, art, science morale ? La perspective épistémologique adoptée ici consiste d'abord à dégager la structure la plus générale de la pratique de la géographie, en rappelant l'évolution de cette structure depuis l'institutionnalisation de la discipline, à la fin du XIXe siècle, par laquelle elle se constitue en corps de connaissances élaboré par une communauté scientifique. Nous analysons ensuite les déterminants de cette évolution en mettant l'accent sur les variations de la représentation de la relation hommes-terre qui forme le substrat de l'interrogation géographique. Enfin nous examinons les principes de restructurations contemporaines de la géographie centrées sur le concept d'espace géographique.

Etymologiquement étude ou théorie de la science (mais théorie de la connaissance en général, en anglais), l'**épistémologie** ne constitue pas un champ unifié de conceptions et de pratiques. A la suite de G. Granger *(Encyclopaedia Universalis)*, nous rappellerons les deux styles de théorie de la science qu'elle recouvre : accent sur les « processus les plus généraux de la connaissance, sur leur logique, sur leur fondement » ou « étude spécifique des sciences, voire du développement historique concret de leurs problèmes ». Le premier privilégie la question de la démarcation de la connaissance scientifique, le second celle de la singularité de ses domaines. A un pôle, elle tend « à situer la science dans une expérience du savoir qui la déborde, à en évaluer la portée, à en dégager le sens pour l'ensemble de la pratique humaine ». A l'autre, pratiqué notamment par une tradition d'histoire des sciences française, elle examine les « méthodes spécifiques » des diverses sciences. Notre approche relève des épistémologies attachées à la dynamique de la pensée scientifique et à la conception de la science comme une activité sociale complexe. Nous ne nous intéresserons donc pas à la « justification », l'étude de la logique interne de la science – centrale dans les épistémologies à la manière de Popper. D'autres chapitres s'y emploient.

1. La tension entre localité et universalité

L'une des tensions les plus constantes dans la géographie est celle qui oppose une méthodologie singularisante et une méthodologie universalisante. Cette dualité, banale dans la pensée occidentale, prend en géographie une originalité particulière qui tient sans doute à la récurrence de l'opposition et à la variété des moments où s'exprime le conflit entre ces deux formes de rationalité.

Elle commence avec la distinction grecque entre géographie et chorographie, celle-ci étant la description, à visée exhaustive, des lieux ou des régions dans leur variété, celle-là, notamment à travers la tradition de cartographie mathématique, la représentation, sélective, d'un ordre formel de la terre *(figure 1)*. Elle s'exprime aussi dans des manières de penser la division de la terre, qui tantôt procède au découpage de parties naturellement ou organiquement constituées à la manière des membres d'un corps, et tantôt à un repérage fondé sur une grille unique, tels le quadrillage géométrique déduit de lignes et de points fondamentaux ou la zonation calquée sur un réseau astronomique. En matière d'acquisition des connaissances, la tradition de l'observation, du regard direct ou autopsie pratiquée par le voyageur s'oppose à l'extrême à la formalisation, telle la figure de la table rase – l'espace homogène et isotrope – utilisée dans les modèles de l'économie spatiale et auparavant dans ceux des stratèges. Depuis les Grecs (Jacob, 1990 et 1991), les variations sur le « regard aérien », sur sa capacité à produire une connaissance synoptique et/ou panoptique de la Terre manifestent aussi la récurrence de ce problème de l'articulation entre la totalité terrestre et ses parties.

1.1. Une épistémologie du mixte ?

A la fin du XIXe siècle, l'approche singularisante des **localités** a généralement prévalu dans les diverses écoles de géographie développées à partir du troisième tiers du siècle. Elle s'est traduite par le privilège accordé à la mono-

DE LA COSMOG. Fo.IIII.

La Geographie. La Similitude dicelle.

La Chorographie de la particuliere deſcription dung lieu.

CHorographie (comme dict Vernere) laquelle auſſi eſt appellee Topographie, conſydere ou regarde ſeulement aulcuns lieux ou places particuliers en ſoymeſmes, ſans auoir entre eulx quelque comparaiſon, ou ſamblance auecq lenuironnement de la terre. Car elle demonſtre toutes les choſes & a peu pres les moindres en iceulx lieux contenues, comme ſont villes, portz de mer, peuples, pays, cours des riuieres. & pluſieurs aultres choſes ſamblables, comme edifices, maiſons, tours, & aultres choſes ſamblables, Et la fin dicelle ſera acomplie en faiſant la ſimilitude daulcuns lieux particuliers, comme ſi vng painctre vouldroict contrefaire vng ſeul oyel, ou vne oreille.

La Chorographie. La Similitude dicelle.

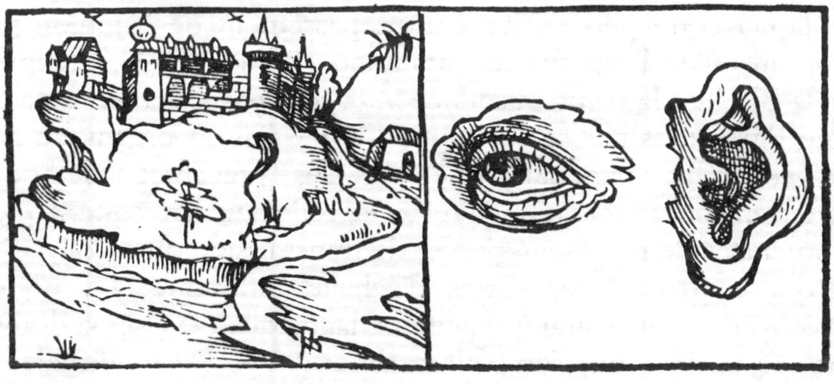

Figure 1 Géographie et chrorographie
d'après Pierre Apian, *La Cosmographie*, Anvers, Grégoire Bonte, 1544
publiée par F. Lestringant, 1991.

graphie synthétique. En cela, les géographes ont plutôt pris parti pour la « compréhension » que pour l' « explication », suivant la dichotomie exprimée dans la « querelle allemande des sciences sociales ». Cela n'est toutefois pas si simple, en raison de la variété des écoles nationales et des individus qui ont eu l'ambition de mettre en œuvre des géographies nouvelles en cette période d'établissement des sciences sociales ; leur relecture par des perspectives « présentistes » d'histoire des sciences, dans des contextes de crise, a par ailleurs durci leurs caractéristiques épistémologiques ou reconstruit les enjeux (Rhein, 1982 ; Besse, Robic, 1986 et 1989).

On peut montrer, par l'étude des polémiques scientifiques, que l'un des nœuds des conflits contemporains de l'institutionnalisation de la géographie universitaire relevait de l'affrontement entre deux régimes de rationalité : l'un calqué sur la rationalité « standard » de la science telle qu'elle s'est développée sur le modèle de la physique newtonienne, avec pour normes l'explication par la loi, l'indépendance à l'égard des conditions de lieu et de temps, l'autre sur le modèle de la compréhension, de la recherche des individualités ou des formes, dans leur irréductible identité et dans leur histoire intrinsèque. C'est au moins l'une des dimensions épistémologiques de la controverse entre les géographes vidaliens et les sociologues durkheimiens, partisans d'une science sociale explicative. Quoique nuancé dans sa défense de la géographie humaine contre la morphologie sociale durkheimienne, l'historien L. Febvre (1922) cautionnait la démarche monographique des vidaliens (Besse, 1982 ; Buttimer, 1971 et 1978 ; Berdoulay, 1978 et 1981).

La conception de l'école française est cependant ambiguë. Elle peut être qualifiée d' « épistémologie du mixte », qui tend à concilier les deux approches, explication et compréhension. La structure du champ scientifique peut expliquer cette perspective d'un dépassement de l'opinion plutôt que d'une rupture avec l'expérience commune (Robic, 1991). L'expression de Vidal de la Blache : la « vue raisonnée », la condense. Il a tenté de construire ce régime mixte tant par sa conception d'une liaison organique géographie générale-géographie régionale que par ses préceptes méthodologiques (mêlant terrain ou observation directe et réflexion livresque), que par des formes originales de représentation et de transmission du savoir, tel son *Atlas général*, qui confronte des cartes d'échelle différente. La « description explicative » en est un avatar à finalité pédagogique développé durant l'entre-deux-guerres, période que l'on peut qualifier de « science normale ».

Aux Etats-Unis à la fin des années trente, la somme élaborée par R. Hartshorne sur *The Nature of Geography* tend à valoriser cette conception **idiographique** de la géographie. Ce terme est emprunté aux théoriciens de l'historicisme, Rickert et Dilthey, qui opposent les disciplines **nomothétiques** et les disciplines idiographiques dont relèveraient les sciences sociales. Hartshorne reconstitue une tradition régionale ou de « science chorographique » qu'il attribue à Kant, en passant par A. de Humboldt, par C. Ritter et par les géographes allemands du début du XXe siècle tel A. Hettner.

Il est vrai que les géographies du début du XXe ont privilégié l'étude d'objets régionaux au sens large, de « formes » ou de « physionomies ». Ce sont des « milieux », dans la mesure où les géographes du tournant XIX-XXe siècles fondent souvent l'unité terrestre sur un principe biologique. A la limite, c'est l'assimilation de la terre à un grand organisme vivant, ainsi que l'envisage F. Ratzel dans son projet d'une *Biogeographie* générale dont la *Politische Geographie* est un sous-ensemble. De manière plus délimitée, comme cela se passe en France, l'analogie avec l' « œcologie », qui se développe alors grâce aux travaux des botanistes Warming et Schimper, oriente une vision biologique du « tout » terrestre ; elle permet de justifier aussi, dans une perspective néo-lamarckienne, une conception naturaliste de la « géographie humaine » naissante (Berdoulay, Soubeyran, 1991 ; Robic *et al.*, 1992). Selon le poids accordé à la perception (et à la matérialité des traits de la face de la terre) ou à la fonctionnalité, selon la balance entre nature et culture, ces individualités sont plutôt des « paysages » à la manière allemande ou à la manière du géographe californien Sauer, ou plutôt des « régions » comme en France (Claval, 1984).

1.2. La polémique positiviste des années 1950

La contestation interne décisive de ce régime de rationalité est à dater des années cinquante-soixante *(fiche 1)*. Elle trouve son expression la plus radicale aux Etats-Unis par la voix de F.K. Schaefer (1953), qui met au centre de sa polémique Hartshorne et les auteurs allemands qu'il a sollicités. Il dénonce sous le terme d' « exceptionnalisme » ce complexe d'idées selon lequel la géographie a une méthodologie spécifique – parce qu'elle serait « intégrative » ou science de « synthèse », différente des sciences systématiques – et selon laquelle ses objets relèvent de l'unicité. Elle partagerait ce qu'il considère comme une erreur avec l'histoire, dans une tradition qui remonte à Kant – « le père de l'exceptionnalisme ».

Après lui, les géographes anglo-américains tels W. Bunge (1962) et D. Harvey (1969), ont approfondi la critique de la conception idiographique, en lui opposant *la* méthodologie scientifique et la norme de l'explication, critique menée d'un point de vue explicitement **positiviste**. De cet alignement de la « new geography » sur l'orthodoxie scientifique vient l'accent sur le rôle

FICHE 1

Eléments de la polémique épistémologique des années 1950

R. Hartshorne, 1939, *La nature de la géographie.*
« L'objet central de la géographie régionale, c'est le caractère unique et varié de la surface de la terre, – une unité singulière dont les découpages ne peuvent être qu'arbitraires, quel que soit le niveau de la division, et dont les parties sont, comme les divisions temporelles en histoire, des totalités uniques. [...] Le but ultime de la géographie, l'étude de la différenciation spatiale [areal differenciation] du monde, se trouve le plus clairement exprimé dans la géographie régionale. C'est seulement en maintenant de façon constante sa relation à la géographie régionale que la géographie générale peut coller à l'objectif de la géographie et ne pas se dissoudre dans d'autres sciences. D'autre part, la géographie régionale en elle-même est stérile ; sans la fertilisation continuelle entre des concepts et des principes génériques de géographie générale, elle ne pourrait progresser vers un plus haut degré de précision et de certitude dans l'interprétation de ses découvertes. » (conclusion, p. 467-468).

F.K. Schaefer, 1953, « L'exceptionnalisme en géographie »
« Les géographes qui écrivent sur l'objet et sur la nature de la géographie débutent souvent en s'excusant, comme s'ils devaient justifier son existence même. Et bizarrement [...], ils prétendent finalement à trop. Dans de tels écrits, la géographie apparaît, avec l'histoire, comme la « science intégratrice », radicalement différente des autres disciplines, dont le caractère unique trouve son expression dans les méthodes particulières dont elle doit user pour atteindre ses profonds résultats. [...] Expliquer des phénomènes que l'on a décrits revient toujours à les reconnaître comme la manifestation de lois. Une autre façon d'exprimer la même chose, est d'insister sur le fait que la science n'est pas tant intéressée par des faits isolés que par les schémas qu'ils révèlent. En géographie, les principales variables qui produisent des trames sont bien entendu spatiales. » (p. 228)

W. Bunge, 1962, *La Géographie théorique.*

I. Une méthodologie géographique
II. Métacartographie
III. Une mesure des formes
IV. Mathématiques descriptives
V. Pour une théorie générale du mouvement
VI. Les places centrales : théorie et expérimentation
VII. Distance, proximité, géométrie
VIII. La signification des relations spatiales
IX. Les schémas de localisation

La science géographique, 1965, Rapport NAS/NRC (National Academy of Science/National Research Council), d'après Johnston, 1991, p. 80 :
« (a) Le progrès scientifique et le progrès social sont étroitement corrélés, si ce n'est équivalents. (b) La pleine compréhension du système mondial que forment l'homme et son environnement naturel est l'un des quatre ou cinq problèmes primordiaux de la science. (c) La nécessité, pour la société, d'une connaissance des relations spatiales (space relations) entre l'homme et l'environnement naturel s'accroît, loin de décliner, au fur et à mesure que le monde devient plus densément occupé et plus complexe, et elle risque d'atteindre une phase critique dans le futur proche. (d) Enfin, le progrès dans n'importe quelle branche scientifique implique toutes ses branches, parce que la science forme une totalité.
La nécessité pour la société de la connaissance des relations spatiales crée une urgence pratique. Alors que la densité de population s'élève et que l'intensité de l'utilisation du sol s'accroît, le besoin d'une gestion de l'espace efficace (management of space) deviendra encore plus impératif ».

du langage, de la mathématique – ici analyse statistique, mais aussi mesure en général et géométrie, voire topologie – et sur la recherche théorique. Dans la « géographie quantitative et théorique » devraient s'appliquer des méthodologies relevant de la démarche hypothético-déductive ou de la modélisation (Haggett, 1965 ; Chorley, Haggett,1967). Restait à définir l'objet spécifique de la géographie, conçu alors comme la recherche des lois proprement spatiales.

Avec le passage du point de vue de la différenciation régionale qui prônait la description de l'unique à celui de l'analyse spatiale à visée nomothétique, le rapport entre les lieux singuliers et le tout terrestre se renverse en réduisant les premiers à la fonction de cas exemplifiant une loi ; la hiérarchie entre théorisation et recherche empirique s'inverse ; le référent tend à être délocalisé, par la réduction des lieux concrets à des lieux de test expérimental.

La distance et les catégories de contiguïté, de continuité, de forme, focalisent la réflexion géographique. Les modèles invoqués par ce nouveau programme disciplinaire sont la « *locational analysis* » (analyse spatiale) ou les « *Location theories* » (théories de la localisation) qui se réfèrent notamment aux travaux de deux Allemands, l'économiste Lösch, le géographe Christaller, dont la théorie des lieux centraux devient le modèle de cette nouvelle géographie. En un déplacement du *lieu* à l'*espace*, la question « où ? : pourquoi ici et pas ailleurs ? » centre la recherche sur les concepts de situation ou de localisation.

1.3. Critiques « humanistes » et « radicales »

En réaction à ce nouveau **paradigme**, un courant « **humaniste** » oppose le lieu et le *sens des lieux* à l'espace et aux prétentions de son étude objective et prédictive. Un second courant conteste la science positiviste en critiquant son projet normatif et/ou en lui opposant des théories sociales contradictoires. Mais la distinction des courants concurrents est délicate. Ils reposent sur des « modèles de l'homme », des anthropologies, plus ou moins explicités et proposent des problématiques et des méthodologies inégalement mises à l'épreuve. Les tentatives pour présenter un tableau réfléchi de la géographie depuis les années cinquante se heurtent à la propension des géographes, américains notamment, à multiplier les « coupures épistémologiques » annoncées.

Une classification de la géographie humaine anglo-américaine en trois ou quatre tendances elles-mêmes plurielles est toutefois suggestive (Johnston, 1991). L'auteur distingue les trois niveaux de sens reconnus par Kuhn dans la notion de **paradigme** : vision du monde, matrice disciplinaire, exemple. R. Johnston estime alors que trois groupes concourent au pluralisme contemporain de la géographie humaine : « positivistes », « humanistes », « radicaux » (ou « structuralistes »). A l'intérieur de la géographie positiviste, qui est dominante, la matrice disciplinaire – la problématique spatiale – dispose d'une variété suffisante d'exemples pour guider une recherche active et diversifiée. Des diverses matrices disciplinaires qui ont été défendues dans les deux autres visions du monde, aucune ne s'impose, sinon peut-être dans le structuralisme, la géographie qui s'est aussi dénommée radicale ou critique, d'inspiration marxiste (de Koninck, 1991). R. Johnston insiste sur les antinomies entre les théories sociales sous-jacentes, qui valorisent l'individu ou bien le sujet, la personne humaine créatrice de sens, ou bien encore la société à travers l'infrastructure qui la gouverne.

Cette trilogie correspondrait-elle aux lignes de partage françaises ? On peut penser qu'y existe un consensus plus fort qu'aux Etats-Unis, en raison d'habitudes dialogiques, d'une plus grande unicité du « marché » de la géographie, d'une ancienne prégnance de la pensée marxiste. Deux décennies de discussions conduisent à un relatif consensus sur la scientificité de la géographie, sur l'appartenance de la géographie aux sciences sociales, sur son utilité, sur sa spécificité : l'analyse de l'organisation spatiale de la terre (Auriac, Brunet, 1986 ; *Espaces Temps*, 40/41). Sur le mode de la contestation d'un savoir positiviste, plusieurs lignes de critiques se retrouvent toutefois. Une première se focaliserait sur le scientisme, sur la prétention à l'objectivité scientifique et sur la participation des géographes à des opérations d'ingénierie sociale dans l'aménagement du territoire : s'y retrouveraient des variantes de géographies « sociale » et « politique ». Une seconde récuse le projet scientifique lui-même dans sa prétention à séparer les faits des valeurs. Elle se développe diversement depuis la fin des années 1960 sous les qualificatifs de géographie « humaniste », ou « culturelle », ou « des représentations », « des comportements », ou enfin « phénoménologique ».

Dans cette dernière perspective, la géographie ne peut se développer selon le mode explicatif de la science galiléenne ; elle doit restituer le sens de « mondes » par définition vécus – des lieux ou des territoires inséparables des hommes concrets qui leur confèrent un sens (Bailly *et al.*, 1991). Une référence exemplaire ici est celle de Dardel, auteur méconnu lors de la parution de *L'Homme et la Terre* (1952). Dans une perspective existentialiste, Dardel pense la *géographicité* de l'homme comme Heidegger en a pensé l'*historicité* : son problème n'est pas proprement épistémologique, il participe d'une appréhension philosophique de la signification de la géographie par rapport au destin de l'homme et de la signification de la terre comme base de l'existence humaine. Dardel oriente le savoir géographique vers les disciplines herméneutiques plutôt que vers les sciences empirico-analytiques (Besse, 1990). Il est devenu l'un des emblèmes pour une réévalution de la géographie – pour une géographie en quelque sorte post-moderne (Dematteis, 1985 ; Racine et Raffestin, 1985 ; Raffestin, 1989). Ce courant peut s'exprimer dans l'affichage de la géographie comme « science de l'homme » et par le privilège accordé au « référentiel-habitant » et au concept de territorialité (Ferrier, 1984). Par opposition à ce qui viserait une « géonomie » abstraite et normative il valorise la recherche « géopoïétique » ou « géosophique » selon l'expression de J. Wright (1947).

2. La géographie dans son mouvement

Si l'on considère la géographie comme une activité sociale et non pas une pensée désincarnée, on ne peut souscrire aux interprétations internalistes qui dans une vision linéaire du progrès scientifique soulignent le caractère spontané et somme toute normal de son développement. Posons que ce développement dépend de trois pôles eux-mêmes interreliés : la pratique ou l'intérêt sollicité, l'outillage intellectuel ou le langage mobilisable, la nature de la référence. C'est en considérant leur articulation historique que nous interpréterons ici les moments forts où émergent des problématiques et les crises qui scandent l'histoire contemporaine de la discipline.

Pour les deux premiers pôles, le mouvement de la géographie n'est sans doute pas particulier. En simplifiant à outrance, elle s'est développée à la fin du XIXe siècle sous la norme de la scientificité, par l'impulsion d'une organisation étatique de la modernisation qui liait fortement la géographie à l'éducation de masse (Capel, 1981). A la fonction essentielle d'inculquation nationale s'est substituée durant le XXe siècle une fonction de rationalisation passant par l'aménagement des territoires nationaux puis par l'organisation des localisations à l'échelle mondiale.

Sur le plan des outils, on soulignerait aussi, caricaturalement, la transition de l'organicisme au **systémisme**, la substitution d'approches probabilistes et de l'interaction à une longue fixation sur le déterminisme linéaire (Guermond, 1984). Les modèles intellectuels actuels tendraient à complexifier les dynamiques comme les structures et à adopter des points de vue de l'interface, ou de l'hybride, de l'ambivalence.

2.1. La géographie moderne et la relation nature/culture

La représentation de la terre, qu'elle relève de l'étude d'un objet – une planète – ou de l'interface constituée par sa surface, ou de cette interface conçue comme la résidence de l'homme, connait des configurations sensiblement distinctes. Elle ne peut guère se dissocier de la relation homme-terre, qui est elle-même l'une des expressions pratiques du rapport nature/culture. La géographie participe donc à la **modernité** qui a fondé, depuis la Renaissance, la dualité homme-nature et qui a fait de la nature le cadre dans lequel se déploie l'histoire humaine.

L'une des trois traditions de réflexion les plus anciennes exprimées en géographie est la tradition « environnementaliste » ou « écologique », ou encore « hippocratique », qui traite de la détermination des activités humaines par son habitat. On la connait sous l'expression de « théorie climatique » qui s'exprime dans la géographie politique de Montesquieu. Cette tradition du « déterminisme géographique », vivace encore au XVIIIe siècle persiste au XIXe siècle, atténuée et convertie en déterminisme géologique ou encore en déterminisme de l'étendue *(Raum)*, chez F. Ratzel par exemple. Mais la géographie se renouvelle à la fin du XVIIIe siècle surtout à la faveur de la déchéance de la tradition finaliste, qui voyait dans la Terre la demeure providentielle de l'homme. La portée transformatrice de l'homme est alors mise au centre de la réflexion sur la relation homme-terre (Glacken, 1967).

La géographie s'oriente alors vers l'étude de la terre comme le territoire des hommes, le lieu concret de l'application de la modernité, où ils se révèlent « maîtres et possesseurs » de la nature. Cependant, l'ampleur de la réaction romantique, en géographie, tempère vivement la dissociation nature/culture introduite par la modernité. Avec Humboldt, Reclus, voire les géographes de la fin du XIXe, le paysage des géographes restera longtemps l'expression d'une totalité, la physionomie sensible d'un cosmos (Robic *et al.*, 1992).

2.2. La recherche géographique face à l'historicité de son objet

Sans doute les représentations idéelles de la terre sont-elles partagées avec des non-spécialistes et notamment d'autres scientifiques ou des philosophes qui parfois les anticipent, parfois les reconstituent sur le long terme. Mais les représentations élaborées par une recherche géographique en œuvre constituent le lieu même où peuvent s'exercer et se critiquer les problématiques géographiques fondamentales. Parmi elles, des représentations spécifiques, d'ordre cartographique, conceptuel ou théorique, objectivent particulièrement les caractères de la référence à un moment donné de la recherche.

Une double relativité

Or les géographes s'affrontent à l'historicité de leur objet *(fiche 2)*. Deux modalités du changement de la terre coexistent dans la littérature géographique depuis le début du XIXe siècle : la relativité de la terre comme étendue et la plasticité de la ressource naturelle, les deux processus étant liés à l'activité technique.

FICHE 2

La terre, l'écoumène et le monde politique

Turgot, *Esquisse d'un plan pour la géographie politique*
(dans *Œuvres de Turgot*, Paris, Guillaumin, 1844, t. 2)
« L'idée générale du globe terrestre considéré comme habitable [...]
Réflexions générales sur la manière dont les différens génies des peuples doivent entrer dans le plan de la Géographie politique. [...] Que chaque peuple qui a devancé les autres dans ses progrès est devenu une espèce de centre autour duquel s'est forgé comme un monde politique composé des nations qu'il connaissoit et dont il pouvoit combiner les intérêts avec les siens. Qu'il s'est formé plusieurs de ces mondes dans toute l'étendue du globe indépendants les uns des autres, et inconnus réciproquement ; qu'en s'étendant sans cesse autour d'eux, ils se sont rencontrés et confondus jusqu'à ce qu'enfin la connoissance de tout l'univers, dont la politique saura combiner toutes les parties, ne formera plus qu'un seul monde politique, dont les limites seront confondues avec celles du monde physique. » (p. 172-174).

Sadi Carnot, 1824, *Réflexions sur la puissance motrice du feu et les machines propres à développer cette puissance*
« La navigation due aux machines à feu *rapproche* les nations lointaines, *réunit* les peuples de la terre comme s'ils habitaient tous une même contrée. » (Cité par M. Serres, 1977 : *Hermès IV. La distribution*)

C. Ritter, 1833, *Du facteur historique dans la géographie en tant que science* (Communication à l'Académie royale des Sciences de Berlin du 10 janvier 1833)
« Dans la construction et l'organisation qu'ils connaissent sur notre planète, les espaces, les périodes de temps, les figures, les formes et les contenus spatiaux, dont la valeur ne change pas, ne conservent pas les mêmes relations avec le globe terrestre en tant que demeure de l'humanité ; en fait, leurs valeurs relatives se modifient au cours des millénaires et des siècles. Par conséquent, de siècles en siècles, de décennies en décennies, la nature du contenu matériel des espaces apparaîtra différente aux observateurs. Quand l'homme en effet se forge, comme le disait A. von Humboldt, de nouveaux organes et utilise des instruments extrêmement précis pour pénétrer plus profondément dans l'écorce terrestre, descendre au fond des mers [...] c'est un fait que les espaces de la

FICHE 2 (suite)

La terre, l'écoumène et le monde politique

restre voient leur rapport à l'homme se modifier. [...] Les progrès accomplis dans la communication avec l'univers ont non seulement transformé les distances verticales, hauteur et profondeur, mais aussi horizontales dans toutes les directions [...] Les terres lointaines qui étaient restées jusque là inaccessibles telles que les terres glacées des deux cercles polaires, les grands massifs montagneux dont les cimes rejoignent les cieux ou les îles océaniques dont l'homme ne soupçonnait pas l'existence, se trouvèrent ainsi intégrées dans le monde civilisé. » (Ritter, 1974, p.136-137).

M. Chevalier, 1832, *Système de la Méditerranée* (*Le Globe*, 12 février 1832)
« Les chemins de fer le long desquels les hommes et les produits peuvent se mouvoir avec une vitesse qu'il y a vingt ans l'on aurait jugée fabuleuse, multiplieront singulièrement les rapports des peuples et des cités. Dans l'ordre matériel, le chemin de fer est le symbole le plus parfait de l'*association universelle*. [...] Or quand il sera possible de métamorphoser Rouen et Le Havre en faubourgs de Paris [...] et que relativement à Paris, Constantinople sera tout au plus à la distance actuelle de Brest, de ce jour un immense changement sera venu dans la constitution du monde : de ce jour ce qui maintenant est une vaste nation sera une province de moyenne taille. »
« Les chemins de fer, outre les avantages de l'ordre moral et politique, présentent encore, sur les canaux et rivières, l'avantage matériel de n'être point sujets au chômage pendant l'hiver, pendant les basses eaux, et surtout celui de coûter moins à établir [...] D'un autre côté, la rapidité de la course permet aux fabriques dont les produits les parcourent, de ne se point mettre en avance et de fabriquer pour ainsi dire au fur et à mesure des besoins de la consommation. Avec les canaux au contraire, il y a toujours une grande quantité de produits en route, qui courent risque de se détériorer et dont la valeur constitue une énorme mise dehors. »

J. Brunhes et C. Vallaux, 1921, *La géographie de l'histoire*
« Les distances, réduites dans les fortes proportions que montrent les cartes d'isochrones comparées (fig. 21), équivalent, au point de vue politique, soit à un prodigieux rapetissement de l'univers habitable, soit à une crue du peuplement qui comblerait tous les vides, même les vides océaniques, sans laisser la moindre solution de continuité. » (p. 315).

M.-F. Rouge, 1947, *La géonomie ou l'organisation de l'espace*
« [La géonomie] correspond à de nouvelles structures du monde, et l'on peut dire que la nécessité d'organiser l'espace résulte de l'évolution du monde dans le sens quadruple :
- d'un monde vivant d'une vie de plus en plus intense, et d'une intensité grandissante, en particulier dans l'utilisation de la nature,
- d'un monde de plus en plus complexe,
- d'un monde de plus en plus dense,
- d'un monde de plus en plus fini. » (p. 6-7).

Avec la révolution technico-scientifique du début XIXe, l'innovation la plus inouïe, c'est la réduction de la terre comme étendue, dans un mouvement jugé révolutionnaire de rétraction de l'espace-temps commencé avec l'emploi de la vapeur. Si von Humboldt évoque les rapports nouveaux représentés par l'instrumentation, Ritter du côté des géographes allemands, les saint-simoniens du côté des penseurs français, envisagent à partir des années 1830-1840 la révolution spatiale mondiale suscitée par la substitution de forces mécaniques à la traction organique : car la thermo-dynamique est née. M. Chevalier conçoit la rétraction et l'homogénéisation de l'espace-temps terrestre induites par les techniques de circulation. Cette idée est largement reprise par Reclus, qui s'inspire sur ce point de Ritter et des saint-simoniens. Mais les anamorphoses de l'accessibilité ne prennent corps qu'à partir de la fin du siècle.

Quant à la relativité des propriétés de la terre, elle est explicitée de deux manières. Elle peut être considérée comme un potentiel, une réserve diversement exploitée par les sociétés selon leur capacité technique, leurs besoins, ou encore, mais ceci est plus marginal, selon leur représentation de la nature : dans ce sens on pourra traiter de la relation hommes-terre en terme de « possibilisme ». Une deuxième manière est développée par le géographe américain Marsh qui, dans son livre sur *Man and nature or physical geography as modified by human action* publié en 1864, dresse le tableau des types de dégradations effectuées par l'homme à la surface de la terre. Reclus s'en inspirera aussi, dans sa recherche progressiste d'harmonie entre la terre et l'Humanité. Ce thème de la *Raubwirtschaft* ou « économie destructrice », négligé dans l'ensemble des sciences naturelles ou humaines, se retrouvera dans la littérature géographique du début du XXe siècle, par exemple dans la *Géographie humaine* de Brunhes (Raumolin, 1984).

Dans la perspective anthropocentrique ouverte à la fin du XVIIIe, la grande transformation des XIXe et XXe siècles est alors celle qui fait passer de la représentation d'une terre illimitée à celle d'une terre « finie » – où le problème devient de l'aménager en intensité ou en profondeur –, puis à une terre « solidarisée » – il faut compter avec tous les autres lieux, car ils sont en interaction spatiale – , enfin à une terre irréversiblement « dégradable ».

*Un monde fini mais différencié : la fin XIXe*

La reconnaissance de la terre entière sous les traits d'un espace-temps en rétraction s'exprime par la confection des premières cartes isochrones globales, au cours des années 1880-1900. L'image en est bâtie sur un modèle centre-périphérie : les repères à partir desquels sont construites ces cartes restent les capitales, Londres et Paris (à l'échelle du globe), Paris (à l'échelle de la France), Berlin ou Vienne (dans leur agglomération) notamment.

A la même époque, la maîtrise pratique des contraintes physiques se traduit par l'ubiquité de l'homme, sous les traits de l'Occidental omniprésent : ainsi que l'estiment plusieurs géographes, il a atteint ses limites en profondeur, en altitude, en latitude (les expéditions scientifico-militaires ont pénétré les continents, le pôle nord est rallié en 1909, l'alpiniste a vaincu les principaux sommets). La terre entière est devenue le « Monde » de l'homme : l'écoumène s'est étendu aux bornes de la planète et la carte politique la recouvre totalement (les bilans de Brunhes en France, de Mackinder en Grande-Bretagne). A cette couverture en extension doit s'adjoindre une connaissance intellectuelle en profondeur, qui pallie la finitude en utilisant l'hétérogénéité du territoire. Ce pourrait être le problème posé à la géographie humaine que celui de parfaire la colonisation de la Terre par la connaissance intellectuelle de ses « milieux naturels » différenciés et des modalités de l'adaptation des « genres de vie » humains. De même que la légitimité de la colonisation est généralement admise, de même celle de l'exploitation économique : aucune limite liée à l'altération des ressources n'est pressentie alors, y compris par les géographes, bien qu'ils soient parmi les scientifiques les plus sensibles aux risques de l'action anthropique.

De l'espace solidarisé au système Monde

La première moitié du XXe siècle est marquée par la prise de conscience de la mondialisation, de la Grande guerre à la crise économique des années trente et à la seconde guerre mondiale : c'est-à-dire d'une interdépendance générale à la surface de la terre, où la maîtrise de la circulation est telle que la distance n'est plus un frein aux relations et où les milieux quels qu'ils soient ne constituent plus des discontinuités majeures. Au milieu du siècle, on peut faire remarquer que le passage par les pôles assure désormais la plus courte distance entre lieux opposés d'un même hémisphère, de telle sorte que la projection polaire s'avère la plus pertinente, spécialement en matière géopolitique.

Au vu de la généralisation des réseaux, vers 1950, les centres (d'action) sont potentiellement partout. La nature paraît homogénéisée par la technique. La distance pure peut jouer. Les discontinuités géographiques relèvent au fond seulement de l'action, politique notamment. L'expression de « délocalisation » est utilisée en France au cours des années 1950 pour dénoncer, par exemple dans les écrits de l'économiste F. Perroux, l'illusion d'un attachement des choses à un site concret, alors que tout se réduirait à l'appartenance à des « espaces » abstraits en interdépendance. Un Ullman peut penser la géographie comme science de l'interaction spatiale, tandis que la notion de réseau se structure (Dupuy *et al.*, 1988).

La terre comme demeure n'est qu'un cadre neutre livré à la (dé)mesure technique. Elle devient pour les géographes le lieu d'une **pratique** d'aménagement de l'espace : durant les années 1960 le Conseil géographique américain prône une finalité gestionnaire en engageant la discipline dans le « space management », là où les géographes français assument une problématique d'« organisation de l'espace » et les Allemands une pratique de « Raumordnung ». Ces pratiques étaient déjà engagées depuis les années 1930 par les régimes nazi, soviétique et rooseveltien.

L'urgence d'une révision épistémologique radicale s'impose au milieu du siècle de manière indépendante de par le monde. La nécessité d'un espace de représentation nouveau – l'**espace relatif** – et de l'application de styles cognitifs adaptés, inspirés des disciplines de l'ingénieur par exemple, s'impose à certains, ceux qui sont le plus sollicités par la nécessité de travailler sur l'espace unifié de l'action administrative. Les symptômes d'une crise épistémologique en géographie, durant les années 1940-1960, s'ancrent dans la tentation de l'aménagement régional, dans la représentation d'une humanité en interaction c'est-à-dire soumise à un déterminisme de relations dans l'« espace-mondial », mais où, puissance de la technique aidant, la matière, la différence substantielle, le milieu est annihilé.

La conception d'un « système Monde » à la fin des années 1980 repose à la fois sur l'extraordinaire complexification de ce monde solidarisé et sur l'adoption du systémisme en géographie (Dollfus *et al.*, 1991).

Ecosystème sensible et espace critique

Entre temps, cette représentation ne prenant forme qu'au cours de la décennie 1970, c'est la temporalité de la terre qui est bouleversée par la conscience de l'irréversibilité des atteintes produites par l'homme, et ce à une échelle « globale ». Deux nouveautés se sont produites par rapport aux alertes lancées par Marsh, puisque l'échelle s'est agrandie à la totalité terrestre et que la notion d'irréversibilité s'est imposée. On ne doit pas voir là seulement un catastrophisme banal, mais encore l'incorporation de notions anciennes refoulées, tel le principe de la dégradation de l'énergie, et l'usage de schèmes intellectuels nouveaux liés à l'analyse sytémique et à l'étude de la complexité.

Le globe humanisé est alors envisagé comme un écosystème : une totalité, qui, par l'action humaine, est soumise à des transformations irréversibles. Elles peuvent signifier à terme la disparition de la terre comme milieu vivable pour l'homme, donc la rupture définitive d'un « système-environnement », du point de vue de la vie. Ce rapport hommes-terre contemporain revitalise la veine « environnementaliste », et pourrait réorienter à nouveau le champ de la géographicité, dans sa problématique et dans ses relations interdisciplinaires.

Or, parallèlement, un autre enjeu surgit des télétechnologies, ces techniques capables de garantir la présence à distance et la communication instantanée : elles semblent nier l'espace, en promettant l'ubiquité humaine dans l'inertie, par la médiation de l'écran porteur d'images virtuelles (Virilio, 1984 et 1991). Portent-elles une réelle délocalisation ou une complexification inouïe de la spatialité, qu'aucune méthodologie ne saurait encore affronter ?

Deux défis nouveaux en somme aux interrogations géographiques, qu'elles portent sur la terre comme ressource ou comme étendue. Du point de vue de la « géographie politique » puis de la « géographie humaine » l'historicité est, depuis la fin du XVIIIe siècle, la forme d'appréhension de la terre comme oecoumène, lieu de résidence humaine. Les représentations de ce territoire ont hésité entre la domination de deux processus. L'un de valorisation de la différenciation qualitative : du site, de la verticalité, l'autre d'organisation des situations, des relations horizontales, des réseaux. L'époque actuelle pourrait nécessiter un jeu plus compliqué sur l'entre-deux.

3. Des lieux, des aires, des mots : représentations de l'espace géographique

3.1. Repenser l'espace : structures et systèmes

Le paradigme de l'analyse spatiale est sous-tendu par une représentation de l'**espace géographique** qui, toutes choses égales par ailleurs, l'inclut dans la catégorie de l'**espace relatif** qui, depuis la Renaissance, a fait se substituer la conception aristotélicienne des lieux, ensemble discret, agrégat de points, à celle d'un système de positions relatives. La critique de Harvey (1969) a contribué grandement à instituer une conception de l'espace géographique leibnizienne, qui en fait la structure même créée par des activités en relation.

Les problèmes méthodologiques restent ouverts. La formalisation de cette conception soulève la question de la légitimité des transferts de modèles, qu'il s'agisse des modèles issus des sciences humaines ou des modèles mathématiques ou physiques. Son opérationalisation dépend des domaines d'application : mais la question des échelles et de l'articulation des échelles, l'introduction de concepts spatiaux dans les systèmes et dans les modèles dynamiques, par exemple, restent problématiques.

3.2. Axiomatisations et théories de la géographie

Plusieurs auteurs partent d'une réflexion sur la notion d'espace en géographie pour construire une axiomatique de la géographie. En s'inspirant de l'épistémologie piagétienne, G. Nicolas (1984) établit la « logique de l'espace géographique » en dégageant les règles implicitement utilisées par les géographes. Trois axiomes définissent ainsi la spécificité de cette procédure : l'axiome « chorologique » (« peut être géographique tout objet au sens statistique du terme qui différencie l'espace terrestre »), l'axiome « de situation » (« peut être géographique tout objet en rapport spatial avec un objet situé en un autre endroit de la terre ») et l'axiome « chronologique » ou « de succession » (« peut être géographique tout objet dont les rapports non exclusivement spatiaux s'accordent avec des successions observées »). Il en tire une méthodologie carto-graphique relevant d'une logique tout-parties.

Pour situer la géographie parmi les sciences sociales, celles-ci étant considérées comme des réponses à des contraintes de la reproduction sociale, H. Reymond (1981) la considère comme une « géochorotaxie » visant à dépasser la contradiction spécifique qui motive l'« acte géographique » : deux constructions ne peuvent occuper en même temps le même lieu. La géographie a alors une problématique propre. Elle analyse la « spatialisation de l'étendue » ou la production des caractères idéaux de l'espace – continuité, isotropie, homogénéité, infini – dans l'espace géographique occupé par les sociétés humaines. La science géographique est une théorie des processus d'espacement de l'espace habité.

Une inspiration du même ordre gouverne des **théories de la géographie** reposant sur l'existence de lois spatiales en nombre limité, procédant des processus de « mise en espace » ou de « spatialisation » produits par des agents géographiques collectifs. Les pratiques identifiées consistent en formes d'appropriation, de gestion, de mise en valeur. Les lois spatiales relèvent du pavage, de l'espacement, de la polarisation (Brunet, 1990 ; Pinchemel et Pinchemel, 1988). Lorsque l'accent est mis sur la composition des structures élémentaires de l'organisation de l'espace – tels les « chorèmes » inventés par R. Brunet – c'est une théorie de la géographie régionale qui est privilégiée. Les travaux de P. et G. Pinchemel orientent la réflexion vers une géographie générale des formes de différenciation de l'espace terrestre : en distinguant les concepts subsumés par celui de « milieu géographique », ils font droit, à travers les concepts de « paysage » et de « région », à deux perspectives, esthétique et d'organisation sociale. La double logique analysée par P. et G. Pinchemel pour rendre compte de l'action géographique les distingue aussi. Ils considèrent en effet que deux processus liés à l'action humaine, la

« spatialisation » et l' « humanisation », concourent à produire des « milieux géographiques », articulation de « systèmes spatiaux » et de « milieux naturels humanisés ». La place qu'ils accordent à la transformation des ressources naturelles produit donc un recentrement de la géographie par rapport à une analyse strictement spatiale.

3.3. Réarticuler nature/culture

Formulées à partir de plusieurs contextes – géographie culturelle, géographie physique, épistémologie – d'autres tentatives concourent à réévaluer la place de la nature dans la géographie humaine contemporaine.

A la rencontre d'une comparaison interculturelle et d'une critique de la modernité, A. Berque (1986, 1990) se propose de repenser les concepts fondamentaux de la géographie, au prix d'un rejet de la coupure nature/culture et d'une invention lexicale qui en souligne la portée. Les concepts de « médiance » et de « trajection » *(chapitre 19)* doivent introduire dans la réflexion géographique le sens relationnel que ceux de milieu ou de paysage ne pouvaient accueillir dans une culture dualiste : « Un milieu – la relation d'une société à l'espace et à la nature – est à la fois comme la terre de Husserl et comme celle de Galilée : sensible *et* factuel, subjectif *et* objectif, phénoménal *et* physique. »

Il peut s'agir aussi d'une révision de la place de la géographie physique dans une démarche systémique. Plutôt que de distinguer les « facteurs naturels », il faut les considérer comme des « contraintes » parmi d'autres, entrant en interaction avec les éléments d'un système socio-spatial (Marchand, 1980). Ou bien encore la distinction entre des « mémoires » ou entre des « pesanteurs spatiales » différentielles doit se substituer aux traditionnelles dichotomies (Durand-Dastès, 1990). Si l'on envisage la transformation des systèmes spatiaux, les distributions sont sujettes en effet à des dynamiques semblables, de rythme lent, rapide ou brutal ; que ces structures soient d'origine « physique » ou « humaine », y a-t-il encore du sens à les différencier ?

Une stratégie d'« hybridation » est aussi prônée, qui permette de tenir ensemble la matérialité de la nature et sa construction sociale par la représentation, la production et l'usage. G. Bertrand (1991) argumente en faveur de la substitution à la géographie physique classique – une science naturaliste, objectiviste – d'une « interface épistémologique et méthodologique » permettant de poser la question de la nature dans une problématique sociale. Il envisage ainsi un triplet conceptuel constitué du « géosystème », du « territoire » et du « paysage », qui seraient traités respectivement sur les modes naturaliste, politique et esthétique.

Recentrages féconds ou syncrétismes illusoires ? Avec de nouveaux outils, avec des questions renouvelées sur la valeur du territoire des humains, autour de la notion d'espace géographique, on retrouve les questions de l'interdisciplinarité qu'affrontaient il y a un siècle les premiers géographes universitaires, mais cette fois avec une écologie scientifique élaborée, avec des sciences humaines et sociales constituées, et un scientisme moins affirmé.

Lectures recommandées

Auriac F. et Brunet R., 1986 (éd.), *Espaces, jeux et enjeux*, Paris, Fayard, Fondation Diderot.

Bailly A. *et al.*, 1991, (2è éd.), *Les concepts de la géographie humaine*, Paris, Masson.

Berque A., 1990, *Médiance. De milieux en paysages*, Montpellier, GIP RECLUS.

Brunet R. et Dollfus O., *Mondes nouveaux, Géographie universelle, 1,* Paris, Hachette/RECLUS.

Claval P., 1976, (1re éd. 1964), *Essai sur l'évolution de la géographie humaine,* Paris, Les Belles Lettres.

Dardel E., 1990, (1re éd. 1952, Paris, Colin), *L'homme et la terre. Nature de la réalité géographique*, Paris, Editions du CTHS.

« Géographie, état des lieux. Débat transatlantique », 1989, *EspacesTemps*, 40/41.

Harvey D., 1969, *Explanation in geography*, Londres, Edward Arnold.

Johnston R.J., 1991, *Geography and geographers. Anglo-american human geography since 1945*, Londres, Edward Arnold.

Pinchemel P. et Pinchemel G., 1988, *La face de la terre. Eléments de géographie*, Paris, A. Colin.

Pinchemel P. et Robic M.C., Tissier J.L., 1984, *Deux siècles de géographie française. Choix de textes,* Paris, Editions du CTHS.

Robic M.C., Besse J.M., Luginbuhl Y., Ozouf-Marignier M.V. et Tissier J.L., 1992, *Les géographes français entre milieu et environnement. Pratiques et représentations du rapport homme/nature depuis la Renaissance*, Paris, Economica.

Serres M., 1980, *Hermès V. Le passage du Nord-Ouest,* Paris, Minuit.

Mots-clefs

Epistémologie,
Espace géographique,
Espace relatif,
Humanisme,
Idiographique,
Localité,
Modernité,
Nomothétique,
Paradigme,
Positivisme,
Pratique de la géographie,
Systémisme,
Théorie de la géographie,
Universalité.

Géographie et sociologie

5

Paul Claval

1. Définitions

La géographie étudie la surface de la terre et la manière dont les hommes la mettent en valeur, l'aménagent, la perçoivent et la rêvent. La **sociologie** s'attache aux groupes humains, à leur organisation, aux formes de sociabilité qui s'y développent et aux représentations que leurs membres se font de leur identité, des liens qui les unissent ou des différends qui les opposent. Les deux disciplines étudient les faits sociaux, mais dans une perspective dissemblable. Leurs relations ont longtemps été distendues : les géographes, se voulant des naturalistes, hésitaient à aller au-delà des signes dont l'action collective marque le paysage ; les sociologues appréhendaient chaque société comme un tout et ignoraient la variabilité des traits qu'elle offre selon les lieux où on l'analyse. Géographes et sociologues ne se fréquentaient guère et leurs relations étaient souvent marquées par des malentendus. Un retour sur cette période est indispensable pour y voir clair sur la situation actuelle.

2. Présentation historique

2.1. Des rapports longtemps ténus

La géographie moderne a des racines anciennes : les Grecs, qui la créent, ont le souci de préciser la position des lieux de manière à pouvoir les représenter sur une carte. L'élaboration de celle-ci fait apparaître des ensembles : elle appelle la description régionale de la terre (Jacob, 1991). Mais on manque longtemps de catégories précises et d'un vocabulaire satisfaisant pour rendre compte de la diversité des lieux, des paysages et des formes que les implantations humaines ont prises. La géographie moderne naît au XVIIIe siècle grâce aux notions que fournissent, en ces domaines, les sciences naturelles, l'agronomie ou l'architecture : on peut enfin appréhender la réalité spatiale (Claval, 1984). Les distributions longtemps ignorées que l'on découvre alors appellent explication : c'est à cela que s'emploient désormais les géographes. Ils essaient, dès la fin du XVIIIe siècle, de voir comment sont liés les cadres naturels et les implantations humaines. C'est dans le contexte des philosophies de la nature de la fin du XVIIIe siècle que ces questions sont d'abord formulées, mais l'évolutionnisme, après le choc du darwinisme, permet de les poser dans le langage des sciences naturelles.

FICHE 1

La trajectoire de la sociologie

L'Antiquité s'intéresse à la Cité et à son gouvernement, mais ne s'interroge guère sur le lien social et sur les solidarités qui existent entre ceux qui vivent au sein d'un même ensemble territorial. C'est la pensée chrétienne médiévale qui apprend à saisir les hommes comme faisant partie de groupes solidaires. A la fin du XVIe siècle, la réflexion s'organise, mais l'habitude se prend de penser que les sociétés humaines sont nées d'un pacte, d'une décision fondatrice qui met tous leurs membres sur le même plan quel que soit leur lieu de résidence : l'espace se trouve ainsi complètement éliminé. Les orientations changent au moment de la Révolution, lorsque les lacunes et les dangers de l'orientation volontariste des Lumières deviennent évidents (Nisbet, 1984). La sociologie apprend à lire, dans les groupements humains, le poids des héritages et découvre que la sociabilité ne naît pas d'un choix effectué à un moment précis de l'histoire, mais qu'elle est inhérente à l'homme et ne répond pas aux critères rationnels à quoi on a souvent voulu la réduire. Ce qui demeure des orientations primitives, c'est l'idée que la société peut s'appréhender sans tenir compte de ses dimensions spatiales, qu'elle existe en quelque sorte sans support matériel.

Dans un tel contexte, les rapports entre géographie et sociologie ne peuvent être très intimes. Les géographes sont des naturalistes qui veulent concentrer leur attention sur ce que Brunhes (1909) appelle les faits fondamentaux, c'est-à-dire la distribution des hommes sur la terre et les formes d'occupation productive et improductive du sol. Les sociologues explorent les types de sociabilité, se penchent sur le lien social et s'intéressent aux idéologies et à la vie religieuse. Les sphères où les uns et les autres évoluent ne se recoupent guère.

Certains géographes, en France en particulier, ont cependant recours à un procédé de description qui donne place aux **réalités sociales** : pour saisir les rapports que les hommes tissent avec le milieu où ils sont installés, ils sont amenés à décrire leurs genres de vie (Vidal de la Blache, 1922). Ils insistent d'abord sur les aspects techniques de la mise en valeur, mais parlent aussi de la part de l'activité consacrée aux relations sociales, aux lieux où elles se déroulent et à leurs formes variées. Ils découvrent vite que les groupes valorisent diversement les styles de vie : ici, le nomadisme est placé au sommet de la hiérarchie, là, c'est la vie stable des groupes paysans. Dans de nombreuses sociétés, les **genres de vie** urbains donnent seuls accès aux niveaux supérieurs de l'existence.

Les sociologues sont de leur côté sensibles aux différences de sociabilité que l'on peut observer entre les régions rurales et les zones urbaines : en Allemagne, le thème du rapport et des oppositions entre les villes et les campagnes, déjà présent chez Marx (Marx et Engels, 1846), reçoit une attention soutenue dans les travaux de Tönnies (1887) et de tous ceux qui lui succèdent au début du XXe siècle, de Simmel (1903) à Weber (1921). En France, Durkheim (1893) découvre, dans sa thèse sur *La division du travail social*, la pertinence des faits de distribution : la densité est un des facteurs qui influent sur l'organisation de la vie sociale – la densité morale, précise-t-il, plus que la densité physique, mais cela n'enlève rien à la pertinence des études de morphologie sociale.

Le fossé que les orientations épistémologiques fondamentales ont creusé entre la sociologie et la géographie aurait pu être surmonté grâce à la convergence de ces prises de position. Des malentendus l'interdirent en France (Berdoulay, 1981). Les sociologues de l'école de Durkheim reprochent aux géographes de faire la part trop belle aux influences de l'environnement et d'invoquer, pour expliquer les réalités sociales, des facteurs « telluriques » dont ils sont incapables de démonter le jeu. Les géographes s'intéressent aux données rassemblées par la morphologie sociale, celles relatives aux villes et aux sociétés urbaines, à la manière de Halbwachs (1938) par exemple, mais ils ne veulent pas lâcher la proie pour l'ombre : pour eux, les sociologues n'attachent pas assez de prix à l'environnement et aux fondements matériels de la vie collective. La querelle entre vidaliens et durkheimiens restreint donc longtemps les relations entre les deux disciplines.

Des facteurs les conduisent cependant au rapprochement : les uns et les autres s'attachent à la distribution des groupes et aux faits de morphologie sociale. Certaines de leurs préoccupations philosophiques sont voisines : le poids de l'évolutionnisme, sous sa forme darwinienne et, bien davantage, sous sa forme néo-lamarckienne, n'est négligeable ni d'un côté ni de l'autre. Géographes et sociologues prennent quelquefois modèle sur les mêmes disciplines. Le succès de la sociologie végétale de Clements, aux Etats-Unis, fournit quelques idées simples sur les groupements humains aussi bien aux sociologues qu'aux géographes. L'école d'**écologie urbaine** de Chicago propose ainsi, à partir de 1924 (Burgess, 1924), une interprétation séduisante de la distribution des groupes sociaux dans les villes, et de la compétition qu'ils s'y livrent. Les géographes français n'ignorent pas ces travaux : lorsqu'on demande à Sorre (1956) de rédiger un petit livre sur *Les rapports de la sociologie et de la géographie*, c'est en évoquant l'écologie urbaine de Chicago qu'il introduit son étude.

Les géographes n'ignorent évidemment pas, dans leurs monographies, les **réalités sociales**. Lorsqu'il consacre sa thèse à la Normandie orientale, Sion (1908) souligne la complexité d'une société où l'on trouve des paysans sans terre qui gagnent leur vie, au XVIIIe siècle et au début du XIXe, en tissant des toiles ou des étoffes de coton pour le compte des marchands qui animent l'économie industrielle. Il y a aussi de gros fermiers. Ceux-ci constituent une composante stable de la société cauchoise. Les autres évoluent durant le XIXe siècle : les marchands deviennent industriels, et les paysans sans terre s'installent près des usines que l'on édifie le long des petites rivières qui dévalent du plateau.

La sociologie ainsi mise en œuvre est très empirique : elle est voisine de celle que les historiens ont progressivement imaginée à partir du début du XIXe siècle. Lorsqu'on cherche à la systématiser, c'est souvent en termes de divisions socio-économiques qu'on le fait : les groupes sont différenciés par leur rapport au capital et au pouvoir, et par le type de facteur par lequel ils contribuent à la production – ils vivent des revenus de la terre, de ceux du capital, de leur sens de l'entreprise ou de leur travail. Une telle sociologie ignore les questions de statut social et les dimensions culturelles. Elle s'applique sans trop de peine aux nations industrialisées de l'Europe du Nord-Ouest et de l'Amérique du Nord, mais ne convient guère aux pays moins avancés. Pour ceux-ci, les géographes raisonnent en termes de genres de vie, mais cela leur interdit de prendre en compte les hiérarchies sociales ou les rapports souvent complexes qui se tissent entre les villes, les bourgs et les populations rurales.

2.2. L'impact de nouveaux paradigmes sur les rapports entre géographie et sociologie

A partir des années 1950, l'optique des géographes se modifie. Vidal de la Blache, dans ses *Principes de Géographie humaine* (1922), avait montré que la discipline comportait deux versants complémentaires : l'étude des genres de vie, qui éclaire les relations des groupes et des milieux où ils sont installés, et celle de la circulation. Durant une génération, le second aspect était resté pratiquement en friche : l'attitude naturaliste qui prédominait l'explique aisément. Les présupposés épistémologiques de la géographie changent dans les années 1950 : c'est la signification de l'attaque menée aux Etats-Unis, par exemple, contre « l'exceptionnalisme », le refus de se plier aux règles du néopositivisme logique qui domine alors dans les sciences sociales (Bunge, 1962). A partir de ce moment, l'ambition des géographes change : elle n'est plus d'éclairer seulement les rapports des groupes humains à leur environnement. Elle est aussi de saisir ce qui, dans les distributions qu'ils observent, résulte du jeu des mentalités, des institutions et des mécanismes à l'œuvre dans la société.

Depuis trente ans, ce changement fondamental de démarche a conduit les géographes à être partie prenante dans toutes les modes qui emportent les sciences sociales. Durant les années 1960, ils se passionnent pour la recherche de lois scientifiques et pensent avoir trouvé, dans l'analyse d'un certain nombre de régularités spatiales, le domaine spécifique qu'ils cherchent depuis toujours (Harvey, 1969). Au début des années 1970, les certitudes qui venaient ainsi à peine d'être acquises sont remises en cause par les attaques qui se développent contre le conservatisme inhérent au parti-pris néo-positivisite : on découvre les approches radicales (Harvey, 1973). Dans le même temps, on accorde une attention croissante aux problèmes de perception : comme le soulignait K. Boulding dans son ouvrage prémonitoire, *The Image* (1956), les hommes prennent leurs décisions au vu des représentations qu'ils se forment du monde, et non en fonction des données réelles. Petit à petit, cette curiosité conduit à s'interroger sur le rôle de l'expérience : la géographie découvre ce qu'elle peut tirer des approches phénoménologiques, et s'aperçoit que la voie a déjà été explorée par des pionniers ignorés sur le moment – Kirk (1952) en Grande-Bretagne, Dardel (1952) en France. Le point de vue humaniste (Tuan, 1976) fait des progrès. En France, A. Frémont s'attache à l'expérience vécue de l'espace (Frémont, 1976).

Ces phases sont strictement parallèles à celles que l'on observe dans les sciences sociales anglo-saxonnes. A. Gouldner, qui annonce *The coming crisis of western sociology* (1971), témoigne du souci nouveau d'une recherche tournée vers la réforme des malfaçons sociales. R. Bernstein (1976) aborde le problème du rapport de la phénoménologie et des approches radicales. Lorsque D. Gregory (1978) traite à son tour de cette question, il s'appuie largement sur ces prédécesseurs.

L'opposition épistémologique entre géographie et **sciences sociales** s'efface donc, ce qui élimine les malentendus. Les rapprochements sont favorisés par l'insistance mise, de part et d'autre, sur un certain nombre d'interprétations et de thèmes. Les approches systémiques conduisent à prendre en considération toutes les interrelations et rétroactions possibles au sein d'un ensemble : les sociologues font une place au milieu et à la distance, et les géographes se penchent sur les mécanismes proprement sociaux. Les recherches sur l'ordre qui résulte du chaos des relations causales, à la manière de I. Prigogine, ont un impact sur les uns et les autres. La vogue du marxisme favorise les va-et-vient entre l'économie, la sociologie et la géographie urbaine : les interprétations mises à la mode en France par H. Lefebvre (1970) et reprises par M. Castells (1973) et par une pléïade d'autres chercheurs – J. Lojkine (1977), E. Préteceille (1974), P. Rey (1973) – sont saluées avec enthousiasme par les géographes anglo-saxons, alors qu'elles sont généralement boudées par leurs collègues français. Les modèles centre-périphérie, illustrés par les spécialistes du développement, par G. Frank (1970) par exemple, et employés dans le domaine historique par I. Wallerstein (1976-1990), aident les géographes à penser les nouvelles formes de l'économie-monde.

En France, le mouvement structuraliste avait balayé, du milieu des années 1950 à la fin des années 1970, les sciences sociales (Lévi-Strauss, 1958), mais n'avait guère eu d'échos chez les géographes : ceux-ci ne voyaient pas comment adapter à leurs propos les réflexions sur l'arbitraire du signe et l'analyse des mutations et des recompositions qui en découlent. Indépendamment des courants à la mode, ils avaient insisté sur certains faits de structure, ceux qui se lisent, par exemple, à la permanence des plans de ville ou de l'organisation des paysages ruraux. Ce type de configurations souvent très stable sur de longues périodes se prête malheureusement mal aux démarches imaginées par les sémioticiens. Lorsque, au début des années 1970, les géographes et les aménageurs essaient de les transposer à leur domaine d'étude, ils aboutissent à un échec (Choay, 1972).

A partir de la fin des années 1950 et pendant une quinzaine d'années, les géographes empruntent davantage à l'**ethnographie** qu'à la sociologie. Ceux qui travaillent dans les pays en voie de développement ou dans les zones encore paysannes des économies industrialisées sont contents de disposer d'analyses qui leur montrent les stratifications et les modes d'organisation des groupes sur lesquels ils se penchent ; ils découvrent la logique à laquelle ils obéissent et réussissent à aller au-delà de la description des genres de vie à laquelle leurs prédécesseurs s'arrêtaient une génération plus tôt : la pesée des institutions politiques est mise en lumière ; on comprend pourquoi certaines formes d'organisation sociale sont dominatrices alors que d'autres n'arrivent à se maintenir que dans des territoires refuges dont personne ne veut. Ce qui manque encore à ces démarches, c'est l'analyse de la modernisation et de l'urbanisation. Les ethnographes ne sont pas mieux armés que les géographes pour aborder ces réalités. Celles-ci relèvent de l'économie et de la sociologie.

Jusqu'au début des années 1980, les sciences sociales en général, et la sociologie en particulier, ne font aucun effort pour se rapprocher de la géographie. Il n'y a pas de **sociologie** ou d'**anthropologie spatiale** – alors que l'économie spatiale se développe dès le début du XIXe siècle. La distinction entre les sociétés urbaines et les sociétés rurales constitue, c'est vrai, un des leitmotive de la sociologie occidentale depuis Marx et depuis Tönnies, mais jamais la distance ne constitue une variable explicative dans les travaux consacrés à ces milieux et à leur opposition : le vieux réflexe qui consiste à penser les phénomènes sociaux comme ponctuels, ou à les situer dans un espace abstrait dans lequel les pesanteurs de l'environnement et de la distance peuvent être ignorées, joue toujours.

Les attitudes changent d'abord sous l'impact de la pensée marxiste. Longtemps, celle-ci n'avait pas accordé plus de valeur explicative à l'espace que ne l'avaient fait les autres courants de la pensée sociale. Au milieu des années 1970, D. Harvey se demandait gravement si une place demeurait pour la géographie : il avait le sentiment d'avoir trouvé dans les catégories marxistes (pour lesquelles il affichait le zèle du néophyte) réponse à toutes ses interrogations. Il dut rapidement se rendre à l'évidence. Rien, dans la vulgate marxiste, ne rendait compte de l'évolution actuelle du monde développé : tous les théoriciens annonçaient la poursuite indéfinie de l'accumulation dans les pays capitalistes à un moment où leurs régions industrielles, frappées d'obsolescence, ne parvenaient pas à résister à la montée des nouveaux pays industriels. D. Harvey (1982) ne trouva de solution au problème qu'en prenant en compte l'insertion spatiale des processus capitalistes et en montrant comment l'accumulation crée des rigidités locales qui interdisent à la croissance de se poursuivre au même lieu. Lorsqu'une vague d'innovations se dessine, les immobilisations réalisées depuis des décennies dans les premières régions industrielles perdent leur valeur et gênent la création sur place des équipements nouveaux. Le capitalisme progresse en modifiant sans cesse ses bases géographiques.

Mais le mouvement de remise en cause des présupposés traditionnels de la sociologie est profond et déborde du courant marxiste. Les spécialistes du social renoncent à situer leurs analyses dans l'espace abstrait où ils se cantonnaient jusqu'alors. Les travaux de la *Time Geography* à la manière de T. Hägerstrand (1978) reprennent la tradition des analyses de genre de vie (Claval, 1988), mais en faisant appel à une notation plus fine du **budget-espace** et du **budget-temps**, et en prenant en compte la multiplicité des rôles dévolus aux acteurs d'un groupe. L'analyse en termes de genres de vie ne convenait qu'à des sociétés assez uniformes pour qu'on puisse les appréhender à travers la description de l'emploi du temps et des déplacements d'une personne, d'un ménage, ou d'un petit nombre d'acteurs. On était très vite désarmé lorsque des différenciations apparaissaient : on savait, à la rigueur, traiter de divisions simples comme celles qui se manifestent entre les bergers et la masse sédentaire de la population dans les cellules montagnardes où l'on pratique la transhumance, mais on ne savait comment aborder la réalité sociale d'une simple bourgade.

C'est A. Giddens (1981) qui saisit le premier ce que l'analyse précise de la totalité des déplacements fait gagner à la sociologie : lorsqu'on comprend combien est limité le choix de lieux de travail, de services commerciaux ou administratifs, et d'institutions religieuses ou culturelles auquel un individu a accès, l'inégalité sociale prend un sens différent. Elle ne provient pas seulement de la répartition des revenus. Elle est affaire de résidence et de mobilité. Avec l'avènement de l'automobile, l'écart se creuse entre ceux qui ont un véhicule (leur univers quotidien peut s'élargir à un rayon de 30, 40 ou 50 km), et ceux que l'âge, les infirmités ou la pauvreté rendent captifs d'espaces beaucoup plus étroits.

Des travaux analogues avaient été lancés en France par Chombart de Lauwe (1952), mais ils n'avaient guère eu d'impact sur la réflexion générale. Ils avaient illustré le thème des ségrégations en soulignant que les univers fréquentés par les divers acteurs ne se recoupent généralement pas, ou ne comportent que d'étroites aires de recouvrement (que pouvait connaître, du Paris ouvrier et de la misère, la jeune fille du XVIe arrondissement dont l'univers était borné au bois de Boulogne, à l'Etoile et à la rue Saint-Guillaume où elle allait suivre les cours de Sciences Politiques ?). Grâce à A. Giddens, on effectue un saut qualitatif : les sociologues renoncent à appréhender les groupes sociaux en faisant abstraction du milieu où ils sont implantés.

Avec M. Mann (1986), la mutation va plus loin. Ce qui l'intéresse, ce n'est plus la mobilité des individus et les limitations qui en résultent, c'est la dimension des sociétés et la portée des moyens dont elles disposent pour se structurer, se doter d'un encadrement politique et administratif, se défendre contre les agressions extérieures et assurer leur ordre intérieur. Son ouvrage sur la genèse des civilisations historiques met l'accent sur les surplus alimentaires, sur l'aptitude à les faire circuler dans un grand espace et sur la capacité à transmettre rapidement des nouvelles sans les déformer : serait-il possible sans cela de mobiliser les forces militaires indispensables à tout projet politique étendu à un territoire important ? Cela ouvre une direction fondamentalement nouvelle à la recherche sociale.

C'est à travers l'attention accordée aussi aux techniques et aux modalités de la communication que la prise de conscience des réalités spatiales se précise en sociologie et dans les autres sciences sociales : les travaux d'un J. Habermas (1978) sont très significatifs en ce domaine, mais les recherches entreprises depuis une trentaine d'années par les spécialistes des organisations allaient dans le même sens : on ne soulignera jamais assez ce que les recherches de sociologie d'A. Etzioni (1968) et celles d'anthropologie de J. Maquet (1971) apportaient déjà à la compréhension des réalités géographiques.

Le double mouvement qui porte ainsi la géographie vers les **sciences sociales**, et les sciences sociales vers la prise en compte des réalités spatiales, n'est certainement pas achevé. Va-t-il, à terme, conduire à la fusion de ces disciplines ? Certainement pas, car leurs problèmatiques demeurent différentes. Les sociologues privilégient l'analyse de la socialisation, des réseaux de relation (sans insister beaucoup sur leur extension spatiale) et insistent sur les faits de conscience collective. Les géographes s'attachent aux relations que les hommes tissent avec leur environnement au moins autant qu'à l'analyse de toutes les formes de rapports qu'ils développent entre eux. Ils s'intéressent aux faits de représentation dans la mesure – mais dans la mesure seulement – où ceux-ci ont une dimension territoriale, ou pèsent sur la structuration de l'espace concret.

L'**ethnologie** et l'**anthropologie** ont parfois plus de préoccupations communes avec la géographie : aux Etats-Unis (Vayda, 1969 ; Crosby, 1986) en particulier, on s'attache souvent à analyser la base écologique qu'exploitent les groupes, et à établir de manière précise le bilan des relations énergétiques et des flux de matières qu'ils mettent en œuvre.

3. Acquis, tendances et débats

La géographie moderne fait une large place à la réflexion sur les aspects sociaux des distributions qu'elle analyse. Le but de la discipline est de repérer toutes les divisions décelables à la surface de la terre. Elle s'attache à celles que l'on peut lire dans le paysage comme à celles que l'on ne peut établir qu'à travers la cartographie des résultats d'enquêtes ou de recensements. Les unités mises en évidence, on en est maintenant convaincu, n'existent pas seulement dans la réalité : elles ont une place dans l'esprit des gens. L'étude des représentations que les groupes sociaux ont des ensembles territoriaux qu'ils constituent et des divisions qui les affectent fait ainsi partie du domaine exploré.

L'espace joue des rôles variés dans le fonctionnement des ensembles sociaux : il fournit aux hommes les aliments dont ils se nourrissent et les matières premières et l'énergie sans lesquels les industries ne pourraient se développer ; il offre un obstacle à la vie de relation, mais constitue une protection contre les menaces qui peuvent venir de l'extérieur ; il sert de support à des messages qui aident à faire passer des informations d'un groupe à l'autre ou d'une génération à l'autre.

3.1. Les découpages sociaux de l'espace : aires homogènes et zones de mélange

Les groupes humains se pensent comme des unités : ils existent, ils constituent la société vraie, la seule où l'humanité soit réalisée, ou celle au moins où l'on se sent à l'aise, où l'on est intégré et à laquelle on s'identifie. Très souvent, les blocs qui s'individualisent ainsi habitent une certaine portion d'espace. Ils l'occupent parfois exclusivement. Dans d'autres situations, les groupes sont imbriqués.

Les unités que les géographes recensent ont des consistances, des dimensions et des formes variées. Dans le monde occidental, les Etats-nations constituent la division fondamentale : tous ceux qui vivent au sein d'un certain territoire et y sont nés en sont membres, partagent la même identité collective et adhèrent aux mêmes représentations. Depuis la décolonisation, l'Etat est devenu une forme universelle, mais son contenu n'a souvent que peu de choses à voir avec celui qu'il revêt en Europe occidentale, aux Etats-Unis ou dans des pays d'Extrême-Orient comme la Corée ou le Japon : les limites reprennent des frontières coloniales souvent indifférentes aux réalités ethniques. La diversité du peuplement est si grande que l'essentiel des énergies se gaspille à défendre la tribu dans laquelle on est né plutôt qu'à promouvoir la collectivité nationale. La floraison des mouvements régionalistes et la montée de nouveaux nationalismes rappellent qu'en Occident aussi, la situation est plus complexe qu'on ne le dit souvent.

Les aires majeures que constituent les nations sont découpées en ensembles plus petits en fonction des appartenances linguistiques, des convictions et des pratiques religieuses ou des options idéologiques. Il arrive que des groupes linguistiques coexistent dans la même ville ou dans la même région : les relations s'établissent alors d'autant mieux que la proportion des gens aptes à parler plusieurs langues est plus élevée. Les rapports qui naissent de ces situations sont très variés. Ils expriment souvent une inégalité fondamentale entre les locuteurs des différents groupes en présence.

Dans le domaine religieux, la règle est plutôt à l'évitement et à la ségrégation : les différentes confessions sont généralement jalouses de leur identité et placent la fidélité à leur credo au sommet de leurs valeurs. Mais des contacts existent lorsque les groupes cohabitent : des attitudes ou des convictions passent de l'un à l'autre. Des syncrétismes naissent : ils se développent parfois sans rompre avec le culte officiel – on pense aux religions africaines au Brésil, longtemps imbriquées dans le catholicisme dominant – ou en symbiose avec lui.

3.2. Les découpages sociaux sans bases spatiales

Beaucoup des partitions qu'il est possible de repérer au sein des sociétés ne sont pas liées à des territoires précis. C'est le cas de celles qui résultent de la division du travail (et des traits qui l'accompagnent, échelle des revenus et des fortunes), de la répartition des rôles politiques (et des avantages qui leur sont liés) ou de la distribution du prestige. Leur nature interdit souvent à ceux qui ont des fonctions ou des responsabilités similaires d'être concentrés au même lieu ou dans une même région. La répartition des rôles féminins et masculins reflète celle des couples, c'est-à-dire de l'ensemble de la population. La composition par âge a longtemps été à peu près la même partout : les jeunes vivaient sous le toit de leurs parents aussi longtemps qu'ils ne participaient pas à la vie active et ne disposaient pas de ressources suffisantes pour s'installer de manière indépendante. Les personnes âgées dépendaient, pour vivre, des transferts directement consentis par leurs enfants, ce qui impliquait cohabitation ou proximité des domiciles. Les seules ségrégations possibles se lisaient à l'échelle locale – dans beaucoup de tribus, une case accueillait, hors de l'influence et du contrôle direct des parents, les adolescents ou les jeunes adultes célibataires. La situation moderne est très différente : les nécessités de l'éducation scolaire et universitaire éloignent les adolescents et les jeunes adultes de leur famille et les regroupent dans certains quartiers et dans certaines villes. Les régimes de retraite ont libéré le troisième âge des contraintes de la vie de travail.

Certaines activités professionnelles ne peuvent être menées que dans certains milieux ou certaines localisations : ainsi en va-t-il des travailleurs agricoles, condamnés à vivre en milieu rural, et après la Révolution industrielle, des populations ouvrières, regroupées autour des usines. Mais il est rare qu'il n'y ait qu'un seul groupe en un même lieu : les impératifs fonctionnels tendent plutôt au mélange. Lorsque des ségrégations existent, elles sont souvent étroitement locales et résultent d'autres mécanismes : elles sont d'origine économique (par l'intermédiaire du marché foncier) et socio-culturelle (commandées par le souci de pureté ou le besoin de paraître).

Les géographes se sont parfois laissé influencer par les jugements péremptoires de sociologues ou d'anthropologues pour lesquels toute ségrégation est condamnable (sur ce point, une mise au point utile dans D. Ley, 1983). Un tel parti pris est cependant préjudiciable à l'étude du phénomène : pourquoi serait-il mauvais, pour un groupe, de s'isoler des autres ? Si on vit dans une société où la liberté des choix individuels est valorisée, on ne peut en vouloir aux gens sous le simple prétexte qu'ils désirent vivre proches les uns des autres. Pour qu'une ségrégation soit critiquable, il faut qu'elle soit imposée aux acteurs par une contrainte extérieure : c'est le cas lorsque les minorités ou les déviants sont éliminés par la violence ; ce l'est aussi lorsque les mécanismes économiques cantonnent certains groupes dans des environnements où il leur est impossible de vivre décemment et d'organiser sainement leur vie, celle des jeunes générations en particulier.

3.3. Les déplacements et la mobilité

Les géographes ont parfois raisonné sur les groupes sociaux comme des botanistes l'auraient fait pour expliquer les formations et associations végétales. C'est oublier que les hommes sont mobiles et que les sociétés revêtent des morphologies successives selon l'heure ou la saison : il y a celles de la veille et celles du sommeil, celles du travail et celles du repos, celles des jours de semaine et celles des fins de semaines ou des vacances. C'est aux sociologues et aux anthropologues, à Mauss (1904-1905) en particulier, que l'on doit les premiers efforts de réflexion systématique sur les morphologies multiples – que les géographes avaient notées depuis longtemps, à travers leurs analyses de genres de vie, mais sans en voir toutes les implications. Ils s'étaient particulièrement attachés aux groupes de pasteurs, ou aux montagnards que la transhumance amène à diviser leurs effectifs pour faire face à des tâches simultanées et multiples. A travers l'approche de Mauss, la généralité du phénomène est prise en considération, et l'attention se focalise sur les formes d'activité et les styles de sociabilité qui sont liés à chacune des configurations successives des groupes.

L'analyse des **genres de vie** introduisait ces thèmes, mais elle s'appliquait mal aux groupes humains dont la structure professionnelle est complexe. L'obstacle a été franchi grâce aux sociologues et aux ethnologues qui ont appris à dissocier, dans la vie des individus, les rôles qu'ils assument successivement (Linton, 1936 ; Mead, 1934). La sociologie appliquée (Chapin, 1974 ; Szalai, 1972) a perfectionné les enquêtes sur les budgets-temps et les budgets-espaces. Mais c'est à un géographe, T. Hägerstrand (1978) qu'il revint de montrer la portée de ces analyses. Les approches longitudinales imaginées par le démographe Lotka entre les deux guerres mondiales l'avaient marqué et lui donnèrent l'idée d'étendre les analyses de la mobilité et de ses rythmes à des cycles longs, l'année ou la vie entière.

Les géographes en sont ainsi venus à considérer les êtres humains comme essentiellement mobiles : ce sont de perpétuels candidats au départ. S'ils ne bougent pas, c'est que les avantages qu'ils retireraient d'un déplacement n'excèdent pas, selon leur estimation, les inconvénients qui en résulteraient. La prise en considération des cartes mentales et celle des préférences et des estimations qui y sont inscrites vient ainsi compléter celle des budgets-temps et des budgets-espaces (Wolpert, 1965).

3.4. Flux, échanges et formes d'organisation et de sociabilité

Les gens bougent pour travailler, pour jouir de lieux dont l'utilité est supérieure à ceux où ils se trouvaient jusqu'alors, ou pour rencontrer des partenaires ou participer avec eux à des activités collectives. Aux échanges inséparables de la mobilité des personnes s'ajoutent ceux qui reposent sur le déplacement de biens ou de messages.

Un groupe n'est jamais une collection de pions indépendants les uns des autres : il est formé de réseaux qui s'appuient sur des infrastructures matérielles et ont des composantes sociales. Certains des rapports qui se tissent ainsi sont provisoires et disparaissent aussi rapidement qu'ils se sont constitués. D'autres sont institutionnalisés : les hommes sont intégrés à des organisations, adhèrent à des partis, des églises ou des associations et travaillent dans des entreprises ou des administrations.

Les échanges sont conditionnés par les facilités matérielles dont on dispose pour assurer le déplacement des personnes ou acheminer des informations. Mais quelles que soient les performances que les infrastructures autorisent, les organisations sociales sont toujours affaiblies par la dispersion. La coordination des actions devient difficile lorsque l'information circule mal et qu'on manque d'occasions pour rencontrer en tête à tête ses partenaires. Le fonctionnement des organisations ne serait généralement pas possible si un minimum de confiance manquait à s'établir entre leurs membres : c'est sur l'autorité reconnue à ceux qui les dirigent, autant que sur les pouvoirs dont ils disposent, qu'elles reposent.

Les géographes retrouvent donc les ethnologues et les sociologues lorsque ceux-ci démontent la dynamique des rapports familiaux, les forces et les faiblesses des associations, la dépendance qui fait naître les clientèles et les formes qu'elle prend dans les systèmes féodaux. Ils s'interrogent avec eux sur les limites et les performances des échanges de marché (Smith, 1976). La subordination prend une forme systématique dans les sociétés d'ordres ou de castes, mais les réseaux auxquels elle donne naissance sont généralement peu étendus (Dumont, 1966). Le pouvoir pur est, malgré sa brutalité, beaucoup plus fragile que les combinaisons d'autorité et de puissance sur lesquelles reposent la plupart des régimes. Les sociétés modernes tirent leur efficacité de la multiplication des bureaucraties publiques ou privées qui les structurent (Etzioni, 1968) : comme il s'agit de groupements dont les membres sont recrutés ou exclus selon que leurs comportements sont, ou non, en conformité avec la mission assignée à l'ensemble, c'est la forme la plus « rationnelle » d'organisation sociale.

On ne peut comprendre les sociétés étendues si on néglige l'analyse de l'architecture sociale (Claval, 1973, 1978) qu'elles se sont donnée, et celle des lieux sur lesquels les réseaux qu'elles constituent s'appuient. L'ambiance qui y règne est très variable. La géographie des réseaux s'accompagne donc de celle de l'atmosphère qu'ils confèrent à certaines portions de l'espace, et de l'évocation des formes de sociabilité auxquelles ils sont normalement associés.

La vie de relation et les échanges auxquels elle donne lieu ne sont pas toujours encadrés par des institutions rigides ; cela ne veut pas dire qu'ils résultent pour autant d'une imprécision totale. Ils font partie des pratiques qui se transmettent de génération en génération, sont associées à certains lieux et se traduisent par des rituels, des signes de reconnaissance, des formes de politesse et des manifestations codées d'allégresse ou de tristesse. La géographie sociale essaie ainsi de voir comment les comportements qu'elle appréhende sont intimement soudés à certains lieux et structurés par des pratiques.

3.5. Faits de conscience collective et sentiments d'identité

Les hommes ne sont pas des robots : les **représentations** qu'ils se font de leur situation pèsent sur leurs réactions et sur leurs comportements. La géographie se penche, comme les autres sciences sociales, sur les faits de conscience collective. Elle apporte à leur interprétation des dimensions trop souvent ignorées par la sociologie : pour qu'un ensemble dont tous les membres partagent des traits communs, se heurtent aux mêmes difficultés ou aspirent aux mêmes transformations, cesse d'être une collection d'individualités et se transforme en classe consciente de sa cohésion, de ses préférences et de ses intérêts, il faut (mais il ne suffit pas) que ses membres soient en relation entre eux. Les problèmes de **conscience collective** sont donc éminemment géographiques. La dispersion de leurs membres a longtemps interdit à des collectivités par ailleurs très importantes de développer une conscience de classe, sinon à l'échelle locale : il en a été longtemps ainsi des paysans et des femmes. Pour les artisans et les ouvriers, le tournant de la Révolution industrielle a marqué une mutation majeure : la concentration géographique liée à la mécanisation a permis l'émergence d'actions menées en commun pour obtenir de meilleures conditions de travail et des rémunérations plus substantielles.

La révolution contemporaine des communications permet enfin à des groupes constitutivement dispersés de s'organiser et de se faire entendre : la poussée des mouvements féministes et celle des groupes de jeunes ne se comprendraient pas sans cela.

La géographie apprend ainsi que les faits de **conscience collective** sont liés à la transparence de la société et aux flux d'informations qui la traversent. Elle souligne aussi qu'il ne suffit pas à un groupe de savoir qu'il a des intérêts communs pour qu'il se transforme en acteur collectif : il faut aussi qu'il se dote d'une organisation, ou que des organisations sociales existantes arrivent à le mobiliser. L'analyse des formes d'architecture sociale rejoint ainsi celle des attachements collectifs (Etzioni, 1968 ; Claval, 1973).

Les formes de **conscience collective** qui ont une base territoriale intéressent particulièrement les géographes. Parmi les classes que l'on peut reconnaître dans toute société, celles qui s'appuient sur les divisions de l'espace transforment la nature des lieux et des régions. Une société, au sens où les sociologues emploient le terme, n'est jamais dématérialisée : c'est une collectivité implantée dans un territoire. Comment naissent les sentiments qui structurent ainsi l'humanité en unités distinctes ? Quelle est la part des mythes d'autochtonie dans les justifications des identités partagées ? Invoque-t-on une commune origine ethnique ? Insiste-t-on sur les idéaux et les valeurs que l'on est prêt à défendre tous ensemble ? C'est autour de ces trois composantes que s'articulent toujours les idéologies qui servent à asseoir les sentiments d'appartenance. Au sein de ces unités majeures que sont les nations, des subdivisions apparaissent : on y reconnaît des régions, des pays et des localités qui ont souvent un très vif sentiment de leur identité. Quels rapports existent entre ces niveaux d'appartenance ? Et comment sont-ils liés à l'ensemble des conceptions que les gens se font de l'individu, de la personne et de l'environnement dans lequel ils vivent ? Ce sont là les thèmes centraux de la recherche actuelle sur les identités.

3.6. L'ontologie spatiale

Les géographes s'attachent donc, comme les sociologues, aux **représentations** collectives. Mais leur curiosité ne se borne pas à celles qui ont trait aux entités sociales. Elle concerne aussi l'espace et la manière dont il est valorisé. Le monde dans lequel vivent les hommes n'est pas indifférencié. Les contrastes et les oppositions qu'on y lit ne proviennent pas tous des contraintes physiques. L'univers social se reflète sur l'univers physique.

Plusieurs échelles de valorisation existent : certains lieux sont plus prestigieux que d'autres parce que c'est là que résident les personnes dont le statut est élevé. A l'inverse, ces localisations prestigieuses sont recherchées parce qu'elles confèrent à ceux qui les habitent un certain lustre : l'étude des marchés fonciers en fournit mille exemples.

La valorisation des lieux passe aussi par les réactions esthétiques qu'ils suscitent. Jusqu'à la Renaissance et au début du désenchantement du monde qui en est contemporain, la beauté et le pittoresque des paysages n'étaient appréciés que de quelques lettrés. Tout change alors comme A. Berque (1987) l'a montré : on entre dans l'ère des civilisations à paysages. L'espace ne vaut plus seulement par les utilisations qu'on peut en faire. Il est jugé à travers la jubilation que créent l'harmonie, l'équilibre, ou l'émotion qui naît, avec le sublime, d'une nature déchaînée et grandiose.

La valorisation esthétique remplace d'autres formes de différenciation, ou vient les compléter : les sociétés développent, parmi leurs représentations, l'image « d'ailleurs » où la justice existe, où les êtres ne sont pas déchirés, où le mal est exclu et où règne l'harmonie (Eliade, 1965). C'est grâce à eux que l'on dispose de moyens pour juger le réel. Lorsque ces mondes plus vrais que le monde matériel affleurent en un point, celui-ci change de nature : il se revêt de sacré. La géographie sociale conduit ainsi à s'interroger sur les limites du profane et sur la nature et la localisation de ce qui est empreint de puissance numineuse (Claval, 1984). Elle nous fait passer du registre des sciences sociales à celui des systèmes de valeur : les géographes sont ainsi conduits à se rapprocher des humanités.

4. Applications géographiques

Le rapprochement contemporain de la géographie et des sciences sociales fait sortir notre discipline du simple inventaire des ressources naturelles et des formes d'organisation de l'espace. Il lui permet d'éclairer en profondeur l'art d'habiter que les hommes ont développé, de s'interroger sur les significations qu'ils donnent aux lieux et de comprendre les attachements qu'ils manifestent pour certains types d'aménagement et pour certains milieux.

La géographie moderne quitte donc le domaine de l'analyse des quantités pour pénétrer dans celui des qualités. C'est ce qui fait la fécondité de ses orientations les plus récentes.

Lectures recommandées

Claval P., 1974, *Principes de géographie sociale*, Paris, Litec.

Frémont A., Chevalier J., Hérin R., Renard J., 1984, *Géographie sociale*, Paris, Masson.

Jackson P., Smith S., 1984, *Exploring social geography*, Londres, George Allen and Unwin.

Ley D., 1983, *A social geography of the city*, New York, Harper and Row.

Mots-clefs

Anthropologie spatiale,
Budget espace-temps,
Conscience collective,
Ecologie urbaine,
Ethnographie,
Ethnologie,
Genre de vie,
Réalités sociales,
Représentations,
Sciences sociales,
Sociologie.

Géographie et histoire

6

Marie-Vic Ozouf-Marignier

Sans doute plus qu'à aucune autre science, la géographie, dans la tradition française, est liée à l'histoire, au point que cela constitue une spécificité nationale de la discipline. La force de ce lien – même s'il a fluctué, ressortit à la fois à sa permanence et à l'effet parfois décisif qu'il a produit sur le développement de chacune de ces sciences. Fait de dépendances institutionnelles tout autant que d'échanges conceptuels et méthodologiques, ce couple a connu temps forts mais aussi éclipses, tensions et rapprochements.

L'« histoire-géographie », selon la désignation communément admise dans les milieux éducatifs (l'histoire-géo des élèves), c'est tout d'abord le sort partagé de programmes et d'horaires communs d'enseignement et de concours, tradition indéfectible depuis deux siècles en France (Lefort, 1992). Pendant longtemps, les deux matières furent dispensées par les mêmes enseignants et après qu'elles fussent devenues autonomes dans les filières de formation, le cursus des études de l'une continua d'inclure l'apprentissage, à des degrés divers, de l'autre.

Ces dispositions institutionnelles ne sont que le reflet des rapports étroits entretenus au niveau scientifique. Les expressions utilisées au cours des temps pour les caractériser ne vont pas dans le sens de l'univocité : géographie « rejeton » et « soutien » de l'histoire selon d'Alembert, « oeil de l'histoire » selon Daunou, « moitié de l'histoire » selon Duruy, servante de l'histoire (Claval, 1964), « science auxiliaire », « parente pauvre » (Vallaux, 1911, 1925), « discipline nourricière de l'histoire » (Febvre, 1953). En 1989, M. Roncayolo s'interroge encore : « Parler des rapports entre histoire et géographie, du point de vue de la recherche, c'est se ménager un chemin difficile entre ces deux précipices : le voisinage sans communication et la fusion-scission » (1989). Ces qualifications, quelque subjectives qu'elles soient parfois, marquent pourtant les étapes capitales de l'évolution des échanges entre les deux disciplines et de leur reconnaissance mutuelle. Elles laissent entrevoir un passé commun au cours duquel s'effectue un renversement du rôle de la géographie à l'égard de l'histoire ; une période d'éloignement lui fait suite, des années 1940 jusqu'à nos jours où semble s'amorcer le renouveau d'un intérêt réciproque.

Ce dialogue de l'histoire et de la géographie a, selon les époques et les auteurs, diversement investi chacune des disciplines. Parfois, l'apport de l'une est entré dans un processus de transformation globale de l'autre. Plus souvent, l'emprunt n'a eu d'incidence que sectorielle, dans un domaine thématique privilégié. C'est ainsi qu'ont fleuri les appellations pour désigner ces confluences des deux disciplines, spécialités hybrides, disputées *ipso facto* de part et d'autre, et souvent difficiles à distinguer : **géographie historique**, **géohistoire**, **histoire géographique**, *histoire de la géographie, géographie rétrospective*, histoire de l'espace, **géographie politique**.

Sans parler de la réflexion épistémologique qui a périodiquement abordé la question de l'apport mutuel et de l'interpénétration des deux sciences, l'association de celles-ci est attestée du point de vue éditorial par de régulières entreprises communes. Pour ne citer que les plus flagrantes, mentionnons la tradition des introductions géographiques aux collections d'ouvrages historiques sur la France (Michelet, 1833 ; Vidal de la Blache, 1903 ; Brunhes, 1920a ; Burguière et Revel, 1989) ; histoires provinciales Privat et départementales Bordessoules, etc., à quoi correspond symétriquement la série plus faiblement représentée des introductions historiques aux ouvrages de géographie (thèses de géographie régionale de l'école vidalienne). Les co-signatures (Demangeon et Febvre, 1935) furent sans doute moins fréquentes. Mais les collaborations à des projets communs l'ont été : sans compter le domaine pédagogique (revue *Historiens et Géographes*, revues parallèles l'*Information historique* et *l'Information géographique*), il faut faire référence aux *Annales* à leurs débuts et plus récemment à la revue *Espaces-Temps*. Par delà sa permanence, distinguons donc les étapes et les formes de ce lien.

1. La géographie comme localisation des faits passés

Avant de s'affirmer comme discipline autonome, dans le dernier quart du XIXe siècle, la géographie n'est longtemps, si l'on s'en tient à l'étiquette, que l'application par une quelconque science, de la démarche qui vise à localiser un phénomène et à en décrire l'expression spatiale. C'est un recours que l'histoire a traditionnellement favorisé, même si elle n'en a pas l'apanage (songeons à un autre lien, celui de la géographie mathématique et des sciences exactes).

Sans même remonter jusqu'aux Anciens qui, avec Hérodote et Strabon, nous proposent une géographie en forme de récit et d'érudition, nous trouvons, constamment renouvelé des humanistes à l'aube de notre siècle, le témoignage de ce caractère auxiliaire de la science des lieux à l'égard de l'histoire. Rarement enseignée en tant que telle (Nordman, 1992), la géographie est néanmoins présente dans les cours d'histoire, notamment ceux que dispensent les Jésuites sous l'Ancien Régime (de Dainville, 1940), puis ceux des Ecoles centrales, des collèges et des universités.

Il s'agit alors d'une discipline entièrement descriptive et énumérative : elle passe en revue, à la manière d'un dictionnaire (qui est d'ailleurs l'un de ses produits les plus courants) la composition des pays (étendue territoriale, divisions administratives et religieuses, rivières, villes, grands hommes, productions, curiosités) et sa variation au cours des temps. Elle reconstitue, à l'aide de la toponymie, les localisations précises. Science de l'érudition et de la classification, elle consiste en un simple exposé méthodique des connaissances. L'étude de la géographie ancienne est un passage obligé et une fraction longtemps prédominante de l'enseignement. On applique d'ailleurs à la géographie la démarche en vigueur dans la recherche historique : « le spécialiste de géographie historique devait (presque seulement) se pencher sur les textes laissés par les auteurs anciens et en extraire une information sûre grâce à une critique érudite très serrée » (Berdoulay, 1981).

La géographie moderne se taille peu à peu une place plus importante mais il s'agit toujours d'une **géographie politique** rattachée à l'histoire politique. Dans la seconde moitié du XIXe siècle, alors que des innovations importantes touchent la discipline géographique sous l'influence des explorations et du mouvement colonial, le lien avec l'histoire demeure : ceux-là même qui, à des postes clé, contribuent à faire respecter la place de la géographie et à l'augmenter, sont encore très liés à l'histoire.

Himly, titulaire de la seule chaire de géographie parisienne de 1862 à 1898, créateur de la section de géographie à la Sorbonne et ardent défenseur du développement de cette discipline (Himly et Levasseur, 1871), garde la marque de sa formation à l'école des Chartes. Il oriente l'enseignement, en particulier les thèses, vers ce qui a sa préférence, la **géographie historique** et l'**histoire de la géographie**. C'est ainsi qu'en 1890, il décourage Gallois de faire sa thèse sur la Lorraine, considérant que ce sujet relève de la faculté des sciences. Celui-ci traitera finalement des géographes allemands de la

Renaissance. Himly lui-même s'intéresse à l'histoire des découvertes et à la formation territoriale des Etats (Europe centrale notamment).

Longnon enseigne la géographie historique de la France à l'Ecole Pratique des Hautes Etudes avant d'occuper au Collège de France la chaire d'histoire et de morale transformée ensuite en chaire de géographie historique. Son nom reste attaché à la publication d'un *Atlas historique de la France* qu'il ne put achever (1907). Drapeyron, à la tête de la *Revue de Géographie*, se bat avec l'appui de Duruy pour développer la géographie qu'il considère comme un instrument de compréhension de l'histoire et un guide pour les décisions pratiques. A l'Ecole Normale Supérieure, enfin, Desjardins, professeur de géographie, est spécialiste de la Gaule romaine.

Vidal de la Blache lui-même, son successeur en 1877, répond parfaitement au profil attendu pour ce poste. Il a suivi brillamment le cursus des études en histoire comme normalien (agrégé en 1866) et a séjourné à l'Ecole d'Athènes où il a préparé sa thèse sur Hérode Atticus. Tandis qu'il travaille à l'élaboration d'une conception de la géographie radicalement nouvelle, il n'en continue pas moins à se consacrer à des travaux de géographie historique et d'histoire de la géographie. Il publie *Marco Polo, son temps et ses voyages* en 1890, *Les voies de commerce dans la géographie de Ptolémée* en 1896, et la première œuvre qui assurera sa notoriété sera son *Atlas général, Histoire et géographie* paru en 1894.

Les spécialistes de géographie historique se réunissent également en commission au Comité des Travaux Historiques et Scientifiques et publient les comptes rendus de leurs séances dans le *Bulletin de géographie historique et descriptive*.

2. Géographie vidalienne et histoire des *Annales*

En optant résolument pour la géographie, en cherchant à la doter de méthodes (en particulier l'observation sur le terrain) et de problématiques propres, Vidal de la Blache affranchit la discipline de son assujettissement à l'histoire. La conséquence en est une diminution sensible des études de géographie historique à partir des années 1890 (Meynier, 1969) et surtout, après que Vidal ait remplacé Himly à la Sorbonne (1898). Pourtant, et contrairement à ce que l'historiographie a souvent, par excès de schématisme, laissé entendre, Vidal et certains de ses proches disciples ne tournèrent jamais le dos à l'histoire, mais bien plutôt l'intégrèrent, selon une perspective renouvelée, dans une conception de la géographie axée sur les relations entre l'homme et le milieu. C'est ainsi que pour certains géographes du milieu de notre siècle, Vidal de la Bache avait été avant tout celui qui avait rendu à l'homme son rôle (Meynier, 1969), par opposition aux abus de la géographie allemande contemporaine (par exemple Ancel, 1936). Dans un autre ordre d'idées, J. Gottmann affirme que « Vidal ne perd à aucun moment le sentiment de la fluidité des phénomènes géographiques. Il voit comment ce qui est inscrit sur la carte immobile s'inscrit aussi constamment sur les courbes du temps » (1952).

Il est néanmoins certain que l'école de géographie vidalienne, très ouverte à l'apport des sciences naturelles, prit son essor en rejetant l'assujettissement à l'histoire tel que l'encourageaient trop les représentants de la géographie traditionnelle autour d'Himly et de Drapeyron.

En plaçant le *déterminisme* au centre de sa réflexion, Vidal de la Blache renoue avec un mode de pensée ancien qu'il rénovera avec les exigences de la scientificité. Depuis Hippocrate, nombreux étaient ceux qui avaient tenté de peser l'influence de la géographie sur l'histoire. Au XVIIIe siècle, les esprits des Lumières se passionnent pour la théorie des climats (Montesquieu, Voltaire, Herder). Turgot, dans un ouvrage méconnu, pose la question des relations entre la géographie physique, la répartition des productions, l'organisation des communications et l'économie politique. Il insiste sur la variation de la prise en compte des données géographiques selon le cours de l'histoire. Michelet est imprégné de cet héritage lorsqu'il entreprend d'ouvrir son second volume de l'*Histoire de France* par un *Tableau* (géographique) de la France (1833). L'objectif qu'il s'est fixé, c'est « de décrire pour une série de provinces, l'action permanente qu'exerce à travers toute l'histoire, et encore actuellement, la constitution géographique du sol sur le caractère, les mœurs et la destinée des Habitants » (Monod, 1923).

Vidal de la Blache, lecteur de Michelet et plus généralement de ceux qui au cours du XIXe siècle ont agité la question de la liberté humaine par rapport au milieu (en particulier Ritter et Ratzel), propose une interprétation *possibiliste* du rôle de l'homme comme agent géographique. Réalisant un mariage équilibré de l'histoire et de la géographie, cette conception s'inscrit à l'intermédiaire entre les théories environnementalistes et le *possibilisme* radical des spiritualistes qui nient ou minimisent la part du *déterminisme* naturel ou matériel. Le *Tableau géographique de la France* (1903) écrit par Vidal de la Blache en introduction à l'*Histoire de France* de Lavisse devient rapidement l'œuvre de référence pour cette interprétation renouvelée des rapports entre l'histoire et la géographie. Posant la question de savoir si la France est un être géographique, Vidal montre, suivant la variété des paysages français, la part des données géographiques et celle de la civilisation et de l'action humaine.

Son livre fut immédiatement apprécié de façon positive par les historiens (non seulement Lavisse et l'équipe de l'Histoire de France, mais G. Monod, G. Weulersse, H. Berr, C. Jullian, etc.). Ils prirent conscience de tout ce qu'ils pouvaient en tirer pour leur propre discipline. « Il montrait, avec un art consommé, que le paysage, pour qui sait le regarder et le lire, est une source historique aussi importante – parfois même plus importante – que les textes. (...) Et il introduisait le germe d'une distinction appelée à un grand avenir : celle du temps court et de la longue durée » (Pomian, 1986). Entre ces deux pôles, celui des événements et celui de la géographie physique, Vidal de la Blache introduit surtout la géographie humaine, qui a pour objet d'étudier les composantes stables du milieu humain à travers le temps. Or l'histoire prédominante d'alors n'est encore que le récit des événements, souvent même des « hauts faits ».

Par ailleurs, en s'intéressant aux genres de vie, aux caractéristiques du peuplement, aux formes de l'habitat, aux modes de production, aux techniques et aux traits psychologiques des habitants, Vidal de la Blache fait appel aux données sociales et économiques encore absentes d'une histoire presqu'exclusivement politique et événementielle. Dans l'ensemble de leurs travaux d'alors, les géographes montrent aussi leur intérêt pour le présent, pour les paysages et pour les situations contemporaines ; des aspirations semblables président à la fondation des *Annales* autour de L. Febvre et de M. Bloch (*fiche 1*). Quelques géographes, Vidal de la Blache le premier, valorisent en outre, au sein de la géographie humaine, les préoccupations économiques liées à l'actualité, ce qui les rapprochent d'historiens économistes comme H. Hauser (également géographe et très impliqué dans la théorisation et la mise en application du régionalisme économique) ou F. Simiand.

Enfin, Vidal de la Blache pose comme terrain privilégié de la synthèse géographique le cadre régional, ce qui a pour effet de susciter chez ses disciples le choix systématique de la monographie comme exercice de thèse. Or, à la même époque, les historiens autour de H. Berr et de la *Revue de synthèse historique* élaborent un programme de travaux exhaustifs sur les régions de la France ; l'école vidalienne est l'une de leurs références expresses et leur fournira des modèles (Berr, 1903). Et, de plus en plus souvent, la monographie régionale sera le cadre adopté par les historiens pour leurs recherches et notamment pour leurs thèses : devenu traditionnel, approprié au travail du chercheur individuel, mais rarement explicité, contrairement à sa vocation initiale.

C'est à Lucien Febvre, historien disciple de Vidal de la Blache, condisciple de Sion à l'Ecole Normale, ami de Demangeon, qu'il appartient de

FICHE 1

L. Febvre et la géographie

« Notre conception de l'histoire, celle de la géographie se sont profondément modifiées aujourd'hui. Ce n'est plus seulement l'armature politique, juridique et constitutionnelle des peuples d'autrefois, ni leurs vicissitudes militaires ou diplomatiques que nous nous efforçons de restituer patiemment. C'est toute leur vie, c'est toute leur civilisation matérielle et morale, c'est toute l'évolution de leurs sciences, de leurs arts, de leurs religions, de leurs techniques et de leurs échanges, de leurs classes et de leurs groupements sociaux. La seule histoire de l'agriculture et des classes rurales dans leurs efforts d'adaptation au sol, dans leur long travail discontinu de défrichement, de déforestation, d'assèchement, de peuplement – que de problèmes ne soulève-t-elle pas dont la solution dépend, en partie, d'études géographiques ?

(L. Febvre, 1970, *La terre et l'évolution humaine*, Paris, Albin Michel, p. 69, 1re éd. : 1922).

---

faire connaître, aux historiens en particulier, mais plus largement aux sciences sociales, l'apport de l'école de géographie vidalienne (1905 et 1922). De son côté, Bloch, lui aussi élève de Vidal de la Blache ainsi que de Gallois, met en pratique les enseignements de ses maîtres dans le domaine de l'histoire-géographie rurale avec un livre fondateur : *Les caractères originaux de l'histoire rurale française* (1931). En 1929, Febvre et Bloch ont créé les *Annales*, qui s'inspirent beaucoup des *Annales de géographie* et rendent compte systématiquement des ouvrages de géographie. Demangeon est membre du comité de rédaction, une dizaine de géographes y collaborent. Autour de la revue et de ses fondateurs, se développe et se précise ce nouveau courant de l'histoire, renouvelée par l'apport des jeunes sciences sociales et tout particulièrement, par celui de la géographie.

Une génération plus tard, F. Braudel, guidé par Febvre, parachève l'intégration de la géographie à l'histoire en publiant sa thèse sur *La Méditerranée et le monde méditerranéen à l'époque de Philippe II* (1949). Il y articule le temps géographique des permanences (le **temps long**) et celui, court, des conjonctures et des événements. Il use d'un néologisme pour désigner sa démarche : la **géohistoire**. Dans ses derniers ouvrages, *Civilisation matérielle, économie et capitalisme, XVe-XVIIIe siècle* (1979), et surtout l'*Identité de la France* (1986), Braudel revient sur le rôle du milieu comme acteur de la société. Par son rayonnement dans l'école historique, Braudel a contribué à rendre familière aux historiens de plusieurs générations, jusqu'à aujourd'hui, cette part de la géographie dans l'histoire et la reconnaissance de l'espace comme objet historique. Beaucoup d'entre eux en ont témoigné, par leurs travaux – songeons, pour n'en citer qu'un, à l'*Histoire du climat depuis l'an mil* d'E. Le Roy Ladurie (1967) – ou par leurs écrits sur la pratique de l'histoire (Revel, 1979 ; Duby, 1991).

3. Les axes de la géographie historique après Vidal de La Blache

En dépit de cet apport considérable et durable de la géographie à l'histoire, les deux disciplines se sont peu à peu éloignées l'une de l'autre, au fur et à mesure que des chaires de géographie indépendantes ont été créées et après l'institution en France de la licence et de l'agrégation de géographie (1942). Sur cette question de la pédagogie et de l'organisation de l'enseignement, les rapports de l'histoire et de la géographie sont même devenus houleux. Mais surtout, la géographie s'est affirmée comme discipline du présent et du terrain, proche des sciences naturelles et attentive aux préoccupations pratiques comme celles de l'aménagement. Ceux qui, parmi les géographes, ont continué à s'intéresser à l'histoire et à pratiquer, en la renouvelant, la **géographie historique**, ont été, en dépit de leur stature intellectuelle, une minorité : J. Brunhes, J. Sion, C. Vallaux, A. Demangeon, A. Siegfried, M. Sorre, J. Ancel, R. Dion, J. Gottmann, E. Juillard ; cette liste évidemment incomplète rassemble pourtant les principaux noms. Les travaux réalisés selon cette perspective croisée se répartissent autour de plusieurs axes.

3.1. La géographie politique

Abandonnant la description des anciens tracés et de la succession des divisions politiques et administratives, certains se tournent vers l'analyse de la formation des Etats, de leurs structures et de leurs conditions de développement.

Brunhes et Vallaux reprennent l'interrogation vidalienne et recherchent systématiquement, dans leurs formes variées, les influences géographiques sur l'histoire, et, à l'inverse, la marque de l'histoire – entendue au sens d'action des groupes humains, dans leurs solidarités politiques, et ethniques, sociales, économiques – sur le paysage ou l'organisation territoriale (1911, 1914, 1921). C'est ce qu'ils appellent la *géographie de l'histoire*, dans laquelle ils incluent la **géographie politique** (1920b), c'est-à-dire l'étude de l'Etat et du territoire, des routes et des frontières, des capitales *(fiche 2)*.

De son côté, A. Demangeon s'engage dans cette voie avec des travaux remarqués sur la genèse et l'extension des Etats (1920, 1927) et sur les frontières (1935). Ce dernier thème est encore privilégié par Ancel (1938), soucieux de développer une *géographie politique* fondée sur les facteurs sociaux (genres de vie, mentalités) et non sur un *déterminisme* naturel et une idéologie impérialiste, comme dans l'Allemagne de la même époque (1936). C'est également dans ce champ de l'étude des frontières et des facteurs d'évolution territoriale des Etats que s'inscrivent certains des travaux de Dion (1947), de J. Gottmann (1952).

FICHE 2

La méthode de la géographie humaine

« Pour être compréhensive et explicative, la géographie humaine ne peut pas s'en tenir à la seule considération de l'état actuel des choses. Il lui faut envisager l'évolution des faits, remonter dans le passé, c'est-à-dire recourir à l'histoire. Beaucoup de faits qui, considérés en fonction des conditions présentes, nous paraissent fortuits s'expliquent dès qu'on les considère en fonction du passé. L'histoire ouvre de vastes horizons sur le passé qui a vu se succéder tant d'expériences humaines. Cette notion d'âge, d'évolution est indispensable. Sans elle, la raison de ce qui existe nous échapperait souvent. Comment, par exemple, la géographie urbaine pourrait-elle se passer de l'histoire ? Comment expliquer Rome, Paris, Londres, sans connaître leur passé ? Comment comprendre le peuplement d'un vieux pays comme la France si nous ne connaissons pas l'histoire du défrichement, du déboisement, du partage des champs, des travaux de drainage et d'endiguement ? Toute l'étude de cette conquête du sol est à base d'histoire. Voilà pourquoi les travaux de géographie humaine contiennent toujours beaucoup de recherches historiques, et pourquoi les géographes se rencontrent souvent, dans les dépôts d'archives, avec les historiens. »

(A. Demangeon, 1942, « Une définition de la géographie humaine », dans *Problèmes de géographie humaine*, Paris, Colin, p. 33-34).

Plus isolée est demeurée la contribution très innovatrice d'A. Siegfried à l'étude de la répartition des comportements politiques et électoraux, rapportés à l'héritage des structures démographiques, foncières, agraires, etc. (1913). Si cette démarche fut largement mise en application, ce le fut surtout à l'initiative des sciences politiques.

3.2. L'histoire du paysage rural

Ce domaine a constitué, durablement, le terrain de prédilection non seulement de la *géographie historique* mais de la collaboration entre les historiens et les géographes. Aussitôt après le travail fondateur de Bloch, Dion entame, avec sa thèse sur le Val de Loire (1933), une réflexion de longue haleine sur l'explication de la différenciation des paysages ruraux, ce qui le conduit à faire systématiquement appel à l'histoire, pour mettre en œuvre ce qu'il appelle la **géographie rétrospective** (1981, 1990). L'un de ses articles affiche, dans son titre même, ce parti pris méthodologique : « La part de la géographie et celle de l'histoire dans l'explication de l'habitat rural du Bassin Parisien » (1946).

Tandis qu'en histoire, les travaux de Déléage, Roblin, Boutruche, Braudel, Duby et d'autres, suivaient cette inspiration, la géographie agraire garda traditionnellement cette dimension historisante qu'ont illustrée Champier, M. Derruau, E. Juillard, Meynier et plus généralement tous les auteurs de monographies régionales sur les campagnes, dans les années 1940 et 1950. Tous étaient familiarisés avec le repérage et le décryptage de sources anciennes. Demangeon n'avait-il pas lui-même montré la voie en faisant porter son travail de thèse complémentaire sur *Les sources de la géographie de la France aux Archives Nationales* (1905) ?

4. Divergences et malentendus

Par-delà cet ensemble de travaux géographiques intégrant l'histoire, parfois avec militantisme comme chez Dion, et malgré l'éclat de la *géohistoire* initiée par Braudel, la divergence des disciplines s'est accrue. Dans les années 1950, on évoquait couramment la « vieille controverse entre historiens et géographes » (Sorre, 1953 ; Dion, 1957). Indépendamment du débat institutionnel, l'éloignement des deux disciplines est malaisé à expliquer. Plutôt que sur des affrontements réels, il semble reposer sur des malentendus.

Du côté des géographes, les efforts pour faire coller la discipline au présent et pour lui affecter un objet propre ont conduit à un rejet presque total de la *géographie historique*, déjà fortement marginalisée, dans la période précédente. Les années 1960-1970 sont les plus creuses dans ce domaine et des travaux comme ceux de C. Huetz de Lemps sur le commerce de Bordeaux à la fin du règne de Louis XIV (1975) sont exceptionnels. Tandis que l'histoire « annaliste » continue à faire son miel des objets suggérés par la géographie vidalienne, la géographie humaine, se sentant spoliée (Champier,

1957) ou anxieuse de sa spécificité, rejette le passé et le temps de sa problématique, délaisse le milieu au profit de l'espace, analysé en termes de forme, de structure et de fonctionnement synchronique. Les géographes qui continuent d'avoir recours à l'histoire adoptent un « profil bas » (R. Marconis) : auprès de leurs pairs, ils s'excusent de trahir le combat autonomiste ; face aux historiens, ils développent un complexe d'infériorité en ce qui concerne le savoir-faire dans l'usage des documents anciens devenus la spécialité de l'autre discipline depuis la séparation relative des deux formations. En vérité, l'histoire leur sert, souvent, à ne pas commettre le péché de *déterminisme* naturel. Ils hésitent entre deux formules qui ont toutes deux leurs inconvénients : partir d'un point éloigné dans le temps et gagner le présent suivant un récit linéaire des étapes qui ont précédé la situation actuelle, mais, alors, le moment présent n'a pas plus d'importance que les autres, et le danger est de remonter le temps à l'infini (Reynaud, 1979, en donne des exemples). Ou bien le géographe, à partir du présent, part à la recherche d'éléments d'explication dans le passé, mais cette sélection lui fait courir le risque, aux yeux des historiens, d'interprétations trop partielles, voire erronées, par méconnaissance de la situation ancienne dans son contexte global.

En vis-à-vis, les historiens, oubliant leur dette envers la géographie, et négligeant son évolution épistémologique, en arrivent parfois à la considérer comme dépourvue d'objet (Péguy, 1986 ; Roncayolo, 1989). Ils renverraient volontiers sa moitié naturaliste aux sciences naturelles et distribueraient l'humaine entre les différentes sciences sociales (économie, sociologie, anthropologie). « L'historien interpelle la géographie, croyant avoir en face de lui celle de sa jeunesse, mais c'est en réalité sa petite-fille » (Grataloup, 1986). L'influence du milieu naturel (éventuellement le *déterminisme*), le temps immobile, les permanences, ne sont pas le répertoire de la nouvelle géographie, obligée de penser l'espace comme produit social et produit de plusieurs temporalités.

5. Passé et présent, espace et temps : la fin des monopoles

Au cours de la dernière décennie s'est pourtant amorcée une reprise de dialogue, et des travaux mitoyens ont vu le jour. Et, qui plus est, la réflexion épistémologique sur les relations entre histoire et géographie a connu une multiplication de ses occurrences (notamment Reynaud, 1979 ; Gay, 1982 ; Grataloup, 1984, 1985, 1986, 1991 ; Roncayolo, 1989 ; *Géopoint*, 1990).

FICHE 3

Le problème de l'horizontal et du vertical dans les sciences humaines

« En un premier temps, qui ne fait que perpétuer une longue tradition, le géographe décrit, localise les faits observés, tente de donner de chacun d'eux une « explication » (...). La « causalité » géographique (nuancée, par ailleurs de « possibilisme ») n'est conçue alors que comme la juxtaposition et le positionnement de causalités locales. Celles-ci font très souvent appel à une évolution (morphogénèse, géobotanique, monographies urbaines etc.) Cela aboutissait à privilégier le « diachronique » au détriment du spatial. (...) Une réaction brutale s'effectua avec « la Nouvelle géographie ». L'analyse statistique mit en corrélation les faits observés entre eux. Les différents types d'analyses factorielles portent, sauf exceptions rarissimes, sur des faits strictement contemporains. Fi de la Durée, on remit l'Espace en honneur ! Les faits de voisinage, de proximité, de densité, de « champ », de « potentiel » passaient au premier plan. La juxtaposition de monographies urbaines céda la place à l'étude des réseaux urbains. Bref, la géographie devenait la science de l'espace. Après une vision essentiellement « verticale » – historique – du monde et des sociétés, prévalait une vision « horizontale ». (...) Mais cette géographie « spatialisante » aurait été à son tour vouée à l'insuccès, n'aurait jamais débouché que sur des impasses si elle était demeurée un corps d'analyses purement statiques. (...) Tout ceci avant que l'on ne parlât Systèmes. Le développement de ce mode de pensée, plus précisément la reconnaissance de Systèmes dynamiques allait conduire à reprendre en compte un certain sens de la « durée ». (...) Si elle ne veut pas devenir aujourd'hui la « Science de l'éphémère » la géographie doit se tracer d'autres voies. Elle doit se présenter comme l'étude de Systèmes spatiaux, certes, mais de Systèmes ayant des temps de réponse, et dont les trajectoires s'inscrivent dans la Durée. »

(C. P. Péguy, 1990, « La géographie : une valse à trois temps »,
Géopoint, p. 209-210.

Les auteurs se sont en particulier intéressés aux analogies entre les deux disciplines, du point de vue de leurs objets et de leurs méthodes : passage du particulier au général, de l'empirisme à la science, utilisation des méthodes quantitatives, découpages de l'espace et du temps (Grataloup, 1985 et 1991). Mais surtout, de part et d'autre, de nouveaux transferts et échanges se sont opérés, aboutissant à la reconnaissance d'un apport mutuel, sur des bases rajeunies.

On assiste tout d'abord à une réintégration du temps dans la géographie – encore que les géographes soient nombreux à considérer que cette dimension n'a jamais été exclue de leur discipline (que l'on songe au temps géologique, à la climatologie, à l'évolution des paysages et de l'organisation de l'espace). En 1953 déjà, M. Sorre inscrit l'analyse des « complexes géographiques » à l'intersection de l'explication génétique (historique) et de l'explication écologique (interactions spatiales). Le géographe, dit-il, finit toujours par rencontrer le passé. Mais non plus nécessairement sous la forme de la permanence, ni même seulement sous celle de l'historicité des modèles spatiaux (par exemple Juillard, 1972), mais selon la manifestation de temporalités diverses et entrecroisées. On ne se contente plus de dérouler un récit linéaire des étapes préliminaires à la situation actuelle, ou de « piocher » à reculons dans l'histoire. On s'interroge sur l'articulation d'**héritages** et d'**innovations**, sur les logiques de la **dynamique** des systèmes spatiaux, sur les rythmes et la durée. Pour J.-L. Piveteau, « le paysage n'est pas seulement "palimpseste", c'est-à-dire "dépôts" juxtaposés ou chevauchants de différents âges, mais il est également "affleurement" de multiples durées, comme tronquées » (1990).

Finalement, les modalités du croisement de l'espace et du temps en géographie forment aujourd'hui une palette très variée : analyses chrono-spatiales sur des séries longues (Pumain, 1982 et 1984), recherches sur l'inertie des formes spatiales (Baudelle, 1990 ; Cadène, 1990), archéologie des paysages et de l'espace (Vallat, 1990 ; Heyraud et Mauduy, 1990), spatialisation du temps comme dans la « time-geography » d'Hägerstrand, plus rarement géographie de la **diffusion** (Saint-Julien, 1985) ou **prospective** de l'espace (Gay, 1982). Mais on constate aussi un renouveau de champs de recherche délaissés : **géographie historique** (de Planhol, 1988) et **géographie politique** (Lacoste, 1986 ; Foucher, 1988, pour qui « les frontières sont du temps inscrit dans de l'espace »).

Du côté des historiens, la réflexion sur l'espace, bien qu'elle demeure un courant marginal au sein de la discipline, a connu des développements importants dans la période récente, au point qu'on puisse parler de nouvelle captation de la géographie par l'histoire.

S'interrogeant sur la valeur heuristique de la **cartographie historique** pour leur discipline, certains ont renoué avec un domaine oublié depuis Longnon (1907), Brette (1904) ou Mirot (1948) : la collection des *Atlas de la Révolution française* s'inscrit dans cet esprit (1987... ; voir aussi Arbellot, Goubert *et al.*, 1986). Plusieurs *géographies historiques* ont vu le jour (Braudel, 1986 ; Burguière et Revel, 1989). Dans des domaines plus spécifiques, des travaux directement inspirés de la problématique géographique et surtout de la pensée des organisations et modèles spatiaux ont été entrepris : recherches sur les communications (Arbellot, 1973 ; Lepetit, 1984), sur les limites et les frontières (Nordman, 1986, 1989), sur les circonscriptions territoriales et les découpages de l'espace (Ozouf-Marignier, 1989), et sur les systèmes urbains (Lepetit, 1988).

Pour les historiens, l'espace n'est pas seulement le moyen de diversifier les centres d'intérêt et de trouver de nouveaux objets. Il ouvre la voie, comme naguère, à une réflexion théorique sur la discipline. Pour Higounet, qui reprend l'affirmation de Sorre selon laquelle l'histoire est une succession de géographies, l'**histoire géographique** renouvelle par ses méthodes (pratique du terrain, de la cartographie) et ses débats (*déterminisme*, croisement de la diachronie et de la synchronie) l'histoire totale (1961, 1968). B. Lepetit, au terme d'une mise à l'épreuve des modèles spatiaux de l'analyse urbaine, affirme que « l'histoire de l'espace oblige à rompre avec les cloisonnements habituels et à ne pas réduire la visée totalisatrice de l'histoire à une simple addition ; économie, société, civilisation : tout le sens est dans les modalités de leurs relations » (1990).

Les catégories d'espace et de temps, de passé et de présent ne fondent plus, on le voit, la distinction et la séparation des disciplines historique et géographique. Les méthodes et les outils (cartes, chiffres, archives) ne sont pas non plus le monopole de l'une ou de l'autre, même si des savoir-faire existent. Aussi est-il permis aujourd'hui d'opter résolument pour l'absence de cloisonnement : « Distinguer, dans le champ de la recherche, l'histoire de la géographie est un artifice, une commodité de classement qui ne reflète pas la complexité de la réalité. Les deux domaines d'investigation ne vivent que d'incessants échanges » (Vallat, 1990). Ce qui n'empêche nullement les spécialités et les spécificités d'exister, issues d'apprentissages désormais séparés et de questionnements propres. Et il reste également à entreprendre de véritables collaborations, encore trop souvent isolées.

Lectures recommandées

Braudel F., 1985, *La Méditerranée et le monde méditerranéen à l'époque de Philippe II*, Paris, 1949, rééd. Paris, Colin.

Dion R., 1990, *Le paysage et la vigne. Essais de géographie historique*, Paris, Payot.

Groupe Dupont, 1990, *Géopoint, Histoire, temps et espace*, Avignon, Groupe Dupont.

Higounet C., 1976, « L'histoire géographique », *Encyclopaedia Universalis*, Paris, vol. 8.

Lepetit B., 1988, *Les villes dans la France moderne (1740-1840)*, Paris, Albin Michel.

Pomian K., 1986, « L'heure des Annales », in *Les lieux de mémoire, La nation, II*, P. Nora (ed.), Paris, Gallimard, vol.1.

Reynaud A., 1979, « Les différentes utilisations de l'histoire par la géographie », Comité des Travaux Historiques et Scientifiques, *Bulletin de la Section de Géographie*, t. LXXXIV.

Roncayolo M., 1989, « Histoire et géographie : les fondements d'une complémentarité », *Annales, ESC*.

Mots-clefs

Cartographie historique, Diffusion, Dynamique, Géohistoire, Géographie historique, Géographie politique, Géographie rétrospective, Héritage, Histoire géographique, Innovation, Temps long, Prospective.

La géographie et les sciences de la nature

7

Claude et Georges Bertrand

1. Le postulat fondateur : pas de géographie sans nature, pas de nature sans géographie

Tel est l'enjeu. Il est de moins en moins facile à tenir. S'il ne l'est pas, ou seulement du bout des lèvres et avec condescendance, comme le pensent et le pratiquent certains géographes français, cette intervention est inutile. La géographie ne peut alors que dériver, parmi d'autres sciences sociales, vers un ailleurs qui ressemble beaucoup à un nulle part. Alors, elle tournerait le dos aux grands questionnements sociaux, culturels et économiques qui bouleversent aujourd'hui l'environnement des sociétés et l'aménagement de l'espace. Certes, la géographie appartient prioritairement au domaine des sciences humaines et sociales. Elle est, par excellence, la science sociale du territoire. A ce titre, elle englobe inéluctablement une part de nature car il n'y a pas de territoire sans « terre ». Cette part de naturel, tout à tour sur-estimée ou sous-estimée, a donné lieu à de multiples débats, quelquefois violents, le plus souvent stériles. La tendance générale est à l'éluder dans la pratique quotidienne et tout particulièrement dans la formation géographique. Libérée de toute logique, l'« évocation » de la nature en géographie est devenue surréaliste, sorte de *deus ex machina* qui ne fait qu'augmenter le nombre et la virulence de ses détracteurs. Il est temps de revenir aux sources de la connaissance de la nature et aux sciences qui en ont la charge.

Le cheminement entre la géographie et les **sciences de la nature** est difficile. D'une part, il faut franchir un seuil épistémologique de première grandeur entre sciences de la société et sciences de la nature avec les obstacles que sont, par exemple, l'analogie, le réductionnisme, le surdéterminisme, la babélisation, etc. D'autre part, la géographie n'a plus en face d'elle les vieilles « sciences naturelles » qu'un esprit un peu cultivé pouvait directement mobiliser. Actuellement, la géographie est confrontée à des sciences « dures », complexes, différenciées, en incessante recomposition et utilisant les plus hautes technologies.

La géographie se doit aussi de transformer un produit naturel brut (masse d'air, arbre, montagne, source) en un produit « socialisé », c'est-à-dire incorporé dans les problématiques sociales, économiques et culturelles. A partir d'un fait naturel, la géographie se doit de produire de la valeur sociale ajoutée. La source devient ressource. Cette transformation, voire cette transmutation, a été longtemps confiée à la **géographie physique** considérée, au moins au départ, comme un sous-ensemble de la discipline. La fonction, voire l'existence, de cette géographie physique est au cœur du débat. Elle est l'objet de beaucoup de critiques et de violents ressentiments où s'entremêlent les choix scientifiques, les querelles institutionnelles et beaucoup de rancœurs personnelles. Même si la géographie physique française développe quelques recherches prometteuses, on doit admettre qu'elle est globalement disqualifiée. Elle n'est plus la meilleure entrée dans les domaines des **sciences de la Vie** et des **sciences de l'Univers**. Les problèmes de nature et d'environnement sont devenus des interrogations centrales, à vif, pour toutes les sociétés et pour l'ensemble de la planète-terre. C'est ce que n'ont pas su, pas pu ou pas voulu voir un certain nombre de géographes physiciens français qui sont allés récemment brandir leurs amertumes et leurs pancartes devant la grille des ministères ! Plus que jamais nous devons affirmer, et démontrer, qu'il n'y a pas de géographie sans nature et pas de nature sans géographie !

2. Un bilan ambigu : une pensée humaniste à forte connotation naturaliste

Par l'origine universitaire, littéraire et historique de ses pères fondateurs, par leurs orientations philosophique et politique, la géographie française est bien née de l'histoire et de l'humanisme. Cette filiation, impulsée par Vidal de La Blache et les géographes de son école de pensée, a constitué une sorte d'idéologie implicite qui a assuré une solide continuité dans les domaines institutionnels, académiques, scientifiques et pédagogiques. A y regarder de plus près, cette démarche géographique ne repose sur aucun corpus épistémologique et méthodologique clairement et unanimement affirmé. Si la géographie française manifeste quelques velléités scientifiques, elles se situent presque toutes dans la volonté de maîtriser les rapports des sociétés avec leurs milieux de vie qui sont encore au siècle dernier assez largement naturels ou ruraux. Il s'agit donc d'une ambition de type naturaliste et, avant la lettre, environnementaliste directement greffée sur les « sciences naturelles ».

2.1. Un enracinement naturaliste mal maîtrisé

La géographie française a toujours entretenu avec les sciences naturelles des rapports privilégiés. Le « **paysage** » et/ou le « milieu » géographiques ont été longtemps, au moins implicitement, presque toujours et prioritairement d'ordre naturel. La pensée géographique s'est elle-même constituée à partir d'un solide patrimoine naturel et naturaliste qu'elle a non seulement exploité, mais qu'elle a contribué à former. Les géographes ont ainsi beaucoup apporté à la connaissance des reliefs et des climats dans toutes les parties du monde. Le *Traité de Géographie physique* de de Martonne ainsi que son étude sur la géographie physique de la France ont eu un grand retentissement parmi les naturalistes. Humaine et humaniste sans équivoque, la géographie française a donc été en contact avec les naturalistes. Les géographes ont souvent parcouru le terrain en leur compagnie, partageant leurs grandes théories et s'imprégnant de leurs modes de pensée. Cet alliage, précieux et fragile, a beaucoup contribué à former, en plus de quelques méthodes, ce qu'il est convenu d'appeler un « état d'esprit géographique » contre lequel les géographes marxisants, puis les modernistes n'ont cessé de s'élever. Il est vrai que cette sorte d'oecuménisme géographico-naturaliste relevait beaucoup plus de l'alchimie que d'un traitement scientifique. Il a mal résisté au temps, aux modes, aux évolutions et révolutions scientifiques. Il crée l'ambiguïté de la discipline alors qu'il aurait pu en fonder l'ambivalence et ouvrir ainsi, avec un siècle d'avance, une voie royale aux études environnementales qui, dès la fin du XIXe siècle, correspondaient bien à la volonté des géographes de maîtriser les rapports entre les hommes et leurs milieux de vie. Mais l'état politique, donc scientifique, de l'Europe à la fin du XIXe siècle et au début du XXe, ne pouvait que faire éclater cette contradiction au moins apparente entre humanisme et naturalisme. Les géographes français ont choisi l'humanisme. C'est leur honneur d'hommes, c'est leur carence de scientifiques. Mais bien peu, à l'exemple de Reclus, ont pris sur cette question une position d'ordre idéologique et en ont tiré les conséquences au plan de la recherche. En dépit des apparences et malgré une grosse production scientifique, la rupture entre société et nature est consommée. La géographie physique, avec de Martonne, peut s'installer et s'autonomiser, de plus en plus « à côté » de la géographie humaine. Certes, les pétitions de principe ne manquent pas, plus particulièrement chez les historiens influencés par les prémonitions d'un Bloch, mais elles se diluent dans la nuance frileuse et dans l'insignifiance discursive. A quoi peut donc servir le « tableau géographique » le mieux léché, qui accorde la plus large place à l'évocation des reliefs, des climats et des sols, si on ne sait pas pas bien quelle place et quel rôle attribuer aux faits naturels dans la combinaison géographique ? L'extraordinaire *Tableau géographique de la France* de Vidal de La Blache en éblouissant a aveuglé. Dans la plupart des cas, des données géologiques, climatiques, quelquefois botaniques, sont injectées à l'état brut avec de multiples digressions érudites. Il est vrai que la matière scientifique encore fruste était facilement accessible au géographe comme à tout homme cultivé. Le résultat est beaucoup plus descriptif qu'explicatif ou alors l'explication reste à l'intérieur même du phénomène naturel (formation d'une chaîne de montagne, description d'un étagement de végétation, etc.) et, beaucoup plus rarement, à l'intersection entre les faits naturels et les faits humains. De cette juxtaposition ou succession indécise, le géographe ne peut retenir que des nuances, des « influences », des « possibilités » ou alors de brutales déterminations. Sans jamais convaincre. D'où le débat tronqué et trompeur sur le déterminisme qui va inutilement mais durablement empoisonner les relations entre une géographie humaine frileusement et hypocritement « possibiliste » et une géographie physique sans d'autre issue que de tourner sur elle-même. En somme, et contrairement à certaines apparences, la géographie n'a pas pris un bon départ sur un des problèmes géographiques fondamentaux qui est celui des relations des hommes avec les « milieux naturels ».

2.2. La géographie à l'ombre de la géologie : l'expansion de la géomorphologie

En 1908, Auerbach peut écrire : « assurément, c'est au contact et par la grâce de la géologie que la géographie a renouvelé son idée de la terre ». En 1841, c'est la publication de la première carte géologique de la France au 1/500 000 par de Beaumont et Petit-Dufresnoy et, en 1868, la création du Service de la carte géologique de la France au 1/80 000. La géologie apparaît alors, bien avant les autres sciences de la nature, comme le fondement même de l'étude de l'espace et, pour l'analyse géographique, le « fond de carte » du **territoire** des hommes. Les toutes premières lignes du tome II du *Traité de géographie physique* de de Martonne sont significatives : « L'étude du relief du sol est la partie la plus importante de la **géographie physique**. On pourrait même la considérer comme la base de toute géographie ». La prééminence de la géomorphologie est établie une fois pour toutes, pour le meilleur et pour le pire. A partir de ce credo, la géomorphologie va peser très lourdement, à la fois scientifiquement et institutionnellement, sur la géographie française. Les géomorphologues ont pris le pouvoir et ne le lâcheront pas pendant plus d'un demi-siècle. L'analyse précise et organisée du relief et des modelés, de plus en plus finalisée sur elle-même, développe rapidement de véritables protocoles scientifiques qui font défaut aux autres branches de la géographie. Mais elle biaise et estompe les autres aspects du milieu naturel. Ce dernier n'a pas d'existence propre et ne donne lieu à aucune théorisation ou conceptualisation.

Tout l'effort porte sur l'évolution des formes du relief avec les géniales mises au point de Cholley sur le « système d'érosion » fondé sur les interactions entre les processus et/ou agents d'érosion : en somme une analyse systémique avant la lettre. La géomorphologie des années 1950 ne se contente pas d'emprunter à la géologie ; elle innove et propose de nouvelles interprétations des phénomènes géologiques superficiels. La géomorphologie structurale étroitement solidaire de la géologie est alors complétée par la géomorphologie climatique, déjà plus qu'ébauchée par de Martonne, et qui s'inspire d'autres sciences naturelles telles que la climatologie, la biogéographie, voire la pédologie naissante. Cholley, encore lui, enrichit le système d'érosion avec les combinaisons binaires (relief-climat) ou ternaires (relief-climat-végétation). Vers les années 1960-1970, J. Tricart atteint un niveau supérieur d'intégration géomorphologique en lançant le concept de système géomorphogénique incluant les aspects bioclimatiques. La géomorphologie française bien enracinée dans la géologie et utilisant les données des autres sciences naturelles rayonne dans le monde entier... et sur les autres branches de la géographie. Elle va devenir la principale sinon l'unique composante de la géographie physique. C'est elle qui forme le nouvel esprit géographique : sens du terrain, représentation cartographique, quantification et expérimentation en laboratoire, etc. C'est ainsi que le modeste abaque de Cailleux-Tricart pour mesurer l'indice d'émoussé des galets sera vers les années 1950 le premier outil scientifique mis entre les mains des géographes débutants ! Ce premier accès à une culture géologique et à une méthode scientifique marquera profondément plusieurs générations de géographes, même s'ils ont choisi, par la suite, de devenir des géographes « sociaux ».

Cet engouement pour la géologie et la géomorphologie peut être expliqué de plusieurs manières : développement précoce de la géologie par rapport aux autres sciences de la terre qui en sont longtemps restées aux inventaires spécifiques et aux méthodes de classification ; démarche chronologique de la géologie stratigraphique proche de la culture historique des géographes ; attrait intellectuel pour les grandes théories planétaires (dérive du Gondwana, formation des chaînes de montagne et nappes de charriage, glacio-eustatisme, etc.) ; importance du relief dans l'organisation et la diversification de l'espace à l'échelle privilégiée de travail des géographes qui croisent les relevés directs sur le terrain avec les informations de la carte topographique d'« Etat-major » au 1/80 000.

2.3. La subordination des autres sciences naturelles et les blocages d'une « géographie physique contre-nature » (G. Bertrand)

En fait, la filiation avec les sciences naturelles n'est jamais totalement assumée, même en ce qui concerne la géologie. C'est ainsi que la géomorphologie, sous l'impulsion de de Martonne, puis de Baulig, fonde sa vigueur et sa spécificité sur les théories du cycle d'« érosion normale » et de la pénéplanation qui, bien que largement inspirées par le géologue Davis, sont des constructions abstraites et géométriques qui isolent l'« érosion » de la combi-

FICHE 1

Et la biologie ?

En 1962, le botaniste et phytogéogéographe Gaussen apostrophe rudement les géographes dans leur propre revue des *Annales de Géographie* : « Il serait temps que les géographes s'intéressent aux questions biologiques ». Il met ainsi en évidence ce qui a toujours été et demeure la plus grave carence de la géographie physique française. Si l'hégémonie de la filière géologie-géomorphologie a familiarisé le géographe avec les sciences de la terre, elle l'a coupé des sciences de la vie. Il est vrai que ces disciplines ont connu un développement tardif et que le fastidieux apprentissage de la systématique a rebuté plus d'un géographe. La géographie de la végétation de Flahaut ne date que du début du siècle (vers 1910), la phytosociologie de Braun-Blanquet et d'Emberger des années 1925-1930, la phytogéographie de Gaussen et la cartographie de la végétation de la France au 1/200 000 des années 1950. Même si les emprunts sont fréquents, ils restent sauf exception (Marres) marginaux et ne passent pas dans les programmes des concours d'Agrégation et dans l'enseignement universitaire. Plus globalement, l'appel prémonitoire de Sorre n'est qu'une voix dans le désert. Les « Fondements biologiques de la géographie humaine » sont souvent cités mais non suivis. L'intérêt et la culture du géographe sont ailleurs, soit du côté historico-littéraire, soit du côté mathématique (P. Birot, C. Péguy). L'absence de culture biologique au sens large et de connaissances scientifiques dans les domaines de la physique et surtout de la chimie et de la biologie coupe la géographie de la grande révolution des **sciences de la nature**. Cette dernière, qui se développe en France vers les années 1950, va assurer la prééminence de la biologie d'où naîtra, quelques années plus tard, l'**écologie** *(chapitre 2)*.

naison naturelle, négligeant le climat (du moins dans un premier temps), les sols et la végétation. Dans ses premières publications théoriques, Birot en arrive même à des interprétations mathématiques de l'évolution des versants (par exemple par « creeping ») qui sont un défi à l'observation et à l'expérimentation naturalistes.

La climatologie est progressivement intégrée en position subordonnée dans le système d'érosion, mais elle n'est que rarement étudiée en tant que telle (Bénévent). Il faut attendre C. Péguy (1955), puis P. Pedelaborde (1970) pour que se développe une étude explicative et dynamique des climats. Parallèlement, A. Guilcher parvient à l'océanographie et à l'océanologie par le biais de la géomorphologie littorale.

2.4. Le syndrome de la cuesta

Il n'en reste pas moins que la géographie physique française dominée et orientée par la géomorphologie atteint sa plénitude au cours des années 1950. Elle rayonne dans la communauté géographique internationale mais ne reçoit qu'un accueil mitigé de la part des spécialistes des sciences de la nature. Pourtant, c'est le seul domaine de la recherche géographique faisant preuve d'une réelle scientificité. Les liens avec la géologie, stucturale et surtout dynamique, se resserrent. Les plus conscients et les mieux armés parmi les géomorphologues en tirent les conséquences et tentent un rapprochement institutionnel avec la géologie (Rognon, Tricart, etc.) Cette évolution par scissiparité, fréquente dans l'histoire des sciences, n'a que peu d'adeptes. D'autres géomorphologues, après quelques reconversions formelles, s'usent à provoquer un combat d'arrière-garde pour tenter de défendre beaucoup plus des privilèges que des orientations scientifiques d'avenir. Coupée de la grande mutation scientifique des années 1950-1960, la géographie physique française n'en continue pas moins à peser lourdement sur l'ensemble de la discipline. Dans l'enseignement comme dans la préparation des thèses de doctorat, elle est souvent devenue un exercice de style et un redoutable outil de sélection dans les concours de recrutement, pour l'agrégation de géographie et, ce qui est encore plus injustifié, pour l'agrégation d'histoire. L'inusable et académique « commentaire de carte » accompagné de la fabrication d'une « coupe géologique » devient un exercice stérile. La situation est insupportable pour une géographie humaine en pleine évolution et qui ne sait plus comment dialoguer avec une géographie physique refermée sur ses propres questionnements (évolution des « cuestas », mécanismes de la pénéplanation, rôle de la tectonique, etc.). Les relations entre les sociétés et les milieux ne sont évoquées que dans de plus en plus rares monographies de géographie régionale, trop descriptives et trop mal construites pour être efficaces. Ce mésusage du fait naturel dans l'analyse géographique, tout à tour surdéterminant et transparent, entretient ce « syndrome de la cuesta » qui marque la faillite d'une certaine conception non maîtrisée de la géographie physique. Celle-ci a non seulement perdu le sens du social, mais encore a oublié celui de la nature.

2.5. De la biogéographie des géographes aux études intégrées du milieu naturel : collages et bricolages d'avenir

De Martonne a bien consacré le troisième tome de son *Traité* à la biogéographie mais il en a confié la rédaction à deux spécialistes, l'un de la botanique (Chevalier), l'autre de la zoologie (Cuénot), ce qui marque le caractère marginal d'une discipline pas du tout concernée par les questions biologiques. En 1953, les géographes ne seront pas davantage tentés par la « biogéographie mondiale » de Cailleux qui ouvre pourtant la voie à la chorologie moderne et affirme que « l'unité physico-chimique du monde vivant est essentielle ». A partir des années 1960, les quelques géographes (P. Birot, H. Elhaï, G. Rougerie, G. Bertrand) qui s'aventurent dans le domaine des sciences biogéographiques s'inspirent, soit de l'éco-géographie de Troll, soit de l'éco-physiologie d'Ellenberg, soit de la cartographie phytogéographique de Gaussen, soit de la phytosociologie d'Emberger, soit de la pédologie forestière de Duchaufour ; c'est-à-dire de recherches conduites dans la tradition naturaliste. Encore une fois, Maximilien Sorre, sa biologie humaine et ses « complexes pathogènes » ne seront entendus qu'un peu plus tard, avec les premiers développements de la géographie médicale et de l'écologie humaine. C'est pourtant à partir de ces pratiques biogéographiques que vont lentement et difficilement émerger de nouvelles conceptions, plus ou moins globalisantes et construites du « milieu géographique naturel ». A partir des années 1965-1970, des influences diverses mais convergentes (écologie scientifique et écosystème, « land-survey », « complexes territoriaux naturels » soviétiques) vont casser le fonctionnement sectoriel de la géographie physique française et favoriser le développement des « études intégrées » du milieu naturel. Il s'agit d'une rupture épistémologique et méthodologique fondamentale qui donne enfin existence et consistance à la géographie physique. Les travaux de G. Rougerie sur les milieux forestiers, le montage de « l'éco-géographie » par J. Tricart, les études expérimentales de versants de F. Morand, les premières approches quantitatives de J.-C. Wieber, la première tentative de « géographie physique globale » de G. Bertrand restent trop isolées et ne sont le plus souvent que des collages ou des bricolages réalisés avec des moyens insuffisants et toujours à contre-courant dans une géographie française coupée de la nature, alors que ces travaux sont généralement bien accueillis dans les autres disciplines et par les géographes étrangers (Anglais, Nord-Américains, Australiens, Soviétiques, Polonais, etc.) qui sont, dans ce domaine, en avance sur les Français.

L'avenir de la géographie physique, et lui seul, est en germe dans ces tentatives particulières qui présentent le double avantage d'établir un contact étroit avec les nouvelles sciences de la terre en cours de recomposition et d'être en situation d'aborder directement les problèmes d'environnement, donc de société. Mais à la condition que ces expériences isolées et quelque peu disparates soient le point de départ d'une réflexion généralisée pour faire de la science géographique, dans sa globalité, une nouvelle et double tête de pont en direction des sciences de la nature d'un côté, et de la problématique sociale de l'environnement de l'autre.

3. L'enjeu social : participer à la maîtrise de l'environnement

L'environnement est, pour la géographie française, un oubli long et profond. Aujourd'hui un retour aux classiques « études du milieu » n'aurait aucun sens. La montée en puissance, planétaire et catastrophique, des problèmes de nature et d'environnement bouleverse les données d'une question jusqu'ici traitée de façon marginale. La pensée écologique qui lui est associée doit être analysée comme une mutation des systèmes de valeur. La problématique environnementale, pluridisciplinaire et pluriprofessionnelle, se développe donc dans un « environnement » social et scientifique de plus en plus complexe. Elle relève d'autres urgences et réclame d'autres ambitions. Pour plus de clarté dans l'exposé, on traitera de cette situation globale, d'abord dans le cadre spécifique des sciences de la nature, ensuite, du point de vue plus général de la société.

3.1. L'émergence de l'écologie scientifique réorganise et dynamise les sciences de la nature : le « global change » unifie la nature

L'écologie scientifique se développe aux Etats-Unis vers 1950. Elle ne se manifeste en France dans les sciences naturelles qu'à partir du début de la décennie 1970, en particulier par la diffusion des *Fundamentals of Ecology* de E. et H. Odum (1971). Toutefois, cet ouvrage passe pratiquement inaperçu des géographes.

FICHE 2

Ecologie et écosystème

L'écologie est une science biologique qui étudie les relations entre une biocénose (ensemble d'êtres vivants : végétaux, animaux, hommes) et un biotope (milieu physico-chimique), et les relations des organismes vivants entre eux. Elle a pour but l'« étude de l'organisation, du fonctionnement et de l'évolution des systèmes biologiques correspondant aux niveaux d'intégration égaux ou supérieurs à celui de l'individu »[1].

L'écosystème est le concept fondateur de l'écologie systémique moderne. C'est « un système d'interactions complexes des espèces entre elles et entre celles-ci et le milieu »... « de cet ensemble... naissent des propriétés globales, nouvelles par rapport à celles des éléments en interaction »... « ces interactions se développent dans l'espace-temps, à toutes les échelles d'observation, et elles sont portées par des flux de matière et des flux d'énergie dissipatifs »[2].

1. R. Barbault, 1989, Ecologie générale, Paris, Masson.
2. S. Frontier et D. Pichod-Viale, 1991, *Ecosystèmes. Structure – fonctionnement – évolution*, Paris, Masson.

La géographie, par contre, paraît s'éloigner des sciences de la nature. D'une part, l'approfondissement des connaissances, la sophistication des méthodes et des techniques, l'hermétisme des langages scientifiques ne permettent plus d'établir ce lien d'évidence, simple et direct, grâce auquel le géographe s'appropriait, à bon compte, l'apport des sciences de la terre. Le simple fait de fabriquer une « coupe géologique » est aujourd'hui un exercice à haut risque dès que l'on prétend expliquer les formes superficielles par des structures profondes. D'autre part, la traditionnelle et discursive synthèse géographique s'efface devant les puissantes machineries cybernétiques du « global change ». D'ailleurs, la participation institutionnelle de la géographie aux grands programmes de recherche interdisciplinaires, nationaux ou internationaux, ne va jamais de soi et n'intéresse que quelques géographes parfois masqués en géomorphologues, climatologues ou télédétecteurs.

3.2. L'environnement replace le naturel au cœur du social

« Longtemps naturel, l'environnement a envahi le social beaucoup plus que le social ne l'a investi. D'abord, marge lointaine et facultative devenue ensuite périphérie obligée et de plus en plus exigeante, il est aujourd'hui au cœur du social, nœud gordien de la gestion du territoire et de la qualité de la vie. » (Bertrand, 1990). La situation est ambiguë. La coalescence entre l'écologie et l'environnement est-elle une métaphysique planétaire, une bifurcation épistémologique ou bien un renouvellement méthodologique ? Non seulement l'environnement « bouscule les sciences » (Oppeneau, 1991) mais il interroge les sociétés sur leurs rapports aux territoires et à la planète Terre. La nature et les sciences de la nature doivent être repensées en termes sociaux, économiques et culturels. « Tout phénomène économique (estime R. Passet, 1989), a la dimension des phénomènes de la nature. »

Aujourd'hui, avec les fluctuations des « trous d'ozone », l'aridification et/ou la désertification des zones intertropicales, les charges polluantes contenues dans les grands fluides que sont l'eau et l'air, chacun sait, sans verser dans le catastrophisme, que l'anthropisation va de plus en plus influer sur le fonctionnement de l'**écosystème** terrestre et sur le devenir à long terme des sociétés. Il reste à la géographie française à s'assumer par rapport à une problématique de la nature qui n'a jamais autant été « géographique », c'est-à-dire à la fois sociale et spatiale !

3.3. La géographie doit se définir par rapport aux nouvelles « valeurs » de la pensée scientifique

Les géographes sont restés jusqu'à ces dernières années en retrait du grand mouvement épistémologique qui a transformé les sciences de la vie et les sciences de la terre. Au-delà des modes et des querelles d'école, un certain nombre de grands courants paraissent, au moins pour un temps, porteurs d'avenir et méritent d'être analysés.

Le plus banal d'entre eux a trait à la *maîtrise de la complexité et de la diversité*. En se subdivisant en sous-spécialités, la géographie physique n'a fait, en somme, que s'adapter et prolonger les démarches analytiques et les divisions disciplinaires traditionnelles des sciences de la nature. Depuis une vingtaine d'années le raisonnement scientifique s'est organisé et globalisé grâce à l'analyse de système dont l'écosystème est une remarquable modélisation. L'interactivité assemble les éléments et fonde la dynamique des systèmes. La diversité interne est donc reconnue, à la fois comme moteur de l'équilibre dynamique interne et comme moteur de l'évolution du système naturel. La globalisation et la systémique ne sont pas à confondre mais elles relèvent d'une même stratégie scientifique qui peut resituer la géographie physique par rapport à elle-même, par rapport à la géographie humaine et surtout par rapport à ce que l'on doit encore qualifier, faute de mieux, de « géographie régionale ».

La *prééminence accordée à la vie et aux formes multiples du vivant* est l'un des aspects les plus enrichissants de la recherche scientifique dans le domaine des sciences de la nature et l'un de ceux qui pose le plus de problèmes, non seulement aux géographes mais aussi à l'ensemble des sciences sociales. La géographie française, sans « fondements biologiques », est aujourd'hui comme paralysée, incapable non seulement de s'adapter à ces nouvelles façons de penser la nature, mais encore d'exercer à leur égard l'analyse critique qui s'impose. Les autres sciences sociales ne sont pas mieux loties mais elles n'avaient pas en charge cette dimension naturelle que la géographie n'arrive plus à exercer correctement. L'écologie prend le relais par intégration remontante et sans toujours modifier son discours biologique dominant. Le géographe serait en droit de se poser et de poser aux autres spécialistes des sciences sociales des questions capitales... s'il en avait les compétences. Par ailleurs, même si la biologie n'a rien à voir avec le biologisme et encore moins avec la socio-biologie, l'extraordinaire succès de l'écologie hors de son domaine propre conduit par banalisation scientifique et surtout para et extra-scientifique à des comportements analogiques et réductionnistes qui sont d'autant plus pervers qu'ils tendent à s'exercer dans le champ incontrôlable du politique. De plus, l'écologie scientifique elle-même tend tout naturellement à dépasser le domaine animal et végétal pour se transformer en une écologie humaine *(chapitre 2)* dont la démarche fondamentalement biologique s'étend à l'économique, au social et au culturel, vers cette « noosphère » qui serait pour certains (Duvigneaud) la forme supérieure du Bios !

Il faut aussi prendre en compte la puissante résurgence du sensible et de la sensibilité. En bon positiviste à la recherche de la scientificité, le géographe s'est toujours efforcé d'objectiver son objet d'étude selon le schéma des sciences dites « dures ». Cela a été aussi bien le cas en géographie humaine qu'en géographie physique. Cependant, le géographe a toujours laissé libre cours à l'expression de sa subjectivité à l'occasion des nombreuses descriptions des pays et des paysages qui agrémentent ses travaux. Les études environnementales donnent aujourd'hui la priorité au sujet ou du moins jouent d'une dialectique plus ou moins subtile entre sujet et objet. L'intérêt porté aux espaces perçus et « vécus » (Frémont), l'appel aux mécanismes des représentations, la réhabilitation tardive des études paysagères font tomber le carcan conventionnel de ce qui n'était, le plus souvent, qu'une pseudo-objectivité timide et appauvrissante. Aujourd'hui, le géographe peut appeler paysage un paysage et rehumaniser sa géographie physique. Un nouveau type de rapport de la géographie avec la nature est en cours, plus subjectif et plus « humain ». Il réclame d'autres approches épistémologiques et méthodologiques que celles de la géographie physique classique.

4. Un projet pour la géographie : construire un paradigme d'interface entre la société et la nature

L'examen de la relation de la géographie avec les sciences de la nature prend place dans la perspective générale de relance de la discipline comme science du **territoire** (L'*Espace géographique* et GIP RECLUS, Grand Colloque de prospective du ministère de la Recherche et de la Technologie, Géoforum, etc.) Les propositions qui suivent ont déjà été pour partie exposées dans d'autres contextes mais jamais directement en rapport avec les sciences de la nature.

4.1. La nécessité d'une interface entre la géographie et les sciences de la nature : le concept d'anthropisation

La géographie physique, telle qu'elle a été conçue et telle qu'elle fonctionne, remplit mal, voire pas du tout, cette fonction d'interface entre la géographie et les sciences de la Vie et de l'Univers. Il faut construire un système global d'interaction à partir d'interrogations épistémologiques et de réalisations méthodologiques, sinon nouvelles, du moins renouvelées. Le problème n'est plus celui d'une géographie physique en quête d'autonomie, voire d'indépendance, au plan scientifique et au plan institutionnel ; le problème est celui de la science géographique confrontée dans sa totalité au « naturel » des territoires ; le problème ne concerne pas la seule géographie : il est celui de l'ensemble des sciences de la société à la recherche de passages raisonnés et accessibles vers les sciences de la nature.

Cette théorie d'**interface** se fonde sur le concept d'**anthropisation**. Pour le géographe, la nature c'est d'abord de l'espace, un espace de moins en moins naturel, de plus en plus « territorialisé » c'est-à-dire approprié, exploité, artificialisé, dégradé. Le qualificatif d'anthropique définit classiquement cette action directe ou indirecte des sociétés sur leurs territoires. Le concept peut être étendu à la totalité de la combinatoire société-nature. L'anthropique représente l'ensemble des formes (haie, sol cultivé, bâtiment) et l'anthropisation l'ensemble des processus matériels (« érosion anthropique », sylviculture) et immatériels (représentation paysagère) qui naissent de l'impact d'une pensée et/ou d'une action humaine sur un système naturel (pécoration) et vice-versa (enfrichement). C'est toute la nature qui est ainsi, directement ou indirectement intégrée à l'analyse « sociale » de la géographie. Les objets et processus pris en considération ne sont déjà plus « naturels » et pas davantage « sociaux » (Moscovici), mais résultent d'une « hybridation » (Serres). La ressource, la potentialité, la contrainte et la crise relèvent de ce champ sémantique d'interface qu'il faut reconnaître en tant que tel et approfondir pour « socialiser » les faits de nature et « naturaliser » les faits de société : le langage sinon le débat en est clarifié. Par exemple, au cours d'une même étude, on passe ainsi, par paliers successifs et sans ambiguïté du fonctionnement naturel, physico-chimique et biologique, de tel écosystème pastoral (y compris l'impact du pâturage) à son fonctionnement paysager issu de la représentation sociale (y compris sa matérialité d'objet naturel).

4.2. L'analyse tridimensionnelle de l'interface : la méthode GTP (Géosystème, Territoire, Paysage)

L'interface société-nature n'est encore que très imparfaitement maîtrisée. La proposition n'est donc que provisoire. Elle se fonde sur trois postulats : on ne passe pas directement des concepts utilisés dans les sciences de la nature aux concepts sociaux ; on ne peut pas conceptualiser la totalité de l'interface à partir d'un concept unique et univoque ; on doit élaborer une méthode de complexité et de diversité.

Cette pluridimensionalité permet d'éviter les avatars qui sont ceux, par exemple, de la nouvelle écologie urbaine : ou bien l'écosystème urbain constitue une dangereuse dérive biologique, assimilant la ville à un organisme vivant ; ou bien il n'est que l'expression, à la dernière mode, pour simplement désigner un système économique, social et culturel urbain ; ou bien il se limite scientifiquement à l'analyse des fonctionnements et dysfonctionnements physico-chimiques et biologiques de la ville dans le cadre d'une application stricte du modèle écosystémique.

Le système proposé définit trois champs sémantiques qui, chacun avec leur finalité propre, balaient l'interface à partir de trois concepts centraux : le **géosystème**, le **territoire**, le **paysage**.

Le **géosystème**, inspiré de la géographie soviétique et de divers « land-use » anglo-saxons, est un concept d'inspiration naturaliste qui prend en compte les masses, les volumes et les fonctionnements bio-physico-chimiques. Il est en prise directe sur les langages, les concepts et les méthodes des sciences de la nature. Il introduit la dimension géographique dans les études d'environnement naturel en privilégiant la dimension historique (impact des sociétés) et la dimension spatiale (horizontale : géohorizons, et verticale : géotype, géotope, géofaciès, géocomplexe, etc.), domaines dans lesquels il est plus performant que l'écosystème.

FICHE 3

Géographie physique et géosystème

La géographie physique est la branche « naturaliste » de la géographie. De l'intérieur de la géographie, science sociale, elle étudie les combinatoires et les interactions entre les sociétés humaines et les environnements naturels qui contribuent à la structuration et au fonctionnement de leurs territoires.

Le géosystème est le concept central et centralisateur de la géographie physique « intégrée ». C'est une portion d'espace, homogène à l'échelle considérée, qui se caractérise par une combinaison dynamique, donc instable, entre des éléments abiotiques (roche, eau, air), des éléments biotiques (végétaux, animaux) et des éléments anthropiques (impact des sociétés). En réagissant les uns sur les autres, ces divers éléments font du géosystème un « système géographique » indissociable qui évolue en bloc.

C'est un concept spatial qui définit des unités spatiales à partir d'une grille chorologique à deux entrées : une entrée verticale (géotope, géofaciès, géocomplexe, « pays », région naturelle, domaine, zone...) et une entrée horizontale (géohorizon).

C'est un concept temporel et historique. Il prend en compte aussi bien l'évolution (« mémoire » du géosystème) que la phénologie (« états » saisonniers du géosystème).

Exemples : géotope (tête de source), géofaciès (une parcelle en vigne), géocomplexe (un versant), un « pays » (les Aspres), une « région naturelle » (le Roussillon), un domaine (la Méditerranée), etc.

G. Bertrand, « La nature en géographie, un paradigme d'interface », *Géodoc*, 1991 (UFR de Géographie et Aménagement, Université de Toulouse-Le Mirail)

Le **territoire**, concept central de la science géographique, n'est envisagé ici que dans sa dimension naturelle *(chapitre 32)*. C'est en quelque sorte l'interprétation socio-économique du géosystème, comme l'agrosystème est celle de l'écosystème. La dialectique source-ressource fonde cette analyse du territoire. On retrouve donc ici la famille des concepts hybrides (potentialité, contrainte, environnement, milieu) dont la manipulation réclame un long travail sémantique et méthodologique pour sortir des approximations actuelles.

Le **paysage**, notion plus que concept, permet ici au géographe d'accéder au monde des représentations sociales de la nature tout en assurant un lien, d'autres diraient une connivence, avec les objets naturels dans leur dimension géosystémique *(chapitre 19)*. C'est ainsi qu'un étang landais en cours d'eutrophisation est un paysage intensément vécu et un patrimoine culturel et écologique qui disparaît... si on ne l'artificialise pas par faucardage ou par dragage.

Il s'agit d'assumer, dans la clarté, un passage multidirectionnel et interactif. Dans un sens, il permet d'aller, par exemple pour un sol, d'un phénomène physico-chimique brut (« profil pédologique ») vers son interprétation socio-économique (« profil cultural ») et sa représentation sociale (fertilité). Dans l'autre sens, il assure la transition d'un projet socio-économique (sylviculture) et d'une représentation sociale (espace vert) vers un objet naturel (écosystème forestier).

4.3. La généralisation de la question environnementale impose de nouvelles formes d'interdisciplinarité et aussi de disciplinarité

La « révolution interdisciplinaire » des années 1968 a été particulièreent bénéfique aux sciences de la nature et à l'émergence des problèmes d'environnement. Elle a été et reste marquée par le lancement de grands programmes interdisciplinaires, internationaux (Man and Biosphere, Global Change...) ou nationaux (PIREN-CNRS...) qui ont modifié, souvent en profondeur, les relations institutionnelles et méthodologiques entre les sciences de la nature en y associant les sciences de la société. Cette vague interdisciplinaire va continuer. Toutefois, on commence à entrer dans une phase que l'on pourrait qualifier de post-interdisciplinaire. Elle se caractérise par un retour aux démarches disciplinaires, comme pour mieux tirer parti des acquis multiples mais parfois incontrôlés de l'interdisciplinarité. Une nouvelle stratégie, disciplinaire, s'impose. Pour se définir par rapport aux autres disciplines.

La géographie, dans son ensemble, se doit d'ouvrir un dialogue privilégié avec l'écologie scientifique. Ces deux disciplines, proches par leur démarche diagonale, largement complémentaires, ne gagnent rien à s'ignorer ou, plus sournoisement, à se concurrencer. L'échange peut paraître inégal tant l'écologie s'est imposée aussi bien dans le domaine social que dans celui de la nature. Mais l'écologie est aujourd'hui elle-même en crise scientifique et institutionnelle, menacée par le réductionnisme ambiant et contestée par les spécialistes de la biologie moléculaire. Le dialogue entre l'écologie et la géographie est déjà ouvert. Il doit se développer autour de problématiques et de thématiques communes comme par exemple la « landscape ecology », les catastrophes, l'aménagement des cours d'eau et la gestion des « zones humides » (Lefeuvre).

C'est dans ce contexte scientifique rénové et recentré que s'impose la relance de la géomorphologie, qui peut s'appuyer d'un côté sur les travaux de la géologie dynamique, de l'autre sur les études écologiques. Les spécialistes du quaternaire, pédologues, sédimentologues, palynologues et plus récemment anthracologues ont ouvert la voie et les géomorphologues ont apporté de précieuses contributions à l'étude des paléo-environnements. Aujourd'hui, c'est la géomorphologie historique (au sens d'une recherche portant sur la période correspondant à l'histoire humaine) et contemporaine qui doit se développer dans le cadre d'études intégrées, comme cela commence à être le cas en hydrologie continentale (Bravard), dans le domaine très pointu de l'érosion des terres de culture (Wicherek), de la dynamique des versants (Muxart) et des « catastrophes » ou « crises » naturelles (Métailié ; Desailly).

Cette indispensable intégration méthodologique renvoie la géographie française, non sans nostalgie, à l'« âge d'or » des grandes monographies régionales de la fin du XIXe et du début du XXe siècle. Elles ont correspondu à un état du monde et de la connaissance du monde. Elles sont donc depuis longtemps obsolètes. Toutefois, le principe demeure. C'est celui de la combinaison et de l'interaction spatiale de phénomènes sociaux et naturels, bien entendu en système dissipatif toujours localisé mais largement ouvert sur la planète. On retrouve ici les « quartiers » de R. Brunet ainsi que les premières études régionales de la Géographie Universelle RECLUS. Aujourd'hui, l'analyse de système et la modélisation permettent de reprendre, selon des protocoles finalisés et sur la base de traitements scientifiques ce qui relevait, autrefois, de l'intuition. L'insertion localisée et systémisée de faits naturels relève sans aucun doute du processus de territorialisation qui définit aujourd'hui le mieux la géographie moderne.

Conclusion : vers une dimension « néo-naturaliste » ?

Les problèmes liés à l'environnement sont en train de « bousculer », en les « mixant », les sciences de la société et les sciences de la nature. Cette hybridation ne fait que commencer. Personne ne peut en prévoir le développement, sinon qu'il sera radical et irréversible. La géographie a beaucoup de mal à se situer dans cette perspective dynamique. Son système « bifrons » qui, comme Janus, ne peut regarder que d'un seul côté à la fois, est devenu rigide et univoque.

La géographie n'en reste pas moins stratégiquement bien placée pour se doter d'une **interface** avec les sciences de la terre. C'est l'interactivité du système qui est au centre du débat. Elle n'est pas réalisée à ce jour. Elle ne le sera que lorsque la dynamique d'interface fonctionnera au plan épistémologique, c'est-à-dire lorsque les géographes prendront part, comme les écologues, à une nouvelle façon de penser la nature à l'intérieur de nos disciplines et de notre société. Il ne faut pas laisser la nature à des écologistes de toutes les couleurs !

Le géologue-océanographe X. Le Pichon, dans un article intitulé : « Quand les sciences de la terre redémarrent » (La Recherche, Le Pichon, 1990), distingue un ancien « pôle naturaliste et historique » et un nouveau « pôle quantificateur et modélisateur ». Dans le même numéro de la même revue, J.J. Perrier s'interroge : « les naturalistes sont-ils superflus ? » et critique l'« illusion réductionniste » qui, aujourd'hui, non seulement rejette les « sciences » humaines et sociales, mais en arrive à remettre en cause l'écologie scientifique elle-même ! Certes, le vieux naturalisme du XIXe siècle est mort avec « l'histoire naturelle » et l' « étude du milieu ». S'ouvre aujourd'hui une voie nouvelle, plus « globale », plus ouverte, plus « sensible », plus « humaniste », mieux construite, susceptible de réduire la distance entre les sciences de la société et les sciences de la nature, au cœur même des questions d'environnement.

En conclusion du colloque « La Planète Terre » organisé en 1989 par le ministère de la Recherche et de la Technologie dans le cadre des Grands colloques de prospective, H. Curien distingue des « expérimentateurs » et des « guetteurs ». Aujourd'hui, les sciences de la terre manquent de guetteurs qui, de l'intérieur même des laboratoires d'expérimentation, doivent assurer avec vigilance et compétence un guet social et humaniste. De l'avis même des spécialistes (Henry, 1983) « on ne peut confier à la connaissance objective de la nature matérielle le destin des hommes ». Sur les marges sociales des sciences de la nature, le géographe n'est-il pas, de par sa double culture sociale et naturaliste, l'un des guetteurs avancés de l'environnement des hommes ?

Lectures recommandées

Bertrand C. et G., 1975, Pour une histoire écologique de la France rurale, *Histoire de la France rurale*, Tome I, Paris, Le Seuil.

Frontier S. et Pichod-Viale D., 1991, *Ecosystèmes : structure, fonctionnement, évolution*, Paris, Masson.

Martonne E. (de), 1947, *Traité de géographie physique*, 7e éd., 3 tomes, Paris, Colin.

Ministère de la Recherche et de la Technologie, 1989, *Actes du colloque Planète-Terre*, Paris.

Rougerie G. et Beroutchachvili N., 1991, *Géosystèmes et paysages*, Paris, Colin.

Sorre M., 1943, *Les fondements biologiques de la géographie humaine. Essai d'une écologie de l'homme*, Paris, Colin.

Mots-clefs

Anthropique,
Anthropisation,
Ecologie,
Ecosystème,
Géographie physique,
Géosystème,
Interface nature-société,
Paysage,
Sciences de la nature,
Sciences de la Vie et de l'Univers,
Territoire,

Géographie et cartographie

8

Sylvie Rimbert

1. L'explosion cartographique

En cette fin de siècle, les rapports de la géographie et de la cartographie sont de plus en plus ambigüs. Bien que les géographes disent voir dans les cartes leur outil privilégié, c'est un outil qui, aujourd'hui, tend à leur échapper. D'une part, beaucoup d'autres disciplines que la leur ont également recours aux cartes, aux graphiques, aux images ; d'autre part, ils ont du mal à suivre l'explosion technologique qui, ces vingt dernières années, en a changé la nature *(chapitre 16)*.

De nos jours, la « nature » d'une carte prend de multiples formes. Une carte imprimée sur papier n'est plus qu'une possibilité parmi d'autres. La numérisation des formes et des observations a fait apparaître des cartes digitales qui sont la source de plusieurs sorties potentielles. On distingue donc les cartes réelles, fixées sur papier, les fichiers géo-codés sur bandes ou sur disques porteurs de cartes virtuelles, les visualisations éphémères sur écran cathodique fournissant des cartes temporaires, etc. Enfin, une carte peut être structurée en lignes de points (forme raster) ou en dictionnaire d'arcs (forme vecteur).

En fait, cette explosion n'a pas été que technique. Parallèlement au développement des ordinateurs, qui ont obligé le dessinateur à devenir utilisateur d'informatique, s'est produite une révolution mentale : le passage « de l'optique au numérique » (Couchot, 1988) a entraîné un changement dans la façon d'imaginer les surfaces cartographiques et de les traiter. Des méthodes d'analyse spatiale, que leur lourdeur de calcul rendaient jusqu'alors inapplicables, ont pu être débloquées. On a pu faire apparaître des aspects nouveaux de la surface terrestre qui, tout en restant « objectifs », étaient, cependant, de moins en moins neutres. Car, sélectionner, filtrer, généraliser les formes et les attributs d'une surface cartographique, c'est aussi choisir certaines conceptions des relations spatiales. Le développement d'une cartographie conceptuelle, d'une cartographie d'idées, qui supplante aujourd'hui le simple report d'attributs des cartes thématiques d'autrefois, est bien autre chose que la mise au point d'un simple outil : les scientifiques y voient une ouverture considérable sur l'expérimentation en deux ou trois dimensions (2D et 3D) tandis que les philosophes vont jusqu'à y voir un instrument de pouvoir, car commercialisable et médiatisable. Mais, après le célèbre « la géographie ça sert, d'abord, à faire la guerre » (Lacoste, 1976) nous laisserons à J.B. Harley (1989) le plaisir de redéfinir la nature postmoderne des cartes comme représentations du pouvoir. Ce qui nous intéresse ici, c'est de montrer comment la cartographie contemporaine a su absorber une grande partie des approches de la géographie théorique et quantitative et comment les géographes pourraient, à leur tour, profiter de l'apport cartographique pour reformuler beaucoup de leurs questions.

C'est dans le but de mieux faire connaître cet apport qu'il semble utile de présenter des illustrations significatives des tendances contemporaines. On trouvera dans notre panorama quelques exemples de techniques mais, aussi, des procédures, des concepts, des réflexions sur l'information carto-géographique. Certes, produits et techniques sont, de nos jours, appelés à se périmer rapidement ; il faut cependant en citer quelques-uns, ne serait-ce que parce que leur obsolescence est généralement le point de départ de nouvelles solutions et, surtout, parce qu'ils posent des problèmes de choix et de décisions aux cartographes d'aujourd'hui.

Mais, au fait, existe-t-il encore des cartographes ? Plongés qu'ils se trouvent dans un contexte de systèmes multimédias où mêmes les micro-ordinateurs sont entourés de nombreux périphériques très performants, il leur faudrait être compétents dans beaucoup de domaines : géocodage, logiciels de traitement, stockage de données, tracés, coloriage, sortie video, reproduction sur diapositives, enregistrement du son, animation, commercialisation, copyright, etc. On doit donc envisager au moins deux niveaux de travail en cartographie : celui des utilisateurs de logiciels graphiques (dont la plupart sont à la portée des non-spécialistes) et celui d'ingénieurs-concepteurs. Ces derniers se devraient de dominer les objectifs de la discipline ainsi que l'ensemble des moyens de production.

2. L'apparition des SIG

C'est avec l'œuvre récente d'une équipe d'ingénieurs-concepteurs que nous ouvrons la visite de notre panorama. Il s'agit d'un **atlas interactif** de qualité, destiné au grand public et présenté sur CD-Rom : le PC-Atlas de Suède. Cette œuvre pionnière peut être consultée sur ordinateur personnel fonctionnant sous DOS (Arnberg, 1991). Un tel atlas ne saurait doubler un « grand livre » de cartes car sa consultation se pratique à trois niveaux différents ce qui n'est pas le cas d'un recueil de planches imprimées et passives. Ces niveaux sont les suivants :

a) Le niveau documentaire *(basic level)*. Le lecteur affiche les planches d'atlas, d'index ou de données par unités spatiales (communes, régions, etc.) en appuyant sur une touche.
b) Le niveau interactif documentaire *(advanced level)*. Le lecteur peut composer ses régions, changer la distribution des variables sélectionner un diagramme particulier, etc.
c) Le niveau interactif analytique *(system level)*. Le lecteur peut intervenir dans le « script » pour procéder à ses propres applications : pour ce faire, une fenêtre est affichée dans laquelle des fonctions sont proposées.

Bien que les auteurs aient, avant tout, recherché la simplicité d'utilisation pour ne pas rebuter les utilisateurs scolaires, cette œuvre est loin d'être seulement un jeu presse-bouton. Elle a derrière elle à la fois une bonne tradition dans l'édition carto-géographique, une expérience de la géographie théorique et quantitative et une politique pédagogique. A côté du PC-Atlas, l'Atlas de Suède de 1991 est avant tout un ensemble de 17 volumes imprimés, destinés à servir de référence nationale ; le premier volume est consacré à la cartographie, de ses débuts jusqu'aux méthodes et techniques contemporaines. Sa version CD-Rom pour PC sur floppy-disk a d'abord été conçue pour servir d'introduction et de formation à l'utilisation des **SIG** (**Systèmes d'Information Géographique** ou GIS) dans les écoles et par le grand public. Or ceci est important dans la mesure où la maîtrise d'informations spatiales de plus en plus variées et nombreuses doit aujourd'hui passer par la manipulation logique de bases de données. Seuls les SIG permettent de le faire commodément.

Les SIG (GIS) *(fiche 1)* sont des systèmes informatiques d'exploitation d'observations géocodées, dont l'apparition remonte à la fin des années 1960. L'un des pionniers en la matière est R. Tomlinson (1967) qui a mis sur pied l'informatisation de l'Inventaire des Terres du Canada pour les besoins du ministère de l'Agriculture. Les SIG de gestion (ce qui est leur vocation primordiale) réclament généralement de gros ordinateurs ; mais, depuis la fin des années 1980, la commercialisation de micro-ordinateurs de plus en plus performants, accompagnée de celle de logiciels de SIG, met à la portée de la plupart des géographes d'intéressantes possibilités d'apprentissage, de recherche et d'applications (Rimbert, 1989). Leur succès donne lieu à des rencontres internationales (par exemple EGIS'92 à Munich, Allemagne) à l'occasion desquelles il est intéressant de voir les sujets traités et les directions de recherches ; le thème général proposé pour EGIS'92 est tourné vers l'application : « GIS in action ». Il veut insister sur l'intérêt de ces systèmes pour la gestion de territoires, la réhabilitation de paysages dégradés, la restructuration d'économies régionales déprimées. Ces soucis sont d'actualité dans les vieilles zones industrielles d'Europe occidentale mais, encore plus, dans celles d'Europe orientale.

FICHE 1

Les SIG (en anglais GIS) : Systèmes d'Information Géographique

Les Systèmes d'Information Géographique sont composés essentiellement de deux éléments :

— une base de données géocodées avec ses périphériques d'entrée (pour les données et pour les questions) et son système de structuration des données ;

— un système de sélection (d'informations et de transformations) avec ses périphériques de visualisation et de sortie des résultats carto - géographiques. Les procédures de transformations générales ou spécifiques, constituent la *software toolbox* (logiciels de boîte à outils) ainsi que la désigne J. Dangermond, le père du logiciel de SIG « Arc-Info ».

Certes l'industrie des SIG est active (Cartao, 1991) grâce à ses débouchés sur la gestion territoriale qui intéresse les agences d'urbanisme et les services de planification régionaux, nationaux ou sectoriels. Par exemple, le Service d'Arpentage de la Communauté Urbaine de Strasbourg (29 communes) vient de mettre en service un SIG particulièrement performant pour les agglomérations urbaines : Geocity qui tourne sur ordinateur SUN (Geocity). Par contre, ce par quoi les chercheurs cartographes sont le plus concernés dans ces systèmes, est la « toolbox » (SIG-GIS). On y trouve au moins six catégories d'outils conceptuels :

a) Outils de saisie qui servent à numériser les informations selon un plan de géocodage afin de les importer dans la base de données.

b) Outils de mise en forme qui sont des procédures de prétraitement des informations en vue de leur intégration dans la base de données (par exemple mise à échelle commune, mise sur projection commune, discrétisation en carroyage, rasterisation, vectorisation, etc., cf. chapitre 16).
c) Outils de gestion de la base de données qui servent à la manipuler tout en préservant son intégrité.
d) Outils d'analyse spatiale qui servent à transformer les informations selon les demandes de l'utilisateur (par ex. calculs de surfaces, de distances, de pentes, de moyennes, de barycentres, etc.).
e) Outils dits d'interface-utilisateur qui gèrent des demandes spéciales (par ex. accès à un langage de programmation pour introduire un modèle ou recours à un système-expert cartographique).
f) Outils de sortie pour listings, cartes et graphiques sur écran, sur imprimante, sur films, sur diapositives, sur bande video.

3. Les modèles qui font bouger les cartes

Les géographes sont particulièrement concernés par les outils d'analyse spatiale et par ceux de modélisation, ainsi que par les moyens d'expression graphique des résultats.

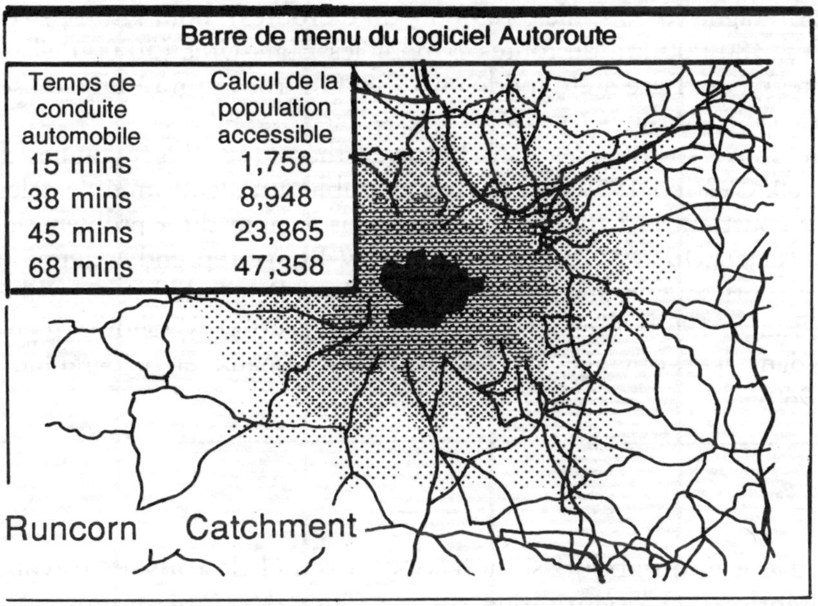

Figure 1 Isochrone Planner : calcul et tracé automatique d'isochrones
Source : AutoRoute Plus Version 4 de NextBase Ltd

FICHE 2

L'atlas routier électronique

L'une des applications les plus connues d'un modèle décisionnel à une carte interactive, est l'atlas routier électronique qui fonctionne sur PC *(figure 1)*. Ce genre d'atlas propose de calculer et de tracer, pour différents types de véhicules, l'itinéraire le plus économique soit en distance, soit en temps, soit en consommation de carburant, soit en péages, entre deux localisations au choix de l'utilisateur, avec ou sans étapes. Dès 1990, la firme britannique Next-Base Ltd mettait sur le marché le logiciel Auto-Route (Anthony, 1991). Ce logiciel devait rapidement avoir une version franco-britannique grâce à la collaboration de l'IGN (Institut Géographique National) puis un concurrent appelé Eurocat, développé par Cat-Logistique, une filiale du groupe automobile Renault (Wright, 1990). En 1991, NextBase propose Auto-Route-Express qui est une version améliorée du précédent logiciel : outre l'itinéraire le plus économique, l'utilisateur peut aussi faire varier sa vitesse, faire des détours, éviter certaines zones, faire un zoom sur une région touristique, y apercevoir parcs, chateaux, golfs, etc.

Cet atlas routier est distribué par nextBase Ltd (Central Trading Estate, Staines, TW18 4XE, UK). Il fonctionne sur tout PC avec 512 Ko de RAM et disque dur disposant de 3Mo ; toutes cartes graphiques standard sont acceptées. Son coût pour le territoire français (1991) est de 890 F TTC. On peut y adjoindre des modèles pour la Grande-Bretagne (6 500 villes, 105 000 km de routes), pour l'Europe continentale (8 000 villes, 380 000 km de routes et pour les Etats-Unis (50 000 villes, 520 000 km de routes). NextBase a été fondé en 1988. On trouve un résumé de ses activités dans l'article de S. Anthony *(op. cit.)*.

Ce produit trouve ses origines dans le travail théorique de géographes des années 1950 et 1960. C'est en 1959 que M. Dacey publie un algorithme de calcul du chemin le plus court entre deux points connu sous le nom du « problème du commis voyageur » (Dacey, 1959). C'est en 1962 que W. Bunge reprend la définition du chemin le plus court sous la dénomination des « problèmes de la chevauchée de Paul Revere » (Bunge, 1962). C'est en 1969 que P. Haggett et R. Chorley regroupent ces questions dans leur ouvrage sur l'analyse des réseaux en géographie (Haggett, Chorley, 1969).

Ils trouvent là un aboutissement opérationnel de tous les travaux de géographie théorique et quantitative de ces vingt dernières années. Non seulement ils peuvent pratiquer facilement des analyses de formes (semis, réseaux, surfaces, textures), des analyses de données quantitatives (statistiques univariées et multivariées), des analyses de données qualitatives (tris simples et croisés de critères aboutissant à des « overlays », seuillages de fréquences, corrélations de rangs de Spearman, etc.) mais, encore, ils peuvent importer ou bien créer leurs propres modèles d'expérimentation et de simulation, cognitifs, normatifs, décisionnels, prévisionnels (Walliser, 1977 ; Rimbert, 1990).

C'est par la modélisation spatiale et elle seule que l'on peut « faire bouger les cartes » et donc passer de l'observation d'une représentation statique à la méthode expérimentale appliquée à la géographie humaine, économique, éco-environnementale.

On observe ici la même démarche et le même décalage que dans d'autres sciences : il ne peut y avoir d'applications pratiques et novatrices sans une recherche théorique, parfois très en amont dans le temps et dans les institutions. Ce décalage est l'une des raisons des relations difficiles que les intellectuels entretiennent avec l'industrie : l'intellectuel s'intéresse avant tout à un problème et presque jamais à un produit, qui, lui, est du domaine de l'ingénieur. Les directives qui demandent aux intellectuels, souvent universitaires, de se rapprocher des industries afin de devenir « rentables » se trompent de partenaires et d'objectif : en les détournant de la recherche fondamentale pour les applications, elles risquent de les stériliser sans pour cela aider les écoles d'ingéniérie. Il y aurait là matière à un système-expert sur la recherche… Inversement, l'apparition d'un produit efficace oblige souvent le chercheur cartographe à repenser la nature de son espace de travail. C'est un aspect nouveau de cette fin de siècle que de voir les techniques exercer des pressions sur la réflexion intellectuelle.

Ainsi les SIG poussent-ils les cartographes à voir l'espace géographique comme le lieu de rencontre de plans d'informations numérisées qui peuvent être combinés pour donner des réponses, au sens systémique du terme. Cette idée de combinaisons de plans a conduit, d'une part à développer l'algèbre de cartes pour les données quantitatives (mesurables et repérables) et, d'autre part, les « overlays » pour les données qualitatives (nominales et ordinales).

4. Numérisation et combinaisons de données

L'algèbre de cartes consiste à opérer des transformations carte à carte ou carte à image ou image à image, ou même carte à matrice, afin d'obtenir des surfaces résultantes nouvelles *(figures 2 et 3)*. Il s'agit évidemment de cartes et d'images digitales (numérisées en tableaux de lignes et colonnes), corrigées géométriquement pour avoir même format. C'est là une procédure qui a été

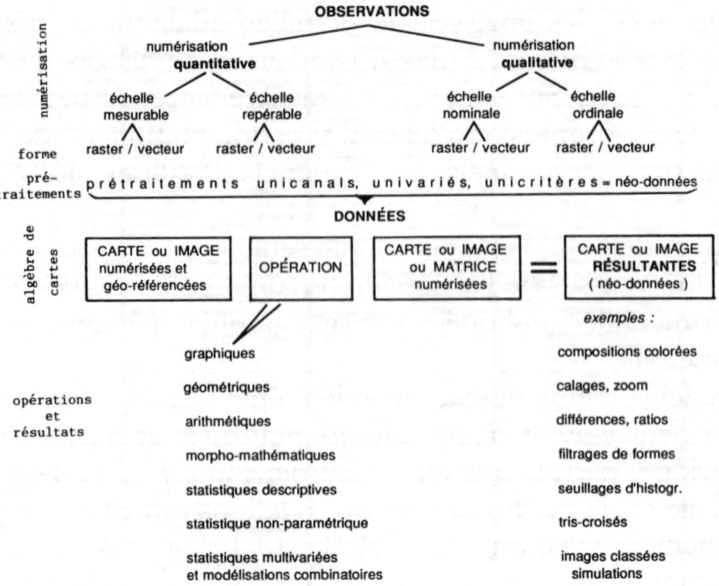

1960

11.5	11.0	9.2	8.0	7.6
11.0	9.5	9.0	7.8	7.0
9.7	9.1	8.6	7.6	6.9
9.0	8.5	8.0	7.5	6.8
7.8	7.2	7.0	6.8	6.0

observations quantitatives 1

−

1970

11.5	11.6	10.2	8.8	8.1
11.5	10.5	10.4	8.5	7.5
10.2	10.2	9.8	8.2	7.3
9.3	9.2	8.6	7.9	6.8
7.8	7.3	7.2	6.9	6.0

observations quantitatives 2

=

Accroissement :

0.0	0.6	1.0	0.8	0.5
0.5	1.0	1.4	0.7	0.5
0.5	1.1	1.2	0.6	0.4
0.3	0.7	0.6	0.4	0.0
0.0	0.1	0.2	0.1	0.0

carte résultante

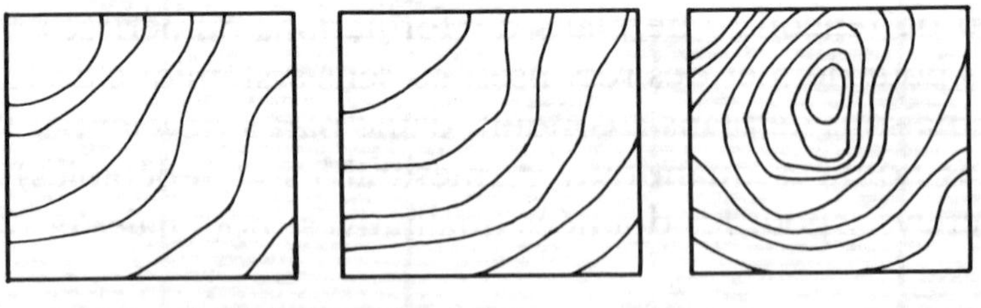

Figure 2 Le principe de l'algèbre de cartes :
— en haut : tableau général résumant (en amont) la préparation des données à introduire dans la procédure (encadrée) et la variété des opérations et des résultats possibles (en aval).
— en bas : une application quantitative ; son expression numérique et son expression graphique. Cette dernière fait bien ressortir l'apparition d'une information nouvelle : la structure de la carte résultante est bien différente de celles des deux cartes d'origine.

Source : S. Rimbert, 1992 (extrait de SFPT).

suggérée dès 1967 par W. Tobler dans un article important « Of maps and matrices » (Tobler, 1967). Mais le terme d'algèbre de cartes a été proposé par nous-même en 1977 (Ciceri, Marchand, Rimbert, 1977). Depuis, cette pratique s'est considérablement développée à travers les traitements d'images de télédétection satellitaire ; par exemple la division (ratioing) des valeurs de réflectance d'un fichier de canal 3 Landsat par celles d'un fichier comparable de canal 4, produit une image nouvelle (néo-canal) correspondant à un indice élémentaire de biomasse (biomass index) ; (Berry, 1987 ; Jensen, 1986 ; Kilchenmann, Lenz, 1991 ; Ritter, Wilson, Davidson, 1990) (*figure 3,* en couleur et en page deux de couverture).

La télédétection satellitaire est aujourd'hui intimement liée à la cartographie et aux SIG. Par la périodicité rapprochée des enregistrements des capteurs de satellites (circumpolaires ou géostationnaires à l'équateur), la télédétection spatiale fournit matière à de fréquentes mises à jour de la planimétrie ou de l'occupation des mers et des terres. Mais elle lui fournit plus ; les méthodes de classification multidimensionnelles permettent d'obtenir de bonnes images de comportements de surfaces qui peuvent être interprétés en tant que types de formations superficielles, essences forestières, grands accidents géologiques, humidité des sols, extension de zones incendiées, nappes de brouillards, couverture neigeuse, différences de températures en mer, etc. Ces informations sont structurées en points d'image (**pixels**), rangés en lignes de balayage. Bien que ressemblant à la structure des cartes « en **carroyage** » (discrétisées en carrés géographiquement repérés), la correspondance entre les deux ne saurait être directe. Des corrections géométriques permettent, à partir de quelques amers (repères), de superposer une image classée satellitaire à une carte topographique pour obtenir, ainsi, des « spatio-cartes ». Quand les amers sont difficiles à identifier, le repérage peut être amélioré par l'utilisation du GPS (Global Positioning System).

Pour traiter de questions d'environnement physique (en géomorphologie, sur la couverture forestière, en pédologie, etc.) on peut également être amené à utiliser des cartes digitales. Dans ce cas, la plupart du temps, les faits observés sont traduits en critères qualitatifs et non plus en valeurs de variables : ils sont numérisés selon des échelles nominales (présence/absence = 0 ou 1) ou ordinales (par rangs ou selon des pondérations ordonnées). Par exemple la qualité lithologique d'un affleurement géologique (sable, blanc de grès, boule de granite, etc.) est codée selon le critère présence de sable ou pas et non pas en kilos mesurables. On ne peut donc effectuer d'opérations arithmétiques sur de tels critères. Par contre, on peut procéder à des comptages de fréquences d'apparition, à des tris simples ou croisés (où trouve-t-on X ? où

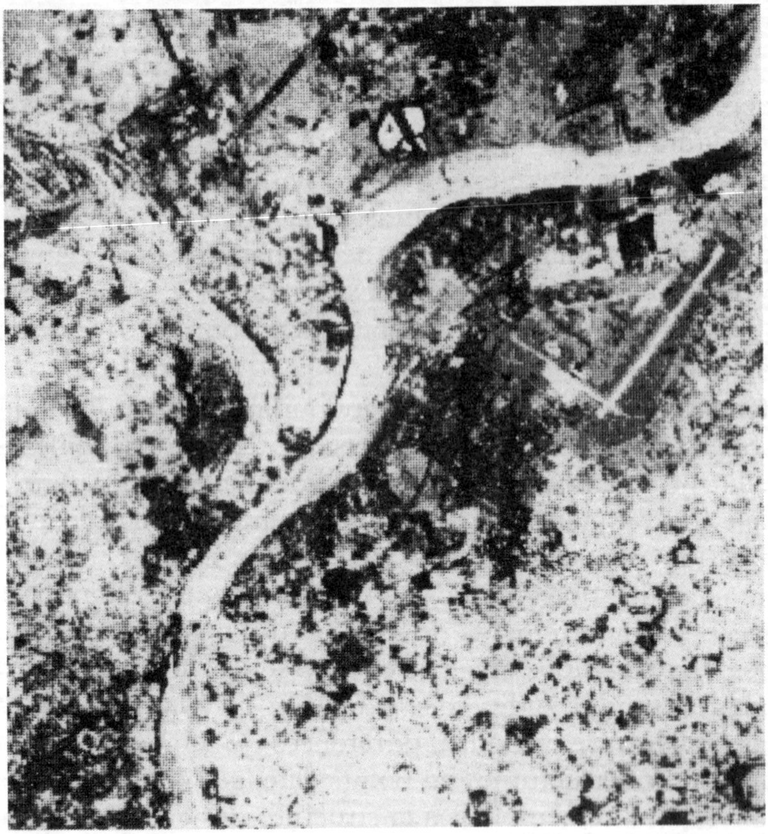

Figure 3 « Ratioing » entre deux images satellitaires : un aspect pratique de l'algèbre d'images

Cette image résulte de la division d'une image numérique du canal 3 de TM (Thematic Mapper) par une même image du canal 4. Elle illustre à la fois la pratique de l'algèbre de cartes (image 1 ; opération de division ; image 2 = image résultante) et la recherche d'informations nouvelles par pré-traitement de télédétection. Ici, l'information recherchée était la détection de la couverture végétale : plus la valeur est forte, plus le grisé est foncé et plus la couverture est dense. L'opération choisie est formulée comme suit :

IVN = (C4 – C3) / (C4 + C3)

Le résultat (NVI en anglais ou IVN en français) est appelé Indice de Végétation Normalisé. Ses valeurs ont été visualisées, pixel par pixel, grâce à une imprimante électrostatique travaillant ligne à ligne.

L'image montre une partie de l'agglomération urbaine d'Ahmedabad, en Inde. Au centre coule la rivière Sabarmati qui, étant presqu'asséchée en mars, se manifeste ici par les réflectances claires des sables et des graviers de son lit. A l'Est, on reconnaît une piste d'aéroport entourée d'herbes ; à l'Ouest, les ramifications d'une gare de triage à ballast réfléchissant ; au nord, deux routes bordées d'arbres, dessinent un V noir.

(LECT. Strasbourg 1992. / extrait de SFPT. Rimbert S., 1992)

FICHE 3

Satellites d'observation et cartographie

Le premier satellite civil d'observation de la terre, Erts-Landsat, a été lancé en 1972 par la NASA. Le premier capteur Thematic Mapper (TM) a été lancé en juillet 1982 et le second en mars 1984. Le français Spot 1 date de 1986 et Spot 2 a été lancé en janvier 1990. Il en existe plusieurs autres. Le dernier en date est japonais : Jers-1 (Japan Earth Resources Satellite) lancé le 11 février 1992.

GPS-Navstar est un système de positionnement mondial permanent et instantané en 2D et en 3D. Chaque satellite du système fait le tour du globe deux fois par jour à une altitude de 20 000 km et avec une inclinaison de 55° par rapport à l'équateur. En utilisant deux horloges atomiques et un émetteur radio, les satellites du système transmettent l'heure, la position et des données permettant aux stations de contrôle de corriger les déviations éventuelles du satellite. Le calcul de la position est fondé sur la mesure du temps séparant l'émission d'un signal par le satellite et sa réception par le positionneur de bord d'où l'on déduit la distance entre les deux. Ce calcul effectué en même temps sur plusieurs satellites (multiplexage) aboutit à faire tracer plusieurs cercles équidistants dont les intersections déterminent et identifient le point recherché. Pour un calcul en 3D, il faut pouvoir utiliser quatre satellites. Comme le positionneur GPS travaille sur une sphère parfaite, les imperfections de la rotondité de la terre doivent être corrigées par l'un des divers systèmes cartographiques ; les cartes du SHOM (Service Hydrographique de la Marine) par exemple, utilisent le repère WGS 84 (World Geodetic System, 1984). Les imprécisions dues à l'horloge à quartz du récepteur et à la traversée des couches de l'ionosphère sont compensées par un « filtre de Kalman » utilisant une méthode statistique. Le GPS réactualisant la position d'un bateau toutes les secondes, le calculateur en déduit instantanément la vitesse et le cap, par comparaison des points successifs.

Il existe plusieurs autres systèmes de positionnement (par exemple Doris, Ecdis, Seatrans). Ils sont utilisés pour des mesures géodésiques mais, aussi, pour la navigation assistée et même pour le pilotage automatique.

---

trouve-t-on à la fois X et Y ?), à des sélections selon des contraintes d'aptitude à un usage donné. Le résultat de cette superposition de plans d'informations qualitatives (par exemple présence d'habitations et zones d'intensité du bruit d'un cône d'atterrissage d'avions) est appelé « overlay » *(figure 4)*.

Le rôle du géographe est ici des plus importants pour contribuer à énoncer un problème d'aptitude et à en définir les contraintes. Il conduit à la **car-**

tographie d'aptitude (suitability mapping) qui est très demandée en géographie apliquée à la gestion du territoire.

5. Filtrages et transformations

En généralisant l'idée que l'espace cartographique est fait de la combinaison de plans d'information interdépendants on peut chercher non plus à les combiner, comme précédemment, mais à les filtrer. Le **filtrage** cartographique consiste à séparer les composantes bi-dimensionnelles contenues dans une carte (ou une image) en plusieurs nouvelles cartes afin, par la suite, d'essayer d'agir sur chacune d'elles, séparément.

D'une manière générale, une carte est faite des éléments suivants :

— un espace de coordonnées X, Y (géographiques, cartésiennes, polaires etc.),

— sur cet espace sont définis, d'une part une distance *(d)* au sens mathématique du terme (sous la forme de projection, de carroyage, de canevas à une échelle donnée *(e)*) et, d'autre part, des lieux concrets, repérés géographiquement (villages, lacs, sommets, etc.). Les lieux se traduisent par des formes qui donnent la composante morphologique des images de télédétection.

— sur les lieux sont observés et codés des attributs thématiques « Z » (par exemple l'altitude du relief ou un critère d'utilisation du sol). En imagerie satellitaire les attributs se traduisent par des comportements particuliers, des réflectances : ils apportent leur contribution à la composante radiométrique (par les signatures spectrales) et à la composante aléatoire (par les bruits).

Sur chacune de ces composantes, le cartographe peut opérer des transformations de nature différente. En travaillant uniquement sur les X-Y-*d* et *e* les transformations seront de nature géométrique. En considérant que les attributs sont fonction de leur position ($Z = f(X, Y)$), les transformations seront de nature thématico-géométrique. En travaillant seulement sur les attributs Z, on sort du domaine spatial pour se cantonner dans celui de l'analyse des données.

Carte des pentes

3	3	3	3	3	3	3	3	2	2	2	2	2	2	2
3	3	3	3	3	3	3	2	2	2	2	2	2	2	2
3	3	3	3	3	3	2	2	2	2	2	2	2	2	2
3	3	3	3	3	2	2	2	2	2	2	2	2	2	1
3	3	3	2	2	2	2	2	2	2	2	2	2	2	1
2	2	2	2	2	2	2	2	2	2	2	2	2	1	1
2	2	2	2	2	2	2	2	2	2	1	1	1	1	1
2	2	2	2	2	2	2	2	1	1	1	1	1	1	1
2	2	2	2	2	1	1	1	1	1	1	1	1	1	1
2	2	2	1	1	1	1	1	1	1	1	1	1	1	1

1 : pente nulle
2 : pente douce
3 : pente raide

(Observations qualitatives, numérisées)

Carte des pentes

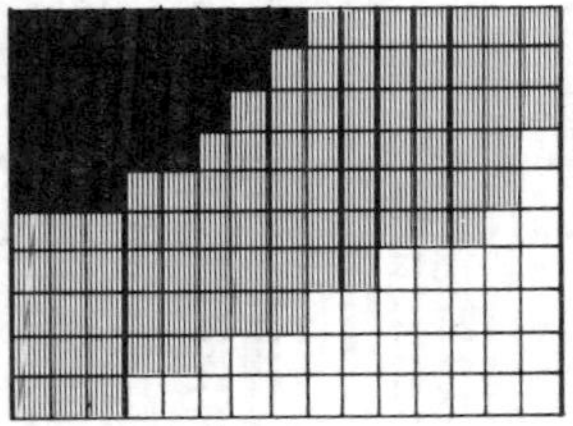

(Observations à codage graphique)

Carte des Affleurements

5	5	5	5	5	5	5	5	5	5	6	6	6	6	6
5	5	5	5	5	5	5	5	6	6	6	6	6	6	6
5	5	5	5	5	5	5	6	6	6	6	6	6	6	6
5	5	5	5	5	5	6	6	6	6	6	6	6	6	6
5	5	5	5	5	6	6	6	6	6	6	6	6	6	6
5	5	5	5	5	6	6	6	6	6	6	6	6	6	6
5	5	5	5	5	6	6	6	6	6	6	6	6	6	6
5	5	5	5	5	6	6	6	6	6	6	6	6	6	7
5	5	5	5	6	6	6	6	6	6	6	7	7	7	7
5	5	5	6	6	6	6	6	6	6	7	7	7	7	7

5 : roches consolidées
6 : sables
7 : argiles

Carte des affleurements

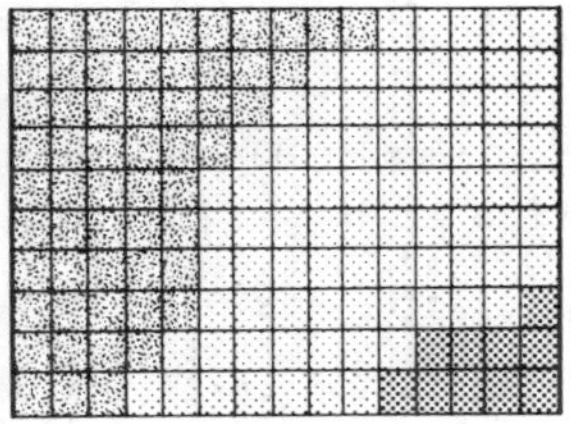

Table de conversion : **observations/aptitudes**

qualités de la pente *(descripteurs)*	*(facteurs lithologiques)* **affleurements** : rocheux **5**	sableux **6**	argileux **7**
terrain plat **1**	15 facile	16 facile	17 facile
pente douce **2**	25 facile	26 difficile	27 moyen
pente raide **3**	35 moyen	36 difficile	37 difficile

S.RIMBERT, 1991

Carte de l'aptitude des terrains pour la conduite d'un véhicule
(overlay : pentes / affleurements)
exemple inspiré de STAR J., ESTES J., 1990
Geographic Information Systems, an Introduction

35	35	35	35	35	35	35	35	25	25	26	26	26	26	26
35	35	35	35	35	35	35	25	26	26	26	26	26	26	26
35	35	35	35	35	35	25	26	26	26	26	26	26	26	26
35	35	35	35	35	25	26	26	26	26	26	26	26	26	16
35	35	35	25	25	26	26	26	26	26	26	26	26	26	16
25	25	25	25	25	26	26	26	26	26	26	26	26	16	16
25	25	25	25	25	26	26	26	26	26	16	16	16	16	16
25	25	25	25	25	26	26	26	16	16	16	16	16	16	17
25	25	25	25	26	16	16	16	16	16	16	17	17	17	17
25	25	25	16	16	16	16	16	16	16	17	17	17	17	17

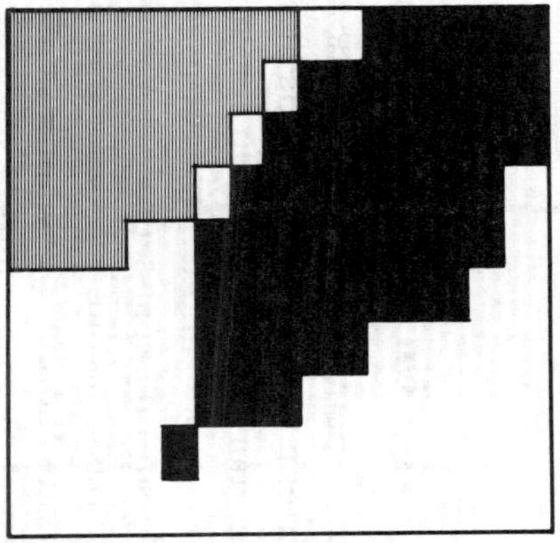

Figure 4 Le principe de l'« overlay » et de la cartographie d'aptitude (exemple inspiré de Star J., Estes J., 1990)
— à gauche, la « base de données géo-codées » sous sa forme numérique et sous sa forme graphique,
— à droite : a) La table de conversion répondant aux contraintes posées par la conduite d'un véhicule tout terrain dans un contexte donné de pentes et de lithologie. La table a une double entrée (descripteurs et faceurs) et conduit à distinguer des degrés de difficulté de déplacement.
b) l'overlay avec, d'abord l'intégration des deux cartes de base et, ensuite, le tri conditionnel sur le croisement pour en extraire les combinaison « faciles-moyennes-difficiles ».

FICHE 4

Un exemple de cartographie

A titre d'exemple on peut citer ici une démonstration pédagogique préparée, en 1990, par le Département de Géographie de l'Université de Leicester (MRRL).
La question posée était la suivante : Où implanter une décharge publique dans le Comté ? en tenant compte simultanément des 9 contraintes définies ci-après.
1. présence d'argile sur une épaisseur de 3 à 7 mètres,
2. terre agricole de basse qualité (classes 3,4 et 5),
3. terrain plat ou peu vallonné (pentes inférieures à 3°),
4. absence de site présentant un intérêt scientifique,
5. absence de cours d'eau,
6. éloignement d'au moins 500 m d'un site résidentiel,
7. éloignement d'une route d'accès, d'au plus 1 km,
8. éloignement d'une station ferroviaire d'au plus 3 km,
9. éloignement d'une importante source de déchets d'au plus 2 km.

La base de données cartographique était ici réduite à 9 plans :
— carte des dépôts d'argile morainique,
— carte des classes de terres agricoles,
— carte des pentes,
— carte répertoriant les sites présentant un intérêt particulier,
— carte du réseau hydrographique,
— carte des surfaces bâties,
— carte du réseau routier,
— carte du réseau ferroviaire,
— localisation des sources de déchets industriels et domestiques.

On a ensuite utilisé le logiciel Erdas pour pratiquer une série de « buffers » (masques d'élimination des surfaces cartographiques définies par les contraintes). Il en est résulté, par soustractions successives, une « carte des sites possibles de décharge » de plus de 50 acres ; les sites « aptes » étaient assez limités.

Le premier cas (transformations géométriques) est bien illustré par les catalogues et les manuels de **projections** (Maling, 1973). Selon leurs qualités de conservation d'angles, de rapports de surfaces, de distances, de formes générales, elles sont classées en catégories dites conformes, équivalentes, équidistantes ou « libres ». Le choix d'une projection (qui doit intervenir dès que l'on est amené à travailler à une échelle inférieure au 1/50 000, au moins) dépend, évidemment, des contraintes liées au sujet d'étude retenu par le géographe : latitude de la région étudiée, utilisation de la carte pour un repérage ponctuel ou pour le report d'observations en semis de points, en réseau, en superficies ou pour la cartométrie (mesures de formes, mesures de pentes, mesures d'ombres portées, mesures de distances, etc.).

Le deuxième cas (thématico-géométrique) est bien illustré par les anamorphoses ou cartes piézoplèthes (Schneider, 1987) unipolaires ou multipolaires : les surfaces des unités spatiales y deviennent proportionnelles au « poids » qu'elles supportent *(figure 5)*. La responsabilité du géographe est ici engagée par la définition de ces poids ou pondérations et, aussi, par le bien fondé psychologique du recours à l'impact visuel des surfaces proportionnelles. La rhétorique de l'image (c'est-à-dire le bon emploi des procédés graphiques) veut que ce type de transformation soit plutôt réservé à des questions de proximité, dans des espaces non-linéaires : par exemple au passage d'une échelle arithmétique en km à une échelle irrégulière en minutes de déplacement ou en fréquences de transports. On voit alors se rapprocher les lieux bien reliés entre eux et s'éloigner ceux qui sont mal desservis (Rimbert, 1990).

Le troisième cas (thématique) conduit à examiner la cartographie des attributs. C'est celle qui porte uniquement sur les valeurs « Z » et qui est sans doute la plus connue des géographes tout en étant la moins cartographique (il n'en est pour preuve que la grande majorité des atlas et des cartes thématiques de géographies ne portent ni coordonnées, ni mention de projection, ni amers de repérage). Ici, la carte joue simplement un rôle de support passif sur lequel sont reportés, manuellement ou mécaniquement, des attributs qualitatifs (en symboles) ou quantitatifs en (signes gradués). Cette cartographie de report est une représentation documentaire, rendue familière par la plupart des atlas régionaux et nationaux. On notera que, sans système de repérage adéquat, la somme considérable d'informations accumulées dans beaucoup de ces atlas ne peut être intégrée dans les SIG.

Dans cette cartographie de report et dans les cas où les observations ont fait, au préalable, l'objet d'une numérisation en fichier géocodé, l'essentiel de la préparation est du domaine de l'analyse des données par des méthodes statistiques uni ou multivariées. L'analyse des données est par nature a-spatiale ; elle ne devient spatialisée qu'après le report des résultats sur un fond de carte. Pour l'analyse des données Z on peut se contenter d'avoir recours à des modèles fort simples et pourtant efficaces (les modèles graphiques tels que quadrants de moyennes ou graphiques triangulaires ; Reymond, 1968 ;

André, 1980)) ou bien faire appel à des méthodes mathématiques devenues classiques (analyses factorielles, analyses discriminantes, etc. ; King, 1969 ; Davis, 1973 ; Beguin, 1979).

Par contre, toutes les analyses qui, en même temps que Z prennent en compte les X, Y, sont véritablement spatiales et donc plus directement cartographiques. C'est le cas, par exemple des analyses par **surfaces de tendance** où l'attribut est fonction de sa situation.

Le « trend surface analysis » a pour objet de filtrer, à partir d'une carte numérisée, deux composantes : la tendance régionale (surface) et les fluctuations locales (résidus). Cette analyse se fonde sur les coordonnées et cherche à ajuster une surface à travers la répartition des valeurs d'attributs, de façon à minimiser les déviations au carré. Dans les équations à trois inconnues qui servent à calculer cette surface ajustable à des degrés plus ou moins élevés (plane, quadratique, cubique, etc.) les attributs Z occupent la place de la variable dépendante et les coordonnées celle des variables indépendantes, dites « explicatives ».

Sous forme matricielle, ces équations s'écrivent comme suit :

$$\begin{bmatrix} N & \Sigma X & \Sigma Y \\ \Sigma X & \Sigma X^2 & \Sigma XY \\ \Sigma Y & \Sigma XY & \Sigma Y^2 \end{bmatrix} \cdot \begin{bmatrix} b0 \\ b1 \\ b2 \end{bmatrix} = \begin{bmatrix} \Sigma Z \\ \Sigma XZ \\ \Sigma YZ \end{bmatrix} \quad (\Sigma = \Sigma_1^N)$$

où N : nombre de points observés,
b : différents coefficients de régression qui peuvent être interprétés ainsi,
*b*0 constante liée à la moyenne des observations,
*b*1 composante Est-Ouest,
*b*2 composante Nord-Sud.

Comme les coordonnées jouent ici un rôle « explicatif », et pas seulement celui de support passif, cette méthode est véritablement spatiale. Outre les filtrages, on l'a aussi utilisée pour « prévoir » des localisations ; par exemple, pour estimer des données manquantes à certains endroits ou pour reconstituer des évolutions migratoires passées (Yeates, 1968). Il existe plusieurs autres méthodes qui prennent en compte des coordonnées afin de calculer ou de prévoir des données manquantes ; elles sont généralement exposées, dans les chapitres ou articles traitant des interpolations de points (Siu-ngan-Lam, 1983).

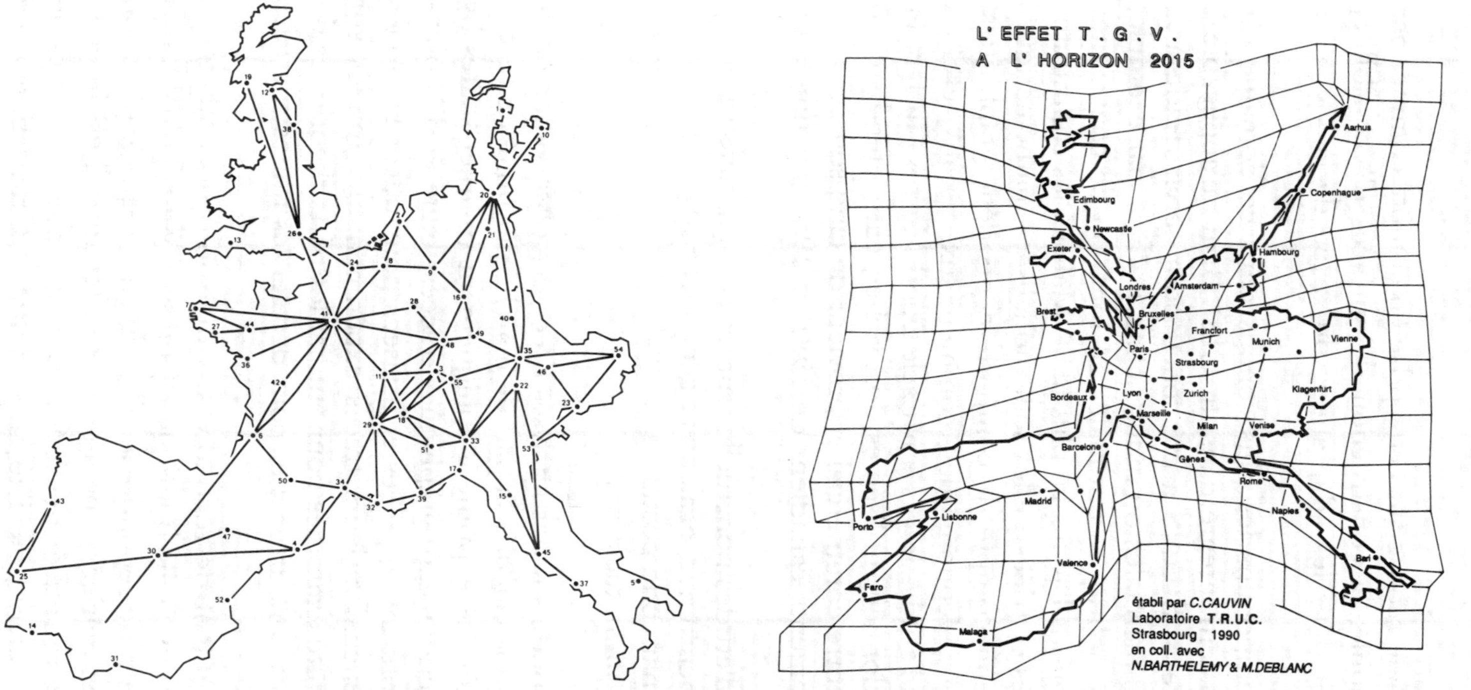

Figure 5 Une carte piézoplèthe : l'effet TGV à l'horizon 2015 (à gauche, le réseau TGV – à droite, son effet sur les temps de trajet)

Le terme de piézoplèthe a été forgé par C. Schneider (1987) par analogie avec les cartes isoplèthes (en courbes d'égales valeurs ou isovales, utilisées pour les représentations de surfaces continues) et avec les cartes choroplèthes (en unités spatiales entourées d'une limite fermée, pour les représentations discrètes, généralement de type administratif). Il s'agit de cartes que l'on imagine subir des « pressions » de pondérations localisées et qui réagissent par des déformations provoquant des « anamorphoses ». Les programmes qui servent à les construire sont empruntés à l'ingéniérie des structures de béton ou de métal, appelées à résister à certaines pressions (méthode des ensembles finis).

Dans l'exemple ci-dessus, l'auteur (C. Cauvin) a pondéré des distances kilométriques par des temps de trajets en train à grande vitesse (TGV). Elle a utilisé l'anamorphose pour passer d'une « échelle topographique » à une « échelle chronique ». On voit alors les villes bien reliées se rapprocher et s'éloigner celles qui n'ont pas de station TGV.

(publié dans *Informations RECLUS*, n° 24, janvier 1992, p. 3, Montpellier)

6. Simulations spatiales

Toute la simulation spatiale repose sur cette prise en compte comme, par exemple, dans la centrographie, la construction de surfaces d'accessibilité, d'attractivité, de potentiel et dans les adaptations du « Jeu de la Vie » de Conway (Rimbert, 1990).

L'un des logiciels contemporains les plus connus dans ce domaine est SPANS (Spatial Analysis System intégré dans un GIS). Bien qu'applicable à la modélisation « naturaliste », SPANS a été conçu pour servir d'aide à la décision d'implantations commerciales ou industrielles. Il s'agit, par exemple, de déterminer une ou deux politiques optimales en fonction de contraintes définies à l'avance ainsi que nous l'avons vu plus haut. Mais ici les contraintes ne sont pas seulement listées et triées : elles sont modélisées mathématiquement de façon à pouvoir tenir compte de comportements démographiques, sociologiques, psychologiques, économiques, commerciaux, fiscaux, etc. en fonction de distances. Dans l'étude de cas « Miracle Food Mart » (Tuffery et Moloney, 1991) la base de données utilisée est fort riche ; elle s'étend sur un rayon de 3 km autour du centre commercial et provient de cinq sources :

— les données des recensements canadiens de 1981 et 1986 par unités de collecte ;
— les données géocodées d'études ponctuelles sur les consommateurs ;
— les estimations de la concurrence, également géocodées ;
— les données accessibles par code postal ;
— les tracés des voies de communication.

Un modèle empirique fondé sur des analyses tirées des observations précédentes a été formalisé afin de calculer la part de marché par unité de recensement. Le résultat a aussitôt été exprimé graphiquement (market shares by Census tracts). Puis les fonctions cartographiques d'accessibilité et de potentiel contenues dans Spans ont été appelées et utilisées pour tracer les zones d'attraction et de concurrence. Plusieurs tracés expérimentaux, fondés sur des modèles de gravité, ont été examinés pour étudier les parts théoriques du marché du magasin et de ses concurrents et pour déceler les unités spatiales susceptibles d'être « capturées ».

Il s'agissait ici non seulement de répondre aux questions documentaires classiques de type « où se trouve telle boutique ? Combien y-a-t-il d'habitants dans cet îlot ? » mais, surtout, de répondre à celles du type « quelle direction prendrait le flux si l'on faisait varier tel paramètre ? ». Ici aussi il est intéressant pour les géographes de retrouver des idées anciennes mises en pratique cartographique. Le fameux ouvrage « The Law of Retail Gravitation » de

W. Reilly date de 1931 ; depuis il a été suivi de familles de modèles gravitaire, de potentiels, d'optimisation d'implantations *(location-allocation problems)*. Au-delà des modèles maintenant classiques de type empirique, déterministe ou stochastique (voir par exemple Taylor, 1977), on cherche aujourd'hui à introduire les fluctuations non-linéaires qui se manifestent dans la « réalité ». De là, l'intérêt porté à la Théorie des Catastrophes (Thom, 1974), à la Théorie du Chaos (De Genne, 1977 ; Pumain, 1991), aux structures dissipatives, aux fractales (Mandelbrot, 1975 ; Toulemon, 1989 ; Bonneuil, 1989) pour tenter de prévoir des « seuils » de changements qualitatifs.

7. Visualisation, graphisme et couleurs

Ce que le cartographe doit retenir de ces approches théoriques c'est qu'il ne peut faire bouger les cartes sans une toile de fond de modélisation spatiale. S'il veut pleinement profiter des techniques d'expression graphique contemporaines telles que transformations, coloriage, animation, synthèse d'image, il lui faut constamment lier modélisation et graphisme comme il liait, autrefois, préparation et exécution manuelles.

Or, certains préparateurs-théoriciens ont tendance à négliger l'expression graphique de leurs résultats. Ceci est d'autant plus regrettable que, faute de couleurs attrayantes, de légendes bien structurées ou de repérage suffisant, d'intéressants travaux géographiques restent quasi inaccessibles au lecteur même averti. Il est un fait que le monde scientifique d'une part et le monde de la publicité, du design, de la télévision d'autre part, ont peu de contacts. Le premier se contente trop souvent de vieilles recettes graphiques, le second investit l'image avec des moyens inconnus des universités. Les essais de développement de l'**imagerie scientifique**, dont les cartes, sont encore assez rares pour mériter d'être signalés : des numéros spéciaux de revues leur ont été consacrés (*CNRS*, 1987 ; *La Recherche*, 1983 ; *Science et Vie*, 1984 ; etc.).

La **synthèse d'image** consiste à créer artificiellement des formes (textures et structures), des couleurs et des éclairages à partir d'éléments numérisés, observés ou calculés *(figure 6)*. Les cartes et les images de télédétection, où sont sélectionnés et symbolisés certaines valeurs observées ou théoriques, sont des exemples de représentations artificielles des paysages. Mais ces représentations peuvent s'en éloigner plus ou moins : une photographie aérienne sur émulsion infra-rouge est assez proche du « concret observable » tandis qu'une surface de potentiel démographique appartient à un paysage abstrait. Il existe donc une hiérarchie dans l'expression par l'image qui va du concret à l'abstrait et pour laquelle a été proposée une « échelle d'iconicité »

Figure 6 Cartographie et synthèse d'image : les Calanques
A partir de la base de données altimétriques de l'IGN, on a disposé d'un modèle numérique de terrain. Ce MNT a d'abord été mis en élévation avec une exagération des hauteurs de 1.7 (ceci est nécessaire pour améliorer la lisibilité) puis en perspective, selon un point de vue au choix (azimut et hauteur à volonté). Ensuite, on l'a habillé de teintes hypsométriques et d'un estompage pour faire apparaître le modelé du relief (parfois l'estompage est remplacé par un éclairage orientable).
Certes, on est parti ici de données observées (les points côtés) ; mais tout le reste de la procédure est artificiel. Ces constructions artificielles numériques n'ont pas pour objet de copier ou de reconstituer des photographies de la réalité mais de faciliter l'isolement de paramètres particuliers, afin d'étudier leur rôle dans une modélisation géo-dynamiquye éventuelle.
(Image d'après un original en couleur aimablement communiqué par l'IGN, Département Photo-Communication)

(Moles, Zeltman, 1973). Les modèles numériques de terrain (MNT) permettent aujourd'hui de faire rapidement des mises en perspective de paysages ou urbains sur lesquels simuler des constructions futures (par exemple un barrage et sa mise en eau) ou des destructions (par exemple l'ouverture d'une autoroute dans une forêt). L'IGN propose aujourd'hui des bases de données topographiques et urbaines sur plusieurs supports informatisés (par exemple

Figure 7 Cartographie et fichiers numériques : le fichier TRAPU de l'IGN
Les fichiers TRAPU décrivent des sites urbains en 3D. Le bâti est numérisé par polyèdres ; les autres informations par des facettes ou des graphes. La numérisation est effectuée à partir de couples stéréoscopiques de photographies aériennes qui sont soumis à une restitution photogrammétrique. La version TRAPU détaillée donne des élévations à 10 cm près ; la version simplifiée, à 60 cm près.
Les images ci-dessus résultent de mises en perspective de modèles numériques de terrain TRAPU.
Au-delà de la description, ces modèles peuvent être utilisés pour de la simulation paysagère (recherche des effets de destruction/ construction/modification/plantation) et pour des études et simulations concernant les climats urbains et la pollution atmosphérique (ventilation des rues, répercussion du bruit, ombres portées, etc.)
(images d'après des originaux en couleur aimablement communiqués par l'IGN, Département Photographie et Communication)

le fichier Trapu sur Géodisc) *(figure 7)*. Mais c'est sans doute dans la représentation de surfaces abstraites, difficiles à imaginer, que la synthèse d'images terrestres a le plus d'avenir. On pense, par exemple, aux surfaces d'accessibilité ou aux compositions colorées factorielles de canaux satellitaires (Rimbert, Vogt, 1989). On peut également penser à la représentation d'espaces abstraits en 3D et en mouvement ; il a déjà été proposé un montage vidéo d'axes factoriels que l'on fait tourner pour mieux montrer la formation des nuages de points constituant les facteurs.

La **couleur** est alors indispensable *(fiche 5)*. Il est ici important de distinguer les espaces colorimétriques adaptés aux sorties sur écrans de visualisation (système RGB) et aux sorties sur imprimantes (système CMY). Une visualisation sur écran ne pourra jamais être exactement transposée sur imprimante car ces machines fonctionnement dans des espaces différents.

Il existe différents systèmes de couleurs. Un traité sur les couleurs demanderait la collaboration de plusieurs spécialistes. En effet, la couleur est à la fois affaire de pigments (du domaine de la chimie) qui absorbent ou réfléchissent la lumière (du domaine de la physique) ; elle est aussi affaire de sensations qui atteignent l'œil (et concerne alors la physiologie et l'opthalmologie) ; elle est affaire d'information puisqu'elle sert à identifier les objets (du domaine de la psychologie, de l'ergonomie, du graphisme). On se contentera ici de préciser sa place en cartographie et d'indiquer les systèmes que l'infographie met aujourd'hui à sa disposition.

En cartographie, la couleur sert à qualifier les signes symboliques, qui sont généralement de petite taille, et à discriminer les « régions » issues de classifications partitionnant l'espace géographique. Dans ce cas, la couleur souligne des informations discrètes. Elle peut aussi aider à suivre des variations continues. Pour cela on doit utiliser des « palettes électroniques » à graduations doucement progressives qui évitent les effets de pseudo-discontinuité. L'expression correcte du discret et du continu est affaire, comme pour beaucoup d'autres questions sémiologiques, de « rhétorique graphique ». Par ailleurs, la couleur est indispensable pour la production de cartes et d'images composites appelées « compositions colorées », très employées en télédétection. Enfin, la couleur contribue fortement à supporter le « message esthétique » qui attire, retient et guide l'attention de l'utilisateur de cartes. (rappelons qu'en Théorie de l'Information, une image est un canal porteur de trois messages : documentaire, conceptuel et esthétique).

Il est intéressant de retrouver à travers ces considérations techniques et ces applications à l'infographie, la vieille discussion fondamentale qui a opposé Goethe à Newton. Newton a eu une vue analytique de la lumière qu'il a décomposée en teintes (Hues, sur le bord de l'équateur de l'espace HLS) tandis que Goethe défendait une vue continue allant du clair au foncé (le long de l'axe méridien du double cône HLS).

8. Trop d'informations ?

Mais ce qui nous importe aujourd'hui c'est cette abondance de possibilités de transformations chromatiques, qui s'ajoutent aux transformations géométriques et mathématiques rencontrées précédemment, tout cela pouvant porter sur des milliers de pixels (des millions quand on veut passer à l'animation d'images puisqu'il faut disposer d'au moins 25 images par seconde). Devant cette surabondance se posent des problèmes de stockage et de manipulation. Il faut donc se préoccuper de trouver des méthodes et des tech-

FICHE 5

Les représentations en couleur

Il existe de nombreuses façons de représenter les espaces des couleurs. F. Gerritsen (1975) en a réuni douze exemples en 2D et vingt-quatre en 3D. Les matériels et les logiciels infographiques contemporains en utilisent principalement sept.

— Le système *RGB* (Red, Green, Blue). C'est le système adopté pour les écrans de moniteurs-couleur. Les couleurs y sont définies en terme de mélange des trois primaires additives. Les valeurs de chacune des primaires sont mesurées sur une échelle graduée de 0 à 255. Par exemple, la couleur définie par R = 0, G = 0, B = 0 est le noir.

— Le système *YIQ* est un recodage du RGB établi en 1963 pour rendre plus efficace la transmission du signal sur les écrans de télévision.

— Le système *HLS* (Hue, Luminance, Saturation) *(figure 9)*. Les couleurs y sont définies d'après leur position sur un espace en double cône. Les teintes se lisent sur le cercle équatorial à partir du rouge qui occupe le degré zéro (0°). Les proportions de gris se lisent en pour-cent (%) sur l'axe nord-sud qui va du noir (à la base sud) au blanc (au sommet nord). L'intensité de réflexion de la lumière transmise par l'image ou luminance, se lit également en %, du centre vers les bords de l'espace. Ce système a été introduit en 1978 par la firme Tektronix. Il présente l'avantage d'être perçu de façon plus intuitive que le RGB. Le système *HBS* (Hue, Brightness, Saturation) et le système *HIS* (Hue, Intensity, Saturation) en sont très voisins.

— Les systèmes *CMY* (Cyan, Magenta, Yellow) et *CMYK* (Cyan, Magenta, Yellow, Black) sont utilisés pour l'impression sur papier en tri-quadri-chromie. Les couleurs y sont définies en proportions de primaires soustractives.

Tous ces systèmes permettent, parmi les millions de combinaisons possibles qu'ils offrent, de répérer et de désigner une couleur précise par un nombre qui correspond à ses coordonnées dans un espace colorimétrique donné.

Il existe des relations étroites entre ces systèmes. Par exemple, les correspondances de la couleur verte intense, dans les trois principaux systèmes, sont les suivantes :

R	0	H	120°	C	100°	
G	255	S	100°	M	0°	(on voit qu'en CMY le vert n'est
B	0	B	100°	Y	100°	pas imprimable directement)
				B	0°	

(ce texte est repris de : A Cartografia : Problemas e Perspectivas em Portugal. chapitre VII. S. Rimbert : Os Computadores e a Cartografia, 1992).

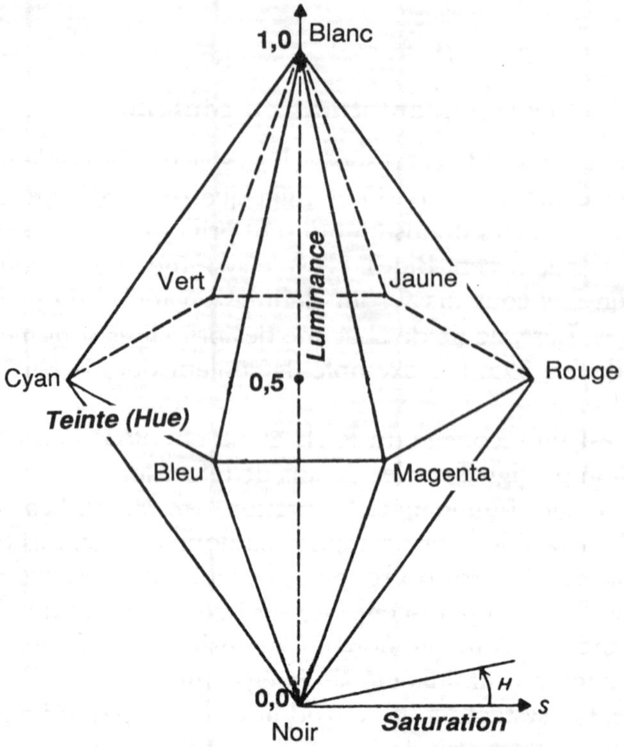

Figure 8 Un modèle de couleur pour graphisme-raster : le HLS
Ces modèles, nombreux, sont décrits dans l'espace 3D. Ils servent, d'une part à spécifier une couleur avec précision, selon trois coordonnées et, d'autre part, à répondre aux contraintes techniques de certains périphériques graphiques d'ordinateurs.
Hue-LIghtness-Saturation, fondé sur les travaux de W. Oswald (1933), a été adopté par la firme Tektronix qui l'a vulgarisé sous l'aspect d'un double cône. Le HLS a l'avantage d'être perçu de façon plus intuitive que les autres systèmes. Les couleurs (H) se lisent sur le cercle équatorial, de 0° (rouge) à 60° (jaune), 120° (vert), 180° (cyan), 240° (bleu), 300° (magenta), 360° = 0° (rouge). Ces couleurs sont "saturées" (c'est-à-dire très vives) sur le bord du cercle et elles "pâlissent" vers l'intérieur. Quant à la luminance (L), elle se lit sur l'axe des pôles et passe du noir (au sud) au blanc (au nord).
Il existe des procédures de conversion pour passer du modèle HLS au RGB ou au YIQ.

niques de réduction des données. Tandis que les géographes se lamentent assez souvent de n'avoir pas accès à suffisamment de données, les cartographes, au contraire, participent à des colloques de réduction et de compression des images ; par exemple, « Compression de l'image et du son »,

Journées d'étude de l'ASPROM (Association pour la Promotion de la Micro-Informatique) en décembre 1991 à Paris, patronnées par l'Union des Industries Métallurgiques et Minières.

Il y a au moins deux approches pour économiser de la place de stockage de pixels ou de vecteurs : méthodologique et technique.

La première cherche, à travers la conception d'algorithmes de généralisation numérique et automatique, à analyser puis à formaliser le travail de sélection rationnelle qu'opéraient, de façon empirique, les cartographes traditionnels. La généralisation empirique, dans le dessin d'une carte qu'il fallait réduire d'une grande à une petite échelle, consistait à ne retenir que les points géographiquement significatifs ou indispensables à la reconnaissance des formes ; ce processus était considéré comme une « art » dépendant de la culture graphique et géomorphologique du cartographe. Il semblait donc difficile de ramener cet « art » à une pratique uniquement logique. Pourtant, dès 1973, D. Douglas et T. Peucker proposaient un algorithme de généralisation des lignes qui était vite reconnu comme étant géographiquement correct. Depuis ce travail pionnier, bien d'autres sont apparus (par exemple Boutara, 1989). L'importance du sujet a justifié la publication d'un numéro spécial de Cartographica (1989), édité par R. McMaster de Syracuse University.

Récemment sont apparus des algorithmes de réduction-régénération des données, utilisant les fractales : après suppression des points superflus pour une petite échelle il devient possible de recréer une forme pour revenir à une plus grande échelle. Autour de ces solutions de réduction-régénération, sont en train d'être proposées des normes générales de compression des images appelées JPEG (Joint Photographic Expert Group) pour les images fixes et MPEG (Mobile Photographic Expert Group) pour les animations.

Le standard JPEG, auquel sont associés IBM, DEC et NEC, est adopté pour la compression des images 24 bits fixes (donc à 256 niveaux). Il est dit « destructif » car il dégrade les images. En effet, il repose sur le constat que l'œil est incapable de discriminer deux points de couleur très proche lorsque ceux-ci sont noyés dans la masse d'une image complexe. Le standard supprime certaines nuances. Les taux de compression vont de 1/2 à 1/100. A partir de 1/25, la dégradation devient sensible.

L'approche technique cherche surtout à gagner du temps de traitement des données en améliorant les circuits à très grand taux d'intégration pour infographie (dits VLSI = Very Large Scale Integration). Elle procède aussi par segmentation selon un plan d'ensemble de découpage ; on affecte à chaque portion d'image, un processeur particulier qui travaille rapidement sur cette surface réduite, puis, on reconstitue le « puzzle ».

Plusieurs de ces procédés ont un caractère plus géométrique que géographique. Les fractales, par exemple, ne conviennent qu'à peu de formes rencontrées dans la nature. Il est donc opportun d'ajouter aux algorithmes à logique géométrique des règles de connaissance géographique. C'est ce que propose le « knowledge tank » de J.C. Müller qui s'inspire là de l'intelligence artificielle (Müller, 1991).

L'abondance de données issues du balayage (scanning), ou de la numérisation (digitalization), ou des bases d'attributs pose également la question de leur « normalisation » (standardization). Pour pouvoir soit échanger des données, soit compléter un réseau d'informations d'échelle mondiale de type « Global Change », il faut que leurs formats soient semblables. Afin d'éviter d'avoir à convertir de gros fichiers, il convient donc de choisir, dès que possible, des standards universels. C'est aussi l'une des grandes préoccupations des cartographes. En Europe, des propositions sont en cours ; dès 1989, la Suède mettait à l'étude le projet STANLI (Standardization and Land Information, Cederholm, 1991) ; en 1990 fonctionnaient à Montreux puis à Brighton des ateliers où l'on a discuté sur le projet du European Transfer Format (ETF). En 1991 était prévu un vote sur la proposition de l'AFNOR (Association Française de Normalisation intitulée « Standardization in the field of geographic information ». Les mêmes préoccupations se rencontrent en Afrique du Sud (Clarke, Cooper, 1991) et au Bureau du Recensement des Etats-Unis (US Census Bureau) où a été développé le système TIGER (Topologically Integrated Geographic Encoding and Referencing system) (Bishton, 1991).

Conclusions et perspectives

Pour étroits qu'ils puissent être, en principe, les rapports de la géographie et de la cartographie ont tendance à changer. De simple outil de représentation de répartitions observées par les géographes, la cartographie est devenue une véritable discipline d'analyse et de simulation de surfaces. Elle sert non seulement à décrire des états des lieux en 2D et en 3D mais, aussi, à figurer des hypothèses spatiales ; elle permet de montrer les effets bi-dimensionnels de modèles dont on peut faire varier les paramètres et, donc, elle fait entrer l'expérimentation dans certains aspects des sciences sociales. De la carte d'illustration on est passé à la carte-idée.

En même temps, la micro-informatique a rendu accessible l'outil cartographique à n'importe quel chercheur. Cette démocratisation est un grand bien en même temps que la source de nouvelles difficultés : devant l'abondance des possibilités offertes aux non-cartographes, non seulement se posent des questions de choix judicieux de matériels et de logiciels mais, aussi, de conception du message à transmettre et de rhétorique de l'image capable de le faire passer. Il ne faut pas confondre rhétorique de l'image et sémiologie graphique. La sémiologie recouvre l'étude des signes (les « variables visuelles » de J. Bertin) et la rhétorique, celle du bon usage de ceux-ci, c'est-à-dire leur adéquation aux objectifs de la carte, aux capacités de perception et de lecture de l'utilisateur, aux contraintes de publication.

La rubrique « Carto-humeur, Carto-humour » de la revue Mappemonde a, par exemple, été le lieu d'une critique de rhétorique cartographique intéressante car parfaitement justifiée, aussi bien dans ses aspects esthétiques que conceptuels. Devant une carte de France soumise à un programme d'anamorphose (Cauvin, Hirsch, Reymond, Serradj, 1986) un lecteur géographe des plus avertis écrit avoir « eu mal à la France, mal pour la France » et, surtout, ne pas trouver, avec ce procédé, « une adéquation satisfaisante des données » (Pinchemel, 1987). En effet, les auteurs avaient représenté par une déformation continue de surfaces régionales, la localisation de phénomènes ponctuels et discrets (l'existence de clubs de football et de rugby dans différentes villes). Il en était tout autrement quand, dès 1957, T. Hägerstrand (1957) avait usé de ce procédé pour montrer la connaissance décroissante qu'avaient de l'espace terrestre les habitants de la ville d'Asby, au fur et à mesure qu'on s'éloignait de leur domicile : T. Hägerstrand proposait ici de passer d'un espace topographique à un espace psychologique, tous les deux continus (*in* Abler, Adams, Gould, 1971, p. 78).

Si, donc, une large diffusion de la micro-informatique risque de pousser bien des illustrateurs amateurs à redécouvrir de vieilles lunes dans un joyeux gaspillage de signes et de couleurs, on peut songer à les faire profiter de l'expérience des professionnels sous la forme de guides qui l'intégreraient. Etablir une palette électronique parmi des millions de combinaisons, proposer une charte de couleurs dans un système cohérent, généralement de structure HLS, choisir une projection, choisir une méthode de découpage des classes statistiques et graphiques, concevoir un algorithme de généralisation etc. s'improvisent d'autant moins que, ces dernières années, ont été publiés de bons articles sur ces questions. C'est pourquoi, l'une des directions de recherche cartographique contemporaine s'ouvre sur la production de systèmes-experts, capables de jouer ce rôle de guide et d'aide à la décision (*fiche 6*).

FICHE 6

Systèmes experts et cartographie

Un système-expert est un programme informatique doté de la capacité de faire intervenir des connaissances spécifiques de manière logique, dans un contexte donné, afin d'optimiser une prise de décision. Sa conception demande donc qu'un « expert » en cartographie puisse transmettre à un ingénieur-cogniticien non seulement ses connaissances mais aussi, et surtout, sa manière de travailler. Il existe déjà plusieurs système-experts (SE) en cartographie (Fischer, 1989).
L'architecture d'un SE se compose des éléments suivants :

1. Base de connaissances (BC). Elle n'est pas faite tant d'un savoir encyclopédique que de types de relations sémantiques.
2. Base de faits (BF) ou mémoire de travail recevant la description initiale du problème et les déductions intermédiaires et finales de l'expertise.
3. Moteur d'Inférence qui élabore des raisonnements à partir de BC et de BF.
4. Interface-utilisateur : partie du SE lui permettant de dialoguer par l'intermédiaire d'un clavier (ou d'un autre périphérique).
5. Interface-expert : partie d'une générateur de SE permettant à l'expert de constituer sa BC.

En cartographie, les SE les plus connus actuellement, sont les suivants :

— CES qui guide un cartographe à travers les étapes préliminaires d'une représentation 2D (Müller *et al.*, 1986).
— AUTONAP qui donne automatiquement au cartographe les emplacements optimaux des noms (toponymes et autres écritures), (Freeman, 1984).
— MAPEX qui rassemble, choisit et exécute des algorithmes de généralisation (Nickerson and Freeman, 1986).
— ACES est un SE cartographique général (Pferfferkorn *et al.*, 1985).
— CLARITY conseille un usager sur les stratégies les meilleures pour résoudre un conflit spatial sur une carte (MacKaness, 1988).
— GRIDDING ADVISER indique la méthode d'interpolation adéquate en tenant compte des propriétés particulières à un ensemble de données géocodées (Maslyn, 1987).

A travers la production de systèmes-experts, de SIG, de bases de données et de logiciels, la cartographie est passée, en vingt ans, d'un stade artisanal à un stade de service spécialisé. Non seulement ces services ont leur prix mais ils ont aussi leurs contrôles d'utilisation. Par exemple, l'établissement d'une base de données réclame de gros investissements en temps de travail et en matériel de traitement et de stockage ; les auteurs d'une base ne sauraient donc la livrer ni gratuitement, ni librement, certaines informations (et, surtout, leur recoupement) pouvant être considérées comme confidentielles. Apparaissent donc des services qui deviennent « propriétaires de savoir » géographique et qui peuvent en réserver certaines parties. Alors que les bibliothèques, les archives et les recensements publics étaient, jusqu'alors, librement accessibles aux chercheurs (au moins après un certain laps de temps), on voit se former des barrières de protection du savoir ; ces barrières, dans bien des pays, s'étendent aux cartes topographiques et aux photographies aériennes (secret militaire). Même les données de télédétection ou de GPS ne sont pas toutes accessibles : la haute précision est volontairement dégradée pour les usages civils alors que les satellites sont construits et lancés sur des fonds publics. Avec l'existence de telles barrières on entre dans le jeu de ces « instruments de pouvoir » décriés par Harley. La cartographie d'ajourd'hui pose donc aussi des problèmes de commercialisation et d'éthique scientifique.

C'est à un outil bien différent de celui qui a fait les beaux jours des atlas régionaux de la DATAR des années 1960 que les géographes ont maintenant affaire. Il leur faut en faire un apprentissage sérieux afin d'être capables de lui soumettre de nouveaux problèmes.

Lectures recommandées

Berry B., 1987, « Fundamental Operators in Computer-assisted Map Analysis », *International Journal of Geographic Information Systems*, vol. 1, n° 2.

Douglas D., Peucker T., 1973, « Algorithms for the reduction of the number of points required to represent a digitized line or its caricature », *The Canadian Cartographer*, vol. 10.

Jensen J.R., 1986, *Introductory Digital Image Processing : A Remote-Sensing Perspective*, Englewood Cliffs N.J., Prenctice Hall.

McMaster R.B. (ed.), 1989, « Numerical Generalization in Cartography », *Cartographica*, vol. 26, n° 1, 40, University of Toronto Press.

Rimbert S., 1990, *Carto - Graphies*, Paris, Hermès.

Mots-clefs

Algèbre de cartes,
Atlas interactif,
Carroyage,
Cartographie d'aptitude,
Couleur,
Espace,
Filtrage,
Géocodage,
Géomatique,
Imagerie scientifique,
Projections,
Surfaces de tendance,
Synthèse d'images,
Système expert,
Système d'information géographique.

Géographie, économie, science régionale

9

*William Coffey**

1. Géographie et économie

La discipline géographique n'existe pas de façon isolée ; elle invite plutôt à une communication intellectuelle active avec des domaines connexes ; ainsi, la géographie fait-elle des emprunts à d'autres disciplines, mais en même temps les enrichit. Ces échanges peuvent porter sur des faits individuels, des méthodes d'analyse, des concepts, des cadres conceptuels, des théories et des modèles. La géographie organise la connaissance du monde autour du thème de l'espace tout comme l'histoire utilise le concept de temps pour systématiser le contenu de différents champs de connaissance. Elle interprète le contenu largement aspatial d'un grand nombre de disciplines – la sociologie, la science politique, l'économie, la géologie, la climatologie, pour n'en citer que quelques-unes – par l'utilisation du concept d'espace. En d'autres mots, la géographie se pose deux questions fondamentales dans l'étude des phénomènes physiques et humains : « où ? » et « pourquoi là ? ».

L'objet de ce chapitre est d'explorer les relations spécifiques entre la géographie et deux domaines qui lui sont proches : la *science économique* et la *science régionale*. Nous examinerons d'abord les relations entre géographie et économie, ensuite les liens plus étroits entre géographie et science régionale. L'on retracera le développement historique de ces liens, tout comme les affinités entre les trois disciplines, en termes de phénomènes et processus étudiés et de méthodes d'analyse utilisées.

---

* Traduction et adaptation par Jean Paelinck, Antoine Bailly, Mario Polese.

1.1. Economie

Comme c'est le cas pour la géographie, de nombreuses définitions de la science économique se rencontrent dans la littérature. La définition peut-être la plus largement acceptée est celle du prix Nobel P. Samuelson (1982, p. 8). « L'**économie** recherche comment les hommes et la société décident, en faisant ou non usage de la monnaie, d'affecter à travers le temps des ressources rares à la production de marchandises et de services, et de répartir ceux-ci, à des fins de consommation présente et future, entre les différents individus et collectivités constituant la société. » En d'autres mots, l'économie étudie la façon dont les êtres humains produisent, échangent et distribuent des biens, des services et des richesses, et la façon dont ils emploient des ressources humaines, technologiques et financières dans le cours de ce processus.

Deux approches principales de l'économie peuvent être identifiées : la **macro-économie** et la **micro-économie**.

FICHE 1

Macro-économie et micro-économie

Macro-économie. La macro-économie désigne la partie de la théorie économique s'intéressant :

— aux faits économiques concernant de grands ensembles, pays, branches, agrégats de production ou d'investissements ;

— aux interdépendances entre un ensemble significatif de variables globales synthétisant l'évolution du système économique ; par exemple, le volume de la production dépendra de celui des investissements, qui conditionneront l'emploi...

— à la totalité de l'ensemble économique, chaque fait ne prenant son sens que par rapport à une structure qui règle l'évolution du système ; par exemple, le taux d'épargne ne signifie rien si l'on ne connaît pas le comportement d'investissement des chefs d'entreprises, la nature du circuit de financement, les raisons de cette épargne,... (Brémond et Gélédan, 1990, p. 254).

De façon plus concrète, la macro-économie s'occupe de la structure et du fonctionnement d'une économie nationale ou régionale (la mesure du PNB, par exemple), les niveaux des prix et de l'emploi, les taux de chômage et d'inflation, les échanges internationaux et la balance des paiements, l'indice des prix, la fiscalité, la politique monétaire...

Micro-économie. La micro-économie s'intéresse au comportement des agents économiques individuels (le consommateur, le ménage, l'entreprise, le travailleur...). Elle

FICHE 1 (suite)

examine comment ces agents s'informent, affectent des ressources, organisent leurs préférences et définissent les règles orientant leurs choix (par exemple, investir ou consommer), et choisissent dans un univers proposant des alternatives (Brémond et Gélédan, 1990, p. 254).
La micro-économie cherche donc à interpréter le comportement d'individus ou d'entreprises qui s'informent, prennent des décisions, et choisissent des stratégies. Elle s'intéresse à des questions du type : consommera-t-on ce produit en telle quantité, lorsqu'il est à tel prix ?
Les trois principaux domaines de la micro-économie sont :
— la formation des prix ;
— la détermination de la production ;
— la répartition des revenus.

Parmi les principaux objets étudiés par la micro-économie l'on retrouve : les structures de marché ; les préférences et le comportement des consommateurs et des entreprises ; la détermination des salaires, de la rente et du profit ; les coûts et les intrants de production ; la détermination du prix et du volume de la production ; la demande et l'affectation de ressources productives, et le prix de ces dernières.

Tout comme la géographie, l'économie peut être subdivisée en un nombre de sous-disciplines : économie agricole, économie du travail, commerce extérieur, et beaucoup d'autres... Parmi ces sous-disciplines l'on en trouve plusieurs qui ont développé des relations étroites avec la géographie : l'**économie urbaine**, l'**économie régionale** (parfois traitées ensemble sous la dénomination d'économie urbaine et régionale) et l'**économie spatiale**. A l'exception de ces trois dernières sous-disciplines, qui représentent une très petite fraction du vaste domaine de la science économique, l'analyse économique ignore complètement le rôle que peut jouer l'espace en influençant les comportements et le résultat des processus économiques. Si on se limite à des concepts aspatiaux comme l'offre, la demande, les prix et les fonctions de production, la science économique classique traite le monde comme s'il était localisé sur la tête d'une épingle, c'est-à-dire comme si l'espace n'existait pas.

Dans le paragraphe 1.2 seront exposées brièvement les relations historiques entre géographie et économie même si ces interactions sont récentes puisque les économistes ont ignoré largement l'influence de l'espace et de la distance et que les géographes ont, de leur côté, tendance à ne pas se préoccuper des processus et phénomènes économiques, sauf à un niveau très superficiel.

1.2. Relations historiques

L'on peut se poser un certain nombre de questions au sujet de cette faiblesse des interactions entre géographie et économie. Et tout d'abord – quoique certains économistes se soient intéressés à des problèmes de localisation, et quoique ces problèmes aient une influence importante sur le comportement économique humain – pourquoi la pensée économique a-t-elle tant négligé la localisation, l'espace et la distance ?

Des économistes des premières heures, comme Smith *(Inquiry into the Nature and Causes of the Wealth of Nations)* étaient intéressés par certains aspects de la localisation et des avantages comparatifs régionaux : pourquoi certains pays étaient-ils plus riches que d'autres, quels étaient les facteurs à l'origine des variations dans les valeurs du sol à l'intérieur d'un pays, etc. L'intérêt occasionnel pour la distribution spatiale des activités économiques disparaissait cependant en faveur d'une attention accrue pour les aspects aspatiaux du sujet : la nature de la richesse et de la valeur, la façon dont les prix se forment, les rémunérations des facteurs de production. Ces questions ont été formellement développées dans les travaux de Ricardo *(The Principles of Political Economy and Taxation)* et, plus tard, de Mill *(Principles of Political Economy)* qui ont souligné le comportement parfaitement rationnel de l'*homo œconomicus* opérant dans des conditions de concurrence parfaite. Dans ce contexte, il est à la fois intéressant et ironique de noter que l'ouvrage de von Thünen *(Der Isolierte Staat in Beziehung auf Landwirtschaft und Nationalökonomie)*, dont le travail a été l'une des bases principales pour les approches analytiques modernes de la géographie urbaine, économique et agricole, était considéré plus important pour sa contribution à l'analyse marginale que pour son apport aux études de localisation.

L'intérêt pour les problèmes de localisation est réapparu brièvement à la fin du dix-neuvième siècle dans les travaux de Marshall, qui a consacré un chapitre de son ouvrage classique *Principles of Economics* aux facteurs de localisation industrielle. Au début du vingtième siècle, la littérature économique sur les problèmes de localisation commence à se développer de façon parallèle, sans être intégrée cependant au corpus général de la théorie économique. Parmi les travaux les plus importants, citons ceux de Weber *(Theory of the Location of Industries)* et de E. Hoover (*Location Theory and the Shoe and Leather Industries)* qui, comme ceux de von Thünen, étaient surtout concernés par la question de minimisation des coûts dans le choix de site ; tandis que les travaux de Hotelling *(Stability in Competition)* portaient davantage sur l'impact des choix de site sur les revenus. Même si ces ouvrages apportent des réponses nouvelles à la question de la localisation des activités économiques dans l'espace, ils contribuent peu, cependant, à la solution du problème de la détermination des prix et à celui des quantités produites et demandées, problèmes qui sont au cœur de la pensée économique ; si bien que ces études de localisation, effectuées par des économistes, ont tendance à être considérées comme marginales par la discipline.

Ce n'est que plus tard, dans le courant du XXe siècle, que l'analyse des localisations par les économistes commence à traiter de questions comme la détermination de l'offre, de la demande, des prix et des niveaux agrégés de production et de consommation. Cette convergence des problèmes de localisation et de l'économie classique se manifeste dans les travaux de Lösch *(Die Raumliche Ordnung der Wirtschaft)*, de Greenhut *(Plant Location in Theory and Practice : the Economics of Space)*, de W. Isard *(Location and Space-Economy)* et de Ponsard *(Histoire des théories économiques spatiales)*. Du fait du développement tardif de cette approche spatiale, elle est restée longuement à l'extérieur du courant économique dominant. De plus, une bonne partie de l'effort pour incorporer l'espace à la science économique sera bientôt dépassée par la création d'un nouveau champ interdisciplinaire : la **science régionale**.

Deux questions additionnelles se posent au sujet du peu d'interaction entre géographie et économie : pourquoi la littérature géographique n'a-t-elle pas réussi à influencer la pensée économique ? Et pourquoi les géographes n'ont-ils pas été plus attirés par l'analyse économique, sauf à un niveau relativement superficiel ? A la première question, l'on a partiellement répondu ; la pensée géographique n'a pas réussi à traiter des grands problèmes de l'économie classique. Cependant, il faut aussi considérer l'évolution du champ de la géographie du point de vue de la hiérarchie des connaissances. En bref, les approches qui prévalaient en géographie jusqu'au milieu des années 1950, étaient presque exclusivement concernées par la description et la classification, beaucoup plus que par l'explication. Ce n'est qu'après la seconde guerre mondiale, lors du développement de la « nouvelle géographie », que la discipline s'est mise à créer des théories et modèles formels, à utiliser des méthodes d'analyse plus rigoureuses. Auparavant, l'accent mis par les approches classiques et régionales de la géographie sur la création d'inventaires humains et physiques dans des aires spécifiques, présentait un intérêt réduit pour les sciences économiques, qui très tôt se considéraient, précisément, comme scientifiques, fondées sur un ensemble de théories et de lois, utilisant à la fois des modèles formels et des méthodes analytiques mathématiques et statistiques.

Pour aborder le peu d'intérêt des géographes pour l'analyse économique, l'explication évidente, déjà donnée, est que l'analyse économique a généralement été de nature aspatiale, ignorant l'influence de la localisation, de l'espace et de la distance sur les phénomènes et processus qu'elle examinait. Ainsi, les géographes, avec leur souci fondamental de l'espace et des relations spatiales, ont trouvé la science économique peu utile. Le niveau de formation relativement modeste des géographes d'avant-guerre, en matière d'approches formelles, théoriques et quantitatives, n'a fait que renforcer la distinction entre les deux disciplines ; beaucoup d'entre eux étaient incapables d'incorporer les travaux économiques, conceptuellement et méthodologiquement plus avancés, dans leurs propres recherches. Finalement, dans les approches géographiques classiques et régionales, l'accent principal était mis sur la connaissance d'une aire spécifique dans toute sa complexité humaine (sociale, économique, culturelle, politique, ...) et physique (climatologique, pédologique, géomorphologique, biologique,...) ; les phénomènes économiques n'étaient donc qu'une classe parmi d'autres, des relations homme-environnement qu'il fallait décrire et classer.

Au total, vers le milieu des années cinquante, la relation entre géographie et économie reste relativement modeste. Dès la période suivante, cette relation commence toutefois à changer ; du fait, en particulier, de la naissance d'un nouveau champ interdisciplinaire qui facilite et renforce la collaboration, en émergence, entre géographie et économie, la science régionale.

2. Géographie, économie et science régionale

2.1. Une période de convergence

Plusieurs facteurs sous-tendent l'interaction grandissante entre géographie et économie dans la seconde moitié du vingtième siècle. En économie, les développements politiques après la deuxième guerre mondiale amènent une préoccupation croissante pour le développement économique des pays et des régions, fondamentalement des entités spatiales. Les économistes découvrent alors que pour expliquer les disparités entre régions ou nations, l'on doit tenir compte, de façon adéquate, de l'environnement physique et de son usage par l'homme, de même que de l'ensemble complexe de facteurs sociaux et culturels qui influencent le comportement économique, individuel ou collectif. En d'autres mots, les économistes commencent à chercher des explications *au-delà* des limites relativement étroites de leurs approches conventionnelles ; le champ de la géographie, en état de maturation croissante, devient l'une de leurs sources d'inspiration. La croissance en parallèle de l'intérêt pour le commerce interrégional, confirme l'utilité de la géographie qui étudie la mobilité, non seulement des biens et des services, mais également des facteurs de production. Les économistes commencent à réaliser que l'espace joue un rôle important, qu'il existe un coût impliqué par la distance, et que cette dernière peut influencer le système de prix et même créer des conditions de concurrence monopolistique. De plus, l'urbanisation et la croissance démographique attirent l'attention sur les problèmes des villes et de leurs régions environnantes. Ces intérêts mènent à la reconnaissance des sous-disciplines appelées **économie urbaine, régionale** et **spatiale**.

Le champ de la géographie, lui aussi, connaît des changements fondamentaux au cours de cette période, changements qui facilitent le rapprochement des deux disciplines. Tout d'abord, les géographes commencent à acquérir des connaissances conceptuelles et méthodologiques nécessaires à l'étude de problèmes économiques. Les travaux de Warntz *(Toward a Geography of Price)* représentent un essai pionnier, chez les géographes, pour analyser des questions économiques dans une perspective spatiale. Cette nouvelle ligne d'investigation prend de l'ampleur durant les années 1960 grâce à la révolution théorique et quantitative qui, comme sous-produit, rend la géographie plus acceptable aux yeux de l'économie et d'autres disciplines. En plus de sa complexité croissante, la « nouvelle géographie » change l'approche des phénomènes spatiaux. Plutôt que de se concentrer sur des régions spécifiques comme objets d'analyse, la nouvelle géographie adopte ce qu'on allait appeler une « approche systématique ». Cette dernière est caractérisée par une gamme de spécialisations qui sont définies par la *nature* des phénomènes étudiés, et qui *ensemble* couvrent « systématiquement » tout le spectre de l'investigation géographique. Parmi ces spécialisations plusieurs ont trait spécifiquement aux aspects spatiaux des phénomènes et processus économiques, urbains, industriels et de transports, pour ne nommer que les plus connus. Au total, le comportement économique des individus, des firmes et des institutions commence à être reconnu clairement comme une forme importante de l'activité humaine dans l'espace.

Mais le facteur le plus important dans la convergence de la géographie et de l'économie est de nature institutionnelle : la création d'un forum où géographes et économistes (et plus tard des chercheurs d'autres disciplines intéressés par des questions similaires) peuvent communiquer les uns avec les autres.

2.2. La science régionale

Le domaine interdisciplinaire nommé **science régionale** a été formellement lancé en 1954 avec la fondation de la « Regional Science Association » (RSA, aujourd'hui appelée Regional Science Association International, pour distinguer l'organisation mondiale des sections nationales et régionales). La création de la science régionale résulte des efforts d'une personnalité, l'économiste américain W. Isard, reconnu comme le « père » de la discipline. Quoique caractérisée, à l'origine, par une participation essentiellement nord-américaine, des associations de science régionale se sont étendues rapidement à d'autres pays ; ainsi, sans être une section de la RSAI, l'Association de Science Régionale de Langue Française (ASRDLF) était-elle créée en 1961 par Boudeville, Isard et Perroux.

A la différence de champs disciplinaires, comme la géographie, la science économique ou la politologie, qui ne peuvent fournir une base valable pour la compréhension globale d'un territoire dans toute sa complexité sociale et économique, la science régionale apporte un éclairage global et nouveau. Nombreux étaient d'ailleurs les économistes et géographes insatisfaits par la portée limitée de leurs disciplines. Des économistes dans les sous-disciplines de l'économie urbaine, régionale et spatiale, étaient souvent frustrés du manque d'intérêt de la science économique pour l'espace et la distance ; des géographes spécialisés en analyse spatiale de phénomènes économiques, étaient également insatisfaits de l'incapacité de leur propre discipline à intégrer des concepts et théories économiques. Dans sa phase initiale, la science régionale résulte ainsi essentiellement de l'intersection de l'économie régionale, urbaine et spatiale, d'un côté, et de l'autre, de la géographie économique et urbaine. Au fil du temps, des chercheurs d'autres disciplines amèneront leurs perspectives complémentaires ; urbanistes, sociologues, politologues, anthropologues, ingénieurs et bien d'autres.

Afin de définir le champ de la science régionale, il est utile de considérer séparément ses deux composantes majeures, région et science : une **région** n'est pas une aire géographique délimitée arbitrairement ; au contraire, il s'agit d'une aire qui prend un sens parce qu'elle a des caractéristiques qui la distinguent d'autres aires *(fiche 2)*. Le mot *science* évoque une démarche qui est rigoureuse, logiquement ordonnée, et théoriquement et analytiquement sophistiquée ; il souligne l'importance du test d'hypothèses et de l'analyse empirique comme moyens d'arriver à une **explication**. La science régionale peut ainsi être considérée comme l'étude de problèmes sociaux et économiques ayant une dimension régionale ou spatiale, par l'utilisation de différents concepts, méthodes et modèles d'analyse, aussi bien théoriques qu'empiriques.

FICHE 2

Région

Une région n'est pas une entité « naturelle » ou « absolue », qui existerait de façon indépendante dans le monde réel et n'attendrait qu'à être découverte. Il s'agit plutôt d'une construction – un « construit » – intellectuel qui n'existe que dans l'esprit du « régionalisateur » ; c'est le résultat d'un processus de régionalisation (voir ci-dessous). L'on peut identifier trois types de régions :

— La région homogène est caractérisée par une certaine uniformité par rapport à un ou plusieurs attributs. C'est une zone contiguë ou territoire possédant des caractéristiques particulières la distinguant des aires avoisinantes. Les provinces atlantiques du Canada, par exemple, peuvent se distinguer des provinces avoisinantes sur la base de leur performance plutôt décevante, à partir d'une large gamme d'indicateurs économiques. Quand on utilise le terme de région dans le langage courant, l'on se réfère en général à la région homogène.

— La région polarisée est l'ensemble des points ou sites reliés à un pôle spécifique par une relation fonctionnelle particulière. La région polarisée n'est pas nécessairement un territoire contigu, et est définie sur la base d'un certain type d'interaction sociale ou économique. Par exemple la ville de Paris échange des biens et des services non seulement avec les territoires environnants du Bassin parisien, mais aussi avec des villes plus éloignées : Bordeaux, Rabat, Montréal, ... ; ces sites constituent la région polarisée de Paris définie selon le critère des échanges commerciaux. En d'autres mots la région polarisée peut être considérée comme la zone d'interactions asymétriques ou d'influence d'un point de référence choisi. La notion de région polarisée est particulièrement importante dans le contexte de l'étude des systèmes urbains.

— La région plan est la zone désignée pour une intervention politique. Peut-être l'exemple classique d'une région plan dans les écrits sur la planification régionale, est le territoire multi-états dans les Etats-Unis du Sud-Est qui devint l'objet des mesures de planification économique et sociale de la Tennessee Valley Authority dans la période précédant la Seconde guerre mondiale. De façon similaire une zone d'affaires ou un voisinage à revenus modestes dans une ville peuvent faire l'objet d'interventions politiques spécifiques.

Manifestement, ces trois types de régions ne s'excluent pas mutuellement. Une région homogène (définie peut-être sur la base d'un problème particulier, tel qu'un taux de chômage élevé) peut être aussi une région plan, la cible d'interventions destinées à résoudre le problème qui y aurait été identifié.

FICHE 2 (suite)

L'un des points forts du concept de « région », et en même temps l'une de ses faiblesses, porte sur la flexibilité que confère la notion d'échelle spatiale. Un voisinage au sein d'une ville, une ville avec ses banlieues environnantes, un état, une province ou un département (ou une de leurs parties), un pays ou même un continent, peuvent être considérés comme une région et être adéquatement soumis à une analyse régionale.

Régionalisation

La régionalisation est le fait de diviser un espace en zones ou régions géographiques logiques. Le système spécifique de régions qui résulte de ce processus dépend de l'ensemble de critères que l'on applique. Par exemple, le Canada peut être divisé en régions d'une infinité de façons, en fonction des critères utilisés pour réaliser cette régionalisation. L'on pourrait utiliser les types suivants de critères : administratifs (par exemple les frontières provinciales), économiques (taux de chômage ou revenu familial moyen), climatologiques (précipitations moyennes), géomorphologiques (types de relief) ou culturels (groupes ethniques ou linguistiques), pour ne mentionner que quelques possibilités. Manifestement l'on peut utiliser simultanément des critères multiples, par exemple des caractéristiques économiques, sociales et linguistiques. La régionalisation est donc une procédure en deux étapes : 1) la sélection de l'ensemble approprié de critères à appliquer, cette sélection dépendant de l'objectif ou des objectifs de régionalisation ; et 2) l'application de ces critères à l'ensemble des sites étudiés, c'est-à-dire la classification d'unités spatiales individuelles en termes des critères retenus. La régionalisation représente donc une forme de *classification*, le niveau intermédiaire dans la hiérarchie de la connaissance. Les méthodes utilisées pour réaliser une régionalisation sont devenues de plus en plus sophistiquées, utilisant souvent des techniques statistiques multivariées telles que l'analyse factorielle, l'analyse de regroupement (« cluster analysis ») et l'analyse discriminante.

3. Objets et méthodes d'analyse : un fonds commun

Une discipline se distingue d'autres disciplines par l'objet étudié (phénomènes et processus), et par les méthodes analytiques utilisées. Sur cette base, il devient de plus en plus difficile de distinguer la science régionale de certaines approches de la géographie (urbaine et économique, surtout) et de la science économique (urbaine, régionale et spatiale) qui s'intéressent tous aux problèmes du comportement humain économique dans l'espace. Alors que la démarche suivie par les sous-disciplines pertinentes de la géographie était au début très différente de celle qui caractérisait les sous-disciplines pertinentes de l'économie, et alors que la science régionale à ses débuts n'était à peine plus qu'une juxtaposition d'idées et de méthodes géographiques et économiques sans grands liens, un effet de « creuset » s'est produit au cours du quart de siècle passé : un ensemble commun de concepts, de théories, de modèles et de méthodes analytiques a été développé et raffiné ; il sert les trois disciplines qui ont de plus en plus d'objets d'analyse communs. Cette convergence peut être observée dans les « commandements de l'analyse spatiale » *(fiche 3)* qui s'appliquent aussi bien à la géographie, à la science économique qu'à la science régionale. La fiche 4 indique, quant à elle, les principaux périodiques qui se trouvent à la confluence de ces trois domaines ; ceux-ci sont présentés chaque année dans une chronique de la revue L'*Espace Géographique*.

3.1. Domaines principaux de recherche

Même si les objets de recherche des trois domaines sont à la fois nombreux et variés, cinq types peuvent être identifiés.

— Développement économique régional (que l'on se souvienne du fait qu'une région *(fiche 2)* peut couvrir une gamme variée d'échelles spatiales) : disparités régionales, facteurs et théories de la croissance économique régionale, structure et performance économiques régionales, politiques régionales.

— Localisation de l'activité économique : facteurs de localisation, théories et modèles, influence de la localisation sur les niveaux de production, coûts des intrants factoriels, prix de vente et taux de profit, problèmes de localisation et d'efficience économique « optimales », structures administratives et localisation de leurs établissements, division spatiale du travail, économies d'agglomération et économies externes *(chapitres 26 et 27)*.

— Interaction spatiale : flux de personnes, biens, services, informations et monnaie entre sites ; théories et modèles d'interactions, mesure de la friction due à la distance ; flux migratoires ; commerce interrégional et international *(chapitre 29)*.

— Organisation économique de l'espace : structuration de l'usage du sol dans les territoires environnant un centre urbain ou à l'intérieur d'une ville ; prix du sol et revenus fonciers ; prix et accessibilité ; technologie des transports et usage du sol ; contre-urbanisation, sub-urbanisation et ex-urbanisation *(chapitre 35)*.

FICHE 3

Les 5 commandements de l'analyse spatiale

Voici, selon J. Paelinck, cinq commandements pour la pratique de l'analyse spatiale (Bailly *et alii*, 1988).

Premier commandement :

Vos modèles spatiaux seront *a priori* formulés de façon spatialement interdépendante ; qu'il s'agisse de phénomènes de consommation, de production, d'investissement, les influences spatiales mutuelles sont innombrables. Mentionnons, à titre d'exemple, l'interdépendance spatiale des revenus et des dépenses ; chaque unité monétaire dépensée dans un lieu donné y engendre des revenus dont une partie sera sûrement dépensée dans des lieux différents, formant de nouveaux revenus ailleurs dans l'espace.

Deuxième commandement :

Vous considérerez un grand nombre de ces relations spatiales interdépendantes comme asymétriques ; dans le cas des comportements d'achat mentionnés ci-dessus, il existe une hiérarchie d'offre désormais bien connue, ce qui implique que les répartitions spatiales des achats effectués par des citadins ou par les ruraux ne seront pas les mêmes.

Troisième commandement :

Vous expliquerez le plus souvent des phénomènes économiques localisés dans un espace donné par des facteurs localisés dans d'autres espaces (principe dit « d'allotopie », du grec *allos*, autre, et *topos*, site) ; un exemple classique est celui de la localisation d'entreprises qui peut avoir lieu en des points où ne se trouvent ni leurs marchés, ni leurs sources de facteurs de production, de même que les phénomènes migratoires s'expliquent par la comparaison d'avantages et d'inconvénients présents en des endroits différents de l'espace considéré.

Quatrième commandement :

Vous expliquerez différemment les phénomènes de fonctionnement et les phénomènes d'installation ; ce point est clairement perceptible dans des modèles de localisation industrielle sur différentes régions, où les coefficients calculés révèlent bien l'attrait relatif exercé par les localisations potentielles sur des investisseurs en quête d'un site, mais non les flux de transport qui vont en résulter, flux qui vont s'établir en fonction des localisations finalement choisies et de bien d'autres facteurs ; ce phénomène se retrouve d'ailleurs dans des modèles de choix résidentiels dont résulteront après-coup des mouvements migratoires journaliers.

Cinquième commandement :

Vous ferez apparaître explicitement dans vos modèles l'espace géographique comme contenant possible des activités économiques et sociales ; en d'autres mots, il faut qu'apparaissent des éléments dits « topologiques », tels des distances, des densités, des coûts de transport, des « formes », et l'on en passe.

FICHE 4

Les principaux périodiques à la confluence de la géographie, de l'économie et de la science régionale

Revue	Publiée par
1. Revues francophones	
Les Annales de la Recherche Urbaine	Secrétariat permanent du Plan Urbain
L'Espace Géographique	Maison de la géographie/CNRS
Revue canadienne des sciences régionales (revue bilingue)	Association canadienne des sciences régionales/INRS-Urbanisation (Canada)
Revue d'Economie Régionale et Urbaine	Association des directeurs d'instituts et des centres universitaires d'études économiques régionales/Association de science régionale de langue française
2. Revues anglophones	
Economic Geography	Clark University (Etats-Unis)
Environment & Planning	Pion Ltd. (Angleterre)
Geographical Analysis	Ohio State University (Etats-Unis)
International Journal of Urban and Regional Research	Basil Blackwell (Angleterre)
International Regional Science Review	Regional Science Association International/University of Illinois at Urbana-Champaign (Etats-Unis)
Journal of Regional Science	Regional Science Research Institute/Regional Science Department, University of Pennsylvania (Etats-Unis)
Journal of Urban Economics	Academic Press (Etats-Unis)
Papers in Regional Science	Regional Science Association International/University of Illinois at Urbana-Champaign (Etats-Unis)
Regional Science and Urban Economics	Elsevier (Pays-Bas)
Regional Studies	Regional Studies Association (Angleterre)
Urban Studies	University of Glasgow/Centre for Urban and Regional Research (Ecosse)

— Systèmes urbains : fonction économique des villes à différents niveaux de la hiérarchie urbaine ; diffusion et transmission d'innovation ; stimulants à la croissance à travers la hiérarchie urbaine ; organisation territoriale et polarisation dans le contexte du système urbain ; mégapoles, technopoles et villes mondiales.

Ces objets peuvent être étudiés à l'aide de trois approches différentes. D'abord, l'on peut décrire et mesurer les phénomènes : quelle est la structure sectorielle de l'emploi en Ile-de-France ? Combien d'établissements d'assemblage automobiles y-a-t-il aux Etats-Unis, et où sont-ils localisés ? Une seconde approche implique l'identification des facteurs principaux sous-tendant les tendances observées et les agencements spatiaux : pourquoi des services spécialisés – aux producteurs – ont-ils tendance à se localiser presque exclusivement dans de grandes aires métropolitaines ? Pourquoi Silicon Valley est-elle devenue un foyer important de haute technologie ? En troisième lieu, sur la base de la compréhension des tendances observées, des agencements spatiaux, et des facteurs qui les sous-tendent, les chercheurs peuvent contribuer à la formulation de politiques destinées à améliorer une situation ou à résoudre un problème : quelles mesures peuvent stimuler l'économie de l'est du Québec ? Des politiques axées sur les activités de services peuvent-elles remplacer celles qui visent les activités manufacturières pour la stimulation du développement régional ? La formulation de politiques n'est pas une composante obligatoire de la recherche scientifique ; elle devient cependant de plus en plus importante comme complément, dans la mesure où les sociétés essaient de faire face aux problèmes économiques et sociaux complexes auxquels elles sont confrontées.

3.2. Fondements théoriques et méthodologiques

Les fondements théoriques et méthodologiques à la base des trois approches ont fini par se fondre en un corpus commun de connaissances. Chacun des trois champs emprunte les mêmes théories, modèles et méthodes, et apporte ses contributions particulières à un ensemble commun de connaissances. Parmi les principales constructions conceptuelles et théoriques sous-tendant ces trois champs, l'on retrouve :

— pour la **science économique** : la théorie de von Thünen à propos de l'usage du sol autour d'un pôle, en fonction des rentes de localisation ; le modèle de localisation industrielle de Weber fondé sur le calcul du point de coût minimum de transport ; le modèle de Hotelling pour déterminer la localisation sur une ligne droite d'établissements de vente au détail ; la théorie de Lösch sur l'ordonnancement hiérarchique de centres et d'aires de marché (théorie qui, contrairement à celle de Christaller, comprend à la fois les centres de production et de distribution) ;

— pour la **géographie** : la théorie christallérienne des places centrales, traitant de la taille, la répartition spatiale et la fonction des villes ; le modèle de D. Smith sur les courbes de coût spatial ; le modèle de T. Hägerstrand sur la diffusion de l'information et des innovations ; toute la famille des modèles d'interaction gravitaires et entropiques qu'on peut attribuer à une gamme de chercheurs qui inclut Stewart, Warntz, A. Wilson et le sociologue Zipf ;

— pour la **science régionale** : le modèle de W. Isard à base d'analyse de substitution, les méthodes d'analyse des complexes et groupes industriels, de calcul de coûts comparatifs ; le modèle à fonction d'utilité de W. Alonso sur le choix résidentiel du consommateur, les modèles multirégionaux.

En termes de méthodes employées, il existe un corps commun d'outils : programmation linéaire, méthodes de localisation-allocation, analyses input-output et coûts-bénéfices, celles d'impacts et de multiplicateurs, des constructions de comptabilité régionale, l'analyse par graphes et réseaux, des approches utilisant la théorie des jeux, celles à maximum d'entropie et l'analyse statistique multivariée.

3.3. Prospective

La géographie urbaine et économique (et des spécialisations liées comme la géographie agricole et des transports), l'économie urbaine, régionale et spatiale, ainsi que la science régionale, manifestent clairement une collaboration croissante et une fertilisation croisée. Différentes tendances marquant ce développement peuvent être identifiées, tendances qui sans aucun doute influenceront la nature de ces champs d'investigation dans les années à venir.

Tout d'abord, comme ces trois disciplines gagnent en maturité, l'accent est mis de plus en plus sur l'**explication** plutôt que sur la simple description ou mesure des phénomènes et processus observables dans le monde. Ceci implique que la capacité d'utiliser à la fois des constructions conceptuelles et théoriques clairement définies et des méthodes d'analyse de plus en plus sophistiquées, devient rapidement une exigence pour les chercheurs dans ces domaines. Ensuite, ces disciplines étendent leur champ d'analyse des processus et phénomènes économiques de façon à inclure explicitement le rôle des variables sociales, politiques et environnementales ; en effet, des travaux récents ont démontré l'importance des perceptions et des représentations humaines dans la structuration par l'homme de ses activités dans l'espace.

Un troisième point concerne la question de la pertinence sociale et de l'importance pratique des travaux. Une proportion appréciable de la recherche est hautement abstraite, dérivant sa valeur de ses logiques internes, mais n'ayant que peu d'implications pratiques ; l'accent principal est mis sur le raffinement des méthodes d'analyse utilisées. Dans le contexte économique et social actuel, avec des budgets décroissants aussi bien dans le secteur public que privé, l'on doit se poser la question de la pertinence de telles approches abstraites et de leur position privilégiée dans certains domaines d'analyse. En particulier, l'on a toute raison de s'attendre à ce que l'accent se déplace vers l'analyse et la formulation de politiques, et vers la recherche de solutions aux problèmes de société (voir paragraphe 3.1.). La vraie valeur de l'explication, lorsqu'elle permet de comprendre un phénomène donné, ses causes et ses effets, résulte de son caractère potentiellement opératoire.

Finalement, des interrogations s'imposent sur la notion même de « **région** », qui se trouve à la base des trois domaines, et qui subit, elle aussi, une transformation fondamentale. Le monde moderne se caractérise par deux tendances contradictoires. D'un côté, différentes formes d'intégration supra-nationale se manifestent : la Communauté Européenne, des accords de libre échange entre les Etats-Unis, le Canada et le Mexique. De l'autre, des mouvements nationalistes fragmentant des états-nations : le Québec, la Croatie, les Républiques Soviétiques. L'indépendance naissante d'unités spatiales plus petites, et simultanément l'interdépendance croissante d'unités territoriales plus grandes, représentent un défi majeur pour nos structures conceptuelles et nos méthodes analytiques à mesure que nous nous approchons du XXIe siècle. La science régionale aura un rôle majeur à jouer dans l'avenir des sciences économiques et sociales, à condition de s'ouvrir à ces problématiques contemporaines et de conserver son caractère interdisciplinaire et sa rigueur scientifique.

Lectures recommandées

Aydalot P., 1985, *Economie régionale et urbaine*, Paris, Economica.

Bailly A.S., Guesnier B., Paelinck J. et Sallez A., 1988, *Comprendre et maîtriser l'espace*, 2e éd., Montpellier, GIP RECLUS.

Boudeville J., 1970, *Les espaces économiques*, Paris, PUF.

Brémond J. et Gélédan A., 1990, *Dictionnaire économique et social*, 4e éd., Paris, Hatier.

Claval P., 1976, *Eléments de géographie économique*, Paris, Génin.

Isard W., 1972, *Méthodes d'analyse régionale*, Paris, Dunod.

Isard W., 1975, *Introduction to regional science*, Englewood Cliffs, Prentice-Hall.
Manzagol C., 1980, *Logique de l'espace industriel*, Paris, PUF.
Paelinck J. et Sallez A. (éds.), 1983, *Espace et localisation*, Paris, Economica.
Ponsard C., 1958, *Histoire des théories économiques spatiales*, Paris,Colin.
Ponsard C. (éd.), 1988, *Analyse économique spatiale*, Paris, PUF.
Samuelson P., 1982, *L'économique*, Paris, Colin.
Tellier L., 1985, *Economie spatiale*, Chicoutimi, Morin.

Mots-clefs

Economie,
Economie spatiale,
Economie urbaine et régionale,
Explication,
Macro-économie,
Micro-économie,
Région, régional, régionalisation,
Science économique,
Science régionale.

Vers une psycho-géographie

10

Abraham Moles

1. Vers une psycho-géographie

1.1. Une attitude

La plus ancienne et la plus respectable des préoccupations du géographe a été de connaître et faire connaître la figure de la terre d'une façon aussi fidèle que possible et en tout cas utilisable par le voyageur. La terre, « telle qu'elle est », fut le rêve du géographe ; il a engendré la cartographie, dont l'un des problèmes fut la rotondité de la terre en face de la planéité de la carte, deux irréconciliables – si l'on admet que la terre soit ronde, notion qui fut considérée comme l'un des progrès décisifs de notre connaissance du monde. Les figures des territoires, commençant naturellement par ceux qui étaient les plus proches du géocartographe, devenaient de plus en plus précises et elles ont traqué pendant plusieurs siècles une imagination esthétique qui voulait symboliser l'inconnu par des monstres, des animaux ou des hommes étranges. La disparition des taches blanches sur les cartes d'Afrique il y a un siècle fut une victoire de la science.

Les cartes *thématiques* qui figuraient une autre dimension distribuée sur un « fond de carte » neutre et objectif, par des traits, par des hachures, par des points, par des colorations, etc. (les sept variables graphiques de Bertin) donnaient déjà au géographe la possibilité d'exprimer des idées, des concepts par l'image, d'y figurer une ou plusieurs grandeurs, de décrire le monde comme une chose spatiale pourvue de propriétés, et donc de valeurs pour l'utilisateur des lieux. L'espace représenté était neutre certes, comme l'est un fait scientifique, mais les éléments de connaissance qu'il portait étaient amenés à la conscience de l'individu d'une façon concrète : par exemple, le touriste misanthrope qui cherche une destination pour ses vacances consultera une carte thématique de densité des populations en Europe.

Une « géographie humaine » s'est établie, humaine non seulement au sens « démographique » : les effectifs de population, mais au sens de toutes les valeurs qui peuvent intéresser les hommes : richesses naturelles, facilités de communication, voire richesses des paysages, ou commodités de voyage. L'idée de visualisation thématique de l'univers est inséparable de celle de la géographie moderne. C'est à ce moment-là que le géographe a rencontré le psychologue, qui lui-même venait à lui avec la fondation de ce que nous avons appelé : **psychologie de l'espace**, ce que les américains appellent : **« environmental psychology »**, et les allemands « Raumpsychologie » ; pour ces derniers l'origine du terme s'enracine dans une phénoménologie de la perception.

Le psychologue, en particulier à la suite de l'intuition de théoriciens de la forme (Lewin, 1952), sait que *l'espace n'est pas neutre* pour celui qui s'y trouve, mais qu'au contraire il est chargé de sens, qu'Ici n'est pas la même chose que Là-bas et que pour tout être il y a une *valorisation de l'espace* qui s'inscrit dans un monde décrit autrefois par le géographe. Ces valeurs sont certes individuelles : l'espace du commerçant n'est pas celui du touriste, de l'industriel ou du gouvernant, mais il n'est pas totalement subjectif. Chacun a sa représentation, mais toutes ont des traits communs et ces représentations peuvent donc être *objet de science*, objet de représentation et d'analyse. Une « rhétorique cartographique » va émerger, qui propose de traduire dans les figures de la terre les idées de valeur, et par là « politiques », de ceux qui désirent utiliser la carte, pour le meilleur et pour le pire, au service d'une géopolitique renaissante à travers l'informatique cartographique.

1.2. Une intuition

Le psychologue, peut-être mieux que le géographe, sait que l'homme tout court, qui n'est ni géographe, ni scientifique, est dans une relation directe et immédiate avec l'espace comme matière de comportement, un espace produit par sa vie dans le monde, sur lequel éducation et culture n'ont rajouté qu'un vernis superficiel de rationalité. Il sait, par exemple, que notre intuition immédiate conçoit *l'espace comme plat et illimité*, que c'est un plan (plus ou moins accidenté) et que la troisième dimension (verticale) n'a certes pas la prégnance des deux autres : latitude et longitude, ou longueur et largeur. L'altitude ne s'impose à la perception immédiate que comme l'idée d'un « obstacle », ou d'un « effort » pour monter, d'une « facilité » pour descendre, c'est-à-dire par une voie quasi « mécanique ». Le psychologue sait aussi qu'il doit rendre compte objectivement de ces subjectivités, alors que l'idée que « la terre est ronde » est une notion scientifique, interprétative, rationnelle, dirions-nous « un luxe de l'esprit » *quand* celui-ci a le temps de penser avec cohérence, – ce qui est rarement garanti. Or, précisément, il veut rendre compte des comportements par une « prédictivité immédiate », donc non réfléchie, largement irrationnelle : l'hypothèse de la platitude du monde environnant est à cet égard plus forte, car elle est plus instinctive que celle de la rotondité de la terre, qui ne s'est imposée comme témoignage que quand on a pu la voir de loin.

1.3. Reconnaître les contradictions de l'esprit comme un fait

En fait, l'homme est un être de contradiction ; de la contradiction jaillit la création, de l'opposition au monde sort un autre monde : on ne construit que « contre... ». La philosophie dialectique a eu pour rôle de formuler cette opposition fondamentale qui s'étend aux systèmes de pensée eux-mêmes. « Tout homme moderne », dit Valery, « et c'est en quoi il est moderne, vit familièrement avec une quantité de contradictions qui viennent tour à tour sur le devant de la scène de son esprit. Mais il ne faut pas confondre l'incohérence de l'être moderne avec la contradiction assumée et explicite d'une dialectique génératrice de tensions ». La première relation que géographe et psychologue amorcent c'est précisément de reconnaître que ces contradictions sont dans la nature de l'être humain vivant, indépendant du géographe comme du psychologue, car eux se placent du point de vue de Sirius et discutent à l'intérieur d'un univers de la raison. Enonçons quelques axiomes de cette relation entre l'homme et son environnement spatial.

1.4. Espace comme grandeur ou espace comme repérage

Le psychologue encore, par sa formation philosophique, fera d'abord remarquer au géographe que ce mot « espace », – qui transcende largement l'espace – terrestre du géographe –, possède en fait deux significations bien distinctes souvent confondues par ceux qui se servent du mot.

L'**espace** nous apparaît d'abord comme *quantité* : la surface, le volume occupé par l'être, ainsi l'homme qui déménage passe de l'appropriation de S_1 à S_2 mètres carrés, il y « gagne » ou il y « perd ». Le mobilier représente une surface au sol, tous les objets ont un volume, etc. Pour l'architecte habitué par profession à loger des êtres humains, il y a une certaine relation entre mètres carrés et mètres cubes, liée au fait que la taille des hommes est à peu près constante (2,25 m dirait Le Corbusier) ; il s'exprimera donc en surfaces de plancher et il en augurera de façon intuitive un volume de logement.

Mais l'espace apparaît tout aussi souvent comme **système de repérage** : la latitude, la longitude, l'altitude. L'adresse est une bonne symbolisation de cette idée de repère : « 344 West, 92nd Street, 18th floor, NY, USA » est une expression presque précise de ce concept de repérage par l'adresse d'un être dans le monde, un repérage que les lois sur la résidence et les règlements du courrier ont fait incorporer dans les caractéristiques de l'homme.

1.5. De la mesure des choses imprécises : ne pas les transformer de force en choses précises

Une autre remarque de méthode que psychologue ou phénoménologue proposent au géographe c'est ce truisme qui nous vient de la philosophie grecque, mais dont nous avons tendance à négliger les conséquences sur le plan pratique, cette idée que « l'homme est la mesure de toute chose ». C'est par rapport à lui-même que l'homme appréhende ainsi autour de lui les différentes catégories de l'espace plein ou vide : le volume du réfrigérateur, la largeur de la rue, le poids du seau d'eau, la hauteur de l'immeuble ; il se réfère, en tout cas intuitivement, au corps humain : son propre corps, comme étalon, approximatif mais spontané, du rapport qui va s'exercer entre lui et les objets du monde. Ce n'est qu'après, dans une relation rationnelle ou un souci de précision, qu'il va retraduire ces notions de longueur, largeur, profondeur, poids, volume, etc. toutes liées à l'espace, dans des « unités métriques », issues du progrès scientifique de l'esprit humain, récentes (deux siècles pour l'édification d'un « système de mesure » cohérent à partir d'un repère externe) et qui lui reste toujours quelque peu extérieur, étranger, puisque ces mesures se réfèrent à un « étalon universel », à une conception universelle de la mesure, tard venue dans l'histoire de l'humanité.

De grandes civilisations mesurent encore le monde en pouces ou en pieds, en stones ou en fathoms, en boisseaux ou en brasses, toutes unités dont la définition précise et universelle n'est que bien tard apparue en regard de la spontanéité humaine de leur détermination.

Allons plus loin, et c'est là qu'il est utile que le géographe en prenne conscience, quand un message quelconque nous propose « une femme de 1,62 m » ou « un enfant de 20 kg », nous retraduisons subrepticement ces unités rationnelles et objectivables en « unités » liées à nous : plus grand ou plus petit que moi, etc. L'homme est donc bien la mesure de toutes choses, excepté de lui-même.

2. Les catégories d'espaces

2.1. Les coquilles de l'homme

L'homme saisit alors autour de lui différentes catégories d'espaces selon leur échelle de grandeur relativement à ses gestes et à ses actes par exemple.

Tableau 1 Les catégories d'espaces

1 **Micro**	2 **Mini**	3 **Espaces**	4 **Maxi**	5 **Macro**
Geste du doigt	Geste du corps architecte	« Modulor » logement	Déplacement transport	Géographie des territoires

L'homme est donc partagé entre deux conceptions contradictoires du monde (Weltanschauung) : tantôt il voit celui-ci comme un univers centré sur lui-même, dont les couches successives s'échelonnent de manière perspective autour de lui, tantôt il le voit comme un univers rationnel, illimité, maillé par des axes de coordonnées cartésiennes ou polaires et plus ou moins rempli par les objets du monde, dans une coexistence d'êtres, dispersés ou rapprochés, situés dans des domaines limités ; tous ces objets ou êtres lui paraissent équivalents au premier abord, même si les uns sont « serrés » et les autres sont « épars ». C'est la façon dont il résout à chaque instant cette contradiction entre deux visions qui déterminera ses comportements et ses valeurs. Il passe de l'une à l'autre selon la situation avec une totale spontanéité et il laisse subsister la contradiction en son esprit sans vraiment la résoudre. De là une série de problèmes se posent au géographe quand il doit rendre compte de l'espace et prend au moins provisoirement parti entre les deux façons de le représenter. L'ébauche la plus ancienne de cette géographie des plans de ville ou des représentations des territoires se fit à une époque où la mesure objective n'existait guère, et elle a longtemps participé d'une vision centrée de l'homme, autour de Babylone, autour d'Athènes, ou de la Méditerranée. La conquête du rationnel comme réel, effectuée par la Renaissance et influencée par Descartes, a entraîné le géographe vers des cartes « universelles » dont celle de Mercator avec ses coordonnées rectangulaires fut un archétype représentatif. Récemment, avec l'analyse cartographique des situations, et surtout le progrès de l'informatique géographique, toute une série nouvelle de cartes sont apparues qui, prenant en compte des situations particulières, représentent le monde environnant en fonction de ces situations. Citons au passage : les cartes d'approche d'aéroport, ainsi que certains plans de ville. Il y a là de toute évidence, non pas une récession à un état antérieur de la pensée de l'espace, mais au contraire la reconnaissance et l'approfondissement d'un subjectivisme suffisamment répandu pour que le géographe soit conduit à l'objectiver.

2.2. La loi proxémique comme fondement de la hiérarchisation du monde

L'évolution biologique de l'homme au cours des âges l'a habitué nécessairement à hiérarchiser êtres, stimuli, sources de plaisir ou de danger, en fonction de la distance relative qui l'en sépare, car c'est cette distance qui lui procure le délai pour préparer sa réaction. Nous appellerons **« proxémique »** le registre de connaissance qui prend en compte explicitement cet axiome de hiérarchisation et l'intègre dans ce que nous dénommerons la « loi proxémique » comme étant la loi d'airain qui a toujours gouverné l'adaptation de l'homme à l'espace qui l'entoure – ceci avant qu'il invente les moyens d'une « télé-présence » (présence à distance par les communications). La **proxémique**, c'est l'étude de l'ensemble des faits vitaux dans lesquels, toutes choses égales par ailleurs, ce qui est proche est pour moi (ici, maintenant) plus important que ce qui est lointain (ailleurs, autrefois, plus tard).

La **loi proxémique** est certes une loi de psychologie, une loi très générale et, disons-le, assez imprécise, mais extrêmement forte et un grand nombre d'économistes et de géographes (Zipf, 1945) ont été conduits à en faire un véritable outil de raisonnement qui, mieux que l'idée trop rationnelle d'une mesure absolue de la distance, rend compte du comportement des êtres vis-à-vis des choses qu'ils rencontrent dans l'espace (et dans le temps d'ailleurs aussi). Dire que ce qui est près, tous autres aspects restant égaux par ailleurs est plus important et donc psychologiquement plus grand que ce qui est loin, c'est dire une évidence dont nous possédons d'innombrables vérifications (Tuan, 1974 ; Zipf, 1945). Quelle que soit la représentation que la géographie se fait de l'espace comme catégorie homogène de la réactivité humaine, elle ne peut jamais oublier cette loi proxémique. C'est elle par exemple qui est incorporée dans ce qu'on appelle la « perspective picturale ». C'est elle qui intervient toutes les fois que l'homme doit penser *vite* et ne dispose d'aucun temps de réflexion. Ainsi, l'être humain n'ayant guère évolué dans son équipement mental depuis l'émergence de la rationalité géométrique dans le monde, cette loi reste, quelle que soit son imprécision, celle qui gouverne nos comportements. Toute volonté de décrire ces comportements devra donc passer par une loi « proxémique ».

2.3. La télécommunication brisera-t-elle la loi proxémique ?

C'est la *télécommunication* qui par l'intermédiaire d'un élément technique (le « canal »), a introduit une *situation nouvelle* dans l'évolution : une situation où ce qui est lointain – même si tous autres éléments de comparaison restent constants par ailleurs – peut se trouver dans un nouveau **« système d'espace »** aussi important que ce qui est proche, immédiat, à portée du geste. C'est là une situation récente de notre évolution biologique, une situation à laquelle nous ne sommes pas encore habitués et qui entraîne des conséquences que nous jugeons mal. Ainsi, la télécommunication est bien une rupture, une mise en question de la loi proxémique comme règle des comportements spatiaux humains. Mais la communication artificielle est récente à l'échelle de l'évolution ; elle n'est pas encore incorporée dans la spontanéité de notre être, ou guère, et si elle ouvre un nouveau chapitre à une géographie d'un espace ubiquitaire ; nous n'avons pas encore d'idées claires sur ce que ce chapitre contiendra ni sur ce que signifieront « proche » ou « lointain » dans une société où le principe de l'ubiquité passerait au premier plan. Nous savons simplement que pour que l'homme réagisse à une situation nouvelle, il faut que ce type de situation soit fréquent, quantitativement important, spontané, voire routinier ; ceci implique que l'action de l'être représente pour lui un coût « marginal », un coût d'effort personnel petit par rapport à ses propres ressources. Même si ceci est vrai quelquefois, nous en sommes encore loin, et la relation entre les hommes et leurs espaces reste encore du type proxémique.

2.4. L'environnement système de valeur

L'espace n'existe que par ce qui le remplit. L'environnement est perçu comme un ensemble de **valeurs** (Lewin, 1952), il n'est pas neutre. L'individu saisit le monde autour de lui comme un champ partiellement imaginaire et partiellement réel, parsemé d'éléments favorables qui l'attirent et d'éléments défavorables qui le repoussent, tous ces éléments (pôles) se combinant avec les « contraintes » auxquelles doit se soumettre son déplacement : c'est ce qu'on appellera « barrières » ou « obstacles », car ils le séparent des pôles de ses désirs. En fait, l'individu imagine ses actions comme un mouvement dans ce champ de valeurs, qui le rapproche de ses buts en tenant compte des barrières et des contraintes (« la liberté est la conscience des contraintes ») qu'il subit, c'est-à-dire selon une stratégie de déplacement, une trajectoire. Lewin appelle cette image : champ topologique des valeurs, l'espace réel s'y trouve mentalement valorisé et l'homme imagine son mouvement dans ce champ puis réalise son déplacement. De bons exemples nous sont donnés en géographie par les processus d'émigration d'un lieu vers un autre, d'un territoire vers un autre, de la campagne vers la ville ou d'un Etat vers un autre Etat. Notre langage utilise intensément les mots de « barrières », de « frontières », de « corridors », de « portes », qui ne sont que des aspects linguistiques de l'image précédente.

L'homme situé en un lieu défini (ici et maintenant) divise instinctivement l'espace qui l'entoure en couches successives, selon des critères liés aux perceptions ou actions qu'il peut exercer dans chacune dans ces « couches ». Nous les appellerons **« coquilles de l'homme »**. Il les saisit donc autour de lui dans un système d'emboîtement, selon une conception, certes subjective mais stable, et, en gros, commune à travers la variété des cultures, selon la distance relative de ces couches à lui-même. Devrait-on dire que ce sont là de successifs « territoires de chasse » ?

Ce que fait alors le psychologue, c'est une sorte d'analyse phénoménologique – ou plus simplement typologique – des traits, certes vagues mais assez universels, de chacune des coquilles qui entourent l'homme depuis le plus intime de lui-même : sa peau, jusqu'à ce qu'il peut imaginer de plus lointain : l'univers. Les mots qui la désignent : espace du geste, quartier, ville, région, se remplissent de sens au fur et à mesure qu'il acquiert la pratique de ces espaces, et saisit ces « strates d'action » plus ou moins distantes d'un point d'enracinement auquel il se réfère intuitivement. Ce pourra être sa situation ici et maintenant, sa maison, son lieu de travail, etc.

L'analyse de sources disparates, mais convergentes, de la psychologie, de la sociologie, de la politique, de l'économie – sans oublier la littérature qui fournit des indications précieuses –, propose les coquilles suivantes comme des éléments conceptuels qui peuvent servir tant à l'économiste, au psychologue urbain qu'au géographe :

I. La peau, le vêtement comme seconde peau
II. La sphère du geste, d'un libre mouvement
III. La pièce en tant que clôture visuelle vis-à-vis du monde extérieur
IV. L'appartement, fermeture légale reconnue par la société
V. Le bloc résidentiel, ou la rue du quartier
VI. le centre de la ville, lieu de repérage lointain et source de « services rares », lieu de « chasse » où je dois me rendre,
VII. La région, ensemble de lieux où je puis aller et revenir en moins d'une journée
VII bis. La « nation » entité récente, conceptuellement fragile, artificielle, où s'exercent les lois et les langues officielles
VIII. Le vaste monde

L'analyse typologique repose sur un certain nombres de critères des comportements humains. On la trouvera résumée dans la fiche 1 « Analyse des coquilles d'espace dans la société urbaine ».

2.5. L'impératif territorial

Le rapport profond que l'être entretient avec ces différentes couches d'actions qui se présentent en même temps comme des coquilles comportementales varie beaucoup selon leur nature, selon les cultures, selon les catégories d'individus. En fait, l'individu se comporte comme s'il était plus ou moins « maître et possesseur » d'une petite fraction de l'espace environnant qui lui sert de sphère de protection et correspond à peu près au domaine du geste ; Hall (1973) l'a appelée « bulle personnelle ». Nous dirons de façon simplifiée que l'individu se sent intuitivement « maître » d'une sorte de « sphère de protection » d'environ 30 à 40 cm d'épaisseur autour de son corps : c'est là-dedans qu'il fait par sa « gesticulation » un grand nombre d'opérations (meuble du bureau, le clavier de la dactylo, le geste de l'ouvrier, les objets de rangement proches).

Ce qui est important, c'est que toute intrusion d'un autre être à l'intérieur de ce domaine est ressentie immédiatement comme une attaque potentielle avec un type de réaction autre que celles que le code social propose. Cette couche personnelle est loin d'être stable. Hall (1973) a montré qu'elle varie entre autres selon les cultures : plus petite dans certaines civilisations grégaires (exemple méditerranéen), plus grande dans d'autres civilisations de l'espace (pays scandinaves) etc. Il paraît bien que ces différences à la fois vagues, mais fortement ressenties, jouent un rôle notable dans l'interaction des êtres en groupes et qu'elles soient une composante des civilisations. Si ces frontières sont fréquemment transgressées, une sorte de pression est exercée par l'être pour les « défendre ». Cette pression est entre autres à l'origine de toute une série d'actes sociaux : processus d'interaction proche, formules de politesse, règles de comportement, défenses variées, vêtements qui constituent un des chapitres récents de la psychologie de l'espace et des techniques qui en sont dérivées : architecture, comportements automobiles ou organisation des flux de déplacement. Le géographe doit prendre conscience, dans ses rapports avec le psychologue, qu'il y a en ces domaines une série de phénomènes, imprécis, flexibles ou plastiques et pourtant très importants pour comprendre les comportements humains.

FICHE 1

Analyse des coquilles d'espace dans la société urbaine

Types de Coquilles	Quantité d'interactions	Taux de variété possible	Taux de variété réel	Quantité d'efforts	Taux de personnalisation (implications)	Taux d'industrialisation possible	Nature des parois	Programmé, non programmé
I. Limites du corps	nulle	faible	faible	nulle	totale (maximum)		la peau	totalement non programmé
II. Le geste immédiat	faible ou nulle	grand	moyen	quasi nulle	beaucoup constant	très grand (objet mobilier)	meubles revêtements	spontané
III. La pièce	grande	moyen	moyen	subliminaire	moyen	grand	revêtements murs cloisons	spontané sans effort
IV. L'appartement	moyenne	grand	petit	subliminaire	très grand	très grand	murs privés, zones communes, escaliers	spontané
V. Quartier	moyenne de nature charismatique	moyen	moyen	liminaire	grand	moyen	limite d'accès facile à pied (10 minutes)	semi spontané, non programmé
VI. Ville avec centre distant	grande ou très grande anonyme, non charismatique	grand	moyen	notable	décroissant	en développement	rayon de 40 minutes de moyen de transport	agenda de la journée
VII. Région	moyenne	faible	faible	grande	faible résiduelle		rayon de transport en moins de 20 heures aller-retour	agenda
VIII. Vaste monde	étrangeté	très grand	réduit par les habitations	très grande	nulle (langue)	illimité	le globe terrestre, les frontières de l'univers possible	programme planification budgétisation

2.6. La paroi créatrice de l'opposition du dedans/dehors

La psychologie de l'espace propose une définition relativement précise de la notion si fréquente en géographie, et si rarement définie, de paroi, de mur ou de frontière. Elle pose d'abord comme fondamentale la notion de paroi (ou partition) dans l'espace.

Une paroi est, pour le psychologue de l'espace, la *matérialisation d'une discontinuité,* localisée en un lieu, des « valeurs sensorielles » en fonction de la distance. Il y a autant de types de paroi que de sensorialités de l'être dans son environnement : l'intensité des sons, l'aptitude à discerner les objets, à les toucher, les odeurs, la température ambiante, autant d'aspects du monde dont l'intensité décroît normalement de façon continue avec la distance (loi proxémique) et qui vont varier brusquement devant et derrière la paroi. La paroi crée alors l'idée de frontière chez l'individu et amorce le concept d'**intérieur** (côté où je me trouve) opposé à celui d'**extérieur** (côté où je ne suis pas).

Un **mur** alors c'est la combinaison d'un certain nombre de parois de diverses « natures », donc la conjonction au même lieu de plusieurs types de discontinuités diverses qui coïncident mais appartiennent à des registres perceptifs tout à fait différents : sonore, visuelle, mécanique, olfactive, les murailles proprement dites, les remparts, les portes, les barrages, les rivages, etc. N'oublions pas parmi elles ce qu'on peut appeler « discontinuité juridique » ou légale où les règles sociales auxquelles obéit l'être dans son comportement varient d'un côté et de l'autre de la paroi, (exemple : « Défense de passer » est une partition topologique immatérielle).

Un mur, puisqu'il est la combinaison de plusieurs parois, représente donc une séparation topologique supérieure *a priori* à chacune de ses composantes ou parois individuelles. Il réalise une sorte de multi-discontinuité entre l'intérieur et l'extérieur avec une amplification de celle-ci ; les « sensations », suivent une loi proxémique à l'intérieur et un autre taux de loi proxémique, beaucoup plus atténuée, à l'extérieur : on pourrait dire que le mur est une condensation de l'espace. La qualité du mur sera la somme de la qualité des parois qui s'y conjuguent, c'est-à-dire la somme pondérée des discontinuités sensorielles qu'elles provoquent. L'architecte, mais aussi l'urbaniste, l'aménageur de territoires, l'ingénieur des transports, se réfèrent souvent d'une façon plus ou moins intuitive à la qualité d'un mur ou d'une paroi : ils peuvent chercher soit à l'augmenter, soit à la diminuer, soit à construire des parois qui filtrent certains phénomènes sensoriels et pas les autres. La notion de frontière, qui fut essentielle au développement de la géographie politique et humaine, n'est qu'un aspect particulier de la notion de mur, une discontinuité des valeurs et des variations des valeurs légales entre un intérieur et un extérieur.

Dira-t-on aussi qu'une frontière pour être efficace doit condenser en elle le plus grand nombre de discontinuités : langues, lois, paysages, codes, odeurs ?

Les catégories qui s'appliquent à l'espace humain, celui qu'il perçoit, et qui se répartissent dans son champ topologique imaginaire, s'étendent bien au-delà de celles de la vision, des sens, de l'activité mécanique (la pente, l'altitude), elles incluent aussi des qualités « imaginaires » – du point de vue de la physique naturelle –, mais quelquefois fortement opératoires : la notion de pouvoir légal, ou le contrôle social en est une ; elle est un condensé d'une expérience culturelle de la vie sociale. Mais il y en a bien d'autres, et leur liste doit passer des registres du psychologue à ceux du géographe, à mesure que ce dernier est mieux capable de les cerner conceptuellement et de les apprécier dans des mesures au moins ordinales. On parlera par exemple de « degré du sacré », de « degré de beauté », de « taux de romantisme », de « densité de respect », etc. Tous ces éléments participent à ce qu'il est légitime d'appeler le « pouvoir des lieux ». Le psycho-géographe s'efforcera de construire des *cartes thématiques* de l'intensité du sacré, de la force du contrôle social, etc. sur la base d'échelles de comportements communes à tous les hommes, ou à tout le moins à l'ensemble de ceux qui participent d'une même culture (religieuse par exemple). Il appréciera celles-ci comme un aspect qui contribue à l'établissement des cartes mentales, quelquefois très opérationnelles, même si elles sont très imprécises. Il cherchera par exemple la densité de sacré légal dans un aéroport (« accèdance »), du sacré religieux dans et aux alentours d'un temple, etc. Il appréciera les mouvements et comportements des êtres en termes généraux en fonction de leur proximité ou de leur éloignement par rapport à des sources du sacré par exemple. Il prendra par là en compte un imaginaire social réparti dans l'espace qui détermine de quelque façon les comportements humains. Le fait que toutes ces « grandeurs thématiques » soient très imprécises (pas toujours) n'est pas une objection dirimante à leur valeur explicative et prédictive (exemple : cartes des activités humaines, acceptables ou inacceptables à différentes distances de voisinage d'un lieu sacré).

3. Formes, relations, identité et appropriation

3.1. Des archétypes des formes spatiales

L'homme discerne, dans l'espace en général, des **formes** de celui-ci, en fonction à la fois de la nature des parois qui délimitent les espaces, et des **caractères topologiques** que revêtent ces espaces. Pour cela le langage lui fournit comme outil, une « typologie des formes spatiales », qui peut se réduire à une *série d'archétypes de formes* très fondamentaux, car tous les systèmes linguistiques les désignent. Parmi ces archétypes, il y a :

— le *désert*, un espace plan illimité, indéfini, « vide » et sans repères, qui outrepasse infiniment toutes les portées de mes sens

— la *cellule*, un espace fondamentalement clos, fermé dans toutes les directions, et dont les parois sont situées à une distance de perception immédiate du geste et du regard,

— le *corridor*, dans lequel la mobilité longitudinale est beaucoup plus grande, voire infinie, par rapport à une mobilité transversale, elle-même petite vis-à-vis des dimensions corporelles de l'être humain de référence. Le corridor contraint donc les déplacement d'une façon prévisible : espace de liberté selon son axe, il est un espace de contrainte perpendiculairement à celui-ci.

Un certain nombre d'autres archétypes de l'espace constituent une sorte de vocabulaire de base qui pourrait faire partie d'un enseignement de la psychologie géographique. Plus généralement, on peut définir les « espaces », les formes de ceux-ci, à partir d'une série d'oppositions pertinentes, dont une liste minimale est fournie ci-dessous, en l'accompagnant de quelques exemples d'espaces correspondants :

Tableau 2 Archétypes de l'espace

Un espace peut être :		**Exemples**
Ouvert	Fermé	Désert/Boutique
Vide	Plein	Piste d'envol/Grand Magasin
Complexe	Simple	Labyrinthe/Avenue
Plaisant...............	Déplaisant	Cuisine/Tribunal
Dominant	Dominé	Commissariat/Jardin
Interactif.............	Ségrégatif	Kermesse/Cellule de moine
Clair.....................	Sombre	Terrasse/Cave
Actif.....................	Passif	Bourse/Canapé
Contraint............	Libre	Poste de travail/Chambre à coucher

3.2. Du Désert et de sa généralité comme référence biologique

La psychologie de l'environnement discerne trois types de relations fondamentales entre l'homme et les espaces dans lesquels il se trouve.

Il y a d'abord, et tout simplement, l'*absence* totale de relations : l'espace existe comme un donné vide dans lequel l'individu peut évoluer ou circuler à sa guise, mais où il n'y a aucune différence dans l'état de l'être, qu'il soit ici ou là. C'est ce qu'on peut appeler l'*indifférence spatiale*, l'espace vide illimité, sans bornes, dont le désert est l'archétype le plus facile : là il n'y aucune différence entre Ici et Ailleurs ; aller d'un « lieu » (?) à un autre « lieu » (?), si l'un et l'autre sont également dépourvus de repères, ce n'est pas se déplacer puisqu'il ne reste aucune trace sensible du déplacement. S'il n'y a pas d'Ailleurs, il n'y a pas d'Ici. Le désert déjà évoqué, l'Océan, sans îles, sans étoiles et sans rivages, la forêt tropicale, la savane, nous proposent de bons exemples de ce type d'espace où Ailleurs ne diffère en rien d'Ici, sauf à inventer par voie rationnelle des « coordonnées géographiques » qui sont un produit de l'esprit et non pas de la sensibilité.

3.3. L'identité du lieu

Elle discerne ensuite le concept d'**identité d'un lieu**, c'est-à-dire précisément l'émergence dans la conscience d'un *Ici qui est différent d'un Ailleurs*, qui nous apparaît comme irréductible aux autres, pour que je puisse y saisir des aspects de cette différence qui me conduiront à mon comportement Ici différemment de ce que je ferais Ailleurs. L'identité du lieu, familière au géographe, possède un certain nombre de lois psychologiques, est plus ou moins marquée au fur et à mesure que ces lois s'appliquent mieux.

Six lois d'identité du lieu : création du point « Ici »

1. Le lieu possède d'autant plus d'identité qu'il est plus clos pour le regard, c'est-à-dire qu'il présente une frontière visuelle circulaire couverte par une paroi.
2. Le point « Ici » est d'autant mieux déterminé que la qualité des parois respectives qui servent à le délimiter est plus élevée.
3. Le point « Ici » est d'autant mieux déterminé qu'il est mécaniquement et topologiquement plus fermé à l'intrusion d'un autre individu.
4. Le lieu a d'autant plus d'identité que les actes que le sujet y fait sont plus denses dans le temps et plus nombreux en valeur absolue.
5. Le point « Ici » a d'autant plus de prégnance perceptible qu'un plus grand nombre d'objets se trouvent accumulés à l'intérieur de celui-ci.
6. Le point « Ici » a d'autant plus d'identité qu'il possède une dénomination plus claire et que celle-ci est plus utilisée dans le flux de discours de Moi et des Autres.

L'individu reconnaît cette identité, il est capable de *donner un nom* au lieu, puis de le repérer sur une carte. Eventuellement, il peut s'y enraciner sous la forme d'un *lieu de résidence* – et donc en être déraciné.

3.4. L'appropriation du lieu

La troisième catégorie d'identification de l'espace c'est l'idée d'*appropriation*. Non seulement le lieu possède une identité, reconnaissable, en tout cas par moi et probablement par les autres, mais encore, ce lieu est *le mien* (impératif territorial). C'est l'idée que ce lieu particulier est marqué par *ma* présence, par *mes* actes, par *mes* objets ou les êtres que j'y ai installés, qui le rendent à mes yeux à nul autre pareil. L'« appropriation » au sens juridique n'en est qu'une forme assez particulière, basée sur l'existence d'une légalité sociale (la propriété), mais il y a beaucoup d'appropriations de lieux variés – pourvu qu'ils soient identifiables – qui n'ont rien à faire avec une institution sociale quelconque, et qui pourtant sont intensément perçues par la conscience de l'individu.

Ainsi, passant du *désert* au *lieu identifiable*, puis au **lieu approprié**, une relation de plus en plus étroite s'établit entre l'homme et l'espace. L'appropriation comporte, elle aussi, des lois d'appropriation ; elles incluent automatiquement celles d'identité (comment s'approprier un lieu sans identité ?), mais elles ont un caractère beaucoup plus existentiel, beaucoup plus évident.

Lois d'appropriation d'un lieu :

1. Pour être appropriable, un lieu doit posséder une identité. Plus cette identité est grande, plus facile est l'appropriation.
2. Un lieu est d'autant plus approprié qu'il est susceptible de repérage par l'extérieur (notion d'adresse, de résidence postale et de téléphone)
3. Un lieu est d'autant plus approprié que la société ambiante le reconnaît par la loi de l'état (domiciliation légale)
4. On s'approprie d'autant plus un lieu que l'on y réside plus longtemps. Réciproquement, l'absence crée lentement une perte d'appropriation.
5. On s'approprie d'autant mieux un lieu qu'on le modifie matériellement dans sa structure, dans ses contours ou dans ses contenus.
6. Un lieu est d'autant plus approprié que le nom qu'il porte est à la fois mieux connu de tous, plus utilisé, plus référencé dans la logosphère (mass média). Cette loi s'applique particulièrement à l'univers de l'information et du journalisme.

3.5. Enracinement et errance

Il y a deux *comportements d'appropriation* de l'espace :

— le premier c'est l'**enracinement**, c'est l'être qui s'installe en un lieu, qui pose sa tente, y construit sa maison, y reçoit son courrier, y place ses meubles, s'y crée un réseau d'occupation d'actions, s'y réfère par son adresse, éventuellement en acquiert la propriété juridique ou locative. L'individu est non seulement le centre psychologique de l'univers, comme nous l'avons dit plus haut, il dispose, effectivement, d'un centre géométrique, géographique, et c'est à partir de ce centre qu'il considère l'univers et juge les voisinages. Il le fait par ce qu'il n'est pas abusif d'appeler des « excursions », des errances limitées, des tours avec retour, dans des strates de son environnement de plus en plus lointaines, où il accomplit des actions de densité et d'importance variées ; ce centre en est le « barycentre », au sens de la mécanique. Quelquefois, – souvent dans la société développée contemporaine –, il développe, par l'habitude et donc la routine de ses excursions, un « centre secondaire » : le *lieu de travail*, qui a à peu près les mêmes caractéristiques, car il est aussi pour lui un lieu d'habitudes, de repères et de valeurs. Il entretient alors avec son centre résidentiel des relations privilégiées traduites par un trajet fréquent où tous les aspects de l'espace qui les sépare ont moins de « valeur » (prégnance psychologique) que ceux du lieu de départ et du lieu d'arrivée, *commuting*. L'enracinement reste le mode dominant par lequel l'être connaît une portion du monde ou un territoire ; il y a défini un point fixe, un point d'observation, un point résidence et de référence, il juge et connaît le reste du monde à partir de ce point dans une construction mentale basée sur ce relais de son imagination.

— Pourtant, la seconde façon de s'approprier l'espace, c'est l'*errance, Wandern*, c'est la circulation quasi aléatoire d'un être à l'intérieur d'un territoire qui se trouve nécessairement limité en grandeur par sa capacité physique de circuler. Mais cette errance, au contraire de l'enracinement, ne possède nulle règle ordonnatrice ou guère. Contingente, elle se fait au gré des événements, des réactions aux stimuli qui peuplent l'espace, par le jeu d'attraction et de répulsion de ces stimuli qui, nous l'avons vu, sont pourvus de valeur pour l'individu. Elle se caractérise par des *fréquences de passage* sur une trajectoire donnée, à travers un lieu donné. Elle peut, à la limite, atteindre un taux général de « connaissance », c'est-à-dire de familiarité avec les lieux, équivalent, voire supérieur, avec celui de l'enracinement (« le guide »). Mais elle est d'une toute autre nature, – tous lieux se valent pour elle, s'ils sont à la portée de son effort –. En fait ce mode de connaissance est rare, minoritaire, par rapport à l'ensemble des gens qui peuplent le territoire ou la planète. Il correspond à un mode de vie bien distinct où routines et habitudes de la coquille du logement sont fragmentaires, subissent une usure et un renouvellement intense. L'habitat, qu'on pourrait dire générateur d'habitudes, y est lui-même perpétuellement renouvelé, changeant, et induit peu de routines comportementales chez l'être.

Il y a encore dans le monde des peuplades, des modes de vie qui correspondent à ce mode de l'errance ; il fut essentiel dans la lointaine préhistoire. Il y a des peuples entiers, bien reconnus par les géographes, qui existent ainsi : gitans, bédouins, tartares vivent ou ont vécu sur ce mode de connaissance de l'espace, dont il faut bien souligner qu'il est tout aussi « validé » que l'enracinement quant à la connaissance du terrain. Il existe dans nos sociétés de nouvelles espèces d'errants par vocation ou par destin, les conducteurs de camions internationaux, les trampers des cargos à travers les océans qui n'ont de port d'attache que nominal, les bourgeois de luxe aussi qui sont sans feu ni lieu, car ils disposent par leur richesse d'un si grand nombre de feux et de lieux qu'ils peuvent s'offrir le luxe de les ignorer. Dans une moindre mesure on évoquera les touristes au long cours ou les *aventuriers* qui, pour une période de leur vie, mettent entre parenthèses leurs enracinements passés ou futurs. Une question que le psychologue de l'espace pose au géographe culturel est de savoir quel est le pourcentage de ces migrants, de ces errants, dans ce qu'il est convenu d'appeler « société », quel est aussi leur rôle culturel, et éventuellement leur valeur.

3.6. Enracinés, déracinés, aventuriers

En fait, entre ces deux types comportementaux de connaissance de l'espace, il y a une infinité de variantes. Un grand nombre de gens, bien et dûment enracinés dans un domicile, sont assujettis, ou candidats, à une proportion d'errance non négligeable (le voyageur de commerce) et quelquefois y consacrent une part substantielle de leurs revenus (le touriste : celui qui fait des tours). D'autres le font par vocation ou par rejet de la société : on se référera ici à ces aventuriers qui furent, avant les satellites, déterminants dans le processus de la connaissance du monde. Il y a aussi les *déracinés*, ceux qui, de gré ou par la force des événements extérieurs, ont perdu leurs racines, ressentent cette perte comme telle et cherchent à la compenser par un réenracinement spatial, culturel et social.

Le politique, l'économiste, le stratège, qui gouvernent les sociétés, savent que ce processus d'enracinement – déracinement – enracinement nouveau exige à la fois beaucoup des ressources propres et culturelles de l'individu et, en même temps, engendre une certaine *créativité* culturelle ; ils en font quelquefois systématiquement usage comme moyen de gouvernement culturel.

3.7. De l'interaction

Dans les espaces vides, la rencontre de l'individu avec l'autre est un (micro) événement, car elle est rare, elle implique un jugement de valeur de l'un par l'autre de caractère dialectique (ami ou ennemi ?), et par là des séries de comportements codifiés par l'expérience, les règles de la défense ou celles de la socialisation, celles de l'hostilité ou celles de la sympathie. Dans les sociétés denses, où le rayon propre de l'être est court, et où la fréquence des rencontres est grande, l'individu espère a priori de l'autre que son comportement soit neutre vis-à-vis de lui-même : qu'il ne soit ni ami (il n'a pas de temps à lui donner), ni ennemi (il est fatigant de se défendre). Il attend donc de l'autre le comportement d'un *objet* mobile (le passant dans la rue). Et, quand la densification augmente et risque de provoquer l'autre à pénétrer dans la sphère personnelle du moi, l'être est obligé de réagir : la somme de ces réactions successives constitue une occupation parasitaire de son champ de conscience, qui diminue d'autant l'effort et le temps qu'il peut consacrer à son projet de vie.

4. L'espace organisé

4.1. Deux pôles des attitudes vis-à-vis de l'autre

Privatisation et *communauté* apparaissent au psychologue de l'espace comme les deux pôles du désir d'interaction de l'individu vis-à-vis d'un monde qui est plein d'autres êtres et qu'il veut soit fuir, soit rencontrer. L'homme oscille perpétuellement entre le désir d'être *en face de lui-même*, en reflétant son image sur la nature ou sur des murs nus et en échappant à la contrainte sociale (les migrations pour causes religieuses en furent un exemple éminent qui a peuplé les Etats Unis), et le *désir de participer* de la chaleur humaine qui lui renvoie une toute autre image de lui. « Le chemin qui mène de moi à moi fait le tour du monde ». Le processus de *rencontre* et de contact avec l'autre est une source de créativité foncièrement différente, basée sur l'interaction et sur l'acte de « négociation ». Les analyses célèbres sur les fonctions des mers et du commerce dans le développement des cultures ne sont que la conséquence géographique de cette dialectique qu'impose la psychologie entre privatisation et communauté. Il paraît bien dans l'analyse de l'habitat que ce soit aussi cette dialectique qui organise les comportements humains à l'intérieur des cellules, du logement, du quartier et de la rue du village, entre autres par leur contraste avec l'anonymat urbain comme caractère fondamental de la grande ville, anonymat qui apparaît, par contraste avec la relation charismatique du village, comme une valeur en soi, éventuellement une valeur désirable et la cause de migrations.

L'homme n'accepte donc la société que dans la mesure même où il se sent susceptible de la refuser, c'est-à-dire quand il exerce un droit de libre choix par rapport à elle. S'il ne peut la refuser alors il ne l'accepte pas, il la subit. Il se dressera contre elle à chaque occasion si cette pression est trop grande. Il y a là communauté de comportements entre l'homme et les espèces animales, suggérant l'idée d'une écologie humaine *(chapitre 2)*, parallèle à l'écologie des espèces animales et reposant sur la même dialectique fondamentale. Les tâches de l'architecte, de l'urbaniste, de l'aménageur du territoire, seraient d'assurer ce libre choix de l'être entre la « communauté » et la « privatisation ».

Tout être placé dans une situation nouvelle cherche à aménager dans l'espace qui lui est proche un territoire matériel où il puisse exercer son contrôle, édifiant par là un *domaine personnel*, qui concrétise avec des dimensions variables selon ses moyens la sphère de protection envisagée plus haut. Ce domaine constitue en effet une protection entre lui et les événements du monde, relativement aux aspects de ceux-ci qui lui apparaissent comme dommageables, et il s'efforce de marquer soigneusement les limites de la transgression ou de l'intrusion. Ceci le conduit à construire des territoires *(chapitre 32)*, multiples et imbriqués, à en marquer les limites, et à en faire accepter les marques par la puissance sociale ambiante. Ainsi, les territoires humains s'enrichissent et se complexifient dans de multiples zones du privé et du public, qui requièrent du psychogéographe des outils et des statistiques encore mal maîtrisés. C'est une autre figure de la terre, une figure sociale et humaine, complexe par structure, et pour laquelle nous avons besoin de nouveaux outils.

4.2. Une appréciation psychologique de la densité

Le *rayon propre de l'être* ; d'ordinaire, le géographe mesure le peuplement de l'espace par une densité moyenne d'habitants par unité de surface, souvent l'hectare ou le kilomètre carré, en supposant par là même qu'à un certain niveau d'observation, tel ou tel territoire est uniformément peuplé. Le psychologue, par contraste, sur la base des données précédentes, préfère une autre unité de mesure que la densité, *l'inverse* de celle-ci (plus précisément l'inverse de la racine carrée de cette densité) ce qu'il appellera le « *rayon propre* de l'être », à savoir, (toujours en supposant la validité d'une moyenne dans les comportements territoriaux d'un ensemble d'individus), l'idée d'un *libre parcours moyen*, la distance moyenne que, dans un espace ne contenant pas d'obstacles matériels, l'individu devrait parcourir pour *rencontrer* quelqu'un d'autre, donc entrer avec lui en interaction, soit positive (empathie), soit négative (hostilité) accompagnée de l'ensemble des processus qu'implique la « résolution » de la relation (ou du conflit). Le rayon propre – qui n'est finalement qu'une notion inverse de celle de densité –, est plus proche de la compréhension de l'être psychologique que ne l'est cette densité *(chapitre 23)*.

4.2. Des lieux étroits

Les espaces se différencient à travers leurs relations avec les hommes qui les occupent ou les parcourent par leurs *structures topologiques* qui contrastent avec l'uniformité égale et monotone du désert. Parmi ces « espèces d'espaces » (Perec), il y a les *lieux étroits*, tous ceux où le rapport, voisin, entre « sphère de protection » de l'individu et « dimensions matérielles » de leurs particularités de forme (largeur d'une ouverture) impliquent que la probabilité des interactions entre individus augmente. La porte, le corridor, en sont des exemples privilégiés, car au voisinage de ceux-ci les individus se pressent et se heurtent. Quand une ouverture sépare un espace A d'un espace B, quelles que soient les densités dans l'un ou dans l'autre, tous les êtres qui veulent passer de A à B *convergent* vers la porte : une pure disposition topologique augmente la probabilité d'interaction entre leurs sphères personnelles avec les conséquences sociales qui en découlent.

Ainsi, un lieu étroit est celui où s'exerce une *concentration dynamique des interactions*, lieu où se pratiquent les rencontres, où peuvent s'établir des associations et surgir des conflits. Dans un corridor, il y a deux ouvertures, entrée et sortie, où la concentration des êtres qui veulent l'emprunter s'accroît à l'entrée, décroît à la sortie mais reste sensiblement constante dans tout le parcours interne. C'est là un phénomène physique, disons hydro-dynamique des agrégats d'individus qui a des conséquences sociales. L'étude que le géographe fait des ports, des postes frontières, des gares, des aéroports, des cols de montagne, est en fait celle de lieux étroits, où des facteurs du comportement humain résultent quasi mécaniquement d'une structure topologique : il y a plus de batailles dans les cols, sur les ponts, ou aux portes de la ville, qu'il n'y en a dans la vaste plaine ou sur l'océan – toutes choses égales d'ailleurs –. Les lieux étroits sont le domaine privilégié d'une psychologie sociale de l'espace, voire d'une psycho-géographie, puisque par leur forme, ils créent des conditions d'*interaction forte*.

Dans les lieux étroits, ponctuels comme la porte, ou linéaires comme le corridor, le passage préférentiel ou obligé augmentant la densité locale par rapport aux superficies uniformément peuplées, le « rendement du contrôle social » (nombre d'actes contrôlés / nombre d'« agents de contrôle) augmente puisque plus d'êtres sont soumis au regard d'un seul observateur. Lieux privilégiés du contrôle social, les lieux étroits sont des lieux stratégiques.

4.4. Corridors et labyrinthes : deux archétypes de l'espace organisé

On appelle du terme général de **labyrinthe** un ensemble suffisamment complexe de corridors assemblés les uns aux autres, d'une façon en gros imprévisible, ou mal prévisible, par l'individu qui les parcourt. La structure à blocs carrés (damiers) d'une ville n'entrerait guère dans l'idée de labyrinthe, car elle possède une complexité quasi nulle.

Le labyrinthe est un archétype des formes de l'espace, son caractère essentiel est sa complexité structurale, plus précisément, sa complexité relative par rapport à la capacité, limitée, de l'esprit humain de *traiter l'information topologique* qu'il fournit à l'être qui le parcourt : le concept de labyrinthe n'a donc de valeur opératoire que si cet assemblage est suffisamment complexe. Mais c'est très souvent le cas, par exemple dans la ville ou dans certains lieux publics : ici encore densité relative et rayon propre entrent en interférence dans un labyrinthe. Il est possible, en effet, que l'individu s'y trouve quasi isolé – ou avec une probabilité très faible de rencontre, avec les autres qui y sont présents mais en un autre *lieu* qui se trouve occulté à la vue du premier. Celui-ci s'y sent seul, ou en tout cas dans une situation de densité faible, dans une sorte de « désert topologique ». L'architecte, par contre, qui a construit le labyrinthe peut savoir, ou prévoir, qu'un grand nombre d'êtres sont présents dans son volume global. Ainsi le labyrinthe participe-t-il à la fois d'une des propriétés perceptibles essentielles du « désert » : la *faible* densité (ou réciproquement le grand rayon propre), et d'autre part de la densification forte des êtres dans un domaine particulier. Il établit là un paradoxe topologique à la perception de l'espace : il considérera le labyrinthe comme un « désert en conserves ».

Le concept de labyrinthe est un nouveau venu en psychologie de l'espace : un nouvel outil de l'aménageur, ou du géographe. Il désigne en effet la structure d'une société maillée par des routes et des moyens de communication, où un grand nombre de gens sont présents dans cette société et n'exercent pourtant que des interactions relativement réduites, puisqu'en chaque lieu, entouré de murs ou d'obstacles, chacun peut s'y sentir seul ou loin des autres. Le labyrinthe apparaît donc comme une solution à l'opposition dialectique fondamentale entre *communauté* et *privatisation*. Il est l'outil conceptuel utile, par exemple aux problèmes de la circulation automobile dans les tissus urbains, de l'errance guidée des touristes dans un territoire riche en valeurs paysagères, de la séparation éventuelle de flux différents d'individus ayant des valeurs différentes, à l'intérieur d'un même circuit topologique (Lefevre, 1983).

FICHE 2

Degrés de connaissance topologique d'un labyrinthe urbain

1. Connaissance d'une *route de base* permettant de se rendre sûrement d'un point essentiel en un autre, exemple : trajet travail-domicile ;
2. processus d'agrégation permettant de *réduire* un trajet incertain à la route de base déjà connue ;
3. *deux* (ou plus) *routes* de base avec leurs connexions entre elles (intersections) ;
4. *connexions* de routes secondaires avec les routes de base ;
5. *raccourcis* pour les trajets importants ou fréquents ;
6. raccourcis imaginés spontanément en utilisant des *indices* d'orientation globale (affiches, monuments, édifices de style, magasins, particuliers). On notera ici la grande différence entre le jour et la nuit.
7. redécouverte de *nouvelles routes de base*, en fonction non plus de leur simplicité géographique, mais de leur facilité de circulation (les grandes artères de circulation, par exemple des freeways dans les grands espaces californiens) permettant l'optimisation temporelle ;
8. découverte de *lieux d'intérêt* qui sont à l'écart des routes principales.
9. navigation *à l'estime* : aptitude à se rendre d'un lieu à un autre par des voies inconnues ou peu connues, en adoptant une trajectoire quasi optimale, dans laquelle les déviations sont faibles et les erreurs aussitôt corrigées ;
10. construction d'une *carte cognitive* complète de la cité.

Un lieu est d'abord un emplacement géographique : il est situé, repéré, ou repérable, par rapport à l'ensemble des espaces vécus et habités. Il a ses coordonnées et éventuellement ses moyens d'accès, difficiles ou faciles, une accessibilité mesurée par un degré d'accessibilité. Il est intégré dans une connaissance « géographique », – à moins qu'il ne soit secret, ce qui veut dire que cette connaissance est restreinte à un certain nombre d'individus. Un lieu possède une **identité**, et souvent il est *approprié*. Phénoménologiquement, le terme de lieu se rapporte de quelque façon à la vision de l'être, c'est largement un endroit où le regard balaye un environnement « valorisé » ; un « lieu » c'est quelque chose qui est intégré par la vision dans la connaissance. On pourrait certes discerner des lieux sonores ou des lieux olfactifs, bien que ceci n'ait guère pénétré encore dans l'appréhension géographique du monde, qui accorde primauté à l'*espace du regard*, que l'on peut assimiler à une « zone de contrôle visuel » située en face de chaque individu.

Il y a des lieux définis par un certain nombre de propriétés, par le fait qu'« il s'y est passé quelque chose » (lieux historiques), par le fait qu'on peut y pratiquer certaines activités (l'escalade, le bord du ruisseau), par des traits esthétiques particuliers, ce qu'on appellera les « paysages », enfin, par des fonctions sociales remarquables, telles que le *lieu de travail*, ou le marché. C'est une des tâches du psycho-sociologue de l'espace de recenser ces lieux, d'essayer de les catégoriser et de montrer comment ils agissent sur les comportements humains, ou, réciproquement, comment l'émergence de constances des comportements humains définit des lieux.

4.5. L'espace géographique comme réseau maillé

L'espace vécu se présente donc à la fin de cette analyse comme un ensemble de lieux juxtaposés ou dispersés, séparés par des distances où il n'y a « rien de remarquable », et caractérisés par rapport à une catégorie définie d'observateurs ou d'utilisateurs humains. Chacun d'entre nous connaît certains lieux et les dispose dans sa tête selon une *carte mentale* : c'est toujours un exercice très profitable de la faire construire par un individu, au titre de projection de sa personnalité d'une part (test projectif) ou bien au titre d'une *enquête sur la connaissance* d'un lieu en vue d'applications pratiques.

A l'opposé de ce que suggère un « bon sens » douteux, il n'y a pas une infinité de paysages, pas plus qu'une infinité de points de vue. Au contraire, le comportement perceptif les *quantifie* en un nombre limité, souvent répertoriable. Chacun d'eux sont séparés par des zones floues, indistinctes, plus ou moins bien connues, mais qui constituent une sorte de *tissu conjonctif* neutre dans l'image que l'être se fait d'un espace ou d'un territoire. Ces lieux, nous l'avons dit, se présentent comme des unités mentales, souvent pourvues d'un nom, d'une dénomination, qui caractérisent leur valeur. Ils ont une « valeur » plus ou moins grande, par rapport à Moi, Ici, Maintenant, et cette valeur, bien que subjective, possède certains traits communs chez un ensemble plus ou moins grands d'individus : les habitants, les visiteurs, les passagers, et en conséquence, il y a une *géographie psycho-métrique* de l'espace qui cherchera à établir l'existence de ces lieux et leurs propriétés. Nous appellerons **pouvoir des lieux** leur valeur, acceptée plus ou moins unanimement par tous ceux qui les fréquentent et les pratiquent. Nous définirons ce pouvoir des lieux par le fait qu'en l'un d'entre eux, une *différence stable* de *comportement* s'établit par rapport au comportement purement matériel en un lieu sans qualité : un lieu qui n'aurait aucune propriété.

Il y aura, par exemple, des lieux du sacré, des lieux du pouvoir, des lieux de liberté, des lieux de majesté, des lieux de terreur, des lieux de plaisir. Tout ceci a été largement ébauché par la pratique picturale, qui prétendait « représenter un état de la nature à travers une sensibilité » et qui a su établir des critères visuels en liaison avec cette sensibilité. Nous savons par exemple que la composante « romantique », – quelle que soit l'incertitude de sa définition –, est un des facteurs essentiels dans la classification des représentations de lieux, que ce soit à travers la contemplation directe, la reproduction de masse de cartes postales, la vision photographique, etc. Or ces visions sont génératrices de grandes industries de l'espace : celles du tourisme, de la carte postale ou de la photographie. Le géographe, chargé d'établir un inventaire de la planète, commence à se préoccuper de constituer des *banques de paysages* et d'inventorier les lieux en fonction d'un certain nombre de critères : le tableau ci-joint en donne un échantillon partiel. Le géopsychologue verra les paysages comme des sources de richesse aussi objectivables que la densité des moutons. Ceci requerra de lui une estimation quantitative (ou tout au moins ordinale) de la « **valeur** » de ces paysages ; les guides touristiques ont mis au point un jeu d'une série d'étoiles pour approcher cette valeur. Il sera donc conduit à établir des cartes de densité des paysages touristiques à l'usage de l'entrepreneur de plaisir, de transports, ou d'activités économiques dérivées (carte de Stefanou, 1975).

Allant plus loin, le géo-économiste va attribuer à l'espace géographique des densités de mobilité, selon la même attitude qu'une carte thématique qui veut révéler la densité de minerai de fer, de population, de routes ou d'usines de transformation ; elle cherchera la densité des lieux touristiques dans un territoire donné.

4.6. Qu'est ce que la distance dans un espace maillé ?

Le fait que l'espace terrestre se trouve donc en chaque point valorisé par les choses ou ressources du monde qui sont d'intérêt pour l'homme et distribués de façon inégale en ce monde, implique, au-delà du mouvement individuel, un mouvement collectif, un comportement d'invasion ou de conquête, de flux de personnes et d'installations, un *aménagement du territoire* qui sera basé sur les possibilités de *transport.*

L'économie des transports est une des branches majeures de la science géographique ; elle parle des personnes, des marchandises, aussi bien que des choses immatérielles, qui sont les communications et les relations entre les personnes. Le géographe ouvre depuis déjà un siècle les pages de ses traités à une science spécifique des transports et des communications, qui, elle-même, va impliquer des lois nouvelles relatives aux comportements « homme-espace ».

En effet, la mobilité des êtres ayant énormément augmenté, avec l'invasion des moyens de transport artificiels, chemin de fer, routes et automobiles, puis finalement avion, peut être considérée sous deux angles :

— soit d'une *description de l'interactivité* humaine sous l'angle géographique – quantité et disposition des canaux d'échange à travers le territoire ou la planète, flux téléphoniques, flux transfrontières de données –,
— soit des *forces nouvelles* agissant sur chacun des êtres pour les inciter à de nouvelles activités.

Par exemple, on se demandera dans quelle mesure l'homme d'affaires est conduit pour réaliser une « négociation », à choisir la *présence directe* : (« aller au lieu où est son partenaire »), ou bien utiliser la *télécommunication, l'expérience vicariale* d'êtres différents qui se trouvent réunis par un canal à travers la distance dans un ersatz de la présence (téléprésence). C'est la tâche du géographe de faire émerger les nouvelles données économiques définissant offres et besoins humains et le psychologue établit les « critères quantitatifs » de la relation entre individus récepteurs et émetteurs et en apprécie les impacts physiques ou matériels.

5. Vers une nouvelle géographie ?

5.1. Le géographe investigateur de l'espace

Le géographe, en tant qu'investigateur de l'espace, établit les nouvelles « formes de l'espace » terrestre qui apparaissent comme des outils pour déterminer les comportements humains. Aux temps anciens, le géographe se satisfaisait d'établir aussi bien que possible les contours des frontières naturelles, des rivages, des fleuves et des montagnes, d'en faire un fond de carte de plus en plus universel et de plus en plus exact, et d'y voir les populations humaines s'étaler, se condenser ou se disperser dans cet espace dont il leur livrait la connaissance. Désormais, il devra prendre en compte cet aspect des lois d'une téléprésence qui viennent mettre en question la loi proxémique.

A l'âge de la communication, il se trouve confronté avec des territoires plus ou moins vastes, recouverts de réseaux « routiers » de communications, de distributions de services, d'interaction ; c'est là une toute autre image. L'idée ancienne que pour avoir des rapports les uns avec les autres, il fallait se rencontrer physiquement, et que l'on *se rencontrait d'autant plus qu'on était plus proche*, parce que l'effort pour réaliser le face à face était bien plus petit que s'il fallait traverser les océans ; cette « idée proxémique », – qui subsiste encore comme essentielle dans nos civilisations –, est *battue en brèche*, par l'idée d'une « téléprésence » où tout ce qui était lointain *peut* devenir proche, en s'incorporant à ce qui l'était déjà. Si de plus, cette téléprésence n'exige de l'être qu'un effort petit, négligeable au vu des ressources habituelles de celui-ci – que ce soit en argent, en temps ou en effort physique – *alors* celui-ci redécouvre une nouvelle spontanéité et une nouvelle modalité de rapports entre les êtres. Il reconstruit une autre image mentale du « proche » et du « lointain », qui n'a plus rien à faire avec l'acception géographique de ces termes, une image qui sera fondée par exemple sur la qualité des routes, ou mieux, sur la qualité des outils électroniques des télécommunications, ce qu'on appelle les « canaux », produits de la technologie. Certes, nous en sommes loin, mais au moment où ces canaux affranchissent le correspondant de la notion de distance, l'être se perçoit comme *ubiquitaire* ; il peut être en tous points, sans prélèvement sur ces ressources vitales, il doit partager son image, son similaire, entre les différents lieux où elle s'exerce.

Déjà, c'est ce que les « hommes publics », privilégiés par leurs éminentes fonctions, donnent à connaître en répandant leurs images multiples à travers les mass-média de communication. Mais ces personnages publics sont des importants, des vedettes, des privilégiés, des exceptions, et le reste du monde... témoin... n'en est encore que très peu changé.

La véritable révolution des communications, le moment où elles construisent un nouveau *système spatial*, ce sera celui où la relation à distance avec la garantie de sa qualité et de sa fiabilité s'instaurera dans la vie quotidienne ; ce n'est là encore qu'une vision privilégiée et partielle de quelques leaders de comportement. Le psychologue et l'économiste en suggèrent au géographe les conditions d'application. C'est là, au sens propre : construire un monde simultané dans l'espace. Le problème qui y subsiste est celui du « capital d'attention » (limité) que chaque individu peut affecter à la profusion des témoignages de tous les autres.

Une nouvelle géographie de la société câblée

C'est en particulier, pour des raisons d'investissements économiques, que nous ne passerons que péniblement à une société proprement « ubiquitaire » où les êtres humains pourraient effectuer le registre de leurs actions dans l'indifférence totale au lieu géographique où ils se trouvent. Mais c'est une tendance lourde « megatrend » et la géographie humaine doit la prendre en compte.

Il y a en ce domaine comme en d'autres une *inégalité du développement*. Or pour des raisons de rentabilité économique, les sociétés développées qui sont à la tête de cette évolution opèrent des économies d'échelles en groupant l'ensemble des flux de communication et de transport dans des *canaux privilégiés*, à haut débit d'échange, qui se trouvent pragmatiquement identiques à ce que le psychologue de l'espace appelle *corridors* : lieux où la mobilité longitudinale est beaucoup plus grande que la mobilité transversale. Le territoire social se couvre de « câbles », que ces câbles soient tout simplement les routes où circulent les camions et les automobiles, les rues où se concentrent les passants, ou les conducteurs électroniques où s'écoulent dans des flux sans cesse intensifiés des données : des « images vicariales » de l'émetteur au récepteur et réciproquement. La société câblée n'est pas pour demain, mais elle est certainement un archétype fondamental d'une future géographie proposant une nouvelle « face de la terre ».

5.2. Topologie géographique et visualisation thématique du monde

La topologie nous enseigne que le « maillage du monde » par ce qu'on appelle les réseaux de câbles ou les canaux obéit à des lois générales et elle propose deux catégories :

1. le type en « arbre » où les circulations des câbles se font par des séries d'embranchements avec ramification, partant d'un centre (une centrale) et se ramifiant jusqu'à la périphérie où se situent les consommateurs,
2. les réseaux proprement maillés, ceux dans lesquels le territoire est couvert de façon plus ou moins dense par des mailles fermées qui font que tous les points du réseau sont tous reliés aux autres points du réseau par une quasi infinité de maillons et que par conséquent la trajectoire de ce qui est échangé entre un point et un autre est sinon indifférente, tout au moins secondaire, relativement à ses capacités d'accès.

En fait, la plupart des réseaux réels sont une combinaison à des degrés variés de ces deux types de « câblage du territoire ».

Par ailleurs, l'ensemble des activités humaines a tendance à s'informatiser, c'est-à-dire précisément à se réduire en fait à des messages transmis qui provoquent une action à distance, ceci en remplacement des actions anciennes – que l'on appelait de production immédiate – basées sur le travail de chacun. Il y a là une image très différente de celle d'une psychogéographie où les concepts de « proche » et de « loin », perdant de leur sens opérationnel, sont mis en question par des *structures* topologiques faisant disparaître certaines activités humaines au profit des autres, et par l'insertion de l'être à l'intérieur d'un réseau complexe supposé fiable, mais dans lequel subsistera, pour longtemps encore, un concept de « coût généralisé » de communication ou d'interaction.

Comment les êtres humains réaliseront-ils de nouveaux groupements avec de nouvelles lois de comportement dans cette nouvelle image ? C'est là l'un des problèmes sur lesquels le psychologue de l'espace peut aider le géographe à trouver des images nouvelles.

Lectures recommandées

André Y. et alii, 1989, *Représenter l'espace ; l'imaginaire spatial à l'école*, Paris, Anthropos-Economica.

Abler R., Adam J. et Gould P., 1971, *Spatial organization, The geographers's view of the world*, Londres, Prentice Hall.

Berque A., 1982, *Vivre au Japon*, Paris, PUF.

Claval P., 1973, *Géographie sociale*, Paris, Génin.

Fischer G., 1981, *Psychologie de l'espace*, « Que sais-je », n° 1925, Paris, PUF.

Hagget P., 1972, *Geography. A modern synthesis*, New York, Harper & Row.

Ittelson, Proshansky, Rivlin et Winkel, 1970, *Introduction to environmental psychology*, New York, Rinehart and Winston.

Kruse L., 1974, *Räumliche Umwelt*, Berlin, De Gruyter.

Meier R.L., 1965, *A communications theory of urban growth*, Boston, MIT, Wiley.

Moles A., 1982, *Labyrinthe du vécu*, Paris, Méridien.

Moles A., 1989, *Psicologia del espacio*, Barcelona, Circulo de Lectores.

Morin S., 1985, *La Vision du paysage de Lausanne*, Strasbourg, IPSC.

Norberg-Schultz C., 1979, *Genius loci*, Milan, Electa.

Yi-Fu Tuan, 1974, *Topophilia*, Prentice-Hall, Englewood Cliffs.

Mots-clés

Caractères topologiques,
Coquille de l'homme,
Enracinement,
Environmental psychology,
Errance,
Espace, système d'espace,
Formes,
Identité d'un lieu,
Intérieur-extérieur,
Labyrinthe,
Lieu approprié,
Micropsychologie,
Mur, discontinuité,
Phénoménologie,
Pouvoir des lieux,
Proxémie et loi proxémique,
Psychologie de l'espace,
Système de repérage,
Valeur.

Géographie et anthropologie

11

Gilles Sautter[1]

Parmi les sciences sociales avec lesquelles la géographie est entrée en contact, les disciplines qui relèvent de l'anthropologie au sens étroit du terme, ont une place un peu à part. Elles sont restées assez longtemps ignorées des géographes et réciproquement. La géographie reproduit et systématise, sur le mode scientifique, un ensemble de façons de voir tirées de l'expérience commune de l'humanité. Elle formalise ses objets en fonction d'une représentation cohérente de l'espace. Cette représentation tire sa force des attitudes mentales et des mythes fondamentaux sur lesquels elle s'appuie. Elle a souvent prétendu être la seule possible ou à tout le moins légitime. Dans certains de ses développements récents, la géographie a renoncé à cette représentation exclusive. Même quand elle admet d'autres manières de « penser » l'espace et les fait entrer dans ses analyses, ce n'est en général qu'un détour qui ramène à ses positions fondamentales. Ces positions ne sont en aucune sorte le monopole des géographes. La géographie les partage avec d'autres branches du savoir. Il est d'autant plus intéressant d'examiner ce qui les rapproche et ce qui les sépare.

1. La géographie face à la nébuleuse anthropologique

En terme de champs disciplinaires, la situation est qualitativement très différente. D'un côté, la géographie apparaît comme une science relativement « carrée », un tout assez bien défini, et de l'autre, la science **anthropologique** est un ensemble de disciplines qu'il est assez difficile de distinguer tant les

1 A partir de textes et d'entretiens avec G. Sautter.

limites de leurs champs respectifs sont floues, et tant les appartenances y sont subtilement définies. On pourrait les situer sur un axe qui partirait de l'**ethnographie**, prolongée par l'**ethnologie**, pour aboutir à la **sociologie**. Ce placement « géométrique » des sciences les unes par rapport aux autres, considère chaque discipline d'après la situation de son objet entre le particulier et le général, entre le local et le global, et d'après la référence à la description, opposée à l'explication. Mais en marge de cet axe principal, qui va, grosso modo, de la description au niveau local à la théorisation au niveau mondial (mais la sociologie aussi, dans certaines circonstances, fait du local et du descriptif), coexistent nombre de disciplines, par exemple toutes celles qui ont un rapport avec la linguistique.

Face à cette nébuleuse, les géographes sont surpris. Le chercheur fait figure de caméléon car il se dit sociologue, ethnologue ou encore anthropologue suivant le contexte de son étude et sa méthode de travail. Mais les distinctions ne sont pas aussi rigides et il n'est pas rare de trouver des textes et notations d'ordre ethnologique en sociologie.

La géographie et les disciplines anthropologiques se sont développées dans une certaine ignorance réciproque. Les géographes ont été déroutés quand ils ont découvert qu'il existait d'autres façons de penser, de présenter et traduire la réalité, que la leur. Ils se sont trouvés confrontés à des études qui avaient tout de la géographie et qui n'étaient pas de la géographie. De là à crier à la concurrence déloyale, il n'y avait qu'un pas... Ce type de comportement a beaucoup nui à la géographie, recroquevillée dans une politique de l'autruche. Suivant leur degré de prise de conscience, les géographes ont manifesté de la crainte ou parfois aussi de l'émerveillement devant le fait que l'on puisse trouver des résultats aussi intéressants dans une autre discipline. L'idée la plus générale, la plus forte, est que la géographie, tout comme l'ethnologie, la sociologie, l'anthropologie, ont produit des écoles originales, avec, en arrière-plan, le phénomène des « patrons » orientant les recherches et guidant leurs disciples. Dans un article intitulé « Géographie et ethnologie », Sion, en 1937, déplorait une certaine fermeture de la géographie : « Les géographes français, si ouverts vers les autres sciences pour s'inspirer de leurs méthodes ou de leurs résultats, ont fait exception pour l'anthropologie et l'ethnographie, sauf dans le domaine préhistorique. Peu d'entre-eux ont contribué à l'étude des populations exotiques, même dans notre empire colonial ». Ceux qui s'y sont risqués l'ont fait dans des travaux à caractère de compilation, comme par exemple Reclus, plus que dans des travaux de recherche originale.

Les relations qui existent entre les différentes disciplines, géographie, ethnologie ou anthropologie, se sont développées souvent plutôt sur leurs marges, là où l'on trouve les interfaces entre les sciences. Les échanges semblent plus aisés à quelque distance du « noyau dur ». Il serait nécessaire qu'un plus grand nombre de chercheurs s'intéresse à ces marges. La *Pensée Sauvage* de Lévi-Strauss (1962), par exemple, est un livre qui aurait pu être le point de départ d'une réflexion commune pour les géographes et les ethnologues.

La préoccupation d'un rapprochement était présente dès le début des années 1960, dans un contexte de relations personnelles avec les chercheurs du groupe de Lévi-Strauss, et quelques rencontres ont eu lieu, en particulier dans le cadre de la revue d'anthropologie *L'homme* où J. Gallais écrivit deux articles sur l'ethnie et le village en Afrique de l'Ouest. Nous pouvons évoquer aussi à ce sujet la tentative de fondation par Deffontaines d'une revue de géographie humaine et d'ethnologie. Toutefois, si l'on considère par exemple les grandes enquêtes pluridisciplinaires de recherche en commun comme celle de Plozévet (Morin) rédigée par A. Bruguière (1975), de l'Aubrac (Rivière), des Baronnies (Chiva, 1981), on constate une plus forte participation des historiens que des géographes. Toutes ces enquêtes ont donné lieu à des ouvrages, un classique pour Plozévet, et des numéros de revues spécialisées. Cela illustre le dynamisme des anthropologues et la mise en retrait des géographes qui auraient pu tirer profit de telles enquêtes en faisant un pas vers d'autres disciplines.

Le cloisonnement entre les disciplines a été plus ou moins prononcé selon les terrains d'étude. Il est plus évident en Afrique qu'en Amérique latine. La sorte de géographie, d'ethnologie, ou d'anthropologie que produisait spontanément le réel sud-américain conduisait à une géographie différente. Le langage de l'ensemble des sciences sociales s'est spontanément accordé du fait que tous raisonnaient en espagnol. Ainsi, l'Amérique latine présente un cas assez particulier, une sorte d'unité, plus large et plus accomplie, liée à la conquête espagnole, alors que la colonisation en Afrique est d'un type que l'on pourrait qualifier de multi-métropoles.

2. Le contenu scientifique

Quand Sion, dans l'Entre-deux-guerres, préconisait une collaboration et une division du travail entre les deux disciplines, il voyait chez les géographes une « attitude intellectuelle » consistant à « aller le plus loin possible dans l'explication par la nature, tandis que celle des ethnologues passait par l'homme ». La réalité de cette situation a maintenant complètement changé. L'ethnologue situe les choses, comme il le faisait déjà, dans le temps. L'assimilation de la géographie à une science de l'espace est une chose très banale. Les différences entre les deux démarches sont en fait plus subtiles.

2.1. Temps et parenté, espace et territoire

L'objet premier des recherches de l'ethnologie est la parenté, dont le propre est de se situer dans le temps. Les généalogies sont consubstantiellement liées au déroulement du temps. Les ethnologues réfléchissent sur les systèmes de parenté : des raisons de l'universalité de l'interdit de l'inceste chez Lévi-Strauss, en passant par l'étude des mythes, pour déboucher sur la théorie structuraliste dont on connaît les prolongements dans l'ensemble des sciences sociales. Tous ne se sont pas ralliés à cette réflexion générale, en particulier Gurvitch dont la pensée plus pragmatique et féconde a inspiré G. Balandier, auteur de nombreux ouvrages (1955, 1956).

Les anthropologues peuvent donc travailler sur des sociétés qui ne sont pas des sociétés territoriales. Dans de telles sociétés, les rapports de personne à personne, l'organisation de ces rapports et les relations de parenté, forment l'essentiel de l'espace social. C'est la société qui modèle les limites et les contours de cet espace, qui transporte éventuellement cet espace vers une autre terre d'accueil, parce que l'espace est subordonné dès le départ. Il n'y a pas de lien déterminant, privilégié, exclusif. L'espace géographique n'est certes pas absent, mais il n'est pas premier. Quant aux géographes, ils s'intéressent d'une façon privilégiée aux sociétés qui ont été parfois qualifiées de « sociétés géographiques », où le lien territorial, le lien d'appartenance à un espace, sa possession, ses limites, ses frontières sont essentiels. Les géographes auraient-ils montré une prédilection pour ce type de liens et les ethnologues une autre ? En fait, les deux approches sont indissociables, mais l'accent est mis soit sur l'une, soit sur l'autre. Cependant, on trouve dans des travaux d'ethnologie réalisés par des anglo-saxons par exemple sur le Guatemala, des textes extrêmement séduisants qui prennent en compte des aspects naturalistes de la géographie avec des raisonnements pertinents, et très géographiques. Il s'agit en particulier de monographies publiées par l'université de Berkeley.

2.2. L'ethnie et la région

Le rapprochement n'est pas simplement formel. Il attire l'attention sur une indiscutable parenté de l'objet régional et de l'objet ethnique. Tout se passe comme si, à un certain point de l'évolution humaine, la région, en tant que niveau d'organisation, venait se substituer à l'ethnie. Il ne s'agit pourtant ni de mutation, ni d'une véritable filiation : plutôt d'un transfert de substance, car l'une se dessine bien avant que l'autre ne s'efface. A ce stade, il n'est pas rare que s'observe une coïncidence géographique allant jusqu'au recouvrement. En poussant l'analyse, on s'apercevrait que l'**ethnie** des géographes ne recouvre pas toujours celle des ethnologues. Dans leurs constructions, ces derniers font une place essentielle, comme traits différenciateurs, aux faits d'organisation sociale, aux données religieuses, à tout un ensemble d'éléments dont beaucoup n'exercent au mieux sur le paysage qu'une influence indirecte. Ce qui importe au géographe dans le complexe culturel, c'est au contraire la part qui conditionne immédiatement le paysage humanisé, c'est-à-dire habité et cultivé. Or, si les faits d'habitat sont contrôlés de très près par la structure sociale et les représentations religieuses, les habitudes alimentaires et les techniques d'exploitation du milieu appartiennent à une sphère tant soit peu indépendante, à une sorte de cercle extérieur beaucoup plus exposé aux influences du dehors et aux contaminations. Il arrive ainsi couramment que les lignes de partage entre « genres de vie » et « systèmes d'exploitation » recoupent plus ou moins largement les délimitations purement ethniques, sans pour autant venir se mouler sur les limites naturelles.

Ces deux objets, l'ethnie d'une part et la communauté rurale d'autre part, se retrouvent sous la plume de certains géographes. Mais l'organisation et la conception du texte, pour s'en tenir à l'objet ethnie dans le cas de monographies ethniques, ne ressemblent en rien au plan de thèse d'un géographe. Il part de la vie matérielle pour aboutir à l'interprétation mythologique telle que la font certains membres d'une ethnie en passant par la vie sociale et son organisation. A première vue, même s'il s'agit de la même démarche, elle est en réalité différente. Il reste que la région est plus délimitée, elle se définit comme un espace, alors que l'ethnie est un champ de relations où l'espace est plus contestable (Turcs, Azéris, Peuls mobilisés tout au long d'une bande sahélienne avec des enclaves plus proches de l'Océan au Cameroun, en Guinée, le Fouta Djalon et au Bénin-Togo). L'intérêt manifesté pour les ethnies qui apparaissent au cœur de la démarche anthropologique classique prend la forme de catalogues d'éthnies ou encore de fichiers. Ainsi, le laboratoire d'anthropologie sociale du Collège de France dirigé par Lévi-Strauss puis par F. Héritier, héberge le fichier MURDOCK de l'Institut International de Londres, répertoire de monographies ethniques.

Au cœur des sciences ethnologiques, il y a un triple concept parenté/alliance/localité. Il reste à savoir comment s'est opéré le passage à un point se vue plus diversifié et plus riche. Les textes ethnologiques classiques se construisent sur une analyse extrêmement fouillée des systèmes de parenté et, à un moindre degré, de toutes les interférences qu'introduisent les règles d'alliance et de localisation.

2.3. L'idéel et le réel

L'ethnologie met l'accent sur les représentations, qui peuvent prendre la forme de mythes, que les sociétés se font d'elles-mêmes. Les géographes ont plutôt d'abord insisté sur l'inscription matérielle dans les paysages, des sociétés qu'ils étudiaient, même si, depuis, l'analyse de la perception de l'espace vécu et des représentations fait désormais partie de la discipline. L' analyse de l'idéel des ethnologues, que M. Godelier oppose au réel, insiste sur les manipulations de faits à des fins de pouvoir et de compétition sociale. Ceci est important, car un système de parenté est d'abord une façon de conformer le réel à des intérêts, les généalogies servant à justifier les relations de pouvoir. En marge de cette opposition, on remarque cependant que le point de vue spatial de la géographie ne s'appuie pas seulement sur ce que le paysage signifie et son contenu informatif, mais également sur le vécu commun au chercheur et à celui qui est interrogé.

2.4. La langue et le paysage

En effet, on aurait tort d'opposer complètement l'ethnologue qui utilise la langue comme outil, tandis que le géographe se sert du paysage. La langue est à la fois l'outil et l'expression de la réalité géographique et une percée dans la pensée de la société de ceux que l'on analyse. C'est par le décorticage des mots utilisés par l'enquêté, en réponse aux questions de l'enquêteur, que l'on atteint la signification de ce que dit l'enquêté. La langue est un véhicule de sens qui n'est pas facile à utiliser. Il lui faut des règles ; vocabulaires et parfois syntaxes sont mis à contribution. Les difficultés de l'enquête en langue vernaculaire pour le chercheur sont multiples : lorsqu'il renonce à l'apprendre, il trébuche sur l'infidélité de l'interprète. S'il s'applique à connaître la langue, pour mieux maîtriser l'analyse et contrôler l'information, il se heurte très vite à des limites lorsqu'il enquête dans plusieurs ethnies. Ce problème concerne plus le chercheur en sciences sociales que le géographe qui, pour les renseignements dont il a besoin, n'atteint pas les profondeurs de la pensée de son vis-à-vis. C'est pourquoi les ethnologues accordent une très grande importance à l'étude de la langue, à l'étude des phonèmes, etc. Dans ce domaine les géographes n'ont pas toujours reçu les rudiments de ce qu'il faudrait savoir pour ne pas tomber dans les pièges que tend la traduction, par exemple.

Quant au **paysage**, on sait ce que les géographes en pensent, ce qu'ils en font. Ils demandent au paysage une médiation entre le réel et sa saisie par l'esprit. C'est ce qu'on pourrait appeler le « paysage informatif ». Ce point de vue est presque totalement absent des études anthropologiques. Cependant, certains travaux vont dans ce sens comme celui de Conklin *(Atlas des Ifugao, Philippines, 1980)* où le paysage sert directement de base d'analyse à l'agriculture ou encore l'*atlas monographique du nord du Deccan* par Chambard (1980). Ces atlas factuels situent dans l'espace, par exemple, l'agriculture par saisons et les cartes des rizières irriguées sur les versants montagneux des Ifugas, souvent assez raides. Les données cartographiées sont directement extraites des paysages. Ceci ne constitue pas la règle générale, le paysage n'étant pas pour les anthropologues un point de passage obligé, un truchement. Cela n'empêche pas toutefois certains ethnologues d'être sensibles à l'environnement paysager et à sa beauté. Le texte de Malinowski (1922) sur les côtes bordant l'est et le sud de la Nouvelle-Guinée en est une bonne illustration. Il retrace une recherche menée pendant la Première Guerre mondiale et qui exprime un véritable enchantement des paysages. Mais l'auteur n'en tire rien du point de vue de l'information. Tout se passe en partie double : démarche intellectuelle et admiration des paysages.

3. L'esprit et les pratiques

Outre ces différences de contenu et de démarche, la géographie et l'anthropologie se distinguent par leurs pratiques scientifiques.

3.1. La question d'échelle

Bien que cette idée puisse être avancée, il ne semble pas que l'échelle d'analyse ait une importance fondamentale. A propos de la « méthode **monographique** », j'ai montré que, comme l'ethnologue, le géographe ne peut approfondir ses recherches qu'à condition de restreindre son champ d'opérations. Ceci le mène à des études de type monographique. Le mot sous-entend trois choses : un « terrain » de travail circonscrit et localisé ; un espace limité pour le géographe, ou des hommes en nombre restreint pour l'ethnologue ; dans ce cadre enfin, une étude exhaustive, ou qui vise au moins à épuiser certaines des perspectives propres à la discipline du chercheur. Un problème d'échelle se pose encore : quand le cadre s'élargit trop, il n'y a plus de monographie possible. Mais, la limite est extensible et la méthode s'adapte à des unités de rang très inégal. De la cellule résidentielle de quelques dizaines d'individus, dominée par les problèmes de subsistance et d'organisation de la parenté, à l'Etat-nation ou pluri-ethnique, où l'intérêt se déplace vers les institutions politiques, un large choix s'offre à l'ethnologue. Pareillement, le géographe doit opter entre les termes d'une série très ouverte, puisqu'elle va du village au territoire en passant par la région.

On trouve dans les travaux des ethnologues des **monographies** locales de communautés rurales avec le problème de définition et de typologie de ces communautés. Parallèlement à la dualité initiale de l'objet d'étude, ethnie et communauté rurale, on note différentes tendances : la descente vers l'ultra-local (maisons, unités domestiques) comme dans la thèse de L. Vernouse illustrée par un belle monographie de maisons et de maisonnées. En sens inverse, certains travaux illustrent la montée vers l'Etat, la prise en charge de l'idée, de la signification et du fonctionnement de l'Etat. Un troisième point tend à enrichir la réflexion sur la signification de l'ethnie, notamment pour récuser son aspect racial coloré parfois de racisme. La démarche vise à préciser la notion d'identité ethnique. Ces travaux ont été publiés sous l'égide de Lévi-Strauss à peu près à la même époque que la *pensée sauvage* (1962).

Enfin, une quatrième tendance va vers l'autonomisation du point de vue politique, avec cette affirmation largement démontrée que le politique imprègne toute la vie sociale dans les niveaux d'organisation encore frustes, où la complexité est peu développée. On cesse d'exclure le politique de la vie sociale, de l'organisation des ethnies et de leur support spatial quand il existe. Lorsque ce point de vue s'affirme et se spécialise, on parle d'**anthropologie politique**. A côté de cette branche autonomisée, on remarque les progrès d'une **anthropologie économique** qui s'est affirmée en France en particulier avec la publication d'un ouvrage de théorie de M. Godelier (1974), l'*Anthropologie économique*. Dans cette même série, qui compartimente la vieille discipline ethnologie/anthropologie, une anthropologie de la santé commence à prendre place, et tout ce découpage n'est au fond pas si éloigné de celui qui a cours depuis longtemps entre les différentes branches de la géographie.

3.2. Des terrains distincts

Les zones d'études privilégiées ne sont pas non plus nécessairement un facteur si important qui distinguerait les disciplines. On a surestimé l'importance du repliement des ethnologues sur le terrain métropolitain, du fait de la décolonisation : peu ont en réalité transféré leur domaine de recherche à l'exception de G. Althabe (1984) reconverti depuis dans les diverses formes d'ethnologie urbaine. L'ethnologie telle qu'elle se pratique en milieu français n'est pas essentiellement le fait de gens qui auraient été rapatriés. L'ethnologie « rapatriée » d'Afrique ou d'Amérique ou indigène qui se fait en France et dans les pays européens, s'intéresse préférentiellement aux sociétés qui, du fait de leur taille ou de leur caractère résiduel, de leur passé, ont un aspect exotique vis-à-vis de la modernité. En outre, il existe toujours une ethnologie européenne, très vieille discipline dont il faut signaler la mise au point de R. Breton qui a continué à travailler, en dépit des modifications importantes des perspectives scientifiques, sur les races et les ethnies. Mais elle recouvre bien d'autres questions et quelques géographes y participent.

Quand il s'est produit, le changement de terrain a d'ailleurs introduit des perspectives intéressantes : habitué à la réalité consistante de nos vieilles provinces, familier des concepts et de la méthode historique, le géographe de formation française est dérouté par le cadre régional inédit qui s'interpose ainsi entre le devenir historique et les accomplissements du présent. Son dépaysement n'est pas sans rappeler la position symétriquement fausse de l'ethnologue entreprenant l'étude des sociétés modernes. Mais dans une perspective exactement opposée : l'ethnologue descend alors le cours du temps ; il voit se dégrader, et simultanément se fondre dans une organisation plus ample, les formes et les structures particulières qu'il a appris à étudier. Passant les mers, le géographe remonte au contraire l'histoire ; il retrouve à l'état naissant, se dégageant de toute une gangue de traits inorganisés, naturels ou humains, le fait régional qui lui semblait aller de soi.

3.3. Une autre conception du terrain

Et puis, il y a le **terrain** : son rôle, sa signification sont très différents entre géographes et ethnologues. Chez les géographes, le terrain est une sorte de point d'honneur. Si l'on ne fait pas de terrain, on n'est pas crédible. Certes, s'il n'est qu'un point d'honneur, cela n'en vaut pas la peine. Comme les autres, j'ai longtemps cru qu'il n'y avait que la géographie, mais j'ai découvert un terrain différent. Pour les ethnologues, le terrain est une sorte d'initiation, il présente un aspect initiatique, au sens fort du terme, dans la formation dispensée par de « grands patrons » des sciences sociales françaises. Cela ne signifie pas qu'il y ait un fétichisme du terrain, mais une grande honnêteté intellectuelle par rapport aux exigences du terrain. Par exemple, certains chercheurs en viennent à s'effacer volontairement en faisant réaliser des enquêtes par d'autres qu'eux-mêmes pour ne pas contaminer leur terrain lorsque celui-ci n'est plus celui du début de leur carrière. Ce qu'ils récoltent est encore orienté, indirectement cependant, par les indications qu'ils donnent aux enquêteurs « neutres » et par leurs réactions aux matériaux rapportés.

4. Des sciences de plus en plus engagées dans l'action

On a maintenant l'impression que tout est brouillé par rapport à la clarté des clivages antérieurs. Les géographes n'ont cessé d'être intéressés par les milieux naturels, encore qu'ils n'en fassent plus toujours l'effort. Il faut dire qu'ils ne sont pas beaucoup aidés par les géographes physiciens, qui ne mettent pas leur discipline au service d'une géographie qui s'évertuerait à apporter des réponses à des problèmes de société, d'espace.

Un autre point de divergence est la difficulté à communiquer : connaître et faire connaître, établir un rapport au public, mettre en relation la science qui creuse et la science qui relie. La géographie se doit aussi de relier le terrain et les idées.

4.1. Le patrimoine et le monde rural

Géographie et anthropologie se partagent des terrains d'action dans la sphère sociale qui sont plutôt bien distincts, et ne se rencontrent qu'assez rarement. Les ethnologues transcrivent pour le public le sens à donner au patrimoine et aux traditions populaires, avec beaucoup de succès, tandis que les géographes ont pratiquement abandonné ce champ du « folklore ». Une nouvelle façon d'être ethnologue est d'être en France dans l'évaluation et la mise en valeur du patrimoine, sous forme de musées en plein-air (Marquez dans les Landes). Dans l'aménagement, on trouve plutôt les géographes dans les structures administratives du ministère de l'Equipement et les ethnologues dans celles attenantes à celui de l'Agriculture. On peut signaler cependant des relations particulièrement fructueuses et suivies des géographes avec des ethnologues et des anthropologues, avec des forestiers, avec des agronomes, dans le cadre d'enquêtes financées sur fonds publics ; ces rencontres ayant peut-être été facilitées par des collaborations communes à la revue *Etudes Rurales*. Les agronomes sont sortis de leur isolement et coopèrent aussi bien avec les ethnologues qu'avec les géographes et contribuent à établir une sorte de lien entre les deux disciplines. Le département Systèmes Agraires et Développement de l'Institut National de la Recherche Agronomique est un des lieux de fermentation intellectuelle les plus actifs de l'anthropologie et de la géographie.

4.2. Ethnoscience et sciences de la nature

On se rend compte aujourd'hui à quel point, même en France, les disciplines comme l'ethnologie, l'anthropologie, la sociologie commencent à devenir compétentes dans le domaine des rapports société/milieu, où l'on n'aurait pas imaginé les voir il y a quelques années. On peut citer, à titre d'exemple, un ouvrage, dont le cadre est la France métropolitaine, sur la recherche de variétés locales de plantes cultivées (Marchenay, 1987). Les ethnologues, pour restituer les savoirs anciens de la sélection de plantes, la place qu'ont eu ces savoirs et ces variétés de plantes particulières, sont des gens compétents, qui ont fait un effort remarquable pour assimiler les données scientifiques. On ne trouve guère de géographes faisant un travail de ce genre. Il s'agit d'une spécialisation particulière de chercheurs, dont les écrits démontrent la pertinence de différentes méthodologies et s'avèrent fort intéressants. Deux phénomènes se superposent. Un phénomène d'apparition d'une compétence dans un domaine proche de l'esprit et de la pratique naturaliste ; et un deuxième phénomène concordant et lié au premier, qui est le sérieux avec lequel est considérée la nécessité d'une méthode rigoureuse.

Mon expérience personnelle offre un autre exemple. En Nouvelle Calédonie où j'étais allé mettre en place une équipe de l'ORSTOM (Office de la Recherche Scientifique et Technique Outre-Mer), je partis, en compagnie de J. Barrau, à la recherche des tarodières irriguées qui y subsistaient à la fin des années 1960. Ce fut une expérience passionnante. J. Barrau qui se dit tantôt ethnologue, tantôt anthropologue, tantôt ethnobotaniste (son appellation principale), était à l'aise aussi bien dans ses fonctions d'agronome que dans ses fonctions à l'université, ainsi que pour participer à des festins, ou administrer les palabres fonciers... Peu de géographes à l'époque avaient les moyens de se lancer dans pareille aventure. Cette anecdote vient renforcer l'idée qu'il existe une discipline à part entière, l'ethnobotanique, elle-même partie la plus riche, la mieux fournie de ce que l'on appelle l'ethnoscience, en particulier en Angleterre et aux Etats-Unis. S'il fallait donner une qualification à l'ouvrage de Ph. Marchenay, ce serait de l'ethnoscience, appliquée aux vieilles sociétés rurales françaises, à ce qu'il en reste. On va trouver une variété de jardins, de cours perdues, dont la titulaire, celle qui jardine, serait déjà bien âgée.

On peut rapprocher la démarche de ces ethnologues de celle du géographe G. Bertrand (1975) qui depuis bien des années milite pour que soient posées en terme de sociétés des questions relatives à l'environnement naturel. Comme eux, il s'efforce d'entrer dans la pensée naturaliste d'une société locale. De son côté, un autre géographe, R. Pourtier (1986) menait dans sa thèse un effort comparable pour creuser la question spatiale et toponymique des deux composantes de la société gabonaise, celle qui fonctionne au niveau des ethnies et celle qui anime, depuis le début de la présence coloniale, l'interprétation des toponymes et des repères géographiques par les explorateurs et les administrateurs.

4.3. La ville

La ville, et en particulier l'aménagement urbain, est un des points forts indiscutables de la géographie. Mais dans les nouveaux « combats écologiques », les ethnologues semblent mieux placés, peut-être parce qu'ils ont moins de réticences que les géographes contemporains à s'initier aux méthodes des sciences de la nature et à les mettre en pratique dans des études spécialisées. Une des particularités de la répartition des recherches par thème est le fait que les villes ne soient pas encore un objet bien circonscrit ni catalogué par les anthropologues, alors que ceux-ci ont fait un effort remarquable pour assimiler les points de vue naturalistes. Les géographes restent en position de force sur les villes, tandis qu'ethnologues et anthropologues ont consacré beaucoup de temps à investir la réflexion sur le monde rural et en particulier à formuler en termes scientifiques la nécessité et les moyens de passage de l'agricole au rural. C'est pourquoi l'Association des ruralistes fondée par B. Kayser est aujourd'hui plus fréquentée par les chercheurs en sciences sociales et historiques que par les géographes.

Par rapport à ce que font les géographes, les anthropologues ont perdu leur charmante spontanéité d'autrefois pour devenir des utilitaristes. Au départ l'ethnologie, surtout dans le domaine anglo-saxon, était chargée de fournir des recettes à l'administration et aux gouvernements coloniaux. Au contraire, le système de gouvernement direct des ex-colonies françaises permettait de se passer d'une connaissance en profondeur de la façon dont fonctionnaient les sociétés indigènes. Petit à petit, à cette tendance utilitariste se sont adjoints de nombreux intérêts : études de protection de l'environnement naturel des sociétés, analyse de leur relation à une nation et à un cadre géographique. En ce sens, les sciences anthropologiques sont devenues peut-être plus appliquées que la géographie.

Lectures recommandées

Althabe G., 1984, *Urbanisation et enjeux quotidiens : terrains ethnologiques dans la France actuelle*, Paris, Anthropos.

Balandier G., 1955, *Sociologie actuelle de l'Afrique noire. Dynamique des changements sociaux en Afrique Centrale*, Paris, PUF.

Balandier G., 1955, *Sociologie des Brazzavilles noires*, Paris, Colin.

Balandier G., 1956, *Le « Tiers Monde », sous développement et développement*, Paris, PUF.

Barrau J., 1973, *Ecosystèmes, civilisations et sociétés humaines : le point de vue d'un naturaliste*, Information sur les sciences sociales, 14, 1.

Breton R., 1981, *Les Ethnies*, Paris, PUF.

Brugière A., 1975, *Bretons de Plozévet*, Paris, Flammarion.

L'Espace géographique, 1977, n° spécial *Approches interdisciplinaires*, n° 3.

Godelier M., 1984, *L'idéel et le matériel. Pensée, économies, sociétés*, Paris, Fayard.

Godelier M., 1974, *Un domaine contesté : l'anthropologie économique*, Paris/La Haye, Ecole Pratique des Hautes Etudes & Mouton .

Guiart J., 1971, *Clés pour l'anthropologie*, Paris, Seghers.

Levi-Strauss C., 1962, *La pensée sauvage,* Paris, Plon.

Levi-Strauss C., 1958, *Anthropologie structurale*, Paris, Plon.

Mercier P., 1986, *Histoire de l'anthropologie*, Paris, PUF.

Pourtier R., 1989, *Le Gabon. Espace, histoire, société*, Paris, L'harmattan.

Sautter G., 1966, *De l'Atlantique au fleuve Congo, Une géographie du sous-peuplement. République du Congo, République Gabonaise*, Paris, La Haye, Mouton.

Sautter G., 1968, *La région traditionnelle en Afrique tropicale*, Paris, CNRS.

Sautter G., 1968, *Les structures agraires en Afrique tropicale*, Paris, Centre de documentation Universitaire.

Mots-clefs

Anthropologie,
Anthropologie économique,
Anthropologie politique,
Ethnographie,
Ethnologie,
Ethnie,
Langue,
Paysage,
Terrain,
Sociologie,
Monographie.

Géographie et archéologie

12

Pierre Gentelle

« On a dit que l'archéologie est une anthropologie ou n'est rien... Mais, comme la géographie, l'archéologie est fortement dépendante à la fois des méthodes empiriques et des modèles des sciences de la nature. Sa qualification comme science sociale est essentiellement due à la vertu de ses objectifs »

KARL W. BUTZER, *Archæology as human ecology,* 1982

1. Géographie et archéologie en parallèle

Contrairement aux apparences et au bon sens, géographie et archéologie n'ont guère eu d'influence l'une sur l'autre, ces cent dernières années, au cours de leur développement comme science, parce qu'elles étaient orientées jusqu'à ces dernières décennies vers des objectifs différents et parce qu'elles ont eu, à peu près au même moment, à lutter pour acquérir une spécificité à l'intérieur d'un domaine des sciences où elles n'étaient pas nées les premières. Elles continuent aujourd'hui, comme par le passé, à suivre globalement des progressions parallèles. Des conjonctions, cependant, se manifestent de manière croissante, alors qu'elles n'avaient lieu, auparavant, qu'à l'occasion de prospections de terrain. Sans revenir à la période coloniale qui a souvent marqué l'intérêt des découvreurs pour les traces du passé dans les civilisations exotiques (les plus beaux récits faits devant le public des Sociétés de Géographie, entre 1865 et 1920, voire 1940, sont souvent le fait d'explorateurs dont la qualité de géographes ou d'archéologues peut être établie), ce sont sans doute les grandes explorations de l'Asie centrale de S.P. Tolstov qui ont pour la première fois, dans les années 1930, associé dans le même travail les deux disciplines, plus que les tentatives menées dans la vallée du Tennessee, aux Etats-Unis, lors des grands travaux de l'époque du New Deal. C'est en Grande-Bretagne que doit être ensuite cherchée la trace de travaux entrepris conjointement par des archéologues et des géographes, dans les années 1960. En France même, il faudra attendre les années 1970 pour que la collaboration entre les deux disciplines dépasse le niveau de l'expertise ponctuelle. Le poids des traditions universitaires n'y est sans doute pas étranger et dure depuis longtemps. Ainsi, bien que P. Vidal de la Blache ait entrepris au tournant du XXe siècle la première étude de sa carrière à Athènes, où il s'intéressa au vin dans l'antiquité classique, il ne le fit ni en archéologue ni en géographe, mais en historien. Des années plus tard, R. Dion devait, en France, étudier à son tour la vigne et le vin au cours de l'histoire. Le livre qu'il publia en qualité de « géographe historien » fait certes mention de trouvailles archéologiques, mais nulle part l'idée d'une collaboration productive entre archéologues et géographes ne s'y fait jour. On pourrait multiplier les exemples, moins illustres, qui montrent que chacun des artisans de la géographie et de l'archéologie poursuit sans dévier son propre chemin, une fois reconnus les emprunts et tirée la rév(f)érence à l'autre.

1.1. Des disciplines apparentées

Le fait qu'archéologie et géographie puisent à la fois dans le domaine des humanités, dans celui des sciences de la nature et dans celui des sciences de la société leur donne un air de famille. Elles ont l'une comme l'autre une relation forte et majeure avec l'histoire, qui tend parfois à les négliger. L'une comme l'autre ont pour base le temps et l'espace et comme visée ultime la vie des sociétés humaines. Elles font toutes les deux parties d'une **anthropologie** qui a explosé en dizaines de sous-disciplines à la mesure de l'approfondissement et de la diversification des analyses *(chapitre 11)*. Elles-mêmes se sont à leur tour subdivisées en une multitude d'archéologies et de géographies selon les besoins de la spécialisation de la science moderne. Elles pourraient participer à une anthropologie nouvelle, s'il devenait à nouveau utile de préparer des synthèses dans les décennies à venir. L'une comme l'autre ont connu au même moment des mouvements intellectuels qu'on a appelé New Archaeology aux Etats-Unis et en Grande-Bretagne et, pour simplifier, Géographie quantitative en France. Ces débats dérivaient, au moins pour les archéologues, du constat que la collecte des faits devenait une addition sans fin de matériel nouveau à du matériel ancien, donnant lieu à des exercices universitaires descriptifs, (syn)thèses au volume inversement proportionnel à la fertilité, alors que l'on avait besoin de traiter tous les matériaux de manière à structurer une information qui soit à la fois intelligente et cumulative. En géographie comme en archéologie, partisans et adversaires des nouvelles méthodes opposèrent inutilement empirisme et « théorie », induction et déduction, qualitatif et quantitatif, relayant par là, sans même toujours s'en rendre compte, les vieilles dichotomies censées opposer en philosophie sujet et objet, corps et esprit, mâle et femelle, et n'évitant pas d'en magnifier de « nouvelles », centre et périphérie parmi d'autres.

L'**archéologie** a d'abord été une science de l'Antiquité et de la mesure du temps. La géographie, une science de la découverte du monde présent et de sa mesure, la cartographie. L'archéologie a ensuite ajouté à sa panoplie de base un statut nouveau, celui de science naturaliste, attachée à extraire de la terre vestiges et fossiles. Pour son compte, la géographie est devenue science des lieux, des limites, des régions, des organisations spatiales. Quand l'une avait recours, parfois trop, à la fouille, l'autre à la carte topographique, les deux se renouvelaient en multipliant les prélèvements (les analyses étant effectuées par des spécialistes des sciences naturelles, biologiques, chimiques, physiques...), puis procédaient dans leurs propres laboratoires à l'étude d'objets de plus en plus variés, utilisant tour à tour, dans une spirale croissante, toutes les disciplines nécessaires à la reconnaissance des objets et des formes, à la définition des structures externes, puis à la compréhension des « mécanismes » internes. Ces temps derniers, archéologie et géographie n'hésitent plus à aller chercher dans les domaines les plus « pointus » de la science les moyens de répondre à leurs questions, que ce soit dans la définition de l'appartenance de tel ossement ou de telle momie à un groupe humain particulier par le décryptage de l'ADN, de ses cellules ou bien dans l'évaluation de la croissance urbaine mondiale par l'étude des images de satellite.

1.2. Convergence vers l'étude des systèmes sociaux

Aujourd'hui, archéologie et géographie ont franchi un nouveau pas. Elles ajoutent à ce qui précède – et qui constitue encore pour longtemps, majoritairement, leur « fonds de commerce » – une participation à la science des systèmes culturels. Leur méthode de base consiste, à partir d'informations incomplètes ou de données biaisées, à construire des représentations provisoires, tendanciellement capables à terme d'approcher véridiquement de la réalité. On observe que la quantification est entrée dans les mœurs des archéologues entre 1945 et 1960 environ, à partir d'une triple source, l'anthropologie culturelle américaine (=ethnologie), la géologie du quaternaire en France, l'archéométrie britannique. Dans les années 1960-1970, les progrès des ordinateurs ont libéré les mathématiciens des calculs longs et ont permis aux mathématiques appliquées de faire de grands progrès dans les sciences économiques, la psychologie, l'écologie, et ensuite, à peu près en même temps, en archéologie et en géographie, cette dernière se présentant comme le lieu de l'analyse quantitative des systèmes spatiaux. Ce qui engendra aux Etats-Unis le mouvement de la *New archaeology* provient de la statistique, avec les techniques de test et d'échantillonnage. Mais d'autres emprunts eurent lieu, la taxinomie numérique prise à l'écologie, l'analyse des données en statistiques multidimensionnelles à la psychométrie. L'analyse quantitative de l'espace a pris un essor fulgurant à partir des travaux de

R. Chorley et P. Haggett, à Cambridge, publiés en 1965. De là partira tout le mouvement de l'archéologie spatiale, directement repris à la géographie et publié à partir de 1970 par C. Vita-Finzi et E. Higgs, en 1972 par D. Clarke, en 1977 par I. Hodder, ainsi que le manuel de base, toujours en usage, de I. Hodder et C. Orton, *Spatial analysis in archaeology*.

De manière à ne pas s'attarder sur un aspect conceptuel mineur qui obscurcit cependant souvent les débats concernant la définition indéfiniment renouvelée de la science (archéologique ou géographique), les techniques expérimentées (plus que quotidiennement utilisées) par les deux disciplines se sont multipliées, diversifiées, renouvelées au point que l'on s'essouffle parfois à leur simple énoncé : techniques quantitatives, élaborations graphiques, programmes informatiques, évaluations statistiques, modèles mathématiques, intelligence artificielle... Les outils les plus divers, empruntés à des dizaines d'autres sciences, avec une prédilection pour la physique et un retard pour la biologie – ce qui reflète l'évolution des connaissances en général –, sont quotidiennement maniés par des spécialistes qui travaillent parfois exclusivement sur des objets dont se soucient archéologues et géographes. Ces derniers, quant à eux, s'ils savent toujours manier la truelle et le niveau de terrain, la tarière et la boussole-clinomètre, ont dû se familiariser avec magnétomètres à protons, théodolites à laser, photogrammétrie et spectroscopie, photographie aérienne et cartographie assistée par ordinateur, banques de données informatisées et algorithmes de traitement des données, cortège indispensable – et très incomplet – à qui souhaite exercer son métier en phase avec la recherche moderne.

Mais, une fois inventées, les techniques étant, quand on en a les moyens financiers, ce qu'il y a au monde de mieux partagé, les problèmes actuels des deux disciplines se posent à deux niveaux plus fondamentaux. Le premier est l'utilisation réelle que font la majorité des géographes et archéologues de la panoplie mise à leur disposition. Un simple sondage dans la littérature courante des livres et articles publiés, par exemple en 1991, montre combien la différence est grande entre ce qui se fait et ce qui pourrait être fait. Différence probablement inévitable, qui reflète l'écart séparant nécessairement la recherche de sa diffusion, les bonnes vieilles pratiques de l'innovation. Le second est celui des méthodes qui mettent ces techniques en œuvre. Or celles-ci sont essentiellement le produit de la théorie à laquelle adhère (s'il veut savoir ce qu'il fait), ou que pratique (quand il ne veut pas le savoir...) l'archéologue ou le géographe.

La question de « la théorie » irrite toujours nombre de praticiens chevronnés, parce qu'elle dérange les habitudes, parce qu'elle apporte souvent un surcroît de travail, parce qu'elle entrave les stratégies sociales qui sont l'un des enjeux de la recherche et de l'enseignement. Ces causes externes étant mentionnées, la théorie implique de toute manière la recherche permanente d'une mise en adéquation des pratiques avec les principes. En outre, elle exige une grande consommation de temps passé à la constitution du corpus de départ (notamment la comparaison entre ce qui a existé et ce qu'on prend en compte de ce qui reste), à l'explicitation des démarches de manière à supprimer tous les biais possibles, et à la validation des résultats. Bien des querelles de « théorie » seraient sans dout évitables si les précautions qui précèdent étaient prises.

2. L'archéologie

La majeure partie du passé des sociétés n'étant accessible que par l'étude des vestiges matériels (pour éviter toute ambiguïté, on rappelle que les périodes préhistorique et proto-historique, avant l'apparition de l'écriture, représentent 99 % de la durée de l'humanité), plus rarement par l'étude des textes et encore plus rarement par l'étude des mythes, l'archéologie doit donc être à la fois une ethnologie, ou **anthropologie** (étude des sociétés humaines dans ce qu'elles ont de permanent, de « structurel », ce qui implique des comparaisons et le recours éventuel à l'histoire) et une **histoire** (étude des sociétés humaines dans ce qui leur advient de spécifique et d' « événementiel », ce qui n'exclut pas la recherche de régularités). On perçoit sans difficulté ce que peut avoir de démesuré cette nécessité, qui ne procède pas d'ambitions excessives, mais des conditions d'existence mêmes de la discipline. A ce titre, l'archéologie doit remplir trois fonctions : 1. mettre au jour les traces matérielles du passé, en quelque lieu que ce soit, c'est-à-dire aller chercher dans une matrice souvent encombrée d'autres objets, les propres objets de son étude ; 2. analyser « scientifiquement » ces découvertes, non seulement en les situant dans leur contexte, mais surtout en se donnant les moyens théoriques de savoir pourquoi elle retient plutôt tel objet que tel autre, détruit ou rejette ceci et conserve cela ; 3. recourir à l'imagination raisonnée (construction d'hypothèses, de modèles, et mise en place des procédures de validation) pour restituer les chaînons manquants de la connaissance objective. Est archéologue, de ce fait, qui se livre à cette étude scientifique des cultures matérielles, textuelles et mythiques du passé.

L'objectif ultime de l'archéologie étant ainsi défini comme la connaissance du passé de l'humanité, elle-même partie de la connaissance de nous-mêmes, ses rapports avec l'anthropologie et l'histoire ressemblent beaucoup à ceux qui existent entre archéologie et géographie. A ce niveau de généralité, la géographie est aussi une anthropologie, puisqu'elle se propose de rendre compte des relations indissolubles entre les territoires (espace naturel anthropisé *et* espaces produits par la société) et l'homme producteur-habitant. Elle fait par ailleurs intimement partie de l'histoire. Elle est semblable à l'archéologie sur les points 2 et 3. Seul le point 1 doit s'écrire : la géographie étudie les organisations spatiales du présent, en tout endroit du globe que ce soit. Ceci dit, deux mots concernant l'anthropologie et l'histoire sont nécessaires au bon placement de la géographie et de l'archéologie dans leurs rapports réciproques.

2.1. L'archéologie et l'anthropologie

L'anthropologie, à son niveau d'ouverture maximal, étudie l'humanité, conçue à la fois comme la part animale de l'individu et cette part de lui-même qui le distingue et le rend unique sur notre globe, la **culture** (culture, mot-valise, que l'on prendra ici dans son sens établi dès 1871 par E. Tylor : connaissances, croyances, art, morale, loi, coutumes, ainsi que toute autre capacité et manière d'être ou de faire, acquise par un être humain en qualité de membre d'une société). Cette définition correspondait à l'existence d'une anthropologie physique, aujourd'hui décriée mais qui a de bonnes chances de se développer sur des bases nouvelles avec les progrès récents, entre autres, de la biologie moléculaire, aux côtés d'une anthropologie culturelle (en France, anthropologie sociale ou **ethnologie**). Un autre niveau, de degré inférieur, est le plus fréquemment utilisé dans le cours du travail scientifique. Il est pratiqué par l'anthropologue de terrain, qui étudie la culture d'une société particulière, en mettant l'accent sur les aspects non-biologiques et en s'attachant à marquer les différences avec les autres sociétés.

Il rencontre, bien évidemment, le géographe, dans sa quête aux frontières de l'anthropologie spatiale. Cet autre niveau est pratiqué aussi par l'archéologue, qui procède à des études semblables sur le même groupe social éventuellement, mais à la recherche du passé. Il est évident qu'alors le contact entre archéologue et anthropologue ne peut être que constant. C'est à cet endroit, précisément, que le géographe, dans son travail d'explicitation génétique des données géographiques, rencontre l'archéologue, en particulier dans le domaine de l'archéologie spatiale.

Notre époque a pris l'habitude, tant le champ de l'anthropologie est vaste et tant sont contraignantes les conditions actuelles du travail scientifique, de multiplier les disciplines, de manière que chaque anthropologue puisse exercer son métier dans un cadre qui n'excède pas ses possibilités intellectuelles et les disponibilités de son temps. Cette spécialisation des savoirs et des pratiques de la recherche crée la place – jusqu'à ce jour peu pourvue dans les sciences humaines – pour une discipline supplémentaire au moins, chargée de se tenir au courant des travaux des disciplines particulières et de rendre compatibles leurs résultats.

2.2. Archéologie et histoire

L'archéologie est aussi une histoire, mais une histoire particulière. On l'a déjà dit, 99 % du passé ne peut être connu que par les restes matériels et biologiques qui subsistent encore, très partiellement, des différents groupes humains. En Australie, l'histoire commence en 1788, un an avant la révolution française. En Asie occidentale et orientale, jusqu'à la découverte de l'écriture, qui a fourni à l'histoire les premiers matériaux qui lui ont permis de se constituer comme science, l'archéologie doit prendre en charge des « étendues » de temps considérables. Les archéologues se sont donc très tôt spécialisés, en particulier les préhistoriens, suivis depuis peu par les protohistoriens et autres différents spécialistes. Comme si ce vaste domaine ne suffisait pas, les différentes cultures humaines ont laissé sur le sol et dans le sol des vestiges matériels de plus en plus importants et de moins en moins détruits par l'âge, généralement, qui étendent le champ de l'archéologie jusqu'aux portes du présent. L'archéologie médiévale est distincte de l'histoire médiévale, même si l'une ne peut vivre sans l'autre. On connaît des spécialistes d'archéologie industrielle dont le travail est tout à fait légitime.

Il va de soi que, lors de sa recherche, le géographe devra savoir puiser aux sources reconstruites du passé dont il a besoin. Et il en a toujours besoin, parce qu'il n'existe pas de territoire sans temps. Son problème est alors de ne pas faire dire à l'archéologue plus (ou moins) qu'il ne dit, s'il est déjà passé par là, ce qui est loin d'être toujours le cas. Dans cette dernière occurrence, le géographe évitera de « se faire » pour quelques instants archéologue : mieux vaut laisser cette partie du champ en friche... sauf à changer radicalement de métier.

2.3. Brève histoire de l'archéologie

L'archéologie aujourd'hui se réclame de plusieurs concepts majeurs. Pendant un temps, elle fut conçue comme une mise en évidence et une reconstruction du passé. L'archéologue passait le plus clair de son temps à « faire tenir ensemble » ce qui avait été brisé, dispersé ou presque complètement détruit. Il fut un temps à la mode de limiter son travail à la reconstitution de la culture matérielle de périodes éloignées dans le temps, en définissant même l'archéologie comme la technique qui fournissait aux études historiques le complément « objectal » dont elles avaient besoin. Depuis une vingtaine d'années, nombre d'archéologues visent à reconstituer par eux-mêmes, dans leur entier, les manières de vivre des sociétés disparues. C'est qu'en effet les progrès de diverses techniques, dont il sera question plus bas, leur ont permis d'être généralement mieux assurés sur leurs bases. Grâce aux analyses isotopiques, ils savent généralement répondre à la question : quand ? Les progrès des techniques de localisation (cartographie, positionnement, topographie, photogrammétrie) leur ont permis de donner des réponses de plus en plus précises à la question : où ? De nouveaux intérêts les conduisent dans plusieurs directions à la rencontre d'autres ensembles de disciplines scientifiques, pour répondre à d'autres questions. La plus importante d'entre elles, la question ultime à laquelle ils cherchent une réponse est l'explication de l'organisation et du fonctionnement des sociétés. Pourquoi les choses sont-elles comme on les trouve ? Pourquoi et comment ont-elles changé ?

Orientant ainsi sa pratique, l'archéologue se rapproche considérablement des spécialistes des sciences sociales et des sciences naturelles, auxquels il emprunte méthodologies, stratégies, résultats, développant en retour, dans le champ propre de ces diverses disciplines, des préoccupations nouvelles. En fait, l'extension du champ de l'archéologie, ainsi que la prise de participation croissante des archéologues à la multiplication et au raffinement des techniques, méthodes d'analyse et moyens de traitement, ont conduit les praticiens de la discipline à se poser la question du sens de leur travail. Les géographes faisaient de leur côté la même expérience. Bien d'autres disciplines de recherche également. C'est pourquoi, aujourd'hui, la plupart des archéologues se posent bien plus la question de l'explication que celle de la découverte, tout comme le font, ou devraient le faire, les géographes.

Avec l'explication au premier plan, le travail de recherche devient en effet pleinement scientifique. La question qui affleure sans cesse dans les écrits archéologiques depuis la fin des années 1960 est celle de la nature de la société (ou culture) étudiée, ainsi que celle des modes de changement des sociétés au cours du temps. Certes, les premiers archéologues cherchaient eux aussi à expliquer leurs trouvailles et à donner une image raisonnée des sociétés qu'ils étudiaient. Mais la classification des différents vestiges, leur rassemblement en assemblages « homogènes », disposés ensuite sur deux axes de coordonnées portant en abscisse l'espace et en ordonnée le temps, fut longtemps un travail suffisamment complexe pour occuper des milliers de chercheurs dans le monde. Le renversement actuel des perspectives a été rendu possible par la constitution préalable d'un corpus énorme de connaissances classées.

L'attitude « nouvelle » ne va pas sans débats. Comme il est fréquent de trouver des vestiges de structures, de technologies, d'alimentation, etc., et rare de mettre en évidence l'organisation sociale elle-même ou l'idéologie, beaucoup d'archéologues ont pensé et pensent encore que l'acharnement mis à l'étude des objets matériels, à celle de leur utilité ainsi qu'à l'établissement du complexe culturel auquel ils appartiennent suffisent à la tâche. D'autres, au contraire, estiment que beaucoup de temps doit être passé à l'étude hasardeuse de ce qui subsiste à l'état de lambeaux difficilement intelligibles, les superstructures. Certains vont jusqu'à soutenir que, sans recherche spécifique – voire préalable – de l'organisation sociale, il est difficile de se poser les bonnes questions quant à la signification des découvertes matérielles. Ces débats sont fort intéressants pour le géographe, qui peut y puiser bien des éléments de réflexion sur sa propre discipline.

3. L'archéologie spatiale, fondement géographique des sociétés

Ce qui intéresse plus particulièrement le géographe mène directement vers le second point capital de ce chapitre. Les archéologues ont en effet reconnu, au cours de leur pratique, que deux éléments, dans ce qui constitue chaque *système social* dont l'archéologie étudie les vestiges, sont, pour eux, plus englobants que les autres : la population et l'environnement. On trouve là une convergence supplémentaire entre géographie et archéologie, l'une et l'autre mettant en exergue le nombre des êtres humains, dotés de leurs techniques propres, et les qualités, naturelles et autres, du territoire sur lequel ils vivent et qu'ils organisent.

Le territoire et son peuplement : pour éviter dès l'abord des malentendus, il faut aussitôt ajouter que le reste de l'organisation sociale d'un groupe donné ne découle pas de ces deux données. Cependant, sans population, pas de science sociale. Et sans territoire, pas de lieu de vie pour la population. Du point de vue où géographes et archéologues sont placés, aucun travail sur les sociétés humaines n'est possible sans référence préalable au peuplement et au territoire. Corollaire : tout travail de science sociale qui n'intègre pas, à un moment ou un autre, les données provenant de l'étude du peuplement et du territoire, ne peut prétendre à l'achèvement.

Au cours du travail, les spécialistes se sont résolus, sans aucun doute par commodité plus que par nécessité épistémologique, à subdiviser l'organisation des sociétés en chapitres ou en disciplines : la société telle qu'en elle-même, les moyens de la subsistance et leur fonctionnement, les technologies mises en œuvre, les croyances et l'action, les contacts et les échanges avec les autres.... C'est bien ainsi que fonctionnent géographie et archéologie : agraire, environnementale, cognitive, etc.

L'archéologie spatiale est apparue il y a vingt ans à peine comme discipline à part entière dans le vaste corpus de l'archéologie. Elle a été définie (Clarke, 1977) comme « la recherche d'information à partir de relations spatiales archéologiques et l'étude des effets spatiaux des activités humaines anciennes, dans et entre les représentations et les structures, et leur articulation en sites, systèmes de sites et avec leurs environnements : l'étude du flux et de l'intégration des activités dans et entre les structures, les espaces de localisation et de ressource, à des niveaux d'agrégation allant de la micro à la semi-micro et macro échelle ». Elle fut, dès les origines, étroitement liée à la géographie. Une partie de l'archéologie spatiale n'apporte que des données nouvelles aux théories spatiales du comportement humain, qu'expriment en particulier la géographie, mais aussi l'ethnologie, l'économie, l'architecture... En cela, le travail de l'archéologue se distingue peu de celui des autres spécialistes. Son objectif final demeure le même. Mais une autre partie de l'archéologie spatiale est plus spécifique, même si elle est parfois dérivée des propositions et pratiques d'autres disciplines : archéologie des localisations, analyse des systèmes de sites, études régionales, études de bassin, plans détaillés de répartition d'objets, densités, analyses stratigraphiques, analyses intra-sites et intra-structures en trois dimensions, etc.

A l'heure actuelle, plusieurs théories spatiales sont couramment utilisées par les archéologues. Chaque année ou presque apparaissent de nouvelles applications de systèmes de pensée dérivés de nouveautés apparues dans les champs scientifiques les plus divers. Le foisonnement actuel fait qu'il est malaisé de distinguer le progrès véritable de l'effet de mode. C'est pourquoi il est sage de s'en tenir aux théories spatiales qui ont abouti à des travaux archéologiques sur le terrain, explicitement effectués en fonction d'elles.

3.1. Archéologie environnementale, archéométrie, géo-archéologie

L'archéologie environnementale, que l'on peut appeler également **géoarchéologie**, représente sans l'avoir voulu un des ponts les plus solides, et les plus anciens, entre les diverses sortes d'archéologues : plus aucun d'entre eux ne peut en effet s'abstraire de l'espace (environnement, milieu, nature, territoire...), plus aucun ne peut considérer l'environnement pour donné, statique, objet du charmant chapitre descriptif de jadis, *Le cadre naturel*... Même si, pour préserver ce que chacun estime être le cœur de sa discipline, l'environnement est appelé parfois « le contexte », il a été acquis ces dernières années qu'il s'agit d'une matrice spatio-temporelle où l'**environnement** culturel est inextricablement mêlé à l'environnement « naturel » (= non-culturel). L'étude de cette matrice fait partie de l'attention portée à l'objet isolé (artefact ou ecofact) ou à l'ensemble de sites ou de populations. L'archéologie environnementale fut un temps définie étroitement, et de manière inacceptable aujourd'hui, comme *l'étude de l'environnement passé de l'homme* (Evans, 1978), mettant l'accent sur les techniques et les indicateurs qui permettent de reconstruire le milieu dans lequel vivaient les communautés humaines disparues. En réalité, un tel concept appartenait aux sciences de la nature. Si un archéologue devait définir sa pratique, quand il cherche à préciser les conditions dans lesquelles vivaient les groupes humains auxquels il s'intéresse, il dirait qu'il tente de parvenir à la compréhension la plus complète de l'écologie humaine des communautés préhistoriques et historiques. Mais, jusqu'à ces années dernières, le contexte fut étudié par des disciplines larges et peu structurées, comme l'archéologie environnementale, qui regroupait des domaines spécialisés tels que l'archéo – ou paléobotanique, la zoo-archéologie, ainsi que la géo-archéologie...

En fait, le « contexte » a longtemps été la base la plus solide de l'archéométrie. L'**archéométrie** prend en charge les grands cadres de temps, les analyses du matériel, ce qu'on appelle autrement les *ecofacts*, bref elle fait ou fait faire les analyses qui permettront de comprendre de l'intérieur les techniques anciennes, ou bien de localiser précisément les sources de matières premières, voire d'intervenir dans les débats mondiaux autour du *global change* et de fournir des données « humaines » qui seront croisées avec des mesures faites ailleurs.

3.2. Archéologie et territoire

Une grande diversité d'approches innovantes caractérise les vingt dernières années. Dans les années 1970 se développent l'ethno-archéologie, la simulation sur ordinateur,.... En fait, il apparaît que les archéologues, dans le monde entier, ont opté pour un paradigme pluraliste dans leur quête pour une meilleure compréhension des choses. Ils rejoignent ainsi une préoccupation majeure des géographes, dont les questions les plus brûlantes portent sur la dimension naturelle d'une science sociale du territoire, les interconnexions qui font interagir les faits naturels et les faits sociaux. On peut dire à ce sujet que l'archéologie peut être conçue comme une discipline qui part d'échantillons (les « sites ») de territoires pour comprendre le fonctionnement passé, syn- ou dia-chronique, des sociétés humaines, mais qui n'a pas encore su maîtriser la question de la constitution d'unités spatiales significatives. Quand l'historien, le philologue, l'épigraphiste,... tous savants de la chose écrite, ne viennent pas proposer les cadres spatiaux *dits* (c'est-à-dire les représentations qu'avaient des cadres spatiaux *réels* les scribes et leurs maîtres de l'époque) pour effectuer une partition des territoires, les archéologues reprennent le plus souvent les propositions qui proviennent du « sens commun » ou d'une géographie dite « naturelle ». Or l'espace terrestre, champ favori d'action des géographes, ne prend sa dimension géographique que lorsqu'il devient **territoire**, c'est-à-dire lieu d'action et de vie des sociétés humaines. Territoire devrait alors s'écrire « terre-histoire ». Du fait qu'il n'existe pas de territoire sans mémoire, chaque portion de notre terre garde la trace de l'histoire humaine locale (un terroir en Afrique...) ou mondiale (l'atoll de Bikini...), ou les deux. Le territoire est donc, *à toutes les époques,* un concept social à deux composantes, naturaliste et historique, dont les poids réciproques sont fonction de l'intérêt qu'ils représentent pour l'étude spécifique entreprise. La montagne sacrée du Taishan, en Chine orientale, est un espace religieux et culturel parce qu'elle est proche du ciel. Il se trouve que l'autel se trouve sur un pic de granite. Le schiste aurait aussi bien fait l'affaire. La qualification géologique du pic n'a d'intérêt que si elle entre dans la définition même de l'objet. C'est donc bien au-delà de l'appréciation de la nature, des « ressources », que se situe la rencontre de la géographie et de l'archéologie. En fait, dans la reconnaissance des organisations spatiales, dans les modes d'usage, dans la reconstitution des systèmes sociaux.

Pour ce faire, la trilogie de l'archéologie des humanités (le monument, l'objet, le texte) ne peut plus être prise seule en compte. L'évolution chronologique de chaque culture ne peut plus suffire à retrouver la trace du mouvement de l'histoire, quelque soin que l'on mette à la replacer dans son cadre naturel. Divers outils ont facilité les choses, comme le recours aux ordinateurs qui, s'ils n'ont jamais fondé un savoir, en ont rendu bien aisées les applications. La voie actuelle la plus prometteuse dans les relations entre archéologie et géographie est celle des systèmes d'information géographique *(chapitre 16)*. Ces systèmes étant avant tout des bases de données dont les références se situent essentiellement du côté du territoire, on peut dire qu'ils sont la base sur laquelle vont s'effectuer les reconstructions logiques des sociétés du passé et de leur fonctionnement. Ils joueront le rôle à la fois d'amers et de garde-fous. S'ils ne peuvent répondre à la question, posée par l'archéologue ou le géographe : « quelle est la validité de telle ou telle unité spatiale de comportement ? », ils permettent au moins qu'elle soit posée à un territoire concret. A ce moment-là, l'archéologue n'est pas autre chose qu'un géographe du passé, comme le géographe n'est que l'archéologue du présent, tous deux participant à l'élucidation de problèmes historiques (faits « uniques ») et anthropologiques (régularités).

Lectures recommandées

Clarke D. L. ed., 1972, *Models in Archaeology*, Londres, Methuen.
Clarke D. L. ed., 1977, *Spatial archaeology*, New York, Academic Press.
Davidson D. A., Shackley M. L., (eds.), 1976, *Geo-archaeology : Earth Science and the Past*, London, Duckworth.
Djindjian F., 1991, *Méthodes pour l'archéologie*, Paris, Colin.
Gallay A., 1986, *L'archéologie demain*, Paris, Belfond.
Gardin J. C., 1979, *Une archéologie théorique*, Paris, Hachette.
Hodder I., Orton C., 1976, *Spatial Analysis in Archaeology*, Cambridge, Cambridge University Press.
Moberg C. A., 1976, *Introduction à l'archéologie*, Paris, Maspéro.
Renfrew C., 1991, *Archaeology. Theories, Methods and Practice*, Londres, Thames and Hudson.

Mots-clefs

Anthropologie,
Archéologie,
Archéométrie,
Culture,
Ethnologie,
Environnement,
Géo-archéologie,
Histoire,
Territoire.

Géographie et littérature

13

Jean-Louis Tissier

« Le ciel est gris, les sentiers sont mouillés, les champs déserts et les arbres sans feuilles. Un bœuf passe au loin sur la route. Des flaques brillent ça et là... »

Ainsi commence *La Terre et l'Homme, essai de géographie totale* de Vialatte, contribution méconnue au savoir qui nous distingue. Vialatte cultivait l'encyclopédisme fantaisiste, sa géographie ne pouvait être que « totale », mise en œuvre un jour maussade qui n'attendait que des éclaircies. Continuons la lecture. *« La terre tourne lentement. Nous étudierons son volume, sa surface, son utilité. Son volume est extravagant, sa surface dramatisée par les mers et les continents. Son utilité ne fait pas de doute. Nous verrons comment l'homme en a tiré parti. »* Tout programme de seconde recèle sa géographie particulière : il s'agit de faire sienne la planète humaine. Vialatte, littéralement, joue le « je », il nous invite à prendre la Terre au pied de sa lettre, de ses mots, on peut faire l'essai, ni traité ni manuel, seulement de la littérature, soit une manière personnelle de prendre part au monde.

« Du moins, le progrès de l'homme dans la connaissance de sa demeure sont-ils incontestables. Aux origines de l'histoire, l'horizon entourant chaque peuplade lui paraissait la borne du monde, de tous les côtés elle était assiégée par l'inconnu. Maintenant la science de tous profite à chacun. Il n'est pas un homme d'instruction moyenne qui n'ait la sensation de vivre sur une boule terrestre dont il peut faire le tour sans avoir à lutter contre des monstres et sans rencontrer des prodiges. » On aura reconnu les premières lignes de *L'Homme et la Terre*, de Reclus. Une certaine connaissance a désenchanté le monde : exit les monstres, finis les prodiges, le triomphe de la géographie positive serait ainsi dans le plaisir très moyen de vivre sur une sphère sans surprise. L'Homme et la Terre, la Terre et l'Homme, les bœufs ont chassé les monstres, il y a aussi une domestication faite de signes. Pour faire le tour du globe, il faut traverser des champs, suivre

des sentiers, prendre la route. « Et » ajuster, coordonner, articuler des noms et des objets, des choses et des sujets. Texte et Terre, Terre et Texte. Au début et à la fin du discours, il y a le monde et le langage, le savoir et la conscience, la géographie et la littérature, la littérature comme terre promise de la géographie et la géographie comme virtualité de la littérature.

1. Traitements de textes

Les rencontres de la géographie et de la littérature, ce sont d'abord les lectures que les géographes ont faites des œuvres littéraires. Lectures diverses qui ont nourri depuis longtemps la pédagogie, plus récemment certaines recherches particulières, voire une interrogation fondamentale sur la discipline elle-même. Dans tous les cas, la lecture est intéressée : l'enseignant, le chercheur, applique à l'œuvre une attention sélective et finalisée, une grille qui exclut, explicitement ou non, le critère littéraire. Le choix peut être strictement géographique : le texte est référé à un lieu précis ; thématique, il s'attache au paysage, au contenu humain ou social ; épistémologique, le lecteur veut mettre à jour le sens des lieux, les représentations. Le repérage et l'analyse du champ littéraire lui-même par le géographe est sommaire : les souvenirs scolaires ou universitaires jouent un rôle non négligeable sans doute, les contemporains reconnus sont aussi fréquemment sollicités. La langue, à elle seule, limite le nombre d'interlocuteurs possibles, à l'exception de grands étrangers un peu anciens donc traduits. Les valeurs sûres de la culture générale, en prose, plutôt que les expérimentateurs contemporains de la poésie sont les références littéraires les plus nombreuses : il suffit de feuilleter un dictionnaire des œuvres et des auteurs de langue française pour mesurer, avec regret, les rendez-vous que nous avons manqués, ici ou là, dans la grande bibliothèque idéale.

La **littérature** est utilisée comme « support » pédagogique. A notre connaissance, l'entreprise la plus systématique, déjà ancienne, a été réalisée avant la seconde guerre mondiale par R. et R. Ozouf. Leurs *Lectures Géographiques*, publiées en plusieurs volumes chez Nathan, forment un corpus exemplaire. Dans un avant-propos, les auteurs expliquent leur objectif, fournir à l'enseignement géographique *« des textes descriptifs et pittoresques pour astreindre l'élève à cette opération mentale qui consiste à transmuer la chose lue en idée, en image interne et qui équivaut pour lui à une véritable prise de possession de l'objet pensé et réfléchi »*. Ces temps déjà anciens n'étaient pas ceux de la pédagogie d'éveil et de la non-directivité, le maître devait *« lire intégralement les pages ayant une réelle importance évocatrice, émanant d'auteurs sachant* *observer, sachant comprendre et chez lesquels l'art de peindre, d'animer, l'art de la mise en scène pittoresque se double d'un sens aigu des réalités »*. Toute anthologie est faite aussi d'exclusion. Ne sont pas cités à l'ordre de la géographie scolaire ceux qui « *en dépit de leurs indéniables qualités littéraires ont produit telles ou telles pages qui sont apparues, du point de vue géographique fantaisistes à l'excès »*. Ainsi, dans la grille des programmes de la géographie de la République, les auteurs sont rangés en fonction de leur utilité et tous égaux devant la loi pédagogique : J. Esmy et G. Flaubert, L. Romier et J. Michelet et... P. Vidal de la Blache. L'école, la géographie et les valeurs littéraires ont bien changé, les priorités éditoriales aussi. Ce type de somme, confiante et ambitieuse a disparu. Il reste dans certains manuels des morceaux choisis, quelques lignes rescapées d'une mise en page où triomphe l'iconographie. Cette disparition traduit peut être un doute sur la possibilité d'une description. Les maîtres de la description littéraire font l'objet d'un soupçon ; sans référence devant un monde qui bouge, il reste l'image, une esthétique du fragment et la possibilité de « zapper ». Alors la Lettre... ?

Le courant de la géographie humaniste, apparu dans les années soixante-dix, dans les pays anglo-saxons, a trouvé un écho important chez les géographes francophones qui ont développé leurs propres recherches et découvert, ou redécouvert, en Dardel, un précurseur. L'appel à des références littéraires (romanesques ou poétiques) ou l'analyse des œuvres, plus rare, est un trait commun de ce courant dit humaniste (Pocock, 1988). Celui-ci s'est présenté et a été perçu comme une réaction à la position jugée prééminente de la géographie quantitative. La démarche met l'accent sur l'étude des lieux comme sites de l'expérience humaine, individuelle ou collective, expérience qui se traduit par des valeurs particulières. Celles-ci se manifestent dans les œuvres d'art, en particulier dans la littérature. La **littérature** est le grand recueil de ces relations – en tant que discours et en tant que rapport – établies entre l'homme et la terre. L'œuvre fait l'objet d'une lecture existentielle, qui s'attache aux énoncés qui expriment la qualité, la variété, la généralité des sentiments, des représentations, des **images** qui s'élaborent entre l'homme et le monde.

Dardel, le premier, dans *L'Homme et la Terre*, construit une réflexion sur la géographie humaniste en pensant la « géographicité » en rapport à la phénoménologie et à la littérature. La **littérature**, parce qu'elle est langage, travaille sur la langue, énonce une expérience humaine du monde. Le monde recèle une « écriture » que le poète révèle. Dardel emploie le terme d'évocation pour qualifier ce registre langagier. Le poète donne de la voix et manifeste cette parole. La littérature est une géographie très humaine où, le corpus littéraire de Dardel en témoigne, seuls figurent des auteurs expressifs, ceux qui ont fait entendre leur voix et qui parlent pour l'humanité. L'auteur comme sujet individualisé à proprement parler dîsparaît : Hölderlin, Novalis, Hemon, Baudelaire et aussi Vidal de la Blache, Arbos, cités comme témoins, se passent la parole, et l'écriture subtile de Dardel fait oublier qu'elle leur a été coupée. C'est en écrivant, autant qu'en lisant, que Dardel signifie que la géographie a un lien fort avec la littérature. Le court essai de Dardel présente une qualité d'expression, une valeur poétique qui le rapproche de certaines réussites « littéraires » de la phénoménologie. Ce qui le distingue aussi de certaines contributions militantes de la géographie humaniste qui, à force de traquer l'existence dans la littérature nous livrent en kit des comportements individuels, des lieux, des représentations, qui ont oublié leur identité d'origine. *« French novelists like Stendhal, Flaubert and Balzac, aspired to portray social reality. They pretended to tell what society really like... » (Yi Fu Tuan, 1978)*. Il n'est pas étonnant que de tels portraits-robots passent facilement aux aveux... Une certaine géographie humaniste mobilise avec enthousiasme les œuvres et les auteurs incontournables de la littérature universelle pour illustrer un parti pris anti-positiviste. La démarche est plus convaincante quand elle interroge un auteur ou plus précisément quelques œuvres de celui-ci. Cet ajustement du corpus aux objectifs a été réalisé ainsi par B. Levy, qui a mené une lecture stimulante de l'espace existentiel chez Herman Hesse.

L'œuvre qui présente une forte implication autobiographique est une référence obligée pour le développement d'une géographie humaniste. Une autobio-géographie comme la *Vie de Henry Brûlard* de Stendhal, a échappé à la curiosité des chercheurs. Et pourtant, c'est une œuvre d'une richesse considérable, où la dimension temporelle de l'autobiographie est doublée par des dessins de Stendhal lui-même. A différentes échelles, de sa chambre jusqu'aux environs de Grenoble, des plans sont intégrés dans le corps même du texte. Toute une jeunesse grenobloise est spatialisée par une opération minutieuse, voire maniaque, de graphisme où l'échange entre le texte et le dessin est contenu, où les trajets évoqués sont figurés, où le texte commente le plan, dresse une géographie du plaisir ou de l'épreuve. Espace vécu et vie spatialisée, mais cette entreprise singulière échoue, le manuscrit est abandonné. Impasse littéraire que cette voie autobiographique ? La fiction, avec sa géographie symbolique, celle de *La Chartreuse de Parme*, prend le relais de la lucidité, « humaniste » jusqu'au fond des lieux...

L'œuvre littéraire peut être aussi envisagée comme un témoignage sur une réalité masquée ou inaccessible. La littérature, ou plutôt une certaine lecture de celle-ci, permet d'accéder à un certain état de fait ou de lieu. Le texte est lu parce qu'il représente une substitution à l'enquête *in-situ* ou au bilan statistique. Quand l'Union Soviétique contrôlait l'information sur l'emploi de son espace ou la réalité de sa société, la littérature a constitué un moyen et un média, pour nuancer, préciser ou contredire des canaux officiels.

R. Brunet et M.-C. Maurel ont réussi, en partie grâce à la littérature, à dissiper le brouillage brejnevien. On sait que la contribution de la littérature à la connaissance du goulag est considérable. R. Brunet a mentionné des témoignages littéraires, en pratiquant des recoupements avec d'autres informations pour construire en 1980 sa Géographie du goulag. Il a fallu attendre cette date pour constater que la Kolyma existait aussi parce que Chalamov y avait tenu texte.

Pour étudier les campagnes russes de l'Union soviétique, M.-C. Maurel a eu systématiquement recours à des sources littéraires. Elles lui ont permis de façon indirecte, en palliant l'impossibilité d'enquête directe, de détenir et d'analyser « un ensemble de témoignages vécus d'une grande qualité ». La vie des campagnes russe a été accessible par un genre traditionnel « l'otcherk » ou par des nouvelles d'une forme plus moderne. Revanche de la lettre sur le chiffre ? Surtout confiance dans une tradition littéraire mettant en œuvre un certain réalisme en marge d'un soi-disant socialisme.

Les exemples de la fonction compensatrice de la littérature ne doivent pas cependant faire oublier que ces usages sont toujours associés à d'autres sources d'information, croisés avec elles. Quand ce traitement est impossible, la prudence doit rester grande : on découvre aujourd'hui une Albanie très différente du pays de référence de l'œuvre d'Ismail Kadaré... Le totalitarisme s'il n'avait pas supprimé le poète, n'avait pas, non plus, forgé le témoin.

La nouvelle *Géographie Universelle*, publiée sous la direction de R. Brunet, permet de repérer un usage original du texte littéraire, en exergue surtout, en citation aussi, et en référence bibliographique. L'exposé de la connaissance croise ainsi, en de multiples occasions, de courts énoncés extraits de la littérature universelle. Les seuls exergues (citations qui commencent un texte, comme les *incipit*, mais que la typographie et la mise en page distinguent du texte lui-même) des deux premiers tomes sont extraits d'une trentaine d'auteurs, de l'antiquité à nos jours. La mise en exergue est un double choix d'auteur dans son principe et dans son application, une manière de dire « je » par l'intermédiaire d'un autre. Citer en exergue, c'est pratiquer le jeu de la distinction et celui de la relation : « *Le fait même que cela, ce vers, cette phrase entre guillemets vient d'ailleurs, élargit l'horizon intellectuel que je trace autour du lecteur. C'est un appel ou un rappel, une communication établie : toute la poésie, tout le trésor de la littérature évoqués brièvement, mis en relation avec mon propre ouvrage dans la pensée de celui qui le lit* ». J'ai cité Valéry Larbaud pour éclairer l'emploi fait par les géographes de l'exergue littéraire. La périgraphie habituelle du texte scientifique de géographie, ce sont les notes, l'appareil bibliographique et propre à la discipline, la carte. Dans le cas présent, l'exergue dessine, autant qu'un horizon intellectuel, une ambition culturelle. Sorte d'instillation initiale de littérature pour faire signe, elle invoque une reconnaissance avant l'exposé d'une connaissance. Ce dispositif savant de stratégie textuelle constitue une arme nouvelle, sa prolifération risquerait de lui faire perdre son efficacité, qui est dans l'appel d'attention.

2. Lettres et lieux, questions d'adresse

Choisir, couper, coller, citer : la littérature est un domaine public dans lequel les géographes ont développé certaines pratiques en fonction d'objectifs précis, ces traitements des textes, ne sont pas plus illégitimes que ceux qui ont été développés par les historiens, voire les spécialistes de la littérature. Ils ont participé à une exploitation presque « naturelle » des ressources littéraires pour couvrir les besoins de la recherche et de l'enseignement. Le champ littéraire est cependant autre chose qu'une immense parcelle, vouée à une monoculture du texte à rendement moyen, bas. Il y a des variétés, des genres littéraires qui entretiennent avec les lieux des rapports subtils. Les géographes ont été dans l'ensemble peu sensibles à ces différences, victimes consentantes, et très communes, de l'hégémonie romanesque. Sans entrer dans les débats fondamentaux de la théorie littéraire sur la notion de **genre**, sur la pertinence de la distinction « générique », nous pouvons admettre que les genres existent et que les auteurs et les lecteurs les rencontrent, les évitent ou s'y confient. Au moment du choix, de l'écriture ou de la lecture, le récit, le roman, le poème sont, chacun dans leur genre, une certaine promesse d'un rapport au monde. Cette promesse, en pratique un ensemble tacite de conventions, devrait régler l'offre de la littérature à la géographie et aux géographes.

Chaque genre ouvre une fenêtre, comme une croisée, mais aussi comme un capteur satellitaire. Un certain cadre, une réceptivité plus ou moins grande, aux propriétés du paysage, à des lieux. L'auteur met en œuvre ce cadre conventionnel, l'aménage, le fait évoluer : le genre romanesque, qui ouvre la fenêtre la plus large peut « donner » sur le récit ou sur la poésie. Le seul risque est de basculer dans la confusion des genres qui brouille le message, l'image du monde et le plaisir du texte.

« A relire nos maîtres en géographie humaine, on est frappé du peu de place que tiennent les voyages dans Brunhes ou Vidal de la Blache. Cet aspect fluide, instable, capricieux des rapports humains semble leur avoir échappé [...]. Le choc du dehors, choc qui ajoute à « cette chose presque immatérielle qu'on appelle une voie de circulation (Vidal de la Blache). »

Paul Morand, *Le voyage – Notes et Maximes*

La remarque de P. Morand est un peu paradoxale : le magistère, celui de la géographie universitaire, pouvait-il s'accommoder du témoignage de la subjectivité ? Les fondateurs voulaient se distinguer du discours à la première personne des explorateurs-découvreurs. La part du **voyage**, l'expérience du terrain étaient soigneusement masquées dans l'exposé des connaissances. Le choc du dehors devait être totalement amorti dans l'exposé des connaissances. Le géographe ayant vu, constaté des faits, oubliait les circonstances. Quand le voyageur, pour des raisons de commodité d'exposition est convoqué, le maître lui, a soigneusement organisé le **voyage** *(« assis confortablement dans un wagon de chemin de fer, n'importe qui peut pénétrer au cœur du plus grand désert du monde » E. de Martonne. Traité de géographie physique).* Blanchard se met à peine en scène face aux Alpes. L'expérience itinérante du monde est mise entre parenthèses et seuls des carnets de terrain conservent les traces d'une sensibilité, d'un plaisir ou d'un déplaisir du voyage. Chez Vidal de la Blache on trouve le 14 avril 1908 un *« Italia ! »* et surtout à la fin du grand périple aux Etats-Unis en 1904, ceci : *« Il y a un plaisir spécial, de caractère géographique, de voir en six semaines une section du globe terrestre allant du Labrador au Golfe du Mexique. Evidemment on ne voit qu'à la volée, mais cette observation rapide a son intérêt. Elle met en saillie les différences, on en voit de très grandes dans la Nature et dans les Hommes. Qui a dit que l'Amérique était le pays de l'uniformité ? Mode de voyage, le Pullman ; journées entières de chemin de fer, le Pullman est favorable à la réflexion »*.

Tout entier à son plaisir du *travelling*, à sa réflexion, Vidal aurait-il adressé la parole à un voisin Paul Morand ? ou simplement remarqué un voyageur ressemblant à Francis Ponge *« Je me laisse emporter par le train (de pensées) où j'ai pris place... ; Emporter à la fois et masser – si j'ose dire par le mouvement du monde, à la rencontre de mon esprit »*. Dans le compartiment de la culture, les places sont tellement réservées que chacun reste sur la sienne.

Le récit de voyage n'est-il toujours qu'un questionnement naïf ou une relation anecdotique sans intérêt ? Le géographe en se taisant sur son voyage prend ses distances avec le voyage des autres. Cette matière du récit de voyage où un sujet se présente aux prises avec l'espace et le temps, avec lui-même et les autres n'est pas sans intérêt géographique. J. Roudaut analysant les œuvres de la littérature française du XVIIe au XIXe siècle, qui répondent aux traits généraux du genre, souligne que celui-ci a une dimension autobiographique mais qu'il reste sous-tendu par une curiosité politique, esthétique, voire géographique. Le récit reste littéraire, l'écrivain assumant l'arbitraire de ses jugements et de ses formes. Et ce trait est d'autant plus affirmé que l'auteur-voyageur est connu et qu'il a tendance à se mettre devant le monde plutôt qu'à s'intéresser à lui, ethnocentrique jusqu'à l'égocentrisme, ainsi Chateaubriand sur le chemin de Jérusalem. Le succès du genre périclite dans le courant du XIXe siècle. Les savoirs scientifiques qui se constituent reprennent le projet et répondent par d'autres modes de transmission à la demande du public, quand ce même public, par le développement du tourisme, peut remonter à la source des émotions.

« Adieu sauvages, adieu voyages » l'exclamation de C. Levi-Strauss à la fin de *Tristes Tropiques* annonçait implicitement la fin d'un genre, basé sur un sujet de curiosité en voie de disparition, l'Autre, et sur une modalité de déplacement, le Voyage, en voie de banalisation. Or le genre renaît. Mais cette renaissance – nouveau départ ? – se fait en développant une relation différente entre l'expérience et l'écriture. L'écriture n'est pas la mise en forme d'une expérience de voyage mais celui-ci la condition d'une intention ou d'un désir d'écrire. Et ce renversement n'est pas toujours présent à l'esprit des lecteurs qui font le succès du récit de voyage. Celui-ci est indéniable dans les pays anglo-saxons et les candidats à l'écriture peuvent satisfaire à la demande s'il mettent en « œuvre » les recettes du *Travel writer's Handbook* publié en 1980.

En dehors de ces sentiers battus, les traductions des meilleurs auteurs arrivent depuis quelques années en France : A. Booth, P. Theroux et surtout B. Chatwin. Peut-on poser une hypothèse pour expliquer le succès de ces récits fin de siècle ? Le voyageur-écrivain assure une présence au monde des sociétés du « Nord », une présence, une veille, différente de celle distante des satellites, ou intermittente des medias. Ecrivains, greffiers, délégués à la lettre et non aux signaux, qui témoignent que d'autres hommes existent, généralement dans une réalité plutôt rugueuse. C'est le droit, et le devoir aussi, de ces auteurs de l'affronter, de la goûter avec lenteur, en prenant leur temps, tout leur temps pour restituer un peu d'espace. Le voyageur-écrivain nous raconte le monde au ralenti – N. Bouvier, dont *L'usage du Monde* est l'un des plus intéressants récits de voyage de langue française définit ainsi sa tâche : *« Incantation de l'espace, décantation du texte. Pendant des années, j'ai suivi ce mouvement pendulaire qui passe du "voir" au "donner à voir" la parole naissant non de l'exotisme mais d'une géographie concrète patiemment investie et subie* ». « Voir » et « Donner à voir », le voyageur-écrivain ne prétend pas dispenser un savoir, il satisfait une forme de curiosité géographique qui ne sera jamais comblée par la synthèse savante. Préposé à une autopsie itinérante, il en rend compte dans une description. « Décantation du texte » : où se situe le texte ? dépôt ou liquide ? Ce que la page recueille, c'est davantage ce qui a compté, pesé, fait impression, le reste est non écrit, en blanc. La mise en page retrouve la suspension, livrée pour lecture et maintenue ainsi par le voyage et ces « chocs » par lesquels le monde fait signe.

« Enfin, même après la Révolution de 1830, Guérande est encore une ville à part, essentiellement bretonne, catholique fervente, silencieuse, recueillie, où les idées nouvelles ont peu d'accès. La position géographique explique ce phénomène [...]. Elle ne se relie à la France moderne que par deux chemins... ».

Balzac, *Béatrix*

Le monde balzacien multiplie les paysages, les lieux, les trajets. Articulation plus que juxtaposition de scènes de la vie privée, parisienne et provinciale, le roman balzacien propose au lecteur des itinéraires multiples, et certaines œuvres comme *Illusions Perdues* sont des échangeurs de personnages, des carrefours sociaux. J. Gracq lit la « Comédie Humaine » comme « *une interconnexion romanesque généralisée* ». Le roman, comme partie d'un réseau avec son référent social, géographique et politique particulier, mais s'inscrivant dans un ensemble plus vaste et recevant de lui une charge de signification. Si elle est d'abord perçue comme : *« jetée au bout du continent, Guérande ne mène donc à rien et personne ne vient à elle »*, la fiction balzacienne va désenclaver le réel. *Beatrix* c'est le drame dans lequel le sommeil séculaire de Guérande est brutalement interrompu par la vie parisienne, la modernité sociale. Un seul chemin suffit dans un roman pour mettre en mouvement un personnage, il change toute la face de la terre romanesque. La géographie romanesque emprunte à la géographie de la réalité ses toponymes, sa qualité paysagère, son contenu humain et lui restitue avec du sens, cet intérêt composé de la littérature, qui fait du bon lecteur un géographe sensible. Le roman n'a pas toujours offert les belles évidences géographiques que Balzac proposait, mais le genre n'a jamais totalement rompu avec cette nécessité vitale que constitue un espace fictionnel formé de lieux et des relations établies entre ceux-ci par des personnages.

Autant qu'une histoire, un récit, un **roman** propose une géographie. Si la durée de la lecture renvoie plus ou moins directement à la temporalité de la narration, celle-ci élabore à partir de la présentation successive de lieux écrits une « figure » qui lie l'espace plus ou moins continu, cohérent, du roman.

La compréhension du récit implique souvent la construction d'une carte mentale, représentation un peu naïve d'après laquelle le lecteur fait le point (Bailly, 1985). Quand la lecture est suspendue c'est la référence au trajet – « où en suis-je ? » – qui est la plus spontanée. La lecture finie, le sujet de l'œuvre se résume à une formule où la référence spatiale est ténue voire inexistante. Cet espace du récit peut se concrétiser après une analyse approfondie dans une figuration. Ces essais sont souvent décevants par leur schématisme, leur pauvreté : le monde du roman réduit à quelques itinéraires y est méconnaissable. « Réalisé » il a perdu le charme, les valeurs que la lecture constituait comme expérience des lieux ou horizon à découvrir. C'est une tentation des géographes de lever la carte du fictif : A. Ferré l'a fait pour *La Recherche du Temps perdu*, et Y. Lacoste pour *Le Rivage des Syrtes*. Ces documents contractualisent entre la géographie et la littérature une relation dont la qualité réside dans l'union libre de la lecture avec ses tentations et ses satisfactions. Curieux graphisme où subsistent des pointillés, qui sont comme les aveux du positivisme déçu confié au document fétiche, la carte. L'espace romanesque est, à la fois, plus et moins, que ces annexes dont on a essayé d'affubler le roman.

A défaut d'union spontanée, on peut solliciter l'aide de M. Butor qui peut être un entremetteur entre le géographe et le roman. Dans l'*Espace du roman*, il rédige une sorte de vade-mecum de lecture du roman, du point de vue spatial ou géographique. Il souligne, point généralement négligé, qu'il y a un lieu de la lecture dont les caractères déterminent certaines propriétés de l'espace du roman *« La fiction romanesque s'inscrit en notre espace comme voyage et l'on peut dire à cet égard que c'est là le thème fondamental de notre littérature romanesque »*. Le lieu littéraire, qui est découvert par la lecture-voyage a, par rapport à la réalité géographique, un surplus de signification que le romancier lui donne en l'associant à d'autres lieux et que le lecteur retrouve en repérant ces relations. M. Crouzet, spécialiste de Stendhal, écrit : *« Dans le roman, "ici" n'est jamais neutre : tant par sa fonction que par ses qualités, celles-ci étant sans doute plus agissantes que celle-là, le lieu romanesque constitue un ensemble de coordonnées privilégiées, prises dans un espace orienté vers un centre spécifique. Dans le roman, il n'y a pas de point quelconque, être "ici" n'est jamais l'équivalent d'être "là", toute localisation se veut unique et suppose le privilège d'une signification exceptionnelle qui ne se dévoile qu'en ce lieu ! »* Quel romancier se priverait de ce potentiel, refuserait de le mettre en œuvre ? Les géographies romanesques explicites du roman réaliste, de Balzac à Zola ont intéressé les

FICHE 1

Un texte et deux lectures géographiques au pays de Balbec

• Le texte littéraire

Mon voyage à Balbec fut comme la première sortie d'un convalescent qui n'attendait plus qu'elle pour s'apercevoir qu'il est guéri.

Ce voyage, on le ferait sans doute aujourd'hui en automobile, croyant le rendre ainsi plus agréable. On verra qu'accompli de cette façon, il serait même, en un sens, plus vrai puisqu'on y suivrait de plus près, dans une intimité plus étroite, les diverses gradations selon lesquelles change la face de la terre. Mais enfin le plaisir spécifique du voyage n'est pas de pouvoir descendre en route et s'arrêter quand on est fatigué, c'est de rendre la différence entre le départ et l'arrivée non pas aussi insensible, mais aussi profonde qu'on peut, de la ressentir dans sa totalité, intacte, telle qu'elle était en nous quand notre imagination nous portait du lieu où nous vivions jusqu'au cœur d'un lieu désiré, en un bond qui nous semblait moins miraculeux parce qu'il franchissait une distance que parce qu'il unissait deux individualités distinctes de la terre, qu'il nous menait d'un nom à un autre nom, et que schématise (mieux qu'une promenade où, comme on débarque où l'on veut, il n'y a guère plus d'arrivée) l'opération mystérieuse qui s'accomplissait dans ces lieux spéciaux, les gares, lesquels ne font presque pas partie de la ville mais contiennent l'essence de sa personnalité de même que sur un écriteau signalétique elles portent son nom.

M. Proust, *A l'ombre des jeunes filles en fleurs*

• Une lecture géographique et poétique

Le charme, et très grand pour moi, du second volume de *Sodome et Gomorrhe* (le « petit noyau » entre Balbec, Féterne et la Raspelière) où il y a des pages boulées, restées à l'état de fourre-tout arythmique, des caricatures bien insistantes et un peu lourdes (les pataquès du « lift », du directeur du Grand Hôtel) c'est la géographie, ici surtout routière et ferroviaire, de ce coin problématique de Normandie, ce sont des notations comme celle-ci : « Déjà, à la fin de l'été, dans notre trajet de Balbec à Douville, quand j'apercevait de loin cette station Saint-Pierre-des-Ifs où, le soir, pendant un instant, la crête des falaises scintillait toute rose, comme au soleil couchant la neige d'une montagne… ».

L'impression que donne le canton exigu parcouru et desservi par le *tram* de Balbec est celle d'un réseau ferré qui serait « réduit », comme est réduite et comprimée sur un théâtre, avec ses deux ou trois maisons emblématiques, une place de grande ville figurée pour une scène de comédie italienne. Et réduit pour les mêmes raisons : une comédie sociale – rendue plus libre et plus aérée par la saison des bains de mer – s'y joue tout au long de ce ruban d'une douzaine de stations qu'elle fait vibrer de bout en bout et exister comme une sonatine un clavier. C'est la seule *place publique* – carrefour, lieu de rencontre et de mélange – de l'œuvre de Proust, si compartimentée et si castée. Une ébauche de féerie provinciale et saisonnière s'amorce ainsi précairement autour de la ligne-jouet du Decauville, que l'irruption de l'automobile effaroucherait et mettrait en fuite aussitôt.

J. Gracq, 1974, *Lettrines 2*

FICHE 1 (suite)

• Une lecture positiviste

« On trouvera page III (fig. 4) un tracé schématique des chemins de fer de Balbec, montrant l'emplacement des stations non par rapport à une carte, mais les unes par rapport aux autres (du moins l'emplacement de celles des stations sur lesquelles Marcel Proust a donné des renseignements qui permettent de les situer par rapport à celles qui les précèdent et les suivent). C'est une géographie de pure relation, et nullement de localisation, que celle à laquelle nous invite notre auteur. »

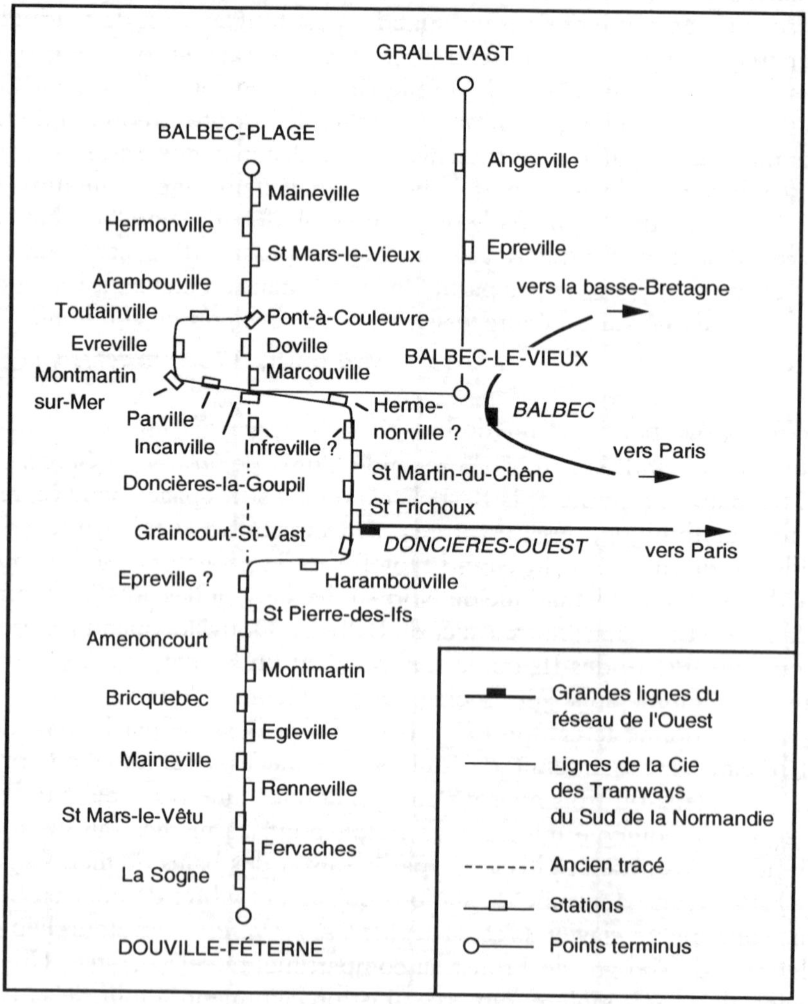

Source : A. Ferré, 1939, *Géographie de Marcel Proust,* Paris, Sagittaire.

géographes (Fremont, Bailly, Claval), celles que le roman contemporain, de Proust au Nouveau Roman, a élaborées ont été plus intimidantes car le rapport du romancier à la réalité, au monde, avait changé. Pourtant les lieux sont toujours là, à reconnaître et à comprendre, participant à la signification générale de l'œuvre, parce qu'ils sont des éléments essentiels de sa forme. Aller ou faire retour, *du côté* de chez Marcel Proust, c'est appliquer une attention particulière aux relations du narrateur et des personnages aux lieux, lieux qui permettent de retrouver ce que le temps a perdu *« Il est peu de roman où la géographie l'emporte à ce point sur l'histoire... »* écrit J.-Y. Tadie pour souligner à quel point *« le temps à pris la forme de l'espace »* (Proust, *Contre Sainte-Beuve*). Et puis on a là le seul continent dont la découverte commence dans un lit et dans un livre : *« Longtemps je me suis couché de bonne heure... »*

« Le Poète. Comme le Japon au moyen de cent îles pareilles à ces blocs de liège qui retiennent un grand filet s'est approprié une partie de la mer pour observer la jonction de la longitude avec la latitude. »

P. Claudel, *Jules ou l'homme – aux – deux cravates*

La parole poétique saisit le monde. Claudel opère avec une innocence tranquille et forte. L'image poétique qui parle de toute évidence du Japon, ne lâchera plus prise. Le commentaire rappellera que le Japon a un rapport particulier avec la mer, il ne pourra rendre compte des choix d'écriture qui fixent une image et un objet. Claudel ne traite pas, en raccourci, un beau sujet « Le Japon et la mer » ; il donne à voir une image qui rassemble plusieurs figures. Chacune de celles-ci traduit une relation particulière avec la mer : il y a celle concrète de l'archipel, celle pratique du filet et celle idéale du réseau géodésique. Ces trois figures sont nouées, interconnectées : de l'île au bloc de liège, du filet aux parallèles et aux méridiens. Cette image ne pourra être accessible que par la lecture : elle ne comporte aucune information dont on pourrait faire part à quelqu'un d'autre. Seule la lecture nous la livre et elle n'est accessible que si le lecteur est dans une certaine disposition poétique.

Ces conditions expliquent que les relations entre la géographie et la **poésie** aient été jusqu'ici peu nombreuses. R. Lafaille (1989) a précisé les motifs de cette méfiance. La singularité du texte poétique, la distance qu'il prend avec le référent, la « réalité », le travail de l'auteur sur le langage, la disparition du registre descriptif, expliquent sans doute les réticences des géographes. Mais Lafaille part en pays de mission avec Rimbaud qui demeure, tout de même, « un centenaire intimidant ». Et, rimbaldien conséquent et absolu, il somme le géographe de choisir entre la géographie et la poésie : *« Les géo-*

graphes doivent donc choisir : abandonner les prémisses et les objectifs, qui, à date, ont guidé leurs travaux ou ignorer de vastes choses du passé et du présent littéraire ». Ce grand saut, jusqu'à la rupture, ne nous paraît pas inévitable.

Il y a des moments poétiques, des registres qui peuvent, comme toute complicité fondée, émouvoir le géographe. Et la poésie moderne et contemporaine ménage plus qu'on ne le croit de tels « événements », si l'on reconnaît que l'image poétique n'informe pas mais transforme instantanément et durablement notre approche du monde. Et cette mutation, quand elle s'opère, porte moins sur le discours géographique lui-même que sur la manière d'être géographe ; l'expérience poétique conduit à porter attention au monde et au langage. L'attention est cette forme particulière de la perception qui met en évidence un objet, qui opère un choix et qui établit une hiérarchie dans le monde perçu : entre ce qui mérite le regard attentif, ce qui est digne d'attention et ce qui reste perçu sous une forme indistincte. P. Ricœur note que l'attention fait apparaître ce qui était déjà là sans changer le sens de l'ensemble. Le langage poétique est cette opération qui donne une forme distincte, qui, toujours, suscitera l'attention. N'y a-t-il pas déjà dans la pratique du géographe, ce regard sélectif qui vient dans une certaine attente et qui s'accompagne d'une forme de plaisir quand il reconnaît dans le paysage une certaine figure ? Cette attention au monde, dont nous n'avons pas le monopole, nous pouvons la retrouver chez certains poètes qui possèdent une disposition à repérer et surtout à exprimer.

Les travaux de M. Collot (1989) sur la poésie moderne et la structure d'horizon peuvent éclairer le géographe dans ses choix. L'étude de l'horizon poétique implique un examen du rapport de la vision et de l'écriture, examen qui passe par l'analyse de notions familières aux géographes : paysage, point de vue, étendue, visible et invisible. M. Collot repère, dans la poésie française du XXe siècle, deux orientations poétiques : l'une « hermétique » qui clot le texte sur lui-même et l'autre « herméneutique » qui fait du langage le moyen d'interprétation de soi et du monde. Cette dernière veine détient et active le chemin de l'horizon sur lequel on croise Claudel, Reverdy, Bonnefoy, Laude, du Bouchet et Jaccottet. De nombreux indices, tant chez les contemporains incontournables déjà cités que surtout chez de jeunes poètes ou critiques, montrent que l'art poétique redevient un art de l'espace qui met en œuvre un horizon réouvert.

Autour de la personne de K. White s'est constitué un courant dit « géopoétique », terme créé en 1979 par K. White lui-même. La géopoétique est moins un courant littéraire défini, une forme affectée à la terre, qu'une attitude vis-à-vis du monde que K. White voit comme « l'esprit nomade »

(1987). Cet esprit nomade – celui du penseur et du poète – se reconnaît des ascendants, mais il se pose surtout comme la figure intellectuelle-clé de la fin du siècle. Voyageant d'un savoir à l'autre, en faisant au passage référence à la géographie, relevant les analogies entre les pensées occidentales en marge des sciences officielles, et les pensées orientales, K. White fonde une poésie cosmographique, réconcilie science et poésie, observation et imagination. Les *Cahiers de géopoétique*, créés en 1990, se donnent pour objectif de diffuser les œuvres conçues dans et par l'esprit nomade, esprit dont l'éclectisme des sources laisse présager bien des diffluences.

Le spiritualisme planétaire est-il une condition préalable au travail poétique ? On est impatient de voir et surtout de lire les descendants. En attendant, le géographe qui pratique le monde depuis un certain temps, qui sait et non pressent que le monde forme un tout, que sa planète est bleue, que l'homme a besoin de lieux, peut laisser parler les prophètes. Et lire et croire le poète qui lui explique et lui confie qu'*« il s'agit d'éclaircir cela, d'y mettre de la lumière, de dégager les raisons (de mon émotion) et la loi (de ce paysage), de faire servir ce paysage à quelque chose d'autre qu'au sanglot esthétique, de le faire devenir un outil moral, logique, de faire à son propos, faire un pas à l'esprit »*. F. Ponge, *La rage de l'expression*.

Récit, Roman, Poésie prennent différemment le monde à partie : ils en partent comme origine et comme discours, ils en parlent partiellement. Identifier ces partis pris permet au géographe de mieux s'adresser à la littérature. Pour demander au récit ce que le voyage représente comme découverte d'un sens, pour attendre du poème ce que le langage forme comme figure pertinente, et reconnaître tout ce que le roman propose comme géographies symboliques.

Mieux posées, ces questions n'en restent pas moins subsidiaires. La principale demeure : pourquoi la géographie comme savoir scientifique a-t-elle recours à la littérature ?

3. Prendre part au monde

En multipliant et en précisant des relations avec la littérature les géographes manifestent-ils, *in fine*, une certaine impuissance de la géographie à se constituer comme une science à part entière ? La littérature aurait-elle autant d'attraits et de séduction si la géographie était forte d'un objet, d'un corps théorique, d'un langage ? La constitution dans le champ de la géographie de savoirs particuliers qui présentent les caractéristiques d'une connaissance scientifique a permis à leurs spécialistes d'affranchir leurs discours, ou plutôt leur démonstration, des effets de style qui sont propres au texte littéraire. Des géomorphologues aux spécialistes des études urbaines, chaque secteur effectue un travail scientifique, présente des résultats sans références ou artifices littéraires.

Construire des savoirs spécifiques sur le littoral, les domaines arides ou alpins, les espaces et les sociétés urbaines ou rurales c'est avoir pris des distances avec le monde, avec ce que celui-ci comprend de rivages et de montagnes, de villes ou de campagnes. Entre des démarches qui participent au partage du réel et à la division du travail scientifique et la littérature qui recommence sans cesse à interroger le monde comme si rien n'était jamais acquis, les occasions de complicité sont singulièrement réduites.

Mais le projet géographique comme connaissance du rapport de l'homme et de la Terre s'accomplit-il vraiment dans ces travaux et ces résultats ? La part d'interrogation, d'inquiétude et de plaisir qui est propre à la géographie se trouve-t-elle totalement dans ces vérités positives ? Certes les géographes existent dans le champ des sciences par ces contributions nécessaires, qui témoignent de leurs activités, de leur « raison sociale ». Mais quand le géographe mentionne la littérature il ne récuse pas son activité savante, il signale que celle-ci, comme pratique individuelle positive (« voilà ce que je sais ») s'accompagne d'un « voici ce que je sens », manière personnelle de prendre la parole dans le champ de la culture. L'absence de référence littéraire n'invalide en rien, évidemment, sa contribution à la connaissance, elle signifie peut-être le refus, conscient ou non, d'établir un rapport avec le domaine des « humanités », inopportun rappel d'un âge pré-scientifique de la géographie.

Relever et souligner aujourd'hui l'existence d'une relation entre la géographie et la littérature, est-ce réactiver dans la généalogie de la géographie, au moins française, la branche classique vidalienne ? La dimension et la vision littéraires de celle-ci et surtout des œuvres de Vidal lui-même doivent être reconsidérées. Certes, cette géographie se développe sans rompre explicitement avec son milieu d'origine, les « humanités », Vidal et ses proches refusent de couper radicalement avec celles-ci, à l'instar de l'opération réalisée par Durkheim pour fonder la sociologie. Du vivant même de Vidal son œuvre est saluée pour ses qualités « littéraires », de nombreux jugements relèvent un travail certain sur le langage qui permet au discours savant d'exposer des connaissances sans recourir à un corps théorique et à un lexique spécialisé (« Le caractère ésotérique de toute science » selon E. Durkheim). En célébrant les singularités du message vidalien, en soulignant ce qui le rapproche d'un art, et implicitement en rappelant ce qui l'éloigne d'une science, ses élèves ont conforté une représentation littéraire de la géographie classique. Tout l'effort vidalien pour constituer une géographie distincte de l'histoire et de la tradition lettrée a été minoré voire oublié. M.-C. Robic a démontré récemment que le qualificatif de littéraire doit être relativisé. Si Vidal est un géographe sachant écrire, il n'est pas seulement un géographe du livre et du texte. Dans la préface de l'*Atlas Général*, il insiste sur la fonction de la carte qui permet, mieux que l'ordre successif de l'écrit, de présenter simultanément des séries de faits. De même il y a chez lui dans le souci constant de prendre appui sur le langage populaire, par l'attention portée aux noms de pays par exemple, une façon originale de subvertir la tradition lettrée en validant une oralité locale. Enfin on pourrait souligner la rareté des références à des œuvres littéraires classiques dans les textes vidaliens. Ainsi Vidal n'a pas explicitement rompu avec une tradition littéraire mais il a développé une pratique originale d'exposition et d'écriture, introduit des innovations qui font déjà de lui, au moins pour la géographie française, un « écrivant » c'est-à-dire l'auteur d'une littérature particulière, d'une autre parole.

R. Barthes (1960, réédité 1990) a esquissé une typologie comparée de l'**écrivain** et de l'**écrivant**, qui permet de mieux situer la position du second, l'écrivant, vis-à-vis du premier, l'écrivain et de son activité, la littérature. Partant d'un outil commun, la langue, chacun en fait un usage distinct, si le résultat, le texte et le livre, apparaissent matériellement identiques : *« L'écrivain accomplit une fonction, l'écrivant une activité, voilà ce que la grammaire nous apprend déjà, elle qui oppose justement le substantif de l'un au verbe (transitif) de l'autre »*.

Deux pratiques de la langue qui correspondent à des statuts sociaux différents : celui des gens de lettres et celui des hommes, ou femmes, de science. La fonction reconnue des premiers est de réaliser un travail sur la langue, de démontrer par des œuvres ses virtualités et de répondre, pour tous, à la question « comment écrire ? ». L'activité des seconds est finalisée plus précisément : il s'agit d'expliquer, d'enseigner, le langage ayant dans ce cas une fonction essentiellement instrumentale. Il est le véhicule d'un savoir, un moyen de communication. Alors que la parole de l'écrivain, selon R. Barthes, en produisant une œuvre fonde une ambiguïté, le discours de l'écrivant s'attache à lever un problème, à donner une explication.

« Décrire et Expliquer », ce leitmotiv, qui caractérise le discours géographique classique depuis un siècle (il a pu être décliné, ou précisé) correspond exemplairement à ce que R. Barthes qualifie de *« projet de communication naïf de l'écrivant. Celui-ci considère généralement que sa parole met fin à une ambi-*

guïté du monde, institue une explication irréversible ». L'écrivant achevé est le pédagogue. On sait qu'en géographie la distinction entre la pratique pédagogique et l'exposé scientifique est délicate. A tel point que l'accès à ce monde « à décrire et à expliquer » s'effectue souvent sans la tension de la découverte. Peut-on dire, ou écrire que les géographes sont parmi les écrivants, c'est-à-dire dans l'ensemble des praticiens des sciences sociales, les plus « transitifs » dans l'exercice d'une écriture finalisée ? Rien ne permet de l'affirmer mais on notera aussi que leur production a été très largement autoconsommée dans un cadre institutionnel balisé par l'Université, l'Ecole et la Recherche. Cette circularité, cette clôture relative ont enfermé le discours géographique sur lui-même : expliquant ce qu'il peut décrire, répondant aux questions qu'il s'est posées.

Quand le géographe s'écarte de cette situation d'écrivant et de lisant (d'autres géographes) il se découvre et se surprend lecteur d'écritures particulières dans leurs formes et pertinentes dans leurs questions. On a qualifié de « géographies parallèles » ces œuvres qui font écho aux interrogations géographiques. L'expression mérite examen. S'agit-il, par les moyens propres de la littérature, d'un autre discours sur notre monde, se tenant à distance mais allant dans la même direction que la géographie ? S'agit-il d'une géographie portant sur un monde « parallèle », celui proposé par la fiction par exemple ? Nous avons entr'aperçu que chaque genre littéraire définissait en fonction de ses moyens, de ses conventions, son rapport du monde, et par là-même la nature de son « parallélisme » à la géographie.

Les autres sciences sociales ne sont-elles pas, comme la géographie, associées, mises en parallèle avec la littérature ? L'historien, le sociologue, l'ethnologue et d'autres, en tant qu'écrivants, ont développé des relations, conscientes ou non, avec les œuvres des écrivains. Certains chercheurs sont allés jusqu'à l'écriture différente et personnelle, devenant des écrivants-écrivains. La reconnaissance de ce type bâtard commence dans les medias qui célèbrent ainsi l'actualité d'une pensée, elle peut s'achever dans l'élection académique qui canonise un bien-écrire autant qu'un bien-penser. La géographie – heureusement ou malheureusement – ne fournit pas d'exemples de ces réussites individuelles qui indirectement consacrent culturellement une science sociale avec un certain retard d'ailleurs par rapport aux percées scientifiques décisives.

La géographie, en tant que collectivité d'écrivants, doit porter son attention à l'activité littéraire de son temps. L'écrivain peut être un guetteur vigilant et un descripteur relevant certaines transformations paysagères, des cadres et des modes de vie. Pensons à la présentation, un peu laborieuse, de la banlieue parisienne chez Demangeon dans les années trente ; comparons-la à la présence paysagère, sociale de cette même banlieue chez les innovateurs que furent dans les mêmes années : Céline *(Voyage au bout de la nuit)*, R. Queneau *(Le chiendent)*, E. Bove *(Une soirée chez Blutel)*. Il y a une littérature qui pose des questions par le choix d'un sujet et d'une forme, qui invite à regarder différemment le monde.

L'écriture créative dépayse et déterritorialise, elle oblige le lecteur à faire l'expérience d'un monde nouveau, à mettre en question les certitudes et les causalités du monde ancien. La littérature dérange, introduit du jeu dans les représentations habituelles, petits tremblements de texte de la **fiction**, légères répliques de l'écriture. Ces effets sont d'autant plus efficaces que l'œuvre est vraiment contemporaine. Ce sont des écrivains qui sont parmi nous, qui parlent notre langue, qui respirent le même air, que nous pouvons croiser, qui nous font part d'une expérience d'un monde qui est aussi le nôtre. La littérature dans l'expérience de la lecture est une invitation à refaire connaissance : dans le colloque singulier qui s'établit entre un présent, le lecteur, un absent, l'auteur par l'intermédiaire d'un monde, celui qui est « livré ».

Lire et témoigner qu'il entretient une liaison positive avec la littérature, c'est pour le géographe manifester la part la plus humaine de son activité scientifique et sociale. Une faiblesse passagère que vient compenser une tension prolongée. D. Sallenave, dans son essai *Le don des morts – sur la littérature*, écrit que le plaisir de la lecture n'est pas seulement un plaisir esthétique mais aussi un plaisir de connaissance. La vérité littéraire est différente de la vérité scientifique, elle emprunte d'autres voies, qui ne sont ni impénétrables, ni mystérieuses car elles donnent accès à une compréhension du monde :

« Le texte devient alors une expérience du monde pour celui qui le lit : alors ses figures prennent effet, et voici que se déploie l'ordre de la vision et de la compréhension. Grâce au livre le monde prend sens. Lire, c'est alors voir se déployer dans le monde des organisations sensées ; lire c'est poser, inventer ou découvrir, dans le monde, la loi de son organisation. A l'horizon de toutes les lectures, le monde se profile comme un tissu de textes ».

Si « celui qui le lit » est un géographe, en ouvrant le livre, il a accepté de confronter son savoir à une expérience singulière. Devant le livre et sur le chemin de la lecture, il est dépouillé de ses compétences spécialisées, il se découvre simple géographe, naïf et curieux, dans un monde nouveau. Simple lecteur ? Non, s'il est déjà un écrivant sa lecture est « intéressée ». Et chaque livre lui donne l'occasion de prendre part à un monde, qui n'est ni bas, ni vaste, ni système mais proche, dans une proximité ménagée par la portée des mots.

La géographie et la littérature peuvent se croiser et se reconnaître parce que le monde n'est pas un livre déjà écrit et que son sens n'est pas immédiat. La littérature ne cesse de lui donner par le langage une forme humaine. La géographie se propose de lui donner un sens. Certes il y a aussi depuis longtemps des malentendus : déjà Eratosthène ne supportait pas les approximations d'Homère. Mais les certitudes établies par le premier n'ont jamais réduit la pertinence des fables du second. A l'écrivain qui admet prendre des libertés avec une certaine raison, le géographe doit reconnaître qu'il se soumet aux règles et aux devoirs du langage. Le monde de l'homme reste ouvert, à vivre et à comprendre dans la difficulté de l'indivision, entre la littérature et la géographie.

Invoquer le génie du lieu pour dépasser cette situation inconfortable, c'est refuser à la géographie ce qu'elle pose comme exigence de rationalité et à la littérature ce qu'elle manifeste comme exigence d'expression. Admettons qu'il est un lieu qui possède un certain « génie » c'est la bibliothèque. On sait que celle de Montaigne était ronde et que son trésor se disposait *« tout autour sur des étagères à cinq rayons »*. Usuels de la curiosité et du plaisir, disposés parallèlement mais aussi projection du savoir avec toutes les distorsions du système Mercator. *« Là je feuillette à cette heure un livre... »* écrit Montaigne.

Aujourd'hui un titre me fait signe, je l'ouvre et il m'invite à ménager ces proximités. *« Ce qu'il y a de hasardeux dans la communication littéraire, et d'ambigu, d'irréductible à la thèse dans toutes les grandes œuvres de l'art n'est pas une faiblesse provisoire, dont on pourrait espérer les affranchir, c'est le prix qu'il faut payer pour avoir une littérature, c'est-à-dire un langage conquérant, qui nous introduise à des perspectives étrangères, au lieu de nous confirmer dans les nôtres »*. M. Merleau-Ponty, *Signes*.

Lectures recommandées

Berdoulay V., 1988, *Des mots et des lieux. La dynamique du discours géographique*, Paris, Editions du CNRS.

Bouvier N., 1988, *L'Usage du Monde*, Paris, La Découverte.

Claudel P., 1900, (rééd. 1974), *Connaissance de l'Est*, Paris, Gallimard.

Merleau-Ponty M., 1960, *Signes*, Paris, Gallimard.

Pocock D., 1988, Geography and Litterature, *Progress in Human Geography*, 1.

Ponge F., 1952, (rééd. 1981), *La Rage de l'Expression*, Paris, Gallimard.
Ponge F., 1961, (rééd. 1983), *Méthodes*, Paris, Gallimard.
Sallenave D., 1991, *Le Don des Morts*, Paris, Gallimard.

Mots-clefs

Ecrivain, Ecrivant, Fiction, Genre, Images, Litterature, Poésie, Roman, Voyage.

Géographie et semio-linguistique

14

Lorenza Mondada et Jean-Bernard Racine

Une convergence à problématiser

Les objectifs de la géographie peuvent-ils avoir des points communs avec ceux d'une sémio-linguistique générale ou particulière portant par exemple sur l'espace ? Si l'on scrute les deux disciplines, il apparaît que la question est à construire et n'a pas reçu de réponse immédiate. En effet, la rencontre entre sémio-linguistique et géographie n'est pas un événement documenté comme tel dans l'histoire des disciplines et n'a pas donné lieu à un courant géographique particulier : il s'agit plutôt d'une rencontre virtuelle, fruit d'une convergence d'intérêts qui ont cristallisé l'attention des sciences sociales à un moment donné. Ce n'est donc pas le lieu ici d'en faire une histoire. Il s'agit plutôt de comprendre comment et pourquoi la géographie a pu se poser des questions qui l'ont amenée à s'intéresser à la sémio-linguistique et de donner des indications sur des convergences, réalisées ou non, sur des travaux qui se sont confrontés ou pourraient se confronter.

Si la sémiotique et la sémiologie ont suscité de leur côté d'intenses débats au long de la période structuraliste, ceux-ci ont perdu aujourd'hui de leur intensité et de leur importance et se sont intégrés dans d'autres discours, suivant les transformations paradigmatiques d'une linguistique, qui après son tournant pragmatique, s'oriente de plus en plus vers les sciences cognitives. Au-delà de ces mutations, les problèmes du sens et de la signification continuent pourtant de se poser et invitent encore à une réflexion épistémologique sur les enjeux théoriques et sur les pratiques de la géographie.

Nous cernerons d'abord le domaine théorique de la sémio-linguistique, terme que nous employons pour renvoyer globalement aux théories du signe et de la signification, au-delà du clivage éventuel entre sémiologie et sémiotique. Ce préalable est nécessaire au vu de la complexité du champ et des utilisations très fragmentaires qui en seront faites. Nous envisagerons ensuite la manière dont la géographie s'y est intéressée. Nous faisons l'hypothèse que cet intérêt s'intégrait dans le mouvement d'auto-réflexion de la discipline, entamé à la même période, portant sur la constitution de ses objets et de son discours et que, corollairement, les questions qui peuvent être posées dans la confrontation avec la sémio-linguistique continuent à interroger à la fois la visée, la démarche, le langage et les présupposés de la géographie. Nous aborderons ces enjeux du point de vue d'une approche du métalangage et du discours géographique.

1. La sémio-linguistique en perspective : diversité des approches

1.1. Du signe et de la signification

La réflexion sur le **signe** et la signification parcourt toute notre culture occidentale (pour ne parler que d'elle), depuis l'antiquité la plus lointaine : on peut en situer les origines dans les arts divinatoires et dans la médecine, en suivre les développements conceptuels à travers la culture grecque, puis latine, en passant par saint-Augustin, Port-Royal, Locke... Il est certes important de tenir compte de ce fil ininterrompu, de le reconstituer par une archéologie du savoir sur le signe, afin de ne pas concevoir l'émergence, voire la mode de la sémio-linguistique au XXe siècle comme un phénomène sans histoire. Il reste que, pour le propos et les limites qui sont les nôtres ici, le moment historique qui concerne le plus le rapport entre **sémio-linguistique** et sciences humaines, dont la géographie, coïncide avec leur essor commun durant la période structuraliste (Dosse, 1991), où la sémio-linguistique inspira de nombreux échanges interdisciplinaires.

Au début du siècle, Saussure reprend dans le domaine de la **linguistique** le concept de structure apparu au cours du siècle précédent et le reformule en termes de « système », pour lui donner une définition qui influencera longuement les sciences humaines. C'est ainsi qu'il déclare que l'objet à étudier, ce ne sont pas les termes mais les relations entre les termes ; et qu'un terme n'est défini que par les relations qu'il entretient avec d'autres, sa valeur ne naissant que par opposition et différenciation, ainsi que l'illustre la fameuse métaphore de la langue comme jeu d'échecs.

La même démarche permettra à la phonologie d'identifier les traits minimaux définissant les unités minimales ou phonèmes, producteurs de différences de sens sans être eux-mêmes dotés de sens. Menées par l'école de

Prague, autour de Troubetzkoy et Jakobson, ces analyses seront ensuite appliquées à d'autres dimensions linguistiques, comme la signification, que l'analyse componentielle traitera en termes de sèmes, unités minimales et distinctives. Elles exerceront aussi une influence considérable sur les sciences humaines : le cas de Levi-Strauss rencontrant Jakobson en exil aux Etats-Unis pendant la seconde guerre mondiale et suivant ses séminaires à l'Ecole Libre des Hautes Etudes de New York illustre de façon exemplaire ces rebondissements. Levi-Strauss utilise alors les principes de la phonologie pour dégager les règles régissant les structures de la parenté (1958-1970) et vise à travers ses analyses une science intégrée de la communication, dont il distingue trois niveaux (la communication des femmes, des biens et services, des messages) à traiter par la même méthode. Tenant ainsi compte de la multiplicité de systèmes de signes dont s'occupait l'anthropologie, Levi-Strauss affirmait lors de sa leçon inaugurale au Collège de France en janvier 1960 que l'anthropologie s'inscrivait dans le domaine de la "séméiologie" présenté programmatiquement par Saussure (1973).

La pensée de Saussure était reprise pendant les mêmes années par d'autres linguistes, sémioticiens et sémiologues : parmi eux A. Greimas qui reprend l'héritage saussurien à partir des prolongements qu'en donne Hjelmslev (1971). Selon le linguiste danois, le sens n'accède à la signification que par son articulation à une forme : car le sens est substance, et en tant que tel il est continu, c'est-à-dire non segmenté et non articulé. Le couple *signifiant/signifié* de Saussure est repris au sein d'un modèle à quatre termes par Hjelmslev qui articule plan de l'expression et plan du contenu – d'où se dégage la sémiosis – chacun étant à son tour articulé en forme et substance, seule la première étant retenue par l'analyse sémiotique.

Sur les traces de Hjelmslev, A. Greimas (1979) propose une « **sémiotique topologique** », qui distingue d'abord l'*étendue* de l'*espace* : la première constitue un continuum peuplé d'objets naturels et artificiels, une *substance* au sens de Hjelmslev, qui devient espace, c'est-à-dire *forme*, susceptible de servir en vue de la signification lorsque transformée par l'homme. Dans ce sens l'espace est une construction qui sélectionne certaines propriétés et certains niveaux pertinents de l'étendue. L'analyse va donc identifier les articulations qui permettent cette construction, telles que les oppositions entre ici et ailleurs, entre englobé et englobant, montrant que « l'appropriation d'une *topie* n'est possible qu'en postulant une *hétérotopie* : c'est à partir de ce moment seulement qu'un discours sur l'espace peut s'instituer » (1979), et cela en focalisant un des deux termes, en instituant un point d'observation, un lieu d'énonciation. Ainsi le langage spatial, par des procédures d'exclusion et d'opposition, entre le sacré et le profane, le privé et le public, l'interne et l'externe, permet à la société de se signifier à elle-même.

Ce jeu d'oppositions avait déjà été exploité par Levi-Strauss dans son analyse du village Bororo (1958), établissant une corrélation entre un signifiant spatial (correspondant à l'inscription d'une société dans l'espace) et un signifié culturel (correspondant à une lecture de cette société à travers l'espace). Ces corrélations, ainsi que la façon dont elles définissent l'émergence de la discontinuité à partir du continuum, ne sont-elles pas fort proches de la définition même de l'objet de la géographie, puisque cette définition suppose une discrétisation de l'étendue indifférenciée ?

1.2. Sémiologie et sémiotique

Un problème de terminologie, correspondant à une situation de complexité théorique et historique, se pose immédiatement dès qu'on veut renvoyer au champ disciplinaire de la sémio-linguistique : les termes de *sémiologie* et *sémiotique* se sont distribués au hasard dans certains cas ou se sont spécifiés selon les clivages théoriques dans d'autres ; il importe donc d'en caractériser brièvement la distribution.

Saussure intègre la linguistique dans une science plus générale, qu'il appelle **sémiologie** : « On peut donc concevoir une science qui étudie la vie des signes au sein de la vie sociale ; elle formerait une partie de la psychologie sociale, et par conséquent de la psychologie générale ; nous la nommerons sémiologie (du grec *semeîon*, "signe"). Elle nous apprendrait en quoi consistent les signes, quelles lois les régissent » (1972). Barthes (voir les articles réunis en 1985) et L. Prieto (1975) en reprendront chacun le terme, en renvoyant à la tradition saussurienne qu'ils développent toutefois dans deux directions différentes : la sémiologie de la communication de L. Prieto d'une part, la sémiologie de la signification de Barthes d'autre part. Le premier définit son objet comme le rapport social entre deux personnes, conçu comme un message transmis par un indice, produit intentionnellement par l'émetteur et reconnu comme tel par le destinataire, qui devient alors un signal. Le second en revanche s'occupe du rapport entre un indice et son indiqué lorsque cette relation est conventionnelle ; il se penche en outre sur la sémantisation du monde issue du fait que tout usage social est converti en signe de cet usage : ce faisant, il définit un domaine plus large que le premier. Mais L. Prieto, comme d'autres, montre qu'en fait le travail de Barthes opère une réduction de ce domaine, en s'occupant des systèmes significatifs non communicatifs d'une part (mode, nourriture, mobilier...) et en affirmant d'autre part la prédominance du système linguistique par l'hypothèse radicale selon laquelle percevoir une substance c'est recourir au découpage de la langue. D'où la prise en considération des phénomènes à travers leur seule formulation verbale et l'analyse de la mode par le biais de la « mode écrite », de la peinture à travers le discours sur la peinture, etc.

Par ailleurs, et se situant dans une toute autre tradition, J. Grize (Grize *et alii*, 1984) développe lui aussi une sémiologie, mais dans le sens d'une sémio-logique, une logique naturelle intéressée par le raisonnement, l'argumentation, la construction des objets.

A. Greimas en revanche utilise le terme de **sémiotique** – qu'il oppose à la sémiologie entendue comme une théorie qui se borne à l'étude du système et qui n'est que l'application du modèle du « **signe linguistique** » – qu'il définit comme une théorie de la signification. Elle vise la description du procès, et non seulement du système, et cherche à « expliciter les conditions de la saisie et de la production du sens » (Greimas et Courtès, 1979).

Le terme de **sémiotique** est toutefois utilisé dans une théorie radicalement différente : celle de Peirce, contemporain de Saussure, qu'il fonde aux Etats-Unis et qu'il identifie à la logique en la définissant comme une « doctrine quasi nécessaire ou formelle des signes » (1978).

Par rapport à une théorie de l'espace, P. Boudon (1981) reprend la distinction entre sémiologie et sémiotique pour caractériser deux ensembles de recherches : celles, d'une part, de F. Choay et de Barthes marquées par une construction méthodologique associant formes de l'urbain et discours sur cet urbain ; une analyse, d'autre part, des formes de l'espace qui ne dépend pas des discours qui s'y rapportent, proche d'une analyse morpho-syntaxique considérant les formes d'assemblage internes aux énoncés et entre un énoncé et l'autre. La sémiologie produit ainsi un discours qui est le métalangage de l'objet qu'elle se donne, ou mieux qui se donne à elle, phénoménologiquement, alors que la sémiotique construit un langage dont la grammaire restituerait l'objet. Ce dernier n'est pas donné mais construit, modélisé.

Cette complexité, aussi bien théorique que terminologique, indique qu'il est impossible de parler d'*une* **sémio-linguistique** – terme que nous utilisons ici comme terme général qui subsume la multitude des autres théories. Cet éclatement a sans doute été favorisé par le manque traditionnel de reconnaissance académique de la discipline, contrairement à ce qui s'est passé pour la linguistique, dont nous ne pourrons développer ici les apports spécifiques qui mériteraient une attention particulière. Plus positivement, cette situation confirme la vocation interdisciplinaire de la sémio-linguistique. Cette possibilité ne doit cependant pas faire illusion : car d'elle ont souvent procédé, faute d'explicitation et de maîtrise des concepts, des emprunts théoriquement hétéroclites, voire contradictoires, ou des applications hâtives et mécaniques de modèles simplifiés.

2. Les débats autour de géographie et sémiologie et leurs prolongements

2.1. Auto-réflexion disciplinaire et premier éveil

L'éveil des géographes à la problématique sémio-linguistique s'inscrit de fait dans le grand mouvement d'auto-réflexion disciplinaire qui a marqué et suivi le temps de crise des années 1960-1970 : désenchantement en regard des perspectives traditionnelles de la géographie régionale, développement des modèles théoriques et des méthodes quantitatives, apparition de la géographie radicale d'inspiration marxiste, en même temps que reviennent au centre des préoccupations, avec l'essor d'une géographie humaniste orientée sur le sujet, le quotidien, les logiques du monde sensible, les questions de sens et d'intention. La géographie semble devoir éclater dans toutes les directions. La réflexion épistémologique et critique, qui avait introduit le soupçon quant aux démarches traditionnelles, s'imposait pour accompagner et guider la nécessaire explicitation des problématiques nouvelles : la rupture entre la géographie traditionnelle et la nouvelle géographie était-elle une question de langage ? Mais à quel niveau ? Celui de sa formalisation logico-mathématique ou celui d'un métalangage propre à la discipline ?

L'image du monde comme livre ou texte – et non pas simplement comme palimpseste – et de la terre comme une œuvre à déchiffrer traverse depuis longtemps la culture occidentale. Elle a été prise en charge par la géographie, qui, à la fois, l'a développée dans le sens d'un mythe cosmographique et l'a rationalisée en réfléchissant aux modes de connaissance qui la caractérisaient. Elle a été reprise dans un passé récent par Dardel (1952). Si la terre est une « écriture à déchiffrer », voire une « signature des sociétés », elle est « implicitement pour Dardel un ensemble de signes ou pour le moins d'indices et dès lors elle peut relever d'une analyse sémiologique » comme l'affirme C. Raffestin en soulignant que *L'homme et la terre* précède d'un an *Le Degré zéro de l'écriture* de Barthes. N'est-ce pas la même idée que reprendra R. Brunet quelque trente ans plus tard, en intitulant « Le déchiffrement du monde » le premier tome de sa *Nouvelle Géographie universelle* ?

Lorsqu'il étudie des « structures conférées au monde par la culture, c'est-à-dire l'information du monde par des signes » (Raffestin, 1976), le géographe interroge des systèmes de signes à travers ses objets, qu'il s'agisse de paysages, de l'organisation du territoire ou des représentations que donnent de l'espace ceux qui l'utilisent, le vivent ou le disent, dans des cartes ou des discours. Il cherche un sens, et par là-même finit par le susciter. Redéfinissant l'objet de la géographie dans une perspective diachronique, J.P. Ferrier (1984) perçoit également la nécessaire relation à une sémiotique. Ainsi, dit-il, à partir du moment où « la géographie qui ne rend pas compte d'une substance, mais bien d'une forme, qui ne rend pas compte de la substance de la nature mais de la forme de la culture (...), aura à prendre en compte les processus de communication et de signification » en réalisant qu'ils s'inscrivent toujours dans un projet d'utilisation et donc dans des pratiques cognitives.

Malgré la reconnaissance *a posteriori* de Dardel comme précurseur explicite d'une convergence possible, il aura pourtant fallu attendre plus de vingt ans pour que la réflexion sur le rapport de la géographie à la sémio-linguistique donne lieu à un véritable débat, promu en 1974 par *L'Espace Géographique* qui ignorera pourtant les propositions de son devancier. Si P. Claval (1974) trace alors un parallélisme entre le fait que la période descriptiviste de la linguistique fut suivie par la recherche des faits de structure et les développements de la géographie, il cherche les précurseurs dans la géographie anglo-saxonne de *Landscape*, de l'école de Sauer, de Yi-Fu Tuan, ou D. Lowenthal – tout en reconnaissant les travaux de Lynch, R. Ledrut, F. Choay. De façon générale, les objets qui stimulent la discussion sont d'une part les échos aux premiers travaux sur l'image de la ville et sur le discours urbain et de l'autre l'analyse des paysages.

2.2. La métaphore du langage de la ville

L'image de la ville a été un champ de recherche qui, inauguré par les travaux de Lynch (1960) et de R. Ledrut (1973), s'est révélé important aussi bien pour les recherches géographiques que sémio-linguistiques. Les analyses de Lynch (1969) font émerger les éléments qui garantissent la lisibilité de l'urbain, tels que les voies, les limites, les quartiers, les nœuds, les points de repère. Leur dégagement obéit à une conception fonctionnaliste et « psycho-biologique » (Ledrut, 1973) de la qualité visuelle de l'environnement urbain, dont le rôle selon Lynch est celui d'un repère structurant, aussi bien pratique qu'historique ou culturel. De fait, l'image est rapportée à la fonction générale d'adaptation de l'individu. Alors que Lynch travaille sur le niveau dénotatif, Ledrut (1973) privilégie plutôt le niveau connotatif, en utilisant l'analyse componentielle pour rendre compte de l'image de la ville, articulée selon deux grands modèles : le modèle fonctionnaliste ou pratique, rapporté à une planification opérationnelle de la ville, et le modèle hédoniste ou vitaliste, davantage rapporté à l'histoire et au mythe ainsi qu'au vécu des sujets.

Se penchant sur des représentations qui ne visent plus la ville actuelle mais la ville virtuelle, F. Choay (1973, puis 1980) s'intéresse au rôle du langage verbal dans la constitution de l'espace bâti et aux discours instaurateurs, dont l'initiateur en Occident est Alberti. Ces **discours** peuvent se classer en deux types (1973) offrant des traits nettement distincts : les utopies et les **sémiogénies**, caractérisées par un type d'énonciateur (le je du voyageur qui fait le lien entre l'ici et l'ailleurs *versus* le je qui intervient pour appuyer ou critiquer la raison universelle), d'objet (une ville particulière et idéale *versus* la ville comme concept), de genre textuel (la description d'un état fixe *versus* le récit d'une genèse), de temps verbaux (le présent intemporel *versus* des temps et modes pluriels), définissant deux dynamiques textuelles fort différentes, qui voient s'opposer une dogmatique du besoin et une généalogie du programme.

Parmi les recherches ultérieures sur le discours planificateur, orientées vers une pratique et non plus vers un discours théorique de l'urbanisme, les analyses des villes nouvelles par S. Ostrowetsky, (1983), montrent à l'œuvre une sémio-genèse par laquelle un langage-objet se constitue et par laquelle il n'y a pas seulement qualification du processus de production urbanistique mais acte même de génération. Ce type d'approche permet de sortir d'une logique représentationnaliste pour envisager une logique performative, où « la façon dont l'espace est dit construit l'objet urbain » (1983). C'est cette conception du langage qui permet d'envisager le passage d'une approche basée obligatoirement sur le discours à une approche qui puisse reconnaître la spécificité et l'autonomie de l'espace en considérant les conditions auxquelles l'espace construit « agit » les pratiques qui le parcourent et en redéfinissant les lieux de l'articulation du social et du spatial (Ostrowetsky, 1992). En revanche, d'autres approches socio-sémiotiques mettront en relation signes et codes idéologiques avec des procès exo-sémiotiques tels que les dynamiques économiques et politiques (Gottdiener, 1985).

De façon plus générale, les approches de l'urbain inspirées de la sémiolinguistique développeront plusieurs points de vue, dont la distinction est importante afin d'éviter de confondre différents niveaux dans la métaphore du « langage de la ville », par rapport à laquelle le texte même de Barthes, (1985) sur la sémiologie et l'urbanisme est très prudent. Elles privilégient tantôt la matérialité et la texture de la structure urbaine tantôt le **discours** que l'enquêteur recueille sur la ville ; elles se situent soit du point de vue de la production ou de l'émetteur (abstrait ou bien incarné dans les décideurs, les planificateurs, ou les urbanistes) en proposant des grammaires génératives de l'espace soit du point de vue du récepteur et développant alors des modèles interprétatifs.

2.3. Paysage et intertextualié

L'analyse du paysage a été l'autre objet à partir duquel interroger les instruments de la sémio-linguistique, vus en 1974 comme une possibilité de renouvellement de la géographie de la perception. La notion même de paysage était encore problématique en géographie – partagée entre les approches ontologiques, les théories du reflet, les modèles mécanicistes de la communication et les difficultés de définir la représentation – : en reconnaissant que le paysage « est fait de signes sans pour autant être un *système de signes* » (Brunet, 1974), le débat permettait surtout de l'interroger en tant que notion et de se demander quelle place elle occupait dans l'appareil théorique.

Plus tard, le paysage comme *texte à lire* sera développé dans le domaine anglo-saxon, donnant lieu là aussi à une réflexion épistémologique sur le fonctionnement social du paysage, à approcher transversalement en recourant à l'histoire de l'art, à l'histoire sociale et à l'anthropologie (Cosgrove et Daniels, 1988), et à entendre comme un texte qui résulte de la transformation d'idéologies en une forme concrète et qui donc constitue une occasion privilégiée d'approcher l'espace comme naturalisation de l'idéologie. En prônant une analyse non naïve et non réaliste du paysage, contrairement à l'investigation empiriciste qui a conduit à sa réification par la pensée géographique elle-même, J. Duncan (1990) propose une lecture du paysage fondée sur la notion d'intertextualité : le paysage comme texte ne peut être lu qu'en rapport à un contexte constitué par d'autres textes, manifestés par d'autres mediums, s'intégrant dans la culture considérée comme un système de significations, et participant ainsi de façon constitutive aux processus de reproduction et de contestation des rapports sociaux et politiques.

Si l'interrogation du paysage comme texte a privilégié sa dimension de médiation symbolique, elle a aussi posé chez d'autres auteurs la question de l'intégration de différentes approches systémiques, dans l'appréhension du paysage dans sa matérialité pour chercher les fondements écologiques de sa sémiotique et décrire les lieux d'émergence de son sens (Berdoulay et Phipps, 1985). Stimulant l'intégration de nouveaux discours ou le renouvellement du discours géographique, l'interrogation d'une approche sémio-linguistique tend constamment à une explicitation des conditions de construction des objets géographiques.

Ainsi, M. Ronai (1976) cherche à expliciter les tenants et aboutissants d'une « géosémie » qui selon lui permettent de dépasser les naïvetés enveloppant la vue et la description géographiques, en reconnaissant l'action des réseaux de codification et d'interprétation. Au même moment, C. Raffestin (1976) s'interroge sur la métaphore de l'espace culturel comme texte, reprise de Lotman et Uspenskij : la transformation d'une forêt en un terrain agricole est la transformation d'un non-texte en un texte, accomplissant outre des fins pratiques une conservation de la mémoire culturelle et sociale. C. Raffestin (1978) appellera ce texte « géostructure » et sa représentation par une connaissance théorique un « géogramme » qui en fournit le modèle en termes d'assemblage et de combinaison de signes. La question du texte permet ainsi de réfléchir aux modèles et aux codes géographiques : elle permet par exemple à C. Raffestin (1976) d'illustrer la pertinence de la notion de code en montrant que celui qui sous-tend la géographie politique parlant du territoire est un code géométrique, entraîné par le recours à la carte qui, à travers la vision zénithale qu'elle impose, impose aussi une topographie géométrique. Ainsi l'analyse de l'espace comme système de signes semble obliger le géographe à une réflexion sur le métalangage utilisé dans sa pratique et, partant, sur le type de modèle qu'il privilégie. Elle le conduit même bien au-delà (Raffestin, 1986) : à considérer la géographie comme l'une des parties d'une science générale à élaborer qui étudierait et chercherait à théoriser la pratique et la connaissance des arrangements spatiaux au sein de la vie sociale, qu'il propose de nommer « diathétique », du grec signifiant « arranger », « disposer ».

2.4. Pratiques et pertinence

A côté de la reconnaissance des figures de la sémiologie française telles que Barthes, de la sémiotique italienne (Eco) et russe (Lotman), un autre pôle théorique, représenté par la sémiologie de L. Prieto (1975), a lui aussi joué son rôle chez les géographes français, notamment par la définition qu'il offrait de l'objet des sciences de l'homme, portant sur les façons de connaître la réalité matérielle, et constitué donc de connaissances de connaissances. De même, selon C. Raffestin, la géographie humaine consiste à expliciter la connaissance de la connaissance et de la pratique que les hommes ont de cette réalité qui est dénommée espace. Approfondissant la nature de cette connaissance, C. Hussy (1980) précise en quel sens, pour le géographe, elle dépend toujours d'une pratique, rapportée à un projet et à un point de vue qui en définissent la pertinence. La mise en rapport des finalités et des moyens définit la sémiose, que C. Hussy distingue, en s'inspirant de Piaget, en sémiose assimilative, aménageant la réalité aux fins du sujet, et sémiose accomodative, adaptant les fins du sujet aux moyens à disposition – les deux caractérisant en s'opposant les positions de l'aménageur et de l'usager, au centre ou aux marges.

2.5. Morphogenèse et symbolisation

Plus récente est la rencontre théorique entre le projet de théorie structurale générale de la géographie de G. Ritchot (1991) et les travaux de J. Petitot, qui développe la théorie des catastrophes de R. Thom en intégrant des éléments de la sémiotique de A. Greimas. Son projet reprend celui d'une « sémio-physique » de R. Thom, d'une morphogenèse qui décrit une couche morphologique déterminée par les singularités des processus physiques sous-jacents, qu'elle conçoit non seulement comme étant inhérents à l'être physique mais aussi comme étant phénoménologiquement saillants. Cette conception se révèle proche de la conception de la géographie structurale qui considère que « les morphologies géographiques sont structurées par une géométrie abstraite qu'engendre une dynamique interne dont l'existence n'est accordée qu'au terme d'une démonstration explicite » (Ritchot, 1991). L'explicitation de la démarche prend appui sur la théorie de la morphogenèse (Petitot, 1985), qui permet de conceptualiser le parcours dessiné par les phénomènes d'établissement humain. Ceux-ci sont considérés d'une part comme relevant d'une structure morphologique abstraite qui contraint la spatialisation, d'autre part comme reposant sur les dimensions fondamentales du sens symbolique et anthropologique. Dès lors l'espace géographique est décrit comme l'actualisation de représentations symboliques au moyen de l'appropriation, qui est une dynamique interne définie par des trajectoire de mobilité. Dans ce modèle la mobilité est première (c'est le nomadisme sélectif urbain qui définit la ville) et fonde une typologie des mouvements et des espaces, selon les figures de la concentration, de la dispersion, de l'évasion, du rassemblement.

3. Le langage des géographes

Nous avons vu que les points de convergence entre une problématique sémio-linguistique et les débats en géographie ont moins stimulé des recherches empiriques (cela a plutôt été le cas de la sémiotique de l'espace) qu'une réflexion et une explicitation théorique des présupposés de la pratique géographique. Au sein de cette démarche, une des approches possibles consiste à se pencher sur la production scientifique de la géographie elle-même constituée de différentes manifestations sémio-linguistiques (discours, cartes, diagrammes, ...) susceptibles d'être traitées comme des objets d'analyse (Ouellet, 1986). Ceci permet de mieux saisir les phénomènes qui caractérisent la science en train de se faire et d'expliciter ses présupposés, d'identifier un langage éventuellement spécifique et de contribuer à l'histoire de la discipline, dans le but de motiver une réflexion épistémologique par une analyse de ses modes d'inscription.

3.1. Les enjeux critiques

Ces travaux intéressent la géographie dans la mesure où elle-même a parfois réfléchi sur le statut des différents **langages** qui s'y articulaient. Ainsi la critique radicale de la pensée géographique par G. Olsson (1980) entreprend une réflexion qui reconnaît que le rapport entre les mots et les choses sont plus complexes que ce que les sciences sociales admettent habituellement et qui fonde son épistémologie sur une critique du langage. De même, l'approche historique et critique par F. Farinelli (1985) de la géographie bourgeoise allemande montre que l'opposition entre deux manières de concevoir la discipline, la *Geographie* et l'*Erdkunde*, le savoir aristocratico-féodal et le savoir bourgeois, se fonde précisément sur l'opposition entre des actes de connaissance qui utilisent deux langages différents : la carte et le texte, la mesure et la description qualitative. Ainsi Ritter défend la puissance du discours contre la forme contraignante de la carte, qui impose par ses effets objectivants une vision du monde (1985).

Ces deux apports critiques montrent l'enjeu que représente pour la géographie l'analyse du langage qu'elle adopte. Le but en est d'expliciter le rapport qu'elle construit entre ses représentations et le territoire (Dematteis, 1985) et de réfléchir aux conséquences de la transformation de ses modèles, par exemple dans le passage du **langage** morpho-fonctionnel du paysage à celui, logico-mathématique, de l'espace (Raffestin, 1978). L'analyse du langage des géographes n'est pas nouvelle – pensons aux travaux classiques de de Dainville et de Hard – mais elle s'élargit en prenant en compte les modalités du discours géographique. Ainsi V. Berdoulay (1988), par exemple, identifie l'hétérogénéité des genres discursifs de la géographie (genre énumératif des statistiques, prescriptif dans aménagement du territoire, descriptif dans les récits de voyage, etc.), en indiquant le rôle d'une rhétorique dans les positionnements successifs de la géographie par rapport aux autres domaines du savoir et par rapport à la demande sociale qui lui était adressée. L'histoire des modes rhétoriques et celle des attitudes théoriques coïncident donc, mais dans une approche qui renvoie davantage à l'histoire des idées qu'à une analyse formelle de l'argumentation géographique. D'autres analyses sont en effet possibles, attentives à relier les conditions de possibilité de la connaissance de l'espace à des modalités discursives propres ou à une analyse des modes de production du savoir à travers ses modes d'inscription dans la matérialité des représentations (Latour, 1985).

3.2. Cartes à lire, cartes à voir

Le terrain privilégié pour saisir les formes de rationalité qui ont caractérisé la géographie et leur manifestation sémio-linguistique reste la cartographie. S'il existe d'excellents travaux sur son histoire, les approches sémiotiques ou sémiologiques de la carte ne sont pas légion. En 1967 J. Bertin montrait que si les codes de la cartographie sont conventionnels, ils sont aussi motivés. Ils ont le rôle de rendre lisible la carte, en la mettant en situation de répondre à deux ordres de questions : d'une part, étant donné un lieu sur la carte, savoir dire ce qui s'y trouve ; d'autre part, étant donnée une propriété figurée par un symbole de la carte, savoir dire où elle se localise, comment elle est distribuée. Ainsi J. Bertin distingue deux types de carte selon ces deux modes, le premier donnant une *carte à lire*, et le second une *carte à voir*, l'idéal restant la réalisation des deux tâches par une même carte. Cette approche veut être un argument en faveur de la généralité des processus fondamentaux régissant la carte ; elle pose le problème des unités minimales de la cartographie et de leur articulation en une véritable grammaire, dont il faut décrire à la fois les possibilités combinatoires et la syntaxe.

Une étude récente, signée par C. Jacob (1992) propose une synthèse des mécanismes formels de la carte et de leurs effets pragmatico-interprétatifs. La carte est gouvernée par un projet d'intelligibilité et de visibilité des connaissances constamment pris entre son pouvoir de séduction imaginaire et la rationalité qui l'investit et la rend possible. Entre les deux, les jeux du pouvoir et du savoir qui régissent le choix d'un langage spécifique, mêlant langage verbal (de la plasticité du discours aux désignateurs rigides que sont les toponymes) et langages non-verbaux (figures, lignes, points), référence et autoréférence, transparence et opacité. Son dispositif formel peut être analysé à partir de l'opération fondamentale de délimitation de l'espace de la carte par son cadrage, qui impose un point de vue permettant un quadrillage géométriquement homogène qui soumet la surface de la carte à un ordre global de la raison. En son sein se disposent les irrégularités des tracés, composant des espaces où se distribuent syntaxiquement d'autres éléments graphiques, proposant une mise en ordre qualitative et non plus quantitative : iconographies (emblèmes de villes, mais aussi monstres marins) et calligraphies (toponymes). Sont ainsi définis de multiples itinéraires du regard, toujours resaisissables par une lecture taxinomique et paradigmatique, et qui renvoient à une pragmatique de la carte, à son mode d'emploi et à ses usages : support mnémotechnique, synthèse monumentale, mise en ordre homogénéisante d'une spatialité, efficacité représentationnelle qui est aussi pouvoir performatif, instaurant l'espace même qu'elle prétend décrire et qu'elle gouverne de fait.

3.3. Chorèmes et structures élémentaires de l'espace

Si la sémiotique de la carte recherche les règles de composition des unités minimales d'un langage géographique, le développement de la théorie des chorèmes (Brunet, 1980, 1987) illustre le rôle de ces unités dans la pratique même du géographe. Déjà en 1968 R. Brunet avait mis en évidence, à partir des quartiers ruraux par exemple, des structures élémentaires de l'organisation de l'espace, rendant compte des « discontinuités » qui fondent l'émergence de l'espace géographique et permettent de réfléchir sur les logiques des productions et des mutations de structures. Plus tard, Brunet propose un inventaire d'unités élémentaires, les **chorèmes**, dont la combinaison permet de (re)-construire les organisations spatiales concrètes qu'observe le géographe sous forme de modèles. Le **chorème** se voudrait ainsi comme le chaînon manquant à la théorie géographique pour articuler les structures élémentaires de l'espace en général et les singularités des espaces particuliers, pour dénouer ainsi la contradiction classique entre le nomothétique et l'idiographique (Brunet, 1980). Trois figures géométriques de base fondent la structure élémentaire : le point, la ligne et la surface. En se combinant elles définissent sept signes de base, l'aire, le point, la ligne, le flux, le passage, la variation ou polarisation (le plus et le moins) et le gradient, qui permettent, par composition et combinaison, de produire toute l'organisation de l'espace. Ces signes deviennent alors l'alphabet de la géographie, par quoi « s'écrivent » les formes des espaces produits par la société.

R. Brunet constatera lui-même qu'un glissement s'est opéré du concept de chorème à sa figuration, du chorème entendu comme structure élémentaire d'un espace à sa représentation graphique. Ce figement, qui par ailleurs a été relevé comme étant le propre de la carte, transforme le statut du concept, défini comme l'articulation entre une configuration spatiale et un processus de domination/appropriation, en un signe dont le signifiant serait la représentation graphique et le signifié le chorème. Le linguiste R. Jolivet (*in* Jolivet et Nicolas, 1991) a montré les conceptions sémiologiques différentes dont relèvent ces deux statuts. Ce type de problème montre bien l'intérêt d'une réflexion épistémologique sur le rapport entre discours géographiques et présupposés théoriques.

4. Perspectives

Au-delà des effets de mode et des transferts conceptuels métaphoriques, il convient de s'interroger sur la fécondité actuelle ou virtuelle de la géographie et des disciplines sémio-linguistiques. L'utilisation très partielle qui a été faite des possibilités théoriques proposées par la sémio-linguistique est frappante. Alors que l'article de Barthes sur la sémiologie urbaine, plein de tâtonnements et d'interrogations, a eu une emprise certaine sur de nombreux géographes, d'autres contributions théoriques, plus structurées et réellement opératoires, n'ont pas eu d'échos.

Dans ce qui suit nous indiquerons trois niveaux auxquels a été pensé ou est pensable un échange disciplinaire : ils concernent une théorie de la signification, une méthodologie de traitement des données et une série d'études de cas.

La pratique du géographe, dès lors qu'elle reconnaît comme objet non seulement la matérialité d'un territoire, mais les perceptions, les représentations, les médiations symboliques qui le parcourent, est constamment confrontée à des problèmes de construction, négociation, transformation, imposition d'ordres signifiants. La prise en compte de cette dimension nécessite une réflexion théorique sur leur rôle dans la constitution du lien et de l'identité sociale ainsi que dans l'émergence de l'espace public et de la territorialité, et plus spécifiquement sur les mécanismes de signification qui en sont à l'origine. L'apport des théories sémio-linguistiques est à comprendre à cet égard non pas comme une application naïve à l'analyse, mais comme un questionnement de l'intégration possible d'une théorie de la signification dans l'approche des phénomènes visés.

Ceci concerne aussi le deuxième niveau de convergence : la géographie, comme d'autres sciences sociales, utilise des techniques d'enquête qui ont constamment à faire avec des manifestations sémio-linguistiques, comme la parole de l'informateur, des documents d'archives, des textes, photos, cartes, etc. L'objet sur lequel travaille le géographe ce sont donc souvent des « schématisations », au sens de J. Grize (1984). Leur analyse s'appuie nécessairement d'une part sur une conception du langage (verbal ou non-verbal) au sein des processus sociaux, d'autre part sur une méthode de traitement qui doit en reconnaître la spécificité et les règles autonomes si elle veut éviter des biais importants dans l'enquête. A cet égard, la discussion sur les méthodes employées en sciences sociales pour le traitement des entretiens et d'autres matériaux discursifs devrait tenir compte des apports de la linguistique textuelle et discursive ainsi que de ceux de l'analyse conversationnelle (Barberis, 1986 ; Mondada, 1991) – qu'il nous est impossible de traiter dans les limites de cet article.

Plus particulièrement, l'élargissement de l'enquête géographique à d'autres documents, comme l'œuvre littéraire, qui a caractérisé certains travaux de la géographie « humaniste » américaine impose la prise en compte spécifique de l'autonomie des contraintes textuelles, que la sémiotique traite depuis longtemps dans ses analyses, notamment aux niveaux narratif, figuratif et celui, plus récent, passionnel, (Bertrand, 1985 ; Geninasca, 1984), afin de concevoir les textes pour ce qu'ils sont, des médiations complexes, et non des « reflets » caricaturaux de la réalité.

Emerge ainsi le troisième niveau auquel il est possible de concevoir les apports possibles d'une **sémio-linguistique** à la géographie : il concerne les propositions générales qu'elle a énoncées sur l'espace, ainsi que les études de cas portant sur l'architecture, la ville, la région que nous ne pouvons développer ici. (voir la synthèse de Lagopoulos, 1986 et Mondada, 1989 ; les ouvrages collectifs dirigés par Boudon, 1977 ; Regnier, 1984 ; Lagopoulos, 1985 ; Pellegrino, 1992). Si ces travaux demeurent le plus souvent inconnus des géographes, ils sont susceptibles d'illustrer des modes possibles d'analyse des phénomènes signifiants à l'œuvre dans l'espace.

Ces trois niveaux, auxquels d'autres pourraient s'ajouter, veulent indiquer des pistes de recherche qui ne concernent pas seulement les rapports de la géographie avec la sémio-linguistique, mais plus généralement aujourd'hui avec les sciences du langage, dont les développements récents seraient à prendre en considération.

Lectures recommandées

Brunet R. éd., 1974, Géographie et sémiologie, *L'Espace Géographique*, n° 2.
Dardel E., 1952, *L'homme et la terre. Nature de la réalité géographique*, Paris, PUF.
Greimas A. éd., 1979, *Sémiotique de l'espace*, Paris, Gonthier.
Ledrut R., 1976, La Ville et le Sens, *L'espace en question*, Paris, Anthropos.
Pellegrino P. éd., 1992, *Culture architecturale, culture urbaine*, Paris, Anthropos-Economica.

Mots-clefs

Chorème,
Discours,
Langage,
Linguistique,
Métalangage,
Sémiogenèse,
Sémio-linguistique,
Sémiologie,
Sémiotique,
Signe.

Géographie et statistique

15

Lena Sanders

Les liens entre la géographie et la statistique sont d'origine ancienne mais leur développement est assez récent. Ils apparaissent tant dans les objets que dans les moyens utilisés dans ces deux disciplines. Le terme **statistique** recouvre en effet plusieurs significations :

— le recueil et la présentation d'informations et de données, sur les hommes, les activités, les ressources. La statistique a pour objet premier de dénombrer, de recenser les populations humaines mais elle s'est vite étendue à l'analyse de tous les objets et trouve des applications dans toutes les sciences. Sa terminologie est cependant héritée de ses premiers champs d'application : les mots d'« individu » et de « population » sont utilisés, que l'individu soit un homme, un ménage, un pays ou une particule physique. La population désigne alors tout ensemble cohérent et exhaustif d'individus, l'ensemble des ménages d'une ville, l'ensemble des pays du monde ou l'ensemble des particules composant un gaz dans un espace clos.

— La statistique est aussi l'ensemble des méthodes et des techniques qui permettent de classer ces données, expliquer les tendances qui en ressortent, dégager et interpréter les régularités sous-jacentes. Ces méthodes sont de nature variée et font référence à des niveaux théoriques différents sur le plan mathématique selon l'importance des hypothèses introduites *a priori* sur les distributions analysées. Ainsi, la statistique descriptive, comme son nom l'indique, regroupe les méthodes qui permettent simplement de décrire et d'organiser l'information, d'en résumer les principales tendances. La statistique mathématique repose sur le calcul des probabilités et implique des hypothèses sur la forme des distributions analysées. Elle permet de procéder à des généralisations, d'inférer des résultats élaborés sur un échantillon à une population plus large, de tester des hypothèses et donc d'analyser plus profondément les processus qui sont à la base des organisations que l'on analyse. Enfin, l'**analyse des données** est un champ plus récent de la statistique qui repose sur une approche géométrique multidimensionnelle, et qui permet, sans introduire d'hypothèses *a priori*, d'analyser des phénomènes complexes et imparfaitement connus.

1. Présentation historique

Bien avant que le terme lui-même n'existe, la statistique a été pratiquée depuis la plus haute antiquité dans toutes les grandes civilisations pour dénombrer les hommes et les richesses. Les plus anciens recensements remontent à la civilisation sumérienne (5 000 avant J.C.) et les Chinois utilisaient des tables de statistiques agricoles il y 4 000 ans. La pratique des recensements est en général le fait de gouvernements forts et centralisés, afin d'estimer les potentiels militaire et économique de royaumes étendus. Le mot « statistique » qui n'a été créé qu'au XVIIe siècle tire d'ailleurs son origine du mot latin « status », relatif à l'état.

C'est au XVIIe siècle que l'on souligne pour la première fois l'existence de certaines permanences, la stabilité de certains rapports comme le pourcentage de naissances et de décès ou le nombre d'enfants par femme. Au XVIIIe siècle, les démographes commencent à mettre en évidence des régularités derrière le désordre apparent des observations isolées et le pasteur Süssmilch (1707-1767), statisticien et démographe souligne « dans le détail il semble que tout apparaisse sans ordre : il faut rassembler bien des faits individuels au long des années, et réunir ensemble bien des provinces, pour mettre ainsi à jour les principes cachés de l'Ordre divin » (cité par Benzécri, 1982). L'explication théorique de ce type de phénomène est donnée par le mathématicien J. Bernouilli qui montre comment on peut parvenir à des quasi-certitudes en répétant suffisamment de fois une expérience totalement aléatoire. Ses travaux sont à la base de l'inférence statistique.

La mise au point du coefficient de corrélation est dûe à F. Galton au milieu du XIXe siècle. Celui-ci est biologiste, anthropologue, psychologue et... géographe. Membre de la Royal Geographic Society, il est entre autres le créateur du terme d'anticyclone et le premier à élaborer une théorie sur ce concept (Droesbeke et Tassi, 1990). Il s'intéresse à l'application des statistiques à de nombreux domaines des sciences humaines mais pas à la géographie dont les problématiques de l'époque, plus orientées vers les voyages et les découvertes, ne sont pas encore adaptées à une approche statistique. La découverte de la corrélation représente un premier pas vers l'analyse des relations entre les phénomènes et constitue le début de l'histoire des statistiques multidimensionnelles. L'économie, la démographie et la psychologie sont en fait les domaines des sciences humaines qui ont eu le plus d'interaction avec la statistique.

L'utilisation étendue et systématique des outils statistiques en géographie ne se fera qu'un siècle plus tard, vers la fin des années 1950 avec le développement de la géographie quantitative et la diffusion très rapide de concepts, de méthodes, de techniques très nouvelles dans la discipline.

Ce mouvement est parti des Etat-Unis, surtout de l'Université de Washington à Seattle où se trouvent réunis dans les années 1950 un nombre important de géographes dont les travaux vont marquer la géographie (Berry, Morrill, Tobler, Dacey, Garrison, Bunge...). Ils se dispersent par la suite dans les universités américaines et « la révolution quantitative s'étend comme un processus de diffusion » (Haggett, 1991). P. Haggett décrit cette diffusion *(figure 1)* et montre par quels intermédiaires les idées nouvelles se développent en Europe. Il souligne également l'importance du Suédois T. Hägerstrand dont le séjour aux Etat-Unis a permis d'y faire connaître ses travaux sur la diffusion des innovations. Parallèlement, celui-ci introduit les nouvelles méthodologies américaines en Scandinavie. La « nouvelle géographie » connaîtra ainsi une diffusion rapide en Scandinavie, en Grande-Bretagne et aux Pays Bas. Le schéma de P. Haggett sous-estime cependant le rôle de Chicago et celui des géographes canadiens, notamment du Québec, par l'intermédiaire desquels surtout, les géographes français vont entrer en contact avec la géographie quantitative.

Les années de grand changement s'étalent de 1950 à 1970. C'est au cours de cette période de renouveau conceptuel et de développement de nouvelles méthodologies que l'utilisation des techniques statistiques pour analyser des problèmes géographiques se développe : statistique descriptive, statistique inférentielle, modèles de régression, analyse de la variance etc. Dans les années qui suivent on assiste simultanément à un recul de l'intérêt spécifique pour la géographie quantitative et à de grands progrès sur le plan méthodologique.

En France, l'utilisation de techniques statistiques pour résoudre des questions de géographie s'est diffusée suivant plusieurs canaux. Dès 1948, C.P. Péguy écrivait une « introduction à l'emploi des méthodes statistiques en géographie physique », et soulignait que « comme toute science adulte, la géographie de la seconde moitié de ce siècle sera appelée à faire un appel de plus en plus constant aux méthodes mathématiques ». En 1956 ce même auteur publie un cours sur l'application des statistiques « aux sciences géographiques ». Très complet sur le plan de la statistique univariée et bivariée, ce cours est particulièrement intéressant dans le sens où la présentation et les interprétations sont faites en termes géographiques et pas seulement statistiques. Mais ces ouvrages connaissent une diffusion trop limitée et le recours plus large aux outils statistiques dans la recherche géographique ne se fera que plus tard, avec les séjours de géographes francophones en Amérique du Nord. Leurs travaux, empreints de « Nouvelle Géographie » influencent la géographie française (Marchand, 1972 ; Reymond et Racine, 1973 ; Claval, 1977 ; Bailly).

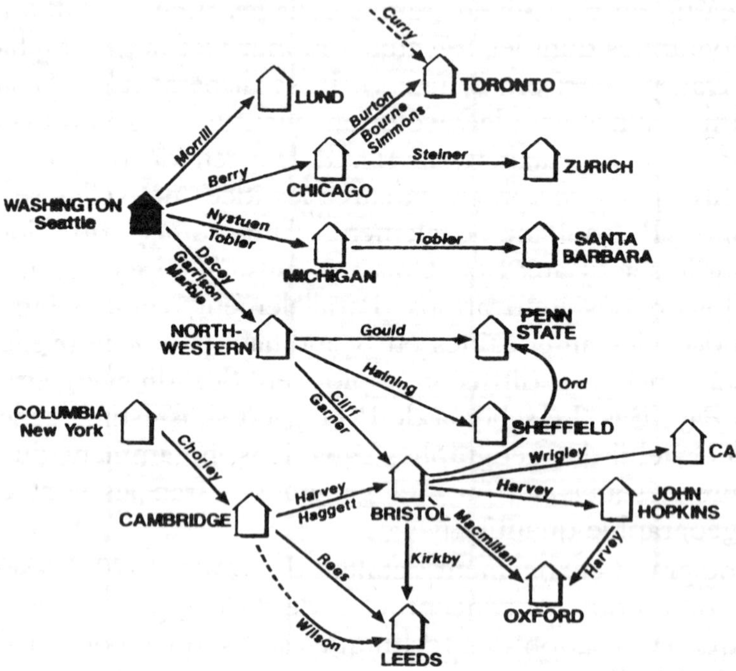

Figure 1 « La révolution quantitative vue comme un processus de diffusion. Un schéma simplifié et incomplet des déplacements des géographes à partir de deux universités innovatrices dans les années 1950 et 1960 »
Hagett, 1991.

Dans les années 1970, beaucoup de géographes français sont ainsi sensibilisés à l'intérêt des méthodes statistiques et suivent des formations auprès de mathématiciens et de statisticiens français. L'UFR (Unité de Formation et de Recherche) de statistique et de logique formelle de l'Université Paris 5 (Barbut, Deniau, Guillebaud, Oppenheim) joue un rôle de diffusion important avec l'organisation d'enseignements dans le cadre de l'Ecole Pratique des Hautes Etudes. Les stages de formation permanente du CNRS (Centre National de la Recherche Scientifique) contribueront également à la diffusion de l'usage des statistiques en géographie. Il est, de ce point de vue, intéressant de noter les différences entre les terminologies utilisées, en analyse des données surtout, d'une part par les géographes français formés auprès des géographes anglo-saxons et d'autre part par ceux ayant suivi une formation auprès de statisticiens français : pour les uns, saturations, notes factorielles, scores ou poids locaux..., pour les autres, coordonnées, projections, contributions... Les travaux de J.P. Benzecri et notamment sa mise au point de l'analyse des correspondances ont influé sur la manière d'appliquer l'analyse des données des géographes français. Outil descriptif, rendu puissant par les progrès de l'informatique et surtout dépourvu des contraintes sur les distributions statistiques des variables qui accompagnent la plupart des méthodes statistiques, les méthodes d'analyse des données ont pu jouer un rôle plus complet et original dans la géographie française que dans les autres pays.

La diffusion de l'utilisation des statistiques en géographie s'est aussi faite par d'autres canaux :

— la parution en français, à l'initiative de P. Pinchemel, de l'ouvrage de base de P. Haggett (1973) ;

— l'organisation de séminaires et de colloques réguliers : les colloques de Besançon réunissant tous les deux ans des géographes et des statisticiens ont joué un grand rôle dans la diffusion des méthodes d'analyses des données dans les années 1970 et la première partie des années 1980 ; les colloques Géopoint qui ont eu lieu à partir de 1976 à l'initiative du groupe Dupont et des universités de Lausanne et de Genève ont fortement contribué à diffuser les méthodologies nouvelles et à développer une réflexion sur leurs apports ;

— les revues de géographie : l'*Espace Géographique*, fondé en 1972, publie régulièrement des articles présentant des nouvelles méthodes statistiques et leurs applications ainsi que des réflexions et des mises au point sur l'intérêt de leur utilisation en géographie ; certaines revue régionales ont aussi été très innovantes dans ce domaine, entre autres, la *Revue de Géographie de l'Est*, les *Travaux de l'Institut de Géographie de Reims*, les *Cahiers de Géographie de Rouen*, les *Cahiers de Géographie de Besançon*, les *Brouillons Dupont*.

2. Statistique et problématiques géographiques

Durant ces trente dernières années une pratique de plus en plus courante des méthodes statistiques s'est ainsi mise en place progressivement en géographie. Les techniques permettant de représenter, décrire et résumer les données font partie des méthodes couramment utilisées par le géographe lors de ses recherches. Ces techniques sont d'autant plus utiles aujourd'hui que la masse des informations se multiplie et que la diffusion et les progrès de l'informatique rendent leur utilisation facile et efficace.
L'individu statistique traité en géographie peut être de plusieurs types :

— une unité spatiale issue du découpage d'un espace continu, soit administrative comme la commune, la région, le pays, soit correspondant à une réalité physique comme une vallée, un bassin hydrographique ;
— une entité localisée dans l'espace, un ménage, une firme, une exploitation agricole à une échelle micro-géographique, ou un hameau, un village, une ville à un niveau d'agrégation plus élevé ;
— un flux, un échange entre deux lieux géographiques, courant migratoire, flux de marchandises, échange d'information ou flux financier.

Ces exemples permettent de répertorier la plupart des applications mais il est possible de construire des objets géographiques ou des « individus spatiaux » plus complexes ou plus abstraits. Ceux-ci peuvent être définis à des échelles très différentes, du niveau de l'individu à celui de l'agrégat le plus général. La géographie s'intéresse spécifiquement aux variables qui caractérisent ces objets et à leur distribution dans l'espace : Quels sont les principes de l'organisation de l'espace ? Y a-t-il des régularités, des gradients, des spécificités locales ? Comment s'agencent les points forts et les points faibles de l'espace, ses pleins et ses vides ? Quelle est la nature de ses principales différenciations ? Telles sont les questions de la géographie auxquelles l'usage des statistiques permet de donner des éléments de réponse. Afin de faire clairement ressortir le lien entre les problématiques géographiques et les méthodes statistiques, les questions géographiques peuvent être classées en quatre sous-ensembles.

2.1. L'analyse des distributions dans l'espace : tendance, dispersion et concentration

Le problème le plus simple et le plus courant en géographie est l'analyse de la répartition d'un phénomène dans l'espace. Ce phénomène peut être décrit par une ou plusieurs variables de nature différente :

— quantitative comme la mortalité infantile dans les différents pays du monde, les échanges migratoires entre les régions d'un pays par exemple,
— ou qualitative comme la couleur politique d'une municipalité ou d'un état par exemple, ou encore une variable de type présence/absence telle l'existence ou non d'un certain type d'équipement dans les communes rurales d'une région.

Alors que la cartographie permet de visualiser les régularités et les regroupements dans l'espace, les indicateurs statistiques les plus simples permettent de caractériser la **tendance** centrale (moyenne, médiane, mode) et de mesurer de manière synthétique le degré d'homogénéité d'une répartition par un indicateur de **dispersion** (étendue, écart-type, coefficient de variation, quantile) ou de **concentration** (indice de Gini).

Exemple : supposons que l'on s'intéresse à l'évolution des densités de population à l'échelle communale entre deux dates t_1 et t_2. Trois types de changements peuvent se produire et se combiner :
— la densité peut augmenter ou diminuer de façon globale,
— les différences inter-communales peuvent s'accentuer ou au contraire évoluer vers une plus grande homogénéité,
— la forme des différenciations intercommunales, c'est-à-dire la distribution géographique des densités, peut changer.

Les deux premiers types de changement peuvent être analysés par des indicateurs de statistique descriptive, tendance centrale et mesure de dispersion, le troisième nécessite une analyse de la carte et/ou l'utilisation de méthodes plus sophistiquées. Cartographie et indicateurs statistiques sont complémentaires dans l'approche statistique : à une même organisation géographique peuvent en effet correspondre des tendances moyennes et des niveaux d'hétérogénéité divers. Par ailleurs la statistique est utile pour la construction même d'une carte, par exemple pour déterminer de manière objective les limites de classes (Libault, 1951).

Par ailleurs, des indices sont utilisés pour mesurer le degré de concentration d'une distribution, notion complémentaire à celle de dispersion. Les plus classiquement utilisés sont l'indice de Gini qui a été mis au point pour les économistes ou des mesures fondées sur l'entropie, notion qui nous vient de la physique. Un indice qui tient compte de la spécificité de l'espace géographique a été élaboré par C. Tricot (Tricot, Raffestin, Bachmann, 1974 et *chapitre 23*).

L'application de ces techniques simples à la géographie a été diffusée grâce à des ouvrages de base destinés aux géographes (Béguin, 1979 ; Chadule, 1987).

2.2. Les combinaisons spatiales

La réalité géographique est rarement univariée et plusieurs variables sont le plus souvent nécessaires pour décrire complètement un phénomène. L'attractivité des villes, par exemple, est ainsi fonction d'une combinaison de critères aussi différents que le revenu moyen, le profil économique et social, la localisation régionale ou la qualité de la vie. L'ensemble des informations relatif à un problème donné peut être regroupé dans une **matrice d'information géographique**. Cette matrice comprend autant de lignes que l'espace considéré comprend de subdivisions et autant de colonnes qu'il existe de caractères pour mesurer le phénomène dont on souhaite analyser les différenciations dans l'espace. Quel est le degré de correspondance entre les répartitions géographiques de ces différents caractères, quelle est la nature des combinaisons dans l'espace, la forme des interrelations entre les variables ? Plusieurs méthodes statistiques différentes permettent de répondre à ces questions, suivant la nature du problème posé, l'aspect qui est privilégié :

– si le but est de décrire les interrelations entre un ensemble de variables et de classer des objets géographiques en fonction de ces interrelations, les méthodes d'analyses des données sont les plus appropriées : les analyses factorielles pour analyser plus spécifiquement la forme des combinaisons et des interrelations et les méthodes de classification pour aboutir à une typologie spatiale de ces combinaisons. Le tableau 1 classe les méthodes qui ont été le plus souvent utilisées en géographie en fonction de la nature des données traitées et du but recherché. Des techniques comme l'analyse discriminante ou l'analyse canonique qui permettent respectivement de confronter les structures de l'information dans des sous-populations ou des sous-groupes de variables différents, ont aussi été appliquées en géographie, quoique de façon beaucoup moins systématique.

Tableau 1 Principales méthodes d'analyse des données utilisées en géographie

	Variables mesurables (rapport, %, ...)	**Effectifs**	**Variables qualitatives**
Type d'analyse factorielle	analyse en composantes principales	analyse des correspondances	analyse des correspondances multiples
Type de classification	classification ascendante hiérarchique (distance euclidienne) nuées dynamiques	classification ascendante hiérarchique (distance du chi 2)	classification ascendante hiérarchique (distance du chi 2)

Dans le domaine de l'analyse des données on assiste parallèlement à une utilisation généralisée des techniques les plus classiques (Sanders, 1989) et au développement de nouvelles méthodes. Le besoin d'analyser des tableaux de données multidimensionnelles, rassemblant des informations variées et complémentaires sur un ensemble d'unités spatiales (« individus spatiaux ») se manifeste depuis longtemps chez les géographes. Le développement conjoint de l'analyse des données et de l'informatique permet de remplacer les méthodes manuelles de matrice ordonnable mises au point par J. Bertin (1977) et utilisées précédemment. Les exemples d'application sont nombreux et concernent des domaines variés : l'espace intra-urbain avec l'écologie urbaine (Pruvost, Weber, 1984 ; Marchand, 1986), le système des villes (Pumain 1982 ; Saint-Julien 1982), l'espace rural (Calmès *et al.,* 1978 ; Chapuis, 1986), l'analyse régionale.

Parallèlement à ces applications très classiques des nouvelles méthodes sont développées : ainsi L. Lebart (1984) a proposé une démarche pour intégrer la contiguïté entre les unités spatiales dans les analyses factorielles mais ces travaux ont un caractère essentiellement théorique ; des méthodes permettant d'analyser des tableaux de données à trois dimensions (espace x variables x temps par exemple) ont en revanche été testées par des géographes en collaboration avec des statisticiens (Pumain, Saint-Julien, 1978 ; Bernard, 1981 ; Marchand, 1986). Par ailleurs, des chercheurs en économie spatiale ont développé des méthodes de classification floue, alliant les algorithmes de classification automatique avec les concepts de mathématique des ensembles flous. Une application en a été faite aux régions européennes (Ponsard et Tranqui, 1984).

– Si le but est de confronter la distribution d'une variable particulière à celles d'un ensemble d'autres, il est plus utile d'utiliser des méthodes où les variables jouent des rôles dissymétriques : d'un côté une variable dite « dépendante » ou « à expliquer », de l'autre des variables « indépendantes » ou « explicatives ». On s'intéresse alors spécifiquement aux différenciations spatiales introduites par une distribution géographique particulière, laquelle va être mise en relation avec un ensemble d'autres variables afin de tester des hypothèses sur les cohérences spatiales de cette répartition.

Des méthodes statistiques différentes sont à employer selon la nature des variables en jeu *(tableau 2)*. Le cas d'une variable quantitative à expliquer est traité par des méthodes très classiques de **régression linéaire**, d'**analyse de la variance** ou de la covariance. Les **modèles** de type **Logit** ou Probit, destinés à traiter du cas d'une variable à expliquer qualitative, ont en revanche été développés plus récemment. Ils ont été introduits en géographie par les

Britanniques (Wrigley, 1985) et se sont rapidement diffusés dans l'ensemble des pays anglo-saxons. Leur principal champ d'application a été celui des modèles de choix et de décision au niveau micro-géographique, notamment en matière de changement de logement. Reposant sur une approche probabiliste, ils s'avèrent en fait d'une grande utilité dans toutes les approches fondées sur des informations de nature qualitative. En France, les économistes de l'INSEE l'utilisent couramment pour décrire par exemple les comportements des ménages face à différents types d'équipement. Ces méthodes devraient bientôt avoir une place aussi large en géographie que l'emploi des méthodes plus classiques.

Tableau 2 Types de variables et modèles statistiques

Variable à expliquer	**Variables explicatives**		
	Quantitatives	**Qualitatives**	**Quantitatives et qualitatives**
Quantitative	régression multiple	analyse de la variance	analyse de la covariance
Qualitative	Logit Probit	test du chi 2 Logit	Logit Probit

2.3. Analyse des organisations dans l'espace

Les méthodes évoquées jusqu'ici traitent de variables caractérisant des objets géographiques mais l'espace, non spécifiant, n'y joue qu'un rôle indirect. Ces approches ne tiennent pas compte de la spécificité de l'objet géographique, défini très précisément par une certaine localisation et de ce fait un certain type de voisinage dans l'espace. Cette propriété des « individus géographiques » entraîne des difficultés dans l'application des techniques statistiques usuelles qui supposent l'indépendance des observations. Le phénomène est souligné pour la première fois par Student en 1914 mais les premiers travaux statistiques dans ce domaine datent du milieu du siècle (Moran, 1948 ; Geary, 1954). Il faut attendre les années 1970 pour une véritable prise de conscience de ce phénomène, avec surtout les recherches de A. Cliff et J. Ord (1973, 1981) réunissant un géographe et un statisticien.

Un ensemble de méthodes que l'on peut regrouper sous le terme de **géostatistique** a été développé par des statisticiens et des géographes pour tenir compte de manière explicite de cette spécificité de l'information géographique.

Certains indicateurs simples, cartographiables, permettent de visualiser les propriétés d'une organisation spatiale. Le centre de gravité géographique représente le résumé le plus simple de la forme d'une distribution dans l'espace. La distance standard est une mesure qui caractérise la dispersion des lieux autour de ce point (Bachi, 1963). Les surfaces de tendance permettent quant à elles de séparer les tendances générales d'une distribution géographique donnée de ses spécificités locales.

Les méthodes d'analyse des semis de points décrivent de façon plus générale la forme de la distribution dans l'espace d'un ensemble de lieux géographiques vérifiant une certaine propriété. Leur but est de mettre en évidence des régularités, de repérer l'existence de structures sous-jacentes, de distinguer un agencement aléatoire d'une forme organisée. Les techniques d'analyse d'un semis de points servent ainsi à mesurer le degré de régularité d'un ensemble de points dans un espace donné : les villes à l'intérieur d'un pays, les exploitations à l'intérieur d'une région, les commerces dans un îlot urbain. La figure 2 représente trois semis de points qualitativement différents, régulier (a), aléatoire (b) et concentré (c). La confrontation, à l'aide d'un test d'hypothèses, de la réalité observée avec le semis obtenu par un processus de Poisson permet de déterminer la nature de l'organisation géographique du semis.

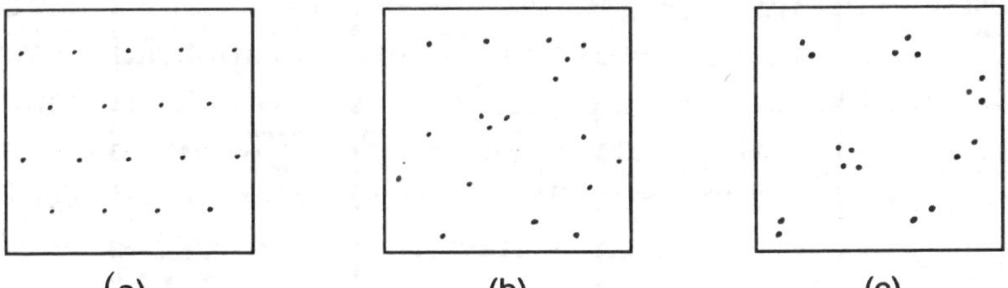

Figure 2 Différents types de semis de points

Les mesures d'**autocorrélation spatiale** offrent la possibilité de mettre en relation les localisations relatives des lieux étudiés avec l'intensité d'une variable caractérisant ces lieux. Elles permettent de déterminer si l'intensité d'une variable tend à induire ou au contraire à rendre moins probable un certain niveau d'intensité à proximité immédiate, ou si aucun de ces deux processus ne joue. L'autocorrélation spatiale est un phénomène de nature spécifiquement géographique puisque l'espace géographique est par nature même le siège de phénomènes d'interdépendance. Deux lieux contigus sont en effet rarement indépendants et le caractère d'un lieu géographique donné a de fortes chances de dépendre du caractère de son voisin.

La figure 3 met en évidence, sous une forme très schématisée, trois distributions-types d'une variable quantitative :

— une forte autocorrélation spatiale positive avec une tendance à un comportement semblable des unités proches (a),
— une organisation en damier avec une alternance systématique de valeurs fortes et faibles (b) (forte autocorrélation spatiale négative) et
— une organisation aléatoire (c).

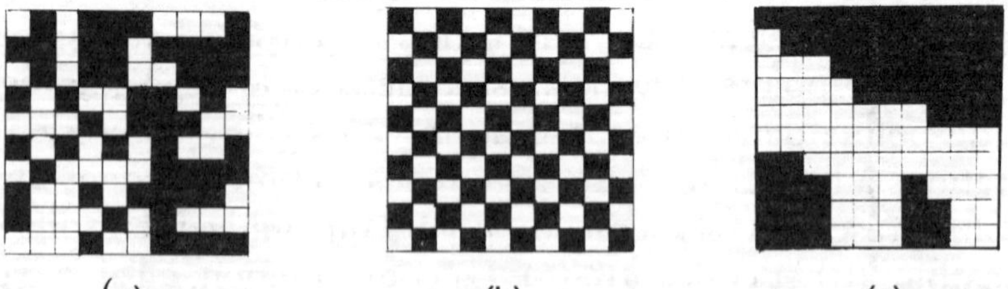

Figure 3 Phénomène d'autocorrélation spatiale

Des tests statistiques permettent d'évaluer la nature d'une situation observée. Durant les dix dernières années plusieurs applications ont été développées (Durand-Dastès, 1981), les recherches théoriques se sont multipliées ainsi que les travaux de présentation et de diffusion de ces méthodes (Béguin, 1979 ; Upton, Fingleton, 1985 ; Goodchild, 1986 ; Griffith, 1988).

De façon générale d'importants travaux ont été réalisés, en France et à l'étranger, afin de mieux tenir compte de la spécificité de l'information géographique. Plusieurs de ces travaux procèdent de la généralisation à deux dimensions de techniques développées pour analyser les séries chronologiques. Tel est le cas de l'autocorrélation mais aussi des essais qui ont été faits pour adapter l'analyse spectrale à l'espace géographique. Cette méthode consiste à rechercher les fonctions qui rendent compte des tendances d'une distribution dans l'espace, de ses périodicités, mais les applications en sont extrêmement complexes. Une autre voie, plus simple mais plus facile à appliquer concrètement a été développée en France à partir des travaux de Matheron (1965, 1970) à l'Ecole des Mines et qui ont stimulé l'intérêt des géographes. Il s'agit notamment de la notion de variogramme qui permet de mesurer la variation d'un phénomène dans l'espace et de repérer les discontinuités tout en tenant compte de la dimension temporelle (Dauphiné et Voiron, 1988).

La regression bidimensionnelle, développée par W. Tobler (1977) a été appliquée notamment pour comparer localisations perçues et réelles (Cauvin, 1984) ou localisations réelles et en temps d'accès dans une analyse sur les flux aériens entre les villes européennes (Cauvin, Reymond, Schaub, 1989).

2.4. Sondage géographique et inférence statistique

A une échelle macro-géographique, il est matériellement très difficile d'avoir accès à une information exhaustive. Aussi lorsqu'on s'intéresse au comportement spatial des ménages, des entreprises ou des exploitations agricoles, par exemple, il est courant de travailler sur des échantillons obtenus à partir de sondages. Les méthodes de statistique inférentielle sont fondées sur le calcul de probabilité et surtout le phénomène suivant : l'addition d'un grand nombre d'expériences au résultat parfaitement aléatoire débouche, à un niveau plus élevé, sur une règle, des lois précises (Bernouilli). Cette propriété fondamentale permet de faire des estimations, de déterminer des intervalles de confiance et d'effectuer des comparaisons même dans les cas où une information exhaustive n'est pas disponible. Des méthodes précises permettent d'inférer les résultats obtenus sur un échantillon correctement choisi à la population totale étudiée.

Par ailleurs, les techniques de statistique inférentielle et surtout les tests d'hypothèses sont souvent utilisés également dans les cas exhaustifs comme indicateurs de mesure de l'intensité d'une différence ou d'une relation. Aussi les tests sont-ils couramment utilisés en géographie pour déterminer la significativité des paramètres d'un modèle statistique ou encore pour comparer des distributions spatiales. En revanche, les calculs de probabilité ont été peu utilisés en tant que tels et offrent sans doute des possibilités encore inexplorées par le géographe.

3. Méthodes et exemples d'application

Quelques exemples d'application permettent d'illustrer l'intérêt que représente l'utilisation des méthodes statistiques en géographie. Les deux premiers sont relatifs à l'analyse des données, classification ascendante hiérarchique *(fiche 1)* et analyse factorielle *(fiche 2)*, méthodes qui ont donné lieu au plus grand nombre d'applications. Le troisième exemple concerne une application du modèle Logit *(fiche 3)* qui permet de traiter conjointement des variables qualitatives et quantitatives. Cette méthode plus récente a encore été relativement peu utilisée en géographie en France.

3.1. Les méthodes d'analyse des données

L'absence d'hypothèses sur les distributions statistiques, le besoin de trier et de décrire des masses importantes de données, l'importance accordée aux différenciations spatiales font des méthodes d'analyse des données des outils d'investigation privilégiés. Généralement les applications géographiques, contrairement à celles des autres disciplines, s'intéressent autant aux individus analysés, les unités spatiales, qu'à la structure des interrelations entre les variables. Les deux dimensions sont complémentaires en géographie et les résultats sont souvent présentés sous forme cartographique, chaque classe étant définie par une certaine forme d'association des variables.

L'analyse des résultats des élections législatives de 1986 met en évidence un exemple d'application de la classification ascendante hiérarchique avec distance du chi 2 à un tableau de contingence donnant les votant par département et par parti politique *(fiche 1)*. La carte de la figure 5 représente une typologie des départements en fonction de leur comportement électoral. Elle permet d'exprimer simultanément les résultats de deux découpages, l'un à une échelle supérieure avec trois classes seulement qui rendent compte de 43 % des différenciations interdépartementales, l'autre plus fin en huit classes qui résume 71 % de l'information totale contenue dans le tableau de données.

Cette analyse met en évidence un effet structurel : la principale caractéristique des différenciations interdépartementales en matière politique est l'attitude plus ou moins dispersée ou faite de consensus, de l'électorat, face aux multiples formations et non un clivage droite-gauche. Celui-ci est un facteur secondaire et n'intervient que dans les coupures internes à chacune des trois classes principales.

FICHE 1

Un exemple de classification ascendante hiérarchique

Les classifications automatiques permettent d'effectuer des typologies en classant les unités spatiales en fonction de leur degré de ressemblance. Certaines méthodes produisent directement une partition des unités spatiales analysées, d'autres débouchent sur la construction d'un arbre de partitions emboîtées *(figure 4)*. La classification ascendante hiérarchique, la plus utilisée en géographie, consiste à assembler les unités élémentaires, puis les classes, deux à deux, jusqu'à réunir tous les éléments considérés. Les résultats dépendent du choix effectué face à deux critères :

— un critère de distance entre individus : les plus couramment utilisées sont la distance euclidienne pour les tableaux de mesure et la distance du chi 2 pour les tableaux de contingence ou les variables qualitatives codées ;

— un critère d'agrégation qui permet de déterminer les « distances », ou le degré de similarité, entre deux classes. La maximisation du moment centré d'ordre 2, critère rendant maximale la variance inter-classe et minimale la variance intra-classe, est le plus souvent utilisé.

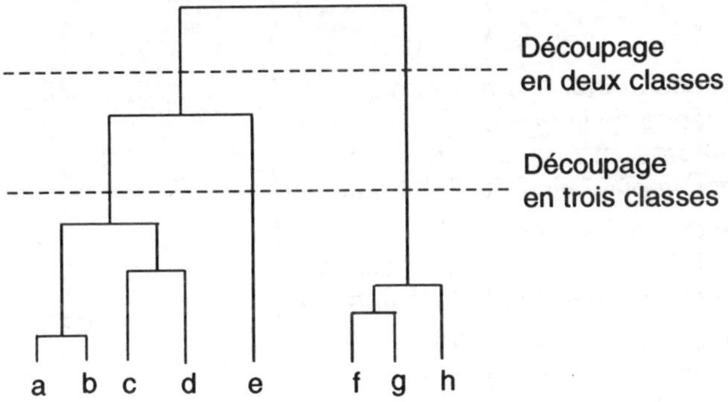

Figure 4 Un arbre hiérarchique

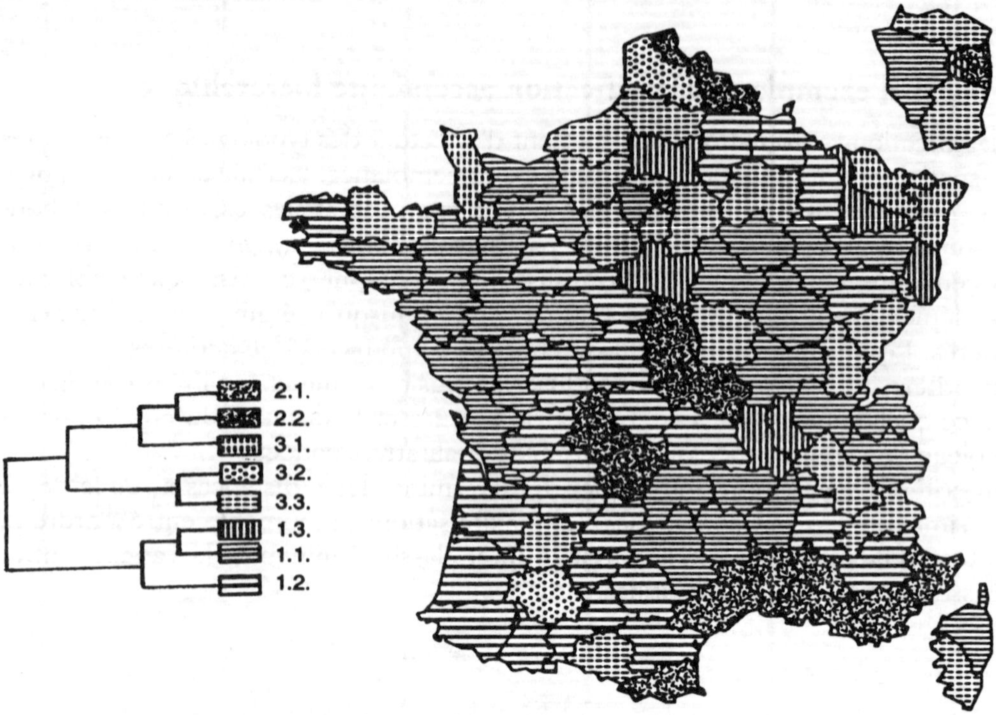

Importance relative des grandes formations :
1.1. avec prédominance de la droite ;
1.2. avec une sur-représentation de la gauche ;
1.3. avec une bonne implantation du Front national ;
Importance relative des petites formations :
2.1. avec une forte implantation du Front national ;
2.2. avec une forte implantation du Parti communiste ;
Importance relative des très petits partis :
3.1. avec prédominance de la droite ;
3.2. avec une sur-représentation de la gauche ;
3.3. avec une opposition droite/gauche moyenne.

Figure 5 Les différenciations interdépartementales en matière de comportement électoral : élections législatives 1986
Sanders, 1989

FICHE 2

Un exemple d'analyse en composantes principales

Une analyse factorielle transforme un premier tableau des valeurs de p variables pour n individus spatiaux en un second qui contient exactement la même information, réorganisée de façon que les axes factoriels F_j, combinaisons linéaires des variables initiales V_j, soient hiérarchisés en fonction de leur variance et non corrélés entre eux. Il suffit ainsi de retenir quelques axes, trois, quatre ou cinq selon les applications pour rendre compte de la majeure partie des différenciations qu'introduisent l'ensemble des variables dans l'espace.
Des tableaux de données plus complexes, intégrant, par exemple, la dimension temporelle peuvent aussi être analysés à l'aide des méthodes classiques. L'information se présente alors sous forme d'un cube *(figure 6)* qui pourra être analysé de différentes façons suivant le sens où on le « déplie ». L'analyse de la répartition de la population active par secteur d'activité économique dans les grandes villes françaises entre 1954 et 1982 en donne un exemple. Chaque ville à chaque recensement représente un individu statistique de l'analyse et la structure reproduite par les axes factoriels représente une tendance moyenne sur l'ensemble de la période.
La projection des variables sur les deux premiers axes factoriels *(figure 7)* met en évidence les principales composantes de la différenciation interurbaine :

— la première marque une différence globale entre villes industrielles et villes tertiaires ; 25 % des différences interurbaines en matière de profil socio-économique tient dans cette opposition ;
— la deuxième composante oppose les villes où sont surreprésentées les activités tertiaires banales à celles où les services de plus haut niveau sont relativement bien implantés.

La projection des villes aux différentes dates de recensement dans ce plan permet de visualiser l'évolution globale de leur profil d'activité économique *(figure 7)*. La première constatation qui ressort de l'examen des trajectoires dans ce plan factoriel moyen est leur grande régularité : tout en maintenant leur degré de tertiarisation, les agglomérations évoluent toutes simultanément, d'un équipement tertiaire plus traditionnel caractérisé surtout par le commerce de détail vers le développement des catégories plus modernes et porteuses d'innovations, les services aux entreprises et le service public. Cette évolution générale est particulièrement accentuée après 1968 et concerne parrallèlement tous les types de villes, de la plus industrielle à la plus tertiaire. Les trajectoires, de même direction générale, ne sont toutefois pas parallèles et on relève un mouvement de convergence, avec un processus de tertiarisation des villes les plus industrielles, mouvement particulièrement fort après 1975, et une certaine industrialisation des villes les plus tertiaires. Les trajectoires dans ce plan factoriel font ainsi clairement ressortir un processus d'homogénéisation des profils socio-économiques des villes. L'analyse factorielle permet de mettre en évidence les positions relatives des villes dans ce processus ainsi que des types différents dans les rythmes de changement.

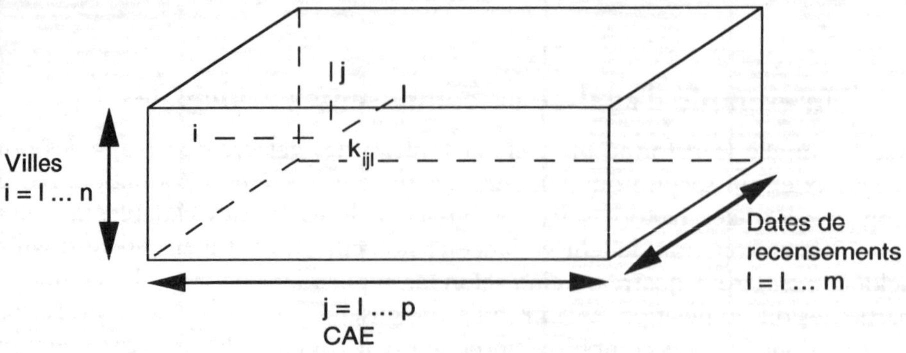

Figure 6 Tableau de données à trois dimensions

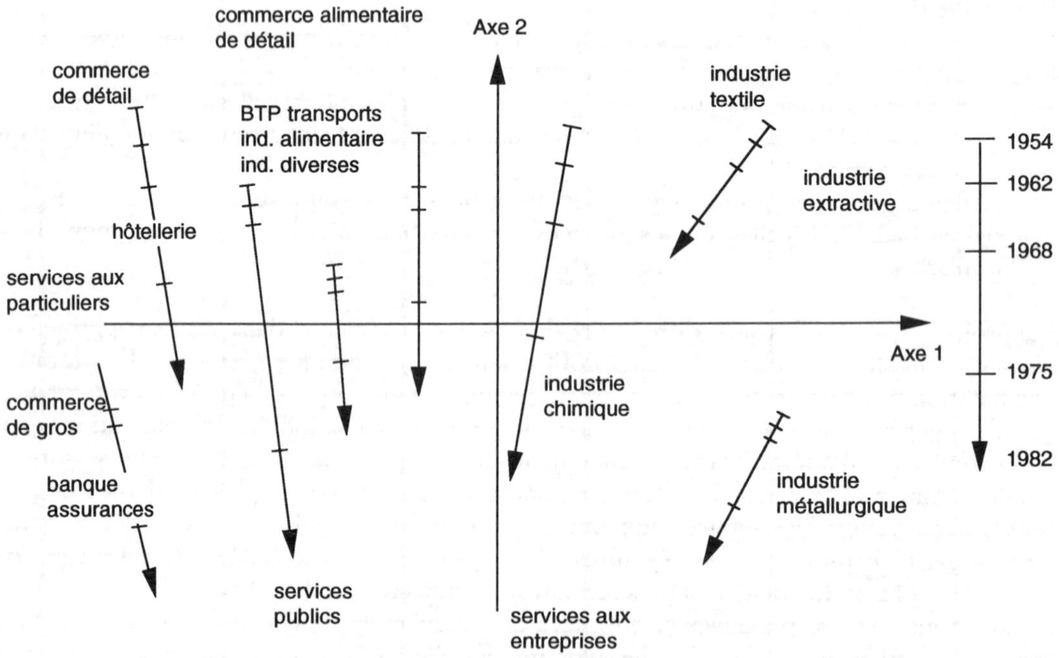

Figure 7 Principales composantes de la différenciation économique interurbaine et trajectoires des villes de 1954 à 1982

3.2. Les modèles linéaires et loglinéaires

Les modèles dont le but est d'exprimer une variable en fonction d'une combinaison d'autres variables, que ce soit par l'intermédiaire d'une régression multiple, d'une analyse de la covariance ou de la variance, d'un **modèle** probit ou **logit**, ont des rôles et des interprétations similaires. Leur forme la plus générale et la plus simple est la suivante :

$$Y = a + b_1X_1 + b_2X_2 + ... + b_kX_k \quad (1)$$

où Y est la variable à expliquer, X_1, X_2, ... X_k sont les variables explicatives.

Le modèle permet de mettre en évidence le rôle de chaque variable explicative X_j sur Y, indépendamment des autres, c'est-à-dire, toutes choses étant égales par ailleurs. Il permet de hiérarchiser et de confronter « l'influence » de chacune des variables sur les phénomènes géographiques observés et mesurés par Y. Il permet de tester des hypothèses et de mettre en évidence la forme des interrelations entre l'ensemble des variables.

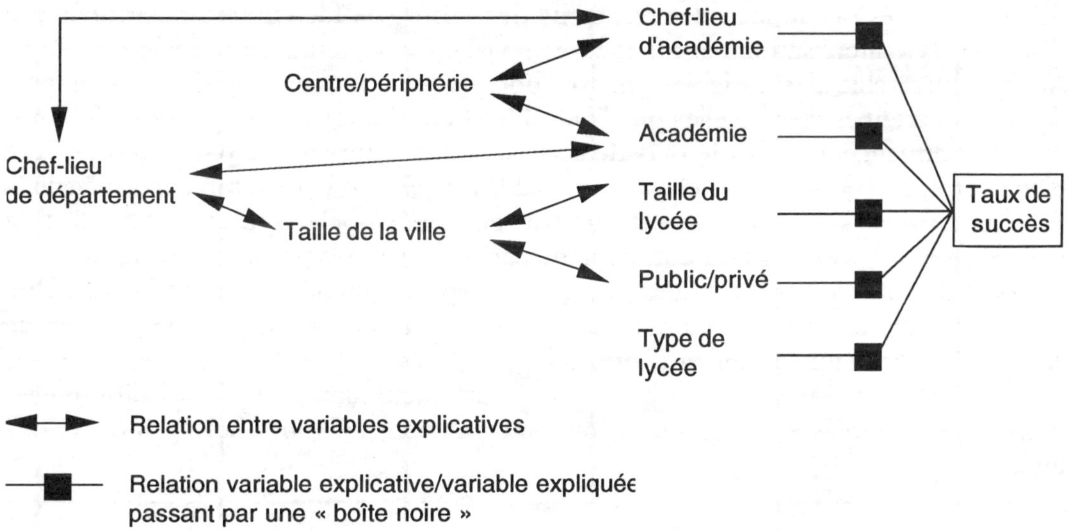

Figure 8 Les relations entre variables : schéma récapitulatif d'un modèle Logit *(fiche 3)* Durand-Dastès, Sanders, 1991.

FICHE 3

Exemple d'application du modèle Logit

Le modèle Logit a une forme générale du type (1) mais la variable Y est une fonction ($Y = \log p/1 - p$) de la probabilité p d'apparition d'une certaine modalité d'une variable à expliquer de nature qualitative. Ce modèle a été utilisé pour analyser les différences de taux de succès au baccalauréat des lycées français (Durand-Dastès, Sanders, 1991). Les valeurs de cette variable ne sont connues que par tranches, ce qui explique la nécessité d'utiliser le modèle Logit plutôt qu'un modèle de régression classique.

De simples analyses bivariées montrent l'effet de facteurs de différenciation spécifiquement géographiques et mettent en évidence une supériorité des grandes villes sur les petites, du centre des agglomérations sur leurs périphéries, des chef-lieux d'académie ou de département sur les autres villes. D'autre part la structure scolaire joue aussi un rôle très discriminant : les taux de succès au baccalauréat sont globalement meilleurs dans les grands lycées que dans les petits, dans les lycées privés que dans ceux du secteur public, dans les lycées techniques plutôt que dans les autres. Mais des interrelations complexes caractérisent l'ensemble de ces variables : les lycées privés sont plus petits que les lycées publics et plus souvent localisés dans le centre des agglomérations qu'en périphérie. L'application du modèle Logit a permis de mettre en évidence les rôles respectifs des différents facteurs en tenant compte des multiples interrelations et interactions existant entre eux. Le modèle débouche sur une hiérarchie des variables, en fonction de leur pouvoir explicatif, et montre comment certaines d'entre elles que l'on pouvait considérer a priori comme déterminantes n'influencent en fait le taux de succès au baccalauréat que par l'intermédiaire d'une certaine combinaison des autres variables *(figure 8)*. Par exemple, les inégalités de taux de succès au baccalauréat que l'on observe globalement entre les villes de taille différente, s'expliquent entièrement par un certain type de profil de taille de lycées et de composition en lycées public/privé, spécifique de la taille de la ville. Une fois ces caractères de la structure scolaire pris en compte, la taille de la ville ne joue aucun rôle discriminant en tant que telle sur le taux de succès au baccalauréat. L'utilisation du modèle Logit a ainsi permis de mieux comprendre les différenciations entre les lycées et de concevoir un système explicatif fondé sur les interactions multiples.

Les méthodes statistiques sont ainsi d'une grande utilité pour les recherches empiriques en géographie. Face aux progrès extraordinaires de l'informatique, facilitant le stockage et l'organisation d'une information de plus en plus abondante et offrant de remarquables possibilités de cartographie automatique, ces méthodes sont souvent reléguées au deuxième plan aujourd'hui. Mais les mathématiques, les statistiques, l'informatique, disciplines dont les apports en géographie sont quelquefois confondus, y ont au contraire des rôles très complémentaires et aucune de ces disciplines ne peut remplacer le besoin des autres. Au contraire, à une époque où l'informatique permet des traitements de plus en plus sophistiqués, une réflexion approfondie sur la validité statistique des méthodes employées, les fondements théoriques des modèles statistiques utilisés, s'avère plus que jamais nécessaire. Une bonne description de l'information géographique, la possibilité de mettre en évidence les principes de l'organisation de l'espace, la possibilité de mettre en relation ses composantes, passent par la maîtrise des méthodes statistiques.

Lectures recommandées

Abler R. Adams J. et Gould P., 1971, *Spatial organization : the geographer's view of the world*, Londres, Prentice Hall.

Béguin H., 1979, *Méthodes d'analyse géographique quantitative*, Paris, Litec.

Benzécri J.P., 1982, *Histoire et préhistoire de l'analyse des données*, Paris, Dunod.

Chadule, 1987, *Initiation aux pratiques statistiques en géographie*, Paris, Masson.

Cliff A. et Ord J., 1973, *Spatial autocorrelation*, Londres, Pion.

Griffith D., 1988, *Advanced spatial statistics*, La Haye, Martinus Nijhoff.

Haggett P., 1973, « L'analyse spatiale en géographie humaine », Paris, Colin, traduction de *Locational analysis in human geography*, 1968, 4e édition.

King L., 1969, *Statistical analysis in Geography*, Englewood Cliffs, Prentice Hall.

Lebart L., Morineau A. et Tabard N., 1977, *Techniques de la description statistique*, Paris, Dunod.

Sanders L., 1989, *L'analyse statistique des données en géographie*, RECLUS, Alidade.

Taylor P., 1977, « Quantitative methods in geography : an introduction to spatial analysis », *Waveland Press*.

Wrigley N., 1985, *Categorical data analysis for geographers and environmental scientists*, Londres, Longman.

Mots-clefs

Analyse des données, Analyse de la variance, Autocorrélation spatiale, Concentration, Dispersion, Géostatistique, Matrice d'information géographique, Modèle LOGIT, Régression linéaire, Statistique, Tendance.

Information, informatique et systèmes d'information géographique 16

Yves Guermond

1. Les héritiers d'Altamira

Dans un ouvrage sur « l'Age de l'Information », S. Saxby (1990) fait remonter à 20 000 ans avant notre ère la découverte de la première technique de stockage de l'information, par les peintres des grottes d'Altamira, dans la région de Santander. Depuis, les hommes ont appris non seulement à stocker, mais à transporter de plus en plus rapidement « l'information ». Le même S. Saxby rappelle que c'est en 1850 qu'un remorqueur anglais posa le premier câble trans-Manche entre Douvres et le cap Gris-Nez, câble qui devait d'ailleurs être arraché par mégarde quelques semaines plus tard par l'ancre d'un chalutier... français évidemment.

On reprendra malgré tout, sans parti pris, l'introduction de notre auteur britannique, car il situe de façon parfaitement claire les différentes acceptions du terme « d'information ». Pour un philosophe, écrit-il, le concept d'**information** est lié à la théorie de la connaissance, et la recherche des spécialistes de psychologie cognitive porte sur la façon dont se forment les concepts, chez un individu, en fonction des « informations » qu'il reçoit. Pour un économiste, l'information n'est prise en compte que si elle a une valeur sur le marché : c'est alors un élément dont la détention par certains agents économiques leur procure un avantage relatif sur leurs concurrents. Le juriste, pour sa part, s'intéresse à la relation entre l'information et les droits de propriété : la loi ne reconnaît aucun droit de propriété sur les « idées » qu'on émet, mais elle tente de contrôler les copies des expressions concrètisées de ces idées, ce qui n'est pas toujours simple, par exemple lorsqu'il s'agit de la conception (ou de la reproduction ? car le partage n'est pas toujours évident) de logiciels informatiques.

Ces différents points de vue se retrouvent à propos de « l'information » géographique, bien entendu, mais le domaine le plus proche est tout de même celui des mathématiques. Chacun s'accorde pour dater des travaux de Shannon (1949) l'avènement de la « théorie mathématique de l'information », puisque leur objectif était de quantifier la notion d'information, afin de permettre la conservation et le transport dans les meilleures conditions de maintien de son intégrité. Cette qualité est recherchée par une numérisation du signal au moyen d'un codage binaire, quelle que soit la nature de l'information, et c'est de cette conjonction entre la théorie mathématique de l'information et l'électronique qu'est née l'informatique. Comme le fait encore remarquer S. Saxby, à partir de ce moment là, l'intérêt s'est déplacé de l'étude de l'intégrité de la transmission du signal vers les moyens informatiques de le traiter. La théorie de l'information s'est ainsi élargie à l'analyse du stockage et de la récupération des données : elle est devenue la « science de l'information », avant de s'ouvrir bientôt sur le vaste domaine de l'intelligence artificielle.

2. Les concepts de l'ère informatique

2.1. SGBD et SIG

Tout au long des années 1960 et 1970 les techniques informatiques se sont perfectionnées, et on a commencé à mettre sur pied de vastes bases de données, rassemblant des séries statistiques dans de nombreux domaines. Les **SGBD (Systèmes de Gestion de Bases de Données)** sont des ensembles de logiciels destinés à améliorer la consultation et la mise à jour de ces bases de données. A la fin des années 1980, la généralisation de l'informatique graphique, grâce aux progrès considérables réalisés dans les matériels informatiques, a permis le développement de la **cartographie assistée par ordinateur** (**CAO**). Alors que les premières sorties informatiques n'étaient que d'interminables tableaux de chiffres, ou de mauvais graphiques, accumulés par les « imprimantes de listing », on est parvenu à obtenir, sur du matériel de bureau relativement peu coûteux des dessins d'excellente qualité. Les SGBD ont alors du s'adapter à la gestion de données graphiques et aux relations entre ces données graphiques et les données non graphiques. Ainsi sont apparus les **Systèmes d'Information Géographiques (SIG)**. On peut définir un **SIG** comme un ensemble de données, repérées dans l'espace, et d'origines variées, stocké sur support informatique, et structuré de façon à pouvoir en extraire commodément des synthèses utiles à la décision.

2.2. Gestion des réseaux

Les premiers SIG ont porté sur la gestion des réseaux, très largement à cause de la demande liée aux travaux publics. Quand on connait les problèmes que posent à des services municipaux la construction d'un métro, on comprend aisément l'intérêt que pourrait présenter une cartographie précise, et informatisée, des différents réseaux souterrains, indiquant leur nature, leur tracé et leur profondeur. On sait que, dans la plupart des cas, les entreprises de travaux publics ont intérêt à prendre le risque de détruire une canalisation, ou un câble souterrain, plutôt que d'entreprendre de longues et difficiles recherches sur les différents plans archivés dans les placards de l'administration. Ce type de SIG était relativement aisé à mettre en œuvre, puisqu'il ne s'agissait que de gérer des graphes. Les points (les nœuds du réseau) peuvent être localisés selon leurs coordonnées géographiques, et des arêtes relient ces points entre eux. On peut individualiser différentes couches d'information, selon une troisième dimension (les profondeurs des réseaux souterrains, ou les altitudes). Dans le cas de graphes planaires, les méthodes de la recherche opérationnelle sont à l'origine, par exemple, de recherche du plus court chemin dans les déplacements urbains, de travaux d'optimisation des localisations, ou du suivi d'une diffusion dans un réseau (Rimbert, 1990).

2.3. Gestion des surfaces

Plus complexe a été l'introduction des surfaces. Ces surfaces peuvent être numérisées sous forme de points, par un balayage de toute l'image ligne par ligne : on parle alors de données « **raster** ». La saisie est effectuée par un **scanner**. On peut aussi les décrire par des figures géométriques (des polygones) : on parle dans ce cas de données « **vecteur** ». La saisie est alors effectuée avec un **digitaliseur** (l'appareil suit les contours, et enregistre seulement les coordonnées des points qui marquent la fin de chaque segment de droite).

Les images de télédétection sont un exemple de données raster, dont l'élément de base, le **pixel** (« picture element ») est la plus petite surface pour laquelle on dispose d'informations radiométriques. Dans le cas du satellite français SPOT, le capteur enregistre la quantité de rayonnement réfléchi ou émis dans trois bandes spectrales (vert, rouge, infra-rouge) par des pixels de 20 x 20 m au sol. Les pixels sont de 10 x 10 m en mode panchromatique et de dimension inférieure à 5 mètres pour les satellites militaires. La « rasterisation » des données a été l'occasion d'une petite révolution de la cartographie thématique, puisqu'elle a été l'occasion, pour certains cartographes, de

FICHE 1

Données Raster – Données Vecteur

Le scanner parcourt la totalité du document et le décompose en une série de points. La densité des points est fonction de l'appareil utilisé et s'exprime en « dot per inch » (DPI), c'est-à-dire en points par pouce : une résolution de 400 points par pouce (400 DPI) équivaut à un point tous les 0,06 millimètres. Le stockage est effectué sous forme compressée, mais les données restent malgré tout très encombrantes. Un plan de format A3 (42 cm ×29,7 cm) scanné avec une densité de 400 DPI correspond à une matrice de 6 614 ×4 677 points, soit 30 millions de points en format non compressé. La visibilité des objets dépend du rapport entre leur taille et celle du pavage.
Pour tous les traitements qui nécessitent d'individualiser les objets et de les modéliser par une géométrie, l'information de type vecteur est mieux structurée et plus facile à utiliser. Il est possible de symboliser les informations pour les représenter quelles que soient leur taille et l'échelle utilisée. Une église pourra être représentée par un contour fermé (une surface) à grande échelle, mais par un point symbolisé à petite échelle.

extrait de H.Pornon (1990)

---

se libérer des problèmes liés au découpage des données en classes, toujours plus ou moins artificielles, lors de l'établissement des légendes des cartes. D.R. Taylor (1991) donne un exemple de cette « cartographie par matrice de points » *(figure 1)*, qui consiste à transformer la carte en une grille de très petites unités de même forme (par exemple ici des hexagones). On place ensuite sur chaque unité un symbole noir de même forme, dont la taille est proportionnelle à la valeur de la variable cartographiée en cet endroit. Après réduction photographique, la carte exprime parfaitement la continuité spatiale du phénomène observé, contrairement à une carte par plages, qui ferait apparaître des ruptures artificielles.

2.4. L'organisation des données

Quel que soit le mode de saisie des données cartographiques, la bonne gestion d'un SIG suppose une organisation des données bien adaptée à l'information recherchée. Pour les données raster, la structure matricielle (lignes, colonnes) de l'information rend assez simple la recherche de l'information localisée. Il y a cependant deux écueils : si la dimension des éléments du

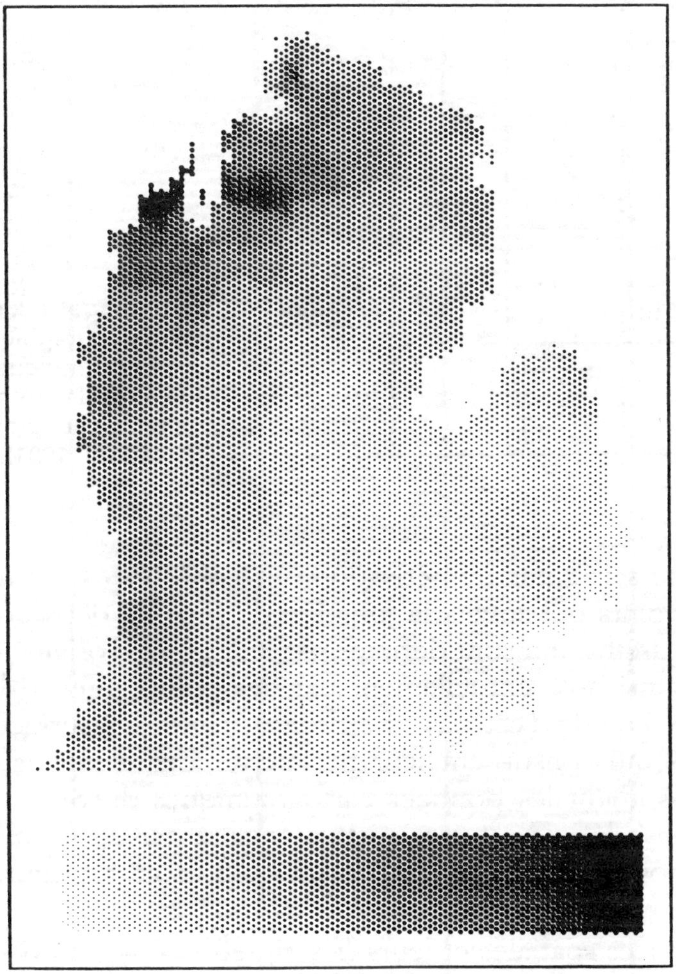

Figure 1 Cartographie par matrice de points, rendant compte de données continues : les chutes de neige en 1978-79 dans le nord de la péninsule du Michigan. Groop & Smith, cités par D.R. Fraser, Taylor, 1991.

pavage est trop grande, l'information manque de précision. Si elle est très petite, on se trouve amené à stocker, pour certaines aires, des informations redondantes sans intérêt. La solution consiste habituellement à adopter un découpage en « **quadtrees** » *(figure 2)*, dans lequel seuls sont divisés les carrés que le phénomène étudié ne recouvre pas entièrement. La structure arborescente de l'information permet de ne travailler, à petite échelle, que sur les données du premier niveau, et d'effectuer des « zooms » sur certaines parties de la carte, pour lesquelles une information plus détaillée est utile.

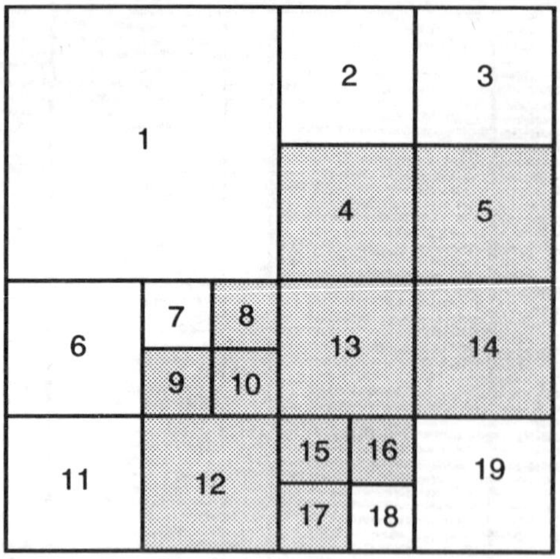

Figure 2 Découpage en « quadtrees » : l'aire géographique dont le périmètre est indiqué par un trait renforcé est décrite par les quadrants de taille variable qui le composent (R. Laurini, 1991).

Lors d'une saisie par numérisation, les cordonnées (latitude, longitude) des nœuds (points qui sont à la jonction de plus de deux arêtes) sont stockées, puis les arêtes, qui sont définies par leur point d'origine et leur point de destination (ainsi qu'éventuellement par des points intermédiaires, si l'arête joignant deux nœuds n'est pas une droite). Enfin les surfaces sont définies par les arêtes qui constituent leur périmètre. Ces éléments (points, arêtes, surfaces) constituent les données cartographiques du SIG. Chaque surface polygonale ainsi définie est caractérisée ensuite par un ou plusieurs descripteurs, qui proviennent soit de l'observation, soit de sources statistiques diverses.

Si les données spatiales et leurs descripteurs sont archivés de façon indépendante, ce qui est la structure la plus simple, on parle d'un « modèle spaghetti » (dans un plat de spaghettis, on peut extraire un spaghetti sans déplacer les autres) : chaque objet spatial est défini par la suite des coordonnées des différents points qui le composent *(figure 3)*. Il s'ensuit que les coordonnées des points communs à deux polygones sont stockées deux fois. Les relations de proximité entre les objets spatiaux ne sont pas stockées directement, mais cette structure est suffisante quand on veut seulement conserver des fonds de carte, sans souhaiter effectuer d'analyses géographiques ultérieures (par exemple une carte routière, ou une carte régionale à usage militaire).

Le modèle **topologique**, au contraire, repose sur l'établissement d'une relation entre les nœuds, les arêtes et les surfaces. On doit pouvoir reconnaître un polygone en « cliquant » sur n'importe quel point de sa surface. Dans le cas simple de la *figure 4* (Faad, 1991), le tronçon de route est un

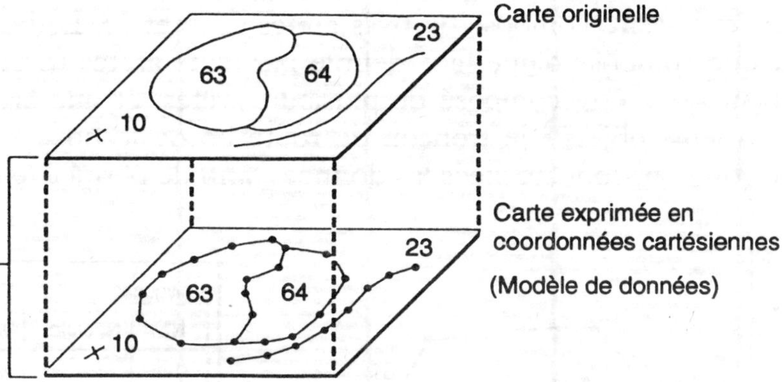

Structure des données

Forme	N°	Localisation
Point	10	X, Y (Point isolé)
Ligne	23	$X_1 Y_1 \cdot X_2 Y_2$...... $X_n Y_n$ (Chaîne de caractères)
Polygone	63	$X_1 Y_1 \cdot X_2 Y_2$...... $X_1 Y_1$ (Boucle fermée)
	64	$X_1 Y_1 \cdot X_2 Y_2$...... $X_n Y_n$ (Structure de données)

Figure 3 Le modèle Spaghettis J. Dangermond, cité par D.R. Fraser Taylor, 1991.

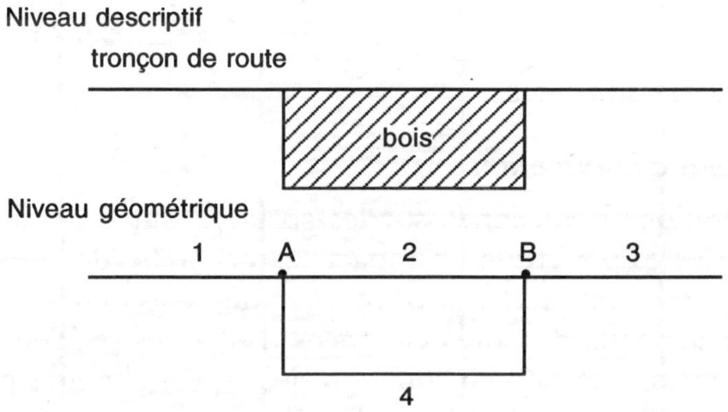

Figure 4 Géométrie structurée topologiquement
notice de présentation de la Base de Données Topographiques de l'IGN – C. Faad, 1991.

objet linéaire composé de trois arêtes (1, 2 et 3). Le bois est un objet surfacique composé d'une face définie par deux arêtes (2 et 4). Un objet simple peut donc être composé de plusieurs arêtes, et une arête peut appartenir à plusieurs objets : le tronçon de route borde le bois. La figure 5 montre la façon dont sont stockées les données, afin de permettre leur mise en relation.

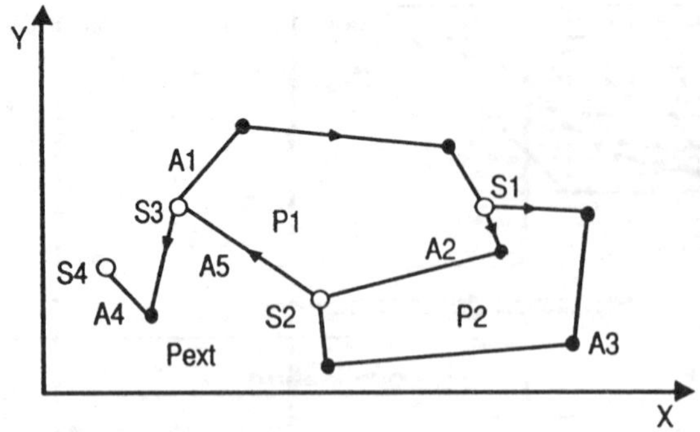

Chaînes de coordonnées

N°	x1	y1	x2	y2	x3	y3	x4	y4	x5	y5
A1	3	3	4	4	7,5	3,5	8	3		
A2	8	3	2,5	8,5	5	1				
A3	8	3	9	2,7	9	0,3	5	0,2	5	1
A4	3	3	2	1	1	2				
A5	5	1	3	3						

Polygones

N°	N° carte	Util. sols
P1	3	Batiment
P2	3	Friche
Pext	3	hors zone

Sommets

N°	x	y
S1	8	3
S2	5	1
S3	3	3
S4	1	2

Arcs

N°	Poly à Dr.	poly à Gch.	S. orig	S. Extr
A1	P1	Pext	S3	S1
A2	P1	P2	S1	S2
A3	P2	Pext	S1	S2
A4	Pext	Pext	S3	S4
A5	P1	Pext	S2	S3

Figure 5 Le modèle topologique
J.P. Cheylan, 1990.

3. Les requêtes spatiales

3.1. Les couches d'information

Les opérations booléennes sur les surfaces ont été parmi les premières réalisations des SIG : études d'impact et recherche de sites d'implantations industrielles (intersection des aires proches des axes de transport, des aires de faible valeur agricole, des aires éloignées des zones résidentielles, etc.), analyse de l'extension urbaine en fonction des types d'habitat préexistant, de la nature de l'activité agricole, des politiques communales, etc. On peut tout aussi facilement superposer un graphe sur des données zonales, pour mettre en évidence des « zones-tampon », à proximité, par exemple, de grands axes de circulation *(figure 6)*.

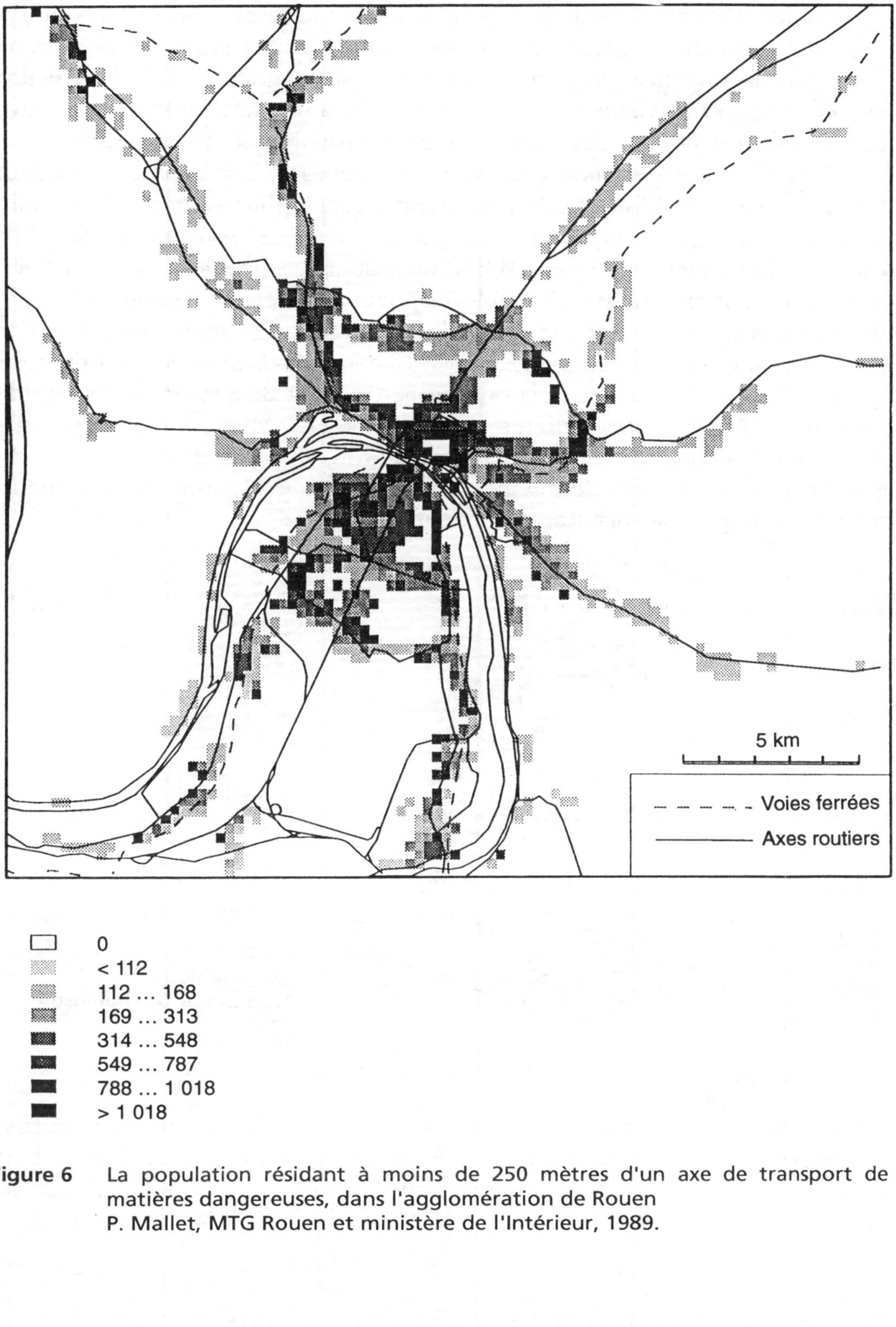

Figure 6 La population résidant à moins de 250 mètres d'un axe de transport de matières dangereuses, dans l'agglomération de Rouen
P. Mallet, MTG Rouen et ministère de l'Intérieur, 1989.

L'objectif d'un SIG est de répondre à des requêtes spatiales des utilisateurs. Ces requêtes peuvent être d'une infinie variété, selon les préoccupations de chacun, mais on revient toujours à deux grandes familles de problèmes : trouver les descripteurs correspondant à une aire ou trouver les aires qui correspondent à un descripteur ou à un ensemble de descripteurs.

L'information peut être divisée en « couches », superposables à condition que chacune utilise le même référentiel géographique *(figure 7)*. La mise en relation de cette « information multi-couches » est souvent rendue difficile par l'hétérogénéité de ces différentes données (images raster, données statistiques par circonscriptions, relevés ponctuels, dessins de contours, etc.). Il faut aussi noter que, quelle que soit sa source, une caractéristique importante de l'information géographique est la persistance des sous-informations topographiques invariables qui vont permettre son calcul (Damier & Defude, RSIGAS, 1991) : routes, rivières, monuments, etc. Même lorsque ces sous-informations évoluent, on souhaite presque toujours conserver une trace des anciennes versions, afin de mieux comprendre les évolutions, car les phénomènes géographiques ont une certaine inertie.

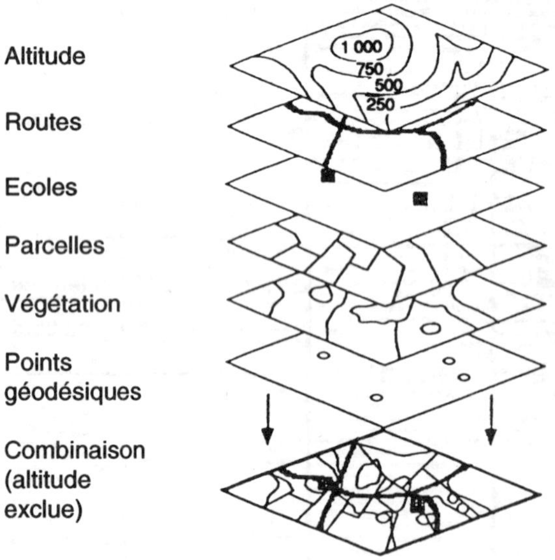

Figure 7 Les « couches » d'information géographique
R. Laurini & D. Thompson, 1992.

La couche altimétrique, en fonction de sa permanence, constitue normalement l'élément de base de tout système d'information géographique. Pour la France, l'IGN (Institut Géographique National) peut fournir soit les courbes de niveau, soit les altitudes de points disposés selon une grille régulière d'un pas donné, à partir desquels on peut reconstituer la surface topographique par interpolation linéaire : le **MNT (Modèle Numérique de Terrain)**. Dans les régions pour lesquelles les levés sur le terrain sont insuffisants, on peut reconstituer un MNT à partir des images de télédétection, à condition de disposer de couples stéréoscopiques. La combinaison du MNT et d'une autre couche d'information peut être faite très clairement par des cartes en 3 D *(figure 8)*.

La superposition des différentes couches d'information est compliquée par les différences de nature entre les descripteurs géographiques utilisés. Lorsque ces descripteurs se rapportent à un caractère matériel, l'attribut considéré est transmissible à toute partie de la surface étudiée : si S est un terrain agricole, tout élément s qui en fait partie est un terrain agricole. Ce n'est pas le cas des attributs formels : si S est un triangle, ce descripteur ne s'applique pas à tous les éléments s de la surface considérée. Enfin, d'autres descripteurs se rapportent uniquement à un peuplement, c'est-à-dire qu'ils résultent d'une mesure répartie sur la surface support : si S est occupée par 50 arbres, le descripteur est le résultat de l'addition effectuée sur la totalité des surfaces s qui la composent.

3.2. Le stockage des fichiers

Ces différents caractères de l'information géographique posent des problèmes de stockage, auxquels les solutions sont nécessairement différentes selon les types de requêtes effectuées par les différents utilisateurs. L'espace géographique est continu, et il n'existe que des moyens arbitraires pour découper l'information selon des fichiers aisément accessibles lors d'une requête. En pratique on ne peut guère effectuer qu'un découpage spatial (communes, régions, pays) ou un découpage thématique (parcelles cadastrales, cultures, exploitations). Si le niveau géographique est privilégié, certaines requêtes deviennent impossibles (par exemple l'extension d'une nappe phréatique, à partir d'une base de données par communes). Si par contre le niveau thématique est privilégié, l'affichage d'une aire à l'écran peut être très long, surtout si l'on veut rechercher l'information dans un grand nombre de couches (nature des sols, taille des exploitations agricoles, nature des cultures, caractéristiques sociales...). Les SGBD tentent de résoudre au mieux ces questions, mais les résultats obtenus ne peuvent atteindre les mêmes performances dans les différentes conditions de requêtes, et c'est pourquoi chaque utilisateur doit choisir son SIG en fonction de ses besoins les plus courants. Sur le plan technique, il existe deux catégories principales de **SGBD** : les SGBD relationnels et les SGBD orientés objet.

Figure 8 Localisation d'une forêt domaniale sur un MNT : la forêt de Roumare, près de Rouen
G. Lajoie, 1992 : Une base de données urbaines. Presses Universitaires de Rouen.

3.3. Les SGBD relationnels

Dans le modèle relationnel, toutes les données sont stockées dans des tableaux à deux dimensions (les individus en ligne et les descripteurs en colonne), entre lesquels des relations peuvent être établies. Le nombre de tableaux n'est pas limité, ni le nombre de relations.

Dans une étude sur la localisation des commerces (Lemarchand, 1992) on dispose par exemple d'un fichier des commerçants, ainsi constitué :

commune	n°	rue	code commerce	date création	salariés
052	43	République	6220	75	1

On cherche à localiser les différents commerces sur une carte, par un adressage automatique dans les cases d'une grille géométrique, numérotées par deux chiffres en abscisse et deux chiffres en ordonnée. La « table d'adressage » qui a été constituée nous donne la correspondance entre les cases de la grille et les numéros dans les diverses rues de la ville :

commune	n° début	n° fin	rue	case grille
052	01	57	République	0825

Des « opérateurs logiques » permettent de travailler sur ces tableaux : la « jointure » consiste à effectuer un assemblage de deux tableaux en joignant les enregistrements par l'intermédiaire d'un attribut commun. On crée alors un fichier intermédiaire de travail qui permettra, dans l'exemple ci-dessus, de totaliser, pour chaque case de la grille, le nombre de commerces de chaque code qui y sont localisés et d'en tirer une carte par types de commerces. Le commerce cité se trouvant rue de la République, à un numéro compris dans l'intervalle (01,57), sera placé dans la case 0825.

3.4. Les SGBD orientés objet

Le modèle « objet » consiste à regrouper sur un « objet » toutes ses propriétés (à la fois ses caractéristiques graphiques et ses descripteurs non graphiques) et les procédures qui permettent de les manipuler : l'objet « établissement industriel » est ainsi défini par sa localisation, sa surface, son périmètre, son nombre de salariés, l'entreprise à laquelle il se rattache, sa date de création, ses productions, etc. L'avantage pour la manipulation des données est important quand les relations entre les différents tableaux sont nombreuses et complexes. Il devient surtout beaucoup plus facile d'effectuer des mises à jour concernant un objet donné, qui, dans le modèle relationnel, supposent l'intervention sur de nombreux tableaux. Le modèle permet également de déduire des descripteurs par « héritage » : les objets de taille 3 (par exemple les quartiers) peuvent hériter des attributs des objets de taille 2 et de taille 1 (îlots, immeubles) qui le composent, s'il s'agit d'attributs matériels.

4. Des SIG à la géographie

Il est évident qu'au XXIe siècle, l'essentiel de l'information cartographique aura été numérisé et que les vieux « plans cadastraux » seront des objets de musée. C'est à ce passage à l'archivage numérique des cartes et plans que correspondent les SIG. En ce sens on peut dire que la géographie a beaucoup apporté à l'informatique, car elle a conduit à poser des problèmes qui n'avaient pas été appréhendés lorsque les premiers ordinateurs ne travaillaient que sur des chiffres ou des chaînes de caractères, sans interférence avec la géométrie à deux ou trois dimensions *(chapitre 8)*. De son côté, l'informatisation a contraint les géographes à une formalisation plus stricte de leurs concepts. L'idée des trois éléments de base de l'espace que sont les points, les arêtes et les surfaces a notamment dû être approfondie dans toutes ses implications.

FICHE 2

Les sytèmes d'information géographique numérique

L'expérience acquise fait apparaître plusieurs caractéristiques des systèmes d'information géographique qui leur confèrent une utilité toute nouvelle et sans équivalent. Les systèmes d'information géographique permettent : * d'établir des cartographies rapides et sélectives (choix de la zone, choix de l'échelle, choix des objets), * de réunir dans un même système des données issues de sources différentes et de les combiner entre elles, * de mettre en œuvre des processus de choix spatiaux interactifs, et notamment de réagir rapidement après des événements ou des catastrophes ayant un impact sur le territoire, * de calculer des coûts ou des bénéfices associés à des choix, des décisions ou des événements, * d'associer un grand nombre de partenaires aux choix d'aménagement et d'étudier dans un cadre commun leurs problèmes et leurs propositions.

extrait de M.Didier (1990)

Cependant le géographe n'est ni un géomètre ni un topographe, et ce qu'on baptise pompeusement « SIG » n'est bien souvent qu'un « SIC », un simple « Système d'Information Cartographique »... Comme le souligne M. Goodchild (1991) la recherche qui est à développer dans le domaine des SIG doit s'écarter de la technologie proprement dite, pour revenir aux thèmes fondamentaux de la réflexion géographique. La géographie a beaucoup à faire sur la question de la modélisation des données : « la sélection de modèles de données appropriés pour rendre compte de l'infinie complexité du monde géographique réclame une profonde compréhension de la nature des phénomènes géographiques et des processus de leur formation ». Le géographe ne s'intéresse pas simplement aux localisations à la surface du globe, donc pas uniquement à des objets individualisés qu'il aurait à situer. Il a besoin de définir des objets statistiques et d'analyser des interactions spatiales *(chapitre 15)*. Les SIG, tels qu'ils sont conçus actuellement, ne sont pas un aboutissement, mais seulement le point de départ de la réflexion géographique, le matériau de base.

La bonne gestion d'un SIG suppose le recours à trois outils : l'outil statistique (l'analyse de données), l'outil géométrique (graphes, opérations booléennes, ensembles flous, gestion des bases de données graphiques) et l'outil systémique. L'outil statistique est mis au point depuis longtemps, et a été parfaitement adapté à l'informatisation depuis les années soixante. L'outil géométrique a fait l'objet des innovations technologiques des années quatre-vingt, qui se poursuivent actuellement et qui expliquent l'explosion du « marché des SIG ». L'outil systémique a encore de nombreux progrès à faire, qui ne peuvent être réalisés que par un approfondissement de la réflexion spécifiquement géographique. Il s'agit de mieux définir les lois qui modifient les relations entre les divers éléments géographiques et de mettre au point des moteurs d'évolution soit itératifs (l'évolution est engendrée par un état particulier du système), soit décisionnels (l'évolution est engendrée par un processus aléatoire), ce qui suppose d'avancer davantage sur la voie de l'intelligence artificielle.

La continuité spatiale demeurera toujours une contrainte. Deux démarches sont possibles pour « fermer » les domaines étudiés, c'est-à-dire pour diminuer la quantité de l'information spatiale. On peut restreindre le champ d'étude : c'est la démarche descendante des SIG classiques, qui consiste, en réponse à une requête géographique, à opérer une focalisation sur un petit nombre de données répondant à un critère précis de sélection. A cette démarche « analytique », on peut opposer une démarche synthétique (Langlois, 1992) : grâce à une utilisation préalable des méthodes de l'analyse spatiale (agrégations, lissages, combinaisons), des solutions telles que la spatiocarte carroyée (Guillopé, Bourcier, Gigot, 1989) permettent la transformation des objets élémentaires de l'espace en objets statistiques d'un autre niveau de généralité, qui rendent possible une gestion continue des phénomènes géographiques. Après une modernisation de la topographie et du cadastre, on revient ainsi à la géographie.

Lectures recommandées

Cheylan J.P., 1990, *Chiffres et cartes – une union réfléchie,* Montpellier, RECLUS et Service Technique de l'Urbanisme-Ministère de l'Equipement.

Didier M., 1990, *Utilité et valeur de l'information géographique*, Paris, Economica.

Faad C., 1991, « Base de données topographiques – Descriptif technique », *Bulletin d'Information de l'IGN.*, 59.

Laurini R., 1991, « Ingénierie des connaissances spatiales : le cas de la géomatique », *L'Espace Géographique*, 1.

Laurini R. et Thompson D., 1992, *Fundamentals of Spatial Information Systems*, Londres, Academic Press.

Pornon H., 1990, *Systèmes d'information géographique*, Paris, Hermès.

Rimbert S., 1990, *Carto-graphies,* Paris, Hermès.

RSIGAS – Revue des sciences de l'information géographique et de l'analyse spatiale, Hermès, 1 en 1991.
Saxby S., 1990, *The age of Information*, Londres, Macmillan.
Taylor D.R. ed., 1991, *Geographic information systems.* Pergamon Press.

Mots-clefs

CAO (cartographie assistée par ordinateur),
Digitaliseur,
Information,
MNT (Modèle Numérique de Terrain),
Pixel,
Quadtree
Raster (mode –),
Scanner,
SGBD (Système de Gestion de Bases de Données),
SGBD, relationnel orienté objet,
SIG (Système d'Information Géographique),
Topologie,
Vecteur (mode –).

Les modèles en géographie

17

François Durand-Dastès

1. La notion de modèle

Les « petites filles modèles » de la Comtesse de Ségur étaient citées en exemple à leurs contemporaines, et, trop sages pour être vraies, constituaient une idéalisation des petites-filles vivantes et réelles de l'auteur ; le couturier utilise des « modèles » pour présenter ses collections ; le peintre fait poser un modèle pour intégrer l'image d'un être concret dans sa vision du monde ; le sculpteur modèle la glaise pour la mettre en forme. Autant de sens en apparence différents donnés au terme, selon le contexte, selon qu'il est employé comme adjectif, comme substantif ou comme verbe. Pourtant, ils présentent des traits communs, et assez de convergences, pour que P. Haggett (1965) ait pu les résumer fort pertinemment en une formule simple : « Un **modèle** est une représentation schématique de la réalité élaborée en vue d'une démonstration ». Définition qui a le mérite d'être bien construite, d'être issue des usages courants du terme, et de bien mettre en valeur la richesse de la notion, en dépit de sa simplicité apparente. Elle est donc parfaitement opératoire, et peut être retenue parmi bien d'autres. Elle entraîne un certain nombre de conséquences immédiates.

— Représentation schématique, un modèle est une simplification, qui aide à comprendre la réalité ; il implique forcément des choix, une abstraction.
— Représentation élaborée, un modèle est une construction intellectuelle. Il est issu de la réalité et permet d'y revenir, mais il n'est pas la réalité, et ne prétend pas coïncider avec elle.
— Orienté vers une démonstration, un modèle a une double valeur heuristique et didactique, puisqu'il sert à comprendre des propriétés, à confirmer ou à infirmer des hypothèses, mais aussi à exposer les résultats d'une recherche, le fonctionnement d'un processus. (Le mathématicien

« démontre » un théorème, mais le « démonstrateur » explique l'utilisation d'une machine, en fournit le mode d'emploi...).

Cette définition appelle aussi quelques implications moins évidentes au sujet des différences entre modèles et notions voisines, des langages de la modélisation et de l'historique de son emploi par les géographes, en France notamment.

1.1. Le modèle et ses voisins : type idéal, théorie, paradigme

La définition retenue permet d'abord de tenter de fixer les limites entre la notion de modèle et des notions voisines, qui sont parfois utilisées comme des synonymes de « modèle », alors qu'on aurait sans doute avantage à les en distinguer. La notion de type idéal, due à M. Weber, est certes très proche de celle de modèle : « On obtient un type idéal en accentuant unilatéralement un ou plusieurs points de vue et en enchaînant une multitude de phénomènes donnés isolément, diffus et discrets, que l'on trouve tantôt en grand nombre, tantôt en petit nombre et par endroits pas du tout, qu'on ordonne selon les précédents points de vue choisis unilatéralement, pour former un tableau intellectuel homogène. On ne trouve nulle part empiriquement un pareil tableau dans sa pureté conceptuelle : il est une utopie » (Weber, 1925, cité par Reynaud, 1984). Le travail d'abstraction et de généralisation est identique à celui de la modélisation, les buts heuristiques et didactiques semblables. On peut cependant penser que l'idéal type est plus limité que le modèle, dans la mesure où il sert, plus exclusivement, à décrire des objets plutôt que des processus, mais la nuance est mince.

Il en va tout autrement avec la notion de **théorie**, parfois employée sans distinction nette avec celle de modèle. Il semble pourtant utile de considérer qu'une théorie est plus générale, plus englobante qu'un modèle. Ainsi, il serait abusif de qualifier comme on le fait souvent de « théorie » la présentation faite par Christaller de la répartition des villes. Mieux vaut la considérer comme un modèle, qui renvoie à des théories plus générales, comme celle de la minimisation de l'effort, ou, mieux, de la théorie du marché comme facteur d'équilibre, c'est-à-dire en fait à la théorie de base de l'économie politique « classique ». C'est le point de vue qu'exprime Suppes (1961), quand il écrit, « Une réalisation possible dans laquelle les énoncés valides d'une théorie T sont satisfaits est un modèle de T » – ce qui implique qu'une théorie peut comporter bien plus d'un modèle. Une remarque analogue peut être faite à propos de la notion de paradigme, très utilisée hors de son contexte grammatical originel depuis la publication de l'ouvrage de T. Kuhn (1970), comme équivalent de « modèle ». Or, dans les textes de T. Kuhn, il apparaît nettement que pour lui le **paradigme** est, dans certains cas au moins, beaucoup plus englobant que le modèle : « le paradigme représente la constellation complète de convictions, de valeurs, de techniques, etc. partagées par les membres d'une communauté scientifique donnée ». C'est dans ce sens qu'une révolution scientifique peut être définie comme un changement de paradigme (ch. 4).

1.2. Langages

Il existe une large gamme de langages capables de constituer des représentations de la réalité, et il n'y a aucune raison de considérer que la modélisation doit en privilégier un seul, malgré une tendance persistante chez certains, souvent d'ailleurs des détracteurs de la modélisation, à considérer que tous les modèles doivent être exprimés en langage mathématique.

Il peut cependant y avoir une certaine difficulté à utiliser la langue courante, celle du discours, et on peut éprouver une certaine réticence à parler de « modèles verbaux ». Non que l'usage des mots ne comporte un très grand degré d'abstraction et de simplification ; mais les modèles ont le plus souvent à représenter des interactions, des actions réciproques, et la langue courante, intrinsequement linéaire, se prête mal à ce jeu. Cette réserve faite, il convient de souligner que tous les autres modes d'expression se prêtent bien à la fabrication de modèles. Par degré d'abstraction croissante, on peut distinguer :

— Les modèles physiques ou matériels, c'est-à-dire des objets représentant les objets réels, mais plus maniables. C'est le cas évidemment des modèles réduits, très utilisés pour reproduire des processus complexes, comme ceux de l'érosion marine ou continentale – les aménageurs construisent des maquettes de ports ou de digues, pour évaluer les conséquences possibles des modifications envisagées. La réduction de l'échelle spatiale s'accompagne d'un changement d'échelle temporelle, qui pose de difficiles problèmes de transposition : quel corps faut-il choisir pour représenter une digue en béton ou une falaise de craie, avant de les soumettre à une simulation de marée toutes les cinq minutes, de tempête toutes les heures ? Toutes les maquettes physiques ne sont d'ailleurs pas des modèles réduits : ainsi, celles des avions ou des voitures étudiées en soufflerie sont en général à l'échelle de 1 : 1.

— Les modèles images, (qu'on peut aussi qualifier de modèles « iconiques ») sont d'un usage très général, avec une large gamme couvrant des degrés d'abstraction très différents. Celle-ci commence avec le traitement d'images, qui numérise les observations des capteurs emportés par des avions ou des satellites, pour reconstituer ensuite des images en « fausse couleur » – l'expression est significative d'un travail considérable d'abstraction et de reconstruction (ch. 8). La carte, avec la transposition d'échelle indispensable, est déjà un objet fort abstrait ; mais il est possible d'en faire un instrument de modélisation systématique, comme l'a bien montré R. Brunet, en consacrant un chapitre d'un ouvrage de cartographie à « la carte comme modèle ». (Brunet, 1987) Les graphes de relations, qu'ils représentent des flux entre des entités spatiales ou des ensembles de relations logiques, se situent à un degré d'abstraction supérieur, bien qu'ils constituent encore des images (voir une utilisation de ce type de modèle dans le présent chapitre 7).

Les modèles mathématiques revêtent évidemment la forme la plus abstraite, puisqu'ils sont constitués d'équations ou d'ensembles d'équations. Encore peut-on envisager de distinguer des degrés dans cette abstraction. La confection d'un graphique cartésien où les objets spatiaux sont figurés par un nuage de points, et la construction d'une droite de régression, est bien une représentation élaborée de la réalité, et vérifie donc bien la définition du modèle donnée plus haut. On peut donc accepter la pratique des statisticiens et mathématiciens quand ils parlent de « modèle » linéaire, exponentiel, etc., bien qu'ils se réfèrent surtout à la structure mathématique de la relation utilisée. Mais la mise en forme d'un ensemble de rapports et d'interactions, toutes traduites par des équations parfois complexes, est en fait la mise en œuvre d'hypothèses fortes sur le fonctionnement de processus ; elle suppose un travail de conceptualisation assez différent de celui qui est effectué dans les études statistiques. On a pu opposer pour cette raison les « modèles statistiques » aux « modèles conceptuels » ; les différences sont en effet notables entre les analyses de données qui relèvent de l'induction, et les constructions qui partent d'hypothèses a priori et les traduisent en langage mathématique, par un cheminement essentiellement déductif.

1.3. D'une prise de conscience

L'historique de l'utilisation des modèles en géographie, et particulièrement dans la géographie française, ne peut que se placer sous le signe d'une ambiguïté fondamentale. En effet, d'une part les géographes français ont marqué longuement des réticences devant la notion même de modèle, mais d'autre part, ils ont utilisé sans le dire, souvent sans se l'avouer ou sans le savoir, des procédures de recherche ou d'exposition qui relèvent de la modélisation telle que nous l'avons définie, semblables en cela à Monsieur Jourdain et sa fameuse pratique de « la prose sans le savoir ». Les réticences ont duré longtemps. A telle enseigne que les grands manuels qui ont nourri des générations d'étudiants en géographie (Derruau, 1956 et Derruau, 1960), non seulement ne consacrent pas de passage à l'étude de la procédure modélisatrice, mais n'exposent pas quelques-uns des modèles spatiaux les plus classiques. Et cela bien que les élaborations de modèles spatiaux soient anciennes dans la littérature étrangère et même française. Le modèle de Von Thünen date des premières décennies du XIXe siècle, celui de Christaller des années 1920. Ce curieux refus s'explique sans doute par une fascination du concret, du particulier, voire de l'unique dont on peut bien reconnaître qu'elle a profondément marqué la géographie française. Comme toute démarche un peu scientifique implique l'utilisation de modèles, on l'a tout de même pratiquée, mais le refus de la notion a eu des conséquences importantes. On a favorisé les formes de modélisation les moins abstraites, introduit la modélisation en géographie physique plus qu'en géographie humaine, et surtout, on s'est privé de l'apport des réflexions générales sur les procédures de modélisation. Phénomène regrettable, puisqu'après tout, pour écrire de la prose il est bon d'en connaître la grammaire, et donc de savoir que l'on fait de la prose... Les modèles, aussi, ont leur grammaire.

Les changements ne sont apparus que dans les années 1960, avec l'avènement de la « géographie quantitative », très empreinte de modélisation, dont la diffusion est décrite dans le chapitre 15.

2. La démarche

La conception et l'utilisation d'un modèle peuvent se comprendre à partir de l'exemple relativement simple mais significatif de l'étude des flux entre villes, dont on peut ensuite étendre les conclusions à une sorte de modèle de la modélisation.

2.1. Construire un modèle

Soient deux villes 1 et 2, de population P1 et P2 ; on essaie de rendre compte de la valeur d'un flux entre elles, par exemple un flux migratoire, que l'on désignera par $I_{1,2}$ (« I » pour « interaction »). Un raisonnement simple permet de penser que I a quelques chances d'être directement proportionnel au produit des populations de ces deux villes, et inversement proportionnel à la distance qui les sépare (ch. 29). L'observation de bien des cas suggère que l'interaction diminue d'abord rapidement lorsque la distance augmente, puis de plus en plus lentement. L'interaction est davantage affectée lorsque la distance passe de 10 à 11 km, que dans le cas où elle passe de 100 à 101 km. Autrement dit, la fonction de la distance n'est pas linéaire. Ce raisonnement simple et cette observation conduisent assez évidemment à l'écriture d'une équation, qui constitue le modèle – un modèle mathématique assez élémentaire :

$$I_{1,2} = k \text{ P1 P2}/d^a$$

Cette équation comporte trois variables, P1, P2, et *d*, et deux paramètres *k* et *a* ; *k* exprime le degré de mobilité générale de la population ; *a* est d'autant plus grand que l'effet dissuasif de la distance est important, que la diminution de l'interaction est rapide lorsque la distance augmente. On dit qu'il est une mesure de cet effet dissuasif, que l'on désigne souvent par « le frottement » ou la « friction » de la distance. Cette équation ressemble beaucoup à celle qui exprime la loi de la gravitation universelle. Le modèle peut donc être considéré comme fondé non seulement sur une réflexion élémentaire et sur l'observation des villes, mais aussi sur une analogie avec un principe universel régissant l'interaction des masses. Cette constatation lui a valu son nom : « le modèle de gravité ». Ce qui a été dit pour un couple de villes peut évidemment s'étendre à l'étude de tout un réseau urbain, par le calcul des interactions entre toutes les villes prises deux à deux.

Connaissant les populations, les distances interurbaines, et en choisissant des valeurs arbitraires des paramètres *k* et *a*, on peut calculer la valeur des flux, c'est-à-dire procéder à une simulation à l'aide de données d'observations et du modèle. Les résultats de cette simulation, qui se présentent sous la forme d'un tableau de flux, peuvent être confrontés à des flux connus, et l'écart entre la simulation et l'observé peut être mesuré, au prix de calculs simples qui n'ont été rendus possibles que par la généralisation des ordinateurs. Avec les paramètres choisis arbitrairement au départ, ces écarts sont généralement importants. On cherche donc à les réduire en modifiant les paramètres *k* et *a*, jusqu'à obtenir une adéquation convenable entre la simulation et la réalité. Cette opération est la « **calibration** du modèle ». Elle apporte des connaissances, puisque la valeur des paramètres reflète des aspects de la réalité d'une situation locale ; en particulier, les valeurs de a permettent de se faire une idée de l'importance de la friction de la distance. Si pour deux ensembles urbains différents, la calibration fournit pour a des valeurs sensiblement différentes, on peut comparer ces deux ensembles du point de vue de la friction de la distance ; celle-ci est en général très inférieure en Amérique du Nord, à ce qu'elle est en Europe, par exemple.) On peut aussi modifier le mode de calcul des variables, par exemple en substituant des distances-temps ou des distances-coûts aux distances kilométriques. La calibration et le travail sur les variables constituent donc une véritable **expérimentation**, d'un type généralement difficile à réaliser en sciences humaines, et que seule la modélisation rend accessible.

Si, après cette phase de travail sur le modèle, on constate qu'il explique une part importante des flux connus, on peut dire que ses hypothèses de base sont validées, c'est-à-dire que les masses urbaines et les distances expliquent l'essentiel des flux interurbains. On peut alors utiliser le modèle pour évaluer des flux inconnus à partir de la connaissance des populations et des distances, donc faire des prévisions.

Il reste en général des écarts en quelque sorte irréductibles entre simulation et observation, c'est-à-dire une part de la réalité qui « reste » à expliquer après intervention du modèle – ces écarts sont donc qualifiés de « **résidus** ». Les résidus finaux reflètent des spécificités de couples de villes, dont il faut chercher l'explication avec d'autres méthodes, parfois l'utilisation d'autres modèles, mais souvent aussi des monographies, des enquêtes de terrain. Le grand avantage des procédures modélisatrices est qu'elles permettent d'orienter les enquêtes et les monographies vers les cas singuliers, où interviennent des phénomènes non banaux. On évite ainsi des pertes de temps et d'énergie, et bien des répétitions.

2.2. Modèle de la modélisation

La figure 1 présente en termes plus généraux les différentes phases de la démarche. Le modèle est conçu à partir de réflexions théoriques et d'analogies, mais aussi d'observations du réel, les unes et les autres étant ensuite formalisées. Il est inutile de dire que les modèles sont souvent beaucoup plus complexes que celui qui nous a servi d'exemple. La confrontation de la simulation et d'une série d'observations sélectionnées permet d'obtenir trois types de « sorties », qui toutes apportent une connaissance sur le réel :

— les sorties qui proviennent des essais de calibration et d'amélioration du modèle (par minimisation des résidus), dont nous avons vu qu'elles constituent une expérimentation ;
— les sorties élaborées à partir des résidus finaux, qui mettent en valeur les spécificités ;
— les conclusions que l'on peut tirer de la validation des hypothèses de base du modèle. Elles peuvent beaucoup nous apprendre sur les processus

réels d'une part ; d'autre part, elles permettent de faire des prévisions, en appliquant le modèle à des variables connues, pour calculer des valeurs inconnues.

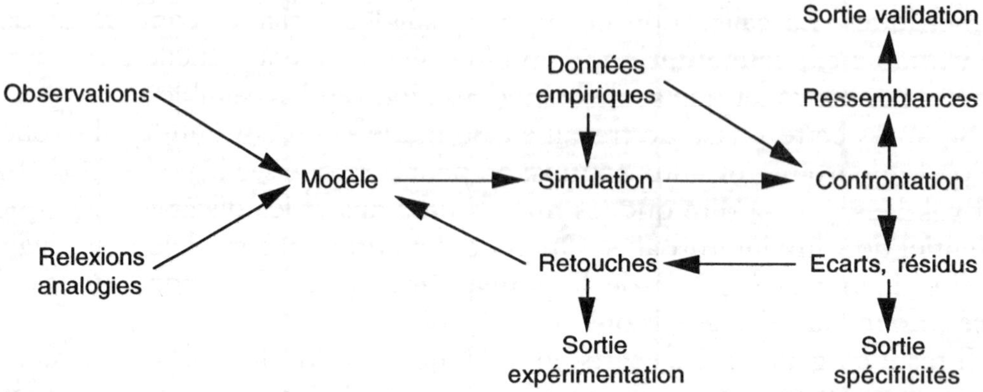

Figure 1 Un modèle de la modélisation

Il est certain que ce schéma général de la modélisation s'applique particulièrement bien aux cas où le modèle permet des calculs, donc aux modèles mathématiques. Mais il existe tout un art de la modélisation, qui permet d'envisager des simulations à l'aide de modèles graphiques ou physiques. Les confrontations avec la réalité se font alors en termes plus qualitatifs, et demandent une certaine prudence ; mais la structure de base de la démarche n'est pas fondamentalement différente.

Ce schéma s'applique assez bien à la modélisation dans toutes les disciplines, bien qu'il ait été présenté ici à partir d'un exemple éminemment géographique. Il est assez normal que la géographie, dans la mesure où elle peut rechercher des règles et des généralisations, utilise des procédures de modélisation communes à toutes les démarches hypothetico-déductives. Cependant, les géographes valorisent certains aspects de la modélisation et certains types de modèles. Ils accordent en particulier une place importante aux modèles d'interaction spatiale, qui cherchent à évaluer comment ce qui se passe ou se trouve dans un lieu donné dépend de ce qui se passe ou se trouve dans un ensemble de lieux en relation avec ce lieu. D'autre part, ils font intervenir l'espace en intégrant dans les modèles les positions, notamment les positions relatives, ce qui peut se faire en introduisant dans les modèles des distances et des fonctions de la distance, comme nous l'avons vu à propos du modèle de gravité. Les géographes accordent aussi légitimement une attention particulière aux résidus finaux, puisqu'ils gardent un intérêt assez vif pour les spécificités, tout en recherchant des règles générales.

3. Formes et contenus

Les modèles disponibles pour la recherche géographique sont apparemment d'une variété déconcertante. Nous avons déjà vu qu'ils peuvent utiliser des langages très variés, comme des degrés d'abstraction très divers. Mais, selon les possibilités offertes par chaque problème concret, selon aussi les orientations du chercheur, sa vision du monde et ses buts, les modèles peuvent insister sur tel ou tel aspect de la réalité, avoir donc des contenus différents, auxquels leurs formes sont adaptées. La diversité des contenus et des formes peut donner une impression de désordre apparent. Cependant, une série d'oppositions binaires permet d'introduire un essai d'organisation, que l'on illustre par quelques exemples.

3.1. Des oppositions binaires

Nous avons déjà eu l'occasion de mentionner l'opposition entre modèles conceptuels et modèles statistiques. On peut en relever au moins trois autres.

— Les modèles « agrégés » traitent, comme leur nom l'indique, de groupes, de catégories, bref d'agrégats assez importants. Dans le modèle de gravité, la population urbaine toute entière est caractérisée par un comportement collectif, notamment par une propension générale à la mobilité et par une sensibilité à la distance, mesurées respectivement par les paramètres k et a. Les modèles désagrégés cherchent au contraire, à partir des comportements individuels, à en inférer des comportements de groupes. Dans ce cas, on étudiera par exemple les caractères des ménages, et l'on cherchera à en tirer des conclusions sur leur propension à déménager, et à choisir tel type de logement. Le modèle « logit » (ch. ..) offre un assez bel exemple. On voit d'ailleurs, que, comme la plupart des modèles desagrégés, il relève plutôt de la famille des modèles statistiques que de celle des modèles conceptuels.

— Les **modèles déterministes** reposent sur des relations telles que la connaissance d'un groupe de variables « explicatives » et des paramètres ; il permet de calculer avec précision les variables à expliquer. C'est le cas par exemple du modèle de gravité, du moins dans la forme sous laquelle nous l'avons présenté. Les **modèles probabilistes**, au contraire, introduisent un élément aléatoire, une série de lois de probabilité, ce qui conduit à insérer des procédures de tirage au sort dans les simulations.

— Les **modèles statiques** cherchent à rendre compte des conditions d'existence d'une situation dotée d'une certaine permanence, qui peut être considérée comme une situation d'équilibre, à condition toutefois de ne pas confondre la notion d'équilibre avec celle d'équilibre stable (il existe en effet des équilibres instables), ni avec celle d'immobilité (des flux, qui impliquent du mouvement, peuvent être en équilibre). Ces modèles ne se préoccupent pas des processus qui ont conduit à la réalisation de la situation. Les **modèles dynamiques**, au contraire, mettent l'accent sur ces processus. Ils ont l'énorme avantage d'ouvrir la voie au relativisme. Par exemple, ils permettent de se demander comment on est arrivé à tel équilibre, plutôt qu'à tel autre, voire d'envisager le maintien pendant un certain temps de situations loin de l'équilibre, traduites par exemple par des oscillations, qui peuvent être régulières ou chaotiques (Durand-Dastès, 1992). Ces modèles ont en commun le fait qu'ils pensent la réalité en termes de systèmes ; on peut considérer que les modèles statiques insistent sur les conditions de la stabilité des systèmes, tandis que les modèles dynamiques mettent l'accent sur leur formation et leur succession.

Cette série de trois oppositions binaires permet de concevoir un arbre de classification *(figure 2)*, montrant un certain nombre de combinaisons de critères. L'étude de quelques exemples permet de préciser les distinctions faites ci-dessus, et d'offrir une clef de lecture pour l'abondante littérature sur les modèles.

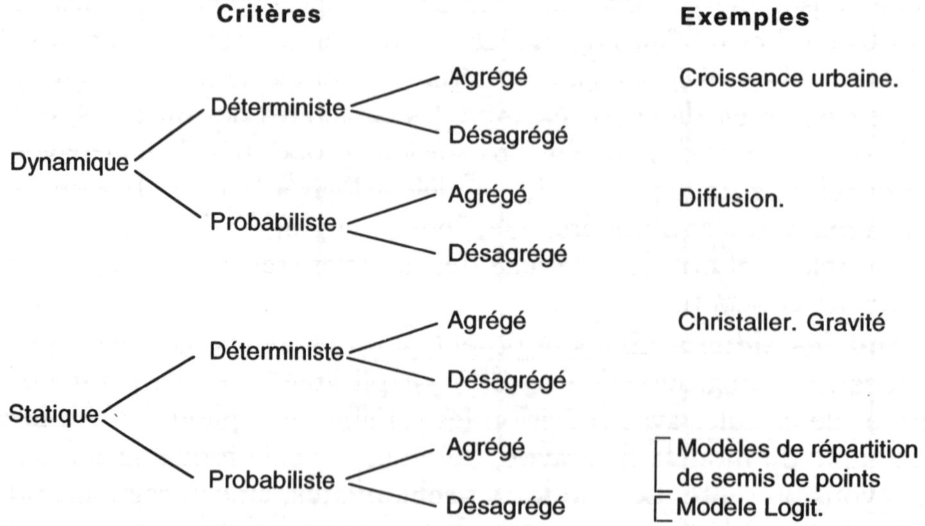

Figure 2 Combinaisons de critères

3.2. Modèles déterministes, statiques, agrégés

La plupart de ce qu'on appelle les « modèles classiques de la géographie » relève de cette catégorie, comme ceux de Christaller, Von Thünen, Weber, etc. On peut essayer de le vérifier à propos du premier cité.

C'est un modèle formulé dans un langage graphique, qui repose sur la distinction d'une hiérarchie de services, selon la fréquence de recours et la distance de parcours admissible pour accéder à tel service. En fonction de ces deux critères, on classe les services selon leur niveau de centralité (par exemple, épicerie, fréquence de recours forte, distance de parcours faible, centralité faible, la bijouterie de luxe s'opposant, terme pour terme, à l'épicerie). On montre ensuite que les besoins des clients et des prestataires de services sont satisfaits au maximum par l'agrégation des services de même niveau et de nature différente, et la séparation la plus forte possible des services de même niveau et de même nature. On en déduit une disposition spatiale optimale, les centres de même niveau tendant à se placer aux sommets de triangles équilatéraux d'autant plus grands que le niveau des centres concernés est plus élevé dans la hiérarchie des centralités. Un réseau urbain ainsi structuré réalise la meilleure desserte possible d'un espace homogène du point de vue de la densité et des revenus de la population et des conditions de transport.

Ce modèle est bien évidemment agrégé : les individus sont supposés avoir le même comportement (celui d'un « homo economicus » pleinement informé et rationnel) et l'on traite de groupes, comme « les consommateurs » et « les prestataires de services ». Il est aussi déterministe : la connaissance de la densité de la population et des revenus, et de la chalandise nécessaire pour assurer la rentabilité des centres de services permet une simulation précise du réseau urbain. C'est enfin un modèle d'équilibre puisque la simulation définit des positions optimales, tout centre qui serait déplacé hors de sa position définie par le modèle aurait tendance à péricliter, et devrait en quelque sorte revenir à sa position initiale. Or, le fait qu'un élément d'un système déplacé par une « perturbation » tend à revenir à son point de départ est bien la définition d'un équilibre stable.

3.3. Un modèle dynamique de la croissance urbaine

La croissance urbaine a fait l'objet de nombreuses recherches modélisatrices, et les modèles proposés sont très nombreux. Nous retiendrons ici un exemple qui a le mérite d'une certaine simplicité, et l'inconvénient de ne prendre en compte que très indirectement l'interaction spatiale.

Soit X la population d'une ville ;

X* un seuil que les circonstances intrinsèques de la ville ne permettent pas de dépasser ;

Y le revenu moyen des habitants de la ville.

Y* le revenu moyen dans le pays où se trouve la ville considérée.

Le modèle s'écrit en deux équations :

$$dX/dt = a\,(Y - Y^*)\,X - bX^2 \qquad (1)$$

$$dY/dt = c\,(X^* - X)\,Y \qquad (2)$$

L'équation 1 exprime d'abord l'idée que le taux de croissance de la population (dX/dt) est proportionnel à cette population multipliée par une « attractivité » de la ville due à la différence entre les revenus dans la ville et dans le reste du pays, ce qui est résumé dans l'expression $a\ (Y - Y^*)\ X$. Le paramètre a mesuré en quelque sorte une « sensibilité » aux différences de revenus, ou encore une vitesse d'ajustement. Dans la même équation 1, l'expression bX^2 traduit le rôle des économies ou deséconomies d'agrégation. Leur intervention est modulée par la valeur du paramètre *b*. Si *b* est négatif, le taux de croissance sera augmenté par des économies d'agrégation (en effet $-bX^2$ est alors positif), et inversement si *b* est positif.

L'équation 2 reflète le fait que, si la population de la ville approche du maximum admissible, le taux de croissance des revenus (dY/dt) ralentit. Ici encore, le paramètre c mesure une vitesse d'ajustement.

Nous avons affaire à un modèle dynamique, dont les équations forment un système, puisque l'on ne peut calculer Y qu'en connaissant dY/dt, donc X, et X qu'en connaissant dX/dt, donc Y... Il est agrégé et déterministe, puisque la connaissance des variables et d'une calibration permet de calculer des valeurs précises. On peut montrer que, selon la configuration de paramètres et les valeurs de X* et Y*, la population de la ville tendra soit vers un point d'équilibre (une valeur fixe), soit vers des oscillations régulières entre des bornes fixes.

3.4. La probabilité et la diffusion

La diffusion est un processus par lequel une innovation adoptée au départ par quelques individus gagne peu à peu des effectifs de plus en plus importants d'une population donnée. Elle prend souvent un aspect spatial, dans la mesure où le lieu d'apparition et la position relative des adoptants ont une influence sur le processus. Comme « les exemples vivants » ont un très grand pouvoir, la diffusion implique souvent des contacts entre informateur et adoptant. Mais des réactions ou des défenses individuelles interviennent, le contact avec un innovant ne crée qu'une probabilité d'adoption. C'est la nécessité de prendre en compte ces réactions individuelles qui a amené à concevoir des modèles de probabilité pour simuler la diffusion spatiale. Ils associent des règles et des tirages aléatoires, un peu comme dans le jeu de l'oie.

L'observation empirique permet en premier lieu de déterminer un taux de décroissance de la probabilité qu'une information partie d'un lieu I atteigne un lieu J, selon la distance entre I et J. On matérialise ensuite cette fonction un peu particulière de la distance en construisant une grille à laquelle on affecte une probabilité d'être atteinte par une information en provenance de la case centrale, où se trouvera le lieu I, point de départ de l'innovation. On prépare ensuite le tirage au sort en caractérisant chaque case par une liste de nombres, proportionnellement à la probabilité qui lui été affectée. Par exemple, si on a décidé d'utiliser une liste de 10 000 nombres, une case assez éloignée du centre de la grille, qui a une probabilité d'être atteinte de 0,001, sera caractérisée par les nombres 0 à 9 (soit 10 nombres). Par contre, une case à laquelle a été affectée une probabilité de 0,015 sera caractérisée par 150 nombres, par exemple de 500 à 649, etc. Le modèle est alors prêt à fonctionner.

Si on dispose d'une carte où figurent trois points de départ de l'innovation, I1, I2 et I3, on pose d'abord la grille sur le point I1, et à l'aide d'une table de nombres aléatoires, on tire un nombre entre 0 et 9999. On considére que le nouvel adoptant se trouvera dans la case désignée par ce tirage, et l'on marquera un point dans cette case. On complète cette première itération en plaçant la grille sur les points I2 puis I3, et en procédant à deux nouveaux tirages aléatoires. On se trouve alors avec 6 points où l'innovation est censée avoir été adoptée, et on les prend comme point de départ d'une nouvelle itération, qui créera 6 points nouveaux. La procédure peut être répétée autant qu'on le voudra, et on obtient en définitive une carte des points localisant les adoptants, qui constitue une simulation des résultats de la diffusion spatiale. On a bien associé des règles (la position des premiers adoptants, les probabilités affectées à chaque case), et un tirage au hasard. La simulation n'a pas la prétention de décrire la localisation précise des adoptants, mais de produire une carte dont la structure peut être comparée avec des cartes de répartitions réelles. Il existe des méthodes assez efficaces pour comparer entre elles des cartes par points, si bien que l'on peut décider si les hypothèses du modèle sont ou non validées (par exemple, si la diffusion implique bien un contact entre informateur et adoptant, et si la fonction de la distance choisie pour construire la grille est correcte). Comme il existe des procédures informatiques qui permettent d'effectuer les itérations sans se livrer au fastidieux travail du déplacement de la grille sur une carte, on peut expérimenter, en faisant varier les probabilités selon la direction, en créant des effets de barrière selon certains axes, etc.

Le schéma général de la modélisation que nous avons présenté admet donc bien des modulations, selon la nature de la réalité étudiée, l'information disponible, les buts de la recherche. La variété des langages et des types de modèles permet d'étendre le champ de la modélisation à la quasi totalité des domaines de la géographie, et de rendre compte du jeu complexe des règles et des spécificités.

Lectures recommandées

Bailly A. *et al.*, 1991, *Les concepts de la géographie humaine*, Paris, Masson.

Brunet R., 1987, *La carte, mode d'emploi*, Paris, Fayard/RECLUS.

Chorley R.J. et Haggett P., (ed.) 1967, *Models in geography*, Londres, Methuen.

Durand-Dastès F., 1974, « Quelques remarques sur les modèles et leur utilisation en géographie », *Bull. de l'Association des Géographes français*.

Durand-Dastès F., 1991, « Models and practical constraints : heuristics and schizophrenia », in Pumain D. (ed.) *Spatial Analysis and population dynamics*, Paris Londres, INED – John Libbey, 6.

Durand-Dastès F., 1992, « Le particulier et le général en géographie », in Audigier F. et Baillat G. (ed.) *Analyser et gérer les situations d'enseignement-apprentissage*, Paris, INRP.

Haggett P., 1965, *Locational analysis in human geography*, Londres, Arnold.

Harvey D., 1969, *Explanation in geography*, Londres, Arnold.

Kuhn TS., 1972, *La structure des révolutions scientifiques*, Paris, Flammarion.

Pumain D., Saint-Julien T. et Sanders L., 1989, *Villes et auto-organisation*, Paris, Economica.

Reynaud A., 1954, « Modèle et idéal-type en géographie ; l'exemple des fermes beauceronnes ». L'Information géographique, 48.

Sanders L., 1991, *Systèmes de villes et synergétique*, Paris, Economica.

Mots-clefs

Calibration,
Diffusion,
Expérimentation,
Gravité,
Méthodologie,
Modèle,
Modèle probabiliste,
Modèle déterministe,
Paradigme,
Résidus,
Simulation,
Système,
Théorie.

Didactique de la géographie

18

Yves André

La géographie des collèges et des lycées apparaît souvent contestée, bousculée, à la recherche de son identité et de sa pertinence. Certains auteurs évoquent une crise profonde de la discipline. En amenant les enseignants à s'interroger sur sa valeur formatrice et sur la définition des contenus à transmettre, la didactique peut-elle redonner un nouveau souffle à l'enseignement ?

1. La géographie touchée par la didactique

Avec retard sur les autres disciplines, les recherches en didactique de la géographie se multiplient. Cette nouvelle abondance dispersée n'a rien de fortuit. Elle résulte, en effet, de la rencontre d'une offre séduisante et d'une demande angoissée.

1.1. Une exigence de productivité

L'offre découle de l'émergence de la didactique comme un nouveau domaine de réflexion traitant de toutes les étapes de l'enseignement d'un champ de connaissances. Son succès s'explique sans doute par le fait qu'elle correspond à un recentrage disciplinaire répondant davantage aux attentes de la pratique quotidienne des enseignants. Elle succède à l'essoufflement des approches pédagogiques généralistes des années 1960 et 1970, davantage centrées sur les personnes ou sur les groupes. La didactique : « *... postule à l'inverse une relation forte entre les méthodes, les problèmes d'enseignement et la consistance des savoirs qu'il s'agit de transmettre* » (Chatel, 1991). Elle permet en outre de dépasser, tout en les assimilant, les multiples tentatives pédagogiques ou techniques qui se sont succédées ces trente dernières années pour redonner un sens à l'enseignement. Les innovations techniques telles que l'audio-visuel, les nouveaux médias ou les images satellitaires, tout comme la technologie des **objectifs pédagogiques** (Hameline, 1983), s'intègrent ainsi dans une gestion globale de l'enseignement de la géographie.

Manifestement une telle montée en force de la didactique s'inscrit dans l'exigence de productivité qui imprègne le fonctionnement de notre société industrielle occidentale. Cette préoccupation constante, qui sous-tend l'idée de progrès, a quitté le domaine de la production pour imprégner celui des services au fur et à mesure que ceux-ci prenaient de l'importance dans la société. La généralisation et l'allongement de l'enseignement – comparable au stade de la production de masse – ont conduit à s'interroger sur les mécanismes de l'acte d'enseignement. Interrogation d'autant plus forte que l'élargissement des populations scolaires renforce l'hétérogénéité des publics, tandis que parallèlement et paradoxalement les exigences conceptuelles des programmes et des examens ne cessent de grandir. S'ajoute enfin à cela une demande implicite de rentabilité liée au coût absolu croissant de l'enseignement dans tous les pays.

Aussi, à l'alchimie mystérieuse qui faisait passer le discours de l'enseignant dans les raisonnements de l'élève – à l'image du verre vide que l'on remplit – succède une analyse méthodique du processus. Il s'agit désormais d'introduire de la rationalité dans l'enseignement. Cette démarche taylorienne décompose les problèmes en autant d'unités d'apprentissage élémentaire et applique sur chacune d'elles une approche rationnelle. L'utilisation d'objectifs de référence (répertoire des capacités que doit acquérir l'élève) apparaît ainsi significative de ce processus *(tableau 1)*. Aussi, notant malicieusement que les élèves ou les enseignants désormais n'écrivent plus mais « produisent » des textes, D. Hameline peut souligner combien : *« Le discours industriel moderne envahit le discours éducatif »* (Hameline, 1983). L'objet de la **didactique** est donc de s'interroger sur les étapes, sur les techniques, sur les processus d'appropriation de la transmission des connaissances, sur lesquels pèsent les exigences d'une pertinence nationale, d'une demande sociale et d'une validation scientifique *(figure 1)*.

Ainsi se construit une réflexion méthodologique articulée en trois niveaux : un niveau épistémologique où se cristallisent les interrogations sur les savoirs, un niveau cognitif qui s'intéresse à la transmission des connaissances, et enfin un niveau socio-politique où se pose le problème de la finalité de l'acte d'enseignement. *« Des élèves donnés, à un niveau donné dans une discipline précise, vont déboucher demain dans une vie active difficile qui ne tien-*

Tableau 1 Les objectifs de référence en géographie (Feuille de route d'un modèle)

Les milieux						
Dates	**Sujets d'étude**	**Capacités**			**Documents Utilisés**	**Travaux à préparer**
		Connaissances	**Notions-clés**	**Méthodologiques**		
	Les paysages apparences sensibles d'un milieu	– Distinguer · milieux naturels · milieux aménagés par l'homme	– Ecosystème – biotope – biocénose	2.1 Exploiter un document	– 2 photographies · 1 milieu naturel,	
	1. Le milieu : un écosystème de grande dimension	– Rechercher les principales composantes d'un milieu	– latitude – climats zonaux – milieu zonal – milieu azonal	3.1.4 Décrire et caractériser : manuel	· 1 milieu humanisé, – cartes murales	
	1.1 Les milieux naturels	– Analyser les relations entre occupation humaine et milieu physique	– densités – œkumène	3.1.5 Décrire et caractériser des grands ensembles		
	1.2 L'implantation humaine	– Dégager la diversité des milieux – Dresser une typologie		3.2 Etablir et justifier des relations		
	2. Les milieux zonaux 2.1 A fortes contraintes pour l'homme : – les milieux polaires – les milieux arides	– Dégager les interactions milieu naturel, l'homme	– Milieu biogéographique – inlandsis – banquise – toundra – désert – oasis – erg – reg – hamada – oued	3.2.2 Mettre en évidence des relations à l'intérieur d'un espace et les justifier (pour II et III séquences)		

Source : Ministère de l'Education Nationale, 1989, *Utiliser des objectifs de référence en classe de Seconde – Histoire et Géographie* –, Paris, Centre National de Documentation Pédagogique.

Figure 1 La didactique dans son contexte

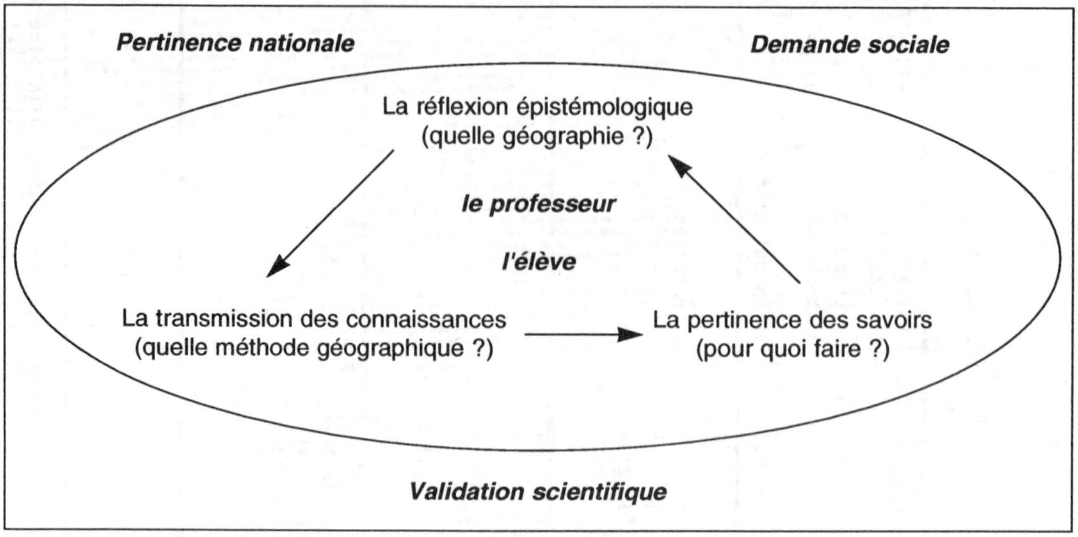

dra aucun compte de nos découpages disciplinaires, ils devront pouvoir trouver une place humaine dans un environnement social et culturel plein de coutumes et de conventions (...). Seront-ils assez armés pour en décoder les règles (...) ? » (Legrand, 1991.) Dès lors, la didactique s'apparente moins à une science qu'à une activité d'ingénierie qui, tout en conduisant des réflexions théoriques sur l'enseignement de la discipline, doit avant tout résoudre des problèmes d'application, élaborer des programmes, construire des modèles pratiques, réaliser des outils, fabriquer à la demande des séquences d'enseignement. A la manière de la publicité, elle emprunte les résultats et les méthodes d'autres domaines scientifiques (psychologie, sociologie...), et utilise ces données scientifiques dans un contexte social.

1.2. Une crise d'identité

Parallèlement, une demande géographique émerge au cours des années 1970. Celle-ci découle d'une crise générale de la discipline. Toutes les enquêtes et toutes les impressions soulignent en effet que la géographie n'est plus guère populaire chez les élèves. Ils la perçoivent tous comme une discipline fastidieuse et inutile, ce qui conduit les enseignants à s'interroger sur la pertinence de ce qu'ils transmettent. Les maîtres sont saisis par le doute.

Ainsi, la géographie enseignée dans les lycées français traverse une grave crise d'identité. Héritée de la démarche vidalienne, organisée autour de programmes culturels, encyclopédiques, sans changements fondamentaux depuis le début du siècle, elle ne passionne guère les élèves et les gestionnaires doutent de son utilité. Régulièrement menacée lors de chaque projet de réforme, elle ne doit en grande partie sa survie qu'à des raisons politiques. Associée à l'histoire dès l'origine, elle devait contribuer à la formation du citoyen républicain et à la cohésion de la nation française. Cependant, cet objectif, très clair dans les programmes et les manuels du début du siècle (Lefort, 1992), a progressivement perdu de son sens à partir des années 1960. Ainsi, la géographie s'est retrouvée en porte-à-faux, sans pertinence sociale ni support idéologique. L'école n'est plus la préoccupation fondamentale des élèves. Et l'on comprend le malaise qu'engendre une géographie qui se résume en une somme de savoirs, en un état des lieux.

En outre, l'enseignant de géographie a progressivement perdu le monopole de l'information et n'est plus le guide de la découverte du monde. Le développement des médias a multiplié les sources d'information, toutes plus séduisantes les unes que les autres. Sur ce terrain, l'enseignant n'est plus compétitif. Malgré tout le talent qu'il pourra déployer, la puissance de séduction d'une image vidéo restera sans pareille. « *Les sources de l'imaginaire et de la pertinence sociale sont taries et coulent ailleurs.* » (André, Bailly *et al.*, 1990.)

Dans ce contexte, à quoi sert donc la géographie ? Les différents observateurs de cet enseignement renouvellent l'interrogation de manière lancinante, soulignent les contradictions de la discipline et expliquent que son image se brouille. « *Depuis des décennies, voire depuis son introduction dans l'enseignement, la géographie est une sorte de bonne à tout faire pour l'étude des problèmes d'aujourd'hui (...), c'est un grand sac qui sert à tout, où l'on plonge selon les besoins du moment, les conceptions que l'on a de la discipline, les habitudes de l'enseignement.* » (Audigier, 1989). La didactique arrive donc à point nommé pour procurer un cadre rationnel et une méthodologie permettant de conduire les travaux nécessaires pour justifier et perfectionner l'enseignement de la géographie *(figure 2)*. A terme, il est supposé en sortir gagnant, non seulement par l'intérêt qu'il peut susciter chez les élèves – ce qui ne serait déjà pas si mal – mais aussi par l'aptitude acquise par ceux-ci à raisonner en termes spatiaux. C'est dire que la didactique doit permettre des gains d'efficacité à la fois pour l'individu et pour la société dans laquelle il vit.

2. Les domaines et les méthodologies de la didactique

La didactique de la géographie n'en est qu'à ses premiers balbutiements, bien qu'elle donne déjà lieu à une multitude de recherches, institutionnelles

Figure 2 Modèle de fonctionnement de la didactique

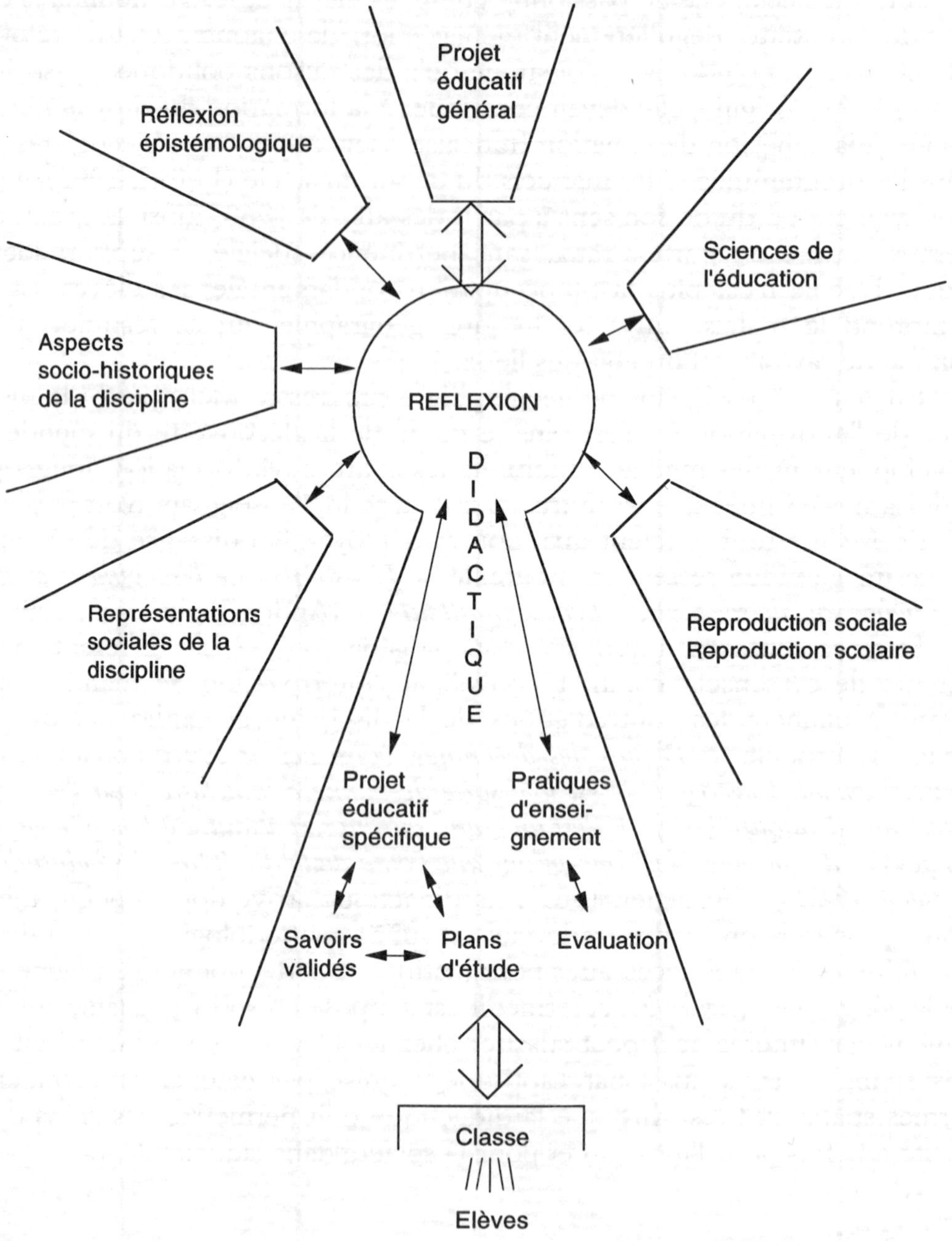

Source : C. Davaud, P. Varcher, 1990, « La géographie à l'école : entre objets de savoir, pratiques scolaires et démarches géographiques », *Education et Recherche*, n° 3, p. 223-243, Editions Universitaires, Fribourg, Suisse.

ou dispersées, organisées ou spontanées, toutes significatives d'une soif de changements et de mise en ordre. Aux préoccupations épistémologiques portant sur les contenus et la nature de la géographie à enseigner, exprimées souvent par des universitaires, s'ajoute, émanant des enseignants, une somme impressionnante de travaux, souvent empiriques, traduisant le souci de construire une géographie efficace et intéressante pour les élèves, et permettant de gérer le quotidien. Pour l'heure, cependant, elle semble poser davantage de questions qu'elle ne résout de problèmes parfaitement identifiés. Dans ce désordre apparent des idées et des comportements, essayons de tirer quelques fils. Les préoccupations semblent s'orienter dans trois directions.

2.1. Le fonctionnement de la didactique

C'est ainsi qu'en France, la majeure partie des travaux et publications tentent de baliser le terrain et cartographient les domaines de la didactique de la géographie. Sans doute faut-il voir là la nécessité de la justifier et de l'organiser par rapport à la **pédagogie**. Ainsi, la didactique décompose la recherche sur l'enseignement de la géographie en trois étapes. En amont, il s'agit d'analyser les intentions des programmes, ainsi que celles des professeurs et d'expliciter les conceptions ainsi mobilisées. A l'aval, il convient de s'interroger sur les acquis que l'on souhaite voir résulter des apprentissages. Ce choix est tout autant technique, culturel que politique. Enfin, entre ces deux points extrêmes se place le champ des méthodes, des contenus et des procédures dont les conceptions découlent des choix d'amont (quelle géographie ?) et d'aval (pour quoi faire ?).

Cependant de tels schémas apparaissent bien souvent interchangeables avec d'autres disciplines. En outre, ils présentent l'inconvénient majeur de cloisonner la recherche didactique en champs d'étude *(figure 3)*. Or, une telle organisation « par appartement » risque rapidement de devenir appauvrissante car elle conduit vers des fonctionnements autonomes et hiérarchisés. Inévitablement, cela ne peut qu'amener une séparation entre les tâches de conception (la réflexion épistémologique) qui deviennent le secteur noble, et les tâches d'exécution, laissées aux professeurs dans leurs classes. En fonctionnant de manière descendante, ces modèles privilégient les réflexions épistémologiques sur la discipline, distinguant la pratique didacticienne de la recherche didactique dont : *« ... l'envergure scientifique est plus grande »* (Daudel, 1991). Une telle démarche induit donc un fonctionnement pyramidal qui, partant d'un savoir savant validé, élabore une transposition didactique que les enseignants auront la charge de mettre en œuvre dans leur classe : le savoir enseigné.

Figure 3 Validation d'une recherche didacticienne en géographie

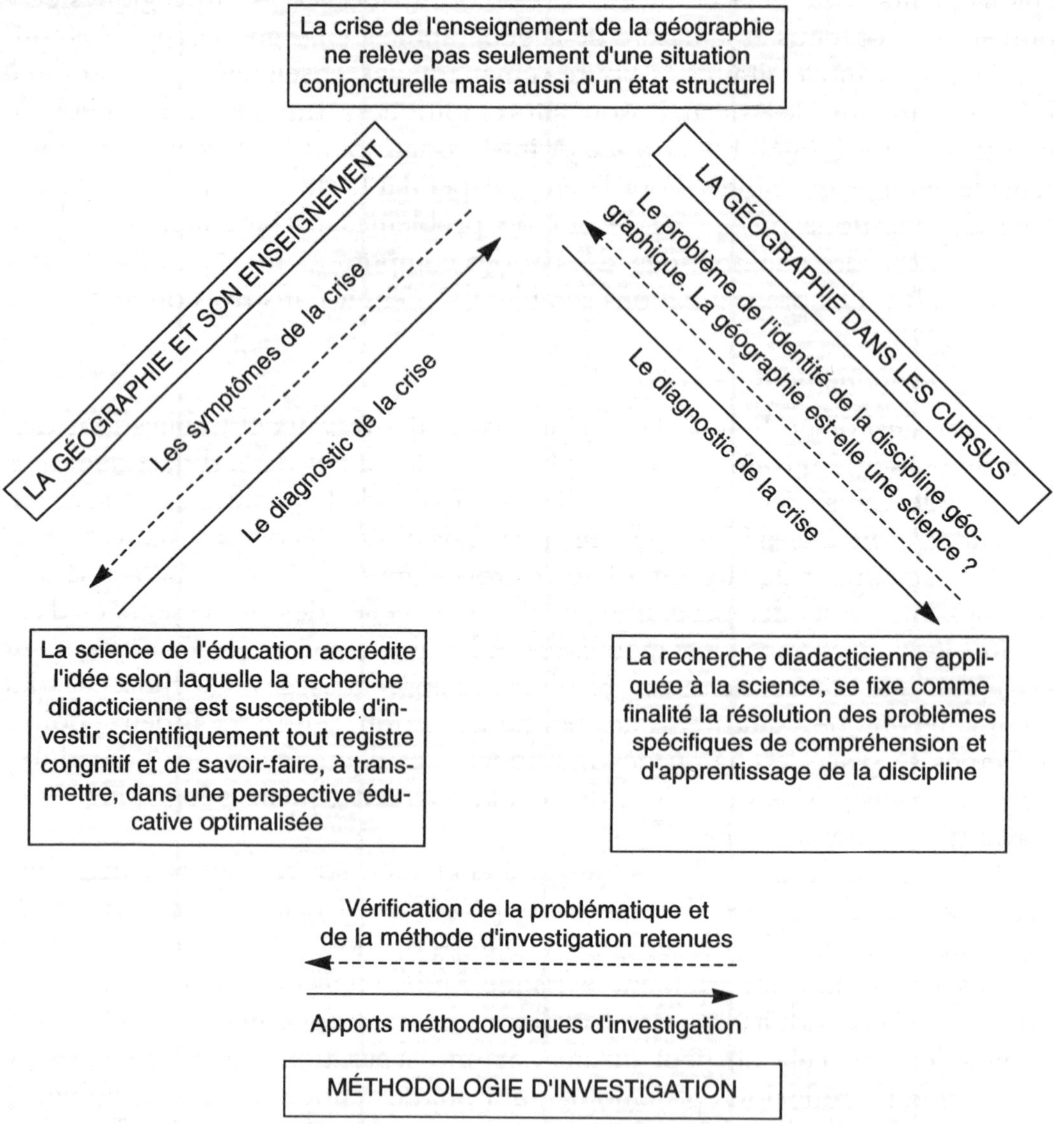

Source : C. Daudel, 1991, *Les fondements de la recherche en didactique de la géographie*, Berne, Peter Lang, p. 20.

D'autres chercheurs organisent la didactique en termes systémiques. Cette structure organisationnelle permet de mieux comprendre la complexité des processus auxquels elle s'intéresse. Il paraît, en effet, bien plus pertinent de concevoir la recherche en termes d'objectifs généraux, associant sur un problème précis les travaux et les réflexions des universitaires, des spécialistes de didactique, des enseignants, ainsi que l'apport des sciences connexes. La rencontre de ces logiques se révèle toujours très fructueuse. Ainsi, le modèle conçu par l'Institut National de la Recherche Pédagogique de : « *Formation à la didactique par la recherche* » tend à créer une dynamique de cette nature, en associant chercheurs et enseignants de terrain. Suivant la même démarche interactive, un cycle d'Universités d'été travaille, depuis cinq ans, sur les conséquences de la prise en compte du concept de représentation spatiale dans les divers champs de la géographie (André, Bailly *et al.*, 1989, 1990 ; Cham's, 1991). Cependant, certains auteurs avouent leur scepticisme : « *il est difficile d'envisager le développement d'une recherche didacticienne de haut niveau au sein de telles procédures. (...)... il est abusif de croire être un didacticien par le simple fait d'y avoir participé* » (Daudel, 1991). Mais ainsi définie, la didactique ne risque-t-elle pas de prendre la forme d'un taylorisme intellectuel ?

2.2. Les représentations du monde

Le second domaine est celui de la cognition : comment se fait l'apprentissage de la géographie, quels sont les rapports de l'enfant à l'espace ? Il faut reconnaître que dans ce domaine les géographes semblent bien démunis et largement dépendants des travaux de la psychologie, de la sociologie, voire de l'anthropologie *(chapitre 10)*. De plus, s'il existe beaucoup de travaux sur la première enfance et l'enseignement primaire, si le monde des adultes est disséqué par les géographes, les psychologues et les sociologues de l'espace (Moles, Rohmer, 1972, 1982), bien peu de chercheurs se sont penchés sur les rapports des adolescents et de l'espace. En outre, la plupart des travaux portent sur l'espace proche, pratiqué quotidiennement, directement perceptible par les sens, ce qui n'éclaire que la première des échelles de grandeur du raisonnement géographique. La structuration du savoir géographique reste donc encore pour l'essentiel du domaine d'une « boîte noire ». « *Nous sommes encore dans une nuit profonde quant à la connaissance des relations entre notre cerveau/esprit, les idées, le monde extérieur.* » (Morin, 1981).

Cependant, le concept de représentation spatiale mis en valeur par les développements récents de la géographie donne accès à quelques données potentiellement riches. En effet, la représentation spatiale : « *création sociale et individuelle d'un schéma pertinent du réel* » (Guérin, 1989), est le concept clé pour comprendre les comportements et les agissements des hommes et des sociétés dans l'espace. L'homme est ainsi considéré comme un acteur ou un décideur qui agit dans et sur l'espace, adaptant ses comportements, ses choix aux représentations qu'il porte. Il contribue donc à modifier son environnement, et par là, à faire évoluer ses représentations initiales. Ainsi, l'organisation de l'espace découle de l'ajustement permanent entre les subjectivités des images spatiales et les flux et les structures qu'elles engendrent. Par exemple, l'étude des phénomènes touristiques permet de montrer que si le territoire est le mobile du déplacement, les représentations que l'on s'en fait constituent le facteur fondamental des décisions et des modalités de l'acte spatial. Les agences de voyage et les offices de tourisme le savent bien, qui utilisent au mieux ces besoins d'imaginaire.

Outre que l'appel aux représentations constitue une révolution épistémologique, en postulant que la vérité géographique n'est : *« qu'une connaissance de la connaissance »* (Bailly, 1991), elle ouvre deux vastes champs de travail pour la didactique :
— enseigner la géographie à travers la recherche et l'analyse des représentations que les hommes et les sociétés se construisent ;
— considérer l'élève comme porteur de représentations dont la connaissance est nécessaire pour fonder un apprentissage.

2.3. Quelle géographie pour les élèves ?

Le troisième domaine est celui du travail sur le terrain. Que faire, que faire faire aux élèves qui soit une géographie pertinente, qui permette un réel apprentissage, et qui les intéresse ? Constatant que les pratiques traditionnelles demeurent le lieu privilégié de la reproduction scolaire et freinent toute innovation, les enseignants tentent progressivement de remplacer le cours magistral ou dialogué par la fabrication de séquences qui répondent à leur propre demande angoissée. Ainsi ont-ils recours au travail autonome, à la pratique de pédagogies différenciées, ou la mise sur pied de séances de travaux pratiques. Cependant, cet effort d'innovation, sans conteste méritoire et utile, porte essentiellement sur le fonctionnement de la classe, au risque de voir la finalité disciplinaire de l'enseignement s'effacer comme le montre parfois le temps passé sur des exercices qui ne sont pas proprement géographiques : la construction de graphiques, la lecture de pyramides des âges, etc.

Or, les chercheurs et praticiens s'accordent pour affirmer que la géographie peut à nouveau passionner les élèves si chaque séquence se construit autour d'une **situation-problème**, que l'élève est invité à élucider. Il pourra utiliser pour cela des instruments classiques comme les questions-clés : quoi, qui, où, comment, pourquoi ? Il sera également conduit à employer des outils plus élaborés comme les schémas systémiques ou la construction de modèles graphiques à partir des chorèmes élémentaires (Clary *et al.*, 1987).

Tout programme apparaît ainsi reformulable sous forme d'études de cas, permettant de conduire une interrogation spatiale dans la forme pédagogique la mieux adaptée à la classe *(tableau 2)*. Une grande variété d'approches est ainsi offerte et modulable en fonction des besoins, des publics ou des circonstances : travail sur documents, enquêtes, plans d'aménagement, construction de cartes, etc.

Tableau 2 Programme de géographie de l'Association des Ecoles Internationales Exemples d'objectifs et d'application de l'étude des concepts : orientation et position géographique

Aux niveaux 1 et 2 (11 à 13 ans)

Concepts principaux	Objectifs	Exemples d'applications
Distance	Evaluer les distances locales	Distance de la maison à l'école
Orientation	Savoir se situer dans le milieu local et d'autres espaces	Déplacement en fonction du soleil, des étoiles, avec boussole. Utilisation de grilles de latitude, longitude
Accessibilité	Savoir évaluer le temps de déplacement	Evaluer les distances temps sur des sujets précis
Etendue, surface	Savoir mesurer une étendue, surface	Mesurer la surface de l'école, de la ville avec des cartes
Localisation	Localiser sa maison, sa ville, sa région	Exercices sur des cartes locales, régionales, nationales
Echelle	Comparer des documents à échelles différentes	Exercices sur cartes et photos aériennes
Etat, nation, région	Comparer des cartes politiques et administratives	Analyse de la relativité des unités locales et régionales
Limite	Comparer des cartes politiques et administratives	Analyser l'impact d'une frontière proche
Territoire, lieu	Etudier les toponymies locales et leur sens	Etudier les rapports toponymie-milieu naturel-histoire
Réseau, ponts, nœuds, flux	Etudier les cartes routières et les schématiser	Montrer un schéma du réseau routier régional

Les exemples ne sont pas prescriptifs. Ils ne sont qu'indicatifs.
Ces exemples peuvent être choisis au niveau local la première année, et en relation avec des milieux locaux différents la deuxième année (milieux ruraux, milieux urbains défavorisés, milieux lointains).
Source : Extrait de A. Bailly : La géographie dans les Ecoles Internationales, in Cham's : *Enseigner la géographie en Europe*, Paris, Anthropos-RECLUS, p. 177.

L'élève peut également se transformer en acteur spatial et participer à des jeux de rôle ou à des **jeux de simulation** *(figure 4)*. De telles démarches ont été largement explorées aux Etats-Unis et au Royaume-Uni, mais elles demeurent marginales en France. Le jeu se veut une réduction de la réalité, permettant à l'élève de s'initier aux attitudes et aux comportements géographiques, et d'acquérir ainsi une pratique de l'espace. « *Aussi bien sur le plan du savoir-faire d'une discipline que sur celui de la compréhension (...), l'approche pédagogique par jeux de simulation nous ouvre à des perspectives de formation correspondant davantage aux exigences de la réalité présente et future.* » (Choquette, 1983). Sur les mêmes fondements, les maîtres du Cycle d'Orientation de

Figure 4 Interactions des composantes des jeux de simulation

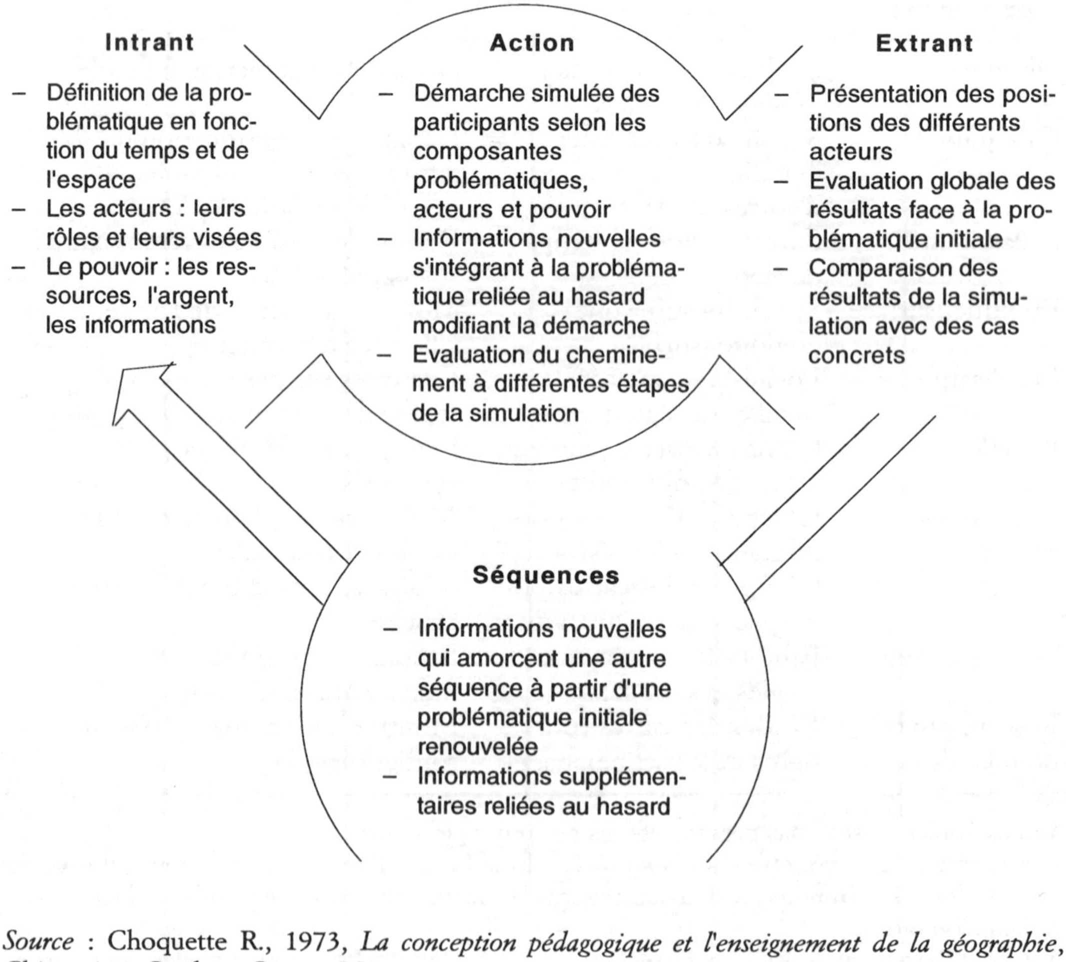

Source : Choquette R., 1973, *La conception pédagogique et l'enseignement de la géographie*, Chicoutimi, Québec, Gaëtan Morin, p. 119.

Genève tentent d'explorer des approches nouvelles comme les scénarios-catastrophes *(faut-il supprimer les paysans en Suisse ?)*, ou l'élaboration de sketches cherchant à faire réutiliser très concrètement les connaissances et les aptitudes acquises par ailleurs.

En somme, la géographie est partout. Elle participe au fonctionnement des sociétés et des hommes. Elle est tellement constitutive de nos actions qu'on ne la pense pas, tout comme la respiration. C'est ainsi que des documents sortant de la trilogie classique (carte, statistique, paysage) permettent de montrer que la géographie va se nicher là où les élèves ne l'attendent pas. Ainsi, à partir d'une banale publicité pour un paquet de café, on peut parfaitement mettre les élèves en situation de conduire un démontage du système Monde, de ses flux commerciaux, et de ses représentations. Désormais, enseigner la géographie consiste aussi à apprendre à décoder les signes et les discours, à rendre explicite ce qui demeure quotidiennement implicite.

3. La géographie interrogée par la didactique

La géographie s'est toujours définie davantage par son objet que par ses méthodes et ses analyses. Aussi l'enseignement a-t-il été pendant des décennies dans la plupart des pays, et le demeure dans certains, le relais des connaissances accumulées et précisées par une recherche universitaire. Mais la révolution de la « nouvelle géographie » des années 1960 a ouvert de nouvelles pistes. Ainsi, les enseignants du Royaume-Uni ont été amenés à adopter une démarche conceptuelle privilégiant la géographie urbaine, la géographie sociale, la géographie du développement (Graves, 1991). Cependant, à partir de 1979, le parti conservateur va imposer de nouveaux objectifs tendant à lier l'enseignement secondaire à la formation professionnelle, à faire de l'éducation la servante de l'économie. Ces expériences anglo-saxonnes rappellent que l'enseignement de la géographie est au cœur des idéologies politiques et des exigences sociales. Elles montrent également pourquoi la didactique doit obliger la géographie à se découvrir et à se justifier.

3.1. Un détour de production

Car se fixer d'autres objectifs que de connaître les pays du monde et leurs capitales revient à formuler une question simple : l'apprentissage de la géographie est-il formateur ? Ou, si l'on insiste : permet-il d'acquérir des connaissances et des procédures de raisonnement rendant l'élève mieux apte à comprendre le monde qui l'entoure (aux différentes échelles) ? Permet-il également de comprendre comment et pourquoi l'espace peut être considéré comme une des composantes fonctionnelles des sociétés humaines ? Permet-il en somme d'opérer, par l'analyse spatiale, ce que les économistes appellent un « détour de production », c'est-à-dire l'acquisition d'un outil intellectuel permettant des gains de productivité dans la gestion de l'individu et celui des sociétés ? Bref, l'apprentissage de la géographie est-il en soi un progrès ? Ou pour reprendre les termes de Saint-Simon : la disparition de nos meilleurs géographes et de la géographie comme discipline affecterait-elle durablement et profondément l'efficacité, la cohésion de notre société ? Rien n'est moins sûr... Et certains le pensent tout bas qui n'osent le dire.

Car longtemps la géographie s'est définie comme une science de synthèse, formule qui permettait sans doute de justifier l'accumulation des connaissances sur un espace donné, mais qui éludait l'originalité de la pensée. Elle fonctionnait selon une approche inductive (des faits aux idées) qui l'a conduite vers un système de classement et d'explication par récurrence. Désormais, la démarche scientifique, qui procède par hypothèse préalable et construction de modèles explicatifs et opératoires, s'impose comme ailleurs. Mais parce que l'objet de la géographie porte sur l'analyse et la compréhension du fonctionnement spatial des sociétés et des individus, elle a élaboré des procédures originales.

3.2. Les raisonnements spatiaux

Ainsi, Y. Lacoste (1986) avait souligné que savoir penser l'espace impliquait de combiner en permanence deux démarches d'analyse spatiale ;

— l'emboîtement d'ensembles spatiaux de grandeurs différentes,
— l'analyse des intersections des ensembles spatiaux du même ordre de grandeur *(tableau 3)*.

L'intérêt d'une telle démarche pour l'enseignement n'a jamais vraiment été exploré au fond. Elle offre pourtant les moyens d'articuler une géographie « **d'en haut** » et une géographie « **d'en bas** » (André, Bailly *et al.*, 1989), de passer du réel au conceptuel, de relier les pratiques et les représentations spatiales des élèves avec les images du monde que déversent en permanence les écrans de télévision. C'est un bon outil permettant de conduire sur des études de cas un apprentissage solide des raisonnements spatiaux.

Tableau 3 Les ensembles spatiaux : présentation pour les élèves (extrait)

Il faut prendre en considération plusieurs sortes d'ensembles pour analyser une situation géographique

Les ensembles qui figurent sur les cartes sont donc des outils intellectuels pour analyser toute la diversité de la surface terrestre. Mais toutes sortes d'ensembles sont à prendre en considération, pour faire la description géographique d'un endroit. Pour comprendre la diversité et les particularités d'un paysage, il faut combiner diverses catégories de phénomènes : relief, climat, végétation, mais aussi le peuplement, les activités humaines... On peut appliquer cette manière de raisonner en termes d'ensembles à n'importe quel point du globe et chaque point appartient à un très grand nombre d'ensembles. Décrire la situation géographique d'un lieu, d'une région, d'un pays, c'est trouver les ensembles dont il dépend et par lesquels on peut le définir : une situation géographique résulte de la combinaison des propriétés des différents ensembles spatiaux. (...)

Un ensemble géographique fondamental : l'Etat

Pourquoi un Etat peut-il être considéré comme un ensemble ? Parce que tous les habitants d'un même Etat sont soumis aux mêmes lois, comprennent la même langue, paient les impôts, utilisent la même monnaie, obéissent au même gouvernement, et ont en mémoire une histoire commune. L'Etat a un *territoire*. Cet ensemble politique, culturel est donc aussi un ensemble spatial dont les limites précises, bien connues, sont souvent visibles sur le terrain : présence de l'armée, fil de fer barbelé, etc. Toutes les frontières ne sont pas toujours aussi marquées dans le paysage, mais le plus souvent elles sont clairement définies. (...)

Les intersections d'ensembles

En chaque lieu une combinaison géographique résulte de l'intersection des ensembles que l'on peut distinguer par la pensée. Les différents chapitres vont permettre de passer en revue différents grands ensembles spatiaux, que nous allons dans un premier temps isoler les uns des autres. Mais nous avons vu que dans la réalité tous ces ensembles se combinent. C'est pourquoi nous montrerons par divers exemples comment on peut combiner les différents ensembles spatiaux.

Source : Collection Lacoste-Ghirardi, *Géographie générale*, Paris, Nathan, p. 14.

3.3. Les stratégies spatiales

L'analyse spatiale réclame également que l'on s'interroge sur l'ensemble des décisions qui conduisent à créer des pratiques et des flux, afin de faire comprendre aux élèves « comment ça marche ». Or, la géographie universitaire peut se distribuer en deux courants. D'une part, s'impose encore largement ce que nous appellons une géographie des résultats, qui se donne pour objet d'étude la répartition des hommes et des activités à la surface de la terre. Elle revêt souvent cet aspect très traditionnel, essentiellement descriptif, inductif et énumératif, qui fit la gloire de l'école géographique française et que l'on retrouve encore pour l'essentiel dans les programmes d'enseignement en France. Mais elle inspire également certains courants de la géographie dite « nouvelle », qui, choisissant de mettre l'accent sur les structures, les flux et les systèmes, utilise au mieux les apports de l'informatique et de la cartographie automatique. L'influence de la démarche structurale est évidente : les structures renvoient aux processus. Dès lors, l'effort d'explication conduit vers une démarche récurrente qui éclaire le présent par l'interaction des facteurs du passé dont on ne retient souvent que ceux dont l'effet a été durable. L'analyse d'une situation géographique se transforme ainsi en scénario d'une réussite ou d'un déclin inéluctables.

Au contraire, la géographie des processus se soucie prioritairement de comprendre comment fonctionne l'espace. L'effort de connaissance porte sur les processus eux-mêmes et leurs interactions. Il met ainsi en relief le rôle de facteurs que l'approche par les résultats sous-estime. Ainsi, le rôle des législations foncières et urbaines, le rôle des valorisations différentielles de l'espace expliquent l'enchaînement des décisions qui conduisent à la création d'espace. L'attention portée aux représentations des individus et des groupes sociaux permet d'approcher et de comprendre la notion de **stratégies spatiales**.

Une telle approche permet de saisir les enjeux spatiaux, démarche que tentent de recréer par exemple les jeux de simulation. Elle redonne une dimension ludique et dramatique à la géographie. Elle nécessite, en outre, l'activation permanente des savoirs et des concepts, pour résoudre les situations-problèmes proposées aux éléves. Elle contribue par là même à la formation d'une démarche scientifique d'analyse spatiale. En somme, elle fait de l'élève l'acteur de la construction de son propre savoir spatial.

3.4. Les concepts spatiaux

Dès lors, la didactique est amenée à s'interroger sur la place des **concepts** dans la géographie enseignée. Ce qui était déjà l'objet de débats virulents dans la recherche est devenu un problème central de l'enseignement de la géographie.

Ainsi, de nombreux auteurs ont tenté de dresser des listes de concepts géographiques, distinguant parfois concepts majeurs et inférieurs, concepts et notions. Ces tentatives peu convaincantes aboutissent souvent à de longues énumérations où les concepts se distinguent mal des notions et des savoirs. On assiste à des glissements fâcheux de sens : l'outil scientifique devenant un simple contenu. Ainsi les flux se transforment en transports qui se déclinent en chemin de fer et autres voies maritimes... Or un **concept** est une représentation abstraite, mentale et transférable qui permet de construire des systèmes explicatifs de la réalité. Si l'on souhaite que la géographie aille au-delà de l'inventaire des connaissances culturelles, un progrès essentiel sera de cerner les concepts fondamentaux de la géographie et de construire des apprentissages qui conduiront les élèves à les manipuler et à les réinvestir *(tableau 2)*. L'Association des Ecoles Internationales a ainsi conçu un programme qui : « *... n'est pas orienté vers l'acquisition d'un savoir encyclopédique et nationaliste ; (...) la géographie est alors abordée grâce à des concepts généraux qui permettent de comprendre l'organisation, la production et l'attachement aux espaces de vie des hommes* » (Bailly, 1991). Leur valeur d'élaboration du **savoir géographique** apparaît pleinement et conduit les élèves à construire des raisonnements scientifiques, c'est-à-dire à se doter d'outils intellectuels leur permettant de décrypter le monde et ainsi de devenir peut-être géographe, mais surtout d'acquérir une maîtrise de l'espace proche ou lointain dont on peut admettre qu'elle contribue à la liberté de l'individu.

4. La didactique modelée par la géographie

Si la didactique permet d'analyser la géographie et d'en faire ressortir les qualités formatrices, elle n'est cependant pas neutre. Car la conception de la didactique découle largement de la conception du savoir géographique que le chercheur ou l'enseignant utilisent.

4.1. Un enseignement « par le haut »

Comme toute science, la géographie est imprégnée d'un idéal d'objectivité et recherche une vérité qui peut parfois se dissimuler. Le géographe se veut un manipulateur d'espace. Ainsi, R. Brunet explique que : « *Pour chaque distribution spatiale d'un phénomène, on peut identifier les structures ou lieux concernés, on peut donc en déduire les situations, les rationalités sous-jacentes, les mécanismes en jeu, ceux qui rendent compte de la distribution même du phénomène. Et par là entrer dans la connaissance de celui-ci* » (Brunet, 1985). En découpant et structurant le monde en grands ensembles comme en petits territoires, en dégageant des hiérarchies et des rapports, le géographe produit, par une **démarche structurale**, un savoir qui répond à des critères de validation et d'objectivité. Dès lors, il est tentant de considérer ce savoir savant comme une donnée, un acquis qu'il faudra transmettre aux élèves en l'adaptant à leurs capacités supposées : c'est le rôle de la **transposition didactique**. Cette approche intellectuelle, rationnelle et théorisante conduit inéluctablement à un **enseignement de la géographie « par le haut »**. Elle induit une procédure descendante. Enseigner la géographie conduit donc à opposer la science et les acquis validés de la recherche scientifique – le savoir savant qui construit pas à pas la connaissance rationnelle de ce monde – et le sens commun, système explicatif qui s'appuie sur des préjugés, des déformations et génère des idées sommaires, voire aberrantes, qui sont un frein à l'idée de progrès. Dans cette optique, la représentation commune ou sociale apparaît comme un obstacle à l'apprentissage qu'il s'agit de détecter, de cerner, puis de contourner, de dépasser, et enfin de détruire. Somme toute, la représentation c'est l'ennemie. Une ennemie jusque-là cachée, tapie, mais que l'on sait maintenant repérer.

4.2. Construire une géographie par le bas

Or, la géographie est une science sociale qui, pour comprendre les flux spatiaux, doit appréhender les processus de création. Ceux-ci fonctionnent suivant les représentations spatiales que les individus et les sociétés se font du monde. Les flux et les structures résultent d'une somme de décisions individuelles (du responsable politique au consommateur qui boucle sa valise pour partir en voyage, en passant par le chef d'entreprise) prises en fonction d'un jeu de représentations. Ainsi, se substitue à l'approche causale récurrente classique, qui induit déterminisme ou possibilisme, une approche décisionnelle rendant mieux compte des processus de l'organisation de l'espace. Les structures spatiales que les géographes s'efforcent de décoder n'ont donc rien de statique. Elles peuvent être interprétées comme un équilibre dynamique, dont les représentations spatiales constituent le moteur...

Aussi, loin d'être un obstacle à l'apprentissage, un écran masquant le savoir scientifique, comme le pensent certains auteurs, la représentation devient un des facteurs explicatifs du fonctionnement spatial d'un « objet » d'étude géographique. Par conséquent, sa découverte, son analyse doivent s'intégrer dans la démarche d'apprentissage. Elle est l'élément clé, congénital de la connaissance scientifique géographique. La conception et l'élaboration d'un cours de géographie, dont l'objectif doit être en priorité la découverte et l'étude des processus spatiaux, devront donc impérativement inclure une manipulation des représentations spatiales.

L'enseignant doit dès lors amener les élèves à travailler sur leurs représentations ou celles des autres pour en comprendre le fonctionnement, saisir le rôle qu'elles jouent dans les comportements spatiaux des sociétés et des individus, ainsi que pour mesurer les limites des représentations qu'ils auront découvertes ou recueillies. Ainsi, par exemple, les représentations spatiales que véhiculent les élèves, et très probablement leurs parents, sur le Midi de la France expliquent les pratiques spatiales touristiques et les structures qui en résultent (André, Bailly *et al.*, 1990). Mais en même temps, elles révèlent leurs propres limites ; car on peut montrer que sur le même objet existent d'autres représentations tout aussi pertinentes pour les groupes sociaux qui les produisent. Ainsi se construit une **géographie « par le bas »**, bien plus pertinente, bien plus passionnante. L'espace devient alors objet de conflit, social, économique, culturel. *« Aux champs de blé succède le champ de bataille. »* (Clary, Ferras, 1989.)

Enfin, la manipulation des représentation spatiales ouvre le champ d'un vaste renouvellement des méthodes de travail à offrir aux élèves. Car il est clair qu'il ne s'agit pas de se contenter d'ajouter dans les programmes existants un chapitre sur les représentations, ni de les enseigner de manière magistrale. Travailler sur les processus spatiaux offre le choix d'une multitude de méthodes actives qui ont toutes en commun de proposer une démarche qui mette l'élève en position de recherche. N'est-il pas plus formateur pour celui-ci d'apprendre à construire un raisonnement à partir d'une somme d'interrogations portant, au-delà des résultats, sur les processus ? Mais si les représentations spatiales offrent l'opportunité de développer une didactique nouvelle, n'est-ce pas justement parce qu'elles reposent sur une autre épistémologie de la discipline ? Le changement ne se segmente pas.

5. La didactique de la géographie : un système régulateur

Pour beaucoup d'enseignants encore, la didactique se présente sous l'image froide et technicienne d'une spécialité sans débat, tout entière consacrée à l'efficacité de la communication. Mais sous les exigences de la pratique, nous avons constaté que se cachaient nombre de problèmes explosifs, car tous les choix, les travaux, les résultats « objectifs » sont imprégnés d'idéologies sociales. Ainsi, comment définir, formuler le savoir à transmettre ? La pertinence d'un tel choix se trouve à l'intersection des demandes sociales – le pragmatisme britannique s'opposant ainsi à l'exigence culturelle française –, des exigences scientifiques – existe-t-il un savoir

« savant » de référence ? –, des avancées des recherches des géographes et des sciences connexes qui s'intéressent à l'espace.

Il faut donc penser la didactique comme l'ensemble des techniques d'organisation et de gestion de l'enseignement de la géographie. Il faut la considérer comme un système souple, régulateur, qui permet que se tissent des liens entre des logiques différentes et divergentes. L'enseignant y tient une place stratégique, car il est l'agent de la mise en œuvre et donc de la réussite. Une telle responsabilité exige donc qu'il ne soit pas réduit au rôle d'exécutant, mais qu'il soit partie prenante du processus de réflexion didactique.

En somme, la didactique répondra à ses objectifs si elle redonne une cohérence aux trois images de la discipline : celle des recherches universitaires ou appliquées, celle des enseignants et celle des élèves. Cette unité épistémologique interne semble essentielle pour permettre à la géographie de s'imposer comme une discipline scolaire dont l'apport scientifique formateur pourra apparaître désormais comme irremplaçable.

Lectures recommandées

AFDG, 1992, *Enseigner l'histoire et la géographie, un métier en constante rénovation*, Mélanges offerts à Victor et Lucile Marbeau, Paris, INRP.

André Y. et Bailly A. *et al.*, 1989, *Représenter l'espace*, Paris, Anthropos-Economica.

André Y. et Bailly A. *et al.*, 1990, *Modèles graphiques et représentations spatiales*, Paris, Anthropos-Economica.

Astolfi J.P. et Develay M., 1989, *La didactique des sciences*, Paris, PUF.

Bailly *et al.*, 1991, *Les concepts de la géographie humaine*, 2e édition, Paris, Masson.

Clary M., Dufau G., Durand R. et Ferras R., 1987, *Cartes et modèles à l'école*, Montpellier, RECLUS.

CNDP, 1992, Enseigner la géographie au collège et au lycée. Actes des Journées nationales sur la didactique de la géographie (Amiens, juin 1991, sous la direction de l'Inspection Générale).

Daudel C., 1990, *Les fondements de la recherche en didactique de la géographie*, Berne, Peter Lang.

L'Espace Géographique, 1989, *la géographie et ses enseignements* n° 2, Paris, Doin.

Mots-clefs

Behaviorisme
Concept,
Démarche structurale,
Didactique,
Enseignement « par le haut » – « par le bas »,
Jeux de simulation,
Objectif pédagogique,
Pédagogie,
Savoir géographique,
Situation-problème,
Stratégie spatiale,
Transposition didactique.

II

Les concepts de la géographie

Espace, milieu, paysage, environnement

19

Augustin Berque

1. Les deux versants de la réalité géographique

Espace, milieu, paysage, environnement : chacun de ces quatre concepts, peu ou prou suivant les auteurs que l'on considère, peut ou a pu représenter l'essentiel de ce dont s'occupent les géographes. Aussi ont-ils fait, dans l'histoire de la discipline, l'objet d'un grand nombre de définitions qui sont liées à des conceptions souvent complémentaires, parfois incompatibles, mais qui, en fin de compte, témoignent de si nombreux chevauchements qu'il s'impose à l'évidence d'examiner ces concepts en liaison les uns avec les autres. Dans ce chapitre, le parti adopté consistera donc à tenter d'éclairer plutôt cette liaison, et son évolution dans le temps, qu'à s'appesantir sur l'un ou l'autre des quatre termes. Il n'est en effet nullement indifférent, quant à l'état de la discipline géographique et à celui de son objet, que selon l'auteur ou l'époque on parle plutôt d'**espaces** que de **milieux**, d'**environnements**, ou de **paysages**. L'accent que l'on met sur l'un de ces termes, au détriment des autres, montre que les problèmes dits géographiques évoluent, aussi bien dans leur nature que dans les représentations que s'en font les géographes.

Ce qu'il y a sur la terre d'une part, et d'autre part ce qu'en disent les géographes : un rapport existe à coup sûr entre ces deux versants de la réalité géographique, mais il n'est nullement direct. Ce rapport est en effet médiatisé par une série de prismes, dont les moindres ne sont pas les mots qu'utilise la géographie, et qui ont pour effet divers décalages dans l'évolution de ces deux termes. S'agissant bien de géographie, c'est-à-dire de la réalité géographique en ses deux versants constitutifs, ils ne peut être question d'ignorer ces interrelations ni ces décalages entre la chose et le discours. D'où le second parti de ce chapitre : les quatre concepts en question seront traités en tant qu'éléments du discours géographique (c'est-à-dire du point de vue du sujet construisant son objet), mais non moins en tant qu'aspects de l'organisation terrestre (l'objet) ; l'idée directrice étant que si les géographes élaborent leur objet, ce qu'ils en disent reflète le rapport de leurs sociétés à l'étendue terrestre ; rapport où les géographes, à leur tour, jouent un certain rôle.

2. Définitions courantes

Relevons dans un premier temps les définitions que donnent de nos quatre termes quatre ouvrages de référence courante dans ce troisième tiers du XXe siècle : deux dictionnaires, l'un de langue, l'édition 1970 du *Petit Robert*, l'autre spécialisé, la première édition (1970) du *Dictionnaire de la Géographie* dirigé par P. George ; et deux traités de géographie générale, *La Face de la Terre* (1988) de P. et G. Pinchemel, et le tome I de la *Géographie universelle* dirigée par R. Brunet, *Mondes nouveaux* (1990). L'écart d'une vingtaine d'années entre les premières et les dernières de ces références a été voulu pour souligner la mobilité des acceptions.

2.1. L'espace

Le *Robert* définit trois acceptions principales : I. « Lieu, plus ou moins bien délimité, où peut se situer quelque chose ». II « Milieu idéal, caractérisé par l'extériorité de ses parties, dans lequel sont localisées nos perceptions, et qui contient par conséquent toutes les étendues finies ». III « Etendue de temps ». On ne relève pas dans le *Robert* de référence spécifique à la géographie.

Dans le *George*, on ne trouve pas d'entrée *espace*, mais à *espace économique*, il est dit que l' « espace géographique » correspond à ce que l'économiste F. Perroux a appelé « espace banal », dans lequel « les hommes et les groupes d'hommes, les choses et les groupes de choses caractérisés économiquement par ailleurs trouvent leur place ». Cet espace, contrairement à l'espace économique selon F. Perroux, est concret et cartographiable. Cependant, plusieurs choses sont dites de l'espace économique (notamment à propos des régions, classées en « homogènes », « polarisées » et « régions-plan » d'après le vocabulaire de l'économiste R. Boudeville), qui « s'inscrivent très précisément dans l'espace banal, l'espace géographique ».

La Face de la Terre, dans son premier chapitre, donne de la géographie six définitions selon six objets, auxquelles correspondent six tendances *grosso modo* successives de la discipline : la géographie des positions et des contours, l'identification et l'inventaire des lieux, l'étude de la localisation et de la distribution, l'étude des relations entre la nature et l'homme, la science de la totalité de la terre, et enfin « la géographie, science de l'espace terrestre et de son organisation » (p. 27). Le traité souligne que, depuis les années 1960, « *espace* tend à remplacer *géographie*, et *spatial, géographique* » (p. 28). Plusieurs acceptions d'**espace** sont ensuite envisagées : « support des répartitions » ; « espace vécu (qui est) partiel, relatif, biaisé par la personnalité de chaque être, par des perceptions qui déterminent ses pratiques, ses attitudes, ses comportements » (p. 28) ; « espace social, un espace créé par les sociétés, qui reflète l'organisation sociale », avec « des centres, des voies, des unités de gestion, des frontières » (p. 28), et dont les structures « n'ont rien à voir avec une quelconque relation naturelle : c'est à travers des modèles spatiaux que les contingences naturelles se manifestent » (p. 28). Dans cette optique, l'espace n'est plus un espace vague, un espace-support, il est un concept fort, à la base de la géographie. Il n'est pas cependant toute la géographie, il n'est qu'une des clefs de l'analyse géographique » (p. 28).

Pour R. Brunet, « L'espace géographique est fait de l'ensemble des populations, de leurs oeuvres, de leurs relations *localisées*, c'est-à-dire considérées dans leur étendue et dans leurs lieux. (Il) ne saurait être réduit au visible : il contient l'ensemble des relations localisées et localisables, à la fois les rapports des lieux entre eux, et les rapports aux lieux qu'entretiennent les individus et les groupes » (p. 34). « Produit et dimension des sociétés humaines, l'espace géographique est tout ensemble approprié, exploité, parcouru, habité et géré. Chacun de ces actes est, à sa manière, producteur d'espace, impose à l'espace des formes propres, et tire parti des formes de l'espace, en les remodelant. La géographie étudie ces processus et ces formes » (p. 31).

Abstraction faite, provisoirement, des conceptions de la géographie qui sous-tendent les définitions qui précèdent, celles-ci apparaissent ainsi liées aux notions de lieu, de relation et d'étendue. L'on pourra donc en déduire cette définition minimale de l'**espace géographique** : *un tissu caractéristique de relations que les hommes établissent entre les lieux dans l'étendue terrestre.*

2.2. Le milieu

Le *Robert* donne de ce terme trois groupes de définitions. Les deux premiers concernent peu le propos des géographes : il s'agit de ces acceptions où milieu est plus ou moins synonyme de *centre, axe, moyenne*, etc. Dans le troisième groupe, **milieu** est globalement donné comme « ce qui entoure, ce dans quoi une chose ou un être se trouve ». Ici quelques acceptions spécifiquement géographiques sont mentionnées ; ainsi dans les exemples suivants : « Etude des milieux et des êtres vivants, de leurs rapports », et « La notion de climat est comprise dans celle de milieu ». *Milieu* s'entend de trois points de vue : physique, biologique et social. Il renvoie à d'autres termes tels que : *espace, société, ambiance, climat, environnement*, etc.

Dans le *George*, les deux entrées *milieu* et *milieu géographique* sont brèves. La première donne du terme une définition exclusivement biogéographique et renvoie à *écologie, environnement*. Le milieu est ici l' « espace qui entoure immédiatement les cellules ou les êtres vivants et avec lequel les êtres vivants réalisent des échanges constants de matière et d'énergie qui les rendent plus ou moins dépendants à son égard ». Quant au milieu géographique, c'est l' « espace naturel ou aménagé qui entoure un groupe humain, sur lequel il agit, et dont les contraintes climatiques, biologiques, édaphiques, psychosociologiques, économiques, politiques, etc., retentissent sur le comportement et l'état de ce groupe ».

La Face de la Terre envisage une « double logique » où *milieu naturel* et *espace humain* se combinent pour produire le *milieu géographique*. Cette expression est donnée comme quasi synonyme d'*espace géographique*, à quoi elle est cependant préférée parce que *milieu* est « plus riche de sens qu'espace » (p. 356). Dans cette combinaison, le *milieu naturel* fait intervenir, en tant que « facteurs permanents », « les pentes, la nature des roches, la température, les masses d'air, l'hydrologie, les formations végétales » (p. 219). En tant que tels, les milieux naturels naissent « de la combinaison, de l'interaction de phénomènes relevant de trois types de facteurs : climatiques, biotiques, édaphiques » (p. 221) ; et si « les sociétés humaines les ont modifiés et les modifient encore, (elles) ne les suppriment pas » (p. 220). Cette humanisation « correspond en quelque sorte à une relation verticale des sociétés à leur environnement naturel, depuis les roches jusqu'aux basses couches de l'atmosphère, en passant par les horizons des sols, les strates de la couverture végétale » (p. 353-354). Il y a là une « causalité géo-écologique », à laquelle se combine la « causalité chorologique » des « relations latérales » propres à la « spatialisation » de l'action humaine. En somme, le milieu géographique est considéré comme résultant du « double processus de la mise en espace de la surface de la terre et de la transformation des milieux naturels par les hommes » (p. 353). On peut ainsi distinguer à la surface du globe divers types de milieux géographiques, par la « mise en relation de deux axes d'intensité croissante : l'axe de naturalité et l'axe de spatialité » (p. 371).

Perspective différente dans *Mondes nouveaux* ; car, pour R. Brunet, « l'espace géographique contient (...) le milieu, alors que la réciproque n'est pas vraie » (p. 37). Marquée « d'extériorité, de passivité, de naturalité et d'unicité » (p. 36), la notion de milieu est ainsi largement subsumée sous celle d'espace, l'espace pouvant lui-même être milieu en tant qu'il est produit. Dans la seconde partie de l'ouvrage, O. Dollfus parle certes des *milieux physiques* (ou *naturels*) en tant qu'ils sont des « entités distinctes » (p. 311), avec les modelés, les climats, les sols qui leur sont propres ; la perspective est néanmoins fort voisine, car la « mosaïque des milieux » (p. 314), autrement dit « les distributions qui résultent du jeu des forces de la nature, (et qui sont) dotées de leur propre échelle de temps » sont considérées comme « un élément des contraintes et des héritages inscrits dans l'espace » (p. 349).

La notion de milieu apparaît ainsi plus problématique que celle d'espace, du moins si on ne la restreint pas au domaine dit physique ou naturel (à propos duquel les définitions concordent). Cela justement dans la mesure, semble-t-il, où parler de « milieu géographique » implique d'embrayer le physique au social, le naturel au culturel. C'est cet embrayage qui est problématique, et qui motive, selon les auteurs, d'aussi remarquables divergences qu'entre *La Face de la Terre* et *Mondes nouveaux*.

2.3. Le paysage

Le *Robert* donne de ce mot deux définitions : 1° « Partie d'un pays que la nature présente à un observateur », et 2° « Tableau représentant la nature et où les figures (d'hommes ou d'animaux) et les constructions (...) ne sont que des accessoires ». La notion de *paysage urbain* est signalée par extension de la première définition, qui donne aussi *vue* et *site* comme voisins de *paysage*.

On trouve dans le *George* deux entrées, *paysage* et *paysage agraire (rural)*. La première semble exclure la notion du champ de la géographie d'expression française, en posant d'abord que le terme est « employé par certaines écoles géographiques étrangères pour désigner le milieu naturel synthétique, objet d'une géographie physique globale ». Suit un développement placé dans la catégorie « biogéographie », où le paysage est défini comme « Portion d'espace analysée visuellement. Le **paysage** est le résultat de la combinaison dynamique d'éléments physico-chimiques, biologiques et anthropiques qui, en réagissant les uns sur les autres, en font un ensemble unique et indissociable en perpétuelle évolution ». Quant au *paysage agraire (rural)*, il est défini comme « une combinaison concrète où interviennent un grand nombre de faits : l'habitat, le parcellaire, les chemins etc. ». Cette combinaison révèle une « organisation de l'espace ». Elle « enregistre » des facteurs tels que « le milieu naturel, les groupes ethniques, les modes de propriété, les systèmes de défrichement, l'économie agricole, les facteurs politiques (...) et bien d'autres encore ».

Dans *La Face de la Terre*, le chapitre sur les paysages est intercalé entre celui sur les milieux géographiques et celui sur les régions et territoires, tous trois formant le dernier livre, lequel effectue la synthèse de la « double logique » signalée plus haut. Ce chapitre note d'abord la faveur, puis la défaveur, puis la réhabilitation de la notion dans la géographie du XXe siècle, pour poser ensuite qu' « il ne faut pas confondre analyse spatiale, analyse du paysage, analyse géographique » (p. 382). Le paysage est en effet limité à certaines échelles (ni trop près ni trop loin), et à certains angles de vision. « Le paysage se perçoit au sol, dans une vision nécessairement limitée » (p. 382). Celle-ci livre des formes, des couleurs et des matières. Investi par des valeurs humaines, le paysage est à la fois cadre de vie, patrimoine, ressource, et marqueur d'identité. Aussi « La vision paysagère est (-elle) la vision humaine par essence, à travers laquelle les hommes voient la réalité du monde qui les entoure, la perçoivent par tous les autres sens, se l'approprient » (p. 382). Cependant, le paysage est également cette réalité du monde, dans laquelle naturalité et culturalité se sont combinées en une « mise en formes paysagères » (p. 383). D'où son ambiguïté fondamentale : « n'est-il pas tout à la fois regard et action de l'homme, expression visible de l'humanisation de la Terre ? » (p. 390).

Mondes nouveaux définit le paysage comme « la forme du pays. (... Il a) valeur de distinction globale. Il décrit une contrée, pour mieux la distinguer de sa voisine (...) Le paysage est ce que l'on voit. Un peu plus, pourtant : au-delà de l'apparence, il est signe et sème. Il a la dualité du signifiant et du signifié. Il vaut pour lui-même, comme "vue". Il vaut pour ce qu'il exprime, ou qu'on lui fait exprimer ; mais c'est aussi bien le signifié que l'état d'âme du récepteur. (...) Le paysage est aussi ce que l'on imagine » (p. 24). Le traité prend ensuite position contre la réduction du paysage au « sens naturaliste d'environnement », car « il n'y a pas de paysage "naturel", puisqu'il n'est de paysage que perçu » (p. 24).

Ainsi, deux grandes tendances coexistent dans la définition du paysage en géographie : dans l'une, on s'attache à l'analyse des formes perçues, en tant qu'objets ; dans l'autre, à les analyser en tant qu'elles sont perçues.

2.4. L'environnement

Le *Robert* ne donne de ce mot que deux définitions, encore exemptes de préoccupations écologiques : 1° « Action d'environner ; son résultat » ; 2° « Enceinte ; environs d'un lieu ».

Pour le *George*, « Le terme est employé surtout par les auteurs anglo-saxons, dans un sens voisin de *milieu géographique* (...) Il s'agit du milieu naturel, mais aussi du milieu concret construit par l'homme, et encore tout ce qui affecte le comportement de l'homme (les autres hommes, avec leur nombre et leurs caractéristiques). L'idée de détérioration de l'environnement par la civilisation industrielle, celle de la pollution du milieu sont souvent incluses dans les théories actuelles sur ce sujet ». Une définition biogéographique est également donnée, comme synonyme de « milieu de vie » : « ensemble des conditions énergétiques, physiques, chimiques et biologiques qui règnent au voisinage immédiat des êtres vivants ».

La Face de la Terre, après avoir montré qu'*environnement* « est revenu de l'anglais avec le sens écologique de *cadre de vie* » (p. 221), pose qu' « il y a pratiquement identité entre milieu et environnement » (p. 221). Identité qui néanmoins a des limites ; car si le livre lui-même emploie fréquemment l'expression « environnement naturel » et envisage à cet égard le thème de l'humanisation, il ne parle pas d' « environnement géographique ». C'est en effet le terme de milieu qu'il utilise au stade décisif, celui de l'intégration de la « double logique » (milieu naturel/espace humain) qui produit cette synthèse que sont les « milieux géographiques ».

Dans *Mondes nouveaux*, « environnement » ne fait pas l'objet d'analyses sémantiques particulières. Le terme intervient toutefois assez fréquemment dans le texte, avec l'acception et les connnotations de l'usage ordinaire en 1990 ; à savoir principalement en relation avec ces problèmes de dégradation ou de protection des milieux naturels ou construits qui, par exemple, justifient l'existence en France d'un ministère de l'Environnement.

Il apparaît donc que si le terme d'**environnement** est aujourd'hui (mais depuis peu) d'usage courant dans la géographie d'expression française, et s'il ne semble pas poser de problèmes de définition particuliers, son importance conceptuelle est moindre que celle de nos trois premiers termes. C'est plutôt *espace, milieu* et *paysage* qui focalisent les problématiques de la géographie française, et qui y subsument les questions d'environnement.

3. Evolution de la problématique

Les géographes d'expression française, quelle que fût la diversité des intérêts individuels, n'ont dans l'ensemble jamais considéré d'une même attention l'espace, le milieu, le paysage et l'environnement. Des temps forts ont successivement mis à l'honneur tel ou tel de ces termes. Il y a dans ces engouements des aspects de mode intellectuelle, sans doute ; mais on peut dire aussi qu'ils ont reflété, d'une part, certaines tendances intellectuelles durables, propres à la géographie française, et que d'autre part ils ont symbolisé l'évolution de l'objet même de la géographie : ce mouvant rapport entre les sociétés et l'épiderme de la terre qui, selon les cas, s'appréhendera plutôt en termes d'espaces, de milieux, de paysages ou d'environnements.

3.1. La montée de l'espace

La place éminente que la *Géographie universelle* dirigée par R. Brunet accorde à une problématique de l'espace consacre une tendance qui a marqué la géographie française des trente dernières années : un nombre croissant de titres, d'intitulés et d'objectifs ont comporté le mot **espace** (ou son dérivé *spatial*), laissant ainsi à penser que c'est là que réside l'objet de la discipline.

Or si cette vue est aujourd'hui prépondérante, beaucoup s'en faut qu'elle ait caractérisé la géographie antérieurement aux années soixante-dix. Il est révélateur à cet égard que le *Dictionnaire de la Géographie* dirigé par P. George, en 1970 encore, n'ait pas comporté d'entrée « espace », et n'ait considéré l'espace géographique que comme « banal », autrement dit non institué au plan scientifique.

Naturellement, les géographes ont utilisé de longue date le mot « espace » ; mais sans que celui-ci cristallisât un paradigme. Ce n'est qu'avec la publication, en 1966, de *L'Organisation de l'espace*, de J. Labasse, que change cet état de choses. Ce titre témoignait en effet de l'appropriation caractérisée, par une discipline scientifique, d'un terme resté jusque-là effectivement banal. Il n'est d'ailleurs pas indifférent qu'il s'agît, d'après le sous-titre de cet ouvrage séminal, de « géographie volontaire », c'est-à-dire du déploiement, dans l'étendue banale, d'un espace géré et pensé, conceptuellement distinct de cette étendue : c'est bien une émancipation, un décollage qui s'est produit alors. Et en peu d'années, se multiplièrent les preuves qu'un nouveau champ était ainsi ouvert à la pratique intellectuelle des géographes ; notamment la fondation, en 1971, de la revue *L'Espace géographique*, qui aura été l'expression privilégiée de la fécondité des recherches dans ce champ.

Il importe toutefois de situer cette évolution dans le contexte des sciences sociales d'expression française. Là en effet, les géographes n'ont nullement été les premiers, et encore moins les seuls à s'intéresser ainsi à l'espace. Ce sont, au premier chef, les travaux de Piaget en psychologie, et en économie ceux de Perroux, qui ont véritablement intronisé ce thème dans la recherche en sciences sociales ; et c'est *La Production de l'espace* (1974), du philosophe et sociologue Lefebvre, qui l'y a fait accéder à la vulgate. Certes, l'*espace géographique* est aujourd'hui un objet caractéristique, et les géographes ont développé à cet égard un corpus méthodologique d'une incontestable consistance ; mais utiliser « spatial » comme synonyme de « géographique », autrement dit revendiquer l'espace tout court comme objet de la géographie, est un abus de langage, qui a sans doute peu ajouté au crédit de la discipline parmi ses voisines et dans le public. Dans le troisième tiers du XXe siècle, en effet, tout le monde ou presque s'est occupé d'espace.

3.2. Le temps fort du milieu

L'une des origines probables de la vogue du concept d'espace (géographique) est que celui-ci permettait de chasser, par une option délibérément tournée vers les sciences sociales, le spectre du **déterminisme**, lequel a hanté la géographie française des deux premiers tiers du XXe siècle dans la mesure où, « si on la compare aux paradigmes d'écoles voisines, (celle-ci a été) caractérisée par la problématique des relations hommes/milieux » (Robic, 1990, p. 188). Or la solide formation historique des géographes français les empêchait de verser dans les naïvetés du déterminisme naturaliste d'un Huntington. La relation hommes/milieux a donc toujours été pour eux hautement problématique, ce qu'illustre le vocable de **possibilisme** forgé à ce propos par l'historien Febvre. Marquée par la contingence, l'option possibiliste allait de pair avec la tendance idiographique – l'étude régionale étant préférée à l'établissement de lois – qui marque également la géographie française de cette époque.

Cette double tendance au possibilisme et à la monographie n'a pas empêché la géographie physique de se séparer – comme ailleurs – de la géographie humaine. On peut même dire que c'est « le débat sur le déterminisme et le possibilisme (qui) a fait perdre à la géographie son unité » (Pinchemel, 1988, p. 26). Cette scission permettait en effet de laisser de côté la question de l'embrayage du physique au social.

Dans un tel contexte, l'accent mis par la géographie française de cette époque sur la notion de milieu (géographique) peut paraître paradoxal. En fait, d'une part, les géographes physiciens, tel de Martonne, ont largement délaissé la problématique du milieu en focalisant leurs travaux sur la géomorphologie. « C'est donc aux spécialistes de géographie humaine qu'est revenu de penser un "milieu géographique" qui subsume la complexité physique et la complexité sociale » (Robic, 1990, p. 200). D'autre part, dans la géographie humaine elle-même, on remarque « la faiblesse des recherches méthodologiques sur la notion de milieu ou d' "environnement", puisque (...) faisant fi de la portée intégrative du paradigme écologique, Vidal, comme Gallois, plaide pour que les branches de la géographie physique soient abordées par la problématique même des spécialistes, quitte à réaliser l'ultime synthèse en équipe » (Robic, 1990, p. 177).

FICHE 1

De la totalité terrestre au déterminisme

Au début du XIXe siècle, deux noms résument l'avènement de la géographie comme science consciente de sa méthode et de sa dignité, Ritter et Humboldt.

Ritter a publié, en 1817, sa *Géographie générale comparée, ou Science de la terre dans ses rapports avec la nature et l'histoire de l'homme.* Humboldt publie, à partir de 1845, et pendant une dizaine d'années le livre dont le titre *Kosmos* résume précisément l'esprit. En eux s'unissent les traditions de la géographie grecque, c'est-à-dire la science de l'œcumène humain depuis Aristote et Strabon, et la science de coordination de l'espace humain, en relation avec les configurations et les mouvements célestes, c'est-à-dire la géographie mathématique dont Eratosthène, Hipparque et Ptolémée sont considérés comme les fondateurs.

Selon Ritter, l'histoire humaine est inintelligible sans la liaison de l'homme au sol et à tout le sol. La terre, considérée dans son ensemble, est le support stable des vicissitudes de l'histoire. L'espace terrestre, sa configuration, sont, par conséquent, objet de connaissance non seulement géométrique, non seulement géologique, mais sociologique et biologique.

Humboldt est un naturaliste voyageur qui a parcouru plusieurs fois ce qu'on pouvait parcourir du monde à son époque et qui a appliqué à ses investigations tout un système de mesures barométriques, thermométriques, etc. L'intérêt de Humboldt s'est surtout porté sur la répartition des plantes selon les climats : il est le fondateur de la géographie botanique et de la géographie zoologique. Le *Kosmos*, c'est une synthèse des connaissances ayant pour objet la vie sur la terre et les relations de la vie avec le milieu physique. Cette synthèse ne veut pas être une encyclopédie, mais veut parvenir à une intuition de l'univers, et elle commence par une histoire de la *Weltanschauung*, par une histoire du Cosmos dont on chercherait difficilement l'équivalent dans un ouvrage de philosophie. Il y a là une recension tout à fait remarquable.

Il est essentiel de noter que Ritter et Humboldt appliquent à leur objet, aux rapports de l'homme historique et du milieu, la catégorie de totalité. C'est toute l'humanité sur toute la terre qui est leur objet. A partir d'eux, l'idée d'une détermination des rapports historiques par le support géographique se consolide en géographie, pour aboutir, en Allemagne, à Ratzel et à l'anthropogéographie d'abord, puis à la géopolitique, et elle envahit par contagion l'histoire, à partir de Michelet. Qu'on se souvienne du *Tableau de la France*. Et enfin, Taine, comme on l'a déjà dit, va contribuer à répandre l'idée dans tous les milieux, y compris le milieu littéraire. On peut résumer l'esprit de cette théorie des rapports du milieu géographique et de l'homme en disant que faire l'histoire consiste à lire une carte, en entendant par carte la figuration d'un ensemble de données métriques, géodésiques, géologiques, climatologiques et de données descriptives biogéographiques.

G. Canguilhem, 1971, *La Connaissance de la vie*, Paris, Vrin, p. 138-139.

Le travail de la géographie humaine a donc plutôt consisté, dans une perspective socio-centrée, à montrer que « les oeuvres humaines issues de tout le passé de l'humanité contribuent elles-mêmes à constituer le milieu, l'environnement, le milieu géographique qui conditionne la vie des peuples » (Demangeon, 1942, p. 29). Même à propos de milieux naturels relativement contraignants, comme les montagnes, ou bien sortant de la « normale » telle qu'on la concevait alors (par exemple la zone tempérée d'Europe et d'Amérique du nord), comme la zone tropicale – dans laquelle, Sorre montrait pourtant que les « complexes pathogènes », donc le « milieu biologique », ont un rôle géographique remarquable (Sorre, 1933) –, l'attitude qui a prévalu en fin de compte est un non-déterminisme assorti d'un socio-centrisme. C'est par exemple la notion de « techniques d'encadrement » que tendait à illustrer l'oeuvre du tropicaliste Gourou. Une telle attitude revenait à considérer que la notion de milieu, du moins en tant qu'elle implique bilatéralement la nature et la culture, est fondamentalement stérile.

Aussi bien cette époque, *grosso modo* de Vidal de la Blache aux années 1960, durant laquelle la notion de milieu a focalisé l'effort conceptuel des géographes de langue française, n'a-t-elle pas laissé de vocabulaire ni de lois proprement mésologiques (c'est-à-dire qui eussent enjambé la distinction du physique et du social). La question du milieu est donc restée largement du côté des sciences de la nature, géographiquement non résolue. Implicitement toutefois, le poids qui continuait d'être accordé aux monograpies régionales n'en exprimait pas moins une conviction en la valeur constitutive des milieux géographiques.

3.3. La transparence du paysage

Comparée à ses homologues allemande, anglophone et soviétique, la géographie française, hormis certains développements récents, semble avoir été moins portée à s'instituer (ou à instituer l'une de ses branches) en science du paysage. On n'y trouve pas au même degré la volonté taxonomique de la *Landschaftkunde*, l'accent écologique qui a mené en URSS au concept de géosystème et ailleurs à la *landscape ecology*, ni la systématisation des évaluations paysagères propre au *land use planning* britannique.

Ce n'est pas faute, néanmoins, d'intérêt pour les paysages. La géographie régionale, conçue comme la géographie par excellence, n'allait pas sans d'attentives descriptions paysagères. Chez Vidal de la Blache, ces descriptions, « mélange (...) de science et de poésie » atteignaient à un art, selon Sion qui fut son élève (Rougerie, 1991, p. 31). Les croquis de de Martonne, en partie repris dans son *Traité de géographie physique*, sont également restés célèbres.

Aussi le mot de paysage sera-t-il « de plus en plus utilisé – jusqu'à satiété – au fil des ans, mais aucun de ces géographes ne cherchera jamais à bâtir un corps de doctrine autour de ces paysages » (Rougerie, 1991).

Le penchant idiographique de la géographie française de cette époque est en partie cause de cette situation. G. Rougerie parle à cet égard d'un « remplacement de l'image de marque "paysage" par celles de "région" et de "genre de vie" (*id,* p. 33) ». Il juge également que « c'est peut-être parce que la géographie française débutante a été très liée à l'histoire, qu'elle a ainsi plus volontiers retenu ce que Vidal appelle occasionnellement la "scènerie" que les décors de la scène. Dans la mesure où l'étude privilégiée des genres de vie fait de la géographie une science sociale, l'intérêt des apparences sensibles du paysage ne paraît pas s'imposer au point d'en faire l'objet d'une étude en soi » *(ibid).*

Dans l'ensemble, jusqu'aux années 1960 où le thème commence à connaître une certaine défaveur au profit de l'analyse spatiale, les géographes français ont ainsi tendu à traiter le **paysage** comme un simple attribut de l'objet véritable de leur recherche – les structures agraires ou les systèmes d'érosion, par exemple –, plutôt que de le considérer en lui-même. De ce fait, ils n'ont guère envisagé son ambiguïté constitutive. Transparent, le paysage était empreint des qualités objectives dudit objet, au point d'en être lui-même réifié. Toutefois, cette forme matérielle de l'étendue restait pour eux subordonnée à ce qu'elle révélait : des milieux géographiques.

4. L'alternative moderne et ses effets géographiques

4.1. La place de la géographie dans le concert des sciences

Comme toutes les sciences, la géographie s'est établie et a évolué sous l'emprise de paradigmes qui conditionnent ses concepts fondamentaux. Elle participe donc aux grandes remises en cause qui jalonnent l'histoire des sciences. Toutefois, de par son objet qui l'attache aux manifestations concrètes du rapport des sociétés à l'épiderme de la terre, elle est amenée à considérer la traduction matérielle plutôt que les conditions immatérielles des tendances qui, dans ce rapport, modifient l'action humaine. Elle analysera par exemple les effets écologiques de certaines techniques, plutôt que le substrat scientifique d'où émanent ces techniques, thème qui relève de l'histoire des sciences (entre autres). De même, elle examinera les effets concrets de la mobilité des populations sur la répartition de l'habitat, plutôt que certaines de ses causes socio-culturelles qu'étudieront en priorité sociologues ou anthropologues.

Cette position a conduit la géographie à n'enregistrer qu'avec un certain retard certains des débats qui ont agité les sciences de l'homme au XXe siècle ; et ainsi, d'ailleurs, à échapper dans une certaine mesure aux effets de bascule des modes qui ont régenté d'autres disciplines. L'étude des paysages, par exemple, n'a été affectée que marginalement par la tyrannie passagère des modèles sémiologiques ; cela, probablement, du fait même que les géographes, par tradition, recherchaient dans le paysage autre chose que des règles formelles, et n'étaient donc foncièrement pas disposés à le clore en une chaîne de signifiants.

On voit par là que ces décalages relèvent d'autres causes que la simple inertie (facteur qui vaut pour toutes les disciplines instituées). C'est qu'en effet, dans l'analyse géographique, entrent en ligne de compte des référents – fondamentalement la nature d'une part, la culture de l'autre – dont la radicale hétérogénéité interdit que tel ou tel champ de cette analyse puisse être clos sur lui-même. Par vocation, la géographie est en prise avec des phénomènes d'échelles spatiales et temporelles trop dissemblables – telles d'un côté la migration estivale des Parisiens vers la Côte d'Azur, de l'autre les variations eustatiques – pour être portée à ce genre de réductions ; la contre-partie de cet équilibre étant, d'une part, un risque certain de démembrement, d'autre part cette relative imperméabilité aux modes qui nuit à la renommée des géographes. La question reste ainsi périodiquement posée de savoir si la géographie possède un domaine suffisamment consistant pour l'affirmer dans le concert des sciences.

4.2. La géographie rebelle à l'utopie moderne ?

Ses origines de science exacte (la mesure de la terre), fort anciennes, prédisposaient sans doute la géographie à un certain positivisme. Aussi, bien qu'elle se soit instituée dans le champ académique français, en tant que l'une des sciences humaines, à un moment où le développement de ces sciences – la sociologie, l'anthropologie etc., voire la psychanalyse – commençait à ébranler le dualisme sujet/objet propre au positivisme, la géographie n'a-t-elle pendant longtemps pas reflété cette mise en doute. Jusqu'au milieu du XXe siècle, elle ne s'est ainsi guère embarrassée d'analyses de la subjectivité, collective surtout. Elle a fonctionné en assumant pleinement la dichotomie qu'avait établie, trois siècles auparavant, le point de vue objectifiant du sujet cartésien sur la *res extensa* par excellence : l'étendue terrestre.

Dans le même temps, pourtant, la géographie répugnait à assumer cet autre pilier du paradigme occidental moderne-classique : l'espace newtonien, posé comme homogène, isotrope et infini. Cet espace sans qualités, dans

FICHE 2

La production de l'espace

Chaque société produit un espace, le sien. La nôtre, le néo-capitalisme a produit l'espace abstrait qui contient le « monde de la marchandise », sa logique et ses stratégies à l'échelle mondiale en même temps que la puissance de l'argent et celle de l'Etat politique. Cet espace abstrait s'appuie sur les énormes réseaux des banques, des centres d'affaires, etc. Et aussi l'espace des autoroutes, des aérodromes, des centres d'informations. Dans cette espace la ville, berceau de l'accumulation, lieu de la richesse, sujet d'histoire, centre de l'espace historique a éclaté. Il s'agit d'en apprécier les conséquences.

Comment ne pas en conclure à l'importance croissante de l'espace dans les sociétés dites « modernes », à sa prépondérance imminente ou déjà actuelle ? Cette prépondérance ne s'exerce pas seulement à l'échelle « micro », en ce qui concerne la disposition des surfaces dans un super-marché ou dans une unité de voisinage, – ni seulement à l'échelle « macro », dans la répartition des flux à l'intérieur d'une nation ou d'une unité continentale ; elle s'observe à tous les niveaux, à tous les échelons et dans leurs connexions. De l'erreur théorique qui limite cette importance à l'anthropologie, ou à l'économie politique, ou à la sociologie, on a fait justice chemin faisant. Il reste encore à tirer de ces remarques quelques conclusions théoriques.

Chaque société née de l'histoire dans le cadre d'un mode de production, avec ses particularités inhérentes à ce cadre, modelait autrefois son espace. Comment ? On l'a vu. Par la violence (guerres et révolutions), par la ruse politique et diplomatique, par le travail enfin. L'espace d'une telle société pouvait se nommer « œuvre ». L'acception de ce terme, courante pour l'objet sorti des mains d'un artiste, pouvait s'étendre au résultat de la pratique, au niveau d'une société entière. Pays et paysages, comment leur refuser cette qualité ? A ce niveau déjà, le produit et l'œuvre se réunissaient.

Aujourd'hui, il s'agit de l'espace à l'échelle mondiale (et même au-delà de la surface terrestre, de l'espace interplanétaire), ainsi que des espaces impliqués, à tous les échelons. Aucun lieu n'a disparu et tous les lieux ont subi des métamorphoses. Qui modèle l'espace planétaire ? Personne. Aucune force, aucun pouvoir, car les forces et les pouvoirs s'y affrontent, stratégiquement, de façon telle que l'histoire, l'historicité et les déterminismes attachés à ces notions temporelles perdent leur sens.

De cette situation nouvelle, aspect de plus en plus important de la « modernité », quelques causes et raisons viennent d'elles-mêmes au jour, sortant de la pénombre historique. Elles se font connaître suffisamment pour que la réflexion pressente la multiplicité des interactions. Le marché mondial (marchandises, capitaux, main-d'œuvre, etc.), les techniques et les sciences, la pression démographique, font partie de ces causes et raisons, dont chacune tend à s'ériger en puissance autonome. Paradoxe déjà mentionné et souligné : le pouvoir politique qui règne sur « les hommes », domine l'espace qu'occupent ses « sujets » mais ne domine pas les causes et raisons qui s'entrecroisent dans cet espace, chacune exerçant son action par et pour elle-même.

H. Lefebvre, *La Production de l'espace*, Paris, Anthropos, p. 4 de couverture et p. 473-474.

l'universalité duquel ont pu se développer les sciences dites exactes, la géographie ne pouvait en effet l'entériner dans la mesure même où elle s'attachait, au contraire, à décrire et à comprendre la diversité de l'étendue concrète. « Science des lieux », comme la qualifia Vidal de la Blache, elle ne pouvait sans de très grandes difficultés s'embrayer à une tendance épistémique dont les effets, au fil du temps, devaient montrer de plus en plus manifestement qu'elle était foncièrement négatrice des lieux : *u-topique* à la lettre.

Cette **utopie** de l'espace neutre, la géographie ne devait s'y rallier que tardivement et partiellement, dans les années 1960, et d'ailleurs davantage dans les pays anglo-saxons qu'en France ; tendance dont certaines exagérations furent plus tard qualifiées de quantophrénie. Plus généralement, par sa volonté d'unifier les conditions de l'étendue réelle en élaguant leurs singularités, l'analyse de l'espace témoignait, au plan de la connaissance, du même élan prométhéen que cette autre expression, celle-là matérielle, de l'utopie moderne : le style international du fonctionnalisme en architecture et en urbanisme. Issu du mouvement moderne, en particulier des principes de la Charte d'Athènes, celui-ci conduisait effectivement à déqualifier et à uniformiser l'étendue réelle aux quatre coins de la planète. Ce qu'observaient donc les géographes, la société le transformait dans le sens même où se transformait la géographie. Il y a là concomitance, ou presque – le mouvement moderne en architecture apparaît du temps de Vidal de la Blache, mais ses effets ne transforment sensiblement le territoire français qu'après la deuxième guerre mondiale – ; et il y a surtout homologie, car les deux phénomènes ne font que traduire l'espace universel du paradigme occidental moderne-classique.

Or on ne peut chasser la singularité de l'étendue réelle sans de graves distorsions du rapport que les sociétés entretiennent avec elle : tandis que l'architecture sans lieux des ZUP (Zones à urbaniser en priorité) devait, en moins d'une génération, être vomie par les populations que l'on parquait ainsi dans les parallélépipèdes de son espace universel ; de même l'universalisme de l'espace quantitatif, chez les géographes, allait rapidement provoquer une réaction visant à réhabiliter les lieux, dans leur singularité qualitative.

4.3. La géographie, « humaniste » à contre-temps ?

L'utopie de l'espace universel, en architecture comme en géographie, n'aura été sans doute que l'ultime expression d'un paradigme qui, depuis longtemps, se trouvait déjà miné de l'intérieur. Cet ébranlement commence dès la première moitié du XIXe siècle, avec les géométries non euclidiennes.

La physique montrera plus tard que l'espace ne peut être que relatif. De leur côté, les sciences sociales mettaient en doute la consistance et la réalité du sujet individuel, ce fondement du dualisme cartésien. La logique elle-même, avec Gödel, devait démontrer qu'il n'est de certitude que relative.

Symbole de cette déstabilisation du paradigme cartésien-newtonien, trois siècles après le fameux « Et pourtant, elle tourne » de Galilée (1636), Husserl écrit en 1934 « La terre ne se meut pas ». La phénoménologie sommait ainsi les sciences humaines de prendre en compte cette ambiguïté constitutive de toute réalité, à laquelle, par ailleurs, se trouvait au même moment confrontée la physique elle-même.

Pour la géographie en particulier, concevoir qu'en même temps la terre tourne et qu'elle ne tourne pas, c'était en principe une aporie aussi féconde que, *mutatis mutandis*, l'aura été la non-séparabilité de la fonction d'onde pour la mécanique quantique. C'était en effet briser là radicalement avec l'alternative moderne, qui discrimina le physique du phénoménal. En fait, la phénoménologie devait surtout conduire à prendre en compte la subjectivité, que le positivisme avait illusoirement tenté d'évacuer du champ des affaires humaines. Son influence commence à toucher marginalement la géographie française dès avant la guerre. Publié en 1952, *L'homme et la terre* de Dardel est déjà une géo-phénoménologie délibérée, mais l'essai est prématuré : l'ouvrage passe inaperçu. Ce n'est que dans les années soixante-dix, donc postérieurement et en réaction à l'essor de l'analyse quantitative de l'espace, que le thème phénoménologique de l'*espace vécu* s'implante véritablement dans la géographie française ; notamment avec les travaux d'A. Frémont sur la Normandie.

Curieusement, ce que les anglophones appellent de leur côté *humanistic geography* apparaissait ainsi en France au moment où, sous l'influence du structuralisme, les sciences sociales y résonnaient de la « mort de l'homme », en tant que sujet conscient de lui-même. La découverte des qualités de l'espace vécu, en géographie, allait-elle donc à contre-courant ? Oui, dans la mesure où l'option phénoménologique a pu n'être, chez certains, qu'un repli nostalgique sur les lieux d'avant la modernité ; non, en fin de compte, car la subjectivité que l'on prenait ainsi en considération était plus généralement conçue comme ambiance collective, voire comme socialisation de l'environnement. Le thème de l'espace vécu devait en cela conduire à poser derechef, mais sur de nouvelles bases, la vieille question du milieu.

5. Rendre son écoumène à la géographie

5.1. L'écoumène comme complexe de ressources, contraintes, risques et agréments

A côté du banal phénomène des spécialisations parcellaires, les deux dernières décennies n'en ont pas moins vu paraître des tentatives de réunification ou même de recentrage de la géographie. Ces tentatives sont contemporaines d'une demande sociale accrue de vues intégrées sur notre environnement, social aussi bien que physique. Les quatre concepts d'espace, milieu, paysage et environnement y tiennent une place éminente. Le clivage traditionnel entre géographie physique et géographie humaine est par exemple surmonté par l'éco-géographie d'un J. Tricart, laquelle reste certes orientée vers les problèmes du milieu physique, mais cela dans une perspective qui intègre l'action humaine. On peut en dire à peu près autant de l'analyse des paysages dans l'optique d'une géographie « science de l'environnement » telle que la définit G. Bertrand *(chapitre 7)*. Inversement, si la géographie des représentations d'un H. Gumuchian intègre les questions d'environnement, c'est dans une perspective socio-centrée ; laquelle d'ailleurs, significativement, privilégie le terme d'espace, et ne mentionne guère le milieu. En revanche, espace et milieu (physique) se trouvent complètement intégrés – le premier subordonnant le second – dans le complexe milieu/espace/société que J.P. Marchand a étudié à propos du climat irlandais. L'on sait aussi qu'au contraire c'est le milieu (géographique) qui, chez P. et G. Pinchemel, intègre l'espace humain et le milieu physique dans sa double logique.

Ces quelques auteurs, on le voit, hiérarchisent diversement nos quatre concepts. Chez tous, cependant, la notion de relation tient un rôle décisif. C'est explicitement, par exemple, en tant que ressources ou contraintes, et non pas en soi, que le milieu physique est analysé par J.P. Marchand. Il semble bien, en effet, que cette perspective relationnelle ouvre une voie féconde à la géographie, qui non seulement y retrouve une réelle unité, mais aussi – ce qu'avait pressenti Sorre – apparaît en fin de compte clairement comme la *science de* **l'écoumène**, c'est-à-dire de la terre *en tant qu*'elle est humanisée : habitée, aménagée, représentée, imaginée par les sociétés humaines.

Le propre du géographe, ne serait-ce pas en effet de poser la question de cet « en tant que », où le physique et le social ne valent qu'en relation l'un avec l'autre ? Où l'étendue terrestre, à travers des ressources, des contraintes, des risques et des agréments dont la valeur est toujours relative (vécue, perçue, conçue), n'est que le milieu dans lequel se développe l'espace des hommes, l'environnement qui leur apparaît comme un paysage, et qu'en retour ils aménagent dans le sens des représentations qu'ils s'en font ?

5.2. Médiance et trajection de l'écoumène

Que l'on voie dans l'**écoumène**, ce complexe relationnel, des « milieux géographiques » ou des « espaces géographiques », ce n'est au fond qu'affaire de points de vue sur un même objet. Certes, ces points de vue induisent des pratiques divergentes. Aucun, toutefois, ne peut faire l'économie d'un foyer conceptuel où figurent nos quatre concepts, à des postes divers sans doute, mais intégrés dans une relation cohérente, voire elle-même conceptualisée comme telle.

C'est une telle conceptualisation qui structure le « point de vue de la **médiance** », que je mentionnerai pour finir parmi d'autres points de vue possibles sur l'écoumène. On part ici d'une définition du milieu comme relation d'une société à l'espace et à la nature. Cette relation comporte un versant physique ou factuel, qui est l'environnement (y compris les artefacts et les rapports sociaux), et un versant phénoménal ou sensible, qui est le paysage. Elle est empreinte d'un sens unitaire, la *médiance*, qui est triplement la signification subjective de, la sensibilité psychophysiologique à, et la tendance spatio-temporelle objective du milieu en question. La médiance résulte d'une **trajection**, processus historique et mésologique où se combinent le subjectif et l'objectif, le physique et le social, l'écologique et le symbolique. Elle se manifeste par des *prises*, qui sont les ressources, contraintes, risques et agréments constitutifs de l'écoumène. On ne peut réduire ces prises ni au physique (car elles n'existent comme telles qu'en fonction d'une société), ni au phénoménal (car elles existent bien physiquement). Elles sont médiales, ou trajectives. L'étude de ces prises, par lesquelles les sociétés sont en prise avec l'épiderme de la terre, ce serait le véritable territoire du géographe, son écoumène en somme.

Lectures recommandées

Berque A., 1990, *Médiance : de milieux en paysages*, Montpellier, RECLUS.

Brunet R., Dollfus O. *et al.*, 1990, *Mondes nouveaux*, Paris/Montpellier, Hachette/RECLUS.

Pinchemel Ph. et G., 1988, *La face de la terre*, Paris, Colin.

Robic M.C. *et al.*, 1990, *Les géographes français entre milieu et environnement*, Paris, Secrétariat à l'Environnement/Géomédia.

Mots-clefs

Déterminisme,
Ecoumène,
Environnement,
Espace,
Médiance,
Milieu,
Paysage,
Possibilisme,
Trajection,
Utopie.

Les représentations en géographie **20**

Antoine Bailly

« Le simple est toujours simplifié »
G. BACHELARD

1. L'objectivité est aliénante

Un des principaux blocages de la géographie classique était de penser que tout ce qui avait trait à l'espace pouvait être expliqué objectivement ; d'où cette définition ancienne de la géographie « science de l'espace ». L'analyse spatiale était difficile, certes, mais à force de descriptions, puis de classements, le géographe résoudrait ces complications. G. Durand dans *Le décor mythique de la Chartreuse de Parme* (1961) illustre bien les limites de cette approche : « Lorsque le récit s'appesantit sur la description objective, l'encombrement des qualificatifs descriptifs bouche l'essor de l'**imagination** du lecteur et lui fait perdre le sens que veut véhiculer le récit. L'**objectivité** est toujours aliénante (p. 13) ».

La géographie doit donc aborder explicitement, comme toutes les sciences sociales, le problème de l'**objectivité** scientifique et du rôle du géographe observateur ; la découverte de ce rôle « est peut-être la découverte scientifique capitale du XXe siècle : dans les univers d'Einstein, de Bohr, de Pauli, de Heisenberg, non seulement il n'y a plus d'observateur privilégié, mais tout observateur est limité par sa situation même dans un univers incertain et ambigu » (Thomas, 1988, p. 9-10). Appel est donc fait au concept de **représentation**, qui comme tout concept, est en devenir permanent en fonction des idéologies sociales et de l'évolution des sciences ; il n'y a pas de concept définitif, pas de concept éternel, car un **concept** est un faisceau de possibilités, inscrites dans le temps, l'espace et le vécu. Le rêve d'un concept « fini », que l'on pourrait utiliser comme une boîte à outils, est vain. Mieux vaut le cerner dans son évolution historique pour le comprendre comme une construction mentale qui renvoie à nos axiomes et à nos problématiques scientifiques.

2. Toute représentation est acte de création

Au tournant du XXe siècle Poincaré (1902) abordait déjà le problème des représentations dans son ouvrage *La science et l'hypothèse* : « localiser un objet, cela veut dire simplement se représenter les mouvements qu'il faudrait faire pour l'atteindre » ... « Mais, étant donné un objet, on peut concevoir plusieurs séries différentes de mouvements qui permettent également de l'atteindre ». Multiplicité de nos choix, liés à nos représentations, telle est la manière dont Poincaré conçoit la démarche scientifique ; une démarche qui résulte du processus cognitif, processus qui recouvre les mécanismes d'acquisition de l'information et de sa transformation en connaissance utile pour nos jugements et nos décisions. Dans ce contexte Piaget distingue clairement la **perception**, fonction par laquelle l'esprit se représente des objets en leur présence, de la représentation, terme utilisé maintenant en géographie comme dans bien des sciences sociales, qui permet d'évoquer des objets, même si ceux-ci ne sont pas directement perceptibles. Toute **représentation**, qu'elle soit d'ailleurs vulgaire ou scientifique, est un acte de **création**, et en géographie la meilleure carte est peut-être bien la carte blanche proposée par L. Carroll (1876) :

Il avait acheté une grande carte représentant la mer
Sans le moindre vestige de terre
Et l'équipage fut heureux de constater que c'était
Une carte qu'ils pouvaient tous comprendre.

Que servent les pôles Nord de Mercator et les Equateurs
Tropiques, Zones et Méridiens
Aurait pu dire l'Homme à la Cloche et l'équipage eût répondu
Ce sont tout au plus des signes conventionnels !

Les autres cartes sont d'un tel format avec leurs îles et caps
Mais nous avons à remercier notre brave Capitaine
Eût attesté l'équipage qu'il nous ait acheté la meilleure
Parfaite et absolument vide

(L. CARROLL, *Discours de l'homme à la cloche*, Traduction L. Aragon)

L'équipage de *La chasse au snark* a bien compris que toute représentation est à la fois conventionnelle et imparfaite ; supprimez les conventions, d'autres s'y substitueront, comme dans cette carte blanche aux codes étranges *(figure 1)*. D'ailleurs, les géographes emploient souvent des **cartes mentales**, représentations graphiques d'un espace par une personne, pour étudier le rôle des **images mentales** dans nos pratiques. En effet, ces images ont deux fonctions : référentielle pour organiser nos perceptions, élaborative pour organiser des relations nouvelles à partir d'expériences antérieures.

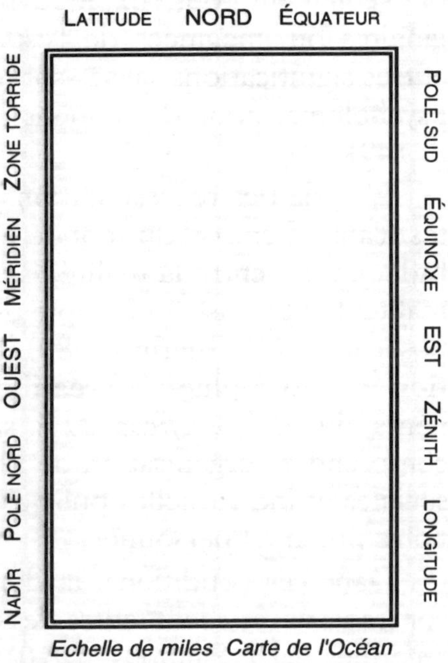

Figure 1 La carte du capitaine dans *La chasse au snark*
L. Carroll, 1876 ; Pléiade, 1990, p. 383.

3. Le réel objectif n'existe pas en dehors de nos représentations

Dans ses leçons de philosophie Maine de Biran rappelait cette vérité fondamentale pour la géographie : les sens et l'**imagination** trompent à chaque instant et peuvent tromper toujours. Nos **représentations** sont fondées sur l'apparence des objets et non sur les objets eux-mêmes. Vouloir codifier les objets tels qu'ils sont reviendrait, comme en cartographie, à réaliser une carte à l'échelle 1/1.

Ce n'est pourtant qu'après 1950, exception faite de travaux comme ceux de Hardy (1939), qu'est accepté, en géographie, le concept de **représentation spatiale**, qui permet de se référer à des espaces non actuellement perçus, parfois imaginaires. En effet, hostiles aux « **behavioristes** » qui avaient développé la théorie stimulus-réponse qui repose sur la relation directe entre les stimuli de l'environnement et le comportement, ces géographes, s'éloignant du déterminisme, souhaitaient une approche moins mécaniste. A la suite des phénoménologues et des fondateurs de la sociologie moderne, à la suite aussi des tenants de la psychologie cognitive, ils tentent de prendre en compte les processus mentaux qui font qu'un espace, une situation, une action sont perçus puis dotés de **significations**, de valeurs. Dès lors, le concept de **représentation** s'avère indispensable ; pour les géographes, mais pas seulement pour eux, il ouvre donc la voie à l'étude des constructions imaginaires ou imaginées de l'espace. C'est grâce à cet **imaginaire** « que les autres significations saisies sur le plan du rituel, du mythe, de l'onirique, de la psychologie, nous deviennent complètement intelligibles »... (Eliade, 1957, p. 149).

L'étude des représentations spatiales nous interroge donc sur les modalités d'appréhension du monde et le statut du réel, c'est-à-dire le problème de l'adéquation entre la réalité, ce que nous en percevons et nos discours sur la réalité. Cette prise en compte de la **subjectivité** humaine, nous pousse à proposer avec J.P. Guérin (1989), comme définition du concept de **représentation** en géographie : « **créations** sociales ou individuelles de schémas pertinents du réel » *(fiche 1)* ; schémas pertinents puisqu'ils nous aident à comprendre l'organisation de l'espace, à le juger et à le pratiquer ; **créations** sociales et individuelles puisqu'elles font référence à nos valeurs sociales et à notre potentiel personnel.

Dans ces conditions, la démarche du géographe s'apparente donc à un constant va et vient entre les deux référentiels d'observation et d'analyse reconnus par J. Pailhous (1970) dans une recherche consacrée aux chauffeurs de taxis parisiens : un référentiel égocentré et un référentiel anégocentré. Le premier correspond à la conception d'un espace construit autour du sujet, à partir de l'image d'un trajet ou d'une série de trajets ou d'expériences individuelles ; le second, le référentiel anégocentré, à un espace construit par d'autres, indépendants du sujet lui-même. Cette dissociation fondamentale pose le problème de l'intériorité-extériorité abordé depuis longtemps par les philosophes.

La question pour la géographie devient alors celle des liens entre les créations sociales et individuelles de schémas spatiaux et la codification scientifique indispensable. Puisque selon notre conception platonicienne le réel **objectif** n'existe pas en dehors de nos représentations, il ne peut exister une seule définition objective de l'espace. La science ne dispose pas d'objets tout faits, elle les construit. « C'est le point de vue lui-même qui fait la chose ; il s'agit donc de la connaissance d'une connaissance mais aussi d'une praxis dans la mesure où connaissance et praxis sont inséparables » (Raffestin, 1978, p. 2). La géographie a pour but d'éclairer les points de vue, individuels ou de groupes, et pour objet d'évaluer les relations reconnues qui permettent de formuler les pratiques spatiales explicites et implicites.

FICHE 1

Quelques définitions

Concept

Un concept consiste en une ou plusieurs idées, abstraites, mentalement construites, dans un contexte idéologique. Le concept constitue une définition opératoire qui permet la projection de la pensée.

Notion

Une notion est une connaissance élémentaire admise communément ; chez Kant, la notion est un concept *a priori*.

Problématique

Une problématique consiste à déterminer, préalablement à toute analyse, les questions pertinentes à poser sur un thème ou un objet d'étude dans un contexte idéologique.

Axiome

Vérité première indémontrable, mise en évidence par elle-même, qui fonde un raisonnement. A la différence du postulat, il n'est pas possible de le mettre en doute.

Représentation

Création sociale ou individuelle de schémas pertinents du réel dans le cadre d'une idéologie ; elle consiste soit à évoquer des objets en leur absence, soit, lorsqu'elle double la perception en leur présence, à compléter la connaissance perceptive en se référant à d'autres objets non actuellement perçus (Piaget et Inhelder).

Source : *Les concepts de la géographie humaine*, 1991, Masson, A. Bailly, éd. (A. Bailly, H. Béguin, B. Debarbieux, J.-P. Guérin, C. Raffestin).

---

4. Les valeurs du cœur et de la tête

Malgré le consensus actuel dans les sciences sociales sur les significations données aux objets – qui peuvent être étudiés en tant que **signifiants**, porteurs de **signifiés** parfois multiples selon les individus – et les apports de la psychologie **cognitive** – sur les structures de fonctionnement mental des individus –, une partie de la géographie continue d'ignorer la diversité psychologique et sociale de nos représentations spatiales ; l'approche par les **représentations spatiales** constitue donc une véritable révolution épistémologique.

La géographie se trouve resituée dans un monde psycho-social d'où elle était sortie ; n'oublions pas les discussions sur le concept de beauté du paysage chez Humboldt (1849, vol. II) et Sauer (1925). Appleton dans son « expérience du paysage » (1975) bénéficie d'ailleurs de cet apport multiple pour s'attacher aux **valeurs** du paysage et à l'interdépendance entre vécu (Erkenntnis) et expérience (Erfahrung).

Toynbee (1969) explique la lenteur de l'évolution par l'existence en chaque être de deux mondes différents, celui du « cœur » et celui de la « tête ». Le premier évolue moins vite que le second dans les sciences, d'où une sorte de schizophrénie entre le cœur et la tête, entre la fonction imaginative et la fonction logique. Or l'imaginaire constitue « une tension, un dynamisme organisateur » (Durand, 1984 ; Bailly et Debarbieux, 1991) qui donne à la fonction logique une valeur poétique, ce qui nous permet d'aborder les objets géographiques dans leur pluridimensionnalité. La pensée géographique cesse ainsi d'être inerte, elle s'ouvre à l'homme et à la société, en même temps qu'elle se crée *(fiche 2)*.

FICHE 2

La géographie n'échappe pas au monde des valeurs

Cette géographie irréductiblement géographique doit être capable de parler de la terre comme d'une province du cosmos, produit de la création de la vie, théâtre de l'aventure humaine. Elle est donc récit capable *aussi* de rendre compte de l'expérience unique que chaque homme vit dans ses rapports au territoire. Un rapport sensible, qui est forcément lié au domaine de la contemplation, qui reste « ouvert » à l'intuition, aux voies des Muses qui soufflaient leurs messages aux hommes autrefois. C'est pour cela qu'il y a des hauts-lieux, que la forêt, la mer ou la montagne tiennent tellement de place dans nos cœurs et que le géographe doit être aux côtés des poètes dans leur savoir-conter la beauté des lieux et des êtres. C'est pour cela aussi qu'il y a des bas-fonds, dont il faut dire ce qu'ils sont, tout en dénonçant ce qui n'est pas acceptable. Cette remarque permet d'introduire l'idée qu'il y a aussi dans le discours géographique un référentiel-équité, de signification générale, valable au niveau du monde entier, le territoire-monde (Tm), qui exprime un point de vue relevant de l'éthique et du droit. D'ailleurs, comme le signalent nos dictionnaires, il y a dans « région », « rex » : le roi et la loi. Notre science n'échappe pas à la question des valeurs, de leurs fondements, de leurs conséquences, peut-être parce que son origine ancienne remonte aux âges où la distinction entre science et sagesse n'existait pas encore, garante d'un rapport à la connaissance et à l'existence qui reste vraiment humain.

Source : A. Bailly et J.P. Ferrier, 1986. Savoir lire le territoire, *L'Espace Géographique*, n° 4, p. 260.

Les temps géographiques ne sont plus au déchiffrage prométhéen ; ils sont ceux d'Hermès, dieu aux sandales ailées et médiateur. A l'ère de l'**image** la géographie retrouve sa fonction **imaginaire**, qui permet d'aborder la charge symbolique, qui resitue l'homme et l'espace dans leur plénitude, celle de toutes les dimensions de la psyché *(fiche 3)*.

FICHE 3

L'imaginaire sensible

« J'ai donc marqué le rôle instituant d'un imaginaire collectif qui, loin de nous exiler d'une prétendue réalité, réanime, réactive, perpétue à l'être l'existence de notre pays… ». « En fait il existe, selon moi, une image de la France qui se situe en-deçà de ces paysages que nous avons élus, qui se situe même en-deçà des hauts lieux que l'histoire ou la littérature a consacrés. *Elle est de l'ordre de l'invisible, source des images multiples qu'elle engendre mais avec lesquelles elle ne se confond pas*. Invisible parce qu'elle touche à notre être et qu'elle nous habite intimement… ».

Source : P. Sansot, 1985, *La France sensible*, Seyssel, Champ Vallon.

5. La géographie, représentation du monde

Toute étude géographique selon ces prémisses consiste en une **représentation** du monde, qui prend son sens grâce à l'explicitation des idéologies privilégiées et de la problématique choisie. La façon dont les géographes ont abordé leur discipline au cours de l'histoire correspond à des valorisations évolutives, liées elles-mêmes à des problématiques et des concepts évolutifs. Il nous faut donc insister sur le fait que la géographie est à la fois idéologie et image, du fait du processus cognitif et de la subjectivité de nos représentations. Il en résulte quatre constats :

— la géographie consiste en des représentations d'objets, de pratiques et de processus spatiaux grâce à des concepts évolutifs dont celui de représentation ;
— de ce fait, elle est une transposition, donc une image de ces objets, de ces pratiques et de ces processus ;
— cette transposition, construction mentale, consiste en l'oubli cohérent de certains caractères jugés non pertinents, pour en privilégier d'autres ;

— la connaissance géographique débute donc par la subjectivité qui seule permet la sélection de certains éléments et l'oubli d'autres, afin de pouvoir construire descriptions, explications et interprétations.

La géographie, comme toutes les sciences, résulte d'une construction humaine, et c'est à ce niveau que le jugement – bien évidemment subjectif – du géographe intervient et que la mesure permet la confrontation des représentations. Rappelons que Popper (1973) précisait que les propositions trouvaient leur validité grâce à leur soumission à des tests intersubjectifs. Ainsi, quelle que soit la démarche scientifique, la validité doit être vérifiée par des étapes d'explicitation rigoureuse qui peuvent se résumer en :

— présentation de la problématique et des hypothèses ;
— choix de concepts pour rendre compte d'une réalité géographique ;
— confrontation de ces concepts avec d'autres concepts pertinents pour expliquer la cohérence de la construction ;
— élaboration des propositions géographiques à tester face à d'autres propositions.

Grâce à ce travail, l'**image** construite prend toute sa pertinence, une pertinence sociale évolutive, comme le corpus de concepts qui la constitue. Du champ du réel spatial, la géographie construit un champ de **représentations** explicitées. Cet ensemble cohérent permet alors d'ouvrir la porte à l'explication géographique.

6. Représentations spatiales : structures, significations et enjeux

L'explication suit des règles, en apparence simples, précisées par la théorie de la forme et mises en évidence par les travaux de Lynch (1960), ainsi que par les analyses de la représentation de l'espace urbain (Bailly, 1985). Résumons la manière dont l'homme mobilise certaines composantes spatiales pour agir dans l'espace. Celles-ci sont de deux types : les unes ont trait à la structure du lieu (espace concret perçu par l'homme), les autres aux **significations** culturelles et sociales du lieu.

Au niveau structurel, chaque individu, pour se repérer dans un espace, extrait des axes structurants (routes, grandes voies de communication), des relations entre ces axes (carrefours), des repères et volumes marquants (bâtis et non bâtis). On peut parler de réseau endogène (egocentré), car choisi par chacun d'entre nous.

Sur un autre plan culturel et social, tout lieu est chargé de multiples significations, par ses coordonnées (qui révèlent de certaines orientations), par ses limites (culturelles, historiques, symboliques...), par ses valeurs et enfin par les propriétés symboliques et/ou fonctionnelles qui lui sont attribuées. Par cette double lecture des composantes structurelles et sociales, il devient alors possible de comprendre les réseaux préférentiels de certains groupes et les enjeux spatiaux qui en résultent *(tableau 1)*.

Tableau 1 Structures et significations spatiales

Structures de l'espace	Significations sociales et culturelles du lieu
– Axes structurants – Relations d'axes – Repères – Limites physiques	– Coordonnées symboliques – Limites culturelles, historiques, symboliques – Images et représentations symboliques et/ou fonctionnelles – Traits symboliques (marqueurs) – Aires territoriales (lieux)

Le tableau 1 illustre le double volet de nos **représentations** : d'un côté, le monde matériel que l'on doit parcourir quotidiennement par les routes, autoroutes, d'un autre côté, une confrontation sensible avec ces lieux et les gens qui les fréquentent. La ligne de métro, le pont suspendu, l'autoroute forment autant de cordons ombilicaux, de liaisons fonctionnelles dans la banlieue moderne, indispensables au déplacement matériel ; mais ce n'est que grâce à nos représentations qu'ils deviennent des lieux ; pour ce faire, chacun, à travers ses codes culturels, son apprentissage et sa personnalité, les interprète et leur donne un sens.

L'intégration des représentations dans l'analyse spatiale a rendu nécessaire la redéfinition de plusieurs concepts fondamentaux de la géographie, en particulier ceux de distance, d'espace et de lieu. S'agissant de **distance** la conception euclidienne du terme ne pouvait plus suffire. Il a fallu à la suite de A. Frémont (1976) distinguer la distance standard (liée à la géométrie euclidienne) de la distance structurale, celle des relations économiques et sociales, et de la distance affective, qui intègre le rapport sensible à l'itinéraire parcouru. La distance existe donc sous des formes multiples, ce qu'ont bien saisi les cartographes dans leurs anamorphoses, déformations de l'espace par des procédures intégrant des critères de représentations non-euclidiens *(chapitre 8)*. On cartographie ainsi distances-temps, distances-coûts, distances cognitives, distances psychologiques...

La même variété s'applique à l'**espace** qui, considéré comme social, se charge de multiples valorisations ; ce n'est plus un espace-support, mais un ensemble constitué selon H. Beguin et J. Thisse (1979) d'unités spatiales, liées par des distances, et caractérisées par des attributs, par exemple fonctionnels, structuraux et affectifs. L'étude de la cognition de l'espace permet d'améliorer le pouvoir explicatif des modèles de l'analyse géographique et de souligner l'importance de l'interaction entre imaginaire spatial et comportements, en particulier pour des acteurs ayant des valorisations différentes.

Chaque **espace**, en devenant substance sociale, est chargé par les hommes d'affectivité et de symboles, d'où sa **valeur mentale**. De ce double aspect naissent les conflits pour son utilisation, entre acteurs ayant des valorisations différentes. C'est à partir de cette étude des **représentations** que l'espace peut être conçu comme composé de signes imposés par certains membres de la société ; leur création échappe à la majorité des individus pour se concentrer dans des lieux où agissent les groupes dominants ; pour les autres personnes issues de classes sociales, économiques et ethniques dominées, les codes et les valeurs sont fournis de l'extérieur.

L'**espace** peut alors être considéré comme le lieu où des hommes d'idéologies différentes cherchent à imposer leurs représentations, leurs pratiques et leurs intérêts. L'étude des représentations spatiales permet de mieux saisir les fondements des enjeux spatiaux et des tensions sociales, en s'attachant aux stratégies des acteurs (individuels ou sociaux).

Il est bien loin, l'espace absolu de Newton ! Au niveau de la représentation, l'analyse spatiale ne peut plus étudier aujourd'hui l'espace et la distance, mais doit se pencher sur les espaces et les distances. Il faut admettre qu'il existe des **représentations** nombreuses et variées des espaces, et qu'il y a une forte interaction entre le choix de l'une d'elles et nos idéologies sociales.

Peut-on conceptualiser ces relations complexes individu-société-distance-espace ? Oui, dans la mesure où tout un faisceau de relations dans l'espace se ramène à un ensemble de règles et d'attitudes communément admises et même si une partie de nos comportements n'est pas réductible à celles-ci. Pour chaque relation, nous devons chercher les connotations – positives et négatives – qui s'y expriment et fondent l'identité d'une société. Toute organisation mentale est en partie intelligible dans la mesure où elle s'inscrit dans une représentation cohérente, où les contextes matériels et idéologiques s'imbriquent étroitement.

7. Une géographie élaborée par les acteurs géographiques

Comment aborder ces représentations cohérentes, sinon grâce aux hommes, acteurs géographiques, puisque la représentation de l'espace n'est pas une donnée indépendante du chercheur qui l'étudie, ni de l'habitant qui le pratique. Pour comprendre comment chacun le perçoit à travers ses propres **valeurs** et celles de sa société, le géographe fait reposer son analyse sur les valorisations de chacun.

En interrogeant les acteurs, ne peut-on pas faire découvrir aux hommes ce qu'ils ne voient plus, révéler leurs communautés et leurs territorialités implicites ? Le géographe aborde, par le **sens des lieux**, les relations tissées entre les hommes et leurs milieux. Le **sens du lieu**, base de cette analyse par le bas, se manifeste par des sentiments d'appartenance à des aires, à des échelles géographiques différentes et imbriquées ; sentiments qui correspondent à la fois aux pratiques et aux aspirations, car ces lieux vécus sont aussi des espaces imaginaires. Toutes les relations des hommes aux lieux sont alors codifiées par des signes, des labels, qui leur donnent un sens. A la géographie de les décrypter, afin de mettre en lumière les idéologies spatiales, fondements de nos représentations et de nos pratiques.

Ainsi, c'est en reconstituant les racines profondes de notre imaginaire spatial *(chapitre 49)* que l'on comprend la mise en place des genres de vie sur des territoires et les pratiques qui en résultent. Un **lieu**, quel qu'il soit, n'est rien pris en lui-même ; le milieu physique ne sert que de support et ne prend un sens que par rapport aux sociétés qui ont créé son histoire et qui forgent son avenir. Une telle géographie peut être qualifiée d'humaine puisque ses choix reposent explicitement sur les représentations et les référentiels-habitants.

Cette géographie se fonde sur quatre principes de base (Bailly, 1991) qui rappellent notre devoir d'être attentif aux vécus humains. Puisque nos représentations de l'espace agissent sur l'espace, l'ampleur de nos responsabilités nous impose une grande rigueur épistémologique dans nos analyses.

Il nous faut tout d'abord être conscient des fondements existentiels de la géographie ; les géographes, comme tous les chercheurs (des sciences dures ou molles... qui sont ainsi en fausse opposition), font partie des sociétés dont ils reflètent les idéologies et les valeurs. D'où la nécessité de l'explicitation des idéologies et des concepts avec lesquels ils explorent la connaissance. Comme deuxième principe, celui de représentation rappelle que l'espace en soi n'est pas l'objet d'étude, puisque le réel objectif n'existe pas en dehors de nos construits. La connaissance géographique repose sur la représentation de phénomènes à partir de concepts ; la géographie ne peut donc pas être la science des paysages, mais plutôt des signes qu'elle interprète en fonction de ses problématiques et des valorisations des individus et des groupes.

Troisième principe, celui imaginaire, qui illustre que chaque schéma géographique est une création, c'est-à-dire un modèle simplifié du monde élaboré par un individu qui, de ce fait, ne prétend pas à l'exhaustivité. La création d'un schéma pertinent, mais partial, d'un processus ou d'un espace, nous renvoie à nos idéologies et à la manière de les structurer. Il ne faut enfin pas oublier un quatrième principe, celui de rétroaction, car les représentations se nourrissent des pratiques et inversement. Ainsi, une société qui crée son milieu de vie ne le fait pas seulement à travers ses rapports de production, mais grâce aux représentations propres à cette société qui se reproduisent et évoluent dans le temps et que seule une géographie élaborée avec les acteurs géographiques peut appréhender dans sa variété et son historicité.

A l'issue de cette réflexion sur le rôle des représentations, nous devons nous interroger sur les finalités nouvelles de la géographie : découvrir les systèmes spatiaux ou comprendre les représentations et le vécu des habitants ? Les deux sans doute, mais, si le premier point de vue est couramment accepté, le deuxième est encore souvent caricaturé comme idéaliste, chamaniste, et peu porteur d'avenir. Et pourtant comment concevoir une géographie humaniste sans référentiel-habitant, sans étude des objets signés, sans compte-rendu des vécus humains ?

C'est à travers une connaissance des représentations des hommes que nous pourrons restituer toute la richesse des valeurs qui donnent un sens à nos lieux de vie. Les géographes, comme les autres chercheurs des sciences sociales, sont restés trop longtemps abstraits du monde, de ses bruits. Ils vivent entre eux, éloignés des réalités quotidiennes, sans percevoir les problèmes du vécu. Seule une géographie développée avec et grâce aux acteurs géographiques peut nous permettre de sortir de ce monde fermé de la science, et nous ouvrir à la richesse des rapports structures-significations des lieux, de l'intériorité humaine, des vécus quotidiens et des « régions heureuses » selon l'expression de R. Ferras.

Lectures recommandées

André Y. et al., 1989, *Représenter l'espace ; l'imaginaire spatial à l'école*, Paris, Anthropos-Economica.

Bailly A., 1977, *La perception de l'espace urbain*, Paris, Centre de Recherche d'Urbanisme.

Bailly A., éd., 1991, *Les concepts de la géographie humaine,* Paris, Masson.
Eliade M., 1957, *Mythes, rêves et mystères*, Paris, Gallimard.
Frémont A., 1976, *La région, espace vécu*, Paris, PUF.
Gumuchian H., 1991, *Représentations et aménagement du territoire*, Paris, Anthropos-Economica.
Huriot J.M. et Bailly A., 1990, Distances et espaces, *Revue d'Economie Régionale et Urbaine*, n° 2, spécial.

Mots-clefs

Behaviorisme,
Carte mentale,
Cognition,
Comportement,
Concept,
Création,
Distance,
Espace,
Image,
Imaginaire,
Lieu,
Notion,
Objectivité,
Perception,
Représentation,
Représentation spatiale,
Sens du lieu,
Signification,
Signifiant,
Signifié,
Subjectivité,
Valeurs.

Les valeurs géographiques

21

Vincent Berdoulay

Les valeurs géographiques, ou plus exactement les valeurs liées à l'espace géographique, ont stimulé la recherche scientifique sans toutefois constituer un champ d'intérêt bien circonscrit. Le fait est qu'elles se trouvent à la croisée de valeurs que l'on peut rapporter à des sources ou des structures diverses : économiques, morales, politiques, techniques etc. Mais comme les valeurs géographiques engagent le sens de la vie humaine telle qu'elle se déploie à la surface de la terre, elles demeurent un passage obligé dans la démarche du géographe et ce, d'autant plus qu'elles entrent en résonance avec les valeurs propres de celui-ci.

Nous avons donc affaire à un double problème, aux composantes étroitement imbriquées. D'une part, les valeurs géographiques contribuent à différencier et à structurer l'espace géographique, c'est-à-dire qu'elles règnent, s'affrontent ou s'élaborent au sein des populations dans leur inscription terrestre. Mais d'autre part, elles renvoient aussi à celles qui animent les géographes en tant que scientifiques cherchant à affiner leurs méthodes d'analyse, de saisie des valeurs des autres ou de mise en application de leurs idées.

1. Une curiosité ancienne mais peu thématisée

Le discours géographique paraît consubstantiel à la curiosité pour la valeur inégale des lieux à la surface de la terre. Mais cette curiosité a eu tendance à se diluer au sein de préoccupations plus larges.

La plus importante, qui dominera l'Antiquité gréco-romaine et le Moyen-Age européen et se prolongera même au-delà, et que l'on retrouve dans d'autres civilisations, relève de l'idée de plan, de finalité (Glacken, 1967 ; Büttner, 1973). On s'interroge en effet sur le sens global à attribuer à la totalité terrestre, au grand tout que forme la planète et la vie qu'elle supporte. L'ensemble paraît pour beaucoup obéir à un plan divin, soit conçu une fois pour toutes par un démiurge, soit effectué avec la part active de la providence. Les valeurs géographiques apparaissent alors comme autant d'indices du plan général. Elles s'inscrivent dans une téléologie, ou finalité, que le travail scientifique cherche à découvrir ou bien utilise comme hypothèse de départ. Malgré quelques voix discordantes (Epicure, Démocrite, Lucrèce), on va s'émerveiller devant l'harmonie et l'équilibre des phénomènes naturels (de Xénophon à saint Thomas d'Aquin) *(fiche 1)*. Les valeurs géographiques, qu'elles concernent la beauté de la nature, l'utilité de certaines plantes, animaux ou lieux pour l'épanouissement de l'homme sur la terre (dans une perspective anthropocentrique), sont ainsi ramenées à une valeur suprême ; mais ce faisant, elles sont étudiées dans une perspective fonctionnaliste ou même carrément holistique, où l'on s'intéresse plus à la vue d'ensemble, à la forme, qu'aux éléments pris individuellement.

FICHE 1

L'anti-finalisme de Strabon

(dans son commentaire des idées de Posidonius sur les divisions des continents)

Au reste les distributions dans ce domaine ne sont pas l'effet d'un plan préétabli, pas plus d'ailleurs que les caractères particuliers à chaque race, ou les langues diverses ; elles sont plutôt dues au hasard et à un coup de chance. De même le savoir pratique, les facultés, le style de vie, une fois les bases posées, se développent la plupart du temps sous n'importe quelle latitude, quelquefois même à l'encontre de la latitude ; aussi parmi les caractéristiques d'un pays, les unes viennent-elles de la nature, les autres de la coutume et de l'entraînement. (...) les qualités des chevaux, des bœufs et de tous les êtres vivants ne résultent pas seulement du lieu où ils vivent, mais aussi de l'entraînement, tandis que Posidonius confond tout cela.

Strabon, *Géographie*, II, 3, 7 (extrait)

Cette façon d'approcher les valeurs géographiques s'est révélée très prégnante pour la recherche scientifique, car, systémique avant l'heure, elle a animé la curiosité géographique pour les équilibres naturels et pour la place de l'homme vis-à-vis d'eux. C'est notamment par l'intermédiaire de la tradition chrétienne que l'idée de plan va servir à développer une valorisation particulière du rôle de l'homme envers la création. Celle-ci lui ayant été confiée, il doit se montrer responsable de son maintien ; il doit en être le gardien et le gestionnaire éclairé de façon à la transmettre de génération en génération. Là se trouve une valeur géographique sur laquelle se sont construits les grands mouvements récents de **protection de l'environnement** et de préservation du **patrimoine** naturel *(fiche 2)*.

FICHE 2

La terre comme patrimoine : fondements bibliques

Alors Dieu dit : « Faisons l'homme à notre image, selon notre ressemblance. Qu'il règne sur les poissons de la mer, sur les oiseaux des cieux, sur le bétail, sur les bêtes sauvages et sur tous les animaux qui rampent sur le sol ». Dieu créa l'homme à son image ; à l'image de Dieu il le créa, homme et femme il les créa. Dieu les bénit : « Soyez féconds, dit-il, multipliez, remplissez la terre et soumettez-la. Régnez sur les poissons de la mer, sur les oiseaux des cieux et sur tous les animaux qui rampent sur le sol ». Dieu dit : « Je vous donne toute herbe portant semence sur toute la surface de la terre, ainsi que tous les arbres fruitiers portant semence ; ce sera votre nourriture ».

La Genèse, 1, 26-27.

Une autre façon longtemps répandue de se référer à des valeurs géographiques est de les considérer comme antécédentes aux autres et d'en montrer l'impact sur les sociétés. Cette perspective s'inscrit dans celle qui affirme que les particularités du milieu détermineraient celles des sociétés. Finement analysées dans le *corpus* hippocratique, ces liaisons permettent d'identifier ce qui fait la valeur d'un milieu pour l'individu (en raison de sa santé) comme pour la société (Hippocrate). Ainsi, le meilleur équilibre des éléments et donc des humeurs – l' « isonomie » – attribuait par exemple la plus grande valeur géographique à la Grèce... pour les Grecs, ou à la France... pour Montesquieu et ses contemporains. Au-delà de ces excès ethnocentriques, il existait une volonté intéressante d'identifier les caractéristiques de l'environnement de façon à en systématiser les différences de valeur. Mais l'impasse de tous ces « déterminismes de l'environnement » est à mettre au compte d'une recherche de liaisons univoques et universelles entre des valeurs environnementales considérées comme absolues et des comportements humains bien définis, c'est-à-dire au compte d'une rhétorique des lois *(fiche 3)*. Le même écueil guette ceux qui jettent un regard critique sur la société de leur temps et qui, faute d'une source première pour fonder les valeurs, cherchent celle-ci dans l'environnement terrestre qui sert de modèle suprême. Quelles que soient les déceptions, subsiste toujours ce rêve de fonder des valeurs sociales sur une compréhension de celles qui se dégageraient de l'étude de la nature – capital d'idées sur lequel se développent aujourd'hui de nombreux écologismes.

FICHE 3

Valeur géographique, valeur morale

(...) les plantes sont faites pour les animaux et les animaux pour l'homme : les animaux domestiques servent à son usage et à sa nourriture ; les animaux sauvages, sinon tous, du moins la plupart, servent à sa nourriture et à ses autres besoins, pour qu'il en tire soit son habillement, soit divers instruments. Si donc la nature ne fait rien sans but ni en vain, il faut admettre que c'est pour l'homme que la nature a fait tout ceci.

Il suit de là que l'art de la guerre est, en un sens, un mode naturel d'acquisition (l'art de la chasse en est une partie) et doit se pratiquer à la fois contre les bêtes sauvages et contre les hommes, qui, nés pour obéir, s'y refusent, car cette guerre-là est par nature conforme au droit.

Voilà donc un mode d'acquisition qui, par nature, fait partie de l'économie domestique : ou il doit exister ou elle doit faire en sorte qu'il existe ; il s'agit, en effet, de la mise en réserve de ces biens indispensables à la vie et utiles à la communauté d'une cité ou d'une famille. Ces biens mêmes paraissent constituer la véritable richesse. Car la quantité de ces biens, suffisante pour vivre bien, n'est pas illimitée (...).

Politique, Aristote, I, IX, 11-14 (extraits)

C'est ainsi que l'idée de la relativité des valeurs géographiques au contexte social a mis longtemps à s'imposer. Elle a été accompagnée par la prise de conscience, surtout à partir du XIXe siècle, de l'impact considérable que l'homme pouvait avoir sur la nature, causant une profonde modification de la surface de la terre. De Cicéron ou Strabon dans l'Antiquité à Vidal de la Blache à l'aube du XXe siècle, mais surtout à partir de Buffon, Kant et

Humboldt (1848), le rôle du hasard, de l'histoire des idées et des sociétés, et de la volonté humaine sont de plus en plus invoqués pour saisir comment les possibilités de l'environnement ont été – pour reprendre une expression française abondamment utilisée – « mises en valeur ». C'est donc à partir de l'interaction entre l'homme et son milieu que sont approchées les valeurs géographiques. Le possibilisme vidalien y a trouvé ses lettres de noblesse en tant que théorie générale, même si ses continuateurs en restreignirent la portée. En refusant – méthodologiquement – de saisir les valeurs dans leurs fondements, qu'ils soient naturels ou révélés, le possibilisme s'est concentré sur les médiations qui sont construites par l'homme dans son interaction avec la nature (régions, genres de vie, paysages...) et où se déploient les valeurs géographiques. C'est sur fond de néo-kantisme que se développe cette approche à la fois interactionniste et constructiviste, engageant donc des relations complexes et parfois contradictoires avec le positivisme qui a baigné l'affirmation des sciences depuis près de deux siècles et qui a notamment beaucoup contribué à la formalisation de méthodes se voulant indépendantes des valeurs.

2. Un problème épistémologique

Les géographes ont pris progressivement conscience que pouvaient se retrouver au cœur de leur science certaines des valeurs de la société ambiante. A l'aube même du discours géographique, quand le genre d'expression est poético-mythique, l'Odyssée diffuse une connaissance à visée impérialiste : il s'agit de légitimer l'aire d'expansion grecque dans le bassin méditerranéen (Dion, 1977). Cette prise de conscience a conduit à une dénonciation vertueuse de la perversion du travail scientifique par des pouvoirs plus ou moins occultes (Lacoste, 1976 ; Gambi, 1975). Mais cette dénonciation n'est faite qu'en fonction d'autres valeurs, fussent-elles marquées du sceau d'une objectivité découlant d'une prétendue supériorité de leur système théorique (souvent le marxisme). Si l'on ne prend pas une vision dichotomique opposant valeurs (« à proscrire ») et (« véritable ») travail scientifique, des recherches détaillées ont montré que l'interpénétration des deux rendait compte, certes, de tristes dérapages (tel que la géopolitique nazie), mais aussi de la plus grande créativité dans la pensée géographique. Ainsi, en tâchant de répondre à certains des enjeux majeurs de la société, des géographes ont contribué à modeler le paysage de leur époque et même à révolutionner l'approche de leur discipline.

Pèse donc sur la géographie une hypothèque positiviste qui rend très difficile une prise en compte des valeurs traversant autant la discipline que l'espace sur lequel elle porte. En effet, en glorifiant une méthode scientifique qui resterait étrangère aux valeurs propres du savant, notamment par le recours à l'expérience ou l'observation, par la démarche hypothético-déductive ou par l'utilisation maximale des statistiques, le positivisme et ses nombreux avatars ont entretenu chez le géographe l'idée qu'il pouvait s'en tenir à des « faits » inscrits dans le paysage. Dans cette perspective, la place accordée aux valeurs géographiques restait limitée, ou plutôt accessoire. Seules celles qui se ramenaient à une position relative à des ressources ou à un marché pouvaient faire l'objet d'études qui, si elles étaient systématisées, avaient tendance à se confondre avec le discours sur les valeurs économiques. C'est d'ailleurs dans une géographie économique située aux confins de l'économie spatiale ou de la « science régionale », que s'est le plus développée une étude systématique des valeurs géographiques, le langage de l'économie en fournissant le support.

On sait que cette tendance permit aux tenants de la « révolution quantitative » de s'imposer progressivement dans plusieurs pays des années 1950 aux années 1970. Mais on sait aussi que leur rêve positiviste de faire une géographie indépendante des valeurs du chercheur dut s'effacer face aux critiques des géographes d'inspiration marxiste ou phénoménologique (Harvey, 1973 ; Buttimer, 1974). Tandis que les uns soulignaient la portée sociale de tous les non-dits de la méthode scientifique néo-positiviste, les autres montraient tout ce qu'elle laissait de côté ou même qu'elle empêchait de voir.

On reprenait ainsi conscience de l'apport des divers néo-kantismes du XIXe siècle. Une des interprétations de l'épistémologie kantienne avait conduit certains penseurs allemands (Dilthey notamment) à opposer les sciences de la nature aux sciences de l'esprit (ou de la culture). Alors que les premières se fondent sur la recherche de lois universelles (sciences nomothétiques), les secondes ne peuvent y prétendre en raison de leur domaine particulier où règnent les valeurs humaines (sciences idéographiques). Si l'on se reporte à Windelband, ou au géographe Hettner (1927), on se rend compte que ce n'est pas tant une opposition – que certains récusaient – qui intéressait les auteurs mais plutôt la volonté de tenir pleinement compte des valeurs dans la dynamique de la société. Des méthodes, plus particularisantes, se devaient d'être adaptées. Par son prolongement américain, ce courant d'idées, grâce à Sauer et à l'école de Berkeley (Leighly, 1969), a conduit à une révolution cognitive, en fonction de laquelle les représentations culturelles de l'environnement sont devenues l'axe majeur de recherche. On insiste ainsi sur la relativité des valeurs géographiques, sur leur importance dans l'évolution des paysages et sur leur ancrage culturel.

Le néo-kantisme qui se manifeste en France est différent. Il fait une plus grande place à l'épistémologie des sciences considérées dans leur ensemble, aux contraintes cognitives et à une évaluation de la part du libre-arbitre. Dans la version possibiliste que lui donne Vidal de la Blache, les valeurs géographiques sont principalement héritées de l'histoire et, de façon croissante dans les sociétés modernes, de la vie de relation. Elles se concrétisent dans la physionomie du paysage, fruit de l'interaction entre l'homme et le milieu naturel. Le néo-kantisme de la démarche met en correspondance la façon dont le scientifique conceptualise son domaine d'étude et les modalités selon lesquelles l'homme se représente et construit son monde à la surface de la terre. La question des valeurs ne sert pas à créer une opposition entre différents types de sciences ni entre le scientifique et les valeurs à l'œuvre dans son champ d'étude.

La géographie contemporaine souvent appelée néo-humaniste cherche à renouer avec cette perspective élargie (Bailly et Scariati, 1990). Les valeurs géographiques sortent ainsi du carcan utilitaire ou géométrique où les avait confinées le discours économiste et positiviste, mais soulèvent à nouveau la question de leur impact sur les méthodes employées et les théories élaborées. Reconnaissant comme vain le parti-pris positiviste de se débarrasser de la subjectivité des individus, un nombre croissant de géographes essaye de contextualiser les actions étudiées, en prenant soin de saisir les représentations des acteurs impliqués *(chapitre 20)*. On se tourne ainsi, mais sans interprétation mécaniste, vers une prise en compte nuancée de la dimension adaptative de ce qui institue les valeurs géographiques. En reprenant l'héritage des humanités, en s'efforçant de pénétrer la part de rêve qui entoure les motivations des acteurs et en se concentrant sur les valeurs propres aux sujets étudiés, cette démarche, épistémologiquement plus modeste, arrive à court-circuiter les reproches de réification ou de méconnaissance des valeurs dans le travail scientifique. Elle permet à la fois d'éviter ces obstacles épistémologiques et de situer les valeurs géographiques dans la dynamique qui les fonde.

Quels ont été les principaux champs de déploiement des valeurs géographiques tels qu'étudiés par les géographes ?

3. Positions : rente, ressource, territoire

Le simple jeu de la distance et de l'étendue, accessoirement modifié par les particularités du milieu local, a tendance à structurer les différences de valeur géographique accordées aux lieux à l'intérieur du système d'activité considéré. C'est cette topologie fondamentale qui est à la source des théories de la localisation des activités et autres résultats de l'analyse spatiale.

Le concept le plus opératoire est certainement celui de **rente de situation**. Il s'agit, pour une utilisation donnée du sol à une intensité donnée, de la différence entre les recettes que l'on peut en tirer et les coûts impliqués (incluant un profit pour l'utilisateur du sol).

L'analyse des « écarts à la réalité » a permis de montrer l'importance de l'inégalité dans l'information, due notamment à la non-transparence de l'espace, et de convoquer les valeurs propres des populations, qu'elles soient institutionnalisées comme dans les plans d'utilisation du sol ou qu'elles soient simplement enjeux de la vie sociale et politique. Toutefois, même utilisé comme élément d'évaluation de situations concrètes, le concept de rente de situation reste marqué par les valeurs économiques de référence postulées méthodologiquement. Toute théorie qui l'utilise comme élément structurant s'en ressent nécessairement. C'est pourquoi on a tendance à réserver son usage en géographie à un concept utile pour bâtir des théories à domaine restreint, ou bien à un outil d'analyse et de description ponctuel. La rente de situation exprime des valeurs qui sont jugées en fonction de celles échues à l'*homo economicus*, cet homme parfaitement informé et à la recherche du profit maximal.

C'est le jeu des positions relatives, de cette topologie fondamentale, qui permet de saisir l'émergence, les transformations ou substitutions des valeurs géographiques. La géographie des **ressources** a ainsi perdu de sa détermination naturelle classique : la « mise en valeur » du milieu dépend d'un faisceau complexe de relations, faisant par exemple du pétrole ou du tabac un enjeu international important seulement à certaines époques et pour certains groupes sociaux (Faugères, 1988 et 1989).

L'opposition souvent faite entre valeur d'usage et valeur d'échange se réduit alors à deux moments de la recherche. Par exemple, une habitation a des qualités intrinsèques liées à sa fonctionnalité et au confort qu'elle procure à ses occupants ; mais cette valeur d'usage, de par la position de l'habitation dans l'espace géographique, fait place à une valeur d'échange du point de vue du marché foncier. Selon la structure de celui-ci, les deux acceptions de la valeur peuvent paraître contradictoires, comme lors d'opérations de rénovation de quartiers populaires.

Des contradictions analogues apparaissent lors de mutations sociales importantes. Lors de révolutions ou de colonisations notamment, les valeurs des uns ne correspondent plus aux valeurs des autres *(fiche 4)*. La valeur entre ainsi dans le jeu des relations de pouvoir, dont la topologie spatiale est un des ressorts fondamentaux (Claval, 1978 ; Fraile, 1985). Selon le degré de partage des valeurs dans une société s'institutionnalisent des dispositifs spatiaux différents. De l'univers carcéral aux grands ensembles territoriaux en passant par les lieux de travail et le quartier, l'organisation de l'espace géographique met en jeu des dispositifs de surveillance, de contrôle mutuel, de ritualisation des comportements et de mobilisation qui dépendent des modalités d'adhésion à des valeurs communes : la valorisation de la position spatiale va de pair avec le système socio-culturel. C'est dans cette optique que les géographes contemporains relancent l'étude des territoires, où la topologie spatiale du pouvoir occupe une place importante. L'étude des valeurs géographiques peut alors être envisagée par l'intermédiaire du langage fourni par la théorie des systèmes et plus particulièrement la théorie de l'information, en raison de son intérêt pour caractériser les phénomènes d'augmentation ou de réduction de la complexité dans l'évolution de la surface de la terre (Turco, 1988).

FICHE 4

Valeur des uns n'est pas valeur des autres

D'un espace donné, une autre formation sociale qui le conquiert ou en hérite ne sait pas toujours quoi faire, il n'a pas de valeur pour elle : invasions barbares et incursions des nomades ont ruiné des civilisations urbaines, dont l'espace se trouvait d'un coup dévalorisé. A l'inverse, des espaces sont convoités précisément pour leur valeur d'usage. Les voisins qui s'insinuent par leurs émigrants, leurs entrepreneurs ou leurs touristes ; à l'extrême par leurs soldats ; ils se gardent bien de le transformer, afin d'en préserver cette valeur même qui les a séduits.

R. Brunet, 1990, vol. 1 de la *Géographie Universelle*, Hachette-RECLUS, p. 71.

4. Paysages : nature et patrimoine

Par son aspect synoptique, par la facilité avec laquelle le regard peut l'embrasser et par sa relative permanence, le **paysage** est une notion qui a rapidement séduit les géographes aux sensibilités culturelles. Ils y trouvent le palimpseste des valeurs passées comme le déploiement des valeurs actuelles. Par sa haute valeur communicative, le paysage offre à son usager comme à son analyste un fond d'une extrême richesse. Les multiples significations qu'il peut prendre vont de l'éphémère comme lors des déplacements touristiques jusqu'à la plus complète globalité comme dans certaines sociétés (Sansot, 1980 ; Bonnemaison, 1986).

Mais les valeurs discernables dans le paysage ne sont-elles qu'une projection de la culture qui les prend en charge ? Répondre par l'affirmative reviendrait à ignorer l'action géographique des populations et leur rôle écologique. Quelle que soit la part des valeurs exogènes (personnelles ou non) dans l'appréciation des paysages, leur genèse est le fruit de processus interactifs entre la population et son milieu. Les valeurs géographiques qui les expriment ne relèvent donc exclusivement ni de la nature ni de la culture. Les représentations, dans le processus de construction d'un paysage, ne se déploient pas dans un espace isotrope. Elles s'appuient sur des formes saillantes résultant d'une logique naturaliste (en général par redondance de divers ordres de phénomènes) (Berdoulay et Phipps, 1985 ; Rougerie et Béroutchachvili, 1991).

Comme ces formes sont reprises dans d'autres niveaux d'organisation sémiotique, de type économique ou culturel, leur origine écologique est perdue de vue, au point que les valeurs présentes dans le paysage paraissent interprétables dans des logiques a-géographiques. Mais en s'intéressant aux préoccupations contemporaines pour l'avenir écologique de la planète, les géographes redonnent crédit aux valeurs exprimant l'interaction des processus naturels et culturels (Pirazzoli, 1990 ; Mungall et McLaren, 1990 ; Buttimer, 1989). En effet, comme les interrogations sur les changements à l'échelle du globe sont formulées de la façon la plus technique possible par des gouvernants et des scientifiques imbus de positivisme, elles souffrent visiblement de la non prise en compte des valeurs géographiques ainsi interpellées, sollicitant par là-même des recherches par les géographes *(fiche 5)*.

Le mouvement de **protection de l'environnement** avait déjà commencé à secouer le confort a-écologique d'une géographie humaine axée sur l'économique ou le culturel. Cet état de fait devait beaucoup à l'interférence des valeurs du scientifique avec celles de la société : en se tournant vers le paradigme économique dominant, les géographes ont longtemps succombé à l'optimisme ambiant pour ne pas accorder toute l'attention méritée par l' « économie destructive » (Raumolin, 1984). Ils ont maintenant ouvert le difficile chapitre des « valeurs environnementales » et de l' « éthique de l'environnement ». Difficile, car imbriqué dans des enjeux tout à fait contemporains et importants dont le scientifique a du mal à se démarquer. Nul doute que l'étude des attitudes et des représentations des différents groupes humains apporte une mise en perspective utile sur les valeurs géographiques impliquées (Tuan, 1974) *(figure 1)*.

FICHE 5

Les changements à l'échelle du globe : écologie, morale et contrat mondial

Le contrat mondial pourrait naître de l'inquiétude de tous, face à l'avenir. A l'instar de n'importe quel autre contrat, son objet serait double ; il énoncerait les droits de l'humanité à pourvoir à ses besoins fondamentaux et à répartir équitablement les bienfaits de la vie sur terre, mais il préciserait aussi ses responsabilités et ses obligations envers la Terre, envers chaque être humain et envers les futures générations, qui dépendent lourdement de nous. Comme Atlas, nous portons le globe sur nos épaules. Malheur à nous s'il échappait à notre prise !

I. Burton et P. Timmerman (dans Mungall et McLaren, 1990, p. 242)

Ainsi, la perception des risques naturels et les mesures de prévention qui en découlent ont fait l'objet de nombreuses études, à la suite de G. White (1974). L'ampleur des désastres dépend en effet des représentations de la nature (ou de la technique) qu'ont les populations. On a notamment pu mettre en lumière la façon dont ils étaient aggravés : un sentiment de fausse sécurité, dû justement à une trop grande confiance de la population dans les palliatifs ou moyens de contrôle techniques, fait prendre plus de risques (par exemple construire dans des zones inondables par excès de confiance dans les travaux d'hydrologie). Mais ces recherches ont du mal à prendre pleinement la mesure des valeurs géographiques : où s'arrêtent les frontières de ce qu'est une calamité naturelle ou technique *(chapitre 52)* ? Les cultures traditionnelles n'avaient-elles pas internalisé dans un cycle pluri-annuel les inondations ou autres fléaux ? Ceux-ci ne sont-ils pas de plus en plus socialement et politiquement définis ?

N'en va-t-il pas de même du **patrimoine** ? Notion issue de la culture contemporaine, elle renvoie directement aux valeurs géographiques. En effet, par delà ses multiples acceptions, le patrimoine se situe à l'intersection d'éléments environnementaux hérités du passé et de nouvelles constructions signifiantes (Jeudy, 1990). C'est ainsi qu'aux monuments historiques ou naturels ponctuels se sont ajoutées des portions d'espace de plus en plus étendues, de sorte que les paysages entrent dans cette nouvelle valorisation géographique où parcs naturels, réserves fauniques, quartiers anciens et petits pays sont repris dans un système analogique de significations où domine la position éthique de préserver la liberté de choix des générations futures.

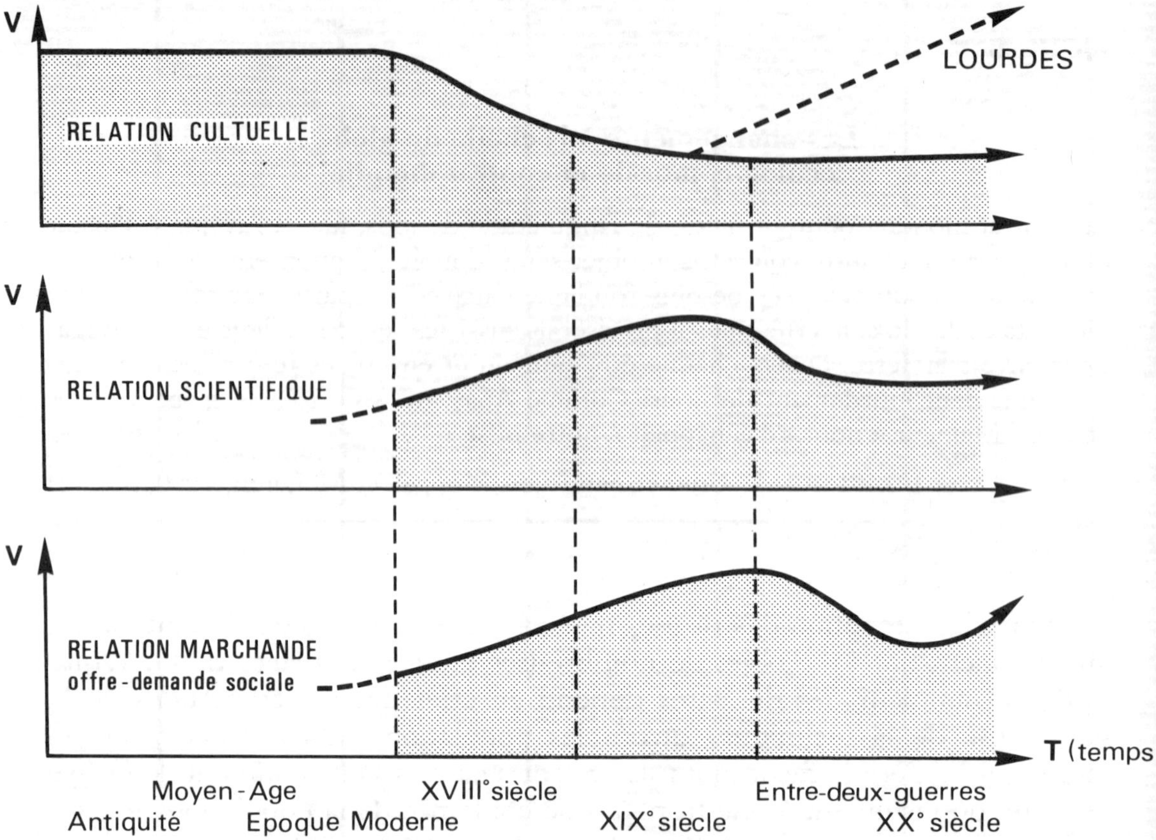

Figure 1 Représentation schématique de l'évolution de la valeur (V) des eaux curatives dans les Pyrénées
D'après M. Chadefaud, 1987, *Aux origines du tourisme dans les pays de l'Adour*, Pau, Cahiers de l'Université de Pau et des Pays de l'Adour, p. 191.

On voit donc que la mise en place et la redéfinition des valeurs géographiques engagent des fins (une finalité) et par conséquent des stratégies.

5. Stratégies et lieux de vie

Les géographes contemporains ont été très réticents à intégrer les valeurs dans leurs schémas d'explication de situations évolutives, sinon comme explication « en dernier ressort » de situations de non-développement (l' « archaïsme » des sociétés). Cette réticence provient surtout de deux sources. Il s'agit d'abord du poids du modèle positiviste d'explication (par des phénomènes antécédents couplés à des lois générales) qui jette l'anathème sur tout ce qui ressemblerait à une explication par des causes finales. S'est ensuite exercé le poids du structuralisme des années 1960 et 1970, qui n'accorde pas d'importance à l'initiative individuelle (Di Méo, 1991). C'est donc principalement par le biais de la notion d'idéologie que les géographes ont essayé de saisir les projets qui sont la raison d'être des valeurs qu'ils étudient.

Si l'on ne confine pas la notion d'**idéologie** à une représentation fausse que le scientifique doit expurger de son travail, elle se révèle en effet extrêmement utile. Par son identification et son analyse, les valeurs qui la sous-tendent sont mises en lumière ainsi que leur structuration de l'espace géographique existant et surtout projeté. De véritables configurations territoriales se dessinent, porteuses de projets et orientatrices des comportements individuels et collectifs. L'exemple des pays dits « neufs », comme les Etats-Unis, est révélateur à cet égard. On y voit clairement que, contrairement à ce que l'on pourrait penser, les valeurs ne sont pas plaquées sur le sol : c'est moins un problème de projection des valeurs sur une table rase qu'une question de dynamique spatiale de celles-ci. L'espace leur est intrinsèque, telles qu'elles fonctionnent concrètement.

Les cas du Québec et du Canada ont fourni matière à réflexion pour clarifier le jeu des valeurs et des idéologies à des échelles multiples. Les configurations territoriales qu'elles dessinent impliquent des stratégies spatiales qui vont de la dimension continentale à l'organisation paroissiale (Claval, 1980 ; Sénécal et Berdoulay, 1992). Les valeurs explicitement invoquées paraissent d'ordre purement religieux ou ethnique mais, en fait, sont autant géographiques car elles concernent avant tout l'organisation territoriale d'une société en devenir. L'exemple de la ville de Québec montre ainsi que la composante spatiale des idéologies (telles que révélées par les problèmes du quotidien) renforce leur autonomie et permet de comprendre ce qu'il y a de géographique dans les valeurs qui font l'urbanité d'une population (Gilbert, 1985).

Les stratégies qui sont liées aux valeurs géographiques sont génératrices de conflits à caractère spatial (Cox, 1974 ; Claval, 1976). Les idéologies qui sont avancées – elles-même procédant de situations conflictuelles – servent à mobiliser les gens autour de certaines valeurs. Très nombreux, ces conflits sont le plus souvent exprimés en termes non spatiaux (liberté, justice, appartenance ethnique ou sociale, etc.). Leur résolution ne passerait-elle pas alors par la reconnaissance de leur caractère spatial et des valeurs qui s'y rapportent ? Par exemple, la possibilité pour le géographe de calculer l'extension spatiale de gains d'une implantation permet de dégager une base à partir de laquelle calculer des compensations pour la partie lésée *(figure 2)*. Les valeurs ne sont pas évacuées dans l'analyse, au contraire, et elles interpellent la justice socio-spatiale. On a insisté sur les ambiguïtés de la notion, mais elle a le mérite de mettre les valeurs géographiques au centre des préoccupations d'aménagement ou de développement (Reynaud, 1981).

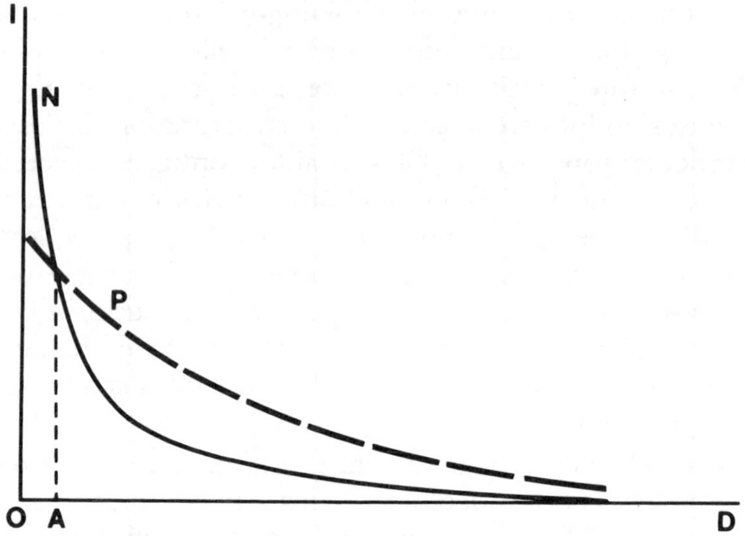

O Localisation de l'autoroute
I Intensité de l'externalité
D Distance à l'autoroute
P Externalités positives
N Externalités négatives
A Limite au-delà de laquelle l'excédent des externalités positives permet de lever une taxe pour compenser ceux qui résident en-deça.

Figure 2 Externalités et compensation : le cas de l'autoroute
Dérivée de K. Cox, 1979, *Location and public problems*, Chicago, Maaroufa, p. 24-25.

Pareillement, l'analyse géographique gagnerait à être approfondie dans le même esprit en ce qui concerne la vie démocratique. Les découpages des circonscriptions électorales (homogénéité ou hétérogénéité socio-économique, disparités dans le total des inscrits) posent le problème de la représentativité des élus et celui des abstentions qui hypothèquent lourdement la vitalité du système démocratique. Le mécontentement de certaines minorités sociales, ethniques ou d'opinion n'y est actuellement pas étranger. Les phénomènes de *ségrégation* non plus.

Ceux-ci sont plus connus. Liés à la concurrence pour l'espace, ils sont aussi bien le fait de l'exclusion des indésirables par ceux qui ne peuvent les contrôler, que de la volonté de regroupement des gens souhaitant bénéficier des externalités positives réciproques procurées par leurs semblables. Autrement dit, les valeurs géographiques participent autant du rejet de l'autre que de l'attraction pour ses pairs. Seuls le contexte culturel, la trame politico-administrative et les relations de pouvoir permettent de voir lequel des deux processus est dominant (Piolle, 1979). Mais comme ils jouent souvent en même temps, il est difficile de les départager, y compris au niveau du vécu des gens, de leur attachement au quartier ou au territoire. On rejoint ici un conflit de valeurs géographiques, selon qu'elles sont liées à la mobilité et tout autre forme de nomadisme, ou bien liées à la sédentarité, à l'espace local dans lequel on se sent chez soi, entouré de gens appartenant à la même communauté. Dans notre monde contemporain coexistent à des degrés divers, et parfois pour le même individu, les deux modes de rapport à l'espace ; tous les deux conditionnent l'insistance sur des valeurs divergentes, entre une territorialité de proximité et une territorialité en réseau (Piolle, 1990).

C'est dans la perspective analogue du mode de vie que les populations des sociétés développées mettent en question les valeurs définies en termes a-spatiaux, du type productivité, croissance, travail, pour leur substituer de plus en plus des valeurs exprimées géographiquement. Parmi celles-ci, ont déjà été mentionnées celles qui prônent la protection de la nature et du patrimoine. Elles concernent surtout ce qui paraît important pour assurer la **qualité de la vie**. Celle-ci ne se résume plus à la satisfaction minimale de certains critères socio-économiques (éducation, santé, emploi, logement), mais engage de plus en plus leur dimension environnementale. C'est au niveau du quotidien, du vécu, de son rythme et des lieux qui le ponctuent, qu'est jugée la qualité de la vie. Le concept tend ainsi à être complété par celui de **bien-être** (Bailly, 1981).

En effet, la qualité de la vie renvoie aux moyens mis en œuvre par les hommes dans leur vie matérielle et sociale quotidienne (et donc aux « indicateurs objectifs » classiques du développement social et du niveau de vie), tandis que le bien-être désigne le sentiment de satisfaction de l'individu en rapport avec ses aspirations et l'évaluation personnelle qu'il fait de sa relation à lui-même et à son environnement (sentiment cerné par des « indicateurs subjectifs » obtenus principalement par questionnaires). Le « sens du lieu » n'est pas une notion limitée à l'étude des sociétés traditionnelles ayant fortement codifié leur milieu, mais se rapporte aussi, quoique différemment, aux sociétés modernes. Les tiraillements qu'elles connaissent dans leur constitution relative à l'espace représentent un champ important de réflexion et de recherche pour les géographes intéressés aux valeurs.

6. Modernité et espace : le défi post-moderniste

Dès la fin du Moyen-Age, les sociétés occidentales ont commencé à redéfinir leur rapport à la nature. La notion de paysage, déjà évoquée, correspond justement à la distanciation entre le sujet et une nature qui devient objet, observée de l'extérieur, comme dans les lois de la perspective que codifie Alberti. L'artiste, le stratège et le scientifique en sont parmi les premiers promoteurs (Lacoste, 1977 et 1987). Ce nouveau type de rapport sujet-objet ouvre toute grande la porte au règne de la raison. La modernité ainsi consacrée investit au cours des siècles tous les aspects de la vie individuelle et sociale, notamment dans son déploiement territorial (apparition des Etats-nations, développement des bureaucraties, des médiations techniques et de l'aménagement systématique de l'espace, « marchandisation » du sol etc.) (Gottmann, 1973 ; Vance, 1990 ; Ferrier, 1990).

La modernité porte ainsi avec elle un déchirement des valeurs géographiques entre deux pôles, celui du rapport qualitatif et symbolique au monde et celui d'un rapport médiatisé par la raison, plus quantitatif ou technique, dont le sens traditionnel semble être exclu. Cette tension essentielle nourrit de façon récurrente des mouvements contestataires d'identification au sol, au patrimoine, sous forme de divers régionalismes ou nationalismes (Claval, 1979). Pareillement, les méthodes géographiques sont jugées en porte-à-faux dans la mesure où elles s'efforcent de modéliser l'espace à l'aide du langage des mathématiques ou des statistiques, délaissant par là-même ce qui fait la particularité des lieux, leur sens profond pour les habitants (Buttimer, 1974 ; Ortega, 1987 ; Entrikin, 1991). Par ces tensions ou déchirements internes, la géographie amplifie – ou du moins répercute – les effets ultimes de la séparation moderne de l'éthique, de l'esthétique et de la science.

L'étude de la crise actuelle (dite « post-moderne ») tend à montrer que, loin de s'effacer, les processus d'identification au milieu local et d'enracinement volontaire conditionnent la vie sociale au point que les pratiques d'aménagement en ont été fortement bouleversées. Mais surtout s'est développé un **post-modernisme** selon lequel les fondements de la modernité seraient en train de s'effondrer. Le défi ainsi posé à la modernité est celui de la faillite de la raison universalisante et le règne du « tout se vaut » : les valeurs locales renversent les valeurs universelles. Face à ces nouveaux intégrismes du territoire et au désarroi qu'il provoque chez ceux qui veulent sauver les acquis de la modernité, s'est dessinée une demande pour reévaluer le rapport du local à l'universel et l'articulation des particularités territoriales dans un espace géographique compris à des échelles multiples. Une géographie post-moderne s'attache à renouveller la théorie sociale à partir de la (re) prise en compte de la spatialité de la société (Soja, 1989). Et c'est la finitude même de la terre qui permet d'entrevoir les voies d'un dépassement du défi post-moderniste car l'espace universel ne peut plus conserver le caractère abstrait et isotrope qu'il postulait (Berque, 1990). Alors que l'esthétique et l'éthique ne subsistaient plus qu'en filigrane dans la recherche scientifique, il se peut que l'on puisse maintenant envisager une prise en compte simultanée de ces dimensions essentielles des valeurs géographiques.

Le défi prend ainsi une tournure méthodologique : quel est le langage qui permet d'ouvrir les voies de ce dépassement ? Il n'est pas douteux qu'un travail de la langue est nécessaire pour assurer cette pensée nouvelle. Certains, à la manière de K. White, cherchent par la géopoétique à trouver le langage capable de transmettre l'expérience de la terre – débarrassée de tout filtre rationnel institué –, c'est-à-dire le langage de la terre telle que vécue, un peu comme si c'était celle-ci qui écrivait. Cette tentation géopoétique, quelle qu'en soit la portée, correspond au phénomène plus général de remise en question du langage, ou plutôt du postulat de sa transparence.

Le géographe commence à prendre conscience de l'épaisseur des langages employés dans l'évolution de sa pensée et de sa pratique (Olsson, 1980). C'est ainsi, par exemple, que l'on se tourne vers la prise en compte de la narrativité constitutive des lieux, révélatrice, par la mise en intrigue des éléments qui les composent, des valeurs géographiques (Entrikin, 1991). En aménagement existe le même besoin de recadrer les problèmes, d'aboutir à un savoir stratégique qui lie, au lieu de les opposer, les valeurs locales et celles qui sont plus globales. La recherche d'une approche participative, ou collaborative, de la planification devient, par nécessité, environnementale et ouvre un champ nouveau à la conciliation de valeurs souvent conflictuelles au départ (Soubeyran et Barnier, 1985 ; Gariépy *et al.*, 1986).

Fortement interpellés par la crise contemporaine de la modernité, les géographes sont en train de trouver des voies de dépassement en renouant pleinement avec les deux sources antiques de leur savoir : le référent planétaire et son langage.

Lectures recommandées

Bailly A., 1981, *La géographie du bien-être*, Paris, PUF.
Bailly A. et Scariati R. (dir.), 1990, *L'humanisme en géographie*, Paris, Anthropos-Economica.
Berdoulay V., 1988, *Des mots et des lieux*, Paris, Ed. du CNRS.
Brunet R., 1990, « Le déchiffrement du monde », Chapitres 1 et 4 de la Première partie, dans *Mondes nouveaux*, vol. I de la Géographie universelle, Paris, Hachette-RECLUS.
Claval P., 1978, *Espace et pouvoir*, Paris, PUF.
Lacoste Y., *et al.*, 1977 et 1987, Numéros spéciaux sur le paysage, *Hérodote*, 7 et 44.
Lacoste Y., *et al.*, 1982, Numéro spécial sur les terres à hauts risques, *Hérodote*, 24.

Mots-clefs

Bien-être,
Idéologie,
Patrimoine,
Paysage,
Post-modernisme,
Protection de l'environnement,
Qualité de la vie,
Rente de situation,
Ressource,
Ségrégation.

Niveaux géographiques, échelles spatiales

22

Robert Ferras

Du local, immédiat, au zonal, que soulignent les mappemondes, la terre n'en finit pas de servir de support à des logiques de découpage dont la géographie n'est pas avare. Il en découle un certain nombre de **niveaux** d'organisation spatiale dont les échelles rendent compte. L'**échelle** n'est pas autre chose qu'un rapport entre la réalité et son interprétation. Elle peut être – selon ce double aspect qui la caractérise pour l'essentiel – soit la transcription d'un espace sur une carte, soit un niveau de prise en compte d'un phénomène, n'importe quel phénomène mais plus spécialement géographique, pour le présenter, le représenter ou l'étudier. Sans être soumis à aucune difficulté particulière, le terme recouvre un certain nombre de réalités se situant entre le langage quotidien le plus banal et des impératifs arithmétiques bien précis.

1. Le géographe est gros consommateur d'échelle

1.1. Du côté de Borges

Un beau texte de Suarez Miranda – en clair, Borges – répond à la question de cette réalité de l'échelle ; un texte sans cesse repris et de plus en plus tronqué, que l'on donne ici dans son intégralité car il est court. A l'évidence, Miranda dans ses « Viajes de Varones Prudentes » (livre IV, chapitre XLV) publiés à Lerida en 1958, ne pouvait qu'être repris par Borges (in *L'auteur et autres textes*, L'Imaginaire, Gallimard, 1982). Apocryphe ou pas il se réduit à une citation, agrémentée seulement d'un titre et d'un sous-titre. Pastiche ou pas, le texte qui nous parle si bien de cartes et donc de niveaux d'organisation de l'espace et d'échelle est de la plume d'un écrivain et non d'un géographe.

FICHE 1

Musée de la rigueur scientifique

... En cet Empire, l'Art de la Cartographie fut poussé à une telle Perfection que la carte d'une seule Province occupait toute une Ville, et la Carte de l'Empire toute une Province. Avec le temps, ces Cartes Démesurées cessèrent de donner satisfaction et les Collèges de Cartographes levèrent une Carte de l'Empire qui avait le Format de l'Empire et qui coïncidait avec lui, point par point. Moins passionnées pour l'Etude de la Cartographie, les Générations Suivantes comprirent que cette Carte Démesurée était inutile et, non sans impiété, elles l'abandonnèrent à l'Inclémence du Soleil et des Hivers. Dans les Déserts de l'Ouest subsistent des Ruines très abimées de la Carte, habitées par des Animaux et Des Mendiants. Dans tout le Pays, il n'y a plus d'autre trace des Disciplines Géographiques. »

Borges, 1982

La négation de l'échelle, ou son absence, est dite « échelle un », c'est-à-dire la représentation à l'identique d'un espace, ce qui renvoie au texte de Borges, quand la carte de l'Empire a la même taille que l'Empire. Le jeu de mots est quasi obligatoire, qui montre la variation d'échelle comme une *escalade* sans cesse plus précise dans la connaissance géographique. A grande échelle on va dans le détail d'un finage ou d'un quartier, à petite échelle on ne conserve que l'essentiel. Et nous voilà entrés dans le monde des dichotomies scalaires, échelle réduite et échelle large, nationale et locale, grande et petite, grossière et détaillée, toutes les échelles et à tous les niveaux. Et dans deux domaines pour l'essentiel, faits surtout de géographie et de cartographie. Car l'échelle est à la fois d'emploi courant comme technique en cartographie et d'emploi courant comme concept en géographie sans que l'on puisse affirmer que l'on parle de la même chose. Dans les deux cas il s'agit toutefois d'un moyen de comparaison et d'évaluation, y compris dans ce qui semble le plus éloigné comme... l'échelle sociale, que l'on espère toujours gravir à travers les catégories socio-professionnelles, notion d'emploi courant pour le géographe humain.

Quant à la **taxonomie**, venue de *taxis* (arrangement) et de *taxon* qui signifie classe ou élément, elle fonctionne selon une échelle de valeurs et selon la loi des classifications.

1.2. De quelques hypothèses de départ

Géographie et cartographie sont inséparables de l'échelle, la première comme grosse consommatrice dans son discours, la deuxième rendue inutilisable faute d'échelle. On songe à ce propos aux cartes proposées par quelques pays sur leurs villes et leurs régions, qui ne sont que dessins habiles puisque ne comportant pas la clé qui permettrait de les lire.

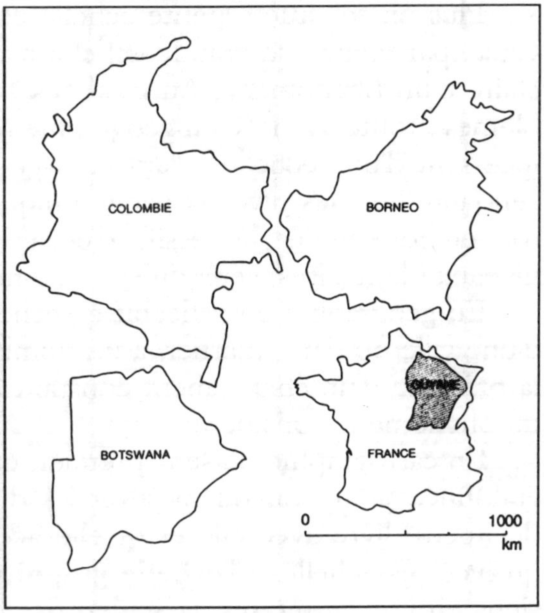

1.1. Quatre pays, vus habituellement de façon très différente dans des atlas, présentent des tailles voisines : Bornéo, Botswana, Colombie, France.

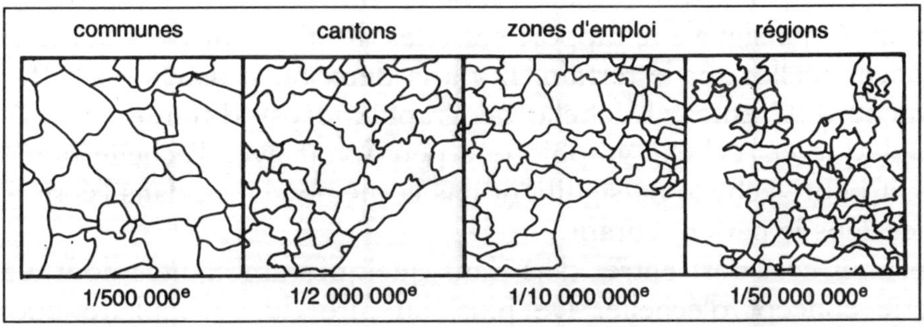

1.2. Quatre niveaux de représentation, vus habituellement de façon séparée dans les atlas, mettent l'accent sur les emboîtements successifs d'échelles, de quelques communes de l'Hérault aux cantons du Bas-Languedoc, en passant par les zones d'emploi de la France méditerranéenne, et les régions de l'Europe du Nord-Ouest.
Source : R. Brunet, 1987, *La carte mode d'emploi*, Fayard-RECLUS.

Figure 1 Jeux d'échelles

L'utilisation, largement privilégiée, de ce concept en géographie n'interdit pas d'autres usages, tout aussi répandus même si considérés comme moins opérants. Car la connaissance, la reconnaissance, toutes les méthodes d'approche d'un espace changent en fonction de l'échelle choisie. Et si la problématique d'une question géographique change avec son échelle, il suffit de trouver celle qui semble la plus pertinente, la plus apte à rendre l'essentiel du niveau d'organisation spatiale que l'on considère.

Plus on se situe à petite échelle et plus l'espace est indifférencié. A l'inverse, par contre, la grande échelle n'apporte pas forcément une vision plus claire d'un phénomène. Au total ces deux extrêmes balisent deux faux problèmes ; toute avancée en géographie repose sur la combinaison et le passage incessant d'une échelle à l'autre. Avec quelques avantages. Une échelle descendante vers les niveaux géographiques les plus grands met bien en valeur des emboîtements successifs d'espaces ; une échelle remontante vers les niveaux planétaires, ceux du système-monde, met en valeur des stratégies.

En géographie on réfléchit à l'échelle planétaire ou régionale, à l'échelle d'une ville ou d'un quartier, à un nombre considérable d'échelles et à travers la pratique d'un changement constant d'échelle selon l'une ou l'autre facette du phénomène considéré.

En cartographie, le sens premier, étroit, de l'échelle, est celui d'une ligne étalonnée pour pouvoir mesurer les distances sur la carte, sorte de double-décimètre livré avec elle et qu'elle accompagne. On ne peut lire une carte qu'avec ses échelles ; l'**échelle graphique**, graduée, tracée avec des subdivisions en km ou mètres, la seule prise en compte lorsque l'on reproduit une carte en en changeant son format ; l'**échelle numérique** exprimée sous forme de fraction et qui signale le rapport entre les distances figurées sur la carte et les distances réelles sur le terrain. Il y a là deux ou trois choses différentes, doublement différentes. L'échelle géographique est différente de l'échelle cartographique et l'échelle graphique a peu à voir avec l'échelle numérique. Grande et petite échelle ne signifient pas la même chose, dans l'écrit géographique et dans le parler courant.

Constater cela c'est entrer déjà dans quelques ambiguïtés dont n'est pas exempt le concept d'échelle. De plus, au dire du vocabulaire quotidien, l'échelon est un simple niveau, un palier d'une hiérarchie, dont on essaie de franchir « tous les échelons ». Il peut être aussi un synonyme ; et l'on dira indifféremment niveau régional, échelon régional ou échelle régionale. Le haut de l'échelle est le niveau le plus élevé au sens de pouvoir, de commandement, de domination, tous échelons franchis.

2. Quatre niveaux géographiques principaux et leur échelle

« L'organisation de l'espace mondial aux différentes échelles par les échanges internationaux. »
Programme des concours de recrutement en géographie, 1992.

Indispensable à toute recherche et même à une simple approche d'un espace représenté, l'échelle reste une des clés de l'explication en géographie, garantissant cohérence mentale et restitution physique, qui renvoient l'une et l'autre au « cadre d'un système conceptuel explicite » (Racine, Raffestin et Ruffy, 1980). Inséparable des niveaux de l'espace géographique, elle gère souvent le contradictoire. En effet, il est rare de mettre en parfaite cohérence dans une approche géographique les différents niveaux géographiques que représentent, dans un ordre montant de la petite vers la grande, l'échelle mondiale, européenne, nationale, régionale, urbaine ou autre, car ils renvoient à des stratégies différentes, même si les acteurs peuvent être les mêmes. Dans ce catalogue le géographe privilégie finalement le niveau supranational, celui de la planète et du système-monde, à travers Michelin, Ford ou la Corée, et le niveau régional qui s'intercale entre national et local. Alors que le local émerge de travaux encore un peu frais, le national n'est plus que l'ombre de ce qu'il fût, anciennement l'échelle favorite de nomenclatures géographiques infinies.

2.1. Multinationales et échelle mondiale

E. Michelin occupe à la fin du siècle dernier une cinquantaine d'employés à Clermont-Ferrand. Porté par l'essor de l'automobile et quelques exploits sportifs, il se spécialise dans la fabrication de pneumatiques et s'implante en Angleterre et à Turin. A partir de là va naître « l'espace Michelin » qui va gagner peu à peu le monde entier ou presque, investissant et passant ainsi de l'initiative familiale à une division des tâches entre diverses unités de production : Milltown en 1908, Stoke-on-Trent et Trente en 1927, Karlsruhe en 1931, le saut vers l'Argentine en 1933, puis l'Espagne, la Tchécoslovaquie, la Belgique, les Pays-Bas. La vague des années 1960 pousse au Nigeria, en Algérie, Irlande, Canada, USA, Brésil... Enfin l'Egypte, la Corée et le Japon en 1986 et 1988 complètent le tableau, et dans les années 1990 Bibendum est le premier producteur de pneumatiques dans le monde par rachat d'Uniroyal-Goodrich. L'irrésistible ascension d'un atelier auvergnat à l'échelle planétaire, jusqu'à une division interrégionale du travail et le point d'orgue sur l'Asie, s'est accomplie. Il y a là quelque chose de fondamental qui remet en cause un certain nombre d'approches traditionnelles coûtumières à la géographie quant aux niveaux spatiaux. Quand Michelin s'installe dans une ville « rurale » d'un pays étranger à main-d'œuvre abondante et bon marché il se situe à l'échelle internationale, mais le discours local portera sur la qualité de la vie, l'habileté de la main-d'œuvre ou la proximité de tel équipement de prestige. On ne comprendra la décision, d'un côté comme de l'autre, qu'à la lumière des stratégies de la firme et donc à condition de prendre en compte en même temps toutes les échelles et de jouer sur elles.

Ford, deuxième constructeur mondial d'automobiles est présent à peu près partout dans le monde, ou presque. Stratégies et échelles d'intervention se combinent depuis la naissance de la firme à Detroit en 1903. Première étape, Ford installe des usines de montage à Manchester (1911), Bordeaux, Cork et Copenhague, Cadix, Anvers, et Rotterdam (1932). La deuxième étape est celle des usines intégrées des années 1930-1950 qui ajoutent à la liste Poissy sur la Seine, Cologne sur le Rhin, Dagenham sur la Tamise. La troisième étape est celle des filières spécialisées. Changement d'échelle avec la quatrième, celle des rachats partiels de Mazda au Japon et de Kia en Corée, qui marquent l'ouverture de l'Asie. Le plus important dans cette progression est la globalisation des stratégies, plus que la « grimpée » vers les petites échelles.

La Corée fera irruption dans les années 1980 en Amérique et en Europe avec les automobiles Excel, les magnétoscopes Samsung, les fours Daewoo à travers leurs sociétés « jaebuls ». Daewoo, au plan national, est partie de Pusan et du secteur de la confection pour gagner Séoul puis représenter le

FICHE 2

Le système monde

« Les grands acteurs du **système monde**, Etats et organisations, ont des relations qui se déploient dans deux vastes domaines, l'international formé par les relations entre Etats, et le transnational, qui essaie de se jouer des frontières étatiques. Ces domaines interfèrent et interviennent dans l'économique, le politique, le culturel dans son sens le plus large. L'espace mondial résulte en grande partie du jeu de deux grandes structures géographiques : le maillage des Etats territoriaux, le dispositif de réseaux, alimenté à la fois par les relations interétatiques qui fondent l'international et par les flux qui naissent des échanges internationaux. »

Brunet R., Dollfus O., 1990, *Mondes nouveaux*,
Géographie Universelle RECLUS, Hachette RECLUS, p. 283.

dixième des exportations du pays et couvrir 65 pays de 125 succursales étrangères. Enfin les hautes technologies remettent en cause les échelles, à travers une compétition mondiale. Depuis quand ? Le XVIe siècle voit déjà se mettre en place une première unité du monde, l'Europe communiquant avec l'Amérique, les Portugais se lançant à la conquête de l'Asie. Ainsi se posent des relations de pouvoirs sur Londres, Anvers, Gênes, Barcelone, Lisbonne et autres places, dont découle un système international de relations. Le XXe siècle en constitue l'aboutissement, qui voit la mise en place du système-monde. Le nombre de partenaires a peu à peu augmenté. Le commerce à la Chine donnera finalement comme terme ultime les « dragons » industriels actuels.

2.2. Le niveau local

C'est l'échelle familière et immédiate qui sous-tend la vie quotidienne de l'individu, qu'il s'agisse de son quartier, de sa commune, de son pays pris au sens de petite région. Les liens y sont personnalisés entre habitants qui se connaissent, l'horizon borné, les déplacements sur de faibles distances, les groupes restreints et bien identifiés. Le ciment en est un tissu serré dont les composantes sont clairement identifiées par l'homme dans son activité professionnelle, son lieu de résidence, son choix de relations sociales, la fréquentation d'équipements. Le contact en est direct et bien repéré, car l'espace constitue un territoire balisé, cerné, défini, à la fois identifié et identifiant. On a là sa bulle, sa coquille, au sens ou Moles emploie le terme, reconnue par ses pratiquants *(chapitre 10)*.

2.3. Nations, nationaux, nationalismes

La **nation** fournit la structure qui correspond à la communauté à laquelle l'individu est intégré ; elle propose une conscience d'unité et s'appuie sur une volonté de destinée commune, son territoire étant défini et son autorité souveraine. Les nationaux s'expriment bien par leur contraire, les étrangers. Les nationalismes renvoient à une exacerbation du sentiment national dont l'aboutissement (un des aboutissements) est la xénophobie. La prégnance des trois termes, de la même famille, est si forte que l'on est arrivé à en tirer des ethnotypes parfaitement généralisateurs et totalement en contradiction avec la grande variété du milieu local. Ainsi de l'Ecossais qui est avare, comme l'Anglais flegmatique ou l'Irlandais rude. Pas de Siciliens qui ne soient maffiosi, quant aux Africains ce sont de grands enfants... Cela serait comique si l'on ne passait rapidement de la caricature à la xénophobie et de celle-ci au racisme. Voilà où peut conduire, aussi, le discours sur la nation. Si le véritable niveau de décision n'est pas toujours forcément là, ou si l'on fait semblant de le croire ailleurs (voir le discours de plus en plus présent sur l'Europe des régions) c'est bien là que se dégage, de préférence en période troublée, une doctrine commune. Les affiches barrées de tricolore peuvent alors affirmer que « La France a déclaré la guerre à... ». De la même façon, la France peut grelotter en cas de coup de froid, voter à gauche ou à droite, « cocoriquer » sur médailles sportives et victoires carillonnées. A cette échelle – et à ce niveau – c'est bien le géographisme qui l'emporte sur la géographie.

Car l'espace national a d'abord une frontière, « naturelle » lorsqu'il s'agit de la France, pays aux contours dits hexagonaux et donc harmonieux, même si l'on peut voir du côté d'une plaine flamande uniforme ou à travers une Cerdagne coupée en deux ce que peut recouvrir le terme de « naturel ». Il a ensuite une capitale, souvent démesurée, macrocéphale et mal reliée à des métropoles n'assurant qu'un équilibre fragile. Il propose enfin une régulation des valeurs sous le pli d'un pavillon, d'un hymne national reconnu, d'une langue dont on gomme les variantes allant à l'encontre du schéma d'ensemble. Ajoutons à la liste les institutions, des réseaux multiples, des solidarités vraies ou empruntées le temps d'un événement (national), des programmes de radio et de télévision, toute une production culturelle et les monopoles détenus par l'Etat, qui sont légion.

2.4. La région ou l'espace intermédiaire

Cet échelon intermédiaire nous l'appellerons **région**, sans entrer autrement dans le détail. Pendant longtemps et en tout cas au temps de sa période fondatrice et vidalienne, la production française en matière de géographie a été considérée comme école régionale. Cela suffit-il à fonder une échelle privilégiée, qui serait un peu plus petite que le local, un peu plus grande que le national ? C'est là un paradoxe intéressant, et non des moindres lorsque les projections sur l'Europe (dite des régions) se font en grande partie sur cet échelon intermédiaire volontiers présenté comme étant de plus en plus opérant en matière administrative. Perdrait-on de vue qu'il n'existe guère d'espace économique réel à ce niveau, les décisions fondamentales se prenant encore rarement hors de la capitale, qu'elle soit parisienne, madrilène, athénienne, lisboète ou depuis peu berlinoise, n'en déplaise à Lyon, Barcelone, Salonique, Porto ou Francfort. Et nous n'entrerons pas dans le vieux débat des cultures régionales, tout à fait importantes par leurs contenus, tout à fait limitées dans leur rayonnement actuel.

A l'échelle américaine, la notion d'échelle géographique régionale permet de saisir les dynamiques spatiales. A petite échelle c'est un grand pays d'envergure continentale, cimenté par une puissance économique et l'American way of life, l'homogénéité du cadre de vie. On peut y distinguer à grands traits trois Amériques héritées de la façade européenne dans le Nord-Est quand se met en place un système centre-périphérie à partir de la Guerre de Sécession et de son résultat, un Sud vaincu et un Ouest à conquérir. On peut en compter quatre autres selon les coupures naturelles méridiennes longtemps utilisées pour entrer dans la géographie régionale : la mise en place du peuplement jusqu'aux densités actuelles. Les régions économiques en cercles concentriques donnent le vieux Nord-Est historique, le Middle West céréalier, le Sud en croissance et des côtes dynamiques ; les statistiques classiques à cette échelle distinguent entre Ouest, Sud, Nord-Est et Nord-Central.

A moyenne échelle J. Garreau du Washington Post (The Nine Nations of America, 1981) en propose trois fois trois pour l'ensemble de l'Amérique du Nord. La « fonderie » des Grands lacs, la Nouvelle-Angleterre et le Québec. Mexamérique, Iles et Vieux Sud. Le Quartier vide Rocheuses et Grand Nord, entre l'Ecotopie des côtes californiennes et le Grenier à blé (dit aussi corbeille à pain) du centre, grandes plaines et Middle West. En rupture avec les grands ensembles naturels voici donc une échelle de prise en compte de l'espace américain qui met en valeur des groupes socio-spatiaux se reconnaissant parce qu'ils partagent – ou pensent partager – les mêmes intérêts. A moyenne échelle encore des regroupements statistiques incluent des Etats, toujours sous le chiffre neuf, en prenant en compte les points cardinaux. Pacifique, Montagnes (à forts relents physiques), West-Centre Nord et West-Centre Sud, Est-Centre Nord et Est-centre sud, Moyen Atlantique, Sud Atlantique, Nouvelle-Angleterre, selon G. Dorel.

A grande échelle on entre dans le cadre des 50 Etats à une extrémité et des 36 000 comtés à l'autre ; mais jamais de région. Aux Etats-Unis on est de l'Etat, du comté, de la ville ou d'un lieu, mais pas d'une région. Sur cette grande masse que représente le pays, le phénomène de découpage intermédiaire entre niveau local et national peut recouvrir des choses bien différentes. Il n'y a ni découpage strict, ni régions contiguës, hiérarchisées, emboîtées, égalisées. Les solidarités « pseudo-régionales » restent réelles à l'échelon historico-culturaliste lorsque l'on redécouvre – quel que soit le découpage ou presque – une Nouvelle-Angleterre, un Sud (Vieux), un West (Middle). La réflexion sur les échelles permet ici de dépasser les vieux découpages naturels et d'entrer dans les dynamiques spatiales et les représentations qui, si souvent, se rejoignent.

Ainsi va le débat sur l'**échelle géographique** entre une pratique ancienne qui se situe entre local et national, un peu selon le manichéisme du jacobin et du girondin ; une pratique tout à fait actuelle qui voit se mettre en place sinon s'affirmer les structures régionales, administratives en tout cas ; une réalité économique qui fait voisiner des pratiques d'un autre siècle, le XIXe, avec ses progressions coloniales et ses marchés réservés face au niveau supra-national actuel. Quel que soit le degré d'évolution du modèle il y a bien quatre niveaux essentiels de structuration de l'espace et il y a bien un rôle essentiel dévolu à la géographie qui est de définir les systèmes spatiaux et leurs dynamiques. La réponse à ces questions passe par les échelles.

3. Six caractères que l'on peut aborder deux à deux

Pour parler d'échelle dans le domaine de la géographie tout d'abord, de la cartographie ensuite, l'essentiel peut être dit en six remarques qui se répondent deux par deux. Toute prise en compte d'un espace implique une réduction de l'information qu'il porte et qui varie selon le niveau d'échelle retenu. Echelle n'a pas la même valeur en géographie, où elle participe banalement du langage courant et en cartographie où elle répond à un apport technique bien précis. Grande échelle renvoie à petit espace et petite échelle à grand espace, et non l'inverse comme on le voit trop souvent dit.

3.1. Approche réductrice et niveaux d'échelles

La prise en compte et la représentation de toute portion de l'espace terrestre implique une vision plus ou moins simplifiée de cet espace. Sous peine d'être à l'échelle un, comme la carte de l'empire, on passe forcément par une vision réductrice de cet espace, la déformation retenue étant obligatoirement explicitée. La ville éclaire bien ce phénomène, que montrent beaucoup de cartes. A partir d'une certaine échelle, la représentation d'une ville passe par la juxtaposition de pleins et de creux qui soulignent ilôts urbains et rues, espaces verts et espaces industriels. De façon générale un ensemble plus compact ne distingue plus que le centre ancien que met souvent en valeur le tracé d'anciennes fortifications et des extensions récentes en faubourgs et banlieues généralement en relation avec les principales voies de communication qui les structurent ou les engendrent. On passe ensuite à une tache dont les contours, évoquant une amibe, sont ceux des limites extérieures de la ville, plus quelques repères significatifs comme un fleuve ou une butte. On finira dans l'échelle des représentations de la ville de façon tout à fait abstraite par un cercle de taille donnée, répondant au nombre de ses habitants, relié à d'autres villes par des autoroutes ou autres moyens de communication terrestres.

La notion d'échelle renvoie à un ensemble de grandeurs spatiales qui affectent toute portion de l'espace terrestre, selon des processus qui leur sont propres et qui agissent différemment à différents niveaux.

Le Languedoc-Roussillon peut fournir un exemple, pour passer en revue processus et niveaux d'échelle dans leurs liens respectifs.

— Au plan mondial c'est un ensemble indifférencié quelque part en Europe méridionale, hérité de divisions historiques anciennes, dans le quart nord-ouest du bassin méditerranéen, au sud de la France en une double appartenance : vieux foyer de civilisation et vieille Europe.
— Au plan européen c'est un espace de loisirs à usage de ressortissants du nord pratiquant « en saison » (estivale) les rivages méditerranéens, premier pôle touristique mondial avec les Caraïbes. Bon climat, aspects ludiques et concentrations annuelles.
— Au plan méditerranéen c'est un élément de l'arc économique du même nom tendu entre Valencia et Rome, Catalogne et Provence, ou Pyrénées et delta du Rhône. Avec quelques atouts, volontiers proposés en forme d'alternative à l'Europe « lourde », celle qui se situe quelque part entre Londres et Milan.
— Au plan français c'est le sud du territoire national, composé de cinq départements dont quatre côtiers en une région administrative bien délimitée.
— Au plan méridional c'est, sous le soleil, une triple spécialisation, ancienne comme vignoble de masse, plus proche comme accumulation de stations touristiques, et récente comme pôle de tertiaire supérieur. Une individualité qui émerge, arrimée à Montpellier.
— Au plan régional c'est, pour l'essentiel, l'aire d'influence d'une capitale régionale, Montpellier, relayée par Perpignan au sud, Nîmes à l'est, le doublet Narbonne-Carcassonne à l'ouest, Mende au nord. Persistance des vieux départements sous un discours régional et une réalité, la capitale nouvelle.
— Au plan départemental c'est un centième du territoire national avec plaine littorale et hauts cantons pour l'Hérault, couloir et montagnes pour l'Aude et les Cévennes et garrigues pour le Gard, vallées et hauteurs pour la Lozère, plaine du Roussillon au pied des Pyrénées.

Quelle que soit l'échelle retenue c'est là le minimum de ce que l'on voit sur la carte. Un tireté pour les limites. Un cercle de taille variable pour le chef-lieu. Du vert pour les plaines et vallées, des bistres pour les hauteurs. Prendre une autre échelle consistera à meubler cet espace en le détaillant. Voici donc une région de France à travers sept échelles d'appréhension, mondiale, européenne, méditerranéenne, française, méridionale, régionale, départementale.

3.2. Echelle géographique et échelle cartographique

Géographie. L'emploi courant sinon banal du terme fait illusion. Il indique le mode d'emploi d'un phénomène, quand l'on dit qu'IBM diffuse ses produits sur une grande échelle cela signifie que ses stratégies sont mondiales ; quand Untel augmente le nombre de ses unités de production, il change d'échelle et, de façon sous-entendue, passe à une grande échelle. Mais l'approche compréhensive de l'espace est à la fois trans, multi et pluriscalaire, jusqu'à « caler » le niveau d'explication le plus pertinent, ni à micro, ni à macro, mais souvent à méso-échelle. Cela passe en tout cas par combinaison, va-et-vient, changement constant d'échelle, comme un appareil d'optique que l'on met peu à peu au point. On y voit plus clair en passant par les synonymes, sur une grande échelle ou à grande échelle peut se dire avec de grands moyens, en prenant en compte de nombreux éléments, sur un grand pied.

Cartographie. L'échelle y a ses lois et ses règles dont nous détaillerons l'usage.

3.3. Grande et petite échelle

La grande échelle est à peine du domaine de la carte, elle est de l'ordre du plan ou autres documents proches, la ville est prodigue de ce type de documents dits, de façon générale, documents d'urbanisme.

La petite échelle, il faudra bien finir par le mémoriser, se situe à l'échelle planétaire. Que représente-t-on, par habitude, à petite échelle ? Les mouvements migratoires permettent d'affiner l'explication. Des migrants à petite échelle gagnent les Etats-Unis à partir de l'Europe, ou quittent leurs campagnes natales pour la ville voisine, à grande échelle. Sur un grand niveau ils sont nombreux à gagner les Etats-Unis, sur un petit échelon ils sont peu à aller en ville. Dans le premier cas on a une petite échelle et un grand niveau, dans le second cas une grande échelle et un petit échelon. Et qu'on en finisse.

4. Postulats, définitions et usages des échelles

FICHE 3

... « On ne peut plus accepter aujourd'hui qu'une recherche soit conduite sans que l'échelle soit clairement spécifiée. Plus encore, l'échelle, elle-même, en tant que phénomène consubstantiel de toute analyse mérite d'être étudiée de manière particulière... L'échelle n'est que rarement introduite explicitement comme l'une des variables fondamentales qui va conditionner aussi bien la nature des observations que l'image qu'on donnera au niveau descriptif comme au niveau explicatif... Les géographes ont maintes fois souligné et démontré que les arrangements spatiaux qu'ils définissaient étaient en fait le résultat d'un double processus de compétition et de concentration, chacun agissant à différentes échelles géographiques... L'idée d'échelle s'impose dès que s'amorce le besoin de représenter ou de se représenter la réalité dans laquelle nous sommes immergés... L'échelle apparaît dès lors comme un filtre qui appauvrit la réalité mais qui préserve ce qui est pertinent par rapport à une situation donnée... C'est en valorisant ou en acceptant (contrainte des données disponibles par exemple) un choix d'échelles que la problématique détermine, pratiquement, les sous-ensembles qui seront observés. C'est un découpage à l'intérieur d'une combinatoire. Choix de combinaisons dans l'hétérogène pour aller vers l'homogène, passage du désagrégé à l'agrégé, du vécu à l'organisé, du manifeste au latent. Cela montre assez qu'il n'est plus possible, actuellement, de conduire une recherche sans que l'échelle soit explicitement spécifiée. »

Racine J.B., Raffestin C., Ruffy V., 1980, Echelle et action, contributions à une interprétation du mécanisme de l'échelle dans la pratique de la géographie, *Geographica Helvetica*, vol. 35, n° 5 p. 87-94 ;

4.1. Des échelles partout

On se cantonnera aux définitions renvoyant à des rapports relevant de la géographie et de tout ce qui est graphique, en laissant de côté technologies et techniques particulières que ne manquent pas de détailler les encyclopédies. SCAL, du latin *scala*, *scalae* désignant échelle, degrés, escalier, *scalaris* signifiant d'escalier donnent scalaire, escalader, échelle et tous les termes qui en dérivent. Nous retiendrons ceux qui renvoient aux aspects spatiaux.

L'échelle n'est pas une abstraction, mais l'expression mathématique d'une abstraction, la réalité (« le terrain » de certains géographes) d'un côté, et l'abstraction de l'autre. La fraction nous en donne toute la panoplie. L'origine est tout simplement d'ordre technologique, car l'échelle n'est que l'escalier mobile, le plus simple des échafaudages dont la caractéristique première est de comporter des échelons distribués à distance égale. Echelles de marine, de coupée, de gambes, qui ont leur importance car par extension elles vont concerner les ports où l'on dispose une échelle sur le quai pour débarquer les cargaisons. Il en restera les escales du Levant, les Echelles de l'histoire, d'Egypte ou de Barbarie.

L'usage ancien distinguait quatre niveaux de documents faisant systématiquement appel aux échelles. Le plan jusqu'au 1/10 000. La carte topographique jusqu'au 1/100 000. La carte chorographique jusqu'au 1/1 000 000. Enfin la carte géographique au-dessous de 1/1 000 000. Le passage de l'un à l'autre se fait par disparition ou généralisation des détails, les plus petits étant condamnés d'abord. Traditionnellement le numérateur est réduit à l'unité, ce qui n'est en rien une condition *sine qua non* mais une commodité de lecture dans le système français. Le dénominateur est souvent une puissance de dix, sa moitié ou son double. Lorsque l'on parle, sous l'Ancien Régime en France, d'un rapport d'une ligne pour 100 toises, on n'oubliera pas qu'une toise = 6 pieds = 72 pouces = 864 lignes. D'où l'échelle du 1/86 400.

4.2. Des conventions

L'échelle « normale » c'est-à-dire parfaitement passée dans les mœurs, telle que nous la pratiquons à l'heure actuelle dans nos représentations, celle qui donne la physionomie courante de nos régions et territoires d'usage, est double. Au 1/50 000 pour l'héritage de la carte d'Etat-Major et au 1/200 000 pour la carte Michelin encore plus populaire. La première, hors des exercices universitaires spécialisés à l'usage de géographes débutants, orne de plus en plus fréquemment les murs de la maison de campagne de l'amateur ; et si le même amateur pratique la sortie dominicale c'est le 1/25 000 qui lui sert pour mieux repérer ses itinéraires pédestres. La deuxième a été longtemps la seule carte routière commode, facile à retenir dans son interprétation, un centimètre de lecture de distance renvoyant à deux kilomètres sur le terrain. C'est l'usage qui met en avant ces trois échelles, grande échelle de la promenade en campagne, échelle moyenne de la petite région que l'on habite, petite échelle du déplacement en voiture.

L'échelle « habituelle », rarement mémorisée, des pages d'atlas tourne autour de quelques ordres de grandeur simples. Le Monde en un format – à l'italienne – pleine page est représenté le plus fréquemment au 1/100 000 000, et – en composition courante – entre le 1/160 000 000 et le

1/200 000 000. L'Europe au 1/25 000 000 entre aussi dans la page d'atlas, ce qui donne, à vol d'oiseau, 10 centimètres entre Paris et Moscou, un peu plus jusqu'à Ankara. La France « classique » est, au 1/5 000 000, inscrite en gros dans un carré de 20 centimètres de côté. A la même échelle et dans la même page on évolue pour les Etats-Unis dans un carré sis entre les méridiens de Chicago et de Boston, les parallèles du lac Supérieur et de la péninsule du Delaware ; en gros, une bonne part du Nord-Est américain. En Europe centrale une fenêtre de même type couvre un quadrilatère inséré entre les méridiens de Munich à l'ouest et de Kiev à l'est, les parallèles de Kaliningrad au nord et de Venise-Tulcea au sud.

Le même référent absurde mais réel de la page d'un atlas courant dont on regarde rarement l'échelle, inclut à la même échelle « française » – c'est à dire d'un territoire de quelque 500 000 km^2 – au 1/5 000 000 le Royaume-Uni avec l'Irlande, la péninsule italienne avec ses îles ou la péninsule ibérique. Pour le subcontinent indien on utilise le 1/12 500 000, tout comme pour l'ensemble Chine, Corée, Japon. Les deux Amériques nécessitent du 1/50 000 000. C'est là quelques marques qu'il faudrait garder en mémoire plutôt que de longues dissertations sur l'immensité américaine ou les distances du finisterre européen à l'Oural.

Harmonisation, ou presque, des échelles pour le territoire français, tout cela est récent. Laissant de côté l'aspect stratégique que représente la connaissance du terrain, et qui peut conduire à truquer des échelles ou à ne pas les faire figurer sur les cartes, les rendant ainsi inutilisables, on rappellera que rien n'est fixé avant le XVIIe siècle en matière d'échelle. L'échelle figure sur des cartes antérieures ; au XVIe siècle, ainsi, dans « La description générale et particulière » du royaume que propose Nicolas de Nicolay, géographe et valet de chambre du Roi, ingénieur, graphiste habile et agent secret. Charles IX le charge de « réduire et mectre par volume les Cartes et Descriptions géographiques » de chaque province de France, ce qui devrait permettre de « voir à l'oeil et toucher au doit, en particulier et en général, toute l'estendue, grandeur, force et estat de tout le royaume. » (Pelletier, La carte de Cassini, 1990). La « Vraye et générale géographique description du païs, élection et duché de Berry » est produite en six cartes, une au 1/400 000 et cinq au 1/300 000, en échelle de lieues communes du Berry ornée d'un compas ouvert sur les graduations.

4.3. Changez d'échelle, il en restera toujours quelque chose

Remettre en cause un ordre de grandeur, dans le système géographique, c'est revoir à une autre lumière les phénomènes concernés. L'échelle est un

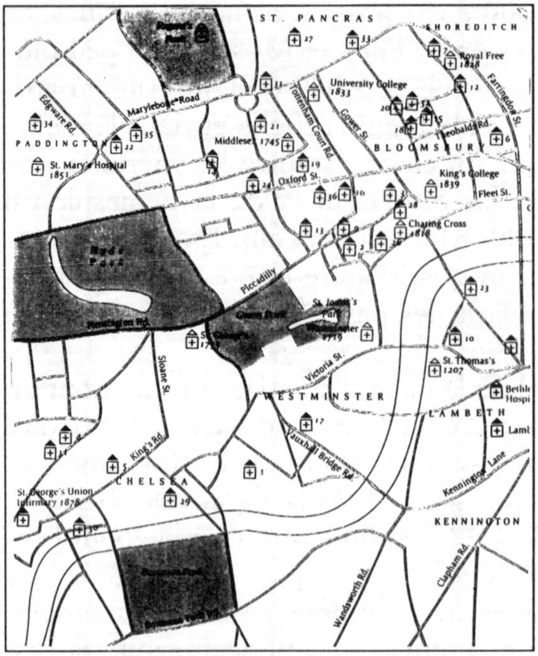

2.2. Les hôpitaux à Londres en 1902. Concentration entre les parcs et le fleuve (un carré = un hôpital)

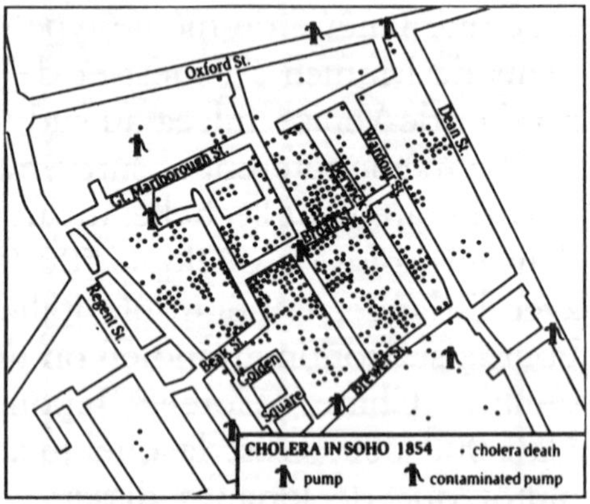

2.3. L'épidémie de choléra à Soho en 1854. (un point = un décès, la fontaine du centre a été contaminée).

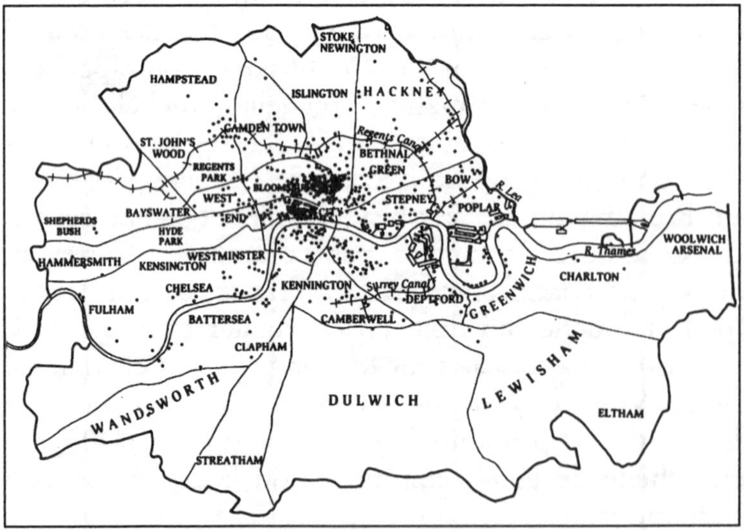

2.1. Usines employant plus de 100 ouvriers en 1898. Concentration de part et d'autre de la Tamise, en plein centre (un point : un établissement).

Figure 2 Trois cartes historiques de Londres, bien renseignées, sont d'utilisation difficile par manque d'échelle graphique.
Source : *The Times London History Atlas*, édité par H. Clout, Harper Collins, Londres, 1991. Cet excellent atlas ne fournit pas toujours ces clés de lecture que sont les échelles graphiques.

élément fondamental d'explication, changeant d'échelle on n'a plus les mêmes informations car pas mal de « détails » ont changé. La carte classique montre bien cette généralisation progressive de la grande échelle très détaillée à la petite, allant à l'essentiel comme on peut le découvrir depuis le hublot d'un avion qui décolle. Ainsi d'un fleuve, qui s'apure peu à peu, les distances augmentant. La végétation des rives, les irisations de l'eau, les remous d'un passage composent l'essentiel. La mollesse des berges, les hauts fonds sablonneux apparaissent ensuite, là où la rivière semble encore en un état primitif, là où le courant ne circule guère. La rectitude du tracé suit et les méandres à grande courbure. C'en est fini de la fantaisie, on est dans la rigueur et la ligne droite, du fleuve, de la route, de la voie ferrée, du canal et de leurs jeux respectifs, l'un passant à l'autre, dessus ou dessous. Puis vient le couloir de la vallée qui s'insère entre les montagnes. Le chevelu du réseau s'appuie sur confluents et affluents, villes en façade de rive. Depuis longtemps on a changé d'échelle et la carte s'est peu à peu construite sous nos yeux, pendant que l'on passait de l'échelle un à l'échelle *n*, l'altitude jouant.

5. De quelques échelles

Elles participent de disciplines proches ou de techniques indispensables à la géographie.

L'eau est soumise à toute une série d'échelles, selon les hauteurs d'eau d'une rivière au-dessus de son lit, ce que donne l'échelle limnimétrique. Les quais des ports à marée se caractérisent de même, avec le double avantage d'indiquer le marnage et d'être une indication pour les bateaux selon leur tirant d'eau.

La radiométrie permet d'avancer dans la connaissance de la planète par la télédétection qui étudie à travers un certain nombre d'échelles les eaux, le couvert végétal, la géologie, les grandes agglomérations, etc. Les satellites sont équipés de capteurs qui mesurent la réflectance et l'émittance d'une partie de la surface terrestre dans des bandes différentes, chacune d'entre elles saisissant mieux d'autres objets géographiques que d'autres. La télédétection s'appuie sur les radiomètres qui mesurent dans différentes bandes d'ondes électromagnétiques la lumière réfléchie et les rayonnements émis (réflectance et émittance) par la surface de la terre. Les mesures sont transmises sous forme de signaux numériques enregistrés sur bande magnétique dont on tire des images traitées par ordinateur.

L'échelle de **Beaufort** mesure la force du vent en mètres par seconde, ou km/s ou en nœuds selon la vieille tradition de la marine à voile mise au point par Sir Francis Beaufort en 1805. 0 est le calme, quand la fumée s'élève verticalement. 12 est l'ouragan, qui dévaste tout, à plus de 120 km/h.

L'échelle de température s'étalonne à partir de deux points fixes, la glace fondante (0 degré) et le point d'ébullition de l'eau à 100 degrés.

L'échelle de **Richter** va de 1 à 9 pour caractériser l'intensité des éruptions volcaniques.

L'échelle dans des spécialités autres que la géographie permet des comparaisons intéressantes. La rigueur des mathématiques se retrouve dans les approches économiques ; mais également dans ce qui relève des beaux-arts, à part égale entre la ligne du nombre d'or pour qui l'épure géométrique précède et structure l'esthétique, et une peinture plus intuitive ; en architecture et en musique.

L'échelle numérique est de trois types, arithmétique, logarithmique quand on a une distribution très dissymétrique, de probabilité pour se concentrer sur la partie centrale. La règle à calcul porte une échelle logarithmique.

L'échelle mobile est partie du commerce du blé en Angleterre au XVIIe siècle et passée à l'évolution des prix et des salaires. Deuxième sens, actuel, celui d'une disposition contractuelle pour éviter les conséquences de la dépréciation de la monnaie à la suite de hausses de prix répétées.

Economie d'échelle. Au delà d'un certain seuil la taille d'un organisme permet à elle seule ou presque la réalisation de certaines activités parce que se trouvent rassemblées dans un court rayon lieux de production et lieux d'échange, clients, décideurs et pouvoirs. En fait, dans la réalité économique, la marge est mince, car franchi un autre seuil, l'économie d'agglomération se trouve remise en question sinon annihilée... par la taille de l'organisme. On entre alors dans un cycle de déséconomies d'échelle.

Tout modèle réduit précise son échelle de réduction, toute maquette, de même.

La musique, succession de notes, fonctionne sur des échelles, chromatique, diatonique, enharmonique, tempérée et modale, tout registre vocal ou instrumental ayant son échelle propre.

Enfin le nombre d'or semble être à la fois échelle et échelle des échelles puisqu'il allie à son rôle de rapport celui d'une perfection toujours recherchée, notion mathématique très simple définie très tôt et fondée sur la recherche d'un ordre du monde dans le sens d'une harmonie universelle pouvant acquérir un caractère mystique selon les époques. La question se pose dès qu'apparaît un monument dont l'échelle semble particulièrement heureuse (dans le cas contraire il est dit hors d'échelle). Ainsi des pyramides d'Egypte passées au crible de tous les calculs contemporains pour en percer l'équilibre. De même, les tableaux de Léonard de Vinci se prêtent parfaitement à tous les tracés régulateurs possibles, souhaitant retrouver, sans jamais en être parfaitement sûr, les schémas de construction : jeu classique entre diamètres et rayons, inscription de quadrilatères et de triangles rectangles.

Et tout cela pour retenir le regard à partir de proportions soigneusement définies par des échelles, celles des monuments grecs ou des églises gothiques en une esthétique de la ligne graduée, du compas et du nombre incluant jusqu'au cubisme. Au total, en termes de beaux-arts, la définition de l'échelle est proche de son usage cartographique, comme mesure destinée à représenter des réductions proportionnelles à la réalité sans perdre de vue les rapports entre des dimensions exactes, celles de l'œuvre à terminer.

Enfin, à propos des mythes, une échelle est tout simplement un moyen d'accès et un guide vers le ciel, allusion à l'échelle de Jacob dans la littérature édifiante du Moyen-Age. Car la symbolique de l'échelle passe tout simplement par les rapports entre ciel et terre dans plusieurs religions. Ascension spirituelle et ascension tout court : l'échelle toute biblique de Jacob est le lien entre terre et ciel, l'idéal que l'on espère atteindre, au prix de la grimpée de quelques échelons.

Etant parti sur des bases rigoureuses de rapports et de formulations arithmétiques on terminera par ce qui semble le plus flou et en plein domaine des représentations et des cartes mentales de chacun. L'**échelle humaine**, toujours citée, jamais définie est l'instrument de toute mesure, pensant renvoyer à un référent toujours considéré comme parfaitement équilibré, à l'aune de l'individu qui la pratique.

Lectures recommandées

Bailly A. *et al.*, 1991, *Les concepts de la géographie humaine,* 2e éd., Paris, Masson.
Brunet R., 1987, *La carte mode d'emploi*, Paris-Montpellier, Fayard-RECLUS.
Claval P., 1968, *Régions, nations, grands espaces*, Paris, Génin.

Mots-clefs

Beaufort,
Echelle,
Echelle géographique,
Echelle graphique,
Echelle humaine,
Local,
Multinationales,
Nation,
Niveau,
Région,
Richter,
Système Monde,
Taxonomie.

Mathématiques, populations et territoires

23

Claude Tricot

1. Mathématiques et géographie

Les **mathématiques** n'envahissent pas la géographie ; je parle de géographie humaine et non pas de géologie ou de climatologie pour lesquelles des modèles physiques s'imposent.

1.1. Cependant, dans ce que j'ai pu lire, il est toujours question de ce problème : comment l'économie ou la sociologie structurent-elles l'habitat et inversement ? C'est évidemment le cas du modèle de Christaller, par exemple, où agriculture et marchés ont pour conséquence, dans leurs relations, ce pavage harmonieux du paysage en hexagones (parce qu'on ne peut paver avec des cercles) qui s'emboîtent dans d'autres plus grands ; toute cette théorie détermine la population des lieux centraux. C'est un modèle qui demande vérification, ce qui doit marcher quelquefois, et surtout si l'on se penche sur le passé et sur des plaines homogènes.

Mais, même si le développement du trafic, par exemple, bouleverse cette sagesse, on peut concevoir, sous de nouvelles hypothèses, une construction théorique analogue.

Au fond, les nécessités vitales, dans une société organisée et les raisons de vivre des personnes qui la constituent, doivent nécessairement laisser des traces structurelles dans la ville, ce qui conduit à rechercher le mécanisme qui « explique » cette relation cause-effets, et permet de prévoir et d'aménager ; les mathématiques interviennent justement dans ce mécanisme explicatif.

1.2. L'**analyse factorielle** procède autrement, s'efforçant d'établir des corrélations entre variables socio-économiques et types d'habitat, mais aussi de distinguer des groupes de variables formant des systèmes indépendants, que l'on peut considérer comme les quelques variables nouvelles sous-jacentes à celles que nous distinguons, véritables causes des phénomènes observés.

Ce dernier acquis est intéressant, car notre connaissance se construit toujours à partir d'une familiarité avec le monde qui nous entoure ; « nous avons tous été enfants avant que d'être hommes ». Cependant, ce ne sont pas nécessairement ces « variables », qui nous ont frappés depuis toujours, qui nous permettent de mieux comprendre les phénomènes que nous étudions et il est intéressant de noter que la densité, première variable abstraite, pourrait-on dire, se prête mieux que les nombres absolus à une expression mathématique : pour une population urbaine elle peut être dite l'exponentielle négative de la distance au centre urbain.

C'est pourquoi il est utile de mener une réflexion sur les variables fondamentales de la géographie ; c'est un travail qui ne peut être immédiatement productif, mais qui peut se révéler utile.

2. Concentration

2.1. Et tout d'abord, avec Descartes, on peut tenter d'avancer la réflexion à sa manière en disant ceci : puisque le phénomène qui fonde la géographie, c'est l'occupation du sol par les hommes, ce que C. Raffestin appelle territorialité, considérant un élément de surface sur un territoire, la première question qui se pose, et qui est fondamentale, c'est : est-il ou non occupé ? Il en résulte nécessairement que la première variable importante est donc la probabilité qu'un élément de surface pris au hasard sur un territoire soit occupé ou non.

En fait, il est plus commode, par respect pour le langage, de considérer la probabilité pour que l'élément considéré soit vide et, cette probabilité-là sera appelée **concentration** de la population sur le territoire.

2.2. Il ne s'agit pas, pour l'instant, de mesurer cette grandeur, mais de la définir. On peut raisonner autrement : percevoir un objet, c'est se représenter cet objet ; la représentation est simplifiée, bien sûr, nécessairement, mais aussi volontairement, car on ne regarde pas sans intention. Ainsi, si je ne veux voir d'un territoire que son occupation par la population qui l'habite, je place une **grille** sur le territoire et je compte les mailles inoccupées ; je ne vois plus que cela du territoire : une maille est occupée ou non. La fréquence relative des mailles inoccupées estime une probabilité ; de ce fait, cette considération rejoint la première. N'est-ce pas digne de remarque ? On « voit » la concentration à l'aide d'une grille, on ne la « voit » pas sans grille, ce qui signifie bien que l'on ne comprend rien sans une grille de pensée, un cadre.

2.3. Quoi qu'il en soit, il ne suffit pas de définir, il faut encore mesurer ; or, il est clair que les définitions précédentes ne permettent pas des mesures directes. En fait, un territoire ne nous apparaît qu'à travers un fond de carte, réalisé au moyen de photos prises d'avion ou/et au moyen de méthodes plus anciennes. On ne réfléchit donc jamais sur un territoire qu'à partir d'une représentation, matérielle cette fois, du territoire : l'appréhension directe est poétique. Autre moyen de réflexion semblable : des « données », comme on dit drôlement, comme si ces chiffres nous tombaient du ciel. Ainsi, un territoire T est partitionné en communes C_k, $k = 1,2, ..., m$ et l'on connaît pour chacune d'elles : s_k, la surface, n_k le nombre d'habitants

$$\sum_k s_k = \text{S, surface du territoire}$$

$$\sum_k n_k = \text{N, nombre d'habitants du territoire}$$

Disposons bout à bout sur une droite m segments de droites l_k, de longueurs proportionnelles aux surfaces s_k, on obtient une représentation linéaire du territoire T. Sur chaque segment l_k, on place des points en quantité proportionnelle à n_k, par exemple équidistants. Ainsi, notre figure du territoire est munie d'une figure de population sous la forme d'un ensemble de points.

Sur cet ensemble, on place une grille de N **mailles** égales (intervalles semi-ouverts à droite, par exemple). Soit N_1 le nombre de mailles vides ; $\frac{N_1}{N}$ est une approximation de la concentration.

Pourquoi N **mailles**, précisément ? Une grille plus fine provoquerait un excédent artificiel de mailles vides ; car si chaque habitant occupe une fraction de territoire égale à $\frac{S}{N}$, surface moyenne par habitant, inverse de la densité, on ne doit pas avoir de maille vide ; une telle répartition homogène de la population donne un coefficient de concentration minimum, nul même, ce qui est souhaitable.

Cependant, si tous les habitants sont concentrés en un point (concentration maximum), le procédé précédent ne donnera pas 1 mais $\frac{N-1}{N}$. On peut préciser le coefficient précédent en analysant la pseudo-population à l'aide d'une grille de N^q mailles (mailles-q). Considérons une maille – (q – 1), indicée par la lettre i

soit $p_{q,i}$ la proportion de points situés dans cette maille

$N_{q,i}$ le nombre de mailles-q vides dans cette maille

On pose : $N_q = \sum_i p_{q,i} N_{q,i}$

L'indice de concentration, C, sera :

$$C = \frac{N_1}{N} + \frac{N_2}{N^2} + \ldots + \frac{N_q}{N^q} + \ldots$$

De cette façon, la manière dont sont occupées les mailles initiales est prise en compte. Son maximum est 1, son minimum est $\frac{1}{N}$, il est sensible. (Pour une étude plus précise de cet indice, voir Tricot, 1971 ; Tricot, Raffestin et Bachmann, 1974 ; Tricot, 1988). Une mesure faite à l'aide d'autres types de données ou, pourquoi pas, par un procédé différent, donnerait probablement un indice légèrement différent. Mais il faut remarquer que l'idée de **concentration** (et c'est vrai pour toute grandeur, comme le dit déjà Platon) est une idée comparative : elle est destinée à la comparaison de plusieurs territoires, ou à l'examen de l'évolution dans le temps d'un même territoire ; ainsi, si l'on veut comparer, il faut s'en tenir à une méthode unique.

La **concentration** est bien la variable qui est à la base de l'étude d'une population sur un territoire : c'est la variable géographique fondamentale. On peut cependant remarquer que n'utiliser que des grilles privilégiées, c'est perdre de l'information, et c'est une règle générale : dès qu'on remplace la réalité par un discours, et il convient bien de procéder ainsi, on perd nécessairement beaucoup de connaissances virtuelles jugées non pertinentes au discours.

3. Extension : Courbe *p (s)*

On peut, cependant, donner une idée plus complète de la répartition d'une population sur un territoire en utilisant tout un réseau de grilles ; à chacune d'elle, dont la maille est de surface *s*, on peut associer un nombre : proportion de mailles occupées, cette fois ; ce nombre, fonction de *s*, sera désigné par *p (s)*. On peut ensuite considérer la représentation de *p (s)* en fonction de *s* dans un système d'axes, ce qui donne une courbe caractéristique de la population étudiée.

Cette courbe, du fait que les populations géographiques sont toujours finies, est un polygone convexe, passant par l'origine des axes, et dont le premier segment, à partir de l'origine, a pour pente la densité de la population ; elle exprime l'information que l'on peut obtenir à l'aide d'un réseau de grilles. On trouvera des explications complémentaires, notamment sur la construction de la courbe (Raffestin, Tricot, 1980 ; Tricot, 1988).

La concentration, si elle est fondamentale, n'épuise pas évidemment toutes les préoccupations que l'on peut avoir lorsque l'on étudie, en elle-même, une population géographique ; en elle-même, c'est-à-dire en tant qu'occupant un territoire. Il y a bien des manières de poursuivre l'analyse. En voici deux.

4. Connexité

4.1. Tout d'abord, on peut partir du fait que la construction d'une suite d'indices, dans les populations statistiques, résulte toujours d'un désir de différenciation : deux populations ayant une même valeur d'indice ne sont cependant pas superposables ; il faut donc créer un autre indice qui permette de les distinguer en mettant en évidence le caractère qui les distingue ; la suite des indices ainsi imaginés est telle qu'ils sont tous construits suivant le même principe. Ainsi de la suite : moyenne, variance, dissymétrie, aplatissement, fondée sur le calcul des différents moments d'une distribution.

4.2. On peut donc imaginer deux territoires ayant même concentration, mais dont les lieux où les populations se regroupent, villes ou villages, sont moins distants les uns des autres dans un cas que dans l'autre. Plus abstraitement, considérant les mailles occupées de la première grille, elles peuvent être très différemment disposées dans la grille suivant les populations analysées. Dès lors, considérant chacune d'elles comme un point, on obtient un nouvel ensemble de points dont on peut mesurer la concentration, ce qui donnera un nouvel indice que l'on peut désigner sous le nom de **connexité**, indice intéressant du point de vue des relations des différents points occupés sur le territoire et qui distinguera deux populations de même concentration. Cet indice, pour une population donnée, est toujours inférieur ou égal à l'indice de concentration, l'égalité se produisant, soit lorsque la population est tout entière concentrée en un point, soit au contraire lorsqu'elle occupe le territoire de façon homogène. Ainsi, par exemple, si l'on considère la population des agriculteurs, dans un territoire donné, concentration et connexité sont très proches, du fait de la dispersion sur l'ensemble du territoire d'une telle population.

5. Forme interne

5.1. On peut explorer une autre voie : déterminer d'éventuelles directions privilégiées de concentration de la population, des axes principaux le long desquels la population se regroupe, ce qui n'apparaît pas nécessairement au premier coup d'œil.

Considérons sur le territoire, ou la carte, un axe polaire qui permette de repérer différentes directions. Soit D_α une droite formant l'angle α avec l'axe. On projette perpendiculairement la population sur l'axe, et on mesure la concentration C_α de la population projetée. Pour que la comparaison entre les différentes concentrations trouvées pour différentes valeurs de α puisse avoir du sens, il faut prendre garde à ce que la population projetée soit toujours comprise dans un segment de même longueur qui sera le support de la grille.

Si la concentration est maximum pour une certaine valeur α_0, la direction perpendiculaire à la droite D_{α_0} est un axe principal de regroupement de la population.

5.2. Ceci permet la construction d'un diagramme de population qui constitue, en quelque sorte, la « forme interne » de cette population : traçons, dans un plan, un axe *ox*, et reportons sur l'axe *oy* formant l'angle $\alpha + \frac{\pi}{2}$ avec *ox*, la concentration C_α. On obtient ainsi le point M_α. L'ensemble de ces points M_α figure cette « forme interne ». On comprend qu'un diagramme en demi cercle est le fait d'une population ne manifestant pas d'axes privilégiés. En revanche, on peut obtenir des formes ovoïdes.

Pratiquement, pour projeter la population, il conviendra, travaillant sur une carte, de projeter la frontière de chaque commune, et sur le segment ainsi déterminé, de placer des points en quantité proportionnelle au nombre d'habitants de la commune considérée.

5.3. On peut construire un indice marquant la dissymétrie directionnelle d'une population donnée. On prendra, par exemple :

$$a = 1 - \frac{\inf_{\alpha} C_{\alpha}}{\sup_{\alpha} C_{\alpha}}$$

C'est un indice qui vaudra 0 en cas de symétrie directionnelle parfaite et qui sera d'autant plus proche de 1 que la structure de la population sera plus allongée.

5.4. Concentration, connexité, indice de forme, ces variables, qui ne sont pas choisies au hasard, permettent de décrire, mieux qu'une géométrie : la nature d'une population n'est pas géométrique, encore qu'elle le devienne parfois par des nécessités culturelles : remparts, frontières... Mais pourquoi une telle étude ? Parce qu'il est frappant de voir, en géographie, les mathématiques s'introduisant brutalement comme pour répondre à des besoins pressants. Il faudrait dire que tant que les alchimistes ont voulu faire de l'or, ou des élixirs de longue vie ou autres utilités semblables, les recettes plus ou moins sûres ont abondé, mais une vraie science est née de l'intention d'observer et d'expérimenter la matière, systématiquement et sans but. Le vieux Claës de *« la recherche de l'absolu »* oscille entre le désir de fabriquer des diamants, pour rétablir sa fortune et payer ses futures recherches, et son essai de « décomposer l'azote », entreprise de type désintéressé. Peut-être cette double tendance doit-elle toujours se manifester. En tout cas, pour introduire les mathématiques en géographie, peut-être est-il nécessaire de s'efforcer de définir de bonnes variables qui éventuellement manifesteront entre elles des régularités, des corrélations ; pas beaucoup plus, je pense, notamment parce que les mesures, toujours indirectes, ne peuvent être très précises.

A propos de **corrélation**, ce qu'on tâche de manifester, souvent, ce sont des relations entre variables. Mais on peut l'utiliser en géographie dans un autre sens : comme la mesure d'une sorte d'affinité entre populations différentes occupant un même territoire.

6.1. Corrélation

Considérons donc deux populations distinctes occupant un même territoire, soit A et B ces deux populations. La question est d'abord : la présence d'un élément de A a-t-elle une influence sur la présence d'un élément de B ? Cet événement se mesure ainsi : soit un élément de surface *s* pris sur le territoire ; sachant qu'il contient un élément de A, quelle est la probabilité pour qu'il contienne aussi un élément de B ? Pour estimer cette **probabilité**, on considérera une grille A, c'est-à-dire une grille qui contient un nombre de mailles égal à la quantité d'éléments A sur le territoire. Soit n_A le nombre de mailles qui contiennent un élément de A ; soit n_{AB} le nombre de mailles qui contiennent, de plus, au moins un élément de B ; la probabilité cherchée peut s'estimer par : $\frac{n_{AB}}{n_A}$.

La question inverse peut se poser : la présence d'un élément B entraîne-t-elle celle d'un élément A ? La probabilité pour qu'il en soit ainsi sera mesurée par le rapport $\frac{n'_{AB}}{n'_B}$, obtenu avec une grille B, contenant un nombre de mailles égal au nombre d'éléments de la population B. La quantité $\frac{1}{2}\left(\frac{n_{AB}}{n_A}+\frac{n'_{AB}}{n'_B}\right)$, représenterait un coefficient d'affinité entre les deux populations.

Ce n'est pas, à proprement parler, un coefficient de corrélation, car on parle aussi de corrélation (négative), lorsque, systématiquement, ou probablement, la présence de A entraîne l'absence de B. La probabilité de ce dernier événement est mesurée par $\frac{n_A - n_{AB}}{n_A}$. Donc : $\frac{n_{AB}}{n_A} - \frac{n_A - n_{AB}}{n_A}$ mesure la corrélation, positive ou négative, entre les deux populations ; mais mieux, (car l'expression ne traite pas symétriquement les deux populations), l'affinité ou la répulsion que A exerce sur B ; si $n_{AB} = 0$, le coefficient vaut – 1 ; si $n_{AB} = n_A$, le coefficient vaut 1 ; dans le premier cas, on ne trouve jamais d'élément de B là où se trouve un élément de A. Dans le deuxième cas, l'existence d'un élément A suscite la présence d'un élément B dans le voisinage. L'expression s'écrit : $2\frac{n_{AB}}{n_A} - 1$. On peut, naturellement raisonner de la même façon pour déterminer l'effet de B sur A ; on trouvera, avec les notations précédentes : $2\frac{n'_{AB}}{n'_{B}} - 1$

Et si l'on désire une expression symétrique mesurant la corrélation entre A et B, on prendra la moyenne des deux, soit : $\frac{n_{AB}}{n_{A}} + \frac{n'_{AB}}{n'_{B}} - 1$, expression calculée, rappelons-le, à l'aide de deux grilles, une grille A et une grille B.

6.2. Corrélation 2

Une autre façon d'envisager le rapport entre deux populations, non nécessairement placées sur le même territoire, cette fois, c'est de comparer leurs courbes $p(s)$ respectives, qui résument l'étude par réseaux de grilles, effectuée sur ces populations et où l'on peut retrouver : densités, concentrations, connexités... Nous désignerons par $p_A(s)$ et $p_B(s)$ les deux courbes correspondant aux deux populations A et B. Si les deux courbes sont confondues, les densités, concentrations, etc. sont les mêmes pour les deux courbes.

Prenons au contraire l'exemple de deux courbes les plus dissemblables possibles : A occupera le sol de façon homogène, B, au contraire, sera concentrée en un point ; les différentes valeurs de $p_A(s)$ et $p_B(s)$ seront calculées à partir d'une représentation linéaire de chaque population, comme nous l'avons fait en étudiant la concentration.

Considérons A, et soit s la longueur d'une maille, S étant la longueur totale du territoire ; $\frac{S}{s}$ représente le nombre total de mailles de la grille. Soit N_A le nombre d'éléments de la population A. Les points qui les représentent sont équidistants, d'après l'hypothèse d'homogénéité faite sur A. Si s est plus petit que la distance de deux de ces points, N_A mailles sont occupées et

$p_A(s) = \frac{n_A}{S} \cdot s = \frac{N_A}{S} \cdot s = d_A s$, en désignant par d_A la densité de la population. Si, maintenant, s est supérieur à la distance de deux points, toutes les mailles sont occupées, $p_A(s) = 1$.

Dans le cas de la population B totalement concentrée sur un point, ce point est dans une maille qui est, seule, occupée ; si S' est la longueur du territoire et N_B le nombre d'éléments de B :

$$p_B(s) = \frac{1}{\frac{S'}{s}} = \frac{s}{S'} = \frac{d_B}{N_B} s$$

où d_B est la densité de B.

On en déduit que l'aire de la surface comprise entre ces deux courbes, correspondant au cas extrême, A homogène, B concentrée en un point est :

$$\frac{1}{2}\left|S' - \frac{S}{N_A}\right|$$

En fait, la surface maximum qui puisse se trouver entre les courbes $p_A(s)$ et $p_B(s)$, correspondant aux deux populations A et B placées sur leur territoire respectif sera :

$$\frac{1}{2}\max\left(\left|S - \frac{S'}{N_B}\right|, \left|S' - \frac{S}{N_A}\right|\right)$$

La surface réelle comprise entre les deux courbes, correspondant aux positions actuelles des populations peut être aisément mesurée, puisque les courbes $p_A(s)$ et $p_B(s)$ sont, en fait, des polygones. Soit σ cette surface. On pourra prendre $1 - \dfrac{\sigma}{\frac{1}{2}\max\left(\left|S - \frac{S'}{N_B}\right|, \left|S' - \frac{S}{N_A}\right|\right)}$ comme indice de similitude des deux populations.

Si les deux populations sont semblables (même courbe $p(s)$) l'indice vaut 1 puisque $\sigma = 0$. Si elles sont entièrement dissemblables, σ peut prendre la valeur du dénominateur et l'indice vaudra 0.

Ainsi, l'idée de **corrélation** peut être vue sous l'angle : affinité-répulsion, ou encore : similitude des structures.

6.3. Corrélation 3

On peut imaginer d'autres choses et comparer, cette fois, non pas deux populations, mais deux types de populations ; par exemple, agriculture et hôtellerie ; soit A et B ces deux types de population. Supposons qu'elles soient implantées sur k territoires distincts. Soient $C_{A,i}$ et $C_{B,i}$ les concentrations des populations A et B sur le territoire *i, i* prenant les valeurs entières de 1 à *k*. On obtient deux vecteurs de dimension *k* :

$$C'_A = (C_{A,1}\ C_{A,2}, \ldots, C_{A,k})$$

$$C'_B = (C_{B,1}\ C_{B,2}, \ldots, C_{B,k})$$

L'indice de **concentration** résumant à lui seul la structure, on comparera les deux vecteurs, en en calculant un coefficient de corrélation quelconque, le bien connu : $\rho = \dfrac{\text{cov}\,(C_A, C_B)}{\sqrt{\text{var}C_A, \text{var}C_B}}$ par exemple, ce qui donnera une idée de la similitude des deux types de population considérés (Tricot, 1988).

7. Généralisation

7.2. Ces grandeurs, ces variables dont nous parlons, sont susceptibles d'être généralisées à des espaces plus abstraits. Est-ce utile ? Je ne sais, c'est l'instinct de généralisation qui parle. Ainsi pour l'indice de **concentration** : il faut tout d'abord remarquer que le premier terme $\dfrac{N_1}{N}$ qui définit l'indice de concentration, peut être retrouvé d'une autre manière : T, le territoire analysé, est partagé en *m* communes. La densité du territoire est $\dfrac{N}{S} = d$; l'inverse de d est σ, surface moyenne par habitant. De même, pour chaque commune, d_i et σ_i. On peut ainsi classer les communes en deux groupes : celles pour lesquelles $d_i > d$ et les autres, pour lesquelles $d_i \leq d$.

Considérons les premières : $d_i > d$ entraîne $\sigma_i < \sigma$. Or, σ_i est la distance de deux points représentant les habitants de la commune C_i, et σ la longueur d'une maille : toutes les mailles sont occupées, et le nombre de mailles occupées, pour une telle commune, est le nombre de mailles, soit $\dfrac{s_i}{\sigma} = ds_i$.

Considérons les autres : $d_i \leq d$, ce qui entraîne $\sigma_i \geq \sigma$, une maille contient donc au plus un point, et le nombre de mailles occupées est n_i, nombre d'habitants de la commune C_i. Le nombre total de mailles qui recouvre la commune est : $\frac{s_i}{\sigma} = ds_i$; donc les mailles inoccupées forment $ds_i - n_i$ mailles.

Ainsi, le nombre de mailles inoccupées est :

$$N_1 = \sum_{d_i \leq d} (ds_i - n_i)$$

et

$$\frac{N_1}{N} = \sum_{d_i \leq d} \left(\frac{ds_i}{N} - \frac{n_i}{N} \right)$$

$$= \sum_{d_i \leq d} \left(\frac{s_i}{S} - \frac{n_i}{N} \right)$$

Cette formule permet la généralisation : soit E un ensemble, et μ et *s* deux mesures sur cet ensemble ; on peut considérer, par exemple, que μ est absolument continue par rapport à *s*. Soit E_1 le sous ensemble de E défini par $\frac{d\mu}{ds} \leq \frac{\mu(E)}{s(E)}$, c'est-à-dire le sous-ensemble où la densité est inférieure à la densité moyenne (l'écriture suppose les deux mesures finies). La concentration de μ sur *s* sera définie par l'expression :

$$\int_{E_1} \left(\frac{ds}{s(E)} - \frac{d\mu}{\mu(E)} \right) = \frac{s(E_1)}{s(E)} - \frac{\mu(E_1)}{\mu(E)}$$

J'ai pris deux exemples, dans Raffestin et Tricot (1979). L'ensemble est, tout d'abord, le segment (0,1) et les deux mesures : la mesure de Lebesgue, comme on dit, c'est-à-dire la mesure de longueur, et une mesure de **probabilité** uniforme. En tout point, la densité est 1 ; elle est donc égale à la densité moyenne, l'indice vaut 0 comme il sied à une distribution homogène.

Deuxième exemple, toujours sur le même ensemble (0,1), je prends une suite de variables aléatoires distribuées uniformément et indépendantes : $X_1, X_2, ..., X_n$, et je considère $X = \sup_i X_i$. Sa densité en un point *x* de (0,1) est : nx^{n-1}.

La densité moyenne est encore 1 ; donc, l'ensemble E_1 est défini par :

$$nx^{n-1} \leq 1 \text{ ou : } x \leq \frac{1}{n^{n-1}}$$

$$E_1 = \left[0 \; \frac{1}{n^{n-1}} \right]$$

$$s\,(E_1) = \frac{1}{n^{n-1}}$$

$$\mu\,(E_1) = \left(\frac{1}{n^{n-1}} \right)^n$$

d'où la concentration :

$$\frac{1}{n^{n-1}} - \left(\frac{1}{n^{n-1}} \right)^n ,$$

dont la limite est 1, lorsque *n* augmente indéfiniment. Ceci est encore raisonnable, car, intuitivement, plus *n* est grand plus les probabilités sont fortes dans un voisinage de 1 : il y a concentration des probabilités en un point.

Autre prolongement : on peut généraliser µ *(s)* à des ensembles parfaits non-denses, de sorte qu'on puisse avoir une probabilité non nulle pour qu'un élément *s* pris au hasard sur le support de cet ensemble ne contienne aucun élément de l'ensemble. Par exemple, l'ensemble de Cantor construit sur (0,1), ou tout autre ensemble parfait symétrique.

L'ensemble comprend :	1	contigu de longueur	$\frac{1}{3}$
	2	"	$\frac{1}{3^2}$
	2^2	"	$\frac{1}{3^3}$

D'une façon générale, 2^{n-1} contigu de longueur $\frac{1}{3^n}$

Soit un élément s tel que $s \in \left(\frac{1}{3^{n+1}}, \frac{1}{3^n}\right)$; la probabilité pour qu'un tel élément tombe sur un contigu de longueur $\frac{1}{3^k}$, $(k \leq n)$, est : $\left(\frac{1}{3^k} - s\right) 2^{k-1}$.

Donc, la probabilité pour qu'il ne contienne aucun point de l'ensemble de Cantor :

$$\sum_{k=1}^{n} \left(\frac{1}{3^k} - s\right) 2^{k-1} = 1 - \left(\frac{2}{3}\right)^n - s\,(2^n - 1)$$

Donc

$$p\,(s) = \left(\frac{2}{3}\right)^n + s\,(2^n - 1) \sim \left(\frac{2}{3}\right)^n + 2^n s$$

A l'extrémité supérieure de l'intervalle, $s = \frac{1}{3^n}$ d'où $n = -\frac{\log s}{\log 3}$ et

$\left(\frac{2}{3}\right)^n = \left(\frac{2}{3}\right)^{\frac{-\log s}{\log 3}}$, dont le logarithme s'écrit :

$$\left(1 - \frac{\log 2}{\log 3}\right) \log s$$

On voit encore que la courbe $p\,(s) = 2\,s^{1 - \frac{\log 2}{\log 3}}$, passe par les extrémités du polygone convexe $p\,(s)$. Or, $\frac{\log 2}{\log 3}$ est la dimension fractale de l'ensemble de Cantor. On obtiendrait des résultats analogues pour d'autres ensembles parfaits symétriques. Voire pour des parfaits plus généraux ?

7.2. Autre généralisation : ces directions privilégiées que l'on détermine dans une population, peuvent être recherchées dans un nuage de points de dimension n : on retrouve le problème de la régression, ou de l'analyse en composantes principales, mais sans la sempiternelle méthode des moindres carrés, avec celle de la concentration maximum. Cela change, mais, surtout, cela peut être mieux approprié à certains types de nuages, la méthode des moindres carrés ayant dû son succès aux populations normales. Cela a été tenté pour des questions d'analyse de concordance (Tricot, 1990).

Conclusion

Je n'ai ni pu ni voulu parler de toutes les intrusions des mathématiques en géographie. J'ai plutôt voulu, comme nous l'avons fait naguère, essayer de définir les variables d'une population sur un territoire, considérée en elle-même ; jusqu'ici, cette population n'a pas de désir, et n'est soumise à aucune pression. Mais, dès lors qu'on a ces variables, on doit comprendre qu'introduire ces désirs ou pressions va les modifier, leur donner des valeurs déterminées. C'est ainsi qu'avec C. Raffestin, mesurant les concentrations de la population du canton de Genève, à différentes époques, on voyait bien la tendance vers l'homogénéité à l'époque agricole, la tendance à la concentration dans la période suivante, puis la déconcentration de nouveau due aux moyens de transports qui nous permettent de fuir la ville. J'ai eu longtemps plaisir à parler à un géographe, à répondre par des mesures à ses mots de dictionnaire, avec la difficulté de ne pas toujours savoir si on se comprenait bien. Paqueter tout cela dans un article, avec modifications et coupures, peut conduire, peut-être, à partager plaisirs et difficultés.

Lectures recommandées

Tricot C., 1971, Concentration d'un ensemble de points, Genève, *Cahiers du département d'économétrie de l'Université de Genève*.

Tricot C. et Raffestin C., 1974, Elaboration et construction d'un nouvel indice de concentration, *L'Espace Géographique* 4.

Tricot C. et Raffestin C., 1974, Réflexion sur les formes, *Actes du 3e Colloque sur l'Analyse des données en géographie*, Besançon, Université de Franche-Comté.

Raffestin C. et Tricot C., 1979, Concentration et connexité, ou pour une approche du concept de territorialité, in *Modèles politiques de l'espace économique*, Fribourg, Editions Universitaires de Fribourg.
Tricot C. et Raffestin C., 1980, Essai d'un modèle probabiliste de distribution spatiale, *Brouillons Dupont,* 5.
Tricot C., 1988, Statistique spatiale, *Brouillons Dupont,* 15.
Tricot J., 1990, *Méthode des réseaux en analyse des données. Application à l'analyse de concordance*, Genève, Imprimerie nationale.

Mots-clefs

Analyse factorielle,
Concentration,
Connexité,
Corrélation,
Forme,
Grille,
Maille,
Mathématiques,
Probabilité,
Réseaux.

Le peuplement

24

Denise Pumain

Strabon déjà s'attachait à définir l'extension de l'écoumène, le monde habité par les hommes de son temps. Depuis, les géographes n'ont cessé de s'interroger à propos du peuplement de la terre : pourquoi d'aussi grands contrastes dans la répartition et les densités des populations ; quelle part revient dans leur explication aux conditions naturelles et aux faits de civilisation ; comment évaluer la charge humaine des territoires ; sous quelles conditions est-elle un agent nécessaire ou bien une entrave à leur développement ; peut-on formuler des lois qui décrivent à différentes échelles les formes, la distribution et l'évolution du peuplement ; quel est l'avenir de la terre comme habitat des sociétés ? Sollicitée par toutes les grandes sommes géographiques, par maints essais ou méditations, qui jouent dans leurs intitulés des variations multiples sur le thème « la terre et les hommes », la question du peuplement s'est ainsi trouvée au cœur de toutes les grandes problématiques de la géographie. Et pourtant, elle demeure curieusement plus un objet de controverses que matière à fortes conceptualisations.

1. Mesures et formes du peuplement

Le terme de **peuplement** a deux emplois principaux. Il désigne « l'occupation d'un territoire plus ou moins libre par de nouvelles implantations » (George, 1970) : c'est avec ce sens de processus que l'on parle par exemple du peuplement de l'Australie ou de la Pampa argentine au XIXe siècle. On se réfère alors à la plus ou moins grande ancienneté du peuplement, on suppute l'origine des vagues d'immigration successives qui ont jalonné l'histoire de l'installation des populations, on décrit l'avancée du peuplement selon une ligne délimitant sa progression et qui forme un **front pionnier**, un front de colonisation, planifié ou non. Ces processus sont généralement traités par les méthodes d'analyse de la diffusion spatiale *(figure 1) (chapitre 30)*.

Le terme de **peuplement** est aussi utilisé pour caractériser une situation à un moment donné, il se réfère alors aux formes que prend l'occupation d'un territoire par la population. Les concepts associés ouvrent chacun sur des questionnements très divers de nombreux champs de la géographie et, par là-même, ne sauraient se suffire des mesures simples qui servent généralement à les approcher. La **densité de population** est une mesure globale censée rendre compte de l'intensité de l'occupation humaine. Elle soulève d'énormes problèmes d'évaluation, en particulier lorsqu'il s'agit de juger de la charge de population sur un territoire, par exemple, grâce aux notions de sous- et sur-peuplement. La mesure de la densité doit être complétée par une analyse de la nature et de la **répartition du peuplement**, intrinsèquement discontinu et hétérogène. La population n'est jamais totalement dispersée mais se regroupe en agrégats de dimension très inégale, qui ont conduit à définir deux catégories de peuplement, rural et urbain, et, plus généralement, à étudier les relations qui s'établissent entre la population et l'organisation de ses activités dans les territoires. Les régularités observées sont alors si grandes qu'on peut se demander s'il n'existe pas une **dynamique du peuplement** plus ou moins autonome, ou du moins pas encore contrôlée par ses acteurs.

Les questions de population étant étudiées ailleurs, on ne développera pas ici les thèmes relatifs à l'accroissement naturel et aux migrations (géographie de la population, croissance urbaine... *(chapitre 47)*), ni ceux concernant la diversité ethnique (géographie des peuples).

1.1. La densité de population

Compte tenu de l'importance stratégique accordée, de tout temps et en tout lieu, aux dénombrements de population, la mesure de la présence humaine sur un territoire s'effectue plus souvent par le décompte des hommes que par celui de leurs établissements matériels. La localisation des personnes est cependant rapportée à la résidence, donc à l'habitat.

La **densité** mesure un rapport moyen entre une population et une surface : elle se mesure en nombre d'habitants au kilomètre carré, ou à l'hectare. Son utilisation est fondamentale en géographie : « la densité de population constitue un élément capital, le plus simple et le plus synthétique à la fois, parmi ceux qui permettent d'appréhender la nature des relations entre un espace et un ensemble d'hommes solidaires dans l'utilisation de cet espace » (Sautter, 1979). Le choix de cette mesure relève peut-être de la conception naturaliste qui a prévalu longtemps dans la discipline. En effet, dans l'étude

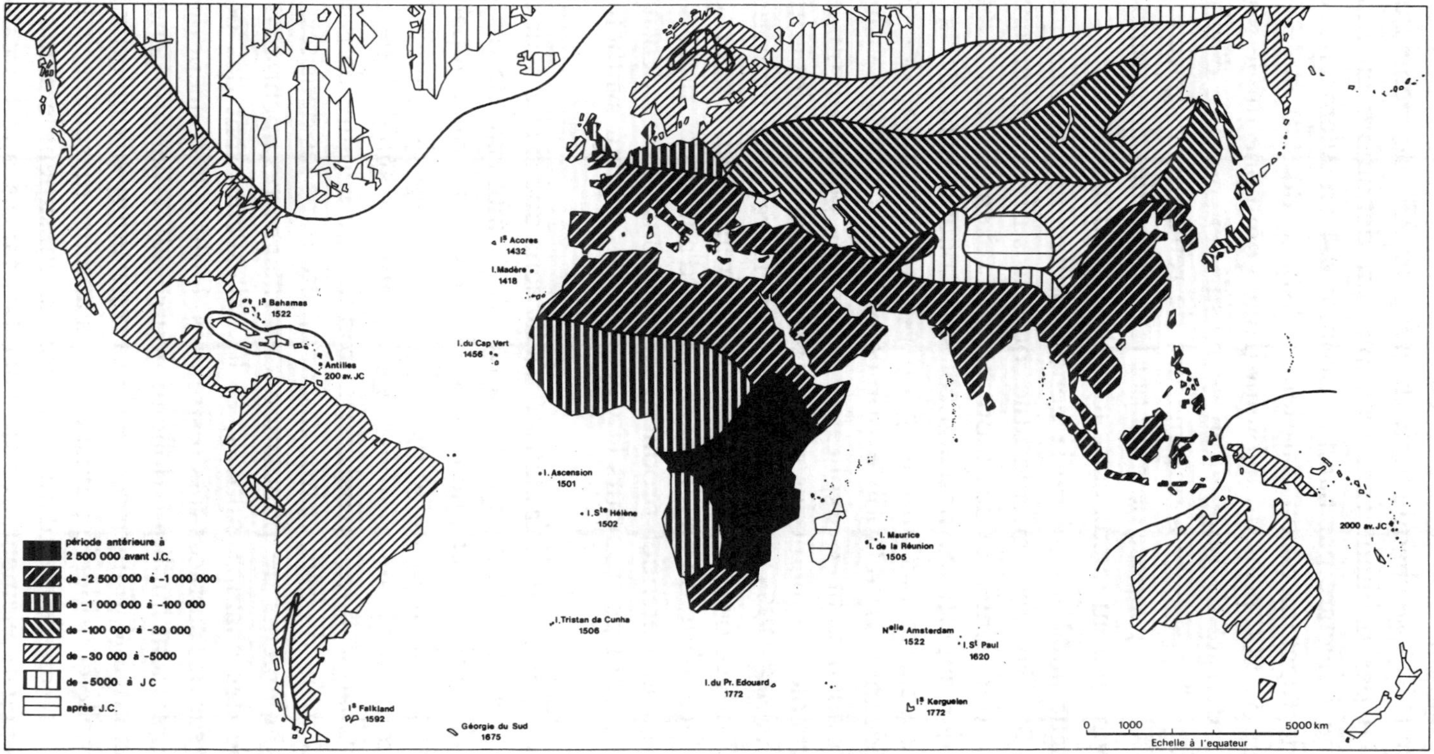

Figure 1 Le peuplement de la terre : une diffusion
Source : D. Noin, *Géographie de la population*, 1979, p. 82.

du couple population-espace, l'indicateur qui a valeur sociale serait la mesure de l'espace dont dispose chaque individu *(chapitre 23)*, de même que l'on calcule un revenu par habitant (par exemple, on dénombre en moyenne en France presque 1 hectare par habitant, contre 0,4 en Allemagne, ou encore un habitant de l'agglomération parisienne dispose de 250 m^2 en moyenne contre quelque 31 000 pour un habitant d'une commune rurale française...). Le fait que la densité de population se mesure en nombre d'habitants par unité de surface l'apparente à une mesure de rendement agricole. Plusieurs auteurs ont d'ailleurs proposé de modifier le contenu des deux termes du rapport afin d'approcher au mieux cette idée de « productivité ».

On distingue ainsi, à côté de la densité brute, une densité qui rapporte la population à la surface agricole utile, ou à la surface réellement cultivée. Ces mesures ont l'intérêt de montrer par exemple que, du fait de l'importance des superficies non agricoles, le peuplement de la péninsule scandinave ne s'écarte pas autant qu'on pourrait le croire des normes de densité européennes. La relation exprimée par le calcul des densités se veut encore plus évidemment « explicative » si l'on porte au numérateur la population agricole, ou même les seuls actifs agricoles. Or, des critiques déjà anciennes (George, 1951), ont indiqué que le rapport numérique entre population et surface occupée n'est pas nécessairement un rapport de cause à effet : la surface n'est qu'un élément parmi d'autres, et parfois le moins important, dans le potentiel productif des régions, et les densités, même « améliorées », n'ont pas toujours la valeur de descripteur synthétique qu'on leur suppose.

Par ailleurs, la mesure de la densité n'a de sens que si elle peut être considérée comme véritablement représentative d'une intensité de peuplement : cela suppose la continuité et une certaine homogénéité de la répartition. Or par essence, le peuplement ne se dilue presque jamais de manière uniforme dans un territoire, mais au contraire il s'organise en agrégats de dimension très variable. Chaque noyau d'habitat introduit une rupture dans le paysage avec le surgissement du bâti, et une discontinuité dans les densités. A la campagne, les groupements de population des villages occupent peu de place dans l'étendue des champs cultivés, et les villes entassent des populations considérables sur des surfaces très restreintes. Utiliser le concept de densité à propos du peuplement implique donc toujours d'effectuer une généralisation, qui efface l'hétérogénéité intrinsèque de sa répartition aux niveaux inférieurs à celui de l'échelle considérée ; ainsi certains auteurs marquent-ils leur préférence pour des cartes de population par points, qui situent le plus exactement possible les agrégats élémentaires de l'habitat, tandis que les cartes choroplèthes de densité ne restituent qu'une répartition uniforme abstraite et occultent la dispersion et l'irrégularité des localisations.

FICHE 1

Densité de population et découpage administratif

D'un point de vue plus technique, la densité peut également être critiquée en tant qu'ajustement statistique parce que son calcul est fondé sur l'hypothèse d'une relation linéaire entre la population et la surface : on suppose que les quantités de population sont proportionnelles aux superficies des unités géographiques de référence, pour toute unité de dimension inférieure à la surface totale sur laquelle la densité a été calculée. Or dans les faits, ces unités correspondent souvent à un découpage administratif. Dans ce cas, le rapport réel entre la variation des populations et la variation des surfaces, c'est-à-dire l'élasticité de la relation population/surface, s'éloigne très sensiblement de la valeur un. Le plus souvent, la délimitation des *circonscriptions administratives* conduit à découper des unités dont la taille est d'autant plus grande que les densités sont faibles. Un calcul de la densité D suppose a priori que l'on ait une relation du type

$P = D. S$ soit $D = P / S$

entre une population P et la surface S qu'elle occupe, alors que la relation observée est le plus souvent de la forme :

$P = D. S^{2/3}$

La forme que prend le peuplement illustre bien ce qui est, selon H. Reymond (1981), le processus géographique fondamental : l'acte d'espacement que réalisent les sociétés humaines pour ajuster un volume, la population, à une surface. Il n'est donc pas étonnant que l'exposant qui exprime empiriquement cet ajustement soit de 2/3.

1.2. Surpeuplement, sous-peuplement

Par le passé, la densité de population a pu apparaître aux géographes comme l'indicateur fondamental pour caractériser et comparer la plus ou moins grande aptitude des sociétés à mettre en valeur leurs sols, dans le cadre d'économies essentiellement agricoles. En tant que mesure de ce qu'on pourrait appeler l'« efficacité géographique » des sociétés, la densité doit cependant très vite être complétée par une évaluation des niveaux de vie des populations. C'est seulement cette combinaison de la densité et du niveau de vie qui permet d'apprécier des situations de **surpeuplement**, lorsque les ressources disponibles sur un territoire ne permettent pas de subvenir aux besoins les plus élémentaires de la population présente. A l'inverse, on déplore parfois un **sous-peuplement** de certaines régions où l'insuffisance numérique de la population ne permet pas d'atteindre la masse critique nécessaire au développement.

Dès 1942, Demangeon avait noté que la notion de surpeuplement était toute relative. De même, le Dictionnaire démographique multilingue de l'Organisation des Nations Unies reconnaît-il l'impossibilité de définir un « **optimum de peuplement** », qui serait le peuplement le plus avantageux pour les habitants d'un territoire, compte tenu de la nature très diverse des « avantages » qui peuvent être considérés. La notion demeure cependant utile, à condition de se référer avec précision, chaque fois qu'on tente de l'assortir d'une mesure, aux données sociales, économiques et environnementales du lieu et du moment.

Aujourd'hui, la densité de population tend à être plutôt utilisée comme une mesure globale de la charge humaine des territoires, qui sert de point de départ à des considérations sur les problèmes de congestion et de pollution posés par les grandes concentrations humaines, ou sur les risques d'abandon et de désertification de certains territoires.

1.3. Peuplement rural et peuplement urbain

L'analyse des formes du peuplement n'est guère séparable de celle de la nature des activités humaines : alors que l'activité agricole entraîne la formation d'un **peuplement rural** diffus et relativement homogène, les activités commerciales et de service d'une part, et les activités spécialisées de l'autre (industrie et tourisme par exemple), ont engendré des formes plus concentrées du **peuplement urbain**, avec des distributions de villes hiérarchisées et régulièrement espacées dans le cas des lieux centraux, plus hétérogènes et sporadiques dans le cas des villes spécialisées *(chapitres 34 et 26)*.

Parce qu'il implique une dépendance à l'égard des seules ressources locales et parce qu'il requiert une proximité assez grande entre l'habitat et le finage pour autoriser la fréquentation quotidienne des champs ou des pâturages, le **peuplement rural** est, au moins à l'origine, constitué de noyaux de petites dimensions, hameaux ou villages de quelques dizaines ou quelques centaines d'habitants. Même si dans certaines régions rurales très densément peuplées du monde, les villages peuvent regrouper plusieurs milliers d'habitants, on ne dénombre que très exceptionnellement des agglomérations agricoles atteignant plusieurs dizaines de milliers de personnes.

Par opposition aux villages, les villes se définissent par le fait qu'elles n'exercent guère d'activités agricoles et qu'elles rassemblent de grandes quantités de population sur un espace restreint. Le peuplement urbain est multiforme : il comprend des bourgades de quelques milliers d'habitants jusqu'à de gigantesques métropoles de plusieurs dizaines de millions d'habitants. Les densités de population y atteignent des valeurs très élevées par rapport à celles des campagnes environnantes, toujours au moins plusieurs centaines d'habitants au km^2, très souvent plusieurs milliers. Ces densités sont d'autant plus fortes et présentent d'autant plus de contrastes internes que les villes sont grandes *(chapitre 35)*, mais avec des variations selon le niveau de vie et le type d'habitat : le peuplement des villes américaines est en général plus lâche que celui des villes européennes, elles-mêmes moins denses que les médinas arabes ou certaines villes asiatiques.

Les formes du peuplement urbain dépendent de l'âge des villes et du niveau d'urbanisation. L'enfermement prolongé des populations urbaines du vieux continent entre des murailles étroites a produit de forts contrastes entre le vieux centre et la périphérie plus récente, tandis que les transitions sont moins sensibles dans les villes nord-américaines où l'amplitude de mobilité des populations a été presque d'emblée celle permise par l'automobile. Au peuplement contrasté des régions peu denses où les villes forment autant d'îlots épars dans un océan de peuplement rural, s'oppose le peuplement plus diffus et continu des régions à fortes densités. Lorsque des centres urbains proches ont vu leurs franges se rejoindre, on désigne cette forme de peuplement continu et polynucléaire sous le terme de conurbation. Les amas de plusieurs agglomérations et **conurbations** contiguës ont été désignés par J. Gottman du nom de **mégalopoles** *(chapitres 37 et 38)*.

Tout autant que la division du travail, la complexification des activités et les progrès des techniques d'approvisionnement et de desserte, c'est la mise en réseau des villes qui a permis l'émergence des concentrations de populations urbaines. La théorie des lieux centraux *(chapitre 34)* rend assez bien compte des régularités observées dans la **trame** spatiale du **peuplement** urbain, faite des dimensions relatives et de l'espacement des villes. Elle peut être cependant complétée par des considérations plus générales sur la dynamique d'ensemble du peuplement.

Si la distinction entre un peuplement rural et un peuplement urbain est utile, la limite concrète entre ces deux catégories n'est pas facile à établir. Les critères utilisés de par le monde par les statisticiens pour séparer population rurale et population urbaine sont divers, hétérogènes et en partie arbitraires *(fiche 2)*. Cela tient au fait que, dans la réalité, on a plus affaire à un *continuum* qu'à une dichotomie entre les caractéristiques, qualitatives aussi bien que quantitatives, du peuplement rural et du peuplement urbain *(figure 3)*. En outre, depuis que les villes ne sont plus seulement reconnues juridiquement, ou physiquement enfermées dans des murailles, et surtout dans les pays où le processus d'urbanisation de la population est presque achevé, le réinvestissement des campagnes situées à la périphérie des villes par les populations urbaines rend plus incertaine la distinction entre un peuplement urbain et un peuplement rural. Témoignent de ces incertitudes les termes employés pour désigner ce processus de contamination, tantôt vu comme « urbanisation » et tantôt comme « péri-urbanisation », voire « ex-urbanisation ».

2. L'énigme de l'inégal peuplement du Monde

Depuis longtemps les géographes ont été intrigués par les inégalités considérables dans la répartition de la population à la surface de la terre. Plus de la moitié (56 %) des 5,3 milliards d'hommes vivent dans les pays de l'Asie de l'Est, du Sud et du Sud-Est qui représentent 17 % seulement de la superficie des terres émergées *(tableau 1)* : deux grandes zones de concentration, la Chine, Taïwan, les deux Corée, le Japon, Hongkong, les Philippines d'une part et la péninsule indienne (Inde, Pakistan, Bangladesh, Sri Lanka) d'autre part regroupent plus de trois milliards d'hommes. L'Europe forme, avec le Maghreb et la partie européenne de l'ex-URSS, un second foyer de peu-

Tableau 1 Répartition de la population du monde

Région	Population 1991 en millions d'habitants	Superficie en millions de km^2	Densité hab./km^2
Monde	5 384	133,5	40
Asie	3 155	27,6	22
Europe	502	4,9	103
Amérique latine	451	20,4	22
ex URSS	292	22,4	13
Amérique du Nord	280	19,3	14
Océanie	27	8,5	3

FICHE 2

Peuplement rural et peuplement urbain

a) *Les critères administratifs*

La population est celle qui habite des localités définies comme telles par des fonctions administratives leur donnant autorité sur les autres localités – préfecture, chef-lieu – ou par un statut politique particulier attribuant une certaine autonomie. Ce type d'organisation n'empêche pas le développement « spontané » de localités dont les habitants, en dépit de leur importance numérique ou des activités qu'ils pratiquent, se trouvent classés en population rurale : certains « villages » de Chine ou d'Egypte ont plus de 100 000 habitants.

b) *Les critères quantitatifs*

Dans de nombreux Etats, la population urbaine est celle qui vit dans des localités dépassant un certain nombre d'habitants. Cependant, les seuils retenus sont très différents selon les pays : entre 200 et 50 000 habitants, ils varient de 1 à 250 selon les pays ! En outre, les chiffres sont biaisés par l'extension territoriale des localités et par la structure du système de peuplement.

c) *Les critères socio-économiques* insistent sur la spécificité des activités des citadins par opposition aux ruraux, éliminant généralement les actifs travaillant dans le secteur agricole. Les seuils et les procédés de sélection ou d'élimination sont très différents d'un pays à l'autre (10, 15, 25, 30, 50 %).

d) *Les critères fonctionnels* considèrent que la zone urbaine se différencie de la zone rurale par la quantité et la qualité des emplois, des services, des fonctions ou des équipements qu'elle possède.

e) *Les critères démographiques* comme la densité, la répartition par classe d'âge ou le taux de masculinité, sont peu employés. Ce dernier, par exemple, est généralement plus élevé dans les villes qu'à la campagne du fait de l'appel de main-d'œuvre. Cependant, cette observation s'inverse dans les pays développés et en Amérique latine.

f) Une définition croisant plusieurs critères saisit au mieux la complexité de la notion de population urbaine, mais elle est difficile à appliquer. Seuls les Etats riches ont les moyens de mettre en œuvre un grand nombre de critères diversifiés.

De nombreux instituts de statistiques ont suivi les recommandations de l'ONU qui préconise d'appliquer le concept d'*agglomération morphologique*. Ce critère est fondé sur la continuité des constructions, à l'instar de celui qui est adopté par l'INSEE pour les agglomérations françaises. Sa mise en application est très simple puisqu'il s'agit d'un fait qui peut directement être lu à l'aide de documents divers (cartes récentes, photographies aériennes), voire, au besoin, en voyageant sur le terrain. (*Source* : F. Moriconi « Les 100 plus grandes villes du monde », *Economie et statistique,* n° 245, juillet-août 1991).

plement presque aussi dense, mais près de quatre fois moins peuplé au total. La partie orientale de l'Amérique du Nord, à l'Est des Grands Lacs forme une concentration qui tranche sur le fond de peuplement plus lâche du continent *(figure 2)*.

Les vides de la carte mondiale du peuplement correspondent surtout aux régions de montagnes, aux hautes altitudes, aux régions antarctiques et arctiques et à certains déserts chauds. La notion de désert est toute relative. D'après G.et P. Pinchemel « on peut parler de déserts humains, même si ces contrées connaissent des peuplements temporaires, nomades. Ces déserts sont d'ailleurs de plus en plus investis (par des implantations ponctuelles), laboratoires, stations d'observation, de prospection et d'exploitation minières et pétrolières et installations militaires. Les océans n'échappent pas au peuplement : lieux de pêche, routes maritimes, plate-formes pétrolières, villes flottantes au bord des côtes » (1988). Les géographes ont tenté d'expliquer ces contrastes *(tableau 2)*, d'abord par l'inégale aménité des conditions de vie à la surface du globe, et par les disparités de la quantité et de la qualité des ressources disponibles. Sorre par exemple, posant les fondements biologiques d'une géographie humaine (1943), a bien montré comment les conditions physiques extrêmes, sans exclure totalement la présence humaine, la contraignent et la réduisent fortement. Les géographes ont cependant très vite récusé une intervention déterminante du milieu naturel dans l'explication des inégalités de peuplement. Gourou relève que, à conditions climatiques équi-

Tableau 2 Fortes et faibles densités par pays

Pays	Population en millions	Densité hab/km^2	Pays	Superficie en milliers de km^2	Densité hab/km^2
Hong Kong	5,9	5 695	Mongolie	1 565	1,4
Bangladesh	116,6	809	Namibie	824	1,8
Taïwan	20,5	635	Mauritanie	1 031	2,0
Ile Maurice	1,1	537	Australie	7 687	2,3
Corée du Sud	43,2	438	Libye	1 761	2,5
Pays-Bas	15,0	401	Canada	9 976	2,7
Porto Rico	3,3	370	Tchad	1 284	4,0
Japon	123,8	332	Rép. Cent. Afr.	623	4,8
Liban	3,4	326	Niger	1 267	6,3
Belgique	9,9	325	Mali	1 240	6,7

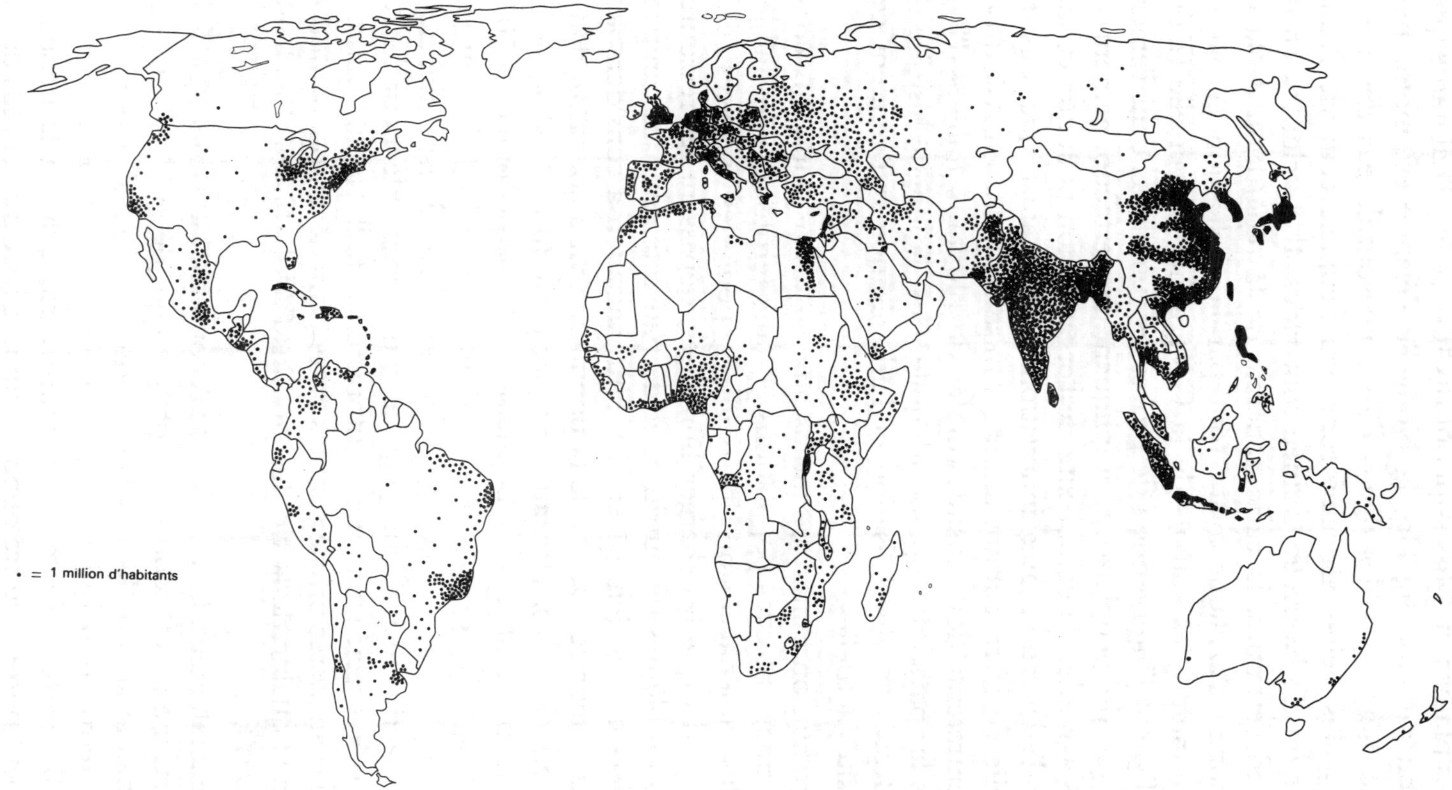

Figure 2 Inégal peuplement du monde
Source : D. Noin,1991, *Atlas de la population mondiale*, Paris, RECLUS La Documentation française, p. 30-31.

valentes, les plaines du Mississipi ont dix fois moins d'habitants que celles du Yang Tsé ou du Houang Ho, la Nouvelle-Zélande est moins peuplée que l'Italie ; de même tous les deltas d'Asie ne sont-ils pas des « fourmilières humaines », les deltas africains sont peu peuplés, ceux de l'Amazone, de l'Orénoque ou de Nouvelle-Guinée sont vides. Il conclut : « en dehors des limitations désertiques, la carte générale de la répartition de la population dans le monde s'explique avant tout par la civilisation et par l'histoire » (1973). De même, les auteurs de la Géographie Universelle (Dollfus *et al.*, 1990) soulignent l'intervention de processus cumulatifs dans l'émergence des grands foyers de peuplement, impliquant le perfectionnement répété des techniques agricoles, la complexité de l'organisation politique et sociale, et la souplesse d'adaptation aux innovations. C'est ainsi que des techniques comme celle de la riziculture inondée, mise au point en Asie tropicale, ont permis d'entretenir des densités rurales de plusieurs milliers d'habitants au km^2. Dans les pays d'Europe occidentale, c'est la longue histoire du peuplement rural puis l'industrialisation et l'urbanisation qui rendent compte des fortes densités actuelles.

Aujourd'hui, on s'intéresse moins aux causes et plutôt aux conséquences des interactions entre les populations et leurs territoires : les faibles densités exigent des aménagements particuliers pour les services élémentaires *(figure 3)*, tandis que les charges humaines, dépassant les ressources locales posent des problèmes de nutrition et de pauvreté dans les campagnes et les villes du tiers monde (ch. 41 et 38). L'urbanisation a considérablement progressé dans le monde : 50 % de la population vit aujourd'hui dans les villes, alors que pendant des siècles, aux époques préindustrielles, on avait pour l'essentiel un peuplement rural, la population urbaine plafonnant à 10 % du total (Bairoch, 1985). Cela explique sans doute que la question du peuplement optimal ne se discute plus guère en fonction d'une densité globale, mais plutôt d'après la dimension qui serait la plus acceptable pour les villes. Très diversement appréciée par maint utopiste, la taille idéale varie également selon que les analystes privilégient les critères du développement économique ou ceux de la qualité de la vie des citadins (Vakili, Gozzi, Pinchemel, 1959 ; Bairoch, 1977).

Plus généralement, la diffusion de l'économie industrielle et de l'urbanisation ont détaché la réflexion sur le peuplement de sa perspective écologique initiale – même si l'on discute encore du sens causal à priviliégier dans la boucle de rétroaction qui relie la pression démographique et l'inventivité humaine (Boserup, 1970) ou si la controverse quant à la population maximale que peut porter la terre oppose toujours les experts, plus ou moins optimistes (Klatzman, 1983). Ce sont désormais bien davantage les modifications prévisibles de la répartition actuelle de la population qui préoccupent les analystes des grandes tensions socio-économiques mondiales et qui servent de point de départ à certaines prospectives de la géopolitique (Sauvy, 1991). Les croissances différentielles résultant de l'inégale diffusion de la transition démographique, plus que les migrations internationales, sont responsables des changements de poids des différentes parties du monde dans la répartition planétaire du peuplement *(chapitre 47)*.

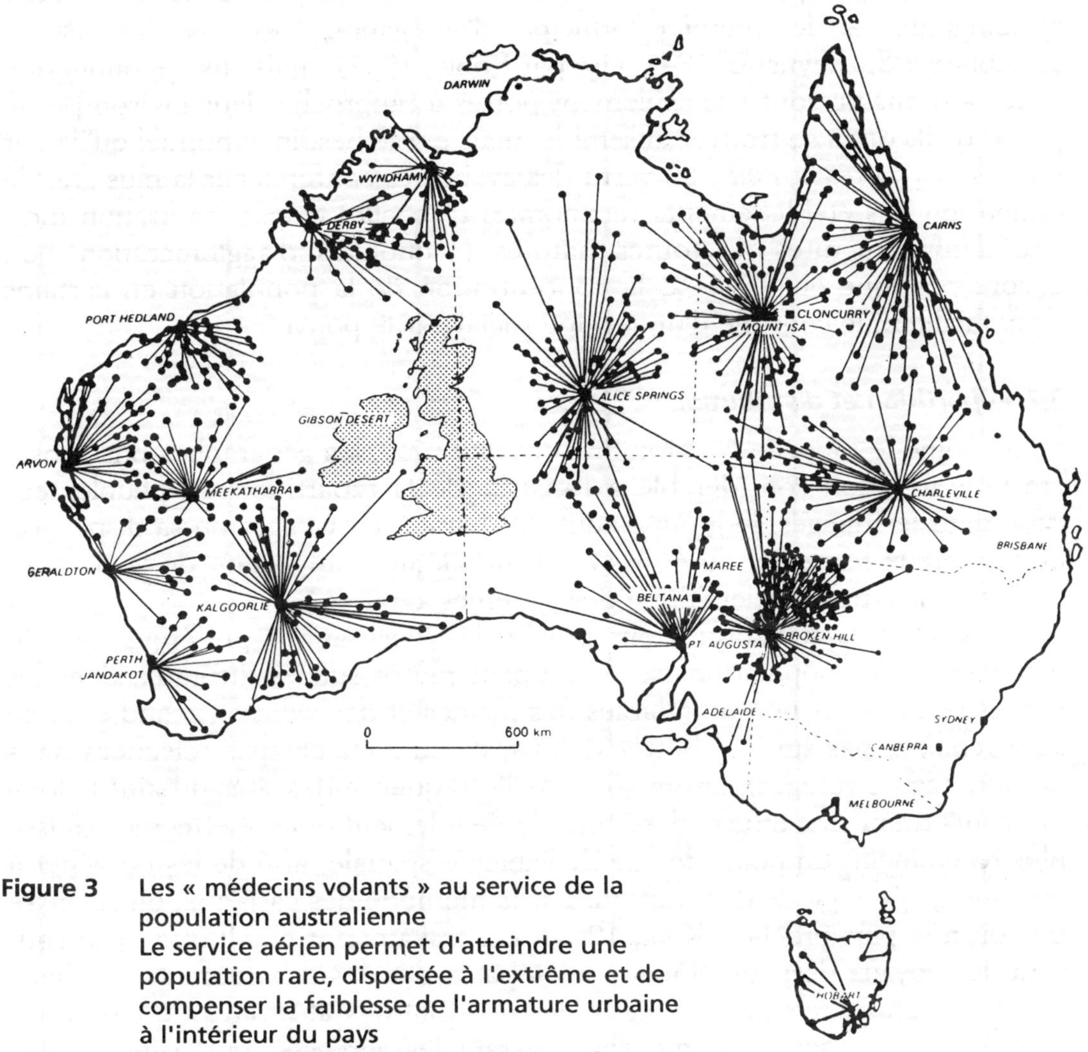

Figure 3 Les « médecins volants » au service de la population australienne
Le service aérien permet d'atteindre une population rare, dispersée à l'extrême et de compenser la faiblesse de l'armature urbaine à l'intérieur du pays
Source : Royal Flying Doctor Service of Australia, Alice Springs.

3. Des systèmes de peuplement auto-organisés

Les questions évoquées ci-dessus peuvent être posées à tous les niveaux géographiques, mais c'est surtout à méso-échelle que l'on a examiné les formes prises par la répartition du peuplement, par son organisation spatiale.

3.1. Un peuplement en noyaux

Les populations humaines se répartissent sur un territoire en formant des agrégats de plus ou moins grande dimension, hameaux, villages, villes. Cette propension au regroupement a reçu des interprétations diverses, d'ordre sociologique (« le premier principe d'agrégation des maisons est la sociabilité » dit Reynaud, 1841, cité par Robic, 1982), mais aussi économique (« les artisans ne sont pas seulement portés à rapprocher leur maison par le plaisir qu'ils ont à se trouver ensemble, mais par le besoin continuel qu'ils ont les uns des autres », *ibid.*) en vertu des avantages conférés par la plus grande dimension des établissements (économies d'échelle) et par l'utilisation indivise d'infrastructures de toutes natures (économies d'agglomération), ou encore politique et religieux, la concentration de la population en certains lieux facilitant le contrôle d'un groupe social par le pouvoir.

3.2. Répartition et distribution

Comme le rappelle C. Moindrot *(chapitre 25)*, les géographes ont consacré une attention considérable à l'analyse de la répartition du peuplement rural dans les finages, le groupement de l'habitat en villages ou sa dispersion en nombreux hameaux ou écarts étant un élément important de la description et de la typologie génétique des systèmes agraires.

Des analyses statistiques ont précisé les localisations préférentielles du peuplement, les populations se regroupant plutôt sur les littoraux, dans les parties basses mais non inondables des plaines et des vallées (quand elles ne se perchaient pas sur des buttes défensives ou n'étaient pas reléguées dans des montagnes-refuges), et ont souligné la fréquence des sites urbains le long des cours d'eau. Les études des semis de peuplement ont été effectuées aussi, plus récemment, du point de vue de l'analyse spatiale, afin de les rattacher à quelque grand type de distribution. Par la méthode des carreaux, ou l'analyse du voisin le plus proche, (King, 1961), ces travaux ont établi que, bien souvent, les noyaux de peuplement sont séparés par des espacements réguliers, différant significativement de ceux des distributions aléatoires de type poissonnien. Les espacements moyens séparant les agrégats sont d'autant plus réguliers qu'il s'agit de villes de grande taille (Vlora, 1979 ; Pumain, 1984 ;

Guérin-Pace, 1990), fait qui traduit l'importance des effets de concurrence spatiale dans leur développement.

3.3. De la hiérarchie des villes...

Bien d'autres approches ont montré que, dans un territoire, les noyaux de peuplement ne sont pas distribués de façon quelconque. Les régularités de cette organisation territoriale ont d'abord été mises en évidence à propos des villes, depuis le milieu du XIXe siècle, par des statisticiens ou des ingénieurs saint-simoniens au moment de la construction des chemins de fer. Reynaud en 1841 créait une véritable théorie des lieux centraux et évoquait la cohérence du « système général des villes » ; Lalanne notait les « lois de l'équilatérie et des distances multiples » déterminant leur implantation et reliait l'importance des villes à celle de leur carrefour ; Levasseur, dans son histoire de la population française en 1888, développait une analogie entre une carte du semis des villes et un ciel étoilé. L'organisation des villes en un réseau de centres hiérarchisés par la taille et régulièrement espacés d'après la logique territoriale de l'offre et de la demande de services devait être par la suite formalisée par des théories géographico-économiques, comme la théorie des lieux centraux de Christaller (1933) et de Lösch (1941). La théorie des lieux centraux ne donne cependant qu'une explication statique de l'organisation du peuplement, conçue comme un équilibre territorial *(chapitre 27)*. En outre, elle ne prend pas en compte la dimension historique des trames de peuplement, et n'intègre pas la dimension de leur rapport à l'environnement.

3.4. ... aux systèmes de peuplement

Des schémas plus simples, a-spatiaux, ont prétendu donner des descriptions plus réalistes que la stricte hiérarchie de niveaux prévue par la théorie des lieux centraux. La distribution statistique de la taille des villes a été formalisée à l'aide de modèles mathématiques. La célèbre « loi rang-taille » de Zipf, (1949) est en fait une distribution de Pareto, utilisée pour décrire d'autres distributions très contrastées, comme celle de la répartition des revenus dans une société. Elle résume l'observation selon laquelle le nombre des villes est une progression géométrique inverse de leur taille. Ainsi dénombre-t-on aujourd'hui dans le Monde quelque 20 000 agglomérations de plus de 10 000 habitants (Moriconi, 1991), il y en a environ 10 000 de plus de 20 000 (deux fois moins pour une taille double) et 2 000 de plus de 100 000, 200 de plus d'un million d'habitants (soit dix fois moins de villes chaque fois que l'on multiplie la population par dix). En France, on compte un peu moins de

2 000 unités urbaines de plus de 2 000 habitants, environ 200 villes de plus de 20 000 et une vingtaine de plus de 200 000 habitants.

Plus récemment, on a démontré que c'est en fait l'ensemble des unités de peuplement qui forme un système cohérent : il existe des rapports dimensionnels très précis entre le nombre total des habitants d'un territoire et le nombre des lieux habités de différentes tailles *(figure 4)*. La taille des unités de peuplement se conforme à une distribution lognormale, très dissymétrique (elle peut être assimilée à une distribution de Pareto quand seules les villes sont considérées). Ce modèle est très général : il a été observé aussi bien pour des unités de peuplement préhistoriques (van der Leeuw, 1990 ; Fletcher, 1986) que pour des ensembles de villages et de villes au cours de l'histoire (Baker, 1969 ; de Vries, 1984 ; Lepetit, 1988). Ce modèle persiste lors de périodes de croissance comme au cours des époques de régression de la population (de Vries, 1984).

Des démarches très diverses ont été proposées pour expliquer cette organisation hiérarchique des unités de peuplement, jusqu'à des modèles prétendant voir dans cette distribution le simple produit du hasard, distribution qui serait la plus probable si l'on applique le principe de maximisation de l'entropie. Outre son *a priori* discutable (rien n'indique qu'un système de peuplement humain soit jamais en état d'équilibre), on doit signaler que cette approche ne retrouve une distribution du type de celles qui sont observées que par l'introduction (subreptice) d'une contrainte sur le processus qui stipule un certain degré d'agrégation du peuplement (Curry, 1964 ; Pumain, 1982).

En fait, considérer seulement la forme de la distribution statistique des unités de peuplement, et seulement à un moment donné, ne permet pas de trouver une explication satisfaisante de leur extraordinaire régularité. On s'oriente aujourd'hui vers des modèles à la fois dynamiques et spatiaux. Par analogie avec d'autres systèmes physiques qui présentent une structure hiérarchique semblable, fractale, on peut concevoir l'ensemble des lieux habités d'une région ou d'une nation, voire d'espaces plus vastes dans lesquels des agrégats de peuplement entretiennent des relations, comme des systèmes dynamiques, auto-organisés. Cependant l'analogie physique ne suffit pas, on doit inclure dans la description les propriétés spécifiquement géographiques qui fondent la dynamique des systèmes de peuplement.

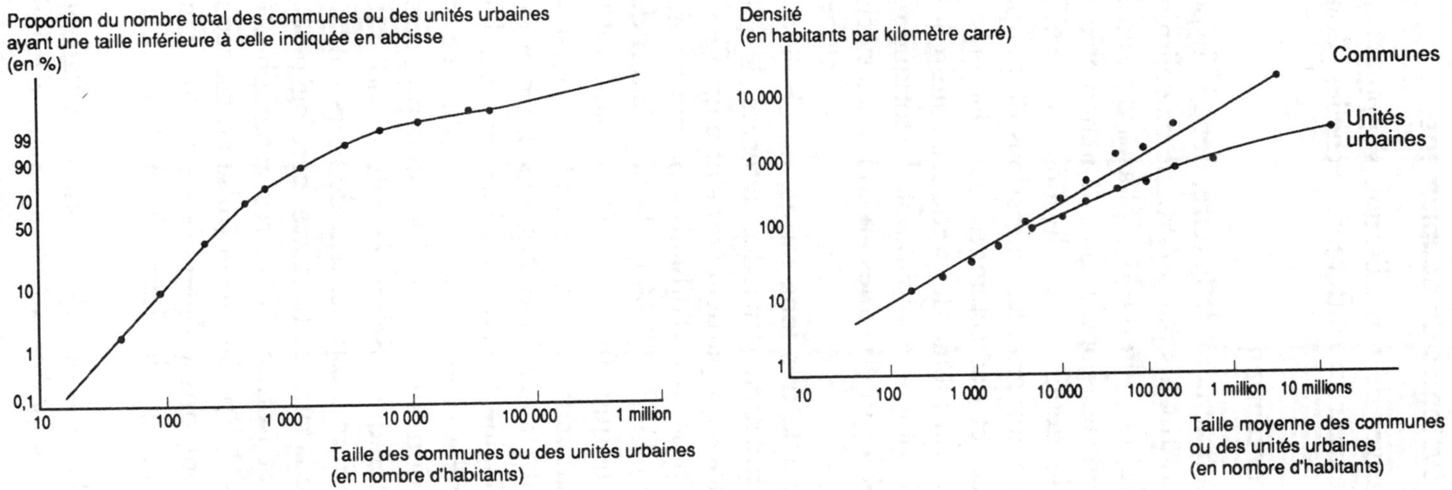

Figure 4 Le continuum rural-urbain (exemple de la France)
C'est parce que les noyaux de peuplement s'accroissent en moyenne de façon multiplicative que leur dimension, en nombre d'habitants, suit une progression géométrique très régulière, assimilable à une loi log-normale.
La densité du peuplement augmente très régulièrement avec le nombre d'habitants des communes ou des unités urbaines. Le passage du rural (moins de 2 000 habitants) à l'urbain (plus de 2 000) s'effectue sans rupture.
Source : D. Pumain, 1989, *Voir la France autrement*, Paris, La Documentation Photographique, 6 101, p. 23-24.

4. La dynamique des systèmes de peuplement

Ces nouvelles tentatives de formalisation s'appuient sur la connaissance de l'évolution du peuplement aux différentes échelles géographiques.

4.1. De la diffusion à la concentration

Dans l'histoire du peuplement de la terre, depuis l'hypothétique colonisation de l'ensemble des continents par un groupe paléolithique qui serait originaire d'Afrique orientale, ont alterné des phases d'extension et de repli, de diffusion et de rétraction des populations. L'archéologie est parfois impuissante à retracer dans le détail ces évolutions : on tendrait aujourd'hui à réduire la place accordée aux grandes migrations de peuples et à insister sur l'importance des contacts et des échanges, dans l'interprétation de la diffusion de certains artefacts ou même de pratiques culturelles (Renfrew, 1989 ; De Planhol, 1988). Archéologie et géographie historique rendent compte des modifications considérables intervenues au cours des siècles dans la carte du peuplement.

A meso-échelle et sur le très long terme, on observe une tendance à la concentration de la population dans des agrégats de plus en plus grands *(figure 5)*. Cette tendance s'est particulièrement amplifiée au cours des deux derniers siècles, avec le processus d'urbanisation qui a conduit dans de nombreux pays à regrouper plus de 80 % de la population dans les villes, alors qu'elles n'en concentraient que 20 % ou moins auparavant *(chapitres 37 et 38)*.

Les relations des populations au milieu dans lequel elles se déploient ont en outre fondamentalement changé : alors que la distribution spatiale de l'activité humaine était à l'origine fortement contrainte par les ressources et les rythmes de l'environnement naturel (Carlstein, 1982), ce sont les formes spatiales de la communication humaine qui se sont progressivement imposées dans le milieu géographique. Selon H. Reymond (1981), les sociétés humaines, sous la contrainte d'espacement de leurs implantations, tendent à transformer l'étendue de la surface terrestre, hétérogène et anisotrope, en un espace plus homogène et isotrope. D'autres géographes (Pinchemel, 1988) considèrent que les faits de spatialisation (mise en espace de la surface de la terre par les sociétés) ont pris progressivement plus d'importance dans la construction des territoires que les faits d'humanisation (transformation des milieux naturels).

Dans ce processus, la transition de l'économie villageoise à l'urbanisation a été depuis longtemps rapportée au changement d'échelle dans la vie de relations (Braudel, 1979). Ces interprétations reviennent à considérer que les

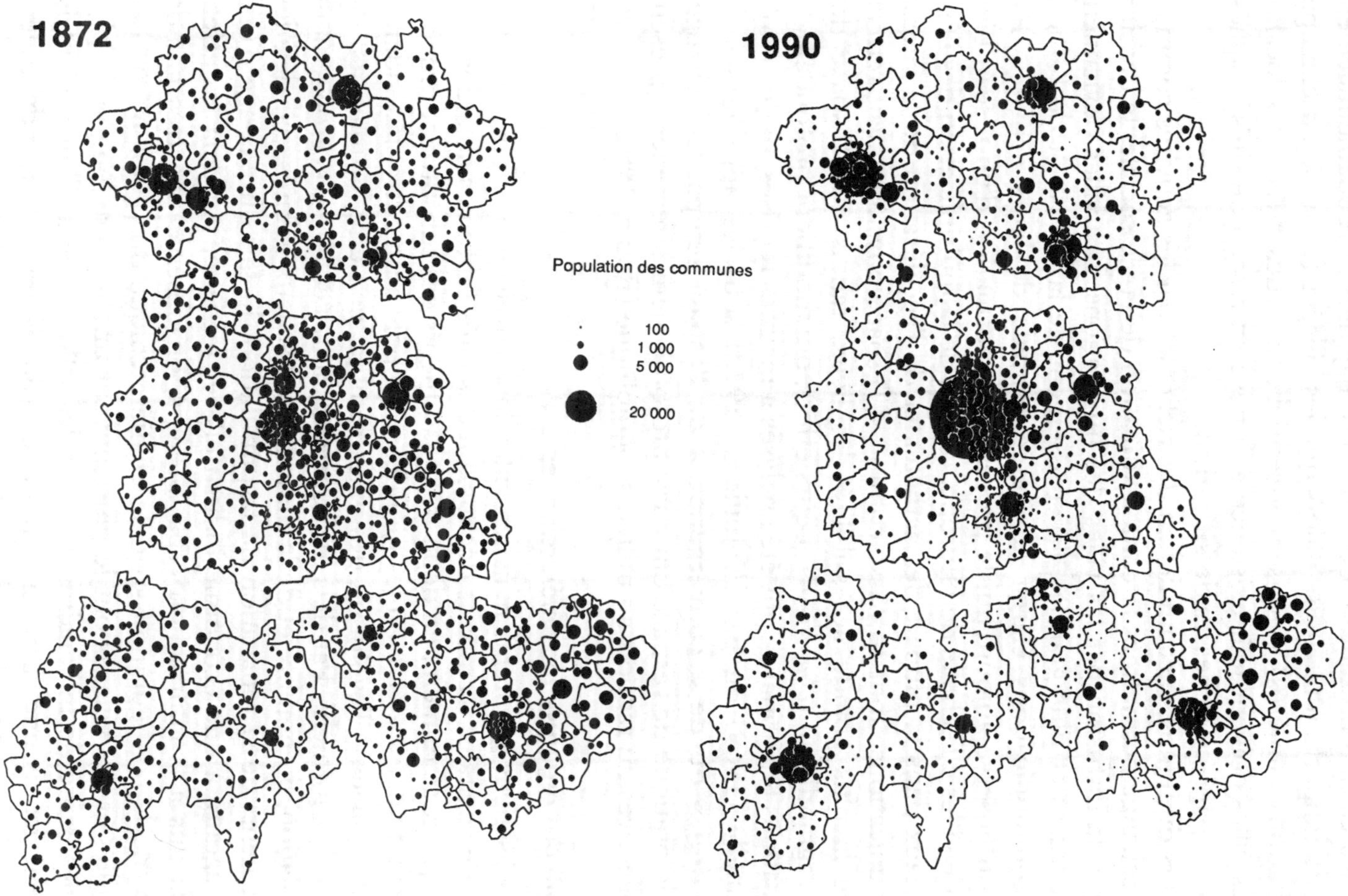

Figure 5 Un siècle de concentration du peuplement en Auvergne
Avec 1 321 214 habitants en 1990, l'Auvergne retrouve pratiquement le même niveau de population qu'au recensement de 1806. A l'époque, elle représentait 4,5 % de la population française, en 1990 2,3 %
Source : INSEE, *Le point économique de l'Auvergne* n° 49, 1991.

villages et les villes représentent deux formes majeures et fondamentalement distinctes de rapport au territoire : alors que les villages (et aussi par exemple les exploitations minières) valorisent essentiellement des ressources locales, de **site**, les villes doivent leur existence à la mise en réseau de sites éloignés, et ainsi tirent parti de richesses de **situation**.

Au cours du temps, l'accumulation des richesses par les activités commerciales et l'échange permettent la complexification de la vie sociale, la division du travail et la diffusion par les villes des innovations. Les villes deviennent plus nombreuses et plus grandes, l'accroissement de la vitesse et de l'efficacité des communications élargit la portée spatiale de leurs activités. Par exemple, on observe aujourd'hui le processus de formation d'un réseau bien connecté de villes à l'échelle de l'Europe, du fait de la multiplication des liens internationaux dans la plupart des activités et de l'accélération de la vitesse des communications. Tout se passe comme si l'espace physique avait rétréci, du fait de la plus grande accessibilité des lieux, tandis que l'espace des échanges s'agrandissait *(chapitre 4)*. Leurs effets, qui modifient profondément les organisations territoriales, ont été analysés à maintes reprises, par exemple par D. Janelle (1969) ou par E. Juillard (1972) sous les appellations de **« contraction » ou de « convergence » de l'espace-temps**. Ces changements de la pratique de l'espace ont aussi profondément affecté les représentations collectives du rapport au milieu géographique (Robic, 1992).

4.2. Stabilité des organisations hiérarchiques

Les civilisations meurent, mais les villes leur survivent parfois. En dépit des ruines de capitales d'empires déchus, ou des cités-fantômes abandonnées après quelque ruée minière, en dépit des glissements qui substituent progressivement à la tête des « économies-mondes » un pôle à un autre, la tendance majeure qui gouverne l'évolution des villes semble bien être au maintien du système qu'elles forment. Par delà le processus multiséculaire d'accroissement de la population, du nombre et de la dimension des lieux habités, par delà les bouleversements de la répartition de la population du fait du passage d'une économie agraire à une économie industrielle et tertiaire, par-delà les effets territoriaux dus à la contraction espace-temps, on observe une très grande persistance de la configuration spatiale et hiérarchique du peuplement. Les sites des villes et des villages ont le plus souvent une histoire longue de plusieurs siècles, voire de millénaires, les grandes villes d'aujourd'hui avaient le plus souvent acquis une dimension notable avant la révolution industrielle. En Europe, les deux-tiers des villes qui figuraient aux cent premiers rangs par leur population en 1500 y étaient encore 300 ans plus tard (De Vries, 1984).

Dès le XIVe siècle, la population de l'agglomération de Paris était quatre fois plus grande que celle de la deuxième ville française, elle l'était sept fois plus en 1830 comme elle l'est encore aujourd'hui. Dans les territoires de peuplement récent, la prééminence des premières colonisations littorales ne peut être combattue que par un effort considérable d'aménagement en faveur des villes de l'intérieur, comme cela a été fait pour Brasilia, qui bien que capitale est encore très loin de la première ville du Brésil.

4.3. Dynamique spontanée ou maîtrise du peuplement ?

En dépit des vitesses variables de la croissance de la population des pays, des différences de leur niveau de vie et de leur taux d'urbanisation, l'organisation et l'évolution du peuplement semblent échapper à tout contrôle, tant elles prennent des formes semblables sur toute la planète. La Chine et l'Inde ont pu freiner l'urbanisation de façon autoritaire ou incitative, les pays d'Europe de l'Est ont tenté de réduire les inégalités de taille des villes, d'aplatir les hiérarchies *(chapitre 44)*. Partout cependant le peuplement s'organise régulièrement selon une hiérarchie de tailles et d'espacements, partout l'urbanisation s'accompagne d'une concentration accrue. Personne n'a planifié cet état des choses : la hiérarchie des fonctions administratives, celle des formes organisées de la distribution, ne représentent qu'une toute petite part des activités urbaines. On peut donc voir cette régularité remarquable comme le produit involontaire, spontané, « auto-organisé », des interactions multiples qui relient les individus dans leur pratique du territoire. L'ensemble des lieux habités d'un système de peuplement peut ainsi être conçu et modélisé comme un système dynamique, dont l'organisation hiérarchique s'expliquerait par une tendance historique à la concentration du peuplement, et dont la stabilité résulterait de l'extrême rapidité des fluctuations locales de la répartition de la population, qui traduisent les interdépendances des villes dans la structure d'ensemble ; la forme des interactions des populations dans l'espace géographique, rend compte des modifications lentes de la structure du système de peuplement, sous l'effet de la contraction de l'espace-temps qui renforce les hiérarchies et des irrégularités de diffusion de certaines innovations, qui avantagent momentanément certaines parties du système (Pumain, 1991).

La modélisation devrait permettre de mieux mesurer les possibilités et les coûts d'interventions éventuelles dans la dynamique du système de peuplement. En effet, les sociétés contemporaines se posent le problème de leur degré de liberté face à l'organisation territoriale de leur habitat. Ces réflexions ont été suscitées par les mouvements récents de déconcentration des populations urbaines, vers les franges rurales péri-urbaines d'une part, et vers les petites villes d'autre part. Ces tendances à la « contre-urbanisation » (Berry, 1976) ont été observées dès la fin des années 1950 aux Etats-Unis puis avec quelques décalages en Europe au cours des décennies suivantes. Le bilan qui vient d'en être fait (Champion, 1989) n'est pas tout à fait concluant, car des mouvements inverses sont apparus depuis le début des années 1980, qui tendent à une reconcentration vers les grandes villes. Ce processus de « métropolisation » a été interprété comme la conséquence de la mise en réseau des villes à une échelle plus vaste, permise par l'accélération et l'intensification des communications (Pumain *et al.*, 1991). Il y a d'ailleurs un contraste paradoxal entre le besoin d'espace des populations qui s'exprime par la poursuite de la déconcentration des zones urbaines à l'échelon local, par la péri-urbanisation, et la concentration croissante de cette population en vastes conurbations dans la sphère d'influence des grandes métropoles, tandis que des espaces ruraux superbes sont en voie d'abandon (Pumain, Faur, 1991). Sommes-nous à jamais dépendants de l'organisation hiérarchisée et toujours plus concentrée du système de peuplement ? Est-il possible d'imaginer une autre forme de relation entre l'habitat et l'environnement, que faciliterait une meilleure utilisation des possibilités offertes par les télécommunications de toute nature (Bakis, 1990) ?

En termes de dynamique du système de peuplement, il semble que l'on se trouve ici à un point de bifurcation, à un moment de l'évolution où il est possible d'imaginer au moins deux trajectoires possibles, dont on ne sait laquelle sera effectivement réalisée : soit ce sont les paramètres économiques et la propension à « transformer l'étendue en espace » qui s'affirmeront, et le peuplement se concentrera en de très vastes **mégapoles**, dont la côte Est des Etats-Unis, la région de Tokyo et l'Europe rhénane nous donnent déjà quelques exemples – compte tenu des évolutions amorcées, c'est la forme de peuplement à venir la plus probable ; soit ce sont les paramètres qui prennent en compte l'aspiration des populations à une plus grande proximité avec la nature, et l'utilisation des facilités de communication comme le télétravail qui l'emporteront, et une certaine déconcentration est alors susceptible de contrecarrer la tendance plus que séculaire à la concentration du peuplement, amorcée avec l'urbanisation.

Enfin, pour les « nouveaux nomades » des sociétés contemporaines, l'espace de vie ne se limite plus au lieu de résidence, ni à une zone en contiguïté, mais forme un réseau de lieux visités selon des fréquences et des temps de séjour variables : la carte de la répartition diurne de la population d'une région urbaine est plus concentrée que sa répartition nocturne ; le peuplement des pays développés au mois d'août inverse les concentrations au profit des littoraux et des régions rurales. T. Hägerstrand (1975) a bien montré que, pour l'homme-habitant aussi, la problématique du couple population-espace géographique doit désormais intégrer le temps.

Lectures recommandées

Boserup E., 1970, *Evolution agraire et pression démographique*, Paris, Flammarion.

Cauvin C. et Reymond H., 1988, *L'espacement des villes*, Paris, CNRS, Mémoires et Documents de Géographie.

Dollfus O., Durand-Dastès F., Ferras R. et Knafou R., 1990, « Le système Monde », chap. 15 « Le peuplement et ses turbulences » in R. Brunet, O. Dollfus, (éd.) : *Mondes nouveaux*, Hachette-RECLUS, Géographie Universelle, tome 1.

George P., 1951, « Introduction à l'étude géographique de la population du monde », Paris, PUF, *Travaux et Documents de l'INED* n° 14.

George P., 1989, *Les hommes sur la Terre*, Paris, Seghers.

Klatzman J., 1983, *Nourrir 10 milliards d'hommes ?,* Paris, PUF,

Noin D., 1979, *Géographie de la population*. Paris, Masson.

Pinchemel P. et G., 1988, *La face de la Terre*, Paris, Colin.

Pumain D., 1982, *La dynamique des villes*, Paris, Economica.

Mots-clefs

Contraction de l'espace-temps,
Conurbation,
Convergence de l'espace-temps,
Densité,
Dynamique du peuplement,
Front pionnier,
Hiérarchie,
Loi rang-taille,
Mégapoles,
Optimum de peuplement,
Peuplement,
Peuplement rural,
Peuplement urbain,
Répartition du peuplement,
Sous-peuplement,
Site,
Situation,
Surpeuplement,
Trame de peuplement.

Les systèmes agraires

25

Claude Moindrot

L'intérêt pour les systèmes agraires a été éveillé par l'observation des trois grands types de paysages agraires qui se partagent l'Europe occidentale, le bocage, l'openfield et les paysages méditerranéens, et par le désir d'expliquer la logique interne de chacun. Dès la fin du XVIIIe siècle, l'agronome Young et ses émules (Kent, Marshall) décrivaient à grands traits les structures agraires qui se mettaient en place sous leurs yeux, à l'occasion d'enclôtures, de drainages ou de défrichements. Plus tard, on précisera peu à peu les vocables structure agraire, bocage, openfield, polder, etc.

1. Définition des concepts

L'expression « modelé agraire » proposée par Meynier n'ayant pas retenu l'attention des géographes, c'est celle de **structure agraire** qui a été adoptée pour recouvrir la forme dominante des champs, leur superficie moyenne, leur mode de groupement, leur éventuelle orientation, leur relation avec la voirie, l'absence ou la présence de clôtures, et en cas de présence, la nature de celles-ci.

On a pris l'habitude de réserver le terme de **finage** à l'ensemble des terres cultivées par les habitants d'un village (ou d'un hameau dans les régions d'habitat dispersé) et celui de **terroirs** à de petites aires ayant des qualités pédologiques et microclimatiques homogènes. La plupart des finages se composent de plusieurs terroirs aux aptitudes variées.

1.1. Type de structures agraires

De toutes les structures agraires, le **bocage** de l'Ouest européen a été l'une des plus étudiées en France, en particulier par l'école de Rennes

(Meynier, Gautier, Le Lannou, Flatrès et leurs élèves). Deux traits principaux le caractérisent : la forme irrégulière des parcelles, trapue, proche du carré, du trapèze ou du rectangle court ; et surtout la présence de clôtures, plantées ou construites, autour de chaque pièce de terre.

« La clôture plantée se compose d'arbustes, buissons ou arbres alignés sur la lisière (du champ). D'épaisseur variable, elle peut ne consister qu'en quelques arbres isolés ou au contraire opposer un barrage infranchissable aux hommes et aux bêtes. Pour la renforcer encore, on lui impose parfois un entrelac de branches, les plesses de la France de l'Ouest » (Meynier, 1958). On a l'impression d'un paysage verdoyant, touffu, en particulier dans les pays d'herbages comme le pays d'Auge ou le Bocage normand où subsistent encore des prés complantés de pommiers à cidre.

Sur les hauteurs et les péninsules venteuses (chaîne pennine, Connemara irlandais, presqu'île de Crozon) et dans certaines îles (îles d'Arran) où l'arbre pousse difficilement, les champs sont limités par des murets de pierre, celles-ci provenant de l'épierrage des champs.

Parfois, la clôture est à la fois construite et plantée. Le champ est limité par un talus construit avec la terre extraite d'un fossé qui le longe à l'extérieur et recouvert par une haie épaisse. Peu à peu, un chemin creux se forme entre deux champs contigus. L'érosion aidant (les pluies, le piétinement des hommes et des bestiaux), il tend à s'enfoncer de plus en plus. Le chemin creux « se caractérise toujours par son ombre, son humidité, sa boue » (Meynier, 1958). Il rend la circulation lente et difficile en Bretagne et dans les comtés de Cornwall-Devon ; il aurait contribué au retard économique et au maintien prolongé de structures sociales périmées.

Le bocage de l'Ouest atlantique est troué çà et là par quelques taches de finages non enclos, les *méjous* et les *gaigneries* en Bretagne. Il devient moins dense, moins continu vers le Sud (Aquitaine), et se désagrège progressivement en altitude (Massif central, Alpes).

L'**openfield** est la structure agraire la plus caractéristique des plaines et des plateaux de la France de l'Est et de l'Europe centrale. Il va souvent de pair avec l'habitat groupé.

En général, toutes les maisons pourvues d'un jardin attenant se regroupent au centre du finage ; jadis, aucune construction n'était tolérée en dehors du village. Au-delà des jardins, s'étendent à perte de vue les parcelles non encloses, simplement délimitées par des bornes. Elles ont souvent la forme de rectangles nettement plus longs que larges. En Angleterre à l'époque des enclôtures par exemple, la longueur-type des parcelles était de 1 furlong = 10 chains = 220 yards (soit environ 200 mètres) ; et la largeur-type 1 chain =

22 yards ; la superficie de la parcelle-type était donc de 1 furlong x 1 chain = 1 acre = 4840 yards carrés. La parcelle dix fois plus longue que large méritait bien son nom de « *strip* » (ruban). L'*acre* anglais, l'*Acker* allemand, tous deux dérivés de l'*ager* latin, correspondaient au *journal* normand, au *Tagewerk* souabe, c'est-à-dire au champ-type, à la surface que le manant pouvait labourer en une journée, de l'angélus de l'aube à l'angélus du soir.

Ces parcelles longues et étroites, parallèles entre elles, se regroupent en sous-ensembles, le *quartier* français, le *shott* anglais, le *Gewann* allemand, le chemin perpendiculaire aux parcelles qui longe leurs bords étant l'unique moyen d'accès à celles-ci. Souvent, les remembrements de l'époque moderne ont fait du quartier la nouvelle unité de labour, mieux adaptée aux machines agricoles que les étroites parcelles de jadis.

Les quartiers se regroupent à leur tour en deux ou trois soles, deux en régime d'assolement biennal (céréales d'automne, jachère) ; trois en régime d'assolement triennal (blé, céréales de printemps, jachère)... L'assolement obligatoire, les bans de culture, l'interdiction d'enclore, la vaine pâture ont duré en Angleterre jusqu'aux enclôtures georgiennes, en Lorraine jusqu'au milieu du XIXe siècle. Leur disparition n'a remis en cause ni l'openfield (à mailles élargies) ni l'habitat groupé qui se sont maintenus en Lorraine.

FICHE 1

Subdivisions d'un finage d'openfield

	Unité agaire de base	Groupe d'unités agraires parallèles	Unité d'assolement
Latin	Ager	Cultura	Campus
Français	Arpent, Journal	Quartier, Couture	Sole
Anglais	Strip	Shott	Field
Allemand	Acker, Morgen Tagewerk	Gewann	Feld

Les pays méditerranéens n'ont pas de structure agraire propre qui fasse pendant au bocage ou à l'openfield. Tantôt celui-ci s'impose (Campidano sarde, Castille, Thessalie, Maroc atlantique), tantôt on a un paysage d'enclos où le muret de pierre l'emporte sur la haie, celle-ci ayant parfois une fonction de coupe-vent contre les vents violents (vallée du Rhône). Les pays méditerranéens se distinguent par le contraste fondamental entre l'*ager* (l'espace cultivé de façon continue) et le *saltus*, à la périphérie du finage ou en montagne, abandonné au pacage du petit bétail ; par la forme massive, carrée des champs ; la fréquence des cultures en terrasses maçonnées, l'importance de l'arboriculture (noyer, châtaignier, figuier, amandier, et, en bordure du désert, le palmier-dattier) et de la viticulture ; l'ancienneté de l'irrigation et des pratiques collectives qu'elle suppose (tours d'eau, tribunaux de l'eau) ; la juxtaposition de cultures différentes à l'intérieur du même champ (*coltura promiscua* en Italie), le tout étant souvent associé à un habitat rural groupé en très gros villages (Mancha espagnole, Pouilles, Calabre) ou en villages défensifs en nids d'aigle (Kabylie).

1.2. Habitat rural

On ne peut séparer l'étude de la structure agraire de celle de **l'habitat rural**. L'école allemande dirigée par Meitzen et l'école vidalienne française se sont passionnées pour cette question pendant la première moitié du XXe siècle, au point de perdre parfois de vue les autres composantes du système agraire. Les Allemands ont décrit avec un grand luxe de détails les différents types de villages d'openfield du monde germanique et de ses environs :

— village en tas *(Haufendorf)* aux maisons pressées les unes contre les autres le long de rues sinueuses,

— village rond *(Rounddorf)* dont les maisons contiguës forment un anneau autour d'une place centrale où l'on peut rassembler les bestiaux en cas d'attaque ennemie. Cette forme est fréquente en Europe centrale où s'opposèrent les colons slaves et germaniques ; elle rappelle le *kraal* circulaire des Boers en Afrique du Sud,

— parfois, la place centrale a une forme en fuseau, renflée au centre, resserrée aux deux extrémités, ou une forme triangulaire ou trapézoïdale (le *placître* breton, le *green* anglais, le *couderc* du Massif central français) ; on a alors le *« green village »* anglais, le *Angerdorf* allemand,

— village linéaire *(Reihendorf)* dont les maisons s'égrènent de part et d'autre d'une voie unique parfois longue de plusieurs kilomètres. Ce type d'habitat résulte souvent d'un défrichement forestier ou d'une entreprise de drainage collectif d'un marais. Chaque colon disposait à l'origine d'une seule parcelle, longue et étroite, perpendiculaire à la route. C'est aussi de cette façon que s'est opérée la colonisation française au Québec dans le cadre de la seigneurie, avec cette différence que le front pionnier partait non pas d'une route, mais d'un cours d'eau navigable. Ce village ripuaire à rue unique porte le nom de *rang*. La première bande forestière conquise et limitée par une route, il était souvent nécessaire d'en défricher une autre à partir de celle-ci, qui devenait la ligne de départ d'un second rang, et ainsi de suite, chaque rang portant un numéro d'ordre.

Les géographes français de leur côté s'efforcèrent de décrire les principaux types d'un continuum qui va de la dispersion maximale (l'habitat ne comprenant que des maisons isolées) au parfait groupement (tous les habitants de la commune rassemblés en un seul village) en passant par un semi-groupement en hameaux, par un mélange de hameaux et de maisons isolées, et parfois par la coexistence de villages, de hameaux et de maisons isolées. Demangeon mit au point un coefficient de dispersion tel que $k = E.N/T$, T étant la population totale de la commune, N le nombre des écarts (c'est-à-dire les lieux habités autres que le chef-lieu) et E la population totale des écarts. Cet indice permit à l'auteur de dresser la belle carte de l'habitat rural dans l'Atlas de France. Le Massif armoricain y détient le record de la dispersion devant le Massif central et le Bassin Aquitain. La plus faible dispersion s'observe dans le grand Est, au-delà d'une ligne Dieppe-Genève.

Plusieurs auteurs tentèrent sans succès d'obtenir un indice plus précis qui tint compte de l'importance démographique de chacun des écarts. L'excessive minutie des descriptions, l'inutile complexité des indices de dispersion, la rareté des applications pratiques expliquent en partie le désintérêt soudain pour le thème de l'habitat rural à partir des années 1950.

1.3. Inertie des paysages agraires

Le concept de **paysage agraire** englobe les deux composantes définies ci-dessus, l'habitat rural et la structure agraire et, bien entendu, les rapports géométriques et fonctionnels qu'ils entretiennent. On a vite reconnu la grande inertie des paysages agraires. On s'attendrit volontiers, après Bloch et Roupnel, sur l'ancienneté des sites de village, des chemins de terre, des lisières des champs. Beaucoup de limites de communes s'appuient sur une voie romaine, voire une piste préhistorique. Le toponyme anglais « *street* » un toponyme français en « *estrade* » trahissent à coup sûr le tracé d'une route romaine. Mais la stabilité ne va pas nécessairement jusqu'à l'immobilisme.

On a de nombreux exemples anciens et modernes de bouleversement de la structure agraire à l'occasion d'un *remembrement* (refonte totale du cadastre afin de diminuer le nombre des champs et de leur donner une forme plus compacte, plus spacieuse, adaptée au travail mécanisé). Dans l'Angleterre Tudor et georgienne, le remembrement s'accompagnait d'*enclôtures* (plantation de haies vives pour matérialiser plus nettement les limites des champs nouvellement dessinés).

De même, il arrive que l'autorité politique décide de modifier l'habitat rural. Il s'agit tantôt de rapprocher le paysan de son lieu de travail en l'incitant à quitter l'ancien village et à s'établir sur son exploitation remembrée (cas de la Suède au milieu du XVIIIe siècle ou du Sud de l'Italie dans les régions paludiques bonifiées par la Caisse du Midi), tantôt d'expulser de petits tenanciers afin de réunir leurs terres en vastes exploitations aptes à l'élevage extensif (cas de l'Angleterre à l'époque des enclôtures Tudor ou des Highlands d'Ecosse lors des évictions de 1795-1820).

L'étude des systèmes agraires comporte enfin deux autres grands chapitres, l'infinie variété des systèmes de production et les **structures foncières.**

FICHE 2

Décomposition du concept du système agraire

Structure agraire }
Habitat rural } ⟶ Paysage agraire }
Structure foncière } ⟶ Système agraire

Plusieurs questions se posent à leur sujet : à qui appartient la terre ? A l'exploitant lui-même, au seigneur, au landlord, à un citadin absentéiste, à l'usurier du village, au zamindar, à une fondation pieuse (les biens habous en pays d'Islam), au sovkhoz, à l'Etat, à une compagnie d'assurance, à une Caisse de retraite complémentaire ?

Quel est le mode de faire-valoir ? Faire-valoir direct (l'exploitant étant propriétaire de ses terres), métayage, fermage, location de chasse, concession précaire ? L'exploitant travaille-t-il seul avec des aides familiaux ou emploie-t-il des salariés ?

Quelles sont les pratiques successorales ? Droit d'aînesse, partage égal entre les héritiers, préférence accordée à l'un d'eux avec versement de soultes aux frères et sœurs ? L'Etat intervient-il par le prélèvement de droits de succession ?

La structure foncière a-t-elle une incidence sur la structure agraire, sur l'habitat ? D'une façon générale, comment les éléments du système agraire réagissent-ils les uns sur les autres ?

2. Tentatives d'explication de la genèse des systèmes agraires

Les chercheurs ne se contentent pas de décrire passivement des systèmes agraires. Tous sont hantés par l'ambition de reconstituer leur genèse et leur logique. Divers facteurs explicatifs ont été mis en avant entre la fin du XIXe siècle et les années 1950.

2.1. Les facteurs ethniques

C'est Meitzen qui a ouvert le débat avec un livre retentissant *Habitat et institutions agraires des Germains, Celtes, Romains, Finnois et Slaves* publié en 1895. A son avis, les différents types d'habitat rural et de structures agraires s'expliqueraient essentiellement par des facteurs ethniques, chaque ethnie ayant sa langue et son organisation sociale.

Les Germains par exemple, peuple conquérant, discipliné, doté d'une structure sociale fortement hiérarchisée, auraient choisi dès le départ l'habitat groupé, le défrichement méthodique de la forêt, une économie à la fois céréalière et pastorale et les pratiques collectives de l'openfield (labour en commun, vaine pâture, etc.) Les Slaves auraient opté pour une économie pastorale et pour le village rond, forme d'habitat défensive face à la menace des Germains. Les Celtes, refoulés par la poussée germanique vers l'Ouest et le Nord humides (Massif armoricain, Galles, Ecosse, Irlande) auraient donné libre cours à leur incorrigible individualisme en adoptant l'habitat dispersé, chaque paysan s'enfermant derrière les haies de sa petite tenure ; par ailleurs, les parcelles encloses se prêtaient bien à l'économie herbagère qui convenait à leur « paresse ». Les Romains enfin, peuple citadin, grégaire, auraient une préférence pour l'habitat groupé, en particulier pour le village en damier copié sur le plan du *castrum* militaire ; leur système de production (la trilogie céréales, arboriculture, élevage ovin) était bien adapté au climat méditerranéen à sécheresse estivale.

Cette théorie qui donnait le beau rôle aux Germains a été accueillie avec enthousiasme en Allemagne, mais avec méfiance dans les pays voisins. Elle soulevait de nombreuses objections. L'auteur aurait fait preuve de naïveté en imaginant qu'une race, une langue, un système de production puissent être parfaitement coextensifs. Et comment admettre qu'un système agraire aussi complexe que l'openfield à villages ait pu s'implanter d'un seul coup et qu'il se soit maintenu intact depuis la grande migration des peuples jusqu'au XIXe siècle ? Là où les archives médiévales sont abondantes (en Angleterre par exemple), on voit au contraire l'openfield se mettre en place très lentement, quartier par quartier, sous la pression de la croissance démographique. On observe aussi le passage progressif de l'assolement biennal à l'assolement triennal plus intensif, un groupe de quartiers d'un même finage restant fidèle au premier, tandis qu'un autre groupe est soumis au triennal ; le passage de l'un à l'autre est d'ailleurs resté inachevé ; au XVIIe siècle, le finage de Cambridge était encore en assolement biennal.

Autre objection, si l'habitat groupé est si typique du peuplement germanique, que dire de l'habitat dispersé de la Bavière et de la Westphalie ? Enfin, les géographes français découvraient avec amusement en Afrique noire (au Sénégal en pays serer, par exemple) de magnifiques exemples d'assolement triennal obligatoire (mil, arachide, jachère) avec habitat groupé au centre du finage. Décidément, il fallait trouver d'autres explications.

2.2. On se tourna donc à la suite de Demangeon vers le climat et la pédologie

Dans l'Ouest atlantique, les pays d'enclos s'étendent souvent sur des arènes granitiques peu profondes ou des sols dérivés de roches anciennes imperméables. Ils ont une profusion de petites sources qui facilitent la dispersion de l'habitat. Le climat humide, la longue durée de la saison végétative due à la douceur des hivers se prêtent bien à l'élevage en plein air. Les haies ne seraient alors que des obstacles opposés à l'errance du bétail.

Les pays d'openfield en revanche correspondent à des plateaux calcaires perméables tapissés d'une couche de loess plus ou moins continue ; l'eau de pluie s'y infiltre aisément, certains puits du Jura souabe ou de Lorraine ayant près de 20 mètres de profondeur. Le coût élevé du creusement et de l'entretien de ces puits, justifient qu'il n'y en ait qu'un par village. On construira donc les maisons le plus près possible de ce puits collectif. La nature elle-même aurait imposé l'habitat groupé !

Là aussi, les objections fusent. Ces puits rares et coûteux n'apparaissent souvent qu'au XVIIIe voire au XIXe siècle dans certains villages lorrains. Avant cela, chaque maisonnée devait se contenter d'une citerne individuelle. Inversement, beaucoup de petites sources du bocage tarissent pendant l'été. Avant l'invention de l'eau courante à l'évier, les fermières bretonnes et normandes allaient parfois quérir de l'eau jusqu'à de grandes distances.

Quant à la « vocation herbagère » du bocage, ce n'est souvent qu'un mythe. Meynier aimait à dire que la Bretagne est restée longtemps un grand producteur de céréales. De même, en Cornwall-Devon, la production laitière spécialisée ne date que de l'achèvement (1881) de la voie ferrée Londres-Penzance et de la croissance du marché de consommation londonien.

2.3. Doit-on faire appel aux techniques de labour ?

L'antiquité romaine ne connaissait que l'araire *(aratra)*, un instrument en bois, léger car dépourvu de roues et de versoir, et qui ne fait que gratter la surface du sol (celui-ci étant souvent mince et discontinu) ; un bourricot arrive aisément à le tirer. Quelques coins du monde méditerranéen l'ont utilisé jusqu'à l'époque du romancier Giono, parfois jusqu'à nos jours. Un tel instrument, facile à tourner et à soulever, n'impose aux champs aucune direction privilégiée. De là la forme carrée des champs méditerranéens et des champs préhistoriques que l'archéologie et la photographie aérienne ont découverts sur les plateaux crayeux du Sud de l'Angleterre.

La charrue à roues de l'openfield *(caruca)* que nous révèlent les livres d'heures médiévaux était en revanche un instrument lourd, pourvu de plusieurs pièces métalliques (cerclage des roues, coutre, pointe du soc, versoir), donc coûteux. Son utilisation ne pouvait être que collective, d'autant que l'attelage nécessaire pour le tirer (quatre paires de bœufs représentées sur une miniature du psautier de Luttrell) était hors de portée d'un seul manant. Cet instrument encombrant, peu maniable, était le seul efficace pour retourner les lourdes terres argileuses que l'on commence à défricher en Lorraine, dans le val d'Oxford, dans les Midlands à partir du XIIe siècle.

La longueur de l'ensemble attelage et caruca et la difficulté de faire demi-tour imposaient des labours en ligne aussi longs que possible. Dix chaînes (environ 202 mètres) paraissaient la longueur idéale, le terme même de « furlong » signifiant à la fois « sillon » et « unité de longueur égale à dix chaînes ». De là la forme rubanée des champs, l'absence de clôture (plus on s'éloigne de la forme carrée et plus le rapport périmètre/superficie du champ augmente), et le labour collectif. L'habitude des travaux collectifs et l'absence de clôtures mènent aisément à la vaine pâture, et à l'assolement obligatoire. Celui-ci impose à son tour la dispersion des champs d'une tenure dans chacune des soles. L'émiettement de la tenure entraîne la localisation centrale de la maison, donc l'habitat groupé.

La technique du labour médiéval avec la caruca était si contraignante qu'elle a imposé l'openfield et l'habitat groupé et donné naissance à un vocabulaire agraire (*furlong, chain, acre, field,* etc.) qui fonctionne encore de nos jours.

2.4. L'histoire

Enfin, comme le recommande Dion, il est bon de ne pas négliger *l'histoire*, c'est-à-dire l'évolution des normes sociales en matière d'habitat et de structure agraire, ce que n'a pas su faire Meitzen. Tous les lieux habités d'une commune n'ont pas nécessairement le même âge. Les archives permettent parfois de distinguer un habitat originel (un village par exemple) et un habitat secondaire plus récent ; celui-ci peut prendre la forme d'une dispersion intercalaire à l'occasion d'une seconde vague de défrichement.

Mais on a aussi le cas inverse, le regroupement d'un habitat dispersé pour des motifs de sécurité (par exemple en Algérie entre 1954 et 1962 sous le régime français). Et aussi le cas de déplacement forcé d'une population (l'éviction des Highlanders d'Ecosse au début du XIXe siècle et leur transfert sur les *crofts*, les petites tenures sommairement aménagées du littoral).

Il arrive que la structure agraire évolue progressivement pour s'adapter aux mutations économiques comme l'a montré J. Coppock à propos de quelques paroisses des Chiltern au XVIe siècle. Le revers de cette cuesta avait alors un bel openfield « classique ». Les défrichements opérés à la périphérie du finage à l'époque Tudor l'ont été, non par l'ensemble de la communauté villageoise, mais par de petits groupes de manants « favoris » du lord et désireux de faire bande à part, avec l'approbation et l'appui actif de celui-ci. Les nouveaux quartiers ainsi conquis sur la forêt de hêtres ont été séparés des quartiers voisins par une clôture, et plus tard subdivisés entre les associés par des clôtures intérieures.

Ainsi naissait un petit bocage à la périphérie de l'openfield. L'exemple aidant, ce dernier s'est progressivement embocagé et passait d'une économie céréalière à l'élevage bovin pour la boucherie londonienne. L'habitat enfin s'adaptait à la révolution agraire et économique par dispersion intercalaire.

3. La concentricité des systèmes de production

Les écoles allemande et vidalienne ont étudié les systèmes agraires en eux-mêmes, indépendamment des villes et sans se soucier d'une éventuelle influence des marchés urbains. Pourtant, un propriétaire-exploitant mecklembourgeois (il avait un domaine de 346 hectares à Tellow près de Rostock), mathématicien de formation et économiste à ses heures, avait mis au point dès le milieu du XIXe siècle un modèle de répartition des rentes foncières et des systèmes agricoles autour d'un grand centre urbain qui aurait dû attirer leur attention.

L'auteur, von Thünen, publiait en 1826 *L'Etat isolé dans ses rapports avec l'agriculture et l'économie nationale* qui eut d'autres éditions, augmentées en 1842,1850 et 1863. Cet ouvrage est resté largement ignoré jusqu'à ce que le géographe américain Jonasson l'exhume en 1925.

3.1. Les postulats de von Thünen

Pour donner une valeur générale à sa démonstration, l'auteur nous transporte dès les premières lignes dans un cadre abstrait : « Imaginez une très grande ville au centre d'une plaine fertile qui n'est traversée par aucune rivière ni aucun canal. Le sol est cultivable et d'égale fertilité sur toute l'étendue de la plaine. Très loin de la ville, celle-ci se mue en désert inculte qui coupe toute communication entre cet Etat et le monde extérieur. Il n'y a pas d'autre ville dans la plaine... ».

On ignore l'effectif de population de la ville ; il n'intervient que dans la détermination du prix des denrées et notamment de la principale, le seigle. Tous les transports s'effectuent par charrois sur les chemins de terre, les frais de transport étant proportionnels à la distance.

Chaque agriculteur, *homo œconomicus* parfait, est en bonne santé, parfaitement informé des techniques agricoles, des coûts de production et de transport ; chacun adopte le système de production le plus rationnel. Tous sont locataires d'un unique landlord qui réside en ville. Bref, sur cette plaine isotrope et d'égale fertilité, les exploitations ne se distinguent entre elles que par la distance qui les sépare de la ville.

L'auteur expose clairement son objectif : « Le problème à résoudre est le suivant : quelle forme prendra dans ces conditions la répartition des cultures ? Comment le système de production de chaque district sera-t-il affecté par sa distance à la ville ? ».

3.2. La fonction de rente

La principale inconnue du problème posé par von Thünen est la **rente foncière**, c'est-à-dire « cette portion du produit de la terre qui est payée au propriétaire pour l'utilisation du pouvoir originel et indestructible du sol » (Ricardo). Von Thünen constate que la rente diminue à mesure qu'on s'éloigne de Rostock, de Hambourg, de Londres et sans doute de tous les grands marchés de consommation.

Plaçons-nous d'abord dans le cas le plus simple, un espace à une seule culture, le seigle. Pour découvrir le lien existant entre la rente payée par une exploitation et sa distance à la ville, nous disposons de quatre paramètres : – le rendement E du seigle (en unité de poids par unité de surface) ; sur cette plaine uniforme, il est le même partout ; – les coûts de production c (en thaler par unité de poids), qui incluent la rémunération du fermier et tous les frais de culture, d'assurance et d'entretien de l'exploitation ; – le prix du seigle en ville p (en thaler par unité de poids), sur lequel le fermier n'a aucune prise ; – le taux de frêt f (en thaler par unité de poids et unité de distance) ; il est le même partout sur cette plaine isotrope ; – notons que $(p - c) = m =$ bénéfice brut à l'unité de poids en thaler ; et que $Em =$ bénéfice brut à l'unité de surface en thaler.

Dans ces conditions, le produit brut à l'unité de surface Em est le même partout ; il est représenté sur la figure 1 par une demi-droite Ax' parallèle à l'axe des x. Les frais de transport du seigle d'une exploitation vers la ville croissent avec la distance. Leur courbe $y = Efd$ part du point V où elle est égale à zéro et s'élève jusqu'à recouper Ax'en B. La projection de B sur l'axe des x en L marque la limite de la culture. En L les frais de transport ont anéanti le bénéfice brut.

Un agriculteur placé en L et mécontent de son sort demande au propriétaire foncier de le muter sur une autre exploitation plus proche de la ville et lui offre pour prix de cette faveur une certaine rente à l'unité de surface. Le collègue menacé d'éviction est obligé d'offrir la même somme. Les enchères montent et, de proche en proche, pour éviter d'être évincé par plus malchanceux que lui, chaque agriculteur est obligé de verser au propriétaire foncier une rente égale à son bénéfice brut diminué des frais de transport.

La rente $y = Em - Efd$ *(figure 1)* est maximale en ville où Efd est égal à zéro et où elle absorbe la totalité du bénéfice brut Em. Elle diminue quand on s'en éloigne et s'annule en L à la limite de l'espace cultivé. La courbe AL représente la **fonction de rente** du seigle le long de l'axe VL. En chaque point de celui-ci, on a :

Bénéfice brut = Rente + Frais de transport = constante.

Bien entendu, ce que nous avons observé sur un rayon quelconque de l'Etat circulaire vaut pour l'infinité des autres, donc pour l'ensemble de l'Etat. La rente a permis d'égaliser le train de vie de tous les agriculteurs en confisquant au profit du propriétaire foncier la prime de situation des plus chanceux. Le percepteur bénévole, en reverse la plus grande partie à l'Etat sous forme de l'impôt foncier. Cet impôt, première ressource de l'Etat, lui permet d'entretenir une armée et de rétribuer les fonctionnaires. Et von Thünen a évoqué au passage, sans y prendre garde, la conception prussienne de la propriété foncière.

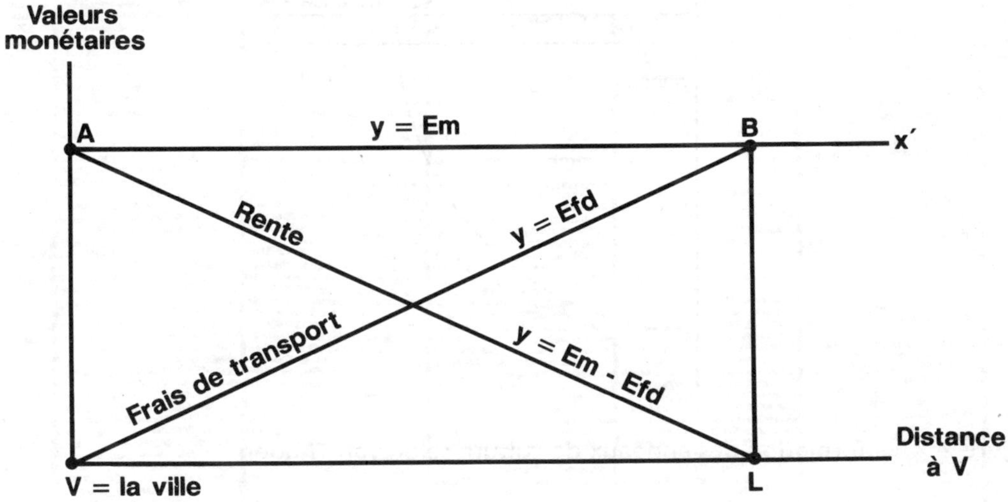

Figure 1 La fonction de rente
J.H. von Thünen

3.3. La zonation des cultures

Chaque culture ou système de cultures a sa fonction de rente de pente (– E*f*), la pente étant d'autant plus raide que les rendements à l'unité de surface et les taux de frêt sont plus élevés. Dans un espace à deux cultures de rente R1 et R2 *(figure 2)*, les deux courbes se coupent en C'dont la projection en C sur l'axe des x marque la limite de la culture de rente R1. Au-delà de C, R2 l'emporte sur R1. La culture de rente R2 forme donc un anneau au-delà du premier cercle attribué à la culture de rente R1.

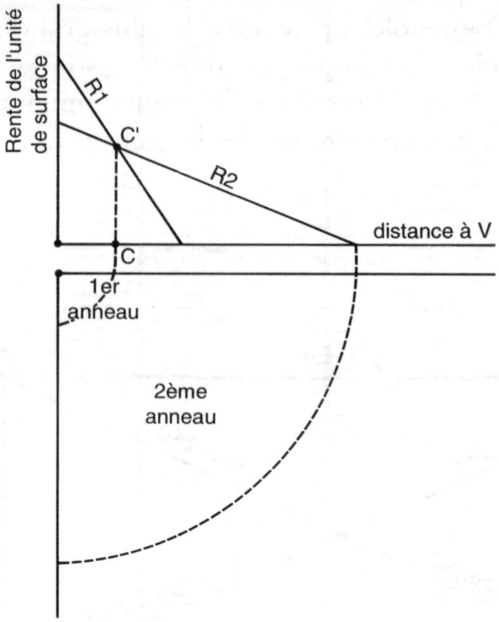

Figure 2 La formation des anneaux de culture selon von Thünen

En effet, en chaque point de l'espace cultivé, il n'est pas possible de pratiquer un autre système de culture que celui qui donne la plus forte rente. Le propriétaire foncier exige la plus forte rente possible, et l'Etat l'impôt foncier maximal. La pression sociale est telle qu'un agriculteur négligent ou fantaisiste serait immédiatement évincé par un autre qui convoite sa place.

Ce qui vaut pour deux systèmes de culture concentriques vaut aussi pour un plus grand nombre, les anneaux de culture se succédant de la ville à la périphérie par ordre de fragilité et de rendement-poids décroissants. Les productions intensives (à fort rendement) ou fragiles (à taux de frêt élevé) se rapprochent de la ville, tandis que les élevages extensifs se tiennent à la périphérie de l'Etat.

3.4. L'enrichissement du modèle initial

Après avoir isolé le facteur principal (la distance à la ville) pour mesurer son impact sur la rente foncière et la zonation des cultures, von Thünen introduit des facteurs complémentaires qui enrichissent progressivement le modèle initial.

— *L'inégale fertilité du sol.* Une tache de sols ingrats proche du centre se condamne à des systèmes de production caractéristiques de la périphérie alors que des sols fertiles en rehaussent localement l'intensité.
— *Une voie navigable* réduit les taux de fret à un dixième du taux de fret des charrois. Elle suscite tout le long de son cours des productions à forte rente caractéristiques d'une situation centrale. Dion remarquera plus tard que tous les grands vignobles (Champagne, Basse Bourgogne, Haute Bourgogne et Beaujolais, Bordelais, Porto) recherchent le voisinage d'une rivière qui, plus loin, traverse une grande ville.
— *La multiplicité des marchés urbains.* Chaque petite ville suscite autour d'elle une série d'anneaux de culture emboîtés dans ceux de la métropole principale.
— *La tentation de l'lnfield/Outfield.* Certains fermiers ont la tentation de négliger les champs les plus éloignés de la maison fermière, dont la desserte leur fait perdre beaucoup de temps en déplacements, et d'accorder un supplément de travail et de fumure aux champs les plus proches. Les exploitations conduites de cette façon reproduisent en plus petit la zonation du finage. On peut observer le cas extrême dans les Highlands d'Ecosse où les terres fertiles qui entourent le hameau *(infield)* sont en culture continue, alors qu'on abandonne la périphérie montagneuse *(outfield)* au pacage collectif des ovins.

3.5. Le modèle de von Thünen à l'épreuve du réel

Le modèle de concentricité des systèmes de production peut s'adapter à plusieurs échelles, échelle régionale (exemples de la Pampa, du Choa), échelle du finage (exemples de la Mancha, du Campidano), échelle de l'exploitation.

L'exemple de la Pampa

On ne peut rêver meilleur exemple d'Etat isolé que la Pampa argentine, belle plaine limoneuse vaste comme la France, dominée par l'énorme métropole de Buenos Aires et séparée du reste du monde par des déserts et des océans. Le peuplement s'est effectué à partir de Buenos Aires, avançant lentement vers l'ouest et le sud au cours du XIXe siècle. Du fait de l'éloignement de la Pampa des grands marchés de consommation du nord-ouest de l'Europe, il fallait imaginer un système de production dont la fonction rentale ait une pente (– Ef) aussi faible que possible, donc un très petit rendement-poids et un produit peu fragile, non périssable, adapté à la lenteur des transports maritimes. On commença par lâcher des bovins dans la plaine ; puis, on les chassait au fusil, on prélevait la peau (opération dite « cuerear », faire du cuir) et on expédiait les cuirs en Europe.

A partir du milieu du XIXe siècle, on adopte un système moins rudimentaire, le ranching sur pacage naturel pour la production des peaux (la phase A de la figure 3). Puis, le ranching avec cultures fourragères repousse vers l'intérieur l'élevage extensif (phase B). L'accroissement de la demande de céréales en Europe et l'accélération des transports maritimes fait naître un système un peu plus intensif, la culture du blé ; parti de Buenos Aires, il refoule l'élevage vers l'ouest et le sud (phase C). A la fin du XIXe siècle apparaissent aux environs de Buenos Aires la culture du lin et celle du maïs pour l'engraissement des bovins. Grâce aux techniques nouvelles de réfrigération, on exporte la viande bovine congelée jusqu'en Europe, tout en continuant à exporter les peaux, le blé et la graine de lin (phase D).

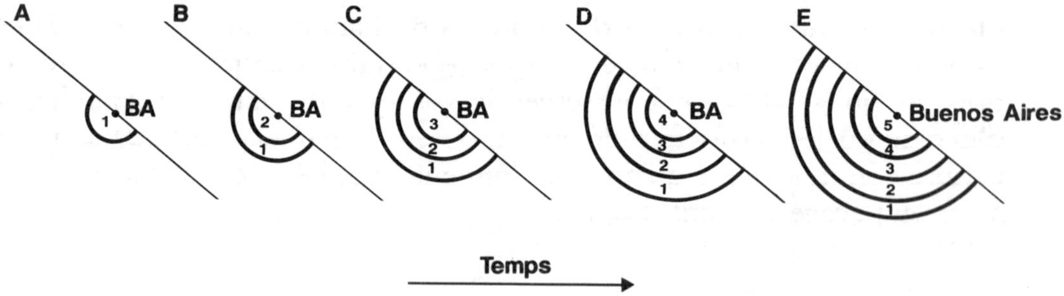

Figure 3 Succession temporelle des types d'utilisation du sol dans la Pampa

L'accroissement de la population de Buenos Aires et l'élévation de son niveau de vie justifient l'apparition d'une banlieue laitière et maraîchère (phase E), alors que les systèmes de production moins intensifs continuent de progresser vers l'intérieur. A la fin de ce processus, vers 1940, cinq anneaux concentriques enveloppaient la métropole, de moins en moins intensifs à mesure qu'on s'en éloignait. Bien entendu, on trouvait encore dans chacun d'eux quelques vestiges des systèmes antérieurs de production qui n'avaient pas complètement disparu.

L'exemple du Choa

Le Choa, cœur de l'Ethiopie, constitue lui aussi un bel exemple d'Etat isolé. C'est un haut plateau volcanique creusé de gorges profondes et qui, du fait de sa latitude tropicale (de 7° à 10° de latitude Nord) est affligé d'une saison sèche de 8 ou 9 mois. L'ethnie dominante, les Amhara, fondait en 1890 Addis Abeba, l'unique métropole du plateau. L'attention du géographe américain R. Horvath a été attirée par l'existence d'un anneau forestier qui enserre Addis de toute part, comme dans le modèle thunénien. Il résulte de plantations d'eucalyptus, commencées dès la fin du XIXe siècle. La forêt couvrait 50 km^2 vers 1940, 170 km^2 en 1957, 237 km2 en 1964 lors de l'enquête de Horvath. L'indispensable eucalyptus fournit l'unique combustible et le principal matériau de construction (90 % des maisons d'Addis sont en bois).

La sécheresse du climat empêche la formation d'un anneau maraîcher. Les jardins ne s'éloignent pas des fonds de vallée qui ont de l'eau en toute saison, dans l'anneau forestier et même à l'intérieur de la ville. Au nord d'Addis, au-delà de la forêt d'eucalyptus, commence la zone laitière, le climat frais des monts Entotto étant assez bien adapté à l'élevage des bovins. Les éleveurs apportent les bidons de lait à dos d'homme jusqu'aux dépôts ; des camions descendent la collecte des dépôts jusqu'aux rares laiteries de la capitale.

Les plateaux secs au sud et au sud-est d'Addis s'adonnent aux cultures traditionnelles à faible rente (blé, tef, lentilles, fenugrec). La zonation des cultures n'est donc pas parfaite, en raison surtout du relief et de la sécheresse du climat.

L'exemple de la Mancha espagnole

Dans la Mancha, « l'occupation du sol prend une allure géométrique. Au milieu de la plaine nue se dressent d'énormes villages ; on en rencontre parfois quatre ou cinq sur 600 km^2 » (Birot, 1950). La répartition des cultures est étonnante : les champs de céréales autour du village, les vignes au-delà. « Champs nus d'une part, olivettes et vignobles d'autre part se disposent en couronnes concentriques. »

Cette disposition paradoxale s'explique par le soin que l'on apporte à la culture des céréales (plusieurs labours, façons culturales de printemps), alors que l'on ne taille jamais les oliviers ni les ceps ; on ne les visite qu'au moment de la récolte. Les vignobles de la Mancha sont réputés (Manzanares, Valdepeñas) mais ils n'ont qu'un faible rendement-poids comparés à ceux du Languedoc, d'où leur localisation périphérique.

Dans le Campidano sarde, on observe aussi un paysage conforme au schéma de von Thünen. « De quelque côté que l'on sorte d'un village, on est frappé par une rigoureuse disposition en zones concentriques des divers éléments du paysage rural. Autour du village dont les maisons sont blotties autour de ruelles étroites, il y a une première zone où des parcelles menues, entre des haies de figuiers de Barbarie, portent des légumes, des oliviers, des amandiers, des vignes... (Puis) brusquement s'ouvre un paysage plat et nu, sans murs, sans haies, sans arbres ; ce sont les champs cultivés.. où les chemins boueux s'enfoncent en étoile. Entièrement travaillé (aux abords) du village, ce terroir s'appauvrit quand on s'en éloigne ; les jachères s'étendent, les champs s'amenuisent et déjà s'élargissent les taches sombres des buissons de cistes et de lentisques... (Puis) ces taches s'étalent jusqu'à former une lande continue qu'il faut traverser pour atteindre les champs du village voisin » (Le Lannou, 1971).

Tout y est, le village central, la plaine isotrope, la concentricité des productions, la diminution de leur intensité à mesure qu'on s'éloigne du centre, les incultes de la périphérie, l'openfield en assolement biennal obligatoire. L'édit d'enclôture du 6 octobre 1820 n'a jamais pu être appliqué en raison du morcellement du finage en un très grand nombre de parcelles.

4. Les systèmes rationnels intégrés

La plupart des systèmes agraires se sont mis en place progressivement, au fil des siècles, chaque génération apportant une retouche, une culture nouvelle (exemples le maïs, la pomme de terre en Europe après la découverte de l'Amérique), une rotation de culture inédite (telle que la rotation quadriennale du Norfolk au XVIIe siècle), des outils plus performants (le semoir mécanique, la moissonneuse-lieuse), une nouvelle technique (comme l'irrigation par aspersion), un remembrement, une réforme foncière ou fiscale, etc.

D'autres au contraire ont été créés d'un seul coup par une volonté organisatrice (le plus souvent l'Etat), dans un but de justice sociale. Mais là aussi, le temps a souvent altéré les projets initiaux du législateur.

4.1. L'exemple du Middle West

Le Middle West des Etats-Unis et la Prairie canadienne offrent de beaux exemples de colonisation rationnelle sous l'égide de l'Etat. Le peuplement du premier s'est opéré d'Est en Ouest, derrière le rouleau compresseur de l'armée qui expulsait des Indiens vers les hautes plaines. Dès qu'un territoire était suffisamment peuplé, il accédait à la dignité d'Etat, de plus en plus tardivement à mesure qu'on avançait vers l'Ouest : l'Ohio en 1803, l'Indiana en

1816, le Missouri en 1821, l'Iowa en 1846, le Nebraska en 1867. Ensuite, le pouvoir fédéral, imbu de l'esprit des Lumières, projetait au sol un carroyage administratif rigoureusement géométrique. Comme limites d'Etat, on choisissait de préférence des méridiens et des parallèles, à la rigueur des fleuves et rivières. Autant que possible, on traçait dans ce cadre statal des communes (townships) d'égale superficie, 36 miles^2, chacune étant un carré de 6 miles de côté limité par deux méridiens et deux parallèles.

Cette volonté de logique et d'uniformité ne s'arrêtait pas là. Les Pères fondateurs rêvaient d'une société rurale égalitaire, un nouvel Eden où chaque farmer disposerait en faire-valoir direct de la même superficie cultivable que son voisin. On calquera donc les limites foncières sur les limites administratives. Chaque township sera divisé en 36 sections d'un mile carré chacune, et chaque section en quatre exploitations carrées d'un demi-mile de côté. Ainsi, un quart de section = 0,25 mile carré =160 acres = une exploitation agricole (= environ 64 hectares). On encourageait les quatre fermiers d'une même section à construire leur « farmstead » à proximité les uns des autres de façon à former de petits hameaux propices à l'entr'aide agricole et à la distribution du courrier.

Pendant la guerre civile (1861-1865), pour rallier les immigrés récents à sa cause, le Congrès nordiste votait le *Homestead Act* (1862) qui distribuait pour un prix symbolique les dernières exploitations d'un quart de section. Peu après, le Parlement canadien votait le *Dominion Lands Act* (1872) qui reprenait pour la Prairie les grandes lignes de la loi américaine.

Toutefois, plus on s'enfonce dans l'Ouest, plus la sécheresse du climat s'accentue ; les rendements agricoles baissent ; le législateur dut se résigner à lotir des exploitations d'une demi-section, voire d'une section. Cela n'altère guère l'extrême monotonie du paysage, les champs parfaitement géométriques, les routes et les voies ferrées rectilignes, l'habitat dispersé, l'immensité des cultures céréalières ponctuées çà et là par les silos à grains aux couleurs criardes.

Cette structure agraire rationnelle et idyllique a beaucoup changé depuis un siècle. Les sécheresses, en particulier celles de 1934 et de 1988, et les crises de surproduction et de bas prix des céréales ont entraîné la ruine de nombreux farmers. Beaucoup ont été contraints de vendre leur exploitation, et parfois celle-ci a été saisie pour dettes. Les acheteurs sont tantôt des voisins plus chanceux qui agrandissent ainsi leur exploitation, tantôt des intérêts extérieurs à l'agriculture (banque, sociétés ferroviaires, spéculateurs urbains) qui baillent les terres en fermage. Aussi, le faire-valoir direct ne concerne plus que 40 % des exploitants ; 50 % sont en fermage, et 10 % mixtes.

Même en période de prospérité, des regroupements fonciers se poursuivent, car le seuil de rentabilité de l'agriculture ne cesse de s'élever du fait de la baisse séculaire des prix agricoles et du coût de plus en plus élevé du machinisme. Sauf dans l'Est humide, l'exploitation-type de 64 hectares est devenue une exception. Plus on va vers l'Ouest, et plus l'évolution vers le gigantisme s'accentue. En 1975, la dimension moyenne des exploitations agricoles était de 60 hectares en Ohio, 66 en Indiana, 94 en Illinois, 102 en Iowa, 183 en Nebraska (proche de trois quarts de section), 250 en Kansas (proche d'une section), 426 hectares en Sud Dakota (proche de sept quarts de section).

4.2. L'expérience socialiste

Les systèmes agraires des pays socialistes et ex-socialistes ont subi au XXe siècle bien des bouleversements. Au départ, dans chacun de ces pays, une révolution anticapitaliste, avec ses idéaux (élimination des classes possédantes, égalitarisme, alignement du mode de vie des ruraux sur celui des travailleurs citadins). Mais comment les mettre en œuvre dans un milieu paysan peu réceptif ? Aussi les solutions adoptées ont-elles varié dans le temps et diffèrent-elles d'un pays à l'autre.

En URSS

La révolution bolchevik trouvait en face d'elle en 1917 des systèmes agraires caractérisés par la grande propriété nobiliaire, bourgeoise et ecclésiastique en location (150 millions d'hectares), le pullulement des petites exploitations paysannes en faire-valoir direct (215 millions d'hectares), des finages en openfield, des pratiques communautaires, un habitat groupé en villages.

Dans un premier temps (octobre 1917), le gouvernement donne « la terre aux paysans » qui s'empressent de la diviser en menues parcelles pour agrandir leurs exploitations. Ils y pratiquent une agriculture vivrière non mécanisée. La seconde phase (1928-1931), entreprise sous l'autorité de Staline, est beaucoup plus traumatisante. Il s'agit de passer à la grande culture mécanisée à l'américaine, afin de nourrir les villes en pleine expansion. Mais il faut pour cela de vastes exploitations remembrées, coopératives ou fermes d'Etat. Dans les coopératives *(kolkhoz)* où on a effacé les limites de leurs petites parcelles, les paysans doivent se résigner au travail en équipe, mais on leur laisse un petit enclos *(dvor)* pour la consommation familiale. Les rares paysans aisés *(koulak)* sont déportés en Sibérie et éliminés. Les fermes d'Etat *(sovkhoz)* se calquent parfois sur les anciens domaines nobiliaires les plus vastes. Elles s'imposent aussi sur les « terres nouvelles » du Kazakstan et de l'Ouzbekistan dont on commence alors la mise en culture.

Un personnel salarié sans attache rurale s'adonne à la grande culture du blé, du coton, de la betterave à sucre, à l'aide de machines agricoles copiées sur celles qu'on utilise dans le Middle West.

L'évolution des parcelles et des exploitations vers le gigantisme constaté dans les plaines américaines se répète ici, en partie pour les mêmes raisons (adaptation des unités agraires aux capacités de travail des machines agricoles). Les sovkhoz se regroupent. Les petits kolkhoz sont absorbés par les grands. Comme en Amérique, l'érosion éolienne ravage les terres des régions sèches ; pour y remédier, on adopte les mêmes solutions (plantations d'écrans boisés), en particulier dans les plaines de la basse Volga.

On a conservé l'habitat groupé bien adapté au travail collectif. Mais les *sovkhoz* et *kolkhoz* sont devenus si vastes (certains ont plus de 20 000 hectares) qu'ils comprennent désormais plusieurs villages. L'un d'eux rassemble les équipements collectifs les plus importants (ateliers de réparation, hangars, silos, étables, école secondaire, clinique) et adopte des formes architecturales de type urbain *(agroville)* tandis que les autres gardent des formes d'habitat traditionnelles plus humbles mais aussi plus conviviales.

L'éclatement de l'URSS, la désorganisation des transports font peser de lourdes menaces sur l'agriculture soviétique. Pourtant, un retour au système agraire antérieur à 1928 paraît exclu.

L'Europe Orientale, en partie occupée par l'Armée rouge en 1945, adopte bon gré mal gré des structures agraires inspirées de celles de l'URSS. Mais on a davantage tenu compte des résistances du milieu rural. La Bulgarie et l'ancienne RDA copient textuellement le modèle soviétique (collectivisation précoce, facile, intégrale). La Hongrie se lance sur la même voie, mais la révolte de 1956 contraint le gouvernement à faire partiellement marche arrière. En Roumanie et en Tchécoslovaquie, la collectivisation s'impose sur la majorité des terres (94 % de la première, 90 % de la seconde), laissant le reste au secteur privé. En Pologne et en Yougoslavie, l'échec de la collectivisation est évident dès 1957. Dans ces deux pays, les fermes d'Etat ne couvrent que 15 % de la surface agricole. L'agriculture traditionnelle garde donc la majorité des terres.

L'effondrement des régimes communistes en 1990-91 dans toute l'Europe de l'Est donne des responsabilités nouvelles aux tenants de l'agriculture libérale. Mais elle est partout handicapée par le manque de capitaux, d'engrais, de tracteurs, d'outils modernes.

En Algérie, les 22 000 exploitations abandonnées par les colons français en 1960-62 sont aussitôt occupées par leurs ouvriers agricoles qui les convertissent en domaines autogérés ; des fusions ramènent leur nombre à 2 200, d'une superficie moyenne de 1 050 hectares. Beaucoup de ces domaines autogérés souffrent de boursouflure bureaucratique, d'absentéisme et d'une commercialisation défectueuse.

La réforme agraire proprement dite commence en 1971. Dans un premier temps, les terres des collectivités locales et des grands propriétaires privés sont redistribuées aux paysans en lots d'une dizaine d'hectares. Dans un second temps, on regroupe ces propriétés dont on a effacé les limites en petites coopératives agricoles de production, chacune ayant une vingtaine de membres.

On aboutit ainsi à la coexistence de trois structures foncières, les grands domaines autogérés, les coopératives, les petites propriétés privées indépendantes, dont on s'efforce de coordonner l'activité. Mais les mêmes problèmes se posent partout : nombre insuffisant de dirigeants compétents, pénurie de machines neuves, de tracteurs, faible ardeur à l'ouvrage, et en arrière-plan, un taux de chômage élevé soutenu par une croissance démographique effrénée.

En Chine, la révolution communiste de 1949 se heurte à certaines réalités massives, incontournables : un système de production fondé sur la riziculture irriguée (sauf dans le nord où la culture du blé l'emporte), un paysage multiséculaire de petites rizières inondables entourées de murettes, un habitat groupé en millions de hameaux, une population rurale surabondante et famélique.

Que faire ? D'abord s'attirer la reconnaissance des masses paysannes en distribuant les terres des « grands » propriétaires (c'est-à-dire ceux qui possèdent plus de deux ou trois hectares) et des usuriers. Ensuite, en développant des coopératives d'entr'aide. On peut alors passer à la collectivisation des terres et du travail dans le cadre du hameau. Nouvelle étape en 1958 avec la constitution des Communes populaires regroupant plusieurs dizaines de hameaux. Le travail agricole s'organise en trois niveaux superposés : la brigade (responsable des hangars et des greniers, ainsi que de la clinique et de l'école principale), les équipes (qui coincident souvent avec la population d'un hameau), chaque équipe étant subdivisée en groupes familiaux. Tout cela ne concerne en fait que les rapports sociaux. Les systèmes agraires ont une telle inertie qu'ils ont été peu modifiés, sinon dans le sens de la modernisation (usage accru des engrais, amélioration de l'habitat et du petit outillage, électrification de certains hameaux, décentralisation de l'industrie légère jusqu'aux hameaux).

Peu après la mort de Mao Dzé Dong (1976) commence une relative décollectivisation : mise en sommeil des Communes populaires, rôle accru donné aux équipes, aux groupes, à l'initiative individuelle. Les révolutions viennent et passent ; le paysage rural demeure inchangé dans ses grandes lignes.

4.3. Les Polders, l'exemple néerlandais

Les polders représentent sans doute le summum de la perfection dans l'aménagement volontaire des systèmes agraires. Ici, tout a été pensé, coordonné, mis au point dans les moindres détails. La poldérisation d'un marais maritime demande des capitaux abondants, de l'esprit de suite (car elle s'étire parfois sur des décennies) et une forte autorité politique. Il faut tout prévoir avant même l'installation du premier habitant : la forme, la superficie, le drainage de chaque parcelle, le nombre des exploitations à l'unité près, la voirie, l'habitat, le ou les systèmes de production, le ou les modes de faire-valoir, le recrutement des colons (en tenant compte de leur âge, leur état de santé, leur niveau scolaire, leur fortune et parfois même, comme aux Pays Bas, leur religion).

Les Pays-Bas sont depuis longtemps passés maîtres dans l'art de conquérir, peupler et mettre en valeur des terres nouvelles. Sur les 3 670 000 hectares de leur pays, 600 000 hectares ont été arrachés depuis le Moyen âge à l'emprise des eaux marines et lacustres. L'effort ne s'est pas relâché au XXe siècle, bien au contraire. Les privations alimentaires de la première guerre mondiale, les inondations de 1916 tout autour du Zuidersee, la pression démographique, tout incitait l'Etat néerlandais à entreprendre l'assèchement du golfe marin. Le plan proposé en 1920 par l'ingénieur Lely sera suivi dans ses grands lignes pendant plus de 60 ans.

Le Wieringermeer, le premier conquis, a été rattaché directement au continent. Entre 1927 et 1932, l'Etat édifie la digue de fermeture du golfe, longue de 32 kilomètres, haute de sept mètres, qui transforme le Zuidersee en un lac d'eau douce, l'Ijsselmeer. Le polder du Nord-Est est lui aussi rattaché au continent, ce qui a l'inconvénient d'abaisser la nappe phréatique du « vieux pays » bordier. Aussi, les trois derniers polders seront-ils séparés du continent par une large bande lacustre. Ceux-ci, le Flevoland oriental, le Flevoland méridional et le Markerwaard, bénéficient de l'expérience acquise.

Les cinq polders ajoutent 225 000 hectares à la superficie du pays. Le reste du lac d'Ijssel (125 000 hectares) ne sera sans doute jamais asséché, les étendues d'eau douce étant devenues de nos jours aussi précieuses, sinon plus, que les terres agricoles *(tableau 1)*.

Tableau 1 Les polders Néerlandais

Polder	Superficie (hectares)	Dates de l'assèchement	Utilisation du sol (%) Agri-culture	Forêt loisirs	Habitat industrie	Routes canaux
Wieringer	20 000	1927-30	87	3	1	9
Nord Est	48 000	1937-42	87	5	1	7
Flevo Est	54 000	1950-57	75	11	8	6
Flevo Sud	43 000	1959-68	50	25	18	7
Markerwaard	60 000	1963-81	c.30	c.30	c.30	c.10

Source : Consulentshap voor de Akkerbonw en de Rundveehouderij in de Isselmeerpolders, De Ijsselmeerpolders, Zimmeloord, 1972.

Avec le passage du temps, les objectifs d'utilisation du sol se sont modifiés. Les deux premiers polders n'avaient qu'un seul but, agrandir la superficie cultivée du pays pour faire face à l'accroissement démographique. Dans le troisième, l'objectif agricole reste prioritaire mais la construction de la ville nouvelle de Lelystad, capitale de l'Ijsselmeer, accapare une bonne partie du sol. Dans les deux derniers, proches d'Amsterdam, le parti d'urbanisation passe au premier plan ; ils doivent accueillir des logements et des espaces de loisirs pour le trop-plein démographique de la capitale.

Le paysage frappe par son aspect géométrique *(figure 4)*. A l'extrémité nord du polder du Nord Est, par exemple, l'exploitation-type forme une seule parcelle de 800 mètres de long sur 300 mètres de large ; les deux grands côtés donnent sur des drains, un des petits côtés donne sur le canal principal et l'autre petit côté sur une route où s'alignent les maisons fermières. Un tel dispositif permet de traiter en même temps, de façon cohérente la voirie, le drainage, le parcellaire et l'habitat.

Là aussi, l'élévation du seuil de rentabilité de l'agriculture a contraint les aménageurs à tailler des parcelles-type de plus en plus vastes : 20 hectares dans le Wieringermeer (800 m x 250 m), 24 hectares dans le polder du Nord Est (800 m x 300 m), 30 hectares dans la moitié nord du Flevoland oriental (1000 m x 300 m), 45 hectares dans sa moitié Sud (1000 m x 450 m), 60 hectares dans le Sud Flevoland (1200 m x 500 m). Le choix des colons incombe à l'Etat ; de même le choix des systèmes de culture (cultures arables, prairies, cultures maraîchères). C'est le triomphe de l'esprit de géométrie.

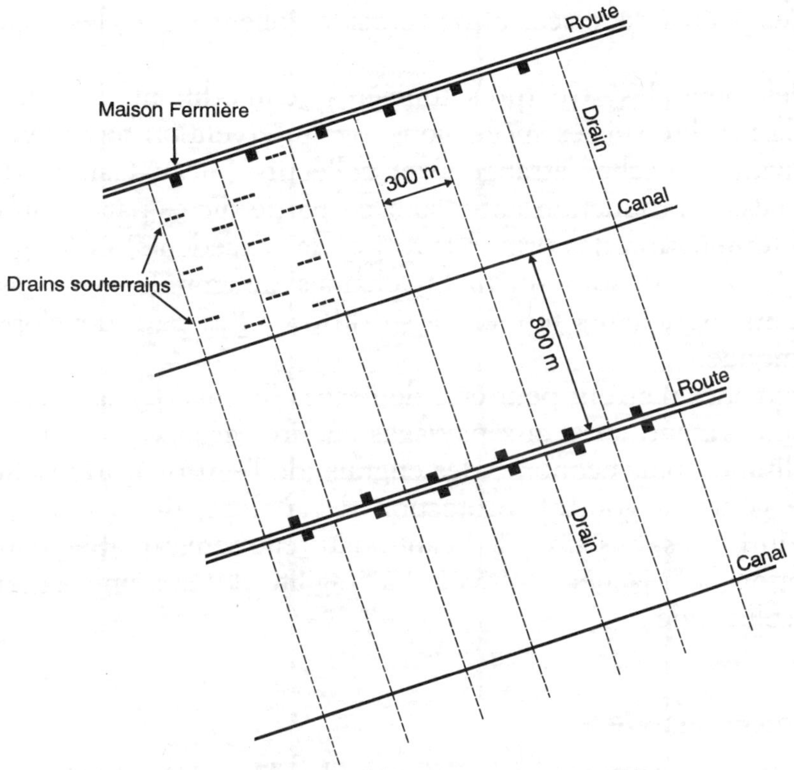

Figure 4 Le polder du Nord Est – extrait du cadastre
Source : De Ijsselmeerpolders, Zimmeloord, 1972.

5. Conservation des ressources et des paysages agraires

Dans les pays développés, des structures agraires qui semblaient figées depuis des siècles sont de nos jours exposées à des pressions de plus en plus fortes. Les unes émanent du milieu urbain qui enserre la campagne de toutes parts. Plus encore qu'à l'époque de Verhaeren, les « villes tentaculaires » projettent leurs annexes (autoroutes, aéroports, champs d'épandage, décharges publiques, réservoirs, etc.) au plus profond des « campagnes hallucinées ». D'autres résultent de l'évolution des systèmes eux-mêmes vers le gigantisme technique et le rôle accru des réactions chimiques dans les processus de production, ce qui ne va pas sans conséquences fâcheuses : tassement du sol sous le poids de machines de plus en plus lourdes ; arrachage des haies afin de réunir plusieurs champs contigus et faciliter les manœuvres du gros matériel agricole ; empoisonnement des nappes phréatiques par les engrais et les produits phytosanitaires lessivés par les pluies ; accélération de l'érosion pluviale sur les pentes déboisées et de l'érosion éolienne dans les régions sèches, etc.

Parallèlement, les structures foncières se modifient du fait de l'exode rural, de la fiscalité sur les successions, de l'intervention de nouveaux acquéreurs individuels (riches étrangers) et collectifs (Sicav, Caisses de retraite). Les systèmes de production enfin sont en partie dictés par les autorités politiques (détermination des prix, résorption des excédents) et les grands acheteurs (centres de conditionnement, chaînes de grands magasins). Or, ces changements inquiétants tendent à se diffuser des pays développés vers le reste du monde.

Des remèdes naîtront peut être de l'excès du mal. La sauvegarde de l'environnement s'étend aussi aux paysages agraires et aux systèmes de production : utilisation plus économe des engrais, de l'eau (irrigation par aspersion ou même goutte à goutte), protection de la flore, de la faune, des zones vertes périurbaines, des aires de beauté naturelle remarquable, banque du sol et subventions à la jachère cultivée. La fragilité des systèmes agraires justifie une telle sollicitude.

Lectures recommandées

Alonso W., 1968, *Location and land use,* Cambridge, Mass, Harvard University press.

Chisholm M., 1986, *Rural settlement and land use*, Londres, Hutchinson University Library.

Chorley R. & Hagget P., 1970, *Socio-economic models in geography*, Londres, Methuen.

Dunn Jr E., 1967, *The location of agricultural production,* Gainesville, University of Florida press.

Guigou J.L., 1972, *Théorie économique et transformation de l'espace agricole*, Paris, Gauthiers-Villars.

Hall P., ed., 1966, *Von Thünen's isolated state*, Oxford, Pergamon press.

Lebeau R., *Les grands types de structure agraire dans le monde,* Paris, Masson.

Meynier A., 1958, *Le paysages agraires*, Paris, Colin.

Moindrot C., 1981, *Le modèle agricole de von Thünen et ses applications*, Paris, Cours de l'Université, Paris VII.

Mots-clefs

Bocage,
Finage,
Fonction rentale,
Habitat rural,
Openfield,
Parcellaire,
Paysage agraire,
Rente foncière,
Structure agraire,
Structure foncière,
Terroir.

La localisation des activités spécifiques

26

Claude Manzagol

Le dernier siège d'exploitation minière du bassin du Nord-Pas-de-Calais a fermé ses fosses en 1990 ; la vallée de la Monongahela n'est plus qu'un chapelet d'aciéries foudroyées ; en quelques décennies, les pruniers du comté de Santa Clara ont fait place à la puissante Silicon Valley. Ici, c'est le chômage et l'exode, là l'afflux de migrants attirés par les nouveaux emplois. La dynamique des activités préside au remodelage des territoires ; toutes ne sont pas également discriminantes ; on distingue les **activités banales** qui servent les besoins les plus courants de la population et se distribuent en conséquence *(chapitre 27)*, des **activités spécifiques**, aux propriétés motrices, inégalement réparties. Abusivement, on assimilait activités spécifiques et industries, ce qui traduisait leur formidable capacité de différenciation spatiale révélée par la révolution industrielle, mais aussi une connaissance superficielle du secteur tertiaire. On ne peut plus raisonner ainsi :

— le poids des emplois manufacturiers dans la population active diminue, alors que la part du tertiaire dépasse déjà 70 % dans plusieurs pays développés ;

— la fabrication d'un bien est désormais un maillon d'une chaîne d'opérations complexes, de la conception au service après-vente. On est passé d'une « économie de biens à une économie de fonctions » (Bailly et Maillat, 1988) au sein de laquelle les appareils de direction, la recherche, les services aux entreprises... jouent un rôle stratégique ;

— la révolution des communications et l'avènement du « village planétaire » offrent aux entreprises un large horizon ; le problème de localisation doit être posé simultanément à plusieurs échelles.

L'espace humanisé résulte de l'accumulation de décisions de localisation multiples et interdépendantes. En comprendre la structure et la dynamique n'est pas chose aisée. « De façon répétitive, alors qu'une génération d'économistes et de géographes pense avoir trouvé le paradigme théorique rendant compte du mécanisme dominant de localisation des entreprises, les faits se modifient et démentent les lois générales qu'ils avaient cru établir » (Sallez, 1991). Ces théories que le temps émousse ne perdent cependant pas toute pertinence ; étapes dans le progrès de la connaissance, elles éclairent les anciennes logiques de localisation dont les traces spatiales sont considérables et les politiques d'aménagement qu'elles ont inspirées. Il est commode d'évoquer leur apparition en relation avec les états successifs du système productif.

1. L'héritage de la révolution industrielle

Entendue au sens large, la révolution industrielle a engendré une mutation sans précédent de la structure et de la répartition de la population active. Mais la mise en place du capitalisme s'est faite sur plus d'un siècle, par la succession de complexes techniques caractérisés chacun par des matériaux, des sources d'énergie et des moyens de transport dominants. La première phase, dite éotechnique, est marquée par la prépondérance du bois, des fibres textiles, du moulin à eau, du charbon de bois et de la marine à voile. Dans la localisation, les facteurs locaux – minerais, chutes d'eau, ports – fixent l'industrie dans les territoires selon leur position dans le champ de l'innovation. Des noyaux apparaissent, mais la dispersion reste la règle. En 1850, seuls trois départements rassemblent plus de 2 % des ouvriers français.

La phase paléotechnique qui s'ouvre alors, fondée sur le fer et l'acier, le charbon, le chemin de fer et la vapeur, inaugure au contraire une période de **concentration spatiale** de l'industrie sur les grands bassins houillers, les grands marchés urbains et les nœuds de communication majeurs, nourrie par un puissant exode rural. En 1950, 60 % des effectifs industriels français sont rassemblés dans 15 départements. Le quart des ouvriers est dans la région parisienne : on décrit « Paris et le désert français ». Cette concentration se retrouve à l'échelle mondiale : Amérique du Nord et Europe occidentale livrent 80 % de la production industrielle.

1.1. La localisation de l'usine : la théorie fondatrice de Weber

L'explication des localisations industrielles a longtemps été induite de l'observation des facteurs de localisation, répartition des ressources, qualité de la main-d'œuvre, etc. Ce n'est qu'en 1909 qu'apparaît, sous la plume de l'économiste allemand Weber, une véritable **théorie de la localisation des**

industries ; « projection de l'économie pure dans le domaine spatial », elle propose une démarche déductive après élagage des facteurs secondaires et énoncé d'un certain nombre de postulats ; l'espace est hétérogène, les ressources et le marché sont localisés ; le coût de transport, à la charge du producteur, est proportionnel à la distance. L'entreprise s'installe là où ses coûts sont minimisés. La résolution du problème est conduite en trois étapes.

La détermination du moindre coût de transport

La production de fonte exige du charbon à coke, du minerai de fer et accessoirement du calcaire. Quelle est la localisation optimale du haut fourneau : sur le charbon S_1, à la mine de fer S_2 ou au marché M ?

Une solution approximative dérive du concept d'*indice matériel*, défini comme le rapport en poids entre les *intrants localisés* (qui n'existent pas partout contrairement aux intrants *ubiquistes*, comme l'eau) et les *extrants*. Il est clair qu'un indice matériel élevé favorise une localisation à la source de matière première : ainsi la production de fonte, avec un indice supérieur à 3, prend place sur le charbon ou le fer ; au contraire, la bière qui contient 80 % d'eau (indice de 0,2) est fabriquée sur le marché.

Une solution précise est fournie par l'utilisation des **isodapanes**. Selon la technique de Palander, on trace autour de S_1, S_2 et M, des isovecteurs (lignes d'égal coût de transport) pour chaque produit à acheminer. Pour chaque point de l'espace, on fait la somme des coûts imputables à chaque denrée transportée. Les **isodapanes** sont les courbes résultantes d'égal coût de transport total ; l'isodapane mininale donne la localisation optimale du point de vue des coûts de transport *(figure 1)*.

L'impact des coûts de fabrication

Weber introduit ensuite les coûts de fabrication : il est possible que des bassins de main-d'œuvre bon marché, éloignés de l'optimum provisoire soient avantageux pour y localiser l'usine. Cela se produit quand le supplément de coût du transport est inférieur aux économies sur les coûts de main-d'œuvre. Weber utilise l'**isodapane** *critique* au long de laquelle supplément de coût de transport et économie de main-d'œuvre s'annulent.

*Les **forces agglomératives***, peuvent de la même manière, provoquer un déplacement de l'optimum, si les économies dues au regroupement de plusieurs usines dans un même espace sont supérieures au supplément de coûts de transport et de fabrication associé à la nouvelle localisation.

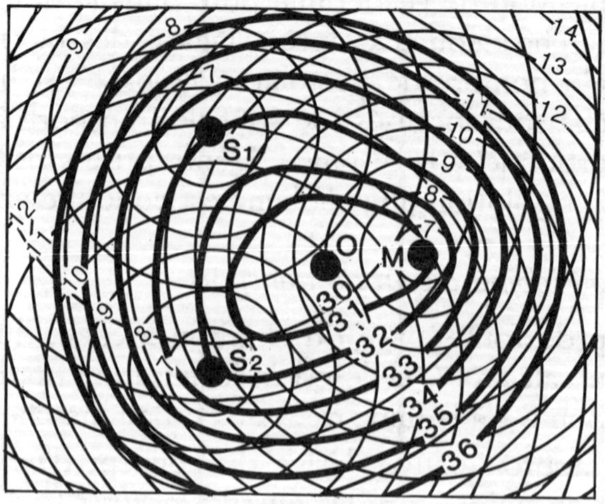

a. La détermination de l'optimum

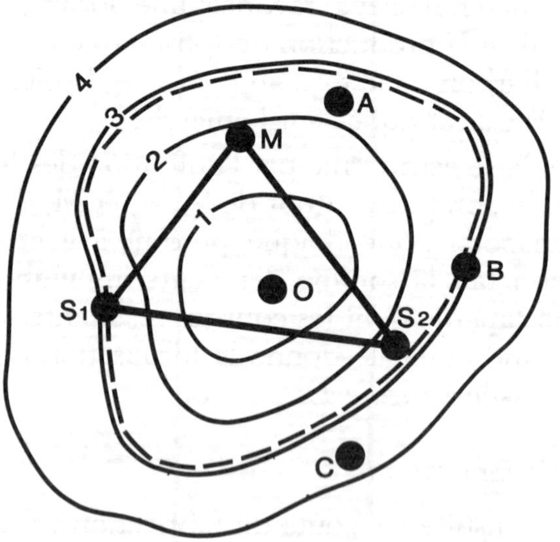

b. L'isodapane-critique

Figure 1 Technique des isodapanes

La théorie de Weber est simple et testable ; elle rend assez bien compte de la localisation des entreprises de l'époque industrielle, et de la genèse des trois grands types de complexes industriels décrits naguère par Chardonnet (1953) :

— les complexes sur les ressources naturelles, sur les gisements de houille (Ruhr, Pennsylvanie), de fer (Lorraine), de pétrole (Golfe du Mexique) ;

— les complexes sur les nœuds de transport, et particulièrement en situation de **rupture de charge** ; il est avantageux de valoriser une matière première lorsqu'on passe d'un moyen de transport bon marché à un vecteur plus coûteux, c'est la logique de l'industrialisation des ports ;
— les grands complexes à base humaine, c'est-à-dire les marchés urbains.

La théorie a été raffinée par les successeurs de Weber qui ont introduit notamment les tarifs dégressifs et l'espace discontinu de la réalité. Des chercheurs comme Isard (1956) l'ont rendue opérationnelle dans le choix de localisation de complexes industriels aux Etats-Unis et à Porto-Rico. Les ordinateurs permettent aujourd'hui d'utiliser de puissants algorithmes traitant une multitude d'intrants. Cantonnée dans l'analyse de l'entreprise isolée, centrée sur les échanges matériels (elle ignore par exemple les coûts d'information de la firme), la théorie weberienne rend de plus en plus difficilement compte d'une réalité sans cesse plus complexe. En outre, assez rapidement, on a remis en cause son optique et ses postulats pour proposer d'autres voies.

1.2. La formation du paysage économique

L'analyse weberienne, traitant de l'usine isolée, est ponctuelle. Mais l'espace est lieu de concurrence, et les firmes sont *interdépendantes*. Négligeant la recherche de la localisation individuelle qu'il juge « illusoire », Lösch (1940) s'est attaché à bâtir un système de localisation optimale des activités *(figure 2)*. Il suppose que l'espace est homogène quant à la répartition de la population et des ressources, que le coût du transport à la charge du consommateur est proportionnel à la distance et que le coût de production unitaire dépend des quantités produites. Tous les consommateurs doivent être desservis et les entreprises tendent à *maximiser leurs profits*. Soit une entreprise qui transforme un surplus agricole ; elle ravitaille ses clients alentour jusqu'à une distance telle que le coût de transport absorbe tout le budget réservé par chaque client à cet achat ; l'aire de marché est circulaire. D'autres entreprises font de même jusqu'à ce que tout l'espace soit occupé par les aires de marché coalescentes ; les entreprises, de même taille, sont à égale distance les unes des autres. Pour que tout l'espace soit couvert, les cercles sont ajustés en hexagones. Le nombre d'entreprises et la taille des marchés dépendent du compromis que le jeu de la concurrence établit entre coûts de transport et coûts de production.

A chaque branche industrielle correspond ainsi une trame hexagonale particulière. La superposition des différentes trames engendre le paysage économique ; des coïncidences entre des centres de production y font apparaître

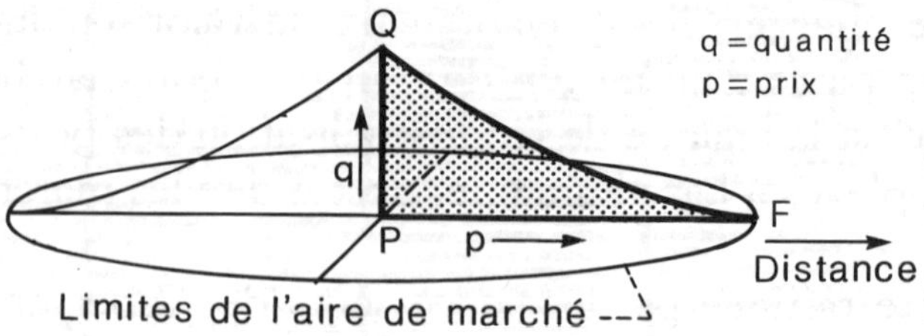

a. Cône de demande

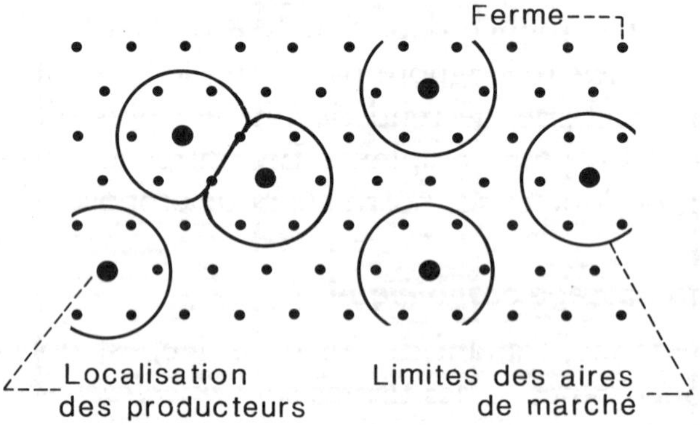

b. Mise en place

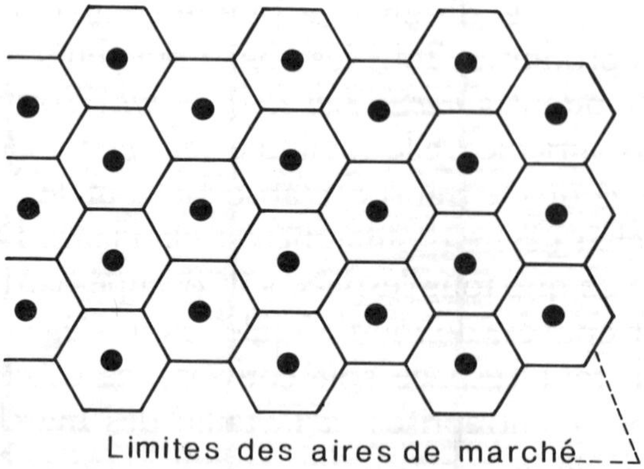

c. Ajustement

Figure 2 Le système de localisations selon Lösch
D. Smith, 1971.

une hiérarchie (villes). Le paysage économique est complété par l'introduction de l'effet de l'échange, des prix, des frontières... sur les aires de marché. Lösch se situe dans le cadre de l'équilibre néoclassique qu'il tente d'inscrire dans l'espace.

D'une grande complexité, la construction löschienne pose de nombreux problèmes, notamment l'égale répartition des facteurs de production. Mais elle a exercé une influence considérable sur le devenir de l'économie spatiale théorique ; on doit retenir ici deux concepts fondamentaux pour la compréhension des systèmes de localisation et des mécanismes de concentration spatiale :

— La taille des aires de marché dépend des coûts de production ; l'accroissement de la dimension d'une usine engendre des coûts unitaires décroissants ; ce sont les **économies d'échelle** qui résultent de la division du travail, de l'utilisation d'équipements sophistiqués, et des rabais obtenus sur les achats en grosses quantités.

— La proximité de plusieurs usines produisant des biens différents, dans le système de Lösch, n'est pas un caprice de la géométrie. Elle résulte notamment des **économies externes**, c'est-à-dire les bénéfices collectifs que perçoivent les entreprises du fait de leur proximité, indépendamment de tout échange marchand. Les **économies de localisation** résultent de l'agglomération sur un espace restreint d'activités similaires ou voisines ; elles découlent des avantages de la spécialisation, de la complémentarité, des interactions multiples, de la présence de services communs, d'une main-d'œuvre spécialisée ; elles expliquent, selon Marshall qui en émit l'idée, l'apparition des *districts industriels*. La ville de Birmingham « aux mille et une industries » en était alors le prototype. Sur un espace plus restreint, les quartiers industriels spécialisés procèdent de la même logique : en 1960, le Garment Center de New York rassemble sur 40 hectares, entre la 34e et la 40e rue, plus de 100 000 ouvriers du vêtement. Autre type d'externalité, les **économies d'urbanisation** profitent à toute entreprise qui s'installe dans une ville importante ; elles découlent de la variété des infrastructures et des services, de la proximité d'un marché riche en contacts multiples. Il va de soi qu'au-delà d'un certain seuil, la concentration excessive est susceptible d'engendrer des **déséconomies** (congestion, pollution, surcoût, etc.).

1.3. Les pôles de croissance

Rompant avec le cadre d'équilibre statique, Perroux (1961) constate, au début des années 1950, que l'espace est déséquilibre et hiérarchie. C'est un champ de forces changeantes où « la croissance n'apparaît pas partout à la fois ; elle se manifeste en certains points, ou **pôles de croissance**, avec des intensités variables ; elle se répand par divers canaux avec des effets terminaux variables pour l'ensemble de l'économie ». L'apparition d'une innovation dans une macro-unité joue le rôle déclencheur : la *firme motrice* accroît ses achats et son débit, attire la main-d'œuvre, crée des externalités et engendre la venue d'*industries induites*. Cette logique des effets d'entraînement correspond à ce que les géographes appellent le phénomène de boule de neige : par induction technique ou marchande, l'industrie attire l'industrie. Les grands complexes industriels apparaissent comme les prototypes des accumulations des hommes et des activités sur un espace restreint.

Les idées de Perroux vont exercer pendant un quart de siècle une influence considérable non seulement sur les théoriciens, mais sur les politiques d'aménagement du territoire. Les premières décisions de géographie volontaire en France ont été motivées par des raisons stratégiques (décentralisation de l'industrie aéronautique vers Toulouse). Après la guerre, la concentration de l'industrie au nord de la ligne Le Havre-Marseille, le déséquilibre entre « Paris et le désert français » conduisent à une politique de réduction des disparités régionales dont l'industrie est le fer de lance. Les lois de 1955 limitent la croissance en région parisienne et encouragent, par des primes, la *décentralisation industrielle*. L'objectif est de créer des centres industriels assez vigoureux pour amorcer des mécanismes de polarisation, d'engendrer des effets structurants par la mise en place de **filières industrielles** (sidérurgie, pétrochimie...) propres à activer le développement régional *(fiche 1)*. Les effets des pôles peuvent être étendus par effets de jonction au long d'axes de développement. Ces idées inspirent la reconversion du Pays de Galles ou l'aménagement du Mezzogiorno. On les applique ultérieurement dans les pays en voie de développement en implantant des **industries industrialisantes**, susceptibles par leur capacité d'entraînement d'amorcer une réaction en chaîne : c'est le pari fait en Algérie avec la sidérurgie d'Annaba.

Les résultats n'ont pas toujours été à la hauteur des attentes. La mesure des échanges au sein des complexes industriels a montré qu'ils sont souvent plus faibles que prévu, donc que les effets d'entraînement ne se produisent pas nécessairement sur place et sont fréquemment délocalisés. La firme motrice peut même appauvrir la structure industrielle (Peugeot à Sochaux). La théorie des pôles de croissance est parfois contestée dans ses fondements. Pour J. Rémy (1966), l'industrie n'est pas le facteur premier de la croissance économique, « c'est le contexte global créé par le contexte urbain qui accroît les capacités productrices du système économique ». Ce serait donc la ville

FICHE 1

Les filières industrielles

« On appelle filière industrielle l'ensemble des éléments d'un processus de production allant de la mise en œuvre des matières premières jusqu'à la fabrication (exemple : la filière bois, la filière électronique). Une politique des filières est une politique qui vise à coordonner tous les stades de ce processus, de façon à limiter le plus possible l'intervention de produits importés dans son déroulement. » (C. Manzagol, 1980).
On distingue les filières de transformation d'une matière première (fer, fonte, acier, profilés, tôles...), linéaires et spécialisées, des filières de fabrication qui associent des produits d'origines variées pour fabriquer un bien composite (automobile, électronique)... (Aydalot, 1985, *Economie régionale et urbaine,* p. 179-180).

---

qui attire l'industrie, et non l'industrie qui crée la ville. Apparaît l'idée que le tertiaire, lui aussi, peut être moteur, et que le milieu peut être fécondant.

1.4. Activités et système urbain ; la théorie de la base économique

Une analyse statistique des villes américaines montre que, pour la très grande majorité d'entre elles, le commerce de détail emploie autour de 20 % de la population active ; les écarts à la moyenne sont faibles. Toute différente est la répartition de l'industrie ; absente de certaines villes, elle occupe parfois plus de 70 % des actifs. La répartition et le rôle des activités varient donc considérablement. La raison d'être d'une ville, sa fonction, réside dans les services qu'elle rend hors de ses limites. On distingue dans sa population active l'emploi destiné à la satisfaction des besoins locaux – l'emploi domestique, banal *(city serving)* – et celui qui est tourné vers une desserte extérieure, la région et les marchés plus lointains : l'emploi fondamental, spécifique *(city forming)*. Cette distinction fonde la théorie de la base économique.

Jusqu'à la révolution industrielle, l'emploi spécifique relève essentiellement du commerce de gros, du ravitaillement et de l'administration de la région. L'organisation urbaine correspond alors assez bien au schéma de Christaller, la théorie des lieux centraux. L'essor de l'industrie a soudain élargi la gamme des activités spécifiques dont la portée est plus grande ; grâce aux économies d'échelle, on ravitaille des marchés lointains. Le réseau urbain a été bouleversé par une logique d'organisation différente. L'industrie s'est greffée à certains centres existants et a créé de nouvelles villes : « deux réseaux sont superposés, le réseau normal des villes dont les facteurs de hiérarchisation sont les services, les équipements tertiaires, et le réseau des centres industriels qui répond à la logique des flux de matières premières et des effectifs de main-d'œuvre » (Pinchemel, 1968). La répartition de l'industrie n'est cependant pas étrangère à tout principe hiérarchique ; on voit se renforcer l'association de « certaines structures industrielles à des niveaux déterminés de services » (Pumain, Saint-Julien, 1976). L'évolution contemporaine modifie la structure du secteur domestique alors que change le niveau de la consommation, tandis que progresse la part du tertiaire dans l'emploi spécifique (services aux entreprises, tourisme, transport aérien, etc.).

A court terme, dans un même contexte, il y a un rapport constant entre l'emploi banal et l'emploi spécifique. Il est logique de penser que toute croissance de l'emploi exportateur *induit* une croissance de l'emploi domestique : c'est l'idée du **multiplicateur d'emploi** qui a trouvé application en planification *(fiche 2)*. La réalité est souvent plus complexe ; un gain de productivité peut se substituer à l'augmentation d'emploi ; les effets inducteurs sont souvent délocalisés. Des activités induites dans une certaine phase de la croissance urbaine deviennent inductrices quand la ville franchit un seuil de population. La *théorie de la croissance urbaine par étapes* et un multiplicateur reposant sur une distinction plus fine des activités (Ponsard, 1968) fournissent des réponses partielles à ces objections. Outils féconds, la théorie de la

FICHE 2

Le multiplicateur d'emploi

Pour Hoyt, l'essor des activités de base engendre la croissance urbaine. L'emploi urbain total est la somme des emplois de base B et des emplois de service S.

$$E = B + S$$

L'emploi de service est une fraction constante de l'emploi total.

$$S = kE$$

Il s'ensuit que :

$$E = B\left(\frac{1}{1-k}\right)$$

Le multiplicateur permet ainsi de prédire l'effet de toute augmentation de l'emploi de base B sur l'emploi total E.

base et le multiplicateur sous-estiment la prégnance du secteur banal et sont essentiellement statiques. Ainsi que l'écrit P. Claval (1981), « pour comprendre les évolutions, il importe de s'interroger sur la répartition du profit, de l'épargne et sur leur mobilité ».

2. Le fordisme triomphant

L'ère paléotechnique est dominée par les productions de base. La phase néotechnique qui lui succède est caractérisée par un complexe technique différent : des matériaux plus légers (aluminium, plastiques), des sources d'énergie plus souples (hydrocarbures, électricité), des moyens de transport issus du moteur à explosion. Parallèlement s'imposent d'autres formes de production, la *production de masse* de biens de consommation et d'équipement des ménages, impulsées par de grandes organisations alors que s'affirme l'intervention de l'Etat dans la vie des sociétés. La mutation est issue d'une grappe d'innovations de produits et de procédés antérieures à la première guerre mondiale : organisation scientifique du travail (taylorisme) et chaîne de montage, modèle T et politique de hauts salaires de Ford, etc. Mais c'est après la seconde que s'épanouit cette période que l'on dit **fordiste**, durant les Trente Glorieuses (1945-1975). Les biens et services qui la caractérisent s'inscrivent dans des schémas de localisation radicalement différents tandis que les théories qui en rendent compte débordent l'inspiration micro-économique.

2.1. Une problématique renouvelée

Jusque dans les années 1950, l'approche théorique en géographie économique s'est appuyée sur les catégories de la micro-économie, elle va désormais faire appel aux différentes sciences sociales. Les hypothèses de concurrence parfaite, d'équilibre et de comportement rationnel sont questionnées. Le décideur n'a accès qu'à une information partielle ; au mieux, sa rationalité est limitée. Il peut être sensible à des considérations extra-économiques et rechercher des *revenus psychologiques*. La plupart des décisions ne traduisent pas un choix optimal, mais un choix *satisfaisant*. Le comportement des entrepreneurs est tributaire de l'information dont ils disposent et de leur capacité à la traiter qui varient évidemment avec la taille de la firme. L'entreprise s'installe dans les *marges spatiales de rentabilité* (aires où les revenus excèdent les coûts). Un des défis du décideur est l'incertitude qui pèse sur son environnement, sur les choix des concurrents et leur évolution dans le temps : la théorie des jeux fournit diverses stratégies suivant que le décideur recherche le gain plus élevé (max-max), ou les moindres regrets (mini-max) etc. Les firmes adoptent le plus souvent des comportements propres à réduire les risques : répétition d'un comportement antérieur, choix d'une aire familière, imitation des concurrents heureux...

2.2. Grande organisation et localisation des activités

La période **fordiste** est par excellence celle de la grande entreprise qui innove, crée de l'emploi ; ses choix de localisation commandent l'organisation de l'espace. La concentration technique et financière est manifeste : en 1969, 200 firmes contrôlent 60 % du capital industriel américain contre 48 % en 1950. Par expansion ou fusion, progressent la **concentration horizontale** (G.M., Ford et Chrysler se partagent le marché de l'automobile) et la **concentration verticale** (de la matière première au produit de consommation). Les firmes captent ainsi les économies de dimension et de variété. Plus encore, elles confisquent à leur profit le marché auquel elles substituent leur propre planification. Leur perspective spatiale diffère de celle de l'entrepreneur individuel ; capables de mobiliser et de traiter une grande masse d'informations, ce sont des organisations à produits et établissements multiples dont le but premier n'est pas l'optimalisation des opérations d'une usine, mais la rentabilité du système ; elles excellent à redistribuer leurs fabrications entre les différentes usines. La décision de localisation est un processus complexe élaboré dans la profondeur de la technostructure et qui varie suivant la structure de l'entreprise.

La mobilisation des économies d'échelle

La puissance financière des firmes leur permet de construire d'énormes usines, de capter les avantages de l'automation, de la gestion informatique. « L'usine la plus puissante que l'on sache techniquement construire fait ressortir le prix de revient le plus bas » (Wickham, 1969). La capacité quotidienne maximale du haut-fourneau passe de 2 000 à 10 000 tonnes entre 1960 et 1975 ; la localisation des unités sidérurgiques glisse vers les littoraux pour traiter les minerais et combustibles bon marché d'outre-mer (Dunkerque, Fos). L'usine IBM de Poughkeepsie excède 10 000 employés. La tendance au gigantisme est cependant freinée par l'apparition de **déséconomies**, notamment en matière de gestion du personnel.

La gestion fine de l'espace

La stature de la grande firme lui permet de tirer le meilleur parti de la différenciation spatiale, en particulier de la variété des marchés du travail. Elle ordonne ses différentes unités (gestion, recherche, production, vente, entreposage) selon une logique polaire commandée par le siège social. Les fonctions stratégiques, tributaires des circuits de l'information, sont réservées au cœur de l'entreprise alors que les opérations de routine se diffusent aisément. Chaque produit connaît un cycle de vie (lancement, croissance, maturité) ; les premières étapes, délicates, cruciales, exigent un contrôle constant de la direction ; à mesure qu'il se banalise, il peut s'en éloigner. En fonction de sa complexité et de sa qualification, une **division spatiale du travail** apparaît qui renvoie à une *disjonction fonctionnelle*, une séparation entre les tâches de conception, de fabrication qualifiée et d'assemblage déqualifié. T. Saint-Julien (1982) montre que le nombre d'établissements de plus de 500 employés a presque doublé entre 1961 et 1976 dans la France de l'Ouest : on assiste à une véritable décentralisation, une diffusion de l'industrie automobile, de la construction électrique et électronique surtout à partir du centre parisien. Les tâches simples d'assemblage sont ainsi largement orientées vers les bassins de main-d'œuvre abondante, docile, peu onéreuse et à forte composante féminine.

L'internationalisation de la production : les firmes transnationales

L'espace national est trop exigu pour les grandes firmes dont l'horizon, de façon croissante, est le vaste monde. Par leurs investissements directs, elles suscitent un vaste mouvement d'internationalisation de la production. Le fait semble banal aujourd'hui : 28 % de la production industrielle française relève de firmes étrangères ; la Ford Escort montée au Royaume-Uni et en Sarre assemble des pièces issues de 15 pays différents. Ce sont les firmes américaines qui ont donné le ton et Vernon (1971) a tenté d'expliquer leur expansion par un modèle calqué sur le cycle du produit et fondé sur l'avantage technologique *(figure 3)*. Dans une première phase, elles exploitent cet avantage dans leurs usines américaines d'où elles ravitaillent les marchés extérieurs. L'innovation se diffusant, la position exportatrice est menacée : on construit une usine à l'étranger en exploitant l'avantage oligopolistique. Quand celui-ci décline, on change de produit.

Le modèle de Vernon est-il toujours valable ? Il a été construit à un moment où les salaires américains étaient deux fois plus élevés qu'en Europe. L'écart a disparu. Depuis 25 ans se sont forgées des transnationales à foyer européen et japonais dont certaines, il est vrai, conquièrent le marché américain en profitant d'une innovation technologique (pneu radial, injection électronique). Mais le phénomène est compliqué et les motivations multiples (accès aux matières premières, conquête d'un marché, contournement des

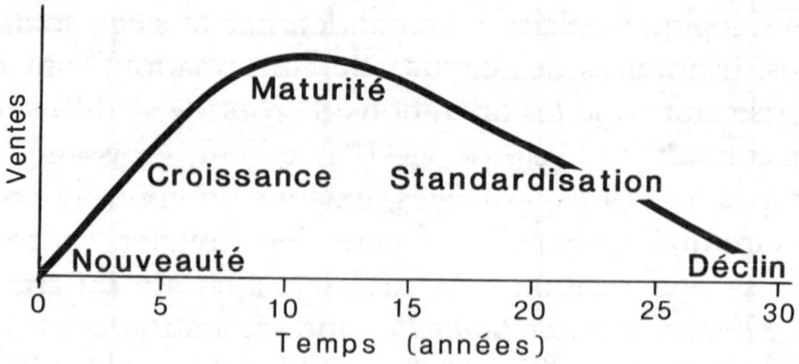

a. Les phases du cycle

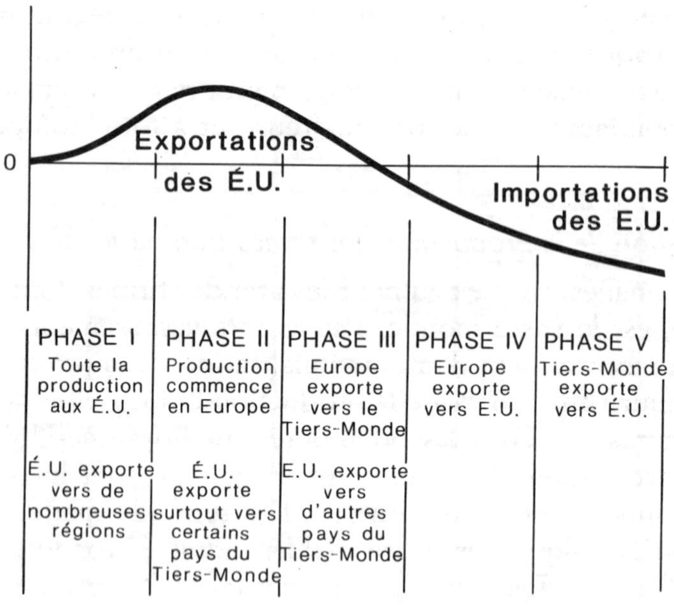

b. Localisation et échanges

Figure 3 Cycle du produit et localisation des firmes américaines
B. Mérenne-Schoumaker, 1991 (d'après M. Healey).

barrières douanières, main-d'œuvre bon marché). Les plus achevées des transnationales étendent sur la planète leur propre espace intégré, irrigué par une intense circulation de produits, de capitaux, d'informations, de personnels. Dans une « dialectique du continu et du discontinu », ces firmes homogénéisent leur espace en profitant des disparités nationales qu'elles contribuent à reproduire (Michalet, 1985).

2.3. Le centre et la périphérie

Dans la logique noéclassique, tout développement des activités crée un déséquilibre vite réajusté : la décentralisation industrielle des années 1955-1975 n'illustre-t-elle pas cette *convergence spatiale* ? L'observation montre que les disparités sont durables, la diffusion d'une innovation vers la périphérie est accompagnée de l'apparition de nouvelles innovations au centre, renforçant sa prééminence. Pour les auteurs d'inspiration marxiste, les disparités sont le fait de l'accumulation capitaliste et une condition de la reproduction élargie du capital. La maîtrise de l'espace, produit et enjeu, est un atout essentiel dans la lutte contre la baisse tendancielle de taux de profit. La division du travail permet d'exploiter les différentiels de salaire entre le centre et la périphérie. L'efficacité des moyens de transport permet d'organiser la **division internationale du travail** en transférant vers les pays à bas salaires les branches de production peu techniciennes (textile, vêtement...) ou les tâches non qualifiées d'une branche déterminée ; ainsi en micro-électronique, la conception et la fabrication des *wafers* sont faites en Californie, l'assemblage et le test en Corée ou au Mexique.

2.4. La montée des métropoles

La phase de concentration industrielle a stimulé l'essor des métropoles *(chapitres 37 et 39)* : entre 1860 et 1890, la part des dix plus grandes villes dans la production manufacturière américaine passe de 24 à 40 %. La concentration parisienne est encore plus manifeste. Durant la période fordiste, les relations entre industrie et grandes villes se modifient : elles accaparent les tâches nobles, à haute valeur ajoutée, alors que se décentralisent les fabrications non qualifiées. Conservant la maîtrise du processus, les métropoles renforcent leur action de direction économique en concentrant les sièges sociaux des banques : Milan commande ainsi les flux monétaires italiens. Le jeu des fusions et acquisitions d'entreprises accélère le phénomène dans tous les secteurs d'activités. Des sociétés suédoises inscrites en bourse, 38 % ont leur siège à Stockholm et 16 % à Göteborg en 1970. La centralisation est plus nette à Milan (46 % des sièges des grandes firmes), à Londres (55 %) et surtout à Paris (88 %). 200 sièges sociaux majeurs de San Francisco contrôlent un million de travailleurs dont 80 % hors de ses limites : la force des villes se mesure à leur *pouvoir de commandement*. Comme l'a montré A. Pred (1977), l'accumulation de l'information spécialisée et la facilité des contacts exercent un attrait déterminant sur les grandes organisations : la circulation de l'information rend compte de la croissance cumulative des grandes métropoles. Les vertus métropolitaines conduisent en France, dans les années 1960, à proposer une nouvelle orientation à l'aménagement du territoire pour relayer une politique de décentralisation industrielle aux résultats décevants : favoriser par de grands équipements l'essor de huit *métropoles d'équilibre*, susceptibles de faire pièce à Paris et d'impulser la croissance régionale. La transformation des grandes métropoles se lit aussi dans leur réorganisation interne – les industries glissent vers leur périphérie, attirées par les parcs industriels qu'irriguent les autoroutes tandis que le centre devient plus exclusivement tertiaire, que se renforce le phénomène de « City » : la concurrence est telle qu'apparaissent les premiers dédoublements (la Défense).

3. Le nouveau système productif

Le début des années 1970 ouvre une nouvelle ère marquée par un ralentissement durable de la croissance économique, mais aussi un changement radical de la nature, des agents et des lieux de la croissance. Les industries porteuses (automobile, métallurgie) sont assaillies par les difficultés alors qu'apparaissent de nouveaux secteurs dynamiques, les industries de haute technologie, et que s'épanouit le secteur des services lui aussi transformé par l'innovation. Tout le système productif est affecté, car on se met à produire autrement (conception et fabrication assistées par ordinateur). Simultanément, les grandes entreprises cessent d'être créatrices d'emploi, laissant le devant de la scène aux PME. Enfin, le dynamisme se déplace vers de nouveaux lieux, le Midi français, le *Sunbelt* américain, fondant l'hypothèse d'un *retournement spatial* (Aydalot, 1986).

3.1. Capitalisme flexible et innovation

Selon les théoriciens de la régulation, les trois piliers du fordisme – la production de masse standardisée, le régime d'accumulation intensive, la régulation par l'Etat-providence – sont ébranlés : la crise résulte notamment de l'épuisement de la norme de consommation et des gains de productivité. Pour les restaurer, les entreprises recherchent une plus grande flexibilité dans l'ajustement de l'emploi, la détermination des salaires et la répartition des tâches ; la mobilisation de techniques et de structures (la firme « mince ») souples concourent au même but que favorise également un Etat plus discret. Ainsi émerge progressivement une nouvelle mouture du capitalisme fondée sur un régime d'**accumulation flexible** qui se caractérise par la recherche de formes de production programmables et interconnectées et l'utilisation de marchés du travail fragmentés (Scott, 1988), *(fiche 3)*.

FICHE 3

Le régime d'accumulation

Pour les théoriciens de la régulation, le régime d'accumulation désigne « l'ensemble des régularités assurant une progression générale et relativement cohérente de l'accumulation du capital » (Boyer, 1986). L'époque industrielle a été marquée par une *accumulation extensive* : c'est l'extension du travail salarié et l'intensification du travail sans bouleversement des techniques de production qui étaient les moteurs du système économique. *L'accumulation intensive*, caractéristique du fordisme, est fondée sur la poursuite des gains de productivité liés à l'investissement et à l'organisation de la production. *L'accumulation flexible* s'appuie sur un ensemble de stratégies de l'entreprise dont le trait commun est la recherche de flexibilité

— numérique (faculté d'agir sur le volume des effectifs employés),
— fonctionnelle (capacité d'agir sur la répartition des tâches),
— économique (fixation des salaires),
— technique (utilisation d'un matériel souple, comme la machine à commande numérique),
— organisationnelle (abandon des hiérarchies lourdes au profit de structures souples).

Dans un environnement changeant, la flexibilité doit permettre d'augmenter la productivité en réduisant les risques et améliorant les temps de réponse. Elle trouve un écho dans une régulation sociale qui laisse à l'entreprise une plus grande liberté de gestion sociale et fiscale.

Une autre interprétation a été proposée : l'évolution du capitalisme est gouvernée par les cycles longs de croissance et de crise qui épousent les rythmes du progrès technique. Les Trente Glorieuses correspondent à l'exploitation d'une grappe d'innovations dont les effets s'épuisent graduellement. La relance passe par une nouvelle génération d'innovations – nouveaux produits et procédés. La restructuration qui l'accompagne est douloureuse : c'est la *destruction créatrice* (Schumpeter). Quelle que soit l'interprétation que l'on retienne, les territoires de l'innovation sont au cœur de la problématique de localisation.

3.2. Les nouveaux espaces industriels

Les industries de pointe – microélectronique, informatique, biotechnologie, matériel de communications – s'implantent dans de nouveaux lieux loin des rigidités des vieilles régions productives qui font face à une douloureuse reconversion. La mutation interpelle les théories de localisation et convie à de nouvelles stratégies d'aménagement.

***Les avant-postes de la haute technologie** (figure 4)*

Chaque période a une spatialité particulière incarnée par des symboles ; l'essor des hautes technologies est à jamais associé à la Silicon Valley et à la Route 128. En marge de la Baie de San Francisco, le bucolique comté de Santa Clara est devenu en quelques décennies le centre mondial de la micro-électronique (500 000 emplois créés entre 1940 et 1975). De ce fulgurant essor, on retient la création du parc industriel de l'Université Stanford qui organise une liaison originale entre université et entreprise et accueille d'anciens étudiants comme Hewlett et Packard ; significative aussi est la venue à Palo Alto d'un des inventeurs du transistor, W. Schockley, dont l'équipe, par essaimage *(spin-off)* est à l'origine d'une centaine de firmes, dont Fairchild. Ce milieu effervescent secrète une véritable « culture » tournée vers l'innovation d'où sortiront les semi-conducteurs, microprocesseurs et micro-ordinateurs.

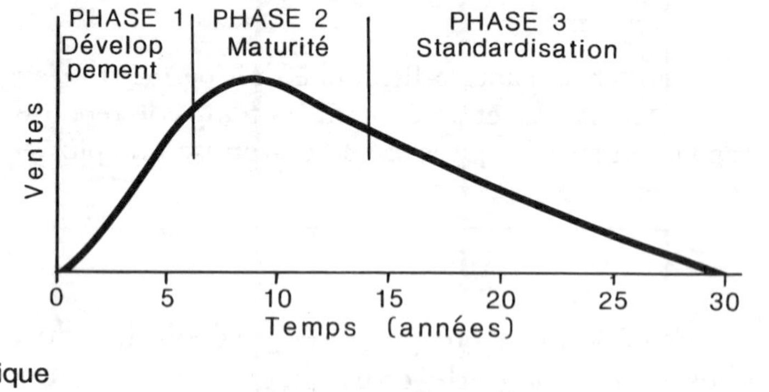

a. Produit classique

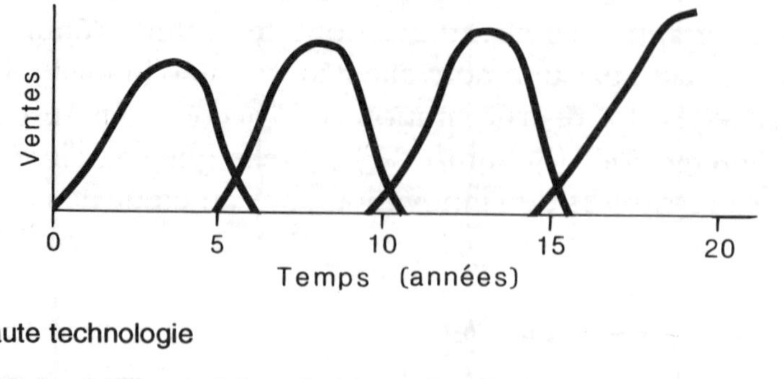

b. Produit de haute technologie

Figure 4 Cycle de vie du produit et haute technologie
R. Oakey, *Geography*, 1984.

Bien différente par son passé de métropole commerciale et industrielle de la Nouvelle-Angleterre, Boston est le siège de la plus remarquable concentration d'institutions d'enseignement et de recherche autour de Harvard et du MIT. L'abondance des fonds de recherche liés aux contrats militaires après 1949 et du capital-risque stimulent l'innovation et encouragent les chercheurs à fonder leurs entreprises qui prennent place à proximité des laboratoires, dans les nombreux parcs d'activités jalonnant la rocade qui contourne Boston, la Route 128.

Au-delà des événements fortuits, des conditions propres à chaque région, on remarque que les industries de haute technologie s'implantent dans des régions riches en facteurs de localisation spécifiques. Parce qu'elles ont une *base scientifique*, elles requièrent la proximité de centres de recherche et d'universités formant un personnel de haut niveau. Les liaisons rapides sont essentielles (aéroports). Les entreprises sont sensibles à la qualité du *climat d'affaires*, défini par l'attitude des syndicats et des collectivités locales. Elles sont drainées vers les lieux que fécondent le capital-risque et les crédits publics (militaires notamment) et qui offrent un *cadre de vie agréable* propre à attirer chercheurs et ingénieurs.

Un faisceau de facteurs ne fonde pas une théorie. En outre, la croissance de la Silicon Valley et de la Route 128 n'est-elle pas historiquement connotée ? Associée à la période de guerre froide, elle correspond aussi aux débuts de la micro-électronique, quand pour les firmes, l'investissement initial (barrière à l'entrée) est faible. A la recherche d'une explication générale, deux voies ont été explorées.

Accumulation flexible et reconcentration spatiale

Dans cette perspective, le passage du fordisme à l'accumulation flexible s'accompagne d'une courte période où les nouvelles formes de production sont relativement « libres » dans le choix d'une localisation ; il existe un « créneau d'opportunité géographique » (Scott, 1986). Très vite cependant, à partir des choix initiaux s'opère une reconcentration spatiale liée aux impératifs de l'organisation industrielle et de l'exploitation des marchés du travail. Ainsi le comté d'Orange n'avait pas d'université renommée, mais des espaces disponibles pour les firmes de Los Angeles fuyant les déséconomies. Les grandes entreprises ont suscité autour d'elles la prolifération de petits établissements, sous-traitants spécialisés, utilisant une main-d'œuvre moins coûteuse. La désintégration verticale de la production correspond à la minimisation des **coûts de transaction**. L'agglomération spatiale réduit les coûts de l'échange et accroît les externalités, où l'on retrouve la logique des districts industriels.

Il est clair cependant qu'il s'agit d'une modalité particulière de spatialisation des nouveaux processus et que d'autres combinaisons socio-techniques engendrent des formes spatiales différentes. Ainsi Motorola de Phoenix a développé sa production de semi-conducteurs non sur une sous-traitance locale, mais en s'appuyant sur ses filiales de Corée, Malaisie... : on parle de « quasi-intégration verticale territorialement éclatée » (Lipietz, 1988).

Un autre point de vue : les milieux innovateurs

D'autres chercheurs considèrent que l'innovation, loin d'être exogène, est secrétée par le *milieu*. Le dynamisme des régions trouve sa source dans « le passé des territoires, leur organisation, les comportements collectifs, le consensus qui les structure » (Aydalot, 1986). Firmes et organismes sont des agents dont la mise en *réseau* mobilise les complémentarités et les effets de *synergie*. L'efficacité des réseaux peut permettre à une région de capter les innovations nécessaires à la reconstitution de leur tissu industriel, comme l'a montré D. Maillat (1986) pour le Jura suisse atteint par la crise horlogère. L'exemple le plus spectaculaire est sans doute la Troisième Italie où de Rome à Venise, depuis 25 ans, une multitude de PME faiblement intégrées, mais entretenant des liens serrés de collaborations et d'échanges, mobilisent une technologie souple pour exploiter les niches offertes par les nouveaux modes de consommation. Le système Benetton est symbolique d'un milieu fécondé par les interactions, la circulation des idées et qui a trouvé un terrain favorable dans le municipalisme italien.

La perspective des milieux innovateurs renvoie à une théorie du développement endogène, « par le bas ». Ce n'est plus la grande firme qui diffuse la croissance, mais le territoire qui est source de développement.

Réorganisation des entreprises et espace

Techniquement infirme, économiquement soumise, socialement rétrograde, la sous-traitance paraissait vouée aux oubliettes. La recherche de la flexibilité assure son regain. Délaissant l'intégration verticale, de nombreuses firmes évoluent vers une structure en réseau ; ainsi Nike s'attache à la R-D (Recherche et Développement) et au marketing et sous-traite la production de ses chaussures ; le pouvoir de délocalisation (recherche des coûts les plus bas) est considérable. Dans les secteurs les plus techniques, la sous-traitance évolue vers le partenariat car elle implique collaboration et transfert de technologie.

La société Sun Microsystems qui a introduit cinq nouveaux produits en cinq ans a choisi de partager les coûts et les risques de leur développement avec quelques partenaires. En réaction au rétrécissement du cycle du produit, elle se concentre sur les prototypes et l'assemblage. Cette organisation en réseau a une traduction spatiale : Sun et ses partenaires majeurs, en interactions constantes, voisinent dans la Silicon Valley tandis que la localisation des sous-traitants de matériel banal est indifférente.

Une autre dimension de la flexibilité est la réduction des stocks : Toyota a popularisé la méthode du **juste-à-temps** : autour de l'usine d'assemblage, les sous-traitants se localisent dans un rayon de moins de 100 kilomètres. Le modèle n'est pas universel ; la maîtrise des approvisionnements peut s'accommoder de distances plus grandes si le réseau autoroutier est efficace.

Les nouveaux pays industrialisés

L'efficacité croissante des transports favorise l'extension de la division internationale du travail et la mobilisation des avantages offerts par *les zones franches* dont les *maquiladoras* mexicaines sont un spécimen. La diffusion de la production industrielle permet à certaines portions de la planète de franchir un seuil d'autonomisation : ainsi les « quatre dragons », gagnés par un « fordisme périphérique » accèdent au statut de nouveaux pays industrialisés, reproduisant avec les pays voisins à bas salaires (Thaïlande, Indonésie...) la division spatiale des tâches. Avec l'expansion des Nouveaux Pays Industriels (NPI), l'opposition centre-périphérie perd de sa clarté, tandis que la Division Internationale du Travail (DIT) ne peut rendre compte de l'inflexion des flux d'investissements après 1975-1980 ; c'est une logique de conquête de marché qui guide l'investissement direct japonais aux Etats-Unis et en Europe.

En contre point les vieilles zones industrielles en crise

L'accumulation flexible fait mauvais ménage avec les rigidités qui marquent les paysages (lourdes emprises paléotechniques), les organisations (viscosités des grands appareils – firmes, syndicats, Etat), le marché du travail et les comportements dans les vieilles régions industrielles. Les pays noirs et les districts sidérurgiques sont des *zones d'évitement*. Pittsburgh qui a entrepris de longue main sa conversion en centre tertiaire, malgré une dotation exceptionnelle en sièges sociaux, en universités et centres de recherche, échappe difficilement à la spirale du déclin. Pour lancer le projet Saturne associé à une conception des méthodes de production et d'organisation du travail résolument nouvelles, General Motors sort du « Manufacturing Belt » et choisit le Kentucky.

3.3. Technopoles et technopôles

La Silicon Valley est une construction spontanée liée aux techniques de pointe et à l'innovation qui jaillit des laboratoires, propulse des firmes dynamiques, attire compétences et capital et façonne un environnement urbain à culture spécifique. La ville qui cherche, trouve et produit, c'est la **technopole**, moteur et nœud majeur du système productif qui prend forme.

On conçoit que le modèle californien fascine et inspire des stratégies visant à rassembler les conditions favorables à la croissance : centres universitaires et laboratoires, liaisons rapides et cadre agréable... Captant les industries de pointe (aérospatiale, électronique...), Grenoble, Toulouse, Montpellier se conçoivent et se projettent comme technopoles : le discours, le façonnement d'une image se conjuguent aux pratiques dans l'affirmation du dynanisme.

Le noyau dur est le **technopôle** résultant de « la réunion en un même lieu d'activités de haute technologie, centres de recherche, entreprises, universités, ainsi que des organismes financiers facilitant les contacts personnels entre ces milieux ». Ce rassemblement engendre une synergie génératrice d'idées, d'innovations et d'entreprises. La Zone Industrielle de Meylan à Grenoble, Sophia-Antipolis, Labège-Innopole à Toulouse, procèdent de cette conception. Le technopôle comporte souvent une « pépinière », un incubateur qui a pour but d'assurer le démarrage de nouvelles entreprises. Mais la variété des réalisations est grande, qui vont du simple centre d'innovation au parc technologique.

Entre les villes, c'est la course aux technopôles : on en recense 50 en France en 1991, intéressant une quarantaine de villes. S'ils orientent incontestablement la croissance, les technopôles ne vérifient pas toujours le modèle qui les a inspirés : les grandes firmes installées à Sophia-Antipolis ont cherché à capter le prestige et la modernité plutôt qu'à bénéficier des échanges de proximité : la fertilisation croisée n'est pas à la hauteur des prévisions.

Du Technocity de Turin au Technologie-park de Heidelberg et au parc scientifique de Cambridge, les réalisations témoignent de la puissance de l'inspiration et de la variété des modalités. Au Japon, le Plan Technopolis est une vaste opération d'aménagement du territoire : le choix de 19 technopoles est l'occasion de réorienter un développement jusqu'ici très concentré entre Tokyo et Osaka.

3.4 La métropolisation de l'économie

L'ampleur du redéploiement ne peut masquer le fait majeur : la haute technologie demeure essentiellement un phénomène métropolitain. La Cité Scientifique est le plus beau fleuron de la concentration parisienne : 41 % des industries high-tech françaises (et les deux tiers de l'électronique professionnelle) sont en Ile-de-France. Nœuds majeurs des réseaux de circulation et de communication rapide (aéroports, trains à grande vitesse, téléports...), les grandes villes monopolisent les activités fondamentales du système productif contemporain.

La concentration spatiale de la Recherche et Developpement (R-D)

Théoriquement indépendantes des intrants matériels et libres de toute attache *(footloose)*, les activités de recherche et de développement montrent pourtant une remarquable propension à la concentration. La première raison est à associer aux économies d'échelle : l'efficacité suppose une masse critique de chercheurs ; le coût de la main-d'œuvre importe moins que sa disponibilité ; on comprend l'attrait des aires urbaines riches en aménités (universités réputées, milieu culturel, liaisons aériennes) sur le personnel de haut niveau. Au poids des externalités s'ajoutent les impératifs de l'organisation : la volonté de contrôle, de sécurité... rassemble les grands laboratoires autour des sièges sociaux ; 60 % de la R-D française est faite en région parisienne où résident 45 % des cadres et ingénieurs ; plus des deux tiers de la R-D canadienne prennent place à Toronto, Montréal et Ottawa. Les trois-quarts de la R-D américaine sont le fait des 20 premières métropoles (Malecki, 1979).

L'essor des services aux entreprises

Dans les « années Reagan », les effectifs manufacturiers aux Etats-Unis restent stables, mais 19 millions d'emplois tertiaires apparaissent, dont 7 millions dans la seule catégorie des services aux entreprises. De plus en plus, les firmes font appel à des entreprises spécialisées qui les assistent en matière de conception, d'information technique, de financement, de commercialisation. Depuis plusieurs décennies, la part de la main-d'œuvre de production au sein du secteur secondaire n'a cessé de baisser (les coûts de fabrication ne représentent que 10 % de la valeur ajoutée en électronique professionnelle) : l'industrie s'est *tertiarisée*. Mais les firmes ont progressivement externalisé un grand nombre de tâches tertiaires ; d'abord pour résoudre des problèmes particuliers en matière légale ou commerciale, ensuite dans une action systématique de rationalisation et de contrôle des coûts : on concentre l'effort sur les fonctions stratégiques de l'entreprise. Plus récemment, la diffusion rapide de l'innovation, la complexité croissante de la gestion, de la production et des marchés impliquent une diversité de compétences si cruciales que l'entreprise établit avec les prestataires de ces services un véritable partenariat.

Ce **tertiaire lié** directement ou indirectement exportateur, éminemment moteur, est orienté vers la demande. La coopération soutenue, les échanges constants privilégient les relations de proximité : les services aux entreprises se localisent près des lieux de prise de décision ; 53 % des firmes françaises de conseil en haute technologie sont en région parisienne ; 41 % des services aux entreprises du Royaume-Uni sont localisés dans le sud-est. Au Canada, ils sont concentrés à 94 % dans les six premières métropoles, (Coffey, Polèse, 1987).

Des « villes mondiales » en réseau

L'internationalisation des échanges, de la production et du capital accélère l'émergence d'un réseau de métropoles de grande taille où se concentrent le pouvoir et le savoir. Plus de la moitié des sièges sociaux des 500 sociétés transnationales les plus puissantes sont rassemblés dans 10 métropoles : New York (59), Londres (37), Tokyo (34), Paris (26), Chicago (18), Essen (18), Osaka (15), Los Angeles (14), Houston (11), Hambourg (10), Dallas (10). Les banques et les services aux entreprises participent au mouvement. Satchi, firme de publicité qui siège à Londres, est aussi cotée à New York, Tokyo et Paris. Le géant japonais des services financiers, Nomura Securities, a pignon sur rue dans 40 pays. Dans une « économie-casino » où les transactions quotidiennes sur le marché des changes excèdent le PIB annuel de la France, les grandes places financières bourdonnent d'activité et se disputent les « nouveaux produits » : le marché des bons de souscription, de conversion d'options par exemple est dominé par Chicago. Qu'on y voie la traduction spatiale des nouvelles conditions de circulation de l'information (satellites, câbles...) ou un système de « points de base » du nouvel ordre capitaliste dans l'articulation de la production et des marchés (Friedman, 1988), le réseau des grandes métropoles conduit l'intégration de l'espace économique mondial.

La restructuration de l'espace métropolitain

L'explosion du tertiaire accroît la compétition pour le sol au cœur des métropoles : New York compte 100 millions de mètres carrés de bureaux, dont 28 à Manhattan. La demande croît pour des immeubles « intelligents » à hautes spécifications. Le loyer a été multiplié par quatre entre 1979 et 1986. A Londres, une seconde « City » s'esquisse à Canary Wharf malgré des faillites des promoteurs. Pour contrer les déséconomies, les entreprises dédoublent le siège, envoyant en banlieue les fonctions qui n'exigent pas de face-à-face *(back offices)*. La délocalisation est parfois à plus longue portée : American Express fait son traitement de données à Salt Lake City et Phoenix ; de plus en plus fréquemment, les sièges sociaux eux-mêmes migrent vers les banlieues qui, confinées naguère au rôle de dortoir, accueillent maintenant la haute technologie, la recherche, les fonctions de direction ; de nouveaux centres villes apparaissent : on parle de *« edge cities »*, de *« suburban downtowns »*.

Conclusion

Les Physiocrates plaçaient l'agriculture au centre du processus économique ; les Saint-Simoniens ont dévolu ce rôle à l'industrie et au transport ; on est fasciné aujourd'hui par l'essor des services : à la limite, un bien manufacturé n'est plus qu'un service matérialisé. En fait dans une économie hyper-industrielle, la création de la valeur repose sur l'intégration fabrication-services ; l'association des activités est un trait dominant de l'organisation spatiale.

A chaque état du système productif correspondent des configurations spatiales particulières. Il faut se garder de tout schématisme cependant. Chaque phase laisse un héritage qui pèse sur la dynamique ultérieure : des siècles de concentration parisienne donnent une indéniable spécificité à l'espace français. De plus, à une même époque coexistent, partiellement déphasées, des logiques distinctes : c'est au temps du fordisme triomphant que se sont esquissés les espaces industriels de l'accumulation flexible.

L'évolution contemporaine fait surgir une « mosaïque de territoires différenciés » : dans un espace discontinu, le « centre » est éclaté en plusieurs noyaux « fortement connectés au réseau mondial des interactions » (Claval, 1990) autour desquels s'ordonnent de nouvelles périphéries. Le territoire tend ainsi à se structurer autour d'une « métropole-réseau » associant une « ville mondiale » à une poignée de pôles de second niveau (Veltz, 1990). Alors que les nouvelles technologies paraissaient porteuses de meilleures chances d'équité spatiale, le destin des petites villes et des larges espaces à l'écart des grands axes demeure plus que jamais une préoccupation majeure de l'aménagement du territoire.

Lectures recommandées

Bailly A. et Maillat D., 1988, *Le secteur tertiaire en question*, Paris, Economica.

Benko G., (éd.) 1990, *La dynamique spatiale de l'économie contemporaine*, Paris, Editions de l'Espace Européen.

Claval P., 1981 *La logique des villes*, Paris, Litec.

Manzagol C., 1980, *Logique de l'espace industriel*, Paris, PUF.

Mérenne-Schoumaker B., 1991, *La localisation des industries*, Paris, Nathan.

Scott A. et Storper M., 1986, *Production, work and territory*, Londres, Allen and Unwin.

Mots-clefs

Accumulation flexible,
Activités banales,
Activités spécifiques,
Concentration horizontale,
Concentration verticale,
Concentration spatiale,
Coût de transaction,
Déséconomies,
Division spatiale (internationale) du travail,
Economies d'échelle,
Economies externes,
Economies de localisation,
Economies d'urbanisation,
Filières industrielles,
Force agglomérative,
Fordisme,
Industrie industrialisante,
Isodapane,
Juste à temps,
Multiplicateur d'emploi,
Pôle de croissance,
Rupture de charge,
Technopole,
Technopôle,
Tertiaire lié,
Théorie de la localisation des industries.

La localisation des activités banales 27

Hubert Beguin

1. Comprendre les localisations des activités banales

Le concept géographique de localisation désigne aussi bien l'action de se localiser que son résultat. L'ensemble des localisations constitue l'organisation de l'espace géographique. Il est donc essentiel de comprendre les localisations. Dans ce but, il convient d'abord de poser le problème. Ici, il s'agit de celui de la localisation des *activités banales* : la section 2 en dessinera les contours et esquissera quelques réponses générales. Ensuite, il faut répondre au problème en proposant des théories explicatives et en les confrontant aux réalités afin de vérifier leur degré de validité. La section 3 le fera en présentant la *théorie des lieux centraux*, son test, quelques extensions récentes et des applications. Une approche plus opérationnelle, basée sur la théorie de Weber, sera utilisée dans la section 4 pour déterminer la *localisation optimale*. La section 5 conclut brièvement ce chapitre.

2. Questions et réponses

2.1. Activités banales

Ce qui est utile et disponible en quantité limitée est un « bien » : un camion et un cours de géographie sont des biens. Ils procurent à ceux qui les consomment une satisfaction mesurée par ce qu'on appelle l'utilité. Leur disponibilité résulte d'une activité humaine. Une **activité banale** est définie comme celle qui fournit un bien (ou plusieurs) directement au consommateur final. Ce dernier y recourt souvent (boulanger) ou plus rarement (tribunal) : la fréquentation ou la non-rareté ne sont pas le critère de la banalité, mais bien le contact direct avec le consommateur final. En fait, il s'agit de services au consommateur. Les *activités spécifiques (chapitre 26)* concernent le producteur de biens intermédiaires (agriculture, industrie, services au producteur) dont les produits transitent par des activités banales pour atteindre leur destinataire final. Souvent, elles sont davantage orientées vers les achats et ventes d'inputs.

Vu leur définition, il est naturel de voir les *activités banales* se localiser à proximité du consommateur final, donc de la population et de son revenu. On verra que ces activités contribuent fortement à créer et hiérarchiser nos villes. A leur tour, les villes attirent les *activités banales*. Le système est donc interactif. Les *activités spécifiques* se localisent davantage à proximité de leurs fournisseurs d'inputs ; d'où leur localisation généralement plus hétérogène et moins ubiquiste que celle de la population. Les deux catégories d'activités ont cependant en commun de viser à maximiser leurs bénéfices, c'est-à-dire, géographiquement, à se rapprocher des lieux favorisant de bonnes recettes et de faibles coûts de production et de transport. Ce point commun explique le recours à des modèles analogues quant à leur objectif final. C'est pourquoi, au-delà de la *théorie des lieux centraux* mieux adaptée aux activités banales, nous utiliserons aussi des **modèles de localisation-affectation**, dérivés de la théorie de Weber, qui conviennent aussi bien aux *activités spécifiques*.

Les services banals et leur localisation connaissent une évolution rapide (Illeris, 1989). Dans les pays développés, l'emploi dans l'ensemble des services est passé de moins de 50 % de la population active vers 1950-1960 à 70 % actuellement. Ce sont les services au producteur qui connaissent la plus forte croissance mais les services au consommateur (banals) se développent également grâce à divers facteurs comme la hausse des revenus, celle du loisir et de la mobilité, l'externalisation de services auparavant produits à l'intérieur du ménage, l'apparition de services nouveaux. Les perspectives sont celles d'une poursuite de la croissance de certains services (tourisme) et d'une relative stagnation des services de routine (commerce de détail). Les services banals ont connu une décentralisation géographique qui, le plus souvent, reflète celle de la population (suburbanisation) ; la diffusion de services nouveaux y contribue également.

2.2. Comportement spatial

La localisation d'une *activité banale* est décidée par le producteur (firme, vendeur) en tenant compte du **comportement spatial** du consommateur. Le producteur gère un point de vente (ou plusieurs) défini comme le lieu où un bien (ou un ensemble de biens) est mis à la disposition du consommateur final : un supermarché ou un lycée, par exemple. Le *comportement spatial* du consommateur est largement dominé par son souci de minimiser la désutilité du temps consacré à ses déplacements d'achat. Le producteur peut donc considérer que le client fréquente le point de vente le plus proche de son lieu de départ ; la *théorie des lieux centraux* postulera ce comportement. Il suffit alors au producteur de se localiser près des consommateurs, là où il est susceptible de tirer le meilleur bénéfice de ses ventes à la clientèle. Mais, pour de multiples raisons, la réalité est rarement aussi simple. Voyons une de ces raisons et ses conséquences.

En fait, le consommateur choisit le lieu de vente qui maximise l'utilité, nette de transport, que lui procure un ensemble d'achats réalisables conjointement au cours d'un même voyage. Il effectue ainsi des voyages moins nombreux mais plus importants quant aux quantités et à la variété achetées. Le vendeur se localise alors en conséquence : à la fois près des acheteurs et près des vendeurs de biens achetables conjointement aux siens lors d'un même déplacement du client. C'est pour la même raison que des firmes diversifient de plus en plus leur assortiment comme le font les supermarchés ou, plus encore, les centres commerciaux où voisinent petits et grands points de vente très variés. Le groupement des achats engendre donc le groupement des points de vente. A leur tour, ces agglomérations de vendeurs peuvent modifier le *comportement spatial* des clients en les attirant davantage. En outre, les économies que le vendeur réalise sur ses coûts moyens grâce à la hausse de ses ventes, favorisent aussi cette évolution, sans doute aux dépens de certains petits points de vente.

La complexité et la diversité des comportements rendent très difficile le choix d'une localisation pertinente pour un point de vente. Les techniques de choix se compliquent. Si le jugement de « bon sens » de la firme reste très utile, il a cessé d'être suffisant. Il en va de même des méthodologies élémentaires utilisées autrefois. Ainsi en est-il des listes de facteurs présumés influents (population et revenus du voisinage, qualités du site, état de la concurrence,...) auxquels on attribue des notes, combinées ensuite en une appréciation globale caractérisant chaque site possible de localisation ; également des estimations, moins élémentaires, qui calculent les ventes espérées en utilisant un modèle de régression calibré sur des cas analogues observés ; et d'autres méthodes encore, exposées dans les manuels (Ghosh et McLafferty, 1987). Pour comprendre, puis agir, on a besoin d'outils plus performants. On se bornera, ici, à indiquer trois pistes : les *modèles d'interaction spatiale* (section 2.3.) ; la *théorie des lieux centraux* qui propose un cadre d'analyse (section 3) ; les *modèles de localisation-affectation*, très proches de l'application pratique (section 4).

En somme, la localisation des *activités banales* est le résultat du jeu subtil de deux forces contradictoires : une force d'attraction qui pousse le vendeur à se localiser à la fois près du client et près des autres vendeurs susceptibles de lui attirer des clients ; une force de répulsion vis-à-vis des concurrents directs, qui procure un avantage monopolistique dû à l'isolement spatial (Stahl, 1987, p. 759). Le problème se complique encore par le fait qu'une décision de localisation ne se prend pas seule, mais conjointement avec celles relatives aux produits, aux prix, aux techniques de vente. Enfin, une localisation pèse souvent lourd en termes d'investissement, de recettes futures et de positionnement face à la concurrence.

2.3. Interaction spatiale

Pour mieux comprendre le *comportement spatial* du consommateur, les **modèles d'interaction spatiale** ajoutent, à la désutilité engendrée par la distance, l'utilité procurée par l'attractivité des points de vente offerts au choix du client. L'une et l'autre se combinent en une utilité nette exprimant le bilan de la visite du client à un point de vente. Entre distance et attractivité, la substitution est possible ; ainsi le consommateur compense la désutilité d'un

FICHE 1

Les superettes d'une petite ville

Prenons l'exemple des superettes d'une petite ville pour illustrer l'utilité du **modèle d'interaction spatiale** en matière de localisation. Supposons qu'une superette supplémentaire cherche à se localiser dans la ville, en un des 6 sites qu'elle juge adéquats. Le modèle, dûment formulé et calibré, peut estimer la probabilité qu'a un client du quartier i de fréquenter le site j (un des 6 sites possibles) ; cela, en fonction des caractéristiques de ce site qui sont (limitons-les à 3) : le temps de parcours entre i et j, l'existence d'un parcage aisé en j, la présence d'autres superettes en j. Le modèle fournit, par exemple, l'information suivante : si le parcours vers j diminue d'une minute, la probabilité de s'y rendre augmente de 25 % ; si un parcage aisé existe en j, la probabilité d'aller en j double ; s'il existe déjà une superette en j, la probabilité s'accroît fortement aussi. Estimées pour tout i et tout j, ces probabilités conduisent à l'estimation des clientèles espérées, ce qui permettra à la firme de mieux sélectionner sa localisation. En l'occurrence, elle accordera sans doute plus d'importance au parcage et à l'environnement commercial qu'à l'accessibilité (détails dans Fotheringham et O'Kelly, 1989, p. 116-117). Cet exemple illustre et quantifie l'effet de la substitution entre distance et attractivité.

long trajet vers une ville attractive par l'utilité supplémentaire qu'il retire de cette attractivité. De son côté, le producteur peut capter des acheteurs plus éloignés en augmentant l'attractivité de son point de vente. Les modèles permettent d'estimer la probabilité qu'un client moyen originaire d'un quartier *i* fréquente le lieu de vente *j*. Multiplier cette probabilité par le budget que le quartier *i* consacre à l'achat d'un bien, donne l'estimation des ventes que peuvent espérer faire aux gens de *i*, les vendeurs de ce bien localisés en *j*. Voilà qui est utile pour le choix d'une localisation. Les diverses manières de formuler les modèles et de les calibrer sont discutées dans les manuels (Fotheringham et O'Kelly, 1989). Le calibrage, qui est l'estimation des coefficients du modèle, requiert une enquête auprès de la clientèle.

3. Théorie des lieux centraux

3.1. Théorie

Le géographe Christaller en 1933 et l'économiste Lösch en 1940 posent les fondements de la **théorie des lieux centraux**, ou théorie des villes. Ils voient la ville comme une agglomération de producteurs de biens banals destinés aux habitants de la région dont la ville est le centre ; d'où les expressions de « biens centraux » et, pour les villes, de « lieux centraux ». Dès lors, cette théorie est une réponse à la question de la localisation des *activités banales*. La réponse est de type macrogéographique car elle ambitionne de montrer que l'ensemble de ces localisations conduit à la constitution d'un système hiérarchisé de villes *(chapitre 34)*.

Intentionnellement, la théorie repose sur des postulats simples qui n'évoquent aucune des particularités locales par lesquelles on avait souvent expliqué la localisation des activités et des villes auparavant. Les voici : (1) l'espace géographique est parfaitement homogène quant à ses traits physiques et humains ; (2) chacun désire maximiser son utilité ; (3) les prix sont fixes pour tous les agents ; (4) pour le consommateur, le transport d'un bien est un coût qui augmente avec la distance ; donc, il fréquente le point de vente le plus proche ; (5) il existe des économies d'échelle dans la production des biens centraux, c'est-à-dire que le coût moyen de production diminue lorsque la quantité produite augmente. Sans ce cinquième postulat, la production des biens aurait lieu partout, en autarcie, afin d'éviter tout transport ; il n'y aurait donc pas de villes. Avec lui, on peut produire moins cher, en quelques lieux, de plus grandes quantités, vendues ensuite ailleurs : l'agglomération de la production est possible. La conclusion fondamentale est que l'existence d'économies d'échelle est la condition nécessaire de l'existence des villes.

Considérons d'abord un seul bien central (une *activité banale*) produit en un lieu par un agent. Ce dernier vend autour de lui des quantités qui diminuent à mesure que la distance au consommateur augmente, puisque ce consommateur paie le transport et dispose d'un budget limité pour ce bien. Il est une distance au-delà de laquelle le consommateur n'achète plus car son budget passerait entièrement au transport : cette distance est la portée du bien. Par ailleurs, l'indivisibilité des moyens de production fait qu'il existe un seuil minimum de production sous lequel la quantité produite est insuffisante pour qu'apparaissent les économies d'échelle, donc un bénéfice positif pour le producteur : sous le seuil, on ne produit pas. Portée et seuil sont, chacun, géographiquement représentés par un cercle centré sur le producteur. Il faut évidemment que la portée dépasse le seuil pour que la production ait lieu. L'anneau séparant les deux circonférences est une projection spatiale du bénéfice du producteur. Les biens fréquemment demandés ont un seuil géographique petit (boulanger) alors que les biens moins consommés ont un seuil plus grand (théâtre).

Toujours dans le cas d'un seul bien, où se localisent les producteurs et quelles sont leurs aires de marché ? Pour pouvoir vendre, le producteur se localise là où les autres producteurs ne recrutent pas leur clientèle. Mais en vertu du deuxième postulat, le nombre de producteurs augmente tant qu'il existe une perspective de bénéfice à prendre, donc tant que la superficie des anneaux figurant ces bénéfices n'est pas nulle. La limite supérieure de la densité des points de vente est atteinte lorsque chaque producteur dispose autour de lui d'une aire de marché dont la superficie correspond au seuil de production. On est alors à l'équilibre : toute la demande est satisfaite et il n'y a plus d'incitation à l'entrée de nouveaux producteurs. Géographiquement, cet équilibre se traduit par un treillis hexagonal de producteurs entourés, chacun, d'une aire de marché hexagonale *(figure 1)* dont les consommateurs lui adressent une demande globale égale à son seuil de production ; son bénéfice est donc nul.

Considérons maintenant plusieurs biens. Chacun ayant son seuil, son treillis de producteurs et ses aires de marché, on pourrait penser que ces structures hexagonales de tailles diverses se superposent de façon quelconque dans l'espace géographique, indépendamment les unes des autres. Ce serait compter sans ce qui fait le fondement du cinquième postulat. Son interprétation élargie note que le coût de production d'un bien profite aussi de la présence de producteurs d'autres biens dans le même lieu (complémentarité des productions, recours à des fournisseurs communs qui peuvent alors fournir moins cher, etc.) : il bénéficie de l'augmentation globale de production de l'ensemble des activités localisées en un même lieu. Le concept d'économies d'échelle est ainsi étendu à celui d'économies d'agglomération définies comme les économies dont bénéficie un producteur grâce au volume général de production de l'agglomération où il se localise *(chapitre 26)*. Dès lors, les économies d'agglomération incitent les producteurs de biens différents à se localiser ensemble dans les mêmes lieux. Ceux-ci sont alors de véritables villes aux activités diversifiées.

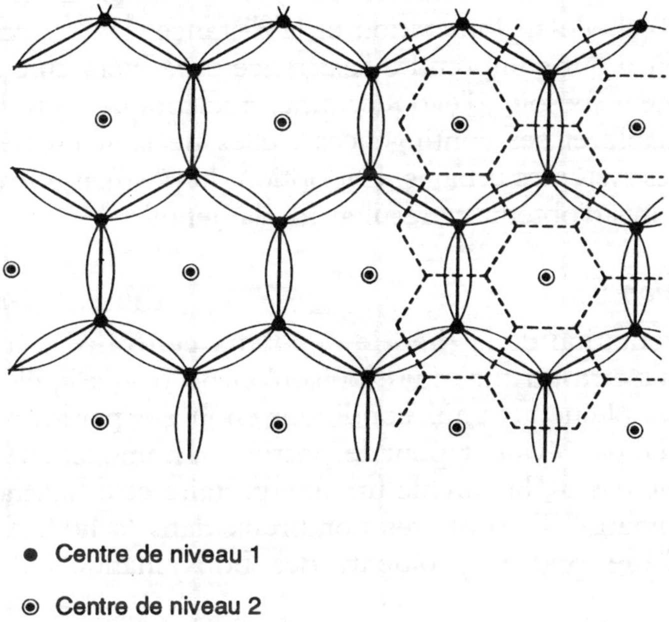

Figure 1 Centres et aires de marché
Bailly A., Beguin H., 1982, *Introduction à la géographie humaine*, Paris, Masson, p. 119 de la 1re édition.

Ainsi se constitue un premier ensemble de petites villes semblables qui produisent les biens les plus demandés : tous ceux dont le seuil de production est inférieur ou égal à la demande d'une aire de marché de ce premier niveau. Afin de bénéficier d'économies d'agglomération, les producteurs de biens un peu moins demandés se localisent aussi dans ces petites villes plutôt qu'hors ville. Mais étant moins nombreux et leurs seuils étant plus élevés, on ne les trouve que dans une partie des villes de premier niveau, par exemple dans une ville sur trois ou quatre : les villes de deuxième niveau ainsi constituées sont donc nettement moins nombreuses que celles de premier niveau *(figure 1)*. Le même mécanisme crée ensuite d'autres niveaux de villes, chaque fois moins nombreuses mais produisant plus de biens, formant une hiérarchie ayant à sa tête une grande ville exerçant toutes les activités banales jusqu'aux plus rarement demandées. Dans cette structure hiérarchique, chaque ville exerce la totalité des fonctions d'ordre égal et inférieur à celui du bien le moins demandé qu'elle produit. En outre, les villes d'un même niveau sont semblables puisqu'elles exercent les mêmes fonctions.

Tel est, en termes simplifiés, le contenu de la **théorie des lieux centraux**. Son résultat majeur est de montrer qu'un espace géographique homogène engendre une organisation différenciée, sous l'action de deux facteurs : les économies d'échelle-agglomération et la distance. Un système urbain hiérarchisé apparaît. Pour comprendre l'existence et la hiérarchie des villes, il n'est donc nullement besoin d'évoquer une quelconque hétérogénéité géographique préalable et ses contingences : elles ne sont en rien une condition nécessaire des systèmes urbains. L'adoption du postulat « irréaliste » d'homogénéité a permis d'obtenir ce résultat fondamental.

3.2. Observation

La confrontation de la **théorie des lieux centraux** avec la réalité observée ne saurait être qu'imparfaite puisqu'on ne trouve nulle part une réalité correspondant pleinement aux conditions énoncées par les postulats de base ; c'est, par exemple, évident pour le postulat d'homogénéité spatiale. On ne trouvera donc pas de hiérarchie urbaine parfaite et il faudra se contenter de tests approximatifs. Ils sont très nombreux dans la littérature, ce qui nous permettra d'être bref : la plupart des bons manuels de géographie en présentent.

Peut-on vérifier l'existence d'économies d'agglomération ? Oui ; mais il n'est pas facile de disposer de données suffisamment détaillées pour pouvoir réaliser des tests empiriques. Dans plusieurs pays cependant, on a pu observer que la productivité du travail augmente avec la taille de la ville dans un certain nombre d'activités : elle s'élève de 3 % à 6 % lorsque la taille de la ville double. On note également un lien entre les économies d'agglomération et le caractère diversifié des activités exercées dans la ville. Toutefois, le taux de croissance de la productivité n'augmente pas toujours avec la taille urbaine et, dans certaines activités, il pourrait diminuer au-delà d'une taille estimée à quelque 2 millions d'habitants (Beguin, 1988).

La conformité de la hiérarchie urbaine observée avec celle que prévoit la théorie a été très souvent testée. Lösch, un des fondateurs de la théorie, l'a vérifiée avec succès en Iowa, un des Etats américains les plus proches de l'homogénéité spatiale postulée par la théorie. En France, D. Noin (1976) observe également une bonne correspondance. Pour la Normandie en particulier (p. 40-47), la régularité de la répartition géographique des villes est frappante ; elles se répartissent en cinq niveaux avec une progression régulière des populations et fonctions ; des constatations analogues sont faites pour la France entière (p. 47-54). Ailleurs également, malgré l'omniprésence d'écarts, parfois importants, avec les prévisions de la théorie, une concordance globale entre hiérarchies théorique et observée est fréquente, dans les pays riches comme dans les pays pauvres.

Les structures d'emploi selon les secteurs d'activité montrent également que, conformément à la théorie, plus la ville est grande, plus nombreuses sont les *activités banales* qu'elle abrite et donc plus l'activité urbaine y est diversifiée. Mais les villes n'exercent pas seulement des fonctions banales ; elles abritent aussi des activités industrielles qui sont souvent responsables d'écarts importants observés entre la théorie et la réalité. Le lecteur trouvera de nombreuses données empiriques sur l'emploi selon la taille des villes dans D. Pumain et T. Saint-Julien (1978) pour la France et dans J. Marshall (1989) pour le Canada et les Etats-Unis.

Dans l'ensemble, les concordances entre la *théorie des lieux centraux* et la réalité observée dominent largement les discordances.

3.3. Critiques et extensions

Les critiques adressées à la *théorie des lieux centraux* sont nombreuses et tout à fait justifiées. La théorie manque de rigueur et ressortit trop souvent à l'intuition plutôt qu'à la démonstration. Certaines critiques sont à la base de progrès récents de la théorie comme le montrent les exemples qui suivent.

On reproche souvent à la *théorie des lieux centraux* la contradiction fondamentale entre l'homogénéité spatiale qu'elle postule et l'hétérogénéité spatiale qui en découle. En effet, l'uniformité spatiale de la demande est éliminée à la fois par l'apparition des villes et par le fait que la demande régionale varie selon sa distance à la ville. En outre, ce changement de la demande varie avec la taille de la ville donc, pour un même bien, différemment selon le lieu où il est acheté. Tout cela entraîne des modifications géographiques très diverses des portées, seuils, quantités produites et coûts d'un même bien ; et cela pour chaque bien. Le schéma théorique s'en trouve fortement bousculé.

Certains travaux ont partiellement corrigé cette faiblesse en intégrant, à la théorie, l'hétérogénéité due aux villes. Ils s'efforcent d'estimer la population des diverses villes pour l'ajouter ensuite à la mesure de la demande des consommateurs des différentes aires de marché. Cette estimation repose sur l'introduction d'un paramètre supplémentaire dans la théorie : la productivité du travail, qui varie selon les biens concernés. C'est une réponse apportée à la contradiction relevée plus haut. C'est, en outre, l'explication d'un lien entre la taille des villes (ainsi que le taux général d'urbanisation du territoire) et la productivité du travail des *activités banales*. Ces estimations théoriques sont assez bien corroborées par l'observation empirique.

La théorie se voit aussi reprocher d'admettre un comportement un peu trop simple du consommateur : il ne fréquenterait que le point de vente le plus proche. Or nous avons vu (section 2.3) qu'en sus de la distance, il prend aussi en compte l'attractivité des points de vente entre lesquels il peut choisir : c'est ce qu'expriment les **modèles d'interaction spatiale**. Distance et attractivité étant substituables, il ne fréquente pas nécessairement le point de vente le plus proche. La difficulté de répondre à cette objection réside dans le choix d'un *comportement spatial* qui soit conforme à son souci de maximiser son utilité. Cette direction de recherche a été explorée.

Plus particulièrement, on a cherché à modéliser le comportement du client qui groupe plusieurs achats à l'occasion d'un seul voyage, afin d'économiser des déplacements (section 2.2.) ; c'est-à-dire à prendre en compte les économies d'échelle et d'agglomération du consommateur qui, en groupant ses achats, achète davantage en diversité et en quantité. Cette pratique modifie évidemment les résultats de la théorie : les villes où les *activités banales* sont nombreuses sont favorisées par rapport aux petits centres qui sont moins attractifs. Des modèles théoriques ont exploré le problème. Ils analysent la variation du coût total du consommateur (achat, déplacement et stockage) en fonction de : la fréquence d'achat de chaque bien (quotidienne, hebdomadaire,...), la quantité achetée, le prix payé, le coût du stockage et celui du transport. On peut alors déterminer la fréquence et la quantité achetée optimales qui minimisent le coût total du client. Les premiers résultats sont intéressants puisqu'ils montrent, entre autres : qu'un bien n'est pas nécessairement acheté au centre le plus proche, même s'il y est moins cher ; et qu'un même bien peut être acheté dans plusieurs centres différents.

Bien d'autres critiques sont encore émises et les recherches qu'elles suscitent s'insèrent peu à peu dans la théorie. On trouvera dans H. Beguin (1988) un exposé plus étoffé des développements de la *théorie des lieux centraux* accompagné des références bibliographiques adéquates y compris celles relatives aux résultats présentés dans cette section 3.3.

3.4. Applications

On n'a pas attendu de la *théorie des lieux centraux* qu'elle se perfectionne davantage pour l'appliquer ; en se disant que si elle implique une situation équilibrée pour les producteurs et les consommateurs, il convient de pousser la réalité à ressembler à ce que prévoit la théorie.

Le Royaume-Uni a joué un rôle pionnier en réussissant la création de villes nouvelles contrebalançant la croissance, jugée excessive, de la métropole londonienne. En France, après l'établissement d'un inventaire de la hiérarchie urbaine basé sur divers critères (souvent discutés) d'équipement et de rayonnement géographique des villes, on a établi un schéma d'aménagement en vue d'assurer une implantation « équilibrée » des équipements urbains. On a d'abord voulu freiner la croissance de l'agglomération parisienne, d'une part par des mesures de restriction des implantations, et d'autre part par la définition de huit métropoles d'équilibre destinées à faire contrepoids à la croissance de Paris. L'accent s'est ensuite déplacé vers les villes moyennes et enfin vers les contrats de pays passés avec des entités plus rurales. Les moyens de cette politique ont été les dépenses d'équipement, quelquefois très lourdes, et diverses mesures administratives et financières (réglementations, octroi ou refus de permis, primes,...). Effectivement, la croissance de Paris a été freinée mais la région parisienne au sens large a continué de bénéficier d'une partie importante de la croissance générale. Actuellement, l'aménagement du territoire ne mobilise plus les énergies qu'il avait suscitées à ses débuts. On trouvera davantage de commentaires dans (Merlin, 1988).

D'autres applications de la *théorie des lieux centraux* à l'aménagement du territoire ont été réalisées ailleurs dans le monde avec le même souci de mieux « équilibrer » le territoire et de favoriser le développement régional. C'est ainsi que la Suède a planifié la localisation de ses services publics et créé de nouvelles divisions administratives. Le Ghana et la Sierra Leone ont préparé des plans prévoyant le renforcement de certaines villes et la création d'autres centres. Dans les nouveaux polders des Pays-Bas et dans une région d'Israël, on a créé à peu près de toutes pièces une hiérarchie de petits centres urbains à plusieurs niveaux. Les références relatant ces expériences se trouvent dans L. King (1984, p. 72-76).

Ces politiques n'ont pas toujours connu les succès escomptés. Les faiblesses de la théorie y sont sans doute pour quelque chose ; tant il est vrai que seule une bonne théorie peut soutenir une pratique efficace.

4. Localisation optimale

4.1. Fondements théoriques

Une famille de modèles s'intéresse à la *localisation optimale* des activités, spécifiques et banales : les **modèles de localisation-affectation** (localisation des activités ; affectation des consommateurs à chacune de ces localisations). La recherche relative à ces modèles est récente et s'est développée indépendamment de la théorie des villes aussi bien que de la localisation traditionnelle des points de vente. Depuis les années 1980, ces divers courants de recherche tendent cependant à se rejoindre. L'utilisation de *modèles de localisation-affectation* à propos d'*activités banales* est en plein développement et elle peut rendre opérationnels des concepts de la *théorie des lieux centraux* (Ghosh et Rushton, 1987). Ces modèles conviennent très bien pour guider la pratique de la localisation des points de vente d'une même firme ou d'un même service public.

La théorie de Weber offre un fondement théorique aux **modèles de localisation-affectation** *(chapitre 26)*. Sa différence principale avec celle des lieux centraux est qu'elle postule un espace géographique hétérogène : pour un producteur, les sources des inputs et les clients des outputs ne sont pas ubiquistes mais localisés en un nombre fini de lieux appelés marchés (notés m). Le modèle de Weber détermine la localisation (notée s) optimale de l'activité : celle qui minimise le coût total de transport (noté T) des inputs et outputs (notés g) ; ce coût T est le produit du prix de transport t par la quantité q transportée et par la distance d parcourue. Dès lors le modèle s'écrit :

$$\min \mathrm{T} = \sum_{m} \sum_{g} t_g q_{gm} d_{ms}$$

$$\text{où } \min \mathrm{T} = \sum_{m} \omega_m d_{ms}, \text{ si on pose } \omega_m = \sum_{g} t_g q_{gm}$$

Ce modèle élémentaire est beaucoup plus général qu'il n'y paraît car l'interprétation du « transport » est très large. En effet, l'attrait d'une localisation sur des ressources naturelles n'est qu'une question de coût de transport ; il en est de même pour l'attrait des marchés de consommation ; même l'attractivité de la main-d'œuvre n'est qu'une expression du coût (monétaire, psychologique, ...) de son déplacement. Ainsi, on peut interpréter le poids ω_m comme un indicateur de l'attractivité du marché m pour l'activité concernée ; attractivité sensible à la diversité des biens disponibles en m (puisqu'on somme sur les biens g, dans la formule définissant ω_m), à leur prix de transport (t_g) qui exprime leur fragilité ou leur encombrement, aux quantités à déplacer (les q_{gm}). Une ville attractive aura donc un poids ω_m élevé. L'interprétation du modèle le rend donc très général.

Au départ du modèle de Weber se construit une théorie de la localisation faite de véritables théorèmes géographiques qui se démontrent, chacun, sous diverses conditions clairement explicitées. Cette théorie fonde les modèles d'application pratique que sont les *modèles de localisation-affectation*. A la lecture des deux exemples de théorèmes qui suivent, on comprend immédiatement qu'ils contribuent à simplifier la recherche d'une **localisation optimale** : (1) toute localisation optimale appartient au sous-ensemble spatial constitué par le plus petit polygone convexe contenant tous les marchés m ; (2) sur un réseau de transport, il existe toujours une localisation optimale appartenant à l'ensemble constitué par les marchés et les carrefours.

4.2. Modèles de localisation-affectation

Un **modèle de localisation-affectation** détermine à la fois la *localisation optimale* des points de vente d'une activité, et l'affectation géographique des clients à ces points de vente, c'est-à-dire les aires de marché. Il pose le problème de localisation sous la forme d'une fonction à optimiser, expression de l'objectif du décideur, assortie de contraintes traduisant les circonstances imposées au problème. Il est résolu par des méthodes de recherche opérationnelle dont nous ne dirons rien ici. Un excellent exposé de problèmes actuellement solubles est donné dans P. Hansen *et al.* (1987), accompagné d'une bibliographie très abondante.

Les modèles traitent de problèmes de localisation qui impliquent un déplacement entre le point de vente et chaque client pris séparément (les problèmes de tournées sont exclus). Peu importe que le client se rende au point de vente (école) ou qu'il reçoive le service chez lui (pompiers). Peu importe aussi qu'il s'agisse d'ajouts de points de vente, de suppressions, ou de relocalisation. Les modèles peuvent être continus (le nombre, infini, de localisations possibles entre lesquelles il faut choisir, est un ensemble continu de points du territoire) ou discrets (nombre fini de localisations possibles). Les modèles discrets sont sans doute plus réalistes : on choisit parmi un petit groupe de sites de localisation possibles. Mais ils prennent le risque de manquer la *localisation optimale* si elle ne figure pas sur la liste des sites jugés possibles. Nous nous limiterons ici aux modèles discrets.

La plupart des modèles peuvent résoudre des problèmes de polylocalisation, c'est-à-dire de localisation simultanée de plusieurs points de vente d'une même entreprise, aussi bien que de monolocalisation. Ceci reste vrai si la localisation est séquentielle (un point de vente après l'autre). A leur débuts, les modèles se sont surtout intéressés aux services publics : le cas est plus simple que celui des services privés car il peut généralement ignorer le redoutable problème de la concurrence entre points de vente de firmes différentes. En matière de services publics, les modèles peuvent prendre en compte l'*équité* : elle consiste à modifier les localisations optimales dans un sens plus favorable aux usagers les plus mal servis.

Les modèles de **localisation optimale** abordent 3 questions : quels sont les besoins à satisfaire ; quelles sont les possibilités d'y répondre ; comment ajuster au mieux l'offre à la demande ? La pratique débute par l'analyse de la demande : localiser les consommateurs (un nombre de consommateurs ou une quantité demandée, pour chaque lieu). Ensuite elle examine l'offre : localisations et capacités existantes, et identification des localisations potentielles convenant pour de futurs points de vente. Vient enfin l'ajustement de l'offre à la demande par le moyen des localisations, des capacités et des aires de marché qui, toutes trois, sont simultanément déterminées par le modèle de manière à optimiser l'objectif fixé.

FICHE 2

L'exemple de la p-médiane

Voici un exemple d'écriture d'un modèle classique : celui de la p-médiane. Son objectif est de minimiser le temps total d'accès (noté T) à un service, par exemple les écoles d'une ville, à localiser parmi des sites potentiels j (j=1,..., J). La fonction d'objectif s'écrit :

$$\min \mathrm{T} = \sum_i \sum_j n_i t_{ij} x_{ij}$$

où n_i est le nombre d'élèves originaires du lieu i, t_{ij} est le temps mis pour aller de i à j ; $x_{ij} = 1$ si la demande émanant de i est satisfaite par une école sise en j, et $x_{ij} = 0$ sinon. Voyons les contraintes. La première exprime l'obligation scolaire : chaque demande doit être affectée à une école. La suivante impose de localiser un nombre p d'écoles (c'est la contrainte de budget). La dernière empêche toute affectation d'élèves à un site dépourvu d'école. Si on crée une variable y_j valant 1 lorsqu'une école est localisée en j et valant zéro sinon, l'écriture des trois contraintes est :

$$\sum_j x_{ij} = 1 \text{ pour tout } i \text{ ; } \sum_j y_j = p \text{ ; } x_{ij} \leq y_j \text{ pour tout } i \text{ et tout } j.$$

La solution de ce modèle donnera : la localisation et la capacité de chacune des p écoles, leurs aires de recrutement, le temps total des déplacements des élèves, les temps mis par ceux issus des lieux les plus défavorisés ; et cela pour diverses valeurs de p si on le souhaite.

Les **modèles de localisation-affectation** sont très variés, car un modèle de ce type n'est qu'une manière d'écrire un problème réel sous une forme telle qu'il soit soluble par une méthode de recherche opérationnelle. La fonction à optimiser est choisie par le décideur. Un service public maximisera une utilité sociale nette : dans le cas le plus simple, un gain d'accessibilité pour l'usager ; ou la différence entre ce gain et le coût encouru ; ou une fonction plus compliquée. Un service privé maximisera son profit ; ou simplement ses ventes ; ou il visera à éliminer ses concurrents. Une fois l'objectif fixé, il reste à préciser les contraintes. Ici aussi, la diversité est grande. A titre d'exemples citons : la distance entre point de vente et client ne peut excéder une valeur fixée ; la capacité du point de vente ne peut descendre sous un seuil donné ; le nombre de points de vente ne peut provoquer un dépassement du budget disponible. Bien entendu, l'ensemble constitué par l'objectif et les contraintes doit être cohérent ; ainsi, on ne peut à la fois vouloir des écoles localisées à moins de 300 m. de chaque enfant et prévoir un budget insuffisant pour y parvenir.

4.3. Applications

Les applications sont nombreuses dans la littérature. Par exemple, on peut en trouver sept réunies dans une même publication (Beguin *et al.*, 1982) concernant : les pompiers, les ambulances, les garderies d'enfants, les écoles primaires, les piscines publiques, les bureaux de poste, les hôpitaux. Extrayons-en deux résultats seulement : le tiers des ambulances de la province belge du Luxembourg est quasi-inutile ; une meilleure localisation des écoles primaires d'une commune bruxelloise réduirait de 35 % les trajets des écoliers.

Présentons maintenant un exemple un peu plus détaillé relatif à la localisation des bureaux de poste dans une petite ville qui en compte 18 (Thomas, 1986). L'analyse porte d'abord sur le *comportement spatial* des usagers, car c'est lui qui guidera les règles d'affectation et de localisation des bureaux. Deux enquêtes auprès de milliers d'usagers (à domicile et dans les bureaux) indiquent : (1) que la fréquence individuelle des visites au bureau de poste est indépendante de la distance à parcourir ; (2) que le choix du bureau fréquenté est, lui, très dépendant de la distance, de sorte que l'usager se rend habituellement au bureau le plus proche. On appliquera donc le modèle de la p-médiane qui est conforme à ce comportement. Sa fonction d'objectif est la minimisation de la distance totale parcourue par l'ensemble des usagers et ses contraintes sont celles que la section 4.2 a énoncées. Le modèle a notamment été appliqué à la localisation de 18 bureaux parmi les 101 sites jugés convenables pour accueillir un bureau. Par rapport à la localisation actuelle, une *localisation optimale* réduirait de 8 % la distance moyenne parcourue par l'usager ; 7 bureaux conservent leur localisation actuelle mais les 11 autres changent de site. On note aussi que 15 bureaux optimalement localisés rendraient le même service (même distance moyenne) que les 18 bureaux dans leurs sites actuels. De nombreuses autres simulations ont été réalisées avec le modèle afin d'aider le responsable à prendre sa décision. Ce dialogue entre le décideur et le modèle est un atout majeur des analyses de localisation-affectation : le modèle propose une solution pour chaque variante suggérée par le décideur.

La nécessité de tenir compte de la concurrence complique singulièrement l'application de *modèles de localisation-affectation* aux services privés. Dans les cas commodes où cette concurrence ne peut guère s'exercer que par le choix d'une bonne localisation (lorsque prix et produits sont strictement réglementés, par exemple), des applications assez simples sont possibles. Ce n'est plus vrai quand la compétition s'exerce par de nombreux moyens. Les modèles doivent alors être modifiés et prendre simultanément en compte le comportement des consommateurs et celui des autres producteurs, face à la concurrence. La tâche est difficile. Une première approche consiste à introduire un *modèle d'interaction spatiale* exprimant le comportement du consommateur dans un *modèle de localisation-affectation*. Ceci n'a pas encore reçu de solution pleinement satisfaisante, bien qu'il existe des solutions partielles utiles aux praticiens. On connaît aussi des tentatives plus complexes comme, par exemple, celle qui consiste à se localiser de manière à se protéger, préventivement, contre une future stratégie d'empiètement des concurrents sur son aire de marché. Ceci fait appel à la théorie des jeux associée à l'interaction spatiale et à la localisation-affectation. On trouvera des commentaires et des exemples simples dans A. Ghosh et G. Rushton (1987) et dans A. Ghosh et S. MacLafferty (1987).

5. Conclusion

Ce chapitre a présenté principalement deux réponses apportées au problème de la localisation des *activités banales*. La *théorie des lieux centraux* a l'immense avantage d'être globale et de tendre, bien modestement, vers l'explication d'un équilibre général. Mais elle est loin d'y parvenir : ses ambitions sont encore très en avance sur son pouvoir explicatif actuel pour la simple raison que la difficulté de la tâche est considérable. En revanche, la famille des *modèles de localisation-affectation* limite ses prétentions à la localisation particulière de telle ou telle activité. Elle perd en généralité ce qu'elle gagne en qualité des solutions qu'elle offre aux problèmes de localisation bien posés, incluant toutes les spécifications que l'on désire prendre en compte.

La recherche en matière de localisation des *activités banales* continue et se complexifie. Mais, avec K. Stahl, force est de constater qu'elle est encore loin d'avoir atteint un état de maturité (1987, p. 814).

Lectures recommandées

Bailly A. et Beguin H., 1982 (1re éd.), *Introduction à la géographie humaine*, Paris, Masson.

Beguin H., 1988, La région et les lieux centraux, in Ponsard C. (éd.), *Analyse économique spatiale*, Paris, PUF.

Beguin H., Hansen P et Thisse J. (éds), 1982, Où construire les équipements collectifs ?, *Recherches Economiques de Louvain*, n° 48.

Fotheringham A. et O'Kelly M., 1989, *Spatial interaction models : formulations and applications*, Dordrecht, Kluwer.

Ghosh A. et McLafferty S., 1987, *Location strategies for retail and service firms*, Lexington, Heath.

Ghosh A. et Rushton G. (eds), 1987, *Spatial analysis and location-allocation models*, New York, Van Nostrand.

Hansen P., Labbé M., Peeters D. et Thisse J., 1987, Facility location analysis. *Fundamentals of Pure and Applied Economics*, 22.

Illeris S., 1989, *Services and regions in Europe*. Aldershot, Avebury.

King L., 1984, *Central place theory*, Londres, Sage.

Marshall J., 1989, *The structure of urban systems*, Toronto, University Press.

Merlin P., 1988, *Géographie de l'aménagement*, Paris, PUF.

Noin D., 1976, *L'espace français*, Paris, Colin.

Pumain D. et Saint-Julien T., 1978, *Les dimensions du changement urbain*, Paris, Centre National de la Recherche Scientifique.

Stahl K., 1987, Theories of urban business location, in Mills E. (ed), *Handbook of Regional and Urban Economics,* Amsterdam, North-Holland.

Thomas I., 1986, *La localisation optimale des services publics : une méthode opérationnelle et son application au service postal*, Louvain-la-Neuve, Cabay.

Mots-clés

Activités banales
Comportement spatial
Localisation optimale
Modèles de localisation-affectation
Modèles d'interaction spatiale
Théorie des lieux centraux

Les réseaux de transport et de communication

28

François Plassard

De tous temps, pour réaliser leurs activités les hommes ont parcouru l'espace, espace réduit du chasseur préhistorique, espace aux dimensions du monde de l'homme d'affaires moderne ou du touriste de cette fin du XXe siècle. Pour faciliter ces déplacements, les rendre possibles dans des temps toujours plus courts et dans des conditions de confort sans cesse accrues, l'homme a tissé à travers l'espace des réseaux de communication : ensemble de connaissances, de pratiques, qui a nécessité au fur et à mesure du développement du progrès technique toujours plus d'infrastructures de transport.

La mode intellectuelle s'est abattue sur les réseaux. S'agit-il de comprendre les relations qu'établissent entre elles les villes d'une même région ou d'un département, on parle tout de suite de réseau de villes. Les centres de recherche sont invités à se constituer en réseau, les entreprises développent leurs réseaux de sous-traitance, et chacun de nous s'insère dans des réseaux de sociabilité. Alors que dans les années soixante-dix, la mode était à l'analyse des systèmes pour tous les phénomènes sociaux, aujourd'hui tout est réseau. Comme si notre XXe siècle finissant, à défaut de savoir ce qu'il est, ne savait se définir que par ce qu'il sait faire circuler. Pour paraphraser Démocrite, on pourrait dire que notre monde n'existe aujourd'hui que parce que tout circule.

Il nous faut donc tenter de mettre un peu de clarté dans ce monde de la « réseaulogie » s'il s'agit d'une science, ou de la « réseautose » s'il ne s'agit que d'une maladie dont le corps social finira bien par guérir.

Revenons d'abord aux premiers usages de ce terme. Un **réseau**, un rets, était un filet aux mailles plus ou moins serrées qui enfermait quelque chose ; c'était un contenant dans lequel le poisson se piégeait, les belles enfermaient leur chevelure. Et c'est l'*image* de ce réticule qui a été associée aux diverses formes que peuvent prendre les infrastructures de transport sur une carte. On est ainsi passé à la notion de **réseau de transport**, mais au prix d'un changement de sens, puisque dans le premier cas il s'agit d'enfermement, dans le second de circuler sur les fils du réseau.

On retrouve dans cette évolution sémantique toute l'ambiguïté qui va caractériser les **réseaux de transport** et **de communication**. Pour une part ils sont le symbole et le moyen de la liberté en permettant aux personnes, aux marchandises et à l'information de circuler plus facilement sur les *fils* qu'ils tendent entre les *nœuds*, mais pour une autre part ils enferment l'espace dans leurs mailles en ne rendant possibles que certains déplacements entre un nombre de points limités de l'espace sur lesquels il convient d'être *branché*.

Du filet à l'arbre, la notion de réseau est-elle autre chose qu'une image qui charrie avec elle ses mailles ou ses branches, ses nœuds et ses fils ? Pour nous, nous retiendrons du réseau la définition la plus large possible, celle du grand dictionnaire Robert que reprend G. Dupuy, un des meilleurs spécialistes des **réseaux** : « Ensemble des lignes, des voies de communication, des conducteurs électriques, des canalisations, etc. qui desservent une même unité géographique, dépendent de la même compagnie. » (Dupuy, 1987)

Cette définition nous renvoie aux **infrastructures** et à leur gestion, et aux relations qu'elles entretiennent avec l'espace. Mais en revanche elle est muette sur la formation des réseaux et sur leurs transformations, questions qui ne peuvent être passées sous silence. C'est pourquoi après avoir précisé la notion de réseau, nous nous attarderons à montrer comment, dans le domaine des transports, la logique qui préside à la formation des réseaux explique bien certaines de leurs caractéristiques et rend leurs évolutions prévisibles.

1. Le monde des réseaux de transport

Si le terme générique de réseau renvoie à des domaines bien divers, de la biologie et des sciences de la vie, à l'architecture et à l'aménagement du territoire, les réseaux de transport et de communication apparaissent comme une vaste nébuleuse, dans laquelle des distinctions traditionnelles ont été faites pour tenter de mettre de l'ordre.

1.1. L'inefficacité des classifications

On a pris l'habitude de distinguer les réseaux selon leurs usages, selon leur domaine spatial, selon leur mode et enfin selon leur statut juridique.

Mais ces distinctions tendent de plus en plus à s'estomper sous l'influence du progrès technique.

La distinction entre *transport de personnes* et *transport de marchandises* est traditionnelle et repose sur des pratiques professionnelles tout à fait différentes. Mais elle ne correspond pas aux distinctions juridiques car la plupart des compagnies de transport, comme la SNCF ou les compagnies aériennes, assurent ces deux types de prestation. L'évolution des conditions économiques peut amener les entreprises de transport à arbitrer entre ces deux activités, comme l'a fait, par exemple la SNCF, lors de la suppression de l'activité voyageurs sur des lignes à faible rentabilité.

La distinction entre *réseaux urbains* et *réseaux interurbains* repose sur la spécialisation des entreprises et sur le domaine de compétence des organismes publics qui en ont la responsabilité : les réseaux nationaux, routiers ou ferroviaires, relèvent de la responsabilité de l'Etat, les transports ferroviaires régionaux des régions, les transports routiers des départements et les transports urbains des villes ou des agglomérations urbaines.

Le repérage des divers réseaux de transport par le **mode** ne signifie plus grand-chose dans la mesure où il n'y a plus rien de commun entre les tramways, les métros, les trains régionaux ou de banlieue et le TGV, bien que tous soient considérés comme des transports ferroviaires. De même il n'y a pas de commune mesure entre les convois poussés au gabarit européen qui sillonnent les voies navigables du nord de l'Europe ou le Rhin et les péniches de 250 tonnes qui survivent sur le réseau du XIXe siècle.

Le développement des **réseaux de communication** et l'irruption des transferts de données, lui-même lié au développement des techniques de traitement et de transfert de l'information, vient encore bouleverser le paysage, offrant parfois de véritables substituts au transport physique d'objets, comme la télécopie qui permet l'échange de documents-papiers sans qu'il y ait transport physique. Et l'on peut se demander, quand on connaît mieux les motifs de déplacement, si le TGV qui circule maintenant depuis plus de dix ans entre Lyon et Paris ne réalise pas en réalité du transfert d'informations, par personnes interposées, plus que du véritable transport de personnes.

1.2. La forme des réseaux

Une première tentative de mise en ordre de cet ensemble polymorphe est de préciser les formes que peuvent prendre les réseaux. En effet en retenant, pour l'instant, une définition relativement pauvre, on peut caractériser chacun d'entre eux par l'ensemble des lignes qui relient les divers points de l'espace qu'ils desservent. Des familles de réseaux peuvent alors être identifiées, et surtout on peut associer à chaque réseau un graphe dont on peut rechercher les propriétés topologiques.

La représentation sous forme de graphe

Dans la plupart des cartes des réseaux de transport, c'est la ligne qui est à la base de la représentation : c'est le cas des réseaux urbains, des réseaux ferroviaires ou des réseaux aériens. Mais pour les réseaux qui ne font que mettre à la disposition des usagers une infrastructure, c'est la carte de ces infrastructures qui devient la carte du réseau, comme pour les réseaux routiers, autoroutiers ou fluviaux. Il n'y a donc pas identité entre réseau de transport et réseau d'infrastructure. Par ailleurs les points desservis peuvent être, selon la dimension spatiale des réseaux, des villes, des arrêts de bus ou des stations de métro.

Cette représentation simplifiée à l'aide de points et d'arcs permet d'appliquer à l'analyse des réseaux les caractéristiques des **graphes** *(fiche 1)*, ceux-ci pouvant être valués de diverses façons, en termes de distance, de coûts de transport, de flux, d'accessibilité. Mais cette opération renvoie vite à des approches multidimensionnelles dans la mesure où il n'est pas toujours possible d'agréger toutes ces informations en une valeur unique.

Les types de réseaux

En s'intéressant toujours à leur forme, on peut distinguer plusieurs types de réseaux : les réseaux maillés, les réseaux polaires et les réseaux en arbre, pour ne retenir que les formes les plus usuelles *(figure 1)*.

Le **réseau maillé**, ou réseau réticulaire, renvoie à la théorie du pavage, bien connue des mathématiciens. On peut la résumer en disant que seuls trois polygones réguliers permettent de recouvrir totalement une surface, le triangle équilatéral, le carré et l'hexagone, qui n'est qu'une variation du premier. Si l'on retient les arêtes comme les liaisons d'un réseau, on obtient ainsi un maillage régulier du territoire. Ce type de réseau présente des avantages bien connus : il est possible de desservir tous les sommets avec une longueur totale des arcs inférieure à celle nécessaire pour relier directement tous les sommets deux à deux, et, dans la mesure où il offre un grand nombre de chemins pour joindre deux sommets, il présente un niveau de sécurité et donc de fiabilité important. On comprend aisément que ce type de réseau ait servi de modèle en urbanisme pour organiser les voies de desserte. En revanche il a été très peu utilisé pour les dessertes inter-cités, domaine dans lequel ont été privilégiées d'autres formes, et tout particulièrement les réseaux en étoile.

FICHE 1

Les propriétés d'un réseau[1]

Par extension des propriétés des graphes, on peut caractériser les réseaux par certaines propriétés, en s'intéressant au réseau dans son ensemble, aux liaisons et aux nœuds.

Le réseau global

La **connexité** d'un réseau indique s'il est possible à partir de n'importe quel nœud de rejoindre les autres nœuds. Rappelons qu'un graphe est fortement connexe si, à partir de n'importe quel sommet, il est possible d'atteindre tous les autres sommets, soit par un arc direct, soit en passant par d'autres sommets.
La **connectivité** permet d'évaluer les possibilités alternatives d'atteindre les divers sommets. Plus l'indice de connectivité est fort, plus le nombre de chemins possibles pour aller d'un nœud à un autre est élevé. Un réseau dans lequel il existe une liaison directe entre nœuds bénéficie d'une connectivité maximum.

Les liaisons

On dira qu'un réseau est d'autant plus **homogène** que les liaisons ont des caractéristiques identiques ; par exemple un réseau de transport sera homogène si les distances, les vitesses, les flux entre les nœuds sont sensiblement identiques. L'homogénéité d'un réseau renvoie le plus souvent à une approche multidimensionnelle.
L'**isotropie** caractérise la variation de l'homogénité entre les liaisons ; un réseau homogène est donc nécessairement isotrope. L'isotropie peut être assimilée à la variance de l'homogénéité par liaison.

Les nœuds

La **nodalité** est un concept qui permet de caractériser, voire de hiérarchiser les sommets d'un réseau du point de vue de leurs capacités relationnelles.

1. D'après G. Amar, 1987, « Les réseaux à organisation polaire », *Les Cahiers Scientifiques du Transport*, 15-6.

Ce type de réseau, appelé encore **réseau polaire**, est constitué de rayons organisés autour d'un centre. Il s'adapte particulièrement bien au fonctionnement urbain, tant que l'on admet que l'essentiel des mouvements qui font vivre la ville se réduit à une alternance de flux centripètes et centrifuges : le centre-ville attire la main-d'œuvre en début de journée et la repousse le soir en banlieue. La principale caractéristique de ce réseau est de minimiser la longueur totale des arcs pour desservir la totalité des points, mais il impose le plus souvent d'emprunter deux arcs successifs pour joindre deux sommets quelconques. En revanche il présente l'inconvénient de n'offrir aucune redondance puisqu'il n'existe qu'un seul chemin possible entre deux points. C'est, à titre d'exemple, le modèle ferroviaire français, qu'il s'agisse du réseau classique ou du réseau à grande vitesse.

Les **réseaux en arbre** ne sont que peu utilisés en transport, alors qu'on les trouve fréquemment dans le domaine des réseaux d'eau ou d'assainissement, dans les réseaux câblés de télévision. Ils correspondent à une logique de concentration ou de diffusion des flux vers ou à partir d'un lieu unique.

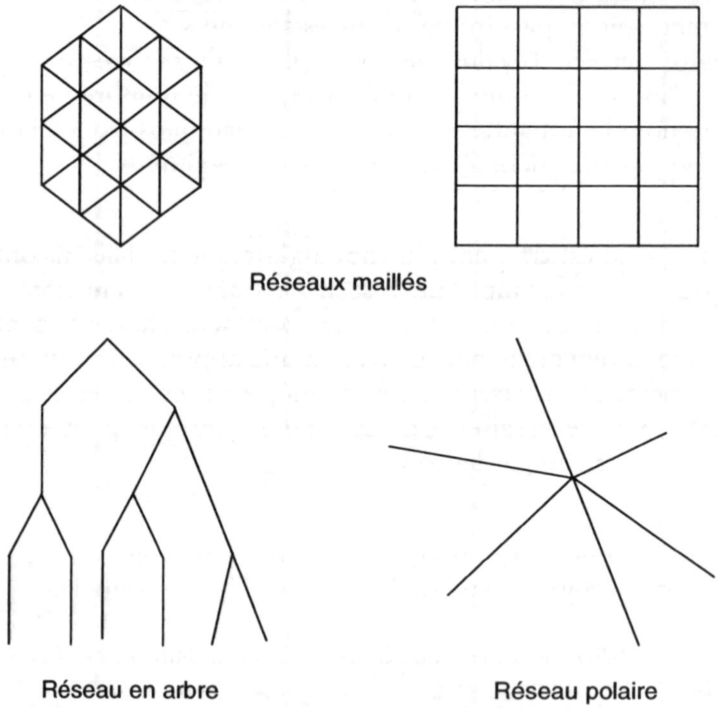

Figure 1 Exemples de formes de réseaux

L'effet carte

L'image que l'on peut ainsi dresser des divers réseaux de transport peut donner naissance à un « effet carte » qui conduit à prendre pour la réalité ce que l'on a réussi à dessiner. Il est en effet tellement facile de tracer une carte des lignes de chemin de fer, des autoroutes ou de l'ensemble des lignes de métro de Paris, que l'on peut prendre la carte ainsi obtenue pour le réseau. Mais il ne s'agit là que d'une représentation simplifiée et, comme le souligne J.M. Offner (1990, p. 61), « la représentation graphique ne semble pas apte à rendre compte pleinement de la richesse de la notion de réseau ». Elle renvoie à de simples proximités, elle ne retient qu'un squelette en oubliant qu'il a été dépouillé de sa chair.

Il n'est donc pas possible de parler sans précaution de réseau ferroviaire ou de réseau routier, sauf à prendre le risque de désigner autre chose que ce que l'on prétend représenter, sauf à simplement vouloir dire qu'il ne s'agit que de mettre en relation des lieux au moyen d'une famille de techniques de transport. Revenant à leur vocation première où les filets étaient des outils d'enfermement, les réseaux peuvent nous prendre à leur piège si l'on ne s'en tient qu'à leur forme. Car dans le domaine des transports, comme dans tous les autres domaines, les réseaux sont des réseaux sociaux.

1.3. La dimension sociale des réseaux de transport

Il n'est en effet pas possible de traiter des réseaux de transport ou de communication, indépendamment des sociétés qui les font naître et qui peuvent grâce à eux poursuivre leur développement : « Les voies de communication matérialisent au sol (sans oublier les airs et les mers) ce qui est encore une relation de pouvoir et de domination. » (Riquet, 1987).

En France, le grand tournant dans l'organisation des **infrastructures** peut être associé à la volonté du pouvoir royal, installé fragilement en Ile-de-France, de se doter de moyens de transport efficaces pour contrôler la totalité de son royaume. Même si la conscience du réseau n'existe pas, et encore moins le terme, c'est entre la fin du XVe siècle et le milieu du XVIIIe siècle que s'élabore de fait, avec les routes de postes, un véritable réseau de transport amélioré par la suite par la construction des routes royales.

Cet exemple montre clairement comment les infrastructures de transport dépendent du système qui les fait naître et comment elles lui permettent de se reproduire. Ce fut le cas autrefois des routes royales et des voies ferrées. De la même façon le développement du réseau autoroutier en France à partir de 1960 reflète tout à la fois le poids de la région parisienne et la primauté de l'automobile, tant au niveau des modes de vie qu'à celui des priorités industrielles. Et malgré les discours sur les liaisons de province à province, le TGV vient aujourd'hui s'inscrire dans cette logique d'un espace français au cœur parisien hypertrophié.

Mais les infrastructures ne font pas que reproduire le système existant, elles peuvent être porteuses de changements dans la mesure, mais dans cette mesure seulement, où des acteurs sociaux s'en emparent pour réaliser de nouvelles stratégies spatiales, comme les rois de France qui ont assis leur pouvoir centralisé en développant à leur époque et avec les techniques disponibles les réseaux de poste et les routes royales.

Les **réseaux de transport** peuvent ainsi être considérés, à un instant donné, comme révélant un état d'équilibre provisoire entre deux mouvements, celui du développement des infrastructures et celui de l'évolution des comportements des hommes. Ces derniers sont pour une part dépendant des infrastructures existantes qu'ils utilisent et par là-même valident. Mais d'autre part ils ne sont pas figés et, sous l'effet de l'innovation sociale, ils conduisent à transformer les infrastructures existantes dans leurs caractéristiques physiques comme dans les usages qui en sont faits, voire à les abandonner.

Les **réseaux de transport** apparaissent ainsi comme un système complexe utilisant des infrastructures et des équipements fixes ou mobiles, destinés à offrir, grâce à un mode d'organisation et de gestion adapté, les services que réclame une formation sociale. On comprend mieux pourquoi on affirme de plus en plus aujourd'hui que les réseaux techniques sont aussi des réseaux territoriaux (Frybourg, 1988 ; Dupuy, 1988) : les premiers renvoient aux seules infrastructures alors que les seconds renvoient aux comportements de déplacement et aux modes de gestion de ces réseaux.

2. La formation des réseaux

Les réseaux de transport renvoient aussi à l'histoire des techniques et des formations sociales. Les transports ne se réalisent que rarement sans **infrastructures**, et celles-ci, telles les cicatrices sur un visage, laissent sur le paysage des traces qui ne s'effacent que très lentement, voire qui demeurent indélébiles.

2.1. De la ligne au réseau

La plupart des réseaux modernes de transport n'ont pas été pensés dès leur origine comme des réseaux : au commencement, il y a une ligne sur laquelle on expérimente une nouvelle technique, et ce n'est que peu à peu, par accumulation de lignes, que ces infrastructures s'organisent en réseau.

L'exemple du développement des transports en France illustre bien ce passage progressif de la ligne au réseau. Les premiers canaux, construits le long des rivières, ne visent qu'à rendre plus facile la navigation sur des cours d'eau irréguliers ou dangereux. L'invention du canal à point de partage, qui permet de relier deux bassins versants, a fait sauter un goulet d'étranglement, en permettant une navigation continue sans avoir recours au transport terrestre mal commode et coûteux de l'époque. Tout au long du XVIIIe siècle la construction de l'ensemble des canaux en France reflète plus les convictions personnelles, voire les délires architecturaux, des ingénieurs qui les construisent dans les diverses provinces que le souci de construire un réseau cohérent de voies navigables. Il faut attendre le plan Freycinet, en 1878, pour qu'un gabarit unique soit imposé permettant à un même bateau de circuler sur l'ensemble du territoire.

De même la technique ferroviaire fait son apparition sous forme de lignes d'abord industrielles, permettant d'acheminer dès 1827 le charbon de Saint-Etienne jusqu'à la vallée de la Loire, puis de lignes ouvertes aux voyageurs comme la ligne de Saint-Etienne à Lyon ou celle de Paris à Saint-Germain. Il faut attendre la naissance des compagnies de chemin de fer, qui prennent d'ailleurs le nom de réseau, pour qu'apparaissent des embryons de réseaux. La figure 2 montre que cette expansion spatiale a été largement influencée par le poids de Paris et la forme des concessions.

Il en va de même pour le développement du réseau autoroutier. Ce dernier a été développé en France d'abord sous forme de tronçons qui venaient soulager progressivement les infrastructures routières saturées. Il faudra attendre 1971 pour que la liaison continue entre Lille et Marseille soit ouverte *(figure 3)*.

De façon semblable le TGV a d'abord été une solution technique à un problème spécifique, la saturation de la ligne Lyon-Paris. Au moment où la SNCF l'a mis au point, elle n'envisageait pas les développements actuels de la grande vitesse et ne pensait pas que ce nouvel objet technique pouvait avoir des usages plus larges que ceux auxquels il était destiné à l'origine. Si on avait pensé à cette époque qu'un réseau ferroviaire à grande vitesse se mettrait en place, d'autres choix de tracé auraient vraisemblablement été faits.

En effet quand, en 1844, pour réaliser la liaison entre Lyon et Paris, le passage par Dijon a été retenu de préférence au tracé direct choisi pour le TGV aujourd'hui, l'argument qui semble avoir emporté la décision était qu'à partir de Dijon, il était possible d'atteindre aussi bien Lyon et le Sud que Dôle et la Suisse au moyen d'une seule ligne Paris-Dijon : c'est en somme l'argument réseau qui a fait pencher la décision. Si l'on avait, en 1974, envisagé pour le TGV la construction de l'ensemble du réseau à grande vitesse, il n'est pas certain que le tracé le plus direct ait été retenu et la question du tracé du TGV Rhin-Rhône se poserait dans des termes totalement différents.

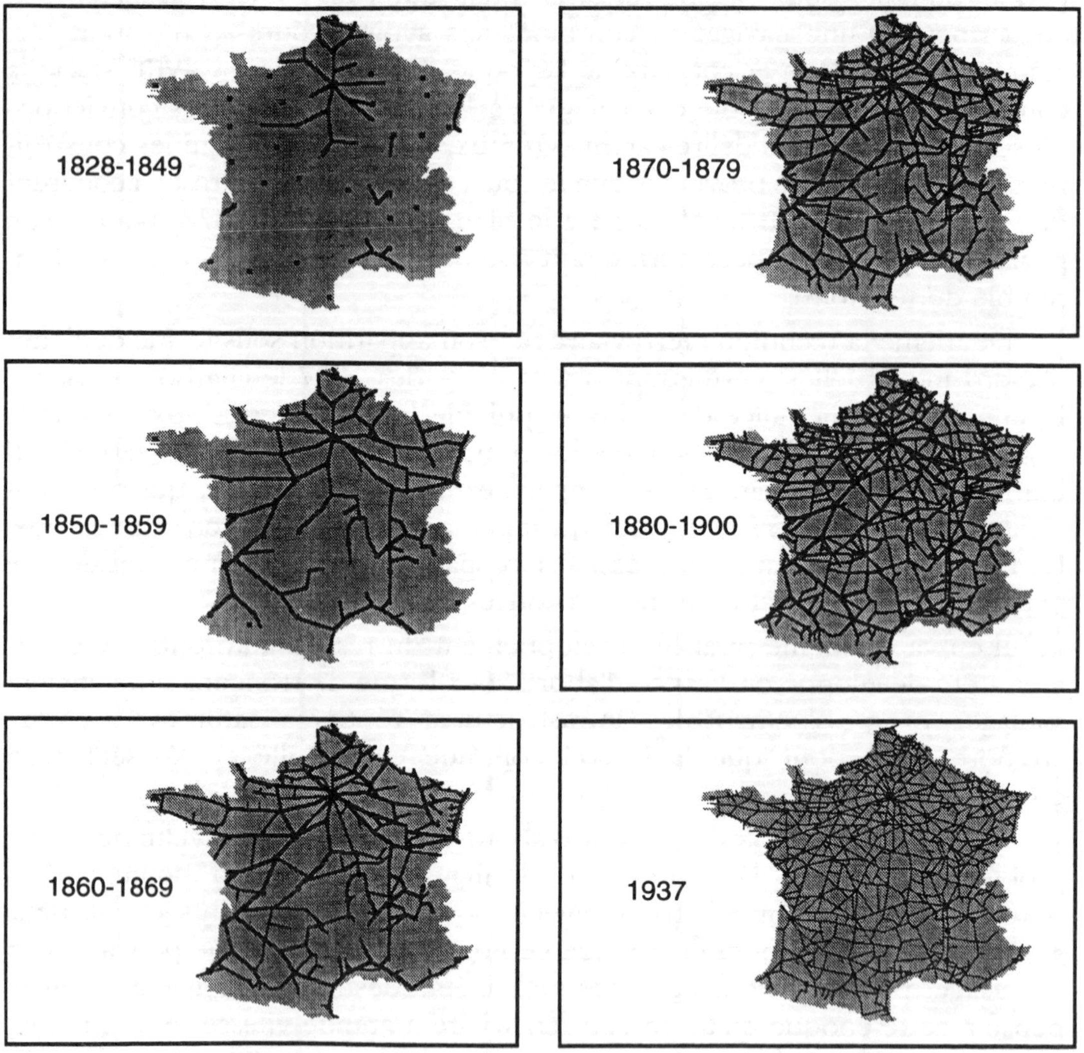

Figure 2 Genèse du réseau ferroviaire
Source : Geosyscom-Caen

La construction de la seconde ligne française à grande vitesse repose sensiblement sur les mêmes principes : relier l'Ouest et le Sud-Ouest de la France à la région parisienne dans les meilleures conditions de temps et de coût. C'est ce qui explique le choix d'un tronçon commun aux deux branches. Une innovation considérable apparaît avec les premières réflexions sur une interconnexion parisienne. C'était en effet la solution technique qui allait per-

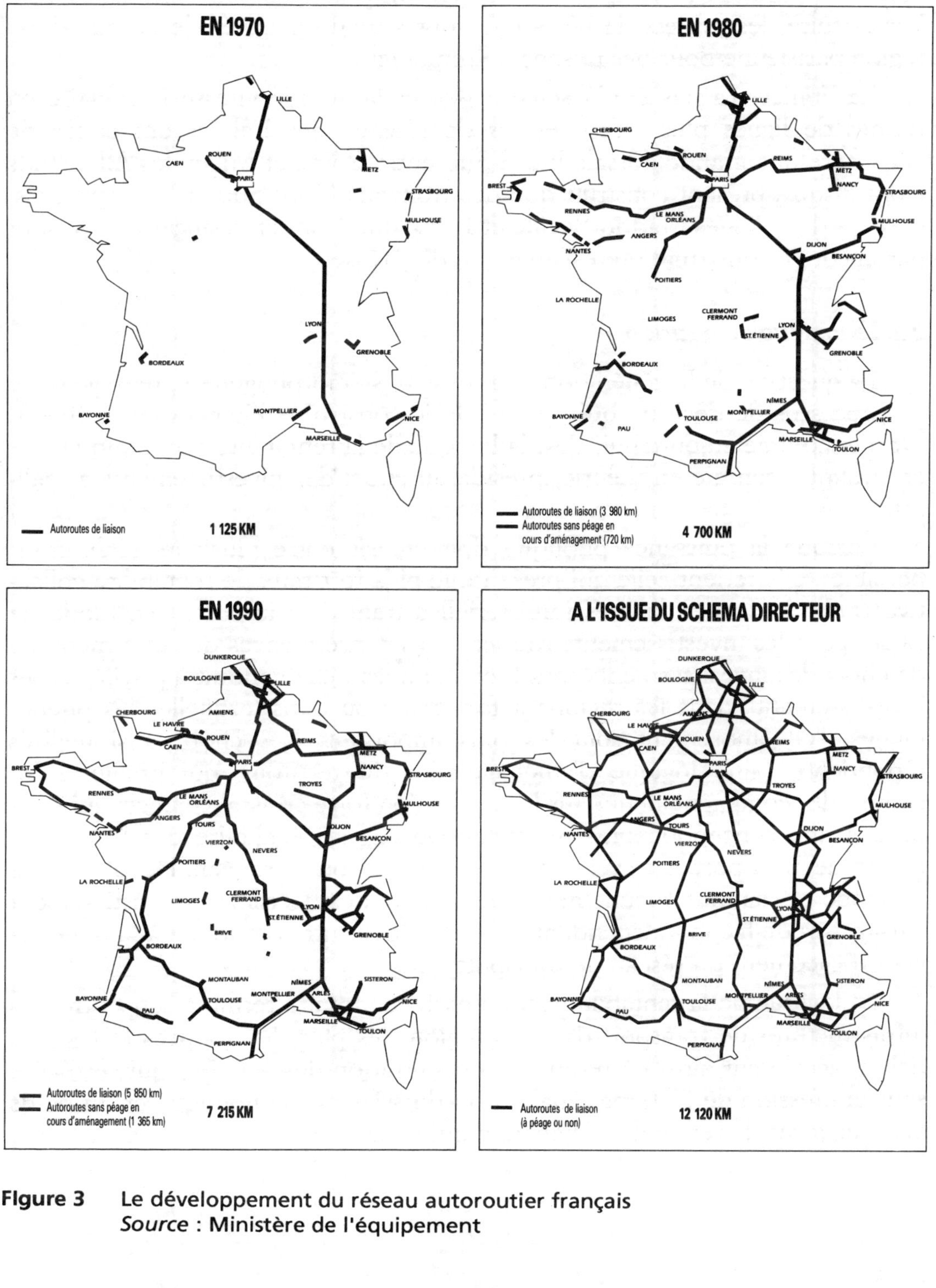

Figure 3 Le développement du réseau autoroutier français
Source : Ministère de l'équipement

mettre de faire de deux lignes totalement disjointes une ébauche de réseau. Par la suite, les projets de réseau se sont structurés en étoile autour de la région parisienne pour des raisons de rentabilité.

La France n'a pas été la seule à penser la grande vitesse ferroviaire en termes de lignes plus qu'en termes de réseau : les Italiens ont choisi de construire une grande dorsale Nord-Sud entre Rome et Milan, les Allemands n'ont jusqu'à présent construit que des tronçons Nord-Sud et les Espagnols, avec les deux lignes Madrid-Séville et Barcelone-frontière française, n'en sont pas encore à construire un réseau à grande vitesse.

2.2. La logique de décision

La question de la génération d'un réseau, sa morphogénèse, renvoie donc au processus de décision qui permet de le construire, élément par élément. Or hier comme aujourd'hui, c'est la logique de la rentabilité économique qui, en pratique comme en théorie, préside au choix des investissements à réaliser.

Lorsque la puissance publique doit choisir entre plusieurs réalisations possibles, elle retient celle qui présente le plus fort taux de rentabilité collective *(fiche 2)*. Les circulaires ministérielles françaises imposent ce mode de calcul pour les investissements routiers. Les conséquences de cette méthode de choix des investissements sont bien connues : elle conduit à privilégier les investissements dans les régions à fort trafic ou dans lesquelles les phénomènes d'encombrement sont les plus importants. Les choix ainsi réalisés répondent à une logique d'aménagement du territoire qui privilégie les actions d'accompagnement dans les régions en forte croissance, mais qui s'oppose à une conception plus redistributive et plus égalitaire des investissements de transport à travers l'espace national ou européen. De plus cette méthode ne garantit aucunement que la suite des décisions d'investissement ainsi prises de façon indépendantes les unes des autres conduira à faire émerger efficacement un réseau de transport.

La logique de la rentabilité économique conduit à terme à concentrer les infrastructures de transport dans les régions les plus développées et les plus riches, accélérant ainsi en retour la concentration des activités qui se réalise sous la pression de l'internationalisation du système économique et du poids des exigences de rentabilité financière qui l'accompagne.

FICHE 2

Taux de rentabilité interne et taux de rentabilité collective

Pour calculer la rentabilité d'un investissement, le calcul économique appliqué au domaine des transports distingue traditionnellement deux taux : le taux de rentabilité interne et le taux de rentabilité collective.

Le taux de rentabilité interne

On calcule pour chaque année correspondant à la durée de vie *(n)* de l'investissement l'ensemble des dépenses monétaires et des recettes attendues. Le taux de rentabilité interne est le taux d'actualisation *(r)* qui égalise les recettes (R) et les dépenses (D) :

$$\sum_{i}^{n} \frac{D_i}{(1+r)^i} = \sum_{i}^{n} \frac{R_i}{(1+r)^i}$$

Le taux de rentabilité collective

En plus des dépenses et des recettes prises en compte dans le calcul du taux de rentabilité interne, on intègre :

— les *dépenses collectives* qui rassemblent les dépenses occasionnées par la construction et l'entretien de l'infrastructure, auxquelles on ajoute les dépenses supportées par la collectivité (pertes de temps, accidents, pollution, bruit, etc.) ;
— les *recettes collectives* qui regroupent l'ensemble des avantages que peut procurer l'infrastructure à la collectivité (temps économisé, gains de sécurité, réduction des nuisances diverses,...) ;

Les dépenses et les recettes collectives sont exprimées sous *forme monétaire* pour pouvoir être agrégées aux autres recettes et dépenses.

2.3. L'accumulation des réseaux et la logique unimodale

Quel que soit le mode de transport retenu, le développement des réseaux de transport se fait le plus souvent par accumulation des grandes infrastructures dans les mêmes couloirs. Les contraintes économiques viennent ainsi renforcer, et non contredire, les contraintes géographiques. Il se produit alors une véritable concentration des infrastructures : lorsqu'il s'agit de trouver un tracé pour de grandes infrastructures, la solution la plus simple est de les accoler, voire de les superposer. Dès le XIXe siècle, les voies ferrées se sont situées sur les « levées » des canaux. Aujourd'hui, les lignes à grande vitesse sont tracées le long des autoroutes.

Et cette tendance est accentuée par les pratiques administratives : l'histoire des réseaux de transport nous montre que chaque **mode** a tendance à se développer dans sa propre logique, sans intégrer les développements des autres modes considérés le plus souvent comme des concurrents. Des infrastructures correspondant à des modes différents peuvent ainsi se juxtaposer dans une ignorance parfaite de leur existence mutuelle. Ces pratiques monomodales peuvent être à l'origine de véritables gaspillages, dans la mesure où elles conduisent, dans le meilleur des cas, à mettre en service des réseaux parallèles et concurrents, et dans le pire à développer des réseaux obsolètes qui seront sans usage social après quelques années.

2.4. L'impossibilité de mesurer les effets réseau

Les **schémas directeurs** sont une tentative de dépasser la logique du tronçon pour aborder une problématique réseau ; le passage à une logique multimodale de réseau dans le processus de décision se heurte à une difficulté majeure : on ne sait pas à l'heure actuelle intégrer les effets réseau dans le calcul économique.

Les théories de la décision permettent certes de déterminer l'ordre dans lequel on doit construire les divers barreaux, qui une fois réalisés constitueront le réseau. Mais on ne sait pas prévoir aujourd'hui les conséquences pour l'ensemble du réseau de la mise en service d'un tronçon supplémentaire. On perçoit, plus qu'on ne le démontre, qu'une fois le réseau de transport achevé, ou du moins établi dans un état suffisamment avancé, les comportements des usagers ne seront pas la simple addition des comportements repérés sur chaque élément du réseau.

La logique qui préside à la construction des schémas de réseaux de transport est davantage une logique de maillage, de couverture territoriale qu'une logique reposant sur une connaissance des comportements. On retrouve alors l'importance de l'« effet carte » : les schémas directeurs couvrent tout un territoire, même si le fonctionnement des réseaux qu'ils dessinent ne correspond pas à cette carte.

3. Le fonctionnement des réseaux et leurs transformations

Un réseau de transport ne peut pas être réduit à la carte que l'on peut dresser de ses infrastructures, car celle-ci ne montre rien de ses modes de fonctionnement. De plus la carte, ne concernant que des tracés, des couloirs réservés, est peu sensible à l'effet du progrès technique. Or celui-ci a modifié et modifie encore de façon considérable les relations que les réseaux de transport entretiennent avec l'espace.

3.1. Le jeu du progrès technique

Très sommairement, on peut dire que, dans le domaine des transports, le progrès technique a eu deux conséquences principales : l'accroissement des vitesses et l'augmentation des capacités. Il fallait cinq jours en 1780 pour se rendre par la route en voiture publique de Paris à Lyon (Lepetit, 1988) contre deux heures en TGV dès 1983 ; il fallait plusieurs jours pour traverser l'Atlantique Nord du temps des grands paquebots alors que quelques heures suffisent aujourd'hui en avion. Le progrès technique a complètement renouvelé les conditions d'exploitation des modes existants : le train des années 1850 qui circulait à quelques dizaines de kilomètres à l'heure n'a plus rien à voir avec les TGV d'aujourd'hui, sauf qu'il s'agit dans les deux cas de trains.

L'incorporation du progrès technique a progressivement modifié les relations à l'espace des réseaux de transport : alors qu'à des vitesses lentes correspondent des étapes courtes, l'accroissement des vitesses entraîne leur allongement. C'est une règle déjà énoncée depuis longtemps par les géographes : le progrès technique, en augmentant la vitesse, simplifie les réseaux et réduit ainsi le nombre de nœuds. Cette diminution est très claire dans l'évolution du transport ferroviaire : de gares et de haltes distantes de quelques kilomètres à la fin du XIXe siècle, on est passé à quelques dizaines de kilomètres au XXe siècle en supprimant les haltes et les petites gares, puis à la centaine de kilomètres avec l'électrification en ne faisant des arrêts que dans les villes importantes, enfin à plusieurs centaines de kilomètres sans arrêt avec le TGV.

L'accroissement des vitesses conduit en outre à construire des systèmes de transport de plus en plus fermés, dans lesquels les points d'accès sont en nombre limité. Le réseau routier local prolonge les anciens chemins en ce sens qu'il est parfaitement accessible de partout : rien ne s'oppose à l'accès à cette infrastructure. En revanche, le chemin de fer n'est accessible que dans des gares. Les autoroutes ne sont accessibles qu'aux échangeurs. Plus les techniques de transport sont sophistiquées, plus l'accès est limité à des lieux très spécifiques, l'exemple le plus frappant étant sans aucun doute les aéroports.

Cette intégration du progrès technique dans les réseaux de transport a comme conséquence une indifférence de plus en plus grande à l'itinéraire. Les vitesses pratiquées sur le réseau présentent un tel différentiel avec celles que l'on peut atteindre en dehors de lui, que les usagers peuvent supporter de longs détours tout en gagnant encore du temps sur la durée totale du voyage. On sait maintenant que les usagers de l'autoroute cherchent à entrer dans le système autoroutier par l'échangeur le plus proche de leur point de départ et à le quitter par celui qui est à proximité de leur destination, même si le trajet emprunté entre les deux s'éloigne notablement du tracé le plus direct : c'est le gain de temps et de confort qui justifie ce comportement. De la même façon, les couloirs aériens, pour des voyages continentaux, ne suivent pas nécessairement la ligne droite, et le développement du réseau TGV conduit ses utilisateurs à de long détours pour gagner du temps. Plus les réseaux sont rapides, plus l'usager est indifférent à l'itinéraire, l'archétype étant sans aucun doute le réseau téléphonique où seuls comptent les points d'entrée et de sortie mais où l'usager ignore totalement l'itinéraire.

3.2. La logique de la concentration et le renforcement des axes

On assiste donc, sous la pression du progrès technique à une simplification des réseaux de transport que la logique économique des utilisateurs va encore accentuer, entraînant une massification des flux sur les axes les mieux desservis et un développement des réseaux polaires. En massifiant les flux, ils peuvent bénéficier d'économies d'échelle importantes, tant que cette concentration des trafics sur quelques axes ne génère pas des encombrements tels qu'ils pourraient remettre en cause cette logique d'organisation.

Cette situation a pour conséquence de favoriser le développement des **réseaux en étoile** plutôt que les **réseaux maillés**. En effet pour desservir un grand nombre de points d'un territoire, il est plus économique de construire une étoile à partir d'un noyau qui, la plupart du temps mais pas nécessairement, est un des points à desservir, vers tous les autres points. Par un système de correspondances généralisées, il est possible à la fois de réaliser tous les trajets, ce qui est le désir de l'usager, et de massifier les flux, ce qui est le souhait de l'exploitant du réseau. La libéralisation du transport aérien aux Etats-Unis a entraîné, non seulement la concentration des compagnies mais aussi une organisation des réseaux en « hubs and spokes » (moyeux et rayons). Certains aéroports, propres à une seule compagnie, n'ont même plus de fonction d'entrée sur le réseau, ils ne sont plus qu'un lieu de correspondance.

3.3. Concurrence et coordination

Sous ces tendances lourdes à la massification des flux et à la polarisation des réseaux de transport se jouent des stratégies de concurrence ou de complémentarité, qui évoluent au cours du temps, rendant de plus en plus caduque la notion de **mode de transport**.

La logique de développement unimodal, qui est une des constantes de l'évolution des réseaux de transport, conduit chaque responsable de réseau à considérer tous les opérateurs des autres réseaux comme des concurrents. Les ingénieurs des canaux en France ont passé un temps considérable au XIXe siècle à rédiger des mémoires pour montrer comment il fallait contenir le développement du chemin de fer si l'on voulait assurer une « juste place » à la navigation fluviale *(fiche 3)*. Plus près de nous, le transport ferroviaire de marchandises se défend pied à pied pour ne pas succomber à la pression de la route et pour conserver des trafics qui lui échappent en raison des écarts de prix.

FICHE 3

Ce que pensait en 1803 Jean-Baptiste Say (un des premiers économistes) du développement du chemin de fer

« A défaut de canaux, il est probable qu'avec le temps on établira des chemins de fer pour communiquer d'une ville à l'autre. Quelque dispendieux qu'en fût le premier établissement, il est probable que l'économie qui en résulterait dans le transport paierait au-delà de l'intérêt des premières avances. Les chemins de fer, indépendamment de la facilité qu'ils offrent au roulage, ont l'avantage de ne point cahoter les voyageurs et les marchandises. Ces vastes entreprises se font dans les pays où de grands capitaux permettent de se livrer à des avances considérables et où l'administration inspire assez de confiance pour que les entrepreneurs ne redoutent pas d'en perdre le fruit. Les progrès qui auront lieu dans l'art de traiter le fer, en diminuant les frais de production de ce métal, favoriseront l'établissement de chemins de fer et de beaucoup d'autres entreprises. »

(Traité d'Economie Politique, Livre 3, Calmann-Lévy 1972, p. 508)

Chaque **mode** a tendance à se considérer comme exclusif et à même de satisfaire tous les besoins de transport, et cela d'autant plus que chacun d'eux dispose de sa propre administration. La logique de défense, riposte à la concurrence, l'emporte alors sur celle de complémentarité. Pourtant l'histoire des techniques de transport nous montre que chaque mode passe par des états successifs. L'exemple des transports de marchandises au cours des XVIIe et XVIIIe siècles l'illustre clairement. On peut en effet distinguer trois périodes qui correspondent chacune à un niveau singulier de développement des techniques, et au cours desquelles chaque mode passe successivement par trois états, mode complémentaire, mode dominant, mode concurrent *(tableau 1)*.

Tableau 1 Etats successifs des modes de tranport

	Mode complémentaire	**Mode dominant**	**Mode concurrent**
1re période (jusqu'à 1850)	Fer	Eau	Route
2e période (1851-1950)	Route	Fer	Eau
3e période (1951-1992)	?	Route	Fer

Cette conception dynamique du mode de transport conduit à privilégier une conception sociale de celui-ci par rapport à une conception technique : le contact roue-rail qui définit le transport ferroviaire ne suffit pas à rendre compte des usages et des fonctionnements des réseaux de tramway ou de métro, de trains classiques et de TGV. Elle conduit en outre tout naturellement à se situer au niveau du système de transport, celui-ci rassemblant l'ensemble des réseaux de transport. Dans la mesure où chaque mode de transport, à un moment donné du développement des techniques, présente des caractéristiques spécifiques, il convient de passer d'une exploitation des réseaux de transport par mode à une exploitation de l'ensemble du système de transport *(fiche 4)*. Un déplacement, qu'il soit de marchandises ou de personnes, ne peut alors se concevoir que comme une succession, si possible optimale, de déplacements élémentaires par des modes différents.

La pression du progrès technique rend cette complémentarité encore plus nécessaire. Dans la mesure où les vitesses s'accroissent, les étapes s'allongent et les lieux desservis deviennent de moins en moins nombreux. Et puisque la population n'est pas encore totalement concentrée en ces quelques nœuds privilégiés, il est nécessaire d'organiser les complémentarités entre réseaux, pour qu'à défaut de l'ensemble du territoire au moins la plus grande partie de la population puisse accéder aux divers réseaux.

FICHE 4

Quelques données chiffrées sur les réseaux de transport en France

	1980	1990
Transports aériens		
Effectifs employés	45 944	50 369
Appareils en exploitation (Air France, UTA et Air Inter)	166	189
Transports maritimes		
Effectifs employés	27 171	13 843
Flotte de commerce (> 100 tonneaux de jauge brute)	424	218
Voies navigables		
Effectifs employés	12 986	8 860
Longueur en km des voies navigables	8 568	8 500
Nombre de bateaux	5 465	3 292
Transports ferroviaires		
Effectifs employés	251 700	200 300
Lignes ferroviaires exploitées (en km)	34 362	34 070
Transports routiers		
Effectifs employés	287 874	358 918
Routes nationales et autoroutes (en km)	33 377	35 098
dont routes nationales	28 515	28 274
et autoroutes	4 862	6 824
Indice de circulation (base 100 en 1970)	151	207
Parc de véhicules à moteur (milliers)	21 837	27 360[1]

Poids des différents modes dans le transport intérieur de marchandises

	Milliards tonnes-km		%	
	1980	1990	1980	1990
Transport routier	86,6	98,0	62,8	73,6
Transport ferroviaire	44,2	30,8	32,1	23,1
Voie navigable	7,0	4,3	5,1	3,2

1. en 1989.
Source : Ministère des Transports.

4. Les relations entre l'espace et les réseaux

Les réseaux de transport sont le reflet des organisations sociales qui les produisent et auxquelles ils permettent de se reproduire. A ce titre ils participent à ce que H. Lefebvre (1974) appelait la production de l'espace. Dès les années 1970, les recherches sur les effets structurants ont tenté de clarifier ces relations entre la mise en service de nouvelles infrastructures et le développement économique (Plassard, 1977).

4.1. La problématique des effets structurants

La question des **effets structurants** a d'abord été posée dans une logique d'aménagement du territoire : la réalisation de nouvelles **infrastructures** de transport est-elle à même de susciter ou d'accélérer le développement économique dans les régions concernées ? La question a été maintenant suffisamment étudiée au niveau européen pour que l'on puisse, à l'heure actuelle, retenir trois conclusions : les réseaux n'ont pas d'effets automatiques, ils peuvent donner naissance à de nouvelles stratégies spatiales, ils amplifient les tendances existantes.

Si les réseaux de transport n'engendrent pas automatiquement le développement des activités, ils semblent bien avoir un rôle amplificateur des tendances existantes, accélérant aussi bien le déclin que la croissance d'une région : le mouvement migratoire, positif ou négatif, s'accélère, la vitalité ou le déclin industriel également. Cette accélération peut s'expliquer si l'on considère bien les réseaux de transport tout à la fois comme le produit et le support de l'activité sociale : en facilitant la circulation, ils facilitent ainsi les transformations à l'œuvre et les accélèrent.

4.2. Les changements de la mobilité

On en revient ainsi tout naturellement aux conséquences les plus immédiates de toute création d'un nouveau réseau, les transformations de la **mobilité**. Les premiers changements repérables concernent le trafic. En effet toute amélioration des conditions de transport, en offrant de nouvelles opportunités de déplacements, entraîne à la fois un accroissement de la mobilité, une transformation des pratiques et une réorganisation spatiale des déplacements.

L'amélioration des vitesses sur le réseau ferroviaire en France avec le TGV a entraîné un accroissement considérable du trafic. L'augmentation de trafic repérable après la mise en service d'un nouveau réseau provient pour une large part des anciens réseaux qui voient leurs performances relatives diminuer avec la nouvelle mise en service : le chemin de fer détourna à son profit une part du trafic fluvial, puis le trafic routier une part du ferroviaire, le TGV une part de l'avion, etc.

Mais ce détournement ne suffit pas à expliquer les croissances du trafic repérables après une mise en service. Pour une large part, le trafic repéré est ce que l'on appelle un **trafic induit**. Avant cette mise en service un certain nombre de déplacements latents ne pouvaient se faire, soit en raison des durées trop longues, soit en raison des prix trop élevés. La nouvelle offre permet à de nouveaux usagers de réaliser ces déplacements considérés comme impossibles auparavant.

Enfin le trafic peut augmenter notablement par modification des comportements de déplacements. Dans les études faites sur les conséquences de la grande vitesse ferroviaire, on a pu constater que certains usagers du TGV, au lieu de faire un seul déplacement pour rencontrer deux ou trois interlocuteurs, faisaient maintenant deux ou trois voyages avec un seul interlocuteur ; les voyages sont de plus en plus courts et leur organisation se simplifie. Nous retrouvons là un autre effet de simplification dû au progrès technique. Cette même simplification a pu être repérée en milieu urbain lors de la mise en service de transports rapides (métros ou RER) ou à la suite de simplifications tarifaires (comme la carte orange à Paris).

Il ne faudrait pas oublier une autre modification de comportement qui peut avoir dans certains cas des conséquences redoutables, le détournement d'itinéraire. Le phénomène est bien connu en milieu urbain, où l'on sait que toute nouvelle infrastructure n'améliore le trafic que pendant un temps très court : les facilités nouvelles de circulation conduisent de nombreux usagers à se détourner de leurs itinéraires anciens, pour être aspirés par le nouveau, par un véritable « effet siphon ».

4.3. Les nouveaux réseaux de transports et les transformations de l'espace

La dimension historique est ainsi largement présente, par le biais du progrès technique, dans le fonctionnement des réseaux de transport. Mais il serait illusoire de croire que, dans les transports comme ailleurs, le progrès technique agit de façon continue : ses effets, souvent imprévus, conduisent à passer à certaines époques des seuils qui viennent bouleverser les comportements et permettre ainsi aux formations sociales de reconfigurer leur territoire.

Les effets de seuil

Grâce aux innovations techniques, il devient brutalement possible de faire des déplacements qui n'étaient pas envisageables auparavant ; ce serait donc moins la vitesse qui générerait de nouveaux comportements que le passage, grâce à l'amélioration de la vitesse, d'un état initial où des activités sont impossibles à un état nouveau où elles deviennent possibles.

Deux **seuils** semblent particulièrement importants à franchir pour générer des changements dans les comportements : l'aller-retour dans la demi-journée et celui dans la journée. Mais tous les usagers des transports n'ont pas la même sensibilité aux gains de temps et n'ont pas la même perception de ces seuils. L'aller-retour dans la journée, voire dans la demi-journée, concerne surtout les usagers professionnels et les individus à revenus élevés. Les familles et les touristes sont sensibles à la réduction du temps de transport, tant que les prix ne sont pas prohibitifs.

Un espace de plus en plus concentré et discontinu

Les lieux qui vont bénéficier de ces avantages en reçoivent ainsi un nouvel attrait. Lieux singuliers et non pas totalité de l'espace, car les réseaux modernes, aux mailles de plus en plus longues, aux nœuds en nombre de plus en plus réduit, concentrent les avantages sur ces quelques points privilégiés, où ont tendance à s'agglomérer les hommes, les activités et donc les richesses. Au lieu d'évoluer de façon régulière à travers l'espace, l'**accessibilité** évolue de façon discontinue en fonction de la proximité ou non d'un de ces nœuds.

On voit ainsi apparaître un véritable effet « tunnel » (Plassard, 1989) : entre deux nœuds des grands réseaux modernes, il existe une sorte de raccourci technologique qui permet de se rendre de l'un à l'autre dans des conditions de temps ou de coûts bien inférieures à ce qu'il faudrait supporter si l'on traversait la totalité de l'espace qui les sépare. C'est la généralisation du système métro dont seules comptent les stations, bien reliées par un tunnel que l'on ignore. Et l'on peut dire que les voies nouvelles des TGV, même si elles sillonnent la campagne, ne sont aujourd'hui que des tunnels à ciel ouvert.

Un espace de plus en plus dualisé

L'espace devient ainsi de plus en plus polarisé autour de quelques points centraux, éclaté en des zones discontinues. Les deux composantes de cet espace dualisé paraissent obéir à des logiques de fonctionnement totalement différentes.

Il y aurait un premier espace formé par l'ensemble des nœuds situés sur les grands réseaux, par les grandes villes à vocation internationale et par quelques grandes métropoles régionales, entre lesquelles il est possible de faire circuler rapidement aussi bien les personnes que les marchandises et les informations, entre lesquelles le niveau d'accessibilité ne dépend que des techniques de transport mises en œuvre et non des distances ou des caractéristiques des espaces traversés.

Et il y aurait ensuite l'espace banal, celui où la durée des déplacements est encore fonction de la distance, où les notions de proximité, de continuité et de contiguïté ont encore un contenu correspondant aux espaces que l'on parcourt et que l'on traverse : appartient à cet espace l'espace régional qui entoure les grandes métropoles évoquées précédemment.

On s'achemine ainsi d'une part vers un espace banal défini par la proximité et la contiguïté et d'autre part vers un espace réseau défini par l'accessibilité, et l'on ignore encore comment l'articulation entre ces deux espaces pourra se faire.

En guise de conclusion...

Monde complexe, où la notion de réseau éclaire certains aspects sans être totalement convaincante, monde en constante évolution sous la pression du progrès technique et des transformations sociales, l'analyse des réseaux de transport renvoie à l'analyse des formations sociales qui leur donnent naissance et qu'eux-mêmes confortent. Sous les réseaux techniques, sous l'apparence simple des cartes d'infrastructures, il faut lire des systèmes de valeurs qui, en même temps qu'ils produisent un espace, en produisent les représentations.

La carte de nos réseaux de transport peut être lue aujourd'hui comme l'inscription sur le sol de la valeur incontestée de la vitesse et du temps gagné, comme l'affirmation de la priorité de la rentabilité économique et qui conduit à concentrer les activités et les hommes dans quelques lieux pour bénéficier d'économies d'échelles.

Comme les sociétés qui nous ont devancés, nous écrivons sur le sol, de façon pratiquement indélébile, nos préférences, voire nos phantasmes. Qu'en retiendront les archéologues du futur quand ils chercheront à comprendre les systèmes de valeurs qui nous ont conduit à construire ces interminables espaces rectilignes ornés de deux longues structures métalliques ou décorés d'un revêtement de bitume aux couleurs changeantes ? Trouveront-ils que nous avons eu, nous aussi, notre Moloch auquel nous avons sacrifié chaque fin de semaine les meilleurs de nos enfants dans notre vaste tuerie automobile ? Les réseaux de transport, ce sont aussi ces oubliés.

Lectures recommandées

Dupuy G., 1986, Réseau, *Encyclopædia Universalis*.

Dupuy G., 1987, « Les réseaux techniques sont-ils des réseaux territoriaux ? », *L'Espace Géographique*, 3.

Dupuy G. et alii, 1988, *Réseaux territoriaux*, Caen, Paradigme.

Frybourg M., 1988, « Infrastructures ou réseaux territoriaux », *Transports*, 330.

Lefebvre H., 1974, *La production de l'espace*, Paris, Anthropos.

Lepetit B., 1988, « L'impensable réseau : les routes françaises avant les chemins de fer », in Dupuy G. et alii, *Réseaux territoriaux,* Caen, Paradigme.

OEST, annuel, *Mémento statistique des transports*.

Offner J.-M., 1990, « La représentation graphique des réseaux », *Flux*, 2.

Plassard F., 1977, *Les autoroutes et le développement régional*, Paris, Economica.

Plassard F., 1989, « Interconnexions et nouvelles polarités », in *Les couloirs Rhin-Rhône dans l'espace européen*, Lyon, LET.

Riquet P., 1987, « Le plexage de l'espace », *L'Espace Géographique*, 3.

Mots-clefs

Accessibilité,
Effets de seuil,
Effets structurants,
Graphe,
Infrastructures,
Mobilité,
Modes de transport,
Rentabilité économique,
Réseau, maillé, polaire, en arbre, en étoile,
Réseau de communication,
Réseau de transport,
Schémas directeurs,
Trafic induit.

L'interaction spatiale

29

Giuseppe Pini

1. La problématique de l'interaction spatiale

La problématique de l'**interaction spatiale** est née de l'émergence, à la fin des années 1950, d'une quantification et d'une modélisation des relations (réelles ou potentielles) entre unités géographiques (quartiers, bourgs, villes, régions, Etats, etc.) ; elle se nourrit de contributions d'autres disciplines (la sociologie pour les migrations, la psychologie pour l'étude des comportements des individus mobiles, l'économie pour les théories de l'équilibre, du push/pull, de l'utilité, la physique pour la modélisation gravitaire et l'entropie, etc.).

Dans les pays développés, les interactions spatiales sont de plus en plus intenses et variées grâce, notamment, à l'intégration et à la cohésion des économies modernes, à la suppression de barrières politiques et/ou économiques et à l'existence de moyens de transport et de transfert très performants. Par conséquent, les études considérant directement et indirectement l'interaction se sont multipliées et diversifiées ces trente dernières années pour concerner des domaines aussi variés que les transports, les télécommunications, le marché du travail, le marché du logement, les migrations, les marchés des capitaux, la diffusion de l'innovation... Ces études s'intéressent aux flux de biens, de personnes, de capitaux ou d'informations matérialisant les interrelations fonctionnelles entre les différentes parties des territoires. Ces flux sont les indicateurs des relations : la problématique de l'interaction considère à la fois l'intensité et la genèse de ces relations ainsi que leur prévision et les modalités de leur réalisation.

Les études de l'interaction spatiale en géographie considèrent essentiellement l'échelle macro-géographique, ce qui n'est pas le cas d'autres disciplines comme la sociologie et la psychologie pour les migrations. Cela ne signifie pas que le comportement de l'individu comme générateur d'interactions (et donc de relations) n'ait pas été étudié par les géographes ; l'approche « *béhavioriste* » est là pour en témoigner. En effet, l'approche micro-géographique étudie à la fois les interactions sociales et les motivations qui guident les individus dans la réalisation de l'interaction. Elle est souvent associée à la théorie de l'utilité, à la théorie des préférences ou encore à des postulats issus de la psychologie faisant référence au comportement plus ou moins rationnel de l'homme. Toutefois, comme le souligne P. Gould, les difficultés opératoires de cette approche obligent souvent le chercheur à se rabattre sur une modélisation macrogéographique : ainsi, on agrège les comportements individuels pour établir le comportement moyen de l'unité géographique (zone, bourg, ville, etc.). Ce glissement s'explique certes par la spécificité même de la géographie (qui s'intéresse aux unités géographiques), mais aussi par les buts opératoires des recherches (l'optimisation des ressources de transport, la gestion et le contrôle de la mobilité, des migrations, du marché du travail ou du marché immobilier, par exemple) et par l'échelle à laquelle les géographes entreprennent les recherches.

L'approche macro-géographique est donc dominante dans la problématique de l'interaction spatiale. Elle est liée aux notions d'**émissivité** et d'**attractivité** qui qualifient chaque zone composant le territoire étudié. Il s'ensuit que les interactions I entre deux territoires i et j prennent la forme générale suivante :

$$I_{ij} = f(Emi_i, Att_{ij})$$

avec I_{ij} = interaction entre i et j

Emi_i = émissivité mesurant la propension de i à engendrer des interactions

Att_i = attractivité de j mesurant l'attrait de la destination j pour i

La réalisation de l'interaction nécessite l'existence de possibilités de transport ou de transfert entre i et j afin que le flux engendré par i puisse effectivement arriver en j. Cela est mesuré très souvent par une fonction de la distance d_{ij} séparant i et j, ce qui explique le double indice du terme Att_{ij} de la formule précédente.

L'existence de relations (et donc d'interactions) s'insère dans un contexte spatial déterminé, qualifié par des localisations, des spécialisations et des infrastructures.

Malgré la spécificité de chaque territoire, l'atténuation de l'intensité et de la fréquence des interactions avec la distance (**frein de la distance**) est une régularité maintes fois constatée par les géographes. Ce sont d'ailleurs ces constats empiriques qui ont poussé les chercheurs à la modélisation des interactions *(figure 1)*.

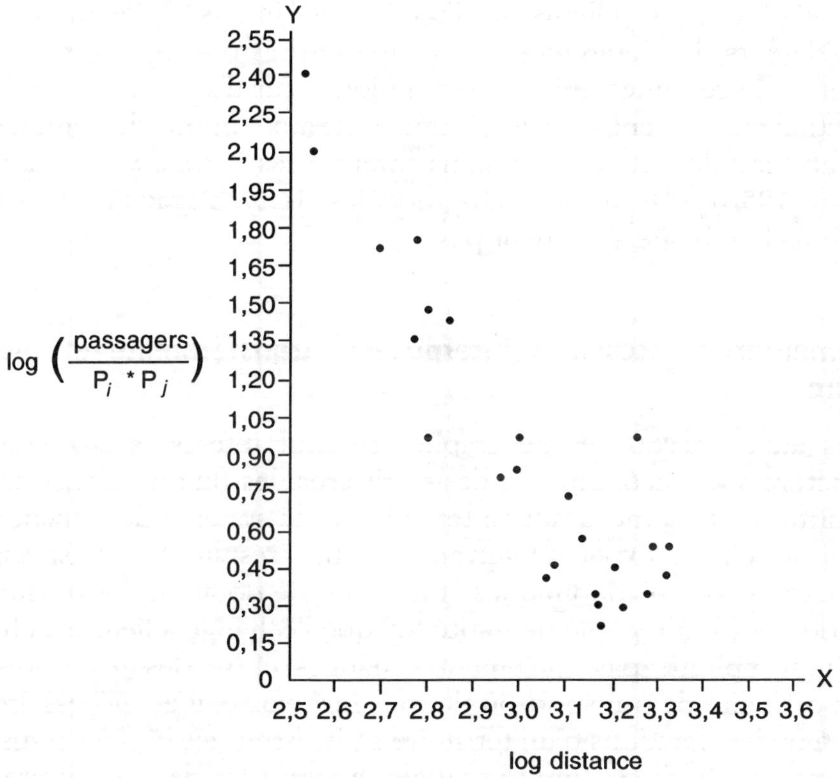

P_i = Population de Salt Lake City
P_j = Population de la ville j de destination

Figure 1 Interaction et distance : nombre de passagers du trafic aérien au départ de Salt Lake City
Taaffe E., Gauthier H., 1973, *Geography of transportation*, Englewood Cliffs, Prentice Hall.

Les causes de l'interaction n'ont pas forcément une dimension spatiale (sauf en cas extrêmes tels les catastrophes écologiques ou les famines) ; en revanche, la réalisation de l'interaction a des répercussions spatiales : sur le territoire par les réseaux de transport ou de transfert qui assurent l'interaction, sur la viabilité et la localisation de certaines activités, sur le développement économique des territoires, etc. L'interaction a une base spatiale car les unités en relation ont une localisation et une situation, des distances les séparant et des qualités socio-économiques qui modulent l'intensité et la fréquence des relations ; par ailleurs, la direction et l'intensité des interactions sont des révélateurs de hiérarchies, complémentarités ou disparités spatiales et de l'influence de certaines unités géographiques sur d'autres.

L'interaction est souvent associée, d'une part, aux notions de complémentarité, de transférabilité et d'« occasions interposées » *(intervening opportunity)* (Ullman, 1956), d'autre part, aux modèles de type gravitaire, les deux directions de recherche ne s'excluant pas.

2. Complémentarité, occasions interposées, transférabilité et modèle gravitaire

Dans les années 1960, les géographes se sont intéressés aux relations entre la structure socio-économique des territoires, les flux de biens, de personnes et d'informations mesurant l'interaction et le système de transport. Ils en ont déduit le schéma explicatif suivant : les flux résultent de la spécialisation des structures socio-économiques et de l'inégale dotation des territoires ; la spécialisation devient complémentarité lorsque l'échange a lieu. En effet, la spécialisation n'implique pas forcément échanges entre des territoires car, même si la possibilité de transport ou de transfert existe, il est nécessaire que la production ou les dotations d'un territoire satisfassent les besoins issus d'un autre territoire, que la discontinuité spatiale séparant les deux territoires soit vaincue et enfin que la concurrence des territoires situés entre les deux territoires qui sont en relation soit estompée. Cette dernière condition renforce le rôle de frein de la distance sur l'interaction : cela a été formalisé par la notion d'« occasions interposées ». De plus, l'intensité de l'interaction est modifiée dans la mesure où certaines catégories de biens, de personnes ou d'informations sont mieux transportables ou se déplacent plus facilement que d'autres (transférabilité). La transférabilité provoque alors des complémentarités spatiales et donc des interactions à des distances différentes.

E. Taaffe et H. Gauthier (1973) utilisent les notions précédentes pour élargir la portée explicative des modèles gravitaires.

Le modèle gravitaire classique est basé sur l'analogie entre l'interaction physique de la théorie newtonienne de la gravité et l'interaction spatiale. Dans sa forme la plus simple, il s'écrit :

$$I_{ij} = k \cdot \frac{M_i \cdot M_j}{d_{ij}^{a}}$$

avec :

I_{ij} = interaction entre les unités *i* et *j*.
M_i = masse de l'unité géographique *i*.
M_j = masse de l'unité géographique *j*.
d_{ij} = distance séparant *i* de *j*.
k, *a* = constantes.

L'hypothèse formalisée par le modèle précédent peut être ainsi énoncée : l'interaction (I) entre deux unités géographiques *i* et *j* est proportionnelle au produit de leurs masses respectives M_i et M_j et inversement proportionnelle à la distance d_{ij} les séparant. Les termes composant le modèle, à savoir les masses et les distances, ne doivent toutefois pas être considérés comme les éléments créateurs de l'interaction. Il se trouve qu'empiriquement la combinaison des valeurs des masses des unités géographiques et des distances les séparant est un excellent descripteur des montants des interactions. L'introduction de la notion de complémentarité dans les études de l'interaction permet de qualifier les masses M_i et M_j. En procédant de la sorte, la qualité des unités est privilégiée au détriment de la quantification de leurs masses : cette complémentarité est nécessaire pour que l'interaction ait lieu. Le modèle gravitaire newtonien est ainsi dénaturé (dans le bon sens du terme) par la qualification supplémentaire de ses termes.

C'est sans conteste la notion d'« occasions interposées » qui a été la mieux formalisée. L'utilisation de cette notion améliore les qualités descriptives et explicatives du modèle gravitaire et elle a permis de définir un nouveau type de modèle, dit de substitution ou relatif. Son intégration dans la modélisation gravitaire s'est effectuée selon deux hypothèses qui ont trait, d'une part, à la distance entre les masses des unités géographiques en interaction, d'autre part, à la qualification de ces mêmes masses. La première hypothèse, énoncée par S. Stouffer dans une recherche sur la mobilité professionnelle, nie la relation directe entre mobilité des personnes et distance : « le nombre de personnes se rendant à une distance donnée est directement proportionnel au nombre d'occasions qui existent en ce point et inversement proportionnel au nombre d'occasions interposées ». Plusieurs recherches empiriques sur les déplacements de personnes ont validé le remplacement, dans les modèles de type gravitaire, de la distance par les « occasions interposées ». La deuxième hypothèse se rapporte à l'effet d'absorption et de concurrence des masses des unités géographiques qui n'entrent pas directement dans le calcul de l'interaction I par un modèle gravitaire classique. Cette distance « absorbe » en quelque sorte l'interaction. Il devient ainsi plausible de postuler que l'intensité de l'interaction entre *i* et *j* est influencée par l'existence d'autres unités ayant une masse (et donc des occasions) pouvant se substituer (ou concurrencer) en partie ou complètement à la masse (représentant l'attractivité) de l'unité *j*. Cette substitution des masses en interaction est plus ou moins réussie et dépend de la position géographique et/ou des aptitudes économiques (complémentarité) des unités situées entre *i* et *j*. La conséquence est une diminution du pouvoir d'attraction de l'unité j par le renforcement du pouvoir d'absorption (et donc d'attractivité) des autres unités géographiques composant un territoire.

3. La modélisation gravitaire

La modélisation gravitaire de l'interaction est l'exemple même d'une approche déductive et s'insère dans le contexte de l'émergence de la géographie quantitative dans les années 1960.

Les premières utilisations du modèle gravitaire en sciences humaines datent de 1858 (Carey) et 1885 (Ravenstein). Ce dernier étudie les migrations entre campagnes et villes industrielles anglaises et estime que le nombre de migrants entre le lieu *i* (situé à la campagne) et la ville *j* est fonction directe de la population de celle-ci et inverse de la distance séparant *i* de *j*. La formulation de l'interaction est partielle (*fiche 1)*, mais elle intègre déjà le principe de l'atténuation de l'interaction par la distance séparant les lieux. Young, en 1924, modifie la formulation précédente en renforçant l'effet d'atténuation de la distance sur l'interaction en élevant au carré la valeur de la distance séparant les lieux *i* et *j*.

Reilly (1929), en se basant sur des observations empiriques dans l'étude de l'attraction commerciale des villes, confirme l'hypothèse de Young sur la valeur deux de l'exposant de la distance, reprenant en cela la formulation du modèle gravitationnel de Newton. Au cours des années 1940, Stewart, dans l'étude de l'« énergie démographique » et du « potentiel de population » et Zipf, dans l'étude de différentes interactions spatiales, font intervenir, les deux masses des lieux en interaction *(fiche 1)*. Toutefois, contrairement à Reilly, ils supposent que l'exposant de la distance est égal à l'unité : les masses des lieux représentent les facteurs d'émissivité et d'attractivité qui produisent l'interaction alors que son intensité est inversement proportionnelle à la valeur de la distance séparant les lieux.

FICHE 1

Formules du modèle gravitaire (1885-1949)

1885 : Transcription mathématique du principe d'interaction de Ravenstein

$$I_{ij} = \frac{P_j}{d_{ij}}$$

avec :

I_{ij} = nombre de migrants entre i et j.
P_j = population de la ville j (attractivité).
d_{ij} = distance entre i et j.

1929 : formule du point d'équilibre de Reilly

$$d_{xj} = \frac{d_{ij}}{1 + \sqrt{P_i / P_j}}$$

avec :

d_{ij} = distance entre i et j.
d_{xj} = distance entre x (point d'équilibre) et j.
P_j = masse de la ville j.
P_i = masse de la ville i.
i, j = villes.

1941-49 : Stewart et Zipf

$$I_{ij} = k \cdot \frac{M_i \cdot M_j}{d_{ij}}$$

avec :

I_{ij} = interaction entre les lieux i et j.
M_i = masse du lieu i.
M_j = masse du lieu j.
d_{ij} = distance séparant i de j.
k = constante.

3.1. Modèle gravitaire et aires d'influence

La modélisation gravitaire va servir à la détermination de découpages spatiaux qui sont la conversion, en surface, de l'intensité d'une relation entre les unités géographiques (ville, région, Etat, etc.). Ces méthodes permettent de déterminer des zones (ou des aires) à l'intérieur desquelles certaines unités sont considérées comme influentes, voire dominantes.

Deux types de modèle gravitaire sont utilisés dans cette méthodologie, à savoir le modèle gravitaire classique et le modèle de **potentiel** (Fustier, 1979).

La formulation générale du modèle de potentiel est la suivante :

$$ {}_{i}\mathrm{Po}_{j} = k \cdot \frac{\mathrm{E}_{j}}{d_{ij}} $$

avec :

${}_{i}\mathrm{Po}_{j}$ = potentiel du lieu j sur le lieu i.
E_{j} = émissivité de j.
d_{ij} = distance entre i et j.
k = constante.

Le modèle de potentiel est aussi un modèle d'interaction : le potentiel ${}_{i}\mathrm{Po}_{j}$ produit en un lieu i par la masse E du lieu j peut s'interpréter en termes d'influence, d'accessibilité, d'attraction ou encore de proximité des unités géographiques. Le potentiel total d'un lieu i appartenant à un territoire composé de n lieux est alors égal à :

$$ \text{Potentiel total de } i = \sum_{j=1}^{n} {}_{i}\mathrm{Po}_{j} $$

L'influence d'une unité géographique calculée grâce à ces modèles se traduit par un champ de force qui entoure l'unité et dont l'intensité diminue en fonction de la distance.

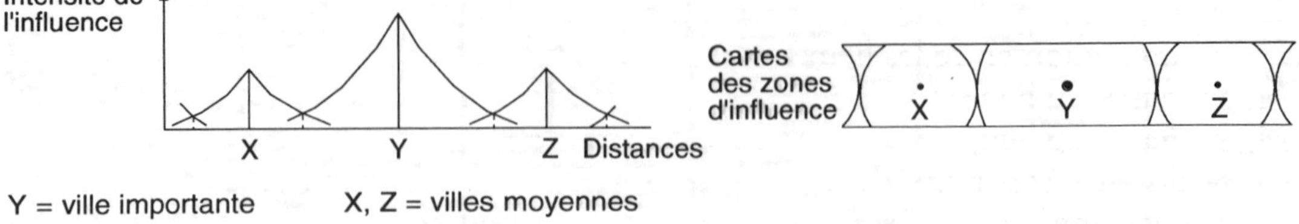

Figure 2 Influence et distance (cas de villes d'importance différente)

Stewart, par un modèle de potentiel, mesure l'influence d'une unité k ayant une masse M_k exercée sur une unité i localisée à une distance d_{ik}. En joignant les lieux d'égal potentiel, il obtient un découpage spatial qui visualise l'influence d'une unité géographique sur l'ensemble d'un territoire. Plus récemment et avec la même méthodologie, D. Keeble *et al.* (1982) déterminent le potentiel économique des régions de la Communauté Economique Européenne.

Reilly utilise un modèle de type gravitaire pour délimiter les aires de marché et donc d'influence de deux villes en compétition dans la vente d'un produit. Le *point d'équilibre (breaking point)* est la solution du problème du partage du marché, ou des aires d'influence, entre deux villes de taille P_i et P_j séparées par une distance d_{ij} *(fiche 1)*.

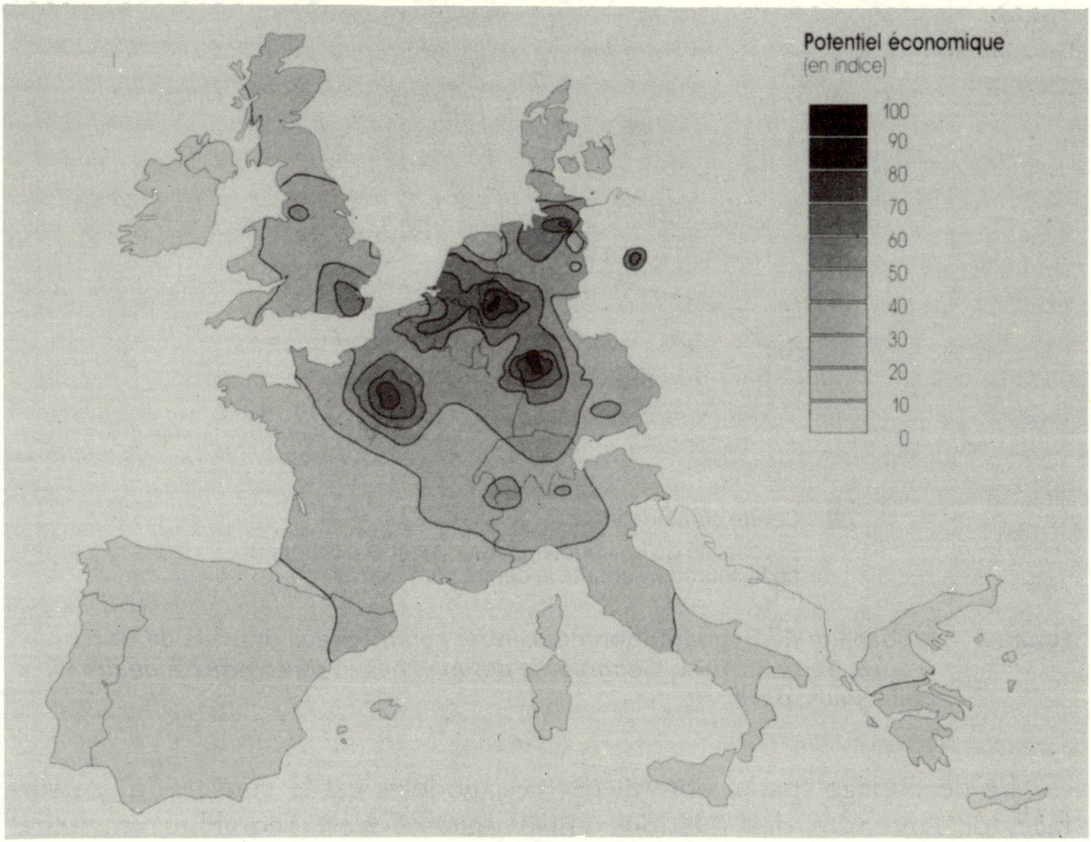

Figure 3 Potentiel économique des régions de la CEE (1981)
Keeble D., Owens P., Thompson C., 1982, « Regional accessibility and economic potential in the European community », *Regional Studies*, 6, p. 419-431.
Géographie universelle – France, Europe du Sud, Hachette, Paris, 1990, p. 67.

Le caractère déterministe du modèle précédent poussera Huff à développer trente ans plus tard, un modèle « probabiliste ». Ce modèle, appliqué à la détermination des aires d'attraction de centres commerciaux, aboutit au partage d'un territoire en zones ayant la même « probabilité » de fréquentation d'un centre commercial donné.

La différence conceptuelle entre les modèles de Reilly et de Huff provient de leur formulation : Reilly utilise les potentiels absolus des unités, Huff la notion de potentiel relatif. Il s'ensuit, que dans le modèle de Reilly, les zones d'influence sont déterminées par les masses des unités géographiques et leurs distances respectives ; dans le modèle de Huff, par l'importance relative de chaque unité et les distances respectives qui les déterminent.

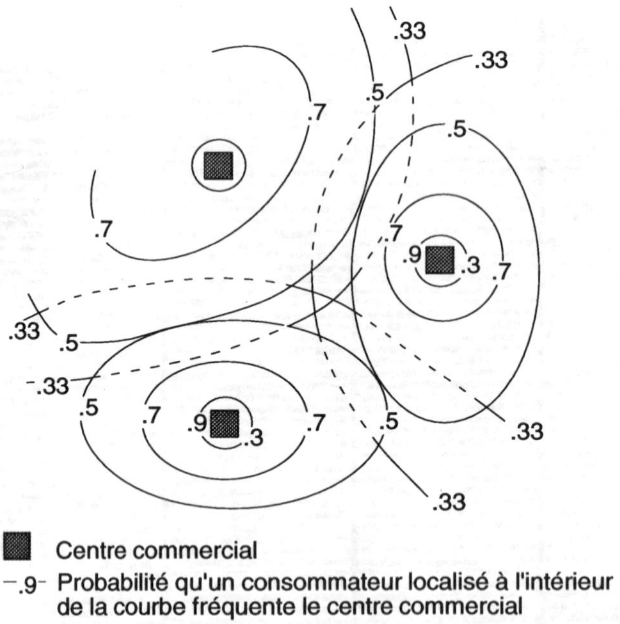

Figure 4 **Probabilité de fréquentation des centres commerciaux (modèle de Huff) D'après Berry B., 1971, *Géographie des marchés et du commerce de détail*, Colin, Paris, p. 79.**

Le découpage spatial obtenu par ces modèles est la conversion, en surface, de l'intensité des relations entre unités : c'est l'équilibre gravitaire. Toutefois, ces modèles déterminent uniquement les zones d'influence directe d'une unité géographique, ces zones comprenant obligatoirement les environs immédiats. On pourrait en effet imaginer des zones d'influence spatialement disjointes ; dans ce cas-ci, l'espace formalisé serait discontinu. Or, si la conversion force-surface par le modèle gravitaire est pertinente lorsque l'espace à découper est homogène, celle-ci devient hasardeuse dans le cas contraire. Nous rencontrons ici, par exemple, le problème de l'existence d'« occasions interposées » qui peut modifier la délimitation des aires d'influence.

3.2. Modèle gravitaire et transport

Dès le milieu des années 1950, l'utilisation du modèle gravitaire se généralise, surtout grâce à son emploi dans le processus de planification du système de transport urbain. Le modèle gravitaire fait alors partie intégrante d'un modèle général de planification du trafic dit « à quatre étapes ». Ce modèle général peut être résumé ainsi : la première étape détermine la quantité de trafic engendrée par chaque zone composant le territoire considéré ; la seconde distribue ce trafic entre les différentes zones ; la troisième étape répartit ces courants de trafic entre les modes de transport et enfin la quatrième étape affecte aux différents tronçons des réseaux les courants de trafic de chaque mode de transport.

Ce modèle à quatre étapes a été maintes fois appliqué dans la planification des plus importantes villes des Etats-Unis et d'Europe dans les années 1960-1980. Le recours au modèle gravitaire devient tellement courant que l'administration des travaux publics américaine édite même un manuel à l'intention des planificateurs contenant des conseils pratiques et des résultats à en attendre selon le type d'interaction modélisée.

Cette utilisation pragmatique du modèle gravitaire dans le processus de planification a entraîné d'une part la diffusion du modèle gravitaire et de sa philosophie dans les milieux de la recherche, d'autre part, une dénaturation du modèle gravitaire classique. Celui-ci est dénaturé, car les hypothèses sur lesquelles il repose ne sont pas toutes respectées par le nouveau modèle, qui est défini par :

$$I_{ij} = k \cdot \frac{M_i^{b1} \cdot M_j^{b2}}{d_{ij}^{b3}}$$

avec :

I_{ij} = interaction entre les unités i et j.
M_i = masse de l'unité géographique i.
M_j = masse de l'unité géographique j.
d_{ij} = distance séparant i de j.
$k, b1, b2, b3$ = constantes déterminées par calibrage du modèle.

La dénaturation du modèle gravitaire a été favorisée par les excellentes propriétés descriptives et prédictives des modèles ainsi obtenus qui priment, aux yeux des planificateurs, sur leurs justifications théoriques. A cela s'ajoute une relative facilité d'utilisation grâce à la procédure de calibrage par régression multiple. La procédure de **calibrage** consiste à ajuster au mieux les termes du modèle à la réalité empirique qu'on veut appréhender ou décrire : on recherche les paramètres *b*1, *b*2, *b*3, *k*, etc. afin que les valeurs réelles de l'interaction et les valeurs estimées par le modèle soient les plus proches possible. La possibilité de rendre linéaire le modèle gravitaire sans contrainte(s), par une transformation logarithmique, permet de calibrer celui-ci par la technique statistique bien maîtrisée qu'est la régression multiple. Grâce à cette technique, la valeur de l'interaction I_{ij} résulte d'une combinaison linéaire des variables mesurant les masses des unités géographiques *i* et *j* et les distances les séparant. De plus, cette procédure de calibrage permet d'enrichir le modèle de départ en ajoutant une (ou des) variable(s) améliorant l'ajustement aux valeurs empiriques (Lowry, 1963). Cela autorise notamment à tenir compte de certaines particularités des zones en interaction non qualifiées spécifiquement par leurs masses ou par les distances *(chapitre 17)*.

3.3. La dénaturation du modèle gravitaire classique

Si l'on reconnaît encore dans la formule de la page précédente les termes originaux du modèle gravitaire, remarquons l'apparition de constantes pondérant les masses en interaction. Les constantes *k*, *b*1, *b*2, *b*3 déterminées par la procédure de calibrage varient, notamment, selon les caractéristiques de l'interaction modélisée (motif du déplacement, moyen de transport, fréquence du déplacement, par exemple) et du territoire analysé (structure de la ville, découpage territorial, taille de la ville, par exemple). Ce constat rend difficile une transposition, voire une comparaison, des valeurs des constantes entre villes ou agglomérations différentes. A cela s'ajoute le fait que des recherches mettent en doute la stabilité temporelle des paramètres du modèle. Cette instabilité ne résulte pas uniquement des fondements du modèle, mais aussi des changements du comportement et de la mobilité des usagers dans le temps. Cela rend malaisée une utilisation prédictive du modèle et rejoint la critique de W. Isard (1972) : « un obstacle fondamental à son utilisation pour la projection est le manque de toute théorie pour expliquer les valeurs et les fonctions que l'on attribue aux exposants et pondérations ».

4. Problèmes théoriques du modèle de type gravitaire classique et nouveaux développements du modèle

Les problèmes théoriques sont apparus rapidement après la formulation et l'utilisation empirique du modèle gravitaire classique. Ces problèmes résultent du fait que le modèle est analogique et devraient obliger le chercheur à expliciter un cadre problématique dans lequel il envisage d'utiliser le modèle ; cette étape a été très souvent négligée. De plus, le modèle gravitaire classique *(fiche 1)* postule la réciprocité des flux ($I_{ij} = I_{ji}$) et est sans contraintes sur la somme totale des interactions. Ces difficultés ont été contournées soit en pondérant les variables d'attractivité et d'émissivité, soit en formulant d'autres hypothèses sur les termes, modifiant ainsi la philosophie du modèle classique. Les modèles de substitution ou relatifs *(fiche 2)*, gravitaires avec maximisation sous contrainte de l'entropie *(fiche 3)*, gravitaires « enrichis » *(fiche 4)* résultent de cet effort de réflexion. A ces difficultés s'ajoute le fait, signalé par L. Curry (1972), que les résultats et la validité descriptive des modèles gravitaires classiques peuvent être faussés par l'existence d'une **autocorrélation spatiale** entre les caractéristiques des lieux-origine (les masses M_i) et des lieux-destination (les masses M_j) entrant dans la formulation du modèle. Remarquons d'emblée que l'autocorrélation est un phénomène incontournable en géographie et provient du fait que deux lieux proches l'un de l'autre ont une probabilité plus grande d'avoir des caractéristiques semblables que deux lieux éloignés.

Le problème de l'auto-corrélation spatiale reste pour le moment d'une maîtrise difficile malgré la mise au point d'autres modèles d'interaction basés notamment sur une formulation probabiliste.

Par ailleurs, l'utilisation dans les études de l'interaction spatiale du modèle gravitaire dérivé de la formulation physique de la loi de gravitation de Newton a mis en lumière des faiblesses dans la description et dans la prévision des comportements des individus. Le modèle gravitaire est un modèle macro-géographique où les masses (des régions, des zones, etc.) engendrant ou attirant les interactions sont structurées selon certains principes. Ces principes gouvernent le comportement des individus (personnes, entreprises, etc.) à l'intérieur de chaque masse et déterminent ainsi la fréquence et l'intensité des interactions. Le modèle gravitaire ne s'intéresse pas au comportement des individus pris séparément, mais bien à l'ensemble des comportements des individus dont la forme et l'intensité sont déterminées par la valeur des masses M_i et M_j en relation. Ce fait entraîne inévitablement des résultats entachés d'une forte généralisation et rend le modèle gravitaire inadéquat pour rendre compte des comportements individuels.

FICHE 2

Formulations du modèle gravitaire 1950-1965

1963 : Huff

$$P_{ij} = \frac{\dfrac{S_j}{d_{ij}^{\beta}}}{\displaystyle\sum_{j=1}^{r} \frac{S_j}{d_{ij}^{\beta}}}$$

avec :

P_{ij} = « probabilité » qu'un consommateur localisé en i se rende dans le centre commercial localisé en j.
d_{ij} = distance entre i et j.
S_j = taille du centre commercial localisé en j.
ß = paramètre à calibrer qui varie selon le type de centre commercial.
r = nombre de localisations de centres commerciaux.

1965 : modèle gravitaire relatif ou de substitution

$$I_{ij} = SL_i \cdot \frac{\dfrac{SC_j}{d_{ij}^{\beta}}}{\displaystyle\sum_{j=1}^{n} \frac{SC_j}{d_{ij}^{\beta}}}$$

avec :

I_{ij} = interaction entre les unités i et j.
SL_i = total des interactions émises par i.
SC_j = total des interactions attirées par j.
d_{ij} = distance entre les unités i et j.
n = nombre d'unités géographiques.
ß = paramètre à calibrer.

Depuis le milieu des années 1960, les chercheurs ont fait appel aux modèles gravitaires de substitution ou relatifs pour intégrer la notion d'« occasions interposées » et corriger ainsi une faiblesse du modèle gravitaire classique. Remarquons que cette problématique date déjà des années 1940. Son intégration dans un modèle de potentiel consistait uniquement à remplacer la distance d_{ij} par le nombre d'« occasions interposées » existant entre i et j. En revanche, avec les modèles de substitution, les « occasions interposées » et la distance d_{ij} sont intégrées simultanément. Le rôle de l'espace dans le modèle de substitution (ou relatif) est alors double car au rôle de frein de la distance s'ajoute le rôle de substitution des masses en interaction.

FICHE 3

Modèle gravitaire de A. Wilson avec maximisation de l'entropie sous contrainte (1970)

$$I_{ij} = \frac{A_i \cdot O_i \cdot B_j \cdot D_j}{\exp(ß \cdot c_{ij})}$$

avec les trois contraintes :

$$\sum_{j=1}^{n} I_{ij} = O_i$$

$$\sum_{i=1}^{n} I_{ij} = D_j$$

$$C = \sum_{i=1}^{n} \sum_{j=1}^{n} c_{ij} \cdot I_{ij} \quad \text{(contrainte de coût de transport)}$$

avec :
I_{ij} = interaction entre les unités *i* et *j*.
O_i = total des flux quittant *i* (émissivité de *i*).
D_j = total des flux arrivant en *j* (attractivité de *j*).
c_{ij} = « coût » de transport entre *i* et *j*.
A_i = facteur d'équilibre (balancing factor) de *i*.
B_j = facteur d'équilibre (balancing factor) de *j*.
ß = constante.

Par ailleurs, le passage logique du modèle gravitaire classique *(fiche 1)* au modèle gravitaire de substitution (ou relatif) *(fiche 2)*, résoud une incohérence dans la formulation mathématique du premier. Cette incohérence résulte de l'absence de contraintes sur le total des interactions dans le système spatial modélisé et de l'hypothèse d'indépendance entre les masses M_i et M_j et la distance d_{ij} du modèle classique.

Le numérateur du modèle *(fiche 2)* mesure l'attractivité de la zone géographique *j* sur la zone *i* : cette attractivité est modulée par la distance séparant les deux zones. Le dénominateur du modèle représente l'attractivité totale des autres zones situées à différentes distances de *i*. Ces zones influencent l'attractivité de la zone *i* en concurrençant ou en se substituant dans le choix de la destination des interactions : elles représentent les « occasions interposées » qui influencent la valeur de I_{ij}, donc l'interaction. Ce modèle supprime aussi la condition de réciprocité des interactions et, par la formulation du dénominateur, qualifie différemment les « distances », car celles-ci sont porteuses de masses qui sont autant de possibilités de choix ou de substitution des destinations pour les interactions engendrées par *i*. La double signification occasions/possibilités justifie le fait que le modèle puisse s'appeler modèle de gravité relatif ou modèle de substitution.

Au début des années 1970, A. Wilson (1974) formule un modèle gravitaire avec maximisation sous contrainte de l'entropie. Il utilise dans son modèle le principe de l'entropie maximum démontré, en 1957, par E. Jaynes, à savoir : dans une distribution de probabilités, la maximisation de l'entropie correspond à la distribution des probabilités contenant la plus grande incertitude. Ce modèle se caractérise notamment par une formulation probabiliste des interactions et par l'existence de plusieurs contraintes à respecter lors de la procédure de calibrage.

Le modèle s'inscrit dans une problématique systémique de l'interaction pour laquelle, les unités géographiques et leurs relations forment un système spatial : les flux reliant les différentes unités géographiques représentent le carburant nécessaire à la viabilité et à l'évolution du système. La notion d'entropie, utile au modèle systémique, a été proposée par Clausius en thermodynamique dès 1855 à la suite des travaux de Carnot. Elle mesure la dégradation qualitative de l'énergie et est associée au comportement des systèmes fermés à passer de l'ordre au désordre. En vertu du deuxième principe de la thermodynamique de Carnot-Clausius, l'entropie d'un système isolé ne peut que s'accroître. C'est en 1877 que le physicien autrichien Boltzmann lie la notion d'entropie aux probabilités des micro-états (ou modalités) définissant un système gazeux. Un micro-état (ou modalité) décrit la répartition des particules élémentaires d'un système. Un macro-état résulte des combinaisons des micro-états : si les micro-états sont *a priori* équiprobables, les macro-états résultant ne le sont pas.

Dans le contexte de la théorie de l'information, par analogie avec la formulation de Boltzmann, Shannon (1948) appela entropie la quantité d'information d'un « système » d'événements.

La notion d'**entropie** a été utilisée en géographie selon deux optiques distinctes : la première considère l'entropie comme une mesure du degré d'organisation d'un système spatial ; la deuxième postule le comportement entropique du système spatial.

Dans la première optique, les géographes combinent la notion d'entropie de la thermodynamique et la théorie des systèmes et considèrent l'entropie comme une propriété de tout système spatial (Chapman, 1977). Cette optique repose sur le constat suivant : un système a des modalités équiprobables uniquement si les caractéristiques le définissant sont indépendantes. Une modalité se définit pour une variable donnée, par la valeur prise par chaque unité d'un système spatial. Si, maintenant, dans le système spatial, les modalités ne sont pas équiprobables, cela signifie qu'il existe des **contraintes** internes au système qui y introduisent un « ordre ». L'**entropie** mesure cet « ordre », ainsi que, globalement, l'influence des contraintes (Pini, 1990).

La deuxième optique s'insère aussi dans la problématique de l'interaction et de sa modélisation et se rattache directement au principe de l'entropie maximum de E. Jaynes et à la théorie de l'information de Shannon. A. Wilson le premier utilise ce principe dans la formulation des modèles gravitaires d'interaction. Il prête un comportement spatial au système défini par les interactions : ce comportement résulte de l'hypothèse que, dans tout système complexe, l'entropie tend vers son maximum. Alors, l'état le plus probable d'un système, en l'absence d'autres informations, est celui qui maximise l'entropie. La maximisation de cette dernière est utilisée comme fonction objective pour déterminer la distribution de probabilité sur la base d'une connaissance, *a priori*, limitée *(fiche 3)*.

Ce sont donc des développements mathématiques et statistiques qui permettent la formulation du modèle de A. Wilson. La mise au point de ce modèle coïncide avec l'abandon de l'analogie des modèles gravitaires traditionnels. Cela a d'ailleurs fait dire à P. Gould (1975) que la maximisation de l'entropie « pour la première fois, fournit un support théorique solide au modèle de gravitation ». Sans en arriver là, on peut facilement admettre que le modèle de A. Wilson et ses raffinements successifs ont permis de résoudre une partie des problèmes intrinsèques au modèle gravitaire classique. C'est notamment le cas de la réciprocité des interactions, de l'introduction des contraintes sur le total des interactions (engendrées ou attirées). Toutefois, surgissent d'autres problèmes d'interprétation inhérents, par exemple, à la signification des facteurs d'équilibre *(balancing factors)* A_i et B_j et de la constante ß, d'autre part à la formulation de la fonction de la distance.

Une abondante littérature (Senior, 1979) a suivi la formulation du modèle de A. Wilson, s'intéressant tantôt aux fondements théoriques du modèle (et notamment à la maximisation sous contrainte de la fonction de coût de transport) ou à sa portée générale, tantôt aux problèmes de calibrage du modèle, à la signification des paramètres et des termes définissant le modèle ou à ses performances descriptives.

Aussi, ce dernier modèle ne s'affranchit pas de la nécessité d'expliciter un cadre problématique relatif à l'interaction spatiale et cela malgré sa séduisante et rigoureuse construction mathématique. De plus, ce modèle n'ayant pas une forme linéaire doit être calibré par une procédure itérative souvent informatiquement lourde lorsque les unités composant le système modélisé sont nombreuses. Pourtant, ce type de modèle gravitaire basé sur le principe de maximisation de l'entropie est très utile pour estimer les interactions lorsque les informations sur les modalités du système sont lacunaires, voire absentes. En revanche, lorsque les informations sont abondantes, la pertinence de l'utilisation du modèle de A. Wilson se trouve amoindrie, ne serait-ce que par la lourdeur des traitements informatiques nécessaires à sa mise en œuvre et par l'impossibilité d'ajouter d'autres variables au modèle de départ.

5. Formulations récentes du modèle gravitaire

A partir des années 1970, les modèles gravitaires utilisés sont généralement contraints, répondant ainsi a une critique formulée à l'encontre du modèle gravitaire classique. Pour ces modèles, la procédure de calibrage revient à déterminer les valeurs de l'interaction I_{ij} en tenant compte de(s) contrainte(s) introduite(s) : telle(s), par exemple, le total, pour chaque zone, des interactions engendrées ou/et attirées, le total des interactions dans le système, le total des coûts nécessaires à la réalisation de l'interaction, etc.

Apparaissent ainsi des modèles gravitaires avec contrainte sur les origines, avec contrainte sur les destinations ou encore avec double contrainte (sur les origines et les destinations). Les premiers sont utilisés pour déterminer la répartition géographique des destinations des interactions si les origines et le montant total des échanges sont connus. Les modèles gravitaires avec contrainte sur les destinations permettent de déterminer les origines des interactions si les destinations et les montants totaux des échanges sont connus. Les modèles gravitaires avec double contrainte sont notamment utilisés pour mesurer le rôle de la distance dans l'interaction.

Pour prendre en considération certaines caractéristiques des lieux origine (ou destination), les chercheurs ont mis au point des modèles gravitaires avec contrainte(s) *« enrichis » (fiche 4)*. Les variables ajoutées au modèle de base permettent de tenir compte de l'attractivité des zones de destination, des

FICHE 4

Modèle gravitaire « enrichi » (avec contrainte sur les origines) (1980)

$$I_{ij} = k \cdot O_i \cdot D_j \cdot d_{ij}^{ß} \cdot \sum_{s=1}^{S} V_{sij}$$

avec :

I_{ij} = interaction entre les unités *i* et *j*.
O_i = total des flux quittant *i* (émissivité de *i*).
D_j = total des flux arrivant en *j* (attractivité de *j*).
d_{ij} = distance entre *i* et *j*.
V = variable supplémentaire représentant l'attractivité différentielle de la destination *j*.
s = nombre de variables supplémentaires V.
ß, *k* = constantes.

---

similarités, complémentarités et différences entre les zones en relation, qui représentent des facteurs modulant les montants des interactions. Dans le même esprit, la vision simpliste de la distance comme seule et unique cause de frein à l'interaction est corrigée : tout en compliquant la définition de distance, les chercheurs postulent que celle-ci agit différemment selon les caractéristiques des zones en relation. Nous retrouvons ici les préoccupations théoriques des années 1960 qui ont débouché sur la notion d'« occasions interposées » et les modèles de substitution. Ces nouveaux modèles se fondent sur l'hypothèse qu'il existe une interférence entre les localisations en interaction. Cette interférence peut être bénéfique, car elle engendre des effets d'agglomération (et donc une augmentation substantielle des interactions), ou négative, car elle résulte de la compétition entre les destinations (et donc une perte des interactions potentielles des unités spatiales).

Conclusion

L'évolution de la modélisation gravitaire de l'interaction spatiale fait apparaître une complexification et un raffinement statistique et conceptuel du modèle. Le modèle gravitaire classique est amélioré et enrichi successivement pour répondre aux nombreux problèmes théoriques qu'il soulève : le modèle gravitaire classique est analogique et déterministe, il est non-contraint et ses termes décrivent mal l'attractivité et l'émissivité des zones en interaction. Malgré les importantes améliorations contenues dans les formulations ultérieures du modèle gravitaire, sa prétendue universalité dans la description et la prévision des interactions postulée par les auteurs des années 1940 n'a pas été confirmée. En revanche, les utilisations empiriques de ces trente dernières années ont démontré les qualités descriptives et opératoires des différents modèles gravitaires. Ces qualités leur assureront pour longtemps encore un rôle déterminant dans plusieurs domaines de la géographie. Toutefois, si le modèle gravitaire a su s'affranchir de l'analogie physique par ses nouvelles formulations probabilistes et combinatoires, s'il s'est enrichi en intégrant dans ses termes des variables caractérisant les unités spatiales en relation, il ne fonde pas une théorie de l'interaction.

Lectures recommandées

Berry B., 1971, *Géographie des marchés et du commerce de détail*, Paris, Colin.

Fotherigham A. et O'Kelly M., 1989, *Spatial interaction models : formulations and applications*, Kluwer, Academic Publishers.

Fustier B., 1979, *Les interactions spatiales en économie*, Paris, Sirey.

Gould P., 1975, « Les mathématiques en géographie : révolution théorique ou apparition d'un nouvel outil », *Revue Internationale de Science Sociale*, vol. XXVII, 2.

Isard W., 1972, *Méthodes d'analyse régionale*, (1). *Equilibre économique*, Paris, Dunod.

Senior M., 1979, « From gravity modelling to entropy maximizing : a pedagogic guide », *Progress in Human Geography*.

Mots-clefs

Aire d'influence,
Attractivité,
Autocorrélation spatiale,
Calibrage,
Contrainte,
Entropie,
Emissivité,
Frein de la distance,
Interaction spatiale,
Modèle gravitaire,
Modèle gravitaire de substitution ou relatif,
Modèle gravitaire « enrichi »,
Modèle gravitaire avec maximisation de l'entropie sous contrainte,
Point d'équilibre,
Potentiel.

Diffusion spatiale

30

Thérèse Saint-Julien

Que l'on étudie l'infiniment petit ou l'infiniment grand, des études planétaires à celles des groupes humains, ou à celles des unités géographiques de petite dimension, la notion de **diffusion** est introduite quand on considère les processus qui mettent en jeu des déplacements de matière, de produits, de personnes, de pratiques, ou d'idées par exemple, dans un milieu, sur un espace, sur un territoire. Etymologiquement, la diffusion correspond à tous les déplacements qui, quelle qu'en soit la force motrice, cherchent à se répandre de manière homogène dans un système, et tendent à faire passer celui-ci d'un état d'équilibre à un autre état d'équilibre.

En sciences sociales, la notion de diffusion est souvent associée à celle de changement, d'innovation. Innover c'est introduire dans une chose établie quelque chose de nouveau, d'encore inconnu. Cette introduction provoque une propagation, un déplacement dans un milieu. Les travaux de Schumpeter (1934) sur le rôle de l'innovation dans l'évolution économique ont marqué toute la réflexion du XXe siècle sur la notion d'innovation, sur celle de diffusion, et aussi sur les interdépendances de ces deux notions. Selon cet auteur, la fabrication d'un bien nouveau, l'introduction d'une méthode nouvelle, l'ouverture d'un débouché nouveau, la conquête d'une nouvelle source d'énergie ou de matière première, ne sont pas des faits isolés : ils correspondent à des *combinaisons qualitativement importantes* introduites par les chefs d'entreprises. Ces combinaisons peuvent être considérées comme des **innovations** *quand leur propagation dans un milieu engendre des irréversibilités dans l'évolution de ce milieu*. Les innovations ne se réduisent donc pas à des inventions et encore moins à des modes. Pour Schumpeter, *la diffusion des innovations modifie la dynamique des systèmes à l'intérieur desquels elle s'opère*.

1. L'émergence de la notion de diffusion en sciences sociales

Au XXe siècle, la diffusion des innovations, la propagation des changements à l'intérieur d'un même milieu, leur passage d'un milieu à l'autre, les temps de ces déplacements, ont été des préoccupations permanentes de l'ensemble des sciences sociales.

Les travaux de sociologie ont tôt abordé la problématique de la diffusion, par la réflexion sur le changement social. Ces travaux ont en particulier attiré l'attention sur la distinction entre processus endogènes et exogènes du changement. Dans l'explication des changements sociaux, les premiers processus ont été privilégiés par la méthodologie individualiste qui, dans la tradition de Weber par exemple, tient pour indispensable la reconstitution des motivations des individus concernés par le changement. Dans une perspective plus globale du social, assez directement influencée par les travaux de Durkheim, on a plutôt recouru à l'identification de forces externes pour expliquer le changement social. Cette dualité des composantes a été plus ou moins explicitement reprise dans les travaux qui ont par ailleurs intégré la dimension spatiale de la propagation.

La dimension spatio-temporelle est considérée en soi quand *la diffusion s'effectue dans des systèmes géographiques*. La notion de **diffusion** spatiale recouvre l'ensemble des processus qui concourent au déplacement, à la migration, de l'innovation dans l'espace géographique, et aux effets en retour que ces déplacements engendrent dans cet espace.

Cette notion a été plus particulièrement introduite dans les travaux d'anthropologie, d'archéologie et de géographie. Dès les années 1930, afin d'expliquer la diffusion des traits de culture, Frobénius propose la notion d'aire culturelle. Par la suite, croyant retrouver le temps à travers la seule étude de l'espace, le courant du « diffusionnisme » se développe (Boas, 1924). Des éléments culturels semblables sont identifiés dans différents groupes. Cette similitude peut certes renvoyer à l'unité de l'homme, mais elle suggère aussi des emprunts à d'autres cultures, chaque culture possédant un certain nombre de traits relativement indépendants qui peuvent migrer d'une culture à une autre. Partant du principe de complexité, qui fait que l'on considère toujours un ensemble de traits culturels, le hasard ne saurait expliquer que les mêmes traits apparaissent en des endroits différents. Si, de plus, ces traits apparaissent en des aires continues, la théorie du diffusionnisme préconise qu'il y a de fortes chances que l'on ait affaire à une propagation du centre vers la périphérie. On en déduit alors que les traits qui ont l'aire de diffusion la plus grande sont les plus anciens. Cette approche, qui intégrait délibérément mais de manière un peu schématique la dimension spatio-temporelle du phénomène culturel, a soulevé beaucoup de critiques. On lui a opposé l'idée que la diffusion se fait sans ordre, et plus à partir des marges qu'à partir du centre, ou encore le fait que, dans le passage d'une culture à une autre, les emprunts subissent de telles modifications qu'ils sont méconnaissables, et que la diffusion aboutit moins à une création qu'à un emprunt. La diffusion ne procédant pas seulement par emprunt ou refus mais aussi par antithèse, Levi-Strauss (1958) a proposé qu'à la notion de similitude, qui est à la base de ce débat, soit substituée celle, beaucoup plus riche, d'affinité. La notion de diffusion des **innovations** est actuellement réexplorée en anthropologie.

Durant la première moitié du XXe siècle, et sans que cela soit toujours clairement explicité, le débat soulevé par la théorie du diffusionnisme a traversé toute la réflexion qui s'est développée en géographie, autour de la notion de genre de vie (Vidal de la Blache, 1911 ; Sorre, 1948 ; George, 1951). On s'est alors interrogé sur les déterminants de l'apparition et de l'évolution d'un genre de vie ; et parmi ces déterminants, une attention particulière a été portée aux effets de voisinage. Dans les années 1960, l'introduction, par Gourou (1968) et ses élèves, à propos du monde tropical, des notions de technique de production et de technique d'encadrement territorial, les interrogations sur les forces internes et externes de changement de ces techniques et sur les formes de diffusion de ces forces, ont réinvesti ce champ. L'archéologie de son côté a été confrontée à des questions comparables (van der Leeuw, Torrence, 1989).

On a déjà évoqué les travaux pionniers de Schumpeter (1934) sur le rôle de la diffusion des innovations dans l'évolution économique. Dans la droite ligne de ces travaux, la théorie des pôles de croissance a mis en évidence le rôle des firmes motrices dans le développement économique en général, et dans le développement régional en particulier (Perroux, 1957). Les prolongements donnés à cette théorie par J. Friedman (1969) et Boudeville (1972) ont précisé comment les innovations matérielles et culturelles, fondements de la croissance économique, apparaissent et se diffusent dans et par les réseaux urbains. L'ensemble de ces développements est allé à la rencontre, en l'enrichissant, de l'approche géographique des processus de diffusion.

Une approche nomothétique de la diffusion spatiale est véritablement introduite par T. Hägerstrand (1952) qui, à partir de plusieurs études de cas, met en évidence l'existence de régularités temporelles et spatiales dans les processus de diffusion des innovations. Ces régularités le conduisent à ouvrir la voie à la modélisation de ces processus et à relancer la réflexion sur leur rôle dans la structuration et dans la dynamique des espaces géographiques.

2. Le processus de la diffusion spatiale des innovations

2.1. Les composantes du processus

L'existence d'un **processus de diffusion spatiale** dépend de l'apparition d'une innovation en un lieu et de la réunion des conditions de sa propagation : force de la combinaison innovante, aptitude au déplacement, milieu d'accueil, forces de propagation, temps de la propagation.

Les choses nouvelles autour desquelles se définissent des **innovations** sont de nature très variées, il peut s'agir d'objets matériels, d'idées, de comportements, de pratiques, de formes, d'institutions ou d'organisations, par exemple. Quand l'innovation concerne plutôt la sphère privée, les personnes physiques, elle peut correspondre à l'apparition d'un nouveau bien ou d'un nouveau service, mais aussi à celle de nouvelles pratiques culturelles, ou de nouveaux rites, etc. La diffusion de l'innovation peut plutôt dépendre de l'accueil que lui réserveront des personnes morales, comme les entreprises qui s'engagent dans la production ou dans la distribution de nouveaux biens ou de nouveaux services. Ainsi la diffusion de nouvelles espèces végétales ou animales, d'une nouvelle pratique culturale, d'une nouvelle forme d'organisation foncière, d'un nouveau modèle d'exploitation agricole, d'une nouvelle organisation de commercialisation de la production, sont autant d'innovations susceptibles d'être adoptées par les entreprises agricoles et de se diffuser dans l'espace à un moment donné. On pourrait allonger à l'infini la liste des exemples. L'innovation peut correspondre aussi à l'apparition d'une nouvelle institution (agence d'urbanisme, université, lieu de culte, équipement collectif, etc.).

L'idée de Schumpeter selon laquelle *une innovation est une combinaison* est particulièrement pertinente dans l'analyse des processus de diffusion spatiale. Ces processus ont d'autant plus d'influence sur la transformation des structures géographiques que l'innovation diffusée est complexe, car les effets induits par son adoption sont démultipliés et l'irreversibilité du changement est peu grande.

En 1970, P. Pederson avait proposé que dans l'étude des processus de diffusion spatiale on distingue les *innovations domestiques* qui s'adressent à des personnes physiques et qui relèvent de la sphère privée, des *innovations institutionnelles* qui concernent davantage des entreprises, des groupes, ou des collectivités territoriales. Elles peuvent aussi concerner des entités, des objets géographiques, comme des villes par exemple, dépourvues de structures globales de pilotage (Webber, Joseph, 1978, 1979).

Ces distinctions peuvent moins dépendre de la nature de l'innovation que des **canaux** qu'empruntera sa **diffusion**. En effet, beaucoup d'innovations concernent parfois simultanément les ménages et les entreprises. On songe par exemple à toutes les innovations télématiques dont une part d'entre elles seulement est actuellement suffisamment spécialisée pour s'adresser exclusivement à un sous-ensemble particulier. Par ailleurs, un certain nombre d'innovations relèvent de processus complexes d'adoption qui résultent d'un jeu où se combinent intérêt particulier et intérêt général, décisions de personnes morales et décisions de personnes physiques. C'est par exemple le cas de toutes les innovations que sont conduites à adopter les entreprises pour s'adapter à l'état d'un marché dont elles n'ont que partiellement la maîtrise, ou encore des innovations dont l'adoption dépend en partie de la décision politique, laquelle dispose d'une marge de liberté variable par rapport à l'opinion publique qui la légitime.

Tout déplacement dans l'espace peut-il être assimilé à une diffusion ? On considère en général que si le déplacement aboutit à l'implantation, à l'installation de quelque chose de nouveau, à une forme de colonisation, l'assimilation est acceptable.

Le processus de **diffusion** peut se manifester par une *extension dans l'espace. La conquête du territoire par le phénomène nouveau s'effectue de proche en proche, sans que diminue son intensité ou la diversité des éléments diffusés dans les foyers les plus précocement atteints.* On assiste au cours du temps à une expansion de ce phénomène. Ainsi en va-t-il par exemple de la diffusion de nouveaux équipements, de nouvelles technologies, de nouveaux modes de vie, *(figure 1)*. Cependant, un processus de diffusion peut aussi apparaître sous la forme d'*une migration*. Le support potentiel d'accueil de l'innovation est progressivement détruit par le phénomène nouveau qui apparaît. Les épidémiologistes connaissent bien ce type de diffusion. On le retrouve dans tous les processus d'occupation de l'espace, quand les formes d'occupation du sol correspondent à l'exploitation sur place de ressources non renouvelables. *Le front d'exploitation se déplace au fur et à mesure de l'épuisement des sites* : villes champignons ruinées à proximité de puits de mine fermés, rebâties rapidement plus loin sur de nouveaux sites d'exploitation, fronts d'agriculture de plantation colonisant de nouveaux espaces en laissant derrière eux des sols dévastés *(figure 2)*, fronts d'urbanisation à la périphérie des villes se déplaçant quand l'espace intérieur est saturé *(figure 3)*.

A cause de la complexité de l'innovation, et parce que la force de propagation initiale est un déterminant important, tous les lieux géographiques n'ont pas la même vocation à être des *foyers* **émetteurs** dans un processus de diffusion. On peut aisément démontrer le rôle joué par les très grandes villes, par les grands foyers économiques, par tous les grands centres, dans et autour desquels se structurent d'efficaces réseaux de contact et de circulation.

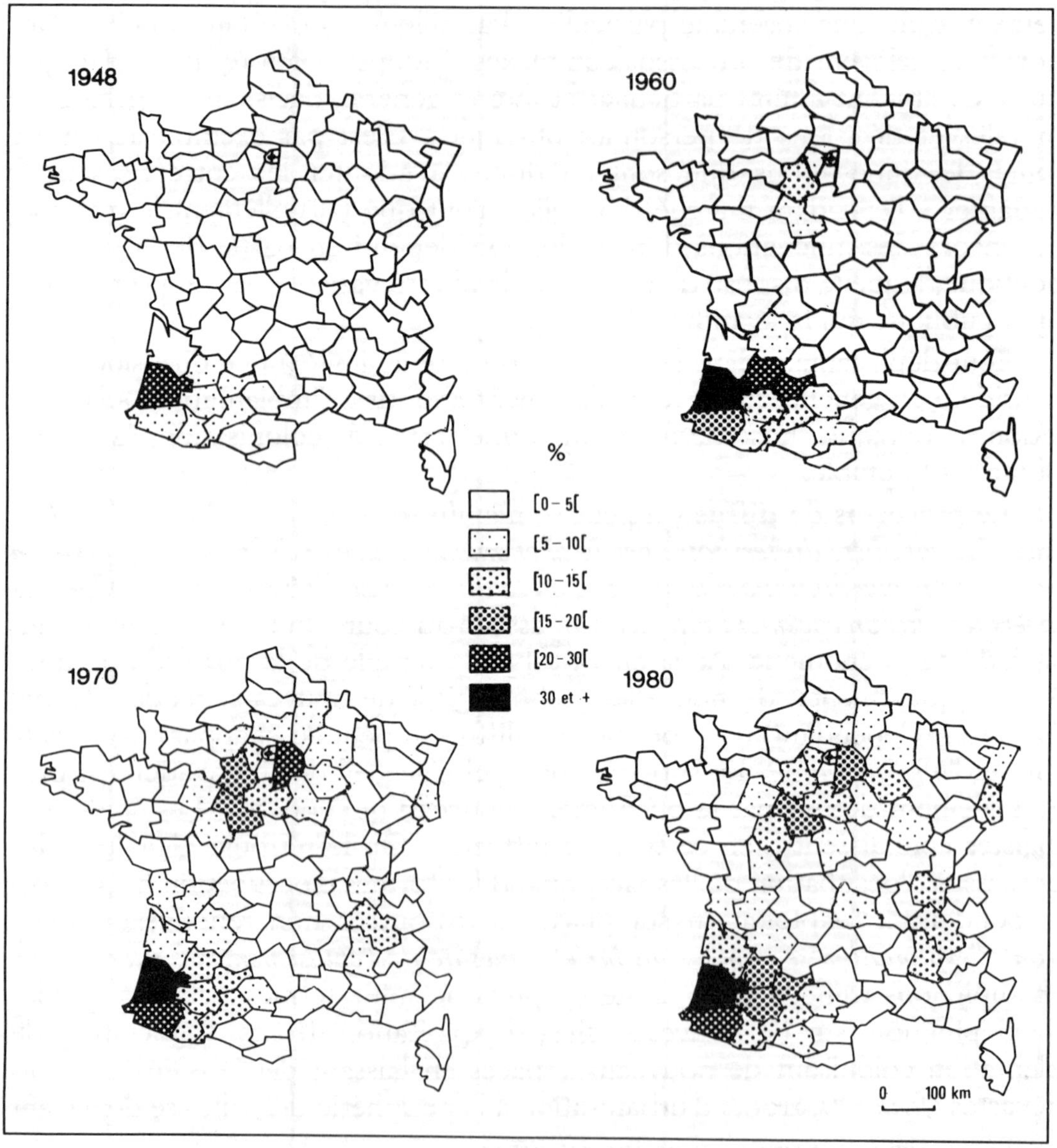

Figure 1 La diffusion de la culture du maïs en France. Proportion de la surface agricole utile occupée par la culture du maïs (en % du total)
Source : Annuaire statistique de l'agriculture

La diffusion spatiale se développe quand existe un *milieu susceptible d'adopter l'innovation*, du fait de sa capacité économique ou technique d'assimilation, de sa position dans les structures économiques et politiques, ou encore, s'il s'agit d'une innovation domestique, du niveau de formation du milieu d'accueil, de son mode de vie, et enfin dans certains cas de la ressource qu'il représente. A chaque milieu sont associées des caractéristiques de distribution géographique telles que la densité des adoptants potentiels, la relative dispersion ou régularité de leur distribution, et les discontinuités qui s'y manifestent.

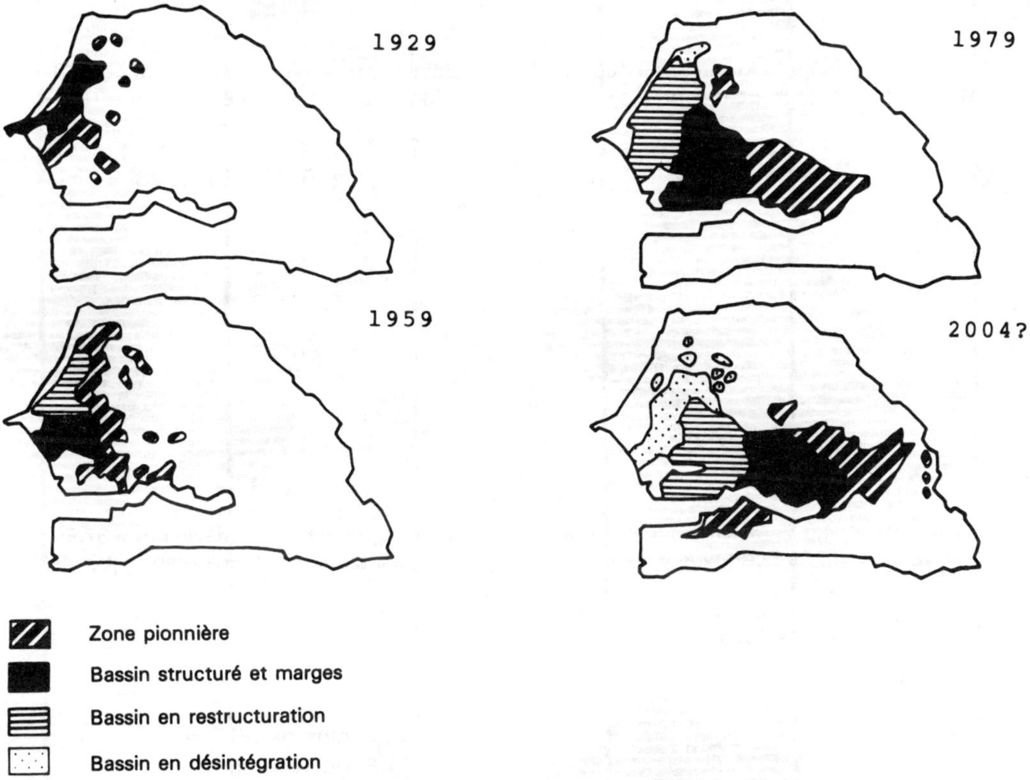

Figure 2 L'extension du bassin arachidier du Sénégal au XXe siècle
Source : L. Lake et E. Seydou Nourou Toure, 1984

Les processus de diffusion spatiale procédant largement par **contagion**, et les *probabilités de contact entre émetteurs et récepteurs de l'innovation diminuant rapidement avec la distance, le degré de voisinage joue un rôle essentiel*. La **distance** physique entre les lieux, appréciée en kilomètres ou en temps de

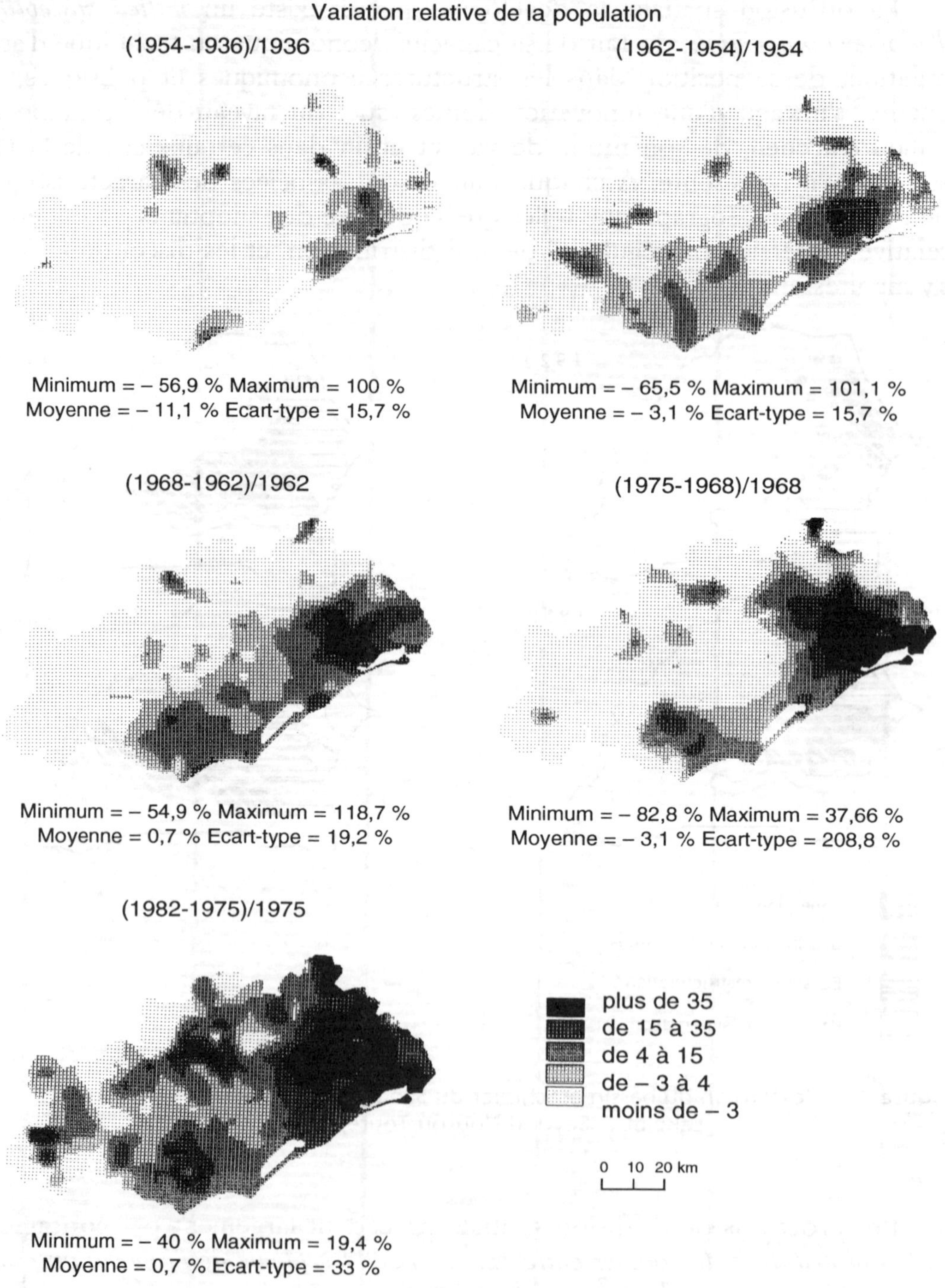

Figure 3 La diffusion spatiale de la croissance de l'agglomération de Montpellier
Source : R. Ferras, M.T. Lernout, 1986, *Mappemonde*, 3.

déplacement, ou encore en coût de déplacement, entrera nécessairement dans la détermination des probabilités de contact. Celles-ci seront aussi déterminées par d'autres distances, sociales, économiques, ou culturelles par exemple qui, toutes choses égales quant à la distance physique qui sépare agents émetteurs et agents récepteurs, interviennent dans la diffusion des innovations, et en particulier dans les vitesses différentielles de développement spatio-temporel du processus. Dans ces conditions, la forme et les performances des réseaux de communication plus ou moins spécialisés, l'inégale accessibilité des adoptants potentiels et des lieux à ces réseaux sont autant de caractéristiques de l'espace géographique qui influencent le développement de la diffusion *(figure 4)*.

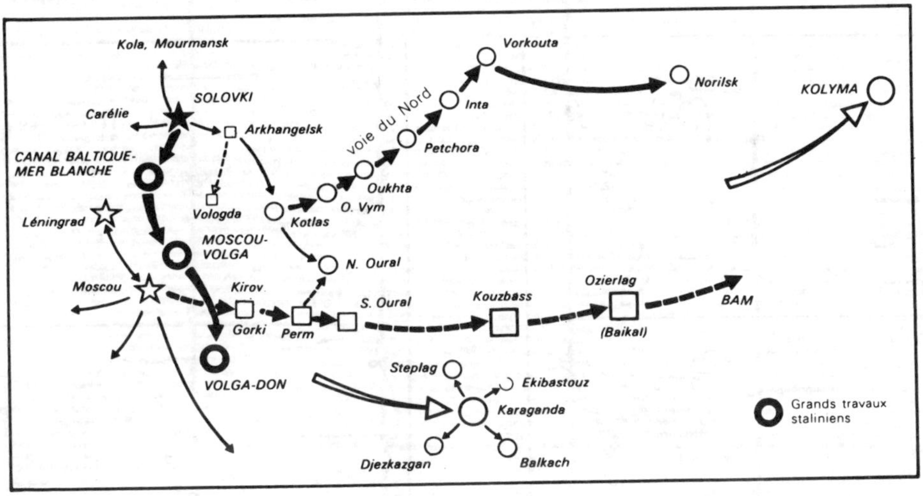

Figure 4 La mise en place du Goulag
A partir du vieux bagne des Solovki, et de Moscou, le cheminement des grands chantiers et des camps, d'après les témoignages. R. Brunet, *L'Espace Géographique*, 1981, 3.

C'est en fait toute l'organisation de l'espace d'accueil qui intervient dans la définition des canaux de la diffusion, et en particulier *la structure de son système de peuplement*. La diffusion spatiale des innovations est très dépendante des canaux de la hiérarchie urbaine *(figure 5)*. La proximité de deux lieux dépend en effet non seulement de la distance qui les sépare mais aussi de leur position fonctionnelle, de leur situation géographique. Le système des lieux centraux offre donc des canaux privilégiés de propagation. Du fait de la diversité et de l'intensité des interactions qui s'y manifestent, et bien entendu du nombre des adoptants potentiels qui y sont réunis, *une grande ville a des probabilités plus grandes de devenir centre émetteur qu'une petite ville*. Toutes choses égales quant à la distance qui les sépare, *deux villes ont d'autant plus de chances d'avoir des relations nombreuses et diversifiées, et donc des probabilités de contact élevées, qu'elles sont grandes* (Pred, 1966, 1975, 1977 ; Tornquist, 1970 ; Pumain, Saint-Julien, 1989 ; Webber Joseph, 1978, 1979). Enfin, et pour les mêmes raisons, les probabilités que le contact ait lieu, que le message soit transmis, que l'innovation soit diffusée, sont d'autant plus élevées que le déplacement s'effectue d'une grande vers une plus petite ville, du haut vers le bas de la hiérarchie urbaine. *Plus le centre* **émetteur** *est grand, plus sa force d'impulsion dans le processus de diffusion est élevée, d'où le sens descendant de la diffusion d'un très grand nombre d'innovations dans les réseaux urbains.*

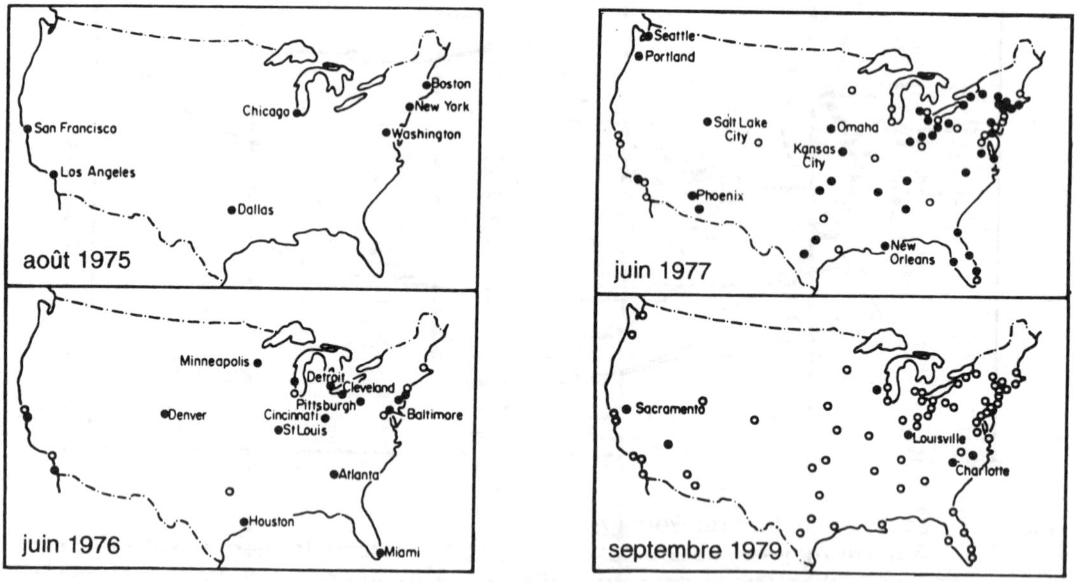

Figure 5 La diffusion suivant le canal de la hiérarchie urbaine
Source : J. Langdale, *Diffusion du service Telenet aux Etats-Unis*, 1983
Les cercles blancs reprennent les localisations de la carte précédente, les noirs soulignent les nouvelles localisations.

On doit enfin rappeler que *quand une organisation est responsable de la propagation, le processus spatial dépend en partie des choix et des structures de cette organisation*. Les stratégies géographiques mises en œuvre tiennent certes compte des principes élémentaires qui président à toute diffusion spatiale, mais elles intègrent aussi des exigences propres à l'organisation qui est chargée de la diffusion : forme du réseau des filiales ou des agences, stratégies spatiales des organisations concurrentes par exemple. Les travaux de L. Brown (1981) pour une meilleure intégration de la perspective fonctionnaliste dans les travaux de diffusion, ceux de Y. Cohen (1972) sur la diffusion des centres commerciaux régionaux aux Etats-Unis, ou ceux de T. Saint-Julien (1982) sur la diffusion des industries électriques et électroniques dans l'Ouest français, ont montré l'importance des stratégies des firmes dans la forme des processus de diffusion qu'elles orchestrent *(figure 6)*.

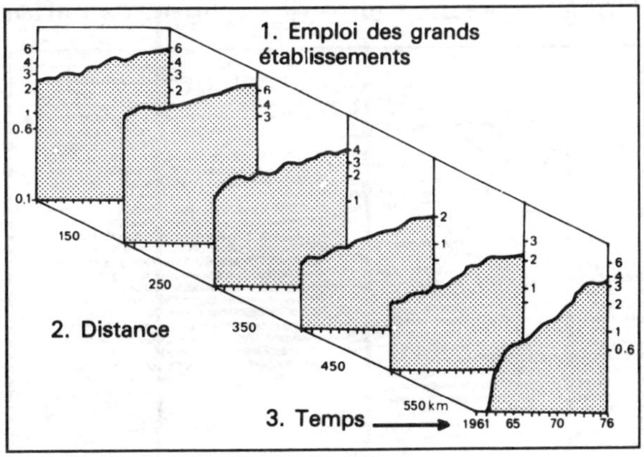

1. En % des actifs de la zone (échelle logarithmique). 2. Echelle arithmétique. 3. Distance moyenne de la zone à Paris (échelle arithmétique).

Figure 6 Les vagues d'un processus de diffusion : la pénétration des grands établissements de l'électricité et l'électronique dans l'emploi urbain de la France de l'Ouest
Source : T. Saint-Julien, 1982.

On doit enfin évoquer *le rôle croissant des nouvelles techniques de diffusion de l'information. L'instantanéité de la propagation rendue possible accrédite parfois l'idée que les décalages spatio-temporels de la diffusion auraient perdu toute signification.* Les nouvelles techniques de transport et surtout de télécommunication ont certes, pour un grand nombre d'innovations, réduit les frictions du temps et de la distance dans la transmission de l'information, mais les structures de l'espace géographique d'accueil maintiennent des différentiels importants dans les temps de réponse qui transforment une information reçue en une innovation adoptée.

Enfin l'espace interpose des **barrières** sur les chemins de la pénétration géographique du changement. Le cas limite est celui de la barrière totalement absorbante. A sa proximité le processus est stoppé. Tout se passe comme si toute l'énergie de propagation était complètement absorbée par l'obstacle. Ainsi venue du sud, la grande épidémie de choléra du début du siècle n'a pas franchi la barrière de l'Himalaya *(figure 7)*. On a pu observer des effets similaires de barrière par exemple dans la diffusion de certaines pratiques ou rituels *(figure 8)*. Parfois la barrière dévie le cours de la propagation.

On la dit alors réfléchissante, la force de propagation est réorientée. Dans un très grand nombre de processus de diffusion les effets de barrière se traduisent simplement par un plus ou moins grand freinage du processus, les probabilités de contact ou de transmission des messages diminuent au passage de la barrière. Chaque fois que les interactions spatiales sur lesquelles repose la propagation sont freinées par un obstacle, cette propagation est ralentie. Un exemple très universel est celui des barrières linguistiques qui demeurent des freins importants dans les processus de diffusion spatiale des innovations. A moyenne échelle, on peut également songer, par exemple, à l'inégale perméabilité des frontières nationales.

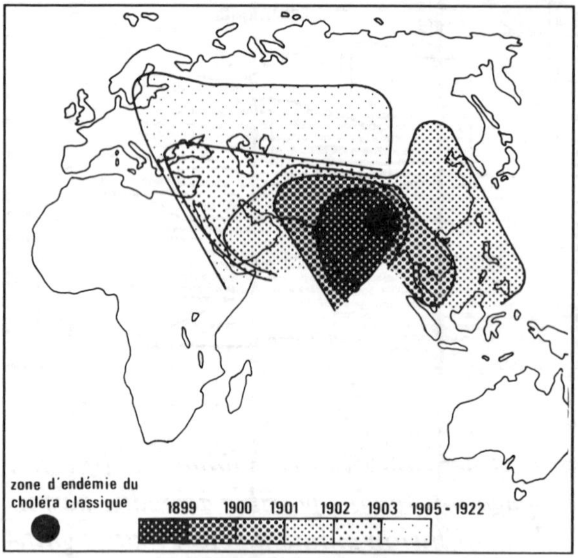

Figure 7 L'Himalaya arrête la diffusion du choléra
Source : *Encyclopædia Universalis*

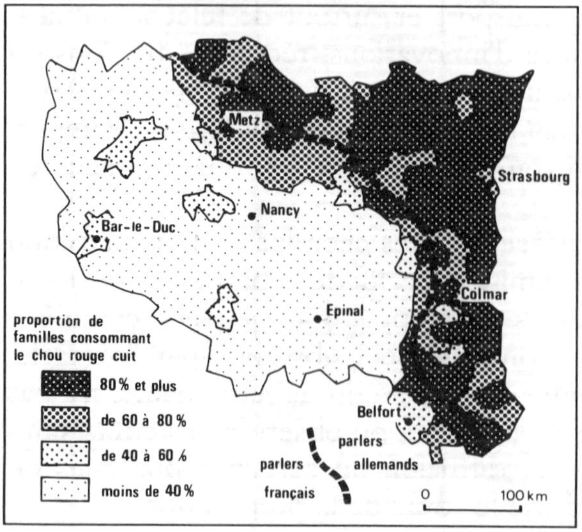

Figure 8 La consommation du chou rouge ne traverse pas la barrière linguistique
Source : C. Thouvenot, 1975, Thèse, ART, Lille

Un même processus de diffusion se manifeste à différents échelons géographiques. Conformément aux principes qui sous tendent l'ensemble des dynamiques spatiales, le jeu des interactions qui domine le processus se modifie d'un échelon géographique à un autre. A micro-échelle le rôle des comportements individuels et des contacts directs est important ; il infléchit largement les règles qui président au développement du processus à cette échelle. A méso-échelle, alors que l'influence des comportements individuels et des relations inter-personnelles diminue, l'importance des organisations qui suscitent la diffusion et celle des structures spatiales du milieu d'accueil s'affirment. A macro-échelle enfin, l'intervention des comportements individuels tend à disparaître cependant que prennent définitivement le pas, dans la forme et dans la vitesse de diffusion, les différentes structures d'encadrement territorial, les grands réseaux de communication, les formes des systèmes de peuplement.

Au même titre que les échelles géographiques et en relation avec elles, les temporalités d'un processus de diffusion sont essentielles. Dans la terminologie proposée par T. Hägerstrand (1952), un processus de diffusion passe successivement par quatre étapes *(figures 9 et 10)*. Le stade primaire du processus correspond à l'amorce de la diffusion, à l'apparition des premiers centres ayant adopté l'innovation. A ce stade, la diffusion introduit une différenciation nouvelle dans l'espace géographique :

Un contraste entre les lieux ayant adopté l'innovation et les autres lieux se dessine. L'étape d'expansion est la période de développement proprement dit du processus. Ce développement se traduit par un effet centrifuge puissant qui aboutit à la conquête de nouveaux centres, en croissance d'autant plus rapide qu'ils sont éloignés des centres initialement atteints. Du fait de ce rattrapage, on assiste au cours de cette étape à une réduction progressive des

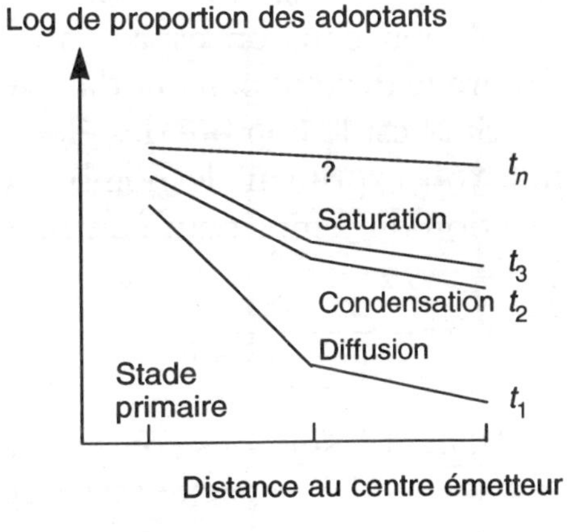

Figure 9 Les étapes de la diffusion
Source : T. Hägerstrand, 1953, *Innovation diffusion as a spatial process*, Chicago, University Press

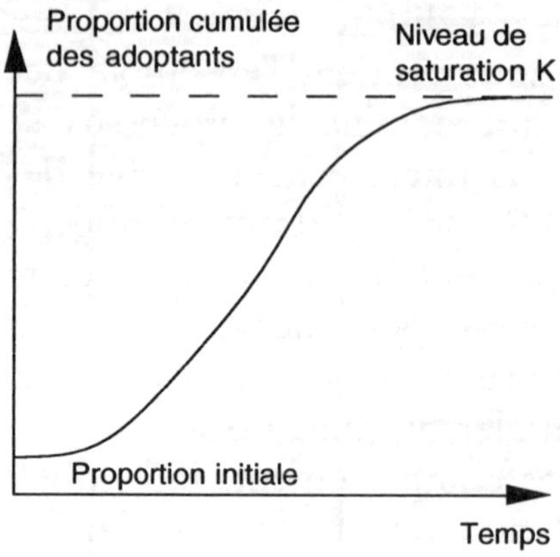

Figure 10a La courbe logistique

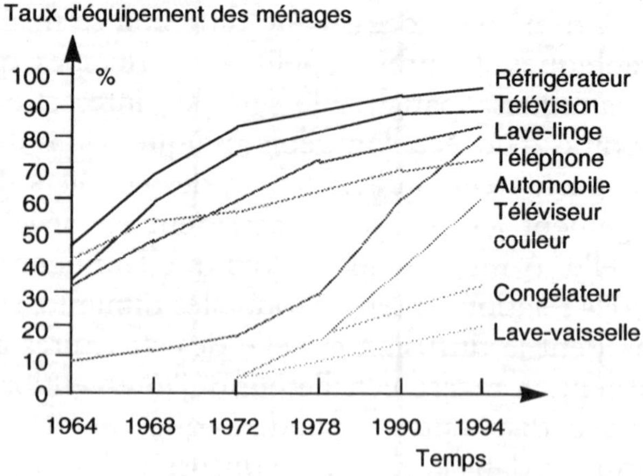

Figure 10b La diffusion des biens d'équipement auprès des ménages français depuis 1964
Source : *Le Monde*, 1985

plus forts contrastes. Durant l'étape de condensation, le taux de pénétration de l'innovation dans les différents lieux tend à s'homogénéiser, cependant que d'un lieu à un autre les vitesses de diffusion se rappochent. L'étape ultime du processus, dite *étape de saturation* est celle au cours de laquelle le taux de pénétration de l'innovation croit de manière asymptotique vers un maximum.

2.2. Les formalisations élémentaires d'un processus de diffusion

Le développement du processus dans le temps

Une fonction logistique est un bon descripteur du développement d'un processus de diffusion dans le temps. Le modèle logistique décrit la croissance d'une population dans un espace aux ressources limitées. Il peut être repris pour décrire le développement dans le temps d'un processus de **diffusion** *(fiche 1)*.

Si N est le nombre des éléments susceptibles d'adopter une innovation, la fonction exprimant le nombre x des éléments ayant adopté l'innovation en fonction du temps peut être présentée sous la forme suivante :

$$x(t) = \frac{N}{1 + e^{-ut + k}}$$

où N, u, et k sont des constantes. N définit la capacité maximale d'accueil de l'espace étudié, capacité mesurée en nombre d'adoptants potentiels de l'inno-

FICHE 1

Le modèle logistique

Si :

N = une constante qui définit la capacité maximale d'accueil de l'espace étudié, capacité mesurée en nombre d'adoptants potentiels de l'innovation

x = le nombre de ceux qui ont effectivement adopté l'innovation au temps t

u = une constante qui décrit la vitesse de réaction du milieu à l'arrivée de l'innovation

la croissance du nombre de ceux qui ont effectivement adopté l'innovation peut être décrite par l'équation différentielle suivante :

$$\frac{dx}{dt} = u\left(1 - \frac{x}{N}\right)x$$

Le terme $\left(1 - \frac{x}{N}\right)$ traduit les effets limitants de la croissance, qui sont ici des effets de saturation.

La fonction $f(x) = ux\left(1 - \frac{x}{N}\right)$ passe par un maximum quand sa dérivée est égale à 0, c'est-à-dire quand $x = N/2$. Le nombre des éléments qui ont adopté l'innovation x *(t)* croit lentement quand x est faible, puis plus rapidement jusqu'à ce que la moitié des éléments susceptibles d'être atteints l'aient été. Au-delà, x continue de croître mais de moins en moins vite jusqu'à ce qu'il soit voisin de N. Le milieu est alors saturé, la diffusion est terminée.

---

vation, u décrit la vitesse de réaction du milieu à l'arrivée de l'innovation, k exprime le nombre des éléments ayant adopté l'innovation au temps t_0 *(figure 10)*.

Cette formulation repose sur certaines hypothèses simplificatrices comme par exemple celle qui suppose que la vitesse de réaction du milieu à l'arrivée de l'innovation u est homogène dans l'espace considéré, ou encore celle selon laquelle le nombre N des adoptants potentiels est initialement défini et demeure constant au cours du temps. Sur des applications particulières, de très nombreuses adaptations ont été proposées pour rendre plus réaliste ce modèle général.

Le développement du processus dans l'espace

Un processus de diffusion spatiale est toujours un processus probabiliste *(fiche 2)*. Pour un processus donné, la modélisation tient compte des probabilités d'interaction, de contact, entre les éléments agents et récepteurs de la diffusion, elle intègre la dimension spatiale de l'interaction. La notion de potentiel est donc au cœur des modélisations de la diffusion qui empruntent aux différentes formes de la modélisation des interactions spatiales (Haining, 1982, 1983).

FICHE 2

Le modèle de base de la diffusion spatiale des innovations proposé par T. Hägerstrand

Pour un processus donné, on définit un **champ de contact**, ou grille de probabilité. Ce champ décrit le rôle qu'exerce la distance sur la diffusion de ce processus. Cette grille peut se présenter sous la forme définie par la figure 11. La maille centrale est la maille où est localisée l'innovation. La probabilité de contact y est donc plus élevée qu'ailleurs. Ces probabilités diminuent de cette maille centrale vers les mailles périphériques. En découpant l'intervalle de probabilités en fractions de nombres entiers de 1 à 10 000, le champ de contact est transformé en *champ moyen d'information* pour mettre en œuvre la procédure aléatoire qui déterminera en direction de quelle maille sera transmis le message à partir d'une cellule source.

Les règles de fonctionnement du modèle de base

La zone étudiée est un espace uniforme divisé en une grille régulière avec une distribution uniforme des adoptants potentiels. Les intervalles de temps sont des unités discrètes d'égale durée. Au temps initial (t_0) on précise quelles mailles sont sources ou transmetteurs. La source transmet l'information seulement pendant chaque période discrète de temps. La transmission se fait par contact entre deux mailles seulement. La probabilité que des mailles reçoivent l'information d'une source dépend du champ de contact que l'on a défini. L'adoption est réalisée dès qu'un message a été reçu. Une maille reçoit le message au temps t_n et le retransmet au temps t_{n+1}. Si l'innovation est reçue par des cellules l'ayant déjà adoptée, elle n'affecte pas la situation, et les messages tombant en dehors des frontières sont considérés comme perdus. A chaque intervalle de temps, le champ moyen d'information est centré sur chaque cellule source. La localisation de la cellule du champ moyen d'information qui reçoit l'innovation est déterminée par une procédure aléatoire. La diffusion peut s'interrompre à n'importe quel stade. Lorsque toutes les cellules ont reçu l'innovation, le processus de diffusion est achevé. Après un grand nombre de tirages on obtient la forme la plus probable de l'extension spatiale du processus de diffusion.

FICHE 2 (suite)

Ce modèle de base a subi de très nombreux enrichissements et de profondes adaptations aux processus particuliers qui ont été étudiés et modélisés et dont la simulation a été mise en œuvre. On note en particulier l'intégration

— de l'inégale répartition des adopteurs potentiels. La probabilité de contact entre la cellule source et la cellule destination est fonction de la distance de ces deux cellules et aussi de la population de chacune.
— de l'inégale vitesse de diffusion. Pour en tenir compte, T. Hägerstrand a très tôt proposé de considérer que la probabilité que l'innovation soit acceptée dans une maille augmente avec le nombre des adopteurs potentiels de la maille, puis diminue ensuite au fur et à mesure que la maille se rapproche de la saturation. La règle selon laquelle l'adoption est réalisée dès qu'un message est reçu est corrigée. Pour tenir compte de l'inégale résistance des régions à l'innovation d'autres propositions ont été faites par la suite (Cliff *et al.*, 1981).
— des barrières qui freinent ou contrarient la diffusion. Le modèle précise alors la localisation des barrières et leur degré de perméabilité en termes de probabilité de contact.

Une procédure de type Monte Carlo permet de procéder à la simulation du processus de diffusion. Ces simulations peuvent être utilisées avec des objectifs variables. S'il s'agit de la simulation d'un processus de diffusion bien connu le modèle est utilisé comme outil de prévision, ce qui est souvent le cas en épidémiologie, ou en études de marché, par exemple. Plus fréquemment, on confronte la simulation d'une diffusion, ou un ensemble de simulations, effectuées sous différentes hypothèses de développement du processus, et une diffusion observée. On teste alors la validité des hypothèses introduites dans le modèle et, dans une relation interactive, test-amélioration du modèle, on peut progresser dans la connaissance du phénomène étudié. Cette démarche qui avait guidé les travaux pionniers de T. Hägerstrand sur la diffusion de la pratique des prairies artificielles dans le canton d'Asby en Suède, est très souvent présente dans les travaux sur la diffusion spatiale.

Dans les processus où la forme de la propagation peut être assimilée à une expansion, l'interaction est souvent décrite par une fonction de potentiel qui est une exponentielle négative. En effet l'expérience a démontré, sur les échanges téléphoniques par exemple, que la probabilité qu'un message soit reçu à partir d'un émetteur est inversement proportionnelle à la distance, et qu'elle est bien ajustée par une fonction de forme exponentielle. La voie empruntée par les épidémiologistes correspond à des modèles de type naissance-décès, qui reposent sur la définition de probabilités de passage des individus du stade d'individu sain à celui de contagieux, puis à celui d'éléments n'étant plus agents de propagation. A ces probabilités de transition d'un état à un autre, sont associées des probabilités de contact qui tiennent compte, par exemple, du degré d'homogénéité des groupes et de la distribution géographique des individus qui le composent.

Dans une diffusion hiérarchique, et dans l'hypothèse par exemple, où la ville est l'unité de transmission et d'adoption de l'innovation, l'interaction dépend en premier lieu de la quantité d'information engendrée par chaque centre d'une part, de la demande d'information qui s'y exprime d'autre part. Différents indicateurs de l'offre et de la demande d'information ont été pro-

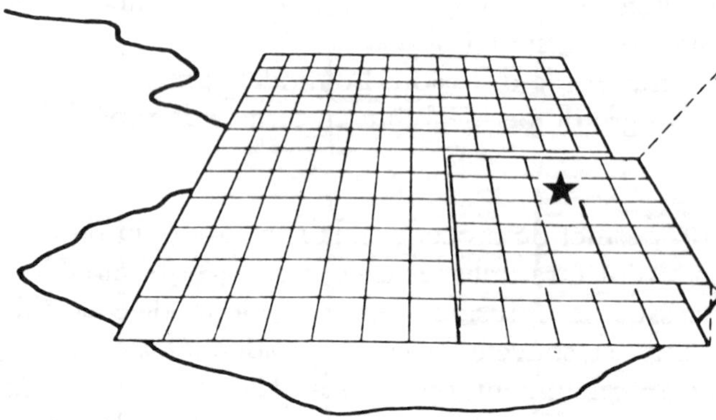

Grille mobile du champ moyen d'information

0.0096	0.0140	0.0168	0.0140	0.0096
0.0140	0.0301	0.0547	0.0301	0.0140
0.0168	0.0547	★ 0.4432	0.0547	0.0168
0.0140	0.0301	0.0547	0.0301	0.0140
0.0096	0.0140	0.0168	0.0140	0.0096

Champ de contact

0-95	96-235	236-403	404-543	544-639
640-779	780-1080	1081-1627	1628-1928	1929-2068
2069-2236	2237-2783	2784-7214	7215-7761	7762-7929
7930-8069	8070-8370	8371-8917	8918-9218	9219-9358
9359-9454	9455-9594	9595-9762	9763-9902	9903-9999

Champ moyen d'information

Figure 11 Formalisation opérationnelle d'un champ de contact (dans l'hypothèse d'une distribution homogène de la population)
Source : T. Hägerstrand, 1953, *op. cit.*

posés, comme la population, la valeur produite dans une ville, la valeur ajoutée, le nombre de cadres dans la population active, etc. (Hudson, 1969 ; Pred, 1975, par exemple). L'interaction dépend aussi des capacités d'échange d'information entre deux lieux. T. Hagerstrand et Kuklinski (1971) et G. Tornqvist (1970) ont décrit le rôle des systèmes de contact dans le développement régional, A. Pred (1973, 1975) a plus précisément analysé les flux d'informations en relation avec les processus de diffusion. M. Webber et A. Joseph (1978, 1979) montrent qu'un modèle relativement simple qui intègre le nombre des unités d'un système urbain, la distribution des tailles de ses unités, les accessibilités relatives des centres, qui sont en fait pour les auteurs des mesures de potentiel et qui peuvent se référer à des distances de nature différente, un coefficient qui mesure l'autocorrélation entre chaque centre et son plus proche voisin, et enfin un paramètre qui décrit la vitesse de réaction du système au processus, permettent d'obtenir une bonne appréciation du développement dans le temps d'un processus de diffusion hiérarchique.

3. Les processus de diffusion spatiale et la dynamique des espaces géographiques

Les processus de diffusion spatiale des innovations sont une composante essentielle de la structuration dynamique des espaces géographiques.

3.1. Diffusion spatiale et stabilité des systèmes géographiques

En arrière plan des développements de ce que l'on a parfois abusivement appelé la théorie de la diffusion des innovations spatiales réside l'idée que la diffusion est une transition qui correspond au passage d'un état d'équilibre territorial à un autre état d'équilibre, les propriétés du système géographique étant conservées à travers ce processus de changement.

Favorisant la transformation homothétique des structures de l'ensemble, les processus de propagation des innovations dans l'espace seraient même un important facteur de stabilité. Au terme de la diffusion, tous les éléments sont atteints, modifiés et enrichis de cette innovation nouvelle, mais ayant tous évolué dans le même sens, leur position et leur rôle relatif dans le système ont été conservées. Si on considère par exemple les évolutions socio-économiques qui ont marqué les villes françaises au cours des trente dernières années (Pumain, Saint-Julien, 1978, 1989), on observe que les changements qui ont affecté les profils urbains, d'une grande ampleur et pour l'essentiel communs à l'ensemble des villes, se sont en effet très rapidement propagés dans l'ensemble du système urbain. La rapidité et la simultanéité des processus de diffusion de nouveaux modes de production et d'organisation sociale dans et entre les villes ont fait que la configuration de l'ensemble du système a été relativement peu perturbée par une trentaine d'années de mutations socio-économiques. Les villes de 1990 ne sont plus celles de 1960, mais leurs positions dans le réseau sont demeurées d'une grande stabilité.

Les déséquilibres géographiques et la diversité engendrés par les processus de diffusion spatiale proviendraient pour l'essentiel de l'interruption de ces derniers. Dans ses premières phases de conquête de l'espace, tout processus de diffusion crée de nouveaux déséquilibres ou en accentue d'anciens, comme dans le cas de diffusions spatiales hiérarchiques par exemple. Il alimente alors les dissymétries des interactions et favorise le renforcement de rapports de dépendance entre centre émetteur et périphéries. Dans ses stades premiers, la diffusion des innovations est toujours une importante composante de polarisation spatiale.

Si le processus est alors interrompu ou freiné, soit que l'innovation perde de son intérêt relatif du fait de la concurrence d'une autre innovation, soit que les conditions initiales de la diffusion se soient détériorées avant que l'ensemble des adoptants potentiels aient été atteints, les déséquilibres apparus dans les premières phases du processus restent imprimées dans l'espace, ayant entraîné dans leur sillage d'autres différences, d'autres déséquilibres dont la combinaison est assurée d'une plus grande pérennité. L'exemple du système urbain semble à nouveau très significatif. Les mutations économiques issues de la première révolution industrielle se sont très inégalement diffusées dans les villes françaises. Depuis, l'essentiel des innovations qui ont sous-tendu cette diffusion a été relayé par d'autres innovations, lesquelles ont utilisé d'autres canaux de diffusion spatiale, sélectionné d'autres points d'appui dans le réseau urbain. Il n'en demeure pas moins qu'un des premiers principes de la différenciation socio-économique des villes de ce réseau repose encore aujourd'hui sur le clivage géographique hérité de cette inégale diffusion de la révolution industrielle, qui oppose les agglomérations situées de part et d'autre d'une ligne Le Havre-Grenoble.

3.2. La diffusion spatiale dans les systèmes complexes

Pourtant, ainsi appréciés, les effets de la diffusion spatiale demeurent trop réducteurs. Comme l'ont fait remarquer tout ceux qui se sont intéressés à la diffusion du changement, l'innovation entre dans une combinaison, qui engendre en amont et en aval de son apparition, sur le lieu même où elle apparaît, ou en d'autres lieux plus ou moins proches, et dans des délais plus ou moins grands, d'autres changements, induits par l'innovation. A leur tour, ces changements entrent dans la dynamique qui affecte le système géographique à l'intérieur duquel se propage l'innovation. On ne peut complètement saisir un processus de diffusion spatiale qu'en intégrant non seulement le temps et l'espace de la propagation de l'innovation, mais encore le temps et l'espace de l'apparition des effets induits qui en découlent et l'ensemble des interdépendances de ces deux vecteurs de changement. Ainsi par exemple, la contribution des processus de diffusion au renforcement en un lieu et à la généralité dans l'espace du modèle centre-périphérie n'est pas seulement imputable à l'interruption, voire au brutal ralentissement du processus.

On doit en effet tenir compte des véritables forces de l'interaction spatiale qui sont des principes aussi actifs de la diffusion des innovations dans l'espace géographique que de la propagation dans ce même espace des effets induits par le processus lui même. Pour peu que le foyer émetteur d'une innovation assure déjà une fonction centrale dans l'espace de propagation, que des effets induits importants découlent rapidement de la présence en ce lieu de l'innovation, qu'une accumulation significative s'y développe avant que le processus de diffusion n'atteigne les stades plus tardifs de son expansion, alors la domination du centre, sa force de polarisation, la métropolisation, sortiront grandies de cette expansion. Si dans un **système géographique** donné, les nouveaux foyers émetteurs ne sont ni suffisamment puissants, ni suffisamment dissociés des grands pôles qui commandent l'espace, et si les processus de diffusion ne sont pas suffisamment rapides pour limiter les différentiels des effets d'induction et d'accumulation, on peut même penser qu'un processus de diffusion arrivé à saturation, aura finalement abouti à un renforcement relatif des centres antérieurement les plus importants. A cause des avances qui leur auront été une nouvelle fois octroyées, ces centres auront reforcé leur capacité d'accumulation.

Le développement en géographie de modélisations fondées sur des concepts provenant de l'analyse des systèmes dynamiques, tels que l'auto-organisation, l'ordre loin de l'équilibre avec les structures dissipatives, les rôles combinés du déterminé et de l'aléatoire dans l'évolution du système, la conjugaison de changements réguliers et de possibilités de bifurcations débouchant sur des modifications de structures ouvrent des possibilités nouvelles pour appréhender les interactions mises en jeu dans un système par un processus de diffusion (Sanders, 1992). Ces modèles permettent de rendre compte des interactions entre les différents niveaux du système, des phénomènes de rétroaction positifs ou négatifs existant entre ses éléments, de fonctionnements de ce système loin de l'équilibre. Pour l'heure, probablement moins efficaces que les modèles traditionnels pour la simulation stricte de la diffusion d'un objet particulier et relativement simple, ces explorations ont une valeur heuristique réelle pour la compréhension des processus de diffusion dans les systèmes complexes que sont les systèmes géographiques. Ils devraient être, en particulier, mieux en mesure de prendre en considération les effets irréversibles des processus de diffusion sur lesquels Schumpeter attirait déjà l'attention il y a près de 60 ans. On peut aussi concevoir leur utilité pour explorer de manière plus satisfaisante les effets conjugués des interactions spatiales qui se manifestent à différentes échelles géographiques et qui interviennent dans les mécanismes de propagation. Enfin, à terme, les voies ouvertes par ces formes de modélisation pourraient en outre permettre une meilleure intégration des mécanismes d'induction qui accompagnent les processus de diffusion.

Lectures recommandées

Brown L., 1981, *Innovation diffusion, a new perspective*, Londres, Methuen.

Cliff A., Haggett P., Ord J. et Versey G., 1981, *Spatial diffusion, an historical geography of epidemics in an Island Community*, Londres, Cambridge University Press.

Hägerstrand T., 1952, « The propagation of innovation waves », *Lund Studies in Geography*, série B, 4.

Hägerstrand T., 1953, *Innovation diffusion as a spatial process*, Chicago, University Press.

Mahajan V. et Peterson R., 1985, *Models for innovation diffusion*, Newbury Park, Sage.

Morrill R., Gaile G. et Thrall G., 1989, « Spatial diffusion », *Scientific Geography series*, 10

Saint-Julien T., 1985, *La diffusion spatiale des innovations*, Montpellier, RECLUS.

Mots-clefs

Barrière,
Canaux de diffusion,
Contagion,
Diffusion
Distance,
Emetteur,
Innovation,
Processus de diffusion spatiale,
Système géographique.

Centre et périphérie

31

Alain Reynaud

Centre et **périphérie**, une façon devenue banale de penser la différenciation de l'espace à tous les degrés de l'échelle, de la ville au monde. Ainsi, dans les années de la perestroïka en URSS, était-il d'usage de parler des droits des Républiques face au pouvoir du « centre » moscovite. Et, dans ce cas précis, les connotations économique, politique et culturelle s'entremêlent, donnant aux concepts de **centre** et de **périphérie** toute leur richesse et leur complexité. Ces notions ont été pressenties depuis fort longtemps par des penseurs, écrivains et philosophes, et théorisées à l'époque contemporaine par des économistes, des politologues et des géographes.

1. Deux concepts complémentaires

Tout territoire, à n'importe quel degré de l'échelle spatiale (ville, région, nation, grand espace) se subdivise en sous-ensembles entre lesquels existent habituellement des inégalités de développement. Si un sous-ensemble territorial n'entretient pas de relations avec l'extérieur et vit pratiquement de ses seules ressources, il constitue un **isolat**. De bons exemples en sont fournis par les Indiens d'Amazonie ou par les populations des montagnes-refuges d'Afrique noire ou d'Asie du Sud-Est. Si les isolats ont historiquement joué un rôle important dans l'organisation de l'espace, ils sont beaucoup plus aujourd'hui des isolats relatifs (par exemple l'intérieur des Appalaches aux Etats-Unis) que des isolats absolus, ce qui supposerait une absence totale de liens et une autarcie complète.

Le plus souvent, des relations existent entre sous-ensembles territoriaux. Si l'on veut comprendre les systèmes spatiaux formés par les quartiers d'une ville, les agglomérations et les « pays » d'une région, les régions d'une nation ou les nations du monde, il est indispensable de prendre en compte les liens qui les unissent, c'est-à-dire les flux d'hommes, de marchandises, de capitaux et d'informations, et d'en établir le bilan, même sommairement. Les flux entre deux sous-ensembles territoriaux sont rarement équivalents en quantité et en qualité, et de la dissymétrie fréquente naît une différenciation de l'espace, résumée par l'opposition centre-périphérie.

1.1. Le centre

« Là où les choses se passent » : cette simple phrase d'une comédie italienne du XVIIIe siècle résume parfaitement la notion de **centre**. Elle s'applique tout aussi bien au centre d'un quartier de banlieue, simple noyau élémentaire de commerces et de services de proximité, lieu de passage, de brassage et parfois d'affrontements, car enjeu symbolique, qu'à la Megalopolis, centre des Etats-Unis et, dans une certaine mesure, du monde.

Pôle de développement, région-foyer, *core area*, région motrice, CBD, *heartland*, pôle de croissance, les termes sont nombreux pour désigner un centre, selon les degrés de l'échelle spatiale. Mais tous ces termes supposent en gros les mêmes particularités : une certaine masse de population, une capacité notable de production, un niveau de vie élevé et une ancienneté du développement, d'un point de vue relatif bien sûr, c'est-à-dire par rapport aux sous-ensembles territoriaux voisins. Plus encore, la notion de centre suppose une capacité d'innovation (esprit d'entreprise, créativité scientifique et culturelle, laboratoires, centres de recherche) et une capacité d'attraction favorisant ainsi la concentration des activités, à laquelle Perroux (1961) a donné autrefois le nom de polarisation.

FICHE 1

La meilleure définition du centre

« Pourquoi ne vous lancez-vous pas dans la politique ?
– Pourquoi irais-je à Washington barboter dans ces eaux sales quand je suis sur la place même où on donne les ordres ? Ce qu'il y a de plus terrible quand on ne peut plus supporter New York, c'est qu'on ne sait plus où aller. C'est le sommet du monde. »

J. Dos Passos (1970, p. 275)

Enfin le centre est associé à l'idée de **pouvoir**. Pouvoir financier et économique, avec les sièges sociaux des banques et des grandes entreprises, qui prend tout son sens lorsqu'il s'agit de firmes multinationales, à la stratégie mondiale, et qui fait de certaines villes ou de certaines régions des centres de décision ou des centres transactionnels (Gottmann, 1971). « La place où l'on donne des ordres », selon la formule du romancier étatsunien J. Dos Passos, à propos de New York, n'est-elle pas la meilleure définition possible d'un centre ?

1.2. La périphérie

Elle se définit négativement par rapport au centre et se caractérise par un niveau de vie moins élevé, des productions moins élaborées, mais surtout par un affaiblissement et une perte de substance au profit du centre. La Bretagne, le Vieux Sud ou le Mezzogiorno, tout au moins jusqu'au milieu du XXe siècle, le Nordeste au Brésil, l'Estremadure en Espagne, le Sichuan en Chine, et bien sûr les pays en voie de développement à l'échelle mondiale, aujourd'hui encore, constituent autant d'exemples typiques de périphéries.

Soldes migratoires et soldes financiers négatifs sur longue durée relèvent de processus inverses de ceux de l'aire-foyer, le centre, et contribuent à accentuer l'écart avec l'aire marginale, la **périphérie**, dont l'un des principaux handicaps réside dans l'absence d'autonomie en matière décisionnelle. Il n'est d'ailleurs pas rare qu'elle soit dessaisie progressivement par le centre du pouvoir de décision dont elle disposait auparavant. R. Dugrand (1963) a montré comment le Languedoc avait perdu ses responsabilités bancaires tout au long des XIXe et XXe siècles.

1.3. Des concepts à manier avec précaution

Des précisions sont indispensables avant d'approfondir et de critiquer ces deux concepts. Précisions de vocabulaire : quel que soit le degré de l'échelle spatiale, le centre n'est pas toujours unique et on opposera alors très facilement un *centre principal* (le Nord-Est aux Etats-Unis, les Etats-Unis dans le monde) et des *centres secondaires* (le Texas et la Californie aux Etats-Unis, l'Europe et le Japon dans le monde). D'une façon imagée, on parlera de **centre dominant** et de **périphérie dominée**, même si un sens trop fort ne doit pas être automatiquement donné à ces mots.

Précisions théoriques également : centre et périphérie n'ont pas une signification géométrique, car le centre n'est pas nécessairement au centre, c'est-à-dire au milieu d'un territoire, mais il est fréquemment décentré (la région parisienne en France, le Nord-Est aux Etats-Unis, Shanghaï en Chine). Plus encore, centre et périphérie ne correspondent pas à une opposition absolue mais doivent se comprendre comme des notions relatives, l'écart qui les sépare étant très variable. Mais dans tous les cas, des inégalités existent entre eux et ces inégalités se rattachent au thème général de la domination, auquel les géographes s'intéressent aujourd'hui beaucoup plus que naguère.

2. Des concepts marxistes ou... kafkaïens ?

Les notions de centre et de périphérie sont apparemment liées au courant de pensée marxiste. Pourtant Marx ne les a pas définies avec précision, même si elles apparaissent implicitement dans quelques passages de *L'idéologie allemande*, à propos des rapports villes-campagnes, et du *Capital*, à propos de l'étude détaillée de l'Angleterre. Des auteurs contemporains se réclamant du marxisme ont utilisé les termes de centre et de périphérie pour l'étude régionale de nations mais plus encore pour opposer les pays industrialisés aux pays en voie de développement ; c'est le cas de S. Amin (1973), qui souhaitait « un développement autocentré et populaire ».

FICHE 2

Les flux entre le centre et la périphérie

« L'Angleterre, pays de production capitaliste développée, et pays industriel avant tout, serait morte d'une saignée de population telle que l'a subie l'Irlande. Mais l'Irlande n'est plus aujourd'hui qu'un district agricole de l'Angleterre, séparé d'elle par un large canal, et qui lui fournit du blé, de la laine, du bétail, des recrues pour son industrie et son armée. »

K. Marx (1969, p. 517)

Selon le degré de l'échelle spatiale, certains termes semblent plus adaptés pour désigner un sous-ensemble territorial en situation de périphérie : sous-équipement dans le cas d'un quartier ; déséquilibre ou désertification pour des régions attardées d'une nation ; colonisation ou dépendance s'il s'agit d'une nation vis-à-vis d'une autre nation ; domination, sous-développement ou échange inégal pour le Tiers Monde face aux pays industriels. Mais les transferts de vocabulaire sont fréquents, car l'intérêt grandissant pour les déséquilibres régionaux, l'affirmation des mouvements régionalistes et la tentation de l'inflation verbale incitent à utiliser les mots les plus forts. Ainsi, un géographe étatsunien, qui ne se rattache pas spécialement au marxisme, parle en ces termes du Vieux Sud dans la première moitié du XXe siècle : « le développement industriel qui se produisait dans quelques régions éparpillées était semi-colonial ; fondé largement sur le travail de matières premières locales, telles que le coton et le tabac, il était financé par le capital extérieur et ses profits échappaient à la région » (Hart, 1967).

Certains auteurs hésitent face à des termes dont ils se demandent s'ils peuvent être légitimement utilisés. Ainsi à propos des Pays de l'Adour : « Les décisions sont prises ailleurs qu'en Adour et ces pays apparaissent, dans de multiples domaines économiques et administratifs, comme des zones de sous-traitance. Un vocabulaire plus marqué idéologiquement parlerait d'espace dominé, voire colonisé » (Hegoa, 1975). Est-ce une question d'idéologie ou d'ampleur des phénomènes, la domination étant généralement plus accentuée entre une colonie et sa métropole qu'entre les régions d'une même nation ?

FICHE 3

Les prémonitions d'un philosophe chinois

« Une grande principauté, c'est le lieu vers où confluent toutes les rivières,
Le nœud de toutes les relations [...]
Une grande principauté qui s'abaisse devant une petite la soumet,
Une petite principauté qui s'abaisse devant une grande lui est soumise,
Ainsi, l'une s'abaisse dans le but de dominer,
L'autre s'abaisse et est dominée.
Une grande principauté ne désire que rassembler des hommes et les nourrir,
Une petite principauté ne désire que présenter des tributs et servir.
Certes, chacune des deux obtient tout ce qu'elle désire,
Mais il faut que la grande principauté feigne de s'abaisser. »

Laozi (1979, p. 141)

Pour sortir des débats tournant autour du marxisme, il suffit de se tourner vers la Chine antique et de se référer à Laozi. Dans un poème consacré à l'opposition grande principauté (c'est-à-dire principauté hégémonique) – petite principauté, le fondateur du taoïsme décrit, allusivement et elliptiquement mais de façon remarquable, les rapports entre un centre et une périphérie. Résumant, sous une forme imagée, quelques-unes des idées-clés de l'analyse régionale théorique, il donne une excellente définition d'un centre : « le lieu vers où confluent toutes les rivières ». Un centre attire les hommes et les ressources, de même qu'un lieu bas attire les eaux. La définition est complétée en disant qu'un centre est « le nœud de toutes les relations ».

FICHE 4

Les liens entre le centre et la périphérie

« Si l'on n'avait pas su que c'était un Château, on aurait pu croire qu'on avait affaire à une petite ville [...] – Vous ne connaissez sans doute du Château que les bureaux, demanda K. impertinemment. – Oui, dit le maire, c'est la part la plus importante du Château [...] Barnabé n'est pas un grand domestique ; le seul fait qu'il vient du village, et qu'il y habite même, suffirait à le prouver ; les grands domestiques sont encore plus distants que les fonctionnaires [...] Les lois du Château n'ayant plus complètement vigueur [dans le village] pour eux, [les domestiques] semblent métamorphosés : ce n'est plus qu'une cohue insubordonnée, frénétique et dominée non plus par les lois mais par des instincts insatiables. Leur effronterie ne connaît plus de bornes. »

F. Kafka (1976, pp. 499, 561, 669, 715)

Un autre exemple tout aussi étonnant est fourni par *Le Château* de Kafka, une œuvre aux significations multiples. L'ensemble territorial formé par le Château et le village est très nettement différencié entre un centre, le Château, et une périphérie, le village. De multiples notations montrent bien la complexité des rapports entre les deux.

Dans la perspective du marxisme, plus préoccupé par la dimension socio-économique des phénomènes que par leur dimension socio-spatiale, un point fait problème : si le centre domine la périphérie, comment un « espace » en domine-t-il un autre ? Ou, en d'autres termes, comment un groupe humain défini par son appartenance territoriale en domine-t-il un autre ? Ne s'agit-il pas plutôt d'une fraction de la population du centre, la classe dominante, qui exerce son pouvoir sur l'ensemble de la population de la périphérie ? Mais la domination du « capital », c'est-à-dire des détenteurs du pouvoir économique, n'est pas la seule possible. Dans le cas des rapports entre pays industriels et pays en voie de développement, pour ne prendre qu'un exemple, la

« domination » la plus nette s'exerce par le biais des investissements ou par la dégradation éventuelle des termes de l'échange, mais que dire des touristes, à la fois avides de « pittoresque » et condescendants à l'égard des autochtones dont ils se font souvent une image caricaturale. Les remarques de Kafka à propos des domestiques du Château dont « l'effronterie ne connaît plus de bornes » dans le village ne rappellent-elles pas le comportement des habitants des régions motrices des pays industriels lorsqu'ils visitent les régions en retard de leur propre pays ou telle ou telle partie du Tiers Monde ? Les effets déstructurants du tourisme dans les périphéries ont souvent été soulignés.

3. De l'opposition schématique à la prise en compte des nuances : la dynamique de la différenciation

Des critiques ont été formulées à l'encontre des concepts de centre et de périphérie et certains auteurs préfèrent les abandonner car ils les jugent inadaptés. Mais, trop souvent, on se contente d'une opposition qui a certes le mérite d'aller droit à l'essentiel mais qui reste schématique, voire réductrice. La distinction centre-périphérie garde tout son sens et son intérêt, à la condition de ne pas se limiter à deux termes antithétiques et d'intégrer la variable temporelle, c'est-à-dire la longue durée.

Seul un approfondissement de la théorie, débouchant sur un vocabulaire plus complet et plus élaboré, permet de traduire la grande variété des situations réelles.

3.1. Le modèle classique et ses prolongements : la domination pure

Les processus évoqués plus haut permettent de distinguer un *centre dominant* et une *périphérie dominée*. Ils ont fonctionné un peu partout à l'intérieur des pays industriels ou entre les métropoles et leurs colonies au cours du XIXe siècle et encore dans la première moitié du XXe siècle, tout comme ils fonctionnent aujourd'hui à l'intérieur des pays du Tiers Monde (Brésil, Côte-d'Ivoire, Mexique).

Si le rythme des pertes en hommes et en capitaux de la périphérie dominée est lent, le centre se renforce peu à peu et la périphérie garde une population éventuellement stable, à la condition que les taux de natalité restent élevés. L'émigration en direction du centre, qui touche bien souvent surtout les agriculteurs, joue alors un rôle de soupape de sûreté et évite une pression excessive sur la terre.

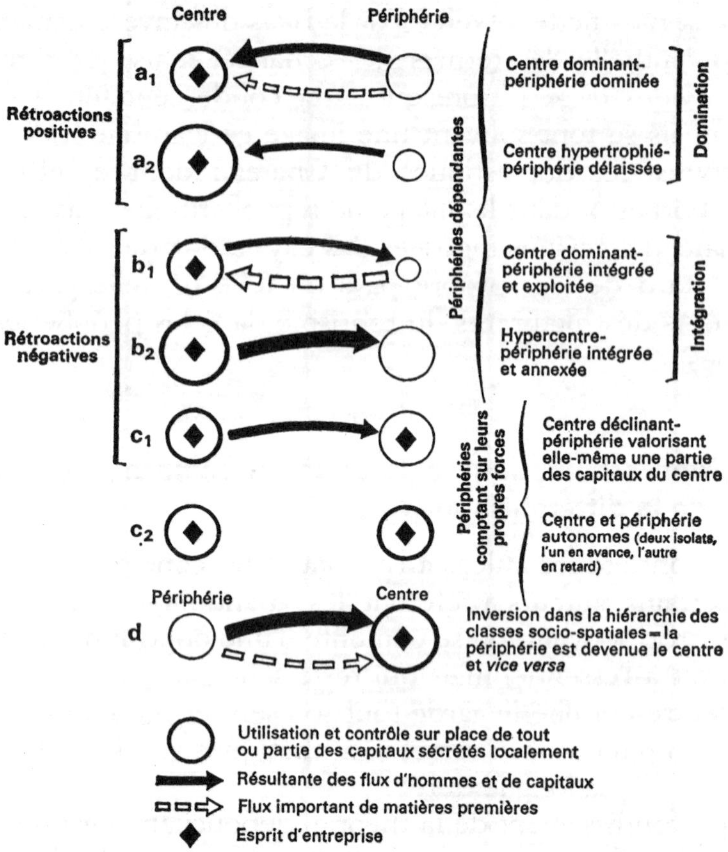

Figure 1 La multiplicité des types de centres et de périphéries
Extrait d'A. Reynaud, 1981, *Société, espace et justice*, Paris, PUF, p. 62

FICHE 5

La périphérie délaissée

« Ici, comme dans tous les autres villages de la Lucanie, ceux des *galantuomini* qui n'ont pas pu, par incapacité, pauvreté, mariages précoces, intérêts à sauvegarder, ou par une quelconque nécessité du destin, émigrer vers les paradis de Naples ou de Rome, transforment leur propre déception et leur propre ennui mortel en une fureur généralisée, en une haine sans répit, en une résurrection éternelle de sentiments anciens, en une lutte continuelle pour affirmer, contre tous, leur pouvoir à l'intérieur du petit coin de terre où ils sont contraints de vivre. »

C. Levi (1948, p. 30)

Mais si les flux prennent de l'ampleur, l'écart s'accroît : au **centre congestionné** s'oppose la **périphérie délaissée**, exsangue et désormais incapable de fournir de nouvelles ressources au centre. La population de la périphérie délaissée s'abandonne à la résignation, comme l'a remarquablement montré C. Levi à propos des régions les plus déshéritées de l'Italie du Sud, ou bien se replie sur sa culture pour tenter de retrouver une identité, fût-ce au prix de nostalgies passéistes. Quant au centre congestionné, qui a vidé plusieurs de ses périphéries de leurs forces vives, il exerce à la fois les responsabilités en matière de décision et de créativité mais également les fonctions de production, aussi bien d'avant-garde que banales, et il a du mal à tout concilier. La croissance excessive entraîne déséconomies d'échelle et externalités négatives. Les inconvénients de la concentration et de la centralisation risquent de l'emporter sur les avantages.

En marge des centres et des périphéries existent *isolats* et *angles morts*. Les **isolats** sont des sous-ensembles territoriaux relativement peuplés et bien structurés mais qui entretiennent peu de relations avec les territoires voisins. Leurs problèmes, dans lesquels les structures mentales peuvent jouer un rôle important, se posent en termes de retard, d'inadaptation, de refus du changement (« ghettos urbains », petits « pays » ruraux ayant maintenu leur style de vie et leurs structures socio-économiques, régions entières comme les Appalaches intérieures ou l'Algarve portugais jusqu'à une époque récente).

Les **angles morts** ou espaces en attente ont des densités de population très faibles, une vitalité économique médiocre et apparaissent comme des aires répulsives aux limites mal définies (espaces ruraux décadents ponctués de petits bourgs archaïques en Europe, vastes étendues quasiment vides en Asie, en Afrique, en Amérique et en Australie).

3.2. Le renversement des liens : vers l'intégration

Dans certains cas, il y a renversement du sens des flux. Le centre investit une partie de ses capitaux dans la périphérie, qui devient une **périphérie intégrée** (cas de la Bretagne en France). L'inversion des flux de capitaux s'accompagne d'une atténuation de l'émigration à partir de la périphérie et parfois d'une inversion progressive des flux migratoires (cas du Vieux Sud aux Etats-Unis à partir des années soixante). Le centre est désormais plus soucieux de la « qualité » de ses activités et de ses habitants que de leur seule quantité. Il devient un **hypercentre**, car il garde l'initiative et le pouvoir. Pour prendre une image parlante, il suffit d'assimiler le centre à une pompe : le centre dominant et le centre congestionné fonctionnent comme une pompe aspirante par rapport à la périphérie dominée et à la périphérie délaissée, l'hypercentre comme une pompe refoulante par rapport à la périphérie intégrée, mais le moteur est toujours dans la pompe.

Les périphéries intégrées se classent en trois types :

— **la périphérie intégrée et exploitée**. Les pays industriels ont un besoin grandissant de ressources naturelles et leurs centres sont à l'affût de gisements miniers, énergétiques et « paysagiques », abondants dans les espaces neufs (Amazonie, Grand Nord canadien, Sibérie, Scandinavie septentrionale, pays du Sahel). Ces ressources justifient investissements massifs, chantiers gigantesques et infrastructures nouvelles. Or ce type de périphérie se développe à partir d'un angle mort ou d'une périphérie délaissée, c'est-à-dire d'un milieu humain fragile. Dégradation des écosystèmes et acculturation trop rapide des populations sont souvent les rançons d'une intégration brutale.

— **la périphérie intégrée et annexée**. L'hypercentre crée des unités de production et donc des emplois en investissant dans la périphérie (décentralisation industrielle en France, délocalisation à l'échelle mondiale). Ce type de périphérie se développe à partir d'une périphérie dominée ou d'un isolat, qui disposent encore de réserves de main-d'œuvre. Certes, la *périphérie intégrée et annexée* accueille souvent des flux de médiocre « qualité », car les capitaux du centre s'investissent souvent dans les branches les moins évoluées et une partie du flux migratoire est constituée de retraités, mais la tendance au déclin est freinée ou stoppée.

— l'**associat** correspond à un sous-ensemble territorial en situation de périphérie intégrée qui présente la particularité d'être très éloigné du centre dont il dépend. L'associat a pourtant des liens beaucoup plus intenses avec son centre qu'avec les territoires voisins, au milieu desquels il fait figure d'enclave. C'est le cas de chacune des Antilles, mieux reliée à sa métropole – ou à son ancienne métropole – qu'aux îles voisines, de nombreux complexes touristiques ou encore de la ville de Berlin jusqu'à la réunification de l'Allemagne.

3.3. *Le cas des* périphéries comptant sur leurs propres forces

Toutes les périphéries ne s'enfoncent pas dans un déclin inexorable, dont la « désertification » serait le stade ultime, et celles qui échappent à cette perspective ne deviennent pas automatiquement dépendantes d'un hypercentre à la recherche des avantages de la décentralisation. Dans un certain nombre de cas, des territoires longtemps marginaux font preuve d'un dynamisme remarquable sans aide extérieure, sans ressources naturelles et même sans grandes villes (vallée de l'Arve, Choletais, Vorarlberg autrichien, Italie du Milieu, Jura septentrional).

Les **périphéries comptant sur leurs propres forces** ont réussi à devenir autonomes par rapport aux centres grâce à l'esprit d'entreprise et à l'autonomie décisionnelle. L'industrie, qui joue souvent le rôle clé dans le développement, se caractérise par la légèreté des structures, la capacité d'adaptation et l'ouverture sur le marché mondial. Les entreprises font appel à l'épargne locale et à l'autofinancement, même si elles n'hésitent pas à emprunter aux organismes financiers du centre.

Nombreux sont donc les types de centres et de périphéries. Les situations n'apparaissent pas figées et les sous-ensembles territoriaux changent de catégorie au fil du temps. Ainsi Paris a joué en France pendant des siècles le rôle de centre dominant attirant les forces vives du pays mais à un rythme modéré. Puis, à partir du milieu du XIXe siècle et jusqu'au milieu du XXe siècle, l'accélération des flux d'hommes et de capitaux en a fait progressivement un centre congestionné face au « désert français » (Gravier, 1957). Enfin, la décentralisation industrielle à partir des années cinquante et plus encore la crise mondiale et la restructuration de l'appareil industriel à partir des années soixante-dix transforment progressivement Paris en un hypercentre. Les évolutions sont parfois encore plus spectaculaires : les pays noirs britanniques, qui vidaient les campagnes pour entretenir leur croissance et faisaient figure de centres dominants au temps de leur splendeur, sont devenus dans la seconde moitié du XXe siècle de véritables périphéries dominées, alimentant de substantiels mouvements migratoires en direction des régions méridionales. En France, le Nord et la Lorraine ont connu de semblables évolutions, avec un décalage dans le temps.

4. Exemples d'applications

4.1. Des concepts utilisables dans une perspective historique

Braudel (1989) a montré comment le centre de l'économie-monde s'est déplacé depuis la fin du Moyen-Age jusqu'à nos jours, Venise, Anvers, Gênes, Amsterdam, Londres et New York jouant successivement le rôle de centre principal et réorganisant à leur profit l'espace mondial.

La France connaît depuis une dizaine de siècles une situation de **monocentrisme**, dans laquelle un seul et unique centre principal (l'agglomération parisienne) surclasse très nettement les centres secondaires (l'agglomération lyonnaise depuis des siècles, le Nord et la Lorraine au XIXe siècle et dans la

FICHE 6

Un phénomène historique

« Les diverses zones d'une économie-monde regardent vers un même point, le centre : "polarisées", elles forment déjà un ensemble aux multiples cohérences [...] Au ras du sol et au fil de l'eau, des siècles et des siècles ont organisé des chaînes de marchés locaux et régionaux. Cette économie locale qui tourne d'elle-même selon ses routines, c'est son sort que d'être périodiquement l'objet d'une intégration, d'une remise en ordre "rationnelle" au profit d'une zone et d'une ville dominantes, et cela pour un ou deux siècles, jusqu'à l'apparition d'un nouvel "organisateur". Comme si la *centralisation* et la *concentration* des ressources et des richesses se faisaient nécessairement en faveur de certains lieux d'élection de l'*accumulation*. »

F. Braudel (1979, tome III, p. 25)

---

première moitié du XXe siècle). Par contre, l'Allemagne se caractérise, également depuis une dizaine de siècles, par un **polycentrisme** toujours vivace, avec une douzaine de centres principaux d'un poids équivalent, ces centres étant les héritiers des résidences princières et des villes libres marchandes. Un écrivain comme Goethe (1949, p. 490) avait compris cette opposition au début du XIXe siècle et défendait vigoureusement les avantages du polycentrisme : « Si on croit que l'unité de l'Allemagne consiste dans le fait que ce

FICHE 7

Le polycentrisme germanique

« Un Français, homme d'esprit, [...] a ébauché une carte de l'état de civilisation de la France, et mis sous les yeux, à l'aide de couleurs plus claires ou plus sombres, le degré plus ou moins grand d'instruction des différents départements. Or il se trouve dans les provinces du Midi surtout, situées loin de la capitale, des départements entiers marqués tout en noir, signe de l'ignorance dans laquelle ils sont plongés. Cela serait-il arrivé si la belle France, au lieu d'un grand centre unique, en avait dix d'où émanent la lumière et la vie ? [...] Et maintenant songez à des villes comme Dresde, Munich, Stuttgart, Cassel, Brunswick, Hanovre et autres ; songez aux grands éléments de vie que renferment ces villes, songez à leur action sur les provinces environnantes [...] »

J. Goethe (1949, pp. 490-491)

vaste Empire ait une capitale unique, et que cette capitale contribue au développement des talents particuliers non moins qu'au bien-être du peuple en général, on est dans l'erreur. »

La Chine antique illustre le modèle centre-périphérie dans la longue durée : au terme d'une évolution de trois siècles, la périphérie économique et culturelle, formée de principautés barbares sinisées, est devenue le centre politique en conquérant le berceau de la civilisation chinoise.

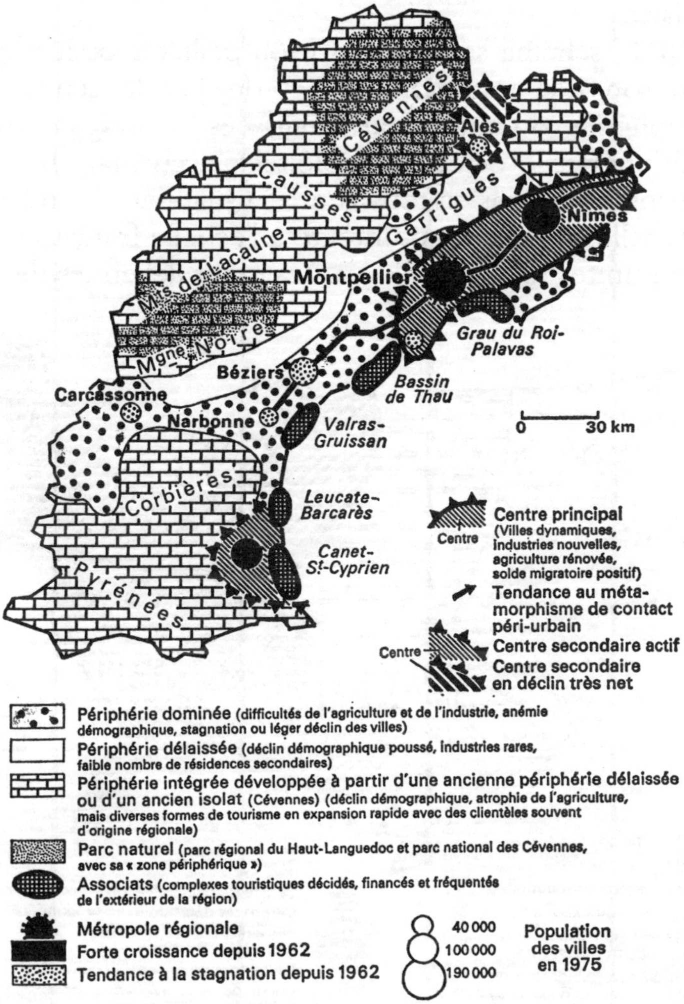

Figure 2 Centre et périphérie dans le Languedoc-Rousillon
Extrait d'A. Reynaud (1981), *op. cit.*, p. 179

4.2. Des concepts utilisables à tous les degrés de l'échelle spatiale

A l'échelle régionale, le Languedoc-Roussillon illustre à la fois le passage du polycentrisme au monocentrisme et le renforcement des disparités intrarégionales *(figure 2)*. Autrefois, quatre villes principales, Nîmes, Montpellier, Béziers et Perpignan – sans oublier Alès, cœur du plus important complexe industriel – se partageaient l'espace régional, cloisonné dans le sens nord-sud. La montagne pyrénéenne, caussenarde et cévenole était une périphérie dominée et, par endroits, délaissée, tandis que le littoral, peu occupé, était une périphérie intégrée, qui offrait aux centres urbains voisins plages et résidences secondaires.

Après 1960, le schéma se modifie. Montpellier grossit plus vite que ses rivales, accroît son rôle transactionnel et devient le centre principal. Les anciennes périphéries dominées ou délaissées montagnardes apparaissent comme des périphéries intégrées et exploitées, accueillant retraités, résidents secondaires et communautés en tous genres. Quant au littoral, il a été arraché au contrôle des villes régionales et intégré à l'échelle française et même européenne, les cinq unités touristiques géantes étant devenues des associats.

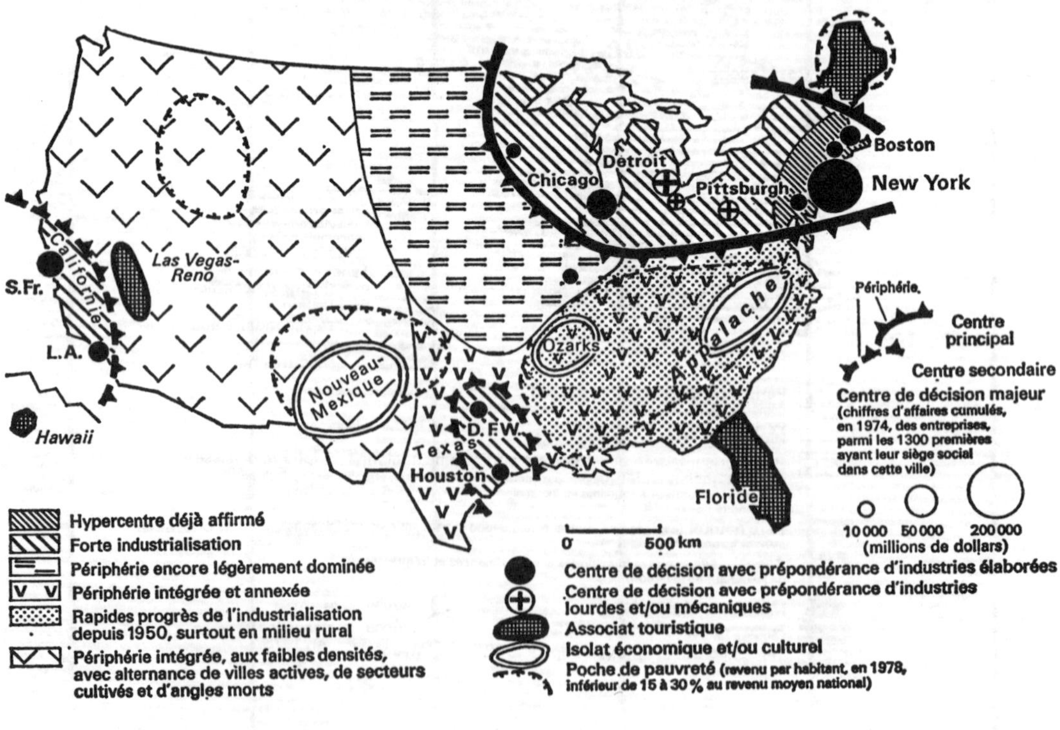

Figure 3 Centre et périphérie aux Etats-Unis
Extrait d'A. Reynaud (1981), *op. cit.*, p. 198

FICHE 8

Le Vieux Sud : une périphérie en cours de mutation

« [...] le Sud est mort, tué par la Guerre de Sécession. Il existe quelque chose qu'on nomme, non sans humour, le "Nouveau Sud" ; c'est vrai ; mais ce n'est pas le Sud. C'est une terre d'immigrants qui reconstruisent des villes et des cités en copiant les modèles du Kansas, de l'Iowa et de l'Illinois, avec des gratte-ciel et des auvents en toile rayée au lieu de balcons de bois, qui enseignent aux jeunes gens à vendre de l'essence et aux serveuses des restaurants à dire "O yeah ?" et à durcir leur "r" [...] »

W. Faulkner (1977, p. 1270)

A l'échelle nationale, les deux superpuissances constituent de bons exemples qui ont en commun leur vaste superficie. Aux Etats-Unis, l'intensité des liens entre régions n'est pourtant pas atténuée par l'ampleur des distances grâce aux autoroutes, au dense réseau de lignes aériennes et à la télématique. Le Nord-Est reste le centre principal, mais les difficultés de nombre de métropoles des Grands Lacs accroissent le rôle éminent de l'hypercentre formé par la Megalopolis. D'autre part, deux centres secondaires, le Texas et la Californie, se sont affirmés. Mais l'évolution la plus remarquable a certainement concerné le Vieux Sud, autrefois périphérie dominée d'où les Noirs partaient massivement, aujourd'hui périphérie intégrée et annexée ayant accueilli des usines par milliers et des immigrants par millions. Un journaliste a pu écrire, non sans exagération mais avec une part de vérité : « Le Sud a échangé, sur la base d'un pour un, un pauvre métayer noir pour un scientifique de la Nouvelle-Angleterre » *(figure 3)*.

L'URSS, par sa taille à l'échelle d'un continent, était un défi à l'analyse régionale, mais le modèle centre-périphérie permet d'y voir plus clair. Le centre principal, limité par le quadrilatère Smolensk-Kostroma-Gorki-Briansk, est complété par deux centres secondaires : d'une part, l'ensemble formé par Leningrad, les pays baltes, Kaliningrad et le nord de la Biélorussie, travaillé par des ferments nationalistes, et d'autre part la région de Kiev. Ces centres, longtemps dominants, ne pouvaient plus puiser largement dans les réservoirs ruraux des périphéries dominées, désormais en voie de tarissement, et auraient dû s'affiner pour devenir des hypercentres. Si le Caucase était un isolat typique, les républiques de Transcaucasie, moins évoluées que les pays baltes mais tout aussi soucieuses de leur autonomie culturelle et tout aussi tentées par l'indépendance, était des périphéries comptant sur leurs propres forces. Les républiques d'Asie centrale étaient à la fois des périphéries dominées fournissant aux centres des matières brutes et quelques émigrants, et des périphéries intégrées et annexées ayant reçu de nombreux immigrants slaves et des capitaux qui avaient créé un embryon d'industrie moderne. Quant à l'immense angle mort du Nord européen et de la Sibérie, il devenait progressivement une périphérie intégrée et exploitée, rôle qu'il continue de tenir dans la Russie actuelle.

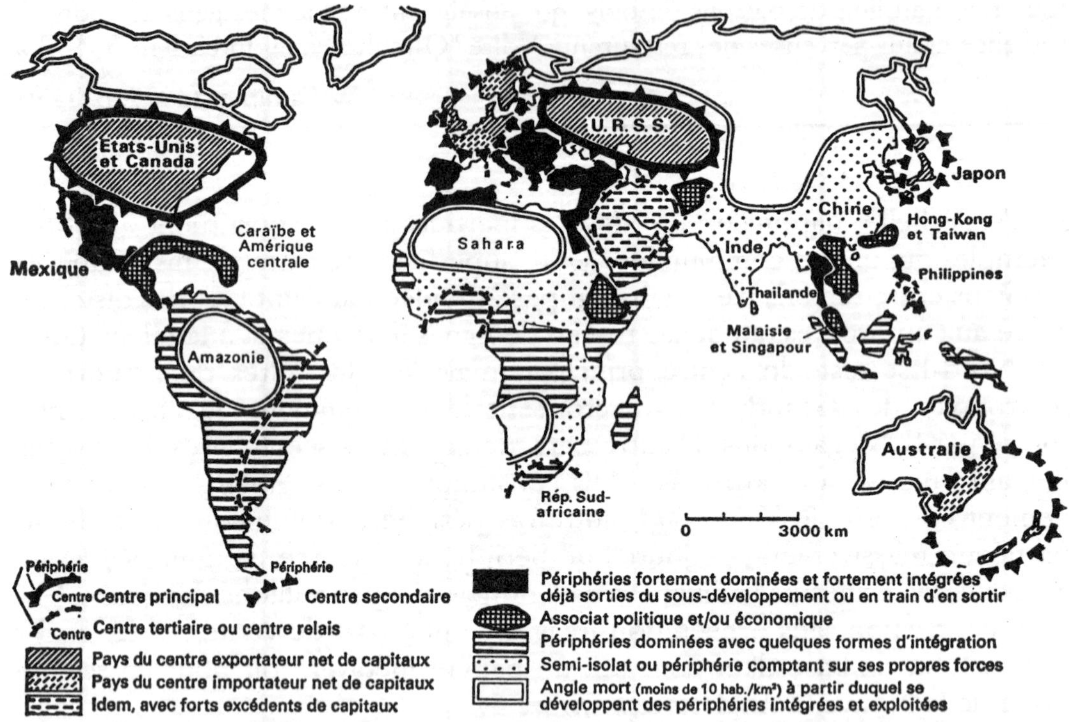

Figure 4 Centre et périphérie dans le monde
Extrait d'A. Reynaud (1981), *op. cit.*, p. 216

A l'échelle du monde, les pays les plus grands ne sauraient être considérés comme un tout. S'il est assez facile de déterminer les centres, il n'en est pas de même pour les périphéries. En effet, pendant longtemps, le reste du monde en dehors des centres était considéré comme une périphérie dominée, où les seules nuances à introduire se limitaient à définir un degré plus ou moins poussé de domination. Mais les liens entre les centres et les périphéries se sont complexifiés *(figure 4)*. Beaucoup de périphéries sont aujourd'hui dans une situation mixte, les phénomènes de domination et d'intégration étant combinés dans des proportions variables. Certains petits Etats sont depuis plus ou moins longtemps de véritables associats, tandis que d'autres sont presque des isolats. L'exemple du monde prouve combien le modèle centre-périphérie doit être utilisé avec précaution.

Lectures recommandées

Amin S., 1973, *Le développement inégal*, Paris, Minuit.

Berry B., Conkling E. et Ray M., 1976, *The geography of economic systems*, Englewood Cliffs, Prentice Hall.

Braudel F., 1979, *Civilisation matérielle, économie et capitalisme XVe-XVIIIe siècles*, tome III, Paris, A. Colin.

Brunet R. et Dollfus O., 1990, *Mondes nouveaux*, Paris, Hachette, Géographie Universelle, tome I.

Gravier J.-F., 1957, *Paris et le désert français*, Paris, Flammarion.

Reynaud A., 1981, *Société, espace et justice : inégalités régionales et justice socio-spatiale*, Paris, PUF.

Mots-clefs

Angle mort,
Associat,
Centre,
Centre congestionné,
Centre dominant,
Hypercentre,
Isolat,
Monocentrisme,
Périphérie comptant sur ses propres forces,
Périphérie dominée,
Périphérie intégrée,
Polycentrisme,
Pouvoir.

Territoires

32

Maryvonne Le Berre

Appropriations territoriales

Le **territoire** est désormais partout dans les sciences sociales, le terme, galvaudé. Tout est prétexte à parler de territoire, tout a un territoire : l'hiver, l'historien, les cafés, les plages, Belfort, Hong-Kong (les Nouveaux Territoires), les Indiens (ceux du temps de la conquête de l'ouest américain), les jeux, les sports. Il y aurait même des « territoires sans lieux » (Roux, 1980) ! Dans les revues scientifiques, le terme sert à parler aussi bien de l'administration communale que de la morphométrie, des grands carnivores que de géopolitique, de la Torah que des finances publiques... Ce foisonnement est signe de vitalité, certes, mais aussi de beaucoup de flou : cela nuit incontestablement à toute utilisation scientifique, en géographie comme ailleurs.

Le moins qu'on puisse dire est qu'il ne s'agit pas d'un terme propre au vocabulaire de la géographie ; pourtant, en quelques années, il en est devenu un des mots clefs. Comme pour tous les termes relatifs à l'espace qui, d'une certaine façon, font la spécificité de la discipline, il est souhaitable que son sens soit le plus univoque possible : c'est à ce prix seulement qu'il sera un véritable concept géographique opératoire.

1. De transfert en transfert : histoire de territoires

1.1. Terra, territorium et dérivés

Cette explosion contemporaine ne doit pas faire oublier la rareté de l'emploi du mot dans la langue française avant le XVIIe siècle. Le terme provient du latin *territorium*, lui-même dérivé de *terra*, la terre (terre-globe terrestre, terre-matière, terre-sol, terre-continent, terre-contrée). *Territorium*, ainsi que l'adjectif dérivé *territorialis*, mentionné par Cicéron et Pline, figure en bonne place dans des traités d'arpentage : il signifie morceau de terre appropriée. Dans la langue française, il a donné naissance aussi bien au mot terroir qu'à celui de territoire. Ce dernier ne s'est imposé à l'époque moderne qu'avec la création d'états puissants : un royaume, c'est un roi associé étroitement à un territoire. Celui-ci est considéré comme le « prolongement du corps du prince », ce sur quoi ce dernier règne, réunissant sous sa coupe les hommes et la terre, le *terroir/territoire*, y compris ses habitants. Le mot **territoire** possède donc à l'époque moderne un sens juridique très fort auquel on peut associer les trois idées suivantes :

— celle de *domination* liée au pouvoir du prince, attachée au centre du territoire ;
— celle d'une *aire* dominée par ce contrôle territorial ;
— celle de *limites* matérialisées par des frontières.

Somme toute, trois notions familières au géographe. C'est de ce sens que dérive l'utilisation géographique de l'expression, empruntée à l'administration : **aménagement du territoire**. Elle appartient au domaine de la pratique, de la géographie active plus qu'à celui de la théorie.

Mais pendant longtemps, l'usage du mot territoire fut rare en géographie. Il n'a qu'un sens juridique et politique. Les définitions des dictionnaires de géographie anciens montrent que le terme est d'un usage trop spécifique pour être considéré comme un mot-clef de la discipline *(fiche 1)*. Les thèses, les articles scientifiques ne l'emploient guère jusqu'à une date récente : la véritable explosion date seulement de la fin des années 1970.

Cette émergence est à rapprocher du cheminement complexe du concept, du domaine juridique à celui de l'éthologie, puis de son retour vers les sciences sociales.

1.2. Détour par les sociétés animales ou l'itinéraire d'un concept

A partir des années 1920, les éthologues commencent à étudier les animaux dans leur milieu naturel et non plus seulement dans les conditions artificielles d'un laboratoire. Ils passent de l'étude des individus isolés à celle des sociétés animales en transférant le terme de territoire du domaine politico-administratif à celui de l'éthologie pour lui donner le statut de concept scientifique auquel sont toujours associées les idées de domination, d'aire d'extension, de limites. Ils utilisent aussi le concept de **territorialité** défini comme la conduite d'un organisme pour prendre possession de son territoire et le défendre contre les membres de sa propre espèce. La territorialité, de simple

FICHE 1

Au fil du temps : le territoire dans les dictionnaires de géographie

Desoby et Bachelet (1883)
1. « Nouvelles provinces des Etats-Unis acquises par achat, cession ou conquête qui peuvent demandées à être érigées en état lorsque leur population atteint 60 000 habitants. »
2. « Territoires indiens destinés à servir de refuge aux tribus expulsées de tous les états et territoires de l'Union. »

Demangeon (1907) ne mentionne que la définition 2 du précédent.

P. George (1970)
Le terme n'apparaît que sous les rubriques :
1. *Aménagement* : « terme entré récemment dans le vocabulaire géographique par l'intermédiaire de l'action concertée d'organisation du territoire » ;
2. *Organisation de l'espace* : « lorsque la société agit volontairement sur son espace, elle organise, elle restructure celui-ci : on réservera à cette action le terme d'aménagement de l'espace (du territoire) ».

Lexique de géographie humaine et économique (1984)
1. « Portion finie de l'espace terrestre, privilégiée par un système social pour sa vie et sa survie ; le territoire dépend d'une administration. »
2. « Aux Etats-Unis, à l'Ouest des Appalaches, les contrées progressivement peuplées devenaient des territoires avant d'être érigées en états. »
Une longue rubrique est par ailleurs consacrée à l'aménagement du territoire. Une double présentation en est faite :
1. « Exprimé par des politiques d'intervention, l'aménagement vise en général à obtenir une meilleure répartition des hommes et des activités sur le territoire. »
2. « Ensemble des politiques d'intervention, concertées et planifiées, mises en œuvre par la puissance publique pour réaliser des objectifs économiques et sociaux de la collectivité. »

---

qualité juridique, devient ainsi *système de comportement*. Des questions, fort intéressantes pour qui s'intéresse à l'espace, sont posées : qu'est-ce que l'espacement entre les individus ? quelle distance ou espace de sécurité sépare les sujets ? quels sont les processus de domination liés à la notion de distance critique entre individus qui régissent leurs rapports ? comment se traduit la hiérarchie sociale entre les individus ?...

Ces concepts ont été à leur tour transférés de l'éthologie aux sciences sociales et humaines : l'anthropologie, par les études sur l'homme-animal et le passage du proto-homme à l'homme ; puis la psychologie, par l'étude des comportements des êtres humains « hors normes » et la sociologie, par l'étude des groupes plus ou moins marginaux. Toutes ces disciplines posent que la territorialité existe chez l'homme comme chez l'animal : chez l'un comme chez l'autre, les comportements ne peuvent être compris que dans leur environnement global et par leur insertion dans un territoire propre. Enfin, le transfert a gagné l'étude sociologique des groupes « normés » et les travaux géographiques : on y présuppose, comme en éthologie, qu'il n'existe pas de comportements sociaux sans territoire.

Ces transferts multiples ont donné lieu à des enrichissements importants dans les disciplines concernées, mais aussi à beaucoup de flou.

1.3. Du flou dans le territoire

L'usage du terme **territoire** en géographie révèle une double filiation *(figure 1)* : celle qui provient directement du domaine juridique qu'on trouve dans l'expression *aménagement du territoire* ; celle, d'inspiration plus neuve, issue du cheminement par l'éthologie, l'anthropologie, la psychologie et la sociologie.

Comme dans les autres sciences sociales, le mot territoire est entaché de beaucoup de flou et, comme le sont beaucoup de termes géographiques relatifs à l'espace, il est largement polysémique. On le trouve sous les acceptions suivantes :

— *domaine plus ou moins vague*, pas nécessairement spatial, attribué à n'importe quel objet d'étude géographique ; la dérive de ce sens contribue largement à entretenir le flou souligné précédemment ;

— portion de la surface terrestre représentant une simple *aire d'extension* d'un phénomène et ses limites ; doté d'un sens géométrique et morphologique, il est associé aux idées de pavage et de découpage spatial, quelle que soit l'échelle de l'étude ; il est employé comme synonyme des termes aire, région, voire pays ;

— portion de la surface terrestre sur laquelle s'exercent des conflits entre groupes sociaux en vue de s'assurer sa domination et donnant lieu à des mutations dans l'usage du sol ; le territoire n'est alors traité que par rapport aux *enjeux sociaux qui s'y déroulent* (emploi plus rare) ;

— portion de la surface terrestre délimitée que se réserve une collectivité humaine qui l'aménage en fonction de ses besoins ; il contient d'une part l'idée d'autorité s'exerçant sur une surface dont les limites sont reconnues, d'autre part celle d'utilisation et d'*aménagement par un groupe social*. Du point de vue de l'explication géographique, c'est le sens le plus riche et celui qui se rapproche le plus à la fois de l'ancienne acception politico-juridique et de l'utilisation comme concept scientifique par l'éthologie.

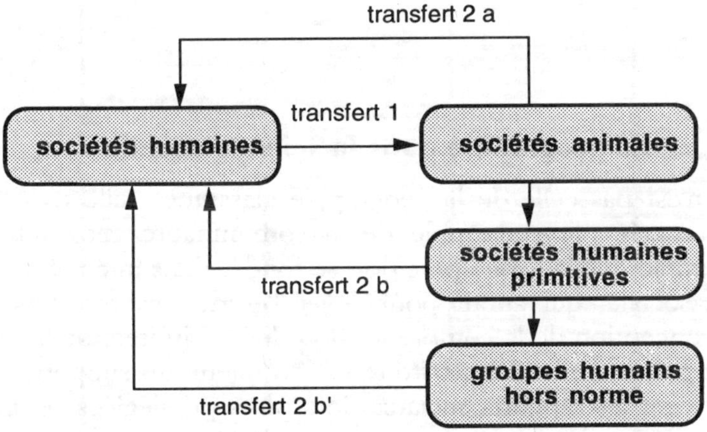

Figure 1 Le territoire ou le transfert d'un concept

Cette polysémie géographique mérite clarification. Celle-ci ne peut être tentée qu'en tenant compte des deux considérations suivantes :

— c'est un concept utilisé par d'autres disciplines : la géographie doit s'interroger sur la validité de son transfert et de son usage à des fins géographiques (il en va de même évidemment pour les termes associés de territorialité, territorialisation, territorial) ;

— parce qu'il s'agit d'un terme appartenant au vocabulaire spatial, il doit être défini par rapport à l'objet de la géographie et confronté à d'autres termes qui lui sont plus ou moins proches.

2. Le territoire dans une géographie science sociale

La géographie peut être considérée comme la science qui étudie *toute portion de la surface terrestre, dotée d'une certaine identité, structurée, organisée par les sociétés humaines* (Chamussy *et al.*, 1977) Une telle définition fait de la géographie une des sciences sociales *(fiche 2)*. Comme leur nom l'indique, ces dernières s'intéressent aux sociétés plus qu'aux individus. *Une société n'est pas seulement une somme d'individus.* Les rapports d'un individu à un lieu ou un ensemble de lieux ne sont donc pas considérés ici comme du domaine de la géographie. Dans la pratique, cette distinction n'est pas toujours simple puisqu'un être humain, au sens biologique du terme, appartient nécessairement à un ou plusieurs groupes sociaux (une famille, une association, une entreprise, un état...), qu'il s'en réclame lui-même ou que d'autres le fassent pour lui.

FICHE 2

La géographie dans la science sociale ?

Cette position n'est pas celle de la géographie classique ; elle n'est pas non plus actuellement partagée par l'ensemble de la communauté géographique. Certains pensent par exemple que la géographie doit se fondre dans une méta-discipline, une grande science sociale, qui aurait pour objet l'étude des rapports sociaux. Cela conduit à une conception de la compréhension des territoires totalement différente de celle qui est présentée ici. Le territoire est au mieux un support, un simple lieu sur lequel s'exercent les rapports sociaux. Sont alors privilégiées l'étude des modes de production et des stades de développement, celle des types de pouvoir, celle de la structuration des classes sociales. La tendance est alors de minimiser, voire d'occulter les effets des phénomènes naturels et des configurations territoriales, sous prétexte que certaines sociétés sont capables de les dominer.

2.1. Deux mots, une entité : une société – son territoire

Tout groupe social (au sens le plus large qui soit, y compris un groupe économique ou politique) a comme objectif général d'assurer sa reproduction au cours des temps : il doit se nourrir, se loger, se vêtir, se distraire, produire... Pour ce faire, il s'approprie et façonne une portion plus ou moins étendue de la surface terrestre.

Le territoire *peut être défini comme la portion de la surface terrestre, appropriée par un groupe social pour assurer sa reproduction et la satisfaction de ses besoins vitaux.* C'est une entité spatiale, le lieu de vie du groupe, indissociable de ce dernier. On a coutume de dire qu'il n'y a pas de société sans usage de l'espace, disons plutôt ici, sans usage d'un territoire. De cette définition découlent plusieurs remarques.

— Tout territoire est un morceau plus ou moins étendu d'une planète du système solaire, la terre, et possède du fait de sa *localisation particulière sur terre*, des caractéristiques naturelles qui lui confèrent un premier type de spécificités : celles qui sont liées à sa position en latitude et longitude, au climat, à la répartition des terres et des mers, au relief, au sol, à la distance qui le sépare d'autres lieux... Raisonner en termes de science sociale ne doit aucunement signifier de passer sous silence les composantes naturelles de l'explication des territoires, tout aussi essentielles que les autres, économiques, sociales, culturelles... En termes de territoire, La France n'est pas le Chili, La Suède n'est pas le Niger, les Sept Iles ne sont pas les Kerguelen (pour l'administration française, un territoire d'Outre-Mer !).

— Tout territoire résulte d'un *processus d'appropriation* d'une portion de l'étendue terrestre par un groupe social. Il est généralement marqué par des conflits plus ou moins longs, plus ou moins violents avec d'autres groupes revendiquant éventuellement la même portion de la surface terrestre. Ainsi se sont faits les Etats-Unis d'Amérique : peu à peu, les territoires, revendiqués comme une propriété de l'Union, peuplés d'Indiens et de rares « colons », ont acquis le statut d'Etat au fur et à mesure de leur peuplement ; ce changement de statut juridique s'est accompagné de la désignation par un nom, parfois bien dérisoire : par exemple l'Utah par référence aux Indiens Utes et à leur « territoire », mais qui n'ont même plus droit à une ligne dans le *Petit Robert* ! Donner un nom au territoire constitue une des premières formes de l'appropriation, celle qui permet de porter ce fait à la connaissance des autres. De cette appropriation résulte la spécification d'une *aire d'extension* et de *limites* territoriales à l'intérieur desquelles le groupe exerce son pouvoir (quel qu'il soit). On peut noter que ces notions d'aire d'extension et de limites sont contenues dans les usages politico-administratif et éthologique du terme.

— Tout groupe, pour se maintenir sur son territoire et assurer la satisfaction de ses besoins, décide d'un certain nombre d'interventions, dont la nature est liée à ses options éthiques, politiques, à son niveau technologique... Il *aménage et gère* cette étendue de terre qui possède alors une *unité de* fonctionnement, celle que le groupe lui assigne. L'**aménagement** peut être défini comme l'ensemble des actions entreprises par le groupe social dans le but précis d'assurer son maintien et sa reproduction. Le résultat en est la *production d'un territoire* doté dans le temps d'une certaine stabilité. Le terme aménagement est utilisé ici dans son sens le plus large ; cependant on le réservera plus particulièrement pour désigner les actions du groupe aboutissant à la création d'équipements (des usines, des réseaux de transports, des logements... : la matérialité physique du territoire en quelque sorte) tandis que le terme gestion sera plus plutôt associé à la productions de biens, à l'entretien des équipements, à la sauvegarde du patrimoine...

— A chaque génération, *les sociétés héritent d'un territoire spécifique* avec ses répartitions spatiales et avec lequel elles doivent compter dans leurs pratiques territoriales. A un moment donné, en fonction de ses préoccupations, la société perçoit ces caractéristiques, soit comme des atouts, soit comme des obstacles, vis-à-vis des objectifs qu'elle s'est fixés. Par exemple, à partir de la première révolution industrielle s'est développée, en liaison avec la société industrielle, la région industrielle du Nord. La base de son activité économique reposait sur l'exploitation du gisement de charbon considéré comme un atout. Des phénomènes cumulatifs, dûs à l'image économique favorable qu'en avait la société s'y sont produits. Autre temps, autres mœurs : le dernier puits de mine a fermé mais le bassin minier, les aménagements, les concentrations de population auxquels il a donné lieu sont toujours là : tout nouvel aménagement régional, toute reconversion de l'activité économique passe nécessairement par la prise en compte de ces spécificités territoriales développées dans un autre contexte économique.

— Aire d'extension d'un territoire et aire d'extension d'un peuplement ne doivent pas être confondues. Une portion de la surface terrestre peut être socialisée par un groupe sans qu'il en fasse le lieu de son habitat. La décision récente, commune à l'échelle planétaire, de faire de l'Antarctique une réserve à protéger, un élément du patrimoine de l'humanité toute entière, en est un bon exemple : le continent antarctique appartient au territoire de l'humanité, au même titre que certains autres lieux prestigieux, tels le Mont-Saint-Michel ou Venise, à la différence près qu'il n'est pas peuplé. On peut encore citer la zone d'attraction terrestre, désormais « appropriée » par certains états ou groupes d'états capables de lancer des satellites, d'y établir des stations orbitales où seront sans doute bientôt réalisées des opérations difficiles à mener sur terre, nouveaux alliages, soudures spéciales... La terre socialisée, donc appropriée mais non nécessairement habitée, s'est ainsi « agrandie ». Signalons que les limites entre l'habité et le non habité s'estompent quelque peu : que l'on songe que, sur la mer du nord, il y a en permanence plus de personnes (mais ce ne sont pas toujours les mêmes !) qu'au nord de l'Ecosse ou qu'en Norvège : marins de commerce, pêcheurs, plaisanciers, personnes embarquées à bord des ferries, personnels d'exploration et d'exploitation des gisements d'hydrocarbures off-shore... La mer, comme l'atmosphère, est l'objet d'appropriation.

— Toute société a des rapports avec son territoire : on peut appeler *pratiques territoriales* (de vie, de gestion, d'aménagement) l'ensemble des actions que le groupe entreprend pour assurer sa vie et son maintien sur son territoire. Elles ont pour résultat de *mettre en relation les lieux qui constituent son territoire*.

2.2. Territoire, espace géographique, système spatial

Comprendre un territoire signifie d'abord mettre en évidence les *interactions* entre un groupe social et son territoire. Mais cela signifie aussi placer cet ensemble groupe social/territoire et leurs interactions dans un ensemble plus vaste ; un territoire, un groupe social ne sont pas isolés : ils entretiennent des échanges avec l'extérieur dont il faut tenir compte pour décrire et comprendre la morphologie et la dynamique territoriales. On peut considérer que cette entité constituée par l'ensemble des interactions qu'un groupe entretient dans le temps avec son territoire, en liaison avec le monde extérieur est un **espace géographique**.

L'étude d'un tel objet est particulièrement complexe puisqu'il faut tenir compte simultanément d'un grand nombre de phénomènes en interaction. Une des méthodes efficaces pour parvenir à la connaissance de cet objet complexe consiste à recourir à l'approche systémique et au concept de **système spatial** *(figure 2)*. Ce dernier peut être défini comme une entité organisée qui évolue dans un environnement en fonction des interactions entre un groupe social et son territoire. En terme systémique, l'environnement, désigne le milieu dans lequel le système évolue et avec lequel il entretient des échanges. Ce faisant, on se dote d'une grille commode d'intelligibilité des objets géographiques (Le Berre, 1987).

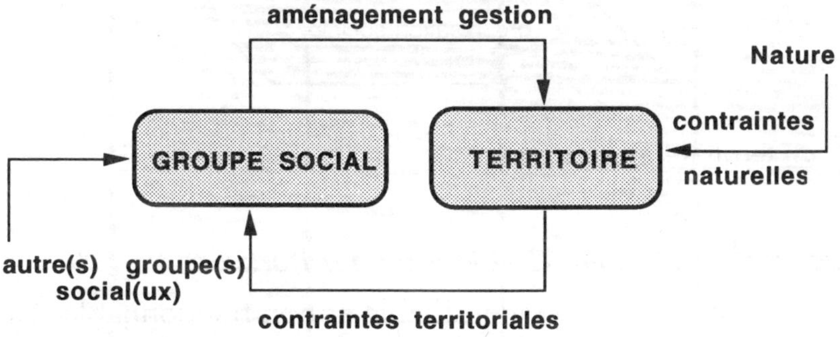

Figure 2 Système spatial et territoire

Il ne faut donc pas confondre :

— l'aménagement, le territoire aménagé, qui relèvent des pratiques spatiales d'un groupe social sur son territoire ;

— l'organisation de l'espace, l'espace organisé, qui relèvent de l'explication géographique consistant à élaborer un ensemble cohérent de représentations scientifiques (modèles) sur ce qu'il est convenu d'appeler l'espace géographique ;

— le système spatial, qui relève d'une prise de position méthodologique : on pose que l'objet d'étude « espace géographique » peut être considéré comme un système dont le territoire est un des composants.

3. Un territoire, trois facettes

Des propos précédents, il ressort qu'on peut analyser un territoire de trois points de vue différents : existentiel, physique, organisationnel (Schwarz, 1991). Le premier peut être considéré comme un point de départ de l'analyse : le territoire y est considéré comme une entité dotée d'une identité propre. Le deuxième procède de l'observation de la matérialité du territoire ; d'un intérêt fondamental pour la géographie, c'est dans ce cadre que sont décrites les configurations territoriales. Le troisième analyse les comportements territoriaux des acteurs sociaux *(figure 3)*.

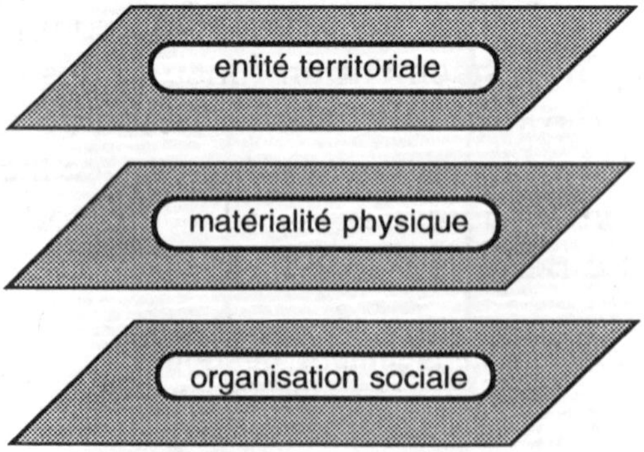

Figure 3 Un territoire, trois facettes

3.1. Facette existentielle : entité et identité territoriales

Le territoire est une entité identifiable et non fractionnable, un organisme en quelque sorte. La marque la plus simple de l'identité territoriale est son *nom propre*, en d'autres termes, son code d'identification. Il faut garder à l'esprit que la prise de possession de la terre s'est faite en identifiant des lieux et en les nommant. Donner un nom, c'est créer la *première relation de dépendance* entre un lieu et son inventeur, c'est le repérer, le signaler, transmettre son existence aux autres qui pourront le retrouver ; c'est aussi faire référence à une portion de la surface terrestre précise et donc permettre sa localisation ; c'est enfin montrer aux autres sa *marque d'appropriation* sur un morceau plus ou moins étendu de terre et éventuellement, son appartenance à ce lieu approprié.

Lorsque le nom manque, l'identification est plus difficile. Par exemple, une firme multinationale est un groupe social qui, en tant que tel, fait usage d'un territoire. Le groupe, composé de ses différents personnels, est facilement identifiable : il porte un nom, celui de la firme ; l'identification de son territoire est moins immédiate : si le repérage des lieux où s'exerce l'activité d'une firme se fait aisément (ces lieux sont désignés par un nom), en revanche, il n'est pas forcément simple de concevoir l'ensemble de ces lieux comme une entité territoriale : celle-ci n'est pas nommée (et de surcroît, elle est discontinue).

Cette facette existentielle du territoire est évidemment forgée par le groupe qui en donne à l'extérieur une vision unitaire, *globale*, à la fois par ses revendications territoriales, par l'affirmation d'un sentiment d'appartenance et par l'unité de fonctionnement qu'il lui confère. Il finalise en quelque sorte, pour le pérenniser, l'existence du territoire. Qu'il suffise pour s'en convaincre de penser à certaines cartes des atlas scolaires où seuls sont indiqués quelques repères physiques (rivages, rivières, montagnes), quelques limites administratives et *un nom* : cette marque de l'appropriation des terres développe et entretient très tôt à l'école, cette idée d'appropriation et, par là même, une certaine forme de nationalisme. La **territorialité** exprime alors, outre un contenu juridique, un sentiment d'appartenance à un morceau de terre et un mode de comportement au sein de cette entité, quelle qu'en soit l'étendue, quel que soit le rayonnement du groupe qui le gère.

3.2. Facette physique du territoire : configurations territoriales

Tout territoire est constitué par un ensemble de lieux qui possèdent des propriétés physiques spécifiques, dont certaines, mais pas toutes, sont observables dans le paysage, qu'il s'agisse des propriétés naturelles ou des propriétés matérielles résultant des actions d'aménagement.

3.2.1. Les propriétés naturelles

Elles sont liées aux *effets* de la **localisation** d'un territoire en un endroit précis de la planète terre : toute analyse de territoire doit en tenir compte. Mais il faut noter que les phénomènes naturels ne relèvent pas de l'étude géographique s'ils ne sont pas intégrés à l'objet de la discipline. Il est tout aussi aberrant d'assigner à la géographie l'étude de la logique des éléments naturels (déterminer par exemple l'âge des strates de glace d'un inlandsis : d'autres sciences le font très bien, ce n'est pas à la géographie physique de s'y substituer) que d'occulter leurs effets sur l'organisation territoriale (ne pas parler de pente, d'exposition, de durée du manteau neigeux pour étudier le tourisme hivernal dans les montagnes tempérées : ce que fait à tort une certaine géographie humaine). C'est pourquoi, on doit distinguer :

— Les *éléments naturels* qui surviennent sur terre mais qui ne sont socialisés que par les travaux scientifiques auxquels ils donnent lieu.

— Les *potentialités naturelles*, éléments naturels dont la société a pris conscience de l'importance pour ses pratiques territoriales, mais qui ne sont pas utilisés. Une potentialité naturelle est un élément naturel fortement socialisé, donc approprié.

— Lorsque l'élément naturel est intégré aux pratiques territoriales d'une société, il exerce une ou des *contraintes naturelles*, forces dotées d'une certaine *intensité* et *perçues* par la société par les *effets* qu'elles engendrent (Marchand, 1980). Elles sont autant d'atouts (une contrainte peut avoir une valeur positive) ou de servitudes (valeur négative de la contrainte) pour les pratiques territoriales. La potentialité naturelle est alors territorialisée.

Prenons l'exemple du pétrole de l'Alaska. L'existence de cet élément naturel fut d'abord supposée : avec l'augmentation des besoins dès la fin des années 1950, on a recherché des gisements de pétrole partout où les configurations géologiques semblaient s'y prêter. Les géologues en ont trouvé en Alaska (et ailleurs) dans les années 1960 mais l'exploitation n'en fut pas décidée tout de suite : les coûts d'extraction et de transport étaient jugés trop élevés ; le gisement, élément naturel lié à l'histoire géologique de la planète, était devenu pour les Etats-Unis une potentialité naturelle, susceptible un jour d'utilisation, ce qui fut fait une décennie plus tard : le gisement approprié et exploité exerce alors sur la société *des* contraintes naturelles dont elle tient compte dans ses pratiques territoriales (contrainte positive en tant que source d'énergie, négative en tant que nuisance quand l'Exxon Valdes fait naufrage !).

Autre exemple, celui des températures hivernales (élément naturel) en haute montagne. Dans les sociétés traditionnelles montagnardes, le froid (notion différente de celle de température) est perçu comme un phénomène bloquant : la vie se concentre dans des secteurs plus cléments ; les difficultés de circulation liées à l'enneigement tout autant que le froid lui-même sont une contrainte négative pour la vie en haute montagne. Quant à l'*intensité* du froid, elle ne compte pas : qu'il y fasse – 20° ou – 40° n'a pas d'importance puisque la haute montagne n'est pas fréquentée. En revanche, quand celle-ci devient touristique, l'intensité du froid est un élément essentiel du phénomène touristique et la société le perçoit comme tel : il est alors exploité comme une contrainte positive pour la pratique du ski puisqu'il permet le maintien du manteau neigeux ; mais il est aussi perçu comme une contrainte négative puisqu'il se traduit par des coûts élevés : matériel adapté, surcoût des dépenses pour l'entretien des sites, le secours en montagne, le chauffage, l'habillement...

Selon les projets de la société et ses possibilités techniques, économiques, politiques, culturelles il y a ou il n'y a pas appropriation des éléments naturels par la société : selon leur niveau de socialisation, ils sont donc dotés de différents statuts ; selon l'évolution des objectifs de la société, ce statut peut changer au cours du temps. Enfin, à un moment donné, un même élément naturel peut exercer simultanément différents types de contraintes. Un vaste champ de réflexion s'ouvre de cette façon à la géographie physique.

3.2.2. Les propriétés matérielles

Elles sont liées aux différents types d'usage que la société attribue à son sol, compte tenu des contraintes naturelles précédemment citées : bâti (logements, usines, bâtiments agricoles, culturels, sportifs...), terres agricoles (champs, prairies), forêt, réseaux de transport (routes et chemins, télécommunications, adduction d'eau, réseau électrique....). Ces usages multiples résultent de la variété des besoins du groupe (habiter, produire, consommer, se distraire....). Pour les satisfaire, il exerce une *sélection sur les lieux* qui, en fin de compte, donne au territoire sa *physionomie*, faite de diversité *(figure 4)*. Ce dernier est donc par nature *hétérogène* (aménagement différentiel des lieux).

Le territoire est, pour le géographe, l'entité privilégiée pour mettre en évidence les localisations : leur *répartition spatiale* a une forme générale, *semis de points, réseau ou pavage* selon que leur matérialité correspond à des phénomènes ponctuels (des villes assimilées à des points), des phénomènes linéaires (des routes, des canalisations, des câbles) ou des surfaces (des

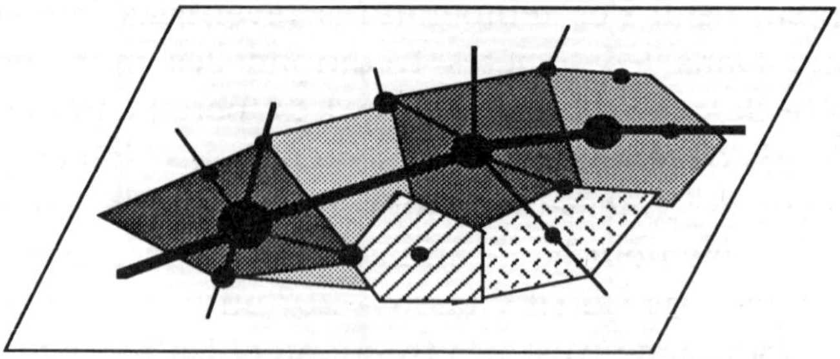

Figure 4 La matérialité du territoire : les lieux (nœuds, réseaux, limites, aires)

champs cultivés). La *carte* constitue l'outil traditionnel de représentation des localisations qui convient bien pour donner de ces dernières une vision globale et aisée.

Deux notions sont particulièrement importantes pour étudier les localisations.

— Celle de *distance* entre deux points d'un semis, d'un réseau ou d'un pavage. Cette *mesure* de la longueur entre deux points s'effectue généralement dans le cadre théorique de la métrique euclidienne, donnant lieu à des représentations dans un plan cartésien. Ce dernier est une référence à la fois abstraite puisqu'elle repose sur une théorie mathématique, et banale dans notre civilisation occidentale. Mais il ne faut pas perdre de vue qu'il existe bien d'autres façons de procéder et que ce n'est pas la distance euclidienne qui se rapproche le plus de notre façon intuitive de percevoir l'espace.

— Celle de *structure* qui exprime la façon dont les éléments composant un territoire sont disposés dans l'espace et dans le temps, les arrangements territoriaux en quelque sorte ; celle-ci peut être abordée de deux façons différentes mais complémentaires.

– D'un point de vue géométrique *(fiche 3)*

Les phénomènes ponctuels, répartis sur la surface du territoire, sont représentés sous forme de *semis de points* dont on examine la plus ou moins grande densité, dont on détermine le centre... On peut opposer les structures en *gradient* (par exemple la décroissance du nombre d'habitants des communes d'une agglomération en fonction de la distance au centre ville) et les *hiérarchies* (par exemple une armature urbaine).

FICHE 3

Quelques mots-clefs pour l'étude des répartitions territoriales

1. Vocabulaire géométrique

	Phénomène ponctuel	Réseau	Pavage
Forme	semis trame	arborescence maillage circuit nœud d'un réseau	quadrillage pavage triangulaire pavage hexagonal pavage polygonal
Limite (discontinuité)			aire d'extension superficie périphérie et centre périmètre frontière zone avec discontinuité auréole (id)
Densité (distance)	dispersion concentration centre	densité connexité	centre
Gradient (continuité)	gradient	gradient	zonage (en continu) auréole (en continu) surface de tendance
Hiérarchie	hiérarchie	armature	emboîtement de surfaces
Relation entre lieux		auto-corrélation spatiale	

2. Vocabulaire topologique*

	localisation position relative situation proximité éloignement contiguïté		

* le même pour chacune des deux autres colonnes.

Les *réseaux* assurent la *desserte territoriale* et sont parcourus par des *flux*. Ces derniers peuvent donner lieu soit à une structure de *gradient* (flux de voyageurs d'un train de banlieue depuis le centre ville jusqu'au terminus) soit à une *hiérarchie* (réseau de desserte d'une agglomération en eau potable, avec des conduites dont la taille est choisie en fonction du débit).

Les *pavages territoriaux* sont des surfaces qui représentent l'aire d'extension d'un ou plusieurs phénomènes. Comme pour les semis ou les réseaux, on peut y mettre en évidence soit des *gradients* (décroissance du prix du terrain en fonction de la distance au centre ville), soit des *hiérarchies* (surfaces emboîtées des unités administratives). Mais ils donnent lieu à d'autres types d'études du fait même de leur couverture spatiale : en particulier, les limites sont des lieux de rupture, de discontinuité dans l'homogénéité de l'étendue territoriale.

– D'un point de vue topologique la position relative des lieux est alors étudiée *(fiche 3)*.

3.3. Facette organisationnelle : le rôle des agents sociaux

Tout territoire s'inscrit aussi dans une *logique organisationnelle (figure 5)*. Comprendre les **configurations territoriales** ne signifie pas seulement les décrire d'un point de vue morphologique : cela reviendrait à observer les effets de causes qui seraient passées sous silence. La logique organisationnelle suppose la recherche de ces causes, donc la détermination des agents ou acteurs qui contribuent par leurs comportements, à l'organisation territoriale ; elle se traduit par des flux d'information et des décisions qui engendrent à leur tour des flux de produits, d'argent, d'hommes, d'énergie entre les lieux structurés par les réseaux maillant le territoire.

On a vu que dans le monde de la nature, tout n'est pas du ressort de la géographie ; il en va de même dans la société : tout rapport social n'est pas pertinent pour l'étude géographique. Il ne s'agit donc pas d'identifier tous les comportements possibles de tous les groupes sociaux, mais de sélectionner ceux qui sont actifs en matière de pratiques territoriales.

Tout groupe social, poursuivant son objectif général de maintien et de reproduction sur son territoire, possède un certain *degré de cohésion* : il s'est en effet doté de règles de fonctionnement plus ou moins librement consenties par le plus grand nombre. Mais, le groupe s'organise aussi en sous-groupes qui n'ont pas, vis-à-vis de cet objectif, les mêmes fonctions : certains décident, d'autres produisent, d'autres consomment... De ce fait, la cohésion sociale, faite de rapports sociaux entre ces sous-groupes, peut s'analyser en termes d'*organisation* (hiérarchie, domination, réciprocité, complémentarité...). Comprendre le fonctionnement territorial suppose donc d'identifier d'une part les *fonctions spécifiques* qui reviennent à chaque catégorie d'acteurs dans la gestion et l'aménagement du territoire, d'autre part, les *échanges d'information* et les *processus décisionnels* auxquels ils donnent lieu. Cela revient à poser les questions : qui fait quoi ? Où le fait-il ? Quels sont les processus qui aboutissent à ces actions localisées ? Raisonner en termes d'organisation signifie raisonner en termes d'interaction.

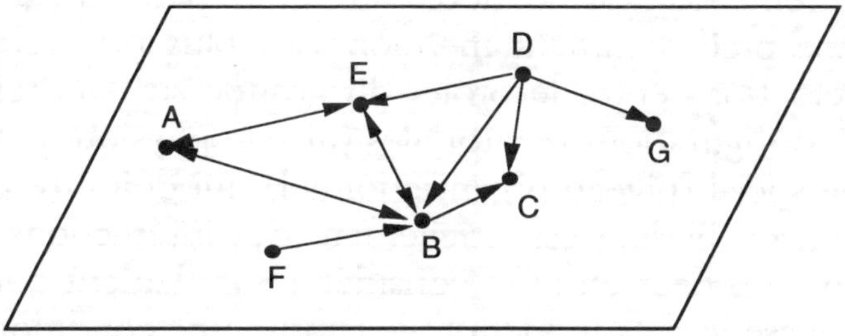

Figure 5 Aspect organisationnel : échanges d'information entre sous groupes sociaux de A à F : producteurs, décideurs, consommateurs...

L'aménagement et la gestion du territoire créent donc à la fois de l'homogénéité et de l'hétérogénéité territoriale : homogénéité de **fonctionnement** liée à l'objectif global de maintien sur le territoire et entretenue par la cohésion sociale ; hétérogénéité liée aux actions différenciées s'exerçant sur des lieux spécifiés. Cette double propriété du territoire correspond à deux façons différentes de considérer l'organisation territoriale : l'une, globalisante, privilégie le fonctionnement général, l'autre, les actions sectorielles et la sélection sur les lieux.

4. Dynamiques territoriales

Comprendre la **dynamique territoriale** c'est répondre à une première série de questions :

— pourquoi une chose est-elle là et pas ailleurs ?
— quelle est sa durée de vie ?
— comment les configurations spatiales se transforment-elles ?

Cela revient à s'intéresser aux processus de mise en place des configurations spatiales, à leur évolution, et donc à se poser les questions suivantes :
— comment fonctionnent les systèmes spatiaux ?
— quels sont les acteurs et les processus qui engendrent de nouveaux systèmes ?
— quel est le rôle joué par les configurations territoriales héritées sur les objectifs du groupe social, autrement dit, quel est l'effet induit par une localisation existante sur les décisions d'un groupe ?

Cette compréhension passe nécessairement par l'intégration des trois niveaux d'analyse précédemment mentionnés ; plus précisément, c'est l'ensemble des interactions entre le projet du groupe sur son territoire (niveau existentiel), les configurations territoriales (niveau physique) et le fonctionnement du groupe social (niveau organisationnel) qui doit être pris en compte. Dans ce qui suit, on parlera essentiellement des interactions entre les deux derniers niveaux : on peut en effet considérer simplement que la conscience qu'une société possède de son identité constitue une condition indispensable à l'existence d'interactions entre les deux autres niveaux.

4.1. L'interaction configuration-fonctionnement : l'autopoïèse

D'après son origine étymologique, *autopoïèse*, expression issue du vocabulaire systémique, signifie auto-production. Un système est autopoïétique lorsqu'il est capable, du fait des interactions existant entre ses composants, de fonctionner dans son environnement en maintenant sa structure : celle-ci en assure le fonctionnement ; le fonctionnement en maintient la structure. La figure 6 fournit une application de la notion d'*autopoïèse* aux systèmes spatiaux. Sa conception repose sur l'idée qu'il n'y a pas de groupe social sans usage d'espace, que toute action d'un groupe passe par la médiation de la matérialité territoriale : le groupe social, acteur du système spatial, produit le territoire, s'y maintient et s'y reproduit ; le territoire, lieu de vie du groupe, lui fournit les conditions de ce maintien et de cette reproduction : c'est donc aussi un acteur du système spatial.

La dynamique territoriale peut donc s'analyser en terme d'*autopoïèse*, l'*autopoïèse* en terme d'interactions dans une boucle de causalités (causalité circulaire). Ces interactions sont engendrées par trois types d'acteurs.

— Le groupe agit, entreprend des actions sur son territoire (et le territoire reçoit). Le terme d'action est pris dans son sens le plus large : il peut aussi bien désigner des pratiques spatiales liées à la vie quotidienne que de

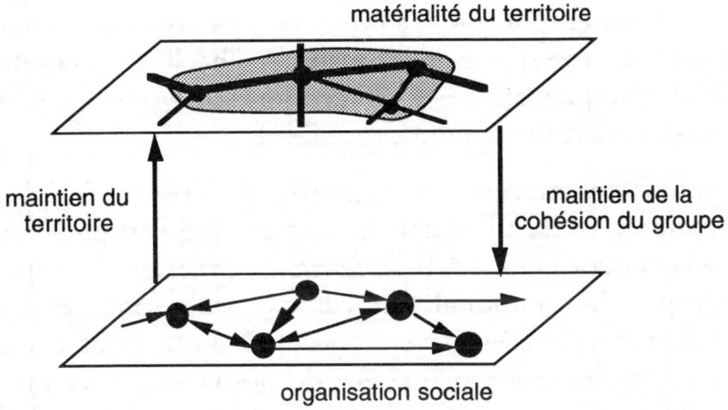

Figure 6 Fonctionnement territorial

grandes opérations d'aménagement changeant la physionomie d'un lieu ou d'un ensemble de lieux. Généralement, la géographie, d'autres sciences sociales, mais aussi les professionnels de l'aménagement, proposent des analyses de ces pratiques territoriales.

— Le territoire agit, le groupe reçoit (« actions » du territoire sur le groupe). Cette expression sert à désigner l'ensemble des contraintes, positives ou négatives, que le territoire, muni de ses configurations territoriales, exerce sur les comportements du groupe en matière de pratiques territoriales. Le territoire n'est pas simple support de vie du groupe social mais un véritable acteur du système spatial. Ces **contraintes** sont alors définies comme autant de forces qui se manifestent avec un certain degré d'intensité en provoquant certains effets.

— Les contraintes naturelles, déjà évoquées précédemment, localisées et créatrices de diversité spatiale, se déroulent à des échelles de temps très variables (temps géologiques longs pour la répartition des terres et des mers, temps très courts de d'ordre de la seconde pour un séisme) ; elles sont pour certaines d'entre elles soumises à des fluctuations. La société ne les perçoit pas toujours dans toutes leurs composantes : par exemple, on a assisté en France à la fin des années 1960, d'une part en fonction d'une forte demande de la clientèle, d'autre part à la suite de quelques hivers fortement enneigés, à la création ou au développement de stations de moyenne montagne, mais sans étude suffisante de la variabilité interannuelle de la durée du manteau neigeux. Ce n'est souvent qu'à la suite d'un dysfonctionnement que les effets de ces contraintes sont réellement perçus par la société qui doit en assumer l'héritage (ces mêmes stations en difficulté quelques années plus tard par suite d'un enneigement insuffisant mais pourtant facilement prévisible).

— Les contraintes engendrées par les configurations territoriales héritées des aménagements passés. Elles constituent ce que l'on peut appeler *l'inertie territoriale* ou encore la *rigidité du territoire aménagé*. Lorsqu'une voie ferrée, un aéroport international, une ville nouvelle sont créés, du fait même de leur existence, ils constituent une contrainte dont les effets se font sentir sur toute décision en matière de nouveau projet ou, plus simplement, sur les pratiques territoriales au quotidien ; le terme de rigidité est bien connu des organismes spécialisés dans ce type de gestion, réseau de transport en commun, parc de logements par exemple. Cette inertie territoriale, c'est aussi la *mémoire du territoire* provenant d'un passé plus ou moins lointain, l'héritage que toute société reçoit, qu'elle assume, valorise ou dont elle se débarrasse, au gré de ses choix.
A la différence des actions mentionnées dans le paragraphe précédent, ces dernières n'ont pas été suffisamment étudiées d'un point de vue théorique.

— Tout système ne fonctionne que parce qu'il entretient avec l'*extérieur* un certain nombre d'échanges qu'il convient aussi d'identifier : échanges avec d'autres groupes sociaux (rapports de dominant à dominé, de complémentarité, de réciprocité) ; contraintes de la position relative d'un territoire (contrainte de distance, de contiguïté par exemple). C'est ce qu'en systémique, on désigne sous le terme d'*environnement du système*.

4.2. Echelles territoriales

Traitées au moyen de la grille proposée ici, les interactions entre société, territoire et « environnement » peuvent s'appliquer à n'importe quel territoire, n'importe quel groupe social. De la diversité des groupes sociaux résulte celle des territoires : dimension, configurations spatiales, modes de fonctionnement, tout peut changer. De même que les sociologues distinguent des groupes sociaux différents par leur nombre, leurs objectifs, leurs comportements, de même les géographes sont amenés à distinguer des territoires différents qui fonctionnent à des échelles spatiales différentes selon des mécanismes différents : c'est un des principes fondateurs de la géographie classique que d'affirmer l'existence d'organisations spatiales différentes engendrées par des processus différents. On a souvent distingué le domaine, l'État ou groupe d'États, la région, le pays, le quartier rural ou urbain et plus particulièrement traité l'état, la région et le pays.

En fonction de l'affirmation que la géographie est une science sociale, les géographes parlent aujourd'hui d'un système monde dont la terre est le territoire et l'humanité le groupe social : on peut ainsi analyser en termes d'autopoïèse le territoire-terre, géré et pratiqué par une humanité consciente d'appartenir à une même entité et d'avoir des objectifs communs. De la même façon, on peut étudier, à l'autre bout de l'échelle spatiale, le territoire d'une communauté indienne, constitué d'une portion de vallée andine relativement isolée de ses voisines ou encore, celui d'une société pétrolière, non continu, dont les morceaux sont constitués par les concessions accordées par différents états pour la recherche, ou l'exploitation de gisements. Dans ces trois cas, les groupes sociaux sont différents, les espaces de vie et les pratiques territoriales également : il en résulte une grande hétérogénéité des configurations territoriales. Mais la grille d'étude peut être la même : elle consiste à identifier les trois niveaux de compréhension des territoires (existentiel, physique, organisationnel) et leurs interactions.

Enfin, il faut signaler que, d'un point de vue théorique, une même portion d'espace peut appartenir à plusieurs groupes sociaux. Soit un lieu occupé par un établissement industriel : à *l'échelle de l'Etat*, on considérera sa localisation dans la politique générale d'aménagement du territoire ; à l'*échelle micro-régionale*, on considérera qu'il contribue au maintien de l'emploi et l'on étudiera les migrations quotidiennes alternantes ; enfin, si l'on s'intéresse au territoire de la firme dont l'établissement relève, ce dernier devient un élément du potentiel productif, géré en fonction d'une stratégie spatiale (à l'*échelle mondiale*), des caractéristiques spécifiques de sa localisation et de son fonctionnement. L'imbrication des territoires correspond alors à l'imbrication des groupes sociaux et à la multiplicité de leurs objectifs en matière de comportements spatiaux.

Lectures recommandées

Auriac F. et Brunet R. (éd.), 1986, *Espaces, jeux et enjeux*, Nouvelle encyclopédie des sciences et des techniques, Paris, Fayard-Fondation Diderot.

Brunet R. et Dollfus O., 1990, *Mondes nouveaux*, Paris, Hachette-RECLUS, Géographie Universelle, t.1.

Groupe Dupont (éd.), 1982, *Les territoires de la vie quotidienne*, *Recherche de niveaux signifiants dans l'analyse géographique,* Actes du colloque Géopoint 92, Avignon, Groupe Dupont.

Ferrier J.P., 1984, Antée 1. *La géographie, ça sert d'abord à parler du territoire ou le métier des géographes*, Aix-en-Provence, Edisud.
Pinchemel G. et P., 1988, *La face de la terre*, Paris, Colin.
de Rosnay J., 1975, *Le macroscope. Vers une vision globale*, Paris, Seuil.

Mots-clefs

Aménagement, Aménagement du territoire, Configuration territoriale, Contrainte territoriale, Dynamique territoriale, Espace géographique, Fonctionnement territorial, Localisation, Système spatial, Territoire, Territorialité.

Une axiomatique économique de l'espace géographique

33

Jean Paelinck

La terminologie en **analyse spatiale** (aménagement du territoire, géographie, économie spatiale, science régionale) est pour le moins confuse. Il est utile dès lors de souligner l'importance d'une définition préalable de certains termes utilisés, à moins que cette définition n'ait été imposée par l'une ou l'autre discipline – en général l'analyse mathématique – comme devant être d'usage commun.

Nous étudierons ci-après certaines définitions, partant de celle qui est d'usage obligé : l'espace.

1. Espaces

La notion « familière » ou « commune » d'**espace** est liée à la géométrie, par laquelle elle s'est introduite couramment. Cependant vers la fin du siècle dernier, des mathématiciens se sont aperçus qu'il y avait moyen de « généraliser » la géométrie, par exemple en éliminant des hypothèses superflues, ou en étudiant des propriétés conservées sous une déformation continue. Cette topologie générale fut axiomatisée *(fiche 1)* par Hausdorff en 1914, ce qui permit d'étudier des « espaces » très généraux ; c'est cette notion que nous allons maintenant définir, pour passer ensuite à un **espace topologique** particulier, l'**espace métrique** (Bouvier et George, 1979 ; Delachet, 1978 ; Gérard-Varet, 1976).

Prenons un ensemble d'objets, O ; postulons entre ces objets des relations de type binaire, ternaire, *n*-aire, c'est-à-dire considérons deux, trois, *n* objets (différents ou les mêmes) de l'ensemble O *simultanément* (l'on considère en fait le « produit logique » binaire, ternaire, *n*-aire de l'ensemble O), et imposons à ces relations certaines propriétés. Un **ensemble** qui nous intéresse particulièrement est un ensemble de sites (ensemble fini ou infini) sur lequel on va définir une fonction numérique ayant quatre propriétés : non–négativité, symétrie, nullité en cas de réflexivité, et l'inégalité dite « triangulaire » *(fiche 1)*. L'on aura ainsi défini sur les éléments de O une relation métrique ; l'ensemble O, conjointement avec la relation métrique M, est appelé une **structure**, et l'ensemble O lui-même, structuré par la relation M, est appelé un **espace**, qui peut être qualifié par la structuration particulière imposée à O, dans le cas présent un **espace métrique**.

FICHE 1

Définitions

Axiomatique

Approche hypothético-déductive reposant sur un système d'axiomes non-contradictoires dont on déduit des propositions ou théorèmes.

Asymétrie

Propriété d'une relation binaire qui, si cette dernière est satisfaite pour deux éléments distincts x et y (dans cet ordre), ne l'est pas pour y et x.

Exclusivité

Vérité non-simultanée de deux propositions ou appartenances.

Non-négativité

Propriété d'être égal ou supérieur à zéro.

Réflexivité

Propriété d'un élément (d'un ensemble) d'être en rapport avec lui-même.

Symétrie

Propriété d'une relation binaire entre deux éléments distincts qui, si elle existe entre x et y (dans cet ordre), elle existe entre y et x.

Triangulaire (inégalité)

Dans le cas d'une métrique, propriété selon laquelle la distance entre x et y, plus celle entre y et z, n'est jamais inférieure à celle entre x et z.

Source : A. Bouvier et M. George, 1979 ; Chantadal, 1978.

Si maintenant nous structurons l'ensemble O par une relation de préordre (ou de préférence large), ayant les propriétés de réflexivité et de transitivité *(fiche 1)*, l'espace ainsi engendré sera un espace dit « économique » ; l'on peut ainsi produire des espaces techniques, sociologiques, politiques, en définissant chaque fois les relations appropriées entre les éléments de O.

Un exemple utile à mentionner ici – parce qu'il vise à « axiomatiser » la géographie – est celui d'un espace dit « **pré-géographique** » (Beguin et Thisse, 1979). Celui-ci est un espace métrique dont on munit les « points » (c'est ainsi que l'on nomme désormais les éléments de O) de vecteurs de caractéristiques ; afin de pouvoir le faire l'on a généralement introduit (implicitement) un espace « de mesure » sur les éléments de ces vecteurs. L'espace pré-géographique ne deviendra « géographique » que si l'on postule en outre des relations dont le géographe se servira pour expliquer le fonctionnement des éléments de son analyse ; en général, outre l'ensemble O de sites, il introduira, en géographie humaine, un ensemble A d'« acteurs », et les fera réagir en fonction d'un ensemble – nous y reviendrons – de relations, dont il a déjà été fait mention plus haut.

2. Paysages, territoires

L'ensemble structuré dont il a été question ci-dessus peut (du moins idéalement) s'étudier sous la forme d'un système d'équations ; c'est surtout l'économiste spatial qui, sur la base de relations de préférence et de relations techniques, a poussé cet exercice le plus loin. Il en résulte ce que l'on appelle des « **allocations spatiales** » dans lesquelles des biens et des services (de production et de consommation) localisés sont attribués, alloués à des « agents économiques » (les « acteurs » introduits plus haut) également localisés *(chapitre 27)*. La reproduction cartographique de ce résultat, en fait étonnamment complexe, nous l'avons appelée un « **paysage économique** » à titre de définition, mais cette dernière nous est personnelle.

L'on a parfois tendance à parler de la « structuration » d'un espace, économique ou autre ; le lecteur comprendra qu'il s'agit là d'une erreur de terminologie, car ce n'est pas un espace qui est structuré, c'est éventuellement l'ensemble des objets d'étude. Il est vrai, bien sûr, que le **paysage économique**, par exemple, présente certains aspects caractéristiques, ainsi la présence de centres d'activité humaine plus ou moins concentrés et de composition variable ; si l'on utilise ici le terme de « structure du paysage économique », c'est un peu à la façon de l'économètre qui appelle « structure » la valeur empirique prise par les paramètres de son modèle, donc le modèle « estimé ». Il faudrait inventer une autre expression pour désigner cet aspect, et nous proposons ici le terme de « composition » (du latin com-ponere, « mettre ensemble », « joindre »), donc la façon conjointe dont se présentent finalement les éléments de l'analyse (sites, agents, pour nous, spatialistes) regroupés dans un **paysage** *(fiche 2)*.

Ce **paysage** peut être « **territoire** » si l'ensemble des relations imposées aux objets d'analyse comprend des relations de type politique (caractérisées, par exemple, par des propriétés d'asymétrie, de transitivité et d'exclusivité, qui définiraient une notion de dominance) *(chapitre 32)* ; d'ailleurs, cette relation elle-même pourrait être exclusive d'autres, ce qui est le cas de la pratique géo-politique.

FICHE 2

Paysage résultant d'un équilibre économique spatial général

L'idée de spatialiser l'équilibre économique général (interdépendance générale entre tous les biens et services en quantités, et leurs prix respectifs) revient à Lösch (Paelinck et Nijkamp, 1975, p. 58-81). L'on suppose une population répartie sur un espace métrique, chaque agent étant muni d'un revenu et d'une fonction d'utilité, un **espace pré-géographique** donc ; ces deux élément engendrent des consommations spécifiques potentielles spatialisées qui incitent des firmes à se localiser et à approvisionner une clientèle rassemblée sur des aires de marché séparées par des courbes d'égalité des prix « livrés » (c'est-à-dire incluant des frais de transport), le consommateur y étant indifférent à l'approvisionnement chez l'un ou chez l'autre des concurrents spatiaux (frontière dite « de Palander »).
La résolution (idéale) du système d'équations, qui résulte de cette approche, peut être (idéalement, de nouveau) reproduite cartographiquement comme un « paysage » économique, dont un exemple à deux biens est donné ci-dessous.

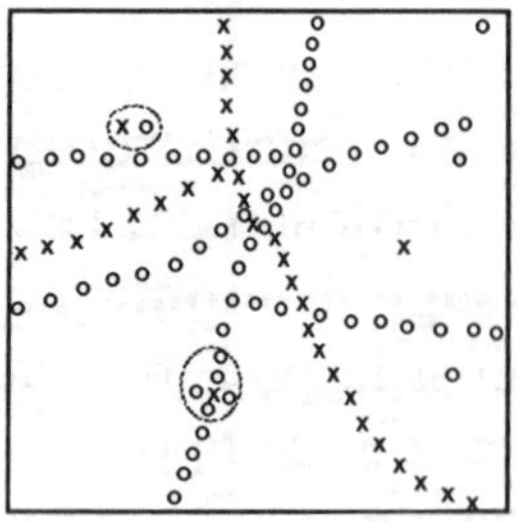

Légende : x : bien 1,
o : bien 2.

Source : J. Paelinck, 1985, p. 35-52.

3. Mono- et interdisciplinarité

Très rapidement l'on se rend compte de la nature non-monodisciplinaire de la plupart de nos analyses *(fiche 3)*. L'économiste spatial introduit une relation de préférence, une relation technique, des relations métriques et de mesure ; le praticien de la géographie humaine y ajoutera souvent des relations sociologiques, politiques, religieuses.... et en ce sens traite d'une discipline plus holistique que l'économiste. Un peu de formalisme ne messied pas à ce stade, et nous terminerons par là.

FICHE 3

Exemple d'analyse interdisciplinaire

Supposons que l'on essaie d'expliquer la concentration ou la dispersion spatiale d'activités économiques dans différents pays ; l'on partirait d'un ensemble d'hypothèses (niveaux généraux d'activité, histoire de l'évolution économique, caractéristiques géographiques du pays, mesures de politique régionale et d'aménagement du territoire) pour ensuite développer un modèle.
Pareil modèle cependant serait incomplet, car il négligerait une interdépendance fondamentale, résultant du fait notamment que la politique régionale et l'aménagement du territoire sont fondés à leur tour sur le degré de concentration ou de dispersion de l'activité économique. Il faut donc étendre le modèle et concevoir une nouvelle équation, qui ne serait plus de nature écono-historico-géographique, mais bien de nature politologique, équation sans laquelle le modèle primitif ne pourrait être correctement estimé.

Une **structure**, S, se définit comme un ensemble de deux ensembles non-vides, des objets d'analyse et des relations :

$$S \triangle \{O ; R\} \qquad (1)$$

Si des **relations** de l'ensemble R appartiennent à différentes monodisciplines traditionnelles (économie, sociologie, politologie, ...), l'analyse sera interdisciplinaire (elle ne sera *que* multidisciplinaire si l'étude comprend des « chapitres » successifs consacrés aux aspects économiques, sociaux, politiques.... d'un problème donné) ; si en plus l'on essaie d'expliquer les relations d'une monodiscipline par celles d'une autre (par exemple une analyse qui expliquerait « économiquement » l'apparition de nouvelles technologies, et vice versa, l'impact de ces dernières sur les relations économiques), l'on pratiquera une interdisciplinarité forte. Formellement :

$$S^* \triangle \{O \,;\, \mathcal{J}\,(R)\} \qquad (2)$$

Nous soupçonnons qu'une meilleure vision du monde ne peut être obtenue que de cette façon-là ; en fait, le géographe est bien en avance sur les spécialités de certaines autres disciplines...

Lectures recommandées

Bouvier A. et George M., 1979, *Dictionnaire des Mathématiques*, Paris, PUF.

Delachet A., 1978, *La topologie*, Paris, PUF, « Que sais-je ? », 1710.

Gérard-Varet L., Prévôt M. et Thisse J., 1976, *Analyse mathématique pour l'économie, Topologie*, Paris, Dalloz.

Paelinck J., Ancot J., Kuiper K. et Ten Raa M., 1985, *Eléments d'analyse économique spatiale*, Genève, Editions Régionales Européennes.

Mots-clefs

Allocation spatiale,
Analyse spatiale,
Ensemble,
Espace,
Espace métrique,
Espace topologique,
Espace pré-géographique,
Paysage économique,
Relation,
Structure,
Territoire.

Les systèmes de villes

34

Denise Pumain

Les villes, prises isolément et dans leur ensemble, jouent un rôle majeur dans l'organisation de l'espace géographique. En polarisant la vie de relation, en développant une hiérarchie de centralités, elles maintiennent et renforcent des liens d'interdépendance entre les points de concentration qu'elles forment dans un territoire. L'expression de **réseau urbain** traduit la permanence et la force de l'image qui représente, sur les cartes à petite échelle, les villes symbolisées par des points et reliées par les voies ou les flux qui assurent leurs échanges. On lui a substitué parfois, pour éviter une confusion possible avec les réseaux techniques dont s'occupent dans chaque ville les urbanistes, l'expression d'**armature urbaine**, qui évoque bien la fonction de desserte et d'encadrement territorial dévolue aux ensembles de villes. Désormais, l'expression de **système de villes**, moins ambiguë, tend à remplacer ces deux termes en ajoutant des connotations dynamiques de cohérence et de synergie à l'observation des propriétés géométriques et fonctionnelles des réseaux urbains. L'organisation **hiérarchique** demeure une caractéristique de la structure des systèmes de villes, ce qui n'implique pas nécessairement que toutes les relations qu'ont les villes entre elles soient orientées selon une pyramide de pouvoirs, mais ce qui signifie qu'elles se différencient très fortement, en niveaux très contrastés, selon leur dimension, la variété et le nombre de leurs fonctions, la portée spatiale de leurs relations et l'étendue des régions dans lesquelles s'effectuent ces relations.

L'étude de cette forme d'organisation récurrente a suscité le développement d'un corps de théorie qui est l'un des plus importants de la géographie, la **théorie des lieux centraux**. Les modèles originels rendent assez bien compte des fondements de l'organisation des réseaux urbains par les relations que suscite la distribution des biens et des services à une population dispersée sur un territoire. Ils doivent être complétés pour inclure les autres fonctions des villes, expliquer la persistance des réseaux urbains à travers les vicissitudes de l'histoire des territoires et évaluer leur variabilité dans le Monde. On s'acheminerait alors vers une véritable théorie de l'évolution des systèmes de villes.

1. Organisation hiérarchique et centralité

La **théorie des lieux centraux** rend compte des régularités de l'espacement et des inégalités de la taille des villes. Pressentie par des précurseurs comme Reynaud (Robic, 1982) ou encore Kohl (1841) voire Reclus ou Levasseur *(fiche 1)*, elle a été initialement formalisée par Christaller (1933) et Lösch (1940) : leurs modèles cartographiques restent les formes canoniques d'expression de la théorie, présentes dans de nombreux manuels. M. Beckmann et J. Mc. Pherson (1970) en ont donné une formalisation mathématique, tandis que J. Tinbergen (1964) et H. Bos (1964) replaçaient ces modèles dans le cadre d'une théorie plus générale de l'équilibre économique spatial.

1.1. Les fondements théoriques

La théorie des lieux centraux explique l'organisation spatiale et hiérarchique des réseaux urbains par la fonction économique des villes, qui est de distribuer des biens et des services à une population répartie dans un territoire. Le concept-clé est celui de **centralité** : l'offre et la demande de biens et de services se rencontrent et s'échangent dans des lieux privilégiés par leur accessibilité, qui sont des marchés dénommés « lieux centraux ». Chaque établissement de commerce ou de service exerce une attraction sur une clientèle plus ou moins étendue, qui converge vers ce centre élémentaire. L'interaction qui définit ainsi un centre et sa zone d'influence est appelée **polarisation**. Le nombre, la rareté et la complexité des fonctions rassemblées dans les centres définissent plusieurs niveaux de polarisation. En effet les biens et les services offerts dans les centres sont inégalement onéreux et de recours plus ou moins fréquent. Le coût du transport s'ajoutant à leur prix dissuade les consommateurs de parcourir plus qu'une certaine distance pour se les procurer : ainsi se définit la **portée** du bien ou du service ; mais la clientèle doit aussi être en nombre suffisant pour assurer la rentabilité de l'offre : un **seuil d'apparition** définissant le volume de clientèle potentielle minimale est ainsi associé à chaque fonction.

FICHE 1

Ancienneté de la notion de système de villes

Contrairement à bien des idées reçues, les historiens de la géographie ont montré que d'emblée les études de villes font référence à la notion de réseau urbain (Robic, 1989 ; Montigny, 1992). Parmi d'autres, les deux textes ci-dessous témoignent de la conception précoce d'un *système de villes*, organisé selon une hiérarchie de lieux centraux, comportant des villes spécialisées, dont la trame régulière se déforme selon les inégalités du milieu, et dont les normes évoluent avec la vitesse des moyens de transport utilisés :

« Il est évident que, théoriquement, dans le cas d'un territoire uniforme, la position géométrique des villes à l'égard des villages est exactement la même que celle des villages à l'égard des champs ; c'est-à-dire qu'étant donné un territoire divisé en hexagones ruraux, on y assignerait la position des villes par de nouveaux hexagones embrassant un nombre déterminé des premiers, et dont les villes occuperaient le centre. Et il est évident aussi que les dimensions de ces hexagones seraient fournies également par la considération du rayon de facile communication eu égard au genre de rapport qui doit exister entre les villes et les villages. De sorte que les villes sont régies dans leur position, ainsi que dans leur grandeur, par l'état des voies et de la culture dans les campagnes, et elles ne peuvent s'écarter sans dommage, ou pour la campagne ou pour elles, des lois qui leur sont ainsi imposées.

Il faut remarquer toutefois que nous avons réduit le problème à plus de simplicité qu'il n'en a réellement [...] tandis qu'il y a des artisans dont les travaux sont si continuellement nécessaires aux cultivateurs qu'ils les retiennent parmi eux, il y en a d'autres qui leur sont à peine utiles, ou avec lesquels ils n'ont besoin que d'entretenir des rapports lointains, ou enfin dont les travaux, uniquement destinés aux villes, sont tout-à-fait étrangers aux campagnes. Ces derniers, au lieu de se répartir également dans toutes les villes, tendent donc à se rassembler dans quelques-unes, convenablement disposées à l'égard des autres, et dont ils modifient naturellement par leur présence le caractère et la grandeur. Par où l'on voit comment, à partir des villages, les diverses agrégations se graduent naturellement suivant une hiérarchie qu'on peut approximativement réduire à trois ou quatre degrés jusqu'à l'agrégation capitale de la nation [...].

En résumé, il n'y a donc pas une inégalité de quelque importance qui ne jouisse de la propriété d'exercer sur les villes une action particulière. D'où il suit que le *système général des villes* peut être considéré comme offrant jusqu'à un certain point la représentation du système général des inégalités du territoire. »

J. Reynaud, 1841, article « Villes » *in* Encyclopédie nouvelle, Paris, Gosselin, t. VIII, p. 670-687.

« Si la terre était complètement uniforme dans son relief, dans la qualité du sol et les conditions du climat, les villes occuperaient une position géométrique pour ainsi dire : l'attraction mutuelle, l'instinct de société, la facilité des échanges les auraient fait naître à des distances égales les unes des autres. Etant donnée une région plane, sans obstacles naturels, sans fleuve, sans port, située d'une manière particulièrement favorable, et non divisée en Etats politiques distincts, la plus grande cité se fût élevée directement au centre du pays ; les villes secondaires se seraient réparties à des intervalles égaux sur le pourtour, espacées rythmiquement, et chacune d'elles aurait eu son système planétaire de villes inférieures, ayant leur cortège de villages. La distance normale d'une journée de marche, tel devrait être sur une plaine uniforme l'intervalle entre les diverses agglomérations urbaines : le nombre de lieues parcourues par un marcheur ordinaire entre l'aube et le crépuscule, soit douze à quinze correspondant aux heures du jour, constitue l'étape régulière d'une ville à l'autre. La domestication des animaux, puis l'invention des roues, et, depuis, les machines ont, graduellement ou brusquement, modifié les mesures primitives : le pas de la monture, puis le tour d'essieu déterminèrent l'écart normal entre les grandes réunions d'hommes. »

E. RECLUS, 1906-1908, *L'homme et la terre*, Paris, Hachette – Réédition partielle 1982 par B. Giblin, Paris, La Découverte, t2, p. 31. (Ce texte a été repris par Reclus de son article « The evolution of cities », *The Contemporary Review*, 1895)

La théorie suppose que toute la population doit être desservie, que les consommateurs s'approvisionnent au plus près de leur résidence, que les entrepreneurs entrent librement sur le marché et se font concurrence pour se partager la clientèle. Elle stipule que, en application du principe de centralité, les biens et les services qui ont des portées comparables se rassemblent dans les mêmes centres, et en particulier que les centres d'un certain niveau offrent tous les services de niveau inférieur *(chapitre 27)*.

Il s'ensuit que les biens et les services offerts dans les lieux centraux sont regroupés en fonction de leurs portées et de leurs seuils d'apparition, selon une hiérarchie emboîtée de niveaux de fonctions, qui définit une hiérarchie de lieux centraux. La théorie donne ainsi une explication économique et territoriale à la caractéristique majeure des réseaux de villes : leur organisation selon une hiérarchie de tailles, d'espacements, de niveau et de variété des fonctions qu'elles exercent et de dimension des zones d'influence (ou aires de marché) qu'elles polarisent.

1.2. Les modèles spatiaux

Si l'on imagine une plaine homogène sur laquelle une population est uniformément répartie, avec partout les mêmes revenus et niveaux de consommation, l'application des éléments théoriques ci-dessus permet d'obtenir des modèles spatiaux d'une simplicité géométrique. Christaller en a distingué trois selon la nature de l'optimum à réaliser. Le « principe de marché », en maximisant le nombre des lieux centraux, conduit à disposer les villes de même niveau aux sommets de triangles équilatéraux, chacune d'entre elles desservant une aire de forme hexagonale et étant partagée entre l'attraction de trois centres de niveau supérieur. Le « principe de transport » tend à réduire les coûts excessifs d'infrastructures de communication qui seraient nécessaires pour la desserte complète d'un treillis de triangles équilatéraux (où chaque carrefour aurait six branches) et déforme cette configuration en plaçant plusieurs villes sur un même axe de transport. On obtient alors une hiérarchie où la dimension de la zone d'influence d'un centre de niveau supérieur est quatre fois celle d'un centre de niveau immédiatement inférieur. Le « principe administratif » enfin, en excluant la possibilité d'une concurrence entre les villes pour l'encadrement et le contrôle politique des territoires, amène à disposer chaque ville au centre d'une circonscription hexagonale, dans laquelle elle contrôle six centres de niveau inférieur, si bien que la superficie d'une circonscription de niveau supérieur est sept fois celle d'une cellule de niveau inférieur *(figure 1)*.

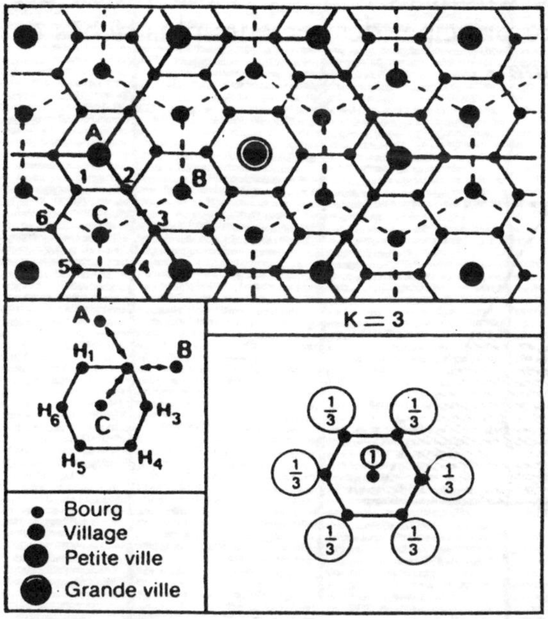

Cette hiérarchie correspond au principe de marché. Chaque lieu central C partage la clientèle d'un centre d'ordre immédiatement inférieur H avec deux autres centres de même niveau, comme A et B. La clientèle de C se compose donc de six fois un tiers de celle des centres H, auxquels s'ajoute la sienne propre. L'aire de la zone d'influence de C, comme le volume de sa clientèle, est égale à trois fois celle de H : on dit que le système est caractérisé par un rapport K = 3.

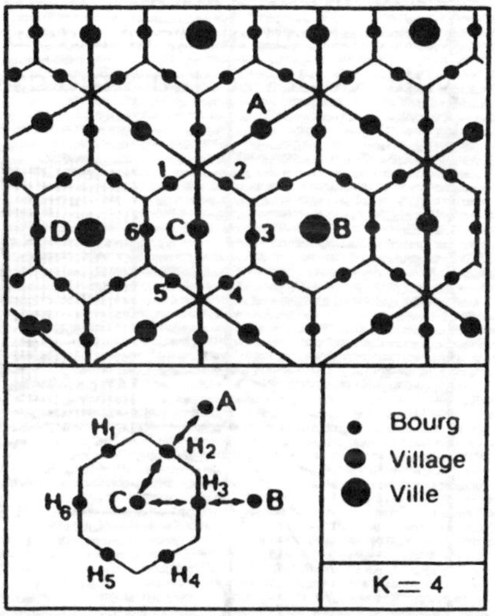

Dans la hiérarchie qui correspond au principe de transport, chaque centre se situe à mi-chemin sur la route directe entre deux centres du niveau immédiatement supérieur. La clientèle d'un centre H se partage entre deux centres de niveau supérieur. La clientèle totale de C est donc égale à six fois la moitié de celle d'un centre de niveau H, plus la sienne propre. L'aire d'influence de C, comme le volume de sa clientèle, est égale à quatre fois celle d'un centre H : le système est caractérisé par un rapport K = 4.

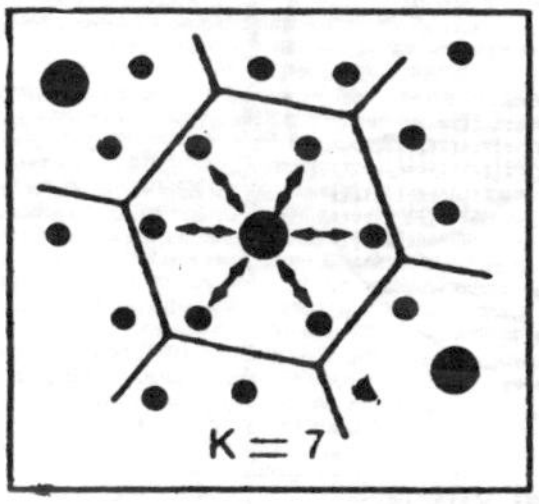

Dans la hiérarchie établie selon le principe administratif, chaque centre contrôle entièrement les zones contrôlées par les six centres de niveau inférieur, plus la sienne, ce qui donne un rapport K = 7.

Figure 1 Trois modèles de hiérarchies de lieux centraux d'après W. Christaller
Source : Géographiques, la géographie en tous ses états, Paris, CNDP (Centre National de Documentation Pédogagique), coll. Autrement dit, p. 64.

Les modèles spatiaux imaginés par Lösch comportent une diversité plus grande de portées des biens et de niveaux hiérarchiques ; leur géométrie plus compliquée s'affranchit de l'hypothèse d'homogénéité de la répartition des villes et fait alterner autour d'un centre principal des secteurs plus riches en villes et des secteurs moins denses *(figure 2)*.

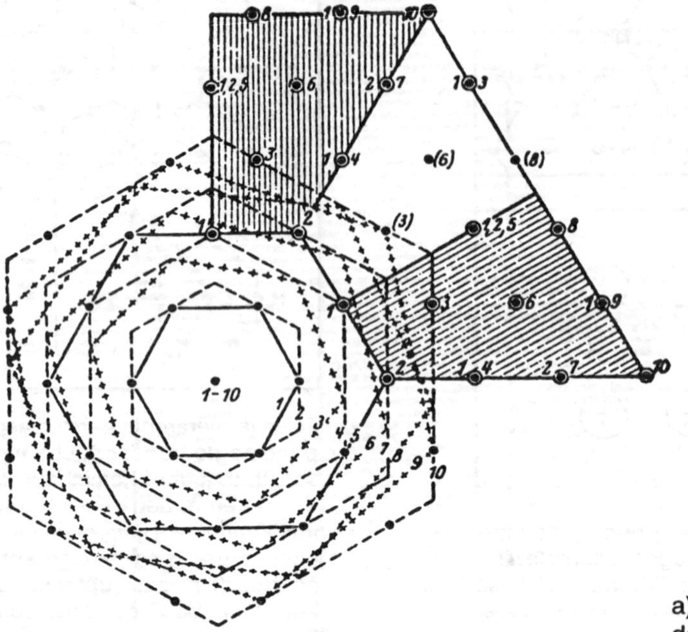

a) Les dix plus petites aires de marchés hexagonales

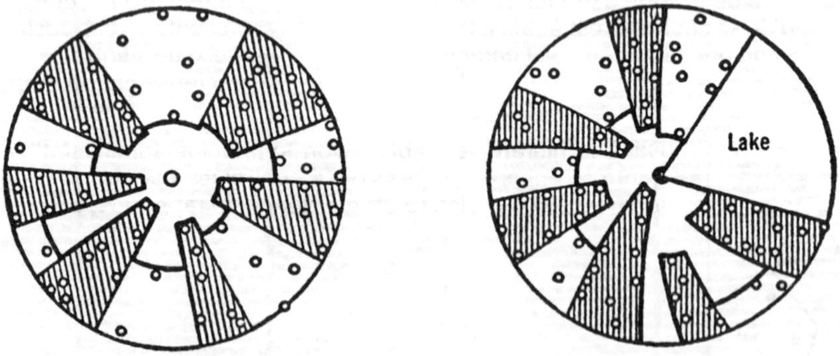

Indianapolis et ses environs dans un rayon de 60 miles

Toledo et ses environs dans un rayon de 60 miles

b) Secteurs riches et secteurs pauvres en villes : deux exemples d'après Lösch (1940)

Figure 2 L'organisation des réseaux urbains selon Lösch

1.3. Universalité de la hiérarchie fonctionnelle

La théorie des lieux centraux a été testée dans une très grande variété de situations, à partir d'analyses de la configuration spatiale et de la hiérarchie fonctionnelle de nombreux réseaux urbains pris dans toutes les parties du monde et à différents moments de l'histoire. Outre les travaux de W. Christaller sur l'Allemagne du Sud, ceux de B. Berry (1967) dans les plaines du Middle-West américain, qui restent parmi les plus célèbres *(figure 3)*, c'est par milliers que l'on compte les vérifications ou confirmations de l'importance de ces principes pour expliquer l'organisation générale des réseaux de villes, de la Hongrie au Japon, de l'Afrique du Sud à la Chine (Skinner, 1964 et 1965 ; Lamouroux, 1992). En France, même si les analyses de réseaux urbains régionaux menées avec beaucoup de soin dans les années 1960 (Rochefort, 1960 ; Dugrand, 1963 ; Babonaux, 1966 ; etc.) ne se sont que rarement inspirées explicitement des théories de Christaller, elles ont toutes bien mis en évidence l'existence d'une hiérarchie fonctionnelle associée à la taille des villes et à la portée de leur rayonnement.

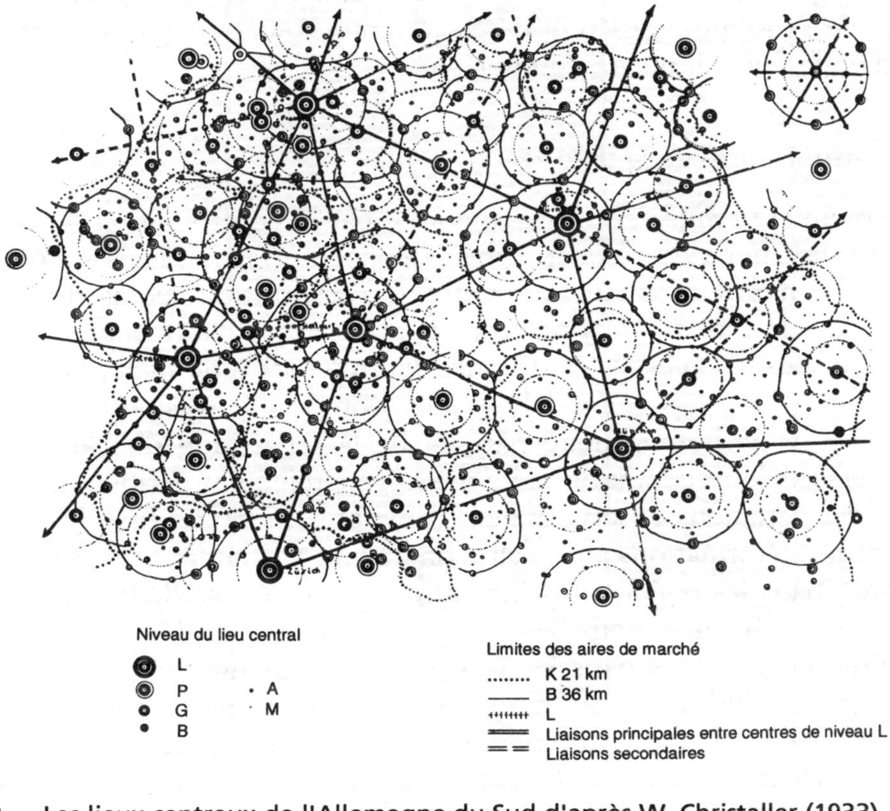

Figure 3 Les lieux centraux de l'Allemagne du Sud d'après W. Christaller (1933)

A l'échelle de la France entière, des enquêtes ont permis de cartographier les zones d'influence des villes associées à divers types de services (Chabot, 1961) et ont identifié une demi-douzaine de niveaux fonctionnels entre les centres locaux et les capitales régionales qui devaient devenir « métropoles d'équilibre » (Hautreux, Rochefort, 1964). La délimitation des aires de marché a été mise à jour à plusieurs reprises (enquêtes de Piatier, 1956 et 1979). Les résultats de ces enquêtes ont été confrontés aux cartes de zones d'influence théoriques obtenues en appliquant le modèle d'interaction spatiale de Reilly *(chapitre 29)*. La polarisation du territoire par le recours aux services urbains apparaît bien de nos jours encore grâce aux magnifiques cartes établies par l'Inventaire Communal (INSEE, 1984 ; *figure 4*).

Tous ces exemples, y compris ceux qui dans l'histoire et l'archéologie, ou encore dans l'organisation de certains marchés périodiques, ont retrouvé des structures identiques, confirment que le fonctionnement hiérarchisé de la centralité dans un territoire est le principe majeur de l'organisation des réseaux urbains. Cela ne signifie pas cependant que la théorie des lieux centraux soit entièrement validée dans ses énoncés actuels, ni qu'elle rende compte de l'ensemble des propriétés communes aux systèmes de villes. Elle doit être à la fois critiquée et complétée.

1.4. Les insuffisances de la théorie

La première remise en cause apportée par la confrontation de la théorie et des observations de réseaux urbains concerne les modèles spatiaux : les villes réelles n'offrent jamais une rigoureuse disposition géométrique. Faut-il rejeter toute la théorie sous prétexte que les zones d'influence ne sont pas strictement hexagonales et les distances entre centres de même niveau exactement égales ? En fait, le modèle spatial géométrique n'est attendu que sous l'hypothèse d'une homogénéité parfaite de la répartition du peuplement et des richesses. Cette condition n'étant pas généralement vérifiée, il faut tenir compte des variations observées dans l'environnement. La théorie peut aider à prédire les déformations auxquelles on devrait s'attendre : resserrement des hexagones dans les régions urbaines à forte densité (Isard, 1960), extension des zones d'influence dans les périphéries peu peuplées (Berry, 1967), concentration des villes dans les vallées au détriment des bordures montagneuses (vallée du Rhône) ou étirement du réseau urbain le long d'un littoral plus riche que l'intérieur d'une péninsule (Gaspésie, Bretagne). Ces « déformations » des modèles spatiaux, conformes aux intuitions et prévisibles dans le cadre de la théorie, ne la remettent pas en cause.

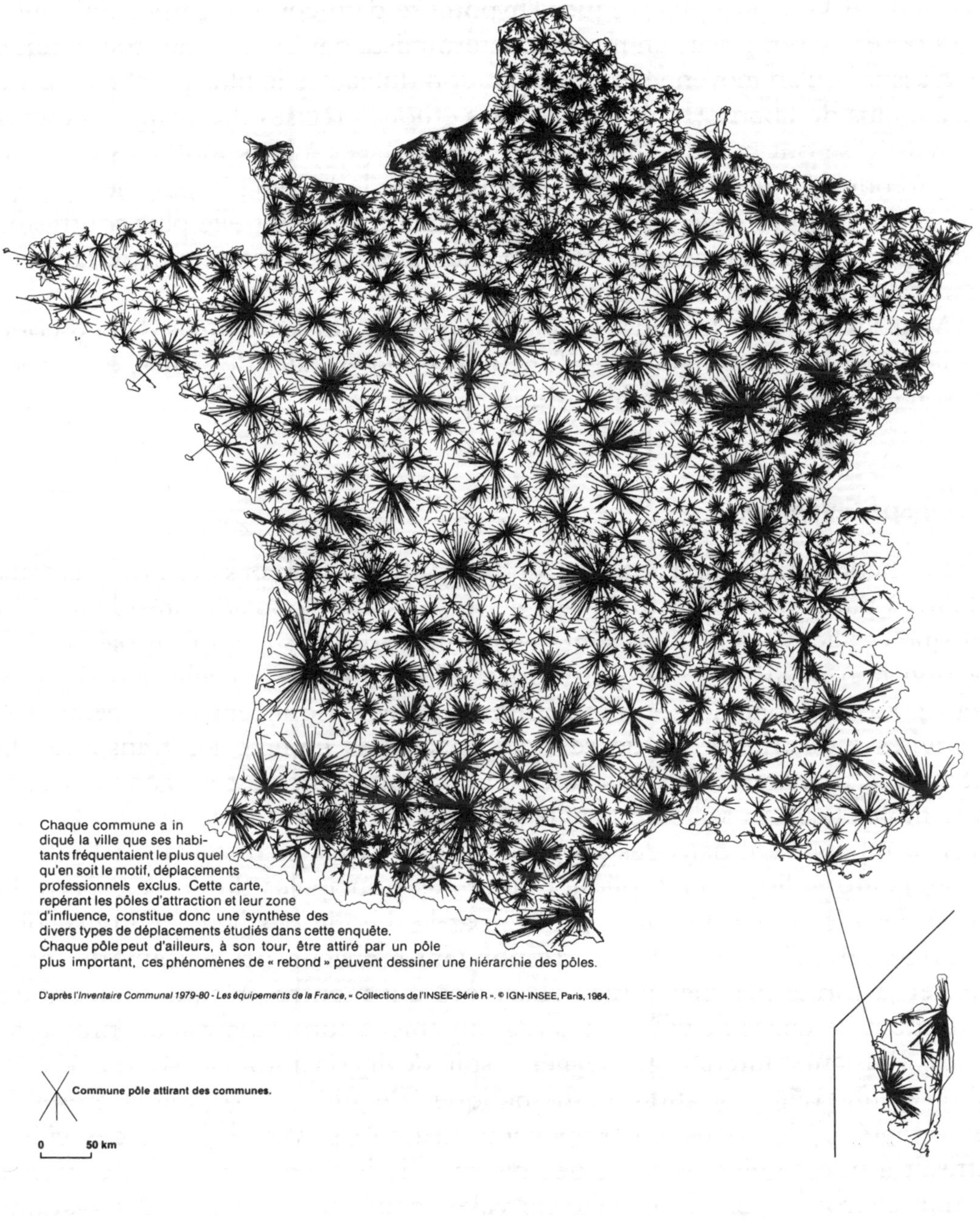

Figure 4 La polarisation du territoire par les villes, pour l'accès aux services
Source : *Géographiques, la géographie en tous ses états*, Collection Autrement dit, Paris, CNDP, 1989, p. 65.

Plus décisives sont les remises en question des fondements de la théorie elle-même. On a ainsi pu critiquer l'hypothèse d'un consommateur rationnel, et proposer de remplacer un modèle déterministe par un modèle stochastique qui n'assure qu'en moyenne la fréquentation du centre le plus proche et laisse place à plus de liberté (Huff, 1963). Des études précises des comportements de chalandise ont montré l'importance des voyages à buts multiples qui tendent à court-circuiter les niveaux inférieurs de la hiérarchie pour le recours aux services de bas niveau : ainsi la hiérarchie urbaine est-elle plus contrastée et comporte-t-elle moins de centres élémentaires que ce que prévoit la théorie initiale (Timmermans, 1981).

Mais les critiques les plus pertinentes portent sur les lacunes de la théorie des lieux centraux, qui ignore les fonctions non-centrales des villes, et surtout sur son caractère statique, a-historique.

2. La spécialisation

La théorie des lieux centraux rend compte de l'organisation des réseaux urbains à partir des seules fonctions de services à la population résidente. On sait que ces activités ne représentent qu'une partie des emplois urbains. Une fraction non négligeable des entreprises d'une ville ne travaille pas directement pour sa population ou pour celle de la région qui l'entoure : beaucoup d'activités industrielles ou de services spécialisés comme les transports, la défense, le tourisme sont dans ce cas. Leur importance est en général beaucoup moins liée à la taille de la ville que celle des activités de service. Le fait qu'elles apparaissent dans des proportions très variables d'une ville à l'autre a d'ailleurs été utilisé pour expliquer l'une des principales différences entre la forme des hiérarchies urbaines prévue par la théorie des lieux centraux, discontinue, en paliers de tailles correspondant à chacun des niveaux de fonction, et la forme des hiérarchies observées qui montre presque toujours un continuum de tailles de villes, sans regroupement autour de valeurs préférentielles. Plusieurs auteurs ont suggéré, soit de façon intuitive (Berry, 1967), soit avec une démonstration mathématique (Béguin, 1979), que la présence des activités spécialisées, en proportion aléatoire suivant la taille des villes, suffisait à transformer l'escalier des niveaux de la théorie des lieux centraux en une courbe continue de taille de villes, conformément aux observations *(chapitre 24)*.

2.1. Spécialisation et diversité

Il serait cependant trop réducteur et peu pertinent de considérer l'existence de fonctions spécialisées comme une propriété résiduelle de l'organisation hiérarchique des réseaux de villes. La théorie de la base économique des villes et les tentatives de spatialisation de la théorie des pôles de croissance accordent au contraire une importance primordiale à ces fonctions dans le développement des villes. C'est par ces fonctions que les innovations apparaissent et se diffusent dans les réseaux de villes, les activités de service étant plutôt entraînées par ces activités motrices.

La notion de **spécialisation**, au même titre que la centralité, doit être considérée comme un principe de l'organisation des réseaux urbains. Les grandes analyses comparatives, menées au moyen d'analyses factorielles, ont mis en évidence l'importance de la diversité fonctionnelle, et en particulier de l'opposition villes industrielles – villes tertiaires, dans l'identification des « dimensions latentes » (Parr et Reiner, 1980) des systèmes urbains. L'inégale présence des fonctions spécialisées introduit entre les villes d'un même réseau des différences qui, sans atteindre l'ampleur de celles liées à la taille et à la centralité, et sans avoir un aspect aussi systématique, sont cependant repérables dans tous les réseaux urbains : au Canada, aux Etats-Unis et en Grande-Bretagne (Hodge, 1971), en Inde (Ahmad, 1965), en Afrique (Hirst, 1975), en Italie (Bottaï, Costa, 1979) etc. Aux spécialisations fonctionnelles sont associées des spécificités sociales ou démographiques et des représentations collectives qui restent longtemps attachées aux villes (Berry, Kasarda, 1976 ; Pumain, Saint-Julien, 1978).

Les principales spécialisations, dans les réseaux urbains, sont nées de la valorisation de situations géographiques particulières (villes portuaires), de l'exploitation sur place de gisements (villes minières et sidérurgiques, mais aussi villes touristiques en montagne ou le long d'un littoral). Les plus fortes spécialisations sont apparues avec les concentrations ouvrières de la première révolution industrielle, mais maintes petites villes se sont développées sur la base, plus ou moins durable, d'extractions ou de fabrications extrêmement variées. A des degrés divers, les profils d'activité de toutes les villes portent la trace de multiples spécialisations, qui ont partiellement disparu ou qui ne se sont pas complètement réalisées.

En dehors des fortes concentrations liées à des gisements industriels ou des rivieras touristiques, les trois principaux types de villes, les villes spécialisées, les villes au portefeuille d'activité plus diversifié et les villes qui sont avant tout des lieux centraux, sont en général répartis dans l'ensemble d'un territoire, témoignant des relations de complémentarité et de concurrence qui les associent dans une même région.

2.2. Spécialisation et innovation

La spécialisation d'une ville dans une activité témoigne des aptitudes de ses acteurs à valoriser certains avantages au-delà des limites qu'autoriserait le niveau de centralité de la ville. Cette valorisation est souvent en relation avec une innovation, qui a conféré à ses adeptes un avantage initial maintenu et renforcé par la suite. Il y a ainsi des générations de villes *(figure 5)*, dont la phase de développement majeur coïncide avec un certain type d'innovations, et dont les spécialisations apparaissent encore parfois longtemps après dans les réseaux des villes auxquels elles appartiennent : ainsi les villes de commerce de la Hanse, les villes de la première révolution industrielle dans l'Europe du Nord-Ouest, celles de l'électricité dans les Alpes, les villes du textile, les vieilles stations balnéaires du XIXe siècle plus ou moins revisitées par le tourisme moderne…

L'inégale valorisation initiale de certaines innovations crée ainsi des spécialisations. Ces spécialisations sont durables parce que, au contraire, le plus souvent, le changement procède très rapidement et très uniformément dans les réseaux de villes. Les villes d'un même niveau étant interdépendantes, sont en relation constante, et, concurrentes, se surveillent. Le plus souvent les innovations y sont convoitées et imitées très vite (Martin et Schwab, 1982 ; Martin, 1988), les infrastructures âprement disputées (Lepetit, 1988). Lorsque l'exploitation d'une ressource inégalement distribuée ou la conquête d'un avantage initial provoque l'apparition de spécialisations dans les réseaux de villes, celles-ci ne sont que très lentement retouchées par l'évolution ultérieure et tendent à persister longtemps (Pumain, Saint-Julien, 1989).

Cette propriété des systèmes de villes, d'offrir une variété de types urbains, est probablement une condition importante de leur capacité d'adaptation. Ce ne sont pas les mêmes qualités urbaines qui sont requises et valorisées par les grands cycles d'innovation. La diversité des systèmes de villes évolue selon les formes prises par la division spatiale du travail (P. Aydalot), en fonction des économies d'échelle d'une part, qui tendent à favoriser des spécialisations urbaines, et des **économies d'agglomération**, qui vont plutôt dans le sens d'un renforcement de la hiérarchie, dans la mesure où la diversité et la complexité de la société et des infrastructures offertes tendent à augmenter avec la taille des villes.

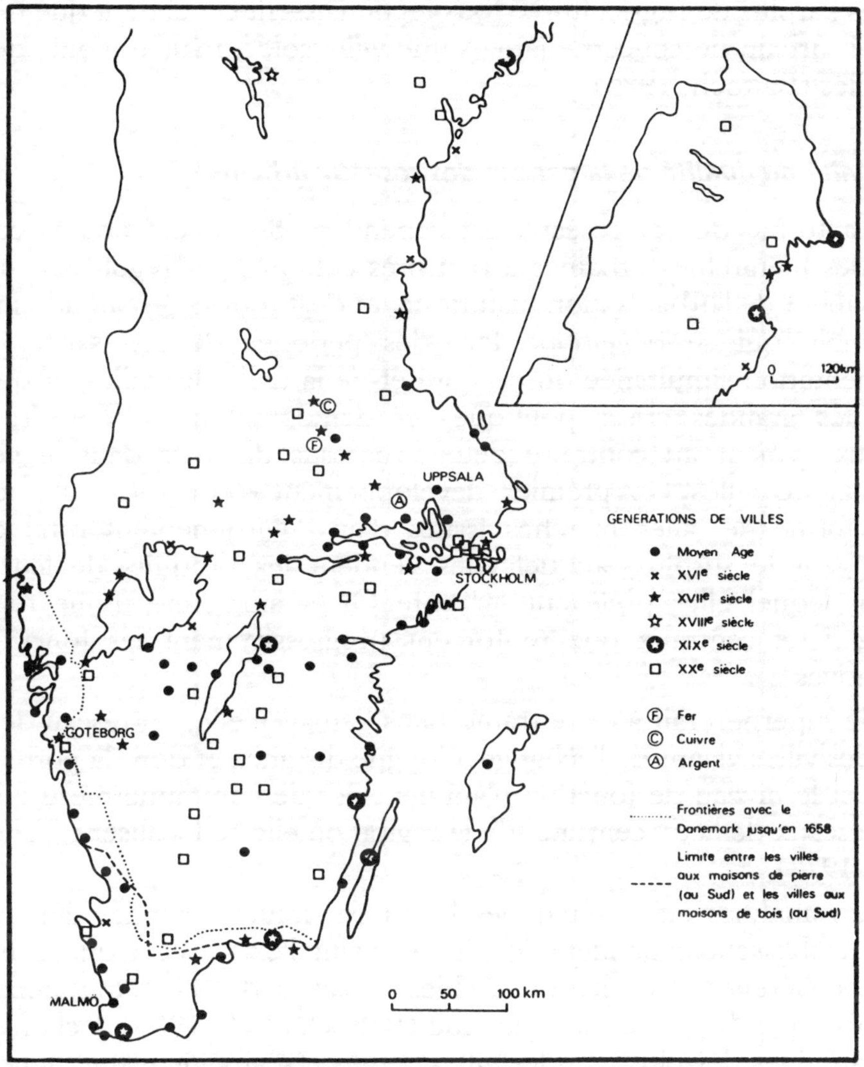

Figure 5 Générations de villes en Suède
Source : M. Cabouret, 1984, « Les villes de Suède : origines et évolution », in P. Claval (éd.), *Géographie historique des villes d'Europe occidentale*, Publications du Département de Géographie de l'Université de Paris-Sorbonne, 12, p. 82.

3. Histoire et types de réseaux urbains

Les historiens ne s'accordent pas sur les fonctions originelles des villes, d'abord politiques et religieuses ou surtout économiques, pour commercialiser les surplus de l'agriculture. Tous reconnaissent cependant que l'émergence du fait urbain ne concerne jamais une ville isolée, mais toujours des réseaux de villes (Bairoch, 1985).

3.1. Unité ou dualité de la genèse des réseaux urbains

La forme de ces réseaux est cependant discutée. Certains considèrent que des hiérarchies urbaines à peu près continues et régulières sont un fait permanent de l'urbanisation historique, et c'est tout le réseau urbain dans son ensemble qui se développe lors des périodes de croissance, avec une augmentation simultanée du nombre et de la taille des villes, et qui régresse lors des grandes crises politiques et démographiques (De Vries, 1984). D'autres voient au contraire deux processus distincts dans la genèse des réseaux de villes. Un premier développement s'effectue « par en bas », sous forme de villes marchés issues d'un environnement rural dont elles échangent le surplus, auquel elles vendent les produits de leur artisanat et sur lequel elles prélèvent la rente. On a alors une trame régulière de petits lieux centraux que renforcent progressivement les fonctions administratives.

Se superposerait à cette trame, sans lien avec elle, un réseau de quelques grandes villes vivant de l'échange à longue distance et dont la portée des relations et le niveau de fonction n'auraient pas de commune mesure avec ceux des réseaux de lieux centraux de la région où elle se localisent (Vance, 1970 ; Bird, 1977).

Les analyses étayées par des bases de données sur les dimensions des villes établissent cependant le plus souvent l'existence d'une continuité et d'une cohérence dans les hiérarchies urbaines de territoires politiquement organisés pendant une durée longue (Bairoch *et al.*, 1988). Cela n'exclut pas que certaines des plus grandes villes de ces réseaux aient une dimension qui dépasse de cinq à dix fois celle des villes de second rang. Ce phénomène dit de *« primatie »* par Jefferson en 1939 caractérise les capitales d'empire dont les limites de rayonnement dépassent celles du territoire directement dépendant, les capitales de pays à forte centralisation politique et administrative (Paris en est un bel exemple), ou encore les capitales de pays amputés d'une partie de leur territoire, comme Vienne après 1918. Cette « anomalie » de l'organisation hiérarchique des réseaux de villes est en fait plus fréquente que la situation « normale », et s'observe aussi bien dans les pays aujourd'hui développés que dans les pays en développement.

3.2. Des types de réseaux urbains

Les analyses comparatives sont trop fragmentaires pour qu'une typologie des réseaux de villes puisse être esquissée. Tout au plus quelques spécificités apparentes pourraient être notées : les réseaux des pays anciennement urbanisés, économiquement développés, seraient très stables avec une certaine homogénéité de la trame spatiale et régularité de l'organisation hiérarchique, une assez grande diversité de types urbains mais des contrastes socio-économiques relativement atténués entre les villes. Les réseaux urbains des pays neufs, de peuplement récent, ont une trame spatiale plus irrégulière, qui privilégie les points d'accès, côtiers notamment, et qui comporte moins de centres urbains de petite dimension (Australie, Brésil). Les réseaux des pays en développement sont souvent caractérisés par une dualité, le réseau de lieux centraux antérieur à la colonisation ayant été désorganisé par la surimposition d'un réseau orienté par le commerce extérieur ou l'exploitation des matières premières, souvent en relation avec l'introduction de voies de communications modernes *(figure 6)*. Enfin, quelques décennies d'économie planifiée ont contribué à transformer modérément la configuration des réseaux urbains des pays socialistes, dans le sens d'une régularisation de leur trame spatiale, d'une décentralisation des fonctions de service à la population tendant à réduire les contrastes hiérarchiques et d'un contrôle de la croissance des plus grandes villes, qui n'a cependant pas affaibli les fortes primaties antérieures, à Bucarest comme à Budapest par exemple *(chapitre 44)*.

4. Des systèmes auto-organisés

Dans quelques opérations planifiées, réalisées ou non (peuplement de polders, de zones défrichées, de territoires occupés militairement...) des aménageurs se sont inspirés de la théorie des lieux centraux (Rössler, 1990). Mais dans leur immense majorité, les réseaux de villes se sont développés et organisés « spontanément ». La notion de système de villes aide à formaliser les régularités et les cohérences observées dans leur évolution. En mettant l'accent sur les interdépendances qui relient les villes entre elles, elle propose un cadre plus englobant, qui permet d'analyser les réseaux urbains actuels, dans des territoires presque totalement urbanisés. Dans ce contexte, les villes ne dépendent plus exclusivement, comme dans la théorie des lieux centraux, de leurs relations avec un *hinterland* rural qu'elles polarisent, ou de leurs liens de concurrence avec les centres de même niveau immédiatement voisins *(fiche 2)*. Des liaisons plus complexes sont prises en compte, intégrant des

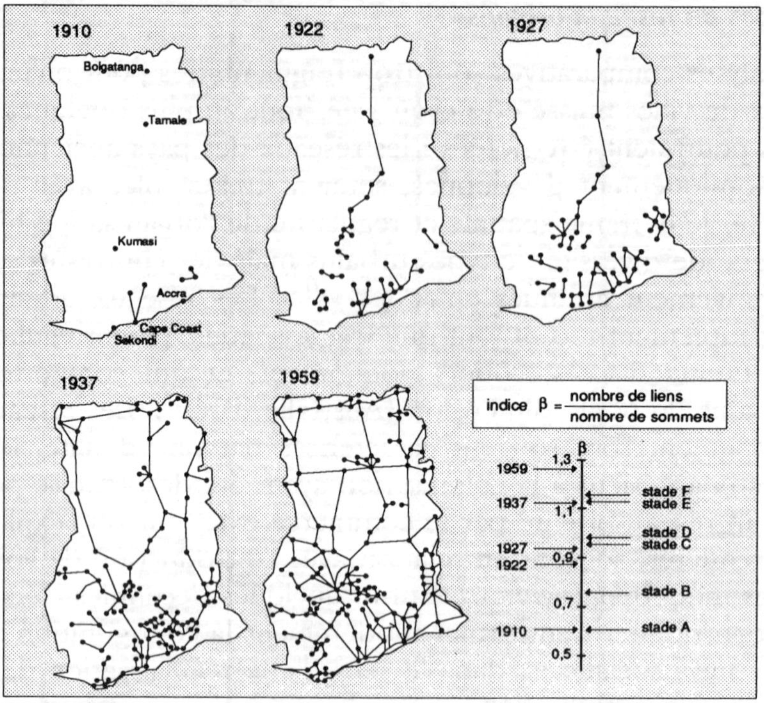

a) L'exemple du Ghana d'après E. Taaffe, R. Morrill, P. Gould, 1963, Transport extension in underdeveloped countries, *Geographical Review*, 4, 503-529.

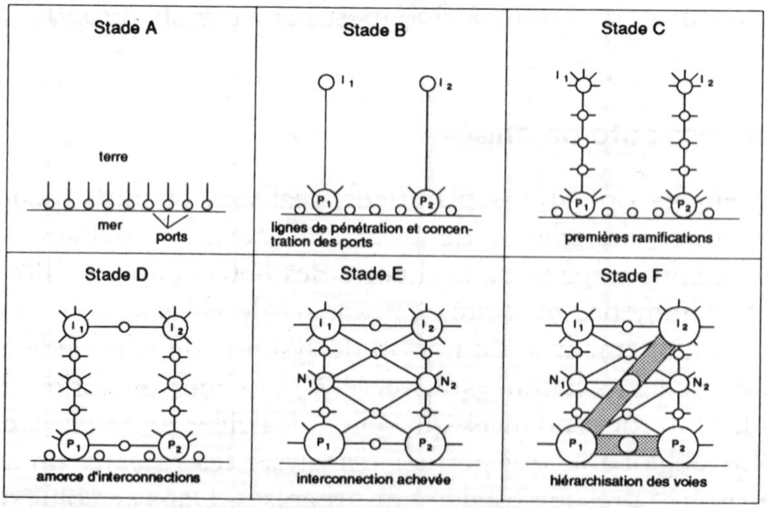

b) Modèle de croissance d'un réseau de transport (graphe) dans un pays en développement d'après Bradford et Kent, 1977, *Human Geography*, Oxford University Press, p. 101.

Figure 6 L'organisation du réseau urbain par le réseau de transport moderne dans un pays en développement ayant subi la colonisation européenne des relations qui ne sont plus de proximité mais de connexité, mais aussi des réseaux a-symétriques par rapport à l'emboîtement hiérarchique des fonctions urbaines (Pred, Tornqvist, 1973).

FICHE 2

La notion de « réseau de villes », l'Europe et l'aménagement du territoire

Reprenant la formule de la « Décapole » alsacienne ou de la ligue hanséatique, une vingtaine de réseaux associant des villes de pays différents pour la défense de leurs intérêts, la coopération et l'échange d'information, se sont constitués en Europe.
Par ailleurs, la Délégation à l'Aménagement du Territoire et à l'Action Régionale soutient en France une quinzaine de programmes de coopération entre des villes proches les unes des autres, afin de réduire les rivalités locales et de promouvoir des complémentarités à l'intérieur de ces « réseaux de villes ».
Ces deux acceptions volontaristes de l'expression de « réseau de villes » ne recouvrent que très partiellement celles du « réseau urbain » et du « système de villes » construites par les géographes pour rendre compte de l'ensemble des relations entre les villes d'un territoire.

Un **système de villes** a été défini par A. Pred (1977) comme : « un ensemble national ou régional de villes qui sont interdépendantes dans le sens où chaque changement significatif dans l'activité économique, la structure d'emploi, le revenu ou la population de l'une des villes, élément du système, produira directement ou indirectement quelque modification sur une ou plusieurs autres villes du système » (p. 13). Cette conception spatialiste est enrichie d'un point de vue écologique par la définition que propose H. Reymond (1981), qui conçoit un réseau urbain dans sa forme actuelle comme « un système d'articulation spatiale de sites de ressources – renouvelables et non renouvelables – grâce à l'interconnexion des situations de richesses – que représente chaque agglomération – par les transports physiques de biens et de personnes (p. 10). [...] Nos systèmes d'habitat apparaissent comme les organismes écologiques de base de l'espèce humaine [...], une population urbaine échappe aux limites écologiques de son site en maîtrisant techniquement ses inconvénients locaux biologiques, mais surtout en utilisant économiquement par le biais des télécommunications et des transports physiques, la situation géographique qu'elle se crée sans arrêt, face aux autres populations urbaines qui en font autant » (p. 11).

La permanence qui caractérise les systèmes de villes à travers les transformations techniques, économiques, voire politiques, ne peut s'expliquer que par les interdépendances et les échanges qui assurent la circulation des informations dans ce système, et par les relations de concurrence pour le captage de ressources, qui se jouent avec des portées variables à tous les niveaux de la hiérarchie. D'abord largement influencés dans leur configuration par les voies naturelles de circulation et les formes prises par les échanges, on voit que les systèmes de villes tendent de plus en plus à conformer l'organisation de l'espace, et notamment celle des grands réseaux de communication, ce qui contribue à renforcer encore leur stabilité dynamique. Les déséquilibres démographiques ou économiques qui modifieront par exemple les situations relatives des grandes métropoles *(chapitres 37 et 38)* ne doivent pas faire oublier l'étonnante capacité d'auto-reproduction des systèmes de villes.

Le modèle classique de la diffusion des innovations *(chapitre 30)* du haut en bas de la hiérarchie urbaine rend compte du renforcement des niveaux supérieurs de la hiérarchie, tandis que la contraction de l'espace-temps ajoute à cette concentration avec une simplification par le bas, une perte d'importance relative des plus petits centres, avec l'accélération de la vitesse des communications *(chapitre 24)*. Ces processus observables sur le long terme se traduisent aujourd'hui par la tendance lourde à la *métropolisation* qui accompagne l'ouverture des réseaux urbains nationaux par l'internationalisation croissante des échanges. Le changement d'échelle géographique de la vie de relation a de tout temps accompagné le développement des systèmes de villes en en stabilisant et renforçant la dimension hiérarchique. En atteignant l'échelle planétaire, il trouvera probablement ses limites, dans un avenir plus ou moins proche, ce qui redonnera de l'importance à la dimension écologique des systèmes de villes, aujourd'hui un peu oubliée du fait de l'importance des phénomènes spatiaux associés à la mise en réseau des villes.

Lectures recommandées

Bairoch P., 1985, *De Jericho à Mexico, Villes et économie dans l'histoire*, Paris, Gallimard.

Berry B., 1971, *Géographie des marchés et du commerce de détail*, Paris, PUF (trad. fr. de B. Marchand).

Berry B. et Horton E., 1970, *Geographical perspectives on urban systems*, Englewood Cliffs (N.J.), Prentice Hall.
Claval P., 1981, *La logique des villes*, Paris, Litec.
Bourne L., Sinclair R. et Dziewonski K., 1984, *Urbanization and settlement systems, International perspectives*, Oxford, University Press.
Drakakis Smith D., 1987, *The third-world city*, Londres, Methuen.
Pred A., 1977, *City systems in advanced economies*, Londres, Hutchinson.
Pumain D., 1982, *La dynamique des villes*, Paris, Economica.
Pumain D. et Saint-Julien T., 1989, *Atlas des villes de France*, Paris, La Documentation française.

Mots-clefs

Armature urbaine,
Base économique,
Centralité,
Economies d'agglomération,
Hiérarchie,
Innovation,
Polarisation,
Portée,
Réseau urbain,
Seuil d'apparition,
Spécialisation,
Système de villes,
Théorie des lieux centraux.

L'organisation de l'espace dans les villes

35

Pierre-Henri Derycke

L'**organisation de l'espace urbain**, c'est-à-dire la répartition des activités des habitants et des classes sociales dans la ville est sous la dépendance de tout un ensemble de déterminants : géographiques, démo-économiques et sociaux, qui se combinent en proportions variables pour produire le paysage urbain. On commencera par évoquer *les réalités* qui composent ce paysage avant de recenser les différents *modèles*, économiques et écologiques, qui permettent d'en fournir une explication plus théorique.

1. Les réalités urbaines

La réalité des villes aujourd'hui, c'est d'abord leur morphologie physique : forme, relief, particularités du site, d'où découlent leurs modalités de fonctionnement et leurs potentialités de développement. C'est aussi les populations qu'elles rassemblent, leur répartition par quartiers, par ethnies, par groupes sociaux et les densités résidentielles qui en résultent. C'est enfin la localisation des activités, la trame de la voirie, le maillage des différents réseaux physiques qui structurent les villes et permettent d'en dresser une typologie : villes industrielles, tertiaires, touristiques, etc.

1.1. Le site et la morphologie des villes

Les contraintes physiques du site

Le cadre naturel, les particularités physiques du *site* ne sont pas sans influencer l'organisation de l'espace urbain. Le **site** est défini par le dictionnaire *Robert* comme « la configuration du lieu, du terrain où s'élève la ville, la manière dont elle est située, considérée du point de vue de son utilisation par l'homme : communications, facilités de développement, ... ».

L'étude systématique de l'emplacement des villes françaises dénote une nette préférence pour une altitude faible, le littoral côtier et le confluent des rivières. Les trois-quarts de la population française et plus de la moitié des villes françaises de plus de 20 000 habitants sont situés à moins de 100 m d'altitude. Il n'existe qu'une seule (petite) ville à plus de 1 000 m (Briançon qui comptait 12 451 habitants en 1990, à 1 250 m d'altitude) et une grande ville à plus de 500 m (Saint-Etienne à 517 m, dont l'agglomération urbaine comptait 313 467 habitants en 1990). En France, en 1982, sur quelque 220 villes de plus de 20 000 habitants, 40 % occupaient une position de confluent, de fond de vallée, de gué ou de pont sur un cours d'eau ; 27,5 % étaient des ports en front de mer ou en fond d'estuaire (Nantes, Bordeaux) ; 20 % occupaient une position en plaine ou dans une zone intermédiaire de contact (Narbonne), les 12,5 % restant correspondaient à des gisements miniers, à des thermes ou à des positions de site défensif.

Cette préférence marquée pour les lieux peu élevés, les fronts de mer ou les confluents n'est pas universelle : il existe de par le monde de très grandes agglomérations millionnaires situées à des altitudes élevées : Bogota à 2 600 m, Mexico à 2 200 m, Téhéran à 1 600 m. Si, dans l'ensemble, les pénéplaines homogènes et un espace isotrope sont des facteurs très favorables à l'expansion des grandes métropoles, celles-ci se déploient parfois sur des sites plus ou moins pentus comme dans certaines villes du Japon, ou à Hong-Kong, à Los Angeles ou Rio de Janeiro, par exemple.

Deux conséquences en découlent pour l'organisation de l'espace urbain. D'une part, les classes sociales les plus défavorisées des villes du Tiers Monde se trouvent souvent refoulées sur les sites les plus précaires et les plus exposés (au ruissellement et aux glissements de terrains comme dans les favellas de Rio et dans certains quartiers pauvres de Lisbonne, mais aussi, à l'inverse, aux inondations et aux raz de marée comme dans certaines banlieues de Bangkok ou des villes du Bangladesh). D'autre part, les réseaux physiques : voirie, adduction d'eau, etc. sont plus onéreux dans les sites escarpés difficiles à équiper, que l'on considère les coûts collectifs d'infrastructure ou les coûts individuels liés à l'allongement des trajets.

La morphologie urbaine

La forme des villes, leur configuration plus ou moins régulière ont-elles un impact sur le mode d'organisation de l'espace intra-urbain ? Répondre à cette question exige d'abord de bien *mesurer la forme des villes* par des repères et des indicateurs chiffrés. Sur ce point, l'apport de la géographie quantitative a été déterminant. Face à des villes de morphologie variable (de la ville-ruban de l'Ouest américain aux villes en demi-cercles, en amphithéâtre ou en gradins comme dans certaines villes portuaires et aux villes plus ou moins ovoïdes qui constituent les cas de figure les plus fréquents), P. Haggett (1973) propose trois indicateurs de mesure :

— Le rapport *surface/périmètre* : si le contour urbain est très irrégulier, avec des digitalisations et des invaginations importantes, cet indicateur prendra des valeurs faibles ; si la ville est plus régulière, l'indicateur prendra des valeurs plus élevées. Toutefois, cet indicateur n'est pas un nombre sans dimension puisqu'il rapporte une surface à une longueur : il s'élève donc avec la taille de la ville, comme on peut s'en rendre compte dans le tableau 1, dressé pour quelques formes géométriques usuelles :

Tableau 1 Quelques valeurs de l'indice de forme

Villes en forme de :	**Indicateur surface/périmètre**	
Carré parfait	$R^2/4\ R$	$= 0{,}250\ R$
Octogone régulier	$R/(1 + tg^2\ \pi/4)$	$= 0{,}426\ R$
Hexagone régulier	$R\sqrt{3}/4$	$= 0{,}433\ R$
Cercle parfait	$\pi\ R^2/2\ \pi\ R$	$= 0{,}500\ R$

R = rayon du cercle circonscrit.

— Le rapport *surface de la ville/surface du cercle circonscrit (figure 1a)*. Ce rapport est sans dimension et varie entre 0 et 1.

— Le rapport *rayon du cercle inscrit/rayon du cercle circonscrit*, ces 2 cercles admettant généralement des centres différents *(figure 1b)*. Ce rapport est sans dimension et est inférieur ou égal à 1.

— A ces trois indicateurs, on peut ajouter (Emangard, 1991) : un rapport d'*aplatissement* qui, dans le cas des villes de forme plus ou moins ovoïde, mesure en quelque sorte l'évolution de la ville circulaire vers la ville aplatie ou linéaire. En ce sens, on peut l'appeler aussi *indice de linéarité*. L'enveloppe est dessinée de manière à ce que les surfaces non comptées vers l'extérieur (digitalisations) se compensent à peu près avec les surfaces non prises en compte à l'intérieur de l'ovale (invaginations) *(figure 1c)*. L'indice mesure le rapport du grand axe au petit axe et varie de 1 (ville circulaire) à l'infini (ville aplatie ou ville-ruban). L'intérêt de cet indice est qu'il peut servir à mesurer *l'excentricité* de la ville lorsque le cœur historique ne coïncide pas avec l'intersection du grand axe et du petit axe : l'excentricité est alors proportionnelle à la distance entre le cœur de la ville et son centre morphologique *(figure 1d)*.

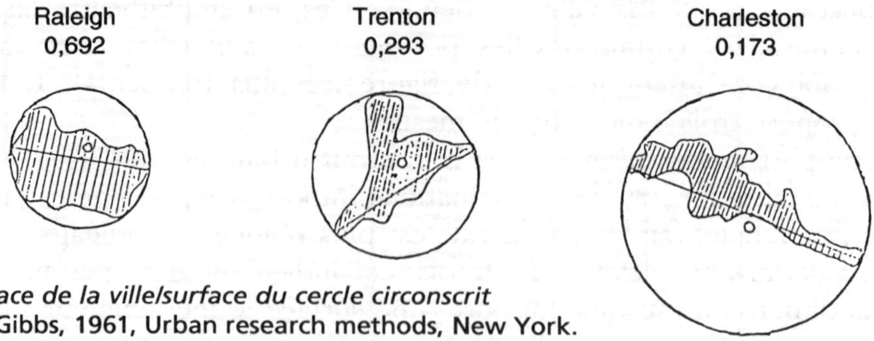

1a *Surface de la ville/surface du cercle circonscrit*
J.P. Gibbs, 1961, Urban research methods, New York.

1b *Rayon du cercle inscrit/Rayon du cercle circonscrit*
P. Haggett, 1973, L'analyse spatiale en géographie humaine, Paris, Colin.

L : Diamètre de la ville
P : Périmètre d'urbanisation
R_o : Rayon du cercle circonscrit, de centre O
R_i : Rayon du cercle inscrit, de centre I
R_i/R_o : Indice de forme.

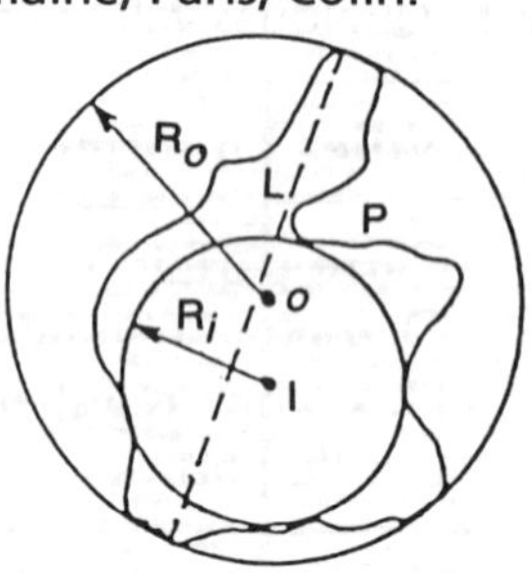

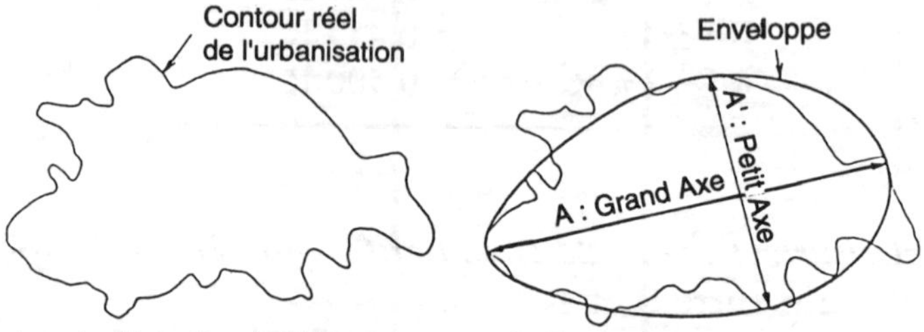

1c *Indice d'aplatissement ou de linéarité*
P. Haggett, 1973, *L'analyse spatiale en géographie humaine*, Paris, Colin.

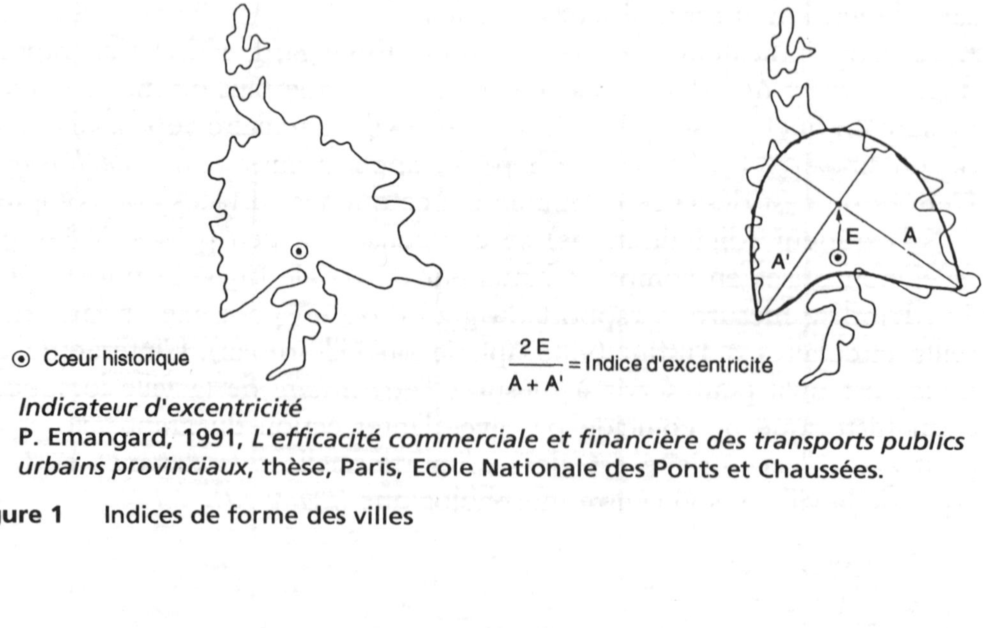

1d *Indicateur d'excentricité*
P. Emangard, 1991, *L'efficacité commerciale et financière des transports publics urbains provinciaux*, thèse, Paris, Ecole Nationale des Ponts et Chaussées.

Figure 1 Indices de forme des villes

L'organisation des villes est-elle sensible à leur morphologie spatiale ? La géographie théorique et l'économie urbaine spatialisée ont tenté de répondre à cette question. Sauf dans le cas de formes géométriques régulières, pour lesquelles on peut prouver que l'équipement et le fonctionnement des réseaux sont alors associés aux moindres coûts, la morphologie des villes ne semble pas déterminer la différenciation *économique* des espaces urbains. Tout au plus, peut-on affirmer que, dans un certain nombre de cas, assez limités au demeurant, la fragmentation relative de l'espace de la ville en quartiers physiquement différenciés peut produire une certaine hétérogénéité sociale. Ainsi en France, la ville de Marseille, dont le site est accidenté et l'espace peu homogène, est la ville la plus contrastée parmi les grandes agglomérations urbaines françaises (voir *infra* 2.2.).

La trame urbaine

La **morphologie urbaine**, c'est aussi la trame dessinée par le réseau de la voirie, les mailles qui enserrent le bâti, le zonage des activités et finalement les *plans d'urbanisme* qui agencent l'ensemble de ces éléments : voirie, bâti, activités… dans une structure spatiale lisible et ordonnée. Selon l'histoire de l'urbanisme, trois conceptions des formes urbaines coexistent : *l'urbanisme classique* ou dominant, fondé sur le zonage des activités et la différenciation des quartiers ; *l'urbanisme progressiste* qui dérive du fonctionnalisme de la Charte d'Athènes ; enfin un urbanisme plus contemporain, dont les racines remontent à Haussmann à Paris et à Ildefonso Cerda à Barcelone et qui s'incarne dans *l'urbanisme des réseaux* (Dupuy, 1991).

En fait, le *dessin* des villes a toujours reflété le *dessein* des urbanistes et l'on voit coexister aujourd'hui des villes anciennes, au maillage serré et irrégulier et des villes modernes, tracées au cordeau selon une trame géométrique régulière ou de structure radiale ou radio-concentrique. Ces formes urbaines caractéristiques : villes linéaires, villes circulaires, villes radio-concentriques ont d'ailleurs inspiré les auteurs de modèles urbains, qu'ils se réclament de l'économie, de l'écologie urbaine ou de la géographie quantitative.

1.2. Les densités

Les densités résidentielles

– Le concept de *densité* rapporte une population urbaine à une aire de référence donnée : c'est le plus souvent l'agglomération dans son ensemble ou la commune-mère, c'est-à-dire la ville-centre[1]. Mais on peut aussi calculer des densités moyennes sur des aires plus limitées : un quartier, le centre-ville, une couronne suburbaine, voire en un point privilégié de l'espace urbain : la City de Londres, la pointe sud de Manhattan, la Défense à Paris, par exemple, dont le taux d'occupation par des résidents permanents est relativement faible par rapport à la densité d'occupation aux heures ouvrables. Il peut donc y avoir des écarts considérables entre la densité d'*habitation* et la densité d'*occupation* au travail dans les quartiers d'affaires. Le plus souvent, on calcule une *densité moyenne* sur toute la ville : population totale/superficie totale. Sous ce rapport, il y a, à taille de villes comparable, des différences importantes entre villes nord-américaines et villes européennes, ces dernières étant 1,2 à 1,5 plus denses en moyenne, tout en étant cependant moins denses que les villes du continent asiatique.

– *Densité brute et densité nette*

La densité *brute* rapporte le nombre d'habitants à la superficie totale de la ville. La densité *nette* rapporte ce même nombre aux seules surfaces résidentielles, c'est-à-dire à l'emprise au sol des logements, soit :

— densité résidentielle brute :

$$d_b = \frac{P}{S}$$

— densité résidentielle nette :

$$d_n = \frac{P}{S_L} = \frac{P}{S - S_E}$$

avec P = population totale de l'aire S considérée,
S_L = surface résidentielle (L = logements),
S_E = autres emprises,
$S_L + S_E = S$.

1. Il ne faut pas confondre la *ville-centre* ou commune-mère d'une agglomération multicommunale (on dit encore commune *éponyme*, c'est-à-dire qui a donné son nom à l'agglomération) avec le *centre-ville* dont la délimitation est parfois malaisée.

Puisque le dénominateur dans d_n est plus petit que le dénominateur correspondant dans d_b, la densité nette est plus élevée que la densité brute.

On peut chercher à exprimer les relations entre d_b et d_n. Si la proportion réservée aux logements est relativement invariante dans la superficie urbaine totale, par exemple une proportion *a* constante, ou a une relation linéaire simple entre d_b et d_n :

$$d_b = \frac{1}{a}\,\mathrm{d_n} \qquad 0 < a < 1 \text{ donc } d_n > d_b.$$

Le plus souvent *a* diminue avec la taille de la ville (emprises plus importantes de la voirie, des activités économiques, des surfaces commerciales et de bureaux dans les grandes villes par rapport à l'emprise au sol des logements) de sorte que la relation entre d_b et d_n n'est plus linéaire mais concave.

En fait, la notion de densité est très polymorphe. Des auteurs américains ont montré en croisant plusieurs concepts différents d'espace habité : ouvert, fermé, résidentiel, collectif, pavillonnaire, mixte... avec des sous-ensembles de population classés selon différents critères : socio-économiques, ethniques, culturels... que l'on pouvait obtenir plus de cent définitions différentes de la densité résidentielle, ayant chacune leur pertinence pour l'urbanisme et la planification des villes.

– Lois statiques et dynamiques de la densité

L'observation courante montre que dans la plupart des pays, *la densité moyenne progresse avec la taille des populations agglomérées* : la grande ville est plus dense en moyenne que la petite bourgade. Mais cette moyenne dissimule des évolutions très contrastées entre centre et périphérie et le phénomène peut dépendre de l'âge de la ville, des critères retenus pour délimiter les agglomérations et leur extension, des rythmes de l'urbanisation et du jeu des facteurs affectant l'évolution des centres et des banlieues (désaffection des centres et remplissage des couronnes périphériques ou, au contraire, reprise de centralité et crise des banlieues).

Un autre fait d'observation courante est la variabilité spatiale des densités résidentielles, ce qui se traduit généralement par une décroissance plus ou moins régulière des densités ponctuelles, du centre-ville vers la périphérie urbaine. C'est la célèbre **loi de Clark** établie en 1951 à partir de l'observation de 36 villes dans le monde entre 1801 et 1950, qui s'exprime comme suit :

$$\mathrm{D}_r = \mathrm{D}_o e^{-br}$$

où D_r est la densité de population à la distance r du centre ; cette distance est mesurée le long d'un rayon dans l'espace isotrope d'une ville circulaire et monocentrique ;

D_o est la densité maximale au centre-ville (D_r vaut D_o pour $r = 0$) ;

b est un paramètre positif, de l'ordre de 0,4 qui exprime *le gradient de densité*, c'est-à-dire de combien en pourcentage diminue la densité D_r quand on s'éloigne du centre d'une unité de distance.

La loi de Clark est l'une des lois statistiques les plus vérifiées dans le monde *(fiche 1)*. Des nombreuses études effectuées sur les villes américaines, japonaises et européennes, il ressort que :

— *Le gradient de densité* diminue assez régulièrement avec la taille de la ville : le pourcentage de décroissance de la densité avec l'éloignement du centre serait donc plus faible dans les grandes villes que dans les petites, ce qui expliquerait notamment que les densités *moyennes* sont plus élevées dans les grandes agglomérations ;

— *La densité au centre* fluctue assez largement en fonction de différents paramètres parmi lesquels l'âge de la ville et la proportion des emplois industriels semblerait jouer positivement (au moins jusqu'en 1950) et la population urbaine totale plutôt négativement (exurbanisation après 1950).

1.3. Les autres usages du sol urbain

Il existe peu d'études de synthèse sur ce point, du moins en France, à l'inverse de ce que l'on peut trouver aux Etats-Unis et en Grande-Bretagne, par exemple. Par contre, on dispose de bonnes monographies, parfois anciennes malheureusement – voir la thèse d'H. Nonn sur Strasbourg en 1965 – et d'études plus complètes sur l'Ile de France. On se bornera à quelques indications assez générales.

Les entreprises industrielles reculent assez significativement dans les grandes villes en raison de la désindustrialisation (qui affecte surtout les premières couronnes urbaines, notamment en région parisienne) et de la déconcentration des établissements industriels. Mais l'apparition de *friches industrielles* va parfois de pair avec l'aménagement de nouvelles zones d'activités édifiées sur des espaces libres en périphérie urbaine, de telle sorte que le bilan global n'est pas forcément négatif au niveau de l'agglomération. Simultanément, on observe que la surface moyenne par actif dans l'industrie a tendance à se réduire : ce sont donc les activités industrielles fortement consommatrices d'espace qui cèdent la place à de nouvelles activités de services à l'industrie plus consommatrices de main-d'œuvre : immobilier d'entreprises, pépinières d'entreprises, etc. Enfin, l'exurbanisation de l'industrie modifie les

FICHE 1

Les problèmes posés par la loi de Clark

La loi de Clark pose en fait autant de problèmes qu'elle n'en résoud. On peut brièvement en évoquer quelques-uns :

• Le premier renvoie à la « bonne » définition du centre-ville : est-ce le cœur historique, le centre monumental et symbolique de la cité, le quartier des affaires, le pic des valeurs foncières ou, plus prosaïquement et pour obtenir un « bon » ajustement statistique, le quartier, pas nécessairement central, où les densités atteignent leur maximum ?

• Statistiquement, les deux principaux paramètres de la loi, D_o et b, ne sont pas *indépendants* : on a pu montrer qu'ils varient généralement en sens inverse l'un de l'autre, ce qui explique les corrélations généralement faibles obtenues sur une loi de Clark calculée sur de nombreuses observations dans l'espace urbain. On lui préfère alors une technique d'estimation plus grossière portant sur deux zones seulement : le centre-ville (défini de manière large et allant parfois jusqu'à englober toute la ville-centre) et la périphérie. Mais cette technique dite des « tow points-estimates » sous-estime D_o et surestime b, d'où de nouveaux biais.

• La loi s'applique mal aux villes polycentriques et aux noyaux des régions urbaines plus ou moins denses.

• D'autres lois alternatives sont parfois proposées : lois binomiales, normales, log-normales, fonctions paires, quadratiques, gamma, etc. Depuis sa création en 1974, le *Journal of Urban Economics* a consacré de nombreux articles à la modélisation des densités urbaines.

• La loi de Clark est statique. Certains, tel P. Newling en 1969, ont cherché à la dynamiser en faisant évoluer dans le temps la densité centrale de la manière suivante :

$$D_{o,t} = D_{o,o} e^{at - bt}$$

avec

$D_{o,t}$ = densité au centre à l'instant t,
$D_{o,o}$ = densité au centre à l'époque initiale de référence,
a = taux de croissance initial de la densité au centre,
b = variation de ce taux de croissance au cours du temps.

Cette formulation a l'avantage de relier l'évolution des densités centrales à celle du gradient et de retracer les âges de la ville :

— *jeunesse* : la densité au centre s'élève rapidement ; le gradient de distance est élevé ; les densités déclinent vite à partir du centre.
— *adolescence* : la densité au centre progresse moins vite ; le profil des densités devient plus plat ; l'urbanisation gagne la périphérie.

FICHE 1 (suite)

— *maturité* : le centre présente une forme en cratère caractéristique ; le sommet de la courbe des densités se déplace vers la zone intermédiaire.
— *vieillesse* : la densité au centre s'abaisse de plus en plus ; l'urbanisation se stabilise.

• Enfin, on peut, si la loi de Clark s'ajuste très bien aux observations, en déduire les populations totales comprises entre le centre et un rayon donné. On a en effet :

$$P(r) = \int_o^r D_r \, 2\pi r \, dr$$

avec $D_r = D_o e^{-br}$
ce qui, pour un rayon $r = d$ donne, après intégration entre o et r,

$$P(d) = \frac{2 p D_o}{b^2} \{1 - e^{-bd} (1 + bd)\}$$

Si d est grand, on voit que la population totale P (d) tend vers $2 \pi D_o/b^2$ (en fait d tend vers plus l'infini) : la population totale s'exprime alors en raison directe de la densité centrale et en raison inverse du carré du gradient de distance. Bussière (1972) a construit, à partir de cette formulation, un intéressant modèle d'urbanisation qu'il a appliqué à dix grandes villes dans le monde.

---

gradients de densité lorsqu'on essaye d'appliquer la loi de Clark aux établissements industriels.

Les surfaces occupées par *les bureaux* sont négligeables dans les petites villes et augmentent avec la taille des unités urbaines et le développement du tertiaire dans les grandes agglomérations. Souvent d'ailleurs, des immeubles de bureaux s'édifient sur des surfaces libérées par les usines et par l'habitat vétuste des franges urbaines. En moyenne, les bureaux occupent environ 5 % de l'espace urbain et probablement davantage si l'on tient compte des zones d'activité mixtes.

L'emprise de *la voirie* diminue nettement avec la taille des villes aux Etats-Unis mais au prix d'une congestion souvent accrue. La voirie occupe entre un quart et un tiers de l'espace total des villes américaines, ce qui est notablement plus que dans les villes d'Europe plus denses et plus tournées vers les transports collectifs moins consommateurs de voirie.

Les *grands équipements collectifs* (bâtiments administratifs, services publics, écoles, auxquels on ajoute parfois l'emprise des aérodromes et des lignes ferroviaires) occupent entre 9 et 13 % de l'espace urbain aux Etats-Unis, et 9,5 % dans la première couronne de l'agglomération parisienne.

Les *espaces verts et les aires récréatives* augmentent en part relative avec la taille des villes aux Etats-Unis tout en diminuant en mètres carrés par habitant. En Europe, la densification élevée se traduit souvent par le sacrifice des espaces boisés : Paris dispose d'à peine 6 m^2 d'espaces verts par habitant contre 10 à Londres et à Rome et 25 à Vienne.

Est-il possible de donner une image de la répartition de l'usage des sols en fonction de la distance au centre ville ? Chaque agglomération constitue un cas particulier mais une étude déjà ancienne de Clark sur Détroit en 1967 semble assez représentative de l'ensemble des villes américaines. A l'intérieur du CBD, le logement et les espaces libres représentent 3 % seulement, les 97 % restants se partageant sensiblement par moitié entre la voirie et les bureaux. Jusqu'à trois miles du centre, le logement, la voirie et les emprises économiques se partagent l'espace en parts sensiblement égales. A partir de dix miles du centre, l'espace résidentiel devient majoritaire.

En conclusion de ce survol rapide, il convient de souligner que les *changements dans l'affectation et l'usage des sols urbains* sont plus chargés de signification pour la compréhension des mécanismes de la croissance et de la dynamique urbaines que la ventilation de l'usage des sols à un moment donné ou dans un quartier donné.

1.4. Les activités économiques et les types de villes

A partir des caractéristiques croisées des types d'activités économiques présentes dans les villes et des populations qu'elles abritent (catégories sociales, types de logements, de déplacements, de loisirs,...), il est possible de définir de nombreuses typologies urbaines correspondant à des méthodologies statistiques différentes.

— La statistique de l'*usage des sols* (résidentiel, industriel, commercial, autres) n'est pas toujours pertinente dans la mesure où la consommation d'espace par actif peut être très variable dans l'industrie et plus encore dans les services (petits commerces contre grandes surfaces entourées d'immenses parkings).

— La répartition des actifs sur les lieux d'emploi par secteurs ou branches d'activité ne correspond pas nécessairement à celle des populations *résidentes*. De façon générale, la grande et la moyenne industrie de même que les activités supérieures de services ont des zones d'attraction de la main-d'œuvre plus larges que l'aire urbaine.

— C'est donc en croisant plusieurs sources statistiques nationales (le Recensement Général de la Population, le recensement industriel, parfois les documents d'urbanisme sur l'usage des sols) et même communautaires (Eurostat) qu'il est possible de dresser des typologies pertinentes. On en présentera deux, concernant les villes françaises de plus de 20 000 habitants en 1982, à partir de l'Atlas des villes françaises (Pumain, Saint-Julien, 1989).

La spécialisation économique des villes

L'objectif est de définir des profils de villes à partir des caractéristiques de *leur portefeuille d'activités* par rapport à un profil moyen défini sur l'ensemble des unités urbaines. Pour cela, on construit un indicateur de spécialisation, correspondant aux valeurs croissantes du χ^2 mesuré sur 22 branches d'activité entre le profil d'activité de la ville et le profil urbain moyen des 218 villes ayant dépassé 20 000 habitants au RGP de 1982. Trois groupes de villes apparaissent : 117 villes tertiaires (faible χ^2, faible proportion d'actifs employés dans l'industrie : entre 14 et 24 %), 52 villes en légère spécialisation industrielle (χ^2 plus élevé, proportion comprise entre 24 et 36 %), enfin 49 villes en spécialisation industrielle plus ou moins accentuée (χ^2 élevé, proportion comprise entre 34 et 57 %).

L'idée d'une diversification *minimale* de leur portefeuille d'activité est sûrement importante pour la stratégie et la dynamique urbaine des petites villes et leur résistance à la crise et à la désindustrialisation.

L'image de marque et la modernité des villes

Sont ici croisées à la fois des caractéristiques du profil des activités existantes, la répartition sociale des populations résidentes et la valeur d'indicateurs d'attractivité-répulsion comme le niveau des salaires dans 3 catégories, le prix des logements, les soldes migratoires de la ville sur 2 périodes intercensitaires, le taux de chômage, le chômage des jeunes et la répartition des habitants en dix groupes d'âge, soit au total 63 variables se distribuant sur 2 axes factoriels : l'image de marque (23 % de contribution) et la modernité technique (17 %). Apparaissent comme relativement défavorisés (modernité faible, mauvaise image) les pôles industriels en déclin ou en reconversion difficile, comme plutôt privilégiés les pôles touristiques, les villes de commerce, les ports et arsenaux (bonne image de marque) et trois catégories dont la modernité technique élevée est compensée par des prix élevés du logement, une population âgée et un faible dynamisme migratoire (Paris et ses satellites, les capitales régionales et certaines villes industrielles).

Les problèmes d'image et d'attractivité des villes sont importants dans la compétition internationale. A cet égard, le réseau urbain français souffre certainement d'une hypertrophie de la capitale et de l'absence relative d'un réseau de grandes villes de province de classe internationale P. Soldatos (1991) et les études du GIP-RECLUS sur les villes internationales).

2. Les modèles économiques

Face à la diversité des facteurs d'ordre morphologique, démo-économique et socio-institutionnel qui agissent sur l'organisation de l'espace urbain, les auteurs, qu'ils soient économistes, géographes ou sociologues de l'urbain, ont recherché des explications plus théoriques de la différenciation de l'espace des villes. Deux types de modèles ont prévalu : certains se réclament d'une vision écologique-économique du système urbain et remontent aux premiers travaux de Burgess (1927) et de l'école de Chicago. D'autres modèles s'inspirent d'une vision plus économique de la ville et expliquent les structures urbaines par les choix de localisation et les contraintes budgétaires de l'équilibre spatial des agents. C'est alors le mécanisme des enchères foncières qui gouverne la répartition des activités et des hommes dans l'espace urbain. On commencera par la vision économique, plus précise sans doute, mais aussi plus réductrice.

2.1. L'économie urbaine : la ville façonnée par les rentes foncières

Les modèles économiques de l'espace urbain sont légion mais ils s'inspirent tous d'une vision commune, héritée de von Thünen et transposée à des villes monocentriques et isotropes très stylisées par l'Américan W. Alonso au début des années 1960.

La ville de von Thünen-Alonso

Von Thünen, gentilhomme prussien de la première moitié du XIXe siècle, étudie l'espace rural de la Poméranie orientale, sorte de plaine homogène, ponctuée de bourgs ruraux assez espacés. Il montre que le paysage agricole se structure habituellement en zones concentriques plus ou moins régulières à partir de deux facteurs essentiels : la distance des terres ou des fermes à la ville proche (considérée comme le lieu unique d'écoulement des produits primaires) et le niveau de la **rente foncière** unitaire nette, c'est-à-dire le profit net à l'hectare, une fois payés les éléments du coût de production agricole et du coût de transport jusqu'à la ville. Von Thünen détermine ainsi une série de *cercles concentriques*, centrés sur la ville et spécialisés dans une production agricole déterminée *(chapitre 25)*.

Comment cette organisation du paysage agricole de la première moitié du XIXe siècle peut-elle se transposer aux villes d'aujourd'hui ? W. Alonso apporte une réponse. Si l'on admet que le centre-ville concentre l'essentiel des emplois dans l'agglomération urbaine et polarise donc les migrations alternantes, si l'on admet aussi que l'espace urbain est homogène, isotrope et desservi par un système de transport performant et sans congestion, *les ménages urbains* vont choisir leur localisation à travers un mécanisme d'enchères foncières. Plus précisément, ils vont comparer, en fonction de leurs préférences pour la centralité, la série des coûts de déplacements domicile-travail (l'emploi est offert au centre ville exclusivement) et les coûts fonciers, c'est-à-dire le loyer des emplacements. Pour un ensemble de ménages disposant de revenus identiques et de préférences comparables pour la centralité, il est clair qu'il y a une relative indifférence entre habiter près du centre, payer un loyer élevé et supporter un coût de transport faible ou habiter plus loin, payer moins de loyer et plus de transport : il y a donc substituabilité entre dépenses de loyer et dépenses de transport dans le budget de ces ménages, identique par définition. Par contre si l'on compare des ménages disposant de revenus différents, il est clair que les enchères foncières des ménages riches, dont la disponibilité marginale à payer pour un emplacement donné est plus élevée, surpasseront les enchères des ménages plus pauvres pour le même emplacement : le mécanisme des enchères fait qu'il y aura un étagement, un ordonnancement régulier des ménages et des classes sociales du centre vers la périphérie.

Ce mécanisme élémentaire se complique lorsqu'à côté des consommateurs résidents, on introduit *les entreprises* et leur demande d'emplacements. La demande d'espace des entreprises est très différenciée et dépend de leur productivité relative au mètre carré : au centre-ville, les services tertiaires et financiers très spécialisés, requérant peu d'espace, avec un *cash-flow* important, donc une disponibilité à payer un « bon » emplacement très élevée ; en périphérie plus éloignée, les centres commerciaux grands consommateurs d'espace ; en périphérie lointaine, les industries polluantes et les entrepôts.

On peut enfin introduire une troisième et dernière catégorie d'acteurs fonciers qui n'existent d'ailleurs qu'aux franges de la ville : les *agriculteurs*, dont la productivité à l'hectare est très inférieure à celle de l'industrie ou des services et qui se trouvent évincés du mécanisme d'enchères foncières à la fois par les activités économiques et par les ménages. L'ensemble du mécanisme peut se formaliser par le calcul micro-économique en termes d'équilibre spatial des agents (voir, pour un exposé très approfondi, Fujita, 1989). La représentation d'ensemble est donnée par la *figure 2*. Sur cette trame élémentaire sont venues se greffer toute une série d'extensions.

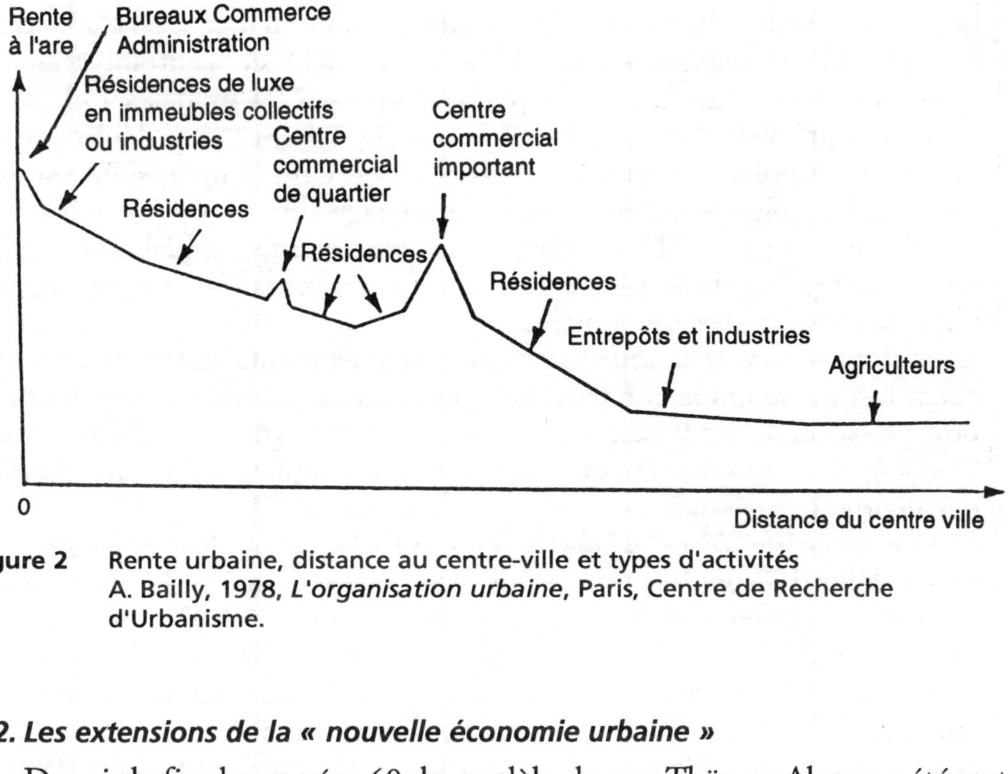

Figure 2 Rente urbaine, distance au centre-ville et types d'activités
A. Bailly, 1978, *L'organisation urbaine*, Paris, Centre de Recherche d'Urbanisme.

2.2. Les extensions de la « nouvelle économie urbaine »

Depuis la fin des années 60, le modèle de von Thünen-Alonso a été systématiquement étendu dans toute une série de directions. On en évoquera brièvement quelques-unes (Derycke, 1992) :

— *La congestion des transports* : C'est l'externalité urbaine la plus fréquente et la plus pénalisante. Plusieurs modèles urbains étudient l'impact des différentes congestions sur la déformation de système des rentes. Un dilemme apparaît généralement : la congestion du trafic urbain peut se combattre en étendant l'offre de voirie mais ceci raréfie l'espace disponible pour les autres activités (logements, services, industries, espaces récréatifs), donc renchérit les prix fonciers. En outre, toute suppression ponctuelle de la congestion modifie le choix du mode de transport et/ou de l'itinéraire et risque de reporter la congestion sur un autre tronçon ou sur un autre mode. Un cas intéressant qui commence à être étudié est celui de la ville souterraine avec tunnels routiers à péage.

— *Les autres externalités* : La qualité de l'environnement, du cadre de vie, l'agrément résidentiel ou au contraire les voisinages désagréables (fumée des usines, bruit des aéroports, cohabitation malaisée avec des groupes sociaux ou ethniques différents) ont été étudiés, notamment dans les pays anglo-saxons, dans leurs effets sur les valeurs foncières. On aboutit parfois au cas des villes ségrégées à deux groupes raciaux *(two class cities)*.

— *La ville polycentrique* : L'hypothèse d'un CBD concentrant tous les emplois de base dans la ville est peu réaliste mais les modèles à plusieurs centres sont plus difficiles à traiter car le schéma des déplacements devient multipolaire et complexe à formaliser. Un cas intéressant est étudié depuis quelques années : celui du ménage urbain à deux actifs, l'un travaillant au centre et l'autre dans un centre urbain secondaire de l'agglomération. On assiste le plus souvent à des déformations locales du système des rentes (pics secondaires).

— *La ville incertaine et la ville imprécise* : Des éléments d'incertitude entâchent fréquemment la connaissance des revenus et/ou des coûts de transport ; le schéma des localisations des agents dans l'espace urbain devient alors imprécis, ouvrant la voie à des travaux complexes sur la localisation dynamique des agents.

— *L'introduction des biens publics locaux* : Les biens publics et les équipements collectifs sont des moyens de lutte efficaces contre les externalités urbaines négatives. Ces biens publics locaux sont généralement financés par un impôt local sur la valeur vénale des biens fonciers et immobiliers. Une discipline nouvelle : *l'économie publique locale* étudie les relations entre ce prélèvement fiscal, l'évolution du marché foncier et immobilier, la gestion urbaine et le recul des externalités (Derycke et Gilbert, 1988).

— *Ville ségrégée ou ville conviviale ?* Au modèle de la ville ségrégée où les ethnies et les classes sociales se côtoient sans se mélanger, on peut opposer celui de la ville conviviale où les habitants cherchent au contraire à maximiser les possibilités de contact, d'échange et d'interaction de toute sorte, entre milieux sociaux différents. M. Backman a été le premier à proposer ce type de modèle alternatif aux Etats-Unis.

2.3. Nouvelles perspectives

En quelque vingt-cinq années, la « **nouvelle économie urbaine** » a permis aux économistes d'explorer dans la plupart des directions possibles les mécanismes de la structuration de l'espace urbain et de la croissance des villes. D'autres modèles alternatifs, parfois transposés de la mathématique ou de la physique, ont été plus récemment proposés :

— *La théorie des catastrophes*, inspirée de l'œuvre du mathématicien R. Thom, que l'on tente d'appliquer à l'évolution des centres villes et à la disparition de certains types d'activités urbaines ;

— *la théorie des fractales*, transposée de la physique aux structures urbaines et à la croissance des villes. L'idée est que les modes d'organisation, d'occupation et de propagation des espaces urbains sont sous la dépendance de lois hiérarchiques, du type de la loi de Pareto ou de lois fractales, du type suivant :

$$N(x) = ax^{D}$$

où $N(x)$ est le nombre total « *d'objets* » x situés à une distance x du centre ville

D est un paramètre caractéristique de la dimension fractale et a, une constante d'ajustement.

Ces « objets » x sont par exemple : des portions de routes, des ilôts bâtis, des espaces vacants, des activités économiques, des éléments du système de transport, etc. Si la densité de répartition de ces objets dans l'espace urbain était régulière, $N(x)$ évoluerait comme x^2 si la ville était carrée, ou comme πx^2 si la ville était circulaire, etc. En fait, la dimension fractale est généralement comprise entre 1 et 2 pour traduire la diminution du gradient de densité de ces « objets » quand on va du centre vers la périphérie des villes. On trouvera d'intéressantes applications des lois fractales à l'étude des structures et de la croissance des agglomérations urbaines dans (Frankhauser, 1991).

Ces modèles théoriques rendent-ils correctement compte de la réalité foncière dans les villes françaises ?

2.4. Les prix fonciers dans les grandes villes françaises

L'observation confirme à peu près les enseignements de la théorie : il y a bien décroissance générale des prix fonciers et immobiliers du centre-ville vers les périphéries moins denses dans la plupart des agglomérations. Il existe cependant de notables exceptions et des poussées foncières localisées, dûes à des comportements du marché foncier plus actifs que d'autres et à des facteurs dits de microlocalisation (le plus souvent, l'image de marque et la qualité de l'environnement social du quartier).

a) La décroissance des prix fonciers avec l'éloignement du centre

Elle a été maintes fois vérifiée, depuis les premières observations de Granelle dans le milieu des années 60 à Marseille. Les ajustements sont multiples : loi exponentielle inverse (à la Clark), loi doublement logarithmique, demi-loi normale, fonction paire, etc. Un point intéressant est la comparaison entre gradients de densité et de rente. Supposons une double loi de Clark vérifiée à la fois sur les prix fonciers et les densités, soit :

$$P_r = P_o e^{-br} \qquad (1)$$

avec

P_r = prix au mètre carré à la distance r du centre,
P_o = prix maximum au centre ($r = o$),
b = gradient de prix fonciers,

et $D_r = D_o e^{-cr}$ (2)

avec

D_r = densité à la distance r,
D_o = densité maximale au centre,
c = gradient de densité.

En divisant (1) par (2), il vient :

$$P_r = AD_r e^{ar}$$

avec

$$A = P_o/D_o$$

et $a = c - b$, généralement positif, car le gradient de densité c est en moyenne plus fort que le gradient de prix b.

Les prix fonciers varient alors positivement avec les densités ; ils déclinent naturellement du centre vers la périphérie puisque les densités diminuent.

b) La croissance des prix fonciers moyens avec la taille des villes et les rythmes de l'urbanisation

A côté de la distance au centre, les prix fonciers varient avec les rythmes de l'urbanisation : ils s'élèvent plus vite lorsque la croissance urbaine rapide induit une demande foncière forte et lorsque le marché devient actif ou rationné. Ils varient aussi avec les performances du système de transport (ceci va d'ailleurs à l'encontre des enseignements des modèles théoriques) et surtout avec l'image sociale des quartiers et l'attractivité globale de la ville. En définitive, le prix foncier moyen est la résultante complexe de tout un faisceau de facteurs. A titre d'exemple, on a reproduit dans le tableau 2 l'évolution décennale des prix fonciers moyens à Paris et dans les villes de province.

Tableau 2 Evolution des prix fonciers à Paris et en province*

	Prix au m² en francs courants				Prix fonciers relatifs		
Année	Paris (1)	Grandes villes (2)	Autres villes (3)	Province (4)	Paris (1) : (4)	Grandes villes (2) : (4)	Autres villes (3) : (4)
1978	2 614	517	545	534	4,9	0,97	1,02
1979	2 600	487	494	491	5,3	0,99	1,01
1981	2 600	618	591	600	4,3	1,03	0,98
1982	3 442	591	585	587	5,9	1,01	1,00
1983	6 200	893	687	763	8,1	1,17	0,90
1984	6 987	986	557	724	9,7	1,36	0,77
1985	8 044	1 200	586	791	10,2	1,52	0,74
1986	9 033	1 189	930	1 013	8,9	1,17	0,92
1987	13 457	1 477	884	1 100	12,2	1,34	0,80
1988	21 715	1 850	979	1 269	17,1	1,46	0,77
1989	26 021	2 286	1 196	1 575	16,5	1,45	0,76

* Moyenne arithmétique non pondérée.
Source : Direction Générale des Impôts, Fichier IMO.
(2) 8 métropoles d'équilibre : Bordeaux, Lille, Lyon, Marseille, Nancy, Nantes, Strasbourg, Toulouse.
(3) 17 agglomérations : Aix en Provence, Angers, Bayonne, Caen, Calais, Clermond-Ferrand, Dijon, Grenoble, Montpellier, Mulhouse, Nice, Orléans, Reims, Rennes, Rouen, Saint-Etienne, Tours.
(4) = (2) + (3).

On notera l'évolution divergente des prix relatifs entre les métropoles d'équilibre (en hausse) et les autres grandes villes de province (plutôt en baisse). Le marché foncier urbain a été moins orienté à la hausse à partir de 1990.

3. L'écologie urbaine : la ville expliquée par les rapports sociaux

3.1. Les trois modèles de base de l'écologie urbaine

La plupart des travaux qui entreprennent de relier les caractéristiques sociales des populations urbaines et leur lieu de résidence se réclament de l'école dite de chicago (Grafmeyer et Joseph, 1979). On peut distinguer trois modèles de base *(figure 3)* :

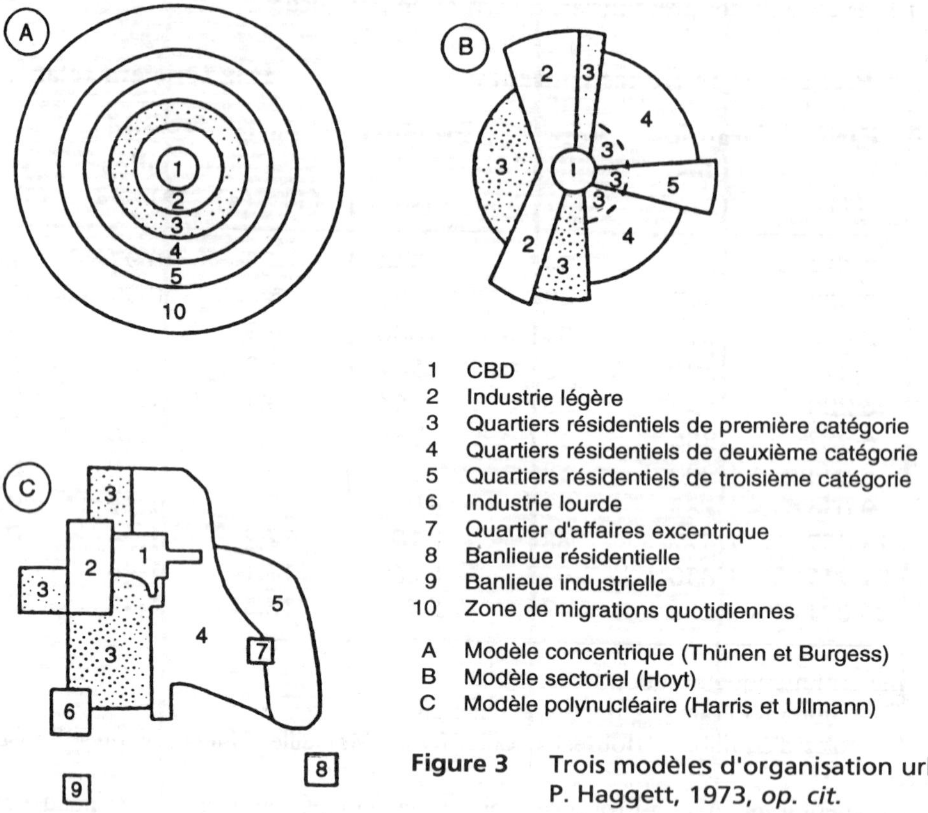

Figure 3 Trois modèles d'organisation urbaine
P. Haggett, 1973, *op. cit.*

Le modèle concentrique de Burgess (1927) n'est pas sans rappeler, par certains côtés, l'essai de von Thünen qui le précède d'un siècle. Selon Burgess, la ville irradie à partir d'un pôle dominant, le CBD, et se déploie sur 5 couronnes successives : industrie légère, quartiers résidentiels de catégorie 1, 2 et 3, enfin zone de migration quotidienne (en fait le bassin d'emplois de l'agglomération). Le principe d'organisation spatiale est d'essence biologique : la compétition pour l'espace aboutit à l'éviction des activités et des hommes ; les bureaux chassent les bourgeois, les bourgeois chassent les ouvriers ; la ville agit à la manière d'une centrifugeuse qui, curieusement, baratte au loin les éléments les plus légers (dont le pouvoir d'achat pèse le moins lourd).

Le modèle sectoriel de Hoyt (1939) est un raffinement du cas précédent : il y a bien extension vers l'extérieur mais selon des secteurs d'azimut différents et avec des vitesses inégales de propagation dans l'espace, idée qui sera reprise plus tard dans les modèles urbains, chez W. Alonso et chez R. Bussière en particulier.

Le modèle polynucléaire de Harris et Ullmann (1945) est d'essence différente. Plusieurs noyaux urbains coexistent, ayant chacun leur dynamique propre ; certaines fonctions se rassemblent, d'autres au contraire se dispersent ; la lisibilité urbaine se complique.

Naturellement, ces trois modèles de base se combinent plus ou moins dans la réalité et une étude appliquée faite sur la ville de Strasbourg a pu montrer qu'il y avait trois forces conjointes de différenciation urbaine : un facteur familial à effet concentrique (Burgess : c'est la taille des ménages qui explique le mieux la péri-localisation des familles nombreuses), un facteur socio-économique à effet sectoriel (Hoyt : c'est la spécialisation économique des quartiers) et un facteur ethnique à effet polynucléaire (Harris et Ullmann : on connaît l'importance du quartier juif à Strasbourg).

3.2. Une application aux grandes villes françaises

La stratification sociale des quartiers urbains a été étudiée en France par les sociologues (équipe de Chombart de Lauwe), les économistes et les géographes (Chauviré, Guermond, Puissant, Roncayolo, Tabard, Vant) et les statisticiens (Debonneuil et Gollac, Mansuy et Marpsat). C'est à cette dernière étude, la plus récente, que nous emprunterons ce qui suit. Les 36 agglomérations françaises de province de plus de 150 000 habitants ont été décomposées en quartiers. Une classification ascendante hiérarchique menée à titre principal sur la « configuration du ménage » (croisant catégorie socio-professionnelle, statut matrimonial et taille du ménage) et à titre subsidiaire sur le statut d'occupation du logement (propriétaire ou locataire), la nationalité et la position du quartier, a conduit à une typologie en 25 postes, regroupés en 10 catégories :
— les quartiers centraux d'employés et d'inactifs (2 types)
— les quartiers commerçants du centre (4 types)
— les « beaux quartiers » (3 types : les quartiers élégants du centre, la zone médiane aisée, la banlieue chic)
— les quartiers des professions intermédiaires jeunes (1 seul type)
— les quartiers mixtes (3 types)
— les banlieues industrielles récentes (3 types)
— la banlieue industrielle ancienne (1 type)
— les quartiers ouvriers jeunes (5 types)
— le centre populaire (2 types)
— le quartier Belsunce à Marseille qui n'a pas son équivalent dans les autres métropoles de province mais que l'on peut comparer à la Goutte d'Or à

Paris : logements vétustes, forte proportion d'actifs vivant seuls ou en groupe, forte proportion d'immigrés du Maghreb.

Les banlieues industrielles anciennes se rencontrent principalement dans le Nord-Pas de Calais, au Havre et à Saint-Etienne, les centres anciens employés-commerçants inactifs sur la Côte d'Azur et à Limoges, les pôles secondaires du commerce et de l'artisanat à Avignon et sur la Côte d'Azur.

Il y a donc une nette opposition entre les villes industrielles du Nord et les villes commerçantes de la Méditerrannée. Plus intéressante encore apparaît la diversification des quartiers : Marseille offre la mosaïque urbaine la plus complète : 24 quartiers sur 25 possibles. A l'autre extrémité du spectre, Lens apparaît comme une ville industrielle très uniforme : cinq quartiers seulement dont la banlieue industrielle ancienne représente les quatre-cinquièmes. La *figure 4* montre que les villes aux quartiers les plus variés ne sont pas toujours les plus grandes en taille. Certaines villes de taille intermédiaire : Amiens, Angers, Caen, Le Mans ou Metz par exemple, apparaissent relativement bien diversifiées.

En conclusion, l'organisation et l'appropriation de l'espace à l'intérieur des villes obéissent à des facteurs nombreux et changeants. Trouver une trame analytique qui rende compte de ces interactions multiples est un défi permanent pour le chercheur, tant il est vrai, comme l'écrit J. Gracq que « la forme d'une ville change plus vite, on le sait, que le cœur d'un mortel ».

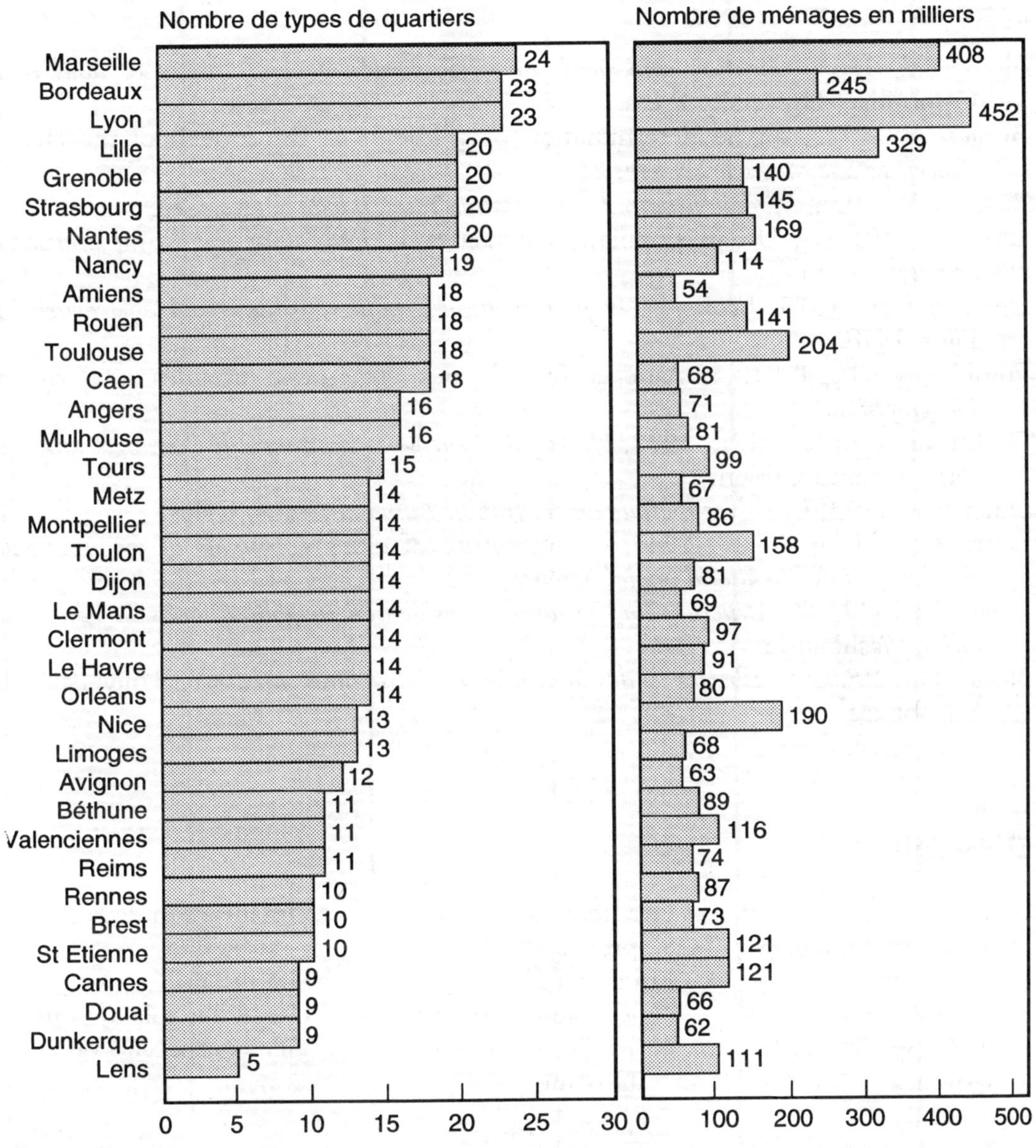

Figure 4 Diversité des quartiers et taille des agglomérations
Source : M. Mansuy et M. Marpsat, 1991, Les quartiers des grandes villes, contrastes sociaux en milieu urbain, *Economie et Statistique*, 245, p. 347.

Lectures recommandées

Alonso W., 1964, *Location and land use – Toward a general theory of land rent*, Cambridge, University Press.

Burgess E., 1927, « The determination of gradients in the growth of the city », *American Sociological Society*, 21.

Bussière R., 1972, *Modèle urbain de localisation résidentielle*, Paris, CRU.

Clark C., 1951, « Urban population densities », *Journal of the Royal Statistical Society*, vol. 114.

Derycke P.H., 1979, *Economie et planification urbaines*, tome 1 : *L'espace urbain*, Paris, PUF.

Frankhauser P., 1991, « Aspects fractals des structures urbaines », *L'Espace Géographique*, 1.

Grafmeyer Y. et Joseph I., 1979, *L'école de Chicago – naissance de l'écologie urbaine*, Paris, Champ Urbain.

Haggett P., 1973, *L'analyse spatiale en géographie humaine*, Paris, Colin.

Harris C. et Ullmann E., 1945, « The nature of cities », *Annals of the American Academy of Political and Social Science*, 242.

Hoyt H., 1939, *The structure and growth of residential neighbourhoods in American cities*, Washington.

Nonn H., 1965, *Strasbourg : des densités aux structures urbaines*, Université de Strasbourg.

Mots-clefs

Centre-ville
Densité (résidentielle, brute, nette)
Ecologie urbaine
Foncier (prix, marché, système)
Gradient (de densité, de prix foncier)
Loi de Clark
Morphologie urbaine
Nouvelle Economie Urbaine
Organisation de l'espace urbain
Site urbain
Usage des sols urbains
Ville-centre, ville éponyme

Géopolitique du système monde

36

Olivier Dollfus

1. Réalités et position des problèmes

Le Monde, c'est-à-dire l'humanité dans l'ensemble de ses éléments, connaît depuis un siècle une spirale de croissances comme il n'en a jamais connu au cours de son histoire ; croissance des hommes : 1,6 milliards au début du XXe et six milliards au début du XXIe siècle ; des villes : moins de 300 millions d'urbains à l'orée du XXe, trois milliards un siècle plus tard ; croissance des productions : en terme marchand, la production mondiale était en 1900 de mille milliards de dollars (taux de 1989) et les échanges internationaux de 70 milliards ; elle est maintenant de 20 000 milliards de dollars tandis que les échanges entre pays sont de l'ordre de 6 000 milliards. Les flux d'information et les systèmes qui les gèrent comme les moyens de transport se sont plus modifiés en un siècle et demi que de l'époque romaine jusqu'au XIXe siècle.

Jamais les différences n'ont été aussi fortes entre les grands blocs de l'humanité. L'humanité avant le XIXe siècle était relativement homogène malgré l'extrême diversité des cultures et des langues, paysanne à 90 %, aux populations souvent en limite de survie auxquelles le modèle malthusien s'appliquait sur la longue durée, où les espérances de vie à la naissance étaient courtes pour tous (entre 24 et 30 ans). Lui succède une humanité où l'espérance de vie a augmenté. En 1989 la moyenne mondiale était de 65 ans, de 55 ans pour les pays les plus démunis, 76 ans en Europe occidentale, Amérique du Nord et Japon. Jamais les indices synthétiques de fécondité n'ont présenté de tels écarts : pour le Monde il était en 1989 de 2,4, de 1,7 pour les pays de l'OCDE (Organisation de Coopération et de Développement Economique : Europe occidentale, Amérique du Nord, Japon, Australie et Nouvelle Zélande) et de 5,5 pour les économies à faible revenu, hors Chine et Inde où il était de 3,2. Enfin jamais les différences n'ont été aussi grandes entre les ressources matérielles dont disposent les populations : en 1990, 350 dollars par habitant (au taux de 1989) – pour le PNB des économies pauvres qui rassemblent près de 3 milliards d'hommes et 19 000 dollars par tête pour les 775 millions d'habitants des pays de l'OCDE qui consomment les trois- quarts de la production mondiale.

Ces chiffres fournissent des ordres de grandeur et conduisent à un ensemble de réflexions :

Cette période exceptionnelle de croissances, dont certaines d'entre elles sont pour le moment exponentielles, est-elle liée à une humanité fonctionnant pour la première fois comme un système unique ? Le système Monde conceptualise un ensemble – l'humanité – d'ensembles, les Etats dans leurs territoires et les sociétés humaines dans le déploiement géographique de leurs cultures, de leurs entreprises et les marchés dans leurs espaces.

Malgré l'alternative au capitalisme proposé pendant plusieurs décennies par les Empires continentaux totalitaires de l'URSS et de la Chine, à parti unique et à économie administrée, le capitalisme, sous ses différentes variantes, est-il la matrice du système mondial contemporain ?

Le système Monde est un système géographique. On y retrouve les éléments des systèmes géographiques : des pavages (Etats, aires de marchés, des cultures), qui s'imbriquent et se recouvrent inégalement et des réseaux qui structurent les espaces et les relient entre eux, des polarités et des centralités.

Le **système Monde** est un « méta-système » géographique, l'environnement de tous les autres systèmes géographiques, ce qui conduit à privilégier le concept de « hiérarchie enchevêtrée » (Hofstadter, 1985) régissant les relations entre le système Monde et les sous-systèmes qui le constituent. Cette « hiérarchie enchevêtrée » est à la base des phénomènes d'auto-organisation qui marquent sa dynamique, l'irréversibilité de son histoire comme sa complexification croissante.

Le système Monde offre une singularité majeure : à la différence des autres systèmes spatiaux, il peut être considéré comme un système fermé. L'humanité est une dans un « Monde fini » (P. Valéry). Est-il alors admissible de l'assimiler au système clos des thermodynamiciens et de rechercher des analogies possibles avec la deuxième loi de Carnot du développement de l'entropie ? Certes la terre est alimentée en énergie par le Soleil mais le rayonnement solaire constituant, en première approximation, une constante et l'humanité étant sans prise sur le système planétaire, il peut être logique de considérer l'humanité et les enveloppes terrestres (atmosphère, biosphère, hydrosphère, surface des continents) comme un ensemble fini.

Ce système engendre des croissances, liées à des rétroactions positives. Au cours de sa brève existence d'un siècle, les régulations d'ensemble, liées à des boucles de rétroaction négatives, n'ont guère fonctionné ou ne se sont pas encore mises en place. Quelles rétroactions négatives doivent s'établir pour permettre au système Monde de durer sans que son existence soit compromise par des croissances mal maîtrisées des populations, des villes, des pollutions, des différences entre les niveaux et conditions de vie des peuples, etc. ? Comment passer de courbes exponentielles à des courbes logistiques ? Il est clair, s'agissant du système Monde, que les régulations sont liées à des prises de décisions politiques et à des choix assumés, implicitement ou explicitement par les sociétés.

Système dynamique, le Monde est formé d'un nombre élevé de systèmes disposant chacun de nombreuses « libertés », d'où son imprédictibilité, mais il ne se présente pas tout à fait comme le « chaos déterministe » des physiciens dont l'imprédictibilité naît de bifurcations d'un nombre réduit de « libertés ». Ici la dialectique ordre/désordre/chaos jouant dans un ensemble aux hiérarchies enchevêtrées demande une analyse propre, qui est la base de la réflexion sur la Géopolitique du Système monde.

2. Le système Monde : ses éléments et leurs interactions

2.1. Pavages

Le système Monde s'est mis en place à partir du moment où toutes les terres ont été réparties entre des Etats territoriaux et leurs prolongements coloniaux. Ce pavage des Etats est composé d'environ 180 éléments dont 163 appartenaient en 1991 aux Nations Unies. Les divisions de l'ancienne URSS et de l'Europe centrale et danubienne pourront en accroître le nombre. Même si les rapports dans les populations varient de 1 à 100 000 – ainsi entre un micro-Etat insulaire comme Nauru et la Chine, et dans un même rapport en ce qui concerne les surfaces – tous disposent des mêmes attributs fonctionnels et symboliques : un drapeau, un hymne, une capitale. Ils ont en charge l'encadrement des populations et de leurs territoires et doivent assurer les « grands équilibres » économiques et financiers. Ils participent au dialogue international. Enfin les Etats fonctionnent selon le principe des trois unités de lieu, d'autorité et de finalité à l'intérieur de leurs frontières.

A ce pavage des Etats s'en surimposent d'autres aux limites plus floues ou dont les aires s'imbriquent comme ceux des peuples, des religions, des langues. La non coïncidence de ces aires avec celles des territoires des Etats est parfois à la source de tensions et de conflits. D'autres pavages évoluent souvent plus rapidement que celui des Etats comme les aires de marchés, qui parfois se limitent à un Etat ou peuvent en incorporer plusieurs. Le marché mondial est formé par les imbrications de marchés aux règles et aux contours différents, celui des avions gros porteurs n'est pas le même que celui des vins fins et le blé relève de plusieurs marchés qui interfèrent entre eux. Le système Monde dont l'économie mondiale est l'une des facettes se comprend autant par ses divisions et le cloisonnement des espaces géographiques que par les flux qui les relient.

Le système Monde est construit par l'articulation et le recouvrement d'espaces aux contours et aux contenus différents dont chacun forme un système qui possède ses propres régulations. Il ne dispose pas de régulation générale autre que celle qui résulte des ajustements mutuels issus des conflits et des négociations dont certaines peuvent avoir des perspectives planétaires comme les accords du GATT (Accord général sur le commerce et les tarifs).

2.2. Réseaux

Les réseaux, dans leurs imbrications et leurs complémentarités permettent le fonctionnement du système Monde qui est né quand tous les espaces habités ont été, à des degrés divers, reliés par des réseaux interconnectés, ne laissant à l'écart aucune population du Monde.

L'accélération des échanges est concomitante avec les progrès et la diversification des moyens de communications et d'informations : navigation à vapeur, chemin de fer, moteur à explosion, réacteur des avions, télégraphe, téléphone, câbles océaniques et maintenant les informations numérisées qui transitent grâce à un dispositif incorporant, lanceurs, satellites, récepteurs, qui produisent des sons, des chiffres ou des images.

Ici comme dans la plupart des processus qui fondent la dynamique du système Monde les causalités linéaires ne jouent pas : progrès des communications et renforcement du système Monde vont de pair, s'auto-entretiennent dans un complexe d'échanges où offre et demande fonctionnent interactivement.

2.3. International et transnational : deux champs où se déploient les flux qui font du Monde un système

Le système Monde possède une spécificité par rapport à la plupart des systèmes qui le constituent : ses flux traversent deux champs dont les natures juridiques et les lisibilités sont différentes. Le champ de l'**international** est parcouru par des flux normés et régulés par les décisions des Etats après négociations et ententes. Il est codifié par des droits et réglementations. En relèvent les échanges comptabilisés dans les balances commerciales et des paiements des Etats qui constituent les bases de l'étude de l'économie mondiale. A l'échelle du Monde s'il n'y avait pas de modes de calcul différents, de décalages dans les relevés, d'omissions, la somme de ces balances devrait être nulle. Relèvent aussi du champ de l'international les migrations entre pays qui font l'objet de conventions comme les accords sur la propriété intellectuelle, brevets et licences. Le champ de l'international est parcouru par des flux repérés et régulés et il rend compte de la réalité des frontières des Etats ou des communautés plus vastes et de leurs franchissements réglementés.

Le champ du **transnational** fait fi des frontières. Ses flux les traversent sans être relevés ni comptabilisés. C'est l'espace des grandes firmes où circulent des informations cachées aux entreprises rivales. Une grande partie des informations qui sillonnent et structurent le Monde est transnationale, des émissions de télévision captées par des antennes paraboliques via des satellites aux informations boursières de l'agence Reuter. Appartiennent aussi au champ du transnational les contrebandes et migrations clandestines ainsi que les trafics comme ceux de la drogue. Le champ du transnational n'a souvent pas d'autres régulations que clandestines comme celles qui naissent des accords entre mafias pour le commerce de la cocaïne.

Dans l'espace mondial, il y a souvent imbrication des flux des deux champs. Une grande firme est puissante parce qu'elle est à la fois internationale – avec des filiales dans différents pays qui permettent de jouer des avantages comparatifs – et transnationale par son propre système d'informations. Le dollar des Etats-Unis est une monnaie nationale, émise par la Banque de réserve, une monnaie de compte internationale, contrôlée tant bien que mal par des accords entre ministres des finances et gouverneurs des banques centrales des principales puissances économiques (le G7) ; c'est enfin une monnaie transnationale par les émissions d'eurodollars, qui, mal contrôlées, peuvent déstabiliser les accords financiers internationaux. L'église catholique est une institution internationale ; le catholicisme, en tant que religion à vocation « universelle » est transnational.

L'une des difficultés de l'étude du système Monde est liée à l'imbrication de ces deux champs dont l'un est connu, l'autre l'est moins. Or avec les progrès techniques des communications et de l'information, les flux transnationaux prennent de plus en plus d'importance dans le « méta-système Monde » et rendent plus délicate la recherche des équilibres internes au sein des Etats.

2.4. Nature et histoire dans le système Monde

L'humanité vit dans les « enveloppes » de la planète Terre (biosphère, atmosphère, hydrosphère) et sur les héritages des sociétés qui la constituent. Avec l'émergence du système Monde, des héritages ont joué un plus grand rôle que d'autres parce qu'ils étaient portés par les sociétés européennes qui se sont déployées sur le monde : ainsi la raison et la rationalité, la séparation du laïque et du religieux, des mythes comme celui de Prométhée, l'idée d'un progrès nourri par l'avancée des connaissances nouvelles, l'articulation entre celles-ci et des applications pratiques, la marchandisation des biens, le marché allant de pair avec l'essor du capitalisme créateur de la spirale des accumulations. En revanche il n'est pas évident qu'il faille y inclure la dialectique entre la liberté et l'égalité qui a alimenté des progrès dans des sociétés européennes et américaines mais qui n'a pas eu une diffusion mondiale. On notera aussi le rôle des langues diffusées hors de leurs aires d'origine et portées par des réseaux mondiaux comme l'anglais. Au XVIe siècle il y avait probablement plus de locuteurs indi qu'anglais. Au XXe siècle il y a davantage d'hommes parlant quotidiennement des dialectes chinois que l'anglais. Cependant c'est l'anglais, langue de l'aviation comme des grands échanges scientifiques et financiers, qui est une langue mondiale. La ville, comme lieu de concentration d'activités et de traitement et de diffusion de l'information, préexistait au système Monde. Comme nœud de centralités des réseaux, la ville a été l'un des instruments de la mondialisation. D'autres héritages interviennent, comme la permanence des grandes masses humaines de l'Inde et de la Chine. Jouent aussi les grandes répartitions naturelles comme la disposition des continents et des océans, la zonalité des climats et des biomes, etc.

L'homme a une histoire parce qu'il transforme la nature et qu'il en exploite des éléments après les avoir identifiés, répertoriés, localisés. Sous le concept relatif de « ressources naturelles », la distinction doit être faite entre celles indispensables à toute vie humaine comme l'air et l'eau, et celles qui exigent du travail pour devenir des biens, même si maintenant l'air et l'eau peuvent devenir des biens traités et produits par l'industrie. Dans le système Monde des ressources ont compté plus que d'autres. L'utilisation du pétrole comme source d'énergie majeure coïncide avec le développement du système Monde : ses gisements deviennent des enjeux stratégiques. En revanche l'or, minerai à la fois rare et répandu, facile à travailler, appartient au patrimoine de l'humanité. Il a eu des utilisations analogues dans de nombreuses sociétés, bien avant la mise en place du système mondial où il ne joue à la fin du XXe siècle qu'un rôle mineur. Dans le système Monde la nature est chargée de toute une gamme de valeurs parfois contradictoires entre elles : valeurs d'usage, qui peuvent être de consommation directe (la cueillette), valeur productive (par transformation par le travail, les pratiques et l'industrie), valeur récréative, qui exploite la nature sans la consommer. On y ajoute les valeurs écologiques, liées aux interdépendances entre organismes, les valeurs d'option, liées à l'exploitation future des ressources, les valeurs d'existence par la satisfaction de savoir que certaines ressources biologiques existent.

L'activité économique en tant que processus physique de transformation consomme de la nature, dégrade de l'énergie et se traduit par la dissipation des déchets dans l'environnement. La spirale des croissances entraînées par l'évolution du système Monde au cours du XXe siècle est susceptible de provoquer par les combustions de carbone fossile et les déchets des productions et consommations des bifurcations capables de modifier les climats du globe et de modifier à terme la biosphère et ses supports. L'émission dans l'atmosphère d'environ 7 milliards de tonnes d'équivalent pétrole par an liée à la combustion du carbone fossile par les activités humaines, celle de méthane comme des oxydes d'azote modifient la composition atmosphérique. D'où les recherches pour mesurer les effets de ces pollutions d'autant plus difficiles à préciser que l'on connaît mal l'interaction de certains éléments, leur durée de vie, les phénomènes d'inertie, les capacités de stockage dans les océans, les sols, la biosphère. Savants et experts ne sont pas d'accord sur les changements globaux, même si on observe depuis un siècle un accroissement du CO^2 dans l'atmosphère, moindre d'ailleurs que si tout le CO^2 émis par les activités humaines s'y conservait. Comment prendre des mesures contraignantes et probablement coûteuses au départ visant à réduire les consommations et rejets dans un monde où sévit la concurrence alors que le degré de nocivité de ces pollutions reste imprécis. Mais doit-on prendre le risque de laisser se produire de « petites bifurcations », délicates à détecter au départ mais qui peuvent produire à terme de grands changements ? L'avenir du monde ne doit pas s'envisager à l'horizon de quelques décennies mais plutôt à l'horizon de millénaires. D'où l'importance des enjeux en matière d'écologie de la planète posés aux hommes politiques et aux sociétés et la difficulté de savoir où ils se situent et comment y faire face.

2.5. Mémoires du monde

« Mémoires de la Nature » et mémoires du « temps des Hommes » forment un ensemble que F. Durand-Dastès a baptisé « mémoire de Gaia », la Terre dans la mythologie grecque. Ainsi la mémoire historique comporte une mémoire « message », transmise oralement ou par écrit de génération en génération et une mémoire « inscrite », à la fois empreinte et matrice comme l'est le semis des villes. Par analogie avec les ordinateurs, il y a dans « les mémoires du Monde » des mémoires qui ne peuvent qu'être « lues », comme par exemple la zonalité des climats, tandis que d'autres peuvent être modifiées comme les sols ou les stocks biologiques. L'espace mondial est informé par un ensemble de mémoires dont les unes sont enrichies et modifiées par l'action humaine, les autres inscrites durablement à la surface de la planète et dont il faut tenir compte.

Ces « mémoires » font-elles partie de l'environnement du système, ou bien doivent-elles être prises en compte comme des éléments d'un méta-système ? La première hypothèse crée une asymétrie et rend impossible une co-évolution, l'environnement devenant alors un système complémentaire de même niveau que l'humanité. La deuxième hypothèse conduit à la prise en considération de la nature et de l'histoire comme appartenant à un méta-niveau tissant par l'intermédiaire des hiérarchies enchevêtrées des relations entre l'humanité dans son histoire et son espace et les enveloppes terrestres de l'atmosphère et de la biosphère. C'est l'hypothèse retenue. Elle offre l'avantage de mieux prendre en compte l'irréversibilité des phénomènes et de souligner cet événement dans l'histoire de l'humanité qu'est la possibilité de modifier durablement l'atmosphère, la biosphère et ses supports. On incorpore ainsi histoire humaine et planète terre dans un même système, le système Monde qui est unique et fermé (cf. supra). L'émergence du système Monde, c'est l'apparition d'un monde fini avec les conséquences qui en découlent. Sa géopolitique prend nécessairement en compte l'écologie de la planète, justifiant ainsi d'inscrire l'environnement terrestre comme élément du système monde.

3. Etapes et repères chronologiques dans la formation du système Monde

L'histoire du système Monde n'est qu'une mince pellicule de temps dans l'histoire de l'humanité.

3.1. La gestation : des grandes découvertes aux économies-monde

Les grandes découvertes portent les germes du système Monde. Elles sont liées à la conquête de nouveaux territoires sur d'autres continents, à l'exploitation de leurs richesses, à la christianisation des populations. Elles furent rendues possibles parce qu'il y avait des hommes pour lancer ces projets, des souverains pour incorporer à leurs royaumes les terres conquises, des compagnies pour en drainer les richesses. La supériorité des « Conquistadores » était moins liée aux forces déployées, inférieures à celles des empires américains qu'ils devaient détruire, qu'à la mobilisation des connaissances au service d'une stratégie de conquête. Aux siècles suivants le commerce triangulaire témoigne de l'utilisation des avantages comparatifs tirés de l'Afrique et de l'Amérique au profit des centres européens. Braudel et Wallerstein ont créé le concept « d'économie-monde » pour décrire ces mises en place successives de systèmes d'exploitation se déployant sur une partie du monde. Un centre commande, draine les plus values des périphéries progressivement incorporées et dominées. Des « villes-monde » sont en compétition les unes avec les autres et se succèdent dans le commandement des « économies-monde » ; le transfert s'effectue le plus souvent à l'occasion d'une innovation technologique qui procure un avantage au nouveau centre par rapport à l'ancien… Ce furent successivement, entre autres Venise et Gênes, Amsterdam et Londres. L'espace des « économies-monde » est hiérarchisé ; il renferme une somme d'économies particulières, les unes pauvres, une seule étant riche en son centre. Inégalités, différences de potentiels économiques et de capacités d'organisation de la société sont à la base du fonctionnement de ces « économies-monde ».

On peut remarquer qu'au moment où l'Europe se déployait sur le monde, l'Asie orientale se fermait : l'arrivée au pouvoir des Tokugawa au Japon (1603) s'accompagne de la fermeture de l'archipel sur lui-même et de l'expulsion des étrangers ; celle des Qing en Chine (1644) se traduit de la même façon par une fermeture de l'Empire : or au XVIe siècle, Chine et Japon étaient à la fois beaucoup plus peuplés que l'Europe et possédaient les techniques de navigation en haute mer comme les techniques commerciales. Ce choix politique des dirigeants des Empires orientaux est l'une des bifurcations majeures de l'Histoire.

3.2. L'émergence du système Monde

Le système Monde qui émerge à la fin du XIXe siècle se distingue des « économies monde » des siècles précédents. Il est planétaire : aucune population n'est soustraite à ses impulsions. Il se traduit par l'accélération des découvertes scientifiques et innovations technologiques, le développement des échanges internationaux. Il naît quand les terres africaines achèvent d'être partagées entre les puissances européennes, quand le Japon bat militairement la Russie et s'impose en Extrême-Orient, quand la prépondérance anglaise s'achève avec la fin du règne de Victoria. Le moteur à explosions va permettre les progrès de l'automobile et de l'aviation, l'électricité et le téléphone se généralisent.

Le premier système Monde se caractérise par la lutte des **empires**. Pour être puissant il faut maîtriser de vastes territoires, encadrer et contrôler de nombreuses populations, être capable d'en extraire les ressources pour favoriser l'accumulation au centre. Armées et marine sont les instruments de la puissance. Au XIXe siècle le modèle reste celui de l'Angleterre. La France puis l'Allemagne essaient de s'en inspirer. La Russie, immense empire continental euro-asiatique, complète ses acquisitions en Asie centrale. L'Empire austro-hongrois et l'Empire ottoman pèsent encore dans l'Europe danubienne, les Balkans et en Méditerranée orientale. Les Etats-Unis contrôlent l'Amérique du Nord. Le Japon compte de plus en plus en Asie orientale.

La première guerre mondiale accélère le renforcement du système Monde : les arts de la guerre provoquent des progrès dans la chimie, et les industries mécaniques avec les fabrications en série et renforcent les contrôles de l'Etat sur les sociétés et les économies. 1917 à Saint Petersbourg porte en germe la bipolarisation qui marquera quatre décennies du siècle entre 1947 et 1989. Les Etats-Unis émergent comme grande puissance mondiale. La création de la Société des Nations est une tentative, modeste, d'établir un nouvel ordre politique mondial. La Grande Crise des années 1930 est mondiale et les sorties de crise se traduisent par des protectionnismes et la relance des économies par les armements.

La seconde guerre mondiale, produit de deux grands conflits, l'un en Europe, l'autre en Asie orientale est, plus encore que la première, un accélérateur des progrès technologiques, de la recherche opérationnelle à la bombe atomique en passant par l'aviation et les fusées. Elle est suivie du démantèlement des empires européens dont les métropoles sont épuisées, le Reich allemand s'effondre dans un sanglant crépuscule des dieux et le Japon, détruit, subit la loi américaine. L'Empire soviétique s'étend en Europe sur un glacis d'états dépendants que contrôlent les appareils des partis communistes liés à Moscou et l'Armée Rouge… En 1945, l'Amérique est « impériale ». Intacte, ses industries contribuent pour 50 % à la production d'un monde où les autres puissances industrielles sont dévastées par la guerre. Sous le parapluie atomique, la reconversion des productions orientées pour la guerre à des activités civiles se fait rapidement. Le dollar est la seule monnaie de référence mondiale. Les Etats-Unis possèdent, mais pour peu de temps, l'exclusivité de la bombe A. Personne ne conteste le choix de New York comme siège des Nations Unies, de Washington pour le Fonds monétaire international et la Banque mondiale. L'Amérique seule peut, grâce au plan Marshall, contribuer au redressement économique d'une Europe occidentale ruinée.

3.3 Le monde de la bipolarisation et des croissances soutenues

1947-1989 : ces quatre décennies sont marquées par plusieurs fortes réalités nouvelles.

Le monde est divisé par la bipolarisation stratégique et idéologique entre « un monde capitaliste » et « un monde communiste » dont les têtes sont à Washington et Moscou. La plupart des Etats nés de la disparition des empires européens, monde pauvre des décolonisés que Sauvy baptise à la fin des années 1950 du nom de « Tiers Monde » sont des lieux des luttes d'influence entre l'ouest et l'est. Certains essaient de maintenir une relative autonomie entre les deux blocs et fondent le mouvement des « non alignés ». La course aux armements et la compétition spatiale pèsent sur les économies des deux têtes de la bipolarisation dont chacune possède un complexe « militaro-industriel » que soutiennent les efforts de recherches pour la défense. Le Rideau de Fer est une division fondamentale du continent européen. La recherche de points d'appuis et de « clientèles » dans le monde, la constitution dans chaque camp d'alliances militaires, les fortes tensions entre les blocs débouchent sur des « guerres régionales » qui font une vingtaine de millions de morts dans les pays du Tiers Monde, de la Corée à l'Indochine en passant par les pays de la Corne de l'Afrique et l'Afghanistan. L'alternative entre « communisme » et « capitalisme » est alors au cœur du système Monde.

Cette phase de tensions mondiales, à l'ombre du péril atomique, est partout marquée par des croissances économiques (4 % par an pour le produit mondial entre 1965 et 1980, mais pour les pays à « faible revenu », le taux annuel moyen est de 5 %, de 6 % pour les économies à « revenu intermédiaire » (d'après la nomenclature des Nations Unies), un peu inférieur à 4 % pour les économies développées. Jamais dans l'histoire du monde des croissances économiques n'ont été aussi générales et durablement soutenues et elles s'accompagnent d'une augmentation encore plus forte du commerce mondial (6,7 %). Des croissances démographiques : 2 % par an pour le monde, 2,3 % pour les pays à faible revenu ou à revenu intermédiaire, 0,8 % pour les pays industriels d'économie de marché. Le monde se remplit : en 1947 la République indienne naissante comptait 320 millions d'habitants, 860 millions en 1989. Croissance des villes aussi : 2,6 % comme taux de croissance urbaine à l'échelle du monde mais 3,5 à 4 % pour les pays pauvres. Les agglomérations de plus de 2,5 millions rassemblent maintenant le dixième de l'humanité.

Croissance exponentielle des connaissances scientifiques et des innovations technologiques avec la généralisation de l'emploi de l'informatique dans toutes les activités et qui transforme les productions et les traitements de l'information, le développement des activités spatiales avec l'exploration du système solaire et les premiers pas d'hommes sur la lune et les centaines de satellites gravitant autour de la terre, les percées des biotechnologies, l'usage des matériaux de synthèse, l'utilisation de l'atome pour la production électrique, etc.

Croissances des différences, qui grandissent entre riches et pauvres. Avec 16 % de la population mondiale, l'Europe occidentale, l'Amérique du Nord et le Japon interviennent pour les trois-quarts dans la formation du produit mondial tandis que 5 % du même produit mondial sont partagés entre 60 % de l'humanité. La « tripolarisation » économique du monde devient réalité, avec l'émergence comme nouveaux pôles des vaincus de la seconde guerre mondiale, le Japon et l'Allemagne. La fin de la période se marque par l'implosion de l'Empire soviétique tandis que les écarts s'accentuent au cours de la décennie des années 1980 entre une Asie qui maintient ses rythmes de croissance économique (plus de 7 % par an de l'Inde à la Corée) alors que des pays d'Afrique noire et d'Amérique latine connaissent des taux négatifs. Le monde est un, mais ses rythmes ne sont pas les mêmes.

4. Les dynamiques du système Monde

Compétition, concurrence, vainqueurs, vaincus, riches, pauvres, laissés pour compte : autant de termes qui expriment les modalités et résultats du fonctionnement d'un système mondial assimilé au déploiement mondial du capitalisme. Jamais dans l'histoire de l'humanité, il n'y a eu une telle concentration de pouvoirs en quelques lieux et tant d'écarts et de différences à l'intérieur de la communauté humaine, en une sorte de darwinisme géopolitique.

4.1. Lieux de pouvoirs : l'archipel métropolitain mondial

A la fin du XXe siècle les pouvoirs agissant sur le monde et les innovations qui le transforment se localisent dans un nombre limité de lieux : mégalopoles d'Amérique du Nord, de Boston à Washington en Californie, du Japon centrée sur Tokyô, de l'Europe occidentale de la plaine de Pô au bassin de Londres, l'île parisienne. 5 % de la population mondiale y vit sur 0,4 % de la surface des terres. C'est là que se localisent la grande majorité des cinq cents plus grandes entreprises financières et industrielles, les gouvernements et les institutions qui pèsent sur le monde : Maison Blanche et Pentagone, Banque mondiale et Fonds monétaire international à Washington, Nations Unies et Wall Street à New York, places financières de Tokyô, Francfort et Londres, grandes agences d'information qui traitent et diffusent les événements du monde et, à Londres, Reuter qui monopolise l'information financière. Les membres du G7 y résident comme les présidents et premiers ministres qui fréquentent les « sommets ». 90 % des connaissances nouvelles s'élaborent dans les laboratoires de pays dont relèvent ces mégalopoles. Dans ces pôles du système Monde, stratégies et décisions reposent sur un traitement massif et instantané d'informations publiques et confidentielles collectées dans le monde entier. Sur l'anneau des réseaux qui ceinture la terre aux latitudes moyennes de l'hémisphère nord, circulent 98 % des informations financières et les trafics aériens y sont les plus intenses. Les contacts directs entre dirigeants conservent toute leur importance malgré la fluidité et la diversité des moyens de communication : c'est sur cet anneau que se déplacent ces « nouveaux nomades » qui dirigent le monde (Attali, 1990).

Partout les mêmes grandes infrastructures, plate-formes aéroportuaires et portuaires, réseaux rapides autoroutiers et ferroviaires, les mêmes grands hôtels et hautes tours où siègent les grandes entreprises ; partout des prix fonciers dans les centres urbains justifiés par le chiffre d'affaires des entreprises mondiales qui s'y trouvent.

La puissance mondiale s'exerce dans une concentration géographique des pouvoirs. La maîtrise de vastes étendues territoriales n'intervient plus guère, d'où l'obsolescence d'empires, lourds à gérer, coûteux à aménager et sources de conflits internes. En témoignent les réussites du Japon comme de la RFA, de Taiwan comme de la Corée du Sud. La Suisse avait, dès le début du XXe siècle, montré l'exemple. Des charges de souveraineté réduites, des « milieux naturels » sans grandes ressources. Matières premières et denrées qui n'interviennent que pour quelques centièmes dans les PNB sont acquises dans le Monde au meilleur coût et transportées à peu de frais. L'essentiel est d'en assurer un approvisionnement régulier par des stratégies de contrôle économique et politique qui jouent de la diversité des lieux de production.

4.2. Des stratégies d'oligopoles

Les puissants du monde, politiques et chefs d'entreprises, déterminent leurs stratégies en fonction de celles de leurs « partenaires/adversaires », qu'ils combattent, avec lesquels ils négocient et s'allient ou qu'ils dévorent. Ces compétitions sans merci s'exercent sur le terrain de l'adversaire, comme la lutte entre les grands groupes automobiles, tandis que dans le reste du monde on se dispute marchés et aires d'influence comme autrefois les territoires des colonies. Ce sont là des stratégies d'**oligopoles**. Ces dynamiques sont soutenues par des synergies entre des recherches, financées par les Etats et les entreprises, des innovations technologiques favorisant de meilleures performances que celles des « rivaux », un système financier s'articulant sur des entreprises, des flux d'informations qui permettent de connaître les avantages comparatifs de toutes natures dans leur répartition mondiale… Des régulations sociales sont contrôlées par la société elle-même avec une intervention plus ou moins marquée d'un Etat qui exerce sa violence institutionnalisée pour maintenir la paix civile. Il peut y avoir une apparente contradiction entre un Etat dont la fonction est d'abord territoriale et des entreprises qui fonctionnent en réseaux déployés sur la planète. Cette dialectique, surtout sensible en Europe, s'y est révélée féconde lorsque ses contradictions sont surmontées.

4.3. Différences entre les pôles et leurs périphéries

Les **centres** américains exercent le contrôle mondial le plus complet, seuls à pouvoir déployer une panoplie stratégique complète partout dans le monde et donc de pouvoir exercer des pressions militaires efficaces (voir la « Guerre du Golfe »). Leur rôle au sein de la Banque mondiale, du FMI, ou des Nations Unies est important. La recherche américaine continue à drainer les talents dans le monde. La moitié des 50 premières entreprises mondiales est encore américaine. Le dollar, malgré ses variations, reste la première monnaie du monde. L'union économique avec le Canada et le Mexique va permettre l'organisation d'un espace qui couvre le sixième des terres émergées, est peuplé par 370 millions d'hommes qui contribuent pour près de 30 % au produit mondial. Espace capable de fournir à ses pôles des ateliers aux bas salaires du Mexique, d'assurer grâce au Canada une partie de l'approvisionnement en matières premières, en énergie et denrées. Le maintien des déficits budgétaires, l'endettement interne et externe des Etats-Unis, la dégradation d'un certain nombre d'infrastructures (routes) : voilà des éléments qui fragilisent le pôle américain dont les populations sont plus tournées vers leur vie quotidienne que passionnées par les stratégies mondiales et où des exclus de la croissance résident au cœur des métropoles…

En Europe la mégalopole est répartie entre plusieurs Etats. La Communauté européenne naît avec un conglomérat de politiques étrangères aux champs d'intervention privilégiés et elle ne possède pas de défense unifiée. Ses capitalismes ne sont pas les mêmes : celui, néo-libéral de l'Angleterre n'est pas comparable à celui fondé sur une concertation sociale en Allemagne où il s'articule sur un dispositif associant finances et industries de façon efficace. Les conceptions de l'Etat dans les divers pays de la Communauté ne sont pas semblables. Les régionalismes sont différents chez les uns et les autres. La Communauté européenne a des **périphéries** internes en difficulté (péninsules méditerranéennes et extrêmes ouest atlantiques) et des périphéries externes instables. La Méditerranée constitue une frontière forte avec un Sud dont on craint les débordements démographiques et qui à court terme, n'est guère prometteur en terme de marchés et d'avantages comparatifs. L'Est post-communiste est formé d'une marquetterie d'Etats aux destins incertains : les sorties de quarante ans de totalitarisme pour les uns, de soixante-dix ans pour les autres sont difficiles. Tant qu'un effort interne des populations en cause ne sera pas fait, les investissements venus d'ailleurs risquent de ne pas engendrer un développement économique. L'Europe qui est à l'origine du système monde a été jusqu'au milieu du XXe siècle divisée par les conflits nés entre Européens. Elle devient cependant un pôle mondial progressivement unifié et aux échanges particulièrement intenses avec le reste du monde. Certes la disparition du Rideau de Fer est lourde de crises à venir comme d'incertaines espérances.

Le Japon, troisième pôle contemporain, a une très forte spécificité. Il est le seul qui ne soit pas issu de l'Europe et dont la modernisation n'ait pas été une occidentalisation. Son intervention comme puissance régionale dans le Pacifique occidental et en Asie orientale s'achève dans les destructions en 1945. Un pays détruit, humilié par la défaite, aux populations pauvres, dans un archipel exigu, sans guère de ressources, en bordure d'un immense océan vide et d'un continent occupé soit par des populations pauvres et hostiles – Chine et Corée – soit d'un quasi désert forestier tenu par une puissance ennemie – l'URSS – devient en trente ans un pôle mondial, dont la population de 124 millions dispose de plus fort revenu du Monde par tête. C'est ici le triomphe de la « société nation », disposant d'une forte identité linguistique et culturelle, fermée à l'extérieur par la difficulté de la langue comme par ses pratiques sociales. Le pouvoir politique, partagé entre les clans d'un parti majoritaire corrompu est médiocre. Il y a un déficit politique au Japon. Héritage de la défaite, les « forces d'autodéfense », modernisées, ne peuvent intervenir hors de l'archipel.

Les premières banques du monde sont japonaises. Les grands groupes, corporations qui associent firmes industrielles, banques, sociétés de service et de commerce, sont parmi les plus puissants de la planète. Ils forment des oligopoles concurrents entre eux dans l'archipel tout en déployant leurs réseaux dans le monde, avec des interventions régionalisées et spécifiques. L'investissement en Europe et dans l'espace américain est fondé sur l'accès au marché et à la haute technologie. Etats-Unis et Communauté européenne restent les deux premiers partenaires commerciaux. En 1960, le Japon était le

23e fournisseur de la CEE, il en est maintenant le second, derrière les Etats-Unis.

La division politique de l'Asie orientale, avec le dernier môle continental communiste de la Chine n'est pas un obstacle au déploiement du Japon qui se forge « un espace géo-économique mieux défini par les flux qui le parcourent (biens, capitaux, informations, migrations) que par les frontières qui le bornent » (Gipouloux, 1991). Cet espace de l'Asie orientale, caractérisé par sa forte croissance économique depuis quarante ans a toujours son centre au Japon, qui reste la tête économique, technologique et financière de la région. Une première auréole comprend les Quatre Dragons, où les revenus par tête sont compris entre 5 000 et 11 000 dollars dont la Corée du Sud et sa métropole de Séoul, – 17 millions d'habitants – où siègent les grandes entreprises produisant pour l'exportation, Taiwan, avec 20 millions d'habitants devenue une puissance industrielle et financière. Dans le deuxième cercle, les pays de l'Asie du Sud-Est sont des pourvoyeurs de matières premières et des ateliers comme le sont aussi les provinces côtières chinoises, en attendant pour plus tard la péninsule indochinoise et la Chine centrale.

La propagation des cycles de croissance s'accompagne d'investissements en cascades : le Japon a commencé à relocaliser certaines de ses productions en Corée et à Taiwan, qui sont maintenant les premiers investisseurs, en terme de flux, aux Philippines et en Thaïlande. Hong Kong est un « sas » commercial et financier pour la Chine et un donneur d'ordres pour les ateliers de fabrication de la Chine du Sud. Ainsi se constitue un espace économique transfrontalier où les grandes entreprises japonaises jouent un rôle dominant même si elles s'affrontent parfois avec des firmes concurrentes coréennes qu'elles approvisionnent cependant en machines outils et en technologie. Il y a un réaménagement de la division régionale du travail sous l'action des firmes japonaises : la Chine maritime et les pays de l'Asie du Sud-Est sont des bases d'assemblage et d'usinage, mais le système qui conceptualise le produit, le développe et le commercialise reste japonais.

La compétition mondiale entre les pôles ne pourra que s'aviver dans la prochaine décennie, dans la mesure même où les tensions et contraintes de la guerre froide ont disparu et d'où au cœur même du système une instabilité de plus en plus forte se développe. L'équilibre de la guerre froide était dangereux, mais doté d'une certaine stabilité. La concurrence qui s'accroît entre des centres et des pays aussi profondément différents dans leurs cultures et leurs stratégies que sont l'Amérique du Nord, l'Europe, le Japon peut déboucher sur des conflits commerciaux de première grandeur dont témoignent les difficiles négociations du GATT en 1992, avec leurs conséquences sur les économies et leurs effets sur l'emploi. Le Japon dans sa nouvelle aire de « co-prospérité » asiatique où se déploie une économie sans frontière est probablement mieux loti qu'une Europe aux stratégies divergentes, où les Etats conservent de fortes identités et dont les « Suds » africains se désagrègent sans offrir les avantages comparatifs que le Japon trouve en Asie du Sud-Est.

4.4. Les puissances régionales

Dans le système Monde un certain nombre d'Etats interviennent et pèsent par leur masse démographique, l'extension de leur territoire, la possession de ressources ou de lieux stratégiques. Ils jouent aussi un rôle important sur leurs voisins les plus immédiats. Les centres du système Monde les prennent en compte dans leurs jeux politiques, mais de façons différentes selon leurs positions géographiques en rapport avec chaque centre. Ces pays qui ne sont pas des moteurs du système Monde ne renferment aucun centre de décision planétaire. Leur puissance financière, scientifique et technologique reste limitée. Leurs firmes, même les plus importantes, ne se classent pas dans les premiers rangs mondiaux. Ces puissances régionales sont différentes les unes des autres par la taille, les formes de développement, les problèmes. En Asie, en font partie la Chine (1 200 millions d'habitants, 9,6 millions de km^2 et un produit national brut estimé pour 1989 à 660 milliards de dollars – la moitié environ de celui de l'Allemagne), l'Inde (860 millions d'habitants sur 3,3 millions de km^2 et un PNB de 267 milliards de dollars) : les deux pays les plus peuplés de la planète, encore en majorité ruraux et pauvres. La Chine qui possède un siège avec droit de veto au conseil de sécurité, dont le commerce international est trois fois supérieur à celui de l'Inde, joue un rôle maintenant plus important que l'Inde dans le système Monde, situation inverse par rapport aux années 1960. Les tendances centrifuges pourraient compromettre à terme l'unité indienne, mais pour l'instant l'influence indienne reste forte sur les pays situés à sa périphérie (Bangladesh, Sri Lanka, Népal, Pakistan), comme celle de la Chine dans l'ancienne Indochine.

Dans l'hémisphère sud, le Brésil avec 155 millions d'habitants et 8,5 millions de km^2 est la première puissance de l'Amérique latine. Après une forte croissance économique entre 1950 et 1980 il subit de plein fouet les conséquences de la « décennie perdue » des années 1980 de l'Amérique latine. Le Brésil est aussi une réserve d'espace pour le monde de demain.

L'Afrique du Sud, malgré les divisions raciales, une population d'une quarantaine de millions d'habitants, est pour l'Afrique au sud de l'équateur une puissance régionale qui détient aussi des ressources minières stratégiques en plus des métaux précieux.

L'Australie, île-continent de 7,7 millions de km^2, et seulement 17 millions d'habitants, est un réservoir agricole et de minerais pour l'économie mondiale et un acteur important dans le Pacifique sud.

Au Moyen-Orient, l'Arabie saoudite par ses réserves pétrolières et les capitaux tirés de l'exploitation du pétrole intervient dans l'économie mondiale et par la possession des lieux saints est un pôle de prières pour les 900 millions de musulmans de la planète. Israël, malgré ses petites dimensions (21 000 km^2, 2,5 millions d'habitants) et sa forte dépendance financière des Etats-Unis est par sa politique armée, une puissance régionale dans le Moyen-Orient et un foyer de tensions dans le Monde arabe. Etat symbole pour les Juifs de la diaspora, Israël contrôle avec Jérusalem des lieux saints pour les trois religions du Livre.

4.5. De la difficulté de suivre le mouvement : dérives, résistances, ajustements

Plus de deux milliards d'hommes, répartis dans plus d'une centaine de pays surtout tropicaux et subtropicaux, subissent les effets d'un jeu mondial sur lequel ils n'ont guère de prise. Les ensembles régionaux, par leur histoire et leur position sont dans des situations différentes.

Les républiques d'Amérique latine, indépendantes depuis le XIXe siècle, « extrême occident inachevé » selon l'expression d'A. Rouquié, où les populations sont aux deux-tiers urbaines ne sont pas dans des situations comparables à celles de l'Afrique noire, nées d'une décolonisation entreprise il y a deux ou trois décennies. Ici les territoires des Etats, découpés par le colonisateur pour les besoins de son administration recoupent ou rassemblent des peuples différents et souvent hostiles. L'Etat y est le plus souvent néo-patrimonial et la possession de son appareil constitue la meilleure façon de faire fortune pour l'homme ou le groupe qui s'en empare. La pauvreté de ces pays est souvent extrême et s'accompagne d'une croissance démographique accélérée. Cependant des tissus sociaux locaux se reconstituent, des solidarités se forgent alors même que l'Etat, parfois dictatorial, se délite dans la décomposition de ses médiocres appareils. Les fragilités aux fluctuations climatiques s'accroissent en même temps que le nombre des hommes et s'accompagnent de la dégradation de certains milieux – avancée du désert et forêts en régression. Des conflits locaux attisés au moment de la guerre froide par les partenaires de la bipolarisation, qui ont fourni armes et conseillers militaires, se pérennisent en guerres meurtrières. Des pays sombrent dans le chaos comme ceux de la Corne de l'Afrique ou les anciennes possessions portugaises.

En Amérique latine, les fortes croissances économiques des Trente Glorieuses, plus forte dans les régions tropicales que dans le cône sud ont contribué à l'égalisation des situations à l'intérieur du continent. Ces croissances ont cependant été autant de « décollages ratés ». A l'échelle continentale, les revenus par tête sont de 5 à 6 fois supérieurs à ceux des pays de l'Afrique noire. Ici pas de conflits ethniques, de vastes ensembles linguistiques et culturels, des Etats formés avant le déploiement du système mondial. L'épuisement des « modèles de développement », de mauvais choix d'industrialisation, un endettement énorme contracté à l'époque de l'argent facile et bon marché des années 1970, qui devient d'autant plus lourd à supporter avec les taux d'intérêt qui se redressent consécutivement aux déficits des Etats-Unis, déclenchent la crise des années 1980, accompagnée par le retour des démocraties politiques. Chômage massif des jeunes urbains scolarisés, insécurités de toutes sortes dans les grandes villes, pourrissement ou affaiblissement des appareils d'Etat témoignent d'une crise que ne reflète qu'imparfaitement la stagnation ou le recul des PNB par tête dans la première partie des années 1980.

Les politiques d'ajustements structurels demandées par le FMI aux gouvernements des pays endettés se traduisent par la réduction du nombre des employés de l'Etat, par une hausse des tarifs des services publics et des produits alimentaires de base, fortement subventionnés, par une diminution des importations et une orientation des productions vers des produits d'exportations. Réussies, elles se marquent par le retour des « grands équilibres », souvent même des excédents des balances commerciales, des flux de capitaux devenus positifs vers les pays créanciers, mais aussi par un accroissement du chômage urbain, une diminution du niveau de vie des classes moyennes et des conditions d'existence plus difficiles pour les pauvres. En Afrique noire, c'est aussi le recul d'une scolarisation progressivement « privatisée ».

C'est dans des régions où l'autorité de l'Etat ne s'exerce plus que se développent les productions de drogue surtout consommée dans les pays riches. L'argent lié aux productions et premières transformations peut soutenir des combats politiques comme des armées privées : rôle du pavot et de l'héroïne dans « le Triangle d'or » entre Birmanie, Thaïlande et Laos, comme en Afghanistan ou encore dans la Bekaa au Liban. La coca du piémont des pays andins assure des ressources au « Sentier lumineux » au Pérou comme à des guérillas colombiennes. L'essentiel des revenus est fourni par les transformations, le transport et la revente aux grossistes puis aux consommateurs. Ici on entre dans le domaine des mafias qui ont chacune leur spécificité : sociétés chinoises en Asie du Sud-Est, « yakusas » japonaises, cartels colombiens, mafias siciliennes de chaque côté de l'Atlantique nord. L'argent abondant pourrit les pays pauvres et leurs administrations tout en fournissant des emplois locaux, en soutenant monnaies et entreprises, clubs sportifs et églises. Il alimente aussi les banques des paradis fiscaux. Dans les pays consommateurs la quête de la drogue et des moyens pour s'en procurer est l'un des facteurs d'accroissement de la criminalité. Les espaces transnationaux des drogues font partie intégrante du système Monde.

Ailleurs le refus de la « marchandisation » de toutes les activités, le choc lié à l'introduction des modèles médiatiques « occidentaux » alimentent des phénomènes de rejets. Ils nourrissent des retours aux valeurs « traditionnelles », religieuses, culturelles, ethniques. C'est l'émergence des « fondamentalismes » de l'Islam ou de l'Hindouisme, des sectes comme la résurgence des passions ethniques. Ces mouvements témoignent de la recherche de solidarités, d'une vie peut-être moins dirigée par le marché. Mais c'est aussi en même temps l'explosion possible des fanatismes avec les haines qui en découlent.

Ajustements structurels, espaces des drogues, émergences des fondamentalismes sont des conséquences de la mondialisation qui secoue des pans entiers d'humanité qui ne sont plus maîtres d'eux-mêmes, qui subissent le poids et les effets de choix faits ailleurs, et qui refusent ou sont incapables de suivre les mouvements impulsés des centres du système Monde. L'Etat dans sa forme imposée par l'Europe qui vise à la constitution de l'Etat-nation, se révèle bien souvent inadapté aux peuples qu'il encadre d'où sa crise et les conflits qui en résultent. Quand il peut agir, il sert souvent de relais aux décisions prises ailleurs, comme les ajustements structurels.

Les pays riches vivent davantage des échanges qu'ils effectuent entre eux et dépendent de moins en moins du reste pauvre et insolvable de la planète, sous réserve que la sécurité d'approvisionnement de quelques matières premières et du pétrole soit assurée. Des régions entières peuvent être mises à l'écart du système Monde sous réserve que les frontières soient fermées aux flux de malheureux : la « membrane » des frontières joue un rôle majeur dans le contrôle des flux des populations, alors qu'elle devient de plus en plus perméable aux marchandises et aux informations. Ainsi se constituent des « chaos bornés », c'est-à-dire des territoires enserrés dans leurs frontières, où l'Etat n'exerce plus ses fonctions de régulation et de contrôle, où les grandes infrastructures se désagrègent avec la disparition du rôle des centres, où l'insécurité est généralisée à moins qu'un ordre ne soit imposé par la violence d'un groupe mieux armé ou plus déterminé que les autres. Massacres et famines peuvent accroître massivement la mortalité. Le système mondial a créé des situations d'irréversibilité, même dans ses périphéries malheureuses. Ainsi, après avoir expérimenté la Révolution verte, il est impossible pour les paysans de revenir à l'agriculture antérieure : disparition des semences « traditionnelles », des outils, des savoir-faire, et les équilibres édaphiques ne sont plus les mêmes. Enfin une proportion de plus en plus considérable de la population habite dans des grandes villes où il faut inventer des formes de survie.

5. Devenirs du système Monde

5.1. Maintien et accroissement des écarts. Des inégalités partout, difficiles à résorber

Même si les « chaos », au sens banal du terme, ne se généralisent pas, il devient de plus en plus difficile pour un peuple et son Etat de « coller » aux mouvements provoqués par la compétition entre les centres mondiaux. La maîtrise des grands moyens de communication et de traitements de l'information et la complexification sans cesse croissante qui nait de l'interaction entre le scientifique, le technologique, le financier, la stratégie industrielle sont d'autant plus difficiles à atteindre pour les peuples qui n'y ont pas encore accès que les progrès dans ces domaines sont rapides et sans cesse avivés par la compétition entre les centres du système Monde. Et il faut aussi mettre en place des formations valorisant les « ressources humaines » tandis que l'Etat doit exercer ses régulations.

Ces interactions fonctionnent dans certains pays d'Asie à partir du modèle japonais. Elles impliquent des sociétés solidement « encadrées », comme le fut celle de la Corée, de Taïwan ou de Singapour et pendant une certaine durée des salaires faibles et de dures conditions de travail dans les ateliers dont la production est dirigée depuis les centres : les ouvriers et ouvrières, des enfants aussi, de la Chine orientale aux Philippines et à la Thaïlande en font l'expérience comme les classes ouvrières de l'Angleterre victorienne.

Au sein même des pays riches la compétition et la sélection laissent de côté ceux qui, désavantagés au départ par suite d'une situation sociale ou ethnique n'ont pu s'adapter aux changements : jeunes exclus, adultes en chômage, gens âgés sans soutien dans des villes où la solitude l'emporte sur la solidarité. Ces « largués » de l'intérieur se localisent parfois à proximité immédiate des lieux de pouvoirs : « minorités » (qui sont des majorités) noires ou caraïbes de Washington ou de New York, coréens ou travailleurs épisodiques d'Osaka, turcs dans la République fédérale d'Allemagne ; noirs et nord-africains des banlieues françaises, et partout des citoyens en chômage et à la dérive. Régler les problèmes sociaux internes – marginalité, exclusion, chômage, rapports entre populations différentes – sont plus importants pour les pays des centres que d'essayer de résoudre les difficultés, difficilement solubles du Bangladesh. « La Courneuve avant Dacca ». D'où le rôle, ici retrouvé, de l'Etat et des collectivités territoriales qui doivent inventer de nouveaux modes de gestion des sociétés aux inégalités accentuées dont certains aspects sont médiatisés.

5.2. Inflexion des courbes

Certes des évolutions sont probables et devraient se traduire en courbes, par le passage de l'exponentialité à des courbes logistiques : ainsi les croissances urbaines qui marquent surtout la deuxième moitié du XXe siècle en Afrique, Asie et Amérique latine se ralentiront à la fois par épuisement des stocks ruraux et par une diminution de la croissance démographique. L'Amérique latine, urbaine aux deux tiers, montre la voie. Mais le pilotage des villes géantes qui parsèment ces continents sera de plus en plus difficile : comment faire face aux investissements en matière d'infrastructures, de luttes contre les pollutions et aux insécurités de toutes sortes dans des populations pauvres à fort taux de chômage ?

La croissance du nombre des hommes devrait s'atténuer avec l'évolution des transitions démographiques : un pays comme la Colombie où le taux de fécondité est passé de 6,5 en 1965 à 2,9 en 1989 est un exemple. Ainsi des démographes envisagent une relative stabilisation de la population mondiale au milieu du XXe siècle avec 8 à 10 milliards d'habitants. Mais est-ce que cette croissance diminuera dans le continent africain par baisse contrôlée de la fécondité ou par suite des épidémies (SIDA) ou des famines ? Ou à l'inverse, sur la lancée actuelle, le gonflement des effectifs se poursuivra-t-il à bon rythme pendant le demi siècle à venir ? Rien n'empêche que la Terre puisse durablement supporter une population de dix milliards d'hommes, la densité moyenne des terres passant alors à 80 habitants au km^2. Des densifications sont possibles sur tous les continents. Elles sont liées aux formes d'aménagement et d'emplois créés. Cependant les vitesses de croissance posent des problèmes différents de gestion des rapports densités/espaces.

Les problèmes mondiaux et régionaux liés aux pollutions, notamment par les émissions de gaz (carbone, méthane, oxydes d'azote), les effets des CFC dans la stratosphère ou les pollutions des eaux douces comme de certaines mers sont techniquement traitables : le recyclage des déchets devient une nécessité. D'un coût et d'une externalité, les industries doivent en faire matière à profit fondé sur des avancées technologiques. Ici aussi tout est question de rythmes à partir de prises de conscience des populations et des décisions des politiques : les phases de transition sont délicates avec la mise au point de nouvelles pratiques, de nouveaux procédés et leurs acceptations par les habitants. On doit ajouter également que dans les populations à haut niveau de vie les productions demandent par unité de moins en moins d'énergie et que la demande accélérée d'informations s'effectue avec peu de dépenses énergétiques.

La guerre froide n'a pas dégénéré en « guerre chaude » se traduisant par un « hiver nucléaire ». Ceci n'exclut pas la possibilité de conflits locaux ou régionaux rendus peut-être d'autant d'autant plus redoutables que l'arme atomique, même rudimentaire, est susceptible d'être disséminée dans de nombreux pays. La fin de la tension Ouest-Est, malgré le maintien de part et d'autre d'arsenaux, qui pourront être progressivement démantelés, se traduit par l'exacerbation des concurrences entre les pôles majeurs et secondaires du système Monde. D'où une instabilité accrue dans les tensions et un système mondial qui reste imprévisible, loin de l'équilibre. Durablement les désagrégations suivies d'incertaines recompositions marqueront des pans entiers de l'humanité autant dans les pays de l'ancien Tiers Monde que dans l'ancien domaine des économies administrées, ex-URSS et plus tard la Chine qui sera le dernier Empire à se décomposer.

Lectures recommandées

Attali J., 1990, *Lignes d'horizon*, Paris, Fayard.

Banque mondiale, 1991, *Rapport sur le développement dans le monde 1991. Le défi du développement*, Washington.

Beaud M., 1989, *L'économie mondiale dans les années quatre-vingts*, Paris, la Découverte.

Braudel F., 1979, *Civilisation matérielle, économie et capitalisme, XV-XVIIIe siècle*, Paris, Colin, (t, I, II, III).

Dollfus O., 1990, « Le système Monde », livre 2 dans volume 1 : *Mondes nouveaux*, Géographie Universelle RECLUS/Hachette, dirigée par R. Brunet.

Durand M.F. et al., 1992, *Le Monde, espaces et systèmes*, Fondation des Sciences politiques et Dalloz.

Wallerstein I., 1979, *The Capitalist World-Economy*, Cambridge, Cambridge University Press.

Mots-clefs

Centre/périphérie,
Economie mondiale,
Empire,
Géopolitique,
International,
Monde,
Oligopole,
Système Monde
Transnational.

III

La géographie et le monde contemporain

Les métropoles des pays développés

37

Guy Di Méo

1. La métropole : un concept polymorphe

La métropole, au sens le plus large du terme, c'est avant tout une place centrale, un nœud décisionnel dans un **réseau** de villes. C'est un lieu d'impulsion, de créativité, d'émission d'ordres et de connexion des flux les plus variés qui parcourent l'espace. C'est aussi, régulièrement, le thème de rencontres comme à l'occasion du festival de Saint-Dié-des-Vosges, deuxième du nom, en 1991.

1.1. Un imbroglio hiérarchique

Au premier degré de son émergence, à partir d'une population de l'ordre de 200 000 à 250 000 habitants agglomérés (plafond approximatif des villes moyennes), la métropole s'apparente d'abord à un pôle régional. A ce titre, elle concentre déjà des activités tertiaires relativement rares : services indispensables aux entreprises et aux ménages d'une **zone d'influence** d'autant plus vaste que les spécialités proposées revêtent un caractère plus exceptionnel. Ces services ont trait à des domaines aussi variés que le commerce, la banque et la finance, l'administration, l'enseignement, la culture, la santé, les loisirs… Ainsi, selon sa puissance, la métropole irrigue des espaces aux dimensions variables : depuis la région européenne qui couvre en moyenne de 25 000 à 50 000 km^2 et l'Etat américain qui en compte quelque 200 000, jusqu'aux grands espaces internationaux, en passant par le cadre plus restrictif des Etats-nations européens, sans oublier ces espaces non institutionnalisés que forment les régions fonctionnelles.

A vrai dire, entre Angers et Le Havre qui se situent sur le seuil métropolitain et les marées urbaines du Grand New York (20 millions d'habitants) ou du Kanto (Tokyo au sens très large, soit 32 millions d'habitants) qui pilotent l'économie mondiale, il n'y a guère de comparaison possible. De façon quelque peu arbitraire, l'on peut considérer cependant que l'ensemble très hétérogène des métropoles se scinde en trois sous-ensembles : les agglomérations qui n'exercent qu'un rayonnement régional, celles qui s'imposent à l'échelle nationale et celles dont l'écho se répercute au-delà des frontières de leur pays. En réalité, la plupart des **métropoles nationales**, à l'image de Londres ou de Paris, jouent également un rôle sur la scène mondiale, quand elles ne concurrencent pas directement leurs propres **métropoles régionales**.

A cette hiérarchie d'échelles emboîtées, il convient aussi d'ajouter une hiérarchie sectorielle qui distingue métropole politique (à l'origine, la métropole, étymologiquement « mère » et « ville », abritait le pouvoir) et métropole économique, même si les deux formes tendent à se superposer. Au premier genre appartiennent plutôt les **capitales** fédérales d'Amérique du Nord et des antipodes, ainsi que les capitales nationales des petits ou moyens Etats européens. Figurent aussi dans ce groupe les métropoles régionales définies en France au début des années 1960, à la suite de sérieuses études géographiques (Gravier, 1947 ; Hautreux et Rochefort, 1964), afin d'administrer le territoire, de contrebalancer l'influence écrasante de Paris (métropoles d'équilibre) et d'entraîner le développement des régions. En fait, cette politique volontariste n'a pas donné grand chose (Brunet, 1990). Si la gestion des territoires a besoin d'une organisation hiérarchique des métropoles qui commandent (« archopoles » au sens de R. Brunet), les métropoles qui créent, inventent, produisent et diffusent de la richesse (« europoles » du grec « eurein » selon la terminologie de R. Brunet) n'échappent-elles pas aux lourdes contraintes de cette structure pyramidale ? Leur force réside dans leur capacité imaginative et novatrice, non dans leur embonpoint. Cependant, malgré les succès de Montpellier, d'Oita (Japon), ou plus encore de Phœnix (Etats-Unis), ce sont toujours les « **mégapoles** » ou « super-métropoles » (population égale ou supérieure à la dizaine de millions d'habitants) qui dirigent sans partage la sphère économique. Il s'agit essentiellement de Tokyo, de New York et de Londres, à un moindre degré de Paris et de Los Angeles. Alors que les échanges s'intensifient, que le capital s'internationalise, que les activités se tertiairisent et que les hautes technologies pénètrent les systèmes productifs, les « super-métropoles » qui centralisent ces facteurs s'emparent simultanément des commandes de l'économie monde *(chapitre 36)*.

A la tête des marchés financiers, ce sont bien les mêmes cités géantes que nous retrouvons. Autour d'elles gravitent des places nationales dont le rayonnement international, quoique plus limité, ne fait pas de doute : Francfort,

Milan, Amsterdam, Chicago, Zurich, Montréal. L'abandon des taux de change fixes qui accroît le rôle des banques et des centres financiers sur les marchés, l'interconnexion permanente des transactions permise par le développement des télécommunications et de l'informatique, favorisent la « mégapolisation ». Dès lors, les centres financiers secondaires qui, à l'image de Lyon, hésitent entre leur fonction de métropole régionale et une destinée internationale, se trouvent relégués au second marché boursier. Leurs banques, leurs organismes financiers se contentent de la clientèle des PME (petites et moyennes entreprises), même si le volume des transactions y connaît un remarquable essor, même si l'ingénierie financière ne les déserte pas. Pourtant, bien qu'essentielle, la finance ne qualifie pas à elle seule les niveaux métropolitains. Ceux-ci se définissent aussi par la concentration des services marchands (aux entreprises et aux personnes), par leur degré d'innovation et de rareté. Sur ces bases, T. Noyelle et T. Stanback (1983) distinguent aux Etats-Unis trois catégories de métropoles : les **métropoles nationales** (New York, Chicago, San Francisco, Los Angeles dont nous remarquons qu'elles exercent aussi un rôle mondial) ; les **métropoles régionales** (Boston, Philadelphie, Atlanta, Houston, Dallas, Minneapolis, Phœnix) ; les centres métropolitains fonctionnels à fortes spécialisations industrielles, comme Pittsburgh et Détroit. Ces travaux nous semblent cependant quelque peu restrictifs, dans la mesure où ils tendent à enfermer dans de trop étroites barrières le concept de **métropole internationale**.

1.2. Le cercle étroit des métropoles internationales

Sur ce thème, les géographes ont récemment accompli un louable effort d'affinement des concepts. Pour J. Labasse, cinq traits majeurs caractérisent la **métropole internationale** : une population participant à de larges réseaux supranationaux d'échanges économiques, scientifiques et culturels ; une offre de services de niveau international concernant l'ingénierie technique et financière, le domaine juridique, le conseil et les études aux entreprises, la formation et la recherche ; des équipements d'accueil susceptibles de recevoir des manifestations internationales (congrès, salons, festivals) ; des colonies de résidents étrangers représentant des entreprises et des institutions multinationales en nombre suffisant pour animer une vie associative locale ; une réputation flatteuse dépassant les frontières nationales en matière de tourisme d'affaires, de culture et de loisirs. Selon J. Labasse, peu de cités peuvent en France se prévaloir d'un rang international : Paris sans aucun doute, Lyon tout juste, Strasbourg et Toulouse peut-être… Pour P. Soldatos (1987) qui a une vision un peu moins élitiste de la métropole internationale, treize critères en cernent les contours incertains. Ils épousent en gros les caractères évoqués par J. Labasse. Cependant, P. Soldatos insiste sur la nécessaire ouverture mondiale des métropoles internationales (référence à leur situation), sur leur indispensable dotation en moyens de communication offrant des liaisons tous azimuts. Rejoignant aussi sur ce point J. Labasse, il identifie derrière Paris quatre **métropoles régionales** françaises en passe d'internationalisation : Lyon, Strasbourg, Toulouse, Grenoble.

FICHE 1

« L'ordre sacré » des hiérarchies métropolitaines en France et ses limites

« Pour les villes, flotte encore un peu partout une vision hiérarchique et bureaucratique. Elle présida aux constructions intellectuelles du premier aménagement du territoire, et elle demeure, tant est fort le réflexe de l'ordre jacobin auquel elle convient. Elle dit que sous Paris il faudrait dix villes… Un échelon indispensable, chacune commandant à encore 10, et ainsi de suite. Naguère, on sacrait « métropoles d'équilibre » les dix premières. Elles devaient équilibrer Paris et entraîner leur « région »… On sait ce qu'il en fut. Des villes se sont développées, pas toujours selon les rangs qui leur étaient assignés. Les métropoles désignées n'ont rien « équilibré », Paris étant plus puissant aujourd'hui que jamais. Elles n'ont rien entraîné, au contraire : elles ont eu plutôt tendance à vider un peu plus leur « région » au profit de l'agglomération centrale, qui s'est étendue. L'innovation, le développement, n'ont pas diffusé autour d'elles comme taches d'huile, mais sont passés par de tout autres canaux, bien plus directs et parfois inattendus. Les plus proches de Paris ont beaucoup souffert, et rien contrebalancé. Seules les grandes villes les plus éloignées ont eu quelque chance. Il s'est heureusement passé beaucoup de choses en dehors d'elles : Grenoble, Rennes, Montpellier, voire Caen, Pau, Orléans, Avignon, le savent et s'en réjouissent… ».

R. Brunet, 1990, *Le Territoire dans les turbulences*,
Montpellier, RECLUS, p. 57-58.

Il ressort de ces différents travaux que les activités industrielles classiques ne s'inscrivent plus dans une représentation de la **métropole internationale** qui privilégie désormais les fonctions directionnelles, les services supérieurs, les relations internationales, l'innovation technologique et scientifique (Fabre, 1991). Quoi qu'il en soit, plus d'une agglomération américaine, européenne ou japonaise, voire australienne, n'entrant pas dans le club très fermé des « mégapoles » (seuil des dix millions d'habitants) remplit néanmoins des fonctions de métropole internationale. C'est, entre autres, le cas exemplaire de Boston qui ne compte, au sens large, que 2,7 millions d'habitants, mais occupe, à l'échelle mondiale, une position éminente dans les domaines de l'éducation et de la recherche (Université de Harvard et MIT en particulier), des finances internationales, de la médecine et des hautes technologies (informatique, fibres optiques, biotechnologies), sans omettre la vie culturelle. Ajoutons, signe flagrant d'une fonction de métropole internationale, que Boston accueille les sièges sociaux de Digital, de Data General, de Wang, de Prime et de bien d'autres groupes « high tech ».

Ceci dit, quelle que soit l'importance des facteurs qualificatifs entrant dans la définition des métropoles, l'effet de taille demeure l'un de leurs caractères distinctifs majeurs, car il reflète la concentration des fonctions les plus dynamiques. C'est ce constat, ajouté au fait que les métropoles regroupent une part croissante des populations urbaines des pays développés, qui explique l'intérêt que portent les géographes à la morphologie de leurs espaces, comme aux enjeux et aux conflits stratégiques qu'elle dévoile.

1.3. L'approche morphologique des métropoles

Il est rare aujourd'hui qu'une métropole d'envergure se réduise à une stricte agglomération monocentrique se développant selon un gradient simple, de son centre vers sa périphérie. La plupart des aires métropolitaines affichent en effet une structure polycentrique, soit qu'elles associent dans un même tissu des centres jadis autonomes, soit que l'expansion urbaine démesurée d'un centre principal ait suscité, à sa périphérie, la naissance de centres secondaires devenus puissants. Si la métropole régionale, tête plus ou moins efficace d'un réseau urbain localisé, « dotée d'une gamme suffisante de services pour que les habitants de la région puissent éviter tout recours généralisé à une autre ville plus importante et mieux équipée qu'elle » (Hautreux, Rochefort, 1963), conserve souvent la forme d'une agglomération simple (Malaga, Amiens, Cagliari, Coventry, etc...), les métropoles d'échelon national et international échappent rarement à une organisation de type régional ou polynucléaire. Tantôt la région métropolitaine (Ile-de-France ou Bassin de Londres) subit la domination d'un pôle écrasant (Paris, Londres), tantôt les métropoles proches les unes des autres s'agglomèrent en un tissu plus ou moins serré que l'on peut ramener à trois modèles principaux, de complexité croissante : celui des **conurbations** britanniques (Manchester, Birmingham, Glasgow) encore nettement dominées par un pôle central ; celui des **régions urbaines** constituées, à l'image de la Randstad Holland ou de la Ruhr (Holz, 1977), de conurbations au poids sensiblement équivalent et aux fonctions relativement complémentaires ; celui des mégalopoles enfin. La « Mégalopolis », c'est au départ le nom donné par le géographe J. Gottmann (1961) à la région urbaine du Nord-Est des Etat-Unis. Elle s'étend sur plus de 1 000 km, rassemble plus de 40 millions d'habitants répartis dans les agglomérations de Boston, New York, Philadelphie, Baltimore et Washington, ainsi que dans une impressionnante série de villes de plus de 100 000 habitants chacune. Dans son acception parfaite, la **mégalopole** égrène un chapelet de métropoles internationales quasiment contiguës, interconnectées les unes aux autres. En dehors du Nord-Est des Etats-Unis, il n'existe guère dans le monde que deux autres ensembles de cette envergure : le Tokaïdo (1200 km, près de 100 millions d'habitants) qui relie Tokyo à Kita-Kyushu (Nagashima, 1981) ; le grand arc métropolitain européen (1 500 km de long, 70 millions d'habitants) qui entre l'Angleterre et l'Italie du Nord épouse l'axe rhénan et les piémonts alpins.

Quant à l'espace intra-métropolitain, sa délimitation ne se révèle guère plus aisée. Qu'est-ce, au juste, que l'espace de Los Angeles, de Londres, de Tokyo ou de New York ? Il n'existe pas moins de trois approches géographiques et statistiques de l'espace new-yorkais. La ville de New York, au sens étroit (5 *boroughs*), regroupe quelque 7 millions de citadins. L'agglomération *(Standard consolidated Area)*, fondée sur la continuité du bâti, couvre 17 comtés et s'étend à deux Etats (New York et Nord-Est du New Jersey). Elle cumule 15 millions d'habitants. L'agglomération désormais retenue par la *Regional Plan Association* et par les statistiques officielles correspond à l'aire des migrations pendulaires que suscite le CBD (Central Business District) de Manhattan. Elle annexe 31 comtés peuplés de près de 18 millions de personnes, occupant une superficie de 34 000 km^2, répartis entre les Etats de New York, du New Jersey et du Connecticut. De la même façon, l'on peut considérer l'agglomération de Tokyo de quatre manières. La ville, avec ses 23 quartiers *(Ku)* centraux, accueille 8 millions de citadins. La préfecture de Tokyo, plus vaste, en dénombre de 11 à 12 millions. La conurbation de Tokyo associe l'ensemble des aires métropolitaines gravitant autour de la capitale. Elle mord sur les préfectures voisines et totalise une population de l'ordre de 18 millions de personnes. « L'aire métropolitaine nationale » de Tokyo englobe enfin les quatre préfectures du sud-est du Kanto (Tokyo, Saitama, Kanagawa et Chiba). Elle correspond à la majeure partie de l'espace périurbain de la capitale et recense plus de 31 millions d'habitants.

FICHE 2

Mégalopolis » région charnière

« Située à mi-chemin entre Boston et Washington, New York organise avec une solidité croissante toute cette façade atlantique… Le genre de vie new-yorkais gagne les autres grandes villes de cet ensemble urbain, étiré sur 600 kilomètres et qui fait un peu figure à l'époque présente de ce que fut la Rome impériale du monde antique. L'Atlantique semble être la *Mare nostrum* de cette nouvelle *Mégalopolis* aux dimensions extraordinaires.
Cette immense traînée urbaine, où le paysage suburbain remplit les intervalles entre les grandes cités, exige un terme nouveau qui dépasse ce que les Américains appellent « région métropolitaine » et les Anglais « conurbation ». Cette *Mégalopolis* est d'une autre échelle…
Qu'une telle concentration d'hommes, de richesses et d'outillage se soit édifiée là pose bien des problèmes… Dès ses débuts voilà trois siècles, la colonisation de cette côte engendra une économie surtout maritime et commerciale. Les colons exploitèrent les ressources du continent, drainèrent les productions intéressantes de l'intérieur vers des ports qui s'adonnaient aussi à la pêche et au commerce d'entrepôt… Que la porte de cette économie en expansion fut ouverte ou fermée, elle tournait sur la charnière constituée par les grandes cités du littoral nord-est. La victoire du Nord dans la Guerre de Sécession, éliminant la concurrence éventuelle des ports du Sud, les confirma dans ce rôle unique. *Mégalopolis* doit à ce rôle de charnière de l'économie américaine d'avoir atteint une telle échelle.
Cette chaîne de grandes villes se créa de bonne heure une élite de robe et d'argent dont le reste du pays manquait. Les plus vieilles Universités et les plus réputées sont quasiment toutes dans *Mégalopolis*… Plus de la moitié des grandes fortunes américaines étaient déjà dans les villes de la charnière dès la fin du XXe siècle. Cette région a donc possédé depuis plusieurs générations une élite, presqu'une aristocratie assez nombreuse pour se distinguer de la grande masse des consommateurs américains… *Mégalopolis* est unique même sur le plan américain… ».

J. Gottmann, 1960, *L'Amérique*, Paris, Hachette, p. 175-177.

---

2. Le phénomène métropolitain : une prise en compte tardive par la science géographique

On peut retenir l'exemple de Meuriot qui, en 1897, s'est intéressé à « la nature de la grande ville », à propos des principales agglomérations européennes de l'époque. Mais, avant la première guerre mondiale, rares furent les études de géographie urbaine s'attachant aux phénomènes métropolitains (Claval, 1981). Seuls, sans doute, les Anglais Booth (1892-1903) et surtout Vaughan (1842) s'intéressèrent à la nature de la grande ville. Durant l'entre-deux-Guerres, les métropoles devinrent indirectement objet de recherche, dans le cadre de travaux sur la hiérarchie des villes, les réseaux urbains (Christaller, 1933), ou les modèles de gravitation (Reilly, 1931). On les retrouve aussi dans les interrogations de Weber (1921) sur la spécificité de la ville, plus explicitement dans celles de Haig (1926) sur les ressorts et les excès de la croissance métropolitaine, ou de Mac Kenzie (1933) sur la société des cités géantes.

Après la Seconde Guerre mondiale, ce n'est qu'à partir des années 1960 que se multiplièrent, notamment en France, les monographies consacrées à diverses métropoles européennes, considérées tant dans leur fonction de capitales économiques ou politiques que dans leur rôle de productrices et d'organisatrices de l'espace régional (Gabert, 1964 ; Chaline, 1968 ; Dalmasso, 1971 ; Burgel, 1974 ; puis, ultérieurement, Ferras, 1976 ; Seronde-Babonaux, 1980 ; Bruyelle, 1981 ; etc.). A vrai dire, dès 1961, J. Gottmann avait inauguré le genre avec sa magistrale étude de la Megalopolis du Nord-Est des Etats-Unis, suivi par H. Mayer et R. Wade (1969) pour Chicago, puis S. Olsen (1980) à propos de Baltimore et C. Nagashima (1981) pour la Megalopolis du Tokaido. Les années 1960 annonçaient aussi les premières grandes synthèses sur le phénomène métropolitain, avec l'ouvrage de Jacobs (1961) intitulé « La vie et la mort des grandes cités américaines ». D'autres publications du même type suivirent, plus nombreuses, dans les années 1960 et 1970, écrites par W. Robson et D. Regan (1972), B. Berry (1973), P. Hall et D. Hay (1980), P. Hall encore (1984)... D'éminents scientifiques, jouant le rôle d'éditeurs (publication, souvent, d'actes de colloques), firent appel à de nombreux spécialistes qui se livrèrent à des approches fort variées de la question : M. Dogan et J. Kasarda (1987), R. Lawton (1989)... La plupart des ouvrages et des articles rédigés dans les années 1980-1990 sur les métropoles des pays développés abordent la question selon des angles d'attaque qui témoignent de leur crise et de l'inquiétude qu'éveille leur avenir. L'une de ces approches met l'accent sur les changements économiques, sociaux et géographiques, sur les dysfonctionnements enregistrés par les métropoles (Sternlieb et James, 1975 ; Noyelle et Standback, 1983 ; Gottmann et Harper, 1984) ; l'autre insiste sur leur problématique avenir : H. Ewers, J. Goddard et H. Mattzerath (1986).

3. Métropoles et métropolisation : apports et interrogations de la géographie sur la question

Les connaissances sur les métropoles des pays développés, accumulées par la recherche géographique, concernent trois domaines principaux : l'organisation de l'espace et des réseaux dont elles forment l'armature ; les phénomènes de croissance, mais aussi de mutation sectorielle et spatiale de leurs fonctions ; la segmentation et la ségrégation accrues de leur espace et de leur société.

3.1. Métropoles et organisation de l'espace

En tant que nœuds décisionnels, les métropoles font office de « vannes » gérant les flux de systèmes régionaux et urbains aux frontières toujours repoussées. Dans une récente étude, R. Brunet (1989) et l'équipe RECLUS de Montpellier ont mis en évidence, à partir d'indicateurs relativement nouveaux, la structure des grands systèmes métropolitains de l'Europe occidentale. La mégalopole qui se déploie en arc de cercle du Sud de l'Angleterre au Nord de l'Italie apparaît sur la quasi totalité des cartes réalisées (répartitions des firmes multinationales, de la population, des activités technopolitaines, des fonctions universitaires, etc.). La France, un peu à l'écart de ce champ de forces, en tire tout de même parti et l'ouverture prochaine du tunnel sous la Manche a de fortes chances d'intégrer plus nettement qu'aujourd'hui la métropole parisienne à cet ensemble. La seconde image qui se dégage de l'étude souligne la métropolisation accrue de l'Europe du Sud ; effet, nous dit R. Brunet, de « l'attrait irrésistible (pour les entreprises) des gisements de main-d'œuvre » de l'Europe méditerranéenne et du tropisme puissant qu'exercent les « Midis » sur nos sociétés. Bref, Nords des Suds (Espagne, Italie) et Suds des Nords (France en l'occurrence), au sens large, se conjuguent pour accréditer l'existence d'un nouvel axe économique européen épousant une façade septentrionale de la Méditerranée riche en fonctions urbaines et en gisements de hautes technologies. Or, comme l'indique la *figure 1*, métropolisation et prospérité vont de pair. La preuve en est faite à l'Ouest de l'Europe : frappé par le vide, ou tout au moins l'indigence métropolitaine, l'arc atlantique se dévitalise de l'Ecosse à l'Algarve. Notons aussi que, ça et là, ces vastes réseaux métropolitains, héritages historiques fécondés par les courants d'échanges contemporains, donnent naissance à des concrétions plus volontaristes, à des réseaux métropolitains régionaux délibérément négociés. Citons l'exemple de Milan, de Turin et de Gênes réunis dans le projet Gemilo qui vise à la répartition entre les trois villes des fonctions internationales de base : production industrielle, services aux entreprises, plate-forme logistique. Dans la zone d'effritement du tissu de la mégalopole européenne, au nord du vieux continent, Stockholm et Göteborg s'apprêtent aussi à développer leurs complémentarités technologiques ; tandis qu'en plein cœur de l'arc métropolitain, Zurich et Bâle ajustent une coopération financière qui promet. Ces métropoles organisées en réseaux, volontaires ou non, dépendent de moins en moins des territoires régionaux qu'elles desservent. Elles enregistrent aussi de profonds bouleversements internes qui remettent parfois en cause leur propre équilibre.

FICHE 3

Signification de la « métropole économique »

« A la concentration technique et économique doit correspondre un type de ville exprimant le rapport spatial avec les données nouvelles de l'économie. Dans les pays développés soumis au système capitaliste, la *métropole économique* est cet échelon de l'armature urbaine nationale. Son influence est plus large que celle de la métropole régionale car elle rayonne sur un espace multirégional et a des activités dépassant le cadre national. Quand une ville ne recourt de manière généralisée à aucune autre pour l'exercice de ses fonctions économiques, elle acquiert le titre de métropole économique. Les rapports avec d'autres métropoles sont caractérisés par l'égalité des conditions contractuelles. Si la relative exiguïté du territoire, ou la faiblesse de la base économique, ou une évolution historique originale apportent à une métropole une fraction notable des centres de décision, le contrôle du marché financier et celui des relations extérieures, elle devient *capitale économique*, sans qu'elle soit forcément capitale politique. De par leurs fonctions, les métropoles sont toujours à des degrés divers des *villes mondiales*. L'élargissement du commerce international engendre des points nodaux dans les flux d'échanges, ce sont quelques dizaines de villes sur la planète. Milan, avec sa fonction de capitale économique, fait partie de cet ensemble mais à un rang modeste car elle n'a fixé, pour l'instant, aucune des grandes organisations économiques internationales, contrairement à des centres tels que Londres, Paris ou New York. Ces villes sont toujours de grande dimension, le plus souvent ce sont des villes millionnaires. »

E. Dalmasso, 1971, *Milan capitale économique de l'Italie*,
Gap, Editions Ophrys, p. 537.

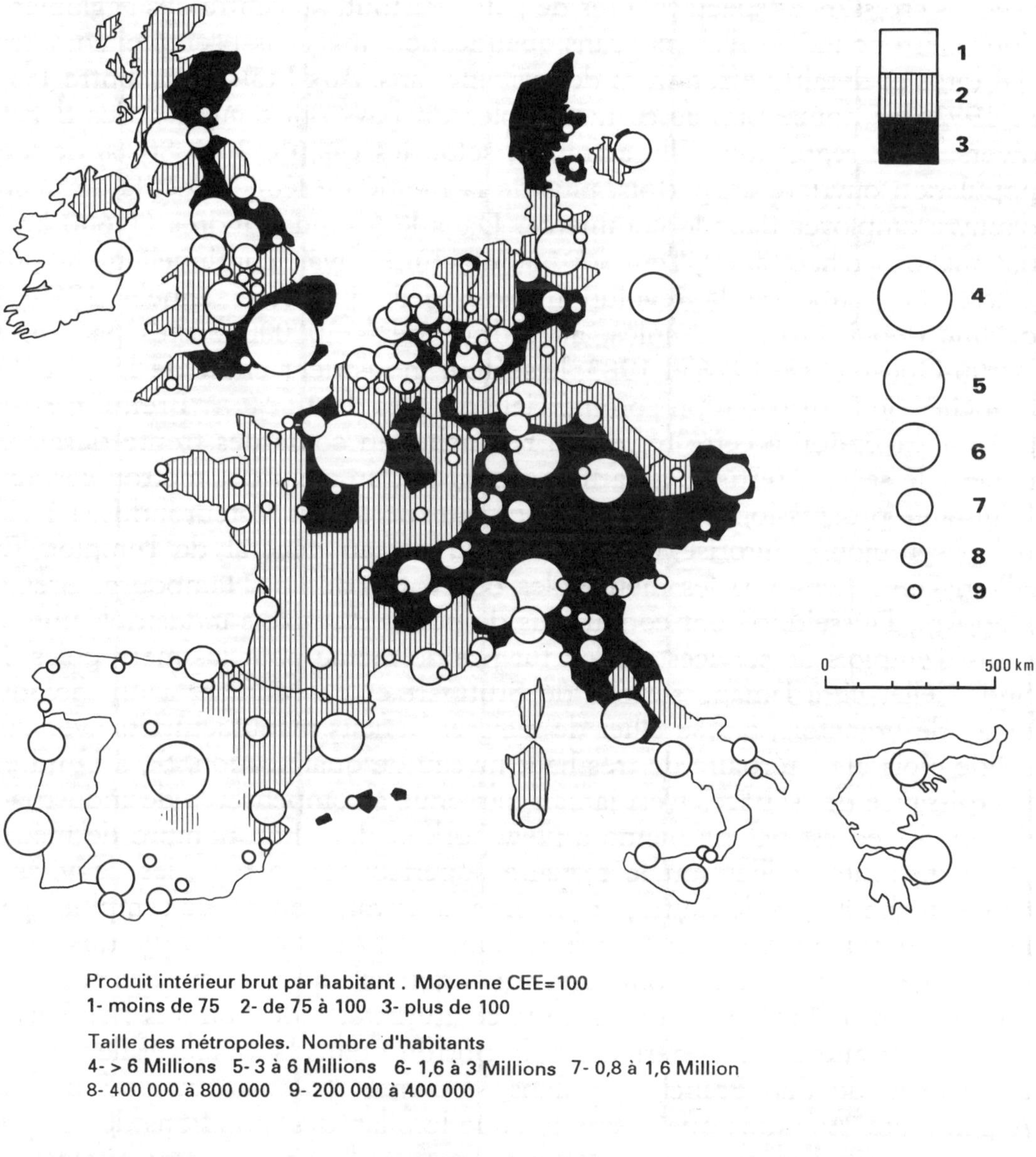

Produit intérieur brut par habitant . Moyenne CEE=100
1- moins de 75   2- de 75 à 100   3- plus de 100

Taille des métropoles. Nombre d'habitants
4- > 6 Millions   5- 3 à 6 Millions   6- 1,6 à 3 Millions   7- 0,8 à 1,6 Million
8- 400 000 à 800 000   9- 200 000 à 400 000

Figure 1 Métropolisation et richesse régionale en Europe Occidentale
Sources : OCDE, *Commission européenne*, Eurostat (chiffres 1986-1988) et RECLUS (1989)

3.2. Les métropoles sont simultanément affectées par le déclin et la croissance

Globalement, la population des métropoles des pays développés n'augmente plus qu'à des rythmes très ralentis *(tableau 1)*, qui n'ont plus rien à voir avec les croissances spectaculaires de jadis. Partout, au centre des agglomérations métropolitaines, l'emploi sans qualification, mais aussi l'emploi commercial (gros et détail) s'effondrent depuis vingt ans. Aux Etats-Unis, entre 1972 et 1992, les douze premières métropoles du pays ont connu, à des degrés divers, cette régression. Elle a frappé, selon les cas, de 30 à 80 % de leur population ouvrière et, parfois, plus de la moitié de leurs effectifs de main-d'œuvre employés dans le commerce. Dans le Grand Londres (1 600 km^2, 6,8 millions d'habitants), l'emploi manufacturier avait continuellement progressé, de l'aube de la révolution industrielle jusqu'aux années 1950. Il décline depuis trois décennies, au rythme de – 30 000 postes par an. A Berlin-Ouest, entre 1976 et 1983, le secteur industriel a chuté de 18 % et les branches de la distribution commerciale de près de 14 % ... Bref, il n'existe guère d'exception à cette règle. En revanche, au cours des trente dernières années, le secteur tertiaire a partout enregistré, au cœur des métropoles, une fulgurante progression. Parfois inférieure aux pertes du secteur industriel, elle n'a pas toujours autorisé le maintien du niveau général de l'emploi. En Allemagne fédérale, si les métropoles du Nord (Berlin, Hambourg, Brême, Hanovre, Düsseldorf) ont connu plus de pertes d'emplois industriels que de gains d'emplois de services, il n'en fut pas de même pour les métropoles du Sud. Celles-ci, à l'image surtout de Stuttgart et de Munich, à un moindre degré de Francfort, ont su allier de maigres déficits manufacturiers avec une solide croissance tertiaire de très haut niveau de qualification. Si, à Londres, la croissance des services n'est jamais parvenue à compenser la désindustrialisation, il n'en est pas de même à New York et dans bon nombre de métropoles de toutes tailles, où le tertiaire supérieur d'une part, les activités à hautes technologies de l'autre, ont maintenu un bilan positif de l'emploi : gain net de 160 000 postes pour New York, entre 1977 et 1983. Pourtant, les nouvelles filières « high tech » ont surtout élu domicile à l'extérieur des agglomérations métropolitaines : au-delà de la ceinture verte de Londres ; en liaison avec l'autoroute 128 à la périphérie de Boston ; dans la Silicon Valley au sud de la baie de San Francisco ; dans le comté d'Orange au sud de Los Angeles, etc. Ajoutons que même lorsque le bilan des mutations de l'emploi s'avère positif, il n'évite pas l'exclusion des travailleurs les moins qualifiés et leur rejet vers la périphérie des agglomérations. Les emplois tertiaires se polarisent eux-mêmes autour de deux statuts socio-professionnels opposés : l'un réclamant un haut niveau de qualification, bien rémunéré, réservé aux « Yuppies », c'est-à-dire aux nouvelles classes de jeunes cadres dynamiques qui réinvestissent les CBD, y compris pour y résider ; l'autre fragile, instable et mal payé, féminisé, caractéristique d'un travail social que la crise rend plus que jamais indispensable (Noyelle, Standback, 1982).

Tableau 1 Evolution de la population de quelques-unes des plus grandes métropoles des pays développés (en millions d'habitants)

Métropoles	1950	1960	1970	1980	1990	2000 (prévisions)
Birmingham (GB)	2,5	2,7	2,8	2,8	2,8	2,8
Boston (EU)	2,3	2,4	2,7	2,7	2,7	2,9
Chicago (EU)	5	6	6,8	6,8	6,9	7,2
Detroit (EU)	2,8	3,6	4	3,8	3,8	3,9
Glasgow (GB)	1,9	1,9	1,9	1,8	1,8	1,7
Hambourg (RFA)	1,8	2,1	2,2	2,2	2,1	2,1
Leeds-Bradford (GB)	1,9	1,9	2	2	2	1,9
Londres (GB)	10,4	10,7	10,6	10	9,5	9,1
Los Angeles-Long Beach (EU)	4,1	6,6	8,4	9,5	10,5	11,2
Madrid (Esp.)	1,7	2,3	3,3	4,6	5,5	5,9
Manchester (GB)	2,5	2,5	2,5	2,4	2,4	2,3
Milan (I)	3,6	4,5	5,6	6,6	7,3	7,5
Naples (I)	2,8	3,2	3,6	4	4,2	4,4
New York (EU)	12,4	14,2	16,3	15,6	15,2	15,5
Osaka-Kobe (Jap.)	3,8	5,7	7,6	8	7,8	7,7
Paris (F)	5,5	7,2	8,3	8,8	9	9,2
Philadelphie (EU)	3	3,7	4	4,1	4,2	4,5
Rhin-Ruhr (RFA)	6,9	8,7	9,3	9,3	9,1	8,6
San Francisco – Oakland (EU)	2	2,5	3	3,2	3,4	3,6
Tokyo – Yokohama (Jap.)	6,7	10,7	14,9	17	17,2	17,1
Vienne (Aut.)	1,8	1,8	1,8	1,7	1,6	1,6
Berlin Ouest (RFA)	2,2	2,2	2,1	2	1,9	1,8

Source : Nations Unies.

3.3. La segmentation des espaces métropolitains

Le dépeuplement des aires métropolitaines centrales (au rythme d'un solde négatif de 50 000 départs par an pour le Grand Londres depuis un demi-siècle, par exemple) et la segmentation accrue de leur espace résultent des mutations économiques que nous venons d'exposer. A vrai dire, les actions de rénovation des tissus anciens réalisées dans les années 1960, relayées aujourd'hui par la réhabilitation, avaient inauguré l'expulsion des couches sociales modestes de leurs anciens bastions des centres urbains (Lévy, 1987), déclenchant une ségrégation socio-spatiale à la fois plus radicale et plus systématique que par le passé. Elles avaient également engendré des quartiers monofonctionnels qui ont bien souvent brisé à jamais « l'urbanité » des métropoles (Lefebvre, 1968). Depuis une vingtaine d'années, de nouveaux facteurs économiques (révolution industrielle et technologique, flexibilité accrue de l'emploi, métissage de la main-d'œuvre) aggravent ce phénomène préoccupant de segmentation-ségrégation. Los Angeles (Soja *et al.*, 1983 ; Soja et Scott, 1986) juxtapose de la sorte une marqueterie mouvante d'espaces très spécialisés, constituant des valorisations très inégales du sol de la grande métropole californienne : quartiers récents d'activités « high tech » et d'habitat favorisé, somptueux centres tertiaires et commerciaux désertés dès la fermeture des bureaux, espaces dégradés où s'entassent des ateliers et des taudis accueillant une main-d'œuvre étrangère (latino-américaine et asiatique) faiblement qualifiée et chichement rémunérée (textile, confection, montage électronique), ghettos de population noire, friches industrielles et cités ouvrières occupées par une population vieillie, au chômage, assistée… Les géographes américains (Scott, 1985) ont bien montré de quelle façon le procès de concentration-internationalisation du capital et d'intensification de sa rentabilité suscite cette nouvelle répartition des populations métropolitaines depuis la fin des années 1960. Il s'agit là de phénomènes spécifiques au niveau métropolitain des villes, seul capable de réunir les masses humaines, le capital risque et l'innovation qu'exige cette évolution. Autre caractère de la métropole contemporaine, fractionnée, éclatée, et pourtant nœud de multiples réseaux : les communications matérielles et immatérielles y jouent un rôle décisif. Du premier ordre, le développement des moyens de transport (autoroutes urbaines, réseaux en sites propres), particulièrement sauvage en Amérique du Nord et au Japon, provoque une destruction/régénération continuelle des vieilles trames et des tissus anciens ; à l'image des transformations radicales que connaît à Osaka le quartier Umeda, autour de sa gare géante et du puissant CBD qu'elle irrigue.

4. Orientations de la recherche actuelle et méthodologies

Le débat concernant ces quelques constats n'est nullement clos. Cependant, les recherches en géographie et en science régionale qui s'attachent aux métropoles s'orientent de plus en plus, à l'heure actuelle, vers les rapports qu'elles nouent avec la révolution technologique en cours (*Annales de la recherche urbaine*, 1990 ; Castells, 1987, 1989 ; Benko, 1991 ; Brunet *et al.*, 1989 ; etc.).

4.1. Quelques débats actuels

Au vu de ces travaux, il apparaît que le développement des hautes technologies induit une expansion constante du secteur tertiaire supérieur et accélère sa concentration croissante dans les CBD des plus puissantes métropoles (Noyelle, Standback, 1984). Par ailleurs, la logique des **technopoles** exige des organisations urbaines inusitées, hors de portée des petits ou moyens centres : qu'il s'agisse d'équipements infrastructurels et de programmes prestigieux d'immobilier d'entreprise, de réseaux de services très évolués, ou du développement d'un potentiel culturel suffisamment attractif pour une élite internationale. Ainsi s'évanouit peu à peu l'illusion de l'émergence possible d'une nouvelle hiérarchie urbaine, irrespectueuse des valeurs acquises, fondée sur une innovation technologique largement décentralisée *(chapitre 34)*.

Les métropoles nourrissent aussi un débat passionné sur leur devenir, d'autant que les dysfonctionnements de leurs propres systèmes se multiplient : saturation des transports, criminalité et marginalité sociale, pollution de l'air et de l'eau, accumulation des déchets et renchérissement des prix fonciers… Face à cette situation, quels choix peut-on envisager pour le futur ? Croissance zéro, désurbanisation et, particulièrement, « démétropolisation », ou mobilisation massive de l'innovation technologique pour affronter ces défis ? Les sciences de l'aménagement ne pourront pas rester longtemps muettes et devront fournir leur part de réponse à ces interrogations.

4.2. Méthodes et applications

D'un point de vue méthodologique, la géographie et les sciences humaines abordent d'une nouvelle manière, depuis quinze ans, la question des métropoles et de la métropolisation. Auparavant, une démarche plus radicalisée considérait les phénomènes de polarisation spatiale comme le reflet de la concentration monopolistique du capital. Pour la majorité des théoriciens, la métropolisation s'inscrivait dans le déroulement dialectique du matérialisme historique dont elle ne constituait qu'une péripétie. Les années 1970-1980 ont quelque peu fait litière de cette interprétation, même si de nombreux auteurs estiment que les métropoles qui favorisent l'introduction massive des hautes technologies dans les procès de production contribuent à la mise en place d'une nouvelle division internationale du travail (Scott, 1985 ; Castells, 1989). Cependant, plus que cette approche inspirée du structuralo-marxisme, c'est une lecture systémique (systèmes métropolitains fonctionnant à différentes échelles, du régional au mondial) qui prévaut aujourd'hui. Comme l'écrit J. Labasse (1991), « la géographie neuve qui est en train de s'édifier est moins topographique que l'ancienne ». Il y a pourtant quelque excès à reléguer nos métropoles à la fonction de simples nœuds, ou relais, disposés sur un **réseau**. D'autant qu'elles visent surtout, avant d'alimenter les flux de systèmes globaux, à soigner leur propre rayonnement régional et international (là retrouvent-elles sans doute la logique des réseaux).

Sur un plan plus technique, nombreux, nous l'avons vu, sont les auteurs qui s'efforcent de définir de nouveaux critères de métropolisation (Soldatos, 1987 ; Brunet, 1989). Ces préoccupations soulignent la dimension désormais internationale (en tant que réalité, que nécessité ou que projet) des métropoles et de leurs agencements, tant fonctionnels que spatiaux.

Lectures recommandées

Brunet R. *et al.*, 1989, *Les villes « européennes »*, Paris, La Documentation Française.
Dalmasso E., 1971, *Milan, capitale économique de l'Italie*, Gap, Ophrys.
Dogan M. et Kasarda J., 1987, *The Metropolis Era*, 2 vol., Newsbury Park, Sage.
Ewers H., Goddard J. et Mattzerath H., 1986, *The future of the metropolis : Berlin, London, Paris, New York*, Berlin, de Gruyter.
Ferras R., 1977, *Barcelone, croissance d'une métropole*, Paris, Anthropos.

Mots-clefs

Capitale,
Conurbation,
Mégalopole,
Mégapole,
Métropole régionale,
Métropole nationale,
Métropole internationale,
Région urbaine,
Réseau,
Technopole,
Zone d'influence.

Explosion des villes du Tiers Monde

38

Claude Bataillon

Le monde des villes, et sans doute plus encore celui des grandes villes, est et sera dans les décennies prochaines de plus en plus celui des pays où prédomine la pauvreté, et c'est d'une amélioration ou d'une détérioration des modes de vie du plus grand nombre des habitants de ces villes des pays pauvres que dépendent et dépendront les équilibres et déséquilibres du monde dans son ensemble. Nous parlerons ici surtout de grandes et très grandes villes du Tiers Monde, parce que leur rythme de croissance est beaucoup plus élevé que celui de leurs homologues des pays riches, ce qui met les premières en tête du gigantisme mondial, mais aussi parce que leur part dans la population urbaine des pays en question y est plus forte et s'y accroit plus vite que dans les pays riches : en bref elles jouent un rôle beaucoup plus massif dans le tissu social des pays pauvres que dans celui des pays riches.

Il s'agit là d'un phénomène récent, lié essentiellement au rythme de contrôle de la mortalité. Si bien qu'on peut parler d'explosion pour une Afrique presque sans tradition urbaine où surgissent en deux génération une demi douzaine de villes millionnaires en majorité portuaires, illustrées par *Lagos* (Nigeria), *Kinshasa* (Zaïre) et *Khartoum* (Soudan). Explosion aussi pour un Monde Arabe et surtout une Amérique Latine où certes la ville est de longue date consubstantielle à la civilisation, mais où capitales et villes portuaires croissent pour atteindre des dimensions qui représentent une complète mutation : *Le Caire* (Egypte), *Alger*, *Casablanca* (Maroc), mais aussi *Mexico*, *São Paulo* (Brésil), *Buenos Aires* (Argentine), *Lima* (Pérou). En Asie la tradition urbaine, elle aussi profonde, n'a pas toujours subi de mutation majeure, bien des villes n'ayant encore qu'une croissance modérée, à l'exception des capitales politiques et de grands ports : *Pékin* (Chine) et *Delhi*

(République Indienne) sont parmi les premières, tandis que *Calcutta*, *Bombay* (Inde), *Shanghai* (Chine), *Jakarta* (Indonésie), *Bangkok* (Thaïlande) illustrent les seconds.

Partout se juxtaposent dans ces **métropoles** des images de civilisations prestigieuses, où se mélangent monuments du passé et buildings de la modernité, avec des images d'entassement et de misère sans mesure. Ces arbres cachent la forêt de peuples urbains efficaces dans leurs manières de survivre et de classes moyennes urbaines qui instaurent dans chaque pays leur modernité et y réclament de nouveaux espaces de liberté.

Tableau 1 Population des métropoles du tiers monde en millions d'habitants vers 1990

Asie

Shanghaï 13 Chine
Bombay 12 Inde
Calcutta 11 Inde
Pékin 10 Chine
Jakarta 9 Indonésie
Delhi 8 Inde
Bangkok 5.5 Thaïlande
Madras5.5 Inde
Tianjin [Tientsin] 5.5 Chine
Dhaka 5.3 Bangladesh
Karachi 5.2 Pakistan
Shanyang 4.3 Chine
Bangalore 4 Inde
Rangoun 4 Birmanie
Wuhan [Hankeou] 3.5 Chine
Ahmadabad 3.4 Inde
Canton 3.4 Chine
Hayderabad 3.4 Inde
Saïgon [Hochimin Ville] 3 Viet Nam
Lahore 2.9 Pakistan
Chung King 2.8 Chine
Harbin 2.7 Chine

Amérique Latine

Mexico 15-18 Mexique
São Paulo 15-18 Brésil
Buenos Aires 10 Argentine
Río de Janeiro 10 Brésil
Lima 7 Pérou
Bogota 5 Colombie
Santiago 4.5 Chili
Caracas 4 Venezuela
Guadalajara 3 Mexique
Monterrey 2.5 Mexique
Belo Horizonte 2 Brésil
Salvador de Bahia 2 Brésil

Afrique

Le Caire 11
Lagos 6-5
Kinshasa 3
Casablanca 2.7
Alger 2.6
Karthoum 2.5
Abidjan 2
Tunis 1.5
Addis Abeba 1.5

1. Comment croître ?

Ces villes croissent donc beaucoup plus vite que jamais ne l'ont fait les grandes métropoles des pays riches. Celles-ci, sauf peut-être Tokyo qui garde un rythme soutenu de 1% par an, connaissent des croissances annuelles de 5 ou 6 pour cent, dues le plus souvent à l'inclusion dans des conurbations de zones déjà urbanisées, par construction dans les vides intermédiaires et extension des réseaux de transports, mais très peu par augmentation de la population occupant le tissu urbain déjà constitué. En contraste, les grandes villes des pays pauvres, même les plus grandes, connaissent depuis plusieurs décennies, et pour encore des lustres sans doute, des croissances allant de 4 à 6 pour cent par an : dans le premier cas la ville double sa population en 18 ans, et dans le second en 12 ans. Quels mécanismes puissants sont ici en jeu ?

Rien ne bouge avant que la migration vers la ville ne soit lancée par l'espoir d'un emploi meilleur, pour ceux qui quittent le tissu rural le plus souvent : emploi de l'Etat qui se développe, autant dans les pays d'Amérique latine indépendants depuis le XIXe siècle que dans l'Afrique et l'Asie décolonisées dans les décennies 1950 et 1960. Partout développement veut dire technique mise en place par un Etat qui se veut agent de modernisation et pousse celle-ci d'abord dans sa capitale. Mais aussi emplois des commerces et des services animés aussi bien par les flux d'exportations qui s'intensifient que par les besoins des nouveaux urbains eux-mêmes. Mais enfin les emplois des industries naissantes, soit pour une transformation partielle des produits agricoles ou miniers exportés, soit plus encore pour fournir à ces nouveaux urbains les biens de consommation de plus en plus divers dont presque tous les pays indépendants pauvres, freinent plus ou moins efficacement l'importation pour les fabriquer sur place. Depuis deux générations la critique du mirage de ces **migrations** a été faite : la majorité des nouveaux venus, même dans les périodes les plus fastes, n'a pas trouvé « le bon emploi », stable et bien payé. Mais il suffit d'avoir une chance de l'obtenir pour que celle-ci vaille d'être tentée. Et la vision microéconomique du choix de l'individu dans un marché qui offre des emplois doit être replongée dans une dynamique sociale qui se déroule sur plusieurs décennies. Les migrants sont accueillis par des parents déjà installés, qui eux-mêmes s'appuient sur des solidarités entre gens d'une même province, d'un même village, d'un même groupe ethnique ou linguistique. Ces filières donnent accès à des segments particuliers de l'emploi disponible, tant dans les ministères et les maisons de commerce que dans les usines et leur syndicat et que dans les corporations de métiers de la construction, des artisanats ou des services urbains. Il n'y a donc pas une seule loterie de l'emploi urbain, mais un grand nombre de filières, qui permettent des niveaux de rémunération et des degrés de sécurité très divers. Bien des emplois temporaires, comme ceux de la construction, ou instables, comme le service domestique, permettent une première insertion en ville, avant de trouver « le bon emploi », plus sûr ou plus libre.

En outre la stratégie de l'emploi en ville ne concerne pas qu'une génération d'adultes migrants : ceux-ci viennent aussi parce que leurs enfants, nés au village ou déjà dans la grande ville, trouvent dans celle-ci des opportunités de scolarisation bien meilleures et bien plus diversifiées que celles de petites localités. Or l'emploi stable dans les secteurs modernes, privés et plus encore publics, passe par l'accès à un diplôme qui, en outre, est un élément fondamental de l'accession à un statut supérieur dans le monde urbain. Ici aussi, la diversité des filières permet l'incorporation au monde des classes moyennes urbaines de générations de fils de ruraux ou de provinciaux, tout en maintenant des stratifications sociales durables.

Qu'est-ce qui donne à ces migrations une spécificité par rapport à tout ce que nous disent les romans anglais ou français du XIXe siècle pour Londres ou Paris ? Sans doute un contexte strictement démographique très différent. Le premier privilège des nouveaux urbains des pays pauvres, avant même l'école, c'est l'hôpital, qui permet une longévité beaucoup plus grande qu'à la campagne et qui permet de mener à l'âge adulte presque tous les enfants qu'on engendre. Et parallèlement la coutume traditionnelle d'avoir de nombreux enfants – dont peu survivaient à la campagne... – se maintient dans les villes du monde pauvre sur de longues décennies. Différence fondamentale par rapport aux villes européennes du XIXe siècle, où l'on mourait autant et parfois plus qu'à la campagne, et où la natalité se « modernisait » en baissant très rapidement. Ces villes ne se gonflaient que par l'apport des migrants ruraux ; celles du monde pauvre actuel, dès qu'elles atteignent une masse minimale, s'accroissent plus de leur croît naturel que de leurs migrants, et ceci pendant des décennies *(chapitre 47)*.

Les *infrastructures sanitaires* des grandes villes des pays pauvres ont permis d'abaisser la mortalité urbaine beaucoup plus vite que celle des campagnes, situation qui d'ailleurs s'égalise dans la décennie 1980, à la fois par détérioration de ces infrastructures et par accès massif des campagnes aux moyens sanitaires d'urgence de l'aide internationale. De cette baisse rapide de la mortalité urbaine découle en tout cas une population en majorité jeune, dont la *fécondité* se différencie lentement à partir d'un niveau très élevé. Celle-ci reste forte dans les milieux professionnels traditionnels (artisanat) ou dans les secteurs d'activité « informelle » : le travail des enfants reste ici source importante de revenu pour les groupes familiaux généralement étendus à la dimension d'une petite entreprise. Les classes moyennes aisées gardent aussi parfois une fécondité élevée dans la mesure où les conditions de logement et l'usage d'une large domesticité ne poussent pas à une pratique malthusienne. Celle-ci au contraire atteint plus vite les classes moyennes basses qui doivent reporter leur espoir d'ascension sociale sur leur descendance, et donc limiter celle-ci. Malthusianisme plus précoce en pays protestant (certains cas asiatiques ou africains) qu'en pays catholique (dominant en Amérique latine), ou que dans les mondes chinois, hindouiste ou musulman. Ainsi fonctionnent dans la longue durée les très grosses machines de croissance démographique que sont les métropoles du Tiers Monde. Elles ne se stabilisent que quand une proportion très élevée de la population atteint des modes de vie de classes moyennes salariées, comme à Hong Kong, Singapour ou Panama. On quitte alors le monde sous-développé pour celui des nouveaux dragons...

2. Moteur

La croissance des grandes villes dans ce monde pauvre s'organise principalement selon des relations avec des pôles lointains, qui furent ceux des systèmes coloniaux et qui sont devenus ceux de l'économie-monde. Certes Delhi ou Mexico s'enracinent dans des ensembles régionaux ou nationaux qui réduisent le rôle de ces attaches lointaines. Mais la tradition des ports-**comptoirs coloniaux** est à l'origine du fonctionnement d'une majorité des métropoles du Tiers Monde. Ce furent certes d'abord des lieux d'exportation de produits bruts et d'importations de biens de consommation, mais dès le XIXe siècle c'est l'importation de la technologie urbaine nouvelle qui permit une urbanisation moderne fondée sur l'électricité, le tramway, le téléphone. A cette modernité urbaine tôt venue, formant longtemps **enclave** dans des territoires qui se modernisent beaucoup plus lentement à l'occasion d'une exploitation souvent fruste, s'associe la naissance de *classes moyennes* modernes dans leurs modes de vie : leur sociabilité, leur éducation, leur consommation se calquent sur celles des grandes capitales du monde industriel. Si bien que ces métropoles du monde pauvre sont en permanence demandeuses d'importation de technologie, destinée à fournir les services et à fabriquer les biens « de **substitution d'importation** », au cours du vingtième siècle presque entier, avec des temps forts après les deux guerres mondiales. Ces systèmes modernisateurs exigent une permanente importation de capitaux, et de *biens de capitaux* : au dernier quart du XXe siècle c'est la source principale d'un **endettement international** des pays du Tiers Monde, relayé quand les capacités de remboursement de ceux-ci s'essoufflent par une demande d'aide étrangère satisfaite au nom de l'urgence d'un secours aux plus pauvres et utilisée largement pour maintenir la modernité urbaine.

Systèmes modernisateurs ou enclaves modernisées ? Si le relais avec les territoires nationaux ou l'espace régional proche se fait souvent mal, certaines métropoles animent, ou soumettent à leur tour, des territoires lointains, au gré des découpages politiques : l'essentiel du Paraguay et de l'Uruguay sont des dépendances de São Paulo, de même que le Burkina Faso ou l'essentiel du Ghana ou du Mali dépendent d'Abidjan.

3. Le territoire et les services

Les plus grosses agglomérations du monde de la fin du XXe siècle consomment beaucoup d'espace, à la fois parce qu'elles utilisent les modèles urbanistiques du modernisme motorisé et parce qu'elles logent en un habitat très peu dense et à moindre frais des masses pauvres qui s'accroissent très rapidement. Certes on trouve encore en Chine ou en Inde de très grosses villes tassées selon la tradition d'une population qui se déplace à pied, en bicyclette ou en « pousse » : les classes pauvres de Paris ou de Londres vivaient aussi dans des taudis centraux souvent de plusieurs étages, accessibles à pied depuis des fabriques elles aussi proches du centre, avant l'autobus. Mais pour l'essentiel le logement moderne des pauvres – et c'est l'aspect spectaculaire qui fait parler d' « explosion urbaine » – est obtenu par l'utilisation massive de sols occupés illégalement pour de faibles densités, associés à des services urbains modernes insuffisants et de qualité médiocre, mais qui permettent l'usage de terrains de plus en plus excentriques.

C'est une révolution de la seconde moitié du XXe siècle que l'occupation massive de sols périurbains pour loger les pauvres du Tiers Monde. Ceci se produit certes sur des terrains privés vendus en petits lots bon marché à des acheteurs modestes en Asie « moderne » (Singapour) pour l'essentiel, et parfois en Amérique latine (São Paulo et surtout Buenos Aires). Mais bien plus importante est la constitution d'un **marché parallèle du sol urbain**, partiellement ou totalement gratuit, régi par la coutume en Afrique (Kinshasa, Lagos), où les « chefs de terre » attribuent des parcelles, ou par la politique, en Amérique latine en particulier, où les leaders d'associations assurent à leurs occupants la disposition de terrains plus souvent publics que privés, en négociant avec les représentants de l'Etat, de la municipalité, ou de communautés rurales, traditionnelles ou issues de réformes agraires : c'est ce qu'on appelle souvent « *invasion* » en soulignant le caractère spectaculaire d'occupations organisées, rapides et massives, dont Lima fut un exemple.

Mais après l' « invasion », si elle n'est pas suivie d'expulsion, phénomène relativement rare, vient nécessairement la négociation avec les autorités publiques urbaines, qui porte sur deux points principaux : d'abord obtenir un titre de propriété pour la parcelle occupée, gratuitement ou à prix modeste (d'où la plainte de bien des habitants qui ont dû « acheter » leur terre deux fois, d'abord au chef local, puis aux pouvoirs publics...) ; ensuite obtenir un statut de citoyen de la ville à part entière, c'est-à-dire s'insérer dans les circuits socio-politiques qui permettent l'accès aux services urbains : l'accès au logement permet aux pauvres une insertion dans la société urbaine, rôle joué par le syndicat dans d'autres époques pour d'autres pays.

Ces immenses espaces pris dans une urbanisation que n'ont pas planifiée les autorités administratives servent essentiellement à la construction, financée par les occupants eux-mêmes, de logements petits, édifiés aux moindres frais, en partie au moins grâce à la main d'oeuvre familiale, en échelonnant le chantier sur une longue durée, au gré des disponibilités d'achat de matériaux qui vont du bois et de la tôle usagée (d'ou le terme de **bidonville**), au bloc de ciment de plus en plus répandu. Parler ici d'habitat désordonné ou improvisé est presque toujours une simplification : l'ordre est celui des habitants et de leurs leaders locaux, et non celui des planificateurs urbains qui appliquent les normes internationales des villes modernes des pays industriels.

Cet habitat individuel généralement sans étage aboutit à des densités urbaines fort basses, ce qui induit un coût élevé des *équipements* installés toujours après l'occupation des nouveaux quartiers, au gré des pressions et des négociations menées par les leaders dont l'atout, auprès des autorités officielles, est qu'ils assurent l'ordre public dans le quartier qu'ils contrôlent et qu'ils apportent en cas d'élection les voix reconnaissantes de leurs commettants à l'autorité ou au parti dont ils ont obtenu l'installation d'un service urbain réclamé.

Parmi ces services, le moins coûteux à installer et le plus répandu est l'électrification. Celle-ci n'est cependant que partielle dans bien des villes d'Asie et surtout d'Afrique. Presque généralisée en Amérique latine elle y est souvent improvisée par des lignes tirées par les habitants eux-mêmes depuis les quartiers formellement équipés. Souvent aussi pannes et irrégularité de la tension du réseau électrique conduisent les mieux lotis à installer des générateurs privés pour assurer la marche de machines à usage professionnel ou le fonctionnement de la réfrigération indispensable à un commerce alimentaire. Les aménagements d'eau et d'égout connaissent une variété maximale liée aux conditions hydrologiques. Parfois de vastes quartiers ne disposent d'aucun service d'eau, soit que chacun puise pour son usage dans une nappe phréatique peu profonde et pérenne, mais généralement polluée, comme à Buenos Aires ou à Kinshasa, soit au contraire qu'en zone désertique l'eau en provenance des quartiers équipés soit distribuée exclusivement par les camions citernes de vendeurs privés, cela à des prix très élevés, comme à Lima. Ailleurs les dessertes des quartiers par canalisation ne sont que partielles, jusqu'à des fontaines collectives plutôt que pour chaque parcelle, avec des débits faibles et surtout irréguliers, ce qui conduit chacun à stocker l'eau dans des conditions sanitaires rarement sûres. Il est constant que la proportion des logements desservis en eau est supérieure à ceux disposant d'égouts.

L'insuffisance des services d'enlèvement d'ordures *(chapitre 55)* aboutit à la multiplication des **décharges sauvages**, de plus en plus nuisibles à mesure que la densité d'habitat des quartiers augmente et que les styles de vie modernisés incorporent une consommation croissante de produits non biodégradables (plastiques).

Tous ces services urbains liés à des infrastructures techniques en réseau connaissent des formes d'articulation spécifiques entre le « moderne » et le « traditionnel », entre l'organisation formelle et le bricolage improvisé localement. On trouve une illustration de ces situations à propos des **transports urbains**. Ceux-ci jouent un rôle indispensable dans la structuration d'espaces très vastes, où l'éloignement entre lieu de travail, d'études ou d'achat, et lieu d'habitat n'est rendu possible que par un transport collectif. Celui-ci est en général organisé au départ en un réseau technique « structurant », tramway et trains à la fin du siècle dernier, métro contemporain pour les plus puissantes métropoles actuelles. Les compagnies d'autobus, publiques ou concédées à des entreprises privées jouissant d'un monopole compensé par un tarif négocié avec les autorités publiques, ont pris le relais. Depuis la décennie 1970 souvent, ces transports organisés, insuffisants, débordés, parfois dégradés et vieillis, impuissants devant une trop grande dispersion d'une clientèle trop pauvre, ont été relayés par la prolifération de *taxis collectifs*, de microbus ou de camionnettes, selon le niveau de vie de la clientèle et selon la topographie urbaine : ce sont des entreprises petites ou minuscules, ou des propriétaires d'un seul véhicule qui font de leurs chauffeurs des sous-traitants mal rémunérés plus que des salariés stables pour exploiter, sur des voiries étroites et difficiles, un réseau diffus de lignes plus ou moins concédées, aux itinéraires et aux horaires flexibles s'adaptant à la rentabilité du moment, l'habileté se substituant aux normes de sécurité. Chauffeurs et exploitants sont organisés en corporations qui sont loin de laisser s'installer entre eux une concurrence sauvage et les normes liées à la pauvreté ne sont pas un désordre.

Des articulations particulières entre le moderne et le bricolage fonctionnent de même pour le téléphone, où l'insuffisance ou la dégradation des réseaux n'empêchent pas la prolifération de fax qui se substituent à une distribution postale déficiente, tandis que le téléphone public à carte est prolongé par la transmission des messages au destinataire final par un piéton messager, voire dans telle ville africaine par tam-tam.

La vie culturelle des quartiers pauvres révèle les mêmes dénivellations par rapport aux normes de l'urbanité moderne. L'*école* publique surpeuplée, démultipliée en plusieurs « tours » quotidiens, inaccessible à la totalité des enfants, coexiste avec l'école privée payante qui jusque dans les quartiers pauvres assure une meilleure promotion pour les familles de meilleur statut et de revenus assurés. L'exiguïté des logements, mais aussi la difficulté pour bien des habitants de cuisiner et surtout de conserver des aliments donne une place particulière aux débits de boisson et vendeurs de *nourriture préparée*, lieux de sociabilité et de distraction qu'accompagne la musique. Ces quartiers sont aussi les creusets où s'élaborent des religions syncrétiques, sectes protestantes de l'Amérique latine, *candomblé* brésilien. Une culture urbaine du sport et de la fête, comme les *écoles de carnaval* à Rio de Janeiro, met en rapport et en concurrence quartiers et groupes sociaux.

Enfin l'organisation sociale y donne une place particulière aux bandes de jeunes, tandis que les *associations de quartiers* qui assurent liaisons et pressions vis-à-vis des autorités globales de la ville voient se former des leaders aux fonctions souvent polyvalentes et au pouvoir étendu.

Dans la plupart des cas, les budgets alimentaires des familles pauvres, mais aussi moyennes, ne tiennent que grâce à des subventions aux prix des services, mais aussi des vivres de base. Ces derniers sont soutenus par les gouvernements disposant de devises (pétrodollars en particulier), mais aussi par des aides internationales qui à travers les gouvernements locaux ou les ONG (Organisations non gouvernementales) arrivent en ville mieux que dans des campagnes souvent bien plus pauvres. Les révoltes urbaines des années 1980 ont souvent commencé par des hausses de prix d'aliments ou de transports.

4. Stratégie des classes moyennes

Celles-ci, entre pavillon, automobile, emploi salarié et supermarché, forment 80 % des habitants et de l'organisation territoriale des pays post-industriels. Elles ne représentent que moins de 10 % des ruraux dans le Tiers Monde et seulement 20 à 40 % des urbains des villes pauvres : les familles bénéficiaires des emplois salariés stables du secteur moderne ou les gens à leur compte disposant d'un revenu leur permettant d'accéder aux services urbains formellement organisés. Ces classes moyennes se sont gonflées dans les périodes de croissance économique où elles ont appuyé souvent des régimes politiques populistes qui les favorisaient. Elles se sont rétractées dans la période d'ajustements structurels qui a réduit leur pouvoir d'achat, à partir des années 1975-83 selon les pays, et jusque vers 1985-90.

Ce sont ces classes moyennes qui ont exigé, obtenu et participé à la création d'infrastructures urbaines de niveau technologique mondial dans les métropoles des pays pauvres. Pour elles et par elles, les centres villes, les quartiers de niveau moyen sont des copies, parfois plus parfaites et plus modernes que les originaux, de Paris, Londres, New York ou Los Angeles, selon les étapes de la croissance urbaine. L'exemple du développement des universités publiques dans les métropoles du Tiers Monde montre comment elles créent des secteurs de recherche et d'enseignement de très haut niveau, souvent financés par des fondations ou des coopérations étrangères et dans une étroite connexion avec une communauté scientifique internationale, dont on utilise le langage, les normes de production et d'évaluation. Mais ces universités sont aussi le lieu d'un enseignement de masse de qualité souvent médiocre et qui pourtant assure la promotion sociale depuis le milieu populaire vers les classes moyennes.

Parallèlement celles-ci font marcher les secteurs économiques modernes qui se concentrent dans les grandes villes et articulent des activités productives de l' « intérieur » des pays pauvres aux chaînes technologiques et financières des firmes mondiales. Elles vivent de cette capacité d'articuler leur propre pays à l'économie monde. Prélèvement parasitaire ? Plutôt support de tout changement socio-économique, mais au prix d'inégalités sociales durables à leur profit. Et aussi modèle permanent, autant que les séries de télévision (Dallas), pour le façonnement des modes de vie des couches populaires urbaines.

Dans la politique des pays du Tiers Monde, où règnent le plus souvent des régimes autoritaires, ce sont les classes moyennes qui les premières veulent assurer les acquis de leur propre promotion sociale en termes de droits et de libertés. C'est à partir d'exigences de services urbains et de sécurité des personnes que naissent des demandes démocratiques.

5. L'imprévisible

L'information des médias montre des métropoles du Tiers Monde les aspects explosifs : en terme de tissu urbain, la prolifération des immenses quartiers pauvres, en terme de services, l'encombrement et la précarité des transports et en terme de mouvements sociaux, les émeutes dévastatrices, plus souvent liées à une hausse de prix alimentaires ou de services urbains qu'à des problèmes structurels comme l'accès à l'emploi ou au logement. Cette information orchestre la peur d'événements imprévisibles qui seraient l'apanage de ce monde du sous-développement (relayé par les « pays de l'est »). Il est vrai que la manière d'utiliser la technologie et le milieu naturel avec de faibles marges de sécurité rend ces très grands organismes urbains particulièrement fragiles, d'autant plus que la technologie utilisée est souvent importée et non générée sur place, ce qui crée des problèmes particuliers d'adaptation et de dépendance. Avouons cependant que cette peur provient plus simplement de l'immensité des villes et des populations, et de l'étrangeté de modes de vie différents étalés devant l'œil télévisuel des banlieusards de la civilisation mondiale.

L'essentiel de ce que nous ne pouvons prévoir, plus encore en l'absence de matériel statistique fiable, concerne la modification des comportements économiques dans les immenses quartiers pauvres de ces métropoles (même avec une électricité précaire, combien de micro-ordinateurs importés en contrebande y génèrent une activité exportatrice au sein d'infimes entreprises familiales ?) ainsi que la courbe à moyen terme de la fécondité dans ces mêmes quartiers (comment les femmes jeunes modifient-elles les comportements familiaux là où l'islam ou le catholicisme proposent des modèles à descendance nombreuse ?). La multiplication d'agglomérations d'une vingtaine de millions d'habitants très faiblement productives au XXIe siècle n'est donc qu'une probabilité tirée des tendances lourdes induites des situations complexes que l'on constate à la fin du XXe siècle.

Lectures recommandées

Antoine P., Dubresson A. et Manou-Savina A., 1987, *Abidjan « côté cour »*, Paris, Karthala.

Bataillon C. et Panabière L., 1988, *Mexico aujourd'hui, la plus grande ville du monde*, Paris, Publisud.

Racine J. (ed.), 1986, *Calcutta, La ville, sa crise*, Paris, CEGET-CNRS- MSH.

Mots-clefs

Bidonville,
Comptoirs coloniaux,
Décharges sauvages,
Enclave,
Endettement international,
Marché parallèle du sol urbain,
Métropoles,
Migrations,
Substitution d'importation,
Transports urbains.

Urbanisation et développement économique

39

Mario Polèse

1. Concepts de base

L'essor des villes constitue l'un des faits dominants du vingtième siècle. L'agglomération urbaine de Tokyo-Yokohama compte aujourd'hui presque trente millions d'habitants, celle de Mexico une vingtaine de millions. Encore massivement ruraux, il y a à peine deux générations, les habitants de la planète vivent maintenant en majorité dans des villes.

Le terme **urbanisation**, au sens strict, s'emploie pour désigner un processus, à savoir le passage d'une société rurale à une société de plus en plus urbanisée. L'urbanisation désigne la croissance relative plus rapide des **populations urbaines** par rapport aux **populations rurales.** Le **taux d'urbanisation** mesure l'état de l'urbanisation à un moment donné ; c'est le rapport entre la population urbaine et la population totale. Il ne faut pas confondre urbanisation avec **croissance urbaine** ou croissance des populations urbaines. Croissance urbaine renvoie à l'augmentation, en nombre ou en pourcentage, de la population urbaine. La population des **villes** (ou d'une ville) peut augmenter sans que cela signifie une hausse du taux (national) d'urbanisation. Cependant, urbanisation et croissance urbaine vont souvent de pair.

Toutes les données sur l'urbanisation ou sur la croissance urbaine sont à traiter avec prudence. Les définitions de ce qui constitue une zone urbaine peuvent varier d'un pays à l'autre et d'une époque à l'autre (Moriconi, 1991).

Définissons aussi ce que nous entendons ici par **développement économique**. Il n'existe pas de définition pleinement satisfaisante du **développement**, phénomène complexe dont aucune mesure ne pourra capter toutes les dimensions multiples. Pour le besoin de ce texte, nous nous tiendrons à une définition relativement simple, souvent employée en *géographie économique*.

Le développement économique se traduira, pour un pays, par la hausse soutenue et irréversible de son *revenu (ou produit) réel par habitant*. Cet indicateur quantitatif, malgré les faiblesses qu'on lui connaît, n'en demeure pas moins le principal point de repère, comparable à l'échelle internationale, pour juger du niveau de développement économique d'un pays. *Le* **produit** *(ou revenu)* **national** mesure la valeur, au prix du marché, de tous les biens et services produits par le pays, au cours d'une année, destinés à la consommation finale. Il a cependant le défaut de laisser de côté les produits non marchands (productions familiales, secteur informel), si bien qu'il a souvent pour effet de sous-estimer la production des pays moins industrialisés. Aussi, le revenu (ou produit) par habitant ne nous dit pas comment les revenus sont répartis entre les habitants du pays.

Le développement économique signifie une évolution à long terme, qui ne se réduit pas à des mouvements conjoncturels. Une croissance conjoncturelle du revenu par habitant, provoquée par une hausse subite du prix du pétrole, ne doit pas s'interpréter comme un indicateur de développement. C'est pour cette raison que l'on parle d'un processus irréversible, car il s'appuie sur des changements profonds de société qui, une fois accomplis sont irréversibles. Parmi les autres indicateurs quantitatifs de *modernisation*, mentionnons les taux de fécondité, les taux des scolarisation, les structures de consommation, la taille des ménages, pour ne nommer que ceux-là.

2. Évolution de l'urbanisation : tendances historiques

Depuis environ trois siècles, notre planète vit une transformation profonde. La *révolution industrielle*, dont les premières manifestations se font sentir en Angleterre au XVIIe siècle, marque un tournant dans l'histoire de l'humanité. Ses origines remontent loin, dans les découvertes scientifiques et dans les changements sociaux et institutionnels qui ont transformé les civilisations de l'Europe occidentale. Du point de vue économique, les derniers siècles se caractérisent par un accroissement, inégalé dans l'histoire, de la capacité productrice des habitants de la planète. Le niveau de production industrielle mondiale serait, selon certaines estimations, aujourd'hui au moins cent fois supérieur à celui de 1870.

L'évolution de la *population* se révèle un bon indicateur de changements plus profonds de société *(figure 1)*. De l'antiquité jusqu'au début du XVIIe siècle, la population totale du monde n'a augmenté que faiblement ; il est peu probable qu'elle ait jamais dépassé le demi-milliard. La montée depuis fut fulgurante, surtout au cours du dernier siècle, passant d'environ 1,6 milliard en 1900 à plus de six milliards d'habitants à la fin du XXe siècle. Cette croissance démographique est surtout imputable à des baisses dans les taux de mortalité infantile et à l'accroissement de la longévité, reflets à leur tour de meilleures conditions de vie, surtout du progrès technologique en matière d'agriculture, d'infrastructures sanitaires et de soins médicaux.

Le taux de mortalité infantile (pour 1 000 naissances) en France est passé de 149 en 1900 à 53 en 1950, et ensuite à 9 à la fin des années 1980. L'espérance de vie (à la naissance), dans les pays d'Europe occidentale, est passée de 47 ans en 1900 à 67 en 1950, pour finalement monter à 73 ans au cours des années les plus récentes. Cependant, ce progrès ne s'est pas réparti de façon égale sur la planète ; l'écart entre pays riches et pays pauvres reste énorme. Le taux de mortalité infantile (pour 1 000 naissances) était de 5 à Tokyo en 1990, mais de 59 à Bombay et 53 au Caire.

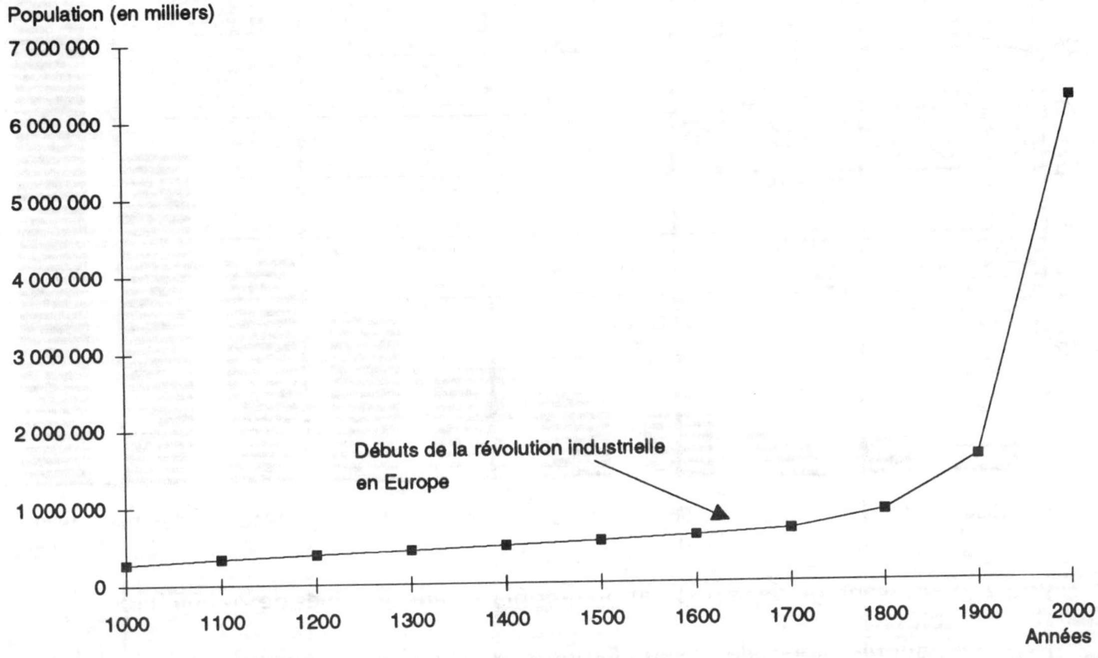

Figure 1 Evolution de la population mondiale
Cipolla C., 1962, *The economic history of world population*, Baltimore, Penguin Books.
The Economist, 1990, *Book of vital world statistics*, New York, Times Books, Random House.
Kuznets S., 1966, *Modern economic growth : rate, structure and spread*, New Haven, Yale University Press.

La *population mondiale* est restée massivement rurale, ou du moins vivait toujours majoritairement dans des petites villes et villages, jusqu'à très récemment (Bairoch, 1985). Moins de 10 % de la population mondiale habitait des villes de 20 000 habitants ou plus en 1900 *(figure 2)*. La France en 1900, était toujours rurale à presque 60 % ; la Suisse à plus de 75 % ; le Canada à environ 63 % et le Japon à plus de 80 %. Seule la Grande-Bretagne et quelques régions limitrophes de l'Europe du Nord, étaient majoritairement urbanisées à cette époque. Avant l'ère moderne, il est peu probable qu'il y ait eu des villes de plus de un million d'habitants, Rome à son apogée en comptait à peine un million. L'urbanisation, au sens que nous connaissons aujourd'hui, reste un phénomène récent.

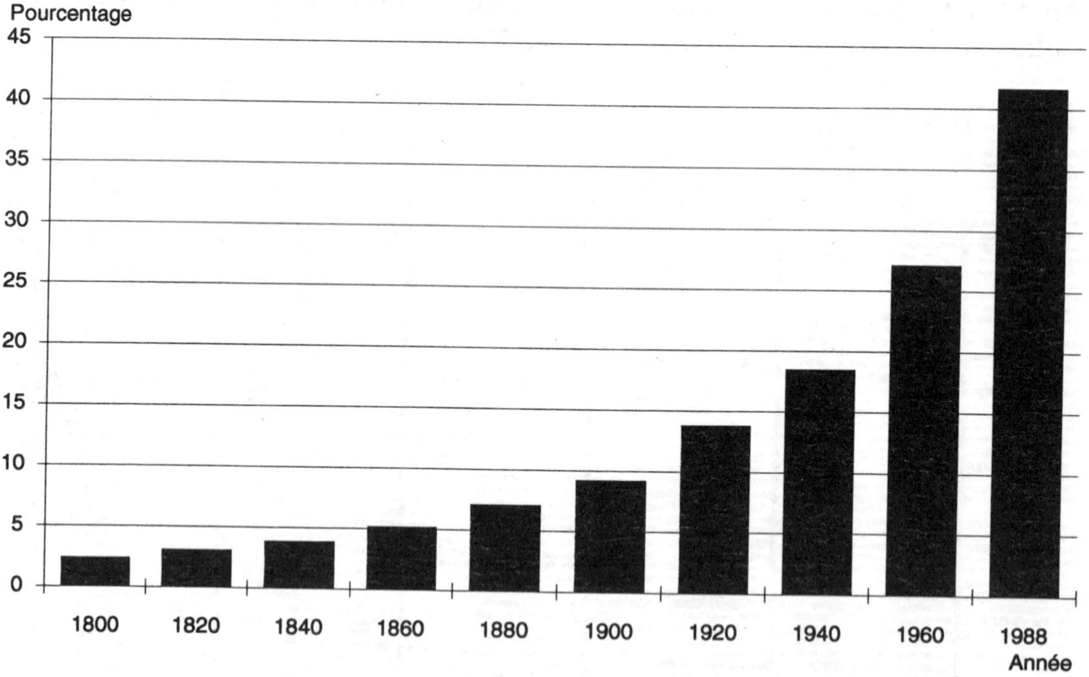

Figure 2 Pourcentage de la population mondiale dans des villes de 20 000 habitants ou plus

Banque Mondiale, 1990, *Rapport sur le développement dans le monde*, Washington D.C., Banque Mondiale.

Breese G., 1966, *Urbanization in newly developing countries*, Englewood Cliifs, Prentice-Hall.

The Economist, 1990, *op. cit.*

L'effet cumulé des hausses de population, d'une part, et des taux d'urbanisation d'autre part, s'est traduit par une croissance urbaine impressionnante. De 1900 à 1990, la population mondiale a crû de 330 % (de 1 600 à 5 300 milliards d'habitants), le taux d'urbanisation (villes de 20 000 habitants et plus) d'environ 450 % (de 9,2 % à 42,0 %) (*figures 1 et 2*). La population urbaine mondiale se serait donc accrue d'environ 1 500 %, une hausse d'un facteur 15, passant de 148 millions en 1900 à environ 2,2 milliards de citadins en 1990. Cette montée en flèche se reflète dans l'évolution des villes. Au cours des cent ans qui séparent 1990 de 1890, la population de l'agglomération urbaine de Mexico s'est multipliée par 45, celle de Tokyo par 23, et celle de Montréal par 12. En France, dont la population totale n'a augmenté que peu au cours du dernier siècle, la population de l'agglomération parisienne est néanmoins passée de moins de trois millions en 1890 à plus de dix millions aujourd'hui. Cependant, pour la plupart des pays industrialisés, la grande époque de croissance urbaine est maintenant révolue. Avec des populations nationales à peu près stabilisées et des taux d'urbanisation qui atteignent souvent les 80 %, il ne reste plus grand place pour la croissance des populations urbaines. L'urbanisation récente est surtout le fait des pays en développement (PED) (*chapitre 37 et 38*).

3. Origines économiques et l'urbanisation

Il est rare que l'on puisse parler de fatalité. Il existe peu de certitudes en sciences humaines. Le lien entre urbanisation et développement économique, du moins dans le sens du développement économique vers l'urbanisation, est une de ces exceptions. L'urbanisation reste une conséquence incontournable du développement économique. Aucun pays n'a réussi, à ce jour, à échapper à cette fatalité.

3.1. Niveaux de développement et urbanisation

Les hausses soutenues du produit (ou revenu) national par habitant provoquent des hausses du niveau d'urbanisation, surtout durant les phases initiales du développement. Les pays pauvres sont, en règle générale, des pays peu urbanisés. Les 25 pays les moins urbanisés affichaient tous (à une exception près, Oman, pays exportateur de pétrole) un *PNB par habitant* qui se situait autour ou en dessous de 1 000 $ US en 1988 ; la moyenne pour les 25 pays les moins urbanisés étant 553 $ US (*tableau 1*). Pour les pays nettement ruraux (niveau d'urbanisation inférieur à 10 %), aucun n'enregistre un PNB par habitant qui dépasse 320 $. Par contre, les pays très urbanisés (*tableau 2*) sont déjà plus hétérogènes, premier indice que la relation devient plus complexe à partir d'un certain seuil d'urbanisation.

Tableau 1 Les vingt-cinq pays les moins urbanisés

Pays	Population urbaine (en % de la population totale)	PNB par habitant (en $ US 1988)
Boutan	5	180
Burundi	7	240
Rwanda	7	320
Burkina Faso	9	210
Népal	9	180
Oman	10	5 000
Ouganda	10	280
Bangladesh	13	170
Ethiopie	13	120
Malawi	14	170
Papouasie-Nouv. Guinée	15	810
Laos	18	180
Niger	18	300
Lesotho	19	420
Mali	19	230
Sri Lanka	21	420
Soudan	21	480
Thaïlande	21	1 000
Botswana	22	1 010
Kenya	22	370
Yemen	23	640
Guinée	24	430
Madagascar	24	190
Mozambique	24	100
Togo	25	370
Moyenne des 25 pays	17	553

Source : Banque Mondiale, 1990, *Indicateurs du développement*, Washington D.C.

Par contre les 25 pays les plus urbanisés (niveau moyen d'urbanisation 81 %) affichaient, en moyenne, un PNB par habitant de 11 336 $, soit plus de vingt fois le niveau des pays les moins urbanisés. Les différences d'un pays à l'autre ne doivent pas faire perdre de vue la force de la relation fondamentale entre développement économique et urbanisation.

Tableau 2 Les vingt-cinq pays les plus urbanisés*

Pays	Population urbaine (en % de la population totale)	PNB par habitant (en $ US 1988)
Belgique	97	14 490
Royaume-Uni	92	12 810
Israël	91	8 650
Pays-Bas	88	14 520
Argentine	86	2 520
Australie	86	12 340
Allemagne	86	18 480
Danemark	86	18 450
Chili	85	1 510
Uruguay	85	2 470
Nouvelle-Zélande	84	10 000
Suède	84	19 300
Venezuela	83	3 250
Emirats arabes unis	78	15 770
Espagne	77	7 740
Japon	77	21 020
Canada	76	16 960
Arabie saoudite	76	6 200
Brésil	75	2 160
France	74	16 090
Norvège	74	19 990
Etats-Unis	74	19 840
Mexique	71	1 760
Colombie	69	1 180
Corée du sud	69	3 600
Moyenne des 25 pays	81	11 356

* *A l'exclusion des villes-état : Hong-Kong, Singapour, Koweit.*
Source : Banque Mondiale, 1990, *Indicateurs du développement*, Washington D.C.

3.2. Impact des structures de consommation

Les hausses de revenu par habitant amènent des changements, au premier chef, au titre des *structures de consommation*. La *composition de la demande* (nationale) se modifie au fur et à mesure que les revenus augmentent. Parmi les rares « lois » économiques solidement établies, se trouve la **loi d'Engel**, selon laquelle la part du budget consacré à l'alimentation diminue avec le revenu. La « loi » est nommée d'après l'économiste prussien Engel (1821-1896) qui l'a d'abord formulée. Les données originales d'Engel portaient sur 153 familles belges en 1853. La figure 3 donne une coupe historique de l'évolution des dépenses d'alimentation dans le budget des ménages canadiens de 1900 à 1990. La « loi » est également observée dans d'autres pays. Le Canadien consacre en moyenne 11 % de son revenu à l'alimentation face à 40 % pour un Marocain, ou 57 % pour un Malien *(tableau 3)*. Il est facile de comprendre que la capacité de consommer des aliments se heurte à des limites au-delà d'un certain seuil (on ne mangera pas six repas par jour, peu importe le revenu). La loi d'Engel est en quelque sorte inscrite dans les capacités physiologiques de l'espèce humaine. Il s'ensuit que des hausses de revenu par habitant ne provoquent pas de hausses équivalentes dans la demande de produits agricoles. À mesure qu'un pays s'enrichit, la part des produits agricoles dans la demande nationale totale baisse inéluctablement.

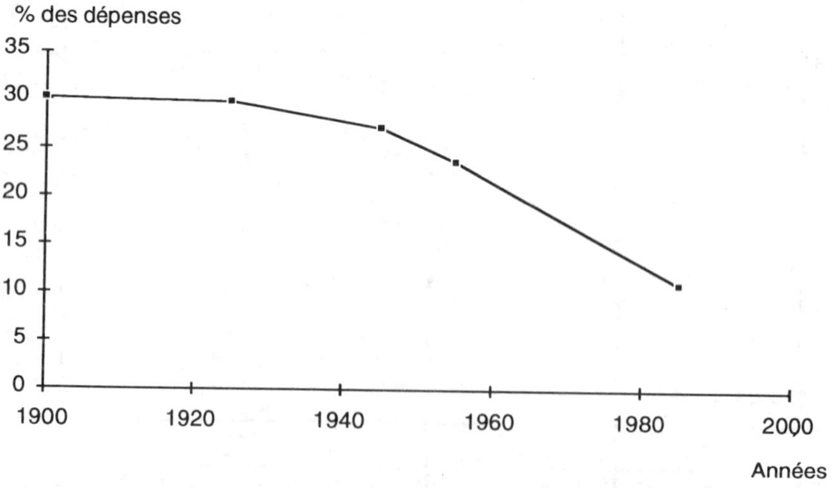

Figure 3 Part des dépenses des ménages consacrée à l'alimentation 1900-1990, Canada
The Economist, 1990, *op. cit.*
Kuznets, 1966, *op. cit.*

Tableau 3 Pourcentage de la consommation totale des ménages consacré à l'alimentation, divers pays

Pays	% consacré à l'alimentation*	PNB par habitant ajusté au coût de la vie** (Etats-Unis = 100)
Canada	11	92,50
Etats-Unis	13	100,00
Belgique	15	64,70
France	16	69,30
Suisse	17	87,00
Japon	16	71,50
Thaïlande	30	17,00
Portugal	34	33,80
Tunisie	37	19,80
Maroc	40	13,10
Sénégal	50	7,00
Egypte	50	15,80
Inde	52	4,70
Mali	57	2,40
Madagascar	59	3,90
Bangladesh	59	5,00
Népal	57	4,10
Tanzanie	64	2,60

* L'année 1985 ne comprend pas les boissons et le tabac
** année 1988
Source : Banque Mondiale, 1990, *op. cit.* The Economist, 1990, *op. cit.*

3.3. Impact des hausses de productivité agricole

Les hausses soutenues du revenu réel par habitant reposent à leur tour sur des hausses de *productivité par travailleur*, tant dans le *secteur agricole* que dans d'autres secteurs. En termes simples, là où trente travailleurs étaient auparavant nécessaires, un seul suffit maintenant. Le tableau 4 révèle les écarts entre pays pour ce qui est de la *production agricole* par travailleur. La valeur de la production agricole (par travailleur agricole) est environ 250 fois plus élevée en Suisse qu'au Burkina-Faso (45 296 $ contre 181 $), 142 fois plus élevée en France qu'à Madagascar, 80 fois plus élevée au Canada qu'à

Haïti. Bien des éléments se cachent derrière ces écarts. La valeur des engrais utilisés (en centaine de grammes d'éléments nutritifs) par hectare, se chiffre à 4204 $ U.S. en Suisse contre 61 au Burkina-Faso, à 3 091 en France contre 23 à Madagascar. Ou encore, le nombre de tracteurs employés par 10 km^2 est de 48,5 en France contre 0,1 à Madagascar. Ce qu'il faut retenir, c'est que le développement économique et la productivité agricole vont de pair *(chapitre 40)*.

Tableau 4 Main-d'œuvre agricole, production par travailleur agricole, pays riches-pays pauvres, 1988

Pays riches*	% agricole (a)	$ U.S. production/ travailleur (b)	Pays pauvres**	% agricole (a)	$ U.S. production/ travailleur (b)
Suisse	4,4	45 296	Mozambique	82,2	73
Islande	7,4	50 261	Cambodge	70,9	223
Japon	7,7	18 734	Ethiopie	75,7	148
Norvège	5,8	27 134	Tanzanie	81,9	151
Finlande	8,8	32 215	Madagascar	77,5	174
Suède	4,2	34 708	Tchad	76,7	265
Danemark	5,1	34 910	Bangladesh	69,9	405
Etats-Unis	2,5	33 519	Zaïre	66,9	245
Allemagne	3,9	18 589	Burkina-Faso	84,9	181
Canada	3,6	34 168	Burundi	91,5	245
France	5,8	24 743	Mali	81,9	432
Autriche	6,3	18 612	Rwanda	91,6	291
Pays-Bas	4,1	39 500	Niger	88,1	283
Belgique	2,1	41 811	Haïti	65,1	435

* Pays avec un PNB par habitant supérieur à 15 000 $ US en 1988. A l'exclusion des micro-pays et des pays producteurs de pétrole.
** Pays avec un PNB par habitant inférieur à 500 $ US en 1988. Divers pays choisis au hasard ; le nombre total de pays avec un PNB par habitant en dessous de 500 $ en 1988 se chiffrait à environ quarante.
(a) Pourcentage de la main-d'œuvre nationale dans le secteur agricole.
(b) Valeur de la production agricole, par travailleur agricole, en dollars US.
Source : The Economist, 1990, *op. cit.*

L'impact des hausses de productivité conjugué à l'impact des structures de consommation se traduit par un recul de l'emploi agricole (comme proportion du total national) : 3,6 % de la main-d'œuvre canadienne et 5,8 % de la main-d'œuvre française se trouvent aujourd'hui dans le secteur agricole, contre 65,1 % en Haïti et 84,9 % au Burkina-Faso. En Italie, la part de la main-d'œuvre agricole dans le total national est passée de 60 % en 1900 à 8 % en 1990. Bref, le jeu conjugué des hausses de productivité agricole (mais aussi dans d'autres secteurs), et la baisse relative dans la demande des biens agricoles rend inévitable le mouvement de la *main-d'œuvre* du secteur agricole vers d'autres secteurs de l'économie.

3.4. Inégalités ville-campagne et exode rural

Les hausses de revenu entraînent un transfert progressif de la demande vers des *produits industriels* (biens et services). La *production industrielle* se fait surtout en milieu urbain. Il s'ensuit que le déplacement de la demande vers des produits industriels engendre une hausse de la demande de terrains en ville, qui se répercute sur les *prix fonciers urbains*. L'appel de main-d'œuvre vers la ville se fait sentir par l'offre de salaires plus élevés qu'à la campagne. Le processus d'urbanisation se poursuit tant et aussi longtemps que les revenus en ville (reflétés surtout dans le niveau des salaires) restent plus élevés qu'à la campagne. Les *revenus par travailleur* sont, dans l'ensemble, plus élevés en ville, plus particulièrement dans les PED. De nombreuses enquêtes auprès des populations urbaines confirment les données du *tableau 5* chez les populations urbaines, y compris les plus démunies ; les réponses indiquent presque toujours une amélioration de leur sort, par rapport à ce qu'elles avaient connu à la campagne.

Ce constat pourra choquer le lecteur face à la misère des *bidonvilles* des *grandes métropoles* des PED. L'on ne doit certainement pas en conclure que les pauvres en ville vivent bien, mais seulement que les possibilités de gagner des revenus supplémentaires sont encore plus réduites à la campagne. Les *écarts ville-campagne* ne se limitent pas au secteur marchand.

Seulement 10 % des populations rurales en Côte-d'Ivoire ont accès à une eau salubre, contre 30 % en ville. Pour la *mortalité infantile* (par mille naissances), le rapport est 121 en campagne et 70 en ville. On retrouve des écarts analogues pour d'autres pays. À moins qu'on veuille faire l'hypothèse que les populations n'agissent pas dans leur intérêt (ou du moins, ce qu'ils perçoivent l'être), les *migrations ville-campagne* doivent s'interpréter comme l'indice d'un écart réel de niveau de vie au profit de la ville, plus particulièrement dans les PED. Tant et aussi longtemps que les écarts subsisteront, *l'exode rural* et l'urbanisation se poursuivront.

Tableau 5 L'importance économique des villes : quelques indicateurs, diverses années*

Zones urbaines	Pays	(A) Population %	(B) PNB ou revenu national %	(C) Rapport B/A
		Comme pourcentage du total national		
São-Paulo	Brésil	8,6	36,1	4,20
Lima	Pérou	28,1	43,1	1,53
Guayaquil	Equateur	13,1	30,1	2,30
Mexico	Mexique	14,2	33,6	2,37
Villes, toutes	"	60,1	79,7	1,33
Port-au-Prince	Haïti	15,1	38,7	2,56
Villes, toutes	"	24,2	57,6	2,38
Casablanca	Maroc	12,1	25,1	2,07
Abidjan	Côte-d'Ivoire	18,1	33,1	1,83
Nairobi	Kenya	5,2	20,1	3,87
Villes, toutes	"	11,9	30,3	2,55
Karachi	Pakistan	6,1	16,1	2,64
Villes, toutes	Inde	19,9	38,9	1,95
Sanghai	Chine	1,2	12,5	10,42
Manille	Philippines	12,1	25,1	2,07
Bangkok	Thaïlande	10,9	37,4	3,43
Villes, toutes	Turquie	47,1	70,1	1,49

* Les résultats se situent, durant la période 1970-1985. Ainsi, les données pour São-Paulo se réfèrent à l'année 1970, celles de Casablanca à 1985. Il s'agit toujours d'estimations que le lecteur doit interpréter avec prudence.

Source : Banque Mondiale, 1990a. *Urban policy and economic development : an agenda for the 1990's*, Urban Development Division, Washinton D.C. Villes en développement, 1989, *Bulletin de la coopération française pour le développement urbain*, 6, « Dossier : Villes et développement économique ».

4. Urbanisation et développement : débats et questions

4.1. Peut-on stopper l'urbanisation ?

Tout effort pour ralentir le processus d'urbanisation implique des coûts, bien que le calcul précis de ceux-ci reste difficile à réaliser. C'est en bonne partie la difficulté à mesurer, avec toute la précision voulue, les gains attribuables à l'urbanisation qui est à l'origine des débats entourant les bienfaits ou les méfaits de l'urbanisation. Le ralentissement du rythme d'urbanisation, comme objectif politique, peut se justifier par le désir de réduire les coûts de transition d'une économie rurale à une économie urbaine. Nul ne peut contester l'existence de *coûts sociaux* reliés aux mouvements campagne-ville. Cependant, il n'existe aucun modèle opérationnel de calcul (bénéfice/coûts) pour prédire quel devrait-être le rythme idéal d'urbanisation pour un pays. Et encore, un tel modèle n'aurait d'utilité que si nous étions en mesure d'infléchir les tendances de l'urbanisation.

Divers pays ont, à différentes époques, mis en place des dispositifs réglementaires pour bloquer les *déplacements campagne-ville.* Les pays à économie planifiée (Chine, URSS, etc.) n'ont pas, dans l'ensemble, réussi à contrer la tendance à l'urbanisation par des politiques volontaristes, par l'application de mesures comme des passeports internes et des permis de séjour urbain, bien que ces mesures aient sans doute eu pour effet de ralentir le rythme d'urbanisation, mais nous ne savons pas à quel coût économique. À l'autre extrême de l'échiquier idéologique, l'Afrique du Sud, à l'époque de l'apartheid, a finalement dû, sous la pression d'une économie en pleine évolution, abandonner les *« influx controls »*, visant à garder les populations noires en campagne, malgré la volonté très ferme des autorités de l'époque à conserver le caractère « blanc » des villes sud-africaines.

Qu'il s'agisse d'une économie de marché ou d'une économie planifiée, le développement économique impose sa propre logique géographique. Les freins à l'installation urbaine (des populations ou des entreprises) n'ont qu'une portée limitée. Au plus, ils servent à accroître les coûts du processus d'urbanisation, tout en suscitant la création de marchés noirs, dont les **quartiers spontanés** (ou *clandestins*) sont les manifestations les plus visibles.

4.2. Développement rural et urbanisation

Développement rural et **développement urbain** sont étroitement liés. L'augmentation de la productivité agricole a pour effet, en règle générale, d'accroître le niveau d'urbanisation. Si les changements en *milieu rural* ont pour conséquence l'augmentation des revenus des populations rurales (par l'intermédiaire, à titre d'exemple, de nouvelles productions pour l'exportation), elles viendront accélérer la demande pour les produits urbains, par leur impact sur les structures de consommation. L'impact (des populations rurales) sur l'urbanisation ne se limitera pas aux structures de consommation. Toute croissance du *commerce*, interne ou international, des produits primaires a pour effet de hausser la demande pour des services qui se trouvent en aval ou en amont du secteur primaire : transports et distribution, entreposage, négoce et commerce de détail, assurances et autres services financiers.

Il est possible qu'initialement les revenus ruraux augmentent plus vite que les revenus urbains, qui dépendent directement de la demande pour des biens et services urbains produits localement (par exemple, si la demande accrue des populations rurales pour des biens urbains est principalement satisfaite par des importations). Un tel renversement de tendance dans la croissance relative des revenus aurait pour effet de faire baisser la part urbaine dans la population nationale. Mais cette situation ne peut durer qu'un certain temps. À terme, si la population rurale continue à s'enrichir, des producteurs urbains locaux viendront se substituer aux producteurs étrangers pour répondre à la demande locale en croissance.

À cela, s'ajoute un deuxième facteur. À l'échelle internationale, la tendance séculaire de demande pour les produits primaires est toujours à la baisse, à part quelques rares exceptions, ce qui s'exprime par une détérioration des *termes d'échange* pour les produits primaires (à savoir, le rapport prix des produits primaires/prix des produits industriels). Sur une longue période, les produits industriels offrent, dans l'ensemble, de meilleures perspectives de croissance de la demande (et donc des revenus) que les produits primaires. C'est la traduction à l'échelle internationale de l'impact du développement sur les structures de consommation. Le *changement technologique* joue également contre les produits primaires. Les méthodes modernes de production sont de moins en moins intensives en matières premières. Ceci n'empêche pas que des zones rurales puissent se spécialiser, avec succès, dans des productions primaires. Mais, en bout de ligne, peu importe le secteur de l'économie dans lequel se font les hausses de productivité (et de revenus), elles auront toujours pour effet d'accélérer la demande relative des produits urbains.

5. Urbanisation dans les pays en développement

L'expérience des pays actuellement en développement est-elle fondamentalement différente de celle, autrefois, des pays aujourd'hui industrialisés ? Notons d'abord les ressemblances. Les taux d'urbanisation restent, dans l'ensemble, comparables à l'expérience historique des pays riches. De 1875 à 1900, le niveau d'urbanisation des pays aujourd'hui industrialisés est passé de 17,2 % à 26,1 %, ce qui est analogue à l'expérience des PED au cours de la période 1950-1975. Il existe, bien entendu, des différences importantes d'un pays à l'autre, mais, dans l'ensemble, on ne peut pas parler de taux d'urbanisation qui rompent avec l'expérience du passé. Le processus d'urbanisation dans les PED demeure, dans les grandes lignes, conforme au modèle général.

5.1. Ampleur de la croissance urbaine dans les pays en développement

L'expérience récente des PED se distingue cependant sur un aspect majeur. L'ampleur (en nombre et en rythme) de la croissance urbaine est beaucoup plus importante que celle vécue autrefois par les pays aujourd'hui industrialisés. Les données pour les pays de *l'Afrique Subsaharienne* sont frappantes *(figure 4)*. La population de ces pays vivant dans des *zones urbaines* dépasse aujourd'hui 130 millions d'habitants. Elle s'est accrue, au cours des dix dernières années à un taux moyen de 6,2 % par an, ce qui équivaut à un doublement des populations urbaines tous les douze ans environ. À ce rythme, ces villes doivent accueillir huit millions de nouveaux citadins par an.

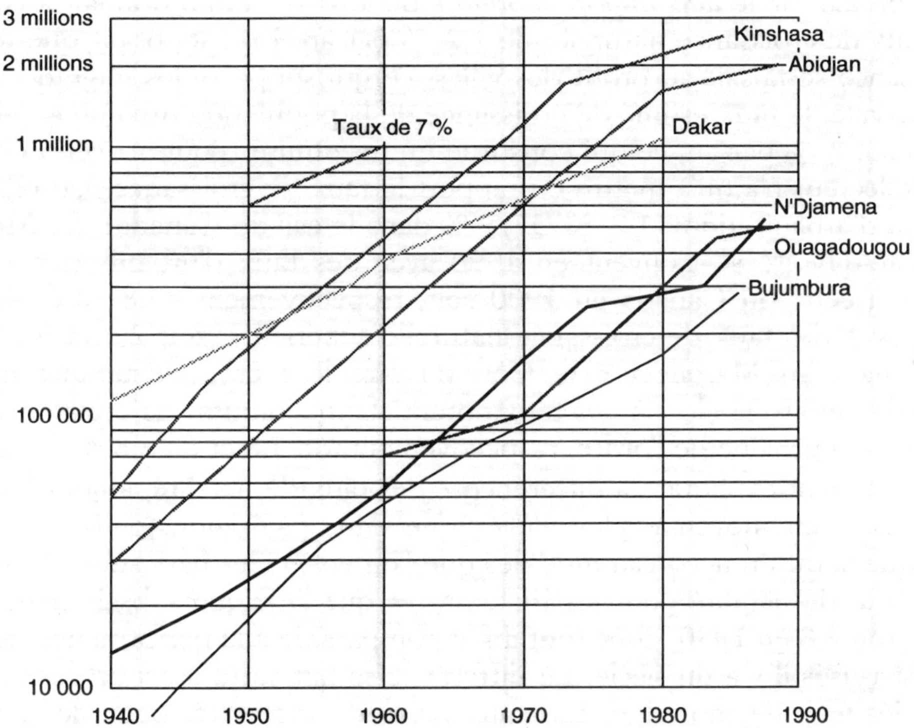

Figure 4 Croissance de quelques grandes agglomérations d'Afrique francophone
Ministère de la Coopération et du Développement, 1990, *Coopération française pour le développement urbain*, Paris, Caisse centrale de la coopération économique, p. 9.

5.2. Impact des changements démographiques et technologiques

La croissance des populations urbaines est le résultat de l'effet combiné des taux d'urbanisation et de la croissance des populations nationales. Or, les taux d'urbanisation des PED sont comparables à ceux, autrefois, des pays industrialisés, nous l'avons dit. Mais les populations (nationales) auxquelles s'appliquent les taux sont aujourd'hui d'un tout autre ordre. Au tableau 6, le lecteur trouve des *indicateurs démographiques* pour *six pays industrialisés* vers 1900, ainsi que des indicateurs analogues pour sept PED aujourd'hui. Les deux groupes de pays affichaient, à un siècle de distance, des niveaux d'urbanisation comparables : 36,6 % pour les pays industrialisés en 1900, 36,3 % pour les PED en 1990. Cependant, les populations nationales présentent des *taux de* **croissance naturelle** très différents.

Comparons les données canadiennes à celles du Maroc et de la Côte-d'Ivoire. En 1901, le Canada était urbanisé à 37,5 %, le *taux brut de natalité* y était de 2,8 %, le *taux brut de mortalité* de 1,6 %, ce qui donnait à l'époque un taux de croissance naturelle de 1,2 % par an. En supposant que toute la croissance se faisait au profit des villes, ce qui suppose des migrations campagne-ville, le taux estimé de croissance de la population urbaine aurait alors été de 3, 2 % par an, ce qui constitue un maximum (pour arriver à ce résultat, le lecteur n'a qu'à mettre en rapport le taux de croissance naturelle et le niveau d'urbanisation : 1,2 % /37,5 % dans le cas du Canada). Le Maroc et la Côte-d'Ivoire se trouvent en 1990 avec des taux d'urbanisation comparables à ceux du Canada en 1900 soit, respectivement 44,8 % et 41,9 %, mais avec des taux de croissance naturelle supérieurs, soit 2,6 et 3,7 %. En appliquant au Maroc et à la Côte-d'Ivoire le même calcul que pour le Canada, on arrive alors à des taux potentiels (maximum) de croissance de la population urbaine de l'ordre, respectivement, de 5,8 et de 8,8 % par an.

Comment expliquer la différence ? Les taux de natalité, aujourd'hui, des PED sont en moyenne plus élevés que dans pays industrialisés en 1900, quoique la différence s'estompe dès que l'on enlève les pays subsahariens. Le taux brut de natalité pour les PED autres que l'Afrique subsaharienne était d'environ 2,8 en 1990, donc tout à fait comparable à la performance des pays industrialisés il y a un siècle. La différence se fait surtout sentir dans l'évolution des taux de mortalité. Les taux bruts de mortalité, pour des niveaux-comparables d'urbanisation (et aussi de développement, pourra-t-on dire), sont aujourd'hui beaucoup plus faibles qu'il y a un siècle. Le taux de natalité du Maroc est comparable à celui de l'Allemagne en 1900 (3,5 % comparé à 3,6 %), mais son taux de mortalité est nettement plus bas (0,9 % comparé à 2,2 %).

Tableau 6 Croissance démographique comparée : pays industrialisés, 1900 ; pays en développement, 1990

	Natalité (taux brut)	Mortalité (taux brut)	Croissance naturelle (taux annuel)	Niveau d'urbanisation (%)
1 : Pays aujourd'hui industrialisés, c. 1900				
France	2,20	2,10	0,10	40,90
Canada	2,80	1,60	1,20	37,50
Allemagne	3,60	2,20	1,40	56,10
Suisse	2,80	1,90	0,90	22,10
Suède	2,70	1,60	1,10	21,50
Etats-Unis	3,30	1,90	1,40	39,70
Moyenne (non pondérée)	2,90	1,88	1,02	36,30
2 : Pays en développement, c. 1990				
Maroc	3,50	0,90	2,60	44,80
Côte-d'Ivoire	5,10	1,40	3,70	41,90
Madagascar	4,60	1,40	3,20	21,90
Inde	3,20	1,10	2,10	25,50
Mexique	2,90	0,60	2,30	69,60
Haïti	3,40	1,30	2,10	27,20
Indonésie	2,70	1,10	1,60	25,30
Moyenne (non pondérée)	3,63	1,11	2,51	36,60
Afrique subsaharienne	4,70	1,60	3,10	28,00
Asie de l'Est	2,30	0,70	1,60	46,00
Asie du Sud	3,40	1,20	2,20	26,00
Amérique latine/Antille	2,80	0,70	2,10	71,00

Note : Les années sont approximatives. La comparaison des niveaux d'urbanisation doit se faire avec précaution, car les définitions de zones urbaines peuvent varier d'un pays à l'autre, et d'une époque à l'autre. Tous les taux sont calculés sur une base de 100.
Source : *Banque mondiale*, 1990, *op. cit. The Economist*, 1990, *op. cit. Kuznets*, 1966, *op. cit.*

L'Europe de l'Ouest et l'Amérique du Nord sont entrées dans la phase d'urbanisation accélérée à une époque où le taux de croissance naturelle de la population totale était encore relativement faible, à cause des taux de mortalité plus élevés, si bien que lorsque la *révolution sanitaire* est arrivée (avec son impact sur les taux de mortalité), ces pays étaient déjà bien engagés dans la *transformation démographique* vers des taux de natalité plus faibles. Les PED se trouvent être les victimes, si l'on peut s'exprimer ainsi, des progrès accomplis en matière de médecine et de santé depuis un siècle. Nous savons aujourd'hui que les taux de mortalité (infantile surtout) peuvent commencer à baisser bien avant que le pays ne soit résolument engagé sur la voie du développement, et donc bien avant que les baisses des taux de natalité ne commencent à faire effet. Un pays connaîtra alors des taux de croissance très élevés de sa population, beaucoup plus élevés que l'expérience historique des pays aujourd'hui industrialisés. P. Bairoch (1992) résume ainsi le drame des PED « La population du Tiers Monde augmente aujourd'hui à un rythme beaucoup plus rapide que celui des ressources totales des pays développés au moment de leur démarrage ».

L'ampleur de la croissance urbaine dans les PED, notamment la *taille des villes*, s'explique aussi par des facteurs technologiques. La technologie moderne permet l'existence de villes beaucoup plus grandes qu'il y a un siècle. La technologie n'existait tout simplement pas pour faire fonctionner une ville de plus de cinq ou six millions d'habitants : Londres (agglomération), la plus grande ville à l'époque, comptait 4,7 millions d'habitants en 1881. L'expansion physique et démographique de la grande ville repose sur l'existence de réseaux d'approvisionnement d'eau et de collecte de déchets, sur des systèmes de transports en commun et de distribution d'électricité, pour ne nommer que quelques exemples *(chapitre 35)*. Les PED se trouvent à nouveau les « victimes du progrès ». Ils entrent dans la phase d'urbanisation à une époque où les freins à l'expansion urbaine pèsent beaucoup moins lourds ou, du moins, ne commencent à se faire sentir qu'à des seuils de population beaucoup plus élevés.

Il ne faut donc pas s'étonner que des grandes villes prennent de l'essor dès les premiers moments du développement. La majorité des grandes villes, huit millions d'habitants ou plus, se trouvent aujourd'hui dans des pays en développement. Si l'urbanisation est étroitement liée au proccessus du développement, il n'existe par contre aucun lien entre la taille des villes et le niveau de développement d'un pays. Même des pays relativement peu urbanisés, l'Inde avec un niveau d'urbanisation de 27 % en 1988 à titre d'exemple, peuvent abriter des grandes villes : Bombay, Calcutta, Delhi, dont les deux premières comptent déjà plus d'habitants que la région parisienne.

5.3. Le défi urbain des pays en développement

L'ampleur que prend aujourd'hui la croissance urbaine dans les PED, tant au plan de la taille des villes que de la croissance des populations urbaines, se situe à une échelle qui rompt avec l'expérience du passé. Devant l'ampleur du phénomène et les problèmes qu'il pose, il n'est pas étonnant que la réaction première soit de vouloir freiner l'urbanisation. Cependant, nous l'avons vu, il s'agit d'un objectif peu réaliste. Le développement économique provoque nécessairement des mouvements d'urbanisation. C'est là, l'un des grands dilemmes du développement.

L'urbanisation, mais surtout son ampleur, engendre des tensions qui se trouvent au cœur de la problématique urbaine des PED. Parmi les défis auxquels les pays doivent faire face :

— la *concentration urbaine* suscite souvent des hausses très rapides des prix fonciers dans les plus grandes villes, avec des conséquences pour la répartition des richesses (et des revenus),
— les *changements institutionnels* exigés en parallèle sont souvent très difficiles à réaliser, surtout au chapitre des nouvelles pratiques d'administration locale et d'occupation foncière,
— les interventions politiques en matière de *logement* ne sont souvent que d'une utilité très limitée, du fait de l'ampleur, à tout moment, des nouvelles populations urbaines,
— les exigences en investissements publics *(infrastructures urbaines)* sont souvent très élevées, avec des conséquences importantes au plan de la gestion macro-économique de l'économie nationale.

Il est cependant difficile de faire des généralisations sur la gravité de ces problèmes, dont l'acuité varie d'un pays à l'autre. Les problèmes se trouvent maintenant autant dans des blocages institutionnels et politiques que dans des tendances démo-économiques.

Lectures recommandées

Aydalot P., 1985, *Economie régionale et urbaine*, Paris, Economica.

Bairoch P., 1985, *De Jericho à Mexico, ville et économie dans l'histoire*, Paris, Gallimard.

Bairoch P., 1992, *Le Tiers Monde dans l'impasse*, Paris, Gallimard.

Banque Mondiale, annuel, *Rapport sur le développement dans le monde*, Washington D.C., Banque Mondiale.

Banque Mondiale, 1991, *Urban policy and economic development*, Washington D.C., Banque Mondiale.
Gugler J., 1988, *The urbanization of the third world,* Oxford, Oxford University Press.
Missiah J. et Tribillion J., 1988, *Villes en développement*, Paris, La Découverte.
Moriconi-Ebrard F., 1991, « Les 100 plus grandes villes du monde », *Economie et Statistique,* 245.

Mots-clefs

Croissance, croissance urbaine, croissance naturelle,
Développement, développement économique,
Loi d'Engel,
Pays en développement (PED),
Population urbaine,
Population rurale,
Produit national,
Quartiers spontanés,
Urbanisation, taux d'urbanisation, niveaux d'urbanisation,
Villes.

Les pays les moins avancés

40

François Bost et Jean-Pierre Raison

La concept de PMA (« Pays les Moins Avancés ») n'est manifestement pas un concept géographique. Apparu pour la première fois en 1964, il a connu des fortunes diverses dont la plus singulière est certainement la difficile et constante recherche de sa légitimité. C'est l'Assemblée générale des Nations Unies de 1971 qui lui donne son premier contenu en identifiant les pays les plus pauvres du monde par le recours à trois critères d'ordre économique et social : la faiblesse du PIB (Produit Intérieur Brut) par habitant (périodiquement révisé pour atteindre actuellement 500 $), la place de l'industrie manufacturière dans le PIB (inférieure à 10 %), enfin le taux d'alphabétisation des adultes (inférieur à 20 %). Cette discrimination peu gratifiante ne souleva guère d'enthousiasme auprès des 24 pays ainsi répertoriés, d'autant que les avantages financiers afférents étaient au départ peu évidents.

Le but recherché n'en était pas moins la définition d'un ensemble de pays particulièrement peu avancés en matière de développement, de façon à établir un flux d'aide plus vigoureux et plus spécifique. Mais au fil des années, le pessimisme grandissant qui se met à entourer le sort de ces PMA, face à la détérioration croissante de leur situation économique et sociale, se renforce et les réunions internationales allongent la liste initiale. Cette dernière tend alors à paraître un ghetto où l'on entre sans guère d'espoir d'en sortir un jour... C'est du moins ce qui transparaît de l'évolution du nombre des PMA depuis les origines : 24 pays en 1971, 31 en 1981, 42 en 1991, enfin 48 en 1992.

1. Le concept de « pays les moins avancés »

Sans entrer dans le débat économique et dans la discussion de la théorie des étapes de la croissance, force est de constater que, dès l'origine, les critères de « sélection » reposaient sur des bases discutables et fragiles. Il faut y voir, abstraction faite de l'inégale qualité des données statistiques, l'une des principales raisons de la difficile reconnaissance du concept de PMA. En effet, ces critères définissent mal le degré de pauvreté réelle des habitants d'un Etat.

1.1. Les indicateurs habituels

Il est non seulement difficile de calculer des PIB dans les pays du **Tiers Monde**, mais ils n'ont que peu de signification dans des économies encore fort peu monétarisées. PIB comme PNB y mesurent presque autant le degré d'insertion dans l'économie monétaire que la richesse relative d'un pays. Pour peu que celui-ci dispose d'une industrie extractive notable, son PIB sera appréciable sans que cela implique une réelle richesse nationale : c'est par exemple le cas de la Zambie, PMA depuis février 1992 seulement. Certains pays pétroliers appartenant au groupe des pays en voie de développement posent un problème similaire. L'instauration d'un système de relations de plus en plus complexe et poussé entre les pays et son corollaire, la monétarisation croissante de l'économie mondiale, jouent aussi sur les prix intérieurs en entraînant une hausse du PIB. C'est ce phénomène qui a conduit récemment la Banque Mondiale à calculer des « PIB réels » prenant en compte notamment le coût comparé des services. La carte des PIB réels fait apparaître par rapport à celle des PIB théoriques un certain nombre de disparités significatives. Ainsi la Chine et le Pakistan, qui ne figurent d'ailleurs pas sur la liste des PMA, présentent des situations spectaculairement différentes selon l'un ou l'autre mode de calcul.

1.2. Autres critères

Plus pertinent apparaît le critère de la part de l'industrie dans le PIB *(figure 1)*. Mais il ne cerne cependant pas pleinement la réalité. En effet, le poids de l'industrie extractive ou du secteur tertiaire peuvent fausser les informations. Ainsi l'Iran et l'Irak, certains pôles touristiques des Antilles, voire... l'Irlande, qui n'atteignent pas le seuil de 10 % et ne figurent pas pour autant dans la catégorie des PMA ; inversement, la création rapide et quelque peu artificielle d'industries dans certains PMA, au cours de la phase d'endettement des années 1970, a pu leur faire franchir aisément ce même seuil.

Les réels progrès de l'enseignement depuis les années 1960 ont fait perdre l'essentiel de son sens au critère du niveau d'alphabétisation des

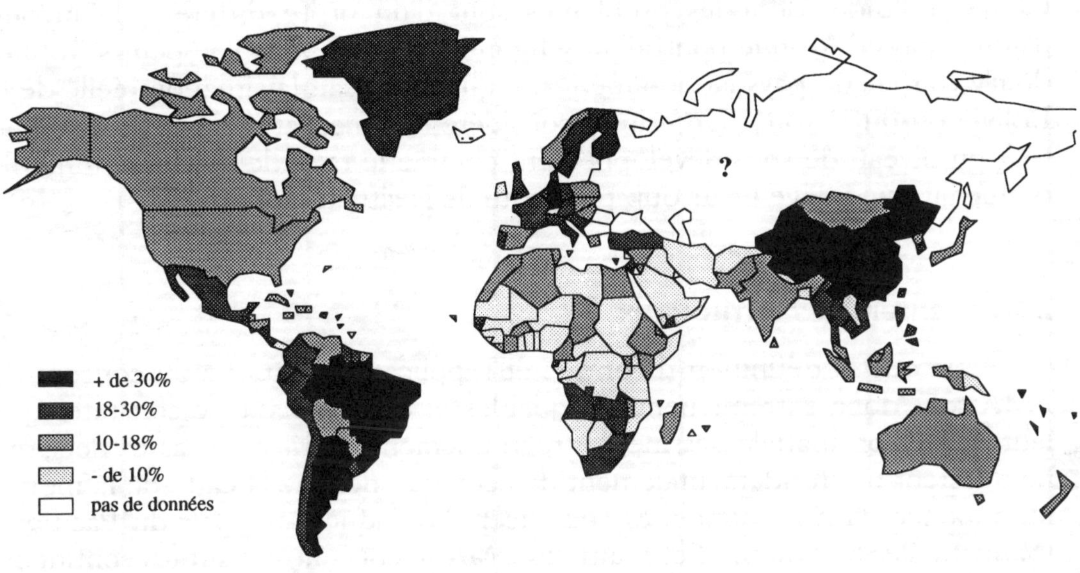

Figure 1 Part de l'industrie manufacturière dans le PIB, 1991

adultes : très rares sont aujourd'hui les pays (Sierra Leone, Guinée...) où le taux de 20 % n'est pas largement dépassé. Encore faudrait-il s'interroger sur le degré de pratique de la lecture qu'ont la plupart des adultes dans les PMA, ou plus généralement dans le **Tiers Monde**.

Enfin certains pays ont trop peu d'existence réelle, sont trop coupés du reste du monde pour figurer même dans la catégorie des PMA : c'est pour le moment le cas du Viêt nam. Ce fut celui de la Guinée équatoriale jusqu'en 1982, du Cambodge jusqu'en février 1992.

Ces réserves étant posées, nul ne saurait contester la pauvreté profonde des pays reconnus officiellement comme PMA. Deux exceptions notables confirment cependant la règle, les Maldives et surtout le Botswana, qui font partie du groupe depuis l'origine. Le Botswana, par la bonne gestion de ses richesses naturelles, est aujourd'hui un des pays les plus prospères et les plus stables d'Afrique. Très rares exemples de pays pauvres qui ont vu leur situation s'améliorer, il y a fort à parier qu'ils quitteront un jour la liste des PMA devant l'afflux de nouveaux prétendants. N'a-t-on pas plaidé, lors de la Conférence des Nations-Unies sur les PMA organisée à Paris en 1981, en faveur de sa révision régulière afin qu'elle demeure crédible pour les bailleurs de fonds ? Pour le moment cependant, les révisions n'ont été qu'élargissements et, si l'on peut légitimement mettre à part des géants pauvres comme la

Chine et l'Inde, dont les problèmes sont d'un ordre différent, beaucoup d'autres pays d'Afrique pourraient y figurer, de même que l'on peut s'étonner de n'y voir aucun pays latino-américain, quand on sait la situation réelle de la Bolivie ou du Pérou... Un critère considéré comme particulièrement révélateur du niveau de sous-développement comme le taux de mortalité infantile donnerait une image beaucoup plus juste de la situation.

2. Les ensembles territoriaux

Alors que la définition théorique et l'application pratique du concept de PMA sont donc extrêmement critiquables, il est étonnant de constater que leur répartition spatiale dessine des regroupements territoriaux assez nets, qui ne diffèrent pas fondamentalement de ceux que dessine la carte de la mortalité infantile dans le monde. Si l'on excepte quelques archipels du Pacifique (Vanuatu, îles Salomon...) et Haïti, les PMA se concentrent sur les continents africain et asiatique, selon des localisations claires. En *Afrique*, la carte est si « noircie » par les adjonctions récentes qu'il vaut mieux se référer d'abord à la situation initiale : les PMA étaient pour l'essentiel les pays du Sahel, jusqu'à la mer Rouge, les Etats d'Afrique orientale, sauf le Kenya, auxquels s'ajoutaient quelques pays d'Afrique australe (Malawi, Botswana, Lesotho) et du golfe de Guinée (Bénin, Guinée)[1]. Les Yemen (réunis depuis le 22 mai 1990), face à Djibouti, apparaissent comme un appendice de la « corne de l'Afrique » et du Sahel. En *Asie*, les pays concernés sont beaucoup moins nombreux, mais leur position est plus nette encore : tous se situent aux franges des mondes indien et chinois, de l'Afghanistan au Laos en passant par le Népal et la Birmanie. Un Tibet compté à part de l'ensemble chinois, un Viêt-nam et un Cambodge intégrés au groupe comme ils devraient l'être des-

1. 1971 : Afghanistan, Bénin, Bhoutan, Botswana, Burkina Faso, Burundi, Ethiopie, Guinée, Haïti, Laos, Lesotho, Malawi, Maldives, Mali, Népal, Niger, Ouganda, Rwanda, Samoa occidental, Somalie, Soudan, Tanzanie, Tchad, et les deux Yemen.
1975 : Bangladesh, Gambie, République Centrafricaine.
1977 : Cap Vert, Comores.
1981 : Guinée-Bissau.
1982 : Djibouti, Guinée équatoriale, São Tomé et Principe, Sierra Leone, Togo
1985 : Vanuatu
1986 : Kiribati, Mauritanie, Tuvalu.
1987 : Myanmar.
1988 : Mozambique.
1990 : Liberia.
1992 : Cambodge, Ghana, Iles Salomon, Madagascar, Zaïre, Zambie.

sineraient une couronne continue entre les deux môles humains du continent asiatique.

2.1. Quelle unité ?

La netteté de ces regroupements spatiaux n'implique pas une unité à l'échelle mondiale, ni même à l'échelle continentale. Il est ainsi particulièrement saisissant de relever que les PMA n'ont pas de définition écologique. Certes ils regroupent une large part des pays arides, mais là encore les exceptions ne manquent pas, avec surtout les pays du Moyen-Orient, qui échappent aux critères retenus grâce à la manne du pétrole. Que l'aridité, pour être surmontée, suppose des équipements spécifiques, des investissements importants et, au moins autant, des encadrements territoriaux, techniques et sociaux, est un fait certain. A l'inverse, les climats équatoriaux ou sub-équatoriaux, permettant la progression d'une agriculture commerciale « de plantation », ont évité à la Côte d'Ivoire ou au Kenya de figurer sur la triste liste. Mais ce caractère n'est pas suffisant car le Bangladesh et la Birmanie comptent parmi les pays les mieux arrosés du monde, ce qui ne leur a pas évité de la rejoindre, respectivement en 1975 et 1987... La combinaison des conditions écologiques et de la densité de population n'est pas, non plus, un facteur d'explication net : certes le Bangladesh n'appartiendrait peut-être pas au groupe des PMA s'il était moins densément peuplé, le Rwanda et le Burundi pâtissent peut-être de leur charge démographique, tout comme Haïti, mais la densité de population de la Birmanie est des plus modestes, la Guinée n'est pas surpeuplée...

La masse démographique pèse-t-elle dans la balance ? Il est de fait que peu de pays très peuplés figurent sur la liste des PMA, avec des exceptions comme le Bangladesh, voire l'Ethiopie. Mais si, légitimement, Chine et Inde ne méritent pas d'y figurer parce que, si pauvres soient-ils, leur masse démographique et leurs savoir-faire anciens leur permettent de se doter d'équipements et de procéder à des investissements industriels hors de portée des PMA faiblement peuplés, il est évident qu'on hésitera à placer parmi les PMA des pays si chargés d'hommes que les mesures dont on pourrait les faire bénéficier coûteraient fort cher aux donateurs du « Nord ». Quelques pays, à l'instar du Nigeria, sont particulièrement concernés. Ce principe fut d'ailleurs rappelé lors de la Conférence de Paris en 1990 : la liste des indicateurs retenus devait être réaliste et tenir compte du montant des aides financières que les donateurs se proposaient d'apporter.

Evoquera-t-on des critères à la fois géographiques et économiques, comme l'enclavement ? Celui-ci est sans conteste un handicap considérable pour la participation à l'économie d'échanges. C'est la raison pour laquelle il a été implicitement retenu pour établir la classification. Très peu de pays enclavés, en effet, échappent au groupe des PMA : la Bolivie et le Paraguay en Amérique latine, le Zimbabwe en Afrique sont les seules exceptions. Mais un PMA comme le Mozambique est non seulement côtier, mais remplit (fût-ce moins que jadis, en raison de l'insécurité liée à la guerre civile) la fonction de façade maritime sur l'océan Indien de l'Afrique australe minière enclavée.

On peut aussi s'interroger sur la disposition de ces PMA par rapport aux grands pôles et aux grands flux de l'économie mondiale. Sans nul doute, si aucun pays d'Amérique latine n'entre dans le groupe, c'est en raison de la forte liaison que la partie centrale et méridionale du continent entretient avec les Etats-Unis. Elle est à l'origine du très fort développement de l'économie monétaire, de la croissance de la consommation et de la forte urbanisation de ces pays. Si l'essentiel de l'Afrique australe échappe au champ des PMA, c'est sans doute en raison de leurs grandes ressources minières dont le pôle sud-africain a largement impulsé la mise en valeur. Celle-ci devrait même s'amplifier dans les prochaines années, avec la disparition de l'apartheid. Quant aux PMA asiatiques, ils se situent assurément dans des « angles morts » de l'économie d'échange. Mais ce n'est précisément pas le cas de ces PMA africains, proches de l'Europe, et de surcroît intégrés dans l'ensemble monétaire, et pour une bonne part économique, que constitue la Zone Franc. On ne peut manquer de relever que, pays asiatiques mis à part, les PMA sont presque tous membres du groupe ACP (Afrique-Caraïbes-Pacifique), lié par des accords particuliers à la CEE (Communauté Economique Européenne) : quoique le concept ait été lancé par les institutions de l'ONU, les mesures proposées pour les PMA sont fortement inspirées par la pratique de la Communauté Européenne, et plus encore de la France, dont un nombre respectable de « protégés » appartient à cette catégorie, sans qu'on puisse penser que la colonisation française les ait rendus plus pauvres que d'autres…

2.2. Urbanisation, ruralité

En définitive, un seul caractère géographique paraît en relation solide avec le statut de PMA : la faiblesse du taux d'urbanisation *(figure 2)*. Sur l'ensemble des 48 PMA, 32 ont un taux de population urbaine inférieur à 30 %, et les exceptions sont de celles qui confirment la règle : Djibouti, type de l'Etat-cité, et son homologue de l'autre côté de la mer Rouge, le Sud Yemen avec Aden, leur grand voisin la Somalie et la Mauritanie, Etats pastoraux sinistrés où s'opère un passage direct du genre de vie nomade à l'établissement de tentes dans les périphéries urbaines, la RCA (République Centre-Africaine) où Bangui est plus une somme de villages qu'une véritable ville.

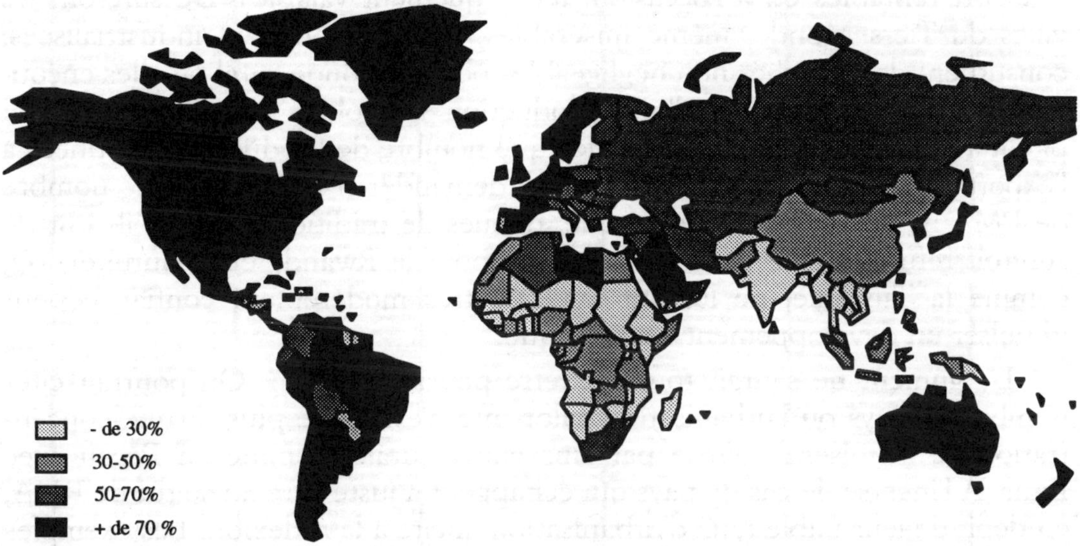

Figure 2 Pourcentage de population urbaine, 1990.

La corrélation entre « ruralité » et statut de PMA est donc très vigoureuse. Mais s'agit-il d'une relation de causalité ? ou plutôt de quelle causalité s'agit-il ? A l'évidence, la prééminence de la population rurale introduit un très considérable biais statistique : le PIB intègre fort mal l'auto-consommation des produits agricoles et minimise très fortement les revenus réels des ruraux. Inversement, tout départ vers la ville augmente inéluctablement le PIB, car le plus misérable des urbains doit acheter pour se nourrir, et consomme plus couramment des produits manufacturés. Ses dépenses sont donc comptabilisées avec moins d'imprécision. Cet élément pèse lourdement, à l'évidence, pour expliquer l'exclusion des pays latino-américains.

On ne saurait cependant tout porter au débit du biais statistique. La faiblesse de la croissance urbaine est bien souvent un signe de faible activité économique, de retard dans la modernisation : ceci est trop évident pour mériter d'amples développements *(chapitre 39)*. Nul ne doute a priori que le progrès économique doive avoir pour effet la croissance des villes, mais à l'inverse celle-ci est toujours peu ou prou facteur d'activité économique. La faiblesse des emplois réguliers, le sous-équipement des villes, et surtout des métropoles, suscitent le bourgeonnement d'activités informelles, ces petits métiers qui sont loin d'être toujours des activités parasitaires ou des bricolages sans avenir comme d'aucuns le déplorent souvent : il s'y teste et s'y consolide des formes originales d'organisation de la production qui peuvent être fort rentables et, à l'occasion, techniquement valables. De surcroît, les villes du Tiers Monde, même misérables, même faiblement industrialisées, constituent des marchés non négligeables pour le monde rural où elles encouragent le développement d'une production agricole à usage national qui paraît aujourd'hui plus rémunératrice que nombre de productions destinées à l'exportation. On est donc conduit à se demander si le marasme de nombre de PMA ne viendrait pas de ce que, dénués de tradition urbaine, ils ont de surcroît refusé la ville (ceci paraît patent pour le Rwanda et le Burundi) ou, comme la Tanzanie, ne lui ont fait que très modérément confiance pour impulser un développement économique.

L'argument ne saurait toutefois être poussé très loin. On pourrait citer nombre de pays où l'urbanisation galopante n'est guère plus qu'une concentration de la misère nourrie par l'insécurité rurale, comme au Pérou avec Lima. A l'inverse, le cas de pays qui échappent à juste titre au statut de PMA, en dépit de leur faible taux d'urbanisation, incite à la réflexion. Les exemples les plus patents sont asiatiques. Même si on laisse à part les géants du Tiers Monde, Inde et Chine sont notamment au-dessous du seuil de 30 % de citadins. Se manifeste là une spécificité des civilisations asiatiques qui, en dépit de la précocité de la vie urbaine et de la grande taille des principales agglomérations, reflet atténué de la masse démographique des pays, ne connaissent qu'un exode rural très modéré, sans rapport avec leur croissance ou leur marasme économique. Deux éléments importants peuvent être évoqués pour expliquer ce fait, tous deux liés à l'existence ancienne de fortes densités rurales : c'est d'une part la capacité technique artisanale des ruraux, qui les rend aptes à exercer des activités qui, sur d'autres continents, seraient l'apanage des citadins ; c'est d'autre part, complément indispensable, la proximité de la ville pour un très grand nombre de ruraux ainsi que le meilleur équipement de campagnes denses où la masse humaine assure une certaine efficacité. Au secteur informel urbain de l'Afrique s'oppose l'informel des campagnes asiatiques, dont les relations sont positives avec l'agriculture.

Au bout du compte, il apparaît donc que ce qui semblait le caractère le plus général des pays les moins avancés n'est véritablement ni un élément d'explication de leur situation ni une conséquence de celle-ci. Si l'on veut comprendre comment un pays devient ou demeure « moins avancé », ou, en termes plus exacts, pourquoi il est particulièrement pauvre selon les critères de l'économie monétaire, on ne peut le faire qu'en fonction d'une typologie qui fasse intervenir de façon différenciée selon les contextes sociaux et culturels une très large gamme d'éléments d'explication. Il est assez surprenant de constater qu'un nombre considérable de ceux-ci relèvent à proprement parler de la géographie et qu'ils peuvent être reliés entre eux par des chaînes non de causalité stricte mais de forte relation. Parmi les plus importants figurent l'aridité et l'enclavement, qui sont deux faits fortement liés tant au Sahel africain qu'en Afghanistan. L'aridité sans enclavement (Somalie et pour une part Afrique orientale) peut à elle seule être aussi un puissant facteur de retard.

3. Enclavement et pauvreté

Intervient souvent la position d'Etat-tampon entre grands blocs (monde chinois et monde indien, Afrique noire et Maghreb), qui est souvent liée à la situation d'**enclavement** : dans ce contexte, on peut avoir affaire soit à des Etats complexes, dont l'unité est très fragile et où le changement économique s'il se produit peut profiter plus à une partie qu'à une autre, mettant en cause de délicats équilibres politiques (ainsi les pays du Sahel, du Mali au Soudan sinon à l'Ethiopie), soit à des Etats-tampons qui ont été volontairement maintenus dans une situation d'archaïsme, comme des franges intouchées, de crainte que l'une des puissances voisines y prenne une place prépondérante dans un processus de changement économique et social : l'Afghanistan, le Népal, la Birmanie sont des exemples, comme les pays de la péninsule indochinoise qui, précisément, ayant franchi le pas, ont été le centre de conflits aux effets destructeurs non seulement sur les hommes et les équipements mais sur les capacités d'encadrement social et spatial. Quelle que soit la part d'aléa dans le développement de conflits politiques et militaires dans nombre de PMA, leur position géographique est sans nul doute un élément d'explication, particulièrement en Asie, mais également, pour l'Afrique, au Mozambique, au Tchad, au Soudan, voire en Ethiopie ou en Somalie. Au bout du compte, on peut donc admettre que la position sur les franges d'influence de pôles, plus précisément de pôles-relais, du système-monde est un élément d'importance pour comprendre la particulière **pauvreté** d'un certain nombre de pays du Tiers Monde.

Ceci, toutefois, ne rend pas compte de la totalité des cas. Un nombre non négligeable de PMA n'entre pas pleinement ou pas du tout dans les deux ensembles sécants de facteurs explicatifs que nous venons de dégager. Que dire du Rwanda ou du Burundi ? De la Guinée et de la Sierra Leone ? De la Tanzanie ? Du Togo ? De la Centrafrique ? Les deux premiers sont marqués par l'enclavement ; on peut donc considérer, sans être sûr que ce facteur ait joué un grand rôle, qu'ils sont aussi en position tampon entre Afrique orientale et centrale ; mais leurs fortes densités rurales, leur quasi absence d'urbanisation ne sont-ils pas de plus grands poids ? Faut-il invoquer pour la Guinée d'autres facteurs que, élément largement contingent, les longues ténèbres du « règne » de Sekou Touré ? Faut-il dire que la Tanzanie a plus pâti de sa position de tampon, aux limites de l'Afrique de l'Est et de l'Afrique Australe, puis sur la « ligne de front », que des errements d'une politique économique et sociale aussi inefficiente et détournée de ses objectifs que bien intentionnée à l'origine ? Le Togo et le Bénin ont-ils particulièrement souffert d'une originalité géographique qui les a fait riverains du golfe de Guinée mais inaptes, pour des raisons climatiques, à bénéficier de la rente des « plantations » de café et de cacao ? La Sierra Leone et le Liberia sont bien d'une certaine manière une frange entre deux pôles, marquée par la dualité de sociétés créoles côtières, créées au XIXe siècle par la « philanthropie » britannique et étatsunienne, et un intérieur maintenu longtemps quasiment dans un statut de réserve ethnologique.

C'est précisément parce que cette notion de PMA ne s'imposait pas comme une évidence, qu'un travail de réflexion visant à asseoir plus solidement sa reconnaissance a été mené en janvier 1991 dans le cadre des Nations Unies. Mais la révision des différents critères retenus pour identifier ces pays achoppait sur la nécessité de conserver des critères « aussi clairs et simples que possible » afin de ne pas brouiller inutilement les contours, déjà flous, du concept. Si, globalement, les critères initiaux ne furent pas remis en cause, en particulier celui du PIB, il est apparu qu'il fallait les compléter par d'autres indicateurs synthétiques, à l'instar de « l'**indicateur du développement** du PNUD », plus à même d'exprimer les différentes caractéristiques des pays les moins avancés *(figures 3 et 4)*.

4. Les 4 critères

L'accord s'est ainsi fait autour de la satisfaction de quatre grands critères : la taille de la population (qui détermine très largement, comme on l'a vu, le montant des aides à apporter), le revenu par habitant, l'indicateur révisé de la qualité de la vie, enfin l'indicateur de diversification économique. Ces deux derniers critères, exprimés sous la forme d'un coefficient, sont le résultat d'un calcul intégrant plusieurs données différentes. L'indicateur révisé de la qualité de la vie se fonde ainsi sur l'espérance de vie à la naissance, la quantité de calories par habitant, le taux de scolarisation primaire et secondaire ainsi que

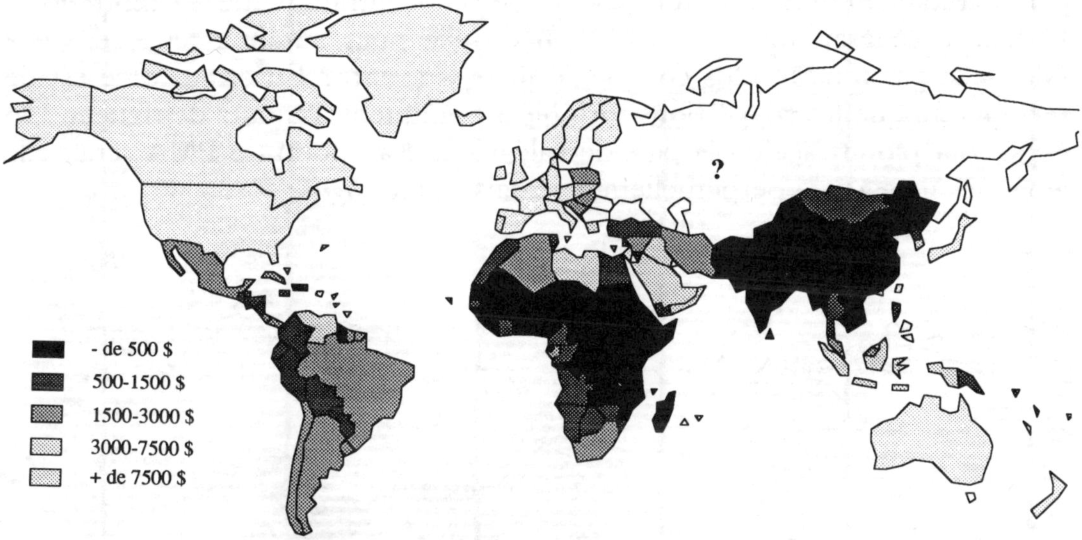

Figure 3 PNB en 1990

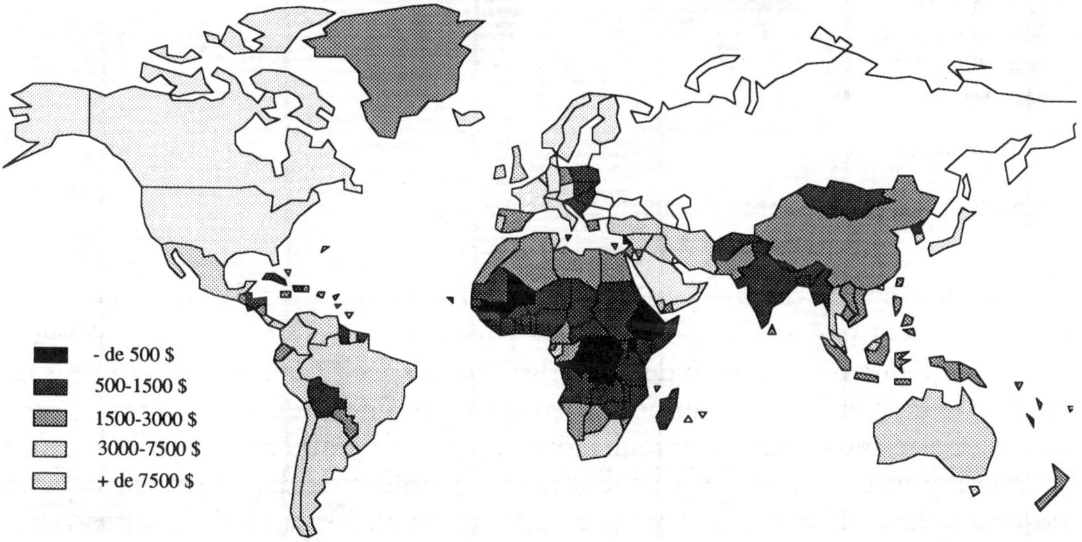

Figure 4 PIB réel, 1990

le taux d'alphabétisation des adultes. L'indicateur de diversification économique, quant à lui, est composé du pourcentage des industries dans le PIB, de la proportion des actifs dans l'industrie, de la consommation d'électricité par habitant, enfin du coefficient de concentration des exportations. L'identité géographique des PMA en est-elle pour autant mieux cernée ? N'est-elle pas rendue plus complexe qu'auparavant ? En effet, force est de reconnaître que les suggestions formulées manquent toujours de rigueur. On ne saurait réduire à rien la part de l'aléatoire. La notion de PMA serait-elle alors destinée à être perpétuellement insaisissable *(figure 5)* ?

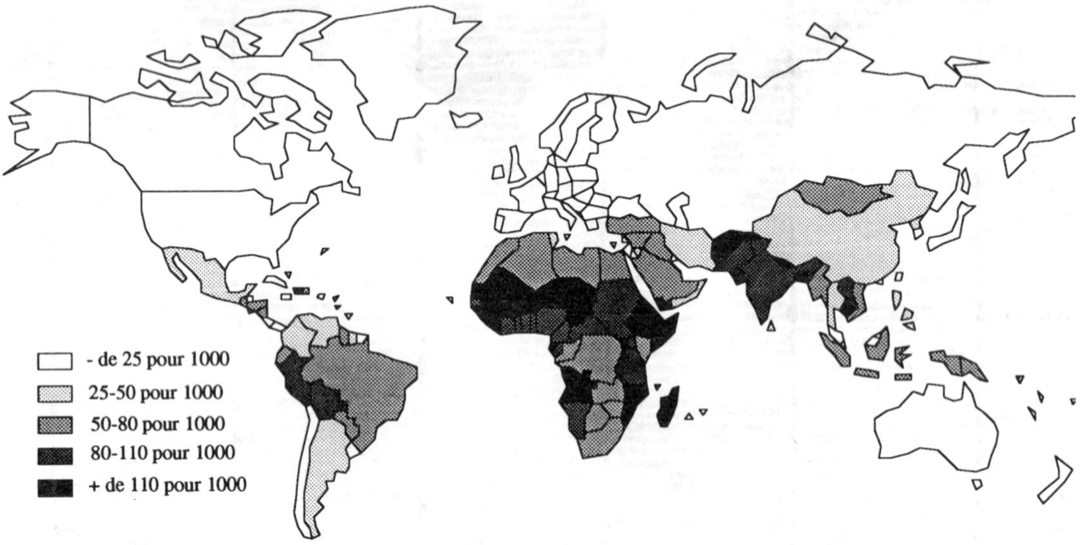

Figure 5 Mortalité infantile, 1988.

Ne doit-on pas d'autre part se demander si les mesures d'aide préconisées ne contribuent pas mieux à donner aux PMA une certaine spécificité géographique ? La reconnaissance de leurs difficultés spécifiques a pour but de susciter à leur égard une attention accrue et des mesures financières appropriées. Cette reconnaissance joue donc un rôle fondamental dans la mesure où elle induit une spécificité qualitative et quantitative des aides, un volume de dons particulièrement élevé par rapport au PNB et aux capacités d'absorption des investissements. A la limite, le concept, par ses conséquences sur la nature de l'aide, créerait la réalité. Pourtant, dans la pratique, les attitudes des bailleurs de fonds, les initiatives des PMA eux-mêmes, se révèlent fort diversifiées et les actions fort éloignées des prévisions. Lors de la première Conférence des Nations-Unies sur les PMA organisée à Paris en septembre 1981, fut adopté un « Nouveau Programme Substantiel d'Action » (NPSA) dans lequel les pays donateurs s'engageaient à accorder annuellement 0,15 %

de leur PNB à l'aide des PMA. Dans le même temps, ceux-ci s'engageaient à porter leur croissance à 7,2 % par an. Mais lors de la seconde Conférence des Nations-Unies sur les PMA de septembre 1990, le bilan qui fut dressé s'est révélé bien décevant : la croissance n'a été en moyenne que de 2,2 %, soit inférieure à l'accroissement démographique moyen ; de plus le montant de l'aide effectivement accordée n'a atteint que les 3/5 de ce qui avait été promis, soit environ 0,09 % du PNB des pays donateurs. On était loin des 0,15 % prévus initialement.

En définitive, compte tenu de l'explosion démographique, l'accroissement prévu de l'aide par tête, n'a été que d'environ 20 %. Dans le même temps, du fait de la paupérisation des populations, le taux d'épargne a baissé si bien que ces pays se trouvent privés d'une source d'accumulation destinée à l'investissement. Par exemple, en Afrique sub-saharienne, terre de prédilection des PMA, la CNUCED a pu montrer que si l'on voulait atteindre une croissance de 3 % l'an, l'épargne nationale devait atteindre dans le même temps 7 % du PNB et l'**aide internationale** avoisiner les 0,20 % du PNB des donateurs. Or rares sont les PMA africains dont l'épargne a dépassé 4 % du PNB durant ces dix dernières années. La conséquence directe en est un accroissement supplémentaire de leurs besoins en matière de financements extérieurs. Plus grave, les prêts publics, qui représentaient déjà 85 % de ces financements en 1981, en constituaient 99 % en 1990 ! C'est dire le niveau de dépendance de ces pays à l'égard de l'aide publique au développement, leur faible marge de manœuvre politique. Il serait intéressant d'étudier les affectations de cette aide publique. Ne contribue-t-elle pas à créer entre PMA et autres pays en voie de développement des divergences d'évolution ? L'aide publique en effet tend à se placer davantage dans les infrastructures et la production agricole que dans le développement industriel.

On comprend que les PMA aient, lors de la Conférence de Paris en septembre 1990, demandé un accroissement de l'aide, en insistant d'autre part pour que soit annulée leur **dette**, trop lourde pour leurs maigres finances. Mais de cette Conférence on retiendra, plus qu'une clarification de la notion de PMA, l'affirmation de profondes divergences entre pays donateurs. Une typologie distinguant quatre grandes catégories de pays est clairement apparue. Loin en tête, les pays scandinaves, déjà parmi les plus généreux en matière d'aide au développement, se sont engagés à poursuivre leurs efforts. Ce sont d'ailleurs les seuls à avoir atteint le seuil des 0,20 % de leur PNB. Un second groupe est composé des pays dont l'aide aux PMA est déjà de l'ordre de 0,15 % du PNB et qui comptent bien parvenir au seuil des 0,20 % d'ici la prochaine conférence : la France et l'Italie appartiennent à cette catégorie. Le troisième groupe comprend ceux qui, à l'instar du Canada et des autres pays de la CEE, se sont fixés l'objectif des 0,15 %. Enfin, à la traîne, apparaissent la Grande-Bretagne, le Japon et surtout les Etats-Unis, plus que jamais fidèles à l'idéal du « *trade, not aid* », qui ont refusé, tout comme en 1981, de s'engager sur des objectifs chiffrés.

Quoi qu'il en soit, si peu gratifiante que soit l'appartenance au groupe des PMA, on y trouve néanmoins quelques avantages appréciables qui expliquent la multiplication des candidatures : les PMA bénéficient de plus en plus souvent de dons et non de prêts, de remises de dettes, de taux d'intérêt très bas, de rééchelonnements plus systématiques, au grand dam des pays dits à « revenus intermédiaires » qui réclament le même avantage et ont quelque motif de se plaindre en constatant que si la liste des PMA s'allonge, c'est bien souvent par l'introduction de pays tels que le Zaïre, victimes de la mauvaise gestion de leurs dirigeants plus que de la faiblesse de leurs ressources.

En définitive, si le concept de PMA a tant de difficultés à s'imposer aux yeux de la communauté internationale, c'est aussi, et peut-être surtout, au-delà du caractère discutable des critères adoptés, en raison de pré-supposés théoriques aujourd'hui remis en cause : il ne peut y avoir de PMA que si d'une part l'on peut clairement définir des étapes du **développement**, que si d'autre part on peut proposer un type de traitement spécifique de la première

Figure 6 Les PMA en 1992.

phase de développement. Or, à l'évidence, le développement, s'il existe, est un continuum et il apparaît bien aujourd'hui qu'il n'existe pas une voie unique vers le progrès, un seul traitement de la misère du monde : les querelles des « pays riches » sur ce point ne reflètent qu'une partie de la réalité, savoir les diverses philosophies des « dominants » sur la conduite de l'économie, et les problèmes apparaîtraient plus complexes encore si l'on prenait vraiment en compte la variété des contextes géographiques, sociaux et culturels des pays les plus pauvres.

Mots-clefs

Aide internationale,
Dette,
Développement,
Enclavement,
Indicateurs de développement,
Pauvreté,
Tiers Monde.

La faim dans le monde

Doryane Kermel-Torrès

D'une sensation individuelle provoquée par le manque de nourriture, le concept de faim s'est élargi à une situation collective marquée par une alimentation insuffisante en quantité ou carencée en nutriments nécessaires au bien-être et à l'activité. « Quand on parle chez nous de faim collective, les images qui se présentent aussitôt à notre esprit sont celles des populations misérables de l'Extrême-Orient qu'attaquent de périodiques épidémies de faim, (...). Pour les profanes, pour ceux qui ne connaissent le phénomène de la faim qu'à travers les nouvelles des journaux, seul existe ce type de faim, la faim aiguë et violente, qui se manifeste pendant les guerres ou en certaines régions du monde périodiquement sujettes à des cataclysmes naturels » (de Castro, 1971, p. 65).

1. Famine et sous-alimentation

1.1. Différencier les phénomènes

Si dans la plupart des esprits, les foules « affamées » d'Afrique noire ont au cours des deux dernières décennies remplacé celles d'Extrême-Orient, l'image de la faim collective est encore largement associée à la **famine**. Crise brutale, elle se traduit par un manque cruel de produits alimentaires pour une partie de la population et par une forte augmentation de la mortalité *(figure 1)*. En nette diminution, les famines ne sont pas encore totalement reléguées dans le passé, même si le phénomène glisse de l'Asie vers l'Afrique. Plus discrète, mais aussi pernicieuse, la **sous-alimentation chronique** demeure un phénomène de masse qui, par son action permanente, ronge le bien-être des individus et leur capacité à avoir une vie normale. Il faut distinguer la **faim endémique** de la **famine** : caractéristiques et causes en sont souvent différentes et elles nécessitent des actions spécifiques. Cette démarche choque souvent, mais « la confusion du vocabulaire, les évaluations fantaisistes ou approximatives, les exagérations polémiques ne font rien avancer, et n'apportent rien au sort des victimes présentes ou futures, ni à la mémoire de celles du passé » (Durand-Dastès, 1982).

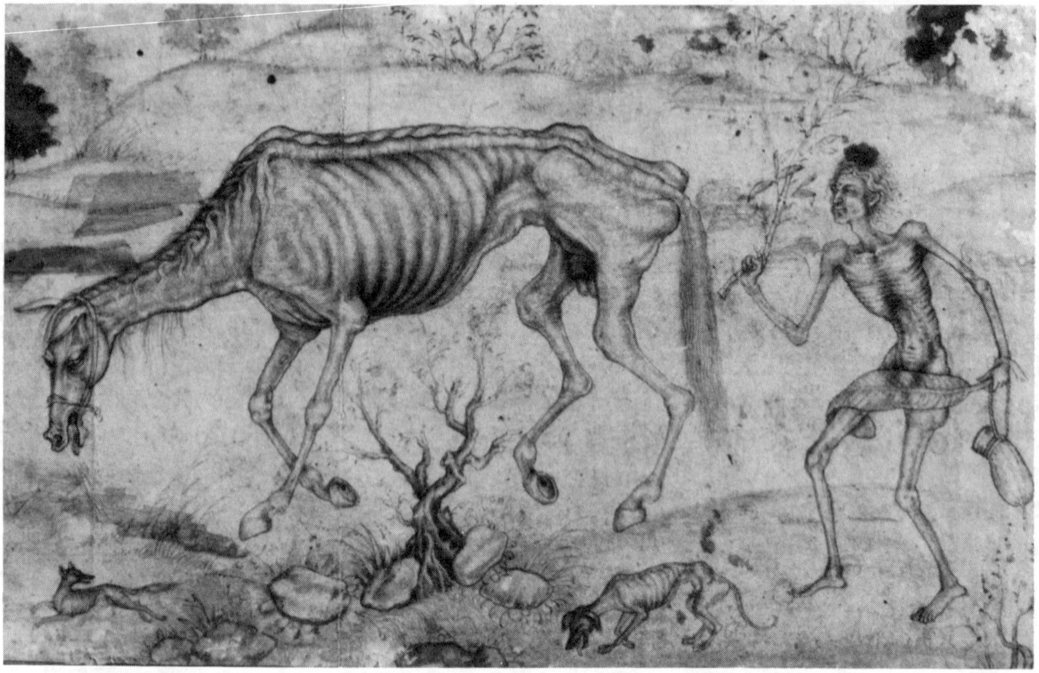

Figure 1 Période de famine, aquarelle au lavis de l'époque moghole, fin du XVIe siècle (*Haridelle*, de Basawân, Indian Museum, Calcutta). L'association mentale de la faim à sa manifestation la plus extrême, relève vraisemblablement de ce que la famine, une des plus vieilles compagnes de l'homme, est perçue comme un phénomène récurrent insupportable non seulement parce qu'il apparaît anachronique mais aussi parce qu'on est là dans un domaine chargé de résonnances complexes et d'une profonde sensibilité.

Le contraste entre la sous-alimentation chronique et la famine renvoie à l'expérience de quelques pays comme l'Inde et la Chine, terres de famine dans l'imaginaire collectif occidental. En terre indienne, après la dernière famine particulièrement meurtrière de 1943 au Bengale, et malgré plusieurs alertes régionales sérieuses, les risques ont été contenus grâce aux interventions des autorités publiques. L'Inde n'en demeure pas moins confrontée à une sous-alimentation chronique et à une malnutrition persistantes qui affectent une part importante de sa population. A l'inverse, alors que sa situation nutritionnelle semble meilleure, la Chine a été secouée lors du « Grand Bond en Avant » par une famine de 1958 à 1961.

1.2. La faim, manifestation sociale

La faim, aiguë ou chronique, est un révélateur de la position relative des groupes dans l'ensemble d'une société. Viennent à l'esprit les famines « organisées » qui avaient pour but de miner le pouvoir économique ou politique de groupes particuliers (Ukraine 1932-1933, Cambodge 1975-1979) ou d'exterminer des communautés religieuses ou ethniques (Ghetto de Varsovie ou camps de concentration, famine des Ibos au Biafra de 1968 à 1970). Outre ces cas extrêmes, la famine, localisée et conjoncturelle, est aussi sélective car elle atteint les plus vulnérables aux conséquences d'une rupture de leur équilibre. Ceux dont le pouvoir alimentaire dépend de leur capacité à accéder aux biens alimentaires par l'échange de leur force de travail ou d'un autre bien, en sont les premières victimes.

Les famines du Bengale en 1943 ou du Bangladesh en 1974 ont ainsi montré la vulnérabilité des ouvriers agricoles et des artisans dont la capacité de se nourrir s'est trouvée affaiblie et par la chute du revenu, avec l'effondrement de l'offre de travail, et par la hausse des prix alimentaires. De même, celle de petits pasteurs nomades de l'Afrique sahélienne, en 1973-1974, ou d'Ethiopie en 1984, tenait-elle à la baisse de la valeur relative de leur cheptel par rapport à celle des produits céréaliers. Faute de réserves en grains ou en argent, les producteurs agricoles peuvent eux-mêmes être touchés lors d'un accident climatique. L'analyse des famines indiennes du XIXe siècle montre aussi l'effet déstabilisant du prélèvement colonial (Durand-Dastès, 1982).

Si des crises climatiques aboutissent à la famine c'est qu'elles surviennent dans un environnement social dans lequel la capacité de réponse de certaines catégories est limitée. Le risque ou l'occurrence de famine révèle donc les faiblesses structurelles d'une société. La création de chantiers publics pour agir sur l'approvisionnement alimentaire comme sur l'offre de travail relève du constat par certains gouvernements d'Asie (Inde depuis 1947) et d'Afrique (Botswana ou Kenya, lors de la crise du début des années 1980) de la double fragilité alimentaire (Dreze et Sen, 1989).

La famine comme phénomène de société a disparu des pays occidentaux mais les pénuries alimentaires de l'Europe de l'Est, imputables aux mauvais fonctionnements des secteurs de la production ou de la distribution, se transforment en menaces de disette qui mobilisent sporadiquement l'aide internationale (Roumanie et Pologne, 1989). En France, « Restaurants du cœur » et « Banques alimentaires », implantées dans notre pays en 1984 sur le modèle des Etats-Unis, témoignent d'une **précarité alimentaire**, intimement liée au malaise social *(figure 2)*. Les difficultés économiques croissantes des pays occidentaux depuis le début des années 1980 se traduisent par l'exclusion du marché du travail et la marginalisation sociale des familles touchées. Si cette précarité alimentaire ne peut se comparer à la sous-alimentation chronique d'habitants des tiers mondes, une telle réalité illustre, ici aussi, la position relative d'individus ou de groupes dans la société selon leur capacité d'accès à l'alimentation.

Dans le Tiers Monde, les fortes inégalités de revenu expliquent que la sous-alimentation chronique, contrairement à la famine, persiste en temps de paix et en année normale. Ainsi, ceux qui ne peuvent acheter ou produire en quantité suffisante ont-ils une alimentation déficiente. La faim ne saurait être systématiquement imputable à un manque de richesses mais elle est intimement corrélée aux **inégalités** à produire le bien alimentaire et à y accéder.

2. Des répartitions inégales de la production alimentaire

2.1. Son évolution

La capacité de notre planète à nourrir une humanité croissante est une des grandes inquiétudes soulevées par les thèses malthusiennes, et régulièrement ravivées par la FAO (en français OAA, Organisation des Nations Unies pour l'Alimentation et l'Agriculture), notamment. La question alimentaire reste conçue par certains comme une « course » entre démographie et ressources alimentaires. Pourtant, à l'échelle de la planète, la croissance de la **production alimentaire** a excédé celle de la population au cours des trois dernières décennies. Le panorama change toutefois si l'analyse différencie les pays en voie de développement selon le revenu ou l'ensemble géographique dont ils font partie. Si globalement la production alimentaire a crû dans les pays en voie de développement à revenu intermédiaire ou à faible revenu, celle par habitant de ces derniers a décrû de 1970 à 1990, traduisant l'évolution déficitaire de l'agriculture de l'Afrique sahélo-soudanienne *(figure 3)*. Mais les évolutions de la production par habitant sont contrastées (croissance positive en Guinée Bissau et Togo, décroissance régulière en Angola et Tanzanie) ; même les pays sahéliens ne forment pas un bloc homogène (reprise de croissance au Burkina Faso et au Sénégal après 1984, déclin continu en Mauritanie ou au Niger). En Amérique latine, la production ali-

Figure 2 Les systèmes de protection sociale à la charge des états des « pays développés » sont dans bien des cas inefficaces pour répondre à la marginalisation sociale des « nouveaux pauvres ». Ici et là, des organisations caritatives, appelant à la solidarité nationale, se sont mises en place pour assurer des distributions alimentaires.

mentaire par habitant stagne dans les pays andins (Colombie, Equateur, Pérou, Bolivie), s'affaiblit au Mexique, s'effondre en Argentine et au Honduras, mais s'accroît au Brésil et au Chili. En Asie, à de rares exceptions (Bangladesh, Sri Lanka), la forte hausse de la production par habitant est presque généralisée ; les politiques d'infrastructures agricoles et d'incitations économiques à la production, comme les innovations technologiques, ont permis à la production céréalière (blé et riz surtout) de devancer une croissance démographique comparable à celle de l'Amérique latine. Mais, si la mise en valeur de nouveaux espaces a aussi permis d'augmenter la production, c'est au péril des équilibres écologiques (Thaïlande, Indonésie).

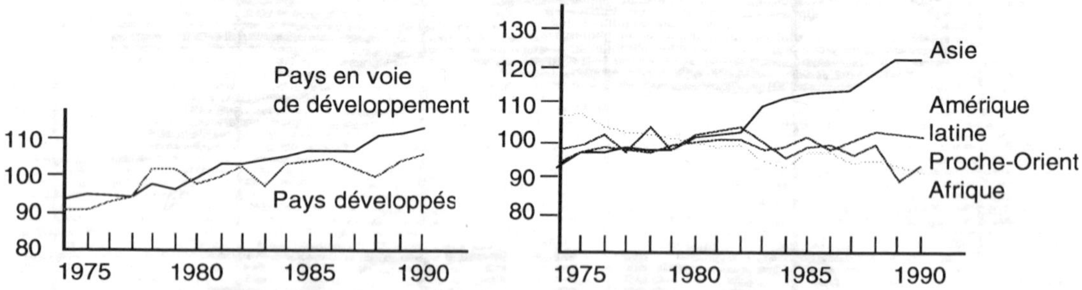

Figure 3 Evolution de la production alimentaire par habitant (1979-1980 = 100). (En ordonnées, production alimentaire par habitant)
L'Afrique poursuit sa tendance négative alors que l'Amérique latine enregistre une croissance modérée et le Proche-Orient une quasi-stagnation, entrecoupée de recul sous l'effet perturbateur des conflits régionaux. L'Asie se distingue par une croissance de la production alimentaire par habitant forte et à peu près régulière : elle a fait des progrès que nul ne se serait risqué à prédire il y a une vingtaine d'années et l'Afrique l'a remplacée au premier plan des préoccupations internationales.
Source : FAO, *Bulletin trimestriel de statistiques*.

L'Afrique, dont la croissance démographique atteint à partir des années 1970 des taux inconnus pour le continent, est confrontée à la faiblesse de l'intensification de la production alimentaire et à la marginalisation de l'agriculture vivrière. Le développement des cultures d'exportation y a entraîné des déstabilisations et le système entier a bien souvent mis en cause « les filets protecteurs qu'ont élaborés les populations pour se prémunir contre le risque » (Courade, 1989, p. 582). Cependant, là aussi, l'analyse au niveau national cache la diversité des situations régionales et des manières locales de gérer le ratio pression démographique/potentialités agricoles.

2.2. Faim et production alimentaire

Sous-alimentation chronique et aléas de la production alimentaire nationale sont-ils liés ? L'Asie, qui a connu la plus vigoureuse croissance de la production alimentaire par habitant, compte encore au début de la dernière décennie, et malgré une nette amélioration, de 17 à 25 % de sa population en situation de sous-alimentation (OAA, 1987, Cinquième enquête mondiale sur l'alimentation). Il serait donc hâtif de conclure qu'une hausse de la production alimentaire résoud d'elle-même la question.

Les famines ont tendance à être généralement attribuées à une pénurie alimentaire après un accident climatique. Or, des recherches sur plusieurs famines ont montré que les catastrophes étaient survenues à des époques où l'offre alimentaire n'avait pas subi d'effondrement mais au contraire était élevée (Sen, 1981). Ainsi au Bengale, en 1943, le niveau de l'approvisionnement local était supérieur à celui d'une année sans famine. En Ethiopie (1973), la province du Wolo fut plus particulièrement touchée alors que les niveaux de la production alimentaire y étaient comparables à ceux des meilleures années antérieures. La famine du Bangladesh (1974) a touché des districts où l'offre alimentaire n'avait jamais été aussi élevée depuis 1970 et était même supérieure à celle d'autres districts non affectés. L'insuffisance de l'offre n'est donc pas en cause ici, mais bien la perte de la capacité alimentaire de groupes sociaux spécifiques. Au Bangladesh, immédiatement après les inondations et par anticipation de leurs effets sur le niveau présumé de la récolte à venir, l'offre de travail, liée à la transplantation du riz, a chuté. C'est aussi par anticipation sur cette future récolte qu'il y a eu spéculation sur les prix de produits alimentaires pourtant abondants grâce à la récolte exceptionnelle antérieure à l'accident climatique. Telle a été la séquence temporelle du processus aboutissant à la famine.

3. Stratégies d'insertion dans le jeu mondial

3.1. Le puzzle des disponibilités alimentaires

La croissance de la production alimentaire par habitant ne préjuge pas du niveau de la ration alimentaire disponible par habitant. En outre, les seules corrélations entre production alimentaire et population occultent les effets des mouvements de produits et des flux financiers qui, à l'époque de la mondialisation des échanges et de l'interdépendance des économies, modifient tout paysage alimentaire national dessiné par l'offre de produits locaux.

Les bilans des **disponibilités alimentaires** élaborés par la FAO sont la seule source offrant un aperçu de la situation générale de l'offre alimentaire *(fiche 1)*. Ils ne concernent pas les consommations et ne donnent aucune indication sur les différences entre les régimes et les niveaux alimentaires des groupes selon leur appartenance socio-économique ou leur localisation dans l'espace.

FICHE 1

Les bilans des disponibilités alimentaires

Les bilans nationaux comptabilisent les quantités produites, importées et exportées, stockées ainsi que les utilisations intermédiaires (alimentation animale, semences, pertes...) pour obtenir les quantités disponibles pour l'alimentation. L'estimation *per capita* est obtenue en divisant l'approvisionnement total national par la population. Ces données sont ensuite converties en nutriments, calories, protéines... *per capita* grâce à des tables de composition des aliments. Ces calculs définissent pour chaque pays un régime moyen disponible qui n'est en fait consommé par personne. Les bases ne sont pas exemptes de faiblesse, car les données gouvernementales fournies à la OAA valent ce qu'elles valent. Estimer la production agricole dans certains PVD (Pays en voie de développement) reste un exercice scabreux et ne sont généralement pris en compte que les mouvements de produits officiellement enregistrés.

3.2. Contraintes et impacts des insertions

Les pays à industrialisation rapide et à forte densité de population, comme la Corée du Sud ou Taïwan, ou encore les pays exportateurs de pétrole, Emirats Arabes Unis ou Koweït, dont les disponibilités alimentaires reposent sur des importations massives, sont un cas spécifique. Mais jouer la carte du marché peut s'avérer dangereux et les mésaventures occasionnées lors d'effondrement des cours, même lorsqu'on est exportateur de pétrole, peuvent être interprétées comme des coups de semonce que n'ont pas négligé Venezuela ou Nigeria, en redécouvrant leur agriculture vivrière.

D'autres pays ont fondé leur croissance et leur insertion dans l'économie mondiale sur le développement de cultures d'exportation et se sont confiés au marché international pour une partie de leur approvisionnement alimentaire : Colombie ou Brésil (café), Côte d'Ivoire (cacao), Sri Lanka (thé), Sénégal (arachide)... Des slogans, comme « le grain des pauvres nourrit le bétail des riches », sont nés du contraste paradoxal, au Brésil par exemple, entre une forte production alimentaire réservée à l'exportation et la sous-alimentation de ceux qui contribuent à la fournir. Ce serait toutefois partir de l'hypothèse que la disponibilité, provenant *a fortiori* de la production interne, est l'unique facteur déterminant l'accès à l'alimentation. Or les effets des orientations favorisant largement ces cultures sont complexes. La place faite à ces produits d'exportation, en Afrique et en Amérique latine en particulier, provoque au sein des espaces nationaux des déséquilibres en terme d'accès aux moyens de production et de modes de répartition des revenus de ces cultures. Les déséquilibres se font également sentir au niveau de la latitude donnée aux pays par ces exportations pour acquérir d'autres produits alimentaires et des intrants agricoles.

Touchant toutes les régions, la détérioration des termes de l'échange a été particulièrement forte pour les pays d'Afrique sub-saharienne et d'Amérique latine. La marge de manœuvre d'un pays est d'autant plus limitée que l'éventail de ses exportations est restreint. Pour les produits tropicaux spécifiques (café, cacao...), la concurrence entre pays sous-développés s'avive alors que les organismes financiers internationaux multiplient les recommandations d'une utilisation accrue de ces « avantages comparatifs ». Pour d'autres produits (huiles végétales, sucre), il y a compétition entre les pays du Sud et ceux du Nord, aux agricultures vigoureusement soutenues et protégées, tandis que l'élaboration de produits de synthèse est fortement porteuse de déstabilisation pour les pays en voie de développement (sucre, caoutchouc, textile).

Certains pays ont misé sur l'agriculture vivrière sans dédaigner les exportations de produits agricoles (thé pour l'Inde, riz et manioc pour la Thaïlande), et ne recourent que marginalement au marché extérieur pour leur approvisionnement alimentaire. D'une façon globale, l'Asie est devenue la région la plus indépendante du marché céréalier international. Le concept d'**auto-suffisance** désigne des situations (Inde, Indonésie, Philippines) où les disponibilités alimentaires sont assurées par la production nationale, avec dans certains cas constitution de stocks de sécurité. Cette dernière notion, liée aux mouvements de produits, a prêté à confusion en laissant sous-entendre une situation alimentaire adéquate alors que sous-alimentation et malnutrition touchent encore une partie de la population.

L'impact sur les approvisionnements alimentaires de l'affaiblissement du pouvoir d'achat des exportations agricoles traditionnelles et de l'instabilité des cours a été, des années durant, quelque peu contrebalancé par le bas niveau des prix mondiaux des céréales. A coup de subventions et de protections agricoles, une sorte de guerre s'est instituée entre pays surproducteurs pour écouler, par des ventes à prix de *dumping* ou par le biais de l'aide alimentaire, des excédents de plus en plus coûteux à gérer, accusés aussi de décourager la production des pays receveurs et de contribuer à modifier les habitudes alimentaires des consommateurs urbains. Mais que la production des pays excédentaires diminue, comme en 1988, et la facture alimentaire des pays importateurs s'alourdit, ou qu'interviennent les *« programmes d'ajustement structurel »*, et la menace, voire la suspension, pèse sur les subventions et les importations, compromettant une certaine **sécurité alimentaire**. L'Amérique latine et l'Afrique ont été plus durement touchées que l'Asie par ces programmes, développés à partir de 1982 par le Fonds Monétaire International pour « restaurer » la capacité des pays à rembourser leur dette extérieure.

Les relations entre le marché mondial et la question alimentaire ne se cantonnent pas pour autant aux capacités budgétaires des pays à importer des denrées alimentaires ou à exporter à des conditions variables des ressources nationales. Instabilité du marché, endettement, restrictions budgétaires... sont autant d'ondes de choc transmises aux populations et qui influent sur leur capacité d'accès au bien alimentaire, compte tenu de leurs revenus et des prix des produits alimentaires. C'est en fonction de cette double dimension, et des contraintes subies à la charnière des niveaux national et international, que se pose la question d'une croissance de la production alimentaire, et des modalités de sa mise en œuvre. Interviennent alors les spécificités nationales, notamment la diversification déjà réalisée des activités économiques, l'importance de la population rurale et, en son sein, le poids des activités agricoles et non agricoles.

4. L'incidence de la sous-alimentation

4.1. Evaluer la sous-alimentation

Si les complexités conceptuelles expliquent pour partie les difficultés de l'évaluation statistique de la sous-alimentation et de la **malnutrition** *(fiches 2 et 3)*, le recours à des méthodes indirectes de mesure, faute d'enquêtes nationales systématiques, joue aussi.

Qu'il s'agisse d'apprécier des disponibilités alimentaires dans un espace géographique donné, ou la proportion de la population sous-alimentée ou encore la prévalence de la malnutrition, spécifier une norme nutritionnelle apparaît incontournable. Mais si, physiologiquement, le besoin énergétique commande la prise alimentaire, le goût de l'individu et la spécificité culturelle du groupe conduisent au choix alimentaire, sous la pression, naturellement, des possibilités économiques. Or, ces dimensions sont occultées par la conversion des aliments en nutriments lors des évaluations statistiques.

Evaluer la population sous-alimentée soulève ainsi d'importantes difficultés, en raison des inter-relations consommation alimentaire-nutrition-état de santé. La variation des besoins nutritionnels chez l'individu et entre individus annihile aussi la validité et l'intérêt d'une norme universelle. Il est admis qu'une personne peut s'adapter à une réduction d'apport calorique, ce qui à son tour influence à la baisse ses besoins alimentaires ; mais le seuil au-delà duquel l'adaptation ne peut se faire sans préjudice grave pour le bien-être et les capacités est controversé. Une modification même légère des hypothèses influence considérablement l'estimation de la population en état de risque nutritionnel. Or cette base conceptuelle permet d'évaluer la sous-alimentation, qui sert elle-même à construire la **ligne de pauvreté** dont l'évolution oriente les interventions alimentaires, nutritionnelles ou de lutte contre la pauvreté *(chapitre 40)*.

FICHE 2

Sous-alimentation et malnutrition

L'apport en nutriments assure l'entretien structural de l'individu pour la constitution de ses cellules ; il couvre aussi la dépense métabolique de repos (ou métabolisme basal), et la dépense supplémentaire d'activité physique. Mais les besoins nutritionnels diffèrent entre les individus, selon l'environnement, l'activité, les pathologies, les caractères morphologiques... qui, outre la composition de la ration alimentaire, influent sur son état nutritionnel. Ils varient également pour un même individu selon les facteurs physiologiques (stade de développement, âge...). D'où des divergences conceptuelles dans l'établissement de « normes nutritionnelles » ou « d'individus de référence ».

La malnutrition caractérise un état nutritionnel qui s'écarte de la normale, sous l'effet d'une alimentation déséquilibrée par excès (maladies nutritionnelles de surcharge) ou par carence, la dénutrition, imputable à des défauts d'apport d'aliments, c'est-à-dire la sous-alimentation. La malnutrition protéino-énergétique est la forme la plus répandue de malnutrition par carence. Les avitaminoses et les carences en minéraux représentent d'autres troubles nutritionnels.

La OAA et la Banque mondiale fournissent chacune deux estimations correspondant à des niveaux différents de besoins énergétiques mais sur des bases conceptuelles et méthodologiques divergentes. En ce qui concerne les estimations fortes, alors que la première établit la population sous-alimentée à 500 millions de personnes (23 % de la population des pays en voie de développement ; OAA, 1987), la seconde estime que 730 millions de personnes (34 %) ont un « apport calorique insuffisant pour un travailleur actif » (Banque mondiale, 1986). En revanche, leurs estimations faibles coïncident autour de 15 % de la population des pays en voie de développement (340 millions de personnes en 1980).

FICHE 3

La malnutrition protéino-énergétique (MPE)

Les conceptions sur les niveaux souhaitables d'apport en protéines et leur relation avec l'apport énergétique ont considérablement évolué depuis les années 1970. Aujourd'hui, la malnutrition protéino-énergétique est principalement attribuée à un déficit alimentaire et énergétique global plutôt qu'à une carence spécifiquement protéique. Le consensus sur l'importance exagérée attribuée à la carence protéique a suscité une réorientation des stratégies de lutte. Accroître la consommation d'aliments particulièrement riches en protéines n'est plus la solution et des régimes traditionnels, pas toujours maintenus pour des raisons économiques, associant céréales et protéagineux, riz et soja en Asie de l'Est, maïs et haricots en Amérique latine, blé ou riz et légumineuses en Asie du Sud, mils ou sorgho et légumineuses en Afrique..., sont reconnus équilibrés, à condition toutefois que la ration énergétique soit suffisante. Certains groupes restent néanmoins vulnérables à une carence protéique même si l'apport calorique est jugé satisfaisant ; en particulier ceux dont le régime est à base de féculents – tubercules, plantain... – plus pauvres en protéines que les céréales.

Les enfants, aux besoins protéiques proportionnellement plus élevés que les adultes, sont particulièrement sensibles à la teneur en protéines des aliments introduits au moment du sevrage. Même si bien des enfants n'atteignent pas les stades majeurs de malnutrition (kwashiorkor et marasme), la malnutrition protéino-énergétique n'entrave pas moins le développement physique et intellectuel. Elle affaiblit le potentiel d'activité et la résistance aux maladies, infections et parasitoses en particulier. La malnutrition altère les défenses de l'organisme contre l'infection qui elle-même l'accentue en retour. L'interaction des deux facteurs se traduit par une morbidité importante qui se répercute sur l'espérance de vie à la naissance et la mortalité infantile. La vulnérabilité particulière des enfants de moins d'un an amène à considérer le taux de mortalité infantile comme un indicateur pertinent de l'état nutritionnel et de l'état de santé d'une population ; deux états liés à la position relative des groupes d'individus dans une société *(figure 6)*.

4.2. L'ampleur de la sous-alimentation

La FAO (OAA en français) et la Banque mondiale s'accordent cependant sur la répartition géographique de la prévalence de la sous-alimentation comme sur son évolution quel que soit le seuil critique retenu. La grande majorité de la population sous-alimentée vit en Asie *(figure 4)*, où se trouve concentrée la population pauvre – 71,4 % des pauvres pour 69,9 % de la population mondiale – (Banque mondiale, 1990, *Rapport sur le développement dans le monde*). La diminution relative de la population sous-alimentée, partout observée entre 1970 et 1980, n'empêche pas néanmoins l'augmentation en chiffres absolus, forte en Afrique particulièrement.

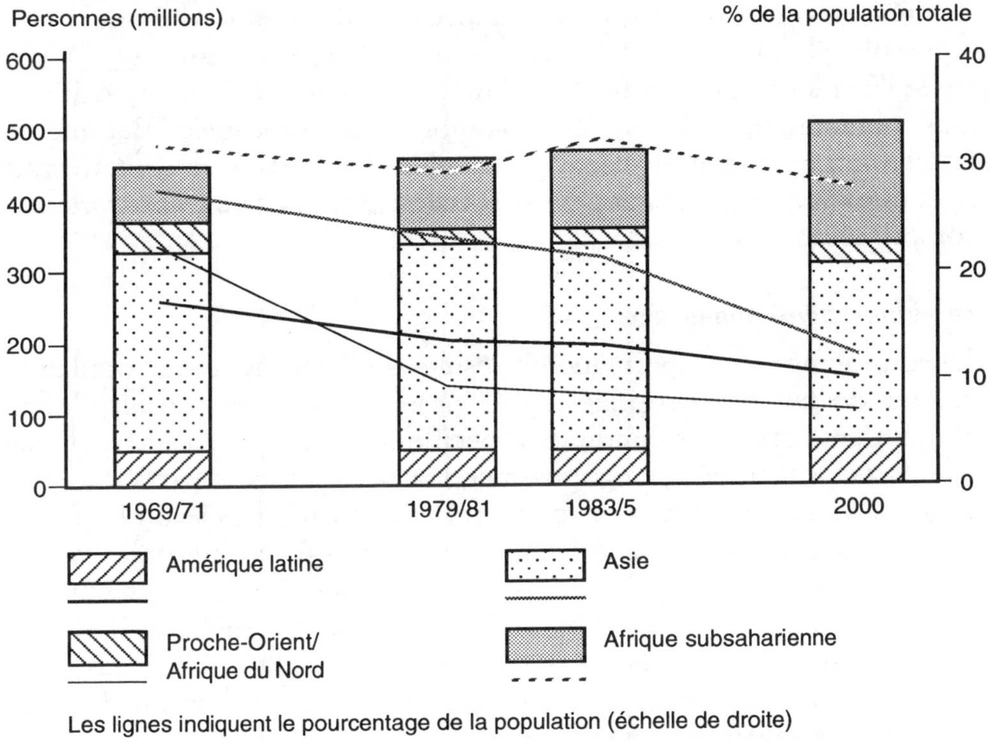

Figure 4 Estimation de la sous-alimentation : nombre de personnes et pourcentage de la population (seuil supérieur).
Entre 1970 et 1980, le Proche-Orient enregistre une diminution sensible du nombre de personnes sous-alimentées, l'Amérique latine une stabilisation, l'Asie une légère augmentation, l'Afrique sub-saharienne une croissance qui l'amène au plus fort ratio par rapport à la population « régionale ». Au début des années 1980, la tendance s'accentue en Afrique et il y a interruption virtuelle des progrès en Amérique latine. La projection pour l'an 2000, montre une nette dégradation en Afrique et une amélioration en Asie.
Source : Alexandratos/FAO, 1989.

Il semble que l'on ne puisse espérer pour les années 1980 une amélioration de la situation analogue à celle des années 1970 (Banque mondiale, 1986). La décennie écoulée a en effet été marquée par un certain nombre de chocs (dégradation des termes de l'échange, programmes d'ajustement structurel et d'austérité budgétaire...) qui ont influé sur l'évolution des revenus et sur leur répartition, facteur primordial de la prévalence de la sous-alimentation. Les plus pauvres consacrant l'essentiel de leur revenu aux dépenses alimentaires (jusqu'à 70-80 %), toute modification sensible des revenus affecte en premier lieu leur pouvoir d'achat alimentaire. Les chocs ont aussi influé sur la capacité des Etats à en amortir l'effet sur les populations, en limitant la poursuite ou la mise en place des programmes d'assistance aux plus pauvres.

Les régressions économiques des années 1980 ont ainsi durement affecté l'Afrique sub-saharienne et l'Amérique latine où l'on a enregistré une augmentation de l'incidence de la pauvreté comme de l'inégalité de la répartition des revenus, notamment au Brésil, en Colombie et au Venezuela (Banque mondiale, 1990). Les conditions de vie des plus défavorisés se sont dégradées dans les deux régions et les dépenses sociales, pour la santé notamment, ont été comprimées.

4.3. La vulnérabilité alimentaire

La sous-alimentation permanente résulte de l'incapacité de populations à s'alimenter de façon appropriée par la production ou le travail. Ce statut social, qui tient certes aux conditions spécifiques à chaque société, relie entre continents et océans des catégories marginalisées. Elles appartiennent pour les trois quarts au milieu rural, avec toutefois des variantes selon la place des ruraux dans la population totale et l'incidence de la pauvreté rurale. Souvent, le pourcentage des ruraux parmi les pauvres est supérieur au pourcentage des ruraux dans le pays (en Côte d'Ivoire, 86 % et 57 %, en Malaysia 80 % et 62 %, au Guatemala 66 % et 59 %). Exception notable, en Amérique latine où les taux d'urbanisation sont proches de ceux des pays développés, près de la moitié de la population sous-alimentée est urbaine.

Alors que les réformes agraires d'Amérique latine et d'Asie n'ont guère abouti à une redistribution plus équitable des terres, les orientations à l'exportation de produits « de rente » ont accru la vulnérabilité alimentaire d'une partie des producteurs latino-américains et africains, en les exposant aux fluctuations de revenus et aux prélèvements divers, en premier lieu ceux de l'Etat. De surcroît, les politiques économiques « en faveur » des couches urbaines ont privilégié les importations alimentaires pour l'approvisionnement des villes, pénalisant encore certaines catégories de producteurs locaux.

Même si le dualisme ville/campagne est surtout exacerbé en Amérique latine, le niveau d'auto-subsistance baisse dans de nombreuses régions des tiers mondes.

Modernisation agricole et intégration au marché ne se font pas en effet dans les mêmes conditions pour tous les « paysans », trop souvent considérés comme un bloc homogène, et en dépit de politiques cherchant à faciliter à tous l'accès aux moyens de production. La vulnérabilité des ouvriers agricoles, autant liée à l'offre de travail qu'aux prix alimentaires, est doublement influencée par les calendriers agricoles. En période critique, la fourniture d'emplois sur des chantiers publics cherche à limiter ces contraintes en proposant « de la nourriture contre du travail » ou plus rarement une rémunération en numéraire (état du Maharashtra en Inde).

Si la sous-alimentation affecte surtout le monde rural, elle peut atteindre des niveaux d'extrême gravité en milieu urbain. Faiblesse du pouvoir d'achat, précarité des emplois attendent les immigrants fraîchement arrivés des campagnes. Occupants de zones non loties, en général à la périphérie urbaine, ils n'ont aucune reconnaissance légale pour faire jouer leur « statut » de pauvres. Coupés du monde rural, ces nouveaux citadins vivent aussi en marge de l'économie urbaine.

Pourtant, les populations urbaines ont été majoritairement bénéficiaires de l'affectation des ressources publiques, en infrastructures médicales, en allocations de rations alimentaires subventionnées – à partir d'importations (Egypte) ou de la production intérieure (Inde) –, en programmes nutritionnels pour les « groupes à risque » (femmes enceintes et allaitant, enfants, personnes âgées). Mais en Amérique latine et en Afrique, les plus pauvres subissent de plein fouet les effets de la crise financière, notamment un renchérissement des prix des produits alimentaires et une baisse du pouvoir d'achat. Témoins de cette évolution des années 1980, soupes populaires et mouvements de type associatif émergent en Amérique latine (Santana, 1990) alors qu'en Inde, dans le but de prévenir une crise irrémédiable de l'ensemble du système, le système public de distribution alimentaire est réorienté.

Lectures recommandées

Bessis S., 1991, *La faim dans le monde*, Paris, La Découverte.

Castro J. (de), (1949), 1964, *Géographie de la faim*, Paris, Les Editions ouvrières.

Courade G. et Peltre-Wurtz J. (éds.), 1991, « La sécurité alimentaire à l'heure du néo-libéralisme », *Cahiers des Sciences Humaines*, 27, 1-2.

Durand-Dastès F., 1982, Famine et sous-alimentation en Inde, *Tricontinental*, numéro spécial.
Santana R. (ed.), 1990, *La question alimentaire en Amérique latine. Mexique - Venezuela - Equateur - Pérou*, Toulouse, Editions du CNRS.
Sen A., 1981, *Poverty and famines*, Oxford, Clarendon.

Mots-clefs

Auto-suffisance,
Disponibilités alimentaires,
Faim endémique,
Famine,
Inégalités,
Ligne de pauvreté,
Malnutrition,
Précarité alimentaire,
Production alimentaire,
Sécurité alimentaire,
Sous-alimentation chronique.

Les échanges internationaux

42

Jean-Paul Charvet

La seconde moitié du XXe siècle est caractérisée par un formidable essor des échanges, qu'il s'agisse d'échanges de marchandises (matières premières et produits manufacturés), de services, de capitaux ou d'information. En 1989, les échanges de marchandises ont porté à eux seuls sur plus de 3 000 milliards de dollars alors que leur valeur se situait encore à moins de 100 milliards de dollars en 1955. Il s'agit d'une progression considérable même en tenant compte de l'érosion de la valeur de la monnaie américaine sur la période considérée *(tableau 1)* : au cours des dernières décennies, les échanges internationaux se sont accrus à un rythme deux fois supérieur à celui de l'augmentation du PIB (Produit Intérieur Brut) mondial. Quant aux échanges de services commerciaux, dont l'expansion est encore plus rapide, ils ont pratiquement atteint les 700 milliards de dollars à la fin des années 1980. Sur le plan géographique, des territoires de plus en plus nombreux et toujours plus étendus se retrouvent ainsi intégrés à des flux d'échanges de plus en plus mondialisés.

Tableau 1 L'explosion des exportations mondiales de marchandises

	1955	1963	1975	1980	1985	1989
En milliards de dollars (dollars courants)	93	154	873	1 989	1 962	3 095
En indice (1 pour 1955)	1	1,7	9,4	21,4	21,1	33,3

D'après les annuaires du GATT.

La multiplication et l'intensification des échanges demeurent toujours freinées par l'existence d'obstacles naturels et/ou par celle d'obstacles mis en place par les Etats : aux distances géographiques qui se traduisent en coûts de communication ou de transport plus ou moins élevés s'ajoutent les distances économiques liées aux législations et aux réglementations. Toutefois, la tendance lourde d'évolution est bien celle d'une atténuation toujours plus marquée des distances sous les effets conjugués des innovations technologiques intervenant dans les domaines des transports et des télécommunications et des négociations commerciales visant à réduire les **barrières douanières**.

1. Les principaux facteurs de la mondialisation des échanges

1.1. L'accroissement de la demande

Il exprime à la fois l'accroissement démographique et l'amélioration des niveaux de vie.

L'accroissement démographique a été particulièrement rapide depuis l'époque de l'après-guerre : la population mondiale a plus que doublé entre 1950 et 1990 passant de 2,5 à 5,3 milliards d'individus. Cet accroissement, lié au processus de transition démographique, a été surtout le fait des pays en développement : en 1990, les pays du Tiers Monde rassemblaient 77 % de la population mondiale contre seulement 67 % en 1950. Une main-d'œuvre abondante et bon marché a pu être ainsi mise à la disposition d'activités de production dans les « nouveaux pays industriels », pays qui occupent une place en expansion dans les exportations de produits manufacturés. Parallèlement, la croissance démographique est devenue dans de nombreux pays du Tiers Monde plus rapide que celle de la production de biens alimentaires : ces pays ont été amenés à faire de plus en plus appel aux marchés internationaux de produits agricoles pour équilibrer leurs bilans alimentaires *(chapitre 41)*. L'exemple du blé qui est la céréale de très loin la plus commercialisée dans le monde apparaît tout à fait significatif : vers 1960, les pays en développement achetaient environ 50 % du blé transitant par le marché mondial. Actuellement, ils en achètent les 2/3 et cette proportion devrait progresser jusqu'aux 3/4 en l'an 2000. En valeurs absolues, les échanges internationaux de blé sont passés de moins de 30 millions de tonnes en 1955 à plus de 105 millions de tonnes en 1992. Sans que les rythmes soient toujours aussi rapides et les quantités échangées aussi importantes, le commerce de la plupart des produits agricoles a fortement progressé depuis les années 1950.

L'amélioration des niveaux de vie

Consommation et production de masse ont également largement participé à l'essor des flux d'échanges. A partir des années 1960, on a progressivement abandonné dans les pays industrialisés à économie de marché les modèles de croissance extensifs, mobilisant d'importantes quantités de main-d'œuvre, mais se satisfaisant d'une productivité limitée dans ce domaine pour des modèles de croissance intensifs fondant la compétitivité sur une augmentation toujours plus grande de la productivité du travail. La généralisation de ces modèles de croissance « fordistes » a eu pour contrepartie indispensable et afin d'absorber la production massive ainsi réalisée, de généreuses distributions de pouvoir d'achat aux populations des pays riches. Production de masse et rémunération du travail plus élevée (pour ceux qui ont un emploi...) ont engendré une véritable envolée de la demande de produits manufacturés, de produits énergétiques et de matières premières. Dans le domaine alimentaire, la généralisation aux populations des pays riches et aux populations aisées des pays pauvres du modèle de consommation nord américain faisant une large place aux protéines d'origine animale (sous forme de viandes, de lait, d'œufs...) a fortement stimulé la demande adressée à l'agriculture. Les élevages « industriels », gros consommateurs de céréales et de tourteaux d'oléagineux, constituent une réponse à cette demande. Leur localisation périportuaire dans de nombreux pays européens et asiatiques souligne leurs liens de dépendance vis-à-vis des grands flux d'échanges mondiaux.

Accroissement démographique et accroissement des niveaux de vie expliquent que les ressources et les capacités de production de la planète se soient trouvées depuis les années 1950 mobilisées dans des proportions tout à fait nouvelles par rapport aux époques antérieures. Or il est clair que les lois de répartition des hommes, des capitaux, des savoir-faire, des ressources minérales ou des ressources biologiques relèvent de logiques bien différentes : ces différentes géographies, tout en entretenant certains liens entre elles, sont très loin de se superposer les unes aux autres. D'où la multiplication et l'intensification des flux. Ces phénomènes ont été d'autant plus sensibles que la concentration économique et géographique des espaces de production engendrée par la croissance de type fordiste a également contribué à une séparation accrue entre différents niveaux d'espaces de production ainsi qu'entre espaces de production et espaces de consommation.

1.2. Nouvelles techniques de transport et de mise sur le marché

L'abaissement des coûts de transport des marchandises et de transmission de l'information

Pour les échanges internationaux, les transports maritimes demeurent prépondérants : ils prennent en charge les 2/3 du commerce mondial en valeur et les 3/4 en poids. Les navires de 200 000 à 300 000 tonnes sont aujourd'hui courants, même si les organismes portuaires qui peuvent les accueillir sont en nombre relativement limité, alors que le tonnage moyen des navires de haute mer était encore seulement de 9 000 tonnes en 1930 et de 4 000 tonnes en 1900. Parallèlement, l'essor des transports par conteneur permet désormais de passer aisément des transports maritimes aux transports terrestres par route ou par voie ferrée. Pour les produits autres que les produits de base, le fret aérien prend de plus en plus d'importance. Enfin, les cables transocéaniques et les satellites artificiels autorisent une diffusion quasi instantanée de l'information et en particulier de l'information économique sur tous les continents : avec les moyens de télécommunication modernes, il est devenu possible d'acheter ou de vendre des monnaies 24 heures sur 24 en intervenant successivement sur les grandes places financières européennes, américaines puis asiatiques qui se relaient les unes les autres en raison des décalages de fuseaux horaires.

L'abaissement des coûts de transport permet de faire venir des antipodes des produits à très faible valeur par tonne. Le transport d'une tonne de charbon ou de minerai de fer depuis l'Australie jusqu'à Dunkerque revient à une dizaine de dollars alors que la marchandise arrivée en Europe se négocie à un peu moins de 50 dollars par tonne. Pour faire traverser l'Atlantique, depuis La Nouvelle Orléans jusqu'à Rotterdam, à une tonne de blé d'une valeur de 150 dollars, le coût est de l'ordre de 12 à 13 dollars. Il faut dire que la qualité des infrastructures portuaires joue un rôle sensible dans le montant du fret, de même que la possibilité de trouver un fret de retour.

Les nouvelles techniques de commercialisation

Techniques de commercialisation et organisations des **marchés** demeurent encore sensiblement différents selon les produits concernés. On peut ainsi distinguer les marchés « inorganisés » (c'est le cas pour la majorité des produits manufacturés), des marchés organisés selon des systèmes de prix producteurs (c'est en particulier le cas pour le marché des diamants dominé par une filiale de la firme De Beers), des marchés organisés selon des systèmes de prix négociés entre principaux producteurs et principaux consommateurs (exemples du charbon, du minerai de fer…) et des marchés pour lesquels les prix de référence se forment sur les marchés à terme : c'est le cas pour l'ensemble des « commodités ».

Les **commodités** sont des denrées ou des produits standardisés, donc aisément identifiables par les agents économiques, pour lesquels la concurrence ne porte que sur le prix. Ces prix se forment sur des marchés à terme qui, pour les plus importants d'entre eux tels ceux de Chicago, de New York ou de Londres, sont les lieux de confrontation d'ordres de vente et d'ordres d'achat susceptibles de venir de l'ensemble de la planète. Depuis le début des années 1970, bon nombre de marchés qui étaient jusque là organisés selon des modalités diverses ont rejoint le modèle de fixation des prix propre aux commodités. L'effondrement du système de prix producteurs remonte à 1970 pour le cuivre, à 1983 pour le nickel et pour l'aluminium, à 1986 pour le pétrole…

FICHE 1

Les commodités

Le cas du pétrole mérite d'être plus particulièrement signalé. Depuis l'accord d'Achnacarry de 1928 jusqu'au début des années 1970, le prix international du pétrole a été fixé par le cartel des « Majors », c'est-à-dire en fonction d'un « gentlemen agreement » intervenu entre les grandes compagnies pétrolières de l'époque. On est ensuite passé à un système de prix producteurs déterminé par l'OPEP (Organisation des Pays Exportateurs de Pétrole). Enfin, à partir du début des années 1980, le contrôle du marché a progressivement échappé à cette organisation et depuis 1986 le cours mondial du pétrole se forme sur les marchés à terme ou les marchés *« spot »* de Rotterdam et de New York.
Pour la plupart des produits agricoles (céréales, sucre, café, cacao, soja, coton …) la *« commoditisation »* constitue un phénomène relativement ancien : les premiers contrats à terme portant sur du blé ont été négociés en 1865. En revanche pour les métaux non ferreux et pour le pétrole, ce phénomène est récent. Il en va de même pour les monnaies et les produits financiers devenus, eux aussi, des commodités. La liste de celles-ci ne cesse d'ailleurs pas de s'allonger : des projets avancés existent pour l'acier inoxydable, pour les semi-conducteurs, pour les assurances… On peut même imaginer qu'un jour des automobiles « standard » bas de gamme puissent être négociées comme des commodités.

Or, dès qu'un produit devient une commodité, le marché est libre pour que son cours soit sujet à de fortes fluctuations. Pendant les dernières décennies le cours mondial du sucre a varié dans des proportions allant de 1 à ... 30 ! Il s'agit là d'un cas extrême, mais l'instabilité des cours des commodités constitue une caractéristique fondamentale. La place manque ici pour présenter de façon détaillée et argumentée les vices et les vertus des marchés à terme. On retiendra malgré tout que les agents économiques qui interviennent à la fois sur les marchés de produits physiques et sur les marchés à terme correspondants utilisent principalement ces derniers pour s'assurer contre les fluctuations des cours des produits qui retiennent leur intérêt. Pour une présentation des mécanismes qu'utilisent les « *hedgers* » ou « opérateurs en couverture de risques » on peut se reporter à J. Cordier (1984) ou, pour une présentation très simplifiée, à J.P. Charvet (1987).

Mais parallèlement, les prix qui se forment sur ces marchés peuvent être présentés à la fois comme la synthèse d'informations venues du monde entier et comme les vecteurs d'une information synthétisée valable pour l'ensemble de la planète.

1.3. Les géostratégies des firmes transnationales

Les **firmes transnationales** figurent parmi les agents économiques qui utilisent le plus les marchés à terme et qui ont le plus poussé à la libéralisation des échanges. Ces firmes qui, selon la définition retenue par l'ONU, contrôlent des actifs (terrains, immeubles, usines, entrepôts ou silos, moyens de transport, stocks de marchandises, capitaux...) dans au moins deux pays en plus de celui où se trouve leur siège social, occupent une place toujours plus grande dans l'économie mondiale et les échanges internationaux. Elles interviennent dans 80 à 90 % des exportations de pays comme les Etats-Unis ou le Royaume-Uni. Le montant des ventes réalisées par les plus importantes d'entre elles dépasse le PIB de nombreux pays, même si elles sont loin d'être toutes des firmes géantes. Sur un plan géographique elles travaillent à l'échelle de la planète entière, elles commercialisent ou produisent dans de nombreux pays et se trouvent à la tête de réseaux d'information, de collecte et/ou de distribution d'extension mondiale. Elles touchent principalement aux secteurs qui figurent parmi les plus porteurs dans nos économies modernes : l'énergie, l'automobile, l'informatique, l'électronique, la chimie fine et les biotechnologies, l'agro-alimentaire... Elles sont aussi de plus en plus nombreuses dans les domaines de la banque et des assurances.

Elles ont joué et elles continuent à jouer un rôle majeur dans la progression de la **division internationale des processus productifs** qui a pour conséquence géographique de répartir les différentes étapes de fabrication d'un produit entre différents pays et territoires. Qu'on les considère comme des « fées » ou comme des « sorcières » de l'économie, il est certain que l'essor des flux entre les pays les plus industrialisés ainsi qu'entre ces pays et les nouveaux pays industriels d'Asie ou d'Amérique latine est très largement le reflet de leurs géostratégies.

1.4. Les facteurs institutionnels de la libéralisation et de l'instabilité des échanges

Le GATT et la libéralisation des échanges

L'Accord Général sur les Tarifs Douaniers et le Commerce (General Agreement on Tariffs and Trade) signé en 1947 à la suite de la conférence de La Havane et à l'initiative des Etats-Unis avait pour objectif affiché de faire progresser le libre échange. Les différents cycles de négociations commerciales (Dillon Round, Kennedy Round, Tokyo Round et, plus récemment, Uruguay Round) qui se sont succédés dans le cadre du GATT ont permis d'aller dans cette direction. Le cercle des participants s'est considérablement élargi au cours des années. En 1947, les Etats signataires de l'accord étaient au nombre de 24. En 1986, lors des débuts de l'Uruguay Round, 124 Etats participaient aux négociations sans compter les pays présents avec le statut d'observateur. L'ensemble de la planète est aujourd'hui concerné.

Ces négociations commerciales progressent avec beaucoup de difficulté, d'autant plus qu'elles touchent aujourd'hui des domaines sensibles tels ceux des produits textiles, des produits agricoles, des services ou de la propriété intellectuelle. L'Uruguay Round ne s'est pas terminé à la date prévue, mais l'idée dominante demeure bien celle d'une libéralisation accrue des échanges même si chaque Etat – y compris ceux qui se présentent en champions du libéralisme – tente de maintenir un certain niveau de protection à propos de son territoire national pour différents produits ou marchandises.

Commoditisation des monnaies et instabilité des échanges

Le système monétaire international mis en place par les accords de Bretton Woods de 1944 – accords qui avaient instauré un système de parités fixes entre les principales monnaies par référence au dollar américain lui-même gagé sur l'or sur la base de 35 dollars par once d'or – a accompagné l'essor économique et commercial des « *Trente Glorieuses* ». Cette relative stabilité monétaire avait largement contribué à l'essor des échanges internationaux.

Depuis le début des années 1970, l'abandon de la référence à l'or et le flottement généralisé des monnaies ont créé un nouveau contexte. La progression des échanges s'est poursuivie, mais de façon beaucoup plus chaotique. La géographie des flux dépend désormais fortement de facteurs purement monétaires, tant il est vrai qu'il est beaucoup plus facile d'exporter à partir d'un pays dont la monnaie s'affaiblit. Quant aux monnaies, elles sont devenues, du moins pour les principales d'entre elles, des commodités comme les autres. Sur le premier marché à terme du monde : le Chicago *Board of Trade* (« *Big Board* » pour les initiés) les échanges de contrats portant sur les produits financiers et les monnaies sont devenus depuis le début des années 1980 bien supérieurs à ceux portant sur les produits de base.

2. L'organisation de l'espace mondial par les échanges

Echanges et marchés sont à la fois cause et conséquence de l'organisation actuelle de l'espace mondial.

2.1. Les marchés internationaux et leurs projections géographiques

On peut définir un **marché international** comme un réseau de flux mettant en relation des territoires relevant d'Etats différents et comportant des points nodaux hiérarchisés situés à différents niveaux (centres de décision majeurs, centres de décision secondaires, centres de collecte, points de rupture de charge, centres de redistribution...).

L'organisation et le fonctionnement d'un tel marché peuvent se rapprocher beaucoup de ceux d'une organisation systémique. Au niveau 1 (niveau le plus élevé) se placent un nombre très limité de points nodaux majeurs : on y trouve rassemblés les grands marchés à terme sur lesquels se forment les cours « mondiaux » et les sièges sociaux ou « quartiers généraux » (« *headquarters* ») de grandes firmes transnationales commerciales et/ou industrielles et de grandes banques transnationales. Ces points nodaux correspondent aux « grandes places financières » telles qu'elles ont été identifiées par J. Labasse dans son ouvrage consacré à « *L'espace financier* » (1974) et dont les trois premières sont New York, Tokyo et Londres. A l'intérieur de chacune de ces grandes agglomérations, ces activités de décision de très haut niveau se trouvent regroupées dans des quartiers spécifiques : les CBD ou « *Central Business District* » (quartier de la City à Londres, quartier de Wall Street à New York, quartier de la gare de Shinjuku à Tokyo...). Les niveaux inférieurs (niveaux 2 et 3) correspondent aux grands ports d'importation ou d'exportation et aux principaux centres de collecte et de redistribution des produits, ceux-ci pouvant se confondre ou non avec des organismes portuaires. A l'image de ce qui se passe pour les réseaux urbains, le niveau et la complexité des services rendus permettent d'établir un classement hiérarchisé de différents points nodaux pour chaque grand marché. En outre, des marchés différents peuvent très bien faire appel, au moins partiellement, aux mêmes réseaux. Dans un monde où l'instabilité est devenue la règle, les agents économiques les mieux placés sont ceux dont les réseaux d'information sont les plus performants et les mieux reliés entre eux.

2.2. Le poids toujours plus grand des produits manufacturés

La place relative des produits manufacturés dans les exportations mondiales apparaît de plus en plus importante : 52 % des exportations mondiales en 1963, 69 % en 1989 *(tableau 2)*. Ceci s'explique par le développement et la diversification des activités industrielles dans les anciens et dans les nouveaux pays industrialisés, mais aussi au fait que les prix des produits manufacturés – produits qui échappent encore le plus souvent au domaine des commodités – ont augmenté nettement plus vite que ceux des produits de base. Ce phénomène se trouve à l'origine du processus de **détérioration des termes de l'échange** mis en avant dans les explications du sous-développement et des oppositions entre « centres » et « périphéries ». La réalité apparaît plus complexe dans la mesure où les pays en développement sont loin d'être les seuls pays exportant des produits de base aux cours de plus en plus déprimés : les grands exportateurs mondiaux de céréales, Etats-Unis, CEE (Communauté Economique Européenne), Canada... sont des pays industrialisés ; l'Australie qui figure parmi les premiers exportateurs mondiaux de minerai de fer, de bauxite et de charbon appartient également au groupe des pays développés... Dans l'ensemble des produits manufacturés, la part relative des produits de la métallurgie de base (fonte et acier) de même que celle des textiles n'a pas cessé de décliner depuis les années 1950 alors que celle des industries électriques et mécaniques est de plus en plus marquée : elle représente aujourd'hui 58 % des échanges mondiaux de produits manufactu-

Tableau 2 Evolution de la composition des exportations mondiales de marchandises depuis les années 1960 (en %)

	1963	1973	1980	1985	1989
Produits agricoles	29	21	15	14	13
Produits minéraux[1]	16	17	29	22	14
Produits manufacturés	52	61	55	62	69
Autres	3	1	1	2	4

1 Y compris les combustibles minéraux.

D'après les annuaires du GATT.

rés, contre 47 % en 1955. Il s'agit d'un domaine de production dans lequel les nouveaux pays industrialisés interviennent de plus en plus. **La division internationale des processus productifs** a largement évolué : désormais, les anciens pays « atelier » de l'Asie du Sud-Est (Corée du Sud, Taïwan...) sont capables de maîtriser des processus complets de production dans les domaines de l'électronique ou de l'automobile.

La place relative des produits minéraux dans les échanges internationaux dépend fortement de l'évolution du cours des hydrocarbures : élevée en 1980 à la suite du second choc pétrolier, elle a nettement régressé depuis *(tableau 2)*.

Enfin, la place relative des produits agricoles dans les échanges internationaux n'a pas cessé de décliner (29 % des exportations mondiales de marchandises en 1963, 13 % seulement en 1989). Pratiquement tous ces produits appartiennent au groupe des commodités : ils subissent donc de plein fouet les effets de la compétition mondialisée qui s'exprime à travers des prix qui se forment sur les grands marchés à terme. Les baisses de prix l'emportent sur l'augmentation des quantités commercialisées. En outre, compte tenu des caractéristiques propres à l'offre et à la demande de produits alimentaires, l'« effet de King » entraîne le plus souvent les prix agricoles à la baisse (Charvet, 1987, p. 38 et suivantes).

2.3. Un monde organisé selon un schéma tripolaire

L'examen de l'ensemble des flux de marchandises, de capitaux et d'information révèle l'existence d'un espace mondial tripolaire. Trois pôles majeurs se détachent : l'Amérique du Nord, l'Europe Occidentale et le Japon *(tableau 3)*.

En Amérique du Nord, les liens déjà très étroits existant entre les Etats-Unis et le Canada se resserrent encore davantage depuis l'entrée en application, début 1989, du traité de libre échange signé entre les deux pays. En Europe Occidentale, la marche des pays de la CEE vers un marché unique est déjà bien avancée et a suscité de nouvelles candidatures d'adhésion. En Asie Orientale, toute une nébuleuse de nouveaux pays industriels développent à un rythme rapide leurs économies dans le sillage du « grand frère » japonais.

Les statistiques montrent que les échanges croisés entre centres majeurs eux-mêmes sont beaucoup plus importants que les échanges entre « centres » et « périphéries » *(tableaux 4 et 5)*. Ceci est encore plus net pour les flux financiers et les échanges de services que pour les seuls échanges de marchandises. Dans le domaine des services, les pays industrialisés qui sont à l'origine de 80 % des exportations reçoivent 75 % de ces exportations. Les in-

Tableau 3 Participation des principaux pays et groupes de pays aux exportations mondiales de marchandises au cours des années 1980 (en %)

	1980	1989
Pays industrialisés à économie de marché de l'hémisphère nord	61,5	68,5
dont Amérique du Nord (Etats-Unis + Canada)	14	15,5
Europe Occidentale	41	43,5
Japon	6,5	9,5
Australie + Afrique du Sud + Nouvelle Zélande	2	2
Pays en développement	27,5	21
dont Pays en développement d'Asie	5,5	10,5
Pays « de l'Est » (Pays communistes et post communistes d'Europe et d'Asie)	9	8,5

D'après les annuaires du GATT.

vestissements réalisés par les grandes firmes transnationales apparaîssent également assez peu dirigés vers les pays du Tiers Monde : 75 % de ces flux financiers correspondent en effet à des investissements croisés entre les Etats-Unis, la CEE et le Japon. Il est prématuré de prévoir l'importance des investissements qu'elles engageront dans les années à venir dans les pays « post communistes », mais ils demeurent dans l'immédiat bien modestes. Dans ce domaine, les pays en développement se trouvent souvent handicapés par un endettement devenu considérable.

La prééminence économique des Etats-Unis apparaît nettement moins affirmée qu'elle ne l'était encore dans les années 1970. Depuis les années 1980, les deux déficits de la balance commerciale et de la balance des comptes sont devenus considérables. En une décennie, les Etats-Unis sont passés de la situation de premier créditeur à celle de premier débiteur du monde. Cette situation n'est pas étrangère, avec les réticences que manifestent les Européens et les Japonais dans différents domaines, aux difficultés rencontrées pour parvenir à un accord dans les négociations commerciales de l'Uruguay Round.

En fait, le monde actuel présente des évolutions contradictoires :

— d'une part la mondialisation et la globalisation de l'économie s'affirment toujours davantage : les différentes économies nationales apparaissent de plus en plus dépendantes les unes des autres, ce qui s'est traduit par un essor sans précédent des flux, *(figures 1 et 2)*,

— d'autre part se mettent en place des blocs économiques régionaux (CEE, Marché Commun d'Amérique du Nord, zone de libre échange de l'Association des Nations de l'Asie du Sud-Est) de plus en plus cohérents.

Tableau 4 Répartition du commerce mondial des marchandises, par régions, 1989 (en milliards de dollars)

Origine \ Destination	Amérique du Nord	Amérique latine	Europe occidentale	Europe centrale, orientale et URSS	Afrique	Moyen-Orient	Asie	Autres	Monde
Amérique du Nord	164,5	51,4	112,5	6,1	8,7	12,4	126,2	3,7	485,3
Amérique latine	61,4	16,4	29,0	8,3	2,0	2,2	14,3	0,4	134,0
Europe occidentale	114,9	24,5	962,7	43,1	47,2	40,1	102,3	12,1	1 346,9
Europe centrale, orientale et URSS	2,5	8,4	56,0	109,3	3,7	3,6	19,9	9,1	212,4
Afrique	11,2	1,3	40,8	3,0	5,9	2,7	8,0	8,4	81,2
Moyen-Orient	13,1	8,6	25,4	2,8	3,4	8,1	40,5	3,2	105,0
Asie	215,4	12,8	132,9	15,5	13,9	23,2	310,3	6,2	730,1
Monde	583,0	123,5	1 359,3	188,0	84,7	92,2	621,4	42,9	3 095,0

Source : GATT, « Le commerce international 1989-90 », Genève, 1991.

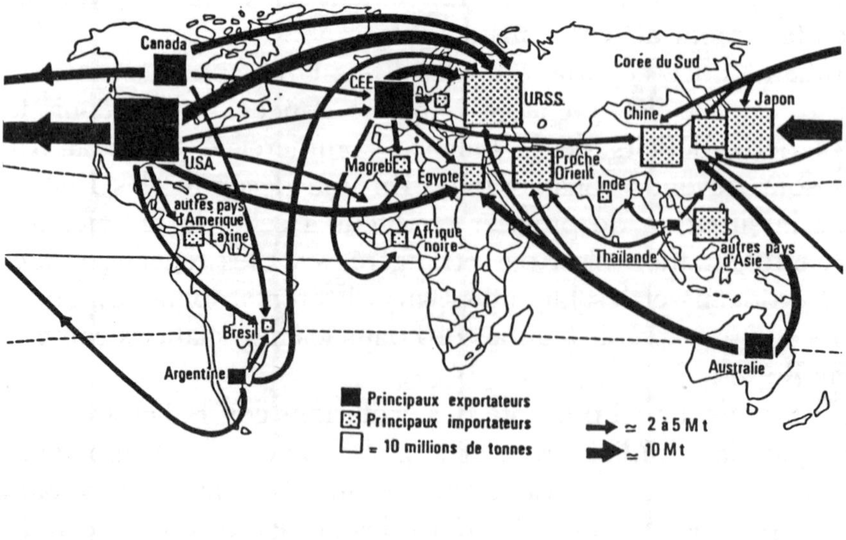

Figure 1 Les échanges de céréales dans le monde à la fin des années 1980

Tableau 5 Les 25 premiers exportateurs et importateurs participant au commerce mondial des marchandises en 1989 (En milliards de dollars et en pourcentage)

	Exportateurs	Valeur	Part		Importateurs	Valeur	Part
1	Etats-Unis	364,0	11,8	1	Etats-Unis	492,9	15,3
2	Allemagne, Rép. féd.	341,2	11,0	2	Allemagne, Rép. féd.	269,7	8,4
3	Japon	273,9	8,9	3	Japon	209,7	6,5
4	France	179,4	5,8	4	Royaume-Uni	197,7	6,1
5	Royaume-Uni	152,3	4,9	5	France	193,0	6,0
6	Italie	140,7	4,5	6	Italie	153,0	4,8
7	Canada	121,4	3,9	7	Canada	121,2	3,8
8	URSS[b]	109,4	3,5	8	URSS[a, b]	114,8	3,6
9	Pays-Bas	107,8	3,5	9	Pays-bas	104,2	3,2
10	Belgique-Luxembourg	100,0	3,2	10	Belgique-Luxembourg	98,5	3,1
11	Hong Kong[c]	73,1	2,4	11	Hong Kong[d]	72,2	2,2
12	Taïwan	66,2	2,1	12	Espagne	71,5	2,2
13	Corée, Rép. de	62,3	2,0	13	Corée, Rép. de	61,3	1,9
14	Chine	51,6	1,7	14	Chine	58,3	1,8
15	Suède	51,5	1,7	15	Suisse	58,2	1,8
16	Suisse	51,5	1,7	16	Taïwan	52,5	1,6
17	Singapour[c]	44,7	1,4	17	Singapour[d]	49,7	1,5
18	Espagne	44,5	1,4	18	Suède	49,0	1,5
19	Australie	37,7	1,2	19	Australie	44,9	1,4
20	Mexique	35,6	1,2	20	Autriche	39,0	1,2
21	Brésil	34,4	1,1	21	Mexique	33,9	1,1
22	Autriche	31,9	1,0	22	Danemark	26,7	0,8
23	Rép. dém. allemande[b]	29,0	0,9	23	Rép. dém. allemande[a, b]	26,5	0,8
24	Danemark	28,1	0,9	24	Thaïlande	25,1	0,8
25	Arabie Saoudite[e]	27,5	0,9	25	Finlande	24,4	0,8

a Importations f.o.b. (free on board)
b La fiabilité des chiffres est affectée par des problèmes graves concernant la conversion en dollars des échanges exprimés en monnaie nationale.
c Y compris les réexportations.
d Y compris les importations destinées à la réexportation.
e Estimations.

Source : GATT, « Le commerce international 1989-90 », Genève, 1991.

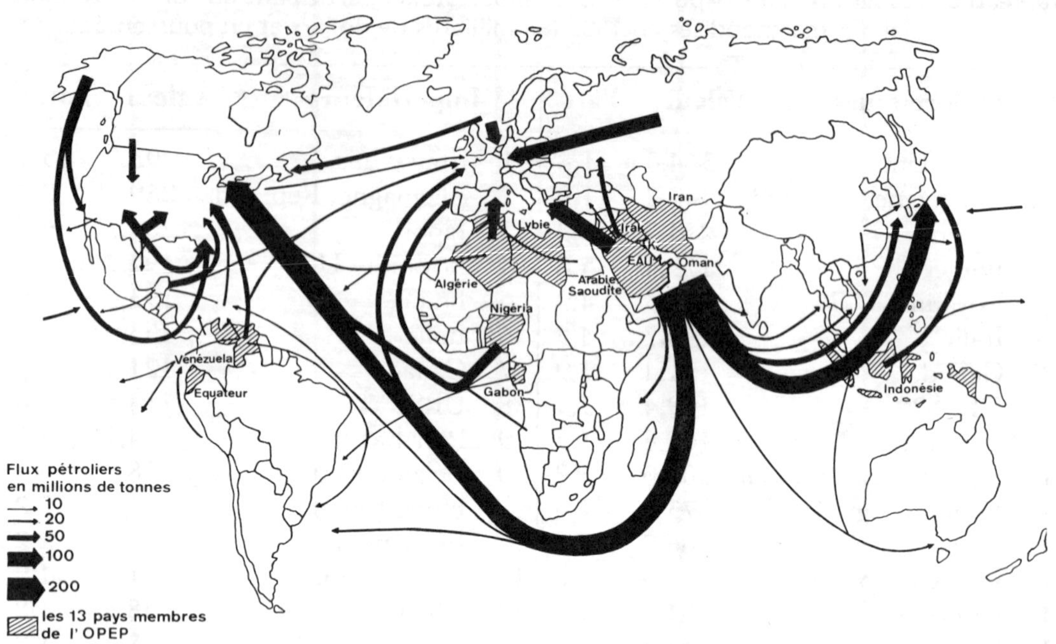

Figure 2 Les échanges de pétrole dans le monde à la fin des années 1980
Source : GATT, 1991, *op. cit.*

Toutefois, la contradiction demeure plus apparente que réelle dans la mesure où, contrairement au défunt Comecon, ces blocs fonctionnent bien davantage comme des systèmes ouverts que comme des systèmes fermés : ils restent tous ouverts à des nouveaux adhérents et l'essor des échanges intra-régionaux n'y apparait jamais incompatible avec le développement des échanges vers l'extérieur donc avec le reste du monde.

Lectures recommandées

Andreff W., 1990, *Les multinationales*, Paris, La Découverte.

Brunet R. et Dollfus O., 1990, Mondes nouveaux, *Géographie Universelle*, tome 1, Paris, Hachette/RECLUS.

Chalmin P. et El Alaoui A., 1990, *Matières premières et Commodités*, Paris, Economica, coll. Cyclope.

Charvet J.P., 1987, *Le désordre alimentaire mondial*, Paris, Hatier.

Charvet J.P., 1988, *La guerre du blé,* Paris, Economica.
Cordier J., 1984, *Les marchés à terme*, Paris, PUF.
Cyclope (P. Chalmin ed.), *Les marchés mondiaux*, Paris, Economica.
Eck J., 1992, *Le commerce mondial des produits agricoles au XXe siècle*, Paris, Eyrolles, coll. Axes.
Giraud P., 1989, *L'économie mondiale des matières premières*, Paris, La Découverte.
GATT, *Le commerce international*, Genève, 2 volumes chaque année.
Grou P., 1990, *L'espace des multinationales*, Paris, RECLUS/La Documentation Française.
Labasse J., 1974, *L'espace financier*, Paris, Colin.
Rainelli M., 1989, *Le commerce international*, Paris, La Découverte.
Vigarié A., 1991, *Echanges et transports internationaux*, Paris, Sirey.

Mots-clefs

Barrières douanières, Commodités, Echanges internationaux, Division internationale des processus productifs, Détérioration des termes de l'échange, Firmes transnationales, GATT, Marchés, Marché international, Nouveaux pays industriels.

Les marchés communs dans le monde 43

Yves Berthelot

Les Marchés communs dans le monde : le tour en est vite fait puisque, au sens strict, seule la Communauté Economique Européenne (CEE) en a toutes les caractéristiques. Cependant, de la zone d'échanges préférentiels à l'union économique, en passant par le marché commun, les tentatives furent nombreuses de constituer des ensembles économiques régionaux destinés à consolider la paix entre les pays membres et à renforcer leurs économies en donnant à leurs entreprises les avantages d'un marché privilégié. Les échecs furent presqu'aussi nombreux, mais la logique de l'intégration est si forte que les initiatives refleurissent, et que, aujourd'hui, on peut identifier une vingtaine d'ensembles ayant peu ou prou vocation à devenir des marchés communs.

1. Le concept de marché commun dans l'ensemble des modes d'intégration économique régionales

Par ordre d'intensité croissante dans le processus d'intégration, on trouve d'abord la zone d'**échanges préférentiels**. Celle-ci se caractérise par l'allègement partiel, pour certains biens ou services, des restrictions aux échanges entre pays membres. Une **zone de libre échange** est créée quand les Etats membres démantèlent complètement les obstacles tarifaires et non tarifaires à leurs échanges mutuels, mais demeurent libres de soumettre leur commerce avec le reste du monde à des restrictions. En général, pour bénéficier du régime de libre échange, les biens ou services importés doivent satisfaire à certaines règles d'origine : ils doivent avoir été produits pour l'essentiel dans les Etats membres et cela peut conduire à des contrôles tatillons qui réduisent la portée des avantages théoriques de la zone. L'**union douanière** est réalisée lorsque les restrictions aux échanges mutuels sont totalement éliminées et qu'un tarif extérieur commun pour le commerce avec le reste du monde est établi. L'union douanière devient un **marché commun** quand toutes les restrictions frappant la mobilité des facteurs de production, travail, capital, entreprises, sont levées pour permettre leur libre circulation entre les pays membres. Tout citoyen ou toute entreprise d'un de ces pays peut alors s'établir et excercer son activité dans l'un quelconque des pays membres. Enfin, l'étape ultime de l'intégration, l'union économique, est achevée quand, en outre, les pays membres harmonisent et unifient leurs politiques économiques commerciales, budgétaires, fiscales et monétaires.

Le tableau 1 résume ces différents degrés de l'intégration économique.

Tableau 1 Etapes et principaux aspects de l'intégration économique

Etape	Suppression des restrictions au commerce	Adoption d'un tarif extérieur commun	Suppression des restrictions à la mobilité des facteurs	Harmonisation des politiques économiques
Zone d'échanges préférentiels	Oui[1]	Non	Non	Non
Zone de libre-échange	Oui	Non	Non	Non
Union douanière	Oui	Oui	Non	Non
Marché commun	Oui	Oui	Oui	Non
Union économique	Oui	Oui	Oui	Oui

Source : F. Root, *International Trade and Investment*, 5th Edition (Ohio, South-Western Publishing Co., 1984), p. 341.

1. Abaissement plutôt que suppression des obstacles tarifaires pour certains produits seulement qui sont généralement, mais pas uniquement, des produits industriels.

Cette classification a pour critère le degré d'intégration des marchés. En outre, quel que soit celui-ci, les pays membres d'un groupement régional établissent souvent entre eux des **accords sectoriels** couvrant l'industrie, les transports ou les télécommunications et des mécanismes de compensation ou de financement des échanges afin de lever les obstacles à l'intégration commerciale ou de la faciliter. Il arrive que ces accords sectoriels résistent mieux aux tensions que les accords commerciaux proprement dits.

2. L'approche historique

Quelles qu'en soient les modalités, la logique de l'**intégration** économique mèle des objectifs d'ordre politique et d'ordre économique. Qu'il s'agisse de souder l'alliance entre pays membres qui ont une longue tradition de conflits en imbriquant leurs intérêts économiques ou de constituer des ensembles forts face à la menace de pays ou d'ensembles concurrents, la politique est toujours présente et nécessaire à la solidité de l'ensemble pour surmonter les inévitables conflits d'intérêts que l'économie au quotidien ne peut manquer de susciter. Réciproquement, le progrès économique attendu d'un marché élargi et, d'une certaine façon protégé, apparaît comme un gage de stabilité sociale. Cette imbrication de l'économique, du politique et du stratégique est présente dans la motivation des accords qui lient les parties et fait de ces regroupements autant un produit de la géographie économique que de l'histoire.

Ainsi, la Communauté Economique Européenne est-elle une réaction au désastre de la deuxième guerre mondiale et à la longue histoire des conflits entre ses Etats membres ; déjà, après la première guerre mondiale, les apôtres de l'unité européenne avaient été nombreux. Le **Conseil d'Assistance Economique Mutuelle (CAEM)** a été créé en 1949 à Moscou pour rattacher économiquement les pays communistes d'Europe de l'Est à l'Union Soviétique. Il a été dissout en 1991 avec la fin des régimes communistes, malgré l'importance des courants commerciaux qui liaient les pays membres. L'**Association des Nations d'Asie du Sud-Est (ANASE**, l'acronyme anglais ASEAN est plus usité) est formée des pays entourant le Viêtnam (à l'exception de la Chine). Elle fut créée en 1976, un an après que celui-ci ait reconstitué son unité sous l'égide de Hanoï, et a d'abord eu pour objectif de préserver la paix et la stabilité politique dans la région, face à la menace que le communisme représentait pour ses membres. Les accords économiques ne sont que des instruments au service de l'objectif politique. A l'inverse, le **Marché Commun de l'Amérique Centrale (MCAC)** n'a pu surmonter les difficultés économiques dans les années 1970 en partie à cause des divergences politiques entre les membres, divergences qui ont alimenté les conflits armés internes au Nicaragua et au Salvador. En 1988, un plan d'action immédiat pour le rétablissement d'un marché commun en Amérique centrale ne fut possible que grâce à l'apaisement des tensions politiques, vigoureusement encouragé par la Communauté Européenne, et facilité par l'affaiblissement des Sandinistes et le changement de pouvoir au Nicaragua. En Amérique latine, les tentatives d'union ont succédé à un tel rythme aux conflits armés qu'en 1957, un livre blanc de la Documentation Française sur cette région déplorait 150 ans d'échec de l'intégration économique en Amérique latine. Aujourd'hui, l'accord de libre échange entre le Canada et les Etats-Unis sert de modèle à celui qui se négocie entre les Etats-Unis et le Mexique. Celui-ci à son tour a suscité une floraison de projets dont la réalisation est plus ou moins avancée, entre les Etats-Unis et des pays comme le Chili, la Colombie, le Vénézuela ou le Mercosul qui regroupe Argentine, Uruguay et Brésil. Les accords qui n'intéressent pas tous les pays contigüs sont conçus par les Etats-Unis comme des instruments de la stabilité politique dans la région et comme un moyen de faciliter l'établissement et l'activité des entreprises américaines. Les partenaires des Etats-Unis y voient d'abord un moyen de se prémunir contre les pulsions protectionnistes du Congrès et en attendent des investissements qui stimuleront leurs économies et entraîneront des transferts de technologies.

Dans l'avenir, il faut s'attendre à voir émerger de nouveaux regroupements après l'éclatement de l'Union Soviétique et le démantèlement du Comecon. La Communauté des Etats Indépendants (CEI) se cherche. Certains pays d'Europe de l'Est – la Pologne, la Hongrie et la Tchécoslovaquie – tentent de s'ancrer au Marché Commun, d'autres (et peut-être certains de ceux qui viennent d'être cités) établiront des liens avec certaines des nouvelles républiques de l'ex-Union Soviétique. Les nouvelles républiques musulmanes quant à elles ont déjà fait savoir aux Nations Unies qu'elles ne souhaitaient plus faire partie de la Commission Economique pour l'Europe (CEE) mais de celle pour l'Asie et le Pacifique (CESAP) et vont tôt ou tard développer des accords préférentiels avec l'Iran, l'Afghanistan et le Pakistan. Enfin, la Turquie a lancé des initiatives en direction des riverains de la mer Noire : Roumanie, Bulgarie, Arménie, Géorgie et Azerbaïdjan.

L'histoire des regroupements régionaux n'est donc pas close, même si, on va le voir, leurs succès économiques sont inégaux et fragiles.

3. Acquis, tendances et débats

3.1. La libéralisation du commerce

Pour stimuler les échanges et, ainsi, la croissance de leurs économies, les pays membres des divers ensembles économiques régionaux qui se sont constitués ont libéralisé leur commerce. L'expérience montre que, dans une phase initiale, cette libéralisation a, souvent, entraîné une croissance rapide du commerce intrarégional mais qu'elle n'a pas été, en elle-même, une condition suffisante pour garantir l'expansion soutenue de ce commerce. Après avoir progressé, les échanges ont souvent stagné, voire régressé en volume pour des raisons diverses que l'on développera plus loin. La part du commerce intrarégional dans l'ensemble des exportations des pays membres, qui illustre l'intégration des économies concernées, passe théoriquement, pour chaque regroupement, par un optimum en deçà duquel les potentialités de l'intégration ne sont pas pleinement exploitées, ce qui est le cas de tous les groupements impliquant des pays en développement, et au-delà duquel le groupement est excessivement protectionniste et ne bénéficie pas de l'ouverture au commerce mondial, cas autrefois du Comecon. Pour le Marché commun européen l'optimum semble avoir été atteint.

Tableau 2 Commerce intrarégional des principaux regroupements

	En pourcentage des exportations totales de chaque groupement		
	1960	**1970**	**1980**
CEE	34,6[1]	48,9[1]	64,5[2]
CAEM	62,3	59,4	
ANASE	21,7	14,7	17,8
UDEAC	1,6	3,4	4,1
CEAO	2,0	9,1	6,9
MCAC	7,5	26,8	22,0
ALADI	7,7	10,2	13,5

1. CEE à 6.
2. CEE à 12.

3.2. Les obstacles aux échanges intrarégionaux

Les obstacles à l'expansion des échanges intrarégionaux peuvent se classer en quatre catégories, les obstacles dus à l'insuffisance des mesures de libéralisation commerciale, ceux dûs à la structure des économies concernées, ceux provenant de l'environnement international et ceux dûs au manque de mécanismes et de moyens financiers appropriés.

Dans de nombreux cas, la libéralisation des échanges intrarégionaux n'est qu'embryonnaire : les droits de douanes restent élevés, les obstacles non tarifaires nombreux, la liste des produits libérés trop limitative, l'application des règles d'origine trop complexe. Les mesures à prendre s'imposent d'elles-mêmes, mais la décision est difficile car les avantages de l'intégration ne sont pas immédiatement perçus alors que la concurrence des produits importés suscite des protestations rapides surtout dans le cas d'économies peu diversifiées et peu complémentaires.

La diversification des productions agricoles, industrielles et de services facilite l'intégration commerciale. Ainsi, dans le cas du Marché Commun Européen dont les économies étaient déjà très diversifiées, l'intégration économique implique-t-elle maintenant l'harmonisation des règles de concurrence, des efforts conjoints de recherche, des mécanismes pour faciliter les restructurations. Dans le cas d'économies peu diversifiées, par contre, les productions sont souvent identiques ce qui limite les possibilités d'échanges intrabranches si dynamiques en Europe ; aussi des tentatives sont-elles faites pour créer des co-entreprises, rationaliser les courants d'investissement afin de diversifier les productions et de les rendre plus complémentaires. Ces politiques ont été conduites avec un certain succès par l'ANASE, elles sont embryonnaires dans la plupart des autres groupements des pays en développement ; à l'inverse, poussées à l'extrême dans le Comecon, elles ont créé de graves rigidités. L'expérience montre également que l'intégration tend à profiter aux Etats membres les plus avancés ; aussi est-il utile de mettre en place des mécanismes pour compenser les pertes de recettes douanières ou le manque à produire et de prendre des mesures préférentielles permettant de développer la capacité de production des pays membres les moins avancés. Enfin pour compléter le tableau des facteurs structurels de l'intégration économique, il faut noter que celle-ci est grandement facilitée par l'intégration ou l'interconnection des infrastructures de communication, de transport, de commercialisation et de distribution qui sont notoirement insuffisantes en Afrique en particulier.

Aux obstacles commerciaux et structurels s'ajoutent les obstacles monétaires et financiers. Les monnaies de nombre de pays ne sont pas convertibles et les vendeurs ne les acceptent pas en paiement de leurs exportations. Plusieurs groupements régionaux ont donc mis en place des mécanismes de compensation. Par exemple celui de l'Union asiatique de compensation qui n'a pas fonctionné de façon satisfaisante pour de multiples raisons : certains produits en sont exclus, une part limitée des transactions seulement passe par son intermédiaire, des pays souffrent de pénuries de devises chroniques, certains sont structurellement déficitaires vis-à-vis de leurs partenaires de la zone et manquent de devises, les facilités de crédits sont insuffisantes. Au-delà de ces obstacles liés aux déséquilibres des échanges intrarégionaux, s'ajoute l'insuffisance des crédits à court et moyen termes pour financer le commerce : les institutions régionales existant aujourd'hui ont une capacité d'environ 3 milliards de dollars. Bien que modeste par rapport aux quelques 40 milliards de commerce interne aux divers groupements des pays en développement, cette somme aide à mobiliser d'autres crédits nationaux ou internationaux pour ce commerce.

Les obstacles monétaires et financiers décrits ci-dessus non seulement ont freiné le développement des échanges interrégionaux, mais encore ont incité certains pays, et surtout les pays très endettés, à orienter leurs exportations vers les pays à devises fortes et à limiter leurs importations pour faire face à leurs obligations et dégager l'épargne nécessaire. Ainsi l'intégration régionale se trouve-t-elle dépendre des progrès accomplis pour surmonter la crise de la dette et du taux de crédit à court et moyen termes.

3.3. La constitution de marchés communs : un long processus

Ce rapide bilan montre que la constitution de marchés communs au sens qui a été donné plus haut est un long processus qui dépend de nombreux facteurs. L'emploi du mot construction souvent appliqué à la Communauté européenne est parfaitement juste. L'**intégration commerciale** reflète souvent une tendance préexistante aux accords économiques comme le montrent les cas du Canada et du Mexique avec les Etats-Unis et le cas des pays qui ont rejoint progressivement la communauté européenne à six. Si l'intensité des échanges commerciaux ne préexiste pas, la seule intégration commerciale ne suffit pas à entraîner l'**intégration économique** et à garantir la dynamique de l'ensemble. Pour lancer le processus d'intégration et l'entretenir, il faut que les accords s'approfondissent sans cesse, couvrant les politiques commerciales, industrielles, agricoles, la recherche, les politiques financières et monétaires, l'harmonisation des politiques macroéconomiques et des réglementations affectant les entreprises. Les différences entre les membres sont saines en ce qu'elles créent des complémentarités ; mais les divergences dans les progrès et les performances sont causes de tensions et parfois de ruptures que l'on ne peut pallier que par des mécanismes de compensation et l'harmonisation des politiques. Le débat débouche inévitablement sur celui de l'aliénation partielle de la souveraineté nationale. Avec les accords de Maastricht la Communauté européenne a atteint ce stade. Reste le débat sur l'utilité même des intégrations économiques régionales et sur leurs conséquences pour les pays non membres.

Avec le démantèlement des barrières douanières, les protections douanières autour des ensembles économiques perdent de leur importance, ce qui relativise le rôle que joue l'intégration des marchés des biens et des services. En même temps les modalités des échanges économiques internationaux changent. Les progrès des télécommunications et de la gestion de l'information ont, avec le mouvement des dérégulations, entraîné des associations actives d'entreprises appartenant à divers secteurs d'activités et opérant à l'échelle mondiale : elles bénéficient à la fois des économies d'échelle et de la possibilité de pouvoir s'adapter aux besoins de chaque client en combinant différemment les biens et les services qu'elles proposent. Ce phénomène, appelé globalisation, transcende les limites des groupements économiques. L'abaissement des tarifs douaniers et la globalisation réduisent l'intérêt des groupements basés sur la seule création d'un marché commun des biens et services ; par contre l'harmonisation des législations concernant les entreprises et les banques, la libre circulation des capitaux et des personnes, le droit d'établissement, la coordination des efforts de recherche donnent aux entreprises des pays membres des marges de manœuvre plus grandes, la possibilité de tester leurs produits et leurs méthodes sur un marché plus vaste et le bénéfice d'une base large pour leurs opérations internationales. L'intégration économique favorise le dynamisme des entreprises des pays membres.

Si les **unions économiques** ou les **marchés communs** sont considérés comme bénéfiques pour les entreprises des pays membres, qu'en est-il pour celles des pays non membres et d'une façon plus générale pour les exportations de ces pays ? La constitution de l'Europe de 1992 a suscité beaucoup de craintes et l'on a parlé de « forteresse européenne ». S'il s'agit d'une forteresse, elle est plutôt conçue comme une base pour l'offensive que comme un ensemble de protection défensive. En fait, les craintes s'estompent, et l'opinion commune est que la dynamique résultant de l'union économique créera plus d'échanges que les barrières restantes n'en détourneront. Tant que les groupements économiques régionaux respecteront les règles du GATT et se comporteront comme des pays dans l'échange international, le multilatéralisme n'est pas en danger. Cela suppose qu'ils n'atteignent pas une part excessive du commerce mondial. Or le Marché commun européen et l'accord américano-canadien attirent des candidats à l'adhésion. Les pays souhaitent, en effet, bénéficier de la dynamique interne de ces ensembles dont ils attendent des investissements et des transferts de technologie plus encore que des débouchés commerciaux préférentiels.

En conclusion, les groupements économiques régionaux devraient s'orienter progressivement vers des unions économiques insérées dans le système commercial multilatéral et être conçus plus pour stimuler la dynamique des entreprises membres et attirer les capitaux et les compétences que pour protéger les échanges commerciaux. Ainsi auraient-ils plus de chance de renforcer les économies des pays membres et de coexister fructueusement avec d'autres modes d'intégration comme la globalisation.

4. Quelques exemples

4.1. Le Marché Commun d'Amérique centrale (MCAC)

Créé en juin 1961, il comprend le Costa Rica, le Salvador, le Guatemala, le Honduras et le Nicaragua. L'objectif premier du MCAC était la création d'un marché commun qui contribuerait à accélérer la croissance économique des pays membres et favoriserait la diversification de leur base de production en l'orientant vers la fabrication d'articles manufacturés. Des programmes de coopération visant à promouvoir l'industrialisation ainsi que l'intégration monétaire et financière ont été élaborés. Une chambre de Compensation Centraméricaine était créée en 1961 et l'union douanière était pratiquement réalisée en 1966. En outre, les restrictions aux mouvements de capitaux à l'intérieur de la région ont été supprimées, de sorte qu'un marché commun a été partiellement établi. Ces efforts d'intégration ont donné des résultats spectaculaires dans les années 1960. Le commerce entre les membres du MCAC, en particulier pour les produits industriels, a fait un véritable bond, passant d'environ 7 % des exportations totales en 1960 à quelque 26 % en 1970, pour rester proche de ce niveau jusqu'en 1980. La croissance rapide du commerce intrarégional a contribué à l'essor des exportations totales qui ont presque triplé dans les années 1960 et plus que quadruplé dans les années 1970. La production industrielle régionale a également augmenté par suite de l'élargissement du marché et des accords de libre-échange.

L'essor initial du MCAC a paradoxalement engendré des facteurs de dislocation qui ont ensuite entravé l'intégration économique. Il faut citer, en particulier, la répartition inégale des avantages de l'intégration (expansion commerciale et industrielle), qui a favorisé les Etats membres les plus avancés. L'endettement intrarégional a également nui à la stabilité des relations entre les Etats membres. En sus des problèmes économiques, des conflits politiques et sociaux, entraînant dans certains pays des affrontements armés, ont provoqué la destruction d'une grande partie de la capacité de production de la région et empêché la reprise de l'intégration. Des facteurs à la fois internes et externes ont donc gravement compromis ce processus et fait échec aux efforts de réactivation.

Depuis le début des années 1980, les Etats membres ont décidé de ne plus réintroduire de restrictions aux échanges à l'intérieur de la zone et de commencer à démanteler les obstacles existants. En 1986, un système régional de paiement, fondé sur les droits d'importation en Amérique centrale (DICA), a été mis en place à titre provisoire pour faciliter la reprise du commerce intrarégional. Les Etats membres du MCAC s'efforcent par ailleurs de rétablir la paix en Amérique centrale et plusieurs accords ont déjà été signés à cet effet.

4.2. Communauté Economique des Etats de l'Afrique de l'Ouest (CEDEAO)

La CEDEAO, instituée par le Traité de Lagos en mai 1975, comprend les Etats membres suivants : le Bénin, le Burkina Faso, le Cap-Vert, la Côte-d'Ivoire, la Gambie, le Ghana, la Guinée, la Guinée-Bissau, le Libéria, le Mali, la Mauritanie, le Niger, le Nigéria, le Sénégal, la Sierra Leone et le Togo. Le principal objectif de la CEDEAO est de favoriser le progrès socio-économique de ses Etats membres et de développer les secteurs économiques d'importance par une coopération économique harmonieuse. L'intégration de la CEDEAO devait, par étapes successives, aboutir à la création d'une véritable communauté économique s'appuyant sur un programme global de libéralisation du commerce – notamment de produits non transformés (agricoles et artisanaux) et d'articles manufacturés – puis à une union douanière, une fois adoptés un tarif douanier commun et une nomenclature douanière commune.

La participation de certains pays membres à plusieurs autres groupements africains d'intégration économique a perturbé la coordination des politiques et des programmes aux niveaux national et régional. De même, les problèmes administratifs et de communication ont entravé la libre circulation des personnes, le droit de résidence et d'établissement : les décisions adoptées en 1979 sur ces questions sont ignorées des responsables aux frontières. Ces difficultés se sont aggravées lors de conflits politiques entre des Etats membres.

Le mécanisme de compensation a mal fonctionné en raison de la faiblesse du volume des transactions faisant l'objet d'une compensation, de l'asymétrie des échanges sous-régionaux, de la réglementation trop rigoureuse en matière de change et de commerce et de la multiplicité des monnaies non-convertibles de force inégale au niveau régional. Les devises convertibles ont donc jusqu'à présent été utilisées pour régler des transactions commerciales interrégionales.

Enfin les déséquilibres macro-économiques qui ont suivi la baisse des prix des matières premières ont contraint les pays membres à adopter des programmes d'ajustements structurels qui répondaient à des priorités nationales mais ne tenaient guère compte des objectifs d'intégration économique sous-régionale. Les Etats membres ont donc délaissé la coordination des politiques d'intégration économique et les objectifs de développement et de coopération à long terme pour s'engager dans la gestion de la crise à court terme. Le treizième sommet de la Communauté a décidé de relancer le processus d'intégration en simplifiant les procédures et en mettant l'accent sur la diversification des productions.

4.3. Association des Nations de l'Asie du Sud-Est (ANASE)

L'ANASE, instituée en août 1967, comprend six Etats membres : Brunéi, l'Indonésie, la Malaisie, les Philippines, Singapour et la Thaïlande. L'accord de base sur les arrangements commerciaux préférentiels a été conclu en février 1977. Il a pour mandat de promouvoir le développement socio-économique et culturel ainsi que de préserver la paix et la stabilité politique dans la région. Parmi les autres priorités commerciales figurent la consolidation de la position de l'ANASE, en tant que groupe, sur les questions économiques et commerciales ainsi que l'expansion du tourisme dans la région.

Les échanges interrégionaux se sont développés mais ont porté esentiellement sur des produits alimentaires et les matières premières. Ces échanges ont bénéficiés de mécanismes de crédit qui ont bien fonctionné, les pays membres, à l'exception des Philippines, n'ayant connu ni crise des paiements ni endettement excessif. On peut s'attendre à une intensification des échanges de produits manufacturés suite aux décisions d'accroître le nombre des produits visés et d'assouplir les obstacles non tarifaires frappant le commerce entre les pays membres.

Dans le secteur industriel, la coopération régionale s'appuie sur trois accords fondamentaux, à savoir : l'accord de base sur les projets industriels (signé en 1980) ; l'accord de base sur la complémentarité industrielle (1981) et l'accord de base sur les co-entreprises industrielles (1983). Le premier porte sur des projets de grande envergure (300 à 400 millions de dollars des Etats-Unis) qui répondent à la demande régionale et sont financés en grande partie par des capitaux nationaux. Le deuxième est destiné à promouvoir le développement d'industries manufacturières complémentaires dans les pays membres. Enfin, le dernier accord vise à favoriser la création de co-entreprises industrielles régionales, auxquelles le secteur privé est encouragé à participer. Sa mise en œuvre a été entravée par des procédures d'agrément compliquées retardant la prise de décisions, des règles trop strictes en matière de participation au capital dans une région où les milieux commerciaux et industriels sont dominés par les filiales de sociétés transnationales, de fortes pressions gouvernementales pour la sélection des projets industriels, etc.

4.4. Le Japon et les pays du bassin du Pacifique

L'intégration économique qui s'est progressivement construite entre le Japon et les pays du Sud et Sud-Est asiatique est une intégration sans traité formel. Elle est le résultat de changements structurels de l'industrie japonaise s'acheminant vers des industries à technologies plus avancées, d'une politique d'investissements favorisant les pays du bassin du Pacifique et de l'accroissement des capacités d'exportations des pays asiatiques partenaires.

Les résultats sont remarquables. La République de Corée, Taïwan, Singapour, Hong-Kong, les Philippines, l'Indonésie, la Thaïlande et la Malaisie fournissent au Japon 90 % de leurs importations totales de produits manufacturés des pays du Tiers Monde et progressivement la balance commerciale de produits industriels entre le Japon et chacun de ces pays tend à s'équilibrer.

L'investissement massif des firmes japonaises dans ces pays et la division verticale et horizontale du travail entre la maison-mère et la filiale outre-mer dans la production et la commercialisation de produits différenciés ont contribué à développer les productions et les exportations des textiles, de l'habillement, de la transformation du bois, de l'équipement électrique et électronique et des instruments de précision. Ces secteurs ont profité de l'acquisition de technologies nouvelles et plus avancées qui leur ont permis de s'adapter aux exigences en produits de haute qualité du marché japonais. Ces rapports d'osmose entre le Japon et les économies des pays du Sud et Sud-Est asiatiques ont engendré à leur tour un processus d'investissement étranger direct entre les pays asiatiques eux-mêmes qui maintenant se tournent aussi vers d'autres pays asiatiques qui s'ouvrent à l'économie de marché comme le Myanmar, le Viêt-nam, le Laos, le Cambodge et la Chine.

4.5. Conseil d'Assistance Economique Mutuelle (CAEM)

Le CAEM comptait dix pays membres : la Bulgarie, la Tchécoslovaquie, la Hongrie, la Pologne, la Roumanie, l'Union Soviétique, l'ancienne République Démocratique Allemande (devenue membre en 1950), la Mongolie (devenue membre en 1962), Cuba (devenu membre en 1979) et le Viêt-nam (devenu membre en 1978). L'Albanie, devenue membre en 1949, n'avait plus participé activement aux activités économiques du groupement depuis 1962. Il comptait également un membre associé, la Yougoslavie, ainsi que sept pays en développement et un pays développé comme membres observateurs. Le groupement d'intégration économique, maintenant démantelé, s'était formé en 1949 dans le but d'accélérer la croissance économique des Etats membres et d'établir entre eux une division du travail rationnelle. La plupart des membres du CAEM n'étaient pas membres du GATT. L'objectif principal était de coordonner leur planification économique et leurs politiques industrielles et de commerce extérieur.

Les échanges intrarégionaux sont demeurés élevés pendant près de quarante ans, le fléchissement observé dans les années 1970 au profit des pays d'Europe occidentale n'a pu se prolonger en raison de l'endettement des pays membres et de la faible qualité de leurs exportations. Malgré l'intensité des échanges internes au CAEM les objectifs d'intégration économique et de spécialisation industrielle n'ont pas été atteints. L'investissement a été en grande partie axé sur des secteurs peu productifs. Priorité a été donnée à l'industrie lourde, au détriment des biens de consommation et des biens d'équipement de haute technicité. La demande étant excédentaire sur le marché intérieur, les entreprises n'ont guère été tentées de se tourner vers l'exportation. De ce fait, nulle incitation n'existait pour perfectionner les compétences techniques et commerciales. Les structures de production ne correspondaient plus à la demande du marché mondial, ni à l'avantage comparatif potentiel de la plupart de ces pays. En outre, plusieurs obstacles entravaient l'expansion du commerce interne au CAEM, notamment, l'absence de prix comparables, et la non convertibilité du rouble. Enfin la pratique des prix imposés a renforcé la rigidité des rapports commerciaux, encouragé les échanges bilatéraux et entraîné d'importants détournements de trafic au détriment des importations extérieures au groupement et au profit des partenaires intérieurs.

Après sa dissolution en 1991, les ex-membres du CAEM s'orientent vers l'établissement d'une économie de marché ; mais l'effondrement de leurs échanges est dommageable et l'on peut penser, qu'une fois leurs économies converties, des regroupements se feront entre certains pays d'Europe de l'Est et des républiques de la Communauté d'Etats Indépendants et entre des pays d'Europe centrale et la Communauté Economique Européenne.

4.6. La Communauté Economique Européenne (CEE)

La Communauté Européenne a été fondée par le Traité de Rome en janvier 1958, les pays fondateurs étant la Belgique, la France, l'Italie, le Luxembourg, les Pays-Bas et la République Fédérale d'Allemagne. En 1973, la Grande-Bretagne, l'Irlande et le Danemark y adhèrent, puis la Grèce en janvier 1981. L'Espagne et le Portugal deviennent membres en 1986. Le produit intérieur brut (PIB) combiné de tous ses membres en fait le deuxième bloc économique du monde, après l'Amérique du Nord. Elle détient 228 des 1 000 premières entreprises au monde – après le Japon qui en détient 310 et les Etats-Unis 345.

La Communauté Economique Européenne est le groupement d'intégration économique le plus complet en ce sens que l'union douanière et le marché commun seront réalisés avant le 31 décembre 1992, avec la mise en place d'un « espace sans frontière intérieure, dans lequel la libre circulation des marchandises, des personnes et des capitaux est assurée » et que l'union économique a été entreprise par la signature du Traité de Maastricht le 7 février 1992. Celui-ci met en route le programme d'Union Economique et Monétaire (UEM) – devant conduire, au plus tard le 1er janvier 1999, à une monnaie unique – une politique étrangère et de sécurité commune, la création d'une citoyenneté européenne, le renforcement des pouvoirs du parlement européen et une politique de solidarité au profit des pays de la CEE les moins riches tels que l'Irlande, la Grèce, le Portugal et l'Espagne.

L'harmonisation des politiques est un long processus et les divergences restent nombreuses qui n'empêchent pas le dynamisme des échanges intracommunautaires et les performances mondiales de la Communauté mais qui sans doute les limitent. Ainsi la politique agricole commune n'a pas encore atténué l'hétérogénéité des structures de production, la disparité de l'imposition du foncier et les divergences des politiques nationales des prix et de la concurrence. La construction d'un espace unique agricole nécessitera l'homogénéisation des pratiques financières de soutien des prix agricoles et une augmentation des dépenses consacrées à l'amélioration des structures de production.

L'homogénéisation de la fiscalité a par contre progressé : la plupart des produits et services seront soumis à un taux de TVA qui sera compris dans la fourchette 14 à 20 % ; pour les droits d'accise, l'objectif est de parvenir à un barème unique pour le 31 décembre 1992 ; le Conseil des ministres européens des Finances du 13 février 1989 a fixé à 15 % minimum le taux de retenue à la source sur les revenus de l'épargne (ce qui correspond pratiquement à la moyenne des taux pratiqués qui vont de 0 à 35 %).

Enfin après de longs débats sur le fait de savoir si la monnaie unique devait faciliter l'harmonisation des politiques macroéconomiques, ou si celle-ci était une condition de l'établissement de celle-là, l'union économique et monétaire se réalisera en trois étapes, prévues par le rapport Delors. La première étape devrait aboutir, après l'ouverture des frontières, au renforcement de la politique de la concurrence et à la convergence des politiques économiques et budgétaires. La deuxième étape connaîtrait la mise en place d'institutions européennes nouvelles permettant l'élaboration d'une politique monétaire commune. La troisième étape verrait les compétences en matière de politique monétaire et budgétaire transférées aux institutions communautaires et les monnaies nationales remplacées par une monnaie unique.

L'absence de politique industrielle commune cohérente, d'ailleurs non prévue par le Traité de Rome, est le talon d'Achille de la Communauté ; et l'hétérogénéité des comportements accentue la disparité des structures industrielles des pays membres. Le secteur public industriel occupe des places variables d'un pays à l'autre. Les écarts de productivité donnent naissance à des logiques industrielles différentes, l'Allemagne s'affirmant comme le pays dominant de la Communauté dans ce domaine avec une stratégie de salaires élevés et de recherche de la compétitivité par la qualité. Des comportements divergents en matière d'épargne et d'investissements, l'hétérogénéité des fiscalités et des normes dans les télécommunications, l'absence de statut européen de l'entreprise ont freiné les polarisations industrielles européennes, sources d'économie d'échelle et instruments de lutte contre la concurrence étrangère. En dépit de tous ces inconvénients, la stratégie mondialiste des firmes européennes a réussi à conserver à l'Europe sa place de seconde puissance industrielle après les Etats-Unis.

Lectures recommandées

Bremond J., 1990, *L'Europe de 1993. Espoirs et risques*, Paris, Hatier.

Commission des communautés européennes, 1988, « 1992 : la nouvelle économie européenne », Bruxelles, *Economie européenne*, 35.

Dudley J., 1990, *Stratégie des années 1990 : le défi du marché unique*, Paris, Les éditions d'Organisation.

Guérivière J. (de), 1992, « Les Douze et les Sept », *Le Monde*, 11 février.

Le Monde, 1992, « L'accord CEE-AELE crée la plus grande zone de libre-échange du monde », *Le Monde*, 16-17 février.

Lemaitre P., 1992, « Les Douze signent à Maastricht le traité instituant l'union européenne », *Le Monde*, 8 février.

Wannacott P., 1987, *The United States and Canada : the quest for free trade – an examination of selected issues*, in *Policy analyses in international economics series*, Washington, Institute for International Economics.

Mots-clefs

Accord sectoriel,
Association des Nations d'Asie du Sud-Est (ANASE),
Communauté Economique des Etats d'Afrique de l'Ouest (CEDEAO),
Communauté Economique Européenne (CEE),
Conseil d'Assistance Economique Mutuelle (CAEM),
Echange préférentiel,
Intégration, intégration commerciale, intégration économique,
Marché commun,
Marché commun de l'Amérique Centrale (MCAC),
Union douanière,
Union économique,
Zone de libre échange.

L'Europe de l'Est

44

Violette Rey

L'Europe entière est ébranlée. La sortie du communisme n'est pas une marche paisible vers la démocratie parlementaire et l'économie libérale pour les huit pays européens ayant subi jusqu'en 1989-1990 la dictature des partis communistes et la contrainte du CAEM (Conseil d'Assistance Economique Mutuelle, connu aussi sous le nom de Comecon), pour six d'entre eux. On peut hésiter sur le fait qu'au nom d'un passé commun récent, soient gardés groupés sous une même dénomination, ces huit pays dont les singularités semblent exploser de la gangue qui leur fut imposée. De plus, pourquoi ne pas inclure à leurs côtés les Pays Baltes et la Moldavie dont la subordination à Moscou ne remonte qu'à 1940, voire même la Russie, la Bielorussie et l'Ukraine, toutes trois slaves et de culture chrétienne ? A l'inverse pourquoi ne pas anticiper sur de nouvelles configurations qui se dessinent et séparent une Europe centrale avec la Pologne, la Tchécoslovaquie et la Hongrie (plus l'Autriche et l'Allemagne ?) de l'Europe balkanique ? Sous cette incertitude de dénomination et de contours gîtent de véritables enjeux d'appartenance/exclusion. Le concept « d'**Europe de l'entre deux** » facilite la mise en perspective de ces enjeux et le repérage de quelques directions pour un futur proche.

1. La notion de zone critique et le concept « d'entre deux »

La notion de « **zone critique** » est facile à préciser : elle se définit par la récurrence d'événements dont le caractère irrémédiable et la gravité des effets débordent son périmètre. C'est dans cette zone entre le monde germanique et le monde slave oriental, entre la mer Baltique et le Pont-Euxin, que se déclenchent les trois bouleversements majeurs du XXe siècle européen aux incidences mondiales déterminantes. La chute du système soviétique et la fin de l'ordre mondial bipolaire commence ici avec l'ouverture des barbelés séparant la Hongrie et l'Autriche en mai 1989, puis la chute du mur de Berlin le 9 octobre. La seconde guerre mondiale a été déclenchée à la suite de l'annexion des Sudètes de Bohème et de l'affaire de Dantzig en 1939. La première guerre le fut après l'assassinat de l'archiduc héritier des Habsbourg à Sarajevo, en Bosnie Herzégovine. Lieux contingents d'événements qui auraient pu ne pas avoir lieu ou se dérouler ailleurs ? La question reste très complexe et n'empêche aucune des conséquences dramatiques qui en ont découlé sur les lieux mêmes, à commencer par une perte démographique beaucoup plus lourde qu'en Europe occidentale.

Depuis 1990 débute ici un processus de transition-**bifurcation** de très haute incertitude, lourd de dangers que l'Europe avait cru avoir évacués : retour d'une guerre nationaliste entre Slaves du Sud en Yougoslavie, arrivée des casques bleus de l'ONU, modifications de frontières et disparition de l'Etat de RDA, fragilité croissante du statut de l'Etat de Tchécoslovaquie etc. Tout cela met à égalité d'importance et en très forte interdépendance les perturbations à caractère géopolitique d'une part et l'immense crise économique et sociale qui se développe dans chaque pays de l'autre.

La tragique permanence de ces « lieux critiques » à haut risque géopolitique relève en partie de contraintes géographiques spécifiques, qui se sont progressivement constituées au cours du second millénaire, et que les interactions spatiales propres à cette zone mettent en relief *(figure 1)*.

1.1. Le rideau de fer comme fonctionnement spatial « à la limite »

La configuration « blocs/rideau de fer » assez rapidement établie après la seconde guerre mondiale reposait sur un fonctionnement très particulier où étaient quasiment bloquées toutes les interactions spatiales de part et d'autre d'une ligne devenue « intouchable », à l'exception des flux invisibles et altérés de l'information. La suppression des effets d'intersection d'influence avait entraîné de multiples formes de nécrose de l'organisation régionale de part et d'autre de la ligne.

Un tel fonctionnement bipolaire très simple suppose que soient conservées au cours du temps deux propriétés. La première est celle de l'équipuissance entre les deux pôles dont le face à face se neutralise sur la ligne de contact stratégique ; la seconde est celle d'une évolution équivalente en intensité et en rythme à l'intérieur de la sphère contrôlée par chaque pôle, de telle sorte que les forces d'interaction restent dans le même rapport et que s'auto-entretienne à l'identique la ligne de séparation.

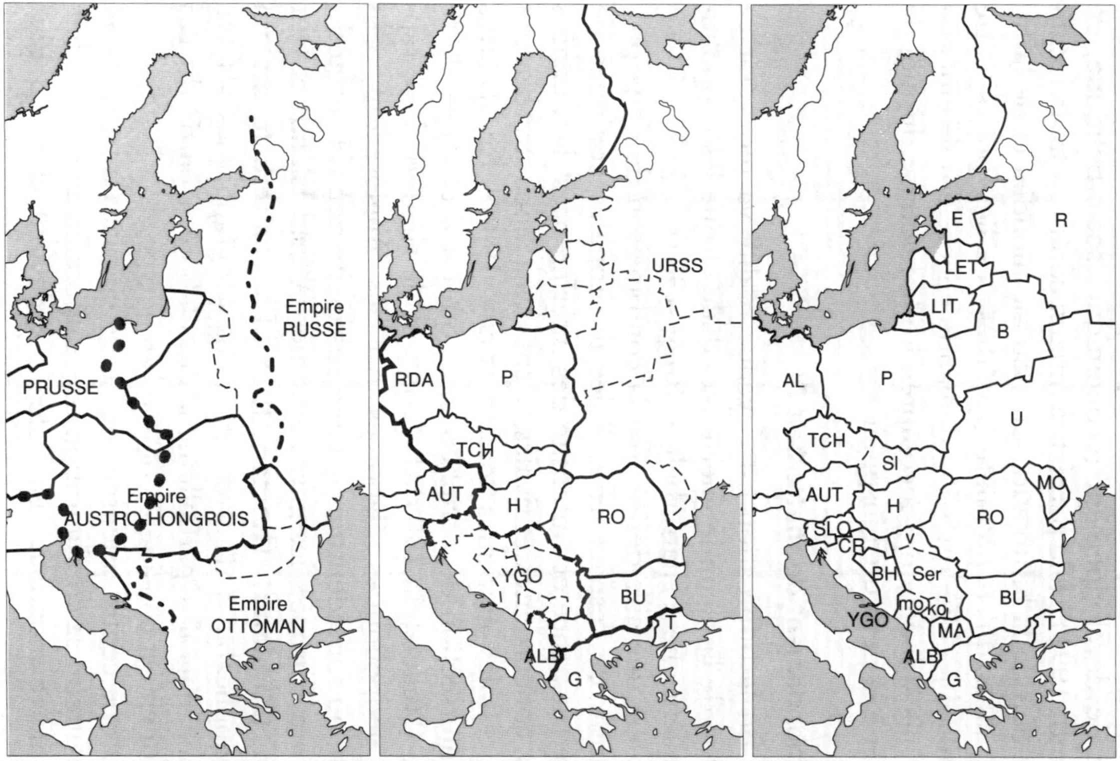

1815 – Les empires centraux

1970 – Rideau de fer et blocs Europe de l'Ouest, Europe de l'Est

1990 – L'après soviétisme Etats indépendants et fragmentation

B Bielorussie
BU Bulgarie
CR Croatie
E Estonie
G Grèce
H Hongrie
ko kossovo
LET Lettonie
LIT Lithuanie
MA Macédoine
MO Moldavie
mo montenegro
P Pologne
RO Roumanie
R Russie
Ser Serbie
SLO Slovénie
SI Slovaquie
T Turquie
TCH Tchécoslovaquie
v voïvodine
YGO Yougoslavie

Rideau de fer
Frontière d'empire
Frontière d'Etat
Délimitations à l'intérieur de structures impériales et/ou fédérales. Ex. Slovaquie)
Limite orientale St Empire romain-germanique
Contact christianisme occidental et christianisme orthodoxe

Figure 1 L'entre deux : l'Europe centre-orientale dans trois contextes géopolitiques
Majuscule : nom d'état indépendant
Minuscule : état inséré dans une fédération

Or les dynamiques des deux systèmes ont divergé vers un renforcement des processus d'accumulation et d'intégration du système occidental (en particulier avec la construction continue de la CEE), vers une stagnation puis un affaiblissement du système soviétique (reconnu par le système lui-même avec le mouvement de la Perestroika depuis 1985). A cette première cause de modification de l'équilibre des interactions s'est ajouté un autre dysfonctionnement des interactions dans le système soviétique lui-même, puisque la seconde périphérie qu'était l'Europe de l'Est restait, malgré son marasme croissant, plus développée que le centre russe. Cette description en termes d'**interactions** spatiales ne prend sa valeur qu'étayée par de multiples travaux repérant les **gradients** de développement (économique, socio-politique, de niveau de vie..., Grasland, 1991) ; elle permet de mieux comprendre la localisation de la rupture, le lieu de la bifurcation du système mondial et de la fin du système soviétique, alors qu'en première hypothèse ce lieu pouvait être considéré comme improbable. Une question demande encore ample élucidation : pourquoi a-t-on mis si longtemps à comprendre la faiblesse du monde soviétique et à échapper à la peur qu'il inspirait ?

1.2. Le retour à un fonctionnement de shatterbelt ?

Est-ce que ce lieu où la bifurcation est devenue réalité va redevenir ce qu'il fut avant l'explosion de la seconde guerre mondiale et que les géopoliticiens anglosaxons appellent une « shatterbelt » (Rugg, 1985) ?

La « **shatterbelt** » est une aire définie par la combinaison de deux propriétés : la fragmentation de l'espace en cellules territoriales étatiques de petite taille et de faible puissance et l'intensité des interférences d'influences de puissances externes, concurrentes et rivales, ayant des actions stratégiques et tactiques dans les cellules étatiques locales (Kelly, 1986). En d'autres termes il s'agit d'une intersection de périphéries, ce qui est tout autre chose qu'une semi-périphérie (Wallerstein,1985). Le concept de shatterbelt se rapproche des théories géopolitiques élaborées par les Anglosaxons, dès Mackinder et Spykman, où sont identifiés le cœur russo-sibérien (Heartland), l'Europe de l'Est (Eastern Europe), les pays maritimes (World Island) et leur anneau de protection **(Rimland)** (Romer, 1988). La shatterbelt est un concept plus général, applicable à d'autres situations géographiques à forte fragmentation politique, mais il a partiellement été élaboré à partir du cas centre-est européen, qui en est considéré comme l'archétype.

La shatterbelt d'Europe centre-orientale s'est mise en place à partir de la fin du XVIIIe siècle et a atteint sa configuration contemporaine avec les traités issus de la première guerre mondiale. La Pologne redevient alors un Etat indépendant, la Tchécoslovaquie est créée, le royaume des Serbes, Croates et Slovènes devient Yougoslavie en 1928. La disparition de grandes constructions politiques (grand royaume de Pologne-Lithuanie au XVIIIe, Empire des Habsbourg en 1918) s'est accompagnée d'un renforcement constant du pôle russe et d'un gonflement démographique ; la continuité du peuplement sur l'espace est-européen et russe n'est devenue la règle que lors de ces deux derniers siècles (Rey, 1990 ; Szucs, 1985). Mais cette continuité spatiale du peuplement a été acquise à travers des apports répétés de populations étrangères, multipliant sur d'étroits territoires les imbrications de peuples aux langues, coutumes et religions très différentes, multipliant les risques de confrontation identitaire plutôt que les lentes alchimies des syncrétismes culturels. La densité des lignes de rupture passées et présentes est exceptionnellement élevée, avec les marquages imprimés sur les paysages (frontière orientale du Saint Empire, frontières de l'Empire des Habsbourg, limite entre chrétientés occidentales et orthodoxie, etc.).

ni shatterbelt...

Depuis 1990, l'ancienne Europe de l'Est ne se retrouve pas (encore ?) en situation de shatterbelt, parce que les enjeux externes ne reprennent pas un poids déterminant. La lenteur et l'indécision avec lesquelles les grandes puissances voisines ou lointaines – CEE, Etats-Unis, Russie – traitent de la guerre de « Yougoslavie » en témoignent ; la route des détroits n'a plus l'importance stratégique d'autrefois. La lenteur avec laquelle les investissements étrangers prennent place en est une autre expression. Néanmoins de fortes dissymétries nouvelles pourraient rétablir une configuration de shatterbelt, en particulier dans les cas où l'Allemagne apparaîtrait comme le soutien économique quasi exclusif de la zone et où la présence économique turque deviendrait trop systématique.

ni semi-périphérie...

L'Europe centre-orientale est dans une période où les conditions d'auto-organisation locale sont donc apparemment meilleures ; mais ses forces endogènes sont exangues et fragmentées, et la tentation devient alors très grande de réclamer un rattachement à l'Ouest après le kidnappage à l'Est, pour arriver à s'en sortir.

L'Europe centre-orientale est-elle en train de devenir une semi-périphérie, entre le pôle occidental et les marges ex-soviétiques ? D'une certaine manière oui, dans la mesure où ce qui fut le pôle soviétique a perdu sa puissance économique et technique, sa puissance politique et militaire, son attraction comme modèle idéologique. Cette analyse irait dans le sens des théories de Wallerstein, fondées sur le fonctionnement économique et la division spatiale des niveaux d'activité. Toutefois cette lecture de l'Europe centre-orientale comme une semi-périphérie paraît réductrice et peut être dangereuse. Les incertitudes sont certes immenses sur l'avenir proche du monde slave oriental, il est néanmoins erroné de concevoir sur la durée qu'il ne puisse y avoir entre le pôle d'Europe occidentale et les pôles extrêmes asiatiques du Japon et de Chine que des espaces « périphériques ». Les *noyaux géographiques* ne se résument pas à des pôles économiques et militaires, ils expriment aussi des individualités culturelles, inscrites sur la très longue durée. Mille ans d'histoire sont là et la région de Moscou existe avec un acquis d'accumulation urbaine et de concentration des élites, avec un potentiel d'innovation absolument présent, bien que très affaibli.

1.3. Des espaces d'entre deux

La question toujours difficile à élucider reste celle de la non émergence durable au centre géographique de l'Europe, dans la cuvette du Danube moyen, d'un noyau territorial comparable aux noyaux occidentaux ou russe, même si l'Empire des Habsbourg joua partiellement ce rôle entre le XVIIe et le XVIIIe siècle.

C'est pourquoi l'Europe centre-orientale est à concevoir comme un espace « d'**entre deux** », sur la longue durée. Ce qui a été une bifurcation du système-monde avec l'effondrement du système soviétique *(chapitre 36)*, s'est révélé une fluctuation de très forte amplitude pour cette région intermédiaire, de nature comparable mais en bref à la fluctuation qu'introduisit la phase ottomane pour les Balkans et la cuvette danubienne. « L'entre deux », c'est ce que les habitants de cette aire intermédiaire connaissent si intimement et si existentiellement, ce qu'ils nomment parfois leur « complexe géographique », selon l'expression de l'écrivain polonais Milocz.

L'écartèlement de la pluri-appartenance et le non emboitement des espaces de référence politique est la règle dominante dans l'entre deux, ce qui rend la gestion territoriale autochtone encore plus difficile. Etre clair sur la situation de pluri-appartenance c'est montrer comment, en phase d'affaissement des grands pouvoirs externes, fonctionne la superposition des systèmes d'appartenance. Où commence et où s'arrête l'**Europe centrale** ? En quoi diffère-t-elle de la MittelEuropa et de l'Europe médiane ? L'une d'influence germanique, l'autre de peuples germaniques, toutes avec des contours variables selon les auteurs. Jusqu'où vont les Balkans ? Sur la rive du Danube ou en incluant la Roumanie ? etc. Individualiser une triade de plus grande affinité occidentale – Tchécoslovaquie, Pologne, Hongrie, (groupe de Visegrad) – c'est autant vouloir la construire que réellement la constater, c'est donc engager un processus de redifférenciation de l'espace de l'entre deux. Attribuer une dénomination n'est pas affaire de jeu mais d'enjeu.

A partir du concept d'entre deux il est possible de formuler d'autres hypothèses pour comprendre les processus à l'œuvre dans cette partie de l'Europe. Des hypothèses qui ne se placent pas dans la comparaison directe avec les espaces occidentaux voisins, ce qui conduit trop facilement à des évaluations à connotation négative en termes de manque ou d'infériorité. Des hypothèses qui se positionnent au sein même des propriétés de l'entre deux : espace de passage et d'initiation, où le manque crée l'apparition de changements dont les effets seront éventuellement ailleurs, suscite des nouveautés qui se développeront ailleurs si les conditions d'épanouissement y sont plus favorables. Ici se joue l'expérience du contact et de la compréhension entre l'Occident et l'Orient. Concevoir la créativité sociale propre à une position géographique donnée, telle est l'interrogation inscrite dans l'entre deux. La fécondité culturelle de Vienne à la fin du XIXe siècle en fut une manifestation. Qu'en sera-t-il avec l'invention du post-communisme, puisque les problèmes qu'avait voulus résoudre le modèle marxiste sont toujours aigus et demandent des expérimentations qui, nécessairement, seront autres que celles de l'Occident riche ?

2. Quel futur proche dans cette situation de bifurcation ?

Bifurcation au niveau du système-monde avec le sous-système soviétique qui disparaît, mais seulement ample fluctuation pour l'Europe de l'entre deux, la transition garde une opacité inquiétante sur le futur proche.

2.1. Imprévisibilité et violence, la « revanche des Nations ? »

Les incertitudes à caractère politique et national demeurent au premier plan. Les tensions entre nationalités sont devenues guerre en Yougoslavie du Nord depuis juin 1991 ; or un an auparavant combien d'habitants de Croatie, de Slovénie et de Serbie pouvaient imaginer ce basculement armé et meurtrier ? Des groupes extrémistes, orchestrant des campagnes médiatiques auprès de populations très fragilisées par la crise économique et institutionnelle de la fédération yougoslave, ont fait la preuve de leur capacité à renverser des structures territoriales mal consolidées. Ce cas tragique nourrit l'idée de résurgence de ce qui fut le « refoulé et réprimé » de la période précédente ; elle accrédite l'opinion que la violence – latente et imprévisible dans ses pulsions – est une caractéristique des peuples des Balkans et de l'Europe centrale, dans cette aire où tragiquement jamais on n'oublie ni ne pardonne. Aussi des régions qui paraissent encore assez calmes aujourd'hui – Macédoine, aire de peuplement albanais, Transylvanie, Tchécoslovaquie, Silésie – peuvent soudainement basculer dans des processus analogues pour peu que certains groupes habilement s'y emploient et qu'aucun espoir de soutien économique n'apparaisse.

La poudrière des tensions inter-ethniques, partiellement sous-tendue par les antagonismes religieux, se perçoit à travers les résultats des recensements de population en cours : réapparaissent des minorités là où il ne s'en déclarait plus. Les régions frontières deviennent d'une vulnérabilité généralisée. Au phénomène de « minorité en phase de multiplication » s'ajoute déjà celui des réfugiés qui fuient les troubles et des immigrés clandestins en provenance des pays encore plus pauvres du monde soviétique et même de l'Asie : marchés/camps de troc et bidonvilles aux abords des capitales sont déjà des réalités. De nouveaux réseaux informels et transnationaux exploitent ces situations géographiques particulières, profitant de la défaillance des Etats.

2.2. Logiques économiques et obligations des Etats

A l'intérieur de chaque cellule étatique, la transition de régime, économique, sociale et politique, est un processus plus lent, long et compliqué qu'il n'y pouvait paraître fin 1989, quand opérait l'illusion de la mutation instantanée (Lhomel, 1991). Parce que les cadres juridiques de la reprivatisation sont difficiles à définir, la réorganisation des entreprises et des filières de production stagne, et les investissements étrangers n'opèrent qu'avec circonspection. Plus fondamentalement la question est la suivante : face à l'ouverture sur l'économie mondiale de marché, qu'en sera-t-il des avantages comparatifs et des possibilités d'économie d'échelle sur lesquelles les entreprises centre-est européennes pourront s'appuyer ?

La logique de réorganisation économique et les obligations de l'Etat sont en situation de désarticulation réciproque. Nulle part l'Etat n'est en position solide. A l'exception de la Hongrie, les structures ethniques et territoriales, composées d'agrégats de peuples et d'espaces aux passés distincts, sont très composites et conflictuelles. Les formations sociales, façonnées par le système totalitaire qui avait cassé les structures antérieures, manquent de nouvelles cohésions, d'élites et d'acteurs sociaux ; l'Etat socialiste est demeuré une coquille sociale informe sinon vide, malgré l'existence très concrète d'une Nomemklatura plus ou moins nombreuse. Quant aux pratiques parlementaires balbutiantes, elles n'assurent guère de soutien aux gouvernements. Par ce faisceau de facteurs il y a un terrible déficit d'Etat, au moment où on attend de lui, néanmoins, qu'il assure les conditions institutionnelles et juridiques de la transition économique et qu'il assume les contraintes de l'aide sociale face à l'appauvrissement et au chômage croissants. Enfin c'est toujours à travers l'entité étatique que sont pensées et attendues les solutions de transition, ce qui se traduit par une sorte de nationalisme économique à l'échelon de chacun des petits Etats, au moment même où l'espace des firmes se construit de plus en plus à l'échelle transnationale.

2.3. Gradients structurels et nœuds spatiaux

Bien que la fragilité étatique obère toutes les constructions à venir, d'autres structures évoluent dans une moindre dépendance vis-à-vis de l'Etat,

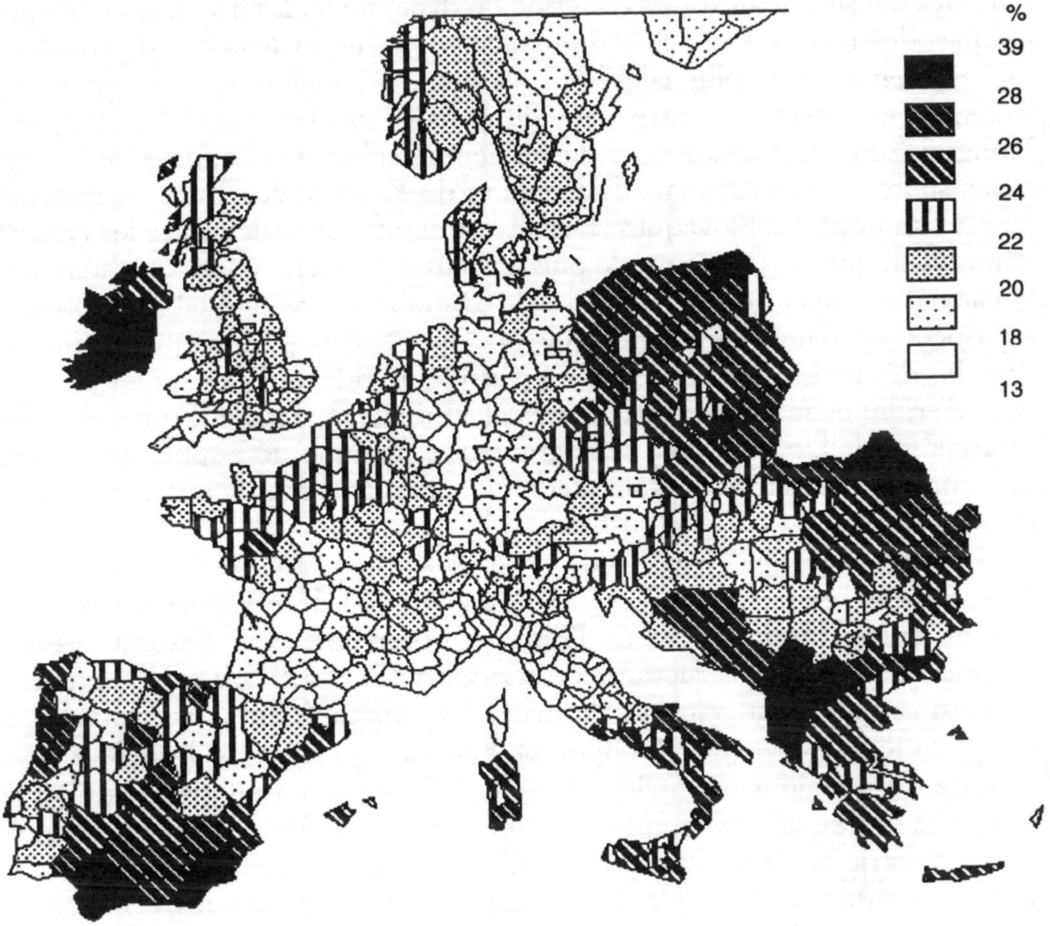

Figure 2 Proportion de jeunes (0 à 14 ans) dans la population totale vers 1980
Source : Equipe P.A.R.I.S., 1990.

soit à des échelons régionaux, soit selon des tendances de portée largement zonale. L'invention de structures socio-économiques et politiques de type libéral, la mise en place des flux, l'ouverture aux échanges internationaux, tout ce qui constituera la nouvelle organisation post-socialiste, prend appui et s'articule sur les trames spatiales existantes.

Des gradients est-ouest

La répartition des hommes montre des disparités modérées par suite d'un processus d'urbanisation moindre et spatialement plus régulier durant la phase de volontarisme socialiste ; dans les régions urbaines la densité du bâti est restée lâche, et dès la libéralisation du marché immobilier certaines villes vont enregistrer de spectaculaires mutations spéculatives. Modérées au chapitre des densités mais fortes en terme de dynamique, les disparités démographiques dessinent les marchés de main-d'œuvre et les marchés de consomation de demain ; de plus elles sont en partie à l'origine des recompositions violentes observables entre les différentes nations. Serbes, Bulgares, Hongrois sont en stagnation ou déclin démographique, à l'opposé de la croissance soutenue des Albanais d'Albanie et du Kosovo, des Turcs de Bulgarie, ou plus au nord des Slovaques. Des discontinuités spatiales entre les rythmes démographiques se dessinent de plus en plus nettement, comme en témoigne la carte des jeunes *(figure 2)*. L'axe du Danube est remarquable et presque « suspect » : d'une part il possède un équipement presqu'intégral financé dans les décennies 1970 et 1980, en période de rideau de fer où les perspectives d'artère économique étaient très aléatoires ; de l'autre il trace un sillon diagonal de faible potentiel démographique, flanqué de populations jeunes de l'Europe orientale et balkanique. De quelles dynamiques migratoires cette juxtaposition sera-t-elle porteuse ?

D'autres bandages rayurent du nord au sud le territoire de l'entre deux ; ils traduisent l'existence ancienne d'un gradient de décroissance de développement entre l'ouest et l'est de l'Europe, observable pour des critères-clés, comme celui des infrastructures de transport (Rey, 1991). Le plus préoccupant est actuellement celui du chômage. Les cartes des taux de chômage en Pologne, Tchécoslovaquie, Hongrie et Roumanie soulignent l'ampleur de la crise dans les régions orientales, là où le développement industriel fut socialiste, c'est-à-dire d'implantation récente en zones restées très rurales. Au temps zéro de la bifurcation politique, lors des premières élections libres de 1990, avant que ne s'opère la structuration des partis politiques, les habitants de ces régions orientales avaient, davantage qu'ailleurs, voté en faveur des partis dérivés des anciens partis communistes. L'économie agricole n'échappe pas totalement à cette déformation en bandes nord-sud, plutôt qu'en bandes est-ouest de zonation climatique.

Le contexte général de reprivatisation des terres agricoles et de partage des outils de production des anciens organismes collectifs est très difficile. Hormis peut-être le cas de la Roumanie, l'attractivité d'un retour à une économie paysanne n'apparaît pas, parce qu'il s'agit en fait d'inventer une économie agricole marchande au service de populations à plus de 50 % citadines, sans avoir d'équipements adaptés ni de garantie de marché (BAGF, 1991).

des archipels capitalistes ?

Les nœuds spatiaux émergents, sur lesquels se concentrent un nouveau profil des activités économiques, sont encore peu nombreux. Il y a risque de voir apparaître des archipels capitalistes, avec des liaisons internationales améliorées qui réduiront les espacements entre les nœuds, tandis que le reste des territoires dériveront encore durablement vers un isolement relatif plus marqué, et que les régions à forte concentration ouvrière deviendront lieux probables de crise sociale violente. La grande métropole de Budapest et secondairement la Hongrie occidentale ont été les premières à pouvoir jouer la carte de l'ouverture à l'Ouest. Puis la Bohème, entourée de la Saxe, de la Franconie et de la Bavière, comme encastrée dans l'espace allemand réunifié, redevient lieu d'implantation d'investissements allemands ; son expérience et sa compétence industrielle et son tissu très dense de villes manufacturières de taille moyenne, comparable au monde germanique, lui sont autant d'atouts. La diffusion sous diverses formes du capital et de l'ingénierie d'équipement d'origine allemande se prolonge en Pologne ; la réorganisation de la desserte aérienne, le nouvel aéroport de Varsovie, la mise en chantier de l'autoroute jusqu'à Koenigsberg (Kaliningrad) sont autant d'infrastructures adaptées à un nouvel espace économique et culturel, centre européen d'affinité germanique.

La très profonde crise de feu l'Europe de l'Est a donné le branle à une remise en question de tout l'édifice européen. L'immense risque que représentent les troubles de l'ex-URSS et l'altération des comportements politiques ouest-européens face aux pressions des immigrés sont la traduction concrète des interdépendances et des interactions profondes entre les différentes parties de l'Europe et soulignent la situation charnière d'entre deux de la zone entre Baltique et Bosphore.

En cette phase de bifurcation deux formes d'enjeux spatiaux se trouvent très imbriqués. D'une part l'enjeu fondé sur le type de tissu polarisant sur lequel s'appuiera le changement économique et social élémentaire. De l'autre l'enjeu relevant du type de structure politico-étatique, sur lequel se fondent la gestion territoriale ainsi que l'ordre et la reconnaissance internationale. Jusqu'où la fragmentation étatique sera-t-elle supportable par les populations qui la réclament, en dépit de la « misère des petits peuples d'Europe centrale » (Bibo, 1943) ? Il revient à l'Europe de l'entre deux d'avoir mis à nu les limites du modèle Etat-nation, opérationnel à l'Ouest mais non universel. A l'heure des nomadismes individuels facilités par tous les systèmes de communication et des pluri-appartenances élémentaires qui en découlent, la conscience territoriale devient mutante. Le désir de trouver une articulation assumée entre les territoires vécus et les cellules spatiales de découpage politique alimente de nouveaux courants « régionalistes ». Y aura-t-il un avenir pour l'Europe des euro-régions ou bien une extension des guerres entre nations ?

Lectures recommandées

Brunet R. et Dollfus O., 1990, *Mondes nouveaux, Géographie Universelle* t 1. Paris, Hachette-RECLUS.

Mares A. (éd.), 1990, L'Europe Centrale, *Historiens et géographes*, 329.

Beaupretre G. (éd.), *L'Europe centrale, réalité, mythe, enjeu – XVIII-XXe siècles,* 1991, Varsovie, Edition de l'Université.

Géographie et mutations politiques en Europe de l'Est, 1991, Bruxelles, Institut des Hautes Etudes de Belgique.

Lacoste Y., 1980, « Les différents niveaux d'analyse du raisonnement géographique et stratégique », *Hérodote*, 18.

Martonne E. (de), 1930, *L'Europe centrale*, Paris, Colin.

Rey V., 1985, *L'Europe de l'Est*, Paris, La Documentation Française.

Rey V., 1991, « Après l'Europe de l'Est ? », *L'Espace Géographique*, 1.

Rey V. (éd.), 1992, L'Europe balkanique, *Historiens et Géographes*, 337.

Rey V., 1992, « Nation et Etat, deux structures rivales en région d'entre deux, le cas de l'Europe centre-orientale », *in Etat, Nation et territoire en Europe de l'Est et en U.R.S.S.,* Paris, L'Harmattan.

Sellier A., 1991, *Atlas des peuples d'Europe centrale*, Paris, La Découverte.

Mots-clefs

Bifurcation systémique,
Centre/périphérie,
Europe centrale et orientale,
Europe de l'entre deux,
Europe de l'Est,
Frontière,
Gradient,
Interaction,
Rimland,
Shatterbelt,
Zone critique.

Le tourisme dans le monde

45

Georges Cazes

1. Géographie et tourisme : des relations privilégiées mais ambiguës

Les géographes français du tourisme et du loisir n'ont pas échappé à l'obligation qui paraît avoir pesé aussi sur leurs collègues étrangers et sur ceux des autres disciplines attachés au même domaine : devoir, de manière insistante et vigoureuse, justifier leur champ particulier de recherche, démontrer inlassablement son intérêt et sa nécessité ! Une fois dépassées les dérisoires accusations de frivolité, des préventions plus sérieuses portent encore sur le caractère fuyant de l'objet étudié (mobilité, déterritorialisation et reterritorialisation), son envergure nécessairement interdisciplinaire, son originalité technique et fonctionnelle, la fragilité de ses concepts fondateurs.

La tradition géographique « esthétisante » – confondant allégrement les analyses spatiales avec les guides de voyage et les « beaux livres » d'étrennes – a malheureusement alimenté ces préjugés. En même temps, plusieurs grandes monographies régionales découvraient, comme par surprise, la réalité touristique dans le tableau exhaustif auquel elles s'astreignaient : en quelques pages souvent maladroites, sans référence à des processus généraux, elles décrivaient l'étrange objet avant de revenir très vite au sujet principal, une portion de montagne ou d'espace rural, l'élevage ou le vignoble, l'industrie littorale ou le développement péri-urbain...

La géographie française du tourisme est restée fortement marquée par cette double caractéristique : d'un côté, un intérêt précoce pour le phénomène, devançant largement les autres sciences humaines – économie peut-être exceptée –, de l'autre côté une solide tradition descriptive, platement inventoriale et classificatoire. Au point de cristalliser parfois autour de ses prétentions synthétisantes et de ses carences théoriques les vives critiques des représentants des autres disciplines...

Les discussions sur l'intérêt d'investir ou non un tel champ d'observation ne sont plus guère de mise aujourd'hui. Une bonne vingtaine de thèses de géographie et une multitude d'articles scientifiques consacrés spécifiquement à cet objet au cours des deux dernières décennies se sont attachés à décrire, interpréter, commenter, parfois modéliser, la vague déferlante du tourisme sur les sociétés et les espaces.

Dans les milieux dits « d'accueil », ces recherches ont repéré les effets multiformes d'une activité émergente dont politiques et économistes soulignaient simultanément la puissante affirmation comme « première industrie mondiale ».

Selon l'OMT (Organisation Mondiale du Tourisme), l'apport des voyages et du tourisme à l'économie mondiale s'est élevé à plus de 2 000 milliards de dollars en 1988, représentant l'équivalent de 12 % du PNB mondial et 15 % du produit du seul secteur tertiaire. Occupant plus de 100 millions de personnes – soit un travailleur sur 16 dans le monde – ce secteur constitue la principale source de création d'emplois dans la plupart des pays au cours des deux dernières décennies d'observation ; dans le seul Tiers Monde, il aurait engendré près de 35 millions d'emplois. On relève surtout que, même dans le contexte fort dynamique du commerce international, son importance relative a continué à progresser. Les recettes du **tourisme international** (c'est-à-dire les dépenses consenties par les non-résidents dans un pays étranger durant un séjour de plus de 24 heures), évaluées à 280 milliards de dollars en 1991, représentent ainsi un revenu équivalent à 7 % des recettes totales d'exportation dans le monde et à 19 % des seuls échanges de services, contre respectivement 5 % et 15 % une décennie plus tôt. Pour le Tiers Monde, qui s'attribue le tiers environ des recettes du tourisme international, cette ressource brute égale quasiment le montant annuel de l'APD (Aide Publique au Développement) et équivaut aux deux-tiers du total des entrées financières étrangères.

Le chiffre d'affaires du tourisme « intérieur » (dépenses des nationaux et des visiteurs étrangers sur un territoire national considéré, à l'occasion de voyages) représente aux environs de 9 % du PNB en France et de 12 % dans la Communauté européenne. S'étalant de 20 % à 90 % dans une dizaine d'îles (de la zone intertropicale, Malte exceptée), la contribution relative du seul **tourisme international** au PNB oscille de 3 à 7 % dans la plupart des grands pays d'accueil, tant développés (Autriche, Suisse, Espagne) que sous-développés (Maroc, Grèce, Turquie, Thaïlande, Egypte, Kenya, Sénégal, Philippines, etc.) Elle y est généralement considérée comme une ressource d'appoint indispensable, susceptible de compenser les déficits croissants des balances commerciales. Aussi schématique soit-elle – les dépenses nationales consenties pour attirer et accueillir les touristes étrangers n'étant pas prises en considération – cette argumentation économique est d'une telle force démonstrative qu'elle justifie aisément toutes les recherches sur le thème touristique ! Pour les géographes notamment, elle s'appuie aussi sur l'observation minutieuse et l'interprétation des stratégies spatiales des grandes firmes plurinationales relevant de la filière touristique : compagnies de transport, producteurs et vendeurs de voyages, chaînes d'hôtels, de clubs de vacances et d'immobilier de loisir, entreprises de distraction et d'animation.

La difficulté et la richesse de l'analyse du fait touristique viennent de sa particularité d'« espace-mouvement », pour reprendre la belle expression de Braudel à propos de la Méditerranée. Sont en jeu ici des phénomènes complexes de déplacement, de délocalisation et de relocalisation éphémères mais massifs, sur lesquels la statistique est mal à l'aise et ses indications souvent décevantes : les flux, surtout de personnes, sont toujours plus délicats à saisir que les stocks !

FICHE 1

Vers une définition du tourisme ?

Les deux volets du tourisme n'ont pas de véritable existence officielle : dissimulé dans d'autres secteurs des comptes nationaux (hôtellerie, transport, construction, commerce, etc.) où il ne dispose pas d'une ligne particulière, il est noyé aussi dans la statistique internationale des « arrivées de visiteurs » où se mêlent les motivations les plus diverses, agrément bien sûr mais aussi visites aux familles et amis, voyages d'affaires, missions et réunions, santé, études, sports, pèlerinage...
La statistique qui distingue traditionnellement le **tourisme « international »** (pratiqué dans un pays différent du pays de résidence permanente) du **tourisme « national »** (confiné au territoire de résidence) n'est toujours pas harmonisée pour ce qui concerne les seuils de durée et les motifs du déplacement. Au-delà de 24 heures de présence sur un sol étranger, le visiteur est considéré comme « touriste » quelles que soient ses motivations, hormis le travail régulier (et comme « excursionniste » si son passage n'excède pas un jour) ; au plan national, au contraire, seuls sont considérés comme touristiques (ou « vacanciers ») les déplacements de plus de quatre jours motivés par le loisir ou la visite aux proches.

Le mot même de « **tourisme** » – tardivement forgé au milieu du XIXe siècle après un complexe échange sémantique entre les langues française et anglaise – manque singulièrement de netteté, désignant à la fois une action et une fonction, des comportements sociaux et tout l'appareil économique qui prend cette consommation en charge : d'un côté, les **flux**, les motivations et types de tourisme, de l'autre côté, les firmes et les équipements d'accueil, les transferts de revenus, les aménagements spatiaux, l'« industrie touristique » comme les propagandistes de ce secteur tiennent à le qualifier !

L'évolution des comportements – principalement le fractionnement des séjours et la multiplication des déplacements de durée réduite – oblige à des révisions sémantiques et statistiques. C'est ainsi que l'Organisation Mondiale du Tourisme (OMT) a recommandé « une mesure harmonisée de toutes les formes de tourisme » et « l'adoption de concepts, de définitions et de classifications communs pour l'offre et la demande touristiques », permettant une clarification et une adaptation des normes utilisées depuis 1963. Les innovations essentielles concernent la prise en considération du tourisme de court-séjour, l'inclusion du transport dans le calcul des recettes touristiques, l'élaboration généralisée de « comptes satellites » du tourisme pour mieux en apprécier l'importance économique ; 90 pays s'y sont engagés, de même que la plupart des organisations internationales et régionales.

2. Espaces et territoires

Pour les spécialistes de l'espace, l'étude du fait touristique se révèle particulièrement stimulante et éclairante. En effet, de nombreux et importants concepts spatiaux généraux sont ici remarquablement illustrés : phénomènes de diffusion/concentration, de mobilité/sédentarité, de ségrégation/intégration, de déterritorialisation/reterritorialisation, de centre/périphérie, etc. D'autre part, le rapport à l'espace qui s'établit ici est d'une acuité et d'une qualité particulières, la « *mise en tourisme* » d'un milieu étant simultanément facteur de valorisation/promotion d'un lieu et aussi de dégradation/consommation *(« tourism destroys tourism »)*, avant que soient généralement édictées des mesures de préservation, voire de « muséification »... Par ce biais, sont envisagées les questions décisives d'évaluation de la « **capacité de charge touristique** » d'un milieu, de détermination des seuils d'acceptabilité préservant la maîtrise locale du développement, d'arbitrage entre les objectifs apparemment contradictoires de protection et d'ouverture à la fréquentation d'un espace rare et convoité. Et sont ainsi posés d'importants problèmes de gestion de l'espace, en fonction des diverses stratégies catégorielles qui s'y déploient, productivistes ou protectionnistes.

Les *territoires du tourisme* sont modelés par une combinaison complexe de facteurs favorisants entre lesquels s'établissent de multiples relations : les ressources attractives du milieu (climatiques en priorité) comme condition nécessaire, le développement des techniques (de déplacement en particulier), les stratégies privées et les politiques publiques d'aménagement des espaces, les capacités et les attitudes du milieu d'accueil. C'est dans le jeu de ces interactions et dans le dosage varié de ces différents éléments qu'il faut chercher les explications aux contours souvent tourmentés de la carte de l'espace touristique international. L'image parfois évoquée d'une puissante marée investissant uniformément les périphéries des foyers émetteurs ne correspond nullement à la réalité minutieusement observée : en fait, le flot se concentre en quelques lieux et en contourne (inexplicablement...) d'autres, ici se solidifie et là ne fait que passer, marque d'énigmatiques mouvements de flux et de reflux. Le dessin général des « **bassins touristiques** » en auréoles ou en couronnes à partir des **pôles émetteurs** fait apparaître des indentations, des ruptures, de profonds creux aux marges immédiates des agglutinations les plus spectaculaires : Algérie et Albanie par exemple en Méditerranée, Birmanie et Péninsule indochinoise en Asie, Cuba et Amérique Centrale dans sa quasi-totalité au sein du Bassin caraïbe, etc. Des régions et des pays s'ouvrent nouvellement au tourisme international (Chine, Madagascar, Iles de l'Océan Indien et du Pacifique), d'autres en sont parfois exclus par la conjoncture politique ou économique (Proche-Orient, Sri Lanka, Afghanistan, Libye, Pays du Sahel Africain, etc.) voire sanitaire (Haïti, Zaïre, Pérou-Bolivie).

3. Les angles géographiques majeurs

3.1. Le tourisme comme balistique

Ce phénomène s'analyse d'abord, classiquement, en termes de courants d'échanges, de **flux** de personnes et de revenus, redistribués des zones d'émission vers les zones de réception, le long de canaux d'acheminement qui doivent aussi faire partie de l'observation. L'étude conventionnelle porte, donc, simultanément sur :

— la consommation de tourisme (et le loisir touristique, de durée plus brève) émise sur les lieux de résidence permanente, son ampleur globale (départ et non-départ en vacances ou en court séjour), ses rythmes saisonniers et sa durée, sa composition familiale et sociale, son niveau financier, ses motivations et ses aspirations en matière de destination, d'hébergement, de formule de voyage et de produit, etc.

— les activités et équipements induits sur les lieux de réception par cette consommation déplacée dont les caractères intrinsèques –qui viennent d'être brièvement énumérés– modèlent aussi le rapport à l'espace : itinérance ou sédentarisation, organisation individuelle ou prise en charge par l'appareil commercial du tourisme, formes d'hébergement lourdes et concentrées ou légères et diffuses, pratiques plus ou moins intenses de loisirs de nature, rapports à l'environnement, etc. ;

— les espaces intermédiaires, parcourus au cours de la pérégrination des lieux d'émission vers les zones de réception, marqués par un transit rapide (les phénomènes de surcharge des infrastructures de communication sont, ici, particulièrement intéressants à étudier) ou par de brefs séjours de découverte au long du circuit d'accès, tout un réseau complexe d'escales et d'itinéraires trop souvent négligé dans les études touristiques.

L'analyse minutieuse des statistiques du tourisme international, dont le détail n'a pas sa place ici, fait apparaître quelques caractères majeurs de cette balistique mondiale :

Une propension à voyager (pour son plaisir) directement proportionnelle aux niveaux moyens de revenu, et une propension à se diriger préférentiellement vers des destinations étrangères modulée selon les attraits comparatifs du pays de résidence : si la France s'aligne schématiquement sur ses voisins européens pour le taux de départ global en vacances (plus ou moins 60 % pour les Pays-Bas, le Royaume-Uni, l'Allemagne et la France), elle s'agrège plutôt aux pays méditerranéens pour le *ratio* de vacanciers partis vers l'étranger (16 %, pour 10 % en Italie et 8 % en Espagne, contre de 60 à 65 % en Allemagne, en Belgique, aux Pays-Bas !).

La prédominance – malgré une indiscutable progression relative du tourisme de long-courrier – des *déplacements à court rayon*, est toujours écrasante, avec un avantage constant et massif pour les destinations immédiatement périphériques du lieu de résidence permanente (sur le territoire national, dans les pays limitrophes ou de « première couronne » de l'aire régionale) : plus de 80 % des Européens en vacances à l'étranger restent sur leur continent et le pourcentage est encore plus fort pour les Etats-uniens polarisés par le monde américain. Il en résulte un modelage remarquable du monde touristique international en « **bassins** », dans lesquels les « cuvettes de **réception** » jouxtent immédiatement les grands foyers **émetteurs**. Le Bassin Europe-Méditerranée, le Bassin Amérique du Nord-Antilles et Amérique Centrale, le Bassin Asie Orientale et Pacifique (avec Japon et Australie – Nouvelle Zélande en fournisseurs principaux) constituent les trois grands « lacs de vacances » mondiaux.

Une concentration encore massive des courants touristiques sur le monde développé (le groupe Europe-Amérique du Nord fournit 75 % des flux mondiaux et en accueille environ 70 %), tempérée par une spectaculaire émergence des destinations du « Sud » qui reçoivent désormais plus d'un touriste sur quatre pour seulement un sur quatorze avant 1960. En s'étendant, le « rayon de balayage » du tourisme international vient lécher de nouvelles destinations, notamment insulaires (Océan Indien, Asie, Pacifique, arc antillais) et désertiques, et, à l'occasion, en récupérer d'anciennes, un temps exclues (Cambodge, Vietnam, Madagascar, Cuba, Chine, Algérie, Tanzanie, Mauritanie, etc.) Parmi les grandes aires d'accueil, à côté des traditionnelles (Méditerranée, Amérique du Nord, Europe alpine) viennent désormais se ranger de nouvelles zones de réception, Afrique, Amérique latine et surtout Asie Orientale et Pacifique ; cette dernière qui reçoit désormais plus de 40 millions d'arrivées par an, a concentré à elle seule 80 % des gains enregistrés pendant la dernière décennie dans le « Sud » !

La mobilité des individus-touristes s'accompagne d'un vaste mouvement de *redistribution monétaire* des revenus acquis sur les lieux de travail vers les lieux de vacances où ils sont dépensés. Ce transfert est devenu l'une des composantes importantes de l'échange international et l'une des principales occasions d'acquisition de devises étrangères fortes dans les pays en voie de développement, au prix, parfois, de lourdes charges de promotion, d'équipement et d'exploitation.

3.2. Le tourisme, « producteur » d'espaces et d'images

Système d'**images**, d'acteurs et de territoires, le tourisme mondial est tout cela à la fois, et c'est ce qui fait l'intérêt et la richesse de son analyse. Beaucoup de géographes se montrent heureusement attentifs non seulement aux processus de production matérielle des espaces touristiques (politiques d'aménagement et de protection, constantes et normes spatiales) mais aussi aux **représentations** qui y sont liées. Celles-ci acquièrent, par le biais des catalogues de vacances, des guides touristiques et des films publicitaires notamment, une telle force symbolique que les aménagements tendent à s'y conformer, au risque d'une uniformité lassante. Ainsi, les modèles balnéaires tropicaux servent-ils de référence majeure, tant physique que sémantique dans toutes les opérations d'aménagement littoral, de même que les « stations intégrées à la française » pour les développements montagnards fondés sur la pratique du ski alpin, ou les parcs d'attraction nord-américains pour leur foisonnante filiation européenne ou japonaise.

Une typologie empirique des productions spatiales classerait, suivant l'envergure et la composition des opérations observées, en premier l'hébergement à prétention plus ou moins autarcique (villages de vacances, camps de caravanes et de *mobil-homes*, hébergements légers de loisirs, clubs, grands établissements de chaîne, etc.), puis le niveau du « complexe touristique » (« *urbanización* » à l'espagnole ou « *resort* » à l'américaine) jusqu'à la « station intégrée » montagnarde, littorale, voire rurale. A un niveau plus complexe, marqué par une sédimentation historique ancienne (littoral, thermalisme, alpinisme), figurent des stations et ensembles régionaux où le tourisme se combine avec d'autres éléments, tertiaires et urbains ou ruraux résiduels. Dans les cas limites (Nice, Venise, Miami, par exemple) la partition n'est plus possible à établir entre les fondements touristiques et les divers développements économiques et spatiaux qui les ont accompagnés, avant d'acquérir une dynamique propre.

3.3. Le tourisme, facteur de développement ?

Les analyses et les interrogations portent ici sur les modalités et les incidences de l'articulation du « système touristique » – par nature exogène – avec le « système local ». Logiquement, les recherches géographiques se sont épanouies dans cette problématique des **impacts**, exigeant tout à la fois une connaissance sérieuse du milieu d'accueil, de ses réactions aux sollicitations extérieures, des modifications économiques et territoriales intervenues et des problèmes qui en résultent.

Dans des contextes pourtant très divers, la plupart des chercheurs insistent sur les effets déstructurants, traumatisants, voire subversifs, du développement de la fonction touristique dans des milieux non ou mal préparés à cette intrusion. Ce sont ici les rapports fondamentaux au temps, à l'espace, à l'autre, qui sont subvertis par un nouveau type de regard et de pratique : la « *touristification* » (ou « mise en tourisme ») n'est pas une opération anodine et sans risques !

Les diverses problématiques sont économiques (consommation et ressources nouvelles, effets sur la production locale, sur les prix, sur les revenus fiscaux, etc.), sociales (emplois et formation, équilibres et pouvoirs locaux), culturelles (rapports visiteurs-visités), spatiales et écologiques (aspects fonciers, planification locale, préservation de l'environnement) et ont donné lieu à une très importante littérature monographique. Son caractère souvent pointilliste et empirique a été sensiblement amélioré depuis une dizaine d'années par l'application au tourisme de concepts et de méthodes plus scientifiques. Les méthodes de la planification écologique ont ainsi incité à utiliser les matrices d'intercompatibilité (fonctionnelle et spatiale) et à raisonner en termes de seuils d'acceptabilité et de maîtrise, donc de **capacité de charge** *(carrying capacity)* dont l'acception peut être étendue aux domaines économique et socio-culturel. Une telle réflexion sur l'adéquation entre les capacités du milieu-support et l'envergure des développements touristiques projetés est étroitement liée à la discussion – aujourd'hui très animée – sur les formules spatiales les plus adéquates pour maximiser les effets locaux.

L'analyse des grandes opérations d'**aménagement** régional (Languedoc-Roussillon et Plan-Neige en France, littoral roumain et bulgare de la Mer Noire, Côte adriatique italienne), des développements littoraux non planifiés (Espagne, Grèce, Floride, etc.), des stations nouvelles érigées dans le Tiers-Monde avec l'appui de la Banque Mondiale (Cancún, Antalya, Port-el-Kantaoui, Sali-Portudal, etc.) et – en parallèle – de certaines formules bien maîtrisées par la population locale (Tyrol autrichien, Queyras, Casamance sénégalaise), a bien mis en évidence l'alternative majeure « **enclavé-intégré** ».

FICHE 2

Aménagement enclavé, aménagement intégré

La première de ces conceptions, diversement qualifiée (**enclave**, isolat, ghetto) est surtout une projection, dans des milieux très variés, des modèles d'aménagement portés par les grandes firmes d'hôtellerie, de clubs de vacances, d'immobilier de loisir, de complexes distractifs, de construction et de travaux publics. Déterritorialisés par essence, ces équipements – souvent assez complets et diversifiés pour prétendre garder à l'intérieur leurs utilisateurs – n'entretiennent que des relations ténues et occasionnelles avec leur environnement, la plupart de leurs fournitures, approvisionnements et technologies étant importés de loin ; la réflexion en termes de capacité de charge locale leur est profondément étrangère.

Les formules **intégrées** – dans le sens environnemental de ce qualificatif et non dans son acception fonctionnelle (cf. « les stations de sports d'hiver intégrées » des Alpes françaises) – reposent sur des principes de respect de l'échelle locale, de participation des populations autochtones, de distribution locale des bénéfices de l'exploitation touristique. Leur développement nettement plus modeste s'explique par la difficulté de répondre rapidement à une demande récente et massive par une offre minuscule et émiettée : ce qui est possible dans des zones rurales à fréquentation réduite (exemple de l'accueil chez l'habitant) se révèle inadapté pour les sites les plus recherchés de la montagne ou du littoral. L'implication des locaux et le contact plus étroit établi avec les visiteurs peuvent, suivant les cas, être perçus comme des atouts ou comme des risques, la maîtrise ancienne du développement au Tyrol autrichien, par exemple, s'opposant à la fragilité des équilibres – notamment socio-culturels – dans les destinations du Tiers Monde.

Si le tourisme entretient indiscutablement une ambiance de croissance rapide, animée, spéculative, qui en fait une activité très recherchée, le bilan que l'on peut en dresser en termes de développement authentique est plus nuancé. La plupart des études, conduites dans les contextes géographiques les plus divers, soulignent les risques économiques, et même environnementaux, du « mono-tourisme » (ou « tout tourisme »), cette activité étant trop fluctuante et fragile, trop strictement dépendante de contingences extérieures, pour fonder solidement des choix d'avenir ; sauf cas exceptionnels de station prestigieuse, le tourisme est recommandé comme fonction d'accompagnement, comme activité d'appoint à ne pas négliger à condition de bien le maîtriser.

4. Tendances et débats : les enjeux actuels

Après au moins trois décennies de croissance euphorique et candide, le tourisme, international tout particulièrement, est entré pendant la décennie 1980 dans une période d'inquiétude et d'interrogations multiples, entretenues par la vigueur des critiques adressées. Il s'est moins agi comme certains l'ont cru d'une remise en cause de la croissance quantitative – un ralentissement et des fluctuations tout au plus – que d'une crise plus sérieuse des modèles de référence qui avaient fondé l'expansion précédente. Illustrée notamment par les difficultés rencontrées sur les littoraux espagnols ou italiens et dans les stations de sports d'hiver alpines, cette crise paraît tout à la fois spatiale et fonctionnelle, remettant en cause les développements les plus spécialisés, les plus massifs et les plus standardisés, les moins respectueux de leur environnement. Leur relative désaffection traduit bien la grande volatilité de la demande touristique qui, sollicitée par une concurrence proliférante, peut procéder à des transferts spatiaux massifs, susceptibles de se retourner l'année suivante au rythme de la conjoncture internationale : l'Espagne a ainsi connu une excellente année 1991 après trois années de régression inquiétante, interprétée comme irréversible par des observateurs trop pressés !

En France, les lourdes réalisations littorales et montagnardes sont entrées dans une phase de stabilisation, de diversification, de revalorisation de l'environnement, de diffusion de l'activité vers l'arrière-pays.

Les législations nationales et régionales, longtemps inexistantes ou excessivement laxistes, se sont renforcées au cours des dernières années dans le but de protéger le ruban littoral (Loi Littoral de 1986 en France, *Ley de Costas* de 1988 en Espagne), de promouvoir un « auto-développement » diversifié (Loi Montagne en 1985 en France) ou même de stopper la prolifé-

FICHE 3

Tourisme et comportements

Experts, chercheurs et praticiens du tourisme s'accordent au moins sur le constat qualitatif de l'évolution des comportements touristiques dominants, en faveur de plus d'individualisme et de flexibilité (donc, de segmentation des produits) au détriment des « grandes machineries », des formules uniformes du « tourisme de masse », assez unanimement critiquées sans être pour autant largement abandonnées. Tous relèvent aussi l'émergence d'une « conscience écologique » parmi les consommateurs de tourisme-loisir – entraînant des réactions de rejet vis-à-vis de zones dégradées par les surcharges saisonnières – et la recherche d'environnements encore peu touchés (Tiers Monde) ou activement protégés (parcs naturels).
A l'observation de ces nouvelles tendances, les opérateurs et les développeurs privés et publics de tourisme ont été conduits à reconsidérer les formules d'aménagement et/ou à programmer une réhabilitation drastique des équipements hérités. Ainsi, dans l'île de Mallorca, les collectivités territoriales conduisent avec l'appui financier des grands voyagistes britanniques et germaniques plusieurs opérations de rénovation et d'embellissement des stations balnéaires construites dans la précipitation dans les deux décennies précédentes ; sur la Côte adriatique italienne, des hôtels et des petites stations artificielles érigés dans un contexte de fréquentation plus favorable font aujourd'hui l'objet d'un programme de restauration complète, voire de démolition...

---

ration immobilière (quatre lois successives aux Baléares entre 1988 et 1990 ; décisions de 1991 dans la montagne française, quinze ans après la décision semblable arrêtée en Suisse). C'est, en définitive, tout le système administratif de planification spatiale qui est ainsi mis à l'épreuve par les exigences touristiques, le plus délicat étant de concilier les préoccupations protectionnistes de la puissance publique nationale et les ambitions aménagistes souvent excessives des collectivités locales, plus soucieuses de production et d'emploi que de préservation de l'espace...

L'autre grand enjeu est celui du développement touristique dans les pays pauvres. Le risque est grand de voir s'y déverser des formes d'aménagement rudimentaires, essentiellement spéculatives, indifférentes aux spécificités du milieu-support, que les pays industriels ne pourront plus continuer à privilégier : l'exportation de la « pollution touristique » en quelque sorte, après bien d'autres déjà répertoriées ! La récente montée en puissance des grandes firmes multinationales touristiques – toutes originaires du Nord développé–

avive ces craintes que les multiples constats des chercheurs, géographes et socio-anthropologues en particulier, ont clairement identifiées.

Les recommandations internationales, aussi généreuses soient-elles (Chartes de l'OMT, Codes de bonne conduite de l'UNESCO), en faveur d'un tourisme approprié, alternatif ou durable *(« sustainable »)*, d'un nouvel « éco-tourisme », paraissent bien indigentes face à des processus aussi implacables !

Lectures recommandées

Besancenot J.P., 1990, *Climat et tourisme*, Paris, Masson.
Cazes G., 1989, *Les nouvelles colonies de vacances ?* Tome 1 – *Le tourisme international à la conquête du Tiers-Monde*. Tome 2 – 1992, *Pour un bilan du tourisme international dans le Tiers-Monde*, Paris, Harmattan.
Michaud J.L., 1983, *Le tourisme face à l'environnement*, Paris, PUF.
Pearce D., 1989, *Tourism development,* London, Longman scientific.
Vellas F., 1985, *Economie et politique du tourisme international*, Paris, Economica.

Mots-clefs

Aménagement enclavé/intégré,
Bassins,
Emetteurs, récepteurs,
Flux,
Images,
Impacts,
Représentations,
Tourisme national,
Tourisme international.

L'invention du tourisme

46

Rémy Knafou

*« Est-ce que l'Ecosse ne date pas de Walter Scott,
le Berry de George Sand, le Sahara de Fromentin ? »*
Théo, *La Corse à travers les maquis,* Lyon, Meton libraire-éditeur, 1883.

« Que trouve-t-on, par exemple, à Deauville qui n'existe pas aussi à Trouville ? Tennis, golf, équitation ? Rien de tout cela. La différence, mais de taille, c'est qu'à Deauville on peut se montrer, donc exister. »
Eric Ancian, *Vogue-Hommes,* juillet 1982.

Il existe une géographie du tourisme. Mais celle-ci s'inscrit dans un plus vaste domaine de recherche : le champ du tourisme en général, lequel peut être approché par diverses spécialités, de l'histoire à la sociologie, en passant par l'économie ou l'ethnologie, chacune concourant à un éclairage différent d'un phénomène complexe, fuyant et souvent méconnu *(chapitre 45)*.

On postule ici que la géographie peut apporter une contribution décisive à la connaissance de ce phénomène ; décisive, car le rapport à l'espace et au territoire semble une entrée fondamentale dans toute problématique touristique. Inversement, la réflexion sur le rapport au territoire qu'entretient l'*homo turisticus* paraît être l'une des clés à l'approfondissement de la réflexion sur les fondements mêmes de la géographie.

1. Le touriste dérange

Le touriste dérange tout le monde : il dérange les populations des régions visitées, il perturbe l'environnement ; en son nom, on massacre les plus beaux sites et on crée une certaine idée d'une authenticité bien peu authentique ; mais sa présence dérange aussi fréquemment les autres touristes qui souhaiteraient jouir des sites dans une plus grande quiétude. Chose plus étonnante encore, le touriste dérange également bien des chercheurs travaillant sur le tourisme qui, souvent, ne trouvent pas de mots suffisamment durs pour le fustiger : le jugement de valeur tient alors lieu d'approche scientifique.

FICHE 1

Les concepts de base

• **Tourisme** : activité économique et sociale reposant sur le besoin de déplacement temporaire des hommes vivant dans les sociétés urbaines.

• **Touriste** : tout le monde, ou presque, à un moment ou à un autre.

• **Touriste et vacancier** : Le touriste est le plus souvent un vacancier, mais pas toujours (cf. le tourisme d'affaires). Le vacancier n'est pas toujours un touriste : on peut prendre des vacances chez soi, sans faire de tourisme.

Autre différence et autre emploi de ces deux mots : le touriste et le vacancier sont les deux visages de Janus. En vacances, sur des lieux touristiques, on est, le plus souvent, vacancier à ses propres yeux et touriste pour les autres.

Dans la réalité, le touriste, ce n'est donc pas l'autre, c'est nous ; c'est pour cela qu'il est aussi mal connu. Mais, il est fréquent que, dans l'imaginaire des touristes, le touriste ce soit l'autre et que, par conséquent, on se pense plus aisément vacancier que touriste.

• **Lieu touristique** : n'existe que par et pour le tourisme, responsable de son invention. Il s'agit assez souvent d'un « haut lieu », identifiable à un nombre élevé d'étoiles dans les bons guides.

• **Invention touristique** : utilisation nouvelle d'un lieu existant qui aboutit, à la fois, à le subvertir et à l'agrandir.

• **Contrat touristique** : contrat initial tacite passé entre la société d'accueil et les premiers touristes, qui détermine largement l'évolution du territoire touristique.

• **Espace touristique** : espace aménagé par et pour le tourisme ; objectivable, mesurable, cartographiable, il est le produit de l'action des entreprises touristiques, autochtones ou extérieures, dans une structure socio-spatiale donnée.

• **Territoire touristique** : territoire que s'approprient, même fugitivement, les touristes qui le fréquentent. Ce qui pose un problème lorsqu'on rappelle que ce même territoire est généralement propriété d'une population plus ou moins autochtone. Par définition, donc, le territoire touristique est un enjeu entre groupes aux intérêts divergents, différemment territorialisés.

Le tourisme dérange également nos structures administratives : activité composite, difficile à évaluer, qui est censée marcher toute seule, à en juger par la faiblesse des moyens donnés à l'administration compétente, alors même que son rôle dans l'équilibre de notre balance des paiements est bien plus important que des activités traditionnellement reconnues et lourdement aidées par l'Etat. Le côté « peu sérieux » du tourisme se retrouve dans l'attitude des institutions de recherche qui méconnaissent gravement son importance, non pas seulement économique, mais aussi et surtout méthodologique, comme voie d'accès à une meilleure compréhension de notre société urbaine.

Le point de vue défendu ici n'est pas de nier le caractère fondamentalement destructeur ou pervers du tourisme ou le comportement arrogant ou pitoyable du touriste, selon les cas, mais d'attendre du scientifique qu'il aille au-delà de tels jugements de valeur, lesquels ne sont parfois en rien originaux par rapport à la littérature non-scientifique. Le fait que le chercheur en tourisme se comporte parfois comme un touriste, tout en refusant, évidemment, le statut dévalorisé du touriste, a pu contribuer à dévaloriser la recherche dans le domaine du tourisme. Comme si la recherche elle-même était contaminée par l'ambiance du tourisme. Alors, la boucle est bouclée et les acteurs sont complices : le mépris qu'encourt le touriste, d'autant plus fréquent que le touriste c'est presque toujours l'autre, comme nous le rappelle J. Urbain (1989), peut rejaillir sur la recherche sur le tourisme.

Le tourisme est une activité profitable pour beaucoup, mais le touriste dérange. Il y a là une contradiction de base que nos sociétés semblent avoir du mal à résoudre, d'autant plus que le mépris vis-à-vis du touriste n'est qu'une facette du mépris vis-à-vis de l'autre et de la difficulté qu'éprouvent certaines catégories de population à rompre avec des attitudes élitistes et à accepter l'existence d'une culture de masse.

Le très remarquable film australien de D. O'Rourke, *Cannibal Tours* (1987), offre par exemple une véritable vision d'ethnologue du contact entre touristes des pays riches et indigènes de Papouasie, sans porter le moindre jugement de valeur. Mais il est vrai que le résultat est encore plus accablant, et bien plus fort que tous les discours moralisateurs de bien des scientifiques.

2. L'invention du tourisme et du lieu touristique : les deux pouvoirs du tourisme

Il existe des ouvrages sur le tourisme écrits par des historiens. Mais il n'existe pas encore une histoire du tourisme qui soit autre chose qu'une

FICHE 2

L'origine de la touristophobie

« Quant à l'histoire, elle nous apprend que le triomphe de la « touristophobie », devenue aujourd'hui norme de comportement, n'est pas une réponse à la naissance des vacances populaires, et n'a attendu ni 1936 ni le développement des voyages touristiques vers des destinations lointaines. Le mépris du touriste précède le tourisme de masse et le choc des cultures suscité par le développement des transports internationaux. Avant même que le tourisme en devienne un événement collectif et interculturel, ce mépris avait déjà divisé l'opinion comme l'affaire Dreyfus. Deux camps apparurent dès la seconde moitié du XIXe siècle : celui du touriste et celui du voyageur. »

J. Urbain, 1991,
L'Idiot du voyage. Histoires de touristes, Plon.

---

périodisation des pratiques touristiques (dont certaines remontent à l'Empire romain..) ; une histoire globale qui nous mène sur le terrain de la compréhension en profondeur des motivations des touristes et de leurs rapports aux lieux, sur la voie magnifiquement ouverte par A. Corbin. L'invention du tourisme est inséparable de la mise en place d'une nouvelle société issue à la fois du siècle des lumières et de la révolution industrielle. Elle est également inséparable de la mise en valeur de nouvelles utilisations et pratiques de l'espace.

Quant à l'invention du **lieu touristique**, elle consiste en une nouvelle lecture d'un territoire donné aboutissant à un double mouvement, le premier étant un processus de détournement d'utilisation dominante du lieu – c'est le pouvoir subversif du tourisme – et le second étant l'incorporation de nouveaux territoires au lieu touristique – c'est le pouvoir de conquête du tourisme. Subversion intérieure (renversement de l'ordre établi dans un lieu donné) et conquête extérieure (par incorporation au territoire existant de territoires supplémentaires) sont les deux processus révolutionnaires mis en œuvre par le mouvement touristique.

L'invention du lieu touristique commence donc par un détournement de l'utilisation traditionnelle du territoire dont, en même temps, la signification change : la maison ancienne, qui était d'abord un habitat, devient source de consommation esthétique ou pédagogique et le musée remplace la vie qui est devenue impossible dans un nouveau système économique et social. Le lieu promu touristique passe donc d'une fonction principalement utilitaire à une fonction touristique, c'est-à-dire principalement « idéelle », traduisant le glissement d'une société d'acteurs à une société où une partie des acteurs se transforme temporairement en spectateurs : la consommation touristique est avant tout une consommation esthétique reposant sur une vision d'un territoire. Et c'est en cela que réside la force de subversion par le tourisme des structures existantes. D'où l'importance accordée à juste titre par beaucoup de spécialistes du tourisme aux mécanismes de formation des images touristiques.

Ensuite, l'invention d'un lieu touristique peut se traduire par l'incorporation au lieu en question de nouveaux territoires, précédemment ignorés ou très peu utilisés et, donc, très peu intégrés dans la vie quotidienne et les enjeux de la population locale : la plage pour les communes du bord de mer ou la haute montagne glaciaire pour les communes situées au pied des hauts massifs en sont des exemples connus. A. Corbin a bien montré comment, durant des siècles, les villages du bord de mer, ou proches de celui-ci, ont, pour l'essentiel, ignoré les plages, qui n'avaient aucune fonction importante dans la société européenne antérieure au XVIIe siècle. Dans *Chamonix* étudié par B. Debarbieux (1990) à la suite de P. Joutard (1986) relatant « l'invention du Mont-Blanc », jusqu'à la venue des premiers touristes, le territoire de la haute montagne, fait de roches et de glaces stériles, était, à la fois, très proche – visible depuis la vallée, mais difficilement accessible – et inutile ; il n'était pas un enjeu dans la société locale qui ne pouvait rien en tirer, sauf à alimenter leur imaginaire collectif. Il a fallu que des citadins viennent, souvent de loin, admirer ces paysages stériles pour leur conférer une valeur. Là encore, il y a bien invention d'un lieu nouveau, au sens de création *ex nihilo* de la valeur du lieu. Il est évident que le surgissement brutal de la valeur d'un lieu auparavant peu valorisé est à l'origine d'un décalage entre la population locale, qui ne prend conscience que progressivement de la valeur nouvelle du lieu, dans la mesure où cette valeur ne faisait pas partie de ses propres valeurs, et la population extérieure pour qui cette valeur participe plus naturellement de l'ensemble de ses propres valeurs. Il existe encore, aujourd'hui, à Majorque, des propriétaires de terrains situés au bord de la mer, tellement imprégnés de conceptions terriennes du rapport à l'espace qu'ils en ignorent la valeur touristique : pour eux, des terres de bord de mer sont pauvres et, donc, dévolues à la friche.

Dès lors, les règles de fonctionnement du tourisme sont posées : le lieu devenu touristique n'existe que par et pour le tourisme. Pour la **société d'accueil**, ce constat n'est pas sans poser un délicat problème existentiel : comment peut-on vivre dans un lieu qui n'existait pas avant sa « découverte »

FICHE 3

L'invention d'un lieu touristique vue par George Sand

« Deux touristes anglais découvrirent, il y a, je crois, une cinquantaine d'années, la vallée de Chamounix, ainsi que l'atteste une inscription taillée sur un quartier de roche à l'entrée de la Mer-de-Glace. La prétention est un peu forte, si l'on considère la position géographique de ce vallon, mais légitime jusqu'à un certain point, si ces touristes, dont je n'ai pas retenu les noms, indiquèrent les premiers aux poètes et aux peintres ces sites romantiques où Byron rêva son admirable drame de *Manfred*. (...) j'ai trouvé que j'aurais peut-être pu m'illustrer de la même manière que les deux Anglais de la vallée de Chamounix, et réclamer l'honneur d'avoir découvert l'île de Majorque. Mais le monde est devenu si exigeant, qu'il ne m'eût pas suffi aujourd'hui de faire inciser mon nom sur une quelconque roche baléarique. On eût exigé de moi une description assez exacte, ou tout au moins une relation assez poétique de mon voyage, pour donner envie aux touristes de l'entreprendre sur ma parole ; et comme je ne me sentis point dans une disposition d'esprit extatique en ce pays-là, je renonçai à la gloire de ma découverte, et ne le constatai ni sur le granit ni sur le papier. ».

G. Sand, 1855, *Un hiver à Majorque*, Paris, p. 8-9.

(aux yeux du reste d'une partie de la société au moins) ou dans un lieu qui, en outre, n'existe généralement que saisonnièrement et qui, donc, disparaît avec les derniers touristes ?

On peut alors considérer (Knafou, 1991, b) que la première rencontre entre le touriste venu d'une autre civilisation et le milieu d'accueil a constitué l'invention d'un territoire nouveau, à mi-chemin entre l'appropriation en cours par l'arrivant, destiné à n'être que de passage, et l'amorce d'un processus de dépossession chez l'indigène, destiné à subir une invasion nouvelle dont il ne mesurait certainement pas le déferlement. A travers le contrat initial institué entre les représentants de ces deux sociétés, ont été jetées les bases durables d'un certain type de rapport entre l'intrus et l'indigène, qui fonctionnerait encore aujourd'hui, à l'ère du tourisme de masse, même si, dans certains cas, du fait de la négociation sur de mauvaises bases d'un tel contrat, l'indigène pouvait en arriver à apparaître comme l'intrus.

A ce titre, la confrontation entre le cas majorquin et l'exemple corse est intéressante. Démentant les propos prêtés à Montesquieu selon lesquels les sociétés commerçantes étaient peu accueillantes vis-à-vis des étrangers, la société majorquine, pourtant marquée par le grand commerce, a su recevoir ses visiteurs qui, aujourd'hui, se comptent par millions. Société forte à travers des générations depuis l'arrivée des premiers touristes, elle a su ne pas totalement se désagréger au contact pourtant éprouvant des « hordes dorées » (Turner et Ash, 1975). Inversement, la société corse, traditionnellement moins ouverte, a mal supporté le choc de ce contact brutal avec le monde extérieur et a multiplié les manifestations de rejet.

Dans toute invention d'un lieu touristique, il existe donc un contrat tacite passé entre la société locale et la société globale, qui exprime le décalage entre l'idée que se font d'un même lieu ses habitants et ceux qui en révèlent la nouvelle nature, ainsi qu'en même temps, les inégales aptitudes de la population locale à combler le décalage en question. Ce contrat est donc fonction, à la fois, des structures des sociétés en contact et des forces de changement, actives ou potentielles.

Un lieu qui devient touristique change brutalement de statut et d'utilisation, alors que, depuis l'exploit de Peary, le statut et l'utilisation du Pôle Nord n'ont guère changé. Le lieu pré-touristique a en lui tous les attributs qui en feront, souvent sans grande transition, un lieu touristique : son paysage, rural ou urbain, sa société, composent un territoire dont les fonctions peuvent être variées (productive, esthétique, symbolique), mais sont généralement dominées par le souci de produire des biens, y compris d'organiser et de faciliter la production en question, à travers, notamment, l'appareil commercial et les transports.

Il s'agit là, en quelque sorte, du « patrimoine génétique » du lieu touristique, l'utilisation de la métaphore en question étant limitée par le fait qu'une grande partie des ingrédients de ce patrimoine a été créée par les hommes eux-mêmes et ne sont pas un simple héritage de la nature. Ce n'est qu'après la phase d'invention du lieu et de son patrimoine génétique, que des équipements et des aménagements, qui sont autant d'apprentissages par le milieu local, viennent compléter le territoire touristique en créant les outils d'hébergement et de multiples pratiques récréatives, contemplatives et sportives. Le mouvement peut alors changer d'échelle, mais il ne change pas nécessairement de nature.

3. Sociétés et espaces touristiques

Historiquement, les premières sociétés touristiques sont des sociétés de l'uniformité. On se déplace mais on reste entre soi. Et la société locale est transparente, réduite à un rôle de service et de figuration. Cependant, la vie touristique est fondamentalement, même pour les premiers villégiateurs prenant leurs quartiers d'été dans une quelconque campagne profonde, une vie de société, fondée sur contacts et échanges de divers types mais généralement limités à sa classe sociale.

Aujourd'hui, les sociétés touristiques sont beaucoup plus complexes mais gardent trace de leur histoire, ainsi que des structures de l'ensemble de la société urbaine. Les sociétés touristiques ne font que reproduire, à l'instar d'un miroir grossissant, les sociétés urbaines dont elles sont une expression particulière dans le temps comme dans l'espace.

L'organisation des **espaces touristiques** est d'abord révélatrice de la structure de la société. Elle montre généralement de fortes ségrégations socio-spatiales, se doublant dans le Tiers Monde de fortes ségrégations nationalo-spatiales. On vit d'abord ses vacances entre soi, quelle que soit sa place dans l'échelle sociale : au terrain de camping, entre la route et la voie ferrée ou dans le quartier des belles villas de La Baule, dans l'enclave du village de vacances, ou dans le quartier réservé aux touristes étrangers dans une agglomération du Tiers Monde.

Cependant, la **station touristique**, qui est une ville en réduction, rapproche les espaces distincts et ménage des lieux communs de rencontre où il est possible de s'encanailler comme de vivre au-dessus de ses moyens : c'est notamment la fonction sociale des boîtes de nuit, qui rassemblent touristes fortunés et touristes sans le sou, employés saisonniers se défoulant après le travail, marginaux en tous genres, etc.

Car les lieux touristiques sont également habités par d'autres types de population, qui en accroissent la complexité sociale. Deux grandes catégories de population s'ajoutent aux touristes : d'une part, la permanente qui ne vit pas du tourisme ou n'a pas le sentiment de vivre du tourisme ; d'autre part, la catégorie hétéroclite qui vit du tourisme, depuis le propriétaire foncier qui exploite une rente de situation jusqu'aux travailleurs saisonniers de passage qui s'entassent à quatre ou cinq dans un studio. Là encore, bien souvent, ces différentes populations ne s'interpénètrent que peu.

4. Types d'espaces touristiques

Une typologie des espaces touristiques peut se fonder sur diverses variables : l'ancienneté de la reconnaissance et de la mise en valeur et, donc, la progressivité ou la brutalité du processus d'inscription dans le milieu d'accueil du phénomène touristique ; les modalités de création d'une station et l'identification des grands types d'acteurs ; la nature et le rôle de l'environnement dans le processus de création ; la mise en évidence d'une phase identifiable dans le cycle de vie d'une station ; le type de clientèle dominante ; le caractère saisonnier de l'exploitation touristique ; la masse des équipements touristiques ; la place, exclusive ou relative, du tourisme dans l'économie locale ou régionale, etc.

J.-P. Lozato-Giotart (1985) a distingué différents types d'espaces touristiques, fondés sur la combinaison de critères géographiques : d'une part, la présence spatiale du tourisme et, donc, l'éventuelle cohabitation du tourisme avec d'autres activités ; d'autre part, les formes spatiales des **aménagements touristiques** ; cette typologie débouche sur une différenciation entre espaces polyvalents et espaces spécialisés, les premiers comme les seconds pouvant être plus ou moins ouverts ou plus ou moins enclavés.

5. Images et territoires touristiques

La force de l'**image** dans le champ du tourisme n'est plus à démontrer (Cazes, 1989). Elle explique qu'un des développements importants de la géographie du tourisme se fasse en liaison avec les approches et les problématiques de la géographie des représentations. Il est impossible de vouloir comprendre le fonctionnement des espaces touristiques si on ne s'attache pas, à la fois, aux images qu'ils produisent – et qui contribuent à leur fréquentation – et aux pratiques induites par l'ensemble des images relatives au tourisme et aux loisirs, à l'origine des différentes perceptions du **territoire touristique**.

Les premiers lieux touristiques avaient une forte spécificité, à la mesure de la grande qualité des premiers sites reconnus et mis en valeur. Du reste, on se rendait avant tout dans des stations bien identifiées : à Biarritz, à Zermatt ou à Bad Ischl. Les appellations globalisantes, « La Côte d'Azur », par exemple, sont postérieures à la dénomination des stations, lorsqu'il s'est agit de commercialiser non plus un petit nombre de lieux célèbres mais des espaces avoisinants désireux de participer également au festin touristique.

Le développement du tourisme et, en particulier, l'explosion du tourisme de masse a produit une uniformisation croissante des caractéristiques des lieux, pour au moins deux raisons principales : d'une part, en raison de l'exigence de standardisation, condition à une commercialisation internationale des produits touristiques (l'équipement du studio ou du deux pièces ne doit pas sensiblement varier des Canaries à l'Italie, de même que la référence de la distance à la plage) ; et d'autre part parce que la plupart des sites aménagés de nos jours n'ont pas la qualité des premiers sites équipés, surtout dans les pays riches où, pour l'essentiel, après les reconnaissances du XVIIIe et du XIXe siècle, il ne restait plus que des sites de qualité médiocre : la côte du

Languedoc n'est pas la Côte d'Azur, Orcières-Merlette n'est pas Chamonix, etc.

Aussi, faute de pouvoir vendre des lieux à prestige élevé, la publicité immobilière contemporaine nous propose « un appartement à la montagne ou à la mer » avec, comme précision, au mieux, « près des pistes », « au bord de la Méditerranée », « avec vue sur la mer ». Avec ce type de produit touristique, nous sommes arrivés à un gommage complet de la spécificité des lieux. Ainsi, par exemple, jusqu'à une date très récente, la « communication » des différents types de stations de sports d'hiver (de la station-village à l'usine à ski) ne mettait en avant qu'une image de ski sportif (le skieur en combinaison « fluo » « s'éclatant » dans la poudreuse). La crise avérée des sports d'hiver semble produire une différenciation dans la communication touristique, plus, jusqu'à présent, que dans la conception des produits eux-mêmes.

Mais quelle que soit la spécificité des lieux dans le domaine de la communication touristique, il existe, pour le touriste sur son lieu de vacances, une série de pratiques vacancières qui produisent un territoire touristique original qu'il faut distinguer de l'espace touristique.

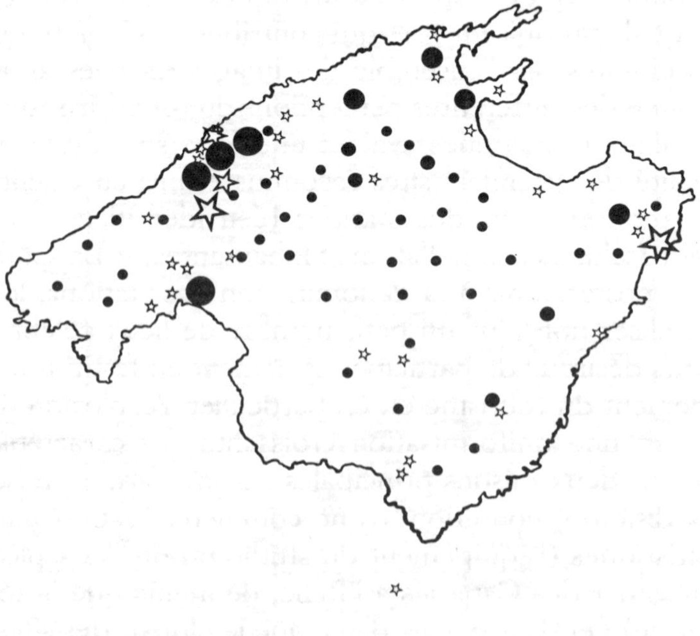

Figure 1 Majorque : les lieux les plus visités par les voyageurs de la 2e moitié du XIXe siècle, d'après Segui Llinas M., 1991, *El descubrimiento de las islas olvidadas. Córcega y Baleares vistas por los viajeros del siglo XIX*, Barcelone-Palma de Majorque.

En effet, entre l'espace et le territoire touristique il y a la différence qui existe entre la conception et la pratique d'un lieu, et cette différence peut être fort grande. L'appropriation d'un lieu est d'abord individuelle et, par définition, ne se prête pas aux analyses générales. Mais, au-delà de cette appropriation individuelle, des types de pratiques apparaissent et donnent au territoire touristique des configurations variées. Ainsi, dans un espace touristique donné, l'île de Majorque par exemple, les pratiques d'utilisation de l'espace sont soumises à de multiples variables, de temporalité, de saisonnalité ou de nationalité *(figures 1 et 2)*. Les touristes qui fréquentaient l'île au siècle dernier ne s'intéressaient qu'à l'intérieur, à la montagne, et négligeaient le littoral, dont ils ne parlent pas dans leurs récits de voyage. Aujourd'hui, le gros du tourisme de masse se rend dans l'île pour jouir du littoral et ignore l'intérieur. Cependant, d'une saison à l'autre, le comportement des touristes varie : en été, le gros de la troupe demeure confiné dans les hôtels et villages de vacances ; aux saisons intermédiaires, les touristes sont moins sédentaires, circulent dans l'île et fréquentent l'intérieur (Knafou, 1991, a). De même, des sensibilités nationales aux différents types de sites et de séjours apparaissent et sont assez bien connues des producteurs de tourisme.

Enfin, il ne faut pas négliger que le territoire touristique n'est pas seulement le territoire des touristes, c'est-à-dire d'une population en rapide renouvellement ; il est aussi le territoire d'une population active et d'une population permanente. La coexistence de ces différents types de population au sein d'un même territoire suscitant des mécanismes d'appropriation différents pose partout problème et c'est l'une des dimensions - jusqu'ici négligée - des relations entre touristes et société d'accueil. La station touristique en tant que lieu de territorialisations différentes reste encore à étudier.

6. Touristes et sociétés d'accueil

Sur les rapports entre touristes et **sociétés d'accueil**, il a été beaucoup écrit et pas toujours du meilleur lorsque les simplifications moralisatrices l'ont emporté.

C'est le Tiers Monde qui offre les cas les plus caricaturaux de rencontres entre ces deux types de société, comme il offre, plus généralement, le tourisme le moins diversifié.

Dans les pays riches, où les produits touristiques sont d'une grande variété, les rapports entre les deux sociétés sont généralement beaucoup plus complexes et ne se limitent pas à des contacts de type para-colonial, même si parfois, au moins en phase préliminaire, ils ont pu y faire penser. La durée contribue à complexifier ces relations *(figure 3)*. Ainsi, dans les stations intégrées de sports d'hiver, créées *ex nihilo* en altitude (Knafou, 1978), les montagnards des Alpes ont pu, dans une première phase, se sentir dépossédés de leur territoire par un développement brutal suscité par des promoteurs urbains. Mais, aujourd'hui, trente ans plus tard, on constate des réappropriations de ces stations nouvelles par la population locale.

Stade d'évolution	**Nature du tourisme**		**Nature de l'impact**		
	Type de touriste	Type de tourisme	Social	Economique	Spatial
I	Elite exploratrice	Organique	Euphorie	Minimal	Nul
II	Original	Altéré	Indifférence	Modéré	Faible
III	Massif individuel	Semi-artificiel	Méfiance	Substantiel	Moyen
IV	Massif de groupe	Artificiel	Antagonisme	Enorme	Fort

Figure 2 L'évolution du tourisme et son impact, d'après Williams T.A., adapté et complété par J.M. Dewailly (1990)
Source : Williams T., *Impact of tourism on host population : the evolution of a model*, Tourism Recreation Research, déc. 1979.

Nous en revenons aux relations essentielles – et encore insuffisamment explorées – entre géographie et tourisme. En effet, l'approche du tourisme permet de multiplier les paradoxes de nature géographique et de mettre en valeur une série de contradictions liées aux rapports entre nos sociétés urbaines et leurs espaces. Au cœur de ces problèmes, le tourisme permet de soulever la question du besoin d'identité et d'enracinement dans des sociétés éclatées, mobiles et peu ou pas enracinées. Aux citadins, par définition déracinés en large majorité, le tourisme de masse a tendance à proposer des destinations sans références territoriales, autres que de vagues images à base de stéréotypes sommaires. Or, un nombre croissant de citadins semble rechercher, par différents moyens, à la fois une certaine identité et des modalités de réenracinement, matérielles ou symboliques, permanentes ou temporaires. La réponse du monde touristique face à ces aspirations est bien connue ; c'est le *« revival »* des anglo-saxons, sous forme d'architectures « néo- » quelque chose (« néo-savoyarde », « néo-tyrolienne », « néo-mauresque », « néo-provençale », « néo-bretonne », « néo-flamande », etc.). Curieusement, le tourisme de reconstitution, venu des Etats-Unis, envahit l'Europe et est présenté comme une réponse adaptée aux nouvelles sensibilités des citadins ; presque partout, l'« authentique » de pacotille triomphe, dans la mise en décor de nos vacances.

Par ailleurs, les pratiques touristiques de citadins de plus en plus nombreux modifient sensiblement l'expérience de la sédentarité. Tout concourt à remettre en cause cette sédentarité : le morcellement du temps de vacances, désormais bien établi à l'instar du modèle américain ; les images de destinations de vacances, omniprésentes dans notre univers dominé par les medias ; mais aussi, une **mobilité** accrue du fait de la multiplication des moyens de transport et l'abaissement du coût des voyages. Désormais, le citadin dans sa (grande) ville ne se pense plus tout à fait comme un sédentaire, mais davantage comme un nomade provisoirement stabilisé, en instance de départ vers de nouvelles destinations, qui sont autant de nécessités induites par le mode de vie urbain et autant de fuites, favorisées les unes comme les autres par les omniprésentes invitations au voyage qui façonnent l'imaginaire du touriste. Et ce, d'autant plus que les progrès techniques relativisent l'étendue, la vitesse entraînant une mutation radicale de la perception du monde (Virilio, 1984). J.-C. Gay, en analysant les aéroports, ces « lieux qui concentrent de l'étendue », montre une autre voie de recherche aux limites de la réflexion sur les lieux et l'espace géographique et de certains aspects du phénomène touristique.

Si la distinction entre nomadisme et sédentarité n'est plus opérationnelle dans nos sociétés urbaines, la territorialité est l'outil conceptuel pour penser ce nouveau continuum qui fait que, touristes « rentrés » à la maison, nous nous pensons souvent comme entre deux voyages. Mais cette nouvelle **territorialité** des citadins, « multispatialité » (Chadefaud, 1988), territorialité « nomade » (Debarbieux) ou éclatée, très différente de la territorialité des sociétés rurales traditionnelles fondée sur la stabilité sociale et géographique, s'accomode bien de la dissociation des repères sociaux et spatiaux que provoque notre civilisation urbaine et qui s'exprime de manière primaire dans les déplacements touristiques.

Le tourisme, dans le déplacement comme dans le séjour, est l'expression d'un certain rapport au territoire et ne peut être compris qu'à travers l'analyse de celui-ci. On ne peut comprendre le touriste qu'à travers « son » territoire, lequel est, tour à tour, territoire de résidence urbaine habituelle et territoire d'expérience vacancière. Il y a quelques années, A. Reynaud (1975) notait à juste titre que le tourisme mettait les géographes mal à l'aise parce qu'il contestait la notion d'enracinement, l'un des fondements implicites de la géographie classique. Plus que jamais, cette problématique est au cœur des relations ambigües et passionnantes entre la géographie et le tourisme.

Lectures recommandées

Cazes G., 1989, *Les nouvelles colonies de vacances*, Paris, L'Harmattan.

Chadefaud M., 1988, *Aux origines du tourisme dans les pays de l'Adour. Du mythe à l'espace : un essai de géographie historique*, Université de Pau, numéro spécial des Cahiers de l'Université.

Corbin A., 1989, *Le territoire du vide*, Paris, Aubier.

Debarbieux B., 1990, *Chamonix, les coulisses de l'aménagement*, Grenoble, Presses Universitaires de Grenoble.

Dewailly J.-M., 1990, *Tourisme et aménagement en Europe du Nord*, Paris, Masson.

Knafou R., 1991, Les Baléares, laboratoire d'une société nouvelle, *L'Espace Géographique,* 2.

Lozato-Giotart J.-P., 1985, *Géographie du tourisme*, Paris, Masson.

Reynaud A., 1975, Eléments pour une épistémologie de la géographie du tourisme, Reims, *Travaux de l'Institut de Géographie de Reims,* 23-24.

Urbain J., 1991, *L'idiot du voyage. Histoire de touristes*, Paris, Plon.

Turner L. et Ash J., 1975, *The golden hordes. International tourism and the pleasure periphery*, Londres, Constable.

Viard J., 1984, *Penser les vacances*, Aix en Provence, Actes Sud.

Mots-clefs

Aménagement touristique, Espace touristique, Image touristique, Lieu touristique, Mobilité, Territorialité, Société d'accueil, Station touristique, Territoire touristique.

Les tensions démographiques

47

Daniel Noin

La population du monde n'a jamais connu des changements aussi amples et aussi rapides qu'en cette fin du XXe siècle. Toutes les caractéristiques démographiques – nuptialité, fécondité, mortalité, structure par âge, migrations – connaissent des changements profonds dans presque tous les pays du monde depuis un quart de siècle et de nouveaux bouleversements sont presque partout en perspective.

Les disparités entre nations n'ont jamais été aussi marquées, les problèmes aussi aigus et les tensions aussi fortes dans le domaine démographique. Il ne saurait être question d'en faire l'inventaire en quelques pages. On se bornera ici à observer les tensions les plus importantes, à savoir celles qui sont liées à l'excessive croissance de la population dans certains pays, à l'insuffisante croissance dans quelques autres et aux énormes flux migratoires engendrés par les disparités économiques.

Comment se caractérisent ces tensions ? Quelles en sont les causes et les conséquences ? Qu'en sera-t-il à la fin du siècle ? Ces questions ne concernent pas seulement les démographes qui les étudient et les responsables qui les gèrent. Elles intéressent aussi les géographes car elles contribuent largement à modeler le monde d'aujourd'hui et de demain.

1. L'excessive croissance démographique du Tiers Monde

Depuis la deuxième guerre mondiale, la **tension démographique** majeure est indiscutablement constituée par l'excessive croissance de la population observée dans nombre de pays africains, asiatiques et latino-américains.

Il en va toujours de même aujourd'hui. Selon une estimation relative à 1991, le taux d'accroissement naturel est de *2,1 % pour l'ensemble du Tiers Monde*. Ce chiffre peut paraître à certains égards rassurant, dans la mesure où il a eu tendance à décroître depuis 1965-1970 : à cette date, le taux est en effet passé par un point culminant, atteignant un peu plus de 2,5 % par an, et il a lentement décru ensuite.

Il n'en est pourtant pas de même avec l'accroissement annuel de la population calculé pour l'ensemble des pays en voie de développement : l'augmentation, qui était déjà de 36 millions de personnes par an au début des années 1950, est passée à 63 millions en 1967-1970 et, loin de baisser ensuite, a continué de croître à vive allure : en 1991, elle a atteint 87,5 millions, soit pas moins de *240 000 personnes par jour !* C'est une croissance formidable qui représente à peu près les 14/15e de l'accroissement total de l'humanité et qui pèse très lourd dans les difficultés qui assaillent actuellement le Tiers Monde.

1.1. Diversité des situations

La tension exercée par cette croissance galopante est cependant *très variable d'un pays à l'autre* : ainsi, le taux d'accroissement naturel dépasse 3,5 % par an dans certains cas, alors qu'il s'est abaissé à moins de 1 % pour d'autres.

Cette diversité est à mettre en rapport avec le très inégal avancement de la **transition démographique**. En simplifiant beaucoup, ce grand processus de changement se caractérise dans la première phase par une montée progressive de la croissance en raison de la baisse de la mortalité, puis dans la deuxième phase, par une diminution de la croissance due cette fois à la baisse de la fécondité. Tandis que la première est avant tout liée au processus de développement économique, la seconde est plutôt liée à des changements sociaux et culturels, plus particulièrement à l'amélioration de la situation des femmes dans la société. Certains pays peu avancés en sont encore au début de la première phase ; leur **croissance démographique**, déjà élevée, va encore continuer d'augmenter. Par contre, quelques pays du Tiers Monde, relativement développés déjà, arrivent à la fin de la deuxième phase ; démographiquement, ils ne sont plus très différents des pays industriels. Bien entendu, il existe divers états intermédiaires entre ces situations contrastées.

Les causes de ces décalages sont complexes. Le rôle du mouvement général de modernisation est indéniable. Il est frappant de constater en effet que l'état d'avancement de la transition démographique correspond plus ou moins à la place des divers pays dans l'échelle du développement ; toutefois, l'évolution de la fécondité est beaucoup plus liée aux composantes sociales du développement qu'à ses composantes économiques. Le rôle des politiques démographiques est indéniable aussi mais la relation est assez lâche. Les analyses qui ont tenté d'évaluer le rôle respectif de ces deux facteurs font apparaître que le niveau de développement compte nettement plus que l'effort en faveur du planning familial. Tous les éléments qui interviennent dans le processus n'apparaissent pas clairement pour autant. A ce point de vue, il ne faut pas négliger le fait que le modèle de la famille conjugale restreinte est presque partout en voie de diffusion dans le Tiers Monde et que cette diffusion est liée avant tout au développement de la scolarisation et à l'amélioration du statut des femmes.

L'ampleur de l'accroissement naturel varie donc fortement au sein des pays en voie de développement en raison de la diversité des évolutions intervenues. On compte quarante pays et territoires où l'accroissement naturel, supérieur à 3 % par an en 1991, est vraiment explosif ; parmi eux, certains ont un taux qui est même supérieur à 3,7 % (le Kenya, la Tanzanie et la Zambie dans le monde africain – la Syrie, la Jordanie, Oman et le Yemen dans le monde arabo-islamique). A l'opposé, seize pays ont un taux relativement modéré, inférieur à 1,3 %, et qui continue à diminuer peu à peu ; deux d'entre eux ont même des caractéristiques proches de celles des pays développés et en particulier un accroissement naturel faible (Hong-Kong, la Barbade).

1.2. Des croissances excessives

Au sein de cette échelle de valeurs, il n'est pas facile de dire avec assurance à partir de quelle hauteur la croissance démographique devient excessive car les situations économiques, les ressources disponibles et les politiques choisies sont évidemment variables d'un pays à l'autre. On peut considérer que *le seuil est au voisinage de 2 % par an*. En effet, pour obtenir une croissance économique moyenne au moins égale à ce chiffre, toute l'épargne disponible ou presque doit être utilisée pour simplement faire face aux besoins supplémentaires de la population ; de fait, dans ces pays, les investissements ont pour l'essentiel un caractère démographique ; ils ne laissent pas de marge suffisante pour l'amélioration du niveau de vie moyen des habitants. Si on retient le chiffre de 2 % comme niveau à partir duquel s'exerce une certaine tension démographique, les 3/4 des pays en voie de développement sont dans cette situation *(figure 1)*. Ils représentent au total 61 % de la population du Tiers Monde.

C'est indéniablement le continent africain qui est le plus fortement handicapé par une croissance démographique excessive. C'est aussi le continent le plus pauvre, le plus fécond et celui où les femmes ont en général le statut le plus défavorable. Le taux d'accroissement y était de 2,9 % en moyenne pour les années 1980-1985 ; depuis lors, il a encore augmenté et est passé à 3 % par an en moyenne en 1991. A quelques rares exceptions près, tous les pays africains ont un chiffre supérieur à 2 % par an. La zone de croissance démographique maximale est située à l'est du continent, du Kenya au Zimbabwe.

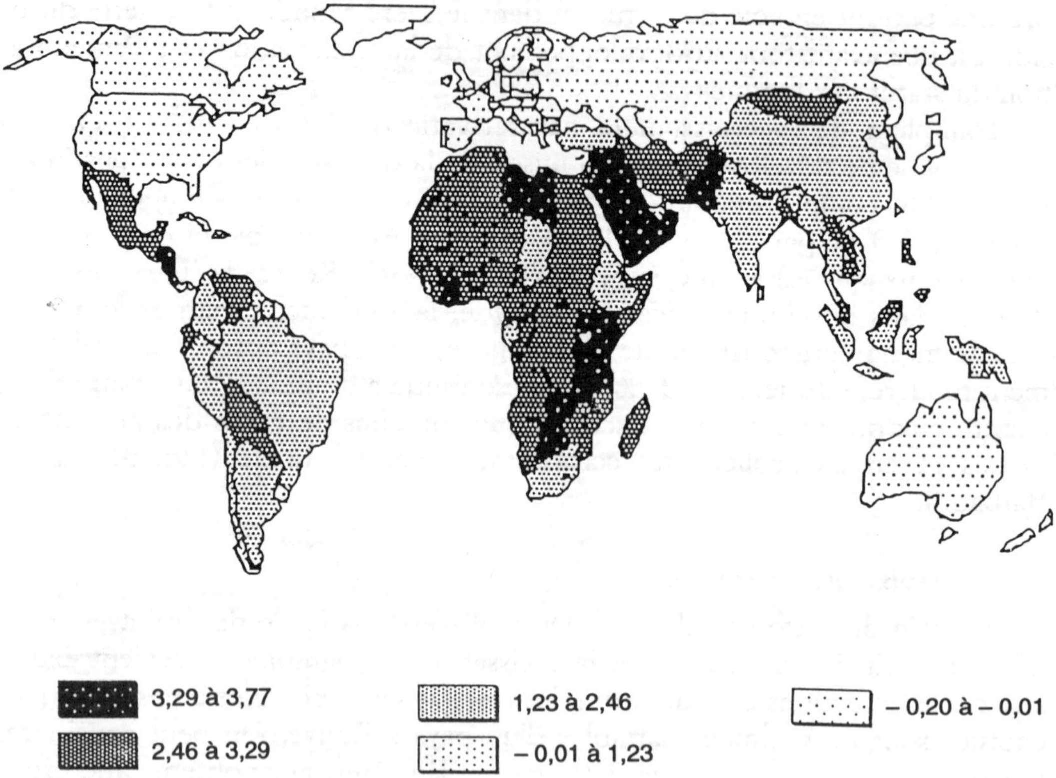

Figure 1 Ampleur de l'accroissement naturel en 1980-85
(Taux d'accroissement naturel moyen en %)
Source : *World Population Prospects*, 1990.

L'Amérique latine a aussi une charge démographique lourde mais qui l'est tout de même un peu moins. De plus, elle commence à s'alléger lentement : le taux d'accroissement y était de 2,3 % en 1980-1985 et il est descendu à 2,1 % en 1991. Cette charge a déjà beaucoup diminué dans l'extrémité sud du continent et dans les Caraïbes (Uruguay, la Barbade, Porto-Rico). Par contre, elle reste encore excessive dans divers pays moins avancés de l'isthme américain ou des Andes (Guatemala, Honduras, Nicaragua, Equateur, Bolivie).

En moyenne, l'Asie en voie de développement a une croissance un peu moins forte encore et qui tend également à diminuer (2 % par an en 1980-1985, 1,8 % en 1991). A l'est et au sud-est, divers pays et territoires ont réussi à freiner leur croissance démographique, à Hong-Kong, en Corée du sud, à Taïwan, à Singapour, en Thaïlande et aussi dans l'immense Chine. Par contre, au sud, à l'ouest et à l'intérieur du continent, divers pays connaissent un accroissement naturel excessif pouvant excéder largement 3 % par an : c'est le cas, en particulier, pour presque tous les pays islamiques. Le record est observé dans les pays et territoires majoritairement peuplés de Palestiniens où le taux avoisine 4 % (Jordanie, Cisjordanie et Gaza).

1.3. Une croissance lourde de conséquences

Les *conséquences* d'une croissance naturelle forte sont diverses mais toutes *lourdes*.

Les effets sur le *niveau de vie* sont patents. Il a été observé que dans tous les pays à fort accroissement naturel, la progression du niveau de vie, mesurée au moyen du PNB par habitant, a été faible ou nulle au cours des années 1970 et 1980. Certes, l'augmentation rapide de la population n'est sans doute pas le seul facteur en cause, mais c'est néanmoins le principal.

Les effets sur la *production alimentaire* sont également considérables. Des progrès substantiels ont été obtenus un peu partout grâce à l'intensification des systèmes de culture mais il est rare que le rythme de progression ait dépassé celui de la population de façon significative dans le Tiers Monde *(chapitre 41)*. Dans les pays d'Afrique en particulier, la production alimentaire a eu tendance à progresser moins vite que la population. Dans le Moyen-Orient et le subcontinent indien, elle a tout juste suivi. La situation risque fort de s'aggraver dans le futur pour les pays agricoles ayant à la fois une forte densité et une croissance démographique rapide. Au Rwanda, par exemple, où la densité est de 285 habitants/km^2 et où celle-ci augmente annuellement de 10 habitants par km^2, les terres sont déjà surexploitées. Au Bengladesh, petit pays deltaïque périodiquement ravagé par les cyclones et les inondations, la densité dépasse déjà 800 habitants par km^2 et s'élève de 20 habitants par km^2 chaque année ; il paraît très difficile de pouvoir encore augmenter sérieusement la production alimentaire.

Les conséquences sur l'*environnement* sont tout aussi manifestes. Si les principales menaces pesant sur l'environnement terrestre viennent d'une industrialisation mal maîtrisée, on ne saurait pour autant sous-estimer le rôle de la croissance démographique. Dans les milieux écologiquement fragiles, comme c'est le cas par exemple des zones tropicales sèches, la croissance de la population provoque souvent des ruptures d'équilibre. C'est elle qui, dans une large mesure, est à l'origine du surpâturage, du déboisement, de la dégradation des sols, de la diminution des ressources en eau et, de façon plus générale, du processus de désertification. La partie du monde la plus frappée à ce point de vue est l'Afrique sahélienne mais l'Afrique de l'est, l'Asie du sud et le Brésil sont aussi touchés.

Au sein du Tiers Monde, il convient d'accorder une place particulière aux grandes **concentrations urbaines** car c'est là que les problèmes démographiques sont les plus aigus et les tensions les plus fortes.

Depuis la deuxième guerre mondiale, les pays en voie de développement ont aussi de très grandes agglomérations en raison de la conjugaison de la croissance des activités secondaires et tertiaires dans quelques lieux favorisés avec une forte poussée démographique. Le nombre des villes de plus de 4 millions d'habitants y a décuplé depuis 1950 et on y trouve désormais d'énormes accumulations de population. En 1990, on y trouve ainsi dix villes ayant plus de 10 millions d'habitants et trois de plus de 15 millions *(chapitre 38)*. Les classements varient sensiblement selon les sources consultées, en raison des difficultés que pose la délimitation des organismes urbains, mais il ne fait aucun doute que les villes du tiers monde sont maintenant très nombreuses en haut du tableau, même si Mexico n'est peut-être pas la plus grosse agglomération du monde : sur les vingt plus grandes villes de la planète, pas moins de treize sont dans les pays en développement et ce nombre s'élève à 65 pour les 100 plus grandes. Compte tenu de leur exceptionnelle vitesse de croissance, ces chiffres vont augmenter rapidement.

L'urbanisation galopante du Tiers Monde est en effet liée, de façon étroite, à la poussée démographique. Les villes s'y accroissent en moyenne de 3,6 % par an, soit cinq fois plus vite que dans les pays développés car, à l'accroissement naturel, s'ajoute l'effet des migrations intérieures. Ce dernier élément a souvent été exagéré – en moyenne, il représente environ le tiers de la poussée urbaine – mais il contribue de façon substantielle à donner des taux de croissance élevés. Bien entendu, la vitesse de l'accroissement varie beaucoup d'un pays à l'autre et d'une ville à l'autre. Les grandes villes ont généralement des taux de croissance moins forts mais qui sont néanmoins considérables comparés à ceux des grandes villes du monde développé. Entre 1950 et 1990, les taux annuels d'accroissement ont ainsi été d'environ 3 % à Rio de Janeiro et Djakarta, de 4 % à Mexico et Bombay, de 5 % à Séoul, Karachi et Lima, mais ce sont les villes africaines qui ont eu les taux les plus surprenants : ainsi, ils ont été supérieurs à 8 % par an à Lagos, Kinshasa et Abidjan.

Les perspectives pour l'an 2000 et au-delà indiquent des effectifs impressionnants pour les plus grandes villes. En effet, ni le freinage rapide de l'accroissement naturel, ni le freinage de l'immigration d'origine rurale ne peuvent être raisonnablement envisagés pour les deux prochaines décennies au moins. Il faut donc s'attendre à la poursuite de la croissance à un rythme rapide, même s'il y a une tendance au ralentissement. En dix ans, de 1990 à 2000, une quinzaine de villes du Tiers Monde gagneront sans doute plus de 3 millions de personnes supplémentaires. Et trois villes au moins – Mexico, Lagos et Dacca – pourraient avoir cinq millions d'habitants supplémentaires, pas moins de 500 000 par an !

Cette urbanisation irrépressible suscite de très difficiles problèmes. D'abord parce que la croissance démographique est largement supérieure à la croissance économique dans ces énormes concentrations ; la proportion de personnes sans activité ou ayant simplement des activités de survie est très forte ; c'est indéniablement la cause principale de l'insécurité très grande qui y règne. Ensuite parce que les tensions sociales y sont vives ; elles se manifestent périodiquement par des mouvements violents. Enfin, parce que l'environnement urbain est très dégradé ; le cas de Mexico est souvent cité à ce point de vue mais il existe maintes autres situations comparables ; les niveaux de pollution y sont déjà très alarmants et tout laisse penser qu'ils vont encore s'aggraver dans les années à venir.

1.4. Perspective

Les problèmes et les tensions suscitées par un accroissement très rapide de la population ne peuvent en effet qu'augmenter à court et moyen terme. L'évolution de la population du Tiers Monde va continuer sur sa lancée jusqu'à l'an 2000 et au-delà. Sur ce point, toutes les perspectives démographiques fournissent des résultats convergents.

Dans l'ensemble du Tiers Monde, le taux de croissance continuera à diminuer mais seulement avec lenteur. Selon les hypothèses retenues en 1988 par la Division de la Population des Nations Unies, il sera de 1,9 % par an à la fin du siècle avec la variante moyenne et de 2,05 % avec la variante haute. A considérer les dernières données disponibles, la décélération de la croissance semble marquer le pas depuis quelques années et l'évolution semble se faire dans la fourchette de ces deux estimations mais plus près de la variante haute que de la variante moyenne. Pour l'ensemble des pays en voie de développement, il semble donc judicieux de retenir un taux de croissance de 2 % par an pour l'année 2000.

Il y aura bien entendu de larges variations autour de cette moyenne. Le taux de croissance continuera à baisser lentement en Amérique latine et dans l'Asie en voie de développement ; le taux pourrait ainsi atteindre respectivement 1,9 et 1,8 dans ces deux ensembles de pays. Il continuera de monter encore en Afrique, mais assez peu, et s'élèvera à 3,1 % par an ; ce chiffre devrait être le maximum ; c'est seulement après 2000 qu'une légère baisse pourrait intervenir.

Tout compte fait, l'accroissement annuel total sera énorme car le taux moyen de croissance, même s'il diminue légèrement, s'appliquera à une population sans cesse accrue. Pour l'ensemble du Tiers Monde en l'an 2000, il sera de *100 millions de personnes supplémentaires par an*. Les tensions observables aujourd'hui sur les ressources et l'environnement seront inévitablement accrues dans ces conditions. Le poids des pays en voie de développement devrait être augmenté dans les affaires du monde mais cet accroissement aura pour contrepartie beaucoup de souffrances dans des populations dont la grande masse connaît déjà des conditions de vie très difficiles aujourd'hui. Au début du troisième millénaire, le Tiers Monde aura, à lui seul, environ 5 milliards d'habitants, ce qui représentera 80 % de la population totale de la planète.

2. La stabilisation démographique de certains pays développés

La stabilisation démographique existant dans une partie du monde développé est l'antithèse de l'explosion démographique observée dans une partie du monde en voie de développement.

Cette stabilisation concerne des pays dont la transition est achevée, où la mortalité est faible, la natalité basse et l'accroissement naturel voisin de zéro. Elle ne touche en vérité qu'*un petit nombre de pays*. En 1980-85, six avaient un *accroissement presque nul*, inférieur à 0,15 % par an et trois avaient même une *balance naturelle légèrement négative* (Allemagne ex République Fédérale, Danemark et Hongrie). En 1990, la situation est comparable avec huit pays ayant un accroissement nul ou presque nul, inférieur à 0,15 % et trois ayant un excédent de décès sur les naissances (Allemagne ex République Démocratique, Bulgarie, Hongrie). La liste n'est pas exactement la même aux deux moments considérés ; entre 1980-85 et 1990, plusieurs pays ont disparu de la liste, dont la Suède et le Royaume-Uni, mais d'autres sont venus s'ajouter, en particulier le Portugal, l'Espagne et la Grèce.

Le pays qui connaît la situation la plus difficile à ce point de vue est la Hongrie où, en 1990, le nombre des décès excède de près de 20 000 celui des naissances. Cette situation est d'autant plus préoccupante que ce pays a par ailleurs une balance migratoire déficitaire.

Les *causes* de la stabilisation ou de la légère dépression démographique observée sur le continent européen sont diverses. Les déficits relevés en Europe de l'est sont dus pour une part au niveau relativement élevé de la mortalité dans les ex-régimes communistes où les systèmes de santé fonctionnaient mal. Pour l'ensemble de l'Europe, et particulièrement pour le cœur du continent, c'est le très faible niveau de la fécondité qui est la raison majeure de la situation ; ce faible niveau est lui-même lié pour l'essentiel aux changements intervenus dans la situation des femmes depuis le mouvement féministe de la fin des années 1960. Le nombre moyen d'enfants par femme est devenu inférieur à 1,6 dans douze pays en 1991 et il est même descendu à 1,3 en Espagne et en Italie, soit très au-dessous du niveau de 2,1 nécessaire pour le remplacement de la population. Il convient toutefois de considérer cet indicateur avec prudence en raison de son caractère conjoncturel ; il est tiré vers le bas quand les naissances sont retardées, par exemple si l'âge auquel les femmes ont leurs enfants a tendance à augmenter. Il n'indique pas la descendance finale qui est, en fait, un peu plus élevée.

La situation serait effectivement alarmante si le nombre moyen d'enfants par femme devait rester très bas pendant une période assez longue mais rien ne prouve qu'il doive en être ainsi. Depuis la fin des années 1980, il existe dans plusieurs pays européens des signes d'un changement de la nuptialité et de la fécondité dans un sens inverse de celui qui s'est produit à la fin des années 1960 ; c'est en Suède qu'il se manifeste le plus nettement.

Quoi qu'il en soit, la situation démographique est incertaine. Il est possible que la croissance de la population connaisse quelques oscillations, reflétant celle de la fécondité, jusqu'à ce qu'une croissance nulle ou faible soit atteinte. En tous cas, c'est l'hypothèse généralement retenue par les auteurs de perspectives démographiques, en particulier par les experts des Nations Unies.

Il a déjà été beaucoup écrit sur les *conséquences* possibles d'une telle situation dans le futur en raison du **vieillissement** qu'elle entraîne. Les sociétés avancées devront trouver des solutions ou des accommodements au fait d'avoir, dans le futur, une proportion de personnes âgées pouvant aller jusqu'au cinquième de la population totale. Dans l'immédiat, il existe déjà deux effets importants liés au vieillissement démographique dans une large mesure : l'alourdissement des dépenses de santé et les difficultés des systèmes de retraite (du moins ceux qui ne fonctionnent pas par capitalisation). Tous les pays développés sont peu ou prou touchés par ce phénomène mais particulièrement ceux d'Europe dans un ensemble de pays allant de la Suède à l'Italie. Tôt ou tard, des réaménagements seront indispensables.

3. Des migrations internationales massives

La situation démographique mondiale au début des années 1990 est ainsi caractérisée par des *disparités* majeures qui sont d'autant plus préoccupantes qu'elles ont plutôt tendance à s'accroître. Forte croissance démographique et pauvreté d'un côté, stagnation démographique et relative aisance de l'autre, telle est l'opposition majeure.

Elle a pour effet d'engendrer des *courants migratoires de grande ampleur* qui agissent, au moins partiellement, comme un mécanisme compensateur. Ces courants s'établissent particulièrement entre pays géogaphiquement proches quand ils présentent de fortes différences, comme c'est le cas entre l'Amérique centrale ou les Caraïbes et les Etats-Unis, ou bien entre le Maghreb et l'Europe occidentale *(figure 2)*.

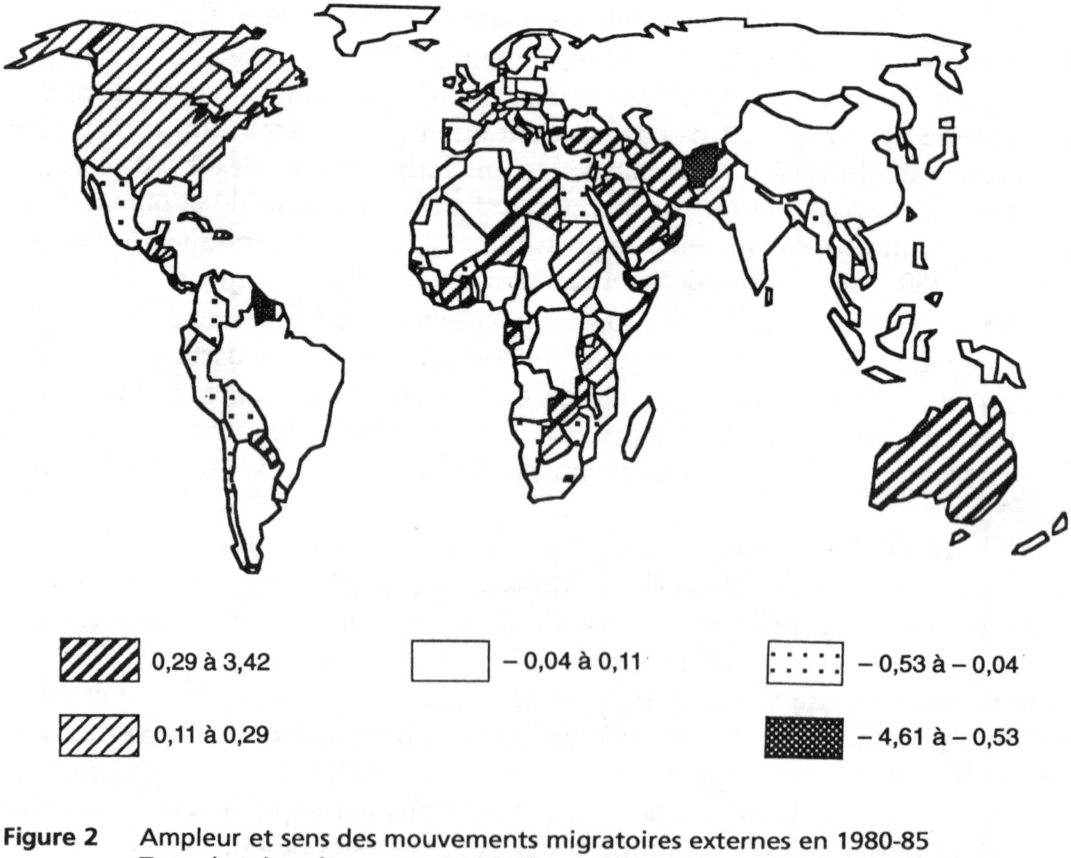

Figure 2 Ampleur et sens des mouvements migratoires externes en 1980-85
Taux de migration nette. Estimation en %. Chiffres positifs : immigration dominante. Chiffres négatifs : émigration dominante.
Source : *World Population Prospects*, 1990.

Il existe aussi des disparités au sein de chacun des deux grands groupes de pays. Elles aussi engendrent des flux importants. Ainsi, dans le monde développé, il existe des courants entre l'Europe et l'Amérique du nord ou l'Australie, entre l'Europe de l'est et l'Europe de l'ouest ou entre le Canada et les Etats-Unis. Des courants relativement importants existent également à l'intérieur du Tiers Monde qui n'est pas moins hétérogène que le monde industriel, en particulier vers les pays pétroliers (Golfe persique, Libye, Venezuela), vers les pays relativement industrialisés (Hong-Kong, Singapour, Argentine), voire quelques pays ayant une économie de plantation assez dynamique (Côte-d'Ivoire, Malaisie). Des mouvements de faible ampleur existent aussi des pays du Nord vers les pays du Sud, ne serait-ce qu'au titre de l'aide technique et culturelle.

Il convient enfin de ne pas oublier les mouvements de réfugiés suscités par les conflits internationaux, les guerres civiles et les régimes politiques oppressifs. La partie du monde la plus touchée à ce point de vue au cours des deux dernières décennies a été l'ouest de l'Asie où la question palestinienne, le conflit libanais, la guerre en Afghanistan, le conflit Iran-Irak, la guerre du Golfe et le problème kurde ont suscité d'amples mouvements de population entraînant des millions de personnes.

Depuis le début des années 1970, ces mouvements à caractère politique ont eu plutôt tendance à augmenter en raison de la multiplication des conflits ; par contre, les mouvements à caractère économique ont plutôt diminué en raison de difficultés persistantes observées dans les économies de la plupart des pays. Au total, les migrations ainsi engendrées ont été considérables, même s'il est malaisé de les estimer. Le nombre des immigrants est d'environ 18 millions en Amérique du nord, dont la plupart sont aux Etats-Unis, de 16 millions en Europe, particulièrement en Allemagne et en France, de 6 millions dans le Moyen-Orient pétrolier, tout spécialement en Arabie. Le nombre total de personnes vivant dans un autre pays que le leur pourrait ainsi s'élever à *85 millions au moins* dans l'ensemble du monde, dont 16 millions pour les réfugiés et quelque 70 millions pour les migrants économiques et leurs familles.

Les pays ayant les plus fortes proportions d'étrangers appartiennent à plusieurs types : pays traditionnels d'immigration à économie dynamique comme les Etats-Unis, le Canada et l'Australie ; pays industriels de l'Ouest européen ayant besoin de travailleurs faiblement qualifiés pour de nombreuses activités comme l'Allemagne, la France et la Suisse ; pays pétroliers dont la main-d'œuvre locale est largement insuffisante comme l'Arabie saoudite et les émirats du Golfe persique ; enfin, pays de plantation ayant besoin d'une main-d'œuvre peu exigeante comme la Côte d'Ivoire. Pour certains d'entre eux, la proportion des étrangers dans la population totale est parfois élevée : à la fin des années 1980, elle était ainsi de 24 % au Luxembourg, de 27 % en Suisse, de 30 % en Arabie, de 43 % au Koweit et de 68 % dans les Emirats Arabes Unis.

La coexistence dans les mêmes lieux, de populations diverses, ayant des langues différentes et des habitudes de vie différentes, est évidemment une source de tensions diverses. Celles-ci varient beaucoup selon les lieux, les périodes et les communautés concernées mais en gros, elles sont d'autant plus vives que les différences sont fortes et visibles entre populations autochtones et populations immigrées. L'intégration est rapide quand les immigrants sont peu différents et quand ils ont le souci de s'intégrer vite comme c'est le cas des Européens en Amérique du nord ; elle est presque nulle quand les immigrés ne désirent pas s'intégrer et quand les autorités ne font rien pour la faciliter, comme c'est le cas dans les pays pétroliers du Moyen-Orient ; entre ces situations extrêmes, il existe bien sûr un éventail de situations intermédiaires dont l'Europe offre de nombreux exemples.

Il est impossible d'établir sérieusement des perspectives dans le domaine des migrations internationales parce qu'elles sont soumises à de très nombreux aléas. On peut simplement faire l'hypothèse que, compte tenu de l'ampleur des disparités entre nations, les migrations de caractère économique devraient encore se développer d'ici à l'an 2000 et au-delà en direction des pôles de richesse d'Amérique du nord, d'Europe de l'ouest, du Moyen-Orient pétrolier et d'Asie orientale. On peut également faire l'hypothèse que, compte tenu de l'extension progressive des aires de recrutement liée à l'abaissement du coût des transports, de nouveaux foyers de départ devraient apparaître dans les pays qui sont à la fois pauvres et éloignés des pôles de richesse comme l'Amérique andine, l'Afrique noire et l'Asie du sud.

Les **migrations internationales** n'ont pas fini de poser des problèmes. Selon toute vraisemblance, elles vont même concerner un nombre croissant de pays.

Lectures recommandées

Belbeoch O. *et al.,* 1986, « La population mondiale, vers une stabilisation au XXIe siècle ? », *Notes et Et. Doc.*, n° 4806, Paris, La Documentation Française.

Chesnais J.-C., 1991, *La population du monde de l'Antiquité à 2050*, Paris, Bordas.

Moriconi-Ebrard F, 1991, « Les 100 plus grandes villes du monde », *Economie et Statistique*, 245.

Noin D., 1991, *Atlas de la population mondiale*, Montpellier/Paris, RECLUS/La Documentation Française.

Sauvy A., 1990, *La Terre et les Hommes*, Paris, Economica.

Tabah L., 1991, « Dix problèmes de population en perspective », Paris : *Les Dossiers du CEPED*, 16.

Vallin J., 1986, *La population mondiale*, Paris, La Découverte.

Vallin J., 1984, Politiques de santé et mortalité dans les pays industrialisés, *Espace, Population, Société*, 3.

Wattelar C., 1982, *Examen général de la situation et des tendances démographiques en Europe*, Université Catholique de Louvain, Département de démographie, Doc. de rech. 61.

Données statistiques

World Population Prospects 1990 (1991), New York, United Nations.

Mots-clefs

Concentration urbaine, Croissance démographique, Migration internationale, Tension démographique, Transition démographique, Perspective démographique, Vieillissement.

Religions dans le monde

48

Henri Chamussy

Que signifie : une géographie des religions ? Si la culture concerne tout ce qui n'est pas la nature, toute géographie qui n'est pas « physique » au sens traditionnel du mot relève de la géographie culturelle ; toute organisation spatiale mise en place ou modifiée par les sociétés est culturelle, car elle est une manifestation visible de la culture d'une population. Il faut donc de toute évidence restreindre le sens des mots et cerner plus étroitement le problème.

1. Quelle problématique ?

Si l'on délimite la problématique comme le rapport à l'espace des phénomènes religieux en tant que pratiques culturelles, on constate qu'il s'agit d'une entrée dans la géographie qui a été fort peu fréquentée. Il y a plusieurs raisons à cela.

1.1. Les limites de la problématique classique

Etudier les répartitions spatiales des religions (au sens large) aboutit à des résultats assez triviaux. On découpe l'espace en aires où l'on observe une religion dominante, on fait des cartes des religions, cultures et systèmes de croyances, on décrit les signes de visibilité de ces religions. Le commentaire ne peut guère dépasser le raisonnement génétique. On fait de l'histoire plutôt que de la géographie, en considérant la situation dépeinte comme l'état actuel et provisoire, résultat d'un enchaînement causal dans le temps. On explique la carte des Eglises en Europe par le principe *« cujus regio ejus religio »* et on constate que domine encore le luthérianisme dans les pays scandinaves, ou qu'on peut retrouver aujourd'hui les frontières des Etats de l'Empire au XVIe siècle dans la marqueterie allemande des réformés et des catholiques. On repère des lignes d'affrontement entre les religions ou confessions, et on les explique historiquement. On s'expose ainsi à la fameuse circularité de l'explication géographique : on énumère par exemple la succession des processus historiques qui expliquent la majorité protestante en Irlande du Nord et donc le partage de l'île ; et c'est ce partage de l'île qui provoque la lutte entre « protestants » et « catholiques ». On n'a pas expliqué grand chose si on s'est contenté d'isoler des facteurs religieux, car, dans le système, nombreuses sont les boucles qui intègrent des facteurs sociaux et politiques. On a montré l'espace divisé en **aires religieuses**, comme une carte politique le montre divisé en états ou une carte climatique en zones climatiques... Ainsi que l'écrit C. Raffestin (1985) : *« Classification et domiciliation des effets des religions sollicitent davantage la cartographie, instrument nécessaire mais non suffisant à la représentation, que la géographie en tant que système de pensée. »*.

1.2. L'abstraction difficile des concepts

Une autre raison est que les géographes privilégient le plus souvent les entrées descriptives ; il est alors difficile d'intégrer des concepts abstraits comme « culture », « **croyance** », « **religion** », sauf à découvrir des clochers ou des minarets dans les paysages. Dans une géographie de l'Afrique Noire, par exemple, on décrivait le rôle joué par les systèmes de cultures et les pratiques agricoles dans l'organisation de l'espace, mais il était difficile de faire voir que les populations étaient animistes ou musulmanes, sauf dans le cas où telle ou telle religion influe sur l'organisation spatio-économique : ainsi on souligne le rôle des confréries religieuses dans le développement de la culture de l'arachide au Sénégal. Si on rencontre la religion au détour d'une explication, on mentionne le fait, parmi d'autres. Mais on ne fait pas de la géographie des religions, on se sert de la religion comme facteur explicatif d'une géographie régionale (au pire, on en fait un « tiroir » supplémentaire).

1.3. Le déterminisme

Dans quelques tentatives pour écrire une véritable géographie des religions, c'est-à-dire pour expliciter les relations entre espace et pratiques religieuses ou culturelles, on a parfois heurté l'écueil du déterminisme ; cela a donné quelques envolées sur l'Orient métaphysique terre de naissance des monothéismes, ou l'Islam, religion des Bédouins dans les déserts, l'exubérance indouiste comparable à l'exubérance végétale de la jungle tropicale, et autres développements du même genre.

2. La religion, le sacré et l'espace

Peut-être faut-il proscrire le terme même de « géographie des religions », qui conduit aux conceptions évoquées plus haut. De plus de nombreux auteurs font remarquer que le concept de « religion » est occidental ; M. Clévenot (1987, p. 377) le considère même comme un concept chrétien...

En revanche, il semble que toute société produise du sacré, ce qui conduit C. Raffestin (1985) à plaider pour une géographie du sacré. La substitution du mot de « sacré » au mot de « culture » et de « religion » semble en effet nécessaire.

2.1. La religion

Etymologiquement, la **religion**, c'est ce qui relie : les hommes entre eux et les hommes à la terre, ce qui sous-entend : organisation socio-spatiale. Quel concept est plus géographique ?

Dans le monde indo-européen ancien, la religion situe l'individu au sein d'une société dans laquelle il est identifié non par lui-même, mais par le rôle qui lui est assigné. Ainsi les différents « plans » de l'existence (les superstructures culturelles, économiques, politiques) sont fondus dans le tissu religieux ; le **symbolique** est la manifestation de l'ensemble des croyances (et en particulier du mythe fondateur). Au terme d'une évolution qui commence dans la Grèce ancienne et aux débuts du christianisme, mais n'émerge vraiment dans les idées qu'au XVIe siècle, et dans les faits au XIXe, la société perd sa matrice de « tout » primordial dans lequel l'individu est plongé et sa fonction assignée, et devient le résultat d'un contrat passé entre les individus, nécessaire pour assurer la bonne marche de cette société pour le bien de tous ; ce contrat n'inclut pas la religion ; l'individu est libre d'accepter ou de refuser ce qu'elle implique.

2.2. Le sacré

Mais si le rôle de la religion s'affaiblit, le **sacré** subsiste ; il joue un peu le rôle du tabou dans les sociétés traditionnelles ; il est ce qu'un individu seul ne peut se permettre de remettre en question ; il faut un large consentement de la société. On peut alors se demander si toute société ne sacralise pas ce qu'elle juge essentiel, ce qu'il ne faut plus toucher.

Or, la boucle de rétroaction entre ce qu'une société donnée considère comme sacré et l'organisation de l'espace qui résulte du déploiement par la société de ses procès de vie, de survie, de développement et de mort, apparaît très active pour de multiples raisons : l'espace, en procès d'organisation, contraint la vie de la société et des hommes qui la constituent. Cette boucle fonctionne, explicitement ou implicitement, dans le cadre et les règles de la vie sociale. Or, les manifestations les plus prégnantes de cette vie sociale – à vrai dire les seules – ce sont les croyances ou religions, et les cultures, ainsi que l'enfant naturel des deux, l'**idéologie**, c'est-à-dire tout ce qui produit du sacré. L'organisation de l'espace d'une société, vue sous cet angle, est alors une projection spatiale de ces superstructures. Les historiens savaient cela et Ariès écrit : « *Une communion mystérieuse de l'homme dans l'Histoire : la saisie du sacré immergé dans le temps, un temps que son progrès ne détruit pas, où tous les âges sont solidaires.* » (cité par Raffestin, 1985). Il est étonnant que les géographes n'aient pas eu plus l'idée d'appliquer cela à l'espace et de parler de « la saisie du sacré immergé dans l'espace... ».

FICHE 1

Le sacré

Ce mot de « sacré » est la clé d'une entrée en géographie. C. Raffestin (1985) montre bien comment il s'agit d'un processus primordial d'organisation de l'espace. mais une étude de géographie reposant sur cette idée reste à faire, et il faut aller en chercher l'inspiration chez Caillois (1963), M. Eliade (1965, 1983-84), R. Girard (1972, 1978), P. Virilio (1976), et faire une relecture géographique de leurs ouvrages ; on ne trouvera pas grand chose dans la littérature géographique.

Le concept de **sacré** apparaît bien comme manifestation des liens entre l'homme et/ou le groupe social et la terre. Dans les sociétés agraires, c'est un aspect fondamental, que les colonisateurs du XIXe siècle, issus de sociétés occidentales laïcisées, n'ont en général pas compris, ce qui a été été l'occasion de multiples conflits, soit qu'on expulse purement et simplement le groupe social de son espace de subsistance, et donc – car les deux choses sont confondues – de son espace sacré (les Européens l'ont fait en Amérique du Nord), soit qu'on veuille organiser un mode de production agricole fondé sur la propriété individuelle, concept parfaitement étranger aux populations locales (par exemple, en Nouvelle-Calédonie). Conflits classiques entre les notions européennes de propriété, et de productivité, et les enracinements ethno-sociologiques dans le sol et dans l'espace.

3. La sécularisation et le sacré

3.1. Le monde désenchanté

Avec l'affaiblissement des religions et des croyances religieuses et la **sécularisation** des sociétés occidentales, dont le modèle semble s'étendre à toute la terre, dans un monde dont on dit, soit en s'en réjouissant soit en le déplorant, que le sens du sacré a disparu (Gauchet, 1985), toutes ces réflexions deviendraient-elles obsolètes ? Ce qui fait l'organisation spatiale, aujourd'hui, c'est la productivité, la consommation, les loisirs, et non le religieux et le sacré.

Souvent combattus explicitement par des régimes politiques, implicitement par l'idéologie marchande et de consommation des Etats d'économie libérale, refoulés dans la sphère du privé et de l'individuel par les Etats **« laïques »**, le sacré et le religieux disparaissent ; l'espace s'organise selon une logique utilitariste et productiviste, marchande ou ludique (mais le ludique est une marchandise...). Ce qu'il restera du sacré et du religieux ne sera plus que repères artistiques, touristiques et folkloriques (des alignements de Carnac à la cathédrale de Chartres, du Parthénon au Taj Mahal, des danses sacrées hopi à la Semaine Sainte de Séville.)

3.2. L'enracinement du sacré

On peut cependant faire un certain nombre de remarques :

— La tentative d'élimination du sacré par les idéologies d'Etat matérialistes a été un échec, et c'était souvent dans des églises et des temples que tremblotaient les flammes des bougies, symboles du refus du régime, dans les derniers temps du communisme en Europe de l'Est. Certes il s'agissait souvent, non d'une résistance religieuse, mais de résistances nationalistes et idéologiques. Et si l'idéologique était un producteur de sacré aussi fécond que le fait religieux ? En attendant, les Eglises réapparaissent, et avec elles, d'ailleurs, les conflits nationaux-religieux, comme le problème de l'Eglise Uniate d'Ukraine, la lutte entre Serbes et Croates (entre orthodoxes et catholiques ?).

— Les sociétés libérales, en diffusant une idéologie de réussite individuelle, et en refoulant le religieux et le sacré dans la sphère du personnel et de l'individuel, sont plus efficaces dans l'éradication des phénomènes religieux que la contrainte idéologique officielle. La religion est d'abord un lien social ; on a donc tenté de remplacer les liens sociaux religieux par des liens sociaux idéologiques : liturgies de masse, culte de l'idéologie, musées anti-religieux (et donc religieux au sens étymologique...), ce qui impliquait une certaine organisation de la vie sociale et donc de l'espace (quelle différence entre un pèlerinage au mausolée de Lénine et un pélerinage sur la châsse de Sainte Thérèse ?)

Le libéralisme n'est pas une idéologie, c'est un empirisme pour les conduites collectives, qui laisse à l'individu le choix de son idéologie personnelle, à condition de ne pas chercher à renverser le consensus de fonctionnement. Mais ce qu'A. Jeannière dit (à propos du positivisme) : « *La science "pure", délivrée de toute idéologie, n'était elle-même qu'une idéologie* » (Jeannière, 1987, p. 81) ne pourrait-il pas être dit aussi de la politique et de l'économie ?

Toute société engendre – c'est peut-être un processus nécessaire – une idéologie, et les responsables de cette société, qui ont tout avantage à la voir perdurer, vont vite en inscrire les symboles visibles dans l'espace.

3.3. Les paysages du sacré

Un exemple parmi tant ? A la fin du Second Empire, le **pouvoir** est inspiré par des idéologues héritiers des idées du Siècle des Lumières remodelées par le Positivisme scientifique. L'idéologie en place est distillée par la hiérarchie officielle, de Paris vers toutes les préfectures et sous-préfectures. La Place de Verdun, à Grenoble, pensée à partir de 1865, vaste et froid rectangle, Place d'Armes à l'origine, est entourée des immeubles destinés à abriter les trois pouvoirs sur lesquels repose cette idéologie : le pouvoir administratif de l'Etat est le plus important ; la préfecture occupe un côté de la place, d'architecture raide, muette comme le factionnaire qui garde le portail. Le pouvoir de la connaissance offre la science (et donc le progrès), abritée dans le palais de l'Université, et la Culture, enfermée dans le musée et la bibliothèque. Enfin deux immeubles sont dévolus au pouvoir militaire, à l'armée qui veille au salut de la patrie. Trois côtés de la place sont ainsi distribués ; le pouvoir économique est exclu (l'idéologie officielle ne le considère pas comme un vrai pouvoir), et la justice est éloignée, peut-être pour affirmer la séparation des pouvoirs. On découvre ainsi une géographie urbaine, fréquente en France. La république laïque, qui achèvera l'ordonnancement de ce quartier de Grenoble, proscrit les signes religieux, qui n'ont rien à faire sur une place publique. Mais à la même époque, les catholiques, encore fort influents et riches, plantent d'énormes basiliques sur des lieux élevés, signes d'une autre idéologie : le Sacré-Cœur de Montmartre, la basilique de Fourvière. Le paysage urbain des grandes villes françaises est encore marqué de cette rivalité idéologique. Que dire de la néo-gothique cathédrale Saint-

Patrick, affirmant par son nom l'irlandicité du catholicisme new-yorkais, enfouie dans l'ombre des gratte-ciels, symboles visibles de l'idéologie capitaliste ?

Tout paysage est religieux, culturel et/ou idéologique, car il est rempli des symboles qui régissent la vie quotidienne de la société. Certes les symboles s'affadissent, évoluent, mais ils demeurent (comme une sorte de glissement sémantique) ; une affiche d'élection présidentielle représentait le candidat sur fond de paysage rural dominé par un clocher de village, alors que meurt la campagne traditionnelle ; bien entendu, il ne s'agissait pas là de réveiller un symbole religieux, mais de faire appel à des symboles de calme, de paix, pour une France profonde affolée par le changement, et qui ne s'est pas habituée aux paysages de la Défense ou d'un parc technologique.

La trilogie religieux-idéologique-sacré marque profondément l'espace, car les acteurs sociaux le veulent. Et plus leur pouvoir est fort, plus les techniques le permettent, plus c'est visible. Comment en serait-il autrement puisqu'elle régit les actes de la vie quotidienne, puisque le Pouvoir s'appuie sur des rites, des liturgies pour organiser la société, et se sacralise pour échapper à la contestation ? C'est vrai de Sumer et de Babylone, de l'Egypte pharaonique ; c'est vrai de la démocratie athénienne, de la république romaine, des sociétés précolombiennes méso-américaines (les centres cérémoniels sont la seule chose qui en a subsisté) ; c'est vrai de l'Europe médiévale, où l'espace est rythmé par les abbayes et les prieurés, les villes et bourgs dominés par les flèches et les clochers. C'est vrai de la monarchie absolue en France (à beaucoup d'égards, Versailles est un espace sacré, rempli de symboles solaires). C'est vrai de la république « une et indivisible », et on pourrait poursuivre longtemps l'inventaire.

3.4. Une conception du monde

Ce qui est vrai de l'Etat est vrai de tout groupe social. Partis politiques, clubs sportifs, chorales, fanfares et harmonies secrètent leurs liturgies inscrites dans l'espace. Ce ne sont pas des religions pour autant. De plus, outre que la religion ou les croyances relient les gens entre eux, elles les mettent en liaison avec un surnaturel plus ou moins rationalisé et culturalisé, qui implique une certaine conception du « monde » ; cette conception n'est pas seulement métaphysique, sinon elle ne serait pas sociale ; elle implique une conception du monde sensible, et donc de cet « aspect » du monde sensible qu'est l'espace géographique.

Il ne suffit pas de dire que le religieux, le politique et le social jouent chacun leur rôle dans la perception et l'organisation de l'espace ; les lignes de partage entre ce qui est religieux, sacré ou idéologique et ce qui est strictement social ne sont évidentes dans aucune société. Elles n'existent pas dans les théocraties, ou les Etats dans lesquels la religion d'Etat prend une forme intégriste, sont difficilement discernables dans tous les espaces où domine fortement un système religieux ; mais, même dans un Etat « laïque », elles sont difficilement lisibles.

4. Une géographie mondiale

4.1. Les prégnances spatiales

Pour aller au-delà des tableaux de statistiques et des cartes qui peuvent être dessinées avec ces statistiques, il faut glisser du concept de religion au concept de sacré et de culturel. La France est, officiellement, un pays catholique à 85 %, – mais moins de la moitié des Français se disent catholiques. Si moins de 15 % se disent « pratiquants », une proportion beaucoup plus forte s'accorde probablement sur un certain nombre de symboles sacrés, de visibilité dans le paysage, de prégnance culturelle (églises, cimetières, etc.) Si on explore le christianisme africain, ou brésilien, ou haïtien, on découvre des formes complètement déconcertantes pour la plupart des chrétiens occidentaux. Ces formes impliquent des conceptions spatiales spécifiques, bien différentes de celles d'un catholique européen. Il faut donc découvrir dans l'espace les traces imprimées par ce que les sociétés considèrent ou ont considéré comme sacré.

Un fait religieux et/ou la sacralisation de certains sites peuvent avoir joué un rôle considérable dans l'organisation de très vastes espaces à une époque donnée : on pense aux dimensions européennes de l'Ordre de Cluny, ou aux itinéraires et étapes du **pèlerinage** à Saint-Jacques de Compostelle. Historiquement, il s'agit de phénomènes de grande importance ; pour le géographe, qu'en reste-t-il dix siècles après ? Une foule de monuments, mais ce n'est plus le fait religieux en soi qui structure l'espace, c'est son souvenir, par l'intermédiaire de retombées touristiques. Combien le bourg de Cluny recevrait-il de touristes s'il n'y avait les restes et le souvenir de la plus grande abbaye de la chrétienté ? Ces restes, sauf pour le spécialiste, ne sont pas spectaculaires. Subsiste un sens du sacré : on ne visite pas Cluny comme Disneyland ; c'est pourquoi on ne peut pas négliger Cluny dans une géographie actuelle du sacré.

Le rôle structurant du phénomène sacré sur l'espace peut s'être rétracté : Santiago joue encore un rôle dans l'organisation spatiale du nord-ouest de l'Espagne, mais certainement pas sur toute l'Europe.

On peut certes désacraliser : étudier Lourdes en considérant le pèlerinage comme une fonction tertiaire, et y réfléchir comme tel (Chadefaud, 1981). Après tout, Lourdes attire-t'elle beaucoup plus de monde que Disneyland ? Il n'y a scientifiquement aucune justification à un traitement différent, et les signes apparents sont les mêmes : de vastes bâtiments pour rassembler les foules, des commerces (souvenirs, restauration, hôtellerie), des accès (gares, aéroport, routes). Reste que le phénomène lourdais puise son origine dans le sacré ; après tout, peut-être Disneyland est-il un lieu sacré pour les habitants des Etats-Unis ; en tout cas, c'est un phénomène culturel, et parfaitement idéologique...

4.2. Une géographie des lieux sacrés

Ces réflexions sur Cluny, Lourdes et Compostelle, qui pourraient être conduites sur bien d'autres lieux, permettent de distinguer divers aspects de la géographie du sacré :

— Il y a les systèmes spatiaux dont l'origine est dans le sacré et/ou le religieux, mais qui ne sont plus (ou plus guère) qu'archéologico-touristiques, parce que le symbole du sacré a disparu avec la société qui en était porteuse, ou s'est affadi, déplacé. Ces lieux attirent encore les foules et sont à l'origine d'une structuration spécifique de l'espace : par exemple, à des échelles différentes, Carnac, Stonehenge, Delphes, le Mont Saint-Michel, les centres cérémoniels précolombiens, etc.

Ces sites peuvent aujourd'hui encore jouer un rôle considérable dans l'organisation de l'espace : combien y aurait-il de touristes (et donc d'hôtels, de routes, de restaurants) dans le Yucatan intérieur si n'existaient pas Chichen-Itza, Uxmal, etc. ?

Il s'agit en fait de phénomènes pour lesquels pouvoir temporel et spirituel étaient étroitement mêlés, signes d'états ou d'institutions dans lesquelles le politique, le social, le religieux, l'économique sont indissolublement liés. De même que le pouvoir et le sacré étaient intimement confondus à l'origine de ces lieux, le touristique (le ludique et le commercial) le sont au culturel. Certains de ces lieux seraient fort peu connus s'ils n'étaient pas en relation avec d'autres types d'attractions touristiques : combien de personnes visiteraient les alignements de Carnac s'ils ne se trouvaient pas proches de stations balnéaires fort fréquentées ? La boucle peut jouer en sens inverse : le boom touristique de la côte du Quintana Roo a été facilité par le fait que le Yucatan avait une réputation touristique préalable.

— Il y a les systèmes spatiaux politico-religieux qui fonctionnent encore comme tels, c'est-à-dire dont la finalité actuelle est encore religieuse ou politico-religieuse.

La Mecque est un centre religieux et sacré, mais il s'agit aussi d'un instrument politique pour la monarchie saoudienne, d'autant plus aisé à manier que politique et religion, en terre d'Islam, se confondent souvent.

Jérusalem, ville sainte de trois grandes religions, a un caractère sacré d'autant plus survalorisé que la ville est disputée, car il s'agit aussi d'un enjeu politique ; et quel enjeu ! A ce niveau, la religion et le sacré ne semblent plus que des prétextes. Ce serait une erreur que de le trop croire ; pour beaucoup de gens, sur cette terre de tous les intégrismes, la géographie de cette petite partie du monde est sacrée ; elle touche au plus profond de nombreux groupes sociaux, et c'est pourquoi les conflits suscitent tant de passion. En transportant sa capitale de Tel Aviv à Jérusalem, l'Etat d'Israël accomplissait-il un acte religieux, politique, ou simplement géographique ?

Mais, lorsque le gouvernement brésilien a installé la capitale à Brasilia, ne s'agissait-il pas d'un acte, sinon religieux, du moins largement idéologique, et peut-être sacré par certains aspects ?

Rome, capitale politique, fut également au centre d'un conflit, et il fallut, pour séparer le politique du religieux, créer la fiction d'un minuscule état théocratique indépendant. Mais dans l'organisation de l'espace romain, il ne s'agit pas du tout d'une fiction, – ou alors c'est une fiction très vivante ! –. Et ce minuscule Etat est tête d'un système spatio-religieux de dimension mondiale.

Les grands pèlerinages chrétiens « fonctionnels », tels Lourdes, Czestochowa, Fatima, n'ont (en principe) aucune implication politique mais induisent des structurations spatiales qui s'apparentent fort, comme on l'a vu, avec des systèmes spatiaux de type touristique ; l'analogie avec Disneyland peut être poursuivie avec l'Alpe d'Huez ou Port Leucate.. : paysages urbains, réseaux de transport, insertion dans les réseaux urbains, à l'échelle micro- et méso-régionale, etc.

5. Imago Mundi

5.1. L'empreinte spatiale

Alors que tant de travaux ont été consacrés aux géographies de la perception et du comportement, on a rarement étudié les visions de l'espace secrétées par les religions, systèmes de croyance et idéologies. Il s'agit d'un travail difficile, car dans tout ensemble de croyances, il faut probablement distinguer entre vision populaire et vision « intellectuelle », entre visions explicites (de domination, de conquête, d'expansion) et implicites (métaphysiques, morales, ou symboliques, analogiques), étudier les dérives et glissements dans le temps.

Par exemple, il apparaît que, dès sa fondation, l'Ordre des Jésuites a une perception et une vision du monde, et met en œuvre une stratégie pour une organisation de l'espace, souvent différente de celle de Rome. La « querelle des rites » n'est pas simplement un problème d'acculturation de la liturgie catholique dans la société chinoise, c'est aussi une vision de la Chine, qui tente de « coller » avec celle qu'ont les Chinois.

On peut aussi penser à l'ordre spatial conçu par les Jésuites dans les réductions du Paraguay. N'est-ce pas du même ordre de pensée que l'Arc-et-Senans de Ledoux, ou même l'Antigone de Bofill ? Et dans ce cas, quelle est la limite entre le « religieux » (au sens défini plus haut) et la conception, voire les fantasmes d'un homme qui a le pouvoir, le talent, les relations pour marquer la surface de la terre de sa vision d'un ordre spatial ?

Il faudrait aussi explorer toutes les utopies spatiales à bases religieuses, humanistes, idéologiques : l'*Utopia* de More, les plans de phalanstères, les villes des *Cinq Cent Millions de la Bégum*, etc. *(chapitre 49).* Aujourd'hui, dans un monde laïcisé (au moins en ce qui concerne les pays dits « occidentaux »), existe-t'il une vision catholique du monde ? Et si oui, a-t'elle une influence quelconque sur l'organisation de l'espace ? L'Opus Dei a certainement une **stratégie spatiale**, et donc une vision spécifique de l'espace terrestre (Le Tourneau, 1985). Les auteurs de *Le rêve de Compostelle* (Luneau, 1989) semblent penser à une stratégie spatiale du Vatican, mais comme leur propos est essentiellement religieux et politique, ils restent peu clairs sur ce sujet.

5.2. Le local et le mondial

Une géographie du religieux et du sacré doit s'interroger sur les différentes échelles auxquelles il faut travailler.

Pour les Juifs croyants, Jérusalem est bien entendu le pôle, mais avec un autre sens de celui de Rome pour les catholiques, d'autant qu'il y a confusion (voulue ou non) avec le pouvoir politique de l'Etat d'Israël.

Il n'y a pas de pôle mondial pour des Eglises de la Réforme, multiples, décentralisées, autonomes, mais des pèlerinages « historiques » (Mas Soubeyran), des localisations hiérarchiques ou primatiales quand il s'agit d'Eglises Etablies (Canterbury, Roskilde, Turku). Jérusalem joue le même rôle que pour les Catholiques.

FICHE 2

Les réseaux mondiaux

Il existe des réseaux mondiaux. On en a rencontré les pôles à Rome, Jérusalem, la Mecque. *Stricto sensu*, on ne peut parler de pôle religieux mondial que s'il s'agit d'une religion qui a des adeptes dans le monde entier, et donc une stratégie spatiale et une vision spécifique de l'organisation de l'espace. Mais, avec la mobilité contemporaine, beaucoup de religions ont une diffusion mondiale, même si les membres de telle **église** répandue dans le monde entier ne se comptent que par dizaines ici ou là. Il y a des lamaseries en Bourgogne, des ashrams en Picardie, des églises catholiques dans l'Himalaya... On peut penser aux Baha'is qui revendiquent des membres dans une quarantaine de pays, mais dont les effectifs dans chacun de ces pays sont très maigres.

Ces grandes organisations à l'échelle du monde (Catholicisme) ou de vastes espaces continentaux (Islam, Bouddhisme), ou des Eglises de moindre importance numérique, mais de diffusion mondiale (Baha'is, Témoins de Jéhovah, Mormons) rayonnent par réseaux et points d'ancrage locaux. Les pôles de ces organisations sont lieux de décisions, de pouvoir ou d'impulsion, de grandes décisions d'ordre financier ou... théologique, de grands rassemblements. Mais les pôles de toutes les religions ne sont pas aussi faciles à localiser. Pour une église organisée et hiérarchisée comme l'Eglise catholique, le pôle mondial est Rome ; Jérusalem est un pôle historico-affectif, mais qui ne joue pas un rôle « actif » dans la vie de l'Eglise.

La Mecque est le pôle d'une religion dont l'implantation est massive, mais localisée dans une partie de l'espace mondial, et dont la diaspora a créé des communautés dispersées ailleurs (deuxième religion en France, par exemple). Mais il ne s'agit pas d'un pôle de décision, comme Rome pour les Catholiques.

Certains pôles ont une charge mondiale, car ils sont lieux de rassemblements ou de décision pour des Eglises ou des religions qui n'ont pourtant qu'une implantation très localisée, mais très forte, ou une diffusion mondiale mais très faible (Bénarès, Salt Lake City, par exemple.)

Fonctionnant en réseaux, ces organisations s'ancrent sur les multiples localisations de leurs adeptes ; l'étude des structures spatiales du fait sacré et religieux doit donc constamment jouer sur deux échelles : l'échelle des grands espaces et des stratégies mondiales, et l'échelle du local, où le maillage s'incruste dans le territoire. L'exercice est périlleux, mais riche d'enseignements quand cohabitent deux religions ou systèmes de croyances, généralement insupportables l'un par l'autre...

A l'échelle locale également, existe un semis de lieux symboliques, et donc sacrés, – sacrés par le religieux, par l'histoire, par l'idéologie, par la conscience populaire, – ce qu'on pourrait appeler les « **hauts-lieux** » ; certains ont une résonnance sur d'immenses espaces, sont connus sur toute la terre, d'autres n'éveillent d'échos qu'à quelques dizaines de kilomètres à la ronde ; ils jouent probablement un rôle considérable dans la perception de l'espace par les populations. Symboliques, et donc abstraits, ils plaquent sur l'espace un treillis parfaitement concret, repérable, mesurable. Les pélerins, autrefois, progressaient de haut-lieu en haut-lieu, et Péguy, cheminant à travers la Beauce, voit loin encore devant lui, surgir de *la houle des blés,..., la flèche qui ne peut faillir*.

Quel thème est plus géographique que celui des hauts-lieux dispersés dans l'espace ? Le travail reste à faire.

Conclusion

Le sacré est chose publique – et donc visible dans l'espace ; c'est pourquoi il entre inévitablement en conflit avec des conceptions « laïques » qui veulent le cantonner dans la sphère du privé et de l'individuel. C'est impossible, c'est contraire à l'essence des religions et du sacré, qui ne peuvent se passer de signes visibles et donc spatiaux, et les idéologies d'Etat, – parfois développées pour faire pièce aux églises – secrètent elles-mêmes leur ordre et leur visibilité spatiale.

Encore faut-il distinguer entre la foi – intérieure – et l'expression extérieure de la foi dans la religion, qui est, par définition, sociale et communautaire, donc publique.

Certaines églises sont ou ont été totalitaires. Elles ont alors imposé un ordre spatial du sacré, généralement en détruisant l'ordre préexistant : c'est le cas de la colonisation espagnole en Amérique. Mais, en deçà ou au-delà de cette remarque, tout croyant subit, accepte ou diffuse quelque chose de « totalisant », en ce qu'une foi pleinement vécue ne peut pas engager une partie de l'être seulement (on l'a vu avec la dérive d'un certain communisme en véritable religion...) Dans une conception totalisante, il y a forcément une vision du monde. La manière dont les phénomènes et les pratiques du sacré – qu'il soit religieux au sens occidental, ou au sens plus général, qu'il soit le fait d'une idéologie explicite ou implicite – se répartissent à la surface de la terre et engendrent un ordre spatial ou interfèrent dans des ordres spatiaux mis en place par des phénomènes purement économiques – est une problématique digne des géographes. Il faudrait qu'ils s'en saisissent.

Lectures recommandées

Chadefaud M., 1981, *Lourdes, un pèlerinage, une ville*, Edisud, Aix-en-Provence.

Clevenot M. (éd.), 1987, *L'état des religions dans le monde*, La Découverte/le Cerf, Paris.

Eliade M., 1965, *Le sacré et le profane*, Gallimard, Paris.

Raffestin C., 1985, « Religions, relations de pouvoir et géographie politique », *Cahiers de Géographie du Québec,* n° 76, p. 101-107.

Mots-clefs

Aire religieuse,
Croyance,
Eglise,
Haut-lieu,
Idéologie,
Laïque,
Pélerinage,
Pouvoir,
Religion,
Sacré,
Sécularisation,
Stratégie spatiale,
Symbolique.

Imagination et imaginaire géographiques*

49

Bernard Debarbieux

1. « Ennemie de la raison » ou « faculté de connaissance » ?

Il est, dans notre culture occidentale, deux systèmes de pensée qui accordent des valeurs bien différentes à l'imagination. Le premier est illustré par des philosophes comme Pascal ou Descartes qui, dans leur lutte pour l'affranchissement de la science, ont été amenés à dénoncer les pouvoirs et les usages de l'imagination. On a souvent retenu de leurs travaux, les positivistes entre autres, que l'imagination était un frein aux progrès de la connaissance, « une ennemie de la raison ». Dans cette perspective, l'imagination géographique ne serait qu'une plaisanterie futile de la pensée et l'imaginaire géographique une fiction dangereuse susceptible de nous éloigner de la concrétude de la terre.

Mais si l'on s'appuie sur une autre tradition occidentale, celle de la philosophie critique, celle de l'anthropologie et de l'épistémologie contemporaines, on peut envisager l'imagination géographique sous un tout autre angle. Kant, en concevant l'imagination comme la condition pour qu'une donnée sensible puisse être conceptualisée (Kant, 1798), Bachelard en soulignant les prodigieuses capacités de l'imagination créatrice à assembler et combiner des éléments du réel perçu (Bachelard, 1957), Sartre en dénonçant la confusion injustifiée que l'on faisait habituellement entre les processus de la perception et de l'illusion d'une part et ceux de l'imagination d'autre part (Sartre, 1940) ont montré chacun à leur manière que l'imagination était à la fois « faculté de connaissance » et « état de conscience » essentiels dans notre rapport au monde.

---

* Ce texte a bénéficié de la lecture et des commentaires de Lorenza Mondada (Université de Lausanne) et Jean-Luc Piveteau (Université de Neuchatel).

Cette seconde voie invite le géographe à traquer et à analyser l'imaginaire spatial qui est à l'œuvre dans une société. Car cet imaginaire est partout ; en tout un chacun dans sa façon de vivre le monde qui l'environne ; dans la création artistique, dans la pensée mythique et religieuse, dans l'activité scientifique même où il est l'auxiliaire de la raison. Et il conditionne fortement nos pratiques de l'espace ; il n'est pas inutile de le montrer dans un premier temps. Dans un second temps, ce chapitre s'efforcera de repérer quelques constantes de l'imaginaire géographique et quelques-uns de ses ressorts principaux.

Dans cette perspective, nous parlerons ici d'**imagination** géographique dans une acception relativement restrictive. Nous ne traiterons pas de l'imagination reproductrice, c'est-à-dire la faculté de produire des images d'une réalité perçue. Nous privilégierons d'une part l'imagination créatrice c'est-à-dire la faculté d'assembler des images spatiales selon des principes qui ne reflètent pas nécessairement la réalité, d'autre part l'imagination symbolique qui attache aux lieux des significations fortes. L'**imaginaire** géographique renverra donc dans ce chapitre aux images individuelles ou collectives, singulières ou combinées, qui ne possèdent pas de correspondances dans le réel spatial.

2. Imagination et imaginaire géographiques à l'œuvre

Un petit panorama de quelques-unes des manifestations de l'imaginaire géographique, de quelques contextes dans lesquels il s'exprime, permet de prendre conscience de son omniprésence, d'en comprendre l'universalité dans notre rapport à l'espace.

2.1. Imaginaires mythiques et religieux

Les anthropologues ont montré la richesse et les structures des géographies symboliques de la pensée mythique et religieuse *(chapitre 48)*. Le propre de cette pensée est d'élaborer des **cosmogonies** qui, d'une part instaurent une temporalité situant l'origine du Monde et l'émergence de ses parties, d'autre part font porter à des lieux, imaginaires ou réels, la mémoire de ces récits. Ainsi l'espace se voit structuré par des réseaux de symboles *(figure 1)*. Les lieux sollicités correspondent souvent à des éléments repérables du paysage naturel environnant, montagnes, fleuves ou marais par exemple.

Figure 1a « Au lieu de rencontre des quatre points cardinaux, l'aigle vint des cieux se poser sur le cactus jailli des profondeurs de la Terre. Ainsi naquit Tenochtitlan, fille des six directions de l'espace ». (sculpture aztèque du XVe siècle reproduite en gravure dans Le *Lieu du Temple*, collection « Question de ? », Paris, Albin Michel, p. 80)

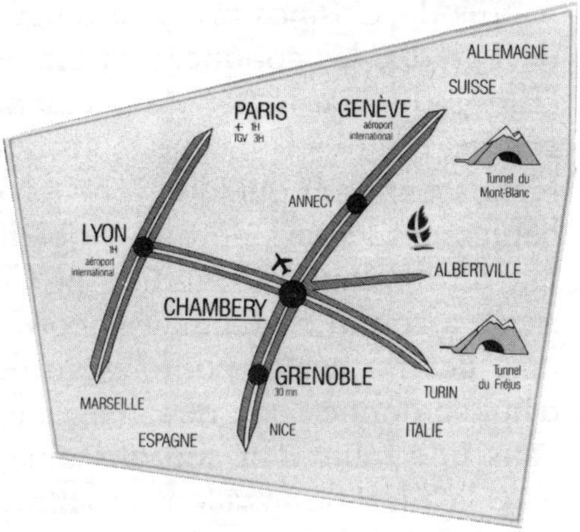

Figure 1b « Autoroutes, TGV, aéroports : nous sommes situés au centre d'un réseau de communications internationales » (plaquette du Service « Action économique » de la Ville de Chambéry, 1989).

Figure 1 Pluralité et universalité du centre

La disposition cosmique la plus classique qui juxtapose deux (le Ciel et la Terre) et parfois trois (Ciel-Terre-Enfer souterrain) univers, donne une valeur toute particulière à la verticalité, direction qui symbolise le lien et l'échange entre les trois univers. Au sol, les lieux qui assurent cette convergence des puissances du Ciel et de la Terre, sont autant de « centres » qui, ensemble, composent une géographie sacrée. « Toutes les civilisations orientales – Mésopotamie, Inde, Chine, etc. – connaissent un nombre illimité de « centres ». Mieux encore, chacun de ces « centres » est considéré littéralement comme le « Centre du Monde ». Comme il s'agit d'espace sacré qui est donné par une hiérophanie ou construit rituellement, et non pas d'un espace profane, homogène, géométrique, la pluralité des « centres de la Terre » à l'intérieur d'une seule région habitée ne fait aucune difficulté » (Eliade, 1952 p. 49). La symbolique du centre hante aussi notre société occidentale contemporaine ; il suffit d'observer la fréquence des références au « centre » (centre de l'Europe notamment) contenues dans les publicités que les collectivités locales diffusent pour attirer les entreprises.

Des pratiques rituelles transposent dans le vécu cet imaginaire symbolique. Ainsi, à l'occasion des fêtes des Panathénées, les Athéniens effectuaient une procession à travers les trois niveaux de la Cité – l'Agros, l'Agora et l'Acropole. Cette procession, de par la disposition topographique des lieux de la ville, symbolisait la circulation des énergies entre les trois domaines du Cosmos. Les pèlerinages à Jérusalem, La Mecque ou Lourdes sont autant de voyages en des points névralgiques de mondes structurés par des systèmes religieux. La quête du Paradis terrestre participe de cette géographie : Christophe Colomb le rechercha aux sources de l'Orénoque ; des naturalistes du XVIIe siècle partirent à sa recherche en Afrique centrale.

2.2 Imaginaires au quotidien

Cet imaginaire géographique ne se cantonne pas aux représentations terrestres du Cosmos mythico-religieux. Il les déborde quotidiennement. Faute de Paradis, les conquérants espagnols laïcisèrent le mythe sous la forme de l'Eldorado. Car la pensée occidentale veut que ce paradis ait existé ou existe encore, quitte à l'imaginer sous une forme païenne, dans quelque haute vallée himalayenne ou quelque forêt profonde des latitudes tropicales. « C'est probablement le pays où tout va bien. Car il faut absolument qu'il y en ait un » fait dire Voltaire à Candide et Cacambo découvrant leur Eldorado. Le XXe siècle a connu ou connaît encore ses paradis sécularisés : Californie pour les uns, îles tropicales pour les autres. Amateur de paradis, l'homme d'aujourd'hui se donne aussi des images actualisées de l'Enfer et il le localise : tantôt dans une mine d'or sud africaine, tantôt sur les trottoirs de Manille, tantôt dans la ZUP de sa ville. Car l'imaginaire légendaire ou mythique est constamment réactualisé dans le quotidien des lieux et des actions.

Mais bien au-delà des références aux archétypes de la mythologie et de la religion, nos pratiques quotidiennes en matière d'habitat, de loisirs, de déplacements ne s'expliquent souvent que par les représentations imaginaires de la réalité que nous nous donnons. L'espace urbain est souvent structuré autour de ces représentations. L'*espace touristique* l'est plus encore ; quand il est naturel, il suppose des éléments et des formes – la grotte, la montagne, l'eau courante – qui activent le plus ce que Bachelard appelait l'imagination matérielle ; quand il est artificiel, comme dans les « Disneylands » ou les « paradis » insulaires, il est souvent organisé autour de formes et de contenus archétypaux – le château, la paillote, le lagon *(figure 2)*. Le **lieu touristique** est sans doute la plus belle expression, avec le **lieu sacré**, d'une forme spatiale construite autour de l'imagination de ceux qui le pratiquent. Il est le lieu bien réel d'une territorialité imaginante *(chapitres 45 et 46)*.

Figure 2 L'imaginaire touristique
Parmi les espaces touristiques, la montagne occupe une place de choix. Les pratiques y sont anciennes et nombreuses. Mais surtout, ces pratiques ne s'expliquent que par l'extraordinaire imaginaire déployé par l'Occident sur ce type de paysage. La publicité réalisée par les stations a su exploiter ce réservoir en jouant sur des symboliques variées : celles de la verticalité et celles de la nature virginale, celles de la tradition et celle de l'exploit ou du plaisir individuel (Bozonnet, 1992). (Extrait d'un document publicitaire de Courchevel, 1990)

De façon générale, l'altérité est source d'imaginaire. L'ailleurs est d'abord une image. L'autre l'est aussi. L'image que le touriste se donne de l'indigène est souvent une fiction qui s'accorde avec l'image qu'il se fait du lieu de son séjour. Les représentations que se renvoient les habitants d'un quartier cossu et ceux d'un quartier populaire visent à conformer les images que l'on se donne des lieux avec celles que l'on a des gens qui les habitent. Les discours que l'Occident tient depuis des siècles sur le monde tropical et les hommes qui l'habitent sont ainsi une étonnante combinaison de fictions géographiques et anthropologiques.

L'imaginaire géographique renvoie constamment à l'imaginaire social. De nombreux sociologues, de Durkheim à Mauss et Castoriadis, se sont attachés à souligner les fondements ou les liens imaginaires qui fondent ou structurent la société. Les analyses des premiers sur l'efficacité des rituels religieux invitent à étudier l'efficacité des imaginaires géographiques dans le fonctionnement socio-spatial d'une collectivité. D'autre part, la théorie de Castoriadis selon laquelle une société va puiser dans l'imaginaire le complément de son ordre propre et la légitimité de son institution donne crédit à ceux qui pensent que la structuration imaginaire des espaces sociaux préside à leur structuration fonctionnelle (Castoriadis, 1975).

Enfin quand on étudie la symbolique du pouvoir et de l'identité nationale, comme le firent des historiens (Nora, 1986), on est frappé de voir à quel point la symbolique des lieux – arcs de triomphe, panthéons, champs de bataille et capitoles – s'inscrit dans l'espace l'imaginaire social et territorial de la société qui les produit. Des villages de la campagne française dont l'apparence est d'une grande banalité, Bouvines ou Azincourt, doivent leur statut de hauts lieux du territoire national à l'imaginaire qu'ils suscitent et à la symbolique qu'on leur associe habituellement.

Au XXe siècle, les images de l'altérité que l'on se donne ont été grandement influencées par l'évolution des techniques et des moyens d'appréhension du réel. La révolution des transports, la généralisation et l'omniprésence des médias influencent notre conscience du monde. La disposition de nos auréoles de conscience territoriale, l'agencement de nos coquilles (Moles, 1972), sont modifiés par l'abolition de certaines distances. La géographie de nos imaginaires s'en trouve bouleversée.

Construite sur un substrat de mythes, de religions, de valeurs sociales et politiques, les pratiques quotidiennes de l'espace se doublent d'une activité imaginante qui combine des lieux réels et localisables (New York, le Sahara, le Tonkin) et des images mythiques archétypales qui s'expriment dans des lieux mouvants et constamment renouvelés (le Paradis, l'Enfer, le Pays de cocagne,...).

2.3. Géographies imaginaires de la littérature

La littérature est sans doute la forme artistique dans laquelle l'imaginaire géographique d'un individu et d'une société trouve ses expressions les plus abouties. Certes, par définition, l'espace est imaginaire dans toute littérature et dans toute œuvre d'art, puisque les scènes, les personnages sont, au moins en partie, fictifs. Mais certains auteurs vont jusqu'à inventer les lieux et les espaces de leurs œuvres pour mieux servir la tension romanesque *(chapitre 13)*.

Ce recours à des géographies imaginaires est ancien puisqu'il s'enracine dans les premiers récits mythologiques. Mais, paradoxalement, il est aussi moderne puisqu'il s'épanouit avec la montée en puissance de la Raison après la Renaissance, puis avec la recherche récente d'une modernité littéraire.

Ce besoin s'est volontiers exprimé dans des **utopies**. More propose en 1516 avec *Utopia* le modèle du genre *(figure 3)*. Au XVIIe siècle Campanella et Fénelon s'en inspirent pour leur *Cité du Soleil* (1623) et *Télémaque* (1699). Au XIXe siècle enfin, la pensée utopique s'est adaptée à l'ère des révolutions industrielles et elle devient urbaine et productiviste, avec Charles Fourier notamment.

Figure 3 Utopie, harmonie et symétrie
La gravure, parue avec la première édition d'*Utopia* en 1516, illustre le goût de l'époque pour la métaphore et la recherche d'harmonie que le texte trahit à chaque instant. L'île est une métaphore de la Lune, de l'isolat où tout est possible. Le golfe, aux dires de More lui-même, est une image du canal séminal qui fertilise Utopia. L'harmonie est assurée par la symétrie de la distribution des éléments topographiques et des lieux habités.
Edition de Louvain, 1516, Bibliothèque Nationale, extrait de *Cartes et figures de la terre*, Paris, CCI, p. 204.

Ces **utopies** conçoivent toutes des sociétés exemplaires où difficultés et contradictions auraient été résolues ; dans cette perspective, elles se déploient sur des territoires présentés comme idéaux, souvent des îles, dotés de formes d'organisation spatiale parfaitement rationnelles et fonctionnelles. Cette adhésion sans nuance à la fonctionalité rationnelle a fait dire aux détracteurs de ce genre littéraire que les utopies étaient des modèles précurseurs du totalitarisme. D'ailleurs, le XXe siècle propose bien davantage de contre-modèles dénonçant ce type de danger de la pensée utopique – le « 1984 » de G. Orwell par exemple – que d'utopies véritables.

Par contre les géographies imaginaires de la littérature du XXe siècle ont une toute autre fonction. Elles traduisent le souci de l'auteur de donner une signification plus forte aux lieux et une structure plus achevée à l'espace. J. Gracq, dont le roman *Le Rivage des Syrtes* est volontiers présenté comme un modèle du genre, écrit lui-même : « dans un grand roman, contrairement au monde imparfaitement cohérent du réel, rien ne reste en marge » (Gracq, 1975). Dans la fiction géographique, la composition d'espaces imaginaires est un moyen de s'affranchir du réel et donner aux lieux tout le poids de leur signification essentielle. Les mondes imaginaires de la littérature sont autant de moyens de conférer aux romans une cohérence propre dans la recherche d'une adéquation parfaite entre les lieux et l'action (ou l'attente pour Gracq et Buzzati) qui s'y inscrit (Jourde, 1991).

2.4. L'imaginaire du géographe

Tout au long de son histoire, la géographie a le plus souvent été conçue comme une description et une cartographie de la surface de la terre, la typologie venant souvent clore la description. Dans cette activité, on voit mal en quoi l'imaginaire du géographe pouvait être sollicité. De façon plus générale, les scientifiques malgré de remarquables travaux sur la question, ne sont pas unanimes à reconnaître des vertus à l'imagination dans la recherche de vérité à laquelle ils participent. Au contraire, ils se plaisent parfois, avec la complicité des artistes, à présenter imagination et rationalité comme deux pôles opposés de notre conscience : « l'ordre est le plaisir de la raison : mais le désordre est le délice de l'imagination » écrivait Claudel. Pourtant à la suite des travaux d'épistémologie de G. Bachelard et de G. Holton, à la suite des réflexions engagées par C. Raffestin (Raffestin, 1983 et Actes du colloque sur l'imagination géographique, 1985) chez les géographes francophones, on peut reconnaître différents niveaux auxquels l'imagination est ou doit être sollicitée dans l'activité scientifique et tout spécialement dans celle du géographe.

La phénoménologie de l'imagination a permis de reconnaître à celle-ci une fonction essentielle de réduction de l'infinie complexité du réel à des **images** qui peuvent être appréhendées. « L'objet de la perception est constitué par une multiplicité infinie de déterminations et de rapports possibles. Au contraire, l'image la mieux déterminée ne possède en soi qu'un nombre fini de déterminations, celles précisément dont nous avons conscience. » (Sartre, 1940). Cette fonction imaginante permet de passer des données concrètes de l'expérience aux représentations abstraites.

Ainsi la conception de *modèles* est-elle une manifestation de la pensée figurative. En géographie, ces modèles, et plus particulièrement les modèles graphiques sont nombreux depuis Christaller notamment. Par ce biais, le géographe peut appuyer sa réflexion sur des espaces imaginaires, la fameuse plaine homogène de Christaller par exemple, sur lesquels il peut simuler des processus et des évolutions. D'autre part, l'imagination encourage le recours aux analogies et aux métaphores ; la géographie des années 1960 et 1970 a largement profité des analogies que certains, W. Bunge en particulier, ont su repérer entre processus spatiaux et processus physiques, entre sciences de l'espace et sciences de la matière. Sans doute cette forme de pensée n'est-elle pas indispensable à l'activité scientifique ; mais même ceux qui, tel P. Haggett et sa méthode du « fusil de chasse », ont tenté de concevoir des techniques statistiques aptes à suggérer des hypothèses pertinentes, reconnaissent que « l'hypothèse tirée de l'imagination a des chances de conserver la première place dans la recherche géographique » (Haggett, 1973).

L'usage des **métaphores**, procédé que l'on réserve volontiers à la poésie, peut également s'avérer pertinent. G. Dematteis a montré notamment (Dematteis, 1985) comment l'emploi d'un même terme géographique, celui d'île par exemple, peut servir à la fois d'élément de description typologique (« la Corse est une île ») et d'évocation métaphorique (« Le Maghreb est une île entre Méditerranée et Sahara »). Indiscutablement l'usage du descripteur « île » dans le second cas est le produit de l'imagination de l'auteur et il a une indéniable valeur scientifique puisqu'il suggère les analogies de paysages et d'usages du désert et de la mer intérieure.

Enfin, l'imagination, quand elle est créatrice comme dans l'art, n'est pas non plus étrangère à la science. Puisque, comme l'écrivait Kant (1798), elle « se trouve moins que les autres facultés sous la contrainte des régles » ; elle est l'espace de liberté où l'intelligence peut inventer. Dans la conception et la formulation d'une théorie nouvelle, telle celle de Wegener sur la dérive des continents par exemple, on est en droit de penser que l'imagination de l'auteur fut la « force spirituelle » qui lui permit, ne serait-ce qu'un instant, d'échapper aux conventions académiques et aux certitudes établies.

Ainsi, confronté à la Terre qu'il prend pour objet, le géographe peut certes en assurer la description à l'aide de lexiques typologiques théoriquement capables de faire entrer chaque configuration terrestre dans une grille classificatoire plus ou moins élaborée. Mais, passé ce stade de la description, le géographe recourt fréquemment, explicitement ou implicitement, à des analogies, des métaphores, des espaces fictifs. G. Dematteis en déduit cette belle définition de l'**imagination** géographique : « capacité de découvrir des mondes en puisant à la contingence temporelle et spatiale de la terre » (Dematteis, 1985).

3. L'imaginaire géographique dans le rapport des hommes au monde

La présentation de quelques formes d'expression de l'imaginaire géographique a déjà permis d'évoquer ici ou là les fonctions, les significations que cette activité mentale pouvait assurer. Nous voulons les reprendre de façon plus systématique et plus développée. Parmi ces fonctions, les unes sont de nature anthropologique et les autres participent au fonctionnement de la pensée et à la production de connaissances.

3.1. L'imaginaire, outil de mise en cohérence du monde

Toutes les formes d'expression de l'imagination géographique ont au moins une finalité commune : créer des mondes où les éléments du réel sont mis en structure et introduits dans un système global interprétable. Par ce biais, l'individu ou la collectivité d'une part, la Terre d'autre part sont mis en harmonie, en cohérence. « C'est cet être dans le monde qui est la condition nécessaire de l'imagination » écrivait Sartre (1940).

Les **cosmogonies** religieuses et mythologiques assurent ainsi l'articulation des différentes parties de la terre entre elles par la signification des évènements qu'elles y situent. L'unité du monde est assurée par un principe créateur ou par un récit. De même, dans les romans où l'action se déploie sur des espaces fictifs, « le monde imaginaire, débarrassé de ces scories qui, dans la fiction ordinaire, représentent justement le réel avec toute son insignifiance, (...) est un concentré d'espace, une reconstruction où tout est saturé de sens » (Jourde, 1991). Dans cette même perspective, le géographe, conscient de la diversité des lieux et des espaces, capable de les décrire et de les classer, sollicite imagination et rationalité pour concevoir un monde nouveau rendu lisible par la mise en évidence de structures ou de processus nouveaux.

Dans ces trois exemples qui touchent à des domaines fort éloignés de la connaissance, on voit comment les lieux sont sollicités, chargés de sens, investis par l'imaginaire, pour que reliés, distanciés, ils s'inscrivent dans un monde cohérent. Mais dans ces trois exemples, on voit aussi qu'il s'agit de prétention à l'élaboration de mondes universels : universalité religieuse, universalité esthétique et universalité scientifique. Et on sait que pour cette raison, ils sont volontiers concurrents ou représentés comme tels.

La recherche de cohérence motive aussi l'imagination ou l'imaginaire à l'échelle individuelle et dans les constructions sociales. On a déjà vu que les **cosmogonies**, par exemple, ne vivent que par une constante actualisation qui suppose une implication et une inscription dans l'espace de l'individu et de la société : c'est l'objet des processions et des pèlerinages. L'individu donne ainsi de façon rituelle une signification à sa présence dans le monde. Il assure par sa propre *pratique* la pérennité de la structure *symbolique* de celui-ci. De façon beaucoup plus générale, les psychologues, à la suite de Piaget surtout, ont su expliquer – et les romanciers ont su exprimer – l'universalité de ce rapport au monde que l'imagination autorise *(figure 4)*. Les psychologues ont souvent montré que la représentation imaginaire du monde était volontiers conçue comme une prolongation du corps : « Aux confins de "l'intérieur" et

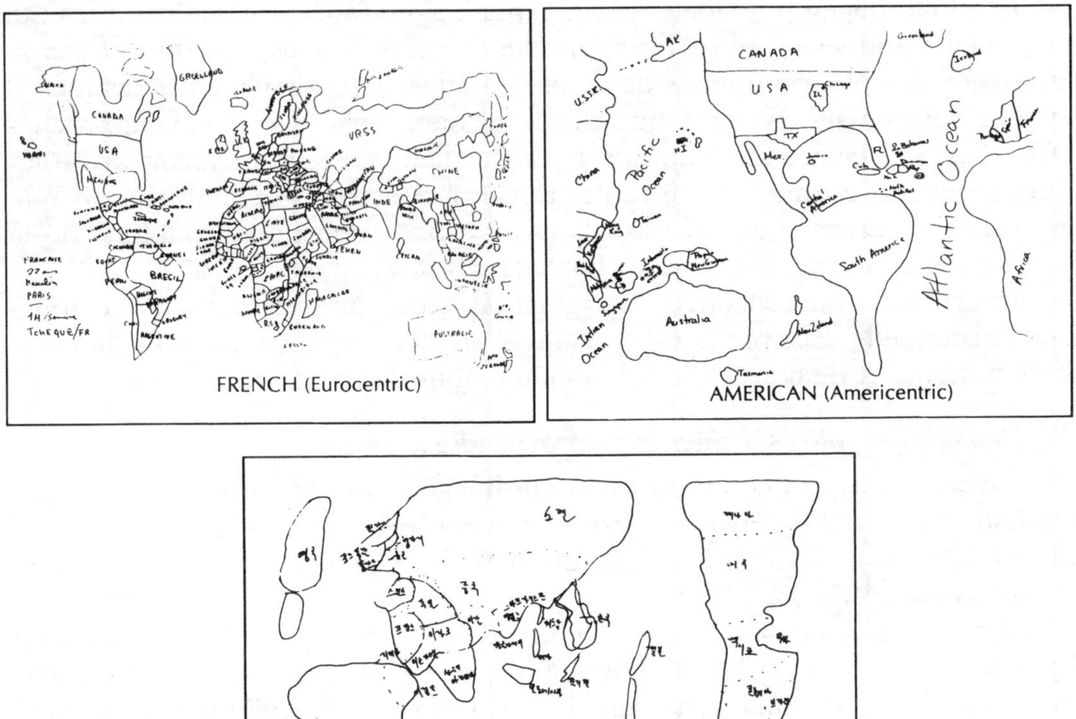

Figure 4 Représentations de l'ici et de l'ailleurs
Toute l'histoire de la cartographie, de l'antiquité grecque à nos jours, montre que le planisphère est toujours centré sur le territoire de la société qui le dessine. N'est-ce pas la version cartographique de cet imaginaire de la centralité dont on se passe difficilement ? T. Saarinen a fait dessiner des cartes du monde à des milliers de personnes domiciliées dans 49 pays. A partir de ce matériau, il montre aisément que le planisphère est centré différemment selon le lieu de résidence de la personne interrogée (Saarinen, 1988).

de "l'extérieur", de la représentation et de l'expression, de l'affect et de la perception (l'espace imaginaire est) une région limitrophe, traversée d'ombres et de clartés où les échanges entre l'homme et le monde passent mystérieusement par la médiation du corps propre (...) comme si les caractéristiques spatiales de l'un et de l'autre étaient indissolublement liées » (Ali, 1974).

En littérature, Proust a porté à la perfection la description de paysages conçus comme des métaphores de l'expérience vécue. H. Michaux, dans les livres où il raconte ses voyages réels (en Asie notamment) ou imaginaires (en Grande Garabagne principalement), explore simultanément ces contrées qui lui sont inconnues et ce qu'il appelle lui-même son « espace du dedans ». L'individu peuple son univers de lieux multiples, lieux de vie entre lesquels il évolue, lieux imaginés parce que fictifs ou bien réels mais jamais approchés (Woodstock, Macao, Rio). Il s'approprie ces lieux en leur assignant des rôles qui permettent au monde qui l'entoure d'être construit. « Combien concrète est cette coexistence des choses dans un espace que nous doublons de la conscience de notre existence. » (Bachelard, 1957)

Individuelle ou collective, l'imagination géographique a donc une fonction existentielle. Elle permet de recentrer un globe désespérément sphérique sur soi-même et de construire un monde autour de ce centre nouveau.

3.2. L'imaginaire, plus sûr chemin pour atteindre le réel ?

Un second aspect commun à certains imaginaires géographiques n'est pas le moins paradoxal. Il s'agit de détourner la pensée du réel pour mieux y revenir, de s'extraire des contingences de la terre pour construire des mondes mieux structurés.

Dans le domaine des sciences comme dans la création artistique, il est un jeu intéressant, fruit de l'imagination, entre le réel et les possibles. La géographie descriptive, énumératrice dans le pire des cas, typologique et classificatoire dans le meilleur, et l'art réaliste restent arrimés au réel, souvent dans le but d'en donner une image, la plus fidèle possible. Mais quand la géographie se fait prospective, théorique et modélisatrice, quand l'art joue avec la fiction, le fantastique, le réel n'est plus le seul objet d'investigation. Il est l'occurence unique d'un des possibles imaginables *(figure 5)*. Quand les géographes se sont demandés pourquoi le réel n'était pas autrement, comment il aurait pu être et comment il pourrait être dans l'avenir, ils ont commencé à explorer l'imaginaire géographique comme un champ des possibles. La production de géographies imaginaires a pu ainsi permettre une mise en perspective du réel et de le questionner. De même, les **utopies** de tous les temps avaient pour principale fonction de proposer une alternative aux fonctionnement sociaux et spatiaux reconnus ici ou là et jugés défaillants.

Figure 5 Vues d'un continent imaginaire
Depuis les années 1970, une nouvelle géométrie s'est attachée à l'identification et à la modélisation d'objets de forme complexe, les fractales. En jouant sur les échelles et en introduisant le hasard, la modélisation des fractales a rénové l'approche de certains objets géographiques en passant par la conception et la représentation d'espaces imaginaires.
« Je cherchais un modèle de la forme des côtes naturelles et il était permis qu'il représenterait en même temps le relief terrestre (...) Pour ce faire, j'ai proposé une famille de processus stochastiques engendrant des surfaces aléatoires, famille dépendant d'un paramètre, que l'on peut se fixer arbitrairement, et qui est justement une dimension fractale. Cette figure présente divers aspects d'un échantillon caractéristique, réalisé sur ordinateur. » (Mandelbrot, 1984, p. 119).

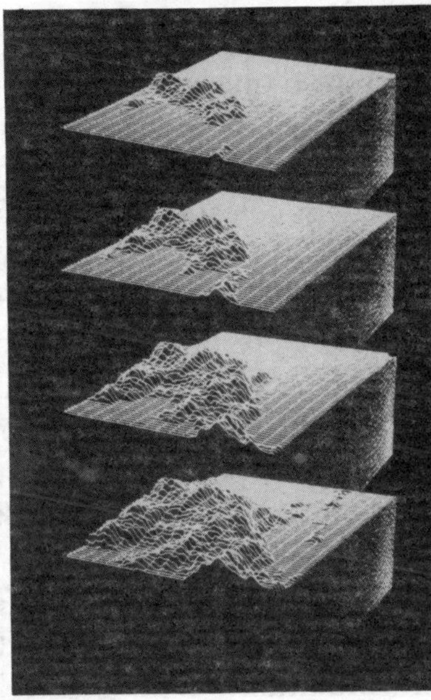

L'**île**, de façon générale, surtout si elle est imaginaire est volontiers conçue comme un modèle d'organisation spatiale. F. Lestringant a su montrer la valeur heuristique de la cartographie d'îles tantôt imaginaires, tantôt symboliques, tantôt réelles des atlas insulaires du XVIe siècle : « Paradoxalement, au moment même où les îles ouvrent à l'imagination des dérives imprévues, elles permettent à la science géographique de l'âge classique de se constituer en tant que telle. Espace flottant du rêve, détaché du monde connu et habitable, l'île s'oppose encore au continent, en ce qu'elle réalise, de par sa forme close et clairement perceptible, l'objet géographique par excellence (...). Au contraire des masses continentales où subsistent assez tard de larges « terrae incognitae » (...) l'île apparaît d'emblée transparente au discours que l'on tient sur elle. Elle se donne immédiatement comme un objet de connaissance aux limites définies et à l'espace de part en part mesurable (...). A la limite (...), la réalité de l'univers terrestre ne saurait être appréhendée que métaphoriquement sous la forme d'une île posée dans l'océan. » (Lestringant, 1980)

L'espace imaginaire conçu comme modèle simplifie et interroge le réel afin de mieux l'appréhender. Mais, de plus, il a parfois aussi la vocation à être reproduit, diffusé et à devenir, de ce fait, producteur de réalité spatiale. M. Eliade a montré que la cité et la maison des sociétés traditionnelles sont souvent construites à l'image du Cosmos, lui-même produit de l'imaginaire géographique de ces sociétés. « Les mythes cosmogoniques sont porteurs d'une **géographie sacrée**, c'est-à-dire d'une *imago mundi* (...). La réalisation concrète d'une *imago mundi* à travers la construction de maisons, de temples ou de cités, actualise les structures primordiales dans l'ici et maintenant. » (Schwartz, 1990). Ainsi Jérusalem est-elle à la fois l'image du Paradis, la Jérusalem céleste, et l'archétype de la ville sur terre.

Dans un tout autre domaine, le modèle utopique de More que l'auteur qualifiait lui-même de « bagatelle littéraire échappée presque à son insu de sa plume » a été utilisé pour organiser quantité de missions en Amérique latine. Et la planète compte nombre de lieux où les idées de Fourier ont connu des tentatives d'application. Enfin, F. Choay a montré combien l'utopie a influencé la pensée urbanistique de l'époque contemporaine et ses réalisations concrètes (Choay, 1980). On pourrait sans doute en dire autant de l'aménagement du territoire. L'echec patent de quantité de ces espaces parfaits matérialisés, issu de la « tension qui naît de l'opposition entre le rêve et la résistance des choses » (Piveteau, 1985) n'empêche pas leur constante reformulation.

L'**imaginaire** géographique est par conséquent un moyen d'interroger le réel en le confrontant à d'autres possibles, en proposant des modèles de son fonctionnement et de sa signification et, quand il est mis au service de l'action, un moyen d'agir sur le réel pour le faire ressembler à la fiction. On voit bien, dans ces conditions, que la dissociation entre le réel et l'imaginaire est illusoire et que la dévalorisation du second, sous prétexte du respect du premier, n'a pas grand sens.

Lectures recommandées

Bachelard G., 1957, *Poétique de l'espace*, Paris, PUF.
Eliade M., 1965, *La sacré et le profane*, Paris, Gallimard.
Jourde P., 1991, *Géographies imaginaires*, Paris, Corti.
Paul Levy F. et Segaud M., 1983, *Anthropologie de l'espace*, Paris, CCI-Centre Georges Pompidou.

Mots-clefs

Cosmogonie, Île, Image, Imaginaire, Imagination, Lieu sacré, Lieu touristique, Métaphore, Utopie.

Les minorités dans le monde

50

Paul Villeneuve

« On est toujours l'Iroquois de quelqu'un, l'indigène d'un autre »
S. LELIÈVRE

1. Territoire, pouvoir, identité et minorité

1.1. L'étude des minorités en géographie

Les dernières décennies du XXe siècle ont vu éclore à l'échelle du globe un fort mouvement en faveur des droits de la personne et des minorités. L'ONU décrète l'année « des autochtones », l'année « des femmes », l'année « des enfants ». Il s'agit sans doute là d'un effet du vent de démocratie qui souffle sur le monde, de concert avec la généralisation des rapports marchands et la libéralisation des échanges de toutes sortes. Ces tendances soulèvent toutefois des questions fondamentales. Comment les droits individuels et les droits collectifs s'articulent-ils, étant donné que majorités et minorités sont des collectivités ? La ligne est souvent difficile à tracer entre l'intérêt particulier et le droit minoritaire. Parmi les traditions démocratiques, celles issues de la pensée occidentale placent en tête de liste le principe de la liberté individuelle, mais l'exercice de celle-ci renforce souvent des inégalités entre groupes qui sont inscrites dans les structures sociales héritées de l'histoire.

Face à ces questions épineuses, quelle contribution la géographie humaine apporte-t-elle à l'étude des minorités dans le monde ? Quatre aspects de cette contribution retiennent ici l'attention. D'abord, au plan théorique, la géographie humaine dispose maintenant d'une grille d'analyse des minorités dans le monde. Les concepts de territoire, de pouvoir, d'identité et de minorité forment les coordonnées de cette grille. Ensuite, au plan historique, le sens et l'utilisation de ces concepts ont évolué depuis un siècle. La définition même de ce qu'est une minorité aux yeux des géographes a changé. Cependant, et c'est le troisième aspect de l'étude géographique des minorités, certains principes de méthode semblent de plus en plus acquis.

Ainsi, la géographie humaine étudie de moins en moins la minorité ou la majorité en tant que telle, mais plutôt le rapport entre la minorité et la majorité. Il s'agira donc, quatrièmement, de voir comment l'analyse de ce rapport donne lieu à des applications à diverses échelles géographiques, qu'il s'agisse de mesurer la ségrégation, de reconstruire les processus identitaires ou de suivre la trace des mouvements sociaux territoriaux issus des minorités.

Une question centrale anime les travaux géographiques récents qui portent sur les minorités dans le monde : dans chaque cas, quel rôle la territorialité joue-t-elle dans le *processus identitaire* qui définit la *minorité* dans son rapport de *pouvoir* à la *majorité* ?

1.2. Un paradoxe : l'isolement du ghetto est connu partout

Au plan théorique, l'analyse géographique des minorités a fait de grands pas depuis la fin des années 1960. Il faut probablement chercher du côté de l'analyse relationnelle du *pouvoir* la source de ces avancées théoriques (Foucault, 1976). On admet d'abord que la notion de **minorité** est fondamentalement une notion relationnelle, qui ne se conçoit qu'en rapport à une autre, celle de **majorité**. Ce couple de notions décrit des relations sociales réelles entre groupes minoritaires et groupes majoritaires. Elles sont des relations de pouvoir, dans l'exacte mesure où le pouvoir est partie prenante dans toute relation (Raffestin, 1980). On comprend alors que l'**identité** d'un groupe se construit dans le rapport à l'autre, et comment cette identité est toujours concrétisée dans un **territoire**, quelle que soit la configuration de celui-ci. Qu'il s'agisse d'une minorité ethnique « ghettoïsée », de femmes confinées au territoire domestique, ou de vieux rassemblés dans des lieux de retraite, le partage d'un lieu alimente puissamment la construction de l'identité minoritaire.

Ce partage marque et stigmatise, mais peut être aussi base de pouvoir. Ce paradoxe du rapport de la minorité au territoire n'est nulle part mieux illustré que dans la « mise en réserve » des Indiens d'Amérique, dont on peut penser qu'elle a joué un rôle-clé dans la résurgence actuelle du mouvement amérindien. On saisit mieux également comment le rapport à l'autre, médiatisé par le territoire, active des jeux de pouvoir, gérés par le droit, la ruse ou la force. A cet égard, le cablage de la planète modifie considérablement le rapport au territoire. Il élargit l'écoute des revendications minoritaires en leur donnant droit de cité, non plus dans telle ou telle cité, mais partout dans le monde. Le village global donne naissance à la cité-planète. L'*intifada* est, de temps à autre, sur tous les écrans.

1.2. Le territoire, c'est de l'espace marqué par le groupe

Longtemps (George, 1984), le terme de **minorité** a désigné des groupes humains en position d'infériorité numérique. Il est pourtant assez clair que notre compréhension des rapports humains y gagne si on définit les minorités en termes de pouvoir plutôt qu'en termes de nombre. En 1992, les Noirs sont encore minoritaires en Afrique du Sud, et les femmes le sont dans à peu près tous les pays. L'effet territorial est brutal en Afrique du Sud : une politique raciste de développement séparé, menée par un groupe numériquement faible mais puissant au plan politique, fait perdurer l'asservissement de tout un peuple qui, cantonné dans des ghettos, prend conscience de l'oppression qu'il subit. Les pressions internationales viendront probablement à bout de l'*apartheid* mais il faudra beaucop de temps aux Noirs – le cas des séquelles de l'esclavage aux Etats-Unis en témoigne – pour s'en remettre. Le nombre peut cependant devenir une variable décisive dans le rapport de pouvoir entre la majorité et la minorité. Mais plus que le nombre, le sentiment d'appartenance fonde la dynamique d'inclusion/exclusion qui fait d'un groupe une minorité se reconnaissant comme telle. Et c'est dans l'élaboration de ce sentiment d'appartenance que le territoire entre en compte. Le **territoire**, c'est de l'espace marqué par le groupe *(chapitre 32)*. Depuis plus de 200 ans, les francophones du Canada ont compensé leur minorisation démographique par un fort ancrage territorial dans la vallée du Saint-Laurent. Mieux, le territoire, c'est, selon le mot de L. Bureau, l'état de résonance entre l'homme et le monde :

> « *Il me plaît de penser que la terre et l'homme forment un tout indissociable, qu'on ne peut saisir l'un sans l'autre. Il y a quelque chose de très animal là-dedans, mais en même temps de superbement élevé, ouvrant l'esprit au poétique, au sacré et à l'infini* » (Bureau, 1991, p. 17).

L'affirmation des identités territoriales, en cette fin de siècle, oscille entre ces hauts et ces bas.

1.3. Le pouvoir circule dans une cascade d'Escher

On le sait, 1992 marque un demi-millénaire de contacts entre Amérindiens et Européens. A l'occasion de l'Année internationale des populations **autochtones**, les Amérindiennes ont voulu savoir où se trouvaient, sur la liste des préoccupations des chefs autochtones, les problèmes sociaux comme la violence familiale, l'alcoolisme et les toxicomanies. Elles ont souligné que le contrôle de leurs institutions par les autochtones devrait régler ces problèmes qui handicapent leur société. Elles continuent de se considérer

« d'abord Indiennes, ensuite femmes », mais leurs associations de femmes forment une minorité agissante qui se constitue en mouvement social au sein même du mouvement autochtone, et rejoint, en dehors de lui, le mouvement social des femmes.

Nous avons en tête cet insolite dessin d'Escher *(figure 1)* où la cascade remonte en descendant, ou descend en remontant. Cette métaphore évoque bien l'exercice, toujours paradoxal, du pouvoir entre groupe sociaux ; mieux que celle des poupées russes, où l'idée de hiérarchie est linéaire et non circulaire. En Amérique du Nord, les rapports entre Étatsuniens, Canadiens, Québécois et Autochtones atteignent le caractère insolite, complexe et paradoxal d'une cascade d'Escher. Les Autochtones jouent la corde sensible de l'environnement dans l'opinion publique étatsunienne pour que celle-ci s'indigne devant les projets hydroélectriques des Québécois dans le nord. Ceux-ci revendiquent la souveraineté nationale pour eux-mêmes mais ne sont pas prêts à accorder les mêmes droits aux Autochtones, pendant que les

Figure 1 La chute
Reproduction d'une lithographie (1961) de M.C. Escher, source : D.R. Hofstadter, 1980, *Gödel, Escher, Bach : An Eternal Golden Braid*, New York : Basic Books, p. 11.

Canadiens montent constamment ce fait en épingle, alors que les conditions de vie des minorités autochtones ne sont certes pas meilleures au Canada qu'au Québec.

1.4. L'échange inégal est identitaire autant que matériel

La problématique de l'**échange inégal** menant au développement inégal est assez bien accréditée en ce qui concerne l'univers matériel. Il faut savoir à ce sujet que la démarcation culturelle entre minorité et majorité se constitue souvent comme frontière à travers laquelle l'échange devient inégal en raison même de la relative immobilité spatiale de la minorité. Cette immobilité rend compte de la faiblesse des salaires payés, souvent pour du travail au noir, à la main-d'œuvre étrangère de certains quartiers urbains, ou à des femmes confinées dans leurs banlieues. Une part du taux de chômage historiquement plus élevé au Québec que dans le reste du Canada s'explique par la frontière linguistique qui les sépare.

Les géographes ont cependant moins étudié la possibilité, dans certains cas, d'un échange inégal d'identité entre minorités et majorités. Pourtant, cette possibilité apparaît réelle dans le cas du contact entre l'Europe et l'Amérique, et de façon plus générale, dans les situations coloniales (Memmi, 1972). Pour tenter de se mettre en résonance avec la terre d'Amérique, chaque nouveau groupe d'arrivants européens a dû prendre de grands lambeaux d'identité à ceux qui y étaient déjà bien ancrés :

> « *Ainsi, l'identité américaine est-elle la création quasi exclusive des minorités : les Indiens au Mexique, les Indiens et les Noirs aux États-Unis, les Indiens et les Canadiens en Amérique du Nord Britannique. Ces minorités exercent un impact qui menace constamment l'État puisqu'elles sont les seules nations véritablement américaines du Nouveau-Monde. C'est que les minorités ne peuvent pas, n'ont jamais pu et ne pourront jamais vraiment se définir par rapport à l'Europe. Elles forment des nations qui ont évolué indépendamment de l'Europe et sans lesquelles l'Amérique ne peut réussir à se caractériser* » (Morisset, 1985)

2. Courte histoire de la notion de minorité en géographie

Certains traits, innés ou acquis, deviennent, selon les époques, les critères de définition des minorités dans le monde, aux yeux des géographes. La race, l'ethnie, le sexe, l'âge, la religion, la langue, la catégorie sociale servent à différencier l'espèce humaine, et des rapports de pouvoir font, le plus souvent, naître des inégalités entre les groupes ainsi différenciés. Quand il y a coextension d'un certain nombre de ces traits, l'identité s'en trouve renforcée. A l'opposé, la complexification et le chevauchement brassent les identités et favorisent, dans une optique tout à fait moderniste, l'individuation, voire l'individualisme (Dupont, 1989).

2.1. La race, le métissage et l'ethnicité

La race, l'ethnie, la religion et la langue servent depuis longtemps à identifier les peuples. La notion de « **race** », très employée pendant toute la période coloniale, laisse maintenant la place à la notion d'ethnie, voire d'« **ethnicité** », la dimension expressive de l'ethnie. Tout se passe comme si, dans le discours géographique, la nature cédait de plus en plus à la culture lorsqu'il s'agit de différencier l'espèce, et de légitimer ou de décrier les inégalités.

Le préjugé racial offre un formidable point d'appui dans les rapports de pouvoir entre majorités et minorités. Il traduit immédiatement de la différence en supériorité ou en infériorité. Il fait prendre une échelle nominale pour une échelle ordinale. Parmi les manipulations fondées sur le préjugé racial, la **discrimination spatiale** introduit une dimension structurelle lourde de conséquences à long terme, qu'il s'agisse des ghettos juifs européens, des ghettos noirs américains, de l'*apartheid* d'Afrique du Sud ou des réserves indiennes d'Amérique du Nord. Même si la lutte contre le racisme a marqué des points depuis la deuxième guerre mondiale, la peur de l'étranger reste une faiblesse facilement exploitable par les premiers démagogues venus, comme en témoigne la résurgence actuelle des mouvements d'extrême-droite.

Pendant toute l'histoire de l'humanité, les processus de métissage furent plutôt la règle que l'exception. Ils sont toutefois interprétés fort différemment par des géographes de diverses époques *(fiche 1)*. Reclus, qu'on ne peut soupçonner de racisme, ne peut tout de même échapper aux façons de son temps dans la description qu'il fait des différences entre les Métis d'origine française et les Métis d'origine écossaise au Canada. Baulig, après avoir écrit que les Français « étaient à peu près exempts de préjugés ethniques » (1935, p. 134), et avoir décrit dans une langue neutre les « perturbations » imposées aux Indiens d'Amérique du Nord par les Européens, termine par des constatations sur le « mélange des sangs » et prédit la disparition, à terme, de la vie indienne. J. Morisset (1985), quant à lui, ne voit plus ce processus de métissage de l'extérieur, comme une quelconque mécanique des fluides. Avec lui, fini le ton pseudo-scientifique. C'est à une analyse dialectique et plutôt engagée de l'identité qu'il se livre. La connaissance de sa propre ethnicité, comme phénomène à la fois territorial, culturel et politique, deviendrait libératrice, mais l'exercice reste périlleux.

FICHE 1

Trois géographes face aux Métis en Amérique boréale

« D'après tous les témoignages, la différence est fort grande entre les Métis d'origine française et ceux dont les pères sont Écossais. Le Français est plus grand, plus souple et plus mince ; dans les voyages, il court au lieu de marcher. Il s'indianise sans peine et la fille indigène avec laquelle il se marie devient réellement sa compagne ; ses enfants, français par la gaieté, l'entrain, la passion, sont de vrais Indiens pour la force, la souplesse, l'endurance et l'art merveilleux d'interpréter tous les phénomènes de la nature ; ils sont généreux, prodigues, insouciants ; les métiers qu'ils préfèrent sont ceux de chasseurs, trappeurs ou traitants ; bien peu se livrent volontiers à l'agriculture. L'Écossais, au contraire, refuse de s'accommoder au milieu ; la *squaw* qu'il fait entrer dans sa cabane reste sa servante, presque son esclave, et les enfants, quand il en naît, ressemblent rarement à leur mère par les dispositions morales ; comme le père, ils sont avisés, tenaces, silencieux. Ils deviennent agriculteurs pour la plupart et possèdent des troupeaux » (Reclus, 1890, p. 396).

« On constate que les métis tendent à se fondre dans la population blanche plutôt qu'à retourner à leurs origines indiennes : dès maintenant, chez près de la moitié, c'est le sang blanc qui domine. De plus, les mariages mixtes se montrent nettement plus féconds que les unions entre purs sangs, et leurs rejetons ont des chances de survie plus favorables, La conclusion est évidente : une bonne partie de l'élément indien, déjà métissée, est destinée à se fondre dans la masse de la population blanche. Quoi qu'il advienne des groupes restés purs jusqu'ici, la vie indienne, pleine et indépendante, est bien une chose du passé » (Baulig, 1935, p. 138).

« Issu du métissage avec la terre et l'homme de l'Amérique (l'Indien), le Canadien s'inscrit comme l'un des tout premiers Américains du Nouveau-Monde. Sans contredit l'Américain qui a développé la langue et la culture les plus éloignées de l'Europe. Conquis par l'Angleterre et rejeté par la France, il ne doit rien ni à l'un ni à l'autre. Tel est le fondement de l'identité canadienne dont l'identité québécoise n'est que l'expression politique contemporaine » (Morisset, 1985, p. 16).

2.2. La construction sociale des différences

Tant que les peuples de la terre en étaient, littéralement, à se découvrir les uns les autres, l'exercice du pouvoir avait beau jeu de miser sur les différences les plus insolites, relevant de l'anatomie et des pratiques culturelles. Maintenant que cette phase de découverte mutuelle est terminée et que la période coloniale proprement dite tire à sa fin (Isnard, 1971), les géographes ne limitent plus à la race et à l'ethnie l'étude des processus de construction sociale des différences et de transmutations de celles-ci en inégalités.

Une autre différence depuis toujours fondamentale, qui traverse les races et les ethnies, entre maintenant dans le champ d'investigation de la géographie. Il s'agit de la différence sexuelle qui opère, en première approximation du moins, une partition binaire, et de ce fait potentiellement assez explosive, de l'espèce. Depuis peu les études s'accumulent qui montrent l'étendue et toutes les ramifications des rapports de domination des hommes sur les femmes, et la territorialité de ces rapports (voir par exemple le numéro spécial des *Cahiers de Géographie du Québec*, 1987). En langue française, l'analyse de la dimension sociale des rapports hommes-femmes est rendue plus difficile en raison de l'inapplicabilité de la notion de « genre » à ces rapports. Alors qu'en Anglais on utilise couramment la notion de « *gender relations* », que l'on distingue nettement de celle de « *sex relations* » pour bien souligner que le premier type de relation est construit socialement, en français on en est à débattre s'il faut dire « Madame la Présidente » ou « Madame le Président ». Cet exemple montre la complexité des interactions entre des phénomènes comme les structures et les pratiques culturelles et linguistiques d'une part et les rapports hommes-femmes d'autre part. Ces phénomènes font maintenant partie de l'étude des minorités en géographie.

2.3. Éloge de la différence, critique de l'inégalité

En somme, avec la critique des processus d'usurpation identitaire et d'aliénation minoritaire, l'analyse géographique en vient à élargir singulièrement sa conception des différences et des inégalités. La géographie humaine doit inclure l'étude de la connaissance et des pratiques humaines de l'espace (Raffestin, 1980). Ces connaissances et ces pratiques sont très diverses, ce qui, d'un point de vue écologique, est une richesse considérable pour l'humanité. Dès lors, pour relever le défi d'une pratique à la fois humaniste et scientifique, l'analyste se doit de repérer les sources de différence au sein de l'espèce et de démonter les mécanismes qui transmutent la différence en inégalité et l'inégalité en injustice. Parmi ces mécanismes, l'erreur écologique, une sorte de métonymie qui fait prendre le spatial pour le social, est particulièrement pernicieuse :

> *« La différence n'est pas injustice en elle-même : il faut qu'elle soit perçue comme telle. Elle l'est, souvent. Alors les hostilités mêlent le social et le spatial : on hait en bloc les beaux quartiers, ou les pays riches, et l'on méprise en bloc les arrière-pays. Là naissent les rancunes. Les « Parisiens » – ou les Londoniens, les Bostoniens, les Moscovites – sont vus ensemble comme nantis ; le pire est qu'eux-mêmes se sentent tels en « province », étymologiquement l' « espace des vaincus », seraient-ils les derniers des médiocres et les premières des victimes. De là fleurissent l'irrationnel, et les racismes. C'est lorsque l'on commence à percevoir un espace comme une totalité différente, en liant à cette totalité chacun de ses habitants, que s'ouvre la porte du racisme » (Brunet, 1990).*

On le voit, les minorités ne sont pas qu'ethniques. L'analyse géographique des rapports de pouvoir entre minorités et majorités débouche rapidement sur l'étude des conditions de mise en dépendance et des mouvements qui la refusent.

3. Acquis, tendances et débats

L'étude géographique des minorités manifeste aujourd'hui certains acquis. Si l'étude des processus de différenciation spatiale à la surface de la terre occupe une place centrale en géographie, il est certain que la très grande majorité des géographes fait maintenant preuve d'un certain respect de la différence au sein des populations humaines. Mais, on l'a vu, la différence se transmute trop souvent en **inégalité**. Comment interpréter cette transmutation ? Là-dessus, une tendance de fond se dessine aujourd'hui : la notion de **minorité** est appliquée à des groupes constitués sur des bases très diverses, au-delà de l'ethnie, de la religion ou de la langue. Et un débat majeur accompagne cet élargissement qui porte sur le rapport des minorités à l'État.

3.1. Un certain respect de la différence semble acquis

La décolonisation (Isnard, 1971) et la résistance à « l'uniformisation de la vie culturelle par la planétarisation de l'information » (George, 1984) ont puissamment contribué à remettre en cause les valeurs modernistes du rationalisme, du progrès linéaire et de l'universalisme (Dupont, 1989). Des valeurs post-modernes émergent qui refont une certaine place au vernaculaire, à la

FICHE 2

Les nationalités, les Etats et les géographes en Europe centrale

Les géographes de l'Ecole française de géographie régionale jouèrent un rôle dans les tentatives de faire correspondre les nationalités aux Etats en Europe centrale après la Première Guerre mondiale. Vidal de la Blache, Demangeon et de Martonne, entre autres, rédigèrent des mémoires pour le Comité d'Etudes qui prépara les données nécessaires aux traités de 1919 sur la modification des frontières de l'Allemagne et le démembrement de l'empire Austro-Hongrois. Ce faisant, ces géographes contribuèrent à accréditer l'idée de « nationalité » qui supplanta graduellement celle de race. La nationalité est ce groupement de « populations ethniquement très mélangées, unies par un ensemble de traditions et pratiques d'ordre matériel ou moral » (de Martonne, 1919, 81). Pour eux, la nationalité appelle l'Etat, le modèle idéal étant celui de l'Etat-nation, et le facteur principal de regroupement national est la langue, le cas suisse, une fédération multilingue, faisant exception. Le découpage étatique qui suivit ces traités ne pouvait résulter que de compromis, tant la situation de l'Europe centrale est complexe. D'ailleurs, la période actuelle de conflits, suite à la désintégration de l'empire soviétique *(chapitre 44),* montre à l'évidence que l'adéquation nationalité-Etat n'est pas chose facile. Des minorités subsisteront toujours au sein des Etats ; la complexité des montages étatiques ne pourra jamais reproduire celle des appartenances culturelles et sociales.

---

tradition et aux particularismes. Ces valeurs imprègnent la pensée géographique actuelle et, tout spécialement, sa façon de faire l'analyse des rapports entre minorités et majorités.

Alors qu'il y a trente ans, l'idéologie du « **melting-pot** » était encore très présente, maintenant on s'efforce plutôt de construire des problématiques qui tiennent compte de toute la gamme des aspirations exprimées par les minorités. Cependant, la pratique dominante des géographes est encore de considérer le groupe minoritaire dans sa relation au seul pouvoir étatique, étant entendu que celui-ci est supposé représenter la majorité. Les travaux les plus récents tentent de problématiser les aspirations souvent divergentes exprimées par les minorités. Ainsi, M. Mikesell et A. Murphy (1991) proposent la formule « RAP »/SAI qui traduit des combinaisons possibles d'aspirations minoritaires : le numérateur « RAP » exprime trois degrés dans la volonté d'intégration à la majorité : la reconnaissance (R), l'accès (A), et la participation (P) ; tandis que le dénominateur exprime trois degrés de volonté d'isolement : la séparation (S), l'autonomie (A), et l'indépendance (I). Des 1 500 « sociétés distinctes » réparties dans les quelques 159 états membres de l'ONU, certaines visent plutôt l'intégration dans ces états, d'autres plutôt le retrait. Les géographes disposent maintenant de problématiques qui permettent d'analyser correctement le large éventail d'aspirations possibles.

3.2. La société civile reprend ses droits

Le consensus autour du respect des différences ne s'est toutefois pas encore traduit par une application de la notion de minorité à toutes les minorités possibles. Aux yeux du géographe, la minorité est d'abord et surtout ethnique, linguistique et culturelle, et est définie comme telle par son rapport à l'État. Cependant, la réflexion géographique à ce sujet évolue maintenant de façon rapide. La désintégration de l'empire soviétique montre à quel point l'ethnie constitue encore une base incontournable d'inclusion/ exclusion, mais en même temps, révèle crûment les limites du pouvoir étatique comme seul garant des libertés humaines. La **société civile**, c'est-à-dire cette entité composée des multiples ramifications du mouvement associatif, et qui se distingue à la fois de l'État et de l'Entreprise, réapparaît en géographie comme notion permettant d'analyser les sources profondes de la démocratie.

Il y a là une tendance perceptible dans un nombre grandissant d'analyses des rapports minorité-majorité, dans la sphère ethnique mais également dans plusieurs autres sphères sociales. La problématique relationnelle de C. Raffestin (1980), qui offre un cadre approprié à l'étude d'un grand nombre de phénomènes de pouvoir, annonce un mouvement théorique large et significatif. De plus en plus, on admet que la constitution d'une minorité « procède de la prise de conscience d'une particularité et, subsidiairement, d'une subordination qui surgit à l'occasion d'événements ou de situations jouant le rôle de révélateurs » (George, 1984). La réalité minoritaire est construite dans des rapports de pouvoir qui peuvent, à la limite, s'échafauder sur un prétexte. Elle concerne les droits et libertés des groupes et des individus, choses éminemment variables dans le monde.

3.3. La personne, la minorité ou la collectivité ?

Cette façon tout à fait relationnelle de considérer les minorités n'est pas sans créer des débats théoriques et éthiques. Au plan théorique, quand un groupe d'individus devient-il une minorité, et quand une minorité devientelle une collectivité ? Au plan éthique, comment s'articulent les droits individuels, les droits minoritaires et les droits collectifs ?

Il est pratiquement impossible de répondre à ces questions *a priori*. Contentons-nous de noter que la résurgence de la notion de société civile s'accompagne d'un regain d'intérêt, en géographie, pour l'acteur individuel animé par des intentions formées dans ses rapports avec d'autres acteurs qui, comme lui, appartiennent à des minorités et à des collectivités. Cependant, l'analyse du rapport au territoire de ces trois entités pose un problème. Il y a des **minorités** « installées dans un espace propre » et d'autres « insérées sous forme d'îlots isolés à l'intérieur de l'espace majoritaire » (George, 1984). La deuxième forme spatiale constitue dans certains cas – par exemple, les femmes isolées dans la sphère domestique – une structure plus difficile, dont l'analyse exigerait que l'on progresse dans le débat acteurs-structures.

Au plan éthique, les débats se cristallisent habituellement autour de l'opposition entre droits individuels et droits collectifs. Mais la réalité est infiniment plus complexe et un modèle ternaire qui fait une place aux droits des minorités, à côté des deux premières catégories de droits, est plus approprié, dans l'exacte mesure où les individus appartiennent à la fois à des majorités et à des minorités. A cet égard, la pensée post-moderne apparaît comme un réel progrès.

4. Applications : de la différence à la relation

L'évolution des méthodes utilisées dans l'étude géographique des minorités traduit les cheminements identifiés aux plans théorique et historique. D'abord, on eut tendance à étudier la minorité comme phénomène unique et curieux. Plus tard, on prit en compte la différence en mesurant la ségrégation. Et plus récemment, on aborde les aspects relationnels en reconstituant les mouvements minoritaires.

4.1. Caractériser la minorité et mesurer la ségrégation

Pendant longtemps, les traits « raciaux » dominent les interprétations. Pour Siegfried (1927), par exemple, ils expliquent qu'aux États-Unis, l'assimilation est variable d'un groupe à l'autre. Au sujet des Juifs, il écrira : « C'est que, malgré l'adaptation matérielle, le génie original de la race persiste, marquant de son estampille toutes les pensées, tous les actes, toutes les réalisations de fils lointains d'Abraham ». Une telle description contient, en latence, l'idée de différence, mais l'accent est mis sur le caractère unique de chaque groupe plus que sur la distance qui le sépare des autres et fixe les différences qui seront ensuite vues comme source, ou prétexte, d'inégalité.

C'est le courant de l'écologie humaine de Chicago, auquel participent bon nombre de géographes, qui fera le plus à ce titre. Des indices mesurant la **ségrégation** résidentielle entre les groupes ethniques dans les villes américaines seront mis au point et donneront lieu à la formalisation de toute une série de propositions théoriques dans le champ dit des « relations ethniques », qui culmine avec le livre de H. Blalock (1967), et dont on peut voir plusieurs exemples empiriques dans les nombreux recueils de textes constitués au cours des années 1960 et 1970, dont celui de C. Peach (1975). Cette démarche est relativiste car elle s'attache à mesurer les relations formelles entre variables quantitatives, mais elle n'est pas encore relationnelle.

4.2. Suivre les mouvements minoritaires

Le passage au stade relationnel dans l'étude des minorités se fait lorsque l'accent est mis sur les relations entre les acteurs minoritaires et majoritaires. L'étude de ces relations vise à montrer comment se construit l'identité des parties en présence et comment chacune exerce le pouvoir. Des études de plus en plus nombreuses, dont celles rassemblées par G. Sénécal (1989) s'inspirent de la problématique des mouvements sociaux territoriaux et réussissent à dépasser la démarche idiographique, qui consistait à montrer le caractère unique de chaque minorité.

Conclusion : un monde de minorités

Si P. George (1984) a au moins partiellement raison lorsqu'il dit que l'origine des minorités est à chercher dans la très grande mobilité des groupes humains, on peut penser que le monde sera de plus en plus un monde de minorités. Par contre, le brassage géographique des populations à l'échelle du globe peut être facteur d'homogénéisation, ou tout au moins d'appartenance potentielle de l'individu à plus d'une minorité, surtout si la particularité qui fonde la minorité ne se limite plus à l'ethnie, la religion ou la langue. Dès lors, il faudra que la géographie puisse se donner les moyens d'analyser les espaces complexes d'appartenance issus de ce brassage.

Lectures recommandées

George P., 1984, *Géopolitique des minorités*, Paris, PUF.
Isnard H., 1971, *Géographie de la décolonisation*, Paris, PUF.
Lieberson S., 1963, *Ethnic patterns in American cities*, New York, The Free Press of Glencoe.
Memmi A., 1972, *Portrait du colonisé*, Montréal, L'Etincelle.
Mikesell M. et Murphy A., 1991, « A framework for comparative study of minority-group aspirations », *Annals of the Association of American Geographers*, 81, n° 4.
Morisset J., 1985, *L'identité usurpée*, Montréal, Nouvelle Optique.
Peach C. (ed.), 1975, *Urban social segregation*, Londres, Longman.
Raffestin C., 1980, *Pour une géographie du pouvoir*, Paris, Litec.
Sénécal G. (ed.), 1989, *Territoires et minorités*, Montréal, Association canadienne pour l'avancement des sciences.

Mots-clefs

Autochtone,
Discrimination spatiale,
Echange inégal,
Ethnie, ethnicité,
Identité,
Inégalité,
Majorité,
Melting-pot,
Minorité,
Race,
Ségrégation,
Société civile,
Territoire.

Les aires linguistiques

51

André-Louis Sanguin

Les langues sont des porteuses de culture puisqu'elles sont le véhicule par lequel la communication dans et entre groupes culturels est atteinte. Si l'étude de la structure interne des langues est du ressort des linguistes, la distribution spatiale des idiomes et des groupes linguistiques est tout à fait d'essence géographique. Dans la mesure où le langage détermine avec force qui parle à qui, il exerce une influence décisive sur les phénomènes socio-économiques et politiques à l'œuvre sur les territoires. Très souvent, les frontières linguistiques divisent les sous-continents en un assemblage de blocs uniformes. On peut donc saisir le thème des aires linguistiques comme un domaine relevant à la fois de la géographie culturelle et de la géographie politique.

1. Une géographie des aires linguistiques ?

Autant il est intéressant de décrire et d'expliquer la distribution spatiale des langues, autant il est encore plus pertinent d'apprendre les processus par lesquels les langues et leurs locuteurs changent dans l'espace. En d'autres mots, quels sont les facteurs associés à la distribution des locuteurs de différents idiomes en un espace donné et en un temps donné ? A l'intérieur d'une même langue, il y a de telles variations ou de tels dialectes que ceux-ci sont incompréhensibles aux autres usagers de cette langue. Quel Anglais du Devon est capable de comprendre le *slang* du docker new-yorkais ? Quel Allemand de Kiel est capable de comprendre le *tüütsch* du Grison de l'Engadine ? Quel Québécois de Montréal est capable de comprendre le verlan des jeunes beurs des banlieues parisiennes ? Quand un Wallon de Liège prononce le mot huitante, le Français de Toulouse sait-il que cela veut dire quatre-vingt ? La classification des 3 000 langues du monde est aussi un exercice spatial, que ce soit sur une base génétique ou sur une base générique. En effet, quand il relève les différentes appellations d'une même réalité par des mots différents dans une région donnée, le linguiste est amené à établir des cartes. Il cartographie également les variations spatiales de la prononciation d'un même mot.

Pour quiconque étudie la diffusion territoriale d'une langue, il est inévitable d'aborder le rôle d'un axe de communications, d'une ville, d'une frontière, d'une religion... mais il n'est pas toujours aisé de savoir où finit et où commence une langue sur le terrain. Ainsi comprend-on aisément qu'il est plus facile de dresser la carte des **isoglosses** entre deux langues étrangères que celle des isophones entre deux dialectes issus d'une même langue (voir 2.1). Il est clair que, de part et d'autre d'une isophone, on se comprend, ce qui n'est pas vrai de part et d'autre d'une isoglosse, à moins d'être bilingue. Autre donnée territoriale incontournable : une minorité ethnique menacée se retrouve et se fédère sur sa langue qui prend, dès lors, une connotation géographique tant il est vrai qu'une langue est une façon de penser et de sentir l'espace. La géographie des aires linguistiques introduit nécessairement la sphère de la démocratie culturelle et du droit à la différence. Les aires linguistiques sont des faits territoriaux et cartographiques puisqu'on y rencontre des ruptures, des seuils, des avancées, des reculs, des frontières, des enclaves, des têtes de pont, des résidus... Le linguiste italien Bartoli créa en 1945 une nouvelle école de pensée connue sous le nom de *linguistique spatiale* où il énonça les trois lois suivantes :

— si, de deux formes linguistiques, l'une est localisée dans un espace isolé et l'autre dans une aire ouverte, la première est la plus vieille ;
— si, de deux formes linguistiques, l'une est localisée dans des aires périphériques et l'autre dans des aires centrales, la première est la plus vieille ;
— si, de deux formes linguistiques, l'une est utilisée sur un plus grand espace que l'autre, c'est l'autre la plus vieille.

Toutefois, cette linguistique spatiale a été quelque peu discréditée et a pu même être contredite.

Les populations de même **langue maternelle**, c'est-à-dire la langue parlée traditionnellement sur un territoire, forment une **ethnie**, c'est-à-dire une communauté linguistique établie sur son territoire ancestral. Aussi le sol a-t-il sa place dans le concept d'ethnie. Dans l'île de Man et en Cornouailles britannique, on s'efforce même de ressusciter le manxois et le cornique qui ont complètement disparu au début du siècle. La fierté ethnolinguistique suppose donc une valorisation du patrimoine territorial dont on a la charge. Une communauté linguistique n'est pas une simple collectivité humaine parmi d'autres : un Etat tend à se former et à s'unifier sur une base linguistique. Quand des barrières extérieures s'opposant à l'unité linguistique tombent, l'attachement linguistique va jusqu'à son plein épanouissement : la Savoie et la France en 1860, Sopron « *civitas fidelissima* » et la Hongrie en 1921, le Dodécanèse et la Grèce en 1947, Trieste et l'Italie en 1954, la Sarre et l'Allemagne en 1935 et en 1945...

La géographie des aires linguistiques soulève irrémédiablement la double dimension du rapport dominant/dominé et du rapport centre/périphérie. Beaucoup de communautés linguistiques minorisées rejettent l'alliance historique tacite avec le gouvernement central et clament leur propre droit moral à l'autodétermination. On tend alors vers le séparatisme territorial. Les communautés linguistiques minorisées relèvent de deux catégories : minorités nationales ou ethnies sans Etat. Les premières forment les collectivités linguistiques vivant dans la zone frontalière d'un Etat A mais dont la langue relève très clairement de l'Etat voisin B. Les secondes se définissent comme étant de petites collectivités devant défendre seules une langue parlée nulle part ailleurs. L'ethnie sans Etat évolue le plus souvent dans un contexte difficile, à moins de bénéficier d'une loi de protection linguistique. Face à des sociétés linguistiques dominantes, les petites collectivités linguistiques peuvent avoir des réactions de défense ou de repli dans l'espace. Certaines ont contre elles un manque de pugnacité dans la défense de leur langue et de leur culture mais toutes sont l'objet soit du colonialisme interne, soit d'une dichotomie majeure centre/périphérie. Les exemples des Romanches en Suisse, des Ladins des Dolomites, des Corses, des Basques, des Albanais en Serbie, des Hongrois de Transylvanie, des Catalans du Roussillon et des Frisons des Pays-Bas illustrent l'acuité de ces situations linguistiques.

2. Les isoglosses

2.1. Isoglosses et conflits territoriaux en Europe

Si l'on ne considère que la seule Europe, la distribution géographique des différentes langues révèle une mosaïque complexe avec très peu de grands espaces au parler uniforme. On qualifie d'**isoglosse**, la ligne de séparation entre deux aires linguistiques consacrées. Ainsi chaque sous-famille des langues indo-européennes occupe-t-elle son propre coin d'espace culturel et cela est le résultat de plusieurs siècles de conflit territorial avec les groupes linguistiques adjacents. En Europe, deux grands groupes linguistiques se partagent le sous-continent. Le premier, majoritaire en nombre et en surface, est celui formé par les langues indo-européennes. Le second, minoritaire en nombre et en surface, est celui représenté par les langues non-indo-européennes. Le groupe indo-européen englobe les langues germaniques, les langues slaves, les langues romanes, les langues celtiques, le grec et les langues baltiques et thraco-illyriennes. Le groupe roman comporte l'espagnol, le galicien, le portugais, le catalan, l'occitan, le roumain, le français, l'italien, le romanche, le ladin et le frioulan. Cet ensemble géographique est coalescent sauf pour le groupe roumain, isolat néo-latin encastré dans un ensemble slave. Le groupe germanique comporte l'allemand, le néerlandais, l'anglais, le danois, le suédois, l'islandais, le féroïen et le frison. Malgré l'insularité de l'Islande, des Féroë et des Iles Britanniques, l'ensemble germanique est coalescent. Le groupe slave est constitué du polonais, du tchèque, du slovaque, du russe, du biélorusse, de l'ukrainien, du slovène, du serbocroate, du macédonien et du bulgare. Ce troisième groupe indo-européen n'a pas la coalescence territoriale des deux précédents. En effet, les Slaves du sud (Slovènes, Serbo-Croates, Macédoniens, Bulgares) sont coupés du reste par la barrière linguistique formée par l'Autriche, la Hongrie et la Roumanie. Les langues celtiques représentent le quatrième groupe indo-européen. C'est un groupe non seulement territorialement morcelé mais, en outre, localisé en position de finisterre atlantique : ce sont l'écossais, le gaélique, le gallois et le breton. Le cinquième groupe est solitaire. C'est le grec. Sa survie est principalement le résultat de l'influence unificatrice de l'Eglise orthodoxe grecque et de la grandeur culturelle passée de la Grèce antique et de Byzance. Malgré les diverses invasions et la longue occupation ottomane, le grec excipe d'un remarquable record de stabilité territoriale. En effet, il est aujourd'hui parlé exactement dans les mêmes limites que la Grèce du temps d'Homère, huit siècles avant notre ère ! Enfin, le groupe thraco-illyrien et baltique est le plus morcelé des langues indo-européennes. Il recouvre l'albanais, le letton et le lithuanien. On peut, en dernier lieu, mentionner le rom, langue vernaculaire des Tsiganes.

Il existe quelques exceptions isolées à cette domination des langues indo-européennes dans le paysage culturel de l'Europe. Certains groupes parlent des langues non-indo-européennes. Il y a d'abord l'isolat basque. Le basque est le plus grand mystère linguistique de l'Europe car il n'est relié à aucune autre langue dans le monde. Le périmètre basque est à cheval sur la frontière franco-espagnole au fond du golfe de Gascogne. Au centre de l'Europe continentale, l'isolat hongrois occupe toute la Hongrie et la Roumanie occidentale.

De part et d'autre de la Baltique orientale, on rencontre le lapon, le finnois, le carélien et l'estonien. A l'exception du hongrois, les langues non-indo-européennes sont localisées aux périphéries de l'Europe. La vastitude de la toundra, les étendues subarctiques de la forêt coniférienne et la steppe forment respectivement le domaine du lapon, du finnois et du hongrois. La présence de ces groupes linguistiques exotiques ajoute une saveur non-européenne à l'Europe !

2.2. Processus de distribution spatiale des langues

Mais les **isoglosses** n'ont pas la simple allure spatiale de la juxtaposition des grands blocs linguistiques que nous venons d'évoquer. En d'autres mots, les processus de changements dans la distribution spatiale des langues ne relèvent pas du monde de la simplicité. Parmi ces processus, certains ont des connotations presque plus temporelles que spatiales. A cet égard, on peut distinguer cinq types de situation territoriale :

— L'**isolement**. Lorsque deux groupes de même langue sont séparés géographiquement pendant une longue période, la même langue finit par diverger quelque peu. C'est le cas entre le français de France et le français du Québec. C'est encore plus le cas entre le néerlandais et l'afrikaans.

— La **créolisation** est la situation par laquelle deux langues tendent à en former une troisième compréhensible avec beaucoup de difficulté par les locuteurs des deux langues originelles. C'est le cas du créole en Haïti et en Louisiane et du *papiamento* dans la Caraïbe méridionale.

— La **pidginisation** est un processus similaire excepté que l'amalgame des deux langues originelles aboutit à une troisième langue très simplifiée avec un vocabulaire réduit. Ce type de langue est utile pour le commerce et la simple communication mais non pour la littérature ou l'expression d'idées abstraites. Le malais de bazar et le swahili sont les meilleurs exemples de *pidgin* ou de *sabir*. Le prototype historique en reste la **lingua franca** développée dans le bassin méditerranéen au temps des Croisades et qui subsista jusqu'au XIXe siècle. Des mots italiens, espagnols, français, turcs et arabes se mêlaient sur la base d'une structure romane simplifiée. Un pidgin, un sabir, une lingua franca ne sont jamais que des langues secondes mais, en aucun cas, ne sont des langues maternelles.

— Le **bilinguisme** est la situation dans laquelle, au sein d'un même pays, une langue majoritaire et une langue minoritaire sont placées sur le même pied juridique dans l'affichage public et dans les sphères gouvernementales. C'est le cas de la Suisse, du Canada, de la Belgique, de la Finlande, des pays du Maghreb et de la République Sud-Africaine.

— La **diglossie** est la situation culturelle et sociale qui exige qu'une sphère de la vie soit discutée en langue littéraire pendant que l'autre sphère est le domaine d'un parler dialectal originant de la même souche linguistique. C'est la situation rencontrée dans toute la Suisse alémanique entre le *Hochdeutsh* et le *Tüütsch*.

Les langues sont le plus visiblement en évidence sous forme de panonceaux écrits. Pour cette raison, une isoglosse est facilement détectable par le voyageur ou le touriste, surtout lorsqu'elle se superpose à la frontière inter-étatique. Cette visibilité est particulièrement forte lorsqu'elle sépare deux langues fondamentalement différentes ou deux langues à alphabet distinct. Or, en Europe et dans d'autres parties du monde, les isoglosses sont loin de se calquer sur les frontières inter-étatiques car elles répondent à d'autres critères de fixation spatiale. De plus, on rencontre beaucoup d'endroits où la langue visible n'est pas un indice valable de l'idiome parlé. Toutefois, vouloir percevoir les limites physiographiques comme les seules lignes de clivage linguistique serait une grossière simplification du problème. La répartition des aires linguistiques, particulièrement en Europe, s'explique aussi en termes de mouvement des ethnies, de peuplement initial, de colonisation extérieure, de réactions mutuelles lors de la prise de contact. Aussi peut-on dresser une *typologie* des **isoglosses** :

— Les **isoglosses physiographiques** sont celles où il y a coïncidence avec un fleuve, une ligne de crêtes, une île... C'est le cas entre l'espagnol et le français dans la cordillère pyrénéenne séparés par une ligne de partage des eaux.

— Les **isoglosses administrativo-historiques** sont celles résultant de peuplements linguistiques différents ayant amené l'édification d'une limite administrative. L'isoglosse franco-allemande entre le canton de Neuchâtel et celui de Berne illustre parfaitement cette catégorie.

— Les **isoglosses confuses** sont celles constituées d'une multitude de saillants et de rentrants territorio-linguistiques. C'est la situation rencontrée sur la rive nord du lac de Bienne en Suisse.

— Les **isoglosses perforées** sont illustrées par le cas de la langue romanche dans les Grisons ou par le cas de la langue serbe au Kosovo-Mehotija (Kosmet). Dans les vallées du Rhin antérieur et du Rhin postérieur, des villages romanches surnagent comme des îlots au milieu d'une mer alémanique. Il en va de même au Kosovo où les villages serbes sont perdus dans une marée albanaise.

2.3. Les isoglosses dans l'Arc alpin

De Menton aux portes de Vienne, l'Arc alpin représente un magnifique observatoire et un vivant laboratoire des questions isoglossiques. Il existe sept Etats alpins si l'on inclut le petit Liechtenstein et la jeune Slovénie. Quatre langues établies (français, allemand, italien, slovène) confluent dans les Alpes et sont perforées ici et là par quelques îlots linguistiques (Romanches des Grisons, Ladins des Dolomites, Cimbres de Vicence et de Vérone). Conséquemment et par combinaison, le contact de ces quatre langues donne naissance à cinq grandes isoglosses : française/italienne, française/allemande, italienne/allemande, slovène/italienne et allemande/slovène. L'isoglosse française-italienne repose sur la ligne de partage des eaux entre versant padan et versant rhodanien-méditerranéen quoique le français fasse de larges irruptions sur le versant valdôtain et piémontais et que l'italien était présent, jusqu'à récemment, sur le versant franco-méditerranéen (Tende, La Brigue). Contrairement à toutes les autres frontières linguistiques alpines, l'isoglosse française-allemande est la seule à ne pas être internationale en ce sens qu'elle se localise uniquement à l'intérieur de la Suisse. Sa complexité géographique est intimement liée au fédéralisme helvétique. Cette isoglosse, qui court de Fribourg au Cervin, est restée tellement stable depuis la fin du Moyen Age qu'elle s'est quasi cristallisée sur des limites intercommunales au point qu'on ne se comprend pas d'un chalet à l'autre, même distant de 500 mètres !

L'isoglosse italienne-allemande n'est absolument pas calquée sur la frontière Italie/Suisse et Italie/Autriche. Du Mont Rose au Tarvis, l'allemand déborde carrément sur le versant padan, notamment avec les vallées walser, l'importante avancée du Tyrol du sud et celle, plus mineure, des Alpes Carniques. Sauf à Bivio (Grisons) pour le bassin-versant rhénan et à Livigno (Valteline) pour le bassin-versant danubien, nulle part l'italien ne déborde au nord de la ligne de crêtes centrale de l'arc alpin. La frontière Italie/Slovénie est l'un des coins ethnographiquement les plus compliqués d'Europe. L'isoglosse slovène-italienne est localisée dans les Alpes Juliennes. C'est l'ensemble des territoires situés entre la frontière austro-italienne de 1866 et la frontière italo-yougoslave de 1920 (la nouvelle frontière italo-slovène de 1947 étant située grosso modo entre ces deux anciennes limites). Le problème linguistique ne prit de son acuité que par la constitution d'Etats nationaux unifiés (Italie en 1870, Yougoslavie en 1919) et le retrait graduel de l'Empire des Habsbourg. Enfin, l'isoglosse slovène-allemande a été fracturée par l'émergence en 1919 d'une République fédérale autrichienne et d'un royaume de Yougoslavie. Cela eut pour effet de séparer les Slovènes de 50 communes de Carinthie de leur mère-patrie tandis que les germanophones de Maribor, de

Celje et de Ptuj en Slovénie se trouvaient coupés de l'Autriche. Jusqu'en 1918, pourtant, ces groupes, placés dorénavant de part et d'autre d'une frontière imposée, avaient partagé une histoire commune.

Les différents phénomènes de répartition des aires linguistiques dans les Alpes permettent de tirer quelques conclusions spatiales :

— Il n'existe pas un type unique d'isoglosse. Selon les lieux et les circonstances dans l'arc alpin, les isoglosses peuvent être physiographiques (Slovènie vénitienne, Gothard), historiques (Tyrol du Sud, Val d'Aoste), administratives (limite Vaud/Berne), confuses (Vallées Vaudoises en Piémont, Carinthie slovène) ou perforées (Romanches, Ladins).

— Avec l'émergence d'Etats nationaux et suite aux rectifications frontalières consécutives à la deuxième guerre mondiale, les isoglosses ont tendance à coïncider graduellement avec les frontières politiques et à s'y fixer. En effet, beaucoup de petits groupes linguistiques ont tendance à disparaître (Tendasques, Vaudois du Piémont, Walser d'Italie, germanophones et slovènes du Frioul) et, par la puissance des moyens mis à son service, la langue nationale majoritaire avance jusqu'à la frontière politique.

— En Italie, des régions autonomes comme la Vallée d'Aoste, le Trentin Haut-Adige et le Frioul/Vénétie Julienne ont une majorité clairement italophone et, par conséquent, phagocytent sournoisement les minorités linguistiques qu'elles étaient censées protéger.

— Dans les régions alpines situées sur les isoglosses et soumises à un phénomène de **déculturation**, c'est-à-dire à une poussée territoriale d'une langue au détriment d'une autre, les villes apparaissent à bien des égards comme la courroie de transmission du pouvoir central et de ses efforts d'uniformisation linguistique. Ainsi, Aoste pour la Vallée d'Aoste, Bolzano pour le Tyrol du sud, Gorizia pour la Slavia Italiana, Nice pour le pays tendasque, Klagenfurt pour la Carinthie slovène et Suse pour la Doire Ripaire apparaissent comme autant de foyers d'assimilation.

3. La territorialité linguistique

Dans les Etats plurilingues, l'architecture spatiale des langues répond à deux schémas bien différents : **plurilinguisme** de juxtaposition et **plurilinguisme** de superposition. Dans la situation du *plurilinguisme de juxtaposition*, les domaines linguistiques se placent côte à côte mais ne se calquent pas et ne s'interpénètrent pas. C'est la situation observée à l'intérieur de la Belgique, à l'intérieur de la Suisse (sauf aux Grisons) ou à l'intérieur de l'Espagne. Le *plurilinguisme de superposition* est la situation dans laquelle une autre langue perfore imparfaitement le territoire majoritairement unilingue d'une région donnée. C'est cette réalité que l'on rencontre dans le canton suisse des Grisons *(figure 1)* (contact romanche-allemand), dans l'ex-Yougoslavie (contact croate-serbe et serbe-albanais), en Finlande méridionale (contact finnois-suédois) et dans certaines contrées du Québec (contact français-anglais). Dans tous ces exemples, deux langues sont mélangées dans un inextricable kaléidoscope.

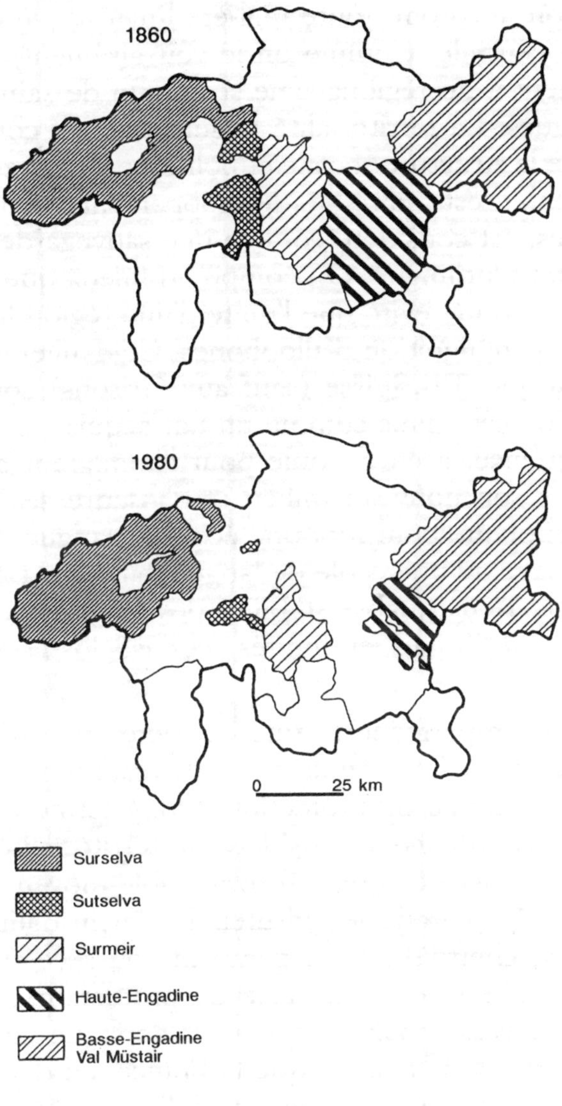

Figure 1 120 ans de recul du romanche aux Grisons (majorité romanche)

De façon à éviter les tensions interlinguistiques et à fixer les isoglosses, un principe tout simple est depuis longtemps appliqué dans bon nombre d'Etats plurilingues : c'est la **territorialité linguistique**. On désigne par cette expression le principe selon lequel toute commune, toute région ou tout Etat fédéré a le droit de défendre et de préserver son caractère linguistique contre tout élément extérieur qui tendrait à l'altérer ou à le mettre en danger. Ce principe découle d'un autre : la **souveraineté linguistique**. C'est le droit d'une région ou d'un Etat fédéré dont la langue peut être menacée de déterminer sur son propre territoire toute matière linguistique qui n'est pas régie par la constitution centrale. Comme on le voit aisément, ces principes sont établis conformément à un régionalisme strict afin de sauvegarder l'intégrité des régions unilingues. La territorialité linguistique est conforme à une certaine conception de la structure sociale et politique de l'Etat. Ainsi, le système linguistique régional, c'est-à-dire le développement de l'homogénéité des régions linguistiques, est considéré comme une sauvegarde de l'équilibre des langues dans un Etat plurilingue. On comprend mieux que le principe spatial de territorialité linguistique évite que l'unité d'une région linguistique ne soit mise en danger par l'immigration d'allophones. Ce danger est enrayé par leur assimilation linguistique. En Suisse (sauf aux Grisons) comme en Belgique *(figure 2)*, ce principe est admis comme un fait acquis sur lequel on ne peut revenir. En conséquence, il en découle pour l'immigrant allophone l'obligation de s'assimiler à son nouveau milieu et d'inscrire ses enfants dans une école locale. Ceci explique pourquoi une école de langue allemande ne peut pas s'installer à Genève, ni une école de langue italienne à Zürich. Le résultat en est, en Suisse, la remarquable stabilité des isoglosses. A l'exception de quelques cas bien spécifiques et limités, ces isoglosses n'ont pas changé depuis six siècles.

Malgré toutes ses imperfections, une frontière linguistique fixée offre la sécurité. Englobant un territoire unilingue, elle reste le meilleur et probablement le seul moyen efficace de protection à long terme d'une minorité linguistique. On peut légitimement considérer la territorialité linguistique non comme une restriction mais comme un formidable moyen d'atteindre ce but démocratique qu'est le pluralisme culturel. La territorialité linguistique ne signifit pas *apartheid*, ghettoïsation, séparatisme ou sécessionnisme. Elle est beaucoup plus un concept avant-gardiste de protection d'une minorité sur son espace ancestral. C'est pour ne pas avoir appliqué ce principe, qui est aussi celui de la liberté de la langue, que la France, en deux siècles, a éradiqué les sept langues régionales qui faisaient sa diversité linguistique *(figure 3)*. La restructuration politique en cours dans l'ex-URSS va constituer un test

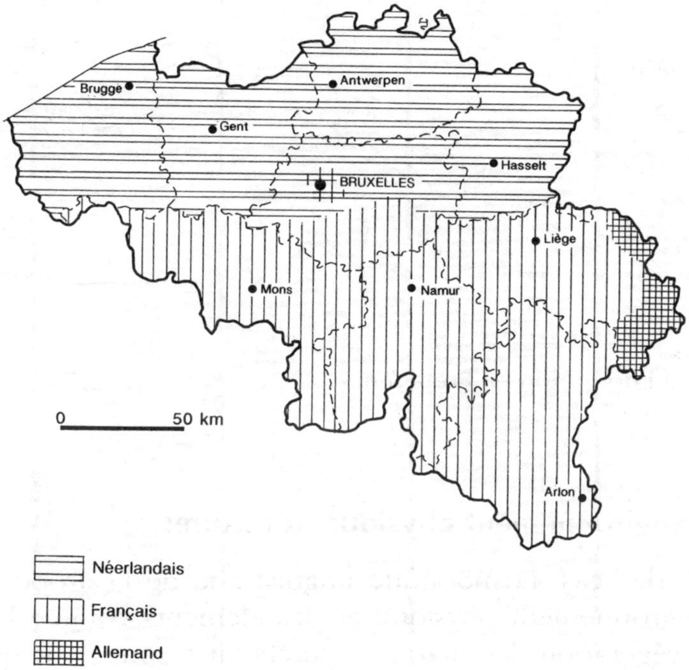

Figure 2 Les régions linguistiques en Belgique

grandeur nature au chapitre de la territorialité linguistique. Bon nombre des républiques de la CEI contiennent des minorités linguistiques dont la liste doit être connue en Europe Occidentale car elles feront parler d'elles durant les dix prochaines années : Abkhazes, Adjars, Bachkires, Balkars, Bouriates, Dagestanis, Ingouches, Kabardes, Kalmyks, Karakalpaks, Karatchaïs, Komis, Mariis, Mordves, Ossètes, Tatars, Tcherkesses, Tchetchènes, Tchouvaches, Udmurts et, enfin, Yakoutes... ! Depuis 1986, en effet, les principaux conflits, parfois sanglants, apparus dans l'ex-URSS n'ont pas surgi entre Russes et non-Russes mais ont plutôt opposé le peuple de telle ou telle république avec ses minorités linguistiques ou encore ont opposé, entre elles, les minorités linguistiques d'une même république. Actuellement, l'Arménie et l'Azerbaïdjan représentent la quintessence de ce type de conflits ethnolinguistiques avec leurs *enclaves entrecroisées* : en Azerbaïdjan, le Nagorny-Karabach est peuplé d'Arméniens tandis qu'en Arménie le Nakhitchevan est habité par des Azéris.

Figure 3 Le recul du breton en Bretagne

4. Langues, environnement physique et culturel

Dans bien des cas, la mosaïque linguistique de l'Europe est reliée aux allures de l'environnement physique et des éléments comme les montagnes, l'insularité, la végétation, les marais et le climat y sont pour quelque chose. Certaines montagnes servent de refuges linguistiques. On vérifie ce fait avec le romanche dans les Alpes Rhétiques, l'albanais dans les Alpes Dinariques, l'allemand en Transylvanie, le catalan en Andorre et le ladin dans les Dolomites. L'insularité peut également influencer le statut linguistique de deux manières. Si l'île est éloignée, l'isolement aide à préserver de vieilles langues. L'islandais, langue germanique, est très proche du vieux norvégien parlé au IXe siècle. Le catalan est parlé dans sa forme la plus pure aux Baléares. Le corse, le sarde et le féroïen ont pu se maintenir grâce à l'insularité. Inversement, des îles situées sur des grands axes commerciaux attirent des gens de mer et acquièrent un caractère polyglotte. Chypre parle turc et grec. La Sicile accueille l'italien, l'albanais et le grec. Le maltais est fait d'un mélange d'arabe et d'italien.

La végétation naturelle peut influencer la carte linguistique. Le hongrois s'est implanté en Europe par l'arrivée d'envahisseurs magyars venus des steppes de l'Asie Centrale. Accoutumés à un environnement herbeux, les Magyars se sentirent rapidement à l'aise dans l'Alföld alors que les forêts périphériques leur étaient répulsives. La forêt peut aussi être un refuge linguistique. Si la langue russe a pu survivre devant les hordes mongoles, c'est parce qu'elle glissa plus au nord dans le cœur forestier de la Moscovie. La protection linguistique a pu aussi être fournie par les marais. Les Sorabes (appelés aussi Wendes ou Lusaciens), installés dans la Spreewald depuis les VIIIe-IXe siècles, surent résister à la poussée allemande et à l'assimilation venant de Berlin, située à 80 km au nord-ouest. Les Frisons se maintiennent avec ténacité dans les marais littoraux des Pays-Bas, de l'Allemagne et du Danemark. Des régions marécageuses servent aussi d'isoglosses. Ainsi, les Marais du Pripet ont longtemps séparé le biélorusse de l'ukrainien, le polonais du biélorusse et l'ukrainien du polonais. Des climats sévères peuvent offrir le même genre de protection linguistique. Le lapon et le finnois doivent en partie leur survie aux climats subarctiques de la Scandinavie peu attractifs pour des envahisseurs potentiels.

Le paysage culturel européen est relié à la carte des aires linguistiques de multiples façons. Dans l'Europe rurale, le paysage d'habitat dispersé a longtemps permis, par l'isolement qu'il procure, la survivance du néerlandais dans le Westhoek en France ou du gallois au Pays de Galles *(figure 4)*. Il en va de même pour le basque et le galicien en Espagne. Parfois, la langue visible n'est pas un bon indicateur de la langue parlée localement. Ainsi, dans le Grand

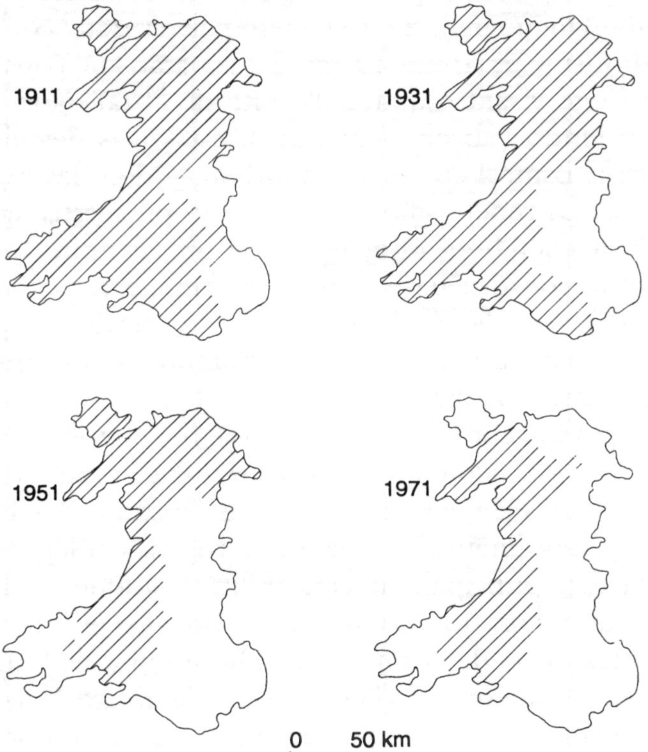

Figure 4 Le recul du gallois en Pays de Galles de 1911 à 1971

Duché de Luxembourg, tout l'affichage public est en français alors que les Luxembourgeois parlent un dialecte germanique, le luxemburgisch. Certaines langues procèdent historiquement du fait religieux. L'Irlande est le pays qui illustre au mieux le rôle de la religion dans le maintien du gaélique.

5. L'Etat moderne et l'identité linguistique

En cette fin de XXe siècle, les langues minoritaires ont le choix entre trois logiques spatiales : dissymétrie, assimilation, autonomie. Dans le choix de dissymétrie, la langue minoritaire accepte son statut de minorité par rapport à la langue dominante de l'Etat tout en cherchant à sauvegarder sa spécificité socio-culturelle et à compenser par la politique son infériorité sociétale. Dans le choix d'assimilation, la langue minoritaire joue la solution de l'absorption par la langue majoritaire, en perdant son identité linguistique mais en gagnant du même coup en supériorité sociale. Dans le choix autonomiste, la langue minoritaire obtient la protection législative par la mise en place de la territorialité linguistique, ce qui sauvegarde sa spécificité. Le jeu spatial langue minoritaire/langue majoritaire génère parfois deux conséquences territoriales : le séparatisme et l'irrédentisme. Le séparatisme constitue un processus spatial centrifuge visant à quitter l'orbite de l'Etat dans lequel la langue minoritaire ne s'identifie absolument pas. C'est le cas des albanophones du Kosovo Metohija (Kosmet) en Serbie méridionale dont les regards sont tournés vers l'Albanie. L'irrédentisme représente le processus spatial centripète par lequel un Etat cherche à rattacher à lui un territoire transfrontalier où réside une minorité constituée de « frères de langue ». Les actions militaires de l'actuelle Serbie sur la Slavonie croate en partie peuplée de Serbes (Osijek, Vukovar, Vinkovci) en est la plus éclatante démonstration.

Le choc entre aires linguistiques provient de l'écart entre l'idéal de l'Etat linguistiquement homogène et la réalité largement répandue d'Etats multilingues dans le monde actuel. Les langues minoritaires, phénomène ubiquiste, ne sont pas un élément nouveau dans l'histoire des Etats. Beaucoup de pays européens sont linguistiquement hétérogènes et leurs langues minoritaires ont été la cause principale de l'instabilité politique, de la répression ou de conflits internationaux. La montée du nationalisme linguistique a été la cause de la désintégration de l'Empire des Habsbourg, de l'Empire Ottoman, de l'Allemagne wilheminienne, de l'URSS et de la Yougoslavie. Dans une très large mesure, la géographie politique du nouvel ordre européen observable depuis les années 1989-1991 est déterminée par la composition linguistique des peuples du sous-continent. Malgré toutes sortes de solutions (annexion, sécession, changements frontaliers, transferts, domination, assimilation, pluralisme culturel, arrangements constitutionnels), on ne rencontre pas en Europe d'exemples entièrement satisfaisants d'Etats plurilingues. L'essentiel de l'affaire a toujours été de persuader la langue minoritaire d'abandonner son désir d'un traitement spécial au motif qu'elle était une menace pour l'intégrité nationale. La France est l'illustration parfaite de cet état d'esprit : depuis deux siècles, quels droits ont obtenu les Flamands du Westhoek, les Alsaciens, les Bretons, les Basques, les Catalans, les Occitans et les Corses ? Dans un registre différent, la Norvège, après 364 ans d'union avec le Danemark (1450-1814), puis 91 ans d'union avec la Suède (1814-1905), tira les leçons de la désintégration politico-linguistique de ce type d'association et la séparation d'avec la Suède en 1905 ne fut plus qu'une formalité.

Le problème rémanent dans tout Etat plurilingue, c'est la possibilité *d'extrémisme politique* de la part de certaines élites linguistiques minoritaires qui reçoivent de leur base un appui intermittent. Trois cas contemporains illustrent très clairement ce constat : l'IRA en Ulster face au Royaume-Uni, le FNLC en Corse face à la France, l'ETA en Euzkadi face à l'Espagne. La solution adéquate pour vaincre la minorisation linguistique suppose l'abolition des causes de l'aliénation linguistique. Cette abolition réside dans la cohabitation pacifique de deux ou plusieurs langues dans une même entité politique. Des langues sont minoritaires par la faute des hommes. Cette situation est le résultat de mauvais traités. Un déplacement de frontière suffit à supprimer cette situation. Dans le cas des langues minoritaires par la faute des hommes, les solutions sont *territoriales*. Dans le cas des minorités par la force des choses, les solutions sont *personnelles*. Les langues dispersées, les diasporas, les langues résiduelles, les villes bilingues ont souvent des limites impossibles à tracer. Bruxelles, Bienne, Flensbourg, Trieste, Subotica sont de véritables puzzles. La seule solution concevable est la personnalité des statuts (le droit linguistique de la personne prime le droit linguistique du territoire).

Dans bien des situations, le *fédéralisme* dans ses multiples versions offre les solutions les plus porteuses d'espoir puisqu'il permet de maintenir l'intégrité de l'Etat tout en satisfaisant les intérêts et les aspirations des langues minoritaires. La Suisse, l'Italie, la Belgique et l'Espagne ont embrassé ces solutions.

En définitive, et malgré des décennies voire des siècles de répression, d'indifférence ou de négligence, la persistance des aires linguistiques en Europe, grandes mais surtout petites, constitue en soi un commentaire suffisant sur leur vitalité et leur résistance.

Lectures recommandées

Breton R., 1976, *Géographie des langues*, Paris, PUF.
Dauzat A., 1953, *L'Europe linguistique*, Paris, Payot.
Laponce J., 1987, *Languages and their territories*, Toronto, University of Toronto Press.
Rougier H. et Sanguin A., 1991, *Les Romanches ou la Quatrième Suisse*, Berne, Lang.

Mots-clefs

Bilinguisme,
Créolisation,
Déculturation,
Diglossie,
Isoglosse,
Isolement,
Langue maternelle,
Lingua franca,
Pidginisation,
Plurilinguisme,
Souveraineté linguistique,
Territorialité linguistique.

Les risques naturels majeurs

52

Charles-Pierre Péguy

1. Histoire du monde et accidents

12 novembre 1970 : dans ce qui deviendra une année plus tard le Bangladesh une « onde de tempête » associée à un cyclone fait officiellement 242 000 morts. Moins de six ans plus tard (27 juillet 1976) la province chinoise de Tangshan subit le tremblement de terre le plus meurtrier sans doute de l'histoire : entre 700 000 et 900 000 morts. L'histoire du monde a été de tout temps ainsi traversée d'**accidents** que notre logique considère comme échappant au « cours normal des choses » et qui paraissent défier toute prévision. L'usage a conduit à distinguer dans ces accidents certains *seuils*, inévitablement relatifs. On parle en français de **sinistres**, de **calamités**, de **catastrophes** : des termes dont des textes juridiques sont venus préciser la hiérarchie. Sauf exceptions consacrées par l'usage, le terme de **catastrophe** sera réservé ici à des *phénomènes exceptionnels* affectant *localement* l'écoumène, phénomènes dont les mécanismes nous sont connus (sans quoi on ne les redouterait pas) mais dont les conditions d'occurence nous échappent (sauf, aujourd'hui, possibilité de prévision à très court terme, par exemple pour les cyclones).

Le **risque** est le fait que, pour des points bien localisés du globe (telle la fameuse faille de San Andreas), l'éventualité d'une « catastrophe » doive être raisonnablement envisagée. Il s'agit bien là d'un concept essentiellement géographique. Le qualificatif de « risque *majeur* » pose par ailleurs un problème d'appréciation assez relatif, sinon subjectif.

Ces pages excluent tout événement dont l'homme n'aurait pas été témoin, et le plus souvent, acteur. Certes, dans d'autres contextes, a-t-on pu dire par exemple que la fin des dinosaures avait constitué la plus grande catastrophe que notre planète ait connue… Mon propos est différent. Je mets l'accent sur ce fait que l'homme, dès son apparition, a vécu en interaction (et de plus en plus en rétroaction) avec son environnement naturel. Cette terre d'avant l'apparition de l'homme, dont la description paraissait devoir être l'objet même de la géographie physique (Birot, 1959), est une abstraction à laquelle le géographe contemporain ne se réfère plus guère *(chapitre 7)*.

Enfin, le fait de ne prendre en compte que les seuls accidents affectant des systèmes dont l'un des éléments au moins est de nature « physique » conduit à écarter de ce chapitre les guerres, bien sûr, (même si la géographie « ça sert d'abord à ça » !), les épidémies et ce que l'on appelle aujourd'hui les risques technologiques, chimiques, nucléaires, etc. Les mécanismes qui sont à l'origine de ceux-ci échappent à la compétence du géographe. Celui-ci n'est amené à s'y intéresser que par des aspects qui leur sont alors communs avec les grands **risques naturels** (densité de peuplement, préparation psychologique dans les zones sensibles, diffusion de l'information, problèmes de transports, évacuation des populations, etc.). On retiendra par contre que les technologies les plus variées modulent, et parfois aggravent considérablement, certains risques dits naturels.

2. Les acteurs : la nature et l'homme

2.1. Le monde physique

La localisation des crises physiques de la planète n'est pas aléatoire : les géologues du siècle dernier parlaient déjà de la Ceinture de feu du Pacifique. La réïtération des séismes historiques était connue (Antioche...). L'expérience des navigateurs avait conduit à reconnaître en quelles zones, et en quelles saisons, les typhons étaient à redouter. On jugera néanmoins de l'insuffisance de telles connaissances par ce fait qu'au cours de ses 23 siècles d'histoire le Maghreb n'avait connu que des séismes mineurs, sans rapport avec celui que devait subir El Asnam en 1980.

Mais ces connaissances, longtemps enrichies simplement par accumulation, ont été intégrées depuis trente ans dans des « systèmes » : la théorie des plaques pour la géophysique profonde réunit de façon logique toutes les connaissances relatives aux séismes et aux volcans. Pour l'atmosphère une fonction similaire est remplie par les modèles de circulation globale. Ici et là, les théories ont dû se faire planétaires.

Deux outils ont joué un rôle majeur : les satellites pour l'observation, les gros calculateurs pour la modélisation et la simulation. Les mouvements des plaques ne sont plus une théorie, mais une réalité mesurable (précision de l'ordre du décimètre) et la prévision des phénomènes atmosphériques peut être faite en « temps réel ».

Aujourd'hui, atmosphère, océans et inlandsis sont étudiés de plus en plus dans leurs interactions. On en retire certains enseignements concernant des catastrophes éventuelles ; des enseignements aussi qui s'avèrent utiles sur l'évolution à long terme de notre environnement.

Je clos cette brève évocation du monde physique par deux remarques :

— l'une est que les dégâts les plus graves sont souvent dûs à des réactions en chaîne mettant en œuvre des phénomènes naturels différents. La ville de Yungai (Pérou) n'aurait probablement subi que des effets mineurs du séisme du 31 mai 1970 si l'éboulement d'un bloc de quelque 3 km^3 sur la face nord du Huascaran n'avait provoqué une crue entraînant un énorme engravement torrentiel. Plus caractéristiques encore les ondes de tempête du Bengale dans lesquelles se conjuguent des mécanismes météorologiques, océanographiques et fluviaux.

— l'autre est que notre connaissance de la géophysique profonde doit être complétée par celle de la géologie. De même la circulation atmosphérique globale n'exclut pas la prise en compte des mille conditions locales qui peuvent ici aggraver l'effet d'une catastrophe, là au contraire les inhiber. Géologues et géographes ont toujours leur place.

2.2. La terre, planète habitée

C'est parce que la terre est peuplée, et que ses habitants subissent les contre-coups de ces crises qui en affectent la stabilité physique qu'il y a une « géographie des risques ». Tout désastre se définit en effet « à l'interface d'un phénomène naturel extrême et d'établissements humains vulnérables » (Foucher, 1982). Cette géographie revient essentiellement à commenter la superposition de deux cartes : l'une des événements physiques potentiellement redoutables, l'autre du peuplement (cette dernière combinant les deux notions de densité et de **vulnérabilité**). « Toute géographie des **risques naturels** ne peut être qu'une géographie humaine » (*ibid.*).

J'ajoute encore que le sujet exposé à un risque doit en être *conscient*. Le Vésuve ne constituait aucun « risque naturel » pour l'habitant de Pompéï jusqu'en 79 de notre ère : nul homme n'avait pu le voir encore en éruption.

Mais la terre n'est pas peuplée d'individus : elle l'est par des sociétés, chacune s'étant approprié et organisé un espace. C'est en fonction de cette réalité que les concepts de **sinistre**, de **catastrophe**, de **risque** sont aujourd'hui repensés. Affaire de densité du peuplement, affaire d'économie aussi (les catastrophes coûtent cher, leur prévention aussi...), affaires de structures sociales et de psychologie (telles de nos sociétés connaissent un égocentrisme galopant...). Affaire peut-être de *foi* – non nécessairement en quelque Etre suprême – mais foi que les civilisations ont, ou n'ont pas, en leur propre survie.

On devine à ces remarques – somme toute triviales – que le concept de **risque** est essentiellement relatif. Il y a risque pour une échelle donnée (tant temporelle que spatiale), dans un contexte donné, pour une optique donnée. On devine aussi que face à des phénomènes complexes mettant en interaction environnement et société, seule une *approche systémiste* permet de situer les uns par rapport aux autres les éléments en jeu.

2.3. D'un siècle à l'autre

Au siècle dernier encore, les glaciers alpins descendaient dans leurs vallées bien en avant des fronts actuels : détail significatif du *caractère non-stationnaire de notre environnement physique*. C'est l'atmosphère et à un moindre degré l'océan, qui sont ici concernés. L'environnement naturel connaît des oscillations, des rythmes, des tendances. Le fait que l'homme soit aujourd'hui impliqué dans certains changements ne doit point faire oublier que de telles modifications ont été constantes au cours des âges : aujourd'hui, les forages glaciaires dans les inlandsis témoignent de variations climatiques, connues sur plus de 100 000 ans.

Ces modifications à long terme de l'environnement pourront, pour l'avenir, poser des problèmes économiques et politiques redoutables. Mais ce sont là de tout autres problèmes que ceux liés aux risques : ce qui pourrait devenir le « normal » du XXIe siècle relève d'autres approches logiques que l'exceptionnel du XXe. Ce qui écarte ces hypothèses de mon propos. Mais par ailleurs, des variations à long terme de notre environnement auraient pour effet statistique de modifier les fréquences d'occurence de tel ou tel phénomène. « Un pays en voie d'assèchement, cela se traduit *d'abord* par un accroissement du nombre des années qui auraient été jusque là considérées comme anormalement sèches. » (Péguy, 1990 b).

« Le climat change. Les hommes aussi. » L'espèce humaine couvre aujourd'hui toute la planète, aux seules exceptions des inlandsis et des déserts arides durs. Sa progression numérique est plus qu'exponentielle : six fois plus d'hommes aujourd'hui sur la planète qu'il y a seulement deux siècles *(chapitre 47)*. Son activité se développe, parfois au détriment des grands équilibres écologiques. Les villes, qui n'étaient encore, il y a peu, que des lieux privilégiés de l'espace, regrouperont d'ici peu près de la moitié de la population du globe. Les sociétés, dont j'ai évoqué rapidement le rôle capital dans la capacité de faire face à l'imprévu se sont, du moins à certains égards, fragilisées. L'individu a lui-même profondément évolué. La plupart de nos contemporains sont allergiques au long terme, voire même insouciants des lendemains. L'image même que nos médias donnent à certaines prouesses technologiques peut contribuer à donner une fausse impression de sécurité.

Mais nos sociétés ne sont pas amnésiques. La mémoire que les peuples gardent de leurs temps anciens, aujourd'hui l'archivage d'informations et la recherche sont gages de progrès. Depuis le temps où les premiers habitants d'une vallée apprirent à bâtir à l'abri des inondations jusqu'à l'interprétation de l'imagerie satellitaire une chaîne continue d'expérience et d'accroissement de nos connaissances, comme l'évolution de nos sociétés font que le risque naturel d'aujourd'hui n'est plus celui d'hier.

3. Les concepts de base : l'aléa et le risque

3.1. Les dérèglements de la nature

Sur un planisphère, les dangers qu'ils représentent peuvent paraître relativisés : les régions où les séismes ont été observés ne représentent guère que le dixième de la surface des continents. Ceux où un quelconque péril volcanique est à redouter, moins du centième. Les inondations frappent toujours les mêmes grandes vallées. Les cyclones sont liés à leurs itinéraires favoris...

A l'intérieur de leurs champs d'action, ces catastrophes sont des **phénomènes aléatoires**. L'aléa est proprement, en latin, le jeu de dés. Chaque dé est géométriquement connu. Mais vous ne connaissez pas pour autant à l'avance quelle face supérieure apparaîtra au prochain jet... Un **phénomène aléatoire** est ainsi un phénomène qui se produit dans un milieu déterminé, dont la nature et le mécanisme sont connus du physicien (du biologiste, du sociologue...), mais dont ni la date, ni le lieu de la prochaine occurrence ne peuvent être déterminés grâce à la seule connaissance des états antérieurs de ce milieu. Sous certaines réserves, l'étude des phénomènes aléatoires relève du *calcul des probabilités*.

3.2. Des dérèglements aux dégâts

L'image passablement optimiste laissée par le planisphère n'est plus valable si l'on se rapporte cette fois aux *populations*.

C'est près du *tiers* de la population mondiale qui vit aujourd'hui dans des zones à risques. Ceci en ne retenant que les quatre risques classiques, séismes, éruptions, cyclones, inondations, ce qui exclut les sécheresses. Plus des 4/5 de la population ainsi exposée est asiatique. Mais en Californie l'on estime à 35 millions le nombre des habitants concernés par la faille de San Andreas.

« Terres à hauts risques » (*Hérodote*, 1982). Une notion qui inclut à la fois l'éventualité d'un phénomène et les dégâts que ce phénomène entraînerait. Pour le mathématicien, je suggérerais qu'un risque mathématique puisse être défini symétriquement à l'« espérance mathématique » d'un joueur (Bernouilli, 1713). Ce risque serait le produit d'un « enjeu négatif » (la vie, ou un bien) par la probabilité que cet enjeu a d'être perdu. Certains auteurs complètent la définition du risque par une prise en compte de la *vulnérabilité* des biens exposés (Thouret, 1990). On a donc :

risque = patrimoine x vulnérabilité x probabilité.

Ces trois facteurs sont bien entendu en interaction (la valeur d'un patrimoine diminue quand il est vulnérable). Mais interaction n'est pas compensation, et la formule mérite d'être globalement retenue. On notera enfin que le risque a une forte connotation spatialisante. D'où les nombreuses cartes de risques (sismiques, volcaniques, morphologiques, etc.).

3.3. Le concept d'« aléa spatio-temporel »

Les cartes de risques ne sont que la juxtaposition spatiale d'informations ponctuelles relatives à la probabilité d'occurrence d'un phénomène.

Mais l'espace géographique n'est pas une juxtaposition de points. Les phénomènes aléatoires qui s'y produisent sont aléatoires à la fois dans le temps et dans l'espace. L'observation des fortes averses, déjà susceptibles de produire des dégâts, est à cet égard fort instructive. Des précipitations journalières supérieures à 300 mm sont ainsi observées en moyenne tous les 25 ans « quelque part » dans le département du Gard. Mais tous les 4 ans seulement pour l'ensemble de la région Languedoc-Roussillon. Ainsi, la rareté d'un événement diminue-t-elle très vite quand on étend son périmètre d'observation.

Les *cyclones* permettraient une remarque identique. « Pour l'habitant de la côte du Texas, l'aléa est temporel. Un cyclone peut le toucher en septembre prochain. Ou peut-être ses arrières-petits-enfants le subiront-ils en septembre 2100. Pour le météorologue de l'âge satellitaire l'aléa est spatial. Il se passera toujours "quelque chose" dans la basse atmosphère. Mais où ? » (Péguy, 1988).

3.4. L'outil statistique

Les statistiques permettent dans certains cas de mieux apprécier le caractère aléatoire d'un phénomène ; principalement en hydrométéorologie.

L'objectif est d'estimer la fréquence moyenne (d'une averse, d'une crue, etc.) sur une période aussi longue que possible. L'opération se fait en deux temps. Sélection tout d'abord d'un lot de valeurs élevées, mais indépendantes entre elles, de la variable (on en retient, par exemple, les maxima mensuels successifs). Puis, étude de la dispersion de cet échantillon. La courbe des fréquences cumulées de celui-ci peut être généralement ajustée à une courbe en double log (loi de Gumbel), ce qui autorise des extrapolations. Les résultats sont souvent exprimés en utilisant le concept de durée de retour (ou temps de récurrence), qui est l'inverse de la probabilité d'occurrence du phénomène. On parle de durées de retour de 50, 100, 200 ans, etc.

Mais l'emploi de cette notion exige une mise en garde impérieuse. Malgré le terme de retour, il faut en écarter toute idée de régularité, ou de cycle. Ce que signifie une durée de retour d'un siècle, c'est que sur un millénaire le phénomène en question est à redouter dix fois. Sur 2 000 ans, l'on devrait le redouter 20 fois. Mais cinq ou six de ces événements peuvent parfaitement se produire le même siècle, voire deux survenir deux années consécutives.

Ces techniques d'analyse demandent de longues séries, ce qui en limite pratiquement l'emploi aux crues. Il n'est pas exclu qu'on ne puisse les étendre un jour aux séismes : on voit s'esquisser une paléosismicité fournissant des informations remontant jusqu'à 20 000 ans en Arménie, (Bousquet, Philip, 1990).

4. Un bilan à débattre

4.1. Des chiffres. Quels chiffres ?

Dans les catastrophes, les pertes en vies humaines sont connues avec une marge d'incertitude, variable selon les pays, et en général croissant avec l'ampleur du désastre. Du moins l'unité est-elle – si l'on ose dire – parfaitement définie. L'estimation de la perte des biens est, sur le plan théorique (et juridique) beaucoup plus difficile. Certains Etats ne reconnaissent comme détruits que les biens ayant fait l'objet d'une assurance préalable. Or, dans le Tiers Monde, l'assurance reste un luxe. La Chine donne des indications sur le nombre des victimes, mais non sur les dégâts matériels subis. On doit se contenter de faire état de données peu fiables, et toujours très relatives.

4.2. L'« inclémence des cieux »

Les inondations viennent, à tous égards, en tête des catastrophes naturelles classiques (c'est-à-dire brutales). Leurs effets sont aggravés dans les basses plaines par des défluviations possibles (le Huanghe), ailleurs par les ondes de tempêtes (Bengale, mais aussi Mer du Nord). Le nombre des victimes est estimé, depuis 1900, à quatre millions, dont un demi-million au moins pour le seul Bengale. Les dégâts, sous les réserves faites ci-dessus (notamment : Chine exclue) ont été estimés de 15 à 20 milliards de dollars. Les cyclones (souvent causes d'inondations...) sont tenus pour responsables d'un nombre de décès sensiblement moindre (moins du million ?), mais de dégâts matériels proportionnellement plus élevés. A noter qu'ils constituent le seul type de catastrophe dont le nombre de victimes soit en nette décroissance, du fait des progrès de la prévision.

4.3. « Les fureurs de la terre »

L'expression est de C. Allègre (1987). Séismes et volcans sont les manifestations les plus spectaculaires de la vie turbulente de la planète. Ils font cependant moins de dégâts que les fléaux d'origine atmosphérique.

Le nombre des victimes des tremblements de terre approche les deux millions pour notre siècle. Plus du tiers d'entre elles ont trouvé la mort dans le seul séisme du 27 juillet 1976 à Tangshan (Chine). Mais le séisme antérieur ayant dépassé les 100 000 victimes s'était situé à l'autre extrémité de la bordure méridionale de la plaque eurasiatique (28 décembre 1908, Messine).

Les tremblements de terre font l'objet de deux sortes de mesures : l'intensité, évaluée empiriquement d'après les dégâts au sol (échelle de Mercalli, 1902) et la magnitude, mesure physique de l'énergie libérée au foyer (échelle de Richter, 1935). Pas de relation générale entre ces deux mesures, souvent confondues : pour une magnitude donnée, l'intensité est plus faible si le foyer est profond et la géologie superficielle résistante.

Deux éruptions volcaniques seulement ont fait, au cours de ce siècle, plus de 20 000 victimes : 8 mai 1902, Montagne Pelée (Martinique) et 13 novembre 1985, Nevado del Ruiz (Colombie). Deux éruptions graves également, toutes deux en Indonésie, pour le siècle précédent. Moins de 3 % en tout du nombre des victimes de catastrophes naturelles. Mais le **volcanisme** a toujours frappé l'imagination des hommes (et aujourd'hui envahi l'information) au-delà de ses méfaits réels. Les progrès certains réalisés depuis peu dans la prévention des éruptions (et quelques controverses retentissantes – La Soufrière, Guadeloupe, 1976) ont pu contribuer à sensibiliser les opinions.

Toutes ces catastrophes entraînent une mortalité par effets secondaires (épidémies et famines, aggravées par la destruction des moyens de communication). Ces effets sont d'autant plus importants que les dégâts spécifiques l'avaient déjà été. Dans certains cas, c'est jusqu'à 40 % du nombre des victimes dont les décès, faute de soins, s'échelonnent sur des jours, parfois des semaines, après le traumatisme atmosphérique ou tellurique.

4.4. Les sécheresses prolongées

Celles-ci représentent un phénomène d'un autre ordre que les catastrophes « classiques » déjà passées en revue. Elles couvrent en effet des surfaces étendues, de l'ordre d'un subcontinent. Trois grandes **sécheresses** ont affecté le monde au cours du XXe siècle. La Russie en 1921 (5 millions de morts, en excluant les victimes de la guerre civile proprement dite au nombre de 10 millions) ; le Bengale en 1942-1943 (3 millions) ; le Sahel enfin au cours des vingt dernières années (probablement moins d'un million de morts). La coïncidence fréquente des sécheresses avec des troubles, voire des opérations militaires, complique l'interprétation des faits. Dans le cas du Sahel, la sécheresse annuelle ne couvrit le plus souvent qu'une partie de la zone, sauf en 1972, seule année de sécheresse réellement généralisée. Mais c'est cette longue répétition d'années déficitaires qui inquiète certains spécialistes, laissant présager quelque modification radicale du système atmosphérique.

Les sécheresses deviennent catastrophiques par insuffisance, moins d'eau qui tombe, que d'eau qui coule. Il faut être attentif à l'hydrologie. A cet égard, leur gravité doit être estimée moins d'après le niveau des étiages que par l'insuffisance des hautes eaux. Cette insuffisance interdit de remplir les barrages et peut entraîner l'abandon de certains périmètres d'irrigation.

4.5. Un tableau où tout n'est pas noir

La structure même du système de circulation atmosphérique fait que des compensations s'établissent entre leurs excès opposés. Parfois sur des distances relativement courtes. C'est Maunder qui insista sur ce fait : il nous apprend qu'en juin 1945 un typhon frappait la côte de Floride, mais mettait fin à l'intérieur à une période de sécheresse calamiteuse. A Porto Rico, le dixième seulement des typhons atteignant l'île la dévaste en totalité : dans 60 % des cas, le bilan serait globalement positif (Maunder, 1970). En Australie, comme à Madagascar, les années où certains secteurs littoraux sont touchés par des cyclones, des pluies bienfaisantes tombent sur d'autres régions, et le surcroît de production permis ici par celles-ci serait du même ordre que les dégâts causés à ceux-là par le vent. J. Pérard a pu même se demander si les cyclones tropicaux étaient, pour les Philippines, « un fléau, ou une providence ».

En ce qui concerne les volcans, le géographe ne peut ignorer l'extrême fertilité des sols volcaniques. Un fait qui a toujours contribué à maintenir sur leurs flancs des populations agricoles nombreuses (Vésuve, Etna, mais aussi Insulinde). Et qui incite les survivants (ou plus simplement les populations évacuées) à réoccuper rapidement leurs terroirs.

FICHE 1

Les catastrophes naturelles majeures du dernier demi-siècle... (sécheresses non prises en compte)

Date	Types de catastrophes	Lieu	Nombre approximatif de victimes
16 oct. 1942	Ouragan	Indes	40 000
11 mai 1965	Ouragan	Pakistan	20 000
2 juin 1965	Ouragan	Pakistan	30 000
30 mai 1970	Séïsme	Pérou	59 000
12 nov. 1970	Onde de tempête	Pakistan oriental	242 000
30 oct. 1971	Ouragan	Indes	30 000
10 mai 1974	Séisme	Chine	20 000
4 fév. 1976	Séisme	Guatemala	22 000
28 juil. 1976	Séisme	Chine	900 000 (?)
22 nov. 1977	Ouragan	Indes	20 000
10 oct. 1980	Séisme	Algérie (El Asnam)	28 000
19 sept. 1985	Séisme	Mexique (Mexico Michoacan)	35 000
13 nov. 1985	Eruption	Colombie (Nevado del Ruiz)	23 000
7 déc. 1988	Séïsme	Arménie (Spitak)	35 000
21 juin 1990	Séïsme	Iran	45 000
27 avril 1991	Onde de tempête	Bangladesh	200 000 (?)

5. Peut-on « gérer » les risques ?

La fiche 1 sur les catastrophes récentes ayant entraîné plus de 20 000 morts montre que la planète n'en a compté aucune pendant 23 ans (1943-1965). Mais que deux devaient s'abattre ensuite sur un même pays à trois semaines d'intervalle ! Bref, l'aléatoire total.

Mais la concentration des risques en certaines zones permet après chaque catastrophe d'étudier les conditions de son éventuel retour, et si celui-ci a lieu d'en limiter les dégâts.

5.1. Avant la catastrophe : prévoir

La prévision est possible dans le cas des phénomènes hydro-météorologiques et, avec une fiabilité moindre, pour les éruptions. J'ai évoqué l'importance à cet égard de la recherche fondamentale et des moyens à mettre en œuvre.

Un point difficile est la diffusion des avis de risque dans une population parfois insouciante. La solution est au moins dans les régions à hauts risques, d'instaurer une prévention psychologique, faite notamment en milieu scolaire, comme au Japon.

5.2. Après : la prévention

C'est l'ensemble des mesures prises pour limiter les dégâts que produirait le retour d'une catastrophe. D'abord, reconstruire. Mais ni n'importe où, ni n'importe comment. Des techniciens établissent des cartes de risques, des constructions parasismiques sont imposées dans certaines zones sensibles. Ailleurs, les cours d'eau font l'objet d'aménagements ne portant plus seulement sur leurs lits ou leurs berges, mais sur la totalité de leurs bassins.

Mais les techniques ont leurs limites.

D'abord, l'incurie des Etats qui sacrifient tout aujourd'hui au court terme. Indemniser *après* est toujours plus économique que de faire en temps utile les dépenses qu'exigerait une prévention raisonnable.

Autre limite : tout travail de prévention peut, au-delà des seuils pour lesquels il a été calculé, entraîner des effets pervers. La chose est bien connue pour les digues fluviales, dont les ruptures s'avèrent désastreuses. Un remède mal calibré peut s'avérer pire que le mal. Et sur le plan psychologique, des situations de sécurité factice peuvent être créées.

Les faits restent inquiétants. L'accroissement du nombre des victimes (6 % par an) est plus rapide que celui de la population. Et, dans les zones à risques, l'accroissement des dégâts plus rapide que celui des PNB.

Lectures recommandées

Allègre C., 1987, *Les fureurs de la terre*, Paris, Jacob.
Labeyrie J., 1985, *L'homme et le climat*, Paris, Denoël.
Péguy C.P., 1988, *Jeux et Enjeux du climat*, Paris, Masson.
Tazieff H., Derruau M., 1990, *Le volcanisme et sa prévention*, Paris, Masson.

Mots-clefs

Accident,
Calamité,
Catastrophe,
Inondation,
Phénomène aléatoire,
Prévision-prévention,
Risque,
Risque naturel,
Sécheresse,
Sinistre,
Séisme,
Statistique,
Volcanisme,
Vulnérabilité.

Épidémiologie et maladie [1]

53

Peter Gould

1. Introduction : La géographie et l'épidémiologie

Depuis le XIXe siècle, ce qu'on peut appeler « la réflexion temporelle » a dominé la plupart des sciences humaines et médicales. Il semble que l'on ait oublié que l'existence humaine s'inscrit dans le temps et l'espace, que tout a une géographie ainsi qu'une histoire. Ceci est particulièrement vrai de la médecine et de l'épidémiologie contemporaines, en dépit de la forte prise de conscience des composantes spatiales des épidémies et des maladies et en dépit du triomphe de la fin du XXe siècle, l'élimination totale de la variole. Un tel aveuglement intellectuel à l'importance cruciale de la pensée spatiale donne au géographe une mission pédagogique. Il s'agit d'infuser la conscience géographique dans le mode de pensée quotidien des gens éduqués, quels que soient leurs professions respectives et leurs modes de vie. En médecine et en épidémiologie, une telle conscience se manifesterait par une sensibilité aiguë à la question « où » du géographe complétant la question maintenant traditionnelle et purement temporelle du « quand » (Cliff, Haggett, 1988). Concrètement cela signifierait qu'étudier une épidémie dans le temps seulement ne serait plus pertinent. Au contraire, la réflexion, la modélisation, les calculs et l'intervention stratégique se situeraient naturellement et spontanément dans un cadre spatio-temporel. Il ne serait plus approprié ni sérieux sur le plan professionnel de prédire simplement le moment d'un évènement – par exemple que la France aura 30 000 cas de SIDA fin 1992 – mais encore faudrait-il en prévoir la répartition géographique. Cela impliquerait une reconnaissance institutionnelle et théorique du fait que les séries spatiales (les dis-

1 Traduction de E. Pascard et D. Pumain.

tributions cartographiques) contiennent autant et souvent plus d'informations que les séries temporelles traditionnelles si assidûment collectées par les responsables de la santé d'une nation.

Cela supposerait d'admettre que les relations et les juxtapositions spatiales constituent de puissants générateurs d'hypothèses quant aux causes des maladies et de leur transmission. En bref, cela permettrait à l'**épidémiologie** d'accéder une fois encore à une perspective géographique et à tout ce que cela signifie en termes de puissance de la pensée et de modélisation, avec l'aide de la capacité et de la rapidité extraordinaire des ordinateurs modernes (Cliff, Haggett, 1989). Les épidémies, maladies se propageant à travers *(epi-)* une population *(demos)* ont lieu dans l'espace aussi bien que dans le temps, il y a toujours une perspective géographique à côté de la perspective historique pour éclairer la recherche. Pour revenir à notre idée précédente, il faut encourager les épidémiologistes ingénieux qui se préoccupent de l'espace.

2. Un bref historique des approches géographiques

Les localisations géographiques relatives et les relations géographiques au sens de simples juxtapositions spatiales ont joué un rôle important dans notre compréhension de la santé humaine et des maladies. A partir du printemps 1495, la syphilis fut identifiée comme une maladie nouvelle en Italie et en Espagne et fut apportée en France en juillet de la même année par les soldats de Charles VIII. Vingt-cinq ans plus tard, elle s'était propagée par terre et mer jusqu'en Inde, en Chine et au Japon (Quetel, 1986). Ceux qui ont connu et ont survécu aux vagues successives de la peste bubonique en Europe savaient qu'elle se propageait dans l'espace et le temps et, à la nouvelle de son arrivée imminente, des villages entiers essayaient de se prémunir contre les porteurs potentiels. Dans le Londres du XVIIe siècle, une étude des archives paroissiales révéla des aires distinctes de mortalité élevée dont on supposa que beaucoup étaient causées par les fumées nocives du charbon transporté par mer depuis les mines récemment ouvertes de Newcastle (Graunt, 1662). Dans le Londres du milieu du XIXe siècle, alors que l'on pensait encore que le choléra était causé par les « miasmes » de la Tamise, les cartes des morts du choléra établies par Snow montrèrent, autour d'une pompe à eau contaminée, un groupement semblable à une nébuleuse dont l'intensité diminuait avec la distance (voir *chapitre 29*). Une fois la pompe fermée, l'épidémie se rétracta. Souvenons-nous aussi d'Adrien Proust, père de Marcel, qui se dépensa sans compter pour combattre la grande épidémie de choléra de 1866, invoquant le principe du cordon sanitaire et déclarant « l'Egypte est la barrière qui protège l'Europe du choléra ». Il passa des mois en Perse à essayer de découvrir les routes par lesquelles les épidémies entraient en Russie et ensuite en Europe. La conscience géographique faisait alors partie intégrante de la pensée épidémiologique. Ces courts exemples d'une préoccupation géographique dans la pensée médicale au cours des siècles passés soulignent des points importants qui peuvent sembler, au premier abord, totalement évidents et même banals. Malheureusement, nous oublions souvent de penser suffisamment à ces évidences, si faciles à appréhender. Pour mettre en valeur ce que ces idées sont suceptibles d'apporter à une réflexion créative sur le rôle de la géographie dans l'épidémiologie nous nous proposons de quitter brièvement le concret pour l'abstrait.

2.1. Les structures qui entretiennent les maladies

Une maladie, dans un sens large et imprécis, a des causes bactérielles, virales, chimiques ou radiatives. Le choléra en Amérique Latine, la grippe en France, les hydrocarbures polycycliques dans les rivières européennes et les retombées radioactives de Tchernobyl en sont des exemples récents. Mais aucun de ces agents n'existe dans le vide : tous exigent une structure, un support pour exister et être transmis. La question est : qu'entendons-nous par « structure » dans ce contexte particulier ? Dans un sens mathématique formel, une structure est faite d'éléments (les éléments d'un ensemble) qui sont connectés ou reliés d'une certaine façon (par une relation définie sur l'ensemble). Des choses liées ensemble, des éléments connectés par des relations, forment des structures. Cela est intuitivement évident, et nous n'avons pas besoin des concepts les plus raffinés de la topologie pour le comprendre. Quelles peuvent être ces « choses » et ces « relations » ? Considérons un ensemble de personnes non immunisées contre la rougeole, un virus incapable de vivre à l'extérieur du corps humain. Autrement dit, la rougeole a besoin d'un corps humain comme support. Si des gens complètement isolés devaient attraper la rougeole, ils mourraient ou leur système immunitaire se défendrait et ils s'en sortiraient. Dans les deux cas, ils ne seraient plus porteurs et le virus de la rougeole cesserait d'exister. Mais la majorité des êtres humains ne sont pas physiquement isolés ; ils sont liés directement par le toucher, indirectement par des objets intermédiaires, dans une proximité physique immédiate (ustensiles, eau, gouttelettes d'eau, etc.). Les relations entre les personnes forment des structures, et c'est par ces structures que les agents de maladie comme la rougeole survivent et se transmettent. Un agent causal de maladie est toujours un flux porté par une structure, une toile de fond faite d'éléments connectés. Il existe donc seulement deux moyens d'interrompre la transmission d'une maladie. D'abord, on peut détruire la structure, la toile de fond, en cassant les connections, en produisant des trous dans la structure et donc en stoppant ou en ralentissant le flux transmetteur. Ou bien encore, on peut détruire les éléments connectés (en vaccinant les non-immunisés, et donc les porteurs potentiels). Ce qui revient à détruire la structure sans laquelle le flux ne peut exister. Pour stopper une épidémie, il faut se représenter très précisément la structure, la toile de fond sur laquelle elle se déploie (Gould, 1980 ; Johnson, 1982).

Presque tous les problèmes épidémiologiques peuvent être considérés en termes d'**analyse structurale**. La syphilis est une autre maladie qui a besoin du corps humain pour exister et, à l'exception de rares contacts dentaux ou médicaux, elle nécessite des relations sexuelles entre individus pour offrir un cadre à la transmission. Un préservatif est un moyen de casser les structures humaines dont la maladie a besoin. De même, les malades d'un hôpital peuvent être mis en relation par les médecins qui les examinent. La transmission de la fièvre puerpérale dans la Vienne du XIXe siècle fut stoppée en procédant au lavage des mains dans l'acide phénique et en cassant ainsi la structure de transmission.

Le choléra peut être transmis très rapidement précisément parce qu'il est transporté par l'eau qui constitue un lien entre les gens. La stupidité criminelle d'un hôpital rural au Pérou vidant ses déchets cholériques dans les sources de l'Amazone en est un exemple tragique. D'autres structures de connexion peuvent réellement amplifier l'action de l'agent qui transmet la maladie. Les chaînes alimentaires sont de puissants systèmes d'amplification biologique qui concentrent par exemple les substances cancérigènes à des niveaux intolérables. D'autres structures peuvent multiplier jusqu'à mille fois, en quelques mois, les retombées radioactives. Le seuil de radioactivité dépasse alors de loin ce qui est supportable pour la consommation humaine (Gould, 1990).

2.2. Structures hiérarchiques

Mais ces exemples de structure et de flux soulèvent une autre question géographique importante. Le lieu où se trouve une personne, sa place relative dans l'espace géographique revêt une importance cruciale. Ce ne sont pas simplement les personnes qu'il faut considérer comme des éléments d'ensembles liés par des relations de nature sexuelle, de proximité ou d'approvisionnement en eau, mais des agrégats de personnes formant des villes, des régions, des pays. Il faut penser en termes de hiérarchie d'ensembles et de relations car les structures de transmission existent à un grand nombre de niveaux. Adrien Proust l'avait deviné. Vous cassez les connections entre pays en interdisant aux bateaux transportant des cas de choléra, de variole, ou de fièvre jaune de débarquer leurs passagers. Le cordon sanitaire n'est rien d'autre qu'un grand préservatif national à un haut niveau de la structure hiérarchique de transmission. Le taux catastrophique atteint par le SIDA en Côte d'Ivoire se comprend bien lorsque l'on trace la structure des connexions aériennes qui fait converger une grande partie de l'Afrique francophone sur Abidjan. Cela forme le niveau national dans la structure hiérarchique de transmission, transportant des personnes qui se connectent sexuellement pour former, à un échelon plus bas, des structures de transmission plus locales. Et d'Abidjan les connexions routières relient Bouaké et Dabakala, et ainsi de suite en descendant la hiérarchie jusqu'au plus petit village, à la plus petite hutte et à l'unité familiale. Avec les transports modernes, la plupart des pays ont aujourd'hui des structures de lieux centraux très connectés. Les plus petits villages sont ainsi au centre de mouvements de personnes qui entretiennent les structures de circulation véhiculant les agents des maladies. La Thaïlande, avec sa gigantesque industrie du sexe, rend optimale la transmission du SIDA en renvoyant les jeunes femmes infectées dans leurs villages ruraux. Déjà, la Birmanie, la Malaisie, et le Laos voisins connaissent des taux d'infection croissants le long de leur frontière, qui forme une interface reliant les pays au niveau le plus élevé de la hiérarchie de transmission.

2.3. Les structures dans l'espace géographique

Bien que le langage des ensembles et des relations, de la structure et des flux soit quelque peu abstrait, on peut voir les transmissions s'opérer sur ces structures à différentes échelles et niveaux hiérarchiques en projetant leurs effets sur la carte familière. Pendant l'année 1782 par exemple, une importante épidémie de grippe se répandit à partir de la Russie comme une vague déferlant lentement sur l'Europe, atteignant la péninsule ibérique huit mois après avoir été repérée en Pologne *(figure 1)*. La friction de la distance était alors très élevée et les transports à travers le continent se faisaient par voiture à cheval. Naturellement, sous cette représentation générale d'isochrones marquant la progression assurée de l'épidémie, il faut imaginer un mouvement tourbillonnant de contacts humains, dont la plupart sur de courtes distances. Dans un sens très réel, l'espace géographique est structuré par la technologie humaine du moment. A peine un siècle plus tard *(figure 2)* l'épidémie de grippe de 1889-90 avait la même origine russe mais elle mit deux fois moins de temps pour atteindre le Portugal. L'espace géographique, la structure spatiale de l'Europe avait entre temps radicalement changé avec le développement du chemin de fer (Pyle et Patterson, 1983). La friction de la distance avait diminué et l'épidémie balaya le continent comme un *tsunami*.

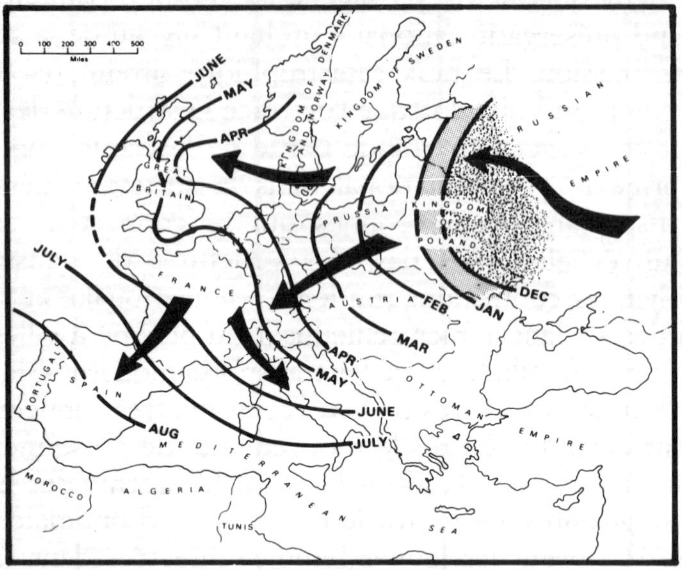

Figure 1 Diffusion de l'épidémie de grippe de 1782 en Europe depuis sa région d'origine en Russie

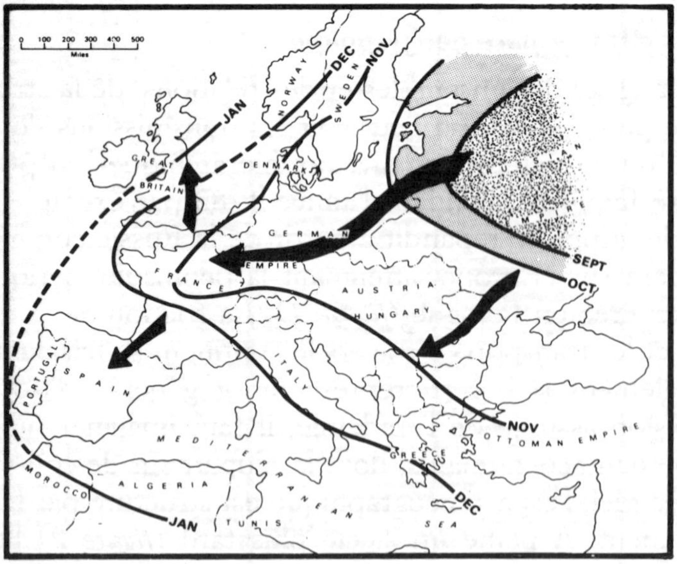

Figure 2 Diffusion de l'épidémie de grippe de 1889-90 après restructuration de l'espace européen par les chemins de fer

Toutefois, même cette observation saisissante de l'effet de la structure géographique sur la transmission des maladies masque, du fait de son niveau élevé de généralisation, des processus importants qui interviennent aux échelons inférieurs. Des épidémies dévastatrices de choléra touchèrent les Etats-Unis en 1832, 1849 et 1866, une période de restructuration radicale de l'espace par de nouvelles technologies. En 1832, l'épidémie se déplaça depuis la côte Est comme une tache de vin sur une nappe selon un processus que les géographes appellent diffusion spatiale par contagion *(chapitre 31)*. Elle était aussi canalisée par le système hydrographique Ohio-Mississipi vers la Nouvelle-Orléans. A peine 17 ans plus tard, avec l'arrivée du bateau à vapeur, elle se propagea non seulement plus vite mais aussi à contre courant en amont de la Nouvelle-Orléans. A partir de 1866, avec les premiers chemins de fer on voit apparaître une diffusion hiérarchique, la maladie sautant de ville à ville à travers la hiérarchie urbaine (Pyle, 1969). Chaque ville principale formait un épicentre régional à partir duquel le choléra se répandait localement selon ce mode de contagion spatiale. De nos jours en pratique, les deux processus de **diffusion spatiale** (hiérarchique et par contagion) opèrent simultanément. Mais c'est la structure de l'espace géographique, la hiérarchie des systèmes de flux faits de relations humaines de toute nature, qui contrôle l'existence et la transmission des agents responsables des maladies. De même qu'un réseau hydrographique canalise les eaux et rend possible la prévision des inondations, de même la connaissance de la structure pertinente permet de prédire où, quand et avec quelle intensité une épidémie aura lieu.

L'analogie avec un bassin fluvial n'est pas fortuite. Des chercheurs russes et américains ont travaillé ensemble sur des modèles informatiques de transmission de la grippe en Union Soviétique (Longini, Fine, Thacker, 1986), où la plupart des voyages s'effectuent par chemin de fer. En utilisant cette structure de référence, des prévisions spatio-temporelles fiables ont été faites pour attribuer à temps et au bon endroit des vaccins contre la grippe aux populations à risque. Un modèle quelque peu similaire a été utilisé pour examiner la diffusion de la grippe entre les 51 plus grandes agglomérations du monde (Rvachev et Longini, 1985), et la même structure a produit des résultats plausibles pour expliquer la transmission du SIDA à partir d'une origine située en Afrique centrale (Kinshasa).

La rougeole est une autre maladie dont la propagation est fortement contrôlée par la façon dont l'espace géographique se structure du fait de la présence humaine. Dans de nombreux endroits du monde, avant que ne soient disponibles des vaccins efficaces, les épidémies de rougeole se déclenchaient avec une remarquable régularité, la longueur de la période variant selon que le virus était endémique dans la population, ou qu'il pouvait disparaître totalement (Cliff, Haggett, Ord et Versey, 1981). En Islande par exemple, toutes les villes étaient en dessous du seuil endémique, donc le virus pouvait disparaître pour être seulement réintroduit à intervalles réguliers et infecter un nouveau groupe de jeunes enfants *(figure 3)*. Il était souvent transporté par un passager infecté sur un bateau pour Reykjavik en provenance d'Europe et se répandait dans d'autres villes et villages, où les enfants scolarisés le passaient à leurs petits frères et sœurs restés à la maison *(figure 4)*.

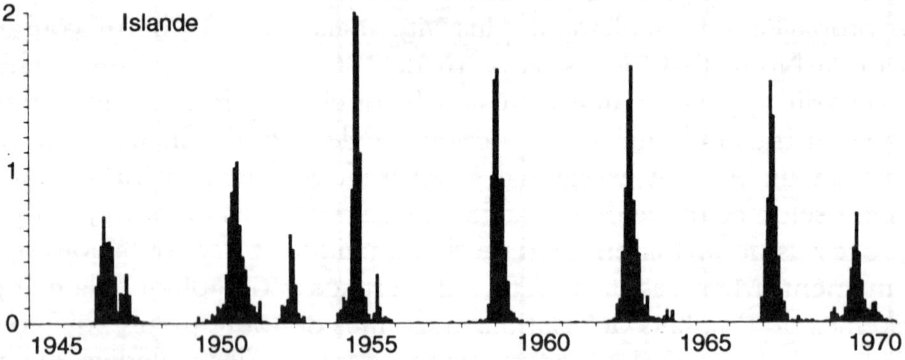

Figure 3 Poussées régulières des épidémies de rougeole en Islande, alors que les plus grandes villes sont en-dessous du seuil endémique

Parfois une maladie mortelle se répand dans un espace géographique structuré par un animal hôte ou vecteur. La rage par exemple a tendance à se diffuser lentement parce qu'elle se déplace dans un espace cellulaire déterminé par la territorialité des renards. Les renards cassent l'espace géographique continu en cellules territoriales dont ils marquent les limites par leur urine. De telles marques sont habituellement respectées par les voisins, mais si un renard est enragé, deux types de comportement peuvent être déclenchés. Ou le renard se replie sur son territoire et meurt, le virus peut alors disparaître, ou bien le renard perd son sens de l'orientation, erre sur la cellule territoriale d'un voisin, qui se bat, se fait mordre et contracte la rage à son tour. Le virus se déplace lentement d'une cellule à une autre, comme un pion sur un échiquier – un autre micro-espace géographique très structuré et régulé. L'un des moyens d'endiguer la rage est de jeter par hélicoptère un cordon sanitaire autour de l'aire infectée fait de têtes de poulet inoculées avec du vaccin. Les renards mangent les têtes de poulet, développent l'immunité et forment une barrière qui empêche la diffusion de l'infection (Källén, Arcuri, Murray, 1985).

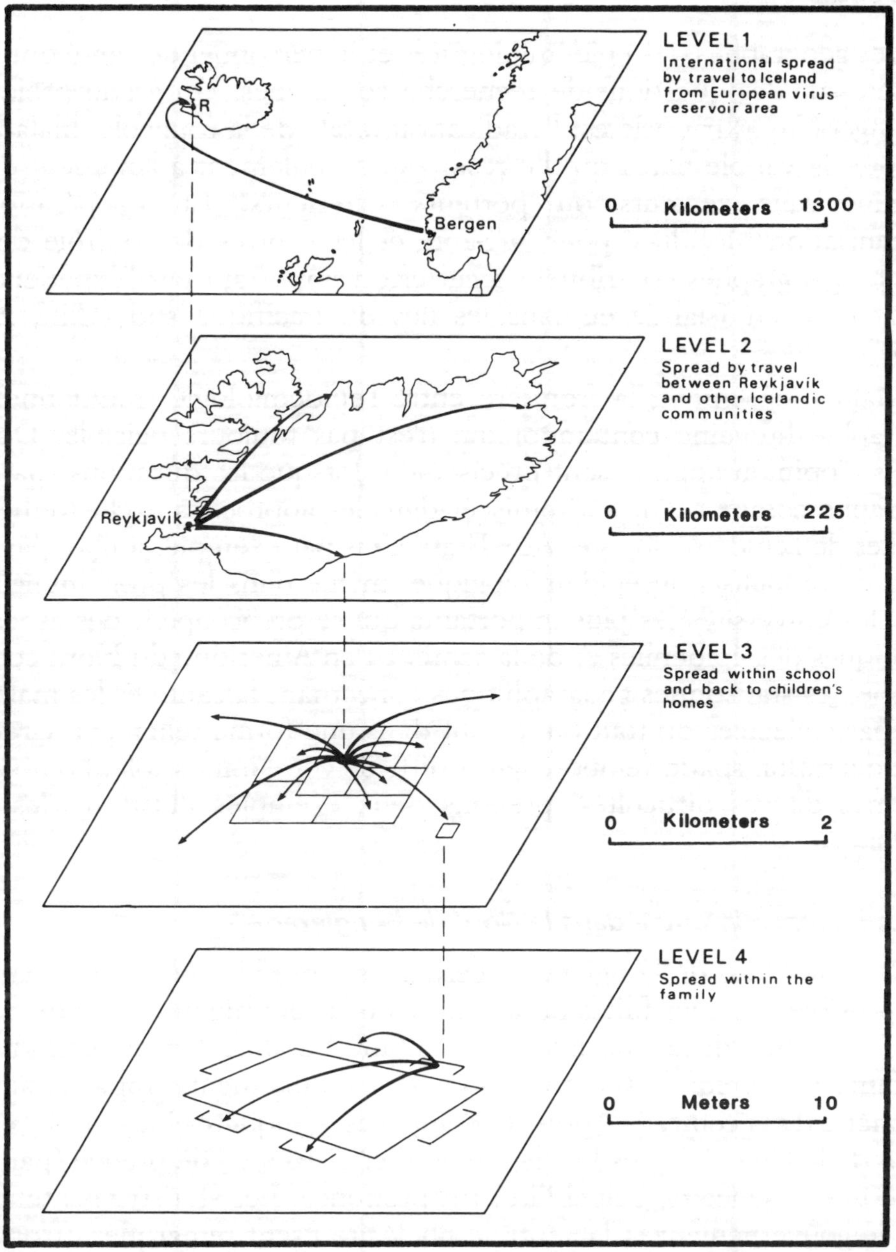

Figure 4 Diffusion hiérarchique et par contagion de la rougeole en Islande, depuis une introduction initiale de source européenne jusqu'à la transmission par un écolier à un bébé non scolarisé.
Niveau 1 à 4 : du réservoir européen à l'Islande ; de sa capitale aux autres communautés ; de l'école au domicile des enfants ; à l'intérieur de la famille.

3. Débats

Les géographes, les épidémiologistes et le personnel de santé ont souvent coopéré sur des questions de recherche communes. Un grand projet qui se prolongera au XXIe siècle est l'éradication totale de la rougeole, maladie choisie après la variole parce qu'elle réside aussi seulement à l'intérieur des êtres humains sans vecteurs ou porteurs extérieurs. En coopération avec l'Organisation Mondiale pour la Santé et les centres de contrôle des maladies, les géographes contribuent à cet effort important par l'expérience qu'ils ont acquise en Islande et dans les îles du Pacifique sud (Cliff, Haggett, 1985).

Malheureusement, la frontière entre l'épidémiologie traditionnelle et la géographie humaine contemporaine n'est pas toujours paisible. Des différences d'opinion apparaissent précisément lorsque les questions spatiales du géographe commencent à s'immiscer dans les approches exclusivement temporelles de l'épidémiologiste. Aux Etats-Unis par exemple, il n'y a pas un seul cours de modélisation épidémiologique, même dans les programmes doctoraux des universités les plus importants qui se préoccupent des aspects géographiques des épidémies et de la santé. Et en Amérique du Nord comme en Europe, les statistiques géographiques concernant la santé et les maladies ne sont pas collectées du tout ou le sont dans une forme tellement agrégée que la modélisation spatio-temporelle est difficile voire impossible. Pour souligner certaines de ces difficultés, prenons deux exemples illustrant des conflits majeurs.

3.1. La leucémie infantile dans le Nord de l'Angleterre

Dans le Nord de l'Angleterre, certains se sont vivement émus d'une relation possible entre les fuites radioactives de la centrale nucléaire de Sellafield et la l'apparition de la leucémie chez l'enfant. Lorsque l'on représentait les cas d'enfants leucémiques sur une carte, des groupements apparaissaient à la périphérie de la centrale. Après de nombreuses enquêtes incluant le « rapport noir » de la Chambre des Lords, un verdict d'absence de preuve (par opposition à une absence de culpabilité) fut prononcé. Les statisticiens témoignant pour le gouvernement et la centrale nucléaire firent remarquer qu'une répartition causée par un processus purement aléatoire pouvait produire des groupements de points. De plus, en prenant une petite zone de référence, la densité d'enfants leucémiques était très élevée et très au-dessus de la moyenne nationale. Le même nombre d'enfants dans une zone plus vaste donnerait des valeurs plus basses. Les groupements observés étaient simplement le résultat d'un processus aléatoire et du choix arbitraire des aires d'étude. Ils n'étaient, sur le plan statistique et donc (?) scientifique, pas significatifs mais seulement un artefact de la façon avec laquelle ils avaient été estimés dans l'espace géographique... estimèrent les statisticiens au service du gouvernement.

Cependant, cette conclusion ne satisfit pas le géographe S. Openshaw (1988), l'un des chercheurs les plus créatifs pour fabriquer, grâce à la puissance des ordinateurs modernes, des béquilles à l'esprit humain. En utilisant la carte des cas de leucémie comme un système d'information géographique, il programma l'ordinateur pour parcourir la carte avec une petite grille circulaire, comme une machine à écrire se déplaçant sur une page caractère par caractère. A chaque point, l'ordinateur dénombrait les enfants dans une cellule de la grille et estimait la probabilité de trouver cette valeur par hasard d'après une distribution de Poisson. Si la probabilité était inférieure à 0,002, le traceur de l'ordinateur dessinait à cet endroit sur la carte une cellule de cette dimension et se déplaçait ensuite sur le point suivant, et ainsi de suite. A la fin d'un parcours complet, il repartait avec une grille aux mailles légèrement plus grandes, testait de nouveau chaque cellule, et ainsi de suite, inscrivant un cercle de la taille correspondante en chaque endroit de la carte où il était hautement improbable qu'un groupe de cas se constitue par hasard à cette échelle géographique. Ainsi, neuf millions « d'hypothèses spatiales » furent testées rigoureusement.

Les résultats étaient visibles : directement sur Sellafield, accumulés cellules après cellules, en une large tache noire, indiquant des groupements significatifs à presque toutes les échelles géographiques. Les regroupements n'étaient pas du tout un artefact mais étaient bien réels et dignes de susciter l'intérêt des scientifiques et des médecins. Un article dans le *Lancet*, l'un des plus vieux et des plus prestigieux journaux médicaux, rouvrit le débat. Mais l'analyse géographique produisit quelque chose de plus. Sur la côte Est de l'Angleterre septentrionale, il y avait sur la carte un autre pâté noir que personne n'avait imaginé. Au centre, il semblait y avoir un grand incinérateur urbain qui ne fonctionnait pas aux hautes températures pour lesquelles il avait été conçu, libérant ainsi des effluents plastiques et chimiques sur une vaste surface.

3.2. Modélisation différentielle dans l'épidémie du SIDA

Le second exemple provient d'une recherche sur l'épidémie de SIDA et illustre le désespérant aveuglement spatial de la tradition épidémiologique. Avec l'arrivée de gros ordinateurs rapides dans les années 1970 il devint possible d'étudier le comportement de formidables systèmes d'équations différentielles, dans lesquelles les taux, par exemple le nombre de cas de transmission de la maladie par unité de temps, étaient en bonne place. Malheureusement, la vitesse de calcul des ordinateurs a dépassé l'estimation pratique des taux de transmission observés, ces données élémentaires pouvant varier très vite même lorsqu'on essaie de les mesurer pendant une épidémie. Certains taux ne peuvent jamais être mesurés.

Par exemple, si l'on divise une population américaine à risque en des groupes de plus en plus petits, donc en produisant des équations différentielles plus nombreuses et plus difficiles à résoudre, on peut être amené à estimer le taux de transmission du SIDA entre des hommes hispanophones homosexuels âgés et de jeunes femmes noires droguées. Cependant, le ridicule d'un tel travail n'arrête pas là le jeu divinatoire de l'épidémiologie. Il est toujours possible de calculer un nombre (la valeur propre) à partir d'une matrice de coefficients de transmission et si elle est plus grande que un, les modélisateurs informent solennellement le reste de la société que l'épidémie se répand. Les médecins au premier rang de la lutte contre le SIDA à San Francisco disent qu'ils savaient déjà cela. Le résultat est que des dizaines de millions ont été dépensés dans des études différentielles purement temporelles, à peine plus sérieuses qu'un jeu d'enfants dans un bac à sable informatisé... Pas une vie humaine n'a été sauvée, pas une transmission évitée, et en changeant les estimations entrant dans les équations, on peut atteindre n'importe quel résultat.

Même ces résultats, qui sont de simples nombres à l'horizon temporel, n'ont aucune valeur pratique pour intervenir sur le cours de l'épidémie. L'épidémie du SIDA existe dans l'espace aussi bien que dans le temps. L'attribution de ressources médicales limitées implique toujours une répartition spatiale et pas la simple répartition sectorielle de l'économiste. L'équipement en hôpitaux, en asiles et en soins se traduit par des attributions de moyens et de personnel à des lieux géographiques précis, et pas dans un vide temporel. Les prévisions d'une épidémie doivent être à la fois spatiales et temporelles, ce qui veut dire que nous devons prévoir les cartes à venir (Gould *et al.*, 1991). Les prévisions cartographiques sont aussi de bons instruments pédagogiques. Elles sont ce que les éducateurs de la santé appellent des « clés pour l'action » et ont une valeur d'image-choc qui fait percevoir le risque de maladie comme quelque chose de proche et de personnel plutôt que destiné à quelqu'un d'autre très éloigné. Ces prédictions spatiales sont des exercices de rhétorique graphique pour la santé publique. Elles prennent une puissance visuelle particulière quand elles sont intégrées à des cartes animées pour des émissions de télévision destinées aux grands adolescents et aux jeunes adultes, qui forment aujourd'hui la cohorte la plus menacée (Gould, Di Biase, Kabel, 1990). Puisque nous n'avons ni traitement, ni vaccin, l'éducation est le seul moyen. Il semble que l'éducation sexuelle bien conçue ait fait reculer l'épidémie de SIDA en Scandinavie (Lyötönen, 1991).

Grâce aux calculateurs modernes, on dispose de nombreuses méthodes de prévision cartographique. Elles semblent inconnues dans les approches temporelles traditionnelles de l'épidémiologie, même dans des pays comme la France, la Suède ou la Grande-Bretagne qui ont pourtant une éducation médicale et géographique importante. C'est pourquoi les données spatiales sont rarement collectées de façon rigoureuse, et peu de gens sauraient s'en servir si elles étaient disponibles. Il y a aussi une énorme ignorance et exagération de la part des professions médicales à propos de l'anonymat du patient. Ici, des questions de pouvoir empiètent sur le travail scientifique. Presque toute indication de localisation, même agrégée, est utilisée comme un prétexte pour ne pas communiquer l'information. La Suède, par exemple, recense les cas de SIDA pour les trois grandes métropoles et « autre ». L'Angleterre les recense dans des régions médicales si vastes qu'elles sont inutilisables pour l'analyse. La France ne publie à peu près rien en dehors des totaux nationaux.

L'anonymat du patient est un vrai problème éthique, affectivement très sensible, mais il n'est pas menacé par une analyse géographique moderne qui peut toujours utiliser des données suffisamment agrégées pour protéger l'individu. Le problème est encore que le domaine de la pensée géographique est un territoire étranger, voire même un monde intellectuel étranger pour les chercheurs en médecine et en statistiques. Il est tragique que l'information valable dans les séries spatiales ne puisse être utilisée pour accroître notre compréhension scientifique de la santé et des maladies et ainsi nous donner des outils et des méthodes plus puissants pour prévoir et intervenir.

4. Méthodes et exemples d'applications géographiques

Dans l'histoire de la médecine, les hypothèses relatives aux possibles vecteurs de maladie ont été souvent formulées au vu de répartitions et de concentrations géographiques étonnantes. Les exemples abondent : même les archives du recrutement des armées napoléoniennes révèlent des taux importants de hernies dans les ports français du début du XIXe siècle qui ne disposaient pas de systèmes de levage modernes, et des taux élevés de goître dans les régions sans iode des montagnes éloignées de la mer (Le Roy Ladurie, Dumont, 1971). L'extraordinaire *Atlas of cancer mortality* (1981) produit par l'Académie des Sciences de Chine suscita la première hypothèse expliquant la fréquence exceptionnellement élevée de cancers de l'oesophage dans certaines communes où des légumes en conserve constituaient le vecteur de croissance d'une matrice cancérigène. Une véritable épopée médicale fut menée à bien par des médecins aux pieds nus identifiant des cellules cancéreuses parmi des cultures de tissus pris dans la gorge des patients et sauvant de nombreuses vies humaines par une simple opération chirurgicale à un stade précoce. Des cartes semblables attirèrent l'attention sur les taux élevés de cancer du poumon chez des femmes mandchoues qui généralement ne fumaient pas, mais cuisinaient au charbon dans de petites cuisines confinées. D'autres cartes de l'atlas révèlent des taux alarmants de cancer du foie chez les hommes et les femmes le long des régions côtières du fait peut-être de la forte concentration en métal charrié par les rivières depuis les sites industriels situés en amont, concentration amplifiée par la chaîne alimentaire aquatique qui s'achève avec la nourriture humaine. Dans tous les cas, des regroupements dans l'espace et dans le temps alertent les esprits en éveil et informés, et souvent mènent à des solutions. Si les données médicales sont collectées convenablement, pas seulement au moment du diagnostic, mais en se référant à un lieu repéré par des coordonnées géographiques, les méthodes modernes des Systèmes d'Information Géographique *(chapitre 16)* pourront contribuer très utilement à ce domaine de la recherche médicale.

L'analyse spatiale, particulièrement dans un contexte dynamique ou temporel est difficile et nécessite habituellement des équipements de calcul puissants et rapides. Mais on ne doit pas pour autant exagérer ces difficultés informatiques. Il n'y a pas de raisons de ne pas laisser des ordinateurs personnels, ayant des vitesses et des capacités importantes, tourner pendant des heures ou des journées entières. Cependant, la modélisation spatio-temporelle est souvent très exigeante, et les méthodes les plus fiables demandent des approches spécifiquement géographiques plutôt qu'une adaptation de modèles spatiaux à des problèmes de prévision géographique. Les méthodes de simulation de type Monte-Carlo, qui ont une longue histoire dans la recherche géographique (Hägerstrand, 1953, 1969) ont été essayées tantôt dans de petites régions (sur des structures de grilles cellulaires), tantôt sur des réseaux (structures de la théorie des graphes) mais se sont en général révélées non satisfaisantes. Un très grand nombre de variables sont à considérer, si bien que plusieurs combinaisons différentes peuvent mener à des résultats non discernables. Trop d'études de simulation laissent au chercheur l'impression que ce qui en sort est à peine plus que ce qui y a été mis, et que le résultat moyen de simulations nombreuses diffère peu d'une solution déterministe unique.

Pour illustrer deux méthodes nouvelles, qui ont été effectivement appliquées dans la recherche de pointe en prévision spatiale, nous rappellerons d'abord deux approches formelles plus anciennes, qui contiennent des idées importantes. Comme on l'a vu à propos de l'exemple historique des épidémies de choléra successives, il est utile de concevoir une maladie qui se diffuse hiérarchiquement, sous le contrôle des fortes interdépendances qui relient les principaux centres urbains dans une hiérarchie de lieux centraux, et aussi par contagion, par mouvements graduels hors des épicentres locaux, éventuellement canalisés par des structures de transport ayant une portée locale.

Evidemment, on ne discute pas ici des maladies véhiculées par des vecteurs, des intermédiaires comme les moustiques pour la malaria ou les eaux polluées bactériologiquement, mais de maladies transmises d'une personne à une autre personne proche : la rougeole, les oreillons, la syphilis, le SIDA, etc.

4.1. Transformations d'un espace géographique

Les diffusions hiérarchiques et par contagion supposent toutes deux une interaction humaine, la première révélée par les flux intenses entre les grandes villes, la seconde par les contacts à plus courte distance de la vie quotidienne. Les géographes ont une longue tradition d'analyse des interactions de toutes sortes, en utilisant des modèles gravitaires ou de maximisation de l'entropie *(chapitre 29)* dans lesquels la quantité de population et la distance sont exprimées de diverses façons. De telles idées soulèvent la question de savoir si nous pouvons transformer la carte conventionnelle de l'espace géographique en une carte spécifique de l'espace de la maladie, méthode souvent employée par les mathématiciens confrontés à des problèmes insolubles dans un espace topologique mais faciles à résoudre dans un autre espace. Les géographes utilisent des idées similaires, considérant les distances entre un ensemble de villes, de départements, de communes ou d'unités géographiques qui leur conviennent et les transformant à l'aide d'une règle de gravité soigneusement spécifiée. Il est intéressant de noter qu'en anglais, une telle règle est appelée un « *mapping* » : les géographes et les mathématiciens utilisent des termes identiques *(chapitre 8)*. Si la carte de France, par exemple, était transformée en un espace de la maladie, de grandes villes comme Paris, Lyon, Marseille et Bordeaux seraient proches du centre de cet espace multidimensionnel, disons l'espace du SIDA, alors que des villes plus modestes, Avignon, Nîmes, Aix-en-Provence seraient repoussées à la périphérie d'un nuage de points multidimensionnel, peut-être cependant près de Marseille *(figure 5)*. Imaginons qu'on gonfle une bulle multidimensionnelle autour de Paris, elle continuera de croître et capturera ou contaminera d'autres villes ou unités géographiques. En représentant l'ordre d'infection sur la carte conventionnelle nous verrions le virus sauter d'une grande ville à une autre puis infecter lentement d'autres endroits proches des épicentres régionaux. Puisque cette approche a été appliquée avec quelque succès aux Etats-Unis, le point à souligner est qu'il faut toujours penser une localisation dans un espace de référence pertinent. Paris est loin de Lyon dans l'espace géographique mais à quelle distance dans l'espace des maladies ? Ce pourrait être la porte à côté. Cela illustre l'approche transformationnelle.

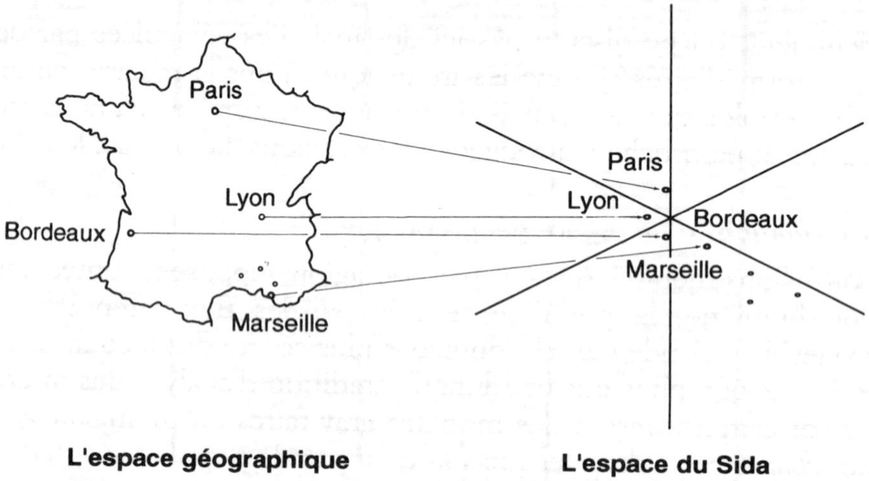

Figure 5 La France transformée en « espace de maladie » au moyen d'un modèle gravitaire. Les lieux très peuplés sont au centre d'un espace multidimensionnel (réduit à trois dimensions par le dessin en perspective dans cet exemple).

4.2. La « dérive géographique » des relations temporelles

La seconde méthodologie conventionnelle qui rappelle une idée importante est la méthode de l'expansion (Casetti, 1986). Ici on suppose qu'une relation temporelle simple décrivant le nombre croissant de personnes atteintes par exemple du SIDA ne demeure pas constante dans une zone mais se modifie ou « dérive » selon les lieux en fonction d'une variable qui peut être définie géographiquement. Cela peut être quelque chose d'aussi simple que la densité de population, parce qu'il y a plus d'occasions de contacts humains dans les endroits densément peuplés. Techniquement, cela signifie que les paramètres ou les coefficients de l'équation temporelle, les valeurs numériques réelles contrôlant les taux de croissance et de décroissance, sont eux aussi fonctions de la densité de population, ou peut-être d'autres variables telles que le comportement à risque, l'utilisation intra-veineuse de drogues ou la fréquence d'autres maladies sexuellement transmissibles qui sont une voie ouverte au passage du virus. Si les paramètres de l'équation temporelle sont des fonctions explicites d'autres variables, nous pouvons les substituer dans l'équation et estimer de nouveaux paramètres pour ce qui est maintenant une expression spatio-temporelle. Le temps et les variables spatiales spécifiques sont alors combinés de telle sorte que nous puissions les utiliser pour prévoir les distributions géographiques du futur. Le point important est que nous pouvons alors voir qu'une relation temporelle ne demeure pas constante, tout au plus l'est-elle comme une expression moyenne pour une vaste région, mais elle est sensible aux conditions géographiques locales et varie en fonction de ces dernières.

En retenant ces deux idées : a) la distance, le voisinage, la contiguité dépendent de l'espace dans lequel ils sont mesurés ; b) une fonction peut s'adapter aux conditions locales, nous pouvons passer aux méthodes plus modernes de filtrage par opérateur local.

4.3. Le filtrage par opérateur local

Comme beaucoup d'idées-force, la méthode du **filtrage par opérateur local** *(spatial adaptive filtering)* est conceptuellement simple, mais sa mise en œuvre requiert une puissance de calcul considérable. Elle comprend une équation (le filtre), par exemple une fonction cubique qui peut simuler le retournement concave ou convexe de la courbe d'une épidémie, reliant le nombre de personnes atteintes du SIDA à quelque variable géographique, peut-être quelque chose de simple comme la population. Le processus démarre avec une expression globale reliant les variables, par exemple pour la France entière. Après tout, le plus souvent, plus un département est peuplé, et plus il y a de cas de SIDA. Mais ensuite on fait varier la forme du filtre, caractérisable par ses paramètres numériques, ou coefficients, d'un département à l'autre (ou d'une commune à l'autre) en utilisant l'information de la série spatiale, la distribution sur la carte, pour adapter les paramètres aux conditions locales ou régionales, afin de produire un meilleur ajustement. Qu'on imagine un petit chien de chasse fonctionnel tenu en laisse par un « Commissaire Maigret » géographe et se déplaçant lentement sur la carte de France, flairant la structure spatiale locale ou l'information afin d'améliorer les prévisions locales par rapport à ce qui pourrait être obtenu d'après l'expression nationale.

Il n'est pas question d'en donner ici le détail, mais le filtre spatial s'adapte selon un mécanisme rétroactif par de nombreuses itérations. La vitesse avec laquelle il converge et la qualité de l'ajustement dépendent de plusieurs facteurs, dont le moindre n'est pas la forme de la surface de population. Si celle-ci présente de nombreux pics exponentiels très brusques, puisqu'il y a forcément des villes sur la carte, ce ne sont pas les conditions locales de la zone urbaine qui vont aider le filtre à décrire correctement les valeurs observées dans la région rurale toute proche. On a ici un exemple du problème de saut bien connu des spécialistes de la reconnaissance des formes et de la vision des robots. Dans ce cas, il faut que le filtre redéfinisse ce qui est local et proche, peut-être en cherchant des départements ou des communes ailleurs en France, qui l'aident à améliorer les prévisions locales. Finalement, la situation à Paris peut aider à prévoir ce qui va se passer à Marseille mieux que celle de Montpellier. Une fois de plus, nous constatons que la recherche de meilleures estimations locales nous conduit à nous détacher de la carte conventionnelle.

Remarquons que le filtrage par opérateur local s'effectue sur une seule carte, ou une période de temps. A première vue, il peut sembler qu'on a oublié le temps, et qu'on se retrouve dans une analyse géographique statique. Il n'en est rien. Nous devons simplement réaliser le filtrage par opérateur local sur chaque tranche de temps, ou sur chaque carte dans la série de la diffusion, et observer ensuite les coefficients du filtre obtenus pour chaque unité géographique en fonction du temps pour voir s'ils se déplacent ou se suivent avec une grande régularité. Les coefficients des filtres spatiaux évoluent avec une régularité extraordinaire, ce qui permet de les extrapoler et donc de prévoir les distributions géographiques ultérieures. Quand elles sont publiées dans des revues scientifiques ou littéraires (*Science*, 1991 ; *Atlantics*, 1992) ou quand elles sont intégrées à des émissions d'animation télévisées, l'effet de la rhétorique graphique de ces cartes est extrêmement puissant. Grâce aux prévisions spatio-temporelles, en anticipant les cartes futures, on peut vraiment faire quelque chose pour combattre une épidémie mortelle.

4.4. Utilisation des réseaux neuronaux pour la prévision géographique

C'est ici que se situent les avancées les plus récentes de la méthodologie géographique appliquée aux maladies humaines et aux problèmes de santé. Les **réseaux neuronaux** sont analogues aux réseaux vivants de neurones et de cellules gliales du cerveau humain, et peuvent être réalisés aujourd'hui sur des ordinateurs personnels, même peu puissants. Un neurone artificiel reçoit de nombreux signaux pondérés, ou des morceaux d'information numérique, les additionne, et transforme la somme en une valeur entre des limites précises, par une fonction non-linéaire qui littéralement aplatit ou écrase les valeurs dans un ensemble plus petit. Le processus est grossièrement analogue à une cellule du cerveau recevant de petites impulsions électriques et les retransmettant quand une certaine valeur-seuil est atteinte (Wasserman, 1989). Les réseaux neuronaux peuvent être constitués de nombreux neurones disposés en plusieurs couches, chaque neurone d'une couche étant connecté à tous les autres dans la couche voisine.

Pendant les années 1960, les scientifiques ont beaucoup espéré des réseaux neuronaux, d'autant plus qu'apparaissaient des ordinateurs qui rendaient les expériences possibles. Mais ils rencontrèrent des difficultés telles qu'elles semblaient enlever toute utilité pratique aux calculs neuronaux. Heureusement, dans les années 1980, une série de percées technologiques ont permis de modifier les pondérations des connexions et d'avoir des réseaux neuronaux qui s'ajustent aux valeurs requises par un processus itératif de rétroaction appelé « propagation réfléchie ». Autrement dit, les géographes ont la possibilité de construire des réseaux neuronaux ne comprenant qu'un petit nombre de couches, d'apporter à ces constructions l'information nécessaire pour prédire le développement local d'une maladie, et d'utiliser ensuite l'histoire récente de l'épidémie pour apprendre au réseau de neurones à ajuster les pondérations de façon à produire en sortie des valeurs réelles ou connues. On peut avoir besoin de 25 000 cycles d'itération, ou plus, pour entraîner un réseau de neurones, mais la capacité des ordinateurs actuels, même petits mais spécialisés, rend cela très possible. Lorsque le réseau de neurones a été entraîné, on peut lui apporter une information nouvelle, mise à jour, et à partir de là effectuer des prévisions pour le futur (Gould et Hewitson, 1992).

Considérons de nouveau par exemple la question de la prévision du SIDA à l'échelle départementale en France. Chaque département peut être représenté par une liste, ou vecteur d'information, qui peut comprendre des données comme la population, la population d'un ensemble de départements contigus, les populations d'un ensemble de départements proches par la taille, le nombre de cas de SIDA au temps précédent, la composition sociale ou ethnique, etc. On offre un vecteur d'information au réseau de neurones et on compare la sortie au nombre connu de cas de SIDA. On se sert de l'écart entre valeur observée et sortie pour modifier, via le processus de propagation réfléchi, les pondérations, et obtenir un meilleur ajustement. Puis on fait entrer un second vecteur d'information, un troisième, etc. jusqu'à ce que le réseau de neurones produise une sortie de valeurs aussi proche que possible des observations. Lorsque le réseau a été ainsi « entraîné », on peut l'utiliser pour prédire les distributions spatiales futures à partir de la dernière information disponible.

Prédire les distributions géographiques à venir d'une maladie mortelle montre clairement la voie par laquelle le travail scientifique s'insère dans le domaine social et éthique. Le géographe est placé dans une position où il tente de prédire la vie ou la mort de personnes, avec les meilleurs outils scientifiques disponibles, en espérant désespérément que les prévisions soient fausses. En réalité, les prévisions et les cartes peuvent être utilisées pédagogiquement pour rendre caduques les prévisions elles-mêmes. Dans ce monde étrange des tentatives de prévision, où l'on espère que les prédictions seront fausses, nous disposons d'un moyen précieux pour mettre au point différentes stratégies d'intervention, pédagogiques, prophylactiques, médicales, ou sociales. Si un réseau de neurones prédit des valeurs connues avec une bonne précision, ce qui peut apparaître comme une surestimation des prévisions dans le futur peut en fait mesurer l'efficacité des mesures d'intervention. Même dans le domaine classique des prévisions temporelles, les écarts entre valeurs prédites et observées semblent bien démontrer que la thérapie par l'AZT a pour effet de prolonger la vie.

Il reste cependant au géographe à jouer un rôle pédagogique fondamental. Il doit aider les autres – médecins, épidémiologistes, fonctionnaires et citoyens responsables dans une société démocratique – à penser les dimensions géographiques de l'existence humaine, qui peuvent aujourd'hui faire partie d'analyses moralement fondées en utilisant les outils scientifiques de pointe. De cette façon, la pensée spatiale, lobotomisée de la plus grande partie de la réflexion scientifique et humaniste depuis le XIXe siècle, pourra retrouver sa place.

Lectures recommandées

Chinese Academy of Medical Sciences, 1981, *Atlas of Cancer Mortality in the People's Republic of China*, Shanghai, China Map press.

Cliff A. et Haggett P., 1988, *Atlas of Disease Distributions*, Oxford, Blackwell.

Gould P., Di Biase D. et Kabel J., 1990, « Le SIDA : la carte animée comme rhétorique cartographique appliquée », *Mappemonde*, 1.

Openshaw S., 1988, « Investigation of leukemia clusters by use of the Geographical Analysis Machine », *The Lancet*, February 6.

Pyle G. et Patterson K., 1983, « Influenza diffusion in European history : patterns and paradigms », *Ecology of Diseases*, 2.

Mots-clefs

Analyse structurale,
Diffusion spatiale,
Epidémiologie,
Filtrage par opérateur local *(Spatial adaptive filtering)*,
Réseaux neuronaux.

L'eau dans le monde

54

Françoise Conac

L'eau, comme la vie, est un élément original de la planète terre. Elle est le constituant et l'aliment des organismes vivants. Elle est à l'origine même de la vie. Elle est associée à l'homme dès ses habitats primitifs. Elle est liée aux premières manifestations du droit de propriété foncière, de la notion d'Etat, de la spiritualité. Elle a pu imprégner de grandes civilisations du passé, au point que Wittfogel les a qualifiées d'hydrauliques. L'extraordinaire développement contemporain des villes, des industries et des agricultures est fondé largement sur les usages multiples et intensifiés de l'eau. Très bon marché, l'eau est la matière utilisée dans les plus larges quantités. Elle été pillée, gaspillée et salie. Elle s'est réduite là où les besoins continuent à augmenter. Il a fallu prendre conscience qu'elle est un bien précieux, indispensable et qu'il n'existe pas de produit de substitution.

1. L'eau, une ressource

1.1. Des ressources en apparence inépuisables

Les **ressources en eau** pouvaient donner l'illusion d'être inépuisables, car les précipitations semblent les renouveler sans cesse et les prélèvements sont très faibles par rapport à la masse des réserves. Notre terre est une planète d'eau : près de 1 385 000 000 km^3, (1 km^3 = 1 milliard de m^3,1 000 milliards de litres), sur les 3/4 de sa surface. 97 % de cette eau est salée. Les 3 % d'eau douce, 37 000 000 km^3, couvriraient les terres émergées d'une pellicule de 250 m d'épaisseur. Cette inondation proviendrait surtout de la fonte des glaciers polaires (et autres glaciers dispersés sur la croûte terrestre), qui représentent plus des 3/4 (77 %) des ressources en eau douce. Le reste, presque le

1/4 (près de 23 %), est constitué des nappes souterraines, surtout des nappes phréatiques, et du réseau hydrographique (0,004 % ou 1 500 km^3).

Ces estimations sont en fait très approximatives. Elles varient d'ailleurs, et sensiblement, d'une source à l'autre. On ne dispose pas encore des moyens sophistiqués de chiffrer avec certitude le volume de tous les gîtes d'eau, dont beaucoup, notamment les nappes souterraines, n'ont pas encore fait l'objet de recherches approfondies. On sait que les réservoirs profonds du Sahara du nord et de Nubie sont immenses, mais leurs volumes sont-ils de milliers ou dizaines de milliers de milliards de m^3 ?

A l'échelle mondiale les ressources paraissent stables, se renouvellant en un cycle fermé, immuable au moins depuis des millénaires. Le soleil agit comme une gigantesque pompe aspirant quelque 500 000 km^3 par an, dont 86 % sur océans et mers et 14 % sur les terres émergées et y faisant retomber ce même volume impressionnant sous forme de pluies ou de neige. Les terres reçoivent 120 000 km^3 de précipitations annuelles, soit plus qu'elles n'en ont évaporées. Elles en renvoient 75 000 km^3 dans le cycle par évapotranspiration. Elles réussissent à retenir 45 000 km^3, qui vont alimenter le réseau hydrographique et les nappes, soit 15 000 km^3 en débit de base des cours d'eau et 30 000 km^3 en débit de crue. Pour sa quasi totalité ce volume retournera aux océans et réintègrera ainsi le cycle.

Ces chiffres de grandeur vertigineuse laissent une impression trompeuse de surabondance et de sécurité de l'approvisionnement en eau. Ils sont très largement théoriques. Les estimations montrent tout d'abord qu'1/3 seulement du volume écoulé (38 800 km^3) est utile. En ajoutant les écoulements en provenance des lacs naturels et des lacs artificiels, ce volume utile est estimé à 14 000 km^3 par an, soit par personne 3 000 m^3 par an, ou 8 220 litres par jour. Les 2/3 de la dotation annuelle d'eau douce de la terre s'écoulent en effet sur une période très courte, celle des crues qui entraînent des inondations plus nocives que bénéfiques, et souvent catastrophiques, faisant de l'eau un synonyme de dégats et de mort.

1.2. Des ressources mal distribuées dans le temps et dans l'espace

La réalité montre que cette ressource, fonction du climat, est très mal distribuée dans le temps et l'espace. Malgré de fortes disparités régionales, les continents peuvent être regroupés.

Deux continents sont peu favorisés : l'Afrique et l'Asie. Une ou deux longues saisons sèches alternent avec une ou deux courtes saisons humides. Dans le subcontinent indien, les 9/10e des pluies tombent en trois mois, de juin à septembre, avec des retards possibles dans l'éclatement de la mousson.

C'est dans ces deux continents aussi que le total annuel de la ressource est le plus variable. En Afrique il a eu tendance à subir depuis la fin des années 1960 les déficits graves des vagues de sécheresse. Le réseau hydrographique est aussi mal réparti. Les nappes souterraines représentent les principales (Tunisie, Israël), voire les seules (Arabie séoudite) ressources des pays arides. Elles sont jaillissantes mais à grande profondeur (Sahara du nord, Libye, Egypte) et non renouvelables. Elles sont proches mais discontinues dans les socles (une grande partie du Sahel). Dans le subcontinent indien le réseau hydrographique est concentré au nord. En Afrique, les plus grands fleuves, hormis le Nil égyptien, traversent des zones à très faible densité humaine ou inhabitées. C'est le cas du Congo (Zaïre), deuxième fleuve du monde derrière l'Amazone. Avec quelque 30 % des ressources du continent il traduit bien ce déséquilibre dans la répartition des eaux de surface en Afrique.

Les continents privilégiés parce que la **ressource en eau** y est plus abondante, moins variable d'une année sur l'autre et moins irrégulièrement distribuée dans le temps et dans l'espace sont l'Europe et les Amériques. Encore faut-il apporter des correctifs à ces faveurs de la nature. L'Amérique du sud est de tous les continents le mieux doté en ressources en eau. L'Amazone, plus grand fleuve du monde, écoule plus d'eau que tous les fleuves africains réunis. Certaines régions sont beaucoup mieux pourvues en eau que d'autres. En Amérique du nord et en Amérique centrale, c'est l'ouest pacifique. En Europe, c'est le nord et l'ouest, avec un fouillis de cours d'eau moyens et petits, tandis que l'est concentre les débits dans quelques grands fleuves et que le sud est plutôt à sec. La France est un des pays les mieux dotés avec 4 000 m3 par habitant et par an (2 200 au Royaume-Uni). Mais plusieurs pays dépendent en totalité ou presque de l'apport de fleuves exogènes : Egypte, Soudan, Sénégal, Niger, Hongrie, Thaïlande, Bangladesh, Inde, Pakistan...

1.3. Des disponibilités en eau très inégales

Les **ressources en eau** ne sont pas toujours concentrées dans les zones peuplées ou si elles le sont, la part qui revient à chaque habitant est de ce fait faible. En Europe occidentale et du sud, les densités humaines sont telles que les ressources en eau par habitant sont inférieures de moitié à la disponibilité moyenne dans le monde. En Amérique du nord et en Amérique centrale c'est le contraire. Chacun y a deux fois plus d'eau que le moyenne mondiale. Toutes ces proportions sont en fait théoriques. Le Canada est le pays qui a le plus d'eau, avec 110 000 m^3 par personne, mais les 2/3 des rivières coulent vers le nord inhabité, tandis que 80 % de la population vit sur une bande de 200 km de large le long de la frontière avec les Etats-Unis.

La disponibilité moyenne par habitant tend, à l'échelle du monde, à se réduire ; elle diminuera de 24 % de 1983 à l'an 2 000, passant de 3 000 à 2 280 m^3 par habitant. Cette diminution est plus accentuée dans quelques pays, comme le Kenya, où elle est de 50 %, le Nigéria, de 42 %, l'Egypte et le Bangladesh, où elle est du tiers. La crise de l'eau est déjà perçue dans certains pays du Tiers Monde, sous l'effet de l'augmentation de la population, et souvent de la sécheresse. Mais elle l'est aussi dans certaines régions développées, par suite de l'essor industriel et urbain.

2. Des usages en concurrence croissante

On considère qu'1/4 environ de la ressource sûre est prévelé chaque année pour satisfaire des besoins qui se sont accrus. Avec le développement les usages se sont diversifiés, sont devenus contradictoires et sont entrés en concurrence d'autant plus vive que la ressource diminuait et que sa mobilisation devenait plus difficile et coûteuse. Les uns « consomment » l'eau (agriculture), les autres la rejettent polluée (usages domestique et industriel).

2.1. L'eau domestique : les très fortes inégalités dans le monde

On estime que les prélèvements pour l'**eau domestique**, 6 % des prélèvements en 1900, s'élèveront à 24 % en l'an 2 000. Au delà, la tendance se confirmera suite à la poursuite de l'essor démographique. La population devrait doubler d'ici 2 050. La concentration des besoins énormes des villes sur une très petite surface explique les difficultés pour les satisfaire.

L'eau répond d'abord à un besoin alimentaire vital : on meurt plus vite de soif que de faim. Mais de plus en plus elle est un élément essentiel de l'hygiène et du confort modernes. Dans les pays industrialisés, l'eau domestique est en général une eau qui a été traitée pour être potable. Sa consommation augmente au fur et à mesure qu'un pays se développe et devient incompressible. En France elle est passée de 100 à 405 milliards de m^3 entre 1957 et 1987, soit 150 litres par personne et par jour. Elle est de 450 litres aux Etats-Unis et de 135 litres en Israël. Chez les populations à économie traditionnelle, la femme passe la moitié de son temps à aller chercher l'eau à pied, par petites quantités, souvent loin du village. Les consommations individuelles sont très faibles (de l'ordre de quelques litres par jour). L'eau est utilisée pour la cuisine et la boisson, car le lavage du corps et du linge s'effectue dans les cours d'eau. La sensibilité à la qualité de l'eau fait défaut ; de ce fait les maladies hydriques se propagent. De simples mesures d'hygiène les feraient reculer. Mais l'éducation des populations, surtout celle des femmes, reste à faire presque partout.

En Europe, la situation a pendant des siècles ressemblé à celle des pays en développement. Des épidémies de maladies hydriques, dont la principale était le choléra, faisaient des ravages considérables. Les besoins en eau ont crû rapidement avec les progrès de la médecine, de l'éducation et de la technique, sensibles dès la fin du XIXe siècle.

Le confort moderne est très exigeant : 200 litres pour un lave-linge et pour un bain, 80 litres pour un lave-vaisselle, 10 litres pour une chasse d'eau. En ajoutant un lave-vaisselle, un lave-linge, un peu d'arrosage du jardin,1 000 litres par jour et par personne sont vite nécessaires. Ainsi sur les 150 litres par jour, c'est peu, que consomme un Français, 39 % sont utilisés pour se laver et 20 % par les chasses d'eau.

2.2. L'essor rapide de l'irrigation

Les besoins de l'agriculture restent de loin les plus importants, bien que leur proportion diminue. En 1900 ils étaient quasi exclusifs (90 %), vers l'an 2 000 la part de l'agriculture devrait être autour de 60 %. L'eau est indissociable de l'activité agricole. Irrigation, précipitations, protection contre les crues et drainage concourent à augmenter la production.

83 % de la surface cultivée est le domaine de l'agriculture pluviale. Mais l'importance de l'**irrigation** vient de ce qu'elle permet soit la culture, là où sans eau rien ne pousse, soit une forte augmentation et une régularisation des rendements. Sous climats secs et chauds, trois cultures par an sont possibles sur une même parcelle, plantée de surcroît d'arbres fruitiers. La récolte de riz a pu être multipliée par 2,8 dans des conditions optimales de culture.

La surface irriguée reçoit plus des 2/3 des prélèvements, estimés à 3 300 km^2/an. Elle se serait étendue sur 8 millions d'ha à la fin du XVIIIe siècle. Elle est de 48 millions d'ha en 1900. Elle augmente d'un peu plus d'un million d'ha par an dans la première moitié du XXe siècle. Mais cette tendance générale masque des disparités nationales. En France, il y a, entre la fin du XIXe siècle et le début de la décennie 1950, par suite d'un fort exode rural, un recul net de la superficie irriguée, alors constituée de prairies, situées surtout en montagne.

En revanche, dans le monde, l'**irrigation** se répand à une vitesse extraordinaire entre 1955 et 1965, passant de 120 millions à 225 millions d'ha, soit une augmentation de 10 500 000 ha par an. C'est en fait une expansion des techniques traditionnelles dans le Tiers Monde d'Asie. Mais c'est aussi en occident la grande période de la révolution technologique dans la régulation des canaux, dans l'alimentation de réseaux en eau sous pression et dans l'aspersion.

FICHE 1

La régulation hydraulique

La construction de grands périmètres, liés au développement des cultures d'exportation, se heurtait à des obstacles techniques. La lenteur de la transmission de l'eau sur de longues distances et les défauts des dispositifs de contrôle entraînaient l'insécurité de l'approvisionnement en eau des usagers en bout de réseau. Aussi s'est-on efforcé à partir des années 1940-50 de rationaliser et d'automatiser la distribution de l'eau en élaborant des dispositifs de contrôle du niveau de l'eau dans les canaux : mise au point d'équipements hydrauliques automatiques dès la décennie 1940 à Grenoble et de systèmes informatiques en France et aux Etats-Unis à partir du milieu des années 1960. Plusieurs systèmes de commande ont été élaborés, les uns font appel à la régulation hydraulique et les autres à un contrôle centralisé permis par le progrès de l'informatique. En 1971 la Société du Canal de Provence est à la pointe du progrès avec la régulation dynamique, qui permet de répondre à chaque instant à toute demande des irrigants. Les réseaux alimentés en eau sous pression sont mis au point et l'aspersion est vulgarisée. Elle est distribuée par du matériel mobile ou par des machines automatiques, souvent géantes, imaginées aux Etats-Unis.

L'automatisation a pénétré dans les pays industrialisés où l'agriculture s'est modernisée, parce que la main-d'œuvre rurale qualifiée est devenue très chère. Paradoxalement elle répond aussi dans bien des cas aux besoins des pays en développement, sans main-d'œuvre qualifiée. Mais elle y est encore rare.

De 1955 à 1965 la progression de la surface irriguée dans le monde est surtout due aux pays asiatiques. Dans la décennie suivante, de 1965 à 1975, elle est de 10 millions d'ha. Mais elle atteint 35 millions d'ha entre 1975 et 1985.

La Roumanie bat le record mondial : la surface irriguée passe de 42 000 ha en 1950 à 220 000 ha en 1965 et à 3 200 000 ha en 1989. Ce rythme d'accroissement devient démentiel sous Ceausescu, qui l'assortit en outre de contraintes techniques et financières draconiennes. Il impose certains projets incohérents, voire dangereux, et limoge le président du Conseil national des eaux (Iliescu), qui s'y oppose. Il faut maintenant réhabiliter et moderniser la plupart des périmètres avant de songer à en construire de nouveaux.

La Turquie, qui s'est lancée dans une politique de grands barrages, a connu aussi un rythme de progression rapide de l'irrigation depuis 1950. Loin derrière, se trouvent quelques pays qui ont plus que triplé leur surface irriguée : en Amérique latine, Cuba, Vénézuéla, Brésil ; dans les pays méditerranéens : Espagne, Grèce, Israël, Maroc, Portugal. Les grands pays rizicoles d'Extrême-Orient arrivent en tête pour la superficie gagnée à l'irrigation pendant la même période : Chine, Inde et Pakistan, puis ce sont les Etats-Unis.

L'irrigation a ralenti sa progression depuis 1985, à cause des problèmes techniques et surtout humains qu'elle posait et de son coût de plus en plus élevé. Dans les pays en développement, les échecs de la mise en valeur sont beaucoup plus nombreux que les succès. Les grands périmètres irrigués ont été décidés, conçus et construits le plus souvent par des sociétés publiques d'aménagement régional sans consulter les paysans. Les terres ont été expropriées sans indemnités convenables. En Afrique, l'Etat a imposé un droit foncier inspiré du code Napoléon ou de la *Common Law*, alors que les paysans continuent partout à appliquer le droit coutumier. Les ingénieurs ont imaginé un parcellaire géométrique et régulier s'opposant au parcellaire traditionnel et un regroupement des attributaires de parcelles en fonction de critères hydrotechniques et non sociologiques. Ils ont introduit dans les réseaux des dispositifs totalement nouveaux pour les paysans, comme les modules à masques, sans leur expliquer comment ils fonctionnaient... Des erreurs dans la conception et l'exécution des réseaux, dans les plans de culture ont été aussi commises. Les paysans ont réagi en abandonnant les périmètres, en détériorant les équipements dont ils ne comprenaient pas l'utilité en vue de les récupérer à d'autres usages, en ne respectant pas les plans de cultures... Des investissements lourds ont abouti à des échecs économiques et sociaux.

Confrontés à ces résultats, les bailleurs de fonds institutionnels, comme la Banque mondiale, ont révisé leur politique : diminution des fonds destinés à l'irrigation, priorité à la réhabilitation et à la modernisation des réseaux existants plutôt qu'à leur multiplication, à la responsabilisation paysanne, individuelle mais surtout collective au travers des associations d'usagers, et au désengagement de l'Etat.

La tendance est désormais à la création de petits aménagements peu coûteux, facilement gérables par les paysans. Les premières opérations de ce type avaient été lancées en Afrique au début des années 1970, pour éviter la famine consécutive aux vagues de sécheresse. Elles ont été menées par la

FAO dans la vallée du Sénégal, mais surtout par des organisations non-gouvernementales et organismes caritatifs, notamment ceux des églises. Elles se sont multipliées dans le plus grand désordre. Les échecs ont foisonné. Mais il y a eu des succès, même dès le départ de l'expérience, telle celle de Caritas-Sénégal.

Malgré le ralentissement de son augmentation, on estime que la surface irriguée atteindra 300 millions d'ha en l'an 2000. Elle a un potentiel de 947 millions d'ha. Elle progressera parce qu'elle est une des solutions au problème de la faim. Aujourd'hui, elle fournit sur 17 % de la superficie cultivée 40 % de la production alimentaire. Mais son expansion se heurte déjà dans certaines régions à la crise de l'énergie, à la diminution, voire à l'épuisement (Afrique du nord, Moyen-Orient) des ressources locales en eau et à la concurrence des usages industriels et urbains (Israël, Maroc...).

2.3. Le drainage, insuffisamment répandu

Une superficie, non mesurée exactement, mais qui doit être à peu près égale à la moitié de la surface irriguée, est protégée contre l'excès d'eau ou l'inondation qui empêchent toute culture ou provoquent une diminution des rendements. En arrière des digues toutes les surfaces protégées doivent être drainées, et desséchées quand il s'agit de marécages, avant d'être mises en culture. Le drainage par fossés remplis ou ouverts remonte en Europe au moins aux Romains. A la fin de la première moitié du XIXe siècle les Anglais perfectionnent une technique, connue déjà en Europe continentale, tombée en déshérence en France, celle des tuyaux de poterie enterrés. Ils mettent au point des machines pour les fabriquer. Le « **drainage** » fait son entrée dans la langue et dans l'agriculture françaises. Comme en Angleterre il se répand sous le Second Empire grâce à l'aide financière de l'Etat. Au XXe siècle la technique est renouvelée en Hollande : des machines sophistiquées assurent un travail très précis et rapide de fabrication de drains souples bon marché en matière plastique. Le drainage a pu ainsi progresser très rapidement, dans les pays développés surtout, et contribuer à l'amélioration des rendements. En France, il couvre 2 500 000 ha dans 209 000 exploitations.

2.4. L'industrie

L'industrie s'est progressivement hissée à l'échelle mondiale au 2e rang des consommateurs d'eau, avec 25 % des volumes prélevés. Mais cette part s'abaisse à quelque 10 % dans la plupart des pays en voie de développement et s'élève à 85 % dans les pays les plus avancés. En France, industrie et centrales électriques prélèvent chacune 6 et 17 milliards de m^3/an, l'agriculture 4 milliards. Mais l'industrie consomme 6 fois moins que l'agriculture, puisqu'elle rejette 80 % de ses eaux (usées) dans le milieu naturel. L'**eau industrielle** est utilisée sous forme gazeuse, liquide ou solide. Elle peut être une matière première, mêlée ou non à divers produits (chimiques, alimentaires...). Elle refroidit, réchauffe, lave, lubrifie, transfère des calories, transporte. Elle est un agent de force motrice. L'eau, grâce à sa structure polaire et à son pouvoir dissociant, est un excellent solvant des composés ioniques et de nombreux composés moléculaires. L'eau, ampholyte, est le solvant privilégié des réactions acido-basiques. Etant à la fois oxydant et réducteur, elle est utilisée en conductimétrie et pour l'électrolyse. En chimie organique, elle l'est largement comme réactif ou comme catalyseur.

Elle sert avant tout aux centrales nucléaires et thermiques, et dans une faible mesure aux industries métallurgique, mécanique, chimique, pétrochimique, à la fabrication de la pâte à papier et des produits alimentaires. Certaines fabrications exigent de fortes quantités d'eau : une automobile 35m^3, 1 kg de sucre 5 litres... Mais l'usage industriel de l'eau va baisser, par suite du ralentissement de l'activité industrielle, et par l'application dans les pays riches de lois anti-pollution visant à recycler les eaux propres ou usées.

Cette évolution caractérise, sauf exceptions, les pays les plus avancés (Etats-Unis, Suède...). En France, à la suite de la loi sur l'eau de 1964, les prélèvements industriels ont diminué de 30 %, et davantage localement... En revanche plusieurs pays en voie de développement prévoyaient de doubler leurs prélèvements dans le dernier quart du siècle.

2.5. Autres usages, sans prélèvements

D'autres usages ne correspondent pas à des prélèvements, sauf certaines formes de pisciculture. La *navigation* fluviale a décliné devant des moyens de communication plus rapide, bien que plus coûteux. Elle garde de l'importance pour le transport des pondéreux. Mais même dans ce domaine la voie d'eau se fait distancer par la route, plus chère, mais plus souple et plus rapide. En France les projets de route lui font concurrence, malgré leur coût très élevé (80 milliards de francs français entre Lille et Marseille), contre 15 milliards pour construire le canal Rhône-Rhin, qui permettrait la liaison avec l'Europe centrale et orientale par le Danube, dont la jonction avec le Rhin sera achevée en 1993.

La *pêche* en eau douce garde une grande importance dans certains pays du Tiers Monde. Dans les pays avancés, elle est devenue surtout un loisir.

Elle a décliné au profit de la *pisciculture*, développée dans des étangs naturels ou artificiels dans des pays comme la Roumanie (10 % des prélèvements), la Tchécoslovaquie.

Les *loisirs* (sports nautiques, navigation de plaisance...), un des usages modernes de l'eau, sont en pleine expansion dans les pays avancés.

3. Comment faire face à des besoins croissants ?

Par suite de la démographie galopante du Tiers Monde, il est estimé qu'en l'an 2000, la disponibilité en eau par personne aura décliné de 24 %. La population croît si vite qu'il y aura alors au Kenya moitié moins d'eau par habitant qu'il n'y en a aujourd'hui. Au Bangladesh, cette diminution sera du tiers, en Egypte, du quart. Des zones agricoles sont devenues déficitaires en eau alors que les besoins augmentent : hautes plaines de l'Ouest des Etats-Unis, où la nappe de l'Ogallala, trop sollicitée par l'irrigation, s'épuise, zones côtières d'Israël, de Tunisie, des Etats-Unis... où les nappes sont contaminées par des intrusions d'eau salée. Dans de nombreuses villes, l'eau est coupée la nuit et une partie de la journée.

3.1. Mobiliser davantage la ressource

Les besoins croissants ont commencé par donner l'idée simple de mobiliser davantage la **ressource en eau**, par des moyens structuraux, prépondérants jusque dans les années 1960. Les solutions exclusivement retenues jusqu'alors ont été les plus traditionnelles.

Certes des techniques très anciennes de mobilisation de l'eau ont eu tendance à être abandonnées : fogaras, chadoufs, roues hydrauliques... qui exigeaient beaucoup de main-d'œuvre pour leur fonctionnement et leur entretien et étaient très peu productives. Mais d'autres ont été modernisées au cours de notre siècle.

Des puits traditionnels ou cimentés continuent à être creusés dans les roches sédimentaires. Ce sont surtout des **forages** à exploitation manuelle ou parfois motorisée qui se sont multipliés en Afrique, en Chine, en Inde, au Pakistan... L'eau est propre et la productivité est meilleure. Le marteau fond de trou, très utilisé en Afrique, permet des forages rapides et économiques dans les socles et l'exploitation d'aquifères discontinus et peu profonds. D'autres techniques ont un coût inférieur du tiers, mais sont moins rapides. Les frais d'entretien et de réparation sont en général à la charge des usagers.

Les **barrages** ont depuis 5 000 ans au moins été la solution la plus courante pour accroître la ressource, la régulariser et pouvoir grâce à des canaux et des aqueducs l'apporter là où elle manque. Depuis une centaine d'années, des progrès, apparition du béton, de l'acier, des procédés géotechniques qui donnent une meilleure connaissance des roches et des sols, la mise au point d'engins puissants de terrassement, le développement de l'informatique ont permis de concevoir et construire de nouveaux types de barrages. Mais au prix d'investissements croissants.

FICHE 2

La construction de barrages

Entre 1900 et 1950 le nombre des barrages (de plus de 15m de hauteur) n'a augmenté que de 4 000 environ (5 196 en 1950). Mais de 1950 à 1974, le rythme de construction s'est accéléré, avec une moyenne de 373 barrages terminés chaque année. Depuis il s'est ralenti, avec 258 barrages par an de 1975 à 1982 et 211 de 1983 à 1986. 85 % des 36 327 barrages du monde ont été construits dans les 35 dernières années et 78 % ont entre 15 et 30 m de haut. Plus de la moitié d'entre eux se trouvent en Chine, où la progression de leur nombre a été spectaculaire. Les barrages emmagasinent 5 500 km^3, dont les 2/3 forment la ressource utile (3 660 km^3), qui représente elle-même environ le quart de l'écoulement utile. Plus encore que le nombre des réservoirs, c'est leur capacité qui a augmenté. Ceux dont le volume excède 100 millions de m^3 représentent 95 % du volume total des réservoirs. Il y a aussi, surtout dans les pays du Tiers Monde, une multitude de petits barrages.

On s'est efforcé de construire des **barrages** à buts multiples : irrigation, eau domestique, écrêtage des crues, création de plans d'eau pour les sports nautiques et les loisirs, hydro-électricité. Ils produisent 21 % (2 100 TWh) de l'électricité mondiale, avec une puissance installée de 567 GW (1989), en augmentation dans la CEI et dans les pays en voie de développement, où seulement 10 % du potentiel a été jusqu'à présent mobilisé. C'est une des rares sources d'énergie non polluante et renouvelable. La productivité des hydrocentrales est de 85-90 %, soit environ deux fois celle des centrales thermiques.

Les grands barrages ont pu permettre des transferts sur de longues distances vers des zones déficitaires en eau (comme l'aqueduc de Californie,

600 km de long, 340 m^3/s). Mais pour des raisons techniques et économiques, grands barrages et transferts inter-bassins ne sont plus des solutions privilégiées. Le nombre des sites de barrages s'est restreint. La plupart des projets de transferts sur de longues distances, en Chine, dans la CEI, ne seront pas réalisés, parce que trop coûteux et non rentables. Même aux Etats-Unis, l'Etat fédéral y a renoncé après 1976.

La recharge artificielle des nappes est une solution efficace. Elle est coûteuse là où elle nécessite des transferts lointains, comme en Californie, dans le sud d'Israël, dans la plaine du nord de la Chine. Elle ne l'est pas quand ces opérations se font sur le plan local.

La désalinisation de l'eau de mer a un prix de revient encore trop élevé. Elle représente une infime part (2,7 km^3) de la ressource disponible. 60 % de sa capacité se trouve en bordure du Golfe persique.

3.2. Economiser les volumes disponibles

Il est prévu que les prélèvements vont augmenter au moins de 200-300 % entre 1975 et l'an 2000. Comment faire face à un tel rythme ? Compte tenu que 14 % seulement du potentiel hydro-énergétique mondial a été mobilisé, de grands barrages seront encore construits, notamment dans les anciens pays socialistes de l'Europe de l'Est (Roumanie surtout, mais aussi Bulgarie et Pologne), du moins quand ils seront sortis de la crise économique, et au Canada.

Mais il est surtout recommandé de remédier à la gestion actuelle de l'eau, qui est déplorable, et provoque la multiplication de déficits dans un nombre grandissant de points dans le monde, parce que l'eau manque ou est polluée. Une répartition plus rationnelle des ressources entre les différents usages s'impose et peut être facilitée par un système juridique et fiscal approprié. Il est préférable de réserver l'eau souterraine aux villes et les eaux de surface à l'industrie et à l'agriculture. Or, certains pays utilisent les nappes en priorité pour l'industrie (Allemagne, Canada, Hongrie, CEI...) ou pour l'agriculture (Etats-Unis, Grèce), aucune législation ne le leur interdisant ou ne les en dissuadant. Une multitude de villes pompent dans les rivières l'eau polluée qu'il faut traiter, au lieu d'utiliser les nappes. C'est le cas de l'agglomération parisienne (30 % de son eau vient des nappes, le reste de la Seine, la Marne et l'Oise).

La lutte contre tout ce qui peut réduire les volumes déjà mobilisés s'impose sur plusieurs fronts : réduire les pertes, mettre au point des technologies économisant l'eau, supprimer autant que possible l'eau gratuite ou relever son prix et surtout lutter contre la pollution.

Il est prévu que les prélèvements de l'**irrigation** doublent d'ici l'an 2000. L'efficience globale des réseaux est dans la majorité d'entre eux très faible : les 3/4 de l'eau prélevée se perdent par infiltrations sous les canaux en terre et surtout à la parcelle, à cause de normes trop élevées liées souvent à des techniques dispendieuses en eau, comme l'irrigation à la raie et par inondation. Or, il est possible d'économiser et de mieux valoriser l'eau, en évitant de détériorer l'environnement. Revêtir une longueur maximale de canaux, adopter le goutte à goutte et autres techniques par tuyaux souples perforés, ainsi que l'aspersion, en donnant l'eau en moindre quantité mais aux périodes critiques de la croissance des plantes, sont des solutions performantes. Mais des investissements lourds seront nécessaires. Comme on peut douter que les pays pauvres recevront une aide massive pour les réaliser, des technologies appropriées, beaucoup moins coûteuses, inspirées souvent des traditions locales, devraient être mises au point par une coopération entre ingénieurs et paysans, au savoir empirique mais réel.

L'eau est dans la plupart des pays gratuite (pays du Tiers Monde), ou vendue trop bon marché. Aux Etats-Unis, son prix de vente représente 20 % de son coût réel dans les projets « fédéraux ». Son relèvement inciterait l'agriculteur à l'économie.

Il est aussi possible d'éviter l'irrigation dans les vastes espaces soumis aux climats semi-arides en ayant notamment recours à l'*arido-agriculture*, qui favorise la rétention maximale des précipitations.

Dans l'industrie, des technologies propres ou moins dispendieuses en eau ou pour recycler l'eau ont commencé à être adoptées. Par exemple, il faut maintenant 0,3 m^3 d'eau pour laver une tonne de laine alors qu'en 1964 13 m^3 étaient nécessaires. Les prélèvements ont diminué de 15 fois dans l'industrie sucrière, de 5-6 fois dans l'industrie du papier-carton... Mais l'effort est insuffisant. Les normes et sanctions doivent être plus sévères.

Un entretien constant des réseaux urbains d'alimentation en eau permettrait de limiter l'importance des fuites, qui représente entre 25 et 50 % du débit dans la majorité des grandes villes du monde. Dans les usages domestiques, on estime que le tiers des consommations peut être économisé, en utilisant des sanitaires et des machines à laver dépensant moins d'eau.

Enfin le recyclage des eaux usées des grandes villes serait d'un grand secours pour l'irrigation dans les pays pauvres en eau. Mais il est encore peu répandu (Israël).

3.3. La pollution : une ampleur nouvelle

La **pollution** des eaux de surface et souterraine entraîne localement une diminution très forte de la ressource en eau. Dans les pays à économie avancée, elle est un phénomène nouveau. Aux rejets directs dans l'eau, s'ajoutent les pluies chargées de polluants atmosphériques (pluies acides), qui ont provoqué l'acidification des lacs de Scandinavie, du nord-est des Etats-Unis et du sud-est du Canada.

Certes depuis des siècles le réseau hydrographique a été considéré comme un égout naturel pour les rejets d'effluents. Mais avec le développement urbain et industriel, la pollution des eaux s'est accrue au point de devenir un frein à ce même développement. A la **pollution** organique s'est ajoutée la pollution minérale, beaucoup plus toxique. La prise de conscience du péril a conduit un grand nombre de pays à adopter à partir de 1957 des lois sur l'eau, dont la plupart ne sont qu'en partie efficaces. En France la pollution organique a diminué, mais la pollution par les **nitrates**, pesticides et métaux lourds a augmenté. Un tiers seulement des effluents sont traités (en Roumanie, un quart).

Le principal pollueur est l'industrie. En France elle rejette les 2/3 des polluants organiques, le reste l'étant par les collectivités locales. Elle est le grand responsable de la pollution chronique et accidentelle par des matières toxiques : métaux lourds (plomb, cadmium, arsenic...) et composés organiques de synthèse (pesticides, détergents...). Les effluents sont loin de subir toujours une épuration avant leur rejet dans le milieu naturel, en dépit des réglementations. Une multitude de rejets sont déversés sans épuration dans les cours d'eau. La lutte contre les pollueurs, surtout quand il s'agit de grandes entreprises, est difficile.

En matière d'assainissement les progrès ont été inégaux. Le Danemark est le pays le plus propre du monde, la France l'un des plus en retard d'Europe (taux de traitement des effluents urbains : 35 %). La Seine est impropre à la baignade, 8 millions d'habitants rejetant encore les eaux usées directement dans le bassin du fleuve. Le Rhône, avec sa charge très élevée en polluants minéraux, est une des principales causes de la pollution de la Méditerranée. En Pologne, la moitié des villes, dont Varsovie, et le tiers des usines n'ont pas plus de scrupules. La lutte contre la pollution urbaine est très incomplète. De surcroît la majorité des stations d'épuration ont rarement un rendement optimum.

La pollution agricole est d'origine organique et surtout chimique (engrais et pesticides, dont la consommation croît, lisiers). Le problème le plus grave est celui des **nitrates**, principaux polluants des nappes phréatiques, qu'il est ensuite très difficile de purifier. L'eau est, en de nombreux pays, devenue impropre à la boisson (Hongrie). Les nitrates sont, seuls ou combinés avec des effluents industriels et urbains, à l'origine de l'eutrophisation de lacs et cours d'eau et d'estuaires.

C'est dans les ex-pays socialistes que les cours d'eau sont les plus contaminés, 70 % d'entre eux en Tchécoslovaquie, 80 % en Roumanie et que le traitement des eaux usées est le moins poussé. La Baltique, le lac Baïkal, la Caspienne, où la production de caviar a diminué de plus des 2/3 depuis 20 ans, sont déjà très pollués.

4. Les problèmes humains et environnementaux des aménagements modernes

Les progrès, conçus dans les pays avancés mais souvent transférés dans des pays en développement, ont certes conduit à mobiliser la ressource plus rapidement, plus sûrement et plus amplement. Mais ils ont entraîné des problèmes souvent très graves pour les populations et l'environnement.

Dans les pays en voie de développement, la plupart des gouvernements ont, le plus souvent, été animés par des soucis de modernité et de prestige, en définissant leurs politiques de l'eau. Les grands barrages ont été conçus comme des vitrines des régimes en place. Plusieurs d'entre eux ont été préférés à des solutions moins glorieuses mais plus efficaces et moins coûteuses. Les grands périmètres irrigués ont été aménagés au détriment des petits, mieux gérables.

Les technologies nouvelles ont été importées des pays industrialisés, pour lesquels la plupart d'entre elles avaient été conçues. Elles ont été imposées aux villageois sans que leur avis soit demandé. Les aménagements, inspirés souvent par la volonté des gouvernants d'améliorer le sort des populations rurales, ont conduit dans la plupart des cas à des échecs économiques, techniques et humains. Ici les femmes ont préféré continuer à puiser l'eau dans le puits ou à faire plusieurs longs trajets quotidiens jusqu'au marigot, parce que ce sont des espaces de liberté où elles se retrouvent ensemble loin de la tutelle masculine. Là les pompes manuelles, *a fortiori* les électropompes, les moteurs ont été très vite hors service, parce que leur utilisation et leur maintenance ont été incorrectes. La pénurie de pièces détachées dans les campagnes, voire dans le pays, celle du gasoil, celle des réparateurs... expliquent que les pannes durent parfois des mois, ou même que les équipements soient abandonnés.

Des projets de grands **barrages** ont provoqué des mouvements de protestations des populations, voire des émeutes, par suite de la destruction de leurs cultures, du manque, du retard ou de la faiblesse des indemnités (par ex. : le projet de Bakalori au Nigeria). Dans les pays industrialisés, ils ont pu susciter l'opposition des mouvements écologiques de plus en plus actifs et qui ont réussi à empêcher en Hongrie, même du temps du régime communiste, la construction du barrage de Nagy Maros.

Les effets négatifs des grands **barrages** sur l'environnement ont été soulignés : submersion d'espaces habités, nécessité de recaser les populations et création de plans d'eau, dont la superficie totale (400 000 km^2) équivaut presque à celle de la France, relèvement des nappes phréatiques, parfois jusqu'à la surface et engorgement des sols, modification de la flore et de la faune, réduction de la capacité d'auto-épuration, colmatage des retenues... Ils masquent les effets positifs : production d'électricité, d'eau agricole, industrielle et urbaine, développement de la pêche, comme dans le lac du haut barrage d'Assouan, humidification du climat, intéressante dans les climats arides, etc.

Les grands périmètres irrigués ont pu provoquer, par suite de l'absence ou de l'insuffisance des systèmes de drainage, l'engorgement, voire la salinisation secondaire des sols sur de vastes superficies (Pakistan, CEI, ouest des Etats-Unis...), contribuant ainsi à la désertification. On a estimé que 200 000-300 000 ha/an sont ainsi perdus. Le niveau de la mer d'Aral, parce que l'Amou et le Syr Darya sont trop sollicités pour l'irrigation, a baissé de 13 m entre 1964 et 1989, son volume s'est réduit de 60 % et sa salinité a triplé.

Les aménagements hydrauliques ont aussi été presque partout dans les pays du Tiers Monde des propagateurs de maladies hydriques (choléra, typhoïde, bilharziose, paludisme, trachome...), qui causent la mort de plus de 10 millions d'êtres humains par an dans le Tiers Monde et sont responsables de la moitié des hospitalisations. Une hygiène élémentaire et des procédés simples de désinfection de l'eau feraient disparaître la plupart de ces maladies.

Enfin une exploitation trop poussée des nappes souterraines a provoqué près des côtes des venues d'eau salée. Elle a entraîné ici ou là dans les métropoles et conurbations des affaissements de terrain (Berlin, San Francisco, Mexico, Londres, Milan...).

Conclusion

Les problèmes de l'eau, les plus graves et les plus nombreux, sont nés au cours de ce demi-siècle. Les besoins augmentent rapidement. Les concurrences entre les usages s'exacerbent. Les ressources mobilisées et mobilisables diminuent et risquent de devenir des *casus belli* entre pays. Beaucoup sont polluées et inutilisables. Les énormes réserves de certaines parties du monde, notamment souterraines, ne sont pas toutes exploitables. Les obstacles ne sont pas techniques mais économiques (coût très élevé de l'énergie). Le réchauffement, qui peut être dû à l'effet de serre, risque de réduire la pluviométrie et l'écoulement dans certaines régions, bien que les scientifiques estiment que les sécheresses actuelles ne seraient que des accidents naturels. La crise de l'eau va probablement s'aggraver et s'étendre. Elle doit faire prendre conscience du fait que l'eau est un patrimoine commun de l'humanité et que, pour le préserver et le sauver, sa gestion rationnelle, globale et solidaire s'impose partout, malgré les contraintes qu'elle entraînera.

Lectures recommandées

Bethemont J., 1977, *De l'eau et des hommes*, Paris, Bordas.

Conac F., 1978, *Irrigation et développement agricole, l'exemple des pays méditerranéens et danubiens*, Paris, SEDES-CDU.

Darves-Bornoz R., 1981, *Réflexions sur le choix de quelques axes prioritaires de recherche hydraulique en matière d'aménagement des terres et des eaux*, New-Delhi, ICID Bulletin.

Malandain G. et Tavernier Y., 1991, *Pour sauver l'eau*, Paris, Rino.

Postel S., 1984, « Water : rethinking management in an âge of scarcity », *Worldwatch Paper 62*.

Veltrop, 1991, *Water, dams and hydropower in the coming decades,* Washington, Water Power and Dam Construction.

Geraghty et Miller, 1990, *The water Encyclopedia*, 2e éd., New York, Ground-Water Series.

Mots-clefs

Barrage,
Drainage,
Eau domestique,
Eau industrielle,
Forage,
Irrigation,
Nitrates,
Pollution,
Ressource en eau.

Les déchets

55

Lucien Y. Maystre

1. Une invention humaine

Le mot « **déchet** » appartient à plusieurs terminologies concernant les activités de l'homme, technique, économie et droit : un déchet est un objet, un matériau ou une matière sur lequel son détenteur ne veut plus exercer un droit de propriété, parce qu'il lui attribue une valeur nulle ou négative. Donc quelque chose devient déchet par décision humaine. Le monde naturel ne connaît pas de déchets : il connaît les déjections, les détritus, les cadavres qui font partie des cycles écologiques.

Les **déchets** sont une invention humaine. Le passage de l'état de bien (de production ou de consommation) à l'état de déchet n'est pas à sens unique : les antiquaires et brocanteurs en savent quelque chose, les entreprises de récupération et de valorisation aussi. Un déchet ici et maintenant pour quelqu'un peut devenir un bien pour quelqu'un d'autre.

La suite de ce chapitre concerne plus particulièrement les déchets de grande consommation, couramment appelés « ordures » et quelques catégories de déchets de production.

2. Les déchets

2.1. Histoire des déchets

Depuis l'aube de la civilisation, les hommes produisent des déchets : ils sont aujourd'hui une importante source d'information pour les archéologues. On pourrait proposer l'adage : « dis-moi ce que tu jettes, je te dirai comment tu vis ». Considérant uniquement les dernières 60 années écoulées et les pays occidentaux, la *figure 1* montre l'avènement de l'économie du « prêt-à-jeter », fondée sur une vie de plus en plus courte des biens de consommation. Cette figure représente une moyenne générale et ne montre pas les écarts entre pays.

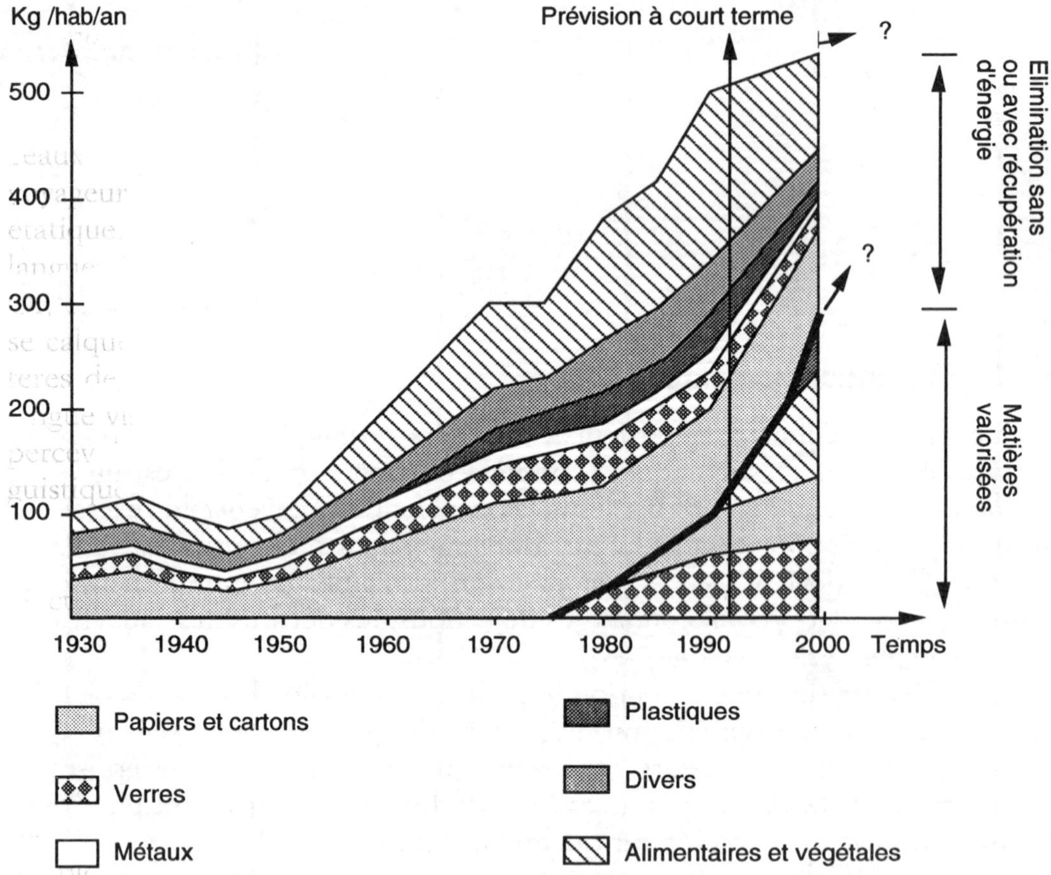

Figure 1 Evolution de la production des déchets municipaux dans les pays occidentaux

Cette figure montre aussi l'amorce d'un changement qui a commencé dans les années 1980, même dans les années 1970 pour certains déchets et certains pays. On voit que la collecte séparée du verre et celle des papiers et cartons existe depuis plusieurs années. La collecte séparée des déchets alimentaires et végétaux destinés à la production d'un compost de qualité (ayant des teneurs en métaux lourds compatibles avec la protection des sols contre la pollution) ne fait que débuter, mais elle est promise à un bel avenir. La collecte séparée des plastiques est, elle aussi, de plus en plus envisagée.

Si l'on examinait en détail la fraction « divers », on observerait que, jusque dans les années 1950, cette fraction contenait beaucoup de cendres et de poussières de charbon, tandis qu'après, le chauffage au mazout a supplanté le chauffage au charbon. Une analyse encore plus fine permet de déceler, pour chaque nouveau produit, le déphasage entre l'apparition du produit sur le marché et sa présence importante dans les déchets : le déphasage est évidemment fonction de la durée de vie moyenne du produit. Couches pour bébés, piles « vertes », ordinateurs, par exemple, ont fait l'objet de telles investigations. Les déchets de fabrication obéissent aux mêmes lois : l'introduction d'une nouvelle technologie de fabrication ne se traduit notablement dans la composition des déchets que quelques années plus tard.

2.2. Géographie des déchets

L'influence du mode de vie sur la quantité et la composition des déchets est très évidente lorsqu'on voyage des pays riches aux pays pauvres. C'est la même évidence lorsqu'on se déplace dans une métropole de pays en voie de développement. Le niveau socio-économique, le type d'urbanisation et l'extension du service de ramassage sont les trois principaux facteurs d'influence.

Les pauvres jettent moins et récupèrent davantage à la source : le vieux papier travaillé en boulettes et séché au soleil devient combustible domestique, les grandes boîtes de conserves sont découpées pour servir de tôles de protection des habitations en pisé, les plastiques sont réutilisés de nombreuses fois comme emballages ou servent de protection contre la pluie.

Dans les quartiers dont les rues et trottoirs sont asphaltés et dont les immeubles sont construits « en dur », on trouve moins de poussière et de sable que dans les quartiers pauvres. Une campagne de prélèvements et d'analyses a permis de constater que les quartiers périphériques les moins bien urbanisés sont ceux dont les ordures contiennent la plus grande proportion de sable provenant des cours intérieures des habitations.

A l'échelle des pays, on peut faire la même constatation : la *figure 2* révèle beaucoup de choses sur les conséquences de l'ère coloniale. Un diagramme triangulaire est une représentation parlante de la distribution de trois catégories qui totalisent toujours 100 %. Appliquée aux déchets, cette représentation permet notamment de situer le résultat d'une analyse de déchets en fonction des trois catégories : eau, matières inertes et matières combustibles. Ces dernières sont des composés du carbone, elles incluent donc les matières putrescibles. Lorsque la teneur en eau des déchets est inférieure à 50 % et en même temps la teneur en matières combustibles supérieure à 30 %, les déchets dégagent de la chaleur en brûlant et sont par conséquent un combustible.

Le diagramme de la *figure 2* présente quelques résultats d'analyses d'ordures municipales, pour différentes dates et différents pays. En comparant les points 2 et 5 on voit que le pouvoir calorifique des déchets (lui-même fonction de la teneur en matières combustibles) a augmenté ces dernières décennies à Genève. En comparant les points 6, 7 et 8, pour le même pays, on voit que le nord de l'Italie, plus riche et plus industrialisé, produit des déchets moins humides et contenant davantage de matières combustibles. Dans les pays en développement des régions tropicales et équatoriales, les déchets sont plus pauvres en matières combustibles et contiennent davantage d'eau ; mais les effets de la société de consommation s'y font sentir davantage qu'en Inde où la récupération à la source est pratiquée à une échelle telle que les ordures sont principalement composées de matières inertes (sans doute beaucoup de poussière, cendres et sable).

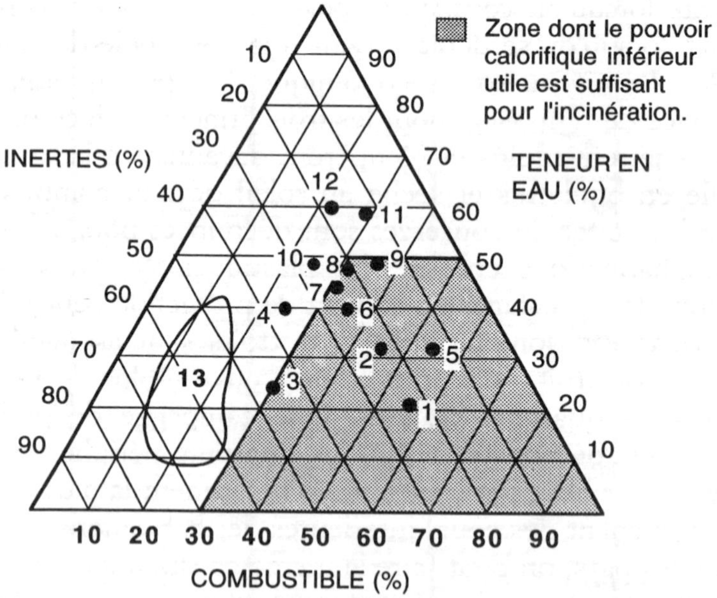

1	USA	1963	8	Sicile	1978
2	Genève	1966	9	Medellin	1980
3	Allemagne	1965	10	Dakar	1987
4	Angleterre	1965	11	Blida	1978
5	Genève	1986	12	Maroc	1961
6	Italie du nord	1978	13	Enquête en Inde	1960
7	Italie centrale	1978			

Figure 2 Diagramme triangulaire de composition des ordures

2.3. Typologie des déchets

Les déchets solides étant de nature et de provenance extrêmement diverses, il s'est révélé nécessaire d'en établir une typologie. On distingue :

— les déchets de grande consommation, dont les sources sont très nombreuses et disséminées, on peut les subdiviser en :
  - ordures ménagères en vrac
  - déchets encombrants (appareils ménagers et meubles)
  - collectes séparées : déchets de jardin, alimentaires, papiers et cartons, verre, métaux ferreux, plastiques, aluminium, textiles, appareils électroniques, etc.
  - déchets spéciaux : piles et batteries, néons et autres lampes à décharge, médicaments, peintures et solvants (en petites quantités), huiles végétales et minérales, frigos (à cause du fréon), etc.
  - vieilles voitures
  - pneus usagés
  - etc.

— les déchets des entreprises, dont les sources sont relativement moins nombreuses :
  - déchets industriels
  - déchets de chantiers de construction ou de démolition
  - déchets d'abattoirs, d'élevage en masse, végétaux et d'entreprises agricoles
  - déchets hospitaliers
  - déchets miniers
  - déchets nucléaires
  - déchets du traitement des déchets : boues de stations d'épuration, cendres d'usines d'incinération

L'analyse chimique directe des déchets solides est pratiquement impossible, parce que ces déchets sont très hétérogènes, tandis que des échantillons d'analyse sont toujours des quantités très petites. La seule approche praticable consiste donc à **trier** manuellement les déchets pour les séparer dans le plus grand nombre possible de catégories homogènes. Plus les quantités triées sont importantes, plus les résultats sont fiables. Une bonne **stratégie d'échantillonnage**, qui tient compte des fluctuations selon les quartiers et selon les saisons, permet d'améliorer encore la fiabilité des résultats. En 1986 et 1987 Genève a procédé au tri manuel de 50 tonnes d'ordures ménagères et de déchets assimilables à ces ordures (en d'autres termes, des déchets ramassés par les services publics de collecte) en 47 catégories.

Il a alors été possible d'extraire des échantillons de petite taille et néanmoins représentatifs de chacune de ces catégories afin de les analyser pour déterminer leur teneur en métaux lourds, en chlore et en fluor. La *figure 3* présente quelques résultats de cette vaste enquête, pour 7 éléments chimiques (fluor, chlore, cuivre, zinc, cadmium, mercure, plomb) et pour 7 grandes catégories de déchets, (car on a regroupé en 7 grandes catégories les 47 catégories qui avaient sensiblement les mêmes teneurs en éléments chimiques considérés). La répartition en poids de ces 7 catégories est indiquée à gauche de la figure. La catégorie « autres » inclut les déchets alimentaires et végétaux, pour lesquels la figure indique les pourcentages en poids et en éléments. Enfin les teneurs, exprimées en grammes par tonne d'ordures, sont indiquées au bas de la figure.

On voit, par exemple, que le cadmium existe dans toutes les catégories de déchets et que le mercure se trouve essentiellement dans la catégorie « piles et matériel informatique », tandis que le fluor se trouve seulement dans les catégories « inertes » et « autres ». Si l'on projette de retenir plus efficacement tel ou tel élément chimique dangereux pour l'environnement, ce type d'information permet notamment de cibler une campagne de collecte séparée de certaines catégories de déchets.

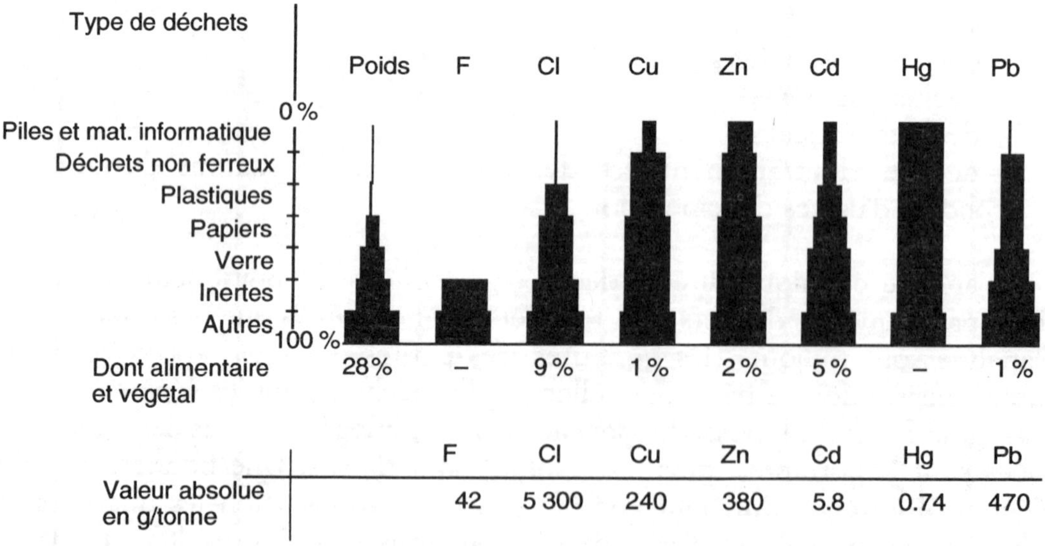

Figure 3 Distribution de quelques éléments chimiques caractéristiques dans les diverses catégories de déchets

3. Les systèmes de désapprovisionnement

3.1. Notions de systémique appliquées aux déchets

Bien que considéré d'emploi encore rare, « **désapprovisionnement** » figure dans le dictionnaire *Robert* et son antonyme est : approvisionnement, couramment utilisé pour les biens de consommation. Il est donc tout à fait opportun d'utiliser le terme désapprovisionnement, lorsqu'on parle de la production, de l'entreposage, du transport, de la manutention, du traitement, enfin de l'élimination ou de la valorisation des déchets.

On parle du **système de désapprovisionnement** (au singulier), lorsqu'on veut considérer l'ensemble dans une approche systémique, par exemple à l'aide d'un diagramme de flux.

Tout bien de production ou de consommation finit par devenir déchet à plus ou moins long terme : même les usines et autres bâtiments (à l'exception des monuments historiques, des musées, bibliothèques et autres biens culturels) deviennent des déchets. Le système de désapprovisionnement peut donc en première analyse être vu comme un système ouvert stationnaire, c'est-à-dire un système qui reçoit de son environnement la même quantité qu'il y rejette.

Un tel système peut comporter des boucles de recirculation. La présence d'une telle boucle signifie que la même matière est réutilisée une ou plusieurs fois. C'est bien ici l'enjeu du **recyclage** ou du réemploi des déchets valorisés dans la production de nouveaux biens. Plus le flux d'une boucle de recirculation est important, plus le système tourne « en circuit fermé » selon l'expression courante, donc plus le système est autonome par rapport à son environnement.

Appliquée aux déchets, cette proposition devient : plus la société humaine recycle ses déchets, moins elle prélève de ressources dans l'environnement et moins elle y rejette de déchets. Bien évidemment, le flux n'est pas seul en cause : la concentration, ou au contraire la dilution des matières considérées, sont également déterminantes.

Le diagramme de la *figure 4*, où la largeur des flèches a été dictée par le besoin de lisibilité, illustre ces propos de manière très globale. Dans la réalité, les proportions entre matières premières, biens, déchets éliminés, déchets de production et matières premières « secondaires » changent énormément selon les matières et biens considérés ; mais cela n'enlève rien à la cohérence du diagramme. On a distingué d'une part les **rejets** dans l'atmosphère, les eaux et le sol, qui participent aux cycles biochimiques écologiques, d'autre part les enfouissements. La même distinction pourrait être faite pour les matières premières dites renouvelables d'une part, pour les minerais et combustibles fossiles d'autre part.

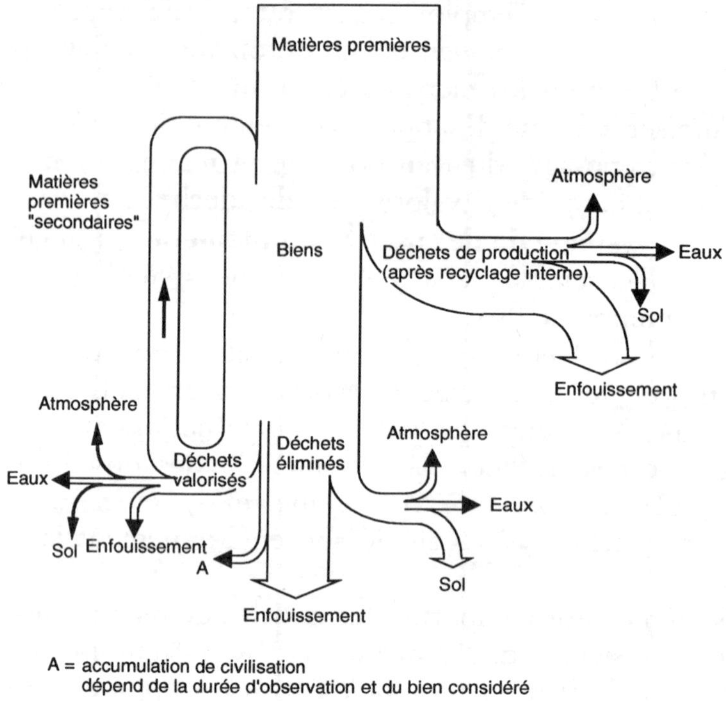

Figure 4 Flux de désapprovisionnement des déchets

3.2. Contraintes environnementales

Le système de désapprovisionnement des déchets est soumis à des **contraintes environnementales** : trois d'entre elles ont une influence majeure. Ce sont les normes de protection de l'environnement, les flux polluants résiduels et les sites d'enfouissement.

Les législations sur la protection de l'environnement ont, pour les plus anciennes, à peine quelques décennies. Et pourtant la sévérité des normes qui en découlent ne cesse de croître. Cette tendance n'est pas près de changer, car la connaissance de plus en plus développée des phénomènes de dégradation de l'environnement à l'échelle locale, continentale et planétaire entraîne cet accroissement de sévérité. Trou d'ozone, effet de serre, diminution du poumon de la planète que sont les aires forestières équatoriales, pluies acides, nitrates dans les réserves d'eau potable, pollution des sols par les métaux lourds, sont autant de menaces qui réclament des normes plus sévères. On ne peut plus jeter n'importe quoi, n'importe où, aux moindres frais. L'élimination des déchets coûte de plus en plus cher.

La boucle de recirculation des matières premières secondaires issues des déchets valorisés est soumise à la contrainte des **flux polluants résiduels**, illustrée par le cas présenté dans la *figure 5*. Il concerne la production de CDOM (Combustibles Dérivés des Ordures Ménagères), justifiée par la possibilité de stocker l'énergie de ce combustible afin de l'utiliser au moment opportun, dans les périodes où l'énergie coûte plus cher. Cette valorisation ne doit pas provoquer un flux de polluants supérieur à celui de l'alternative de l'incinération directe. Or c'est le cas, car les incinérateurs de CDOM, nombreux et de taille relativement petite, ne sont pas équipés des mêmes dispositifs de traitement des effluents gazeux que les grandes usines d'incinération ont déjà ou devront installer prochainement.

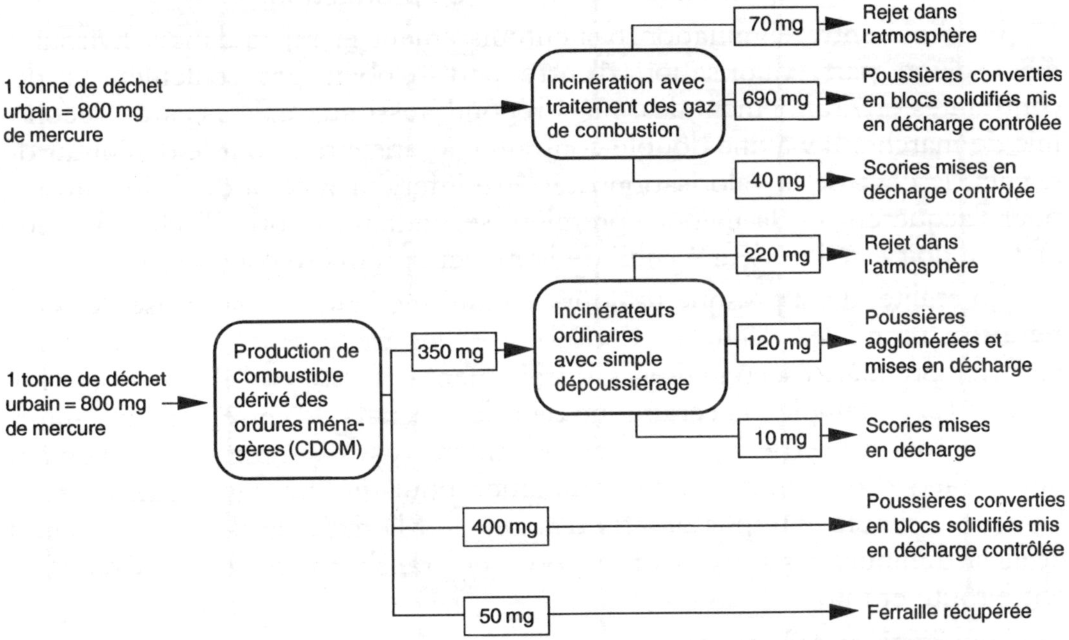

Figure 5 Flux spécifiques de mercure pour deux filières de traitement des déchets

Les sites d'enfouissement sont aujourd'hui un véritable goulot d'étranglement. L'exportation de déchets dans les pays qu'on appelait « de l'Est » et du

Tiers Monde est de plus en plus interdite, tout comme les déversements en haute mer. Les collectivités locales refusent toutes de devenir les poubelles de leur région. Les exigences de la protection des eaux souterraines et de l'environnement en général diminuent considérablement les sites potentiels *(chapitre 54)*. Toutes ces influences conjuguées ont provoqué une hausse rapide et considérable des prix de mise en décharge, ce qui a conduit les entreprises à reconsidérer fondamentalement leur politique de désapprovisionnement.

3.3. Contraintes économiques

La définition du terme **déchet** sous-entend qu'un déchet a une valeur nulle ou négative. On entend par là que le fait de se débarrasser du dit déchet entraîne un coût pour son détenteur. Dans une économie de marché, le coût du désapprovisionnement devra donc être incorporé au coût de production des biens, tout comme les coûts sociaux, en sus des salaires proprement dits, sont incorporés à ce même coût de production.

Le choix entre élimination par enfouissement et rejets dans l'environnement d'une part, valorisation d'autre part, n'obéit pas seulement à des contraintes environnementales, mais répond aussi aux exigences de l'économie de marché. Il y a une double contrainte à satisfaire : pour le détenteur du déchet, le coût de la valorisation doit être inférieur à celui de l'élimination ; pour l'acquéreur de la matière première secondaire, le prix d'achat de cette matière doit être inférieur à celui de la matière première concurrente.

En réalité, il y a presque toujours un intermédiaire. L'entreprise de **récupération** prend les déchets valorisables et les traite pour les convertir en matières premières secondaires. Ce traitement consiste en l'élimination d'impuretés (par exemple : la céramique dans les déchets de verre, qui endommagerait le four de verrier) ; en conditionnement (par exemple : le compactage des déchets d'aluminium de consommation pour diminuer les coûts de stockage) ; en simple entreposage afin d'augmenter la taille des lots à transporter et ainsi diminuer les frais de transport ; en transbordement (par exemple : entre route et rail).

Pour justifier économiquement la valorisation, il n'est pas nécessaire que l'entreprise de récupération paye l'achat du déchet valorisable à son détenteur. Comme le montre la *figure 6*, le choix de la valorisation peut être justifié pour les trois partenaires, même si le producteur de déchets doit payer une somme à l'entreprise de récupération pour qu'elle le débarrasse de ces déchets. Pour cela il faut et il suffit, pour le producteur de déchets, que le coût d'un désapprovisionnement avec valorisation, augmenté ou diminué du prix payé ou reçu, soit inférieur au coût du désapprovisionnement par élimination (S ou S* doivent être positifs) ; pour l'entreprise de récupération, il faut et il suffit que le coût du traitement, augmenté ou diminué du prix payé ou reçu, soit inférieur au coût d'une matière première concurrente (T ou T* doivent être positifs). Les conditions du marché vont déterminer la répartition des bénéfices (S + T) ou (S* + T*) entre les partenaires.

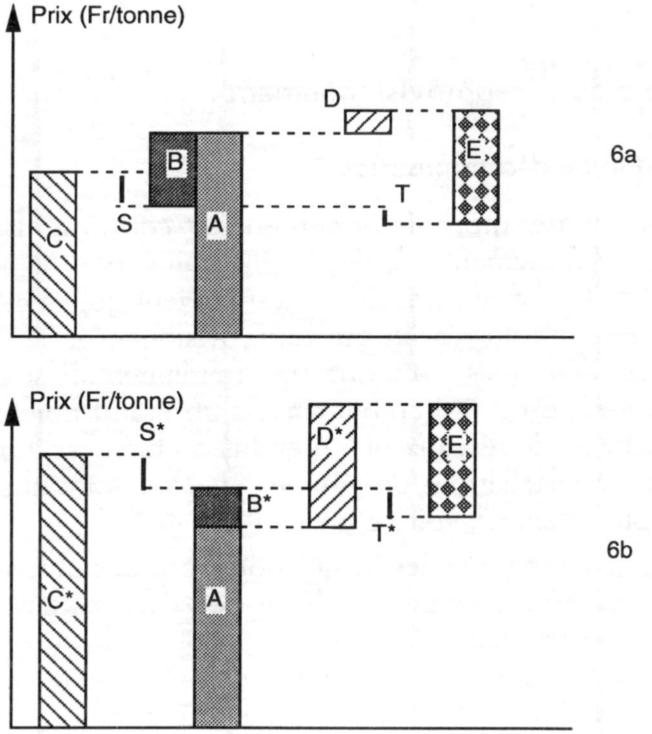

C et C* : coût spécifique de l'élimination.
A : coût spécifique d'une récupération.
B : vente des matières récupérées.
B* : paiement pour prise en charge des matières récupérées.
D et D* : coût spécifique de la valorisation.
E : coût spécifique d'une matière première concurrente.
S et S* : avantage pour le producteur des déchets.
T et T* : avantage d'une matière première « secondaire » résultant de la valorisation sur une matière première concurrente.

Figure 6 Les deux conditions économiques de la valorisation des déchets

La situation de la *figure 6a* se rencontre lorsque les quantités de déchets valorisés sont faibles, tandis que celle de la *figure 6b* correspond à une offre très forte de matières premières secondaires, elle-même induite par l'augmentation du coût du désapprovisionnement par élimination, résultant de normes de plus en plus strictes de protection de l'environnement. La situation de la *figure 6b* résulte également du traitement plus poussé opéré par l'entreprise de récupération, du fait de la concurrence des matières premières directes et du fait que ce traitement coûte aussi plus cher à cause du renforcement des mêmes normes.

4. Géographie du désapprovisionnement

4.1. Centralisation ou décentralisation ?

Un système de **désapprovisionnement** est constitué d'installations fixes d'entreposage, de traitement, de dépôt final, ainsi que de réseaux de transport par route, rail ou voie navigable. Il est évident que la capacité d'une installation et la capacité du réseau qui l'approvisionne ou la désapprovisionne sont en principe identiques. Une question fondamentale se pose alors : pour une région donnée, est-il préférable d'avoir un grand nombre d'installations de petite capacité et de réseaux peu étendus ou bien est-il préférable d'avoir un petit nombre d'installations de grande capacité, voire une seule, associées à des réseaux plus étendus, voire à un seul réseau ?

Sur le plan géographique, les installations sont des objets ponctuels. Elles obéissent à la loi des économies d'échelle : en d'autres termes, une installation d'une capacité donnée coûte proportionnellement moins cher que deux installations dont la capacité est la moitié de la première. La loi des économies d'échelle parle donc en faveur de la centralisation.

Mais cette loi n'est pas vraie pour les réseaux : leur coût augmente proportionnellement plus vite que leur taille. Plus un réseau est étendu, plus son coût par unité transportée est grand.

La *figure 7a* montre comment additionner les coûts spécifiques d'une installation et de son réseau. Elle montre que le total passe par un minimum. La *figure 7b* montre une autre situation semblable. La position du coût minimum dépend évidemment des technologies de traitement et des systèmes de transport. Cette position est différente de cas en cas, selon le type de déchet, selon le pays, selon d'autres conditions encore. Mais ce minimum existe toujours ; il correspond au coût le plus bas.

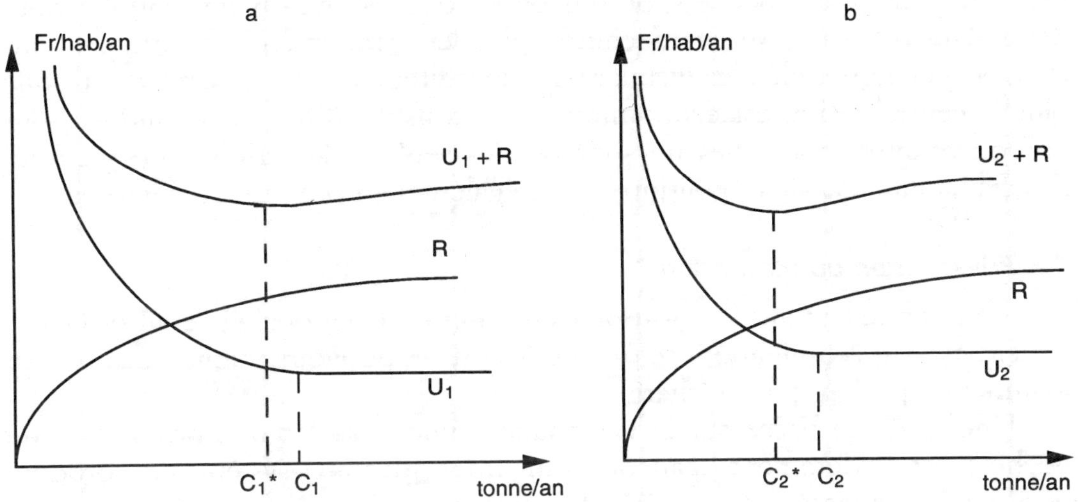

R : coût spécifique d'un réseau.
U_1, U_2 : coût spécifique d'une installation centrale (usine).
C_1, C_2 : limite d'économie d'échelle pour une usine.
C_1*, C_2* : taille optimale d'un système réseau + installation centrale

Figure 7 Recherche des coûts optima d'un système technologique composé d'un réseau et d'une installation centrale de traitement

Un exemple concret illustre bien l'utilité de cette réflexion : c'est le choix entre l'incinération et le compostage des déchets pour lesquels ces deux techniques conviennent. Le coût par tonne traitée par incinération (U_1) baisse lentement, plus l'usine d'incinération est grande. Cette économie d'échelle se produit jusqu'à une capacité de 100 000 tonnes par an environ, correspondant à une usine pour 250 000 habitants (C_1). Par contre le coût d'une tonne traitée par compostage (U_2) baisse rapidement jusqu'à une taille d'installation de 30 000 habitants environ (C_2). Soit R le coût du réseau de collecte et transport, admis comme étant le même dans ces deux cas. On voit que la taille optimale du système Usine + Réseau est plus grande avec une usine d'incinération (C_1*) qu'avec une usine de compostage (C_2*), tandis que le coût, exprimé en francs par habitant et par an, est à peu près le même dans les deux cas.

Le principe de l'analyse centralisation-décentralisation a été présenté dans sa plus grande simplicité. Sa mise en œuvre concrète exige évidemment beaucoup de données et de calculs. Dans le système très complexe du désapprovisionnement des déchets, on rencontre tous les niveaux de centralisation, dépendant de la nature des déchets : plus leur traitement est difficile, coûteux et spécifique, plus les installations de traitement sont onéreuses et donc plus la centralisation est économique. Les considérations économiques sont prépondérantes, mais elles ne sont pas les seules : les critères de sécurité, d'acceptabilité sociale et politique, sont également à prendre en compte.

4.2. Privatisation ou étatisation ?

Traditionnellement, le **désapprovisionnement** des déchets était principalement axé sur l'élimination, ce qui a entraîné les pouvoirs publics locaux à en assumer de plus en plus la charge.

Une stratégie basée sur la valorisation, mieux sur la non-production de déchets, est évidemment beaucoup plus imbriquée aux systèmes de production correspondants : donc une telle stratégie doit davantage s'insérer dans l'économie de marché. Elle doit dès lors être plus diversifiée et décentralisée. La mise en œuvre du principe du « **pollueur-payeur** » charge le consommateur de biens (en d'autres termes, le producteur de déchets résultant de ces biens) et non plus le contribuable. Il est donc logique que l'économie privée assume une part beaucoup plus importante – même prépondérante – du système de désapprovisionnement des déchets.

Lectures recommandées

Cans R., 1990, *Le Monde Poubelle*, Paris, F1rst.

Centre Georges Pompidou/Centre de Création Industrielle, 1984, *Déchets, l'art d'accommoder les restes*, Paris, CCI.

De Silguy C., 1989, *La Saga des déchets du Moyen Age à nos jours*, Paris, l'Instant.

Gerber M., Bochsler B., 1991, *Déchets et recyclage. Ligue pour la propreté en Suisse*, Zürich.

Weick R. et Longet R., 1988, *Gestion des déchets, la société du prêt à jeter*, Société pour la protection de l'environnement, Genève, Georg.

Mots-clefs

Compostage,
Contraintes environnementales,
Déchet,
Désapprovisionnement,
Entreprise de récupération,
Flux polluants,
Incinération,
Pollueur-payeur,
Recyclage,
Rejets.

Géographie appliquée et science des territoires

56

Claude Lacour et Sylvette Puissant

« Géographie appliquée : recherches géographiques orientées en vue d'applications pratiques.
Géographie active : géographie consciente des liens entre ses recherches et ses utilisateurs éventuels »
A. BAILLY, 1991

1. Introduction

La géographie, « ça sert d'abord à faire la guerre », suivant la formule classique de Y. Lacoste. Certes, mais avec quelles armes ? Et pour quel combat ? Que l'analyse de la géographie active et appliquée ait été demandée à des chercheurs d'une autre planète disciplinaire, à des économistes, montre combien les oppositions et les appropriations de disciplines ne sont plus guère fondées. Tous, nous sommes confrontés au développement, à l'aménagement, à l'environnement et cette convergence des problématiques permet d'envisager un dialogue qui se nouerait autour d'une science des territoires, science à qui il appartient de transcender l'exclusivité des champs cognitifs.

Le combat a changé d'âme et de lieu… et pour différentes raisons, sans doute.

Par modestie d'abord. Les spécialistes de l'aménagement, du développement, doivent à présent mesurer les écarts énormes entre leurs ambitions, leurs certitudes d'hier et les résultats d'aujourd'hui. Sans doute la crise économique et toutes les interrogations ou rejets qu'elle a engendrés ont contribué à ces décalages. L'âge de la connaissance conquérante et démiurgique est dépassé. Qu'ont donné, par exemple, les analyses économiques des pôles de croissance, des industries industrialisantes, les modèles de la croissance équilibrée ? Qu'ont produit les références aux métropoles d'équilibre, les enseignements de la théorie keynésienne appliquée aux espaces et aux villes ? L'équilibre généralement invoqué, l'optimalité toujours recherchée notamment, se révèlent des espérances bafouées par la réalité.

Modestie encore tant la recherche scientifique rêve, au fond, d'un modèle unique, universel et permanent alors que les dernières décennies ont montré un mélange de changements profonds qui ont bousculé notre savoir et le savoir-faire des acteurs, expliquant aussi, en même temps, le besoin de penser en termes de temporalité longue, et en sens inverse, une étonnante et excessive conviction que tout serait nouveau... Comme si, pour mieux conjurer une actualité que nous ne comprenons plus, nous avions besoin de nous raccrocher à la permanence : la stabilité, la prégnance temporelle seraient plus résistantes qu'on ne le pensait. Mais également, nous aurions la certitude que des modes nouveaux – productifs, culturels, sociaux et politiques – sont à l'œuvre, incitant à croire en de nouveaux mondes.

De nouveaux modes de production et aussi de nouvelles modes, avec un regain d'intérêt pour des types de représentation et d'expression comme la cartographie, l'économétrie douce, avec une attention plus forte accordée au qualificatif, témoignent autant d'une insatisfaction de nos productions scientifiques antérieures, contestées par la « triste réalité » quotidienne, que de l'observation empirique d'environnements eux-mêmes profondément évolutifs : la décentralisation, l'ouverture internationale, l'intégration européenne, l'accentuation de mobilités à longue distance et les attentes immédiates de services de qualité partout et surtout « au pied de la porte ». Rétrécissement et ouverture de nos champs d'action et de vie qui mettent à mal des analyses qui se veulent intemporelles, universelles, figées dans leur pertinence et leur contradiction interne, figées aussi dans des cadres théoriques ou institutionnels. Et à la modestie, succède sinon l'ambition, du moins davantage de réalisme avec ce qui pourrait être une science des territoires.

Réalisme, ici, ne veut pas dire seulement constat des limites d'une certaine théorisation qui s'est révélée mise à mal par la « contradiction externe ». Peut-être d'ailleurs cette reconnaissance est-elle trop jeune et nos domaines scientifiques encore trop récents ? Cela ne veut pas dire non plus, qu'à une période où l'abstraction et la théorie pure auraient été seules reconnues par les sphères académiques, succéderait aujourd'hui une autre phase où principalement les observations de terrain, les monographies seraient recevables. Le réalisme scientifique consisterait à admettre qu'il faut mieux comprendre, représenter, interpréter, théoriser peut être, ce qui se passe concrètement, confronter davantage observations et analyses conceptuelles. Il nous faut aussi, être en mesure d'aider à la décision. Non pas en tant qu'acteur direct, ou chargé de mission, mais en proposant des analyses, des méthodes, des outils qui donneraient lieu, grâce à de nouvelles représentations, à d'autres cohérences. Permettre aux décideurs d'avoir une meilleure connaissance de leur environnement, de mieux comprendre aussi les effets directs et indirects de décisions, qui, plus qu'avant relèvent de stratégies et de schémas multiples, complémentaires et contradictoires.

De ce point de vue, c'est presque d'une nouvelle ou d'une autre science qu'il faudrait parler, qui intégrerait les horizons internationaux et les réalités locales, des stratégies à vingt ans comme des actions quotidiennes, qui n'opposerait plus (ou moins) abstraction et empirisme, quantitatif et qualitatif, aménagement productif et préservation écologique. Cette science devrait mieux analyser l'intégration et l'autonomie, la concentration et les éclatements, les permanences institutionnelles, et tout autant les découplages fonctionnels qui organisent autrement les territoires de production, de vie et de loisirs...

Cette vaste ambition commence à devenir réalité. La science des territoires impose un énorme effort en matière de connaissances, un travail théorique important. Elle doit reprendre certains de ses concepts de base (centralité, accessibilité, fédéralisme financier...), revoir quelques-unes de ses politiques de référence (aménagement du territoire, planification régionale, développement local..., mieux situer ce qui peut relever d'une part, du contingent, de l'éphémère, et d'autre part, ce qui tiendrait du permanent et de la prégnance temporelle, spatiale et culturelle.

Pour tenter d'éclairer cette nouvelle science des territoires, quatre orientations ont été retenues :
— la tectonique des territoires,
— la globalité et les éclatements urbains,
— les systèmes productifs locaux,
— la planification régionale.

1. La tectonique des territoires

Cette formule nous semble bien décrire les enjeux de la **science des territoires** : elle en propose les termes forts, comme elle guide clairement les actions à entreprendre.

1.1. De l'espace aux territoires

La théorie spatiale s'est constituée et s'est développée principalement sur le concept d'**espace** pur, dont on connait :
— les *arguments majeurs* : ensemble *d'espaces lieux* identiques à un coefficient de masse près, repérables et mesurés par la distance euclidienne,

— les *caractères essentiels* : centralité, homogénéïté, continuité et isotropie, avec pour pères fondateurs, von Thünen, Christaller, Lösch,
— les *descendants* que l'on regroupera sous la pensée de W. Alonso et de celle de la NUE (New Urban Economics),
— les *effets* qui se caractérisent par ce que l'on a coutume d'appeler la géométrie spatiale, censée produire une organisation optimale de l'espace. Tout un courant important de la littérature continue de travailler dans ce champ où d'ailleurs, les modèles de gravitation par exemple, ceux de la localisation optimale se révèlent utilisables et opérationnels, sous réserve de modifier plus ou moins largement les hypothèses initiales *(chapitres 27 et 29)*.

Cet « espace pur » se complète d'analyses en termes d'« **espace-système** » qui réussissent partiellement à articuler les espaces entre eux, sous-tendant, par exemple, les logiques d'armature et de hiérarchie urbaine. Ce sont elles qui ont justifié indirectement les politiques des métropoles d'équilibre et des villes moyennes. Ce sont les « espaces-systèmes » qui, générant une explication théorique de l'*effet d'impulsion et d'induction* du pouvoir central et des entreprises exogènes, ont donné une justification politique aux pratiques de la *décentralisation industrielle*, aux modèles de « développement par le haut », comme à toute une floraison de modèles de planification urbaine et de transports *(chapitres 26 et 28)*. Ils ont été utilisés pour les espaces en reconversion dans des formules combinant intervention de l'Etat, croissance industrielle et création d'emplois dans les activités motrices qui ensuite, induisaient les emplois tertiaires. A certains égards, ces « **espaces-systèmes** » opérationnels fondent cependant des débats théoriques en matière de ruptures, de bifurcation et de catastrophes. D'une autre manière, on pourrait les retrouver aujourd'hui comme fondement « concret » d'une argumentation rapide et insuffisante des **réseaux de villes**, entendus en France comme « réseaux de villes européennes », « Eurométropoles » *(chapitre 34)*.

1.2. La référence à la tectonique des territoires est porteuse de riches ouvertures

– *En matière méthodologique* d'abord, dans la mesure où elle réconcilie approche des mouvements longs, peu apparents – comme ceux des plaques tectoniques – et d'autres approches qui peuvent avoir tendance à souligner l'événement, voire à le créer en en faisant soit un problème, soit un concept scientifiquement fondé, ou du moins une « pseudo-réalité » qui génère des stratégies ou des comportements politiques.

– *En matière d'analyse des territoires*. Pour avoir, d'une part, privilégié l'analyse en termes d'espace pur abstrait, pour avoir, d'autre part, été excessivement respectueuse des découpages institutionnels – Etat, régions administratives, communes – la science régionale *(ch. 9)* a hésité entre une approche normative totalement déconnectée de tout contexte et une attitude technocratique « légitimiste » respectant trop les acteurs. Aussi la référence au territoire est-elle apparue essentiellement comme une *réponse politique, contestataire et anti-économiste* à une théorisation excessive et totalitaire d'un interventionnisme étatique industriel et productiviste, retrouvant les arguments forts du régionalisme. Le « **territoire** », lieu vivant et de vie, s'est voulu la négation d'une conceptualisation macro-économique, il devait être le lieu de mobilisation d'acteurs hors institution, « hors frontière et champ classique de compétences classiquement reconnues ». Il a pu fonctionner totalement à rebours des modèles établis, privilégiant « le petit » contre le « national-étatique », le culturel et le social contre l'économique, le militantisme contre le professionnalisme, la solidarité locale contre l'efficacité mesurée par l'accès aux marchés internationaux. Ces approches, fortement liées au développement local, ont généré la théorisation du **développement endogène**, celle aussi de la capacité locale à entreprendre pour autant qu'il y ait volonté, sensibilisation et projets.

Au-delà de ces réactions aux préceptes et pratiques issus de la période de croissance, l'intérêt pour l'espace-territoire tient à d'autres prises de conscience et à d'autres interrogations :

— la première provient de la nécessité de mieux connaître les réalités territoriales dans leur complexité, leur hétérogénéïté, leurs changements et leurs permanences. Les analyses classiques de la géographie humaine, physique, celles tirées de géographies économiques régionales ou des modèles nationaux d'aménagement du territoire sont discutées, aussi bien en ce qui concerne les conceptualisations de base que les politiques à définir,

— la seconde relève d'un changement majeur dans la problématique même du développement. Les oppositions entre culturel et économique, entre production et protection dans un espace se révèlent inacceptables et de surcroît dangereuses. Il n'est plus question de confronter des conceptions macro-spatiales à des réalités micro-locales, ni davantage d'interdire (ou d'autoriser) tout projet de développement qui pourrait nuire à un environnement naturel et humain fragile ou fragilisé. Il faut inventer une autre philosophie de l'aménagement où, à l'évidence, développement par le haut et par le bas sont mêlés, où de nombreux acteurs interviennent, philosophie qui dépasserait le thème de la toute puissance d'un Etat opposée à celle d'un marché rationnel. Qui dépasserait naturellement, tout en les respectant, les frontières politico-administratives héritées de l'histoire et les légitimités reconnues et sanctionnées par les suffrages. En particulier, se développe tout un courant de réflexion sur des analyses économiques des paysages, qui cherchent des relations entre aménagement et environnement,

— la troisième consiste en *une approche plus complexe encore, puisqu'il faut comprendre et agir sur des réalités à géométrie variable et à temporalités différenciées*. Ce sont toutes les questions d'intégration et d'éclatement des territoires, celles des disparitions de frontières classiques et bien connues, (par exemple, les frontières nationales) et celles d'apparitions de « démarcations » inédites.

D'une manière forte, deux termes constituent peut être les clefs de cette nouvelle connaissance et de ces récentes stratégies : *la* **centralité** *et les* **frontières**, termes qui gouvernent *l'intégration et l'éclatement des territoires*.

Que ce soit à la suite de mouvements longs, en réponse à la décentralisation ou à l'intégration européenne, deux tendances marquantes témoignent de mutations importantes en matière de géographie régionale :

— d'un côté, l'évident dépassement des limites institutionnelles ; l'effacement certain des frontières nationales dévoilent l'importance des espaces transfrontaliers, qui, dans beaucoup de cas, s'organisent, s'intègrent fonctionnellement et constituent des unités continues, homogènes, posant à rebours, aux différentes autorités communautaires et nationales des questions de nature politique et internationale. De nature interrégionale aussi, puisque les réalités humaines, géographiques, la continuité des problèmes, reprennent de l'influence et pourraient illustrer une possible revanche du réalisme géo-économique sur les découpages administratifs. D'où, les thématiques de l'intercommunalité, de l'interrégionalité, des multiples coopérations à inventer et qui donnent la part belle à l'économie publique locale. Ces « dépassements de frontières » conduisent alors, dans beaucoup de cas, à repenser totalement les espaces concrets connus et à envisager des réflexions en termes de macro-régions, thématiques à vrai dire, qui cette fois retrouveraient l'histoire et nombre de propositions largement oubliées.

Cette macro-territorialisation nécessaire va de pair avec la tout aussi nécessaire prise en compte de « **micro-territoires** », internes aux régions traditionnelles, voire internes aux départements : les espaces intra-urbains comme les espaces ruraux ne peuvent plus être appréhendés avec les outils – notamment statistiques – classiques (on y reviendra), tant, par exemple, les effets d'agglomération, la continuité et l'homogénéïté de certains milieux ruraux imposent une lecture et des décisions harmonisées. Si de nombreuses frontières disparaissent, d'autres apparaissent, avec lesquelles il nous faut – scientifiques et décideurs – composer. On en retiendra, pour l'exemple, deux catégories :

– la première pourrait être appelée celle des « **espaces intermédiaires** », situés entre régions puissantes et zones attractives, entre des aires fortement urbanisées, métropolitaines, et d'autres marquées par la littoralisation accrue. Ainsi se posent des questions pour des espaces peu liés à une grande métropole, mal articulés sur un arc (atlantique, méditerranéen), mal reliés aux grandes voies de communication, qui, pour aller vite, relèveraient, en France, de la « diagonale aride ». Ces espaces à dimensionnement flou, qui possèdent pourtant une certaine homogénéïté mais qui est peu lisible et qui est même gommée par les découpages et les statistiques régionales, devront faire l'objet d'analyses particulières, avec des instruments et des méthodes qui restent à préciser ;

– le second exemple pourrait être trouvé dans *« les espaces ruraux profonds »* que nous ne savons guère encore prendre en compte. L'agriculture et le monde paysan certes, y ont moins de poids, ils vivent, pour partie, de tourisme intérieur, espèrent beaucoup du développement local, entendu excessivement et sans doute à tort, comme ultime espérance avant la faillite. Enfin des schémas d'aménagement des services publics locaux commencent à y être préparés. Mais globalement, faute peut-être d'avoir continué des réflexions approfondies sur ces espaces au profit des problématiques sur la ville, faute aussi de n'avoir pas su concrétiser une modélisation d'ensemble cohérente du développement de ces espaces, on en reste trop à l'opposition entre espace rural et grande ville : surconcentration des grandes métropoles et désertification du monde rural. Pour toutes ces raisons, la connaissance est relativement orpheline et les propositions à faire pour les décideurs restent limitées.

Les enjeux nous paraissent se situer dans une relance des réflexions sur les espaces ruraux, mais en acceptant l'inéluctabilité de la déprise agricole, la reconnaissance du rôle majeur des petites villes et des bourgs ruraux, ainsi qu'une certaine conception « naturaliste » d'un mode de développement. Sinon, il y aura mort généralisée ou repli local, récusation de l'intégration, explosion violente de tous ceux qui se sentent exclus des grands mouvements du futur communautaire. De nombreux mouvements ruraux expriment une conception forte d'une ruralité à réinventer, qui veulent signifier aux décideurs le rejet de leurs modes d'approche et, d'une certaine manière, le refus de leurs choix qui ignorent, à tort ou à raison, leurs modes de vie : au pire, qu'on les laisse disparaître tranquilles...

La tectonique des territoires est bien ainsi une méthodologie d'analyse qui tente de lier les mouvements longs et les événements conjoncturels, qui voudrait prendre en compte les tendances à l'intégration et les reconnaissances d'autonomies, qui cherche à articuler de manière cohérente macro-espaces et micro-territoires.

Au-delà, elle souhaiterait attester de réflexions à engager pour concevoir des politiques, des modèles différenciés de développement et d'aménagement. Plus que jamais peut être, on attend de la démarche scientifique, certes des analyses, mais surtout des orientations, des recommandations : des aides à la compréhension des mécanismes, des cadrages de stratégies, ainsi que l'évaluation des coûts à supporter. A ce titre, *la science des territoires est vraiment attendue comme devant être active*.

2. La globalité et les éclatements urbains

Des insatisfactions identiques se retrouvent en ce domaine, même si dans cet ouvrage, plusieurs chapitres en ont montré les avancées théoriques : aussi bien la NUE *(New Urban Economics)* que les enseignements tirés des courants de la bifurcation, par exemple.

Insatisfactions cependant, car la recherche urbaine a parfois tendance à fonctionner en « accordéon », passant d'un excès de conviction à une inévitable crise urbaine, du déclin urbain à son contraire, voir l'enthousiasme sélectif pour la métropolité. Effet d'accordéon encore, qui oppose intérêt porté à la ville, à l'urbain par les grandes structures de recherche à un moment donné, et un quasi-abandon de ce terrain d'analyse. Qui conduit encore à une prédilection passagère pour les aspects sociaux, la marginalité, l'exclusion urbaine, pour ensuite ne retenir que les attractivités technopolitaines, les connexions souhaitées pour des réseaux d'Eurocités, d'Eurométropoles et de villes internationales.

Plutôt que de se polariser sur ces aspects sectoriels, appréciés suivant les modes et les besoins du moment, il semble plus raisonnable de réaffirmer la globalité de la ville *(chapitre 35)*.

2.1. Globalité qui amène à prendre en compte ensemble des aspects, des espaces qui sont peut être trop séparés et désolidarisés :

— la globalité urbaine, c'est aussi, avec la métropolisation, la tendance à la marginalisation, à l'exclusion de certaines populations et de certains quartiers... et l'attraction renforcée de certains lieux,
— c'est aussi le réinvestissement, la densification, la concentration de l'usage de certains espaces... et la continuation de l'extension, de la dissolution d'autres tissus urbains,
— c'est encore l'attachement profond à une commune, le renforcement des compétences municipales... et une utilisation confortée de l'espace de l'agglomération, le besoin reconnu d'une gestion coordonnée, qu'il existe ou non une structure adéquate (district, communauté urbaine...),
— c'est le besoin d'affiner davantage les fonctions des capitales régionales, de renforcer des métropoles européennes... tout en reconnaissant la place, le rôle des villes moyennes ou intermédiaires,
— c'est l'impérative nécessité de fonctionner en réseaux de villes transrégionales, transnationales... tout en sachant que de tels réseaux sont relativement étanches, exclusifs et concurrentiels,
— c'est reconnaître les fonctions productives, économiques des villes... et aussi qu'elles peuvent être des lieux de patrimoine, de culture, autres arguments majeurs de l'attractivité économique,
— c'est accepter les externalités négatives générées par la taille et le fonctionnement des villes en matière de circulation, de prix fonciers et de pollutions de toutes sortes,
— c'est admettre enfin que les financements, les moyens des collectivités locales sont extrêmement divers et qu'ils accroissent éventuellement les inégalités intra et inter-urbaines.

2.2. L'éclatement urbain retrouve, au fond, nos commentaires précédents car il peut être appréhendé comme contre-lecture de la globalité.

— éclatement entre différents types de villes : celles qui doivent leur histoire et leur souveraineté à la révolution industrielle, qui tentent de dépasser les crises sectorielles pour réussir leur reconversion et celles qui vivent une plénitude de technopôles, thème très prisé et étudié au cours de la dernière décennie,
— éclatement qui recouvre partiellement la distinction précédente entre villes du nord de l'Europe qui remettent en lumière et consolident leur logique hanséatique, celles qui auraient leur « revanche », les villes du

sud, et d'autres encore dont la relative situation en périphérie par rapport à celles de l'axe lourd Londres-Milan, deviendrait argument porteur d'un avenir favorisé : les Atlanti-cités…,

— des villes qui se verraient ou se sentent partenaires directs des grands modèles : Barcelone, Milan, Munich, et les autres… qui s'affermiraient en créant des ententes face à Paris (villes à 1 heure de Paris par le TGV), ou face à leurs capitales régionales lointaines : Pau-Tarbes-Lourdes vis-à-vis de Toulouse et Bordeaux ; qui se renforceraient pour devenir métropole éclatée mais organisée ou métropole continue : Bayonne-Saint Sébastien, Menton-Gênes.

— L'éclatement urbain, c'est aussi l'éclatement interne des agglomérations. Des espaces plus fonctionnalisés encore qu'il y a vingt ans, plus spécialisés, la richesse des zones résidentielles, la nature des activités de commandement et de production, la concentration des zones à proximité des grands axes, érigent en ensembles puissants qui rendent d'autant plus visibles, et à terme insupportables, des espaces fragiles et en voie de marginalisation. Les explosions sociales dans certaines banlieues, le nombre croissant de *homeless* dans les villes américaines sont, sans conteste, la démonstration de l'évolution des villes à *n* vitesses, et celle de la fragilité des tissus urbains.

Plusieurs voies alors se dessinent, pour mieux être en mesure de connaître et de gérer ces situations :

— *Il n'y a pas de bonne politique d'***aménagement du territoire** *sans politique des villes*. Certes, la décentralisation a partiellement rompu en France les principes d'organisation territoriale liés à la cohérence des politiques nationales urbaines : les maires sont maîtres de leur développement, notamment par l'octroi du permis de construire. Ils ont envie de témoigner de leur puissance en se lançant souvent dans des politiques d'images, médiatiques pour annoncer davantage leur attractivité. Ils sont devenus concurrents, en particulier dans leur volonté respective de nouer des alliances préférentielles par des réseaux fermés de villes internationales. Pour autant, des associations nouvelles, impensables hier, attestent d'une recomposition possible et d'ententes fructueuses. Les principes de spécialité et de sélectivité, classiques et connus dans plusieurs pays européens, ont été relativement ignorés dans la France jacobine et centralisée. On voit bien encore tout ce que cette histoire implique de pérennité et de stabilité, mais on s'aperçoit aussi combien il nous faudra, à l'avenir, repenser – théoriquement et pratiquement – les politiques urbaines.

L'Etat national aujourd'hui, Bruxelles en Europe demain, devront s'engager davantage dans cette réflexion.

Pour les chercheurs, plusieurs questions majeures sont alors posées :

— un approfondissement sérieux de la notion de réseaux urbains, dont il faudra un jour mieux savoir, s'ils sont d'une nature différente de l'ancienne problématique de l'armature et de la hiérarchie urbaine des années soixante,
— des travaux importants restent nécessaires en matière de connaissance des « coûts de la croissance urbaine », notamment dans les domaines de la surconcentration et, à l'opposé, de la désertification,
— une autre réflexion, sans doute, devra remettre en cause profondément les modalités actuelles des systèmes financiers locaux dans une perspective d'intercommunalité, aussi bien institutionnelle que fonctionnelle,
— des analyses globales en matière de territorialité urbaine enfin, s'imposeront : reprendre les principes de la centralité, de l'accessibilité, ceux de l'articulation entre centre-ville, péri-urbanisation et banlieues.

2.3. Les dynamiques de la métropolisation

On a évoqué un instant, les extrémismes théoriques et politiques accentués entre l'attrait de la métropole, la révolution des « villes intelligentes » et la théorisation du déclin urbain : deux lectures qui renvoient directement ou non au phénomène technopolitain et aux schèmes de la société post-fordiste : en Europe revanche du sud et pérennité de la Lotharingie, attrait de l'Europe du nord et émergence d'un arc méditerranéen... On soulignera, en outre, le retour sur la scène théorique et son influence implicite sur les stratégies urbaines de la géographie critériologique, illustrée par les travaux de R. Brunet (1986).

Sur ces différentes perspectives, s'est constituée une littérature spécifique qui énonce une théorisation et qui définit une pratique de la grande ville internationale axée sur le concept de métropolisation.

Brièvement résumée, la métropolisation correspond à un stade avancé du processus d'urbanisation, elle se fonde sur la place de la tertiairisation, les niveaux de qualification des emplois dans les sièges sociaux, l'importance des structures de recherche, de santé et d'aménagement de haut niveau. La proximité de liens multimodaux de communication, la participation à des réseaux internationaux finissent de composer ses grandes caractéristiques.

Deux observations majeures nous paraissent, ici, devoir être formulées :

— d'une part, l'internationalisation, la métropolisation ne peuvent concerner qu'un nombre finalement réduit de villes, dont l'excellence en quelques domaines ne saurait garantir l'absence de dysfonctionnements tant sur le plan morphologique que sur celui du comportement harmonieux d'ensemble. Les métropoles peuvent en même temps être extrêmement efficaces, attractives et posséder des espaces fragiles ou marginalisés. L'opposition entre les deux grands modèles de métropolisation tendrait, à notre sens, à se réduire. On serait là encore, comme pour les territoires en général, en présence de forces qui favorisent l'intensification, la densification, la très haute valorisation d'espaces centraux ou dotés d'une nouvelle centralité comme la Défense à Paris ou la Part-Dieu à Lyon. Mais conjointement, joueraient des forces d'extension, d'étalement, d'éclatement, de dissolution et de marginalisation sur d'autres zones centrales ou périphériques. Les oppositions ou les schémas trop exclusifs doivent être nuancés et repensés et aucune stratégie définitive, unique, de réussite n'a encore été prouvée ;

— d'autre part, ce genre de réflexions et de positionnement international ne traitent pas l'intégralité de ce qui fait la métropolisation. Bien au contraire, car si on émet l'hypothèse d'une continuation de l'attractivité des villes, la question centrale de l'urbanisation et de la métropolisation concerne *toutes les villes*.

L'idée forte serait donc bien de centrer la connaissance sur les mécanismes, les avantages et les limites de la métropolisation, pensée et gérée comme étant un phénomène pouvant se produire potentiellement *dans toutes les villes*, quelles que soient leur taille, leurs fonctions et leur histoire.

3. Les systèmes productifs territoriaux

La terminologie, ici encore pourra paraître plus novatrice que son contenu. S'il s'agissait seulement de parler de comptabilités territoriales à la place de comptes régionaux, le changement pourrait bien être totalement factice. Pourtant, au-delà de la terminologie, il y a véritablement une nouvelle façon d'aborder les systèmes productifs. Il y en a, plus précisément, de nombreuses, qui pratiquement toutes ont un tronc commun : le constat de la généralité et de la profondeur de la crise industrielle mondiale, la condamnation morale et technique du système fordiste, la conviction que nous étions entrés dans une société de services post-industrielle. A ce constat qui concernait un mode de production, un mode de pensée, la légitimité de l'intervention étatique et de l'Etat lui-même, et qui condamnait ce qu'un peu rapidement on avait appelé le *modèle du* **développement par le haut** ou modèle productiviste-industrialiste, on allait tout aussi imprudemment opposer une autre logique : *celle du* **développement par le bas**, *ou encore développement endogène ou* **développement local**. A vrai dire cette remise en cause, apparemment simple, était lourde d'autres ambiguïtés. Mais elle ouvrait de multiples pistes.

Pour autant qu'il paraissait évident de parler de crise, fallait-il encore trouver des arguments permettant d'espérer en sortir, proposer des voies assurant des alternatives stratégiques. Une bonne partie des réponses fut trouvée chez des théoriciens anciens, prenant appui soit sur les *mouvements longs*, soit sur le *district technologique*.

La réapparition des cycles longs, le rôle essentiel des innovations ont alors permis de resituer la crise, qui faute de mieux, devenait « moment » d'un mouvement plus long. L'innovation allait être le maître mot des stratégies à mettre en œuvre : innovation dans les systèmes productifs, mais aussi pour les villes, comme pour tous les territoires. Ainsi le développement local pouvait être repensé, et enrichi d'un contenu qui n'était pas seulement passéiste et défensif.

Au contraire, le développement local allait se nourrir de projets créatifs, affirmant la possibilité pour tout espace d'être initiateur de programmes novateurs pour autant qu'ils sont « innovants » technologiquement institutionnellement, et culturellement. Quand on dit « tout » espace, il y a cependant excès de langage et c'est ce que montrent les enseignements du district technologique et des milieux innovateurs. Les réflexions théoriques, comme les observations de terrain vont, au contraire, chercher à comprendre pourquoi certains territoires, certains milieux permettent l'innovation, quand d'autres se révèlent incapables de réagir et s'enfoncent progressivement dans le découragement et la marginalisation.

Une double avancée est ainsi réalisée :

— d'une part, *territoire, territorialité et mouvements d'innovation sont articulés*. Une analyse de type macro-mondiale est rendue compatible, puisant aux sources de l'économie industrielle à laquelle on a beaucoup emprunté, et réussissant l'alchimie des stratégies territoriales ;

— d'autre part, *est souligné le rôle essentiel de l'***environnement local**, tant des points de vue culturels, historiques, sociaux que politiques. Le développement porteur d'avenir, la capacité à résister, à dépasser un état donné, n'existent que si le milieu est innovant, malléable. La réponse régionaliste de la fin des années 1970, qui avait exorcisé le démon productiviste pour vanter le social et le culturel est, elle aussi, dépassée. Le culturel, le social deviennent de « plein droit » des facteurs qui permettent ou interdisent le développement, lui même profondément reconsidéré. A ce stade, sont revalorisés par exemple, des environnements de type « familial », les petites entreprises, les initiateurs-porteurs de projets qui ne relèvent pas seulement de la puissance publique.

Curieusement encore, on ne différencie plus monde rural et espaces innovants, et l'on cherche à mieux valoriser localement des ressources ou des gisements locaux à condition qu'ils soient technologiquement et mondialement performants. Bien sûr, là encore, les modèles exemplaires, quasiment mythiques, comme la Troisième Italie ou la Vallée de l'Arve seront de multiples fois théorisés, encore que ces modèles puissent difficilement être *transposables ou transférables*. Une volonté générale s'exprime pour mieux connaître le fonctionnement de ces systèmes productifs territoriaux, qui mêlent l'exogène et l'endogène, le culturel et les hautes technologies, les institutions classiques et de nouveaux partenaires, les grands groupes à stratégie mondiale et les petites unités à marché limité…

Deux conséquences en découlent : la première, on l'a un instant évoqué, c'est la double série de rencontres de plus en plus fréquentes entre l'économie de l'aménagement et du développement et l'économie industrielle, et entre des approches sectorielles et des politiques territoriales. La seconde conséquence est de nature tout à fait différente. Elle concerne les énormes besoins d'*informations locales*. Avec lenteur, les régions ont fini par être reconnues lieux importants pour l'information économique, là où il y a encore trente ans, on ne pouvait disposer que de données nationales. Les comptabilités dites régionales apparaissaient comme des sous-systèmes régionaux d'un modèle national. La pertinence et les spécificités des régions étaient ainsi réduites, les analyses limitées.

De la tectonique des territoires naissent de nouveaux problèmes. On est, en effet, confronté à un décalage croissant entre unités institutionnelles (communes, départements, régions…) pour lesquelles potentiellement des informations existent, et les nouveaux territoires – macro et micro-espaces – pour lesquels, évidemment, compte tenu de leur géométrie flexible, de leur réalité et de leurs frontières changeantes, il n'est pas possible d'avoir les informations de base, permettant de fonder un diagnostic sérieux et des stratégies de choix éventuels. C'est vrai des espaces transfrontaliers, des espaces ruraux pluri-départementaux et pluri-régionaux, des agglomérations urbaines macro et micro-régionales. Alors, la référence obligée reste la comparaison de données homogénéïsées sur des limites institutionnelles, qui exprime une « réalité » statistique doublement déphasée des problèmes ressentis par les acteurs et les responsables de ces nouveaux territoires.

4. La planification régionale

La formule, **planification régionale**, malgré son usage ancien et abondant, reste ambigüe. Nombre de pays, par exemple en Europe du Nord, préfèrent parler de politiques régionales ou de programmes stratégiques... La différence dépasse évidemment la sémantique ! Au contraire, les pays de l'Europe du sud restent convaincus de sa nécessité, mieux même de son renforcement. Autre ambiguïté préalable à lever, d'une manière évidente, c'est longtemps l'Etat, en France, qui a mené des politiques appelées régionales.

4.1. Les enjeux du fédéralisme financier : niveaux et compétences des collectivités publiques

Ce vocabulaire, directement traduit du *fiscal federalism* anglo-saxon, pose aujourd'hui un ensemble de questions qui dépasse la seule problématique fiscale ou celle du financement des collectivités territoriales. La décentralisation en France, la concrétisation de la présence communautaire en Europe modifient en profondeur le panorama institutionnel et conduisent à penser et gérer différemment les territoires. Le système français traditionnel d'aménagement du territoire était bien connu, fait d'un mélange de jacobinisme et de politique keynésienne. L'Etat concevait, finançait, réalisait les décentralisations industrielles et les aménagements littoraux, par exemple. La décentralisation des années 1981-82 a donné aux régions, parmi leurs compétences majeures, celle d'aménager leur territoire ; sans leur donner concrètement un territoire propre...

L'articulation des différents niveaux d'intervention

Qui fait quoi et où ? Il faut marier des principes qui peuvent diverger, celui de la *spécificité et de la pertinence des actions avec celui appelé de subsidiarité*, tous deux visant la meilleure efficacité des interventions. Ressurgissent alors des débats classiques et déjà anciens où les géographes, les historiens, les politiques, les socio-professionnels sont, à un moment ou à un autre, intervenus : quels sont les découpages optimaux, et, à défaut, possibles, tolérables ? On soulignera ici quelques originalités françaises, celle de conserver 26 régions, (à statut différencié : 21 régions « normales », des régions monodépartementales d'Outre Mer et la Corse), celle d'avoir une centaine de départements et surtout... 36 000 communes. Pratiquement tous les pays européens ont réduit le nombre de leurs collectivités, l'Allemagne envisage même de revoir à la baisse le nombre des Länder à l'est, et sans doute celui de la partie occidentale !

Sont ainsi discutées, la taille des unités, leur capacité à répondre à des impératifs changeants, des modalités à trouver pour les rendre plus opérationnelles.

Il est difficile techniquement et scientifiquement d'apporter des réponses satisfaisantes, sauf à dire, qu'en comparaison, la France possède un nombre de niveaux d'intervention *trop* élevé : commune, département, région, Etat, CEE, sans compter les « quasi-niveaux » du type district et communauté urbaine. Sauf à dire aussi, qu'il y a *trop* de régions, de départements et de communes. Cet excès étant jugé par référence à d'autres expériences nationales et par des prédilections implicites pour des approches économiques, financières : faiblesse des petites communes, incapacité de réaliser des investissements... Pourtant dans beaucoup de cas, la réalité symbolique de la commune, le sentiment d'appartenance locale restent extrêmement forts et la guerre de clochers est toujours ouverte.

Au-delà de cette problématique des niveaux d'intervention, est surtout en question le double et profond mouvement qui affecte l'espace national. D'une part, sa restructuration déjà en œuvre, notamment dans ses parties « transfrontalières », une concentration des grandes agglomérations et des risques de désertification. D'autre part, est posé, souhaité ou craint, le principe d'une Europe davantage fédérale établie sur des régions, celles-ci étant... évidemment repensées et « redécoupées ». Aussi, directement déjà, des alliances se nouent entre grandes régions européennes puissantes, et le fossé s'accentue avec les espaces plus démunis. La place de la culture, l'importance du sentiment d'appartenance, le rappel de l'histoire vont alors, paradoxalement, donner aussi bien autant d'arguments pour une organisation plus fonctionnelle, plus « européenne » que pour des configurations et des découpages relevant, certains, de l'Ancien Régime...

La répartition des compétences

La répartition des compétences dans les lois de décentralisation s'est faite suivant deux principes classiques du système républicain français :

— Le **principe d'égalité** : toutes les collectivités territoriales françaises, à quelques exceptions près, ont les mêmes pouvoirs et les mêmes compétences, principe que l'on ne trouve guère que dans quelques pays.

— Le **principe de répartition par bloc** : chaque niveau territorial a, en principe, un *bloc*, un ensemble de compétences, sinon exclusif, du moins relativement spécifique. L'illustration parfaite en est donnée pour l'éducation : l'école primaire à la commune, le collège au département, le lycée à la région, l'université à l'Etat, celui-ci conservant la maîtrise des programmes et des habilitations et assurant la rémunération des fonctionnaires de l'Education Nationale. Mais cet exemple montre aussi qu'en 10 ans, un système virtuellement cohérent est rapidement devenu intenable et dans les faits, la majorité des compétences est aujourd'hui partagée, imbriquée, assurée par tous. Les politiques communautaires, de toute manière, directement ou non, ont contribué à ces imbrications. Il faut alors reprendre la mécanique et s'appuyer sur le **principe de subsidiarité**. Simple dans son fondement, – faire faire sur le lieu le mieux approprié, le plus rapide, le plus efficace –, il se révèle délicat à pratiquer : où commence et finit un programme d'aménagement ? Qui est responsable des pollutions et qui doit assurer la protection des patrimoines ?

On s'oriente ainsi progressivement vers *une plus grande sélectivité et responsabilité* des opérateurs et des actions… Mais reste posée la question-clef : dans le cas français, faut-il réduire le nombre de collectivités et/ou accroître les compétences et les moyens ?

4.2. Le développement local et le développement régional communautaire

La Commission Européenne n'aime guère parler de théorie du développement régional communautaire qui, de toute manière, reste encore seconde dans ses priorités : la première est de fixer et renforcer des conditions de concurrence transparentes entre les Etats membres. Toutefois, le domaine « régional » ne lui est pas indifférent et elle cherche à nouer avec les administrations régionales des liens directs, sans exclure les Etats, mais éventuellement en les contournant. Les Conseils Régionaux de leur côté, non seulement s'installent à Bruxelles pour faire du *lobbying*, mais s'engagent dans des démarches directes avec la Commission Européenne, pour une rencontre du développement régional et local européen, oubliant ou dépassant les Etats, pour une discussion directe entre acteurs de terrain, pour un financement global des programmes. L'avancée est encore prudente mais sans être timorée, et surtout elle marque bien ce qui semble la phase exploratoire d'une Europe fédérale des régions, à l'exemple de ce qui se passe pour les provinces canadiennes et les cantons suisses.

Les orientations majeures des politiques régionales européennes imposent aux chercheurs de mettre en œuvre de nouveaux concepts et de revoir leurs méthodes et leurs outils.

Les politiques régionales communautaires entendent promouvoir un développement coordonné, concentré et partenarial

Développement qui sera *coordonné* par un meilleur fonctionnement des Fonds Communautaires Européens, ce qui implique une révision profonde des objectifs mêmes de beaucoup de Directions Générales, qui ont compétence pour les territoires, le développement régional et local, mais qui les apprécient différemment.

Développement qui sera *concentré* et *partenarial* ; la Commission et les Etats nationaux estiment révolues les politiques à guichets ouverts, l'heure est à l'effort sur « l'objectif 1 » en faveur des régions (ou Etats) en retard de développement. La dotation accordée à cet objectif témoigne d'ailleurs de cette orientation vers la concentration, qui se manifeste aussi en matière de zones éligibles pour lesquelles la dilution et le saupoudrage des aides seront évités. En outre, une plus grande sélectivité des programmes sera recherchée et les opérations partenariales concerneront la Commission Européenne dans une proportion maximale de 50 % des financements, le reste étant à partager entre partenaires « nationaux » : Etats, région (s) et « autres », à savoir conseils généraux, villes, structures associatives. Ce **principe d'additionnalité** devrait, de surcroît, s'appliquer essentiellement à des programmes nouveaux : la Commission ne tenant pas à financer des opérations non admises aux contrats de Plan, ou des opérations qui peuvent l'être nationalement.

Si la rigueur de ces principes de développement est louable, on remarquera, cependant, qu'ils recèlent quelques effets pervers pour les espaces défavorisés, auxquels précisément ils s'appliquent : comment mobiliser des ressources financières locales quand, par définition, on n'en est guère doté ?

Les politiques régionales communautaires entendent favoriser un développement fortement ancré sur les réalités territoriales

Le **territoire** dans sa variabilité, ses géométries flexibles intéresse la Commission, même si les négociations et les financements passent encore formellement par l'Etat et les Conseils Régionaux. Elle a la volonté de spécifier les aides pour des espaces posant véritablement problèmes, et cette prédilection territoriale sous-tend des conceptions et des approches du type **développement potentiel endogène**. La réparation, et la reconversion, au sens de « reconversion industrielle traditionnelle », seront moins recherchées au profit d'autres modalités permettant à ces zones de trouver de nouvelles opportunités. Plus précisément, les chances de développement à venir tiendraient à un triple franchissement :

— *un saut qualitatif* : profiter de la dureté d'une crise agricole, rurale ou industrielle, pour changer totalement le système productif local et améliorer les qualités de vie et les paysages locaux. Pour cela, on espère beaucoup et on s'appuie sur les PME et les PMI ;
— *un saut technologique* : moins adapter une activité, la conforter, qu'organiser de nouvelles filières, fonder et structurer des réseaux internationaux pour pouvoir être performants sur les marchés ;
— *un saut en matière de formation*, tant la Commission est convaincue que c'est sur ce domaine que l'avenir et la réussite des territoires se joueront.

En résumé, il s'agit bien sûr d'accentuer la tendance à travailler plus directement et plus intensément avec les régions, et à terme, avec les acteurs macro- et micro-territoriaux : la Commission Européenne réfléchit aussi à son « arc atlantique », à son « arc nordique », et les futurs programmes intéressent directement des zones régionales couvrant plusieurs parties de départements et de régions. Est-on alors à l'aube d'une Communauté des Régions, plutôt que d'une communauté des territoires ?

La science des territoires reste, en grande partie, à faire. A travers les questions qui ont été évoquées, à travers les propositions suggérées, ce qui est en cause aussi, ce sont bien des stratégies de recherche à concevoir pour une « géographie active » : penser de nouveaux modèles de développement et d'aménagement, alliant mieux les impératifs de l'écologie contemporaine, de la protection des paysages, des patrimoines et ceux d'un aménagement dynamique, créateur de richesses et de mieux-vivre.

Lectures recommandées

Aydalot P., 1985, *Economie régionale et urbaine*, Paris, Economica.
Bailly A. et al., 1991, *Les concepts de la géographie humaine*, Paris, Masson.
Cheshire P. et Evans A., 1991, *Urban and regional economics*, Londres, Elgard Edward.
Derycke P. éd., 1992, *Espace et dynamiques territoriales*, Paris, Economica.
Dupuy G., 1991, *L'urbanisme des réseaux, théories et méthodes*, Paris, Colin.
Fremont A., 1988, *France, géographie d'une société*, Paris, Flammarion.

Laborie J.P., Langumier J. et De Roo P., 1985, *La politique française d'aménagement du territoire de 1950 à 1985*, Paris, La Documentation Française.
Lajugie J., Delfaud P et Lacour C., 1985, *Espace régional et aménagement du territoire*, Paris, Dalloz, 2e éd.
Ponsard C. (éd.), 1988, *Analyse économique spatiale*, Paris, PUF.
Sallez A. et Paelinck J. (éd.), 1983, *Espace et localisation*, Paris, Economica.

Mots-clefs

Aménagement du territoire,
Centralité,
Développement par le bas, par le haut,
Développement endogène,
Développement local,
Environnement local,
Espace intermédiaire,
Espace système,
Micro-territoire,
Planification régionale,
Politique régionale,
Politique sectorielle,
Principe d'additionnalité,
Principe d'égalité,
Principe de répartition,
Principe de subsidiarité,
Réseaux de villes,
Territoire.

L'aménagement du territoire

57

Jean-Paul de Gaudemar

Le géographe pourrait facilement apparaître comme la mauvaise conscience de l'économiste. Il lui rappelle en effet en permanence que les phénomènes ou les actes économiques s'incarnent ou se concrétisent non seulement dans des prix ou des durées mais également dans des lieux. Il le remet toujours en présence d'un espace désespérément non neutre, non-isotrope.

Il dérange ses « curiosités élémentaires », pour reprendre l'expression de R. Brunet (1990) : aux classiques « quand ? », « combien ? », il ajoute les « où ? », pire, les « ailleurs ? ». On devine le dialogue peu facile et les exaspérations mutuelles nombreuses.

Mais, sans aucun doute, l'aménagement du territoire y trouve ses principaux constituants. Si, en effet, **l'aménagement du territoire** se définit comme l'art, à la fois, de disposer justement un territoire et d'en disposer efficacement – retrouvant en cela la dialectique **efficacité-équité** qui fonde toute politique économique – cela ne saurait se faire sans un minimum de représentations conceptuelles de ce territoire. Or, l'art de la production de ces représentations ne saurait se réduire à la subjectivité, même magnifiée, du photographe. Ce sont des *concepts* qu'il s'agit de produire et, au-delà, les cartes qui théorisent leurs agencements. La contribution du géographe est ici irremplaçable si on le considère comme le maître de la lecture et de l'écriture de l'espace dont les « chorèmes » (Brunet, 1990) seraient l'alphabet.

De ce point de vue, l'aménagement du territoire peut apparaître comme très dépendant de l'état de la géographie et de son évolution scientifique : comment ne pas penser que les questions qu'il soulève quant aux modes de gestion d'un territoire vont dépendre fortement des représentations disponibles, notamment en matière de **disparités** spatiales ? Comment, inversement, ne pas penser que l'évolution rapide de la géographie ces dernières années doit une partie de son impulsion aux mutations de l'aménagement du territoire lui-même ?

1. Les mutations de l'aménagement du territoire

1.1. Répartition des surplus et transferts

Il est en général reconnu que l'aménagement du territoire est né, aux Etats-Unis ou en Europe, des tentatives pour surmonter la crise économique des années 1930, qu'il est en quelque sorte contemporain du keynésianisme, dont il pourrait apparaître comme la version spatialisée. On s'accorde également sur le fait que le modèle dominant qui a consacré sa place au sein des politiques économiques est celui développé à partir des années 1950 dans le cadre des années de croissance qui séparent la deuxième guerre mondiale de la crise structurelle des années 1970.

Ce modèle peut-être présenté à travers quatre caractéristiques principales.

— Il opère en référence à une problématique de répartition des surplus autorisés par la croissance. Il peut apparaître à cet égard comme l'une des formes de la politique sociale, génératrice de transferts effectués à partir de critères fondés sur l'analyse des disparités spatiales.

— Ces transferts financiers se présentent pour l'essentiel sous la forme de *transferts de capacités d'investissements* : soit investissements d'infrastructures, soit transferts directs aux entreprises s'implantant dans les zones aidées (aides dites « à finalité régionale » dans le vocabulaire qui commence alors à s'imposer, et dénommées « *regional incentives* » dans les pays anglo-saxons).

  C'est à l'aune des montants de tels transferts rapportés aux budgets ou aux PIB nationaux que se mesurent l'ampleur, l'ambition ou le dynamisme des politiques d'aménagement du territoire (communément dénommées « *regional policies* » dans les pays anglosaxons).

— Conformément à la référence keynésienne, les acteurs de telles politiques sont des acteurs publics, pour l'essentiel les Etats. Les transferts financiers opérés par les budgets de l'aménagement du territoire engendrent des « effets multiplicateurs » supposés être bénéfiques à l'emploi régional. L'aménagement du territoire peut apparaître comme l'une des modalités de la politique budgétaire dont, en période de changes fixes et de faible mobilité internationale du capital, le théorème de Mundell-Fleming permet de théoriser l'optimalité. Il s'agit donc pour l'essentiel d'une politique d'Etat, financée par de l'argent public.

— Par là-même, le cadre territorial dans lequel cette politique opère reste pour l'essentiel un cadre national, celui sur lequel s'exerce la souveraineté des Etats.
Les « cartes » des zones aidées sont des cartes nationales, définies par les Etats nationaux. En Europe en particulier, les politiques correspondantes ont été conduites pendant longtemps dans une relative insouciance des premiers et timides efforts pour instaurer une politique communautaire de la concurrence (en référence aux articles 92 et 93 du Traité de Rome). De fait, les premiers rudiments d'une politique régionale communautaire (remarquablement absente des textes fondateurs de la CEE malgré leurs préoccupations de solidarité) datent de 1975 avec la création du Fonds Européen de Développement Régional (FEDER) mais ne deviennent réellement opératoires que dans les années 1980.

Ce modèle fonctionne sans difficulté majeure jusqu'à la fin des années 1970, c'est-à-dire jusqu'au diagnostic d'une crise profonde et durable des économies occidentales impliquant un renouvellement douloureux des politiques économiques et sociales. Dès lors que le jeu à somme positive de la période de croissance disparaît au profit d'un nouveau jeu à somme nulle voire négative, ce sont les fondements même de plusieurs décennies d'aménagement du territoire qui fléchissent ou qui s'effondrent : les possibilités de répartition s'amenuisent avec les surplus, voire disparaissent au profit d'arbitrages douloureux ; l'ajustement structurel rendu nécessaire par la crise conduit à réviser la nature et le contenu des investissements à effectuer ; l'assainissement des finances publiques incite à réenvisager le rôle de l'Etat ; l'internationalisation de la crise comme la localisation de ses manifestations conduisent à reconsidérer les référents spatiaux des politiques d'aménagement du territoire. Voici l'aménagement du territoire soumis à l'épreuve de la crise et de sa géographie.

1.2. Crise et aménagement

Le nouveau modèle qui s'instaure alors peu à peu se caractérise de manière fort différente, en écho aux nécessités partout reconnues d'un ajustement structurel important des économies développées (de Gaudemar, 1990).

Ne pouvant plus opérer dans le cadre d'une répartition des surplus, faute de trouver ces surplus dans une croissance fortement ralentie ou parfois négative, le modèle se déploie peu à peu à travers la recherche systématique de nouvelles activités ou la modernisation des activités existantes.

Cette orientation contribue certes à la recherche de nouveaux emplois pour compenser, dans les régions les plus touchées par la crise, les emplois perdus. Mais ces emplois sont désormais peut-être moins recherchés en nombre qu'en qualité, tant du point de vue du secteur ou de l'activité dont ils émergent que de celui de leur contenu de qualification. La prise de conscience de ce que la crise dépasse en importance historique un simple retournement de conjoncture conduit à des attitudes délibérément orientées vers le long terme et amène à privilégier systématiquement des investissements fortement capitalistiques et/ou fortement porteurs d'une productivité nouvelle. Ce sacrifice apparent des préoccupations immédiates pour l'emploi, conséquence d'une volonté de promouvoir un ajustement structurel solide à long terme – moins d'emplois mais des emplois plus résistants à la conjoncture – va de pair avec une recherche plus générale de flexibilité des structures et des qualifications. La flexibilité apparaît en effet comme la meilleure réponse stratégique à des successions de conjonctures de plus en plus aléatoires, comme la traduction organisationnelle du souci généralisé de mieux maîtriser le risque, comme la forme optimale d'une sorte d'**assurance-crise**.

D'un côté, cette recherche d'une flexibilité nouvelle menace les territoires les plus fragiles en accentuant la mobilité des activités et des emplois.

De l'autre, elle fournit des orientations nouvelles pour l'aménagement et par là-même de nouvelles occasions de développement aux territoires capables de s'adapter, capables eux aussi de devenir flexibles.

De là de nouveaux champs de préoccupations et d'investissements. Désormais préoccupé de flexibilité, l'aménagement du territoire s'est peu à peu transformé en un processus de **requalification du territoire**.

Cette requalification vise d'abord les infrastructures physiques. Vieille préoccupation de l'aménagement, dira-t-on. Mais en l'occurrence, les stratégies de développement des infrastructures routières, ferroviaires, aériennes ou portuaires ne visent plus seulement à désenclaver ou simplement à desservir le territoire, mais à le « flexibiliser » pourrait-on dire : préoccupation permanente des gains de temps et de la fluidité des trafics, rationalisation des maillages, fiabilité des connexions intermodales concourent à un combat sans cesse renouvelé contre les contraintes spatiales ou plutôt contre les déséconomies de temps nées de ces contraintes spatiales.

Ce nouvel aménagement du territoire procède aussi beaucoup de la volonté de requalification du sol, notamment en matière de conversion d'activités. Au processus classique de transformation de la friche agricole en zone d'urbanisation ou d'activité, s'est peu à peu substitué un processus presque inverse de nettoyage des friches industrielles ou urbaines abandonnées lors de la crise et de leur reconversion en nouvelles zones dévolues soit aux espaces verts ou aux loisirs soit à de nouvelles activités.

Ce nouvel aménagement du territoire procède enfin – et peut-être surtout – de la volonté de requalification des hommes. Formation initiale et continue, recherche fondamentale et appliquée, développement et transfert technologique en constituent les maîtres-mots. L'importance qui leur est désormais accordée dans tous les programmes de développement local et d'aménagement du territoire vient évidemment à l'appui de la recherche de cette nouvelle flexibilité territoriale. Un territoire doté d'un marché du travail abondant en offre de travail qualifié, en laboratoires de recherche-développement, en structures de transfert technologique dispose des éléments peut-être les plus prisés aujourd'hui dans la course généralisée à l'« assurance-crise ».

On comprend que les représentations des disparités régionales en soient par là-même singulièrement modifiées. A la vision simple de hiérarchies fondées sur les différences de revenu, de valeur ajoutée par tête ou de taux de chômage se sont progressivement substituées des représentations plus complexes, plus qualitatives, où la capacité d'un territoire à s'affirmer dépend d'abord de sa capacité à exhiber de telles marques d'une flexibilité potentielle.

Les politiques d'aménagement du territoire en sortent bouleversées. Aux aides directes, éventuellement automatiques, significatives d'une problématique dominée par un transfert financier destiné à alléger la charge de l'investissement en capital des entreprises, se substituent peu à peu des politiques orientées vers l'allégement des externalités, qu'elles concernent l'espace physique, l'espace des qualifications humaines ou plus généralement celui de la vie sociale.

1.3. Un élargissement de l'aménagement

Dans le même temps, l'espace de référence s'élargit au fur et à mesure de l'élargissement des marchés. La modification est spectaculaire en Europe où, en moins de deux décennies, le référent principal d'un aménagement du territoire conçu d'abord au niveau national devient un référent européen.

La CEE elle-même organise cette transformation. Non sans mal. Malgré ses préoccupations de solidarité internationale, voire interterritoriale, le Traité de Rome ne soufflait mot des moyens pour mettre en place une politique régionale communautaire, *a fortiori* une politique d'aménagement du territoire communautaire. Il faut attendre 1975 pour que naisse un premier instrument, aux objectifs et aux résultats d'abord modestes, le FEDER. Il faut attendre en réalité le milieu des années 1980 – avec l'élargissement de la CEE aux pays du Sud, Grèce d'abord en 1981 puis Espagne et Portugal en

1986 – pour que cet instrument devienne celui d'une politique communautaire quant au respect de la réglementation de la concurrence énoncée par les articles 92 et 93 du Traité de Rome. Les aides aux entreprises font désormais l'objet d'un examen minutieux et, de plus en plus souvent, de révisions douloureuses imposées par la Commission de Bruxelles. Du coup, le territoire communautaire devient réalité tangible. C'est à son échelle que les réseaux d'infrastructure sont désormais pensés et programmés. C'est à son échelle que commencent à se définir les nouvelles qualifications ou les nouveaux brevets. C'est à son échelle que se pensent et se traitent les disparités quantitatives et qualitatives.

Au-delà de la CEE actuelle, se profilent de nouveaux élargissements, à l'Est de l'Europe, ou au Nord. Nul doute que les référents de l'aménagement du territoire et des politiques correspondantes, régionales, nationales ou communautaires en porteront la marque. Ne serait-ce que parce que les courants d'échange peuvent en être modifiés, voire bouleversés. L'année 1993 avec l'avènement du Marché Unique, *a fortiori* les dernières années de la décennie avec l'instauration de la monnaie unique, consacreront l'émergence d'un nouveau territoire, et donc d'un nouvel aménagement.

Ces transformations touchent enfin les acteurs de l'aménagement du territoire. A ses origines, il y a quelques décennies, l'acteur principal, souvent exclusif, c'est l'Etat, en une référence ostensiblement keynésienne. L'Etat, éventuellement démultiplié en organismes publics, est omniprésent dans les politiques qui s'esquissent aussi bien pendant le *New-Deal* outre-Atlantique que dans la Grande Bretagne du rapport Barlow, ou que dans l'Europe occidentale des années 1950 à 1970.

Mais au fur et à mesure que se délite l'efficacité des politiques macroéconomiques élaborées pendant les périodes de forte croissance, au fur et à mesure qu'émergent des conceptions beaucoup plus décentralisées de la politique économique mais aussi une coordination internationale plus poussée et plus exigeante, s'opère une considérable différenciation des acteurs. A l'Etat souverain, maître des destinées de son territoire, se substitue un partenariat complexe où l'Etat n'est plus que l'un des intervenants, pas toujours le plus important. Décentralisation et internationalisation en matière institutionnelle d'un côté, meilleure maîtrise des dépenses publiques et responsabilisation territoriale accrue des entreprises en matière économique et sociale de l'autre, font émerger de nouvelles pratiques d'aménagement du territoire. La concertation et le contrat y prennent le pas sur l'acte régalien, entre Etats et régions, entre régions et territoires de moindre rang, entre Etats et instances internationales ou, de plus en plus, entre partenaires publics et privés.

En provoquant l'ajustement structurel du territoire, la crise a peut-être ainsi provoqué son ajustement démocratique.

2. La géographie d'un nouvel aménagement du territoire

Comment la géographie a-t-elle accompagné de telles mutations ? Comment a-t-elle contribué à jeter les bases d'un nouveau « génie de l'aménagement du territoire » à travers l'émergence d'une véritable ingénierie géographique ?

Du point de vue de l'aménagement, on peut souligner quatre apports principaux :

— La géographie a permis de mieux faire apparaître les nouvelles échelles du territoire et leurs combinaisons, du local à l'international. A la multiplicité des acteurs, à la complexité des référents spatiaux doivent répondre des représentations géographiques appropriées et, par conséquent, une approche plus fine, plus pertinente des disparités spatiales.

— Elle a contribué à mieux faire apparaître les nouveaux outils ou champs d'intervention de l'aménagement du territoire, de la programmation physique à la planification stratégique : l'aménagement du territoire n'agence plus seulement des investissements physiques, il doit opérer aussi sur les hommes et les fonctionnements collectifs, sur le *soft* de la machine sociale.

— Elle a permis de mieux faire apparaître les enjeux stratégiques des politiques d'aménagement du territoire, en une redécouverte des stratégies prospectives. A une politique normative de répartition des surplus répondait le concept géographique ou « géographisé » de « cartes des aides ». A un aménagement stratégique du territoire répondent des cartes prospectives porteuses de volontés politiques nouvelles.

— Elle a contribué à mieux faire apparaître les résultats des politiques conduites : la géographie peut alors devenir instrument d'évaluation, pourvoyeur des éléments d'un contrôle de gestion territoriale.

2.1. La multiplicité des échelles ou la fortune des SIG

La décentralisation des compétences en matière d'aménagement du territoire n'est pas seulement, on l'a vu, un processus institutionnel. Elle se traduit par une modification profonde des règles du jeu, et d'abord du nombre de joueurs. Au monopole ou quasi monopole de l'Etat, se sont substituées des formes complexes de partenariat, comme plus généralement une responsabilisation beaucoup plus grande de multiples acteurs.

De là l'émergence d'une demande nouvelle en matière d'informations territoriales dès lors que tous ces acteurs, entreprises, communes, collectivités de divers rangs et, bien entendu, autorités nationales et supranationales se mettent à réfléchir ensemble ou séparément, sur les modalités d'aménagement du territoire.

Si l'on admet en effet que l'intégration d'un territoire, son identité en quelque sorte, peut se définir à partir de critères de densité des relations sociales, on conçoit qu'il y ait de nombreuses acceptions des territoires et de leurs aménagements possibles, les compétences institutionnelles ne fournissant que quelques dimensions ou critères parmi d'autres. Même du point de vue macroéconomique, il n'y a plus guère de raisons de s'attacher seulement (ni même principalement) à la notion de territoire d'Etat, dès lors que ce dernier n'agit plus que comme un partenaire parmi d'autres.

Cette demande nouvelle, c'est pour l'essentiel auprès des géographes qu'elle s'exerce. Et c'est aux géographes qu'il appartient sans aucun doute d'y répondre. Quelle que soit la multiplicité des sources d'informations nécessaires, cette demande, pur inventaire ou projection stratégique, est demande de connaissance d'un territoire, elle est demande géographique.

La nouveauté tient incontestablement à la multiplicité des échelles et par conséquent au polymorphisme des données disponibles ou souhaitées.

Si l'on se souvient qu'il n'y a pas si longtemps encore, la carte était un secret d'Etat, c'est-à-dire un secret politique et militaire – et sans doute y a-t-il dans le monde des zones où il en est encore ainsi aujourd'hui – on ne peut qu'être fasciné par cette multiplication des échelles, et cette façon implicite de faire rimer géographie avec démocratie.

Dans *Les Hauteurs Béantes*, jouant avec les étymologies des mots russes, A. Zinoviev fait dire à son héros Ivanov que dans « territoire » il y a à la fois « trou » et « terreur » et que l'aménagement du territoire c'est probablement la gestion de ce trou noir inconnu par la terreur. Cette ironie froide éclaire par antiphrase ce que la géographie peut mettre à son programme du point de vue de la connaissance des territoires et de ses effets politiques aux échelles les plus diverses. Ainsi des entreprises ou des communes, susceptibles d'offrir à leurs employés ou leurs citoyens de multiples représentations de leur espace interne.

La notion de Système d'Information Géographique (SIG) semble bien correspondre à cette diversité de la demande et aux moyens d'y répondre. Si à l'origine elle désigne surtout un mode théoriquement cohérent d'agencement des données recueillies sur un territoire donné, la carte étant l'une des traductions possibles, la notion s'est à l'évidence banalisée, au fur et à mesure du développement et de l'affinement localisé des systèmes de production des informations *(chapitre 16)*. Elle est en même temps devenue synonyme d'outil de programmation territoriale stratégique, comme « un ensemble de données repérées dans l'espace, structurées de façon à pouvoir en extraire commodément des synthèses utiles à la décision » selon la définition qu'en donne M. Didier (1990).

De là des types fort différents de SIG posant chacun des questions propres, mais ayant tous en commun la même volonté de connaissance exhaustive d'un territoire. D'un côté, des « grands » SIG à vocation nationale ou internationale : les plus performants restent les systèmes nationaux, du moins dans les Etats centralisés comme la France (c'est moins évident en Allemagne ou en Europe) mais ils trouvent aujourd'hui une double limite, à la fois vers le haut et vers le bas des échelles territoriales.

Limite vers le haut : le manque de cohérence entre eux conduit à imaginer des SIG supranationaux susceptibles de permettre les comparaisons internationales ou du moins les études transnationales rendues nécessaires par l'internationalisation des économies et des politiques. Le résultat n'est pas toujours probant, tant l'élargissement de l'échelle géographique tend à faire perdre de leur finesse aux indicateurs retenus. Ainsi des SIG découlant des tentatives européennes de penser le territoire communautaire à partir de données rendues cohérentes à travers le système Eurostat. Le rapport publié périodiquement (tous les trois ans environ) par la Commission Européenne sur « l'Etat de développement des régions de la Communauté » témoigne clairement de l'intérêt de ces SIG mais aussi des difficultés de leur réalisation et des insuffisances de leurs contenus. Assez facilement harmonisables au niveau national, les données le sont moins au niveau régional, les autorités communautaires étant parfois obligées de regrouper les régions selon des modes leur faisant perdre toute signification institutionnelle. La difficulté est encore plus évidente à l'échelle plus vaste des pays de l'OCDE. Une illustration en est fournie par une récente étude consacrée aux « perspectives de l'emploi » (OCDE, 1989) qui tente, pour la première fois à cette échelle, une analyse des structures régionales du chômage et de leurs évolutions à long terme. Le résultat est certes intéressant mais le découpage « régional » retenu dans ce SIG particulier n'a plus grande signification politique ou institutionnelle : si les « régions » retenues correspondent aux « Etats » américains, aux « provinces » canadiennes ou aux « *Länder* » allemands, par contre en France, Allemagne, Royaume-Uni ou Japon, elles correspondent à des groupes de régions sans signification institutionnelle réelle.

Mais, au-delà de ces insuffisances, la portée de ces tentatives demeure : la volonté d'une approche internationale des problèmes d'aménagement du territoire.

Limite vers le bas : le problème change ici de nature. Au fur et à mesure que l'échelle se rétrécit, la question devient celle du mode de production et d'actualisation des données ou, si l'on préfère, celle de la capacité (voire de la volonté) des grands producteurs d'informations, tels les instituts nationaux, de fournir les éléments de base de tels SIG. Les choses évoluent relativement vite. Au début des années 1980, la DATAR (Délégation à l'Aménagement du Territoire et à l'Action Régionale) pouvait s'enorgueillir de fournir, avec le concours de géographes et de l'INSEE, le premier document d'analyse du territoire économique français à partir d'une échelle infradépartementale cohérente, en l'occurrence celle des « zones d'emploi ». Sans s'être réellement banalisées, de telles études sont désormais plus fréquentes et largement facilitées par des initiatives nouvelles de l'INSEE ou de chercheurs, dont de nombreux géographes.

Ce « marché » des SIG s'est en effet considérablement élargi. Actuellement estimé à 4 milliards de dollars, il se développerait à un rythme annuel de 35 % par an (Didier, 1990) ! Dans la foulée du travail fourni par les géographes, et dans le cadre de l'engouement croissant pour le développement local, de nombreux cabinets de consultants proposent en effet aujourd'hui à toute commune, quelle que soit sa taille, un SIG « sur mesure ».

L'idée de base est astucieuse : elle consiste à souligner que les collectivités locales ont désormais toutes besoin, pour gérer leur territoire et maîtriser leur environnement, de systèmes d'informations fiables sur l'occupation du sol ou les disponibilités du sous-sol. Les outils proposés permettent aussi bien de mettre à jour un cadastre que de gérer l'évolution d'un POS (Plan d'Occupation des Sols), celle des réseaux d'infrastructures ou bien encore un patrimoine immobilier. Reposant généralement sur des bases de données collectives, et un équipement informatique d'architecture souple, et définis à partir d'une démarche stratégique préalable, ils peuvent apporter à une collectivité une contribution décisive non seulement pour une meilleure maîtrise de la gestion quotidienne ou pour une meilleure aide à la décision mais aussi pour une meilleure planification prospective. Le SIG bien conçu devient alors instrument d'une politique de développement local ou si l'on préfère d'une politique locale d'aménagement du territoire. La fortune des SIG de toutes échelles n'est donc pas simplement l'effet d'une curiosité narcissique accrue des collectivités de tous rangs, supranationales ou locales. Du haut en bas de l'échelle géographique, elle traduit un emboîtement de territoires de mieux en mieux appréhendés et maîtrisés par leurs acteurs.

2.2. La géographie des nouveaux champs d'intervention de l'aménagement du territoire

La crise a rappelé avec force l'importance des hommes derrière les structures, infrastructures physiques ou institutions. Mettant au premier rang la nécessité de créer des activités nouvelles, elle a mis l'accent non seulement sur le modelage ou l'ajustement structurel mais aussi sur les qualités des hommes et des territoires susceptibles d'y contribuer. C'est bien en effet autour de la **requalification** que s'organise ou plutôt se réorganise le contenu de l'aménagement du territoire. De là l'importance accordée à des domaines d'intervention ignorés ou négligés jusque là car peu pertinents au regard des critères dominants pour l'analyse des disparités spatiales, à savoir pour l'essentiel des critères de répartition du revenu ou de l'emploi. Ces critères ou champs nouveaux sont ceux qui permettent d'approcher la notion de qualification des hommes et des territoires. Pour les hommes, ils concernent pour l'essentiel la formation, la recherche, le transfert technologique. Pour les territoires, ils concernent leur flexibilité potentielle, en appui de celle des hommes : le développement et l'agencement des réseaux de communications, la diversification des « portefeuilles » d'activités, la disponibilité et la mobilisation potentielle des acteurs locaux, le degré d'autonomie décisionnelle. Que la géographie humaine y ait trouvé un nouveau souffle ne fait pas de doute. Mais ce qui importe davantage, c'est le renouvellement apporté dans l'analyse des disparités spatiales et par conséquent dans les fondements des politiques à conduire.

Quelques exemples permettent d'illustrer cette évolution et l'apport de l'outil géographique. Le premier emprunte au champ conjoint de la géographie et de la démographie.

Quand H. Lebras présente l'évolution de la répartition des étrangers sur le territoire français à cent cinquante ans d'intervalle, on voit immédiatement apparaître un phénomène essentiel : celui de l'extension progressive, des zones-frontières vers les pôles industriels puis progressivement vers l'ensemble du territoire, à la mesure de la dissémination du développement économique. La France contemporaine en ressort comme dotée d'une présence étrangère en quelque sorte banalisée parce que répartie partout, à l'exception de l'Ouest. L'interprétation n'en est pour autant pas facilitée : cette banalisation relative peut faciliter l'intégration comme elle peut étendre, en période de crise de l'emploi, les situations conflictuelles au-delà des zones frontières traditionnelles.

Le deuxième exemple emprunte au champ de la formation. Ainsi la démarche de « géographie sociale » empruntée par R. Hérin et son équipe pour décrire l'école en Europe (Hérin, 1990) fournit-elle de nombreux éléments de réflexion en ce qui concerne le développement régional. Si l'on regarde par exemple la France des taux d'obtention du baccalauréat en 1987, on découvre une France coupée en deux selon un mode plutôt inédit. La ligne de partage s'établit du Nord-Est au Sud-Ouest (Nancy-Bordeaux). En-dessous dominent, à l'exception de quelques zones rurales profondes, les taux élevés d'une France des études longues. Au-dessus, à l'exception de la Bretagne, les taux sont plus faibles ; ce sont ceux d'une France des études plus courtes ou plus orientées vers l'enseignement technique et professionnel. Ce constat est grossier mais intéressant. Il démontre en effet la complexité du lien entre formation et développement régional et confirme le fait que si le développement de l'appareil de formation constitue une condition sans doute nécessaire du développement régional, il n'en est certainement pas une condition suffisante.

Le parallèle avec deux pays voisins n'est pas sans intérêt. En Italie, si l'on considère un indicateur voisin du taux d'obtention du baccalauréat par une génération, à savoir celui du taux d'accès en quatrième année d'école supérieure, on voit également apparaître un profil intéressant voire surprenant des disparités régionales (Bertrand, *in* Herin, 1990) : le Mezzogiorno sous-développé présente des taux fort élevés alors qu'à l'inverse la riche Lombardie atteste de taux plus faibles. Formation et développement régional apparaissent ici en une relation paradoxale qui incite à interroger le contenu des formations délivrées et leurs préoccupations de professionnalisation. A l'inverse, il est intéressant de constater que les régions centrales présentent à la fois des taux élevés de scolarisation longue et une bonne santé économique. Les spécificités de la « Troisième Italie » trouvent probablement une partie de leurs fondements dans cette relation.

L'Espagne offre encore un troisième profil (Cuadrado Roura, *in* de Gaudemar, 1991). Là, le développement de l'appareil éducatif apparaît nettement corrélé au niveau de développement économique : c'est dans les régions les plus riches de Catalogne, Madrid ou du Nord-Ouest que se trouvent les contenus éducatifs les plus élevés. A l'inverse l'Espagne du sud apparaît comme souffrant d'un durable sous-développement, à la fois économique et culturel.

Ces trois exemples démontrent clairement la pertinence d'une approche géographique d'un problème difficile comme celui de la relation entre formation et développement, et suggèrent ainsi les nombreuses précautions à prendre pour promouvoir des politiques éducatives régionales efficaces. Incontestablement cette « géographie éducative » constitue un guide pour l'aménagement du territoire.

Le troisième champ est celui de la recherche et du transfert de technologie. On a vu l'importance qu'il prenait, dans une période de fort ajustement structurel, dans les préoccupations de politique régionale. L'approche géographique peut contribuer fortement à éclairer les chemins à parcourir.

Deux cartes en témoignent. La première identifie simplement, à vingt ans d'intervalle, les potentiels régionaux relatifs de chercheurs en France *(figure 1)*. Alors même que le nombre de chercheurs a pratiquement triplé en France entre 1964 et 1985, leur répartition spatiale est restée inchangée ou presque : plus de la moitié sont localisés en région parisienne et quelques pôles provinciaux se partagent le reste. Ainsi, malgré vingt ans d'efforts de décentralisation et de développement indéniable de nombreux pôles provinciaux, la structure spatiale de la recherche reste en France très inégalitaire, incitant les autorités concernées à reconsidérer leurs modes d'intervention. Les cartes n'énoncent pas seulement un diagnostic, elles portent une évaluation implicite des politiques conduites.

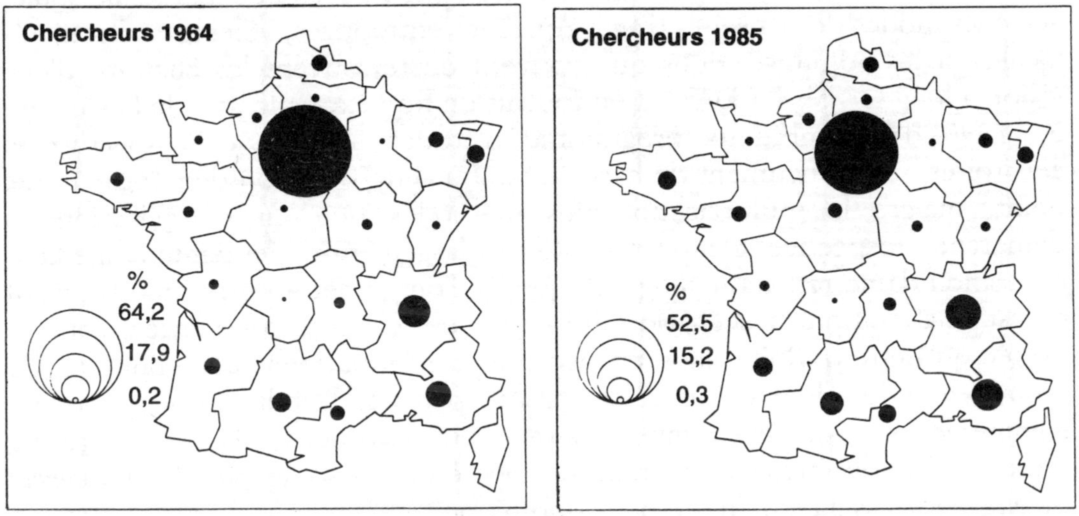

Figure 1 Répartition des chercheurs par région
Source : M. Brocard, 1991, *La science et les régions*, Paris-Montpellier, RECLUS, La Documentation Française.

Si l'on élargit le regard à l'Europe communautaire, les conclusions se trouvent déplacées. Si l'on considère en effet le diagnostic porté par le GIP-RECLUS (1989) sur le potentiel de recherche et technologique des villes européennes, la position relative des villes françaises apparaît sous un autre angle. Malgré le poids parisien, la couronne est et sud de l'Hexagone apparaît comme faisant partie des principaux axes porteurs de la Communauté. Par la connexion sud, Montpellier-Toulouse-Barcelone, la France apparaît même comme le trait d'union entre deux axes potentiels forts, celui du Nord-Est, celui du Sud méditerranéen. La marginalisation du territoire français que pourrait suggérer la carte des richesses régionales se trouve à l'évidence amoindrie par cette carte-là. L'aménagement du territoire devrait y trouver des arguments pour des politiques énergiques visant à consolider ces pôles porteurs.

3. La géographie, outil d'aide à la prospective territoriale stratégique

L'aménagement du territoire, quel que soit le niveau où il est conduit, est en train de redécouvrir la prospective stratégique. Il est en train de le faire dans un contexte différent de celui qui avait alimenté les réflexions des années 1970. Crise structurelle et émergence de nouveaux acteurs ont bouleversé les modes de penser et d'agir. Après les entreprises, voici les collectivités locales et les administrations qui trouvent ou retrouvent les chemins d'une vision à long terme. La DATAR en fournit un bon exemple avec le lancement en 1990 d'un ambitieux programme d'études intitulé « Prospective et Territoires ». Le document de base élaboré à cette occasion démontre à quel point, malgré la multiplication des méthodes ou leur complication, la démarche prospective territoriale reste très largement dépendante d'une écriture sinon d'une réflexion géographique. Si l'on admet en effet que l'objectif en est l'élaboration de scénarios alternatifs, de tels outils de pensée n'ont de portée qu'à être traduits sinon en systèmes d'informations géographiques, du moins en cartes dont la valeur se mesure par leur lisibilité stratégique. En somme, la carte – dans ses multiples modalités (Brunet, 1987) – reste ce qui a été inventé de mieux pour traduire concrètement toute pensée spatialisée qu'elle soit d'essence militaire ou économique.

La carte peut d'abord faire surgir des contrastes dont la portée stratégique est évidente. Un exemple parmi d'autres. La carte des valeurs ajoutées régionales dessine à l'évidence l'Europe des richesses régionales et souligne fortement l'axe économique majeur qui, au sein de la Communauté, conduit du Sud-Est de l'Angleterre au Nord de l'Italie à travers le Benelux et l'Allemagne. Le présent de la CEE s'y trouve en quelque sorte résumé et concentré *(figure 2)*.

Mais si l'on met en regard une autre carte, celle des hommes à venir, à partir de la variation globale de la population estimée à long terme (1985-

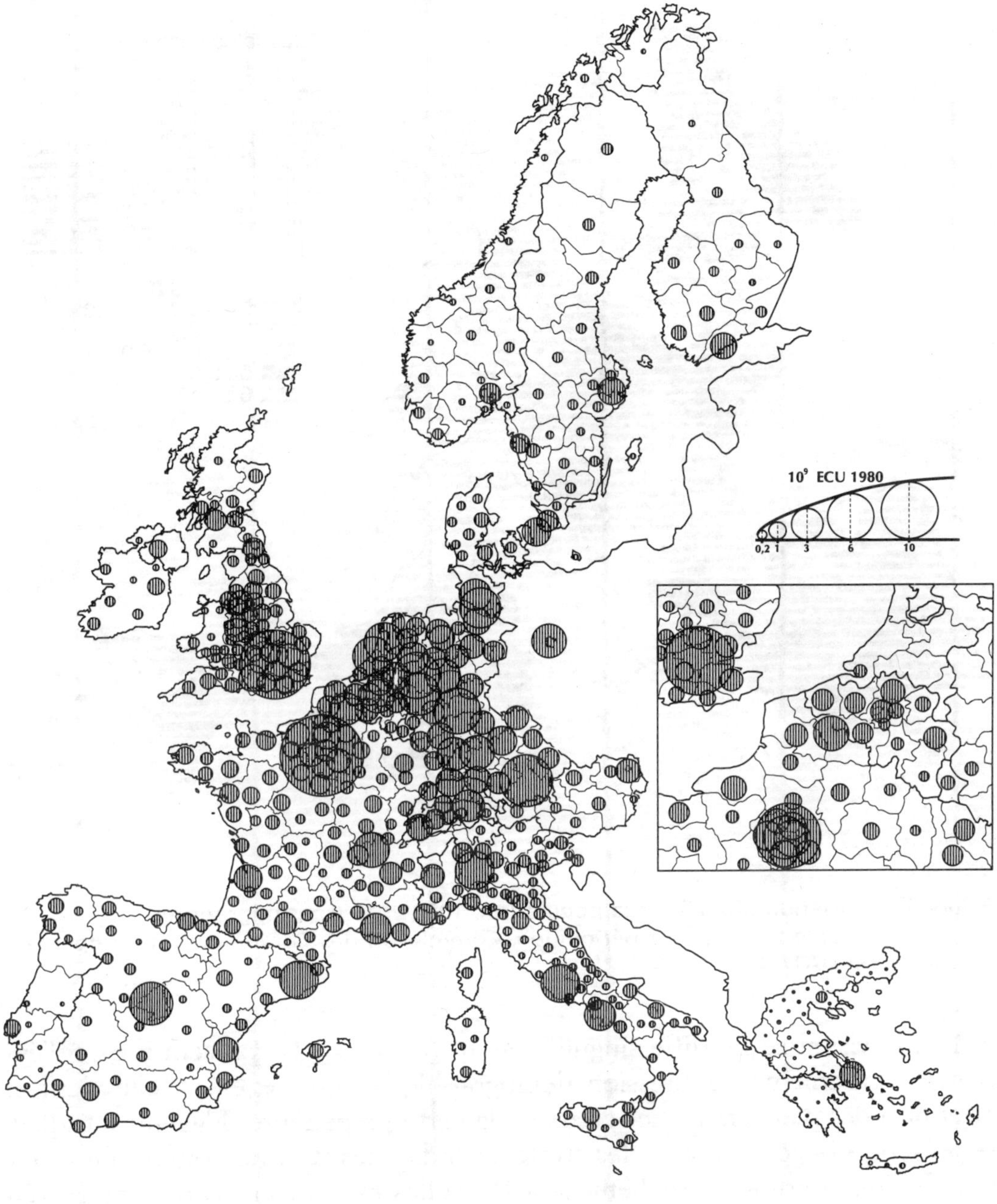

Figure 2 Les valeurs ajoutées régionales en millions d'écus, 1980
Source : M. Vandermotten, *Atlas économique de l'Europe*, Bruxelles, SRB.

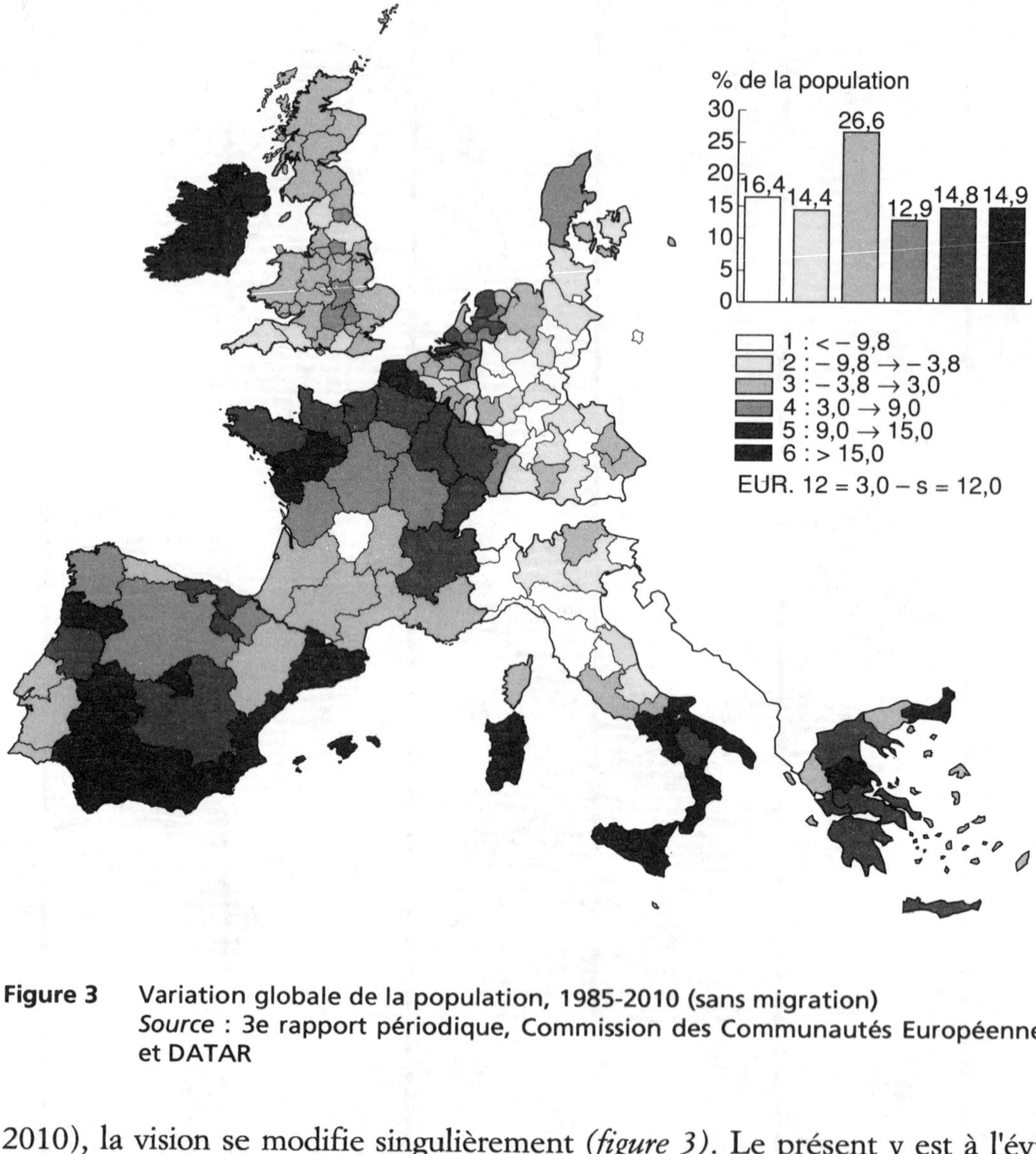

Figure 3 Variation globale de la population, 1985-2010 (sans migration)
Source : 3e rapport périodique, Commission des Communautés Européennes et DATAR

2010), la vision se modifie singulièrement *(figure 3)*. Le présent y est à l'évidence contredit par la pression démographique ainsi révélée : elle vient en effet non des pleins mais des creux de la carte précédente. L'avenir interpelle le présent, oblige à prévoir des stratégies adaptées. On ne comprendrait pas la réflexion conduite actuellement à Bruxelles sans avoir clairement en tête ces deux cartes.

Si l'on s'interroge sur un pays particulier comme la France, on peut également multiplier les exemples de la façon dont la géographie peut être utilisée pour formuler une réflexion stratégique.

Ainsi, des trois « images » qui ouvrent le programme « Prospective et Territoires » de la DATAR.

La première décrit une France « classique », pourrait-on dire, c'est-à-dire une France coupée en deux selon un axe Le Havre-Marseille, l'axe qui de longue date a servi aux géographes – et parfois aux économistes – à distinguer la France industrielle de la France rurale, voire la France développée de la France sous-developpée.

Deux commentaires néanmoins méritent d'être faits : le premier c'est le travail conceptuel qui réside derrière la simplicité du dessin ; on pourrait sans doute l'assimiler à ce qu'en physique on appelle le « traitement de l'image » : à partir d'un apparent continuum désordonné faire apparaître les facteurs les plus significatifs, les solutions de continuité, les distinctions opérables malgré le flou. Par le mariage de la technique et de l'intuition, les géographes y ont fortement contribué, ce maniement intelligent de la carte n'étant probablement qu'une des modalités de ce « traitement de l'image » *(chapitre 8)*. L'autre commentaire porte sur l'interprétation : malgré la crise, malgré la désindustrialisation qui a secoué les régions du Nord-Est (de Gaudemar, Prudhomme, 1991), malgré les paradoxes de la croissance relative au cours des années 1980, ce sont encore, outre Paris, les régions du Nord et de l'Est qui apparaîtront comme les sièges effectifs ou potentiels de la croissance. La coupure Le Havre-Marseille perdurerait ainsi au cours des décennies, porteuse d'un autre contenu, différenciant des économies régionales devenues plus complexes mais toujours significative d'une dichotomie nationale aux fortes implications stratégiques : presque trente ans après la création de la DATAR, les priorités territoriales resteraient-elles encore et toujours le développement de l'Ouest et du Sud-Ouest ?

La deuxième image poursuit la réflexion : celle d'une Europe se polarisant toujours davantage à l'Est, sous le double effet d'une part du poids des richesses régionales relatives concentrées autour de la dorsale Londres-Milan, d'autre part de l'ouverture politique dans les anciens pays socialistes, la « banane bleue ». Polarisation forte à l'Est, mais aussi polarisation potentielle au Sud, autour du bassin méditerranéen.

Double polarisation, en somme, aux marges du territoire national ? La France se trouverait-elle marginalisée dans la dynamique européenne ? Paris et l'Ile-de-France constitueraient-ils les seuls atouts pour raccrocher le territoire national à une telle évolution ? Rapprochées, les deux images peuvent apparaître complémentaires, l'une comme réponse aux questions de l'autre : les régions du Nord-Est et du Sud-Est trouvent leur place relative dans une dynamique nationale et internationale. D'elles autant que de Paris peut dépendre l'appréciation du danger d'une éventuelle marginalisation de la France.

La troisième image vient compliquer encore la réflexion en introduisant l'autre partie du territoire national, l'Ouest de la ligne Le Havre-Marseille. L'Europe Atlantique bouge elle aussi, elle laisse apparaître des pôles urbains en croissance, notamment en France et probablement sous l'effet des politiques volontaristes des vingt dernières années.

La vision du territoire européen se modifie encore en tentant de faire apparaître des axes stratégiques nouveaux. Implicitement au moins, cette troisième image signifie que l'intégration complète du territoire national à la dynamique européenne implique un soutien énergique à l'émergence d'une Europe Atlantique en croissance. La France passerait ainsi d'une situation de marginalisation probable à celle de carrefour privilégié de trois dynamiques transnationales, à l'Est, au Sud, à l'Ouest.

Cette vision idéale est bien celle *à partir de laquelle* doivent s'opérer des choix politiques et stratégiques, dès lors que les contraintes économiques, sociales et financières font apparaître que des arbitrages sont nécessaires. Quelles sont par exemple les conséquences à tirer en matière de « carte des aides », voire de *formes* de ces aides à finalité régionale ? La géographie ne saurait opérer ces choix, mais elle contribue à en poser clairement les termes.

Un dernier exemple enfin, celui des scénarios envisageables sur le pourtour méditerranéen. Potentiellement, l'ensemble territorial s'étendant de l'Andalousie au Latium apparaît comme susceptible de contribuer au rééquilibrage de la CEE vers le Sud, comme peut-être la seule alternative crédible à la dorsale économique Londres-Milan.

A y regarder de près, les choses sont moins simples. Une étude conduite pour la Commission Européenne (étude prospective de la Méditerranée Nord-Ouest dans le cadre du programme Europe 2000) débouche sur au moins deux scénarios extrêmes. L'un représente l'alternative rêvée, celle d'une réelle intégration d'un pourtour méditerranéen nord-ouest de Séville à Rome, de l'émergence d'un véritable Arc latin. Mais les obstacles sur le chemin de la réalisation d'un tel scénario sont multiples tant les fractures physiques, anthropologiques, démographiques, économiques ou culturelles sont nombreuses. L'Arc latin n'existe guère aujourd'hui, sinon en puissance, sinon peut-être en volonté.

Plus probable, de loin, est l'autre scénario, celui de l'extrapolation des tendances actuelles, celui d'une balkanisation du monde méditerranéen nord-occidental orientée vers le Nord-Est de la Communauté. L'Arc latin s'y organiserait encore davantage en référence à l'axe majeur Londres-Milan : Lyon et Milan joueraient les pôles charnières principaux, relayés au sud par une Catalogne hégémonique d'un côté, par l'Italie centrale de l'autre. Les fonctions actuelles pourraient en être accrues, au sein d'une Communauté organisée autour d'un Y renversé porteur de la puissance économique, vis-à-vis duquel seraient marginalisés l'essentiel de la péninsule ibérique, tout l'ouest français, le sud italien, etc.

Scénarios caricaturaux sans doute, mais ce « traitement de l'image » du monde méditerranéen rendu possible par la géographie fixe des repères décisifs pour des choix politiques indispensables.

4. La géographie, outil d'aide à l'évaluation des politiques d'aménagement du territoire

Comme politiques publiques, les politiques d'aménagement du territoire doivent pouvoir faire l'objet d'une évaluation. Leurs enjeux et leurs coûts le méritent. La géographie peut fournir des représentations utiles à ce travail. De la même façon qu'elle peut aider à imaginer des projections dans l'avenir, elle peut contribuer à reconstituer les chemins parcourus au regard des objectifs souhaités.

Lorsque la Commission européenne prépare et publie périodiquement un rapport sur « l'état des régions », c'est bien dans une optique à la fois prospective et évaluatrice de l'action passée, par exemple celle des Fonds Structurels, notamment le FEDER.

Les calculs effectués d'un « indice synthétique » de développement régional agrégeant des critères de richesse et d'emploi présentent de ce point de vue une double finalité : mieux évaluer les disparités régionales pour améliorer l'action à venir mais aussi apprécier les effets déjà conduits.

Ainsi les constats effectués à l'occasion des troisième et quatrième rapports périodiques respectivement parus en 1987 et 1990 sont-ils venus conforter les projets (premier puis deuxième « paquet Delors ») visant à quadrupler en deux temps les montants des Fonds Structurels (un premier doublement d'ici 1993 puis un deuxième doublement d'ici 1997). L'évaluation a en effet clairement établi que c'était le prix minimum à payer pour offrir aux régions de « l'objectif 1 » (en retard de développement) des Iles Britanniques et de tout le Sud italien, portugais, espagnol et grec une chance de rattraper une partie de leur retard structurel. La carte de l'indice synthétique permet d'exhiber au moins trois Europe, la riche, la moyenne, la pauvre sur un mode plus global que ne peuvent le faire des cartes unidimensionnelles comme celle des valeurs ajoutées régionales déjà rencontrée ou comme celle des contrastes régionaux en matière de chômage qui en est presque le négatif.

Sur un mode plus sectoriel, la carte peut également fournir des raccourcis et faciliter des rapprochements fort utiles au décideur ou à l'évaluateur. Ainsi le lourd travail d'identification des disparités régionales en matière de dotation d'infrastructure effectuée par la Commission au début des années 1980 était-il sans doute imparfait mais il fournissait des repères indispensables pour appuyer le développement des infrastructures à venir et y consacrer des fonds communautaires aux côtés des fonds nationaux. Le schéma directeur des TGV adopté par la Communauté en 1990 en est par exemple indirectement issu, comme d'ailleurs les autres schémas directeurs d'infrastructures. La carte « directrice » des TGV à venir n'est pas particulièrement compliquée du point de vue géographique. Mais sa banalité même en fait un instrument efficace à la fois de prospective et d'évaluation pour les années à venir : il suffira pour cela de comparer les résultats advenus à ceux escomptés par le schéma directeur. La carte élaborée par la DATAR quant à la « sensibilité du territoire français au réseau autoroutier en 1990 et en 2000 » fournit un autre exemple d'évaluation ex-ante, susceptible néanmoins d'utilisation ex-post.

Il peut arriver enfin que les géographes s'amusent sur des sujets aussi sérieux en mettant à profit leurs nouvelles acquisitions méthodologiques. Il en résulte d'étranges objets qui empruntent à la carte mais en font éclater les formes convenues pour mieux délivrer le sens ou le contenu des phénomènes étudiés *(figure 4)*. Ces anamorphoses parlent souvent mieux qu'un discours théorique. Une des plus simples et des plus connues concerne la France vue de Paris. Elle traduit la réalité française des distances relatives (en temps de trajet) entre Paris et les capitales régionales mieux que ne saurait le faire toute autre outil géographique. Comment ne pas le considérer à cet égard comme un instrument particulièrement efficace d'évaluation de ce qui a été fait et reste à faire pour parvenir à une meilleure maîtrise des contraintes spatiales de distance ? Comment ne pas apprécier la force symbolique d'une telle représentation d'une France toujours davantage macrocéphale ?

L'aménagement du territoire des années 1990 est à un tournant de sa brève histoire. Né dans les difficultés de l'Entre-deux-guerres, il s'est forgé dans les certitudes de la croissance de l'Après-deuxième guerre Mondiale puis déconstruit dans la crise structurelle des années 1970 et 1980. Comme art de la lecture et de l'interprétation de l'espace, la géographie a connu, avec son rythme propre, un cheminement parallèle reflétant assez bien les influences réciproques. Sans doute l'histoire de la géographie pourrait-elle d'ailleurs

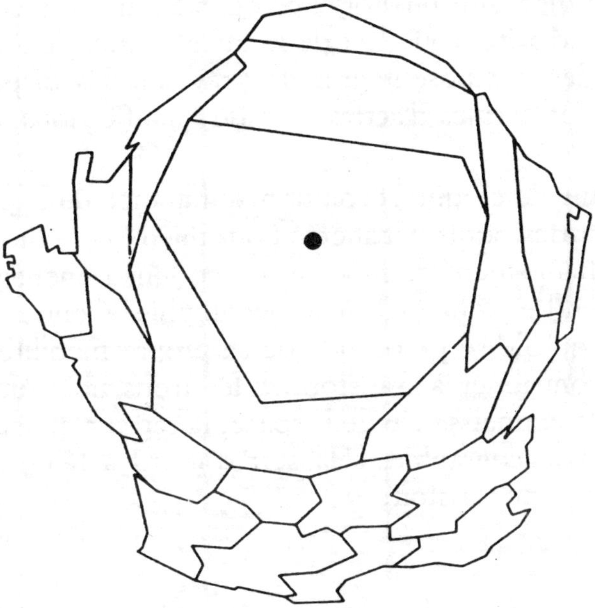

Figure 4 La France « vue » de Paris
Les distances sur la carte en anamorphose sont proportionnelles aux temps de trajet entre Paris et les chefs-lieux de régions ; les distances sont d'autant plus réduites ici qu'elles sont grandes sur le territoire. L'avion rapproche les lointaines régions des Midis. © C. Cauvin, H. Reymond *et al.*, programme RECLUS du Laboratoire de géographie théorique et quantitative de l'université Louis Pasteur de Strabourg, dans *Nouvelles méthodes en cartographie*, éd. RECLUS, 1987, et S. Schneider, *in* S. Rimbert, 1990.

s'écrire au rythme des grandes ruptures dans le rapport de l'homme à l'espace. Comment par exemple ne pas être frappé par les moments qui marquent la publication des grandes Géographies Universelles – de langue française tout au moins : Malte-Brun au tournant de la première révolution industrielle, Reclus au tournant de la seconde, de l'expansion colonialiste et de l'internationalisation de l'économie, Vidal de la Blache entre les deux guerres, aujourd'hui R. Brunet et le GIP RECLUS... ? Les historiens de la géographie en jugeront mais l'économiste et l'aménageur ne peuvent pas ne pas être attentifs à ces coïncidences...

L'aménagement du territoire est en train de changer de référents : de national, conduit pour l'essentiel par l'Etat, préoccupé d'abord de transferts financiers pour lutter contre des disparités de revenus et d'investissements physiques, le voilà désormais aux mains d'acteurs multiples – dont les Etats ne sont plus que des partenaires plus ou moins importants – préoccupés de leur place dans un dispositif territorial complexe plus ou moins bien régi par le principe de subsidiarité, soucieux de la qualification de leurs territoires et des hommes qui les composent afin de prévenir des disparités ressenties désormais d'abord en termes d'activités et de qualifications, donc de flexibilité.

Il faut se réjouir de ce que l'évolution simultanée de la géographie fournisse à l'aménageur des outils pertinents pour mieux faire face aux tâches qui découlent de ce changement de modèle. En ce sens l'aménagement du territoire peut bien rendre hommage à la géographie. Contre l'anti-phrase de Zinoviev, dès lors qu'elle se préoccupe de sa propre mobilité scientifique, la géographie peut contribuer à transformer les trous noirs de l'ignorance en espaces pleins de la connaissance de l'espace, la terreur dénégatrice en mobilisation créatrice. La géographie, cela sert d'abord à faire la guerre contre l'ignorance volontaire du territoire.

Lectures recommandées

Brunet R., 1987, *La carte mode d'emploi*, Paris, Fayard/RECLUS.

Brunet R., 1990, *Géographie Universelle, Mondes Nouveaux*, Paris, Hachette/Reclus.

Gaudemar J.P. (de), 1990, « Aménagement du territoire », in « éds. » X. Greffe, J. Mairesse et J.L. Reiffers, *Encyclopédie Economique*, Paris, Economica.

Gaudemar J.P. (de) éd., 1991, *Formation et développement régional en Europe*, Paris, La Documentation française.

Gaudemar J.P. (de) et Prudhomme R., 1991, « Spatial impacts of deindustrialization in France », in Rodarin L., Sazanami H., *Industrial change and regional economic transformation, the experience of Western Europe*, Londres, Harper Collins.

GIP RECLUS, 1989, *Les villes « européennes »*, Paris, DATAR.

Mots-clefs

Aménagement du territoire,
Disparité,
Efficacité,
Equité,
Répartition,
Requalification du territoire,
Transfert.

La géographie à l'heure du temps

58

Pierre George

Qui aurait pu penser, à l'époque où la géographie était enseignée par les élèves de Vidal de la Blache, que, cinquante ans plus tard, on traiterait, fort opportunément, de la « géographie des déchets » *(chapitre 55)* et que l'enquête pédestre, carte et carnet en poche, serait relayée par l'informatique ? Diversification des sujets, diversification des méthodes d'approche… Que seront l'objet et les moyens d'étude dans cinquante ans ? Il serait bien imprudent de répondre à la question.

Pourtant, il est difficile de ne pas se laisser tenter par certaines perspectives qui sont déjà entrées dans l'actualité. Rester indifférent serait renoncer à la raison d'être de la recherche. Tout, au contraire, y appelle. Seulement, il ne s'agit plus d'élaborer patiemment des images de situations et de rapports de temps long. Il est acquis, désormais, du fait de l'expérience des dernières années, qu'à l'époque présente, rien n'est stable, rien n'est durable, que tout est mouvement, et que ce que l'on considérait, il y a quelques décennies, comme conquêtes et acquis, est rongé aujourd'hui par l'obsolescence. On a avancé le terme d'« archéologie industrielle » à propos des techniques périmées et des installations abandonnées… ; les « villes neuves » d'hier sont souvent vouées aujourd'hui à la destruction. Le paysage rural, vidé de son contenu humain, est devenu sujet d'histoire et la fabrication d'objets relativement simples, issus naguère de l'atelier de quartier, est extra-territorialisée du fait de l'éclatement des opérations, le siège social de la firme productrice étant devenu une abstraction.

Pour autant, substituer à la géographie la chronique à court terme, en laissant aux sciences de la nature le monopole du temps long, serait abandonner au hasard l'intelligence de notre destin. Or, si l'on y prend garde, on découvre que rien n'est dû au hasard. Ce sont les relations logistiques et les temps de réaction qui changent. Et là est l'intérêt du sujet.

Pour mieux comprendre, il n'est pas inutile de refaire en quelques lignes le long chemin de la géographie du siècle finissant.

La géographie du début du siècle était une *géographie de terroir*. Son sujet était la description et l'explication de la condition des hommes dans les lieux qu'ils occupaient, qui leur procuraient leurs moyens d'existence et leur imposaient des contraintes. La relation entre géographie physique et géographie humaine – on eût mieux fait de dire entre milieu naturel et action humaine – était objet d'observation et de comparaison appliquées préalablement à l'échelle locale : les rapports entre les **lieux** et les **habitants**, associant ressources, travail, formes d'organisation, habitation et habitat, de populations enracinées dont les générations précédentes avaient préparé les conditions d'existence, le **paysage rural**, forme d'implantation d'aménagement en fonction d'un système de production, et image d'un patrimoine collectif et d'une culture. Les villes n'apparaissaient que comme des « accidents » locaux, fixés par des facilités particulières d'implantation des fonctions de commandement et de relation. En les abordant à travers les notions de **site** et de **situation**, on changeait d'échelle, et le mot de **région** entrait dans le discours.

Expérience acquise sur le territoire de la vieille Europe, que l'on s'est efforcé de transposer, vaille que vaille, dans la figuration des pays périphériques incorporés aux curiosités européennes par l'expansion coloniale.

Les relations sont des relations de service, dont la base concrète est « le moyen de communication » avec ses relais techniques. Cartes et manuels représentent les lignes de transit des **matières premières**, les centres d'accueil et de redistribution, les ports maritimes ou, subsidiairement, les grandes « gares de triage ».

On se garde à la fois du déterminisme et du racisme, en glissant sur les contraintes physiques les plus impérieuses, et en évitant toute discrimination autre que culturelle, linguistique, religieuse… ou socio-économique (**genre de vie**), en s'intéressant principalement à la répartition des services rendus.

Ce schéma de la géographie que l'on retrouve dans tous les manuels d'enseignement de l'« entre-deux guerres » et dans les grandes collections de géographie universelle, à la gloire de la civilisation triomphante, malgré ses drames internes, apparaît aujourd'hui complètement dépassé, à tel point que la terminologie qui en constitue l'armature est devenue obsolète.

Quelles sont les causes et les modalités de la mutation qui appelle aujourd'hui à une nouvelle réflexion ? L'évolution du sujet, le passage d'images stables à un « paysage mouvant et indécis » continuellement protéiforme, à toutes les échelles et sur l'ensemble de la planète d'une part, la mise en œuvre de techniques nouvelles, à la fois pour la gestion des sociétés et des économies… et pour la maîtrise des éléments constituant l'information en géographie. La lecture des chapitres qui précèdent en offre une affirmation inconditionnelle, sans dissimuler les inquiétudes face à une problématique qui se dérobe constamment et appelle, en contrepartie, le recours à une philosophie encore incertaine.

Il suffira d'évoquer quelques-unes des innovations majeures dans l'un et l'autre domaines, celui des données et celui des accès aux données.

Moins que jamais, la géographie n'est en mesure de répondre aux questions posées à l'aide de ses seules méthodes traditionnelles de l'observation directe, analytique et comparative. Elle est appelée à introduire, dans son arsenal, des moyens de connaissance répondant à ses curiosités propres et à s'inspirer, soit par transfert de questionnement et de méthode, soit par coopération avec la problématique propre des autres sciences, en dépassant les limites des traditionnelles « sciences humaines », sans les récuser pour autant.

On commence seulement à savoir pleinement tirer parti des images collectées par satellites. La lecture des documents de télédétection n'a pas encore relayé tout à fait la traditionnelle « explication de carte »… de l'infanterie de 1914. On apprend à questionner des « banques de données » et à collecter les informations souhaitées dans le cadre de « programmes ». A cette occasion, on est conduit à reconsidérer la hiérarchie et les liens de questions, dont le choix était naguère du ressort et de la responsabilité personnelle du chercheur. Ces questions se posent tour à tour et dans certains cas simultanément à des échelles différentes, pouvant aller de la considération de phénomènes « planétaires » à celle de conditions locales.

Le contraste est entré dans la banalité dès que l'« habitant » est conditionné par les « médias » qui associent, dans son imaginaire, l'universel aux multiples contraintes du quotidien qu'il subit dans son immeuble, son quartier, son voisinage. Et pourtant, il est bien quelque part, et cela devrait suffire à en faire un sujet d'observation géographique.

Eternel retour ? Nostalgie ou loi de la condition humaine : au moment où il croit déboucher sur l'universel, l'individu subit les contraintes du lieu parce que le lieu est la source d'une **identité** à laquelle il ne peut pas échapper, même en le désertant… pour un autre lieu où il sera un *étranger*. Drame de la recherche et du poids de l'identité à travers des qualifications d'apparence banale, tour à tour revendiquées ou récusées, race, nation, ethnie, minorité ou majorité culturelle ou linguistique, dont l'image se profile sur un cadre éternel d'horizons immobiles. Un appel incessant à la géographie, l'étude de la condition humaine dans des cadres subis ou choisis.

1. Universalisation des « affaires ». Emiettement de l'identité de groupe

Quelques-uns des noms de pays et de lieux qui reviennent le plus souvent dans les échos des « médias » ou les bulletins de presse d'affaires, Japon, Corée, Hong-Kong, ont supplanté la *City* ou même *Wall Street*, comme Los Angeles, Nice et la Côte d'Azur... en transférant les images d'un autre système de valeurs et en donnant au système des affaires, comme à celui de la grande publicité, une dimension planétaire. Ce glissement vers l'océan Pacifique a, assurément, une signification et une portée que l'on ne saurait sous-estimer. Mais, globalement, il s'agit, en même temps que d'un transfert de centre de gravité, d'une imbrication de toutes les initiatives financières et des aventures techno-économiques, y compris de leur rideau de figuration, à l'échelle mondiale. Tout ce qui se passe quelque part, dans le domaine financier ou dans celui de l'initiative créatrice de nouveaux moyens de production, de communication, de capitalisation ou de prestige a, sans délai, des répercussions que cherchent à moduler et à contrôler banquiers et boursiers dans tout l'ensemble des « pays industriels » et, par effet induit, dans tous les pays appelés plus ou moins immédiatement à en connaître les effets positifs ou négatifs, par le jeu des relations internationales, sous le haut patronage de l'ONU, ou, plus directement, des arbitrages de la Banque mondiale.

Cette universalisation est un défi à la géographie, qui se trouve sollicitée, avant tout, par l'étude des systèmes de transmission de l'information, de solidarité des effets directs ou indirects : géographie des **réseaux**, géographie des ensembles relationnels.

Mais, en même temps, un autre défi est celui de l'inventaire des unités de base qui reçurent naguère les noms de **région**, de **nation**, d'**Etat**, que l'on croyait avoir encadrés dans le grand filet des confédérations et des organisations internationales.

La géographie des réseaux repose sur une analyse de flux et de fréquences variés. Il est classique de chercher à saisir les flux de capitaux. Ils sont, en fait, commandés, et, par conséquent, précédés par des flux d'ordres où interfèrent avec eux. Les lieux concrets de commandement et de relais où l'on peut espérer les saisir se signalent concrètement à l'observation par la concentration des bureaux, le rassemblement de sigles divers, le passage d'agents constituant la part principale du trafic aérien et de la clientèle des chaînes hôtelières. Un nouveau registre de mesure qui prend la relève des cartes de lignes de navigation et de trafic des ports – avec le passage du « visible » à l'« invisible ». A défaut de prise directe sur les courants majeurs, la recherche se reporte sur les indicateurs, fréquence, diversité géographique des courants de relation, implantation des relais des sociétés d'affaires les plus représentatives… une méthodologie qui s'élabore à partir de la pratique de mesures d'intensité des différents vecteurs d'information et de commandement.

L'universalisation des relations organiques de l'économie ne doit pas escamoter les différences et les variations des différences. Les indicateurs classiques en la matière sont les quotients individuels du revenu national évalué en produit national brut ou en produit intérieur brut. Ils n'offrent qu'une image globale, simplifiée, qui doit être corrigée, pour chaque Etat, par la prise en compte des effets des formes de partage du revenu entre les régions, entre les lieux de résidence de la population, et surtout entre les catégories sociales. Et, chaque fois, des limites et des correctifs surgissent : dans les pays en voie de développement, la part du secteur d'autoconsommation, celle des dérives sociales et politiques, et dans les pays industriels, les mystères de l'« économie parallèle »…

Quelle que soit leur importance – notamment en ce qui concerne l'évaluation des conditions de vie des divers éléments de population –, les clivages économiques sous-jacents à l'universalisation des systèmes de communication et d'information ne peuvent plus aujourd'hui dissimuler les clivages historiques, comme on a pu ou voulu le croire jusqu'à la dernière décennie du siècle en enfermant des unités hétérogènes dans leur volonté et leur manière de vivre sous le couvercle des systèmes d'application théoriquement universelle.

La remise en question des schémas de structure économique et politique crée un vide favorable à des confrontations internes. On assiste alors à la résurgence de particularismes que l'on croyait relégués parmi les curiosités archéologiques. Ce n'est pas le moindre des sujets de la diversité géographique d'aujourd'hui, qui procède de la *géographie historique*.

Le défi est la déconnection entre géographie physique et géographie du vécu, quand les cadres superposés et parfois conformes à des lignes naturelles viennent à disparaître. Un chapitre de la géographie humaine est à reconstituer, celui de la répartition des groupes humains se recommandant de la même identité, indépendamment de tout déterminisme et de toute contrainte juridico-politique. En d'autres termes, il faut, plus que jamais, reprendre la question des rapports entre l'espace vécu, qui peut être un espace de transition, et l'organisation de la vie collective des groupes de population se recommandant de la même lignée, des mêmes croyances, du même patrimoine culturel, des mêmes symboles, même si, dans la nuit des temps, ils ont été importés d'ailleurs.

Les formes dérivées du déterminisme géographique ont donné lieu à une succession de poncifs et de malentendus sur la notion de frontière. L'intervention du droit, consacrant la valeur consensuelle de la limite territoriale, a codifié une donnée, sans en résorber l'ambiguïté ou l'incertitude.

L'éclatement de la Yougoslavie, puis, presque en même temps, de l'Union Soviétique, la miniaturisation des groupes revendiquant leur souveraineté et surtout leur sécession à l'égard des voisins, donnent un contenu nouveau à la géographie politique, confondue, à l'occasion, avec la géographie culturelle. Les composants relèvent du « temps long » et, dans beaucoup de cas, d'une traditionnelle mobilité de sociétés que l'on s'était plu à enclore dans des cadres naturels censés enfermer et individualiser leur écoumène. Chaque cas particulier révèle un système de relations qui lui est propre. On ne peut ni imposer ni rejeter aucun essai d'interprétation des identités propres à chaque groupe. Il faut commencer par un inventaire et par la détection d'une dynamique de relation. A cette condition seulement, il sera possible de comprendre les drames du quotidien, les esquisses de compromis et des éternels refus, du Karabagh au Pays Basque, de la Bosnie à la Macédoine et au Kossovo, aussi bien que la fragilité des frontières artificielles des Etats africains. La géographie du début du siècle s'est gardée d'inventorier le « secteur secret » des collectivités, se refusant à classer des races, s'interdisant l'exégèse des religions, ne concédant à l'histoire que l'explication du passé. On s'aperçoit aujourd'hui que l'inventaire du patrimoine est à faire pour asseoir le présent et assurer l'avenir. Avec toujours cette surprise qu'il faille, en même temps, appréhender l'immédiat universel et supporter sur place des contraintes millénaires.

A cette occasion, on est invité à reconsidérer l'approche globale du **sous-développement**, et, plus encore, de la diversité des voies du développement. Contrairement à ce qu'avaient impliqué des initiatives généreuses au lendemain de la deuxième guerre mondiale et de la décolonisation, il n'y a pas de solution universelle. Le sous-développement procède sans doute de séquelles à moyen terme liées aux conjonctures politiques du XIXe siècle et du début du XXe, mais il se différencie suivant les lieux et les « racines ». C'est d'ailleurs en cela que son étude procède de la géographie, l'approche devant tenir compte de tous les éléments de l'identité de chaque groupe et de chaque territoire. Il suffira, pour ouvrir le débat, d'évoquer les différences entre les dynamiques du développement et les formes de réponse aux aides extérieures dans l'Asie du Sud-Est et en Afrique tropicale, sans omettre les effets d'expériences malheureuses de systèmes inopérants qui ont fait perdre des décennies à des pays où la population double en une génération, car, plus que jamais, dans les pays en voie de développement, le rythme de la dynamique démographique doit être un des sujets majeurs de l'analyse... et des préoccupations.

2. Les enseignements de la démographie. La disparité des rythmes de croissance numérique

Un simple examen de cartes de la répartition par âges des populations, explicité par celui des cartes d'indices de fécondité, donne l'image d'un partage du monde entre les « pays de vieux » et de renouvellement incertain des générations, et les « pays de jeunes » où la moitié de la population a moins de vingt ans et chaque femme de 3 à 6 descendants. Episode dans l'histoire de l'humanité . Mais cette histoire révèle que de tels épisodes s'accompagnent d'une remise en place et en ordre, en l'espèce, de migrations qu'on appelait naguère « invasions ».

Un inquiétant rappel : les vieux couples sans enfants d'il y a 2000 ans étaient des « civilisés », qui qualifiaient de « barbares », les foules jeunes et prolifiques convoitant leur sécurité alimentaire et leur confort.

Aujourd'hui, les vieux sans enfants sont toujours des « civilisés », un cinquième de l'humanité, qui se partage plus des trois-quarts des ressources comptabilisées, avec des écarts et des variantes dont les statistiques ont le secret. Les pays les plus féconds sont, d'ores et déjà, les plus pauvres, l'Afrique tropicale, et surtout l'Afrique orientale : la population y augmente de 3 % par an, le produit brut est quasi-stationnaire et écrêté par des prélèvements extérieurs ou sociaux. Sans s'appesantir sur les extrêmes, l'Europe bénéficie d'une croissance annuelle du produit national brut de 2 % en moyenne pour une croissance naturelle de population pratiquement nulle. L'Algérie, qui, grâce aux ventes de pétrole et de gaz naturel, voit croître son taux de produit national brut de 2,5 % par an, supporte un indice de fécondité de 5,2 et une croissance annuelle de sa population de près de 3 %.

Le principe des vases communicants implique une tendance migratoire, mais les économies riches ne sont pas, pour autant, des économies ouvertes. La substitution de l'innovation technique à la quantité du travail comme source de revenu, a pour effet un blocage du marché de l'emploi, même en période économiquement ascendante. La migration de force de travail qui a accompagné la reconstruction des économies européennes après la deuxième guerre mondiale n'a plus de raison d'être dans un contexte technique où la machine et l'ordinateur remplacent l'homme. Le rééquilibrage ne peut être assuré que par le transfert de la « transition démographique », c'est-à-dire d'un environnement culturel propice à la réduction des naissances, et, dans une phase intermédiaire, l'aide à un développement assurant simultanément l'emploi et la croissance du revenu sur place. L'analyse géographique ne peut être, en la matière, qu'un éclairage sur les opportunités politiques. Mais elle évite des surprises. Les problèmes sont d'ailleurs de nature variée ; la base et l'expression même sont statistiques, l'information et la prévision sont d'ordre démographique et économique, les expériences, génératrices de choix de stratégie internationale sont politiques. Aucune série de problèmes n'échappe à l'analyse géographique, car chaque événement, chaque problème, chaque menace de conflit a un cadre spatial en même temps qu'une dimension historique.

A l'occasion, on est invité à reconsidérer et à réintégrer, sous certaines formes, la notion de densité de population en poursuivant la réflexion de Demangeon sur la « question du surpeuplement » en 1938. Ce n'est pas seulement un potentiel théorique de support physique et écologique qui ouvre l'éventail d'une capacité d'entretien d'une population. On est loin aujourd'hui du calcul théorique du rapport entre production et consommation de calories. Chaque groupe humain établit son écosystème à la fois en considération des données de la biogéographie et suivant l'image qu'il a reçue des générations précédentes de ses moyens d'action pour assurer sa survie. De ce fait, la densité de population tolérable, dans des conditions apparemment semblables d'occupation de l'espace exploité, peut varier dans des proportions surprenantes. De même, hors du système agricole, porteur de ses propres forces d'inertie, le passage d'un système d'activités productives à un autre s'effectue aisément dans certains pays, se heurte ailleurs à des obstacles insurmontables dans le court terme. Suivant les cas, les seuils tolérables de densité varient ou demeurent incontournables.

Le géographe est appelé à faire des constats et à en analyser les mécanismes. Par là, il se place en amont du politique et des choix des formes de développement, mais en indique les limites. Son rôle n'est pas de promouvoir, mais de définir l'éventail des possibilités à moyen terme, en prenant en compte à la fois les données du milieu et l'expérience acquise par les intéressés. A cet égard, on accordera une attention particulière à toutes les confrontations de travaux permettant d'appliquer des méthodes d'analyse comparative.

3. La délocalisation de la vie quotidienne

L'homme actuel vit à l'intérieur d'un « espace flou » – plus exactement disloqué et plus ou moins différencié. Première rupture avec l'image de l'« homme-habitant », vivant dans sa coquille rurale, objet des études géographiques classiques d'il y a un demi-siècle. La migration massive vers les villes, quelles que soient les formes et la situation de l'économie ambiante, rompt les liens tangibles et structurels entre le **lieu** et l'**habitant**. L'espace urbain échappe au contrôle direct de l'habitant ; la responsabilité, qui est globale dans le cas du paysan traditionnel, et de la communauté de terroir, passe au registre de l'« administration », c'est-à-dire d'une gestion collective pratiquement anonyme et structurellement hiérarchisée, subissant les effets de jeux d'intérêts s'exerçant à l'occasion de l'occupation des sols et de la gestion des services. On saisit immédiatement que l'analyse géographique se trouve confrontée à des détenteurs hétérogènes et souvent concurrents de l'information.

On part toujours de la prise en considération de l'**espace occupé**. Mais le système de relations entre cet espace et ses occupants est entièrement renouvelé. Des rapports traditionnels entre le fait d'habiter et le lieu occupé, il ne reste plus qu'une relation abstraite allant du cadastre au contrat de location. L'occupation n'est viable qu'après un conditionnement de l'espace ambiant qui devient le complément de service du « logement ». La géographie du début du siècle faisait une place de choix à la description de la *maison* – symbole culturel –, de ses dépendances d'ordre fonctionnel, par extension à l'identité du *quartier* au sein duquel la *rue* assurait la liaison entre les unités bâties et les unités fonctionnelles. Cette approche se justifiait parce que cet ensemble formait le *tout* vécu à long terme par l'habitant, au même titre que l'exploitation agricole du village. Désormais, le thème à la fois central et global n'est plus celui de l'espace habité, mais celui des espaces entre lesquels se répartit le *temps* vécu, au rythme quotidien, hebdomadaire ou saisonnier. A ce temps correspond un jeu d'images, les unes communes à la famille, les autres propres à chaque individu et à chaque classe d'âge. L'espace n'est plus « géographique » au sens strict du terme, il est à la fois fonctionnel et contraignant, à travers des systèmes de relations complexes qui relèvent des formes d'activité, et de l'agencement de services de tous ordres. Certes, on peut en établir une image géographique, mais, dans le quotidien, la réalité est perçue en des termes qui relèvent de l'approche économique et sociologique. Seulement par un jeu de miroir, la dénonciation par les malaises de la société des imperfections du système responsabilise la géographie en termes de contrôle de l'aménagement de l'espace au sens global. Remise en cause de la géographie urbaine, remise en cause aussi de la géographie régionale, sous la forme de l'étude des réseaux et de toutes formes de relations imbriquées dans des systèmes où l'on a quelque peine à appliquer un vocabulaire d'un autre âge.

Le mot qui revient le plus souvent, tant en soi que dans ses projections, est le plus banal qui soit, celui de **centre** avec ses dérivés, centralisation, décentralisation, concentration, symbole du besoin de se référer à un point fixe, tant pour les activités que pour le domicile, ambiguïté aussi, puisque le même mot est utilisé pour qualifier un lieu par rapport à son environnement et pour sublimer sa valeur fonctionnelle ou représentative.

Ouverture sur deux domaines différents, l'urbanisme qui est à la fois descriptif et pragmatique, la sociologie dont la mission est d'établir un inventaire catégoriel et relationnel des habitants dans leur système spatial d'existence quotidienne, hebdomadaire ou saisonnière. Crise des sociétés industrielles ou mutation et menace universelle ?

L'*urbanisation* est devenue épidémique parce qu'elle est désormais conditionnée par un système de relations universel, et parce qu'elle est désormais symbole de lieu de survie pour les uns, de promotion pour les autres. Elle renverse l'ordre des termes de relation entre les collectivités humaines et l'espace occupé. Il ne s'agit plus d'une *utilisation*, mais d'une *mobilisation* qui implique dénaturation, substitution d'un cadrage de multiples réseaux aux potentialités offertes par la présence des facteurs originels du milieu naturel.

A terme, il s'agit d'une création superposée et substituée à une fraction de l'espace naturel, qui, à un moment donné, a attiré et retenu l'intervention des hommes, de ceux du « lieu » ou de ceux d'ailleurs.

La géographie est, de ce fait, de plus en plus confrontée à la « politique du sol ». Elle ne peut ignorer ni les « plans d'occupation des sols » et leurs effets marginaux, ni les formes multiples et diverses des espaces urbains ou périurbains, affectées de coefficients de valeur économique et sociale suivant leur usage et suivant leur occupation. On ne saurait sous-estimer sa mission d'information, sans pour autant la confondre avec le pragmatisme représenté par l'urbanisme, qui aborde les mêmes problèmes, mais avec des applications normatives impliquant prise de responsabilité.

Ainsi se trouve posé, en des termes nouveaux, le problème du sens à donner à l'identité des **lieux**. Ils étaient naguère éléments du patrimoine et cadre de vie. Ils ont seulement aujourd'hui valeur d'usage temporaire pour des déracinés, au cours d'une étape de leur vie. Ils sont souhaités, acceptés, indifférents ou supportés. Le tourisme, à ses débuts, a semblé offrir une compensation, en répondant à une certaine nostalgie… Puis il est entré dans le jeu de la commercialisation des biens naturels transformés en **marchandise**. Du mirage du paradis perdu, on passe à la contestation par le discours écologique.

4. La bourse ou la vie... Les grandes peurs du xxe siècle : de la crainte de la pénurie à la hantise des catastrophes

La révolution industrielle a révélé simultanément les possibilités énormes résultant de la mobilisation des stocks de la planète en sources d'énergie et en matières premières, et l'incertitude, à terme, d'une course accélérée de la consommation des biens non renouvelables. Le thème majeur de l'économie et de l'interrogation posée à la géographie a été celui des **réserves** et des *moyens de remplacement*. Point d'étude de continent ou de fraction de continent sans évaluation des perspectives à terme de mobilisation de leurs patrimoine minier et sans recherche de relèves techniques : le meilleur exemple est celui de la géographie de l'énergie, déroulant l'écheveau du charbon et du lignite, du pétrole et du gaz naturel, des équipements hydroélectriques jusqu'à l'ambiguïté de l'énergie nucléaire sublimant la convergence de la puissance créatrice et de ses contre-effets destructeurs. La « géographie des matières premières », comme celle des économies régionales, a été établie sur l'étude de la répartition des réserves de tous ordres – allant du produit initial aux substituts éventuels – et la hiérarchie de puissance potientielle, voire de souveraineté, subordonnée à cette répartition. Quel triomphe du préalable de la géographie naturelle !

En cent cinquante ans, les valeurs de l'espace établies sur la répartition des sources d'énergie et des matières premières ont été recalculées et, derrière elles, les pesanteurs politiques désormais qualifiées de géopolitiques : géographie du pétrole, mais aussi géographie de l'énergie nucléaire et, derrière elle, les éléments du chantage militaro-politique...

Dans le même temps, la population mondiale a quintuplé. Si la consommation d'énergie et de matières premières avaient progressé dans les mêmes proportions, le problème de l'épuisement des réserves, hantise des économies industrielles, se serait posé en des termes drastiques. L'« inégal développement » a exercé une action de modération des prélèvements, qui s'accompagne d'une aggravation des inégalités et d'une stimulation des appétits.

L'imagination scientifique et industrielle cherche à répondre aux problèmes posés sur le plan des substitutions, des démultiplications des effets des processus engagés, de résorption ou de transformations des surplus inutiles et des déchets plus ou moins nocifs ou dangereux. Elle investit de la « matière grise » et d'énormes masses de capitaux dans une course qui ne profite effectivement qu'à un cinquième de l'humanité, mais projette ses nuisances sur l'ensemble de l'œcoumène. Le problème posé aujourd'hui n'est pas seulement celui du coût de la généralisation des acquis, mais celui de la capacité créatrice de la planète. Et il a engendré une philosophie, à partir d'une modeste technique des sciences de la nature, l'**écologie**, qui n'est qu'une façon de reposer le problème de la finalité de la géographie.

Il y a bientôt vingt ans, J. Klatzmann posait en titre d'un livre d'évaluation des ressources alimentaires la question : « Nourrir dix milliards d'hommes ? » La réponse était : « peut-être, à condition que les formes de production et de répartition des ressources soient progressivement et continuellement adaptées à la croissance et à la localisation des besoins. » Le problème reste le même, mais, dans l'intervalle, la population du globe a augmenté de plus d'un milliard d'hommes. Les séquelles sont multiples : extension numérique, sinon spatiale, de la misère, consommation – sous des formes variées – des ressources non renouvelables et de l'espace utile, recours accru à des techniques préjudiciables aux équilibres naturels, accumulation de déchets difficilement destructibles, et même, pour une part, indestructibles et dangereux. Dans le cas de conflits pour la survie ou seulement la maîtrise de l'appareil planétaire, c'est la présence même de la vie sur la terre qui peut être mise en question.

Les diverses formes de déséquilibres d'une part, les agressions banales et répétées à l'égard du système vital d'autre part, sont les risques qu'il convient aujourd'hui de prendre en compte. Dans leur ensemble et leur solidarité, ils s'imposent à la recherche et à la réflexion géographiques dans sa globalité et sa diversité : thèmes d'analyse de la géographie de la population, de la géographie politique, économique, sociale, thèmes de synthèse quand il s'agit d'examiner les chances et la fragilité des « ensembles ». Dans tous les cas, il s'agit de la surveillance du patrimoine. La géographie établit des bilans, trace des lignes d'équilibre, et des limites de sécurité. La s'arrête sa mission. Il appartiendra toujours à l'économie de faire les comptes, et à la politique de choisir entre la bourse ou la vie…

En guise de conclusion…

Ni table des matières, ni palmarès, mais une réflexion et un bilan. La géographie, qui a été personnifiée il y a cent ans par des *encyclopédistes*, Elisée Reclus, Paul Vidal de La Blache, Emmanuel de Martonne ou Raoul Blanchard, ne peut plus être totalement appréhendée aujourd'hui que par des *encyclopédies*, rassemblant les recherches, les réflexions, les perspectives que seuls peuvent mener à leur terme des spécialistes.

La géographie n'est autre que la description de la maison des hommes et des hommes dans leur maison, qui est la terre. Longtemps, la terre a conditionné les hommes. Et puis, ils se sont mis à reconstruire la maison au gré de besoins nouveaux et à l'aide de moyens accrus. C'est cette construction et reconstruction permanente qui est aujourd'hui l'objet de la géographie. Mais si la maison des hommes n'a pas le triste sort de la Tour de Babel, elle en porte quelques stigmates. Rien n'est jamais définitif, et, souvent, tout paraît à refaire. Les agents sont des politiques, des économistes, des techniciens de tous ordres : les conseils sont des sociologues, des biologistes, des médecins. Ils agissent tantôt de concert, tantôt en adversaires, ou du moins en ordre dispersé.

Suivant les moments, la maîtrise de nouveaux moyens assure une embellie, ou bien les excès de prélèvements précipités, les rejets de surplus indésirables font craindre des déséquilibres incontrôlés. Dans leur grande majorité, les hommes subissent. Les disproportions s'aggravent entre la croissance des besoins élémentaires et immédiats issus de l'augmentation du nombre et des exigences accrues des demandeurs et la maîtrise d'éléments porteurs de promesses pour le XXIe ou le XXIIe siècle… et l'image de la Tour de Babel resurgit dans l'ombre.

Chaque époque appelle un diagnostic. La géographie ne peut plus répondre à toutes les questions. C'est la géographie qui est interrogée. Et la géographie est représentée par des équipes ayant en commun la volonté de connaître et de maîtriser les évolutions qui mettent en cause les équilibres terrestres. Chacun, du fait de sa formation complémentaire à l'indispensable initiation globale à l'ensemble des problèmes de la vie humaine sur la terre, apporte un éclairage particulier. Telle est aujourd'hui la loi du travail collectif. Est-ce le glas d'une discipline qui était fière d'avoir assuré son identité en prenant ses distances par rapport à l'histoire ? La redistribution des thèmes dans la recherche et l'organisation de l'enseignement pourrait le faire craindre. Le mérite d'une collecte d'informations complémentaires les unes des autres est précisément de neutraliser certaines forces centrifuges. La maison change de forme, elle subit des affronts périlleux, mais c'est toujours le seul abri des hommes, et c'est à la géographie qu'il appartient de rassembler ceux qui ont la responsabilité d'en assurer la pérennité et de tenir, à son heure, le discours qui permet de dénoncer les dangers.

En termes classiques, cela s'appelle « synthèse », mais toute synthèse implique préalablement collecte d'analyses. La collecte se veut exhaustive, et elle se nomme alors « Encyclopédie ».

Il est difficile, en la matière, de fixer des frontières, qui, du reste, seraient transgressées sans délai. La géographie étant discipline d'ouverture entre les sciences de la nature – on dirait aujourd'hui de l'*environnement* – et les sciences sociales, économiques, politiques (sans omettre les approches idéologiques et culturelles), on ne s'étonnera pas d'avoir été invité, en des termes divers suivant le tempérament et l'humeur des auteurs, à l'inventaire des contrastes et des sollicitations qui, en tous temps, ont conditionné les initiatives et les espérances des hommes, à l'analyse de la diversité de ce microcosme dans l'univers qu'est la société humaine. L'imagination créatrice des hommes a imprimé sur la planète des marques glorieuses et des empreintes malheureuses. Ici, on parlera de réseaux, de pôles d'activités spécifiques, de géopolitiques du système monde, ailleurs de la faim dans le monde et de la difficile maîtrise des risques naturels majeurs, de l'irritant problème de la résorption des déchets. Mais c'est toujours la présence de l'homme qui justifie la curiosité et les essais méthodologiques d'interprétation et de classification des géographes ; les fenêtres s'ouvrent sur la démographie ; sur la projection des effectifs de population dans le proche avenir, sur les effets de pression et de migration. Les faits et la documentation s'accumulent en la matière, et invitent au jeu tentant de l'esprit de les ordonner, de les hiérarchiser, d'enfermer la planète et l'humanité dans des « systèmes »... Illustration de la diversité épistémologique de la géographie contemporaine, jeu parfois inquiétant de la confrontation de l'exercice logique et logistique avec des résurgences de vieux démons. Et toujours, le divorce entre la volonté de tout dire et de persuader, et l'insatiable curiosité du lecteur qui attend toujours... la suite.

Mots-clefs

Centre,
Ecologie,
Espace occupé,
Etat,
Genre de vie,
Habitant,
Identité,
Lieu,
Matières premières,
Nation,
Paysage rural,
Région,
Réseaux,
Réserves,
Site,
Situation,
Sous-développement.

IV

Bibliographie
Index des mots-clefs
Index des auteurs
Table des matières

Bibliographie générale

Abler R., Adams J. et **Gould P.**, 1971, *Spatial organization : the geographers view of the world*, Londres, Prentice Hall.

Acot P., 1988, *Histoire de l'écologie*, Paris, PUF.

AFDG, 1992, *Enseigner l'histoire et la géographie, un métier en constante rénovation*, Paris, INRP.

Ahmad G., 1965, *Indan Cities*, University of Chicago, Research Papers, 102.

Aisner P. et **Plüss C.**, 1983, *La ruée vers le soleil. Le tourisme à destination du Tiers Monde*, Paris, L'Harmattan.

Akademie Für Raumforschung, 1970, *Handwörterbuch der Raumforschung und Raumordnung*, Hannore, Jänecke.

Alatis J., 1970, *Bilingualism and language contact*, Washington, Georgetown University Press.

Alexandratos N. (éd.), 1989, *L'agriculture mondiale : Horizon 2000.* Etude de la FAO, Paris, Economica.

Ali S., 1974, *L'espace imaginaire*, Paris, Gallimard.

Allègre C., 1987, *Les fureurs de la terre*, Paris, Jacob.

Alonso W., 1964, *Location and land use – Toward a general theory of land rent*, Cambridge, Harvard University Press.

Amin S., 1973, *Le développement inégal,* Paris, Minuit.

Ancel J., 1936, *Géopolitique*, Paris, Delagrave.

Ancel J., 1938, *Géographie des frontières*, Paris, Gallimard.

André A., 1980, *L'expression graphique : cartes et diagrammes,* Paris, Masson.

André Y. *et al.*, 1990, *Modèles graphiques et représentations spatiales*, Paris, Anthropos-Economica.

André Y. et al., 1989, *Représenter l'espace ; l'imaginaire spatial à l'école*, Paris, Anthropos-Economica.

Andreff W., 1990, *Les multinationales*, Paris, La Découverte.

Annales de la recherche urbaine, 1990, *Technopoles et métropoles,* 46.

Anthony S., 1991, « NextBase- computer mapping for the masses », *The Cartographic Journal*.

Antoine P., Dubresson A. et **Manou-Savina A.**, 1987, *Abidjan « côté cour »*, Paris, Karthala.

Arbellot G. et **Lepetit B.** *et al.*, 1987, *Routes et communications*, Paris, EHESS.

Arbellot G., Goubert J.P., Mallet J. et **Palazot Y.**, 1986, *Carte des généralités, subdélégations et élections en France à la veille de la Révolution de 1789*, Paris, CNRS.

Arbellot G., 1973, « La grande mutation des routes de France au milieu du XVIIIe siècle », *Annales, ESC*, 3.

Ardrey R., 1966, *The territorial imperative*, Fontana, Collins.

Arnberg W., 1991, *The national PC-Atlas of Sweden*, ICA 15th Conference, Proceedings, vol.2.

Association générale des hygiénistes et techniciens municipaux, 1985, *Les résidus urbains*, Paris, Lavoisier.

Astolfi J.P. et **Develay M.**, 1989, *La didactique des sciences,* Paris, PUF.

Attali J., 1990, *Lignes d'horizon*, Paris, Fayard.

Audigier F., 1989, « A quoi sert la géographie ? », *Cahiers Pédagogiques*, 272.

Auriac F. et **Brunet R.** (ed.), 1986, *Espaces, jeux et enjeux*, Nouvelle encyclopédie des sciences et des techniques, Paris, Fayard-Fondation Diderot.

Aydalot P., 1985, *Economie régionale et urbaine*, Paris, Economica.

Aydalot P., (éd.) 1986, *Milieux innovateurs en Europe*, Paris, GREMI.

Babonaux Y., 1966, *Villes et régions de la Loire moyenne*, Paris, Sabri.

Bachelard G., 1957, *Poétique de l'espace*, Paris, PUF.

Bachi R., 1962, « Standard distance measures and related measures for spatial analysis », *Papers and Proceedings of the Regional Science Association*, 10.

Bailly A., 1975, *L'organisation urbaine ; modèles et théories*, Paris, Centre de Recherche d'Urbanisme.

Bailly A., 1977, *La perception de l'espace urbain*, Paris, Centre de Recherche d'Urbanisme.

Bailly A., 1981, *La géographie du bien-être*, Paris, PUF.

Bailly A., 1985, La région, de la territorialité vécue aux mythes collectifs, in *Région et aménagement du territoire*, J. Lajugie (ed.), Bordeaux, Bière.

Bailly A. et **Polese M.**, 1978, La différenciation de l'espace urbain de Québec : une application de l'analyse discriminante en géographie urbaine, *Cahiers de Géographie de Québec*, 55.

Bailly A. et **Beguin H.**, 1982, *Introduction à la géographie humaine*, Paris, Masson.

Bailly A., Guesnier B., Paelinck J. et **Sallez A.**, 1988, *Comprendre et maîtriser l'espace*, Montpellier, RECLUS.

Bailly A. et **Maillat D.**, 1988, *Le secteur tertiaire en question*, Paris, Economica.

Bailly A. et **Scariati R.** (ed.), 1990, *L'humanisme en géographie*, Paris, Anthropos-Economica.

Bailly A. *et al.*, 1991, (2è éd.), *Les concepts de la géographie humaine*, Paris, Masson.

Bailly A. et **Debarbieux B.**, 1991, Géographie et représentations spatiales, in *Les concepts de la géographie humaine*, Bailly (éd.), Paris, Masson.

Bailly A. et **Dorel G.**, 1992, *Les Etats-Unis*, Géographie Universelle, Amérique du Nord, Paris, Hachette.

Bairoch P., 1977, *Taille des villes, conditions de vie et développement économique*, Paris, EHESS.

Bairoch P., 1985, *De Jericho à Mexico, villes et économie dans l'histoire*, Paris, Gallimard.

Bairoch P., 1992, *Le Tiers Monde dans l'impasse*, Paris, Gallimard.

Baker A., 1969, « Reversal of the rank-size rule : some nineteenth century rural settlement size in France », *The Professional Geographer*, 6.

Balandier G., 1955, *Sociologie actuelle de l'Afrique noire. Dynamique des changements sociaux en Afrique Centrale*, Paris, PUF.

Balandier G., 1956, *Le « Tiers Monde », sous développement et développement*, Paris, PUF.
Balta P. (ed.), 1986, *L'Islam dans le monde*, Paris, La Découverte/Le Monde.
Banque Mondiale, 1986, *La pauvreté et la faim. La sécurité alimentaire dans les pays en développement : problèmes et options*, Washington, Banque mondiale.
Banque Mondiale, 1991, *Politique urbaine et développement économique : un ordre du jour pour les années 1990.* Washington, Banque Mondiale.
Banque Mondiale, 1991, *Rapport sur le développement dans le monde 1991. Le défi du développement*, Washington, Banque Mondiale.
Banque Mondiale, 1991, *Urban policy and economic development*, Washington, Banque Mondiale.
Banque Mondiale, annuel, *Rapport sur le développement dans le monde*, Washington, Banque Mondiale.
Barberis J., 1986, « La délimitation de l'espace vécu dans une interaction verbale », *Lengas, 19.*
Barbut M., 1967, *Mathématiques des sciences humaines*, Paris, PUF.
Barnier M., 1990, *La politique de l'environnement*, Rapport d'information 1227, Assemblée Nationale.
Barras C., 1987, *Le développement régional à motricité touristique*, Fribourg, Editions Universitaires Fribourg.
Barthes R., 1964, *Essais critiques*, Paris, Seuil.
Barthes R., 1985, *L'aventure sémiologique*, Paris, Seuil.
Bartoli M., 1945, *Saggi di linguistica spaziale,* Turin, Bondi.
Bataillon C., Deler J. et **Théry H.**, 1991, *Amérique latine*, Géographie Universelle, Paris, Hachette.
Bataillon C. et **Panabière L.**, 1988, *Mexico aujourd'hui, la plus grande ville du monde*, Paris, Publisud.
Bateson G., 1977, *Vers une écologie de l'esprit.* t. I et II, Paris, Gallimard.
Baudelle G., 1990, « L'héritage spatial, agent d'inertie : l'exemple des bassins miniers », *Géopoint 1990, Histoire, Temps et Espace*, Avignon.
Baulig H., 1935, *Géographie universelle, Amérique septentrionale*, Paris, Hachette.
Baulig H., 1948, « La géographie est-elle une science ? », *Annales de Géographie*.
Beaud M., 1989, *L'économie mondiale dans les années quatre-vingts*, Paris, la Découverte.
Beauprêtre G. (ed.), 1991, *L'Europe centrale, réalité, mythe, enjeu – XVIII-XXe siècles,* Varsovie, Edition de l'Université.
Beckman M. et **Mc Pherson J.**, 1970, « City size distribution in central place hierarchy », *Journal of Regional Science*.
Beguin H., 1979, « Urban Hierarchy and city size distribution », *Geographical Analysis*.
Beguin H., 1979, *Méthodes d'analyse géographique quantitative*, Paris, LITEC.
Beguin H., Hansen P. et **Thisse J.** (éds), 1982, « Où construire les équipements collectifs ? », *Recherches Economiques de Louvain*, 48.
Beguin H., 1988, « La region et les lieux centraux », p. 231-275, in Ponsard C., (ed.), *Analyse économique spatiale*, Paris, PUF.
Belbeoch O. *et al.*, 1986, « La population mondiale, vers une stabilisation au XXIe siècle ? », Paris, La Documentation Française, 4806.
Benko G. (éd.), 1990, *La dynamique spatiale de l'économie contemporaine*, Paris, Editions de l'Espace Européen.

Benko G., 1990, *Géographie des technopoles*, Paris, Masson.
Benzécri J.P., 1976, *L'analyse des données : l'analyse des correspondances*, Paris, Dunod.
Benzécri J.P., 1982, *Histoire et préhistoire de l'analyse des données*, Paris, Dunod.
Berdoulay V., 1978, « The Vidal-Durkheim debate », p. 77-90 in Ley D., Samuels M. (eds.), 1978, *Humanistic geography : problems and prospects*, Chicago, Maaroufa Press.
Berdoulay V., 1981, *La formation de l'école française de géographie (1870-1914)*, Paris, Comité des Travaux Historiques et Scientifiques.
Berdoulay V. et **Phipps M.** (eds.), 1985, *Paysage et système*, Ottawa, Ed. de l'Univ. d'Ottawa.
Berdoulay V., 1988, *Des mots et des lieux. La dynamique du discours géographique*, Paris, CNRS.
Berdoulay V. et **Soubeyran O.**, 1991, « Lamarck, Darwin et Vidal : aux fondements naturalistes de la géographie », *Annales de géographie*, 561-562.
Berger A., Catanzano J., Fornairon J. et **Rouzier J.**, 1988, *La revanche du sud*, Paris, L'Harmattan.
Bergeron R., 1991, « L'après-séisme de 1980 en Basilicate », *Bulletin de l'Association des Géographes Français*, 3.
Bernard M., 1981, « Essai d'analyses diachroniques : exemples de changements dans les campagnes languedociennes », *Informatique et Sciences Humaines*, 51.
Bernstein R., 1976, *The restructuring of social and political theory*, Oxford, Blackwell.
Berque A., 1982, *Vivre l'espace au Japon*, Paris, PUF.
Berque A., 1986, *Le sauvage et l'artifice : les Japonais devant la nature*, Paris, Gallimard.
Berque A., 1987, « Milieu et motivation paysagère », *L'Espace Géographique*, 4.
Berque A., 1990, *Médiance. De milieux en paysages*, Montpellier, RECLUS.
Berr H., 1903, « La synthèse des études relatives aux régions de la France », *Revue de Synthèse Historique*, 6.
Berriane M., 1980, *L'espace touristique marocain*, Tours, URBAMA, 7.
Berry B., 1967, *Geography of market centers and retail distribution*, Englewood Cliffs, Prentice Hall, Trad. fr. de B. Marchand, 1971, *Geographie des marchés et du commerce de détail*, Paris, Colin.
Berry B., 1973, *Growth centers in the american urban system*. Cambridge. Mass., Ballinger
Berry B., 1976, *Urbanization and counterurbanization*, Beverley Hills, Sage.
Berry B., 1987, « Fundamental operators in computer-assisted map analysis », *International Journal of Geographic Information Systems* 2.
Berry B. et **Horton F.**, 1970, *Geographic perspectives on urban systems*, Englewood Cliffs, Prentice Hall.
Berry B., Conkling E. et **Ray M.**, 1976, *The geography of economic systems*, Englewood Cliffs, Prentice Hall.
Bertaud J.-P. et **Reichel D.** *et al.*, 1989, *L'armée et la guerre*, Paris, EHESS.
Berthelot Y., 1990 a, « En finir avec la marginalisation des nations déshéritées », *Le Monde Diplomatique*, 437.
Berthelot Y., 1990 b, « Les Pays les Moins Avancés : un bilan de la Conférence de Paris », *Afrique 2000*, 3.
Bertin J., 1967, *La sémiologie graphique. Les diagrammes, les réseaux, les cartes*, La Haye, Mouton-Gautier-Villars.
Bertin J., 1977, *La graphique et le traitement graphique de l'information*, Paris, Flammarion.
Bertrand C. et **Bertrand G.**, 1975, Pour une histoire écologique de la France rurale, in *Histoire de la France rurale*, Paris, Seuil.

Bertrand D., 1985, *L'espace et le sens. Germinal d'Emile Zola*, Amsterdam, Hadès-Benjamins.

Bertrand G., 1968, « Paysage et géographie globale », *Revue de géographie des Pyrénées et du Sud Ouest 39*.

Bertrand G., 1972, « La "science du paysage", une "science diagonale" », *Revue géographique des Pyrénées et du Sud Ouest, 43*.

Bertrand G., 1982, Construire la géographie physique, *Hérodote*, 26.

Bertrand G., 1990, La nature en géographie : un paradigme d'interface. *Grands Colloques de Prospective du ministère de la Recherche et de la Technologie : La Géographie, Geodoc*, 34.

Besancenot J.P., 1990, *Climat et tourisme*, Paris, Masson.

Besse J., 1982, « Sociologues et géographes au début du XXe siècle : un mauvais débat », *Cahiers de philosophie*, Lille, Université de Lille III.

Besse J., 1990, « Géographie et existence d'après l'oeuvre d'E. Dardel », p. 135-175, in Dardel E., 1990, (1re éd., 1952, Paris, Colin), *L'homme et la terre. Nature de la réalité géographique*, Paris, C.T.H.S.

Besse J. et **Robic M.C.**, 1986, « Quel espace pour quels projets : Kant, un prétexte ? », p. 61-69, in Auriac F., Brunet R., 1986 (éds.), *Espaces, jeux et enjeux*, Paris, Fayard, Fondation Diderot.

Besse J. et **Robic M.C.**, 1989, « Science des hommes, sens des lieux », *Espaces Temps*, 40/41.

Bessis S., 1991, *La faim dans le monde*, Paris, La Découverte.

Bethemont J., 1977, *De l'eau et des hommes*, Paris, Bordas.

Biagini E., 1990, *La Riviera di Romagna. Sviluppo di un sistema regionale turistico*, Bologne, Pàtron.

Bibo I., 1986, *Misère des petits Etats d'Europe de l'est*, Paris, L'Harmattan.

Binford L., 1972, *An archaeological perspective*, Chicago, Seminar Press

Bird J., 1977, *Centrality and cities*, Londres, Routledge and Kegan.

Birot P., 1959, *Précis de géographie physique générale*, Paris, Colin.

Biswas A., 1991, « Water for sustainable development in the 21st century : a global perspective », *Water international*, 4.

Blalock H., 1967, *Toward a theory of minority-group relations*, New York, Wiley.

Bloch M., 1931, *Les caractères originaux de l'histoire rurale française*, Paris, Colin, rééd. 1976.

Blumenberg H., 1979, *Arbeit am Mythos*, Suhrkamp, Francfort.

Boal F. et **Livingstone D.**, (eds) 1989, *The behavioural environment. Essays in reflection, application and re-evaluation*, Londres, Routledge.

Boas F., 1924, Evolution or diffusion. *American Anthropology*, 26.

Bonnemaison J., 1986, *La dernière île*, Paris, ORSTOM.

Booth C., 1892-1903, rééd. 1969-70, *Life and labor of the people of London*, New York, Ams Press, 18 vol.

Borges J., 1982, *L'auteur et autres textes*, Paris, Gallimard.

Bos H., 1964, *The spatial dispersion of economic activity*, Rotterdam, University Press.

Boserup E., 1970, *Evolution agraire et pression démographique*, Paris, Flammarion.

Bottai M. et **Costa M.**, 1979, « Analysi tipologica delle città italiane », in AGEI (ed.), *Studi su città*, Pisa.

Bottiglioni G., 1954, « Linguistic Geography : its achievements, methods and orientations », *Word*, 10.

Boudeville J., 1970, *Les espaces économiques*, Paris, PUF.

Boudeville J., 1972, *Aménagement du territoire et polarisation*, Paris, Genin.

Boudon P. (éd.), 1977, « Sémiotique de l'espace », *Communications*, 27.

Boudon P., 1981, *Introduction à une sémiotique des lieux*, Montréal, Presses de l'Université de Montréal.

Boulding K., 1955, *The image. Knowledge and life in society*, Ann Arbor, University of Michigan Press.

Boulding K., 1953, *The organizational revolution*, New York, Harper & Row.

Bourne L., **Sinclair R.** et **Dziewonski K.**, 1984, *Urbanization and settlement systems. International perspectives*, Oxford, University Press.

Bourne L. et **Simmons J.**, (ed.) 1978, *Systems of cities*, New York, Oxford University Press.

Bousquet J. et **Philip H.**, 1990, « Géologie et risques sismiques. Les enseignements du séisme de Spîtak », *Bulletin de la Société Languedocienne de Géographie*.

Boutier J. et **Boutry P.** *et al.*, 1992, *Les sociétés politiques*, Paris, EHESS.

Boutoura C., 1989, « Line generalization using spectral techniques », *Cartographica*, 3-4.

Bouvier A. et **George M.**, 1979, *Dictionnaire des mathématiques*, Paris, PUF.

Bouvier N., 1988, *L'usage du monde*, Paris, La Découverte.

Boyer R., 1986, *La théorie de la régulation*, Paris, La Découverte.

Bozonnet J.P., 1992, *L'imaginaire social de la montagne*, Grenoble, Presses Universitaires de Grenoble.

Braudel F., 1949, *La Méditerranée et le monde méditerranéen à l'époque de Philippe II*, Paris, Colin.

Braudel F., 1979, *Civilisation matérielle, économie et capitalisme* XVe-XVIIIe *siècles, Le temps du monde*, Paris, Colin.

Braudel F., 1985, *La Méditerranée et le monde méditerranéen à l'époque de Philippe II*, Paris, Colin.

Braudel F., 1986, *L'identité de la France. I : Espace et histoire*, Paris, Arthaud/ Flammarion.

Bremond J., 1990, *L'Europe de 1993, espoirs et risques*, Paris, Hatier.

Brémond J. et **Gélédan A.**, 1990, *Dictionnaire économique et social*, Paris, Hatier.

Bresso M., 1982, *Pensiero economico e ambiente*, Turin, Loescher.

Breton R., 1976, *Géographie des langues*. Paris, PUF.

Brette A., 1904, *Atlas des bailliages ou juridictions assimilées*, Paris, Imprimerie Nationale.

Broc N., 1975, *La géographie des philosophes : geographes et voyageurs français au* XVIIIe *siècle*, Paris, Ophrys.

Broc N., 1980, *La géographie de la Renaissance*, Paris, CTHS.

Brown L., 1981, *Innovation diffusion, a new perspective*, Londres, Methuen.

Brunel S., 1991, *Une tragédie banalisée. La faim dans le monde*, Paris, Hachette.

Bruner J., 1960, *The process of education*, Harvard, Harvard University Press.

Brunet R., 1967, « Les phénomènes de discontinuité en géographie », Paris, CNRS, *Mémoires et Documents de Géographie*, 7.

Brunet R., 1979, « Systèmes et approche systémique en géographie », *Bulletin de l'Association de Géographes Français*, 465.

Brunet R., 1980, « La composition des modèles dans l'analyse spatiale », *L'Espace Géographique*, 4.

Brunet R., 1985, *Le redéploiement industriel*, Montpellier, RECLUS.

Brunet R., 1987, *La carte mode d'emploi*, Paris, Fayard/RECLUS.

Brunet R., 1990, *Géographie Universelle, Mondes Nouveaux*, Paris, Hachette.

Brunet R., 1990, *Le territoire dans les turbulences*, Montpellier, RECLUS.

Brunet R. éd., 1974, Géographie et sémiologie, *L'Espace Géographique*, 2.

Brunet R. et **Auriac F.**, 1986, *Espaces : jeux et enjeux*, Paris, Fondation Diderot, Fayard.

Brunet R. et **Dollfus O.** *et al.*, 1990, *Mondes nouveaux*, Géographie Universelle, Paris, Hachette.

Brunet R. et **Sallois J.**, éd., 1986, *France : les dynamiques du territoire*, Montpellier, RECLUS.

Brunet R. *et al.,* 1988, *Montpellier Europole*, Montpellier, RECLUS.

Brunet R. *et al.,* 1989, *Les villes « européennes »*. Paris, La Documentation Française.

Brunhes J., 1909, *La géographie humaine*, Paris, Alcan, 3 vol.

Brunhes J., 1914, *La géographie de l'histoire*, Paris, Delagrave.

Brunhes J., 1920, « Géographie humaine de la France », in G. Hanotaux, (éd.), *Histoire de la nation française*, Paris, Plon-Nourrit.

Brunhes J. et **Vallaux C.**, 1921, *La géographie de l'histoire. Géographie de la paix et de la guerre,* Paris, Alcan.

Bruyelle P., 1981, *L'organisation urbaine de la Région du Nord-Pas-de-Calais*, Thèse, Cergy.

Bulletin de la Société géographique de Liège, 1990, *Villes du monde*, 26.

Bunge W., 1962, *Theoretical geography,* Lund, Lund studies in geography, Série C.

Bunge W., 1971, *Fitzgerald, geography of a revolution*, Cambridge, Schenkman.

Bureau L., 1991, *La terre et moi*, Montréal, Boréal.

Burgel G., 1974, *Croissance urbaine et développement capitaliste, le « miracle » athénien*, Paris, CNRS, Mémoires et Documents de Géographie.

Burgess E., 1924, The growth of the city : an introduction to a research project, *American Sociological Society,* 18.

Burgess E., 1927, « The determination of gradients in the growth of the city », *American Sociological Society*, 21.

Burguière A. et **Revel J.**, 1989, *L'espace français* (t.1 de l'*Histoire de la France*), Paris, Seuil.

Bussière R., 1972, *Modèle urbain de localisation résidentielle*, Paris, CRU.

Butor M., *Répertoire*, II, Paris, Minuit,.

Buttimer A., 1971, *Society and milieu in the French geographical tradition*, Chicago, Rand MacNally.

Buttimer A., 1974, *Values in geography*, Washington, Association of American geographers.

Buttimer A., 1978, « Charism and context : the challenge of La géographie humaine », p. 58-76, in Ley D., Samuels M. (eds.), 1978, *Humanistic geographys: problems and prospects*, Chicago, Maaroufa.

Buttimer A., 1989, Geography, humanism, and global concern, *Annals of the Association of American geographers*.

Butzer K., 1982, *Archaeology as human ecology*, Cambridge, Cambridge University Press.

Cadene P., 1990, « Temps et espaces dans les processus de résistance des sociétés rurales à l'intégration globale », *Géopoint 1990, Histoire, Temps et Espace*, Avignon.

Cailleux A., 1953, *Biogéographie mondiale*, Paris, PUF, Que sais-je ? 590.

Calmès R., Delamarre A., Durand-Dastès F., Gras J. et **Peyon J.**, 1978, *L'espace rural français*, Paris, Masson.

Camartin I., 1989, *Rien que des mots ? Plaidoyer pour les langues mineures.* Genève, Zoé.

Cans R., 1990, *Le monde poubelle*, Paris, F1rst.

Capel H., 1981, « Institutionnalization of geography and strategies of change », p. 37-69, in : Stoddart D. (ed.), *Geography, ideology and social concern*, Oxford, Blackwell.

Carlstein T., 1982, « Time resources, society and ecology », *Lund Studies in Geography*, ser. B, 49.
Cartes et figures de la terre, 1980, Paris, Centre G. Pompidou.
Casetti E., 1986, « The dual expansion method : an application to evaluating the effects of population growth on development », *Transactions on Systems, Man and Cybernetics*, 16.
Castells M., 1972, *La question urbaine*, Paris, Maspéro.
Castells M., (éd.) 1985, *High technology, space and society*, Beverly Hills, Sage.
Castells M., 1989, *The informational city.* Oxford, Basil Blackwell.
Castoriadis C., 1975, *L'institution imaginaire de la société*, Paris, Seuil.
Castro J. (de), 1964, *Géographie de la faim*, Paris, Les Editions ouvrières.
Cauvin C., 1984, « Une méthode de comparaison de données localisées : la régression bidimensionnelle. Application à la perception de configurations dans la ville de Strasbourg », *L'Espace Géographique*, 2.
Cauvin C., Hirsch J., Reymond H. et **Serradj A.**, 1986, « Ballon rond et ballon ovale en France », *Mappemonde 86/1*.
Cauvin C. et **Reymond H.**, 1988, *L'espacement des villes*, Paris, CNRS.
Cazes G., 1989, *Le tourisme international. Mirage ou stratégie d'avenir ?*, Paris, Hatier.
Cazes G., 1989, *Les nouvelles colonies de vacances ?, Le tourisme international à la conquête du Tiers-Monde*, Paris, L'Harmattan.
Cazes G., 1992, *Pour un bilan du tourisme international dans le Tiers-Monde*, Paris, L'Harmattan.
Centre Georges Pompidou/Centre de Création Industrielle, 1984, *Déchets, l'art d'accommoder les restes*, Paris, CCI.
Chabot G., 1961, *Carte des zones d'influence des grandes villes françaises*, Paris, CNRS, Mémoires et Documents.
Chadefaud M., 1981, *Lourdes, un pèlerinage, une ville*, Aix-en-Provence, Edisud.
Chadefaud M., 1988, *Aux origines du tourisme dans les pays de l'Adour. Du mythe à l'espace : un essai de géographie historique*, Université de Pau, Cahiers de l'Université.
Chadule, 1987, *Initiation aux pratiques statistiques en géographie*, Paris, Masson.
Chaline C., 1968, *Londres*. Paris, Colin.
Chalmin P. et **El Alaoui A.**, 1990, *Matières premières et commodités*, Paris, Economica.
Cham's, 1991, *Enseigner la géographie en Europe*, Paris, Anthropos-Economica, RECLUS.
Cham's, 1992, Géographie économique et représentations spatiales, Paris, Anthropos-Economica, RECLUS.
Champier L., 1957, « Géographie politique et Géographie religieuse », in *La géographie française au milieu du XXe siècle*, Paris, Baillière.
Chamussy H., Charre J., Durand M. et **Le Berre M.**, 1977,« Espace, que de brouillons commet-on en ton nom », *Brouillons Dupont*, 1.
Chantadal L., 1978, *Dictionnaire des mathématiques*, Paris, Hachette.
Chapin F., 1974, *Human activity patterns in the city. Things people do in time and space*, New York, Wiley.
Chapman G., 1977, *Human and environmental systems : a geographer's appraisal*, Londres, Academic Press.
Chapuis R., 1986, *Les ruraux français*, Paris, Masson.
Chardonnet J., 1953, *Les grands types de complexes industriels*, Paris, Colin.
Charvet J.P., 1987, *Le désordre alimentaire mondial*, Paris, Hatier.

Charvet J.P., 1988, *La guerre du blé,* Paris, Economica.

Chatel E., 1991, « Didactique et enseignement des sciences économiques et sociales » in *Approche de la didactique*, Paris, ADAPT/SNES.

Chatterji M. et **Kuenne R.**, 1990, *New frontiers in regional science. Essays in Honour of Walter Isard*, New York, Mac Millan.

Chatwin B., 1988, *Le chant des pistes*, Paris, Grasset.

Chernayeff S. et **Alexander C.**, 1963, *Intimité et vie communautaire*, Paris, Dunod.

Cheshire P. et **Evans A.**, 1991, *Urban and regional economics*, Londres, Elgard Edward.

Chesnais J.-C., 1991, *La population du monde de l'Antiquité à 2050*, Paris, Bordas.

Chinese Academy of Medical Sciences, 1981, *Atlas of cancer mortality* in *the People's Republic of China*, Shanghai, China Map Press.

Choay F. (ed.), 1972, *Le sens de la ville*, Paris, Seuil.

Choay F., 1973, « Figures d'un discours méconnu », *Critique*.

Choay F., 1980, *La règle et le modèle*, Paris, Seuil.

Cholley A., 1951, *Le guide de l'étudiant. La géographie,* Paris, PUF.

Chombart De Lauwe P., 1952, *Paris et l'agglomération parisienne : l'espace social dans la cité*, Paris, PUF.

Choquette R., 1983, *La conception pédagogique et l'enseignement de la géographie*, Chicoutimi, Morin.

Chorley R. et **Kennedy B.**, 1971, *Physical geography : a systems approach*, Englewood Cliffs, Prentice Hall.

Chorley R. et **Haggett P.**, (ed.) 1967, *Models in geography*, Londres, Methuen.

Chorley R., 1962, *Geomorphology and general systems theory*, Washington, U.S. Geological Survey.

Christaller W., 1933, *Die zentralen Orte in Süddeutschland*, Iéna, Fisher. Trad. 1966, *Central places in Southern Germany*, Englewood Cliffs, Prentice Hall.

Ciceri M., Marchand B. et **Rimbert S.**, 1977, *Introduction à l'analyse de l'espace*, Paris, Masson.

Clark C., 1951, « Urban population densities », *Journal of the Royal Statistical Society*, 114.

Clark J. et **Cole S.**, 1975, *Global simulation models, a comparative study*, New York, Wiley.

Clarke D. (ed.), 1972, *Models in archaeology*, Londres, Methuen.

Clarke D. (ed.), 1977, *Spatial archaeology*, New York, Academic Press.

Clarke D., 1968, *Analytical archaeology*, Londres, Methuen.

Clary M., Dufau G., Durand R. et **Ferras R.**, 1988, *Cartes et modèles à l'école*, Montpellier, RECLUS.

Claudel P., 1900, *Connaissance de l'Est*, Paris, Gallimard.

Claval P., 1964, *Essai sur l'évolution de la géographie humaine*, Paris, Les Belles Lettres.

Claval P., 1968, *Régions, nations, grands espaces*, Paris, Génin.

Claval P., 1973, *Principes de géographie sociale*, Paris, Génin.

Claval P., 1974, « Géographie et sémiologie », *L'Espace Géographique*, 2.

Claval P., 1976, *Eléments de géographie économique*, Paris, Génin.

Claval P., 1976, *Essai sur l'évolution de la géographie humaine*, Paris, Ann. Litt. Univ. Besançon.

Claval P., 1977, *La nouvelle géographie*, Paris, PUF.

Claval P., 1978, *Espace et pouvoir*, Paris, PUF.

Claval P., 1978, La localisation des industries et des services, *Revue de Géographie de l'Est*, 17.

Claval P., 1980, « Le Québec et les idéologies territoriales », *Cahiers de géographie du Québec*, 61.

Claval P., 1981, *La logique des villes*, Paris, LITEC.

Claval P., 1984, *Géographie économique et humaine contemporaine,* Paris, PUF.

Claval P., 1987, Le thème régional dans la littérature française, *L'Espace Géographique*, 16.

Clément O., 1985, *L'eglise orthodoxe*, PUF, Paris.

Clevenot M. (ed.), 1987, *L'état des religions dans le monde*, Paris, La Découverte/le Cerf.

Cliff A. et **Haggett P.**, 1985, *The spread of measles in Fiji and the Pacific*, Canberra, Research School of Pacific Studies.

Cliff A. et **Haggett P.**, 1988, *Atlas of disease distributions*, Oxford, Basil Blackwell.

Cliff A. et **Haggett P.**, 1989, « Spatial aspects of epidemic control », *Progress in Human Geography*, 13.

Cliff A., Haggett P., Ord J. et **Versey G.**, 1981, *Spatial diffusion, an historical geography of epidemics in an island community*, Londres, Cambridge University Press.

Cliff A. et **Ord J.**, 1973, *Spatial autocorrelation*, Londres, Pion.

Cliff A. et **Ord J.**, 1981, *Spatial processes*, Londres, Pion.

Coffey W. et **Polèse M.**, 1987, Trade and location of producer services : a canadian perspective, *Environment and Planning*, 19.

Cohen Y., 1972, « Diffusion of an innovation in an urban system. The spread of planned regional shopping centers in the United States 1949-1968 ». Chicago, University of Chicago, *Research Papers Series*.

Colliard C. et **Conac F.** (eds.), 1992, *Barrages internationaux et coopération*, ACCT-Economica.

Collot M., 1989, *La poésie moderne et la structure d'horizon*, Paris, Corti.

Comité national de géographie, 1984, La recherche géographique française. *XXV*[e] *Congrès International de Géographie*, Paris.

Commission des communautés européennes, 1988, « 1992 : la nouvelle économie européenne », Bruxelles, *Economie Européenne*, 35.

Commoner B., 1972, *L'encerclement*, Paris, Seuil.

Conac F., N'Diaye N., Faye G., Degboue N. et **Seck M.**, 1987, La formation en matière d'irrigation à Caritas-Sénégal, New-Delhi, *Transactions*, 41.

Conac F., 1978, *Irrigation et développement agricole, l'exemple des pays méditerranéens et danubiens*, Paris, SEDES-CDU.

Conac G. et F. et **Savonnet-Guyot C.** (eds.), 1985, *Les politiques de l'eau en Afrique*, Paris, Economica.

Conseil Economique et Social, 1981, « Les orientations de la politique française à l'égard des pays les moins avancés », *Journal Officiel*, 18 août.

Corbin A., 1989, *Le territoire du vide*, Paris, Aubier.

Cordier J., 1984, *Les marchés à terme*, Paris, PUF.

Couchot E., 1988, *Images : de l'optique au numérique*, Paris, Hermès.

Courade G. et **Peltre-Wurtz J.** (éds.), 1991, « La sécurité alimentaire à l'heure du néo-libéralisme », *Cahiers des Sciences Humaines*, 27, 1-2.

Couvenbergh J.P., 1985, *Privatisation, communauté et structure, labyrinthe de l'espace*, Strasbourg, Institut de Psychologie Sociale.

Cox K., 1974, *Conflict, power, and politics in the city*, New York, McGraw-Hill.

Crobsy A., 1986, *Ecological imperialism. The biological expansion of Europe, 900-1900*, Cambridge, Cambridge University Press.

Crouzet M., 1982, *Espaces romanesques*, Paris, PUF.

Crunelle M., 1987, *Exploration de la fonction tactile en architecture*, Strasbourg, Institut de Psychologie Sociale.

Curry L., 1964, « The random spatial economy : an exploration in settlement theory ». *Annals of the Association of American Geographers*.

Curry L., 1972, « A spatial analysis of gravity flows », *Regional Studies*, 6.

Cyclope (Chalmin P. ed.), *Les marchés mondiaux*, Paris, Economica.

Dacey M., 1959, « Selection of an initial solution for the traveling salesman problem », Department of Geography. University of Washington. *Discussion Paper* 16,

Dacey M., 1962, « Analysis of central place and point patterns by a nearest-neighbor method », *Lund Studies in Geography*.

Dagognet F., 1975, *Pour une théorie générale des formes*, Paris, Vrin.

Dagognet F., 1977, *Une épistémologie de l'espace concret. Néo-géographie*, Paris, Vrin.

Dainville F. (de), 1940-1986, *La géographie des humanistes*, Paris, Beauchesne.

Dainville F. (de), 1964, *Le langage des géographes*, Paris, Picart.

Dajoz R., 1971, *Précis d'écologie*, Paris, Dunod.

Dalmasso E., 1971, *Milan, capitale économique de l'Italie*, Gap, Ophrys.

Damien C. et **Defude B.**, 1991, « Le prototype Omega – Un SGBD extensible pour les applications géographiques », *Revue des Sciences de l'Information Géographique et de l'Analyse spatiale*, 1.

Dardel E., 1952, *L'homme et la terre ; nature de la réalité géographique*, Paris, PUF.

Darmois G., 1934, *Statistique et applications*, Paris, Colin.

Daudel C., 1990, *Les fondements de la recherche en didactique de la géographie*, Berne, Lang.

Dauphiné A. et **Voiron-Canicio C.**, 1988, *Variogrammes et structures spatiales*, Montpellier, RECLUS.

Dauphiné A., 1973, « L'analyse factorielle : ses contraintes mathématiques et ses limites en géographie », *L'Espace Géographique*, 1.

Dauphiné A., 1991, « Espace terrestre et espace géographique », p. 43-53, in : Bailly A. *et al.*, 1991, (2è éd.), *Les concepts de la géographie humaine*, Paris, Masson.

Dauzat A., 1922, *La géographie linguistique*, Paris, Flammarion.

Dauzat A., 1953, *L'Europe linguistique*, Paris, Payot.

Davaud C., 1991, *Pratiques géographiques à l'école*, Genève, Centre de Recherches Psychopédagogiques.

Davidson D. et **Shackley M.** (eds.), 1976, *Geo-archaeology : earth Science and the past*, Londres, Duckworth.

Davis J., 1973, *Statistics and data analysis in geology*, New York, Wiley.

Davy L., 1990, « La catastrophe de Nîmes (3 oct. 1988) », *Bulletin de la Société Languedocienne de Géographie.*

Debarbieux B., 1990, *Chamonix, les coulisses de l'aménagement*, Grenoble, Presses Universitaires de Grenoble.

Delachet A., 1978, *La topologie*, Paris, PUF.

Déléage J., 1991, *Histoire de l'écologie, une science de l'homme et de la nature*, Paris, La Découverte.

Demangeon A., 1905, *Les sources de la géographie de la France aux Archives Nationales*, Paris, Société nouvelle de librairie et d'éditions.

Demangeon A., 1920, *Le déclin de l'Europe*, Paris, Payot.

Demangeon A., 1927, *Les Iles britanniques*, t.1 de la *Géographie Universelle*, P. Vidal de la Blache et L. Gallois (éd.), Paris, Colin.

Demangeon A., 1942, *La question du surpeuplement ; problèmes de géographie humaine*, Paris, Colin.

Demangeon A. et **Febvre L.**, 1935, *Le Rhin. Problèmes d'histoire et d'économie*, Paris, Colin.

Dematteis G., 1985, *La metaphore della terra*, Milan, Feltrinelli.

Derruau M., 1956, *Précis de géomorphologie*, Paris, Masson.

Derruau M., 1960, *Précis de géographie humaine*, Paris, Masson.

Derycke P., 1979, *Economie et planification urbaines. 1. L'espace urbain. 2. Théories et modèles*, Paris, PUF.

Derycke P. (ed.), 1992, *Espace et dynamiques territoriales*, Paris, Economica.

Derycke P. et **Gilbert G.**, 1988, *Economie publique locale*, Paris, Economica.

Derycke P., 1992, « De la nouvelle économie urbaine à l'économie publique locale » in (Derycke P., éd.) *Espace et dynamiques territoriales*, Paris, Economica.

Dewailly J.M., 1990, *Tourisme et aménagement en Europe du Nord*, Paris, Masson.

Di Castri F., 1983, *La recherche française en écologie. Mission d'évaluation*, Paris, MRT.

Di Méo G., 1991, *L'homme, la société, l'espace*, Paris, Anthropos-Economica.

Didier M., 1990, *Utilité et valeur de l'information géographique,* Paris, Economica.

Dion R., 1933, *Le Val de Loire. Etude de géographie régionale*, Tours, Arrault.

Dion R., 1934, *Essai sur la formation du paysage rural français*, Paris, Surrier.

Dion R., 1946, « La part de la géographie et celle de l'histoire dans l'explication de l'habitat rural du bassin parisien », *Publications de la Société de géographie de Lille*.

Dion R., 1947, *Les frontières de la France*, Paris, Hachette.

Dion R., 1957, « La géographie historique » in : *La géographie française au milieu du XXe siècle*, Paris, Baillière.

Dion R., 1977, *Aspects politiques de la géographie antique*, Paris, Les Belles Lettres.

Dion R., 1990, *Le paysage et la vigne. Essais de géographie historique*, Paris, Payot.

Djindjian F., 1991, *Méthodes pour l'archéologie*, Paris, Colin.

Dogan M. et **Kasarda J.**, 1987, *The metropolis era*, Newsbury Park, Sage.

Dollfus O., 1990, « Le système monde », p. 273-529, in Brunet R., Dollfus O., *Mondes nouveaux, Géographie universelle,* Paris, Hachette.

Dollfus O., **Durand-Dastes F.**, **Ferras R.** et **Knafou R.**, 1990, « Le système Monde », chap. 15 « Le peuplement et ses turbulences » in R. Brunet, O. Dollfus, (éd.) : *Mondes nouveaux*, Géographie Universelle, Paris, Hachette.

Dominian L., 1917, *The frontiers of language and nationality in Europe*, New York, Holt and Rinchart.

Dos Passos J., 1970, *Manhattan transfer*, Paris, Livre de Poche.

Dosse F., 1991, *Histoire du structuralisme. 1. Le champ du signe, 1945-1966*, La Découverte, Paris.

Douglas D. et **Peucker T.**, 1973, « Algorithms for the reduction of the number of points required to represent a digitized line or its caricature », *The Canadian Cartographer*, 10.

Drakakis Smith D., 1987, *The Third-world city*, Londres, Methuen.

Dreze J. et **Sen A.**, 1989, *Hunger and public action*, Oxford, Clarendon.

Drouin J., 1991, *Réinventer la nature. L'écologie et son histoire*, Paris, Desclée de Brouwer.

Dubois M., 1898, « La géographie et l'éducation moderne », *Revue Internationale de l'Enseignement*, 15.

Duby G., 1991, *L'histoire continue*, Paris, Jacob.
Dudley J., 1990, *Stratégie des années 1990 : le défi du marché unique*, Paris, Les éditions d'Organisation.
Dugrand R., 1963, *Villes et campagnes en Bas-Languedoc*, Paris, PUF.
Dumont L., 1966, *Homo hierarchicus. Essais sur le système des castes*, Paris, Gallimard.
Duncan J., 1990, *The city as text : the politics of landscape interpretation in the Kandyan Kingdom*, Cambridge, Cambridge University Press.
Dupont L., 1989, « L'Accord du lac Meech : considérations modernes et post-modernes », in : Sénécal G., (ed.), 1989, *Territoires et minorités*, Montréal, Association Canadienne-Française pour l'Avancement des Sciences.
Dupuy G., 1986, Réseau, in *Encyclopedia Universalis,* Paris.
Dupuy G., 1987, « Les réseaux techniques sont-ils des réseaux territoriauxs? », *L'Espace Géographique*, 3.
Dupuy G., 1991, *L'urbanisme des réseaux – théories et méthodes*, Paris, Colin.
Durand G., 1961, *Le décor mythique de la Chartreuse de Parme*, Paris, Corti.
Durand G., 1969, *Les structures anthropologiques de l'imaginaire*, Paris, Bordas.
Durand G., 1984, *La foi du cordonnier*, Paris, Denoël.
Durand M.F. *et al.*, 1992, *Le Monde, espaces et systèmes*, Paris, Dalloz.
Durand-Dastès F. et **Sanders L.**, 1991, « L'inégal succès au baccalauréat : une application du modèle LOGIT », *L'Espace Géographique*, 2.
Durand-Dastès F., 1974, « Quelques remarques sur les modèles et leur utilisation en géographie », *Bull. de l'Association des Géographes français*.
Durand-Dastès F., 1981, *Les actifs non-agricoles des campagnes françaises : corrélation et autocorrélation*, Travaux de l'Institut de Géographie de Reims, 47.
Durand-Dastès F., 1982, « Famine et sous-alimentation en Inde », *Tricontinental*, numéro spécial.
Durand-Dastès F., 1990, « Les mémoires du monde », p. 308-363, in Brunet R., Dollfus O., *Mondes nouveaux, Géographie universelle,* Paris, Hachette.
Durand-Dastès F., 1991, « Models and practical constraints : heuristics and schizophrenia », in Pumain D. (ed.) *Spatial Analysis and population dynamics*, Paris, INED.
Durand-Dastès F., 1991, « La notion de chaos et la géographie, quelques réflexions », *L'Espace Géographique*, 4.
Durand-Dastès F., 1992, « Le particulier et le général en géographie », in Audigier F. et Baillat G. (ed.) *Analyser et gérer les situations d'enseignement-apprentissage*, Paris, INRP.
Durand-Lasserve A., 1986, *L'exclusion des pauvres dans les villes du Tiers Monde*, Paris, L'Harmattan.
Durkheim E., 1893, *De la division du travail social*, Paris, Alcan.
Eck J., 1992, *Le commerce mondial des produits agricoles au XXe siècle*, Paris, Eyrolles.
Eliade M., 1952, *Images et symboles*, Paris, Gallimard.
Eliade M., 1957, *Mythes, rêves et mystères*, Paris, Gallimard.
Eliade M., 1965, *Le sacré et le profane*, Paris, Gallimard.
Eliade M., 1983, *Histoire des croyances et des idées religieuses*, Paris, Payot.
Emangard P., 1991, *L'efficacité commerciale et financière des transports publics urbains provinciaux*, Thèse, Paris, Ecole Nationale des Ponts et Chaussées.
Entrikin J., 1991, *The betweenness of place*, Londres, MacMillan.
Espaces Temps, 1986, *Braudel dans tous ses états*, 34-35.

Etzioni A., 1968, *The active society. A theory of societal and political processes*, New York, The Free Press.

Evans J., 1978, *An introduction to environmental archaeology*, Ithaca, Cornell University Press.

Ewers H., Goddard J. et **Mattzerath H.**, 1986, *The future of the Metropolis : Berlin, London, Paris, New York*, Berlin, de Gruyter.

Farinelli F., 1985, « Der Kampf ums Dasein als ein Kampf um Raum : Teoria e misura dello spazio geografico dal Settecento ai giorni nostri », in *Paganini*, P. (ed.), *Geografia per il principe*, Unicopli, Milano.

Faugères L., 1990, « Géographie physique et risques naturels », *Bulletin de l'Association des Géographes Français*, 2.

Faulkner W., 1977, *Oeuvres romanesques*, Paris, Gallimard.

Favier J., 1991, *Les grandes découvertes, d'Alexandre à Magellan*, Paris, Fayard.

Febvre L., 1905, *La Franche-Comté*, Paris, Cerf.

Febvre L., 1922, *La terre et l'évolution humaine. Introduction géographique à l'histoire,* Paris, La Renaissance du livre, (Réédition 1970, Paris, Michel).

Febvre L., 1953, *Combats pour l'histoire*, Paris, Colin.

Ferras R., 1977, *Barcelone, croissance d'une métropole*, Paris, Anthropos.

Ferras R., 1990, *Ville, paraître, être à part*, Montpellier, RECLUS.

Ferras R. et **Hussy C.**, 1991, « Les concepts de la cartographie : leur rôle dans la recherche géographique » in Bailly A. et al., 1991, *Les concepts de la géographie humaine*, Paris, Masson.

Ferras R., Pumain D. et **Saint-Julien T.**, 1990, *France, Europe du Sud*, Geographie Universelle, Paris, Hachette.

Ferre A., 1939, *Géographie de Marcel Proust*, Paris, Sagittaire.

Ferrier J.P., 1984, *Antée 1. La géographie, çà sert d'abord à parler du territoire ou le métier des géographes,* Aix-en Provence, Edisud.

Filteau C., 1980, « Tendre », in *Cartes et figures de la Terre*, Paris, CCI-Centre Georges Pompidou.

Fischer G., 1981, *Psychologie de l'espace*, Paris, PUF.

Fisher P., 1989, « *Expert-system applications in geography* », AREA, 21, 3.

Flannery K., 1968, « Archaeological systems theory and early mesoamerica », *Anthropological archaeology in the Americas*, Meggers B., (ed.), Washington, Anthropological Society of Washington.

Fletscher R., 1986, « Settlement archaeology : world-wide comparisons », *World Archaeology*, 18, 1.

Foncin F., 1880, in F. Buisson, *Dictionnaire de la pédagogie et d'instruction publique*, Paris, Hachette.

Fortune (ed.), 1958, *The exploding metropolis*, New York, Doubleday.

Fotherigham A. et **O'Kelly M.**, 1989, *Spatial interaction models : formulations and applications*, Kluwer, Academic Publishers.

Fottorino E., 1990, « La deuxième Conférence sur les Pays les Moins Avancés. La crainte d'un nouvel échec », *Le Monde*, 4 septembre.

Foucault M., 1969, *L'archéologie du savoir*, Paris, Gallimard.

Foucault M., 1976, *Histoire de la sexualité*, 1. *La volonté de savoir*, Paris, Gallimard.

Foucher M., 1982, « Esquisse d'une géographie humaine des risques naturels » *Hérodote*, 24.

Foucher M., 1988, *Fronts et frontières. Un tour du monde géopolitique*, Paris, Fayard.
Fraile P., 1985, El castigo y el poder. Espacio y lenguaje de la carcel, *Geo Critica*, 57.
Frangialli F., 1991, *La France dans le tourisme mondial*, Paris, Economica.
Frank G., 1970, *Le développement du sous-développement*, Paris, Maspéro.
Frankhauser P., 1991, « Aspects fractals des structures urbaines », *L'Espace Géographique*, 1.
Freeman T. (éd.), 1977, *Geographers, Biobibliographical Studies*, Londres, Mansell.
Frémont A., Chevalier J., Hérin R. et **Renard J.**, 1984, *Géographie sociale*, Paris, Masson.
Frémont A., 1976, *La région, espace vécu, Paris*, PUF.
Fremont A., 1981, « Flaubert géographe », *Etudes Normandes*.
Fremont A., 1988, *France, géographie d'une société*, Paris, Flammarion.
French R. et **Hamilton R.**, éd. 1979, *The socialist city*, New York, Wiley.
Friedman J., 1988, « The world city hypothesis », *Growth and Change*, 19.
Friedmann J. et **Weawer C.**, 1979, *Territory and function. The evolution of regional planning*, Londres, Arnold.
Friedrich P., 1977, *La ville comme labyrinthe, Appropriation cognitive d'une ville par un piéton, phénoménologie des situations*, Strasbourg, Institut de Psychologie Sociale.
Frontier S. et **Pichod-Viale D.**, 1991, *Ecosystèmes : structure, fonctionnement, évolution*, Paris, Masson.
Frybourg M., 1988, « Infrastructures ou réseaux territoriaux », *Transports*, 330.
Fujita M., 1989, *Urban economic theory-land use and city size*, Cambridge University Press.
Fustier B., 1979, *Les interactions spatiales en économie*, Paris, Sirey.
Gabert P., 1964, *Turin, ville industrielle*, Paris, PUF.
Gallay A., 1986, *L'archéologie demain*, Paris, Belfond.
Gallois L., 1899, *La géographie et les sciences naturelles*, Paris, Revue Universitaire.
Gallois L., 1901, « L'évolution de la géographie », *Actes du congrès National des Sociétés de Géographie*, Paris.
Gambi L., 1975, *La costruzione della geografia umana*, Florence, La Nuova Italia.
Gardin J., 1979, *Une archéologie théorique*, Paris, Hachette.
Gariépy M., Soubeyran O. et **Domon G.**, 1986, Planification environnementale et étude d'impact sur l'environnement au Québec : implantation d'une procédure et apprentissage des acteurs, *Cahiers de géographie du Québec,* 79.
GATT, annuel, *Le commerce international*, Genève.
Gauchet M., 1985, *Le désenchantement du monde*, Paris, Gallimard.
Gaudemar J.P. (de) et **Prudhomme R.**, 1991, « Spatial impacts of deindustrialization in France », in Rodwin L., Sazanami H., *Industrial change and regional economic transformation, the experience of Western Europe*, Londres, Harper Collins.
Gaudemar J.P. (de) (ed.), 1991, *Formation et développement régional en Europe*, Paris, La Documentation française.
Gaudemar J.P. (de), 1990, « Aménagement du Territoire », in *Encyclopédie Economique* (sous la direction de X. Greffe, J. Mairesse et J.L. Reiffers), Paris, Economica.
Gaussen H., 1933, *Géographie des plantes*, Paris, Colin.
Gauthier T., 1850, *Voyage en Italie*, in *Oeuvres complètes*, Paris, Carpentier.
Gay F., 1982, « Le temps en géographie », in *Géographes aujourd'hui, Mélanges offerts en hommage à Jean Miège*, Nice, Laboratoire d'analyse spatiale Raoul Blanchard.
Gay-Para G., 1985, *La pratique du tourisme*, Paris, Economica.
Geary R., 1954, « The contiguity ratio and statistical mapping », *Incorporated Statistician*, 5.

Geddes P., 1915, *Cities in evolution*, Londres, Williams and Norgate.
Geertz C., 1963, *Agricultural involution : the process of ecological change in Indonesia*, Berkeley, University of California Press.
Geninasca J., 1984, « Le regard esthétique », *Actes sémiotiques VI- 58*, p. 5-17.
Gennes P. (de), (préface), 1977, *L'ordre du chaos pour la science*, Paris, Belin.
Geocity - Groupe Clemmessy, *Système d'informations généralisées*, Mulhouse, Gorgi.
George P., 1948, « Géographie humaine et géographie économique, résultat de l'enquête parmi nos lecteurs », *L'Information géographique*.
George P., 1951, « Introduction à l'étude géographique de la population du monde », Paris, *Travaux et Documents de l'INED,* 14.
George P., 1970, *Dictionnaire de la géographie*, Paris, PUF.
George P. (éd.), 1975, *Les géographes français*, Paris, CTHS.
George P., 1984, *Géopolitique des minorités*, Paris, PUF.
George P., 1989, *Les hommes sur la terre*, Paris, Seghers.
George P., 1990, *Finalité de la géographie*, Paris, Encyclopædia Universalis.
Georgescu-Roegen N., 1976, *The entropy law and the economic process*, Cambridge, Massachusetts, Harvard University Press.
Gérard-Varet L., Prévôt M. et **Thisse J.**, 1976, *Analyse mathématique pour l'économie ; topologie*, Paris, Dalloz.
Gerber M. et **Bochsler B.**, 1991, *Déchets et recyclage,* Ligue pour la Propreté en Suisse, Zürich.
Gerritsen F., 1975, *Theory and practice of colour*, Londres, MacMillan.
Ghosh A. et **McLafferty S.**, 1987, *Location strategies for retail and service firms*, Lexington, Heath.
Ghosh A. et **Rushton G.** (eds), 1987, *Spatial analysis and location-allocation models*, New York, Van Nostrand.
Giddens A., 1981, *A contemporary critique of historical materialism*, Londres, Croom Helm.
Gilbert A., 1985, Villes, représentations collectives de l'espace et identité québécoise, *Cahiers de géographie du Québec*, 78.
Girard R., 1972, *La violence et le sacré*, Paris, Grasset.
Girard R., 1978, *Des choses cachées depuis la fondation du monde*, Paris, Grasset.
Giraud P., 1989, *L'économie mondiale des matières premières*, Paris, La Découverte.
Glacken C., 1967, *Traces on the rhodian shore. Nature and culture in western thought from ancient times to the end of the eighteenth century*, Berkeley, University of California Press.
Glele M., 1981, *Religion, culture et politique en Afrique noire*, Paris, Présence africaine.
Godelier M., 1974, *Un domaine contesté : l'anthropologie économique*, Paris-La Haye, Mouton & Ecole Pratique des Hautes Etudes.
Godelier M., 1984, *L'idéel et le matériel. Pensée, économies, sociétés*, Paris, Fayard.
Goethe J., 1949, *Conversations avec Eckermann*, Paris, Gallimard.
Goffman E., 1966, *Behaviour in public places*, New York, Free Press.
Goodchild M., 1986, *Spatial autocorrelation*, Norwich, CATMOG 47.
Gottdiener M., 1985, *The social production of urban space*, University of Texas Press, Austin.
Gottmann J. et **Harper A.**, 1967, *Metropoles on the move : geographers look at urban sprawl.* New York, Wiley.
Gottmann J., 1952, *La politique des Etats et leur géographie*, Paris, Colin.
Gottmann J., 1961, *Megalopolis : the urbanized northeastern seabord of the United States,* Cambridge, Mass., MIT Press.

Gottmann J., 1971, « Pour une géographie des centres transactionnels », *Bulletin de l'Association des Géographes français*, 385.

Gottmann J., 1973, *The significance of territory*, Charlottesville, University of Virginia Press.

Gould P., DiBiase D. et **Kabel J.**, 1990, « Le SIDA : la carte animée comme rhétorique cartographique appliquée », *Mappemonde*, 1.

Gould P., Johnson J. et **Chapman G.**, 1984, *The structure of television*, Londres, Pion.

Gould P., Kabel J., Gorr W. et **Golub A.**, 1991, « AIDS : predicting the next map », *Interfaces*, 21.

Gould P., 1970, « Tanzania 1920-1963 : The spatial impress of the modernization process », *World Politics*, 22.

Gould P., 1975, « Les mathématiques en géographie : révolution théorique ou apparition d'un nouvel outil », *Revue internationale de science sociale*, XXVII, 2.

Gould P., 1980, « Q-analysis, or a language of structure : an introduction for social scientists, geographers and planners », *International Journal of Man-Machine Studies*, 12.

Gould P., 1990, *Fire in the rain : the democratic consequences of Chernobyl*, Cambridge, Polity Press.

Gouldner A., 1971, *The coming crisis of Western sociology*, Londres, Heinemann.

Gourou P., 1973, *Pour une géographie humaine*, Paris, Flammarion.

Gourou P., 1983, *Terres de bonne espérance : le monde tropical,* Paris, Plon.

Gracq J., 1967, *Lettrines*, Paris, Corti.

Gracq J., 1992, *Carnets du grand chemin*, Paris, Corti.

Grafmeyer Y. et **Joseph I.**, 1979, *L'école de Chicago – naissance de l'écologie urbaine*, Paris, Champ Urbain.

Grand Atlas Universalis des Explorations, 1991, Paris, *Encyclopædia Universalis*.

Grasland C., 1991. *Espaces politiques et dynamiques démographiques en Europe de 1950 à 1990*, Thèse, Université de Paris I.

Grataloup C., 1984, « Géographie historique : l'avenir du passé », *Espaces Temps* 26-27-28.

Grataloup C., 1985, « Après l'empirie, le beau temps », *Espaces Temps*, 30.

Grataloup C., 1986, « L'appel des grands espaces », *Espaces Temps*, 34-35.

Grataloup C., 1991, « Les régions du temps », in *Périodes. La construction du temps historique*, *Histoire au Présent*, Paris, EHESS.

Graumann C., 1978, *Oekologische Perspective in der Psychologie*, Berne, Huber.

Graunt J., 1662, *Natural and political observations made upon the bills of mortality*, Londres, Roycroft.

Graves N., 1991, « Géographie et idéologie en Angleterre et au pays de Galles », in Cham's *Enseigner la géographie en Europe*, Paris, Anthropos-Economica, RECLUS.

Gravier J.F., 1947, *Paris et le désert français,* Paris, Flammarion.

Gregory D., 1978, *Ideology, science and human geography*, Londres, Hutchinson.

Greimas A. et **Courtès J.**, 1979, *Sémiotique. Dictionnaire raisonné de la théorie du langage*, Paris, Hachette, vol. 1 ; 1986, vol. 2.

Greimas A., 1979, « Pour une sémiotique topologique », in *Sémiotique de l'espace*, Paris, Gonthier, 11-44.

Griffith D., 1988, *Advanced spatial statistics*, La Hague, Nijhoff.

Grize J., *et alii*, 1984, *Sémiologie du raisonnement*, Berne, Lang.

Grou P., 1990, *L'espace des multinationales*, Paris, RECLUS/La Documentation Française.

Grou P., 1990, *Atlas mondial des multinationales*.

Groupe Dupont (ed.), 1982, *Les territoires de la vie quotidienne, Recherche de niveaux signifiants dans l'analyse géographique*, Avignon, Actes du colloque Géopoint 92.

Groupe Dupont, 1989, *Géopoint 88. Ecrire de la géographie sur le monde. L'approche régionale aujourd'hui*, Avignon, Université d'Avignon.

Groupe Dupont, 1990, *Géopoint 90 : Histoire, Temps et Espace*, Avignon, Université d'Avignon.

Guengant A. et **Uhaldeborde J.**, 1989, *Crise et réforme des finances locales*, Paris, PUF.

Guerin J.P., 1984, *L'aménagement de la montagne, politique, discours et production d'espace*, Gap, Ophrys.

Guerin J.P., 1989, « Géographie et représentation », in André Y. *et alii*, *Représenter l'espace*, Paris, Anthropos-Economica, 3-5.

Guérin-Pace F., 1990, *La dynamique d'un système de peuplement*, Paris, Université de Paris VII, Thèse de doctorat.

Guérivière J. (de), 1992, « Les Douze et les Sept », *Le Monde*, 11 février.

Guermond Y. et **Leduc A.**, 1975, « Réflexions sur les procédures de classification automatique à propos de l'utilisation agricole du sol en France », *L'Espace Géographique*, 1.

Guermond Y. (éd.), 1984, *Analyse de système en géographie,* Lyon, Presses universitaires de Lyon.

Guesnier B. (ed.), 1986, *Développement local et décentralisation*, Genève, ERESA-Economica.

Gugler J., 1988, *The urbanization of the third world,* Oxford, Oxford University Press.

Guiart J., 1971, *Clés pour l'anthropologie*, Paris, Seghers.

Guichard O., 1986, *Propositions pour l'aménagement du territoire*, Paris, La Documentation Française.

Guillopé P., Bourcier A. et **Gigot P.**, 1989, Contribution à un diagnostic paysager du Pays de Caux, *Mappemonde*, 1, 21-23.

Gumuchian H., 1991, *Représentation et aménagement du territoire*, Paris, Anthropos-Economica.

Habermas J., 1978, *L'espace public*, Paris, Payot.

Hägerstrand T., 1952, « The propagation of innovation waves », *Lund Studies in Geography*, serie B, 4.

Hägerstrand T., 1953, *Innovation diffusion as a spatial process,* Chicago, University Press.

Hägerstrand T., 1978, « Survival and arena », in Carlstein T., Parkes D., Thrift N. (eds.), *Human activity and time geography*, Londres, Arnold, p. 122-145.

Haggett P., 1965, *Locational analysis* in *human geography*, Londres, Arnold (trad. française, 1973 ; *L'analyse spatiale en géographie humaine*, Paris, Colin.)

Haggett P., 1975, *Geography, a modern synthesis*, New York, Harper & Row.

Haggett P., 1990, *The geographer's art*, Oxford, Blackwell.

Haggett P. et **Chorley R.**, 1969, *Network analysis in geography,* Arnold, Londres.

Haig R., 1926, « Toward an understanding of the Metropolis », *Quaterly Journal of Economics*, 40.

Haining R., 1982, « Interaction models and spatial diffusion processes », *Geographical Analysis*, 2.

Haining R., 1983, « Spatial and spatial temporal interactions models and the analysis of patterns of diffusion », Institute of British Geographers. *Transactions New Series*, 2.

Halbwachs M., 1938, *Morphologie sociale*, Paris, Colin.

Hall E., 1973, *La dimension occulte*, Paris, Seuil.

Hall P. et **Hay D.**, 1980, *Growth centers in the European urban system*. Londres, Heinemann Educational.

Hall P., 1984, *The world cities*, Londres, Weidenfeld and Nicolson.

Hall P. et **Markusen A.**, (eds) 1985, *Silicon landscapes*, Londres, Allen and Unwin.

Hameline D., 1983, *Les objectifs pédagogiques*, Paris, Editions ESF.

Hansen P., Labbé M., Peeters D. et **Thisse J.**, 1987, « Facility location analysis ». *Fundamentals of Pure and Applied Economics*, 22.

Hardy G., 1939, *La géographie psychologique*, Paris, Gallimard.

Harley J., 1989, « Deconstructing the map », *Cartographica*, 2.

Harris C. et **Ullmann E.**, 1945, « The nature of cities », *Annals of the American Academy of Political and Social Science*, 242.

Hart J.F., 1967, *The Southeastern United States*, New York, Van Nostrand.

Hartshorne R., 1939, *The nature of geography,* Lancaster (Pennsylvanie), Association of American Geographers.

Harvey D., 1969, *Explanation in geography*, Londres, Arnold.

Harvey D., 1973, *Social justice and the city*, Londres, Arnold.

Harvey D., 1982, *The limits to capital*, Oxford, Blackwell.

Harvey D., 1989, *The condition of postmodernity. An inquiry into the origins of cultural change*, Londres, Blackwell.

Haumont N. et **Marie A.**, (eds.) 1987, *Politiques et pratiques urbaines dans les pays en voie de développement*, Paris, L'Harmattan.

Hautreux J. et **Rochefort M.**, 1964, *La fonction régionale dans l'armature urbaine française,* Paris, Ministère de la Construction.

Hegel, GWF, 1965, *La raison dans l'histoire*, Paris, Plon.

HEGOA, 1975, « Les Pays de l'Adour : espace vécu, espace souhaité », *Revue géographique des Pyrénées et du Sud-Ouest*, 46, 3.

Heraud G., 1974, *L'Europe des ethnies*, Paris, Presses d'Europe.

Heraud G., 1984, *Les communautés linguistiques en quête d'un statut,* Aoste, Tradition et Progrès.

Hérin R., 1990, « L'école en Europe », *Géographie Sociale*, spécial.

Hettner A., 1927, *Die Geographie, ihre Geschichte, ihr Wesen und ihre Methoden*, Breslau, Hirt.

Heyraud E. et **Mauduy J.**, 1990, « Archéologie spatiale : temps, réel, imaginaire spatial, dynamique de la géographie », *Géopoint 1990*, Avignon.

Higgs E. (ed.), 1972, *Papers in economic prehistory.* Cambridge, Cambridge University Press.

Higounet C., 1961, « La géohistoire », in *L'histoire et ses méthodes*, Samaran c. (ed), Paris, Gallimard, Encyclopédie de la Pléiade.

Higounet C., 1968, « L'histoire géographique », *Encyclopaedia Universalis*, Paris, vol. 8.

Himly A. et **Levasseur E.**, 1871, *Rapport général sur l'enseignement de l'histoire et de la géographie*, Paris, Dupont.

Hirst M., 1975, « Dimensions of urban systems in tropical Africa », *Geographical Analysis*, 4.

Hjelmslev L., 1971, *Prolégomènes à une théorie du langage*, Minuit, Paris.

Hodder I. et **Orton C.**, 1976, *Spatial analysis in archaeology,* Cambridge, Cambridge University Press.

Hodder I. (ed.), 1987, *The archaeology of contextual meanings*, Cambridge, Cambridge University Press.

Hodder I. (ed.), 1992, *Archaeological theory in Europe : the last three decades*, Londres, Routledge.

Hodge G., 1971, « Comparison of urban structure in Canada, the USA and Great Britain », *Geographical Analysis*.

Holly B., 1978, *The problem of scale in time-space research*, in Carlstein T., Parkes D. and Thrift N., *Time and regional dynamics*, vol. 3, Londres, Arnold.

Holt-Jensen A., 1988, *Geography, history and concepts*, Londres, Chapman.

Holz J.M., 1977, *La Ruhr, du « Kohlenpott » à la région urbaine*, Paris, Bordas.

Hottois G., 1984, *Le signe et la technique, la philosophie à l'épreuve de la technique*, Paris, Aubier.

Hoyt H., 1939, *The structure and growth of residential neighbourhoods in American cities*, Washington, report.

Hudson J., 1969, « Diffusion in a central place system », *Geographical Analysis*, 1.

Huff D., 1963, « A probability analyses of shopping center trade areas », *Land Economics*.

Humboldt A. (von), 1989, *L'œuvre de Alexandre de Humboldt*, Nanterre, Erasme, coll. Memoria Americana (10 vol.).

Humboldt A. (von), 1980, *Voyages dans l'Amérique équinoxiale*, t. I et II, Paris, Maspero.

Huriot J. et **Bailly A.**, 1990, Distances et espaces, *Revue d'Economie Urbaine et Régionale*, 2, spécial.

Hussy C., 1980, *Genève : étude régionale : essai d'analyse sémiologique en géographie humaine*, Berne, Lang.

Illeris S., 1989, *Services and regions* in *Europe*. Aldershot, Avebury.

INSEE, 1984, *Les équipements de la France*, Paris, INSEE, Série R, 57.

Isard W., 1955, *Location and space economy*, Cambridge, MIT Press.

Isard W., 1960, *Methods of regional analysis*, Cambridge, MIT Press, (trad. *Méthodes d'analyse régionale*, (1). *Equilibre économique*, Paris, Dunod), 972.

Isnard H., 1971, *Géographie de la décolonisation*, Paris, PUF.

Isard W., 1975, *Introduction to regional science*, Englewood Cliffs, Prentice-Hall.

Jackson P. et **Smith S.**, 1984, *Exploring social geography*, Londres, Allen and Unwin.

Jacob C., 1990, *La description de la terre habitée de Denys d'Alexandrie ou la leçon de géographie*, Paris, Michel.

Jacob C., 1991, *Géographie et ethnographie en Grèce ancienne*, Paris, Colin.

Jacob C., 1992, *La chambre des cartes*, Paris, Michel.

Jacobs J., 1965, *The dead and life of great American cities. The failure of town planning,* New york, Pelican.

Janelle D., 1969, « Spatial reorganization : a model and concept », *Annals of the Association of American Geographers*, 348-368.

Jaspers K., 1957, *Vom Ursprung und Ziel der Geschichte, Frankfurt am Main,* Fischer.

Jeannière A., 1987, *Les fins du monde*, Paris, Aubier.

Jensen J., 1986, *Introductory digital image processing : a Remote-Sensing Perspective*, Englewood Cliffs, Prenctice Hall.

Jeudy H., 1990, *Patrimoines en folie*, Paris, Maison des Sciences de l'Homme.

Johnson J., 1982, « Q-transmission in simplicial complexes », *International Journal of Man-Machine Studies*, 16.

Johnston R. et **Claval P.** (éd.), 1984, *Geography since the second world war, an international survey*, Londres, Croom Helm.

Johnston R., 1988, *Philosophy and human geography. An introduction to contemporary approaches,* Londres, Arnold.

Johnston R., 1991, (4e éd.), *Geography and geographers. Anglo-american human geography since 1945,* Londres, Arnold.

Jolivet R. et **Nicolas G.**, 1991, « Signe géographique : chorèmes et tégéos », *Cahiers de Géographie du Québec*, 35, 96.

Jourde P., 1991, *Géographies imaginaires*, Paris, Corti.

Juillard E., 1962, « La région, essai de définition », *Annales de Géographie*.

Juillard E., 1972, « Espace et temps dans l'évolution des cadres régionaux », in *Etudes de Géographie tropicale offertes à P. Gourou*, Paris, Mouton.

Julia D. et **Bertrand H.** *et al.*, 1987, *L'enseignement*, 1760-1815, Paris, EHESS.

Kadt E. (de), 1979, *Tourisme. Passeport pour le développement ?,* Paris, Economica.

Kafka F., 1976, *Oeuvres complètes*, Paris, Gallimard.

Källen A., Arcuri P. et **Murray J.**, 1985, « A simple model for the spread and control of rabies », *Journal of Theorical Biology*, 116.

Kant E., 1964, *Anthropologie du point de vue pragmatique*, Paris, Vrin.

Kant E., 1980, 1985, *Œuvres philosophiques*, Paris, Gallimard (2 t.).

Keeble D. et **Weaver E.** (ed.), 1986, *New firms and regional development in Europe*, Londres, Croom Helm.

Keeble D., Owens P. et **Thompson C.**, 1982, « Regional accessibility and economic potential in the European community », *Regional Studies*, 6.

Kelly P., 1986, « Escalation on regional conflict : testing the shatterbelt concept », *Political Geography Quaterly*, 5, 2.

Kermel-Torrès D. et **Roca P.** (eds.), 1987, *Terres, comptoirs et silos. Des systèmes de production aux politiques alimentaires*, Paris, ORSTOM.

Kilchenmann A. et **Lenz M.**, 1991, « L'algèbre de cartes avec OSU MAP-for-the-PC », *Mappemonde 1/1990-1991*.

King L., 1961, « A Multivariate analysis of the spacing of urban settlements in the U.S. », *Annals of the Association of American Geographers*.

King L., 1969, *Statistical analysis in geography*, Englewood Cliffs, Prentice Hall.

King L., 1984, *Central place theory*, Londres, Sage.

Kirby A. et **Lambert D.**, 1984, *Interaction*, Harlow, Longman.

Kirk W., 1951, « Historical geography and the concept of behavioural environment », *Indian Geographical Journal*, 25.

Kirk W., 1952, Historical geography and the concept of behavioral environment, *Indian Geographical Journal*, Silver Jubilee Edition.

Kish G., 1980, *La Carte, image des civilisations*, Paris, Seuil.

Klatzman J., 1983, *Nourrir 10 milliards d'hommes ?,* Paris, PUF.

Klatzman J., 1991, *Nourrir l'humanité, espoirs et inquiétudes*, Paris, INRA/Economica.

Knafou R., 1978, *Les stations intégrées de sports d'hiver. L'aménagement de la montagne « à la française »*, Paris, Masson.

Knafou R., 1991a, « Les Baléares, laboratoire d'une société nouvelle », *L'Espace Géographique,* 2.

Knafou R., 1991b, « L'invention du lieu touristique : la passation d'un contrat et le surgissement simultané d'un nouveau territoire », *Revue de Géographie Alpine*, 4.

Kohl J., 1841, *Der Verkehr und die Ansiedlung der Menschen in Ihrer Abhägigkeit von der Gestalting der Erdoberfläche*, Leipzig, Arnold.

Koninck R. (de), 1991, « La géographie critique », in Bailly A. *et al.*, 1991, (2e éd.), *Les concepts de la géographie humaine*, 141-152, Paris, Masson.

Koyré A., 1957, *From the closed world to the infinite universe*, Baltimore, John Hopkins (trad. 1991, *Du monde clos à l'univers infini,* Paris, Gallimard).

Kramer C., (ed.), 1979, *Ethnoarchaeology : implications of ethnography for archaeology*, New York, Columbia University Press.

Krause K., 1974, *Stadtgestalt und Stadterneuerung*, Univ. Dortmund, Förderung der Bundes Vereinigung Deutscher Heimstätten.

Krippendorf J., 1987, *Les vacances, et après ? Pour une nouvelle compréhension des loisirs et des voyages*, Paris, L'Harmattan.

Kropotkine P., 1979, *L'entraide, un facteur de l'évolution*, Paris, L'entraide.

Kruse L., 1974, *Raümliche Umwelt*, Heidelberg, De Gruyter.

Kuhn TS., 1972, *La structure des révolutions scientifiques*, Paris, Flammarion.

Küller, 1974, *Architectural psychology,* Stroudbourg, Dowden Hutchinson Ross.

L'Espace Géographique, 1989, *La géographie et ses enseignements*, 2, numéro spécial.

La Recherche, 1983, *La Révolution des images*, numéro spécial.

Labasse J., 1966, *L'organisation de l'espace : éléments de géographie volontaire*, Paris, Hermann.

Labasse J., 1974, *L'espace financier*, Paris, Colin.

Labasse J., 1991, *L'Europe des régions*, Paris, Flammarion.

Labeyrie J., 1985, *L'homme et le climat*, Paris, Denoël.

Laborie J.P., Langumier J.F. et **De Roo P.**, 1985, *La politique française d'aménagement du territoire de 1950 à 1985*, Paris, La Documentation Française.

Lacaze J.P., 1988, *Aménager sa ville*, Paris, Moniteur.

Lacoste Y., 1976, *La géographie ça sert d'abord à faire la guerre*, Paris, Maspero.

Lacoste Y., *et al.*, 1977 et 1987, Numéros spéciaux sur le paysage, *Hérodote*, 7 et 44.

Lacoste Y., 1980, « Les différents niveaux d'analyse du raisonnement gégraphique et stratégique », *Hérodote*, 18.

Lacoste Y., 1980, *Université et diversité du Tiers-Monde*, Paris, La Découverte, 3 vol.

Lacoste Y., 1986, « Penser et enseigner la géographie », *L'Espace Géographique*, 1.

Lacoste Y. (éd.), 1986, *Géopolitique des régions françaises*, Paris, 3 vol.

Lacoste Y., *et al.*, 1982, Numéro spécial sur les terres à hauts risques, *Hérodote*, 24.

Lafaille R., 1989, Départ : géographie et poésie, *Le Géographe canadien*, 33, 2.

Laforge C. et **Thouret J.C.**, 1991, « Contribution à la méthode d'évaluation des risques dans les villes des pays en voie de développement (Ibagué, Colombie) ». *Bulletin de l'Association des Géographes Français*, 3.

Lagopoulos A. (éd.), 1985, « Espace et sémiotique », *Espaces et Sociétés, 47.*

Lagopoulos A.-P., 1986, « Settlement space », *Encyclopedic Dictionary of Semiotics*, Berlin, De Gruyter.

Lajugie J. (éd.), 1989, « Repenser l'aménagement du territoire », *Revue d'Economie Régionale et Urbaine*, 1.

Lajugie J., Delfaud P. et **Lacour C.**, 1985, *Espace régional et aménagement du territoire*, Paris, Dalloz.

Lajugie J., 1974, *Les villes moyennes*, Paris, Cujas.

Lake L. et **Seydou-Nourou-Touré E.**, 1984, *L'expansion du bassin arachidier au Sénégal, 1954-1979*. Dakar, IFAN.

Langdale J., 1983, « Competition in the United States long distance telecommunications industry », *Regional Studies*.

Lanquar R., 1985, *Sociologie du tourisme et des voyages*, Paris, PUF.

Laozi, 1979, *La voie et sa vertu*, Paris, Le Seuil.

Laponce J., 1987, *Languages and their territories*, Toronto, University of Toronto Press.

Lassalle T., 1990, *Cartographie, 4 000 ans d'aventures et de passion*, Paris, Nathan.

Latouche S., 1991, *La planète des naufragés. Essai sur l'après-développement,* Paris, La Découverte.

Latour B., 1991, *Nous n'avons jamais été modernes. Essai d'anthropologie symétrique,* Paris, La Découverte.

Latour B. (éd.), 1985, Les vues de l'esprit. *Culture Technique*, 14.

Lawton R., 1989, *The rise and fall of great cities,* Londres, Belhaven Press.

Le Berre M., 1987, « Itinéraire géographique. Vingt ans après », *Brouillons Dupont*, 17.

Le Courrier du CNRS, 1991, « Dossiers scientifiques : signaux et images », *Le traitement du signal et de l'image*, Paris, Centre National de la Recherche Scientifique.

Le Monde, 1992, « L'accord CEE-AELE crée la plus grande zone de libre-échange du monde », *Le Monde*, 16-17 février.

Le Roy Ladurie E. et **Dumont P.**, 1971, « Quantitative and cartographical exploitation of French military archives », *Daedalus*, 100.

Le Tourneau D., 1985, *L'Opus Dei*, Paris, PUF.

Lebart L., Morineau A. et **Tabard N.**, 1977, *Techniques de la description statistique*, Paris, Dunod.

Ledrut R., 1973, *Les images de la ville*, Paris, Anthropos.

Ledrut R., 1976, *La ville et le sens, L'espace en question*, Paris, Anthropos.

Lefebvre H., 1968, *Le droit à la ville*, Paris, Anthropos.

Lefebvre H., 1970, *La révolution urbaine*, Paris, Anthropos.

Lefebvre H., 1974, *La production de l'espace,* Paris, Anthropos.

Lefevre C., 1983, *Flux touristiques et labyrinthes urbains*, Strasbourg, Institut de Psychologie Sociale.

Lefort I., 1992, *La lettre et l'esprit. Géographie scolaire et géographie savante en France*, Paris, CNRS.

Legrand M., « De l'innovation pédagogique à la recherche en didactique » in *Approche de la Didactique*, Paris, ADAPT/SNES.

Leighly J. (ed.), 1969, *Land and life. A selection of the writings of Carl Ortwin Sauer,* Berkeley, University of California Press.

Lemaitre P., 1992, « Les Douze signent à Maastricht le traité instituant l'union européenne », *Le Monde*, 8 février.

Lemarchand N. et **Lajoie G.**, 1991, L'adressage automatique – un outil indispensable pour le géographe, *Cahiers Géographiques de Rouen*, 36.

Lepetit B., 1984, *Chemins de terre et voies d'eau*, Paris, EHESS.

Lepetit B., 1988, « L'impensable réseau : les routes françaises avant les chemins de fer », in Dupuy G. et al., *Réseaux territoriaux,* Caen, Paradigme.

Lepetit B., 1988, *Les villes dans la France moderne (1750-1850)*, Paris, Michel.

Leroi-Gourhan A., 1985, *Le fil du temps : ethnologie et préhistoire (1935-1970)*, Paris, Fayard.

Les Cahiers de géographie du Québec, 1987, *Espaces et femmes*, 31, 83, numéro spécial.

Lestringant F., 1980, « Insulaires », in *Cartes et figures de la Terre*, Paris, CCI-Centre Georges Pompidou.

Lestringant F., 1991, *L'atelier du cosmographe ou l'image du monde à la Renaissance,* Paris, Michel.

Levasseur E., 1909, « La répartition de la race humaine sur le globe terrestre », *Bulletin International de Statistique*, XVIII, 2.
Levi C., 1948, *Le Christ s'est arrêté à Eboli*, Paris, Gallimard.
Levi-Strauss C., 1955, *Tristes tropiques*, Paris, Plon.
Levi-Strauss C., 1958, *Anthropologie structurale*, Paris, Plon.
Levi-Strauss C., 1958-1970 et 1973, *Anthropologie structurale*, Paris, Plon, 2.
Levy B., 1989, *L'espace existentiel dans la vie et l'œuvre de H. Hesse*, Genève, Le Concept Moderne.
Lévy J.P., 1987, *Centres villes en mutation,* Toulouse, Editions du CNRS.
Lewin K., 1952, *Field theory in social sciences*, Londres, Tavistock.
Ley D. et **Samuels M.** (eds.), 1978, *Humanistic geography : problems and prospects*, Chicago, Maaroufa.
Ley D., 1983, *A social geography of the city*, New York, Harper and Row.
Lhomel E. et **Schreiber T.**, 1991, *L'Europe centrale et orientale, de l'espoir aux réalités*, Paris, La Documentation Française.
Libault A., 1951, « L'interprétation des valeurs numériques dans la recherche géographique », *Annales de Géographie,* 161-182.
Lieberson S., 1963, *Ethnic patterns in american cities*, New York, The Free Press of Glencoe.
Linton R., 1936, *The study of man*, New York, Appleton Century.
Lipietz A., *et al.,* 1988, L'après-fordisme et son espace, *Les Temps Modernes,* 501.
Loi D., 1985, « Une étude de la causalité dans la géographie classique française. L'exemple des premières thèses régionales », *L'Espace géographique*, 2.
Lojkine J., 1977, *Le marxisme, l'Etat et la question urbaine*, Paris, PUF.
Longini I., **Fine P.** et **Thacker S.**, 1986, « Predicting the global spread of new infectious agents », *American Journal of Epidemiology*, 123.
Lorenzi J., *et al.*, 1980, *La crise du XX*e *siècle*, Paris, Economica.
Lösch A., 1940, *Die raumlische Ordnung der Wirstschaft*, Iena, Fische,
Lovelock J., 1986, *La terre est un être vivant, l'hypothèse Gaïa*, Paris, Le Rocher.
Lowe J. et **Moryadas S.**, 1975, *The geography of movement*, Boston, Houghton Mifflin.
Lowry I., 1963, « Location parameters in the Pittsburg model », *Papers ans Proceedings of Regional Science Association*, 11.
Lozato-Giotart J.P., 1985, *Géographie du tourisme*, Paris, Masson.
Lozato-Giotart J.P., 1989, *Méditerranée et tourisme*, Paris, Masson.
Luneau P. (ed.), 1989, *Le rêve de Compostelle*, Paris, Le Centurion.
Lynch K., 1960, *The image of the city*, Cambridge, MIT Press.
Lyötönen M., 1991, « The spatial diffusion of human immunodeficiency virus type I in Finland, 1982-1987 », *Annals of the Association of American Geographers*, 81.
Mac Kenzie R., 1933, *The metropolitan community*, New York, Mc Graw-Hill.
Mackey W., 1976, *Bilinguisme et contact des langues*, Paris, Klincksieck.
Mahajan V. et **Peterson R.**, 1985, *Models for innovation diffusion*, Newbury Park, Sage.
Maillat D., *et al.*, 1990, *Réseaux d'innovation et dynamique territoriale*, Neuchatel, IRER, 28.
Malandain G. et **Tavernier Y.**, 1991, *Pour sauver l'eau*, Paris, Rino.
Maling D., 1973, *Coordinate systems and map projections*, Londres, Philip.
Mandelbrot B., 1975, *Les objets fractals ; forme, hasard et dimension*, Paris, Flammarion.
Mann M., 1986, *The sources of social power*, Cambridge, Cambridge University Press.

Mansuy M. et **Marpsat M.**, 1991, « Les quartiers sociaux des grandes villes : contrastes sociaux en milieu urbain », *Economie et Statistique*, 245.

Manzagol C., 1980, *Logique de l'espace industriel*, Paris, PUF.

Maquet J., 1971, *Pouvoir et société en Afrique*, Paris, Hachette.

Marchand B., 1972, « L'usage des statistiques en géographie », *L'Espace Géographique*, 2.

Marchand B., 1986, *The emergence of Los Angeles*, Londres, Pion.

Marchand J.P., 1980, « Les contraintes physiques et la géographie contemporaine », *L'espace Géographique*, 4.

Marchand J.P., 1985, *Contraintes climatiques et espace géographique. Le cas irlandais*, Caen, Paradigme.

Marcuzzi G., 1976, *Elementi di ecologia umana*, Bologne, Patron.

Mares A., 1990, L'Europe Centrale, *Historiens et géographes*, 329.

Marienstras R., 1975, *Etre un peuple en diaspora*, Paris, Maspero.

Marin L.,1973, *Utopiques, jeux d'espace*, Paris, Minuit.

Marsh G., 1864, *Man and nature or physical geography as modified by human action*, New York.

Marshall J., 1989, *The structure of urban systems*, Toronto, University Press.

Martin J. et **Schwab R.**, 1982, « L'évolution de l'armature urbaine de l'Alsace et de La Lorraine », *Villes en parallèle*, 5.

Martin J., 1988, « L'analyse des réseaux en géographie », in Dupuy G. (ed.), *Réseaux territoriaux*, 229-250, Caen, Paradigme.

Martonne E. (de), 1919, « Essai de cartographie éthnographique des pays roumains », *Annales de géographie*, 29, 158.

Martonne E. (de), 1930, *L'Europe centrale*, Paris, Colin.

Martonne E. (de), 1947, *Traité de géographie physique*, 3 tomes, Paris, Colin.

Marx K., 1969, *Le Capital*, Paris, Garnier-Flammarion.

Massiah G. et **Tribillon J.**, 1987, *Villes en développement*, Paris, La découverte.

Matheron G., 1965, *Les variables régionalisées et leur estimation*, Paris, Masson.

Maunder J., 1970, *The value of the weather*, Londres, Methuen.

Maurel M.C. (ed.), 1992, Les changements dans les agricultures d'Europe centrale, *Bulletin de l'Association des Géographes Français*, 1.

Mauss M., 1904-1905, Essai sur les variations saisonnières des sociétés eskimos, *L'Année Sociologique*, 9. Repris aux p. 389-447 de M. Mauss, 1950, *Sociologie et Anthropologie*, Paris, PUF.

Mayer H. et **Wade R.**, 1969, *Chicago : growth of a metropolis,* Chicago, University of Chicago Press.

Maystre L., 1985, *Initiation aux calculs économiques pour les ingénieurs.* Lausanne, Presses Polytechniques Universitaires Romandes.

Maystre L., 1991, « Gestion des déchets et finances communales », *Trait d'Union des Communes Vaudoises*, 101.

Maystre L., 1993, *Les déchets urbains*, Lausanne, Presses Polytechniques Universitaires Romandes.

McMaster R., 1989, « Numerical generalization in cartography », *Cartographica*, 1, 40.

Mead G., 1934, *Mind, self and society from the standpoint of a social behaviorist*, Chicago, Chicago University Press.

Meier R., 1962-1965, *A communication theory of urban growth*, Cambridge, MIT Press.

Memmi A., 1972, *Portrait du colonisé*, Montréal, L'Étincelle.
Mendras H., 1970, *La fin des paysans*, Paris, Colin.
Mercier P., 1986, *Histoire de l'anthropologie*, Paris, PUF.
Mérenne-Schoumaker B., 1985, « Savoir penser l'espace. Pour un renouveau conceptuel et méthodologique de l'enseignement de la géographie dans le secondaire », *L'Information Géographique*, 49.
Mérenne-Schoumaker B., 1986, *Eléments de didactique de la géographie*, Bruxelles, Fédération des Professeurs de Géographie.
Mérenne-Schoumaker B., 1990, *La localisation des industries*, Paris, Nathan.
Merleau-Ponty M., 1945, *Phénoménologie de la perception*, Paris, Gallimard.
Merleau-Ponty M., 1960, *Signes*, Paris, Gallimard.
Merlin P. et **Choay F.**, 1988, *Dictionnaire de l'urbanisme et de l'aménagement*, Paris, Presses Univertaires de France.
Merlin P., 1988, *Géographie de l'aménagement*, Paris, PUF.
Mesarovic M.D., **Macko D.** et **Takahara Y.**, 1980, *Théorie des systèmes hiérarchiques à niveaux multiples*, Paris, Economica.
Mesev T. et **Maguire D.**, 1990, *Demogis*, Leicester, University of Leicester.
Messerli P., 1989, *Mensch und Natur im alpinen Lebensraum. Risiken, Chancen, Perspektiven*, Stuttgart, Haupt.
Meynier A., 1969, *Histoire de la pensée géographique en France (1872-1969)*, Paris, PUF.
Michalet A., 1985, *Le capitalisme mondial*, Paris, PUF.
Michaud J.L., 1983, *Le tourisme face à l'environnement*, Paris, PUF.
Michelet J., 1833, *Tableau de la France*, Paris, Orban.
Mikesell M. et **Murphy A.**, 1991, « A framework for comparative study of minority-group aspirations », *Annals of the Association of American Geographers*, 81, 4.
Ministère de la Recherche et de la Technologie, 1989, *Actes du colloque Planète- Terre,* Paris.
Miossec J.-M., 1977, « Un modèle de l'espace touristique », *L'Espace Géographique,* 1.
Mirot L. et **A.**, 1980, *Manuel de géographie historique de la France*, Paris, Picard.
Missiah J. et **Tribillion J.**, 1988, *Villes en développement*, Paris, La Découverte.
Moberg C., 1976, *Introduction à l'archéologie*, Paris, Maspéro.
Moles A., 1977, *Théorie des Actes*, Tournai, Casterman.
Moles A., 1986, *Théorie structurale de la communication et société,* Paris, Masson.
Moles A., 1989, *Psicologia del espacio*, Barcelona, Circulo de Lectores.
Moles A. et **Rohmer E.**, 1976, *Micropsychologie*, Paris, Denoël.
Moles A. et **Rohmer E.**, 1982, *Labyrinthes du vécu*, Paris, Méridiens.
Moles A. et **Zeltman C.**, 1973, *La communication et les mass-média. Les dictionnaires Marabout-Université*, Verviers, Gérard.
Moles A. et **Rohmer E.**, 1972, *Psychologie de l'espace*, Paris, Casterman.
Mollat M. et **de la Roncière M.**, 1984, *Les portulans*, Paris, Nathan.
Mondada L., 1989, « L'espace pris au piège », in Hauck, B., (éd.), *L'espace*, Lausanne, Payot.
Mondada L., 1991, « Des espaces suspendus au fil de la parole », *Architecture et Comportement*, 7-1, p. 75-92.
Monod G., 1923, *La vie et la pensée de Jules Michelet*, Paris, Champion.
Moran P., 1948, « The interpretation of statistical maps », *Journal of the Royal Statistical Society*, 10B, p. 243-251.

Morand P., 1964, *Le Voyage, notes et maximes*, Paris, Hachette.
Moriconi F., 1991, « Les cent plus grandes villes du monde », *Economie et Statistique*, 245.
Morin E., 1977, *La méthode I ; la nature de la nature*, Paris, Seuil.
Morin E., 1981, *Pour sortir du XXe siècle*, Paris, Nathan.
Morin S., 1985, *De la présentation du centre-ville à la notion de spectacle urbain*, Strasbourg, Institut de Psychologie Sociale.
Morisset J., 1985, *L'identité usurpée*, Montréal, Nouvelle Optique.
Morrill R., 1965, « The negro ghetto, problems and alternatives », *Geographical Review*, 55.
Morrill R., Gaile G. et **Thrall G.**, 1989, « Spatial diffusion », *Scientific Geography* series, 10.
Moscovici S., 1968, *Essai sur l'histoire humaine de la nature*, Paris, Flammarion.
Mungall C. et **McLaren D.** (éd.), 1990, *La Terre en péril,* Ottawa, Presses de l'Université d'Ottawa.
Murray G. et **Cliff A.**, 1977, « A stochastic models for measels epidemics in a multi-region setting ». Institute of British Geographers, *Transactions*, 2.
Nagashima C., 1981, « The Tokaido Megalopolis », *Ekistics*, 48.
Nations Unies, 1982, *Rapport du Comité Préparatoire de la Conférence des Nations Unies sur les Pays les Moins Avancés*, Paris, 1er au 14 septembre 1981.
Nations Unies, 1990, *Atlas des pays les moins avancés*, New York, ONU.
Newman O., 1975, *Defensible space*, New York, Collins.
Nicolas G., 1984, *L'espace originel. Axiomatisation de la géographie,* Berne, Lang.
Nisbet R., 1984, *La tradition sociologique*, Paris, PUF.
Noin D., 1976, *L'espace français*, Paris, Colin.
Noin D., 1979, *Géographie de la population*, Paris, Masson.
Noin D., 1991, *Atlas de la population mondiale*, Montpellier/Paris, RECLUS/La Documentation Française.
Nonn H., 1965, *Strasbourg : des densités aux structures urbaines*, Thèse, Université de Strasbourg.
Nora P. (ed.), 1986, *Les lieux de mémoire*, Paris, Gallimard.
Norberg-Schultz C., 1979, *Genius Loci*, Milan, Electa.
Nordman D., Ozouf-Marignier M. *et al.*, 1989, *Le territoire (1) : réalités et représentations, et (2) : les limites administratives*, Paris, EHESS.
Nordman D., 1986, « Des limites d'Etat aux frontières nationales », in *Les lieux de mémoire, La nation II*, Nora P. (éd.), Paris, Gallimard, vol. 2.
Nordman D., 1989, « La formation de l'espace français », in *Histoire de la France, L'espace français*, A. Burguière et J. Revel (éds.), Paris, Seuil.
Nordman D., 1992, *Sciences morales et politiques*, t.3 de l'*Edition des cours de l'Ecole Normale de l'an III*, J. Dhombres (éd.), Paris, Seuil.
Noyelle T. et **Standback T.**, 1983, *The economic transformation of american cities,* Totowa, Rowman and Allanheld.
O'Riordan T. et **Turner R.**, éd., 1983, *An annotaded reader in environmental planning and management*, Oxford, Pergamon.
Odum E. et **Odum H.**, 1971, *Fundamentals of ecology,* Philadelphie, Saunders.
Odum H., 1983, *Systems ecology*, New York, Wiley & Sons.
Offner J., 1990, « La représentation graphique des réseaux », *Flux*, 2.
Olson S.H., 1980, *Baltimore : the building of an american city.* Baltimore, Johns Hopkins.
Olsson G., 1980, *Birds* in *Egg / Eggs* in *Bird*, Londres, Pion.

Openshaw S., 1988, « Investigation of leukemia clusters by use of the geographical analysis machine », *The Lancet*.
Openshaw S., 1991, « A view on the GIS crisis in geography, using GIS to put Humpty-Dumpty back together again », *Environment and Planning*, 23, 5.
Ortega Cantero N., 1987, *Geografia y cultura*, Madrid, Alianza.
Ostrowetsky S., 1983, *L'Imaginaire bâtisseur. Les villes nouvelles françaises*, Paris, Méridiens.
Ostrowetsky S., 1992, « Le sens spatial comme acte de langage à travers le faire et le dire urbain », in Pellegrino, P. (éd.), *Culture architecturale, culture urbaine*, Paris, Economica.
Ostwald W., 1933, *Color science*, Londres, Windsor and Newton.
Ouellet P. (éd.), 1986, *Les discours du savoir*, Montréal, ACFAS.
Ozouf-Marignier M., 1989, *La formation des départements. La représentation du territoire français à la fin du XVIIIe siècle*, Paris, EHESS.
Paassen C. van, 1957, *The classical tradition of geography*, Groningue, Wolters.
Paelinck J., 1982, « Operational Spatial Analysis », *Papers of the Regional Science Association*, 50.
Paelinck J. et **Sallez A.** (éds.), 1983, *Espace et localisation*, Paris, Economica.
Paelinck J., Ancot J.-P. et **Kuiper J.H.**, 1983, *Formal spatial economic analysis*, Aldershot, Gower Press.
Paelinck J., Ancot J.-P., Kuiper J.H. et **Ten Raa M.J.**, 1985, *Eléments d'analyse économique spatiale*, Genève, Editions Régionales Européennes, Economica.
Paelinck J. et **Nijkamp P.**, 1975, *Operational theory and method in regional economics*, Farnborough, Saxon House.
Pailhous J., 1970, *La représentation de l'espace urbain ; l'exemple du chauffeur de taxi*, Paris, PUF.
Pain M., 1984, *Kinshasa, La ville et la cité*, Paris, ORSTOM.
Parr J. et **Reiner T.**, 1980, « A note on the dimensions of national urban systems », *Urban Studies*, 2.
Pascal B., 1897, *Pensées et opuscule*, Paris, Brunschvicq.
Paul Levy F. et **Segaud M.**, 1983, *Anthropologie de l'espace*, Paris, CCI-Centre Georges Pompidou.
Peach C., (ed.), 1975, *Urban social segregation*, Londres, Longman.
Pearce D., 1987, *Tourism today*, Londres, Longman.
Pearce D., 1989, *Tourism development*, Londres, Longman.
Pecqueur B., 1989, *Le developpement local*, Paris, Syros.
Pederson P., 1970, « Innovation diffusion within and between national urban systems », *Geographical Analysis*, 3.
Péguy C., 1956, *Eléments de statistique appliquée aux sciences géographiques*, Paris, CDU.
Péguy C., 1986, « L'univers géographique de Fernand Braudel », *Espaces Temps*, 34-35.
Péguy C., 1988, *Jeux et enjeux du climat*, Paris, Masson.
Péguy C., 1990, « Les risques naturels majeurs », in *La puissance économique*, 38-39, Paris, Hachette.
Peirce C., 1978, *Ecrits sur le signe*, Seuil, Paris.
Pellegrino P., éd., 1992, *Culture architecturale, culture urbaine*, Paris, Anthropos-Economica.
Pelletier M., 1990, *La carte de Cassini*, Paris, Presses Ecole Nat. Pont et Chaussées.
Perroux F., 1957, « Théorie générale du progrès économique », *Cahiers de l'ISEA*, 1.
Perroux F., 1961, *L'économie du XXe siècle*, Paris, PUF.

Petitot J., 1985, *Morphogenèse du sens*, Paris, PUF.
Piatier A., 1956, « L'attraction commerciale des villes : une nouvelle méthode de mesure », *Revue Juridique et Economique du Sud-Ouest*, 575-594.
Piatier A., (ed.), 1979, *Radioscopie des communes de France*, Paris, Economica.
Pinchemel P., 1968, « Histoire de la géographie » in Paris, *Encyclopaedia Universalis*.
Pinchemel P., 1968, *Redécouvrir la géographie*, Paris, Publications de la Faculté des Lettres de la Sorbonne.
Pinchemel P., 1987, « Pitié pour la France », *Mappemonde 87/1*.
Pinchemel P. et **Pinchemel G.**, 1988, *La face de la terre. Eléments de géographie*, Paris, Colin.
Pinchemel P., Robic M.C. et **Tissier J.L.**, 1984, *Deux siècles de géographie française, choix de textes*, Paris, CTHS.
Pini G., 1990, *Géographie des échanges interrégionaux de marchandises par voie ferrée et par route*, Thèse 358, Université de Genève.
Piolle X., 1979, *Les citadins et leur ville*, Toulouse, Privat.
Piore M. et **Sabel C.**, 1984, *The second industrial divide*, New York, Basic Books.
Piveteau J.L., 1985, *L'espace urbain : imaginaire et faits têtus*, Fribourg, Editions universitaires.
Piveteau J.L., 1990, « L'épaisseur temporelle de l'organisation de l'espace : "palimpseste" et "coupe transversale" », in *Géopoint 1990, Histoire, Temps et Espace*, Avignon.
Planhol X. (de), 1988, *Géographie historique de la France*, Paris, Fayard.
Planque B. (éd.), 1983, *Le développement décentralisé*, Paris, Litec.
Plassard F., 1977, *Les autoroutes et le développement régional*, Paris, Economica.
Plassard F., 1989, « Interconnexions et nouvelles polarités », in *Les couloirs Rhin-Rhône dans l'espace européen*, Lyon, LET.
Poincaré H., 1902, *La science et l'hypothèse*, Paris, Flammarion, (réédition, 1968).
Pomian K., 1986, « L'heure des Annales », in *Les lieux de mémoire, La nation II, vol. 1*, Paris, Gallimard.
Ponge F., 1952, *La Rage de l'Expression*, Paris, Gallimard.
Ponge F., 1961, *Méthodes*, Paris, Gallimard.
Ponsard C. et **Tranqui P.**, 1984, « La régionalisation floue de l'économie européenne », *Revue d'Economie Politique*, 1.
Ponsard C. éd., 1988, *Analyse économique spatiale*, Paris, PUF.
Ponsard C., 1955, *Economie et espace*, Paris, SEDES.
Ponsard C., 1958, *Histoire des théories économiques spatiales*, Paris, Colin.
Popper K., 1973, *La logique de la découverte scientifique*, Lausanne, Payot.
Postel S., « Conserving water the untapped alternative », *Worldwatch Paper, 67*.
Postel S., 1984, « Water : rethinking management in an âge of scarcity », *Worldwatch Paper, 62*.
Postel S., 1989, « Water for Agriculture : Facing the Limits », *Worldwatch Paper, 93*.
Poupard P., 1980, *Le Vatican*, Paris, PUF.
Pred A. et **Tornqvist G.**, 1973, *Systems of cities and information flows*, Lund, Gleerup.
Pred A., 1966, *The spatial dynamics of U.S., urban industrial growth 1800-1914, Interpretive and theoretical essays*, Cambridge, MIT Press.
Pred A., 1975, « Diffusion organizational spatial structure and city system of development », *Economic Geography*, 51.
Pred A., 1977, *City systems in advanced economies*, Londres, Hutchinson.

Préteceille E., 1974, « La planification urbaine : les contradictions de l'urbanisme capitaliste », *Economie et Politique*, 236.

Prieto L., 1975, *Pertinence et pratique*, Paris, Minuit.

Proshansky H., Ittelson W. et **Rivlin L.**, *Environmental psychology*, New York, Rinehart and Winston.

Pruvost M. et **Weber C.**, 1984, « Ecologie urbaine factorielle comparée : essai méthodologique et application à Strasbourg », *L'Espace Géographique*, 2.

Pumain D. et **Saint Julien T.**, 1978, *Les dimensions du changement urbain*, Paris, CNRS.

Pumain D. et **Saint-Julien T.**, 1989, *Atlas des villes françaises*, Paris, La Documentation Française.

Pumain D., 1982, *La dynamique des villes*, Paris, Economica.

Pumain D., 1984, « L'évolution séculaire de la trame urbaine », in *Géoscopie de la France*, Paris, Minard.

Pumain D. (ed.), 1991, *Analyse spatiale et dynamique des populations,* Paris, INED.

Pumain D. et **Faur J.**, 1991, Villes et régions au rendez-vous de l'Europe, *Population et Sociétés*, 257.

Pumain D., Saint-Julien T., Cattan N. et **Rozenblat C.**, 1991, « La comparaison des villes européennes », Paris, Ministère de l'Equipement.

Pumain D., Saint-Julien T. et **Sanders L.**, 1989, *Villes et auto-organisation*, Paris, Economica.

Pyle G. et **Patterson K.**, 1983, « Influenza diffusion in European history : patterns and paradigms », *Ecology of Diseases*, 2.

Pyle G., 1969, « The diffusion of cholera in the United States in the nineteenth century », *Geographical Analysis*, 1.

Quétel C., 1986, *Le mal de Naples : histoire de la syphilis*, Paris, Seghers.

Racine J.B. et **Raffestin C.**, 1985, L'imagination géographique, *Géotopiques*, Universités de Genève et Lausanne.

Racine J.B., 1976, « La géographie moderne dans la problématique des sciences sociales, Des paradigmes de la totalité aux paradigmes critiques », Universités de Lausanne et de Genève, *Géopoint 76*.

Racine J.B., 1981, « Problématiques et méthodologie : de l'implicite à l'explicite », in Isnard H., Racine J.B. et Reymond H., *Problématiques de la géographie*, Paris, PUF.

Racine J.B. et **Raymond H.**, 1973, *L'analyse quantitative en géographie*, Paris, PUF.

Racine J.B., Raffestin C. et **Ruffy V.**, 1980, « Echelle et action, contributions à une interprétation du mécanisme de l'échelle dans la pratique de la géographie », *Geographica Helvetica*, 5.

Racine J., (ed.) 1986, *Calcutta, La ville, sa crise*, Paris, CEGET-CNRS- MSH.

Raffestin C., 1976, « Peut-on parler de codes dans les sciences humaines et particulièrement en géographie », *L'Espace Géographique*, 3.

Raffestin C., 1978, « Du paysage à l'espace ou Les signes de la géographie », *Hérodote*, 9.

Raffestin C., 1978, Notions, concepts et construits en géographie humaine, Avignon, *Géopoint*.

Raffestin C., 1980, « Plaidoyer pour une écologie humaine », *Archives suisses d'anthropologie générale*, Genève, 44, 2.

Raffestin C., 1980, *Pour une géographie du pouvoir*, Paris, Litec.

Raffestin C., 1985, « Religions, relations de pouvoir et géographie politique », *Cahiers de Géographie du Québec,* 76.

Raffestin C., 1986, « Ecogénèse territoriale et territorialité », in Auriac F. et Brunet R. (ed.) *Espaces, jeux et enjeux*, Paris, Fayard, p. 173-183.

Raffestin C., 1989, « Théories du réel et géographicité », *EspacesTemps*, 40/41.

Raffestin C. et **Tricot C.**, 1979, Concentration et connexité, ou pour une approche du concept de territorialité, in *Modèles politiques de l'espace économique*, Fribourg, Editions Universitaires de Fribourg.

Rainelli M., 1989, *Le commerce international*, Paris, La Découverte.

Ramade F., 1989, *Eléments d'écologie appliquée*, Paris, McGraw Hill.

Ratzel F., 1987, *La géographie politique. Les concepts fondamentaux,* Paris, Fayard.

Raumolin J., 1984, « L'homme et la destruction des ressources naturelles : la Raubwirtschaft au tournant du siècle », *Annales ESC*.

Reclus E., 1890, *Nouvelle géographie universelle, la terre et les hommes*, *Amérique boréale*, Paris, Hachette.

Reclus E., 1982, *L'homme et la terre*, Paris, La Découverte, 2 t.

Reilly W., 1931, *The law of retail gravitation*, New York, The Knickbroker Press.

Rémy J., 1966, *La ville, phénomène économique*, Bruxelles, Vie ouvrière.

Renfrew C. (ed.), 1973, *The explanation of culture change, models in prehistory*, Londres, Duckworth.

Renfrew C., 1973, *Social archaeology*, Southampton, University of Southampton Press.

Renfrew C., 1980, The great tradition versus the great divide : archaeology as Anthropology ?, *American Jounal of Archaeology*, 84, 3.

Renfrew C. (ed.), 1982, *Theory and explanation in archaeology*, New York, Academic Press.

Renfrew C., 1982, *Towards an archaeology of mind*, Cambridge, Cambridge University Press.

Renfrew C., 1984, *Approaches to social archaeology*, Edimbourgh, Edinburgh University Press.

Renfrew C., 1987, *Archaeology and language. The puzzle of Indo-European origins*. Londres, Cape.

Renfrew C., 1990, *L'énigme indo-européenne, archéologie et langage*, Paris, Flammarion.

Renfrew C., 1991, *Archaeology. theories, methods and practice*, Londres, Thames and Hudson.

Revel J., 1979, « Histoire et sciences sociales : les paradigmes des Annales », *Annales ESC*, 11-12.

Rey P., 1973, *Les alliances de classe*, Paris, Maspéro.

Rey V., 1985, *L'Europe de l'Est*, Paris, La Documentation Française.

Rey V., 1990, « Feu l'Europe de l'Est », *Annales de géographie*, 555.

Rey V., 1991, « Après l'Europe de l'Est ? », *L'Espace Géographique*,1.

Rey V., 1991, « Borders versus network in East Central Europe », *Flux*, 3.

Rey V., 1992, « Nation et Etat, deux structures rivales en région d'entre deuxs; le cas de l'Europe centre-orientale », in *Etat, Nation et territoire en Europe de l'Est et en U.R.S.S.*, Paris, L'Harmattan.

Rey V. (ed.), 1992, « L'Europe Balkanique », *Historiens et Géographes*, 337.

Reymond H., 1968, « L'actualité des modèles graphiques en géographie humaine », *Cahiers de Géographie de Québec*, 26.

Reymond H., 1981, « L'ouverture informatique en géographie urbaine : de l'analyse multivariée socio-économique à la simulation organique des systèmes urbains », *Informatique et Sciences humaines*, 50.

Reymond H., 1981, « Une problématique théorique pour la géographie : plaidoyer pour une chorotaxie expérimentale », in Isnard H., Racine J.B., Reymond H., *Problématiques de la géographie*, Paris, PUF.

Reynaud A., 1954, Modèle et idéal-type en géographie ; l'exemple des fermes beauceronnes. *L'Information Géographique*, 48.

Reynaud A., 1974, La géographie entre le mythe et la science, essai d'épistémologie, *Travaux de l'Institut de Géographie de Reims*.

Reynaud A., 1975, « Eléments pour une épistémologie de la géographie du tourisme », *Travaux de l'Institut de Géographie de Reims*, 23-24.

Reynaud A., 1979, « Les différentes utilisations de l'histoire par la géographie », *Comité des Travaux Historiques et Scientifiques, Bulletin de la section de géographie*, 84.

Reynaud A., 1981, *Société, espace et justice : inégalités régionales et justice socio-spatiale*, Paris, PUF.

Rhein C., 1982, « La géographie, discipline scolaire et/ou science sociales? 1860-1920 », *Revue française de sociologie*, 23.

Richardson H., 1977, *The new urban economics : and alternatives*, Londres, Pion.

Rimbert S. et **Vogt T.**, 1989, « Données satellitaires et paysages factoriels », in *Pumain D.*, 1991, *Analyse spatiale et dynamique des populations*, Paris, INED.

Rimbert S., 1972, « Aperçu sur la géographie théorique : une philosophie, des méthodes, des techniques », *L'Espace Géographique*, 2.

Rimbert S., 1989, « GIS ou pas ? », *Mappemonde* 89/1.

Rimbert S., 1990, *Carto - Graphies*, Paris, Hermès.

Rimbert S., 1992, « Données pour une algèbre de cartes », *Bulletin de la Société Française de Photogrammétrie et de Télédétection*.

Riquet P., 1987, « Le plexage de l'espace », *L'Espace Géographique*, 3.

Ritchot G., 1991, *Etudes de géographie structurale*, Québec, Université de Laval, 15.

Ritter C., 1833, *Du facteur historique dans la géographie en tant que science*, Berlin, Communication à l'Académie royale des sciences, 10 janvier.

Ritter C., 1974, *Introduction à la géographie générale comparée (1818-1850)*, Paris, Les Belles Lettres.

Ritter G., Wilson J. et **Davidson J.**, 1990, « Image algebra : an overview », *Computer Vision Graphic Image Processing*, 49.

Robic M.C., 1982, « Cent ans avant Christaller, une théorie des lieux centraux », *L'Espace Géographique*, 1.

Robic M.C., 1991, « La stratégie épistémologique du mixte : le dossier vidalien », *EspacesTemps*, 47-48.

Robic M.C., Besse J., Luginbuhl Y., Ozouf-Marignier M. et **Tissier J.L.**, 1992, *Les géographes français entre milieu et environnement. Pratiques et représentations du rapport homme/nature depuis la Renaissance*, Paris, Economica.

Robson W. et **Regan D.**, 1972, *Great cities of the world : their government, politics and planning*, Newbury Park, Sage.

Rochefort M., 1960, *L'organisation urbaine de l'Alsace*, Paris, Les Belles Lettres.

Romer J., Soppelsa J. et **Battesti M.**, 1988, *Lexique de géopolitique*, Paris, Dalloz.

Ronai M., 1976, « Paysages », *Hérodote*, 1.

Roncayolo M., 1989, « Histoire et géographie : les fondements d'une complémentarité », *Annales ESC*, 6.

Roncayolo M., 1990, *La ville et ses territoires*, Paris, Gallimard.
Rosnay J. (de), 1975, *Le macroscope. Vers une vision globale*, Paris, Seuil.
Rothschild J., 1981, *Ethnopolitics. A conceptual framework*, New York, Columbia University Press.
Rouge M., 1947, *La géonomie ou l'organisation de l'espace*, Paris, LGDJ.
Rougerie G. et **Beroutchachvili N.**, 1991, *Géosystèmes et paysages*, Paris, Colin.
Rougier H. et **Sanguin A.**, 1991, *Les Romanches ou la Quatrième Suisse*, Berne, Lang.
Rougier H., **Sanguin A.** et **Schwabe E.**, 1984, « Frontières et minorités dans les Alpes », Caen, Le Brun.
Roux J.M., 1980, *Territoires sans lieux. La banalisation planifiée des régions*, Paris, Dunod.
Rugg D., 1985, *Eastern Europe*, Londres, Longman.
Rvachev L. et **Longini I.**, 1985, « A mathematical model for the global spread of influenza », *Mathematical Biosciences*, 75.
Saarinen T., 1988, « Centering of mental maps of the world », *National Geographic Research*, 4, 1.
Saint-Julien T., 1982, *Croissance industrielle et système urbain*, Paris, Economica.
Saint-Julien T., 1985, *La diffusion spatiale des innovations*, Montpellier, RECLUS.
Sallenave D., 1991, *Le don des morts*, Paris, Gallimard.
Samuelson P., 1982, *L'économique*, Paris, Colin.
Sanders L., 1992, *Sytème de villes, cycles d'innovation et synergétique*, Paris, Economica-Anthropos.
Sanders L., 1989, *L'analyse statistique des données en géographie*, Montpellier, RECLUS.
Sanguin A., 1978, « La territorialité linguistique : l'exemple suisse et le cas du Québec », *Cahiers de Géographie du Québec*, 22, 55.
Sansot P., 1983, *Variations paysagères*, Paris, Klincksieck.
Santana R. (ed.), 1990, *La question alimentaire en Amérique latine. Mexique– Venezuela– Equateur– Pérou*, Toulouse, CNRS.
Santos M., 1971, *Les villes du Tiers Monde*, Paris, Génin.
Sartre J.P., 1940, *L'imaginaire*, Paris, Gallimard.
Sauer C., 1956, « The education of a geographer », *Annals of the Association of American Geographers*, Presidential Address.
Saussure F. de, 1972, *Cours de linguistique générale*, Paris, Payot.
Sautter G., 1966, *De l'Atlantique au fleuve Congo, Une géographie du sous-peuplement. République du Congo, République Gabonaise*, Paris, Imprimerie Nationale,
Sautter G., 1968, *La région traditionnelle en Afrique tropicale*, Paris, CNRS.
Sautter G., 1968, *Les structures agraires en Afrique tropicale*, Paris, Centre de Documentation Universitaire.
Sauvy A., 1990, *La terre et les hommes*, Paris, Economica.
Schaefer F., 1953, « Exceptionalism in geography : a methodological examination », *Annals of the Association of American Geographers*, 43.
Schnapp A. (ed.), 1980, *L'archéologie aujourd'hui*, Paris, Hachette.
Schneider C., 1987, « Les cartes en champs de forces (piézoplèthes) », *Mappemonde 87/2.*
Schrader F., in F. Buisson (ed.), *Dictionnaire de la pédagogie et d'instruction public, Paris, Hachette*, t. 1.
Schumpeter J., 1935, *Business cycles : a theoretical historical and statistical analysis of the capitalist process*, New York.

Schwartz F., 1990, « La géographie sacrée, lieu dynamique entre ciel et terre », in *Le lieu du temple*, Paris, Michel.

Science et Vie, 1984, *La photo et les images synthétiques*, numéro hors série trimestriel, 149.

Scott A. et **Storper M.**, (eds) 1986, *Production, work and territory*, Londres, Allen and Unwin.

Scott A., 1988, *New industrial space*, Londres, Pion.

Searles H., 1986, *L'environnement non humain*, Paris, Gallimard.

Sellier A., 1991, *Atlas des peuples d'Europe centrale*, Paris, La Découverte.

Sen A., 1981, *Poverty and famines*, Oxford, Clarendon.

Sénécal G. et **Berdoulay V.**, 1992, « Stratégies d'argumentation et aménagement du territoire : le rôle des monographies régionales au Québec (1850-1915) », *Etudes canadiennes*, 31.

Sénécal G., (ed.), 1989, *Territoires et minorités*, Montréal, Association Canadienne-Française pour l'Avancement des Sciences.

Serediouk I.I., et **Kurt-Oumerov V.O.**, 1986, *Milieu urbain et optimisation de l'activité humaine*, Lvov, Université de Lvov.

Seronde-Babonaux A., 1980, *De l'Urbs à la ville, Rome, croissance d'une capitale*, Aix-en-Provence, Edisud.

Serres M., 1977, *Hermès IV. La distribution*, Paris, Minuit.

Serres M., 1980, *Hermès V. Le passage du Nord-Ouest,* Paris, Minuit.

Sessa A. *et alii*, 1984, *La scienza dei sistemi per lo sviluppo del turismo*, Rome, Agnesotti.

Shannon C. & **Weaver W.**, 1949, *The mathematical theory of communication*. Chicago, Univ. of Illinois Press.

Shannon C., 1948, « A mathematical theory of communication », *Bell System Technological Journal*, 27.

Siegfried A., 1913, *Tableau politique de la France de l'Ouest sous la Troisième république*, Paris.

Siegfried A., 1927, *Les États-Unis d'aujourd'hui*, Paris, Colin.

Silguy C. (de), 1989, *La saga des déchets du Moyen Age à nos jours*, Paris, L'Instant.

Simmel G., 1903, Die Grossstädte und das Geistesleben, *Jahrbuch der Gehestiftung zu Dresden*, 9.

Simmel G., 1971, *On individuality and social forms*, Chicago, Univ. of Chicago Press.

Sion J.,1908, *Les paysans de Normandie orientale*, Paris, Colin.

Skinner G., 1964 et 1965, « Marketing and social structure in rural China », *Journal of Asian Studies*.

Smith C. (ed.), 1976, *Regional analysis*, New York, Academic Press, 2 vol.

Smith D., 1971, *Industrial location*, New York, Wiley.

Snow J., 1965, *Snow on cholera : being a reprint of two papers by John Snow M.D.*, New York, Hafner.

Société française d'écologie, 1991, L'écologie, vers une nouvelle politique scientifique, *Revue française d'écologie*, 22, 2.

Soja E. et **Scott A.**, 1986, « Los Angeles : capital of the late twentieth century ». *Environment and Behaviour D. : Society and Space*, 4.

Soja E., 1989, *Postmodern geographies*, Londres, Verso.

Soldatos P., 1991, *Les nouvelles villes internationales : profil et planification stratégique*, Aix-en-Provence, Serdeco.

Soldatos P., 1989, « Treize critères pour une ville internationale ». in Dommergues P. et Gardin N., *Les stratégies internationales des métropoles régionales,* Paris, Syros.

Sommer R., 1969, *Personal space*, Englewood Cliffs, Prentice Hall.

Sorre M., 1943, *Les fondements biologiques de la géographie humaine. Essai d'une écologie de l'homme*, Paris, Colin.

Sorre M., 1948, « La notion de genre de vie et sa valeur actuelle », *Annales de Géographie*, 306, 98-108 et 307.

Sorre M., 1953, « Le rôle de l'explication historique dans la géographie humaine », in *Mélanges offerts à Philippe Arbos*, Clermont-Ferrand, t. 2.

Sorre M., 1957, *Rencontres de la géographie et de la sociologie*, Paris, Rivière.

Soubeyran O. et **Barnier V.**, 1985, Les enjeux du virage aménagiste, *Loisirs et sociétés*, 1.

Stahl K., 1987, « Theories of urban business location », in Mills E. (ed), *Handbook of Regional and Urban Economics*, Amsterdam, North-Holland.

Stea D., 1969, « Measurement of mental maps », in Cox K., *Behavioral problems* in *geography*, 17 Northwest Univ., Evanston.

Stefanou J., 1975, *Théorie des paysages et cartes postales*, Strasbourg, Institut de Psychologie Sociale.

Stendhal H., 1973, *Vie de Henry Brûlard*, Paris, Gallimard.

Stephens M., 1976, *Linguistic minorities in Western Europe*, Llandysul, Gower.

Sternlieb G. et **James W.**, 1975, *Post-industrial america : metropolitan decline and inter-regional job shifts.* Rutgers, The State University of New Jersey.

Stoddart D. (ed.), 1981, *Geography, ideology and social concern,* Oxford, Blackwell.

Stoffaes C., 1987, *Fins de mondes*, Paris, Jacob.

Straka M., 1970, *Handbuch der Europäischen Volksgruppen*, Vienne, Braumüller.

Student, 1914, « The elimination of spurious correlations due to position in time or space », *Biometrika*, 10.

Suppes P., 1961, « A comparison of the meaning and uses of models », in Freadental H. (ed.), *The concept and the role of models* in *mathematical natural and social sciences*, Dordrecht.

Szalai A. (ed.), 1972, *The use of time : daily activities of urban and suburban populations* in *twelve countries*, La Haye, Mouton.

Taaffe E. et **Gauthier H.**, 1973, *Geography of transportation*, Englewood Cliffs, Prentice Hall.

Tabah L., 1991, « Dix problèmes de population en perspective », *Les Dossiers du CEPED*, 16.

Taylor P., 1977, *Quantitative methods in geography : an introduction to spatial analysis*, Londres, Waveland Press.

Tazieff H. et **Derruau M.**, 1990, *Le volcanisme et sa prévention*, Paris, Masson.

Tellier L., 1985, *Economie spatiale*, Chicoutimi, Morin.

Theroux P., 1988, *Patagonie express*, Paris, Grasset.

Thom R., 1974, *Modèles mathématiques de la morphogénèse*, Paris, Bourgois.

Thom R., 1988, *Esquisse d'une sémiophysique*, Paris, Inter Editions.

Thomas I., 1986, *La localisation optimale des services publics : une méthode opérationnelle et son application au service postal*, Louvain-la-Neuve, Cabay.

Thomas J., 1988, « L'imaginaire de l'espace du temps des Latins », *Cahiers de l'Université de Perpignan*, 5.

Thoreau H., 1967, *Walden ou la vie dans les bois*, Paris, Aubier.

Thouret J.C., 1990, « Les risques volcaniques et volcano-glaciaires dans les montagnes peuplées », *Bulletin de l'Association des Géographes Français*, 2.

Thouvenot C., 1975, *Les consommations et les habitudes alimentaires dans la france du Nord-Est*, Lille, ART.

Tilly C., 1975, *The formation of national states in Western Europe*, Princeton, Princeton University Press.

Tilmann J., 1971, *An appraisal of the geographical works of Albertus Magnus and his contributions to geographical thought*, Ann Arbor, University of Michigan Press.

Timmermans H., 1981, « Spatial behaviour in different environmental settings », *Geografiska Annaler*.

Tinbergen J., 1964, « Sur un modèle de la dispersion géographique de l'activité économique », *Revue d'Economie politique*.

Tissier J.-L., 1988, « Le plaisir géographique avec Julien Gracq », in *Paysages et sites dans l'œuvre de Julien Gracq*, Paris, Corti.

Tobler W., 1967, « Of Maps and Matrices », *Journal of Regional Science*, 2 (supplement).

Tomlinson R., 1967, *An introduction to the Geo-Information system of the Canadian Land Inventory*, Ottawa, Department of Forestry and Rural Development.

Tönnies F., 1887, *Gemeinschaft und Gesellschaft*, Leipzig.

Tornqvist G., 1970, *Contact systems and regional development*, Lund, Gleerup.

Toulemon L., 1989, « Une représentation fractale de l'espace social : à quoi bons? », in Pumain D., 1991, *Analyse spatiale et dynamique des populations*, Paris, INED.

Toynbee A., 1969, *Le changement et la tradition. Le défi de notre temps*, Paris, Payot.

Tricart J. et **Kilian J.**, 1979, *L'éco-géographie et l'aménagement du milieu naturel*, Paris, Maspero.

Tricart J., 1978, *Géomorphologie applicable*, Paris, Masson.

Tricart J., 1982, « L'homme et les cataclysmes », *Hérodote*, 24.

Tricot C., 1971, Concentration d'un ensemble de points, Genève, *Cahier du Département d'Econométrie de l'Université de Genève*.

Tricot C., 1988, Statistique spatiale, *Brouillons Dupont,* 15.

Tricot C. et **Raffestin C.**, 1974, Elaboration et construction d'un nouvel indice de concentration, *L'Espace géographique* 4.

Tricot C. et **Raffestin C.**, 1974, Réflexion sur les formes, *Actes du 3e Colloque sur l'Analyse des données en géographie*, Besançon, Université de Franche-Comté.

Tricot C. et **Raffestin C.**, 1980, Essai d'un modèle probabiliste de distribution spatiale, *Brouillons Dupont,* 5.

Tricot J.M., 1990, *Méthode des réseaux en analyse des données. Application à l'analyse de concordance*, Genève, Imprimerie nationale.

Tuan Yi Fu., 1971, « Geography, phenomenology and the study of human nature », *The Canadian Geographer*, 15.

Tuan Yi Fu, 1974, *Topophilia*, Englewood Cliffs, Prentice Hall.

Tuan Yi Fu, 1976, Humanistic Geography, *Annals Association of the American Geographers*, 66.

Tuan Yi Fu , 1978, Litterature and geography : implications for geographical research, in Ley D. et Samuels M. eds., *Humanistic geography ; prospects and problems*, Londres, Croom Helm, p. 194-206.

Turco A., 1988, *Verso una teoria geografica della complessità*, Milan, Unicopli.

Turner J., 1979, *Le logement est votre affaire*, Paris, Seuil.

Turner L. et **Ash J.**, 1975, *The golden hordes. International tourism and the pleasure periphery*, Londres, Constable.

Ullman E., 1956, « The role of transportation and the bases for interaction » in *Man's role in changing the face of the earth*, W. Thomas (ed.), Chicago, University of Chicago Press.
Ullman E., 1980, *Geography as spatial interaction*, Seattle, University of Washington Press.
Upton G. et **Fingleton B.**, 1985, *Spatial data analysis by example*, New York, Wiley.
Urbain J., 1983, « Sur l'espace du tourisme : un voyage en Tunisie. Eléments pour une sémiotique de l'espace touristique des Français », *L'Espace Géographique,* 2.
Vakili A., **Gozzi M.** et **Pinchemel P.**, 1959, *Le niveau optima des villes*, Lille, CERES.
Vallat C., 1990, « Lire l'espace pour connaître le temps ou maîtriser le temps pour éclairer l'espace », in *Géopoint 1990, Histoire, Temps et espace*, Avignon.
Vallaux C., 1911, *Géographie sociale. Le sol et l'Etat*, Paris, Doin.
Vallaux C., 1925, *Les sciences géographiques,* Paris, Alcan.
Vallin J., 1984, Politiques de santé et mortalité dans les pays industrialisés, *Espace Population Société*, 3.
Vallin J., 1986, *La population mondiale*, Paris, La Découverte.
Van der Leeuw S. et **Torrence R.**, 1989, *What's new ? A closer look at the process of innovation*, Londres, Unwin and Hyman.
Van der Leeuw S., 1981, « Information flows, flow structures and the explanation of change in human institutions », in *Archeological approaches to the studies of complexity*, Amsterdam, Instituut voor Prae-en Protohistorie.
Vance J., 1977, *This sune of man. The role and structure of the city in the geography of western civilization*, New York, Harper and Row.
Vance J., 1990, *Capturing the horizon*, Baltimore, Johns Hopkins University Press.
Vanney J., 1988, *Histoire des mers australes*, Paris, Fayard.
Vaughan R., 1842, 1969, *The âge of great cities,* Woburn Press.
Vayda A. (ed.), 1969, *Environment and cultural behavior : ecological studies in cultural anthropology*, Garden City, The Natural History Press.
Veblen T., 1970, *Théorie de la classe de loisir*, Paris, Gallimard.
Vellas F., 1985, *Economie et politique du tourisme international*, Paris, Economica.
Verbeek B., 1990, *Die Antropologie der Umweltzerstörung*, Darmstadt, Wissenschftliche Buchgesellschaft.
Vernadsky W., 1929, *La biosphère*, Paris, Alcan.
Vernon R., 1973, *Les entreprises multinationales*, Paris, Calmann-Lévy.
Veyne P., 1978, *Comment on écrit l'histoire*, et *Foucault révolutionne l'histoire*, Paris, Seuil.
Vialatte A., 1984, *Antiquité du grand chosier*, Paris, Julliard.
Viard J., 1984, *Penser les vacances*, Aix en Provence, Actes Sud.
Vidal de la Blache P., 1896, « Les voies de commerce dans la géographie de Ptolémée », *Comptes-rendus de l'Académie des Inscriptions et Belles Lettres*, 3e série, t. XXIV.
Vidal de la Blache P., 1890, *Marco Polo. Son temps et ses voyages*, Paris, Hachette.
Vidal de la Blache P., 1894, *Atlas général Vidal de La Blache, Histoire et Géographie*, Paris, Colin.
Vidal de la Blache P., 1899, « Leçon d'ouverture du cours de géographie », *Annales de Géographie*.
Vidal de la Blache P., 1903, *Tableau de la géographie de la France*, Paris, Hachette.
Vidal de la Blache P., 1911, « Les genres de vie dans la géographie humaine », *Annales de Géographie*,111-112.
Vidal de la Blache P., 1922, *Principes de géographie humaine*, Paris, Colin.

Vigarié A., 1991, *Echanges et transports internationaux*, Paris, Sirey.
Virilio P., 1976, *L'insécurité du territoire*, Stock, Paris.
Virilio P., 1984, *L'espace critique*, Paris, Bourgois.
Virilio P., 1984, *L'horizon négatif*, Paris, Galilée.
Virilio P., 1990, *L'inertie polaire*, Paris, Bourgois.
Vita-Finzi C., 1978, *Archaeological sites in their setting*, Londres, Thames and Hudson.
Vlora N., 1979, *Città et territorio*, Bologne, Pàtron.
Von Thünen J., 1827, *Der isolierte Staat in Beziehung auf Landwirtschaft und Nationalökonomie*, Hambourg (rééd. de 1875).
Vries J. (de), 1984, *European urbanization, 1550-1800*, Londres, Methuen.
Wachter S. (éd.), 1990, *Politiques publiques et territoires*, Paris, L'Harmattan.
Wackermann G., 1988, *Le tourisme international*, Paris, Colin.
Wallerstein I., 1976-1990, *The modern world system*, New York, Academic Press, 3 vol.
Wallerstein I., 1979, *The capitalist world-economy*, Cambridge, Cambridge University Press.
Walliser B., 1977, *Systèmes et modèles : introduction critique à l'analyse des systèmes*, Paris, Seuil.
Wannacott P., 1987, « The United States and Canada : The quest for free trade – an examination of selected issues », *Policy analyses in international economics series*, Washington, Institute for International Economics.
Wasserman P., 1989, *Neural computing : theory and practice*, New York, Van Nostrand Reinhold.
Wastenson L., Helmfrid S., Elg M. et **Syren M.**, (eds.) 1991-1996, *Sveriges National Atlas - The National Atlas of Sweden (17 volumes)*, Stokholm, University of Stokholm.
Wattelar C., 1982, *Examen général de la situation et des tendances démographiques en Europe*, Université Catholique de Louvain, Département de Démographie, 61.
Webber M. et **Joseph A.**, 1978, « Spatial diffusion processes : a model and an approximation method », *Environment and Planning*, 6.
Webber M. et **Joseph A.**, 1979, « Spatial diffusion processes : numerical analysis », *Environment and Planning*, 3.
Weber A., 1909, *Über den Standort der Industrien,* Tübingen.
Weber M., 1921, *Die Stadt, Archiv für Sozialwissenschaft und Sozialpolitik*, 47 (trad. fse, *La ville*, Paris, Aubier-Montaigne, 1982).
Weber M., 1961, *General economic history*, New York, Collier.
Weick R. et **Longet R.**, 1988, *Gestion des déchets, la société du prêt à jeter*, Société pour la protection de l'environnement, Genève, Georg.
Weinreich U., 1968, *Languages in contact*, La Haye, Mouton.
White G. (ed.), 1974, *Natural hazards : local, national, global*, Oxford, Oxford University Press.
White K., 1987, *L'esprit nomade*, Paris, Grasset.
White P., 1984, *The west european city : a social geography,* Londres, Longman.
Whyte W., 1976, *The last landscape*, New York, Anchor.
Wilson A., 1974, *Entropy in urban and regional models* in *geography and planning*, New York, Wiley.
Wolpert J., 1965, « Behavioral aspects of the decision to migrate », *Papers of the Regional Science Association*, 15.
World Health Organization, 1989, *Expanded programme on immunization information system*, Genève, OMS.

Wright J. K., 1947, « Terrae incognita : the place of imagination in geography », *Annals of the Association of American Geographers*, 37.

Wright K.,1990, « The shape of things to go », *The Scientific American*.

Wrigley N., 1985, *Categorical data analysis for geographers and environmental scientists*, Londres, Longman.

Yeates M., 1968, *An Introduction to quantitative analysis in human geography*, New York, McGraw Hill.

Zipf G., 1945, *Human behaviour and the principle of least effort*, Boston, Addison Wesley.

Index des mots-clefs

Index des auteurs

Yves André, né en 1947, est professeur au lycée Berthollet à Annecy. Ses recherches portent sur le rôle des représentations spatiales dans l'enseignement de la géographie. Il participe au Groupe de Recherche en Didactique de la Géographie de l'Université Joseph Fourier de Grenoble.

Claude Bataillon, né en 1931, est directeur de recherche au CNRS, auteur ou co-auteur d'ouvrages sur Mexico, sur l'organisation territoriale au Mexique, sur les problèmes d'aménagement régional dans les pays du Tiers Monde et le Sahara. Co-responsable du volume « Amérique latine » de la *Géographie Universelle* Hachette/RECLUS. Après avoir dirigé le Centre d'études mexicaines et centraméricaines à Mexico, il anime le Groupe de recherches du CNRS au sein de l'Institut de l'Amérique latine à l'Université de Toulouse-Le Mirail.

Hubert Beguin, né en 1932, est professeur à l'Université Catholique de Louvain-la-Neuve (Belgique), membre de l'Académie Royale des Sciences d'Outre-Mer de Belgique et d'un Groupe de Travail de l'Union Géographique Internationale. Parmi ses principales publications, *Introduction à la géographique humaine* (Masson, Paris, 1982, avec A.S. Bailly), *Méthodes d'analyse géographique quantitative* (Librairies Techniques, Paris, 1979), *L'organisation de l'espace au Maroc* (Académie Royale des Sciences d'Outre-Mer, Bruxelles, 1974), *Theoretical market areas under Euclidean distance* (Ann Arbor, IMAGE, 1988, avec P. Hanjoul et J. Thill).

Vincent Berdoulay, né en 1946, est professeur de géographie et rattaché à l'URA 911 (CNRS) à l'Université de Pau et des Pays de l'Adour, après avoir étudié (Ph. D.) et enseigné aux Etats-Unis (Berkeley) et au Canada (Ottawa). Il s'intéresse surtout aux phénomènes culturels, à l'histoire des idées et à l'épistémologie de la géographie et de l'aménagement.

Augustin Berque, né en 1942, enseigne la géographie culturelle à l'Ecole des Hautes Etudes en Sciences Sociales, où il dirige le Centre de recherches sur le Japon contemporain. Il a publié plusieurs ouvrages sur le Japon et sur les questions du milieu et du paysage en général. Il travaille actuellement sur l'identité culturelle des villes japonaises, en particulier Tokyô, et sur la question de l'échelle humaine dans le paysage.

Antoine Bailly, né en 1944, enseigne la géographie urbaine et économique à l'Université de Genève où il dirige le département de Géographie. Il a publié plusieurs ouvrages de géographie générale et urbaine, de science régionale et de géographie des Etats-Unis. Il travaille actuellement sur les représentations en géographie et la localisation des activités de services.

Yves Berthelot est secrétaire général adjoint de la Conférence des Nations Unies sur le Commerce et le Développement, spécialiste des mécanismes d'intégration et d'union économique.

Claude Bertrand est ingénieur d'études au CNRS et participe aux travaux du Centre interdisciplinaire de recherche sur les milieux naturels et l'aménagement rural à l'Université de Toulouse – Le Mirail (CIMA).

Georges Bertrand, né en 1935, est professeur de géographie physique à l'Université de Toulouse – Le Mirail et ex-directeur du CIMA, centre de recherche du CNRS.
Ils ont publié plusieurs travaux, notamment sur l'histoire écologique dans l'*Histoire de la France rurale* (Le Seuil).

François Bost, né en 1963, est agrégé de géographie. Chargé de cours à l'Université de Paris X-Nanterre, il se spécialise dans l'étude des rapports Nord-Sud. Sa thèse en cours porte sur les entreprises françaises en Afrique sub-saharienne.

Georges Cazes, né en 1940, est professeur à l'Université de Paris I (Panthéon-Sorbonne). Sa thèse de doctorat et la majorité de ses recherches portent sur le tourisme international dans le Tiers Monde. Président de l'Association Française des Experts Scientifiques du Tourisme. Expert international auprès de l'Organisation Mondiale du Tourisme. Directeur de l'Equipe de recherche « Tourisme-Développement » de l'Université de Paris I.

Henri Chamussy, né en 1935, est maître de conférences à l'Institut de Géographie Alpine, Université Joseph Fourier, Grenoble. Après des recherches en Géographie des Transports (au début des années 1970) a contribué au renouvellement des techniques et méthodes de recherche en Géographie, par la Géographie « Quantitative » et la réflexion épistémologique en Géographie et dans les Sciences Humaines et Sociales en général. Centres d'intérêt actuels : épistémologie, didactique de la géographie, modèles spatiaux, problématiques et voies d'approche de la géographie culturelle.

Jean-Paul Charvet, né en 1942, agrégé de géographie et docteur d'Etat, est professeur à l'Université de Paris X – Nanterre où il dirige le Laboratoire de Géographie Agricole et Rurale. Ses recherches ont largement porté sur les échanges mondiaux de produits agricoles et plus particulièrement de céréales.

Paul Claval, né en 1932, est professeur de géographie à l'Université de Paris-Sorbonne. Il a publié de nombreux ouvrages parmi lesquels, *Espace et pouvoir, Les mythes fondateurs des sciences sociales, La logique des villes, Principes de géographie sociale* et de multiples articles en géographie culturelle, sociale et économique.

William J. Coffey, né en 1947, est professeur de géographie au Département d'études urbaines à l'Université du Québec à Montréal. Ses recherches portent sur l'histoire et l'épistémologie de la géographie et sur les problèmes de développement urbain et régional. Il est un des fondateurs de l'Association Canadienne des Sciences Régionales – dont il a été le président – et également de la *Revue canadienne des Sciences Régionales*.

Françoise Conac, née en 1934, agrégée d'histoire-géographie, est chargée de recherche au CNRS (Université de Paris VII). Elle s'est spécialisée dans l'étude des aspects humains des aménagements des eaux dans l'agriculture en Afrique et en Roumanie.

François Durand-Dastès, né en 1931, enseigne à l'Université Paris VII. Il a publié des travaux sur la géographie de l'Inde, la climatologie, l'espace rural français et un certain nombre de textes théoriques.

Bernard Debarbieux, né en 1959, est maître de conférences à l'Institut de Géographie Alpine, Université Joseph Fourier de Grenoble. Ses travaux portent sur les rapports qui lient représentations spatiales, expression sociale de ces représentations et pratiques spatiales. Les Alpes et la montagne en général ont été ses principaux terrains de recherche.

Pierre-Henri Derycke est professeur de sciences économiques à l'Université de Paris X-Nanterre où il dirige une équipe CNRS sur la ville et l'espace. Il a publié cinq ouvrages sur l'économie urbaine et l'économie publique locale ainsi qu'une soixantaine d'articles en français et en anglais, sur la théorie spatiale, l'organisation urbaine, les prix fonciers, les finances locales, la décentralisation et l'économie du secteur public local.

Guy Di Méo enseigne la géographie et l'aménagement du territoire à l'Université de Pau et des Pays de l'Adour. Ses travaux de recherche portent à la fois sur les systèmes socio-spatiaux d'échelle planétaire et sur les rapports que les hommes nouent avec leurs territoires.

Olivier Dollfus, né en 1931, professeur de géographie à l'Université Paris VII a fait des recherches sur les grandes montagnes du monde, Andes, Himalaya et Alpes. Depuis 1986 il travaille sur le système Monde. Président du Comité scientifique du parc national des Ecrins, il a été conseiller pour la coopération scientifique au ministère des Affaires étrangères.

Robert Ferras, né en 1935, est professeur de géographie à l'Université de Montpellier. Ses recherches portent sur l'Espagne et le Languedoc-Roussillon en géographie régionale, sur Barcelone et Montpellier en géographie urbaine, sur les chorèmes et modèles graphiques en matières de cartographie et de représentations. Impliqué dans les programmes de recherche du GIP RECLUS, notamment dans la Géographie Universelle (volume Europe méridionale) il a fondé avec Roger Brunet la revue de cartographie *Mappemonde*.

Jean-Paul de Gaudemar, polytechnicien, professeur de Sciences Economiques à l'Université d'Aix-Marseille II, est recteur de l'Académie de Strasbourg. Ancien Directeur de la Délégation à l'Aménagement du Territoire et à l'Action Régionale (DATAR) il en préside le Comité Scientifique. Il préside également le Groupement d'Intérêt Public RECLUS ainsi que le Groupe de Travail sur les Politiques Régionales de l'OCDE.
Il est l'auteur de nombreux ouvrages et articles consacrés pour l'essentiel à l'économie du travail, l'économie industrielle et l'aménagement du territoire.

Pierre Gentelle, né en 1933, agrégé de géographie, directeur de recherche au CNRS, Laboratoire « Archéologie de l'Asie Centrale : milieux, peuplement, techniques », a travaillé et publié avec des archéologues, depuis 1974, en Afghanistan, Inde, Chine, Yemen, Syrie, Jordanie, Oman.

Pierre George, né en 1909, professeur honoraire des Universités, est membre de l'Institut (Académie des Sciences Morales et Politiques). Agrégé, docteur d'Etat en géographie (1936), il a été professeur à la Sorbonne dès 1949, co-directeur des *Annales de Géographie* et directeur de collection aux Presses Universitaires de France. Auteur de très nombreux ouvrages, sur la géographie de la population, la géographie économique, la ville, la campagne, la géographie active, d'un dictionnaire de la géographie… ; son livre le plus récent, *Le métier de géographe : un demi-siècle de géographie* rappelle les principales orientations de sa carrière.

Peter Gould, né en 1932, est professeur de géographie à l'Université Penn State aux Etats-Unis ; titulaire d'un Ph. D de l'Université Northwestern et docteur honoris causa de l'Université de Strasbourg. Ses recherches portent sur les processus de diffusion spatiale. Il est l'auteur de nombreux articles et de 13 ouvrages dont le dernier s'intitule : *The Slow Plague : A Geography of the AIDS Pandemic* (la peste lente : une géographie de la diffusion du SIDA).

Yves Guermond, né en 1936, est professeur à l'Université de Rouen. Agrégé, docteur d'Etat, il dirige le laboratoire « Modélisation et Traitement graphique en Géographie » et participe à la revue *Cahiers Géographiques de Rouen*. Il tient la chronique géographique au journal *Le Monde* et préside l'Association Française pour le Développement de la Géographie. Spécialiste d'analyse spatiale, il contribue au développement de la géographie théorique et quantitative et à la diffusion des Systèmes d'Information Géographique.

Doryane Kermel-Torrès, née en 1953, docteur en géographie, est chargée de recherches à l'ORSTOM. Après différents travaux sur Haïti, elle mène des recherches sur la question alimentaire en Inde et en Thaïlande. Détachée au CNRS, elle anime un programme comparatif sur les politiques alimentaires.

Rémy Knafou, né en 1948, agrégé de géographie (1971), docteur ès lettres (1978) a enseigné au lycée Louis-le-Grand à Paris, puis en classes préparatoires aux Grandes Ecoles, avant d'entrer au CNRS, en 1988, pour y diriger le laboratoire Intergéo. A consacré l'essentiel de ses recherches à l'espace touristique, actuellement menées dans le cadre de l'Institut de Saint-Gervais qu'il a créé et qu'il dirige. Chargé par le CNRS d'une mission de valorisation et de diffusion du savoir géographique, Rémy Knafou a été l'un des créateurs du *Festival international de géographie de Saint-Dié-des-Vosges* dont il assure la direction scientifique.

Claude Lacour, professeur à l'Université de Bordeaux I, directeur de l'IERSO est spécialiste d'aménagement du territoire et de développement régional. Il est actuellement animateur de prospective interrégionale à la DATAR, pour l'Arc Atlantique.

Maryvonne Leberre, née en 1940, est professeur à l'Université de Besançon depuis 1990. Agrégée, docteur d'Etat (1987), elle a enseigné à l'Institut de Géographie Alpine de l'Université de Grenoble I. Membre du groupe Dupont, co-auteur d'un manuel d'initiation à l'usage des statistiques en géographie (groupe Chadule), elle contribue à des recherches théoriques et appliquées fondées sur la modélisation systémique et s'intéresse au développement des systèmes à base de connaissance en géographie.

Claude Manzagol, né en 1939, professeur à l'Université de Montréal, est membre du comité de rédaction des *Cahiers de Géographie du Québec* et du Groupe de Travail de l'Union Géographique Internationale sur les vieilles régions industrielles. Auteur de diverses études sur les questions de géographie industrielle, ses travaux actuels portent les mutations du système productif nord-américain.

Lucien Y. Maystre, ancien ingénieur en chef de l'assainissement et du désapprovisionnement des déchets de Genève, ancien chef de projet et consultant de l'OMS, est professeur de génie de l'environnement à l'EPFL, directeur de programmes européens en ingénierie, sciences et gestion de l'environnement, spécialiste des évaluations multicritères relatives à l'environnement.

Claude Moindrot, né en 1928, ancien élève de l'Ecole Normale Supérieure de Saint-Cloud 1947-52, agrégé de géographie 1955, est professeur à l'Université Paris VII 1971-1989. Sa thèse de doctorat d'Etat 1971 : La vie agricole de l'Est Anglie. Il a publié *Villes et campagnes britanniques* (Colin, 1967), *L'aménagement du territoire en Grande-Bretagne* (Publications de l'Université de Caen, 1967) ainsi que de nombreux articles sur la géographie de la Grande-Bretagne.

Abraham A. Moles, professeur émérite à l'Université de Strasbourg, a fondé l'Institut de Psychologie Sociale de Communications en 1965. Il y a créé les disciplines de *Psychologie de l'Espace* (1966) et de *Micropsychologie* (1971). Formé originellement en physique-mathématique, il s'est tourné progressivement vers les sciences sociales sous l'influence de la philosophie allemande et de ses nombreux séjours aux Etats-Unis. Il fut de 1962 à 1968 Dozent à la Hochschule für Gestaltung (Ulm). Il a enseigné dans des pays de densités sociales très différentes (USA, Californie, Espagne, Mexique, Allemagne, Brésil, Colombie, Canada). C'est à travers des parcours considérables dans ces sites et leurs villes que s'est construite l'attitude qu'exprime sa contribution ici : conjonction entre phénoménologie et structuralisme, volonté d'utiliser les concepts des sciences de la nature dans les sciences humaines.

Lorenza Mondada, linguiste, chercheuse à l'Université de Lausanne, chargée de cours à l'Université de Fribourg, travaille sur les rapports entre langage et espace d'un point de vue discursif, énonciatif, socio-cognitif en proposant une approche des modes de structuration de l'espace dans l'interaction quotidienne comme dans les textes descriptifs.

Daniel Noin, né en 1930, ancien élève de l'Ecole Normale de Saint-Cloud, est professeur à l'Université de Paris I depuis 1973, après avoir exercé dans différentes universités en province et à l'étranger. Auteur de plusieurs ouvrages sur les questions de population. Président de la Commission « Population » de l'Union Géographique Internationale. Président du comité de rédaction de la revue *Espace-Populations-Sociétés*.

Marie-Vic Ozouf-Marignier, née en 1957, est historienne-géographe, maître de conférences à l'Ecole des Hautes Etudes en Sciences Sociales (Paris). Elle a publié *La formation des départements. La représentation du territoire français à la fin du XVIIIe siècle* (Paris, EHESS, 1989) et *Atlas de la Révolution française*, vol. 4 et 5, *Le territoire* (Paris, EHESS, 1989, en collab. avec D. Nordman *et al.*). Ses recherches portent sur les pratiques et les représentations de l'espace français depuis le XVIIIe siècle.

Jean Paelinck, né en 1931, est professeur d'économie spatiale théorique (à l'inclusion de l'économétrie spatiale) à l'Université Erasme de Rotterdam. Il a publié comme (co) -auteur ou (co) -directeur une cinquantaine d'ouvrages et près de 300 articles, la plupart sur des problèmes d'économie spatiale, mais également sur d'autres sujets : économie de la santé, interdisciplinarité, culturologie, ... Il est docteur honoris causa de l'Université de Poitiers, de l'Académie Economique de Katowice et des Universités de Bourgogne, de Gand et de Genève, ainsi que correspondant de l'Institut de France, de l'Académie des Sciences Morales et Politiques et de l'Akademie für Raumforschung und Landesplanung.

Charles-Pierre Péguy, né en 1915, est directeur de recherches honoraire au CNRS. Professeur de Géographie Physique à l'Université de Rennes (1948). Directeur de Recherches au CNRS (1963-1979). Travaux sur la climatologie appliquée. Missions diverses en Arctique jusqu'en 1972. S'est spécialisé depuis sur la sensibilité des sociétés aux accidents du climat. A publié récemment *Jeux et enjeux du climat*.

Philippe Pinchemel, né en 1923, professeur émérite à l'Université de Paris I (Panthéon-Sorbonne), après avoir enseigné dans les universités de Besançon, Lille et à la faculté des lettres de la Sorbonne.
Il a été responsable d'une unité de recherche associée au CNRS (Paris I) : « Epistémologie et histoire de la géographie » et directeur du Centre de géohistoire. Président de la section « Géographie » du Comité des travaux historiques et scientifiques, membre de la commission centrale de la Société de géographie de Paris, membre du comité directeur de l'*Espace Géographique*, du conseil scientifique de l'Institut Géographique National, Philippe Pinchemel est directeur des séries « Géographie » des éditions Armand Colin.
Ouvrages publiés : *Les Plaines de craie, Structures sociales et Dépopulation rurale en Picardie, Niveaux optima des villes, le Fait urbain en France, la Région parisienne, la France, Deux siècles de géographie française, la Face de la terre, éléments de géographie* (en collaboration).

Giuseppe Pini, né en 1948, est chargé d'enseignement à la Faculté des Lettres de l'Université de Neuchâtel où il enseigne la géographie des transports et des télécommunications. Parmi ses publications, *Géographie des échanges interrégionaux de marchandises par voie ferrée et par route en Suisse* (Thèse, Genève, 1990).

François Plassard est docteur d'Etat en Sciences Economiques. Il est directeur de Recherches au CNRS et travaille actuellement au Laboratoire d'Economie des Transports à Lyon. Il a consacré une très large part de ses travaux de recherche aux conséquences que peut avoir la réalisation des grandes infrastructures de transport (autoroutes, train à grande vitesse) sur le développement régional et l'organisation de l'espace.

Mario Polèse, né en 1944, est professeur-chercheur à l'INRS-Urbanisation (Université du Quebec), le plus important centre de recherches urbaines du Canada, dont il fut le directeur de 1981 à 1989. Auteur de nombreux ouvrages et articles en matière d'économie urbaine et régionale, il dirige actuellement le Groupe interuniversitaire de Montréal, « Villes et développement ».

Sylvette Puissant, ingénieur CNRS, Institut d'Economie Régionale du Sud-Ouest, travaille sur les questions d'Economie Urbaine, l'évaluation des politiques de développement local et sur les liens environnement-aménagement.

Denise Pumain, née en 1946, ancienne élève de l'ENS de Fontenay-aux-Roses, agrégée, docteur d'Etat, est professeur à l'Université Paris I et conseiller technique à l'Institut National d'Etudes Démographiques. Co-fondatrice de l'équipe P.A.R.I.S., elle a rédigé plusieurs ouvrages sur l'évolution des systèmes de villes, la géographie de la France et le transfert de modèles des sciences physiques à la géographie.

Jean-Bernard Racine, né en 1942, géographe, est professeur à l'Université de Lausanne. Spécialiste de géographie urbaine, économique et sociale, il travaille également sur les problèmes de l'épistémologie de la géographie, ses problématiques, ses méthodes et ses langages. Co-auteur de *L'analyse quantitative en géographie* (Paris, PUF, 1973) et de *Problématiques de la géographie*, (Paris, PUF, 1981). Vice-président de la Commission de l'Union géographique internationale sur le développement urbain et la vie dans les villes.

Claude Raffestin, né en 1936, professeur à la Faculté des Sciences Economiques et Sociales de l'Université de Genève, a publié de nombreux ouvrages et articles sur l'histoire et l'épistémologie de la géographie, la géographie des Alpes, l'aménagement du territoire, la géographie sociale et politique.
Parmi ses livres les plus récents *Pour une géographie du pouvoir* et *Nouvelle géographie de la Suisse et des Suisses* (en collaboration).

Jean-Pierre Raison, né en 1937, est professeur à l'Université de Paris X-Nanterre. Il a été, de 1981 à 1984, sous-directeur, chargé de la Recherche Scientifique, au ministère de la Coopération. Ses travaux portent principalement sur Madagascar et l'Afrique orientale. Il est co-directeur du tome "Afrique au sud du Sahara" de la *Géographie Universelle,* Hachette-RECLUS.

Violette Rey, née en 1943, ancienne élève de l'Ecole Normale Supérieure de Fontenay-aux-Roses, agrégée de géographie, est actuellement professeur à l'Ecole Normale Supérieure de Fontenay-Saint-Cloud et à l'Université de Paris I, où elle dirige de nombreuses thèses sur les espaces ruraux et sur l'Europe centre-orientale. Elle anime une réflexion collective sur les systèmes territoriaux en Europe centre-orientale dans l'équipe P.A.R.I.S. du CNRS.

Alain Reynaud, né en 1942, est maître de conférences à l'Institut de Géographie de l'Université de Reims, où il enseigne depuis 1967. Il a publié de nombreux travaux de géographie, notamment théorique ou régionale, en particulier dans les *Travaux de l'Institut de Géographie de Reims* (TIGR).

Sylvie Rimbert, née en 1927, est directeur de recherche au CNRS à Strasbourg (URA 902) et associée au Laboratoire Environnement - Cartographie - Télédétection de l'Université Louis Pasteur. Spécialiste de cartographie informatisée et de télédétection, invitée par de nombreuses universités étrangères, elle a publié entre autres, *Paysages urbains* (Colin, 1973) et *Carto-graphies* (Hermès, 1990) où elle confronte les transformations de cartes et les concepts de l'espace géographique. Elle a collaboré au Conseil National de l'Information Géographique.

Marie-Claire Robic, née en 1946, est directeur de recherches au CNRS (Equipe Epistémologie et Histoire de la Géographie, URA 1243). Agrégée de géographie, elle a enseigné à l'Université Paris XII-Val de Marne (1971-1988). Elle travaille sur l'histoire de la géographie humaine des XIXe et XXe siècles. Elle a publié une anthologie de la géographie française (*Deux siècles de géographie, choix de textes*, CTHS) et a dirigé une étude sur « les géographes entre milieu et environnement » (Economica).

Thérèse Saint-Julien, née en 1941, est directeur-adjoint au Département Sciences de l'Homme et de la Société du CNRS et professeur à l'Université Paris I. Agrégée de géographie, docteur d'Etat, co-fondatrice de l'équipe P..A.R.I.S., elle est spécialiste des recherches sur les réseaux de villes et est auteur de plusieurs ouvrages dans ce domaine.

Lena Sanders, née en 1955, est chargée de recherches au CNRS (Equipe P.A.R.I.S., URA 1243). Géographe et statisticienne, elle enseigne la modélisation et l'application des statistiques à la géographie aux Universités Paris I et Paris VII. Auteur d'un ouvrage sur l'analyse des données en géographie et sur la synergétique appliquée aux systèmes de villes.

André-Louis Sanguin, né en 1945, a été professeur à l'Université du Québec à Chicoutimi (1970-1983), à l'Université du Québec à Montréal (1983-1986) et à l'Université d'Angers depuis 1986. Thèse de doctorat d'Etat (Liège, 1973) sur la géographie politique de quatre micro-Etats d'Europe. Thèse de doctorat d'Etat (Paris-Sorbonne, 1980) sur la géographie politique de la Suisse. Auteur d'ouvrages et d'articles sur la géographie politique et culturelle, les frontières ethnolinguistiques, le fédéralisme, l'histoire de la géographie, les parcs nationaux canadiens.

Gilles Sautter, né en 1920, est professeur émérite à l'Université de Paris I. Professeur agrégé de géographie (1945-1948), détaché à l'ORSTOM, au Congo

(1948-1953), chargé d'enseignement à l'Université de Strasbourg (1954-1961), directeur d'études à l'Ecole pratique des hautes études (6e section) à partir de 1961 et professeur à la Sorbonne à partir de 1967, il a participé à la création du Laboratoire d'études africaines du CNRS et a reçu la médaille d'argent du CNRS. Spécialiste des pays tropicaux et de l'aménagement rural, il a participé à de nombreuses enquêtes et tâches d'évaluation, pour l'ORSTOM et l'UNESCO notamment.

Jean-Louis Tissier, né en 1945, géographe, enseigne à l'ENS Fontenay-Saint-Cloud, membre de l'équipe « Histoire et Epistémologie de la géographie » (CNRS-Paris I) ; a produit, en collaboration avec P. Pinchemel, une série de films sur les paysages ; poursuit des recherches sur l'histoire de la géographie et sur les formes d'expressions géographiques et littéraires.

Claude Tricot, professeur au Département d'Econométrie de l'Université de Genève, après avoir enseigné au Canada, est spécialiste en calcul des probabilités et en statistique spatiale. A ce titre il a collaboré avec de nombreux géographes, en particulier le Groupe Dupont.

Paul Villeneuve, né en 1943, a obtenu un Ph.D. en géographie de l'Université de Washington à Seattle aux Etats-Unis en 1971. Depuis, il est titulaire des cours de géographie sociale au département de géographie de l'Université Laval, où il dirige le CRAD (Centre de Recherche en Aménagement et Développement). Il mène des recherches sur la dimension territoriale des minorités ethniques, des mouvements sociaux et des rapports hommes-femmes.

Table des matières

II LES CONCEPTS DE LA GÉOGRAPHIE

EUROPE MEDIA DUPLICATION S.A.
53110 Lassay-les-Châteaux
N° 2451 – Dépôt légal : septembre 1992
Imprimé en France

Réalisé en P.A.O.
par STDI - Route de Couterne
53110 LASSAY-LES-CHATEAUX

H. Sharbau. R.G.S. del.

Explanation of colours. Green within 10 days. Yellow 10-20 days.

Published for the Proceedings